교육의 힘으로
세상의 차이를 좁혀 갑니다

차이가 차별로 이어지지 않는 미래를 위해
EBS가 가장 든든한 친구가 되겠습니다.

모든 교재 정보와 다양한 이벤트가 가득!
EBS 교재사이트 book.ebs.co.kr

본 교재는 EBS 교재사이트에서
eBook으로도 구입하실 수 있습니다.

KB219055

수능특강

과학탐구영역 | 물리학Ⅰ

기획 및 개발

권현지(EBS 교과위원)
강유진(EBS 교과위원)
심미연(EBS 교과위원)
조은정(개발총괄위원)

감수

한국교육과정평가원

책임 편집

김화영

본 교재의 강의는 TV와 모바일 APP, EBS*i* 사이트(www.ebsi.co.kr)에서 무료로 제공됩니다.

발행일 2025. 1. 31. **1쇄 인쇄일** 2025. 1. 24. **신고번호** 제2017-000193호 **펴낸곳** 한국교육방송공사 경기도 고양시 일산동구 한류월드로 281
표지디자인 디자인싹 **내지디자인** ㈜글사랑 **내지조판** 다우 **인쇄** ㈜테라북스 **사진** ㈜아이엠스톡
인쇄 과정 중 잘못된 교재는 구입하신 곳에서 교환하여 드립니다. **신규 사업 및 교재 광고 문의** pub@ebs.co.kr

정답과 해설 PDF 파일은 EBS*i* 사이트(www.ebsi.co.kr)에서 내려받으실 수 있습니다.

교 재 **내 용** **문 의**	교재 및 강의 내용 문의는 EBS*i* 사이트 (www.ebsi.co.kr)의 학습 Q&A 서비스를 활용하시기 바랍니다.	**교 재** **정오표** **공 지**	발행 이후 발견된 정오 사항을 EBS*i* 사이트 정오표 코너에서 알려 드립니다. 교재 → 교재 자료실 → 교재 정오표	**교 재** **정 정** **신 청**	공지된 정오 내용 외에 발견된 정오 사항이 있다면 EBS*i* 사이트를 통해 알려 주세요. 교재 → 교재 정정 신청

서일에서
LEVEL UP

서일에서
내일로

입학안내

7호선
(서일대입구)
면목

2026학년도 서일대학교
신입생 모집일정

[수시 1차] 2025. 09. 08(월) ~ 2025. 09. 30(화)
[수시 2차] 2025. 11. 07(금) ~ 2025. 11. 21(금)
[정 시] 2025. 12. 29(월) ~ 2026. 01. 14(수)

서일대학교
SEOIL UNIVERSITY

본 교재 광고의 수익금은 콘텐츠 품질 개선과 공익사업에 사용됩니다. 모두의 요강(mdipsi.com)을 통해 서일대학교의 입시정보를 확인할 수 있습니다.

수능특강

과학탐구영역 | 물리학 I

이 책의 차례

Contents

학생

인공지능 DANCHOQ
푸리봇 문|제|검|색

EBS<i>i</i> 사이트와 **EBS<i>i</i> 고교강의 APP** 하단의 **AI 학습도우미 푸리봇**을 통해 문항코드를 검색하면 푸리봇이 해당 문제의 해설과 해설 강의를 찾아 줍니다. **사진 촬영으로도 검색**할 수 있습니다.

문제별 문항코드 확인

[25023-0001]

1. 아래 그래프를 이해한 내용으로 가장 적절한 것은?

문항코드 검색

25023-0001

사진 촬영 검색

선생님

EBS 교사지원센터
교재 관련 자|료|제|공

교재의 문항 한글(HWP) 파일과 교재이미지, 강의자료를 무료로 제공합니다.

한글다운로드 　　교재이미지 　　강의자료

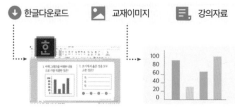

• 교사지원센터(teacher.ebsi.co.kr)에서 '교사인증' 이후 이용하실 수 있습니다.
• 교사지원센터에서 제공하는 자료는 교재별로 다를 수 있습니다.

이 책의 구성과 특징

교육과정의 **핵심 개념 학습**과 **문제 해결 능력** 신장

[EBS 수능특강]은 고등학교 교육과정과 교과서를 분석·종합하여 개발한 교재입니다.
본 교재를 활용하여 대학수학능력시험이 요구하는 교육과정의 핵심 개념과 다양한 난이도의 수능형 문항을
학습함으로써 문제 해결 능력을 기를 수 있습니다. EBS가 심혈을 기울여 개발한 [EBS 수능특강]을 통해 다양한
출제 유형을 연습함으로써, 대학수학능력시험 준비에 도움이 되기를 바랍니다.

충실한 개념 설명과 보충 자료 제공

1. 핵심 개념 정리

주요 개념을 요약·정리하고 탐구 상황에 적용하였으며, 보다 깊이 있는 이해를 돕기 위해 보충 설명과
관련 자료를 풍부하게 제공하였습니다.

> **과학 돋보기** 🔍
>
> 개념의 통합적인 이해를 돕는 보충 설명 자료
> 나 배경 지식, 과학사, 자료 해석 방법 등을 제시
> 하였습니다.

> **탐구자료 살펴보기**
>
> 주요 개념의 이해를 돕고 적용 능력을 기를 수
> 있도록 시험 문제에 자주 등장하는 탐구 상황을
> 소개하였습니다.

2. 개념 체크 및 날개 평가

본문에 소개된 주요 개념을 요약·정리하고 간단한 퀴즈를 제시하여 학습한 내용을 갈무리하고 점검할 수
있도록 구성하였습니다.

단계별 평가를 통한 실력 향상

[EBS 수능특강]은 문제를 수능 시험과 유사하게 **수능 2점 테스트, 수능 3점 테스트**로 구분하여 제시하였
습니다. 수능 2점 테스트는 필수적인 개념을 간략한 문제 상황으로 다루고 있으며, 수능 3점 테스트는 다양한
개념을 복잡한 문제 상황이나 탐구 활동에 적용하였습니다.

01 힘과 운동

[1~2] 그림은 직선상에서 운동하는 물체의 위치를 시간에 따라 나타낸 것이다.

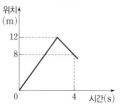

1. 0초부터 4초까지 물체의 이동 거리는 ( )m이고, 변위의 크기는 ( )m 이다.

2. 0초부터 4초까지 물체의 평균 속력은 ( )m/s 이고, 평균 속도의 크기는 ( )m/s이다.

3. 직선상에서 운동하는 물체의 운동 방향과 가속도 방향이 반대이면 물체의 속력은 (증가 , 감소)한다.

1 여러 가지 운동

(1) 운동의 표현

① **운동**: 물체의 위치가 시간에 따라 변하는 것을 운동이라고 한다.

② 이동 거리와 변위

- **이동 거리**: 물체가 이동한 경로의 길이로, 크기만 있고 방향이 없는 물리량이다.
- **변위**: 처음 위치에서 나중 위치까지의 위치 변화량으로, 크기와 방향이 있는 물리량이다. 변위의 크기는 처음 위치와 나중 위치를 이은 직선 거리이고, 변위의 방향은 처음 위치에서 나중 위치를 향하는 방향이다.

> **과학 돋보기** 🔍 **이동 거리와 변위**
>
> 사람이 직선상의 점 p에서 점 q를 지나 점 r까지 운동할 때,
> - 사람의 이동 거리는 15 m이고, 변위는 동쪽으로 5 m이다.
> - 운동 방향이 바뀌지 않는 경우: 이동 거리=변위의 크기
> - 운동 방향이 바뀌는 경우: 이동 거리>변위의 크기
>
>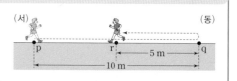

③ **속력**: 단위 시간(1초) 동안 이동 거리를 속력이라고 하며, 물체의 빠르기를 나타낸다.

$$속력 = \frac{이동\ 거리}{걸린\ 시간}\ [단위: m/s]$$

- **평균 속력**: 전체 이동 거리를 걸린 시간으로 나눈 값이다.

④ **속도**: 단위 시간(1초) 동안 변위를 속도라고 하며, 물체의 빠르기와 운동 방향을 함께 나타낸다.

$$속도 = \frac{변위}{걸린\ 시간}\ [단위: m/s]$$

- **평균 속도의 크기**: 전체 변위의 크기를 걸린 시간으로 나눈 값이다.

⑤ **가속도**: 단위 시간(1초) 동안 속도 변화량을 가속도라고 한다. 가속도는 속도 변화량을 걸린 시간으로 나눈 값으로, 크기와 방향을 함께 나타낸다.

$$가속도 = \frac{속도\ 변화량}{걸린\ 시간} = \frac{나중\ 속도 - 처음\ 속도}{걸린\ 시간}\ [단위: m/s^2]$$

- **가속도의 방향과 속력**: 물체가 직선상에서 운동할 때, 가속도의 방향이 운동 방향과 같으면 속력이 증가하고, 가속도의 방향이 운동 방향과 반대이면 속력이 감소한다.

가속도의 방향이 운동 방향과 같을 때, 속력이 증가한다.　　　가속도의 방향이 운동 방향과 반대일 때, 속력이 감소한다.

> **과학 돋보기** 🔍 **가속도의 크기와 방향**
>
> 그림은 각각 등가속도 운동을 하는 자동차 A, B가 시간 $t=0$일 때 기준선 P를 각각 10 m/s, 25 m/s의 속력으로 동시에 통과한 후, $t=10$초일 때 기준선 Q를 각각 20 m/s, 5 m/s의 속력으로 동시에 통과하는 것을 나타낸 것이다.
>
>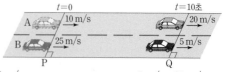
>
> P에서 Q까지 운동하는 동안 A의 가속도 $a_A = \frac{20\ m/s - 10\ m/s}{10\ s} = 1\ m/s^2$, B의 가속도 $a_B = \frac{5\ m/s - 25\ m/s}{10\ s} = -2\ m/s^2$이다. B의 가속도에서 '−'는 가속도의 방향이 운동 방향과 반대 방향임을 의미하며, 가속도의 크기는 B가 A의 2배이지만 B의 가속도의 방향이 운동 방향과 반대이므로 B의 속력은 감소한다.

(2) 운동의 분류

① **등속 직선 운동**: 물체의 속도가 일정한 운동을 등속 직선 운동이라고 한다. 물체가 운동하는 동안 물체의 속력과 운동 방향은 변하지 않으며, 등속도 운동이라고도 한다.

무빙워크

에스컬레이터

컨베이어 벨트

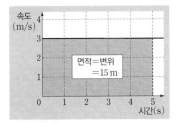
속도－시간 그래프

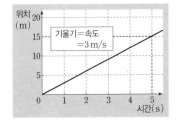
위치－시간 그래프

1. 6 m/s의 속력으로 등속 직선 운동을 하는 물체가 (   )초 동안 이동한 거리는 48 m이다.

② **속력만 변하는 운동**: 물체의 운동 방향은 변하지 않고 빠르기만 변하는 가속도 운동이다.

빗면을 내려오는 자전거

아래로 떨어지는 공

위로 던져 올라가는 공

2. 등속 직선 운동을 하는 물체의 위치－시간 그래프에서 기울기는 (일정하다 , 변한다).

3. 물체의 운동 방향과 물체에 작용하는 알짜힘의 방향이 같으면 물체의 속력은 (증가 , 감소)한다.

③ **운동 방향만 변하는 운동**: 물체의 빠르기는 변하지 않고 운동 방향만 변하는 가속도 운동이다.

회전 관람차

회전 그네

선풍기의 날개

4. 중력이 작용하여 아래로 떨어지는 공의 운동이나 일정한 속력으로 원을 그리며 도는 물체의 운동은 모두 (등속도 , 가속도) 운동이다.

④ **속력과 운동 방향이 모두 변하는 운동**: 일상생활에서 보는 대부분의 물체의 운동으로, 속력과 운동 방향이 함께 변하는 가속도 운동이다.

바이킹

비스듬히 던진 공

시계추

개념 체크

➡ **등가속도 직선 운동**: 직선상에서 속도가 일정하게 변하는 운동이다.
➡ **등가속도 직선 운동에서 속도와 시간의 관계**: $v=v_0+at$
➡ **등가속도 직선 운동에서 변위와 시간의 관계**: $s=v_0t+\frac{1}{2}at^2$

1. 진자 운동을 하는 물체는 운동 방향이 (일정하고 , 변하고), 속력이 (일정한 , 변하는) 운동을 한다.

[2~4] 그림과 같이 직선 도로에서 점 P를 4 m/s의 속력으로 통과한 자동차가 등가속도 직선 운동을 하여 3초 후 점 Q를 16 m/s의 속력으로 통과한다. (단, 자동차의 크기는 무시한다.)

2. 자동차의 가속도의 크기는 (   ) m/s²이다.

3. P를 지난 순간부터 2초 후 자동차의 속력은 (   ) m/s이다.

4. P와 Q 사이의 거리는 (   ) m이다.

정답
1. 변하고, 변하는
2. 4
3. 12
4. 30

과학 돋보기 🔍 등속 원운동과 진자 운동

- 등속 원운동을 하는 물체의 운동 방향은 원의 접선 방향으로 매 순간 변하고, 빠르기는 일정하다.
- 원의 중심 방향으로 힘(구심력)이 작용하므로 가속도의 방향 역시 원의 중심 방향이다.

- 진자 운동을 하는 물체는 운동 방향과 빠르기가 매 순간 변하는 운동을 한다.
- 물체의 속력은 양 끝점에서 0이고, 진동 중심에서 가장 크다.

탐구자료 살펴보기 물체의 운동 분류하기

자료
다음은 속도가 일정하지 않은 여러 가지 물체의 운동 사례이다.

(가) 직선 물미끄럼틀을 따라 내려오는 사람

(나) 직선 레일을 따라 들어와 멈추는 기차

(다) 일정한 빠르기로 도는 회전목마

(라) 휘어진 레일을 따라 내려오는 롤러코스터

(마) 그네를 타는 아이

(바) 휘어진 컨베이어 벨트 위의 물건

분석
① 운동 방향은 변하지 않고 속력만 변하는 운동: (가), (나)
② 속력은 변하지 않고 운동 방향만 변하는 운동: (다), (바)
③ 속력과 운동 방향이 모두 변하는 운동: (라), (마)

point
- 속력만 변하는 운동은 직선 경로를 따라 운동하며, 속력이 증가하거나 감소한다.
- 물체가 곡선 경로를 따라 운동하는 경우에는 물체의 운동 방향이 변한다.
- ①, ②, ③은 모두 속도가 변하는 운동이므로 가속도 운동이다.

(3) **등가속도 직선 운동**: 마찰이 없는 빗면을 따라 내려가는 물체의 운동과 같이 직선상에서 속도가 일정하게 변하는 운동으로, 가속도가 일정한 직선 운동이다.

① **속도와 시간의 관계**: 처음 속도를 v_0, 나중 속도를 v, 걸린 시간을 t라고 하면 속도 변화량이 $v-v_0$이므로 가속도 a는 $a=\dfrac{v-v_0}{t}$이다. 따라서 나중 속도 v는 다음과 같다. ➡ $v=v_0+at$

② **변위와 시간의 관계**: 속도-시간 그래프에서 그래프가 시간 축과 이루는 면적은 변위이다. 따라서 시간에 따른 변위 s는 다음과 같다. ➡ $s=v_0t+\dfrac{1}{2}at^2$

③ 속도와 변위의 관계: ①에서 $t = \dfrac{v - v_0}{a}$ 을 ②의 $s = v_0 t + \dfrac{1}{2} a t^2$ 에 대입하면 속도와 변위의 관계는 다음과 같다. ➡ $2as = v^2 - v_0^2$

④ 평균 속도: 등가속도 직선 운동을 하는 물체의 평균 속도는 처음 속도와 나중 속도의 중간값이다.

$$v_{평균} = \frac{v_0 + v}{2}$$

⑤ 등가속도 직선 운동의 그래프

가속도 – 시간 그래프

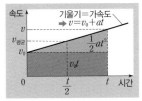
속도 – 시간 그래프

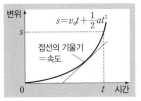
변위 – 시간 그래프

탐구자료 살펴보기 | 속력이 감소하는 등가속도 직선 운동

과정

(1) 빗면과 쇠구슬을 준비한다.
(2) 쇠구슬이 빗면 위 방향으로 올라갈 수 있도록 쇠구슬을 살짝 밀어 준다.
(3) 쇠구슬이 빗면에서 최고점에 올라갈 때까지의 운동을 휴대 전화를 사용해 동영상 촬영한다.
(4) 동영상 분석 프로그램을 이용하여 쇠구슬의 위치를 0.1초 간격으로 기록한다.

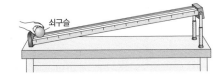
쇠구슬

동영상 촬영

결과

시간(s)	0	0.1	0.2	0.3	0.4	0.5
위치(m)	0	0.09	0.16	0.21	0.24	0.25
구간 속도(m/s)		0.9	0.7	0.5	0.3	0.1	
속도 변화량의 크기(m/s)		0.2	0.2	0.2	0.2	

• 0.1초 동안 쇠구슬의 속도의 크기는 0.2 m/s씩 감소하고 있으므로 쇠구슬은 가속도의 방향이 운동 방향과 반대이고, 가속도의 크기가 2 m/s²으로 일정한 등가속도 직선 운동을 한다.

point

• 쇠구슬은 빗면을 따라 운동하는 동안 속력이 일정하게 감소하는 등가속도 직선 운동을 한다.
• 0.05초일 때 쇠구슬의 순간 속도의 크기는 0초부터 0.1초까지 쇠구슬의 평균 속도의 크기(0.9 m/s)와 같다.
• 0.15초일 때 쇠구슬의 순간 속도의 크기는 0.1초부터 0.2초까지 쇠구슬의 평균 속도의 크기(0.7 m/s)와 같다.
• 쇠구슬의 위치 – 시간 그래프와 속도 – 시간 그래프는 다음과 같다.

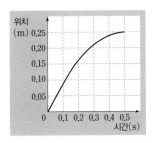

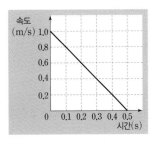

개념 체크

◈ 등가속도 직선 운동에서 속도와 변위의 관계: $2as = v^2 - v_0^2$
◈ 등가속도 직선 운동에서의 평균 속도: 처음 속도(v_0)와 나중 속도(v)의 중간값이다.

1. 정지해 있던 자동차가 가속도의 크기가 2 m/s²인 등가속도 직선 운동을 한다. 정지해 있던 상태에서 9 m를 이동한 순간 자동차의 속력은 (　　) m/s 이다.

[2~4] 그림은 직선상에서 운동하는 물체의 속도를 시간에 따라 나타낸 것이다.

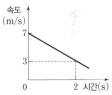

2. 0초부터 2초까지 물체의 가속도의 크기는 (　　) m/s²이다.

3. 0초부터 2초까지 물체의 평균 속도의 크기는 (　　) m/s이다.

4. 0초부터 2초까지 물체가 이동한 거리는 (　　) m 이다.

정답
1. 6
2. 2
3. 5
4. 10

1. 그림과 같이 물체에 같은 방향으로 크기가 각각 2 N, 3 N인 힘이 작용한다.

이 물체에 작용하는 알짜힘의 크기는 (　　) N이고, 방향은 (　　)이다.

2. 그림과 같이 물체에 반대 방향으로 크기가 각각 3 N, 1 N인 힘이 작용한다.

이 물체에 작용하는 알짜힘의 크기는 (　　) N이고, 방향은 (　　)이다.

3. 한 물체에 작용하는 두 힘의 크기가 서로 같고 방향이 반대이며 두 힘이 일직선상에 있으면, 두 힘은 (　　)을 이룬다.

2 힘

(1) 힘: 물체의 모양이나 운동 상태를 변화시키는 원인을 힘이라고 한다.

① **힘의 표시**: 힘의 3요소(힘의 크기, 힘의 방향, 힘의 작용점)로 나타낸다.

② **힘의 단위**: N(뉴턴)을 사용한다.

- 1 N은 질량이 1 kg인 물체를 1 m/s²으로 가속시키는 힘이다.

  ➡ $1 \, \text{N} = 1 \, \text{kg} \cdot \text{m/s}^2$

힘의 표시

(2) 힘의 합성

① **알짜힘(합력)**: 한 물체에 여러 힘이 작용할 때 물체에 작용한 모든 힘을 합한 것을 합력 또는 알짜힘이라고 한다.

② **힘의 합성**

- 같은 방향의 두 힘의 합성: 합력의 크기는 두 힘의 크기의 합과 같고, 방향은 두 힘의 방향과 같다.
- 반대 방향의 두 힘의 합성: 합력의 크기는 두 힘의 크기의 차와 같고, 방향은 크기가 큰 힘의 방향과 같다.

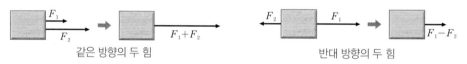

같은 방향의 두 힘　　　　　　　　　　반대 방향의 두 힘

(3) 힘의 평형: 한 물체에 작용하는 힘들의 합력이 0일 때, 이 힘들이 서로 평형을 이룬다고 하며, 물체는 힘의 평형 상태에 있다.

① 정지해 있거나 등속 직선 운동(등속도 운동)을 하는 물체는 힘의 평형 상태에 있다.

② 한 물체에 힘의 크기가 같고 방향이 반대인 두 힘이 일직선상에서 작용하면 두 힘은 평형을 이룬다.

🧪 **탐구자료 살펴보기**　　**힘의 합성**

과정

(1) 고무판 위에 모눈종이를 깔고 압정을 점 O에 고정한 다음, 고리를 끼운 고무줄을 압정에 걸어 둔다.

(2) 그림 (가)와 같이 용수철저울 1개를 고리에 걸고, 고무줄의 끝부분이 점 P에 오도록 잡아당긴 다음 용수철저울의 눈금을 읽는다.

(3) 그림 (나)와 같이 용수철저울 2개를 고리에 걸고, 고무줄의 끝부분이 점 P에 오도록 잡아당긴 다음 두 용수철저울의 눈금을 읽는다.

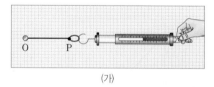

(가)

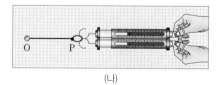

(나)

결과

- (가)에서 용수철저울 1개의 눈금값과 (나)에서 용수철저울 2개의 눈금값의 합은 서로 같다.
- 두 힘의 방향이 같으면, 합력의 크기는 두 힘의 크기를 더한 값과 같다.

③ 뉴턴 운동 제1법칙(관성 법칙)

(1) **관성**: 물체가 자신의 운동 상태를 계속 유지하려는 성질을 말한다.
① 정지해 있는 물체는 계속 정지해 있으려는 성질이 있다.
② 운동하는 물체는 계속 같은 속도로 운동하려는 성질이 있다.
③ 질량이 클수록 관성이 크므로 물체의 운동 상태를 변화시키기 어렵다.

개념 체크

⊙ **관성**: 물체가 자신의 운동 상태를 계속 유지하려는 성질이다. 물체의 질량이 클수록 관성이 크다.
⊙ **뉴턴 운동 제1법칙(관성 법칙)**: 물체에 작용하는 알짜힘이 0일 때 물체는 자신의 운동 상태를 계속 유지한다.

1. 물체가 자신의 운동 상태를 계속 유지하려는 성질을 ( )이라고 한다.

2. 물체에 작용하는 ( )이 0일 때, 정지해 있던 물체는 계속 정지해 있고, 등속도 운동을 하던 물체는 계속 등속도 운동을 한다.

[3~4] 그림과 같이 사람이 물체에 연결된 줄을 일정한 크기의 힘으로 당겼더니 물체가 등속도 운동을 한다. 물체의 무게는 20 N이다. (단, 줄의 질량, 모든 마찰과 공기 저항은 무시한다.)

3. 물체에 작용하는 알짜힘의 크기는 ( )이다.

4. 사람이 줄을 당기는 힘의 크기는 ( ) N이다.

탐구자료 살펴보기 — 관성에 의한 현상

자료

그림 (가)~(라)는 일상생활에서 볼 수 있는 여러 현상을 나타낸 것이다.

(가) 휴지를 갑자기 잡아당기면 휴지가 풀리지 않고 끊어진다.

(나) 달리던 버스가 갑자기 멈추면 승객들이 앞으로 넘어진다.

(다) 망치 자루를 바닥에 내리치면 망치 머리가 자루에 단단히 박힌다.

(라) 동전이 올려진 종이를 재빠르게 치면 종이만 빠져나가고 동전은 컵 안으로 떨어진다.

분석

• (가), (라)는 정지해 있는 상태를 계속 유지하려고 하기 때문에 나타나는 현상이다.
• (나), (다)는 운동하던 상태를 계속 유지하려고 하기 때문에 나타나는 현상이다.

point

• 물체는 자신의 운동 상태를 계속 유지하려는 성질이 있다.

(2) **뉴턴 운동 제1법칙**: 물체에 작용하는 알짜힘이 0일 때, 정지해 있는 물체는 계속 정지해 있고, 운동하는 물체는 계속 등속 직선 운동을 한다. 이것을 뉴턴 운동 제1법칙 또는 관성 법칙이라고 한다.

과학 돋보기 — 갈릴레이의 사고 실험

갈릴레이는 그림과 같이 물체가 운동하는 데 마찰과 공기 저항이 없다면 점 O에서 가만히 놓은 물체는 반대편 경사면의 O와 같은 높이의 점 A, B, C까지 올라간다고 생각하였다. 만약 반대편 경사면이 수평이 되면 물체는 수평면을 따라 계속 운동하게 된다. 갈릴레이는 물체에 아무런 힘이 작용하지 않아도 물체가 계속 등속 직선 운동을 하는 것은 물체가 자신의 운동 상태를 계속 유지하려는 성질(관성)을 가지기 때문이라고 생각하였다.

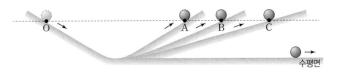

정답
1. 관성
2. 알짜힘(합력)
3. 0
4. 20

개념 체크

○ **알짜힘과 가속도의 관계:** 물체의 질량이 일정할 때, 가속도는 알짜힘에 비례한다.

○ **질량과 가속도의 관계:** 물체에 작용하는 알짜힘이 일정할 때, 가속도는 질량에 반비례한다.

1. 그림과 같이 마찰이 없는 수평면에 놓인 질량이 2 kg인 물체에 수평 방향으로 크기가 F인 힘을 작용하였더니, 물체가 가속도의 크기가 5 m/s²인 등가속도 직선 운동을 한다. F는 (　　) N이다.

[2~3] 그림은 마찰이 없는 수평면에 놓인 물체 A, B에 수평 방향으로 크기가 F인 힘이 각각 작용할 때, 물체의 속도를 시간에 따라 나타낸 것이다. A의 질량은 2 kg이다.

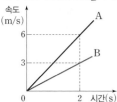

2. F는 (　　) N이다.

3. B의 질량은 (　　) kg이다.

정답
1. 10
2. 6
3. 4

4 뉴턴 운동 제2법칙(가속도 법칙)

탐구자료 살펴보기 | **힘, 질량, 가속도 사이의 관계**

과정

(1) 그림 (가)와 같이 질량이 1 kg인 수레와 질량이 0.5 kg인 추를 실로 연결한다.

(2) 수레를 수평면에 가만히 놓고 수레의 속력을 측정한다.

(3) 그림 (나)와 같이 수레에 추 1개를 올려놓고 과정 (2)를 반복한다.

(4) 그림 (다)와 같이 추 2개를 연결하고 과정 (2)를 반복한다.

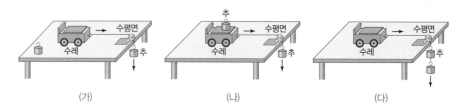

(가)　　　　　　　　(나)　　　　　　　　(다)

결과

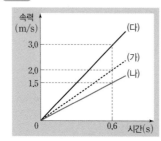

- (가), (나)에서 (수레＋추)의 질량이 커질수록 가속도의 크기는 감소한다.
- (가), (다)에서 수레에 작용하는 힘의 크기가 커질수록 가속도의 크기는 증가한다.

point

- 가속도의 크기는 질량이 일정하면 힘의 크기에 비례하고, 힘의 크기가 일정하면 질량에 반비례한다.

(1) 가속도와 힘 및 질량의 관계

① **힘과 가속도의 관계:** 질량을 일정하게 유지하고 알짜힘을 2배, 3배, …로 증가시키면 속도－시간 그래프의 기울기(가속도)는 2배, 3배, …로 증가한다.

➡ 질량(m)이 일정하면 가속도(a)는 알짜힘(F)에 비례한다. [$a \propto F$ (m: 일정)]

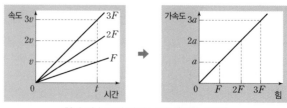

힘과 가속도의 관계 그래프(질량: 일정)

② **질량과 가속도의 관계:** 알짜힘을 일정하게 유지하고 질량을 2배, 3배, …로 증가시키면 속도－시간 그래프의 기울기(가속도)는 $\frac{1}{2}$배, $\frac{1}{3}$배, …로 감소한다.

➡ 힘(F)이 일정하면 가속도(a)는 질량(m)에 반비례한다. $[a \propto \dfrac{1}{m}$ (F: 일정)$]$

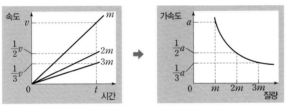

질량과 가속도의 관계 그래프(힘: 일정)

(2) **뉴턴 운동 제2법칙**: 가속도는 물체에 작용하는 알짜힘에 비례하고 질량에 반비례하는데, 이를 뉴턴 운동 제2법칙 또는 가속도 법칙이라고 한다. 가속도의 방향은 물체에 작용하는 알짜힘의 방향과 같다.

$$a = \frac{F}{m} \,, \; F = ma$$

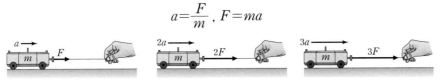

수레의 질량이 m으로 일정할 때, 수레의 가속도는 알짜힘에 비례한다.

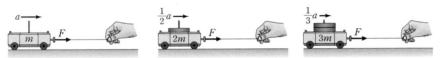

수레에 작용하는 알짜힘이 F로 일정할 때, 수레의 가속도는 질량에 반비례한다.

과학 돋보기 🔍 운동 방정식($F=ma$)의 적용

여러 물체가 함께 운동하여 가속도의 크기가 같은 경우, 여러 물체를 하나의 물체처럼 생각하여 다음과 같이 물체의 가속도를 구한다.

① 함께 운동하는 물체들의 질량을 모두 더한다.

② 운동하는 물체들에게 작용하는 외력만을 모두 더한다(물체들 사이에 상호 작용 하는 힘은 포함시키지 않는다.).

③ 한 물체처럼 생각하여 가속도는 $\dfrac{외력의\ 총합}{질량의\ 총합}$ 으로 구한다.

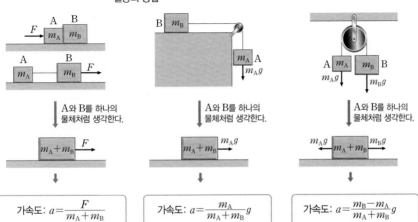

가속도: $a = \dfrac{F}{m_A + m_B}$

가속도: $a = \dfrac{m_A}{m_A + m_B} g$

가속도: $a = \dfrac{m_B - m_A}{m_A + m_B} g$

개념 체크

🔵 **뉴턴 운동 제2법칙(가속도 법칙)**: 가속도는 물체에 작용하는 알짜힘에 비례하고, 질량에 반비례한다.

🔵 **힘(F), 질량(m), 가속도(a)의 관계**: $F = ma$

[1~2] 그림과 같이 마찰이 없는 수평면에 물체 A, B를 놓고 A에 수평 방향으로 크기가 15 N인 힘을 작용한다. A, B의 질량은 각각 2 kg, 3 kg이다.

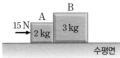

1. A의 가속도의 크기는 (   ) m/s²이다.

2. B가 A에 작용하는 힘의 크기는 (   ) N이다.

[3~4] 그림과 같이 물체 A, B가 실로 연결되어 등가속도 운동을 한다. A, B의 질량은 각각 3 kg, 2 kg이다. (단, 중력 가속도는 10 m/s²이고, 실의 질량, 모든 마찰과 공기 저항은 무시한다.)

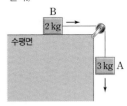

3. A의 가속도의 크기는 (   ) m/s²이다.

4. 실이 B를 당기는 힘의 크기는 (   ) N이다.

정답

1. 3   2. 9
3. 6   4. 12

개념 체크

➲ **작용 반작용:** 힘은 항상 쌍으로 작용하며, A가 B에게 작용한 힘(F_{AB})을 작용이라 하면, B가 A에게 작용한 힘(F_{BA})은 반작용이라고 한다.

➲ **뉴턴 운동 제3법칙(작용 반작용 법칙):** 작용과 반작용은 항상 크기가 같고, 방향은 서로 반대이다.

[1~2] 그림과 같이 용수철저울 A, B를 연결한 후, 손으로 B를 수평 방향으로 크기가 10 N인 힘으로 당겼더니 A, B가 정지해 있다.

1. A가 B에 작용하는 힘과 B가 A에 작용하는 힘은 (작용 반작용 , 평형) 관계이다.

2. A의 눈금이 가리키는 값은 ( ) N이다.

[3~4] 그림과 같이 수평면 위에 놓인 물체 A 위에 물체 B가 놓여 있다. A, B의 질량은 각각 5 kg, 2 kg이고, 중력 가속도는 10 m/s²이다.

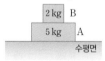

3. A가 B를 떠받치는 힘의 반작용은 ( ) 누르는 힘이다.

4. 수평면이 A를 떠받치는 힘의 크기는( ) N이다.

정답
1. 작용 반작용
2. 10
3. B가 A를
4. 70

5 뉴턴 운동 제3법칙(작용 반작용 법칙)

(1) 작용 반작용: 힘은 두 물체 사이의 상호 작용으로 항상 쌍으로 작용한다. 쌍으로 작용하는 두 힘의 크기는 같고 방향은 반대이다. 즉, 물체 A와 B가 상호 작용 하였을 때, A가 B에 작용하는 힘(F_{AB})과 동시에 B가 A에 작용하는 힘(F_{BA})이 있다. 이때 F_{AB}를 작용이라 하면, F_{BA}는 반작용이라고 한다. 상호 작용 하는 두 힘 사이에는 다음과 같은 관계가 성립한다.

$$F_{AB} = -F_{BA}$$

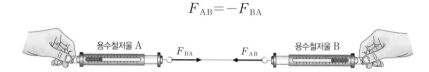

(2) 뉴턴 운동 제3법칙: 작용과 반작용은 항상 크기가 같고, 방향은 서로 반대이다. 이를 뉴턴 운동 제3법칙 또는 작용 반작용 법칙이라고 한다. 작용 반작용 법칙은 두 물체가 서로 접촉해 있든 접촉해 있지 않든 모두 성립한다.

(3) 작용 반작용의 예

① 로켓이 가스를 분출하며 날아간다.

② 노를 저어 배가 나아간다.

③ 달이 지구 주위를 공전한다.

과학 돋보기 Q 작용 반작용과 두 힘의 평형

두 물체 사이의 상호 작용으로 나타나는 두 힘은 작용 반작용 관계라 하고, 한 물체에 작용하는 두 힘의 합력이 0일 때 두 힘은 힘의 평형 관계라고 한다. 작용 반작용인 두 힘과 힘의 평형을 이루는 두 힘은 서로 크기가 같고 방향이 반대이지만, 작용 반작용인 두 힘은 작용점이 서로 다른 물체에 있고, 힘의 평형을 이루는 두 힘은 작용점이 한 물체에 있다.

구분	작용 반작용인 두 힘	힘의 평형을 이루는 두 힘
공통점	두 힘의 크기가 같고 방향이 반대이다.	
차이점	• 두 힘이 서로 다른 물체에 작용한다.	• 두 힘이 모두 한 물체에 작용한다. • 두 힘을 합성하면 알짜힘이 0이다.

01 그림은 장난감 비행기가 점 P, Q 를 지나는 곡선 경로를 따라 운동하는 모습을 나타낸 것이다.

[25023-0001]

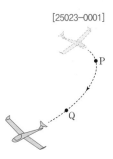

P에서 Q까지 장난감 비행기의 운동에 대한 설명으로 옳은 것만을 〈보기〉에서 있는 대로 고른 것은?

┌─〈 보기 〉─────────────────────
ㄱ. 등속도 운동을 한다.
ㄴ. 이동 거리는 변위의 크기보다 크다.
ㄷ. 평균 속력은 평균 속도의 크기보다 크다.
└──────────────────────────

① ㄱ　　② ㄷ　　③ ㄱ, ㄴ　　④ ㄴ, ㄷ　　⑤ ㄱ, ㄴ, ㄷ

02 그림 (가)는 속력이 빨라지며 직선 운동을 하는 기차의 모습을, (나)는 포물선 운동을 하는 배구공의 모습을, (다)는 등속 원운동을 하는 장난감 비행기의 모습을 나타낸 것이다.

[25023-0002]

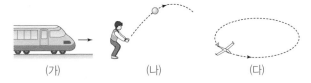

(가)　　　　　(나)　　　　　(다)

이에 대한 설명으로 옳은 것만을 〈보기〉에서 있는 대로 고른 것은?

┌─〈 보기 〉─────────────────────
ㄱ. (가)에서 기차에 작용하는 알짜힘의 방향은 기차의
　 운동 방향과 같다.
ㄴ. (나)에서 배구공의 속력은 일정하다.
ㄷ. (가)의 기차, (나)의 배구공, (다)의 장난감 비행기는
　 모두 가속도 운동을 한다.
└──────────────────────────

① ㄱ　　② ㄴ　　③ ㄱ, ㄷ　　④ ㄴ, ㄷ　　⑤ ㄱ, ㄴ, ㄷ

03 그림은 지표 근처에서의 등속도 운동, 등속 원운동, 포물선 운동을 운동 방향과 가속도의 방향에 따라 분류한 것이다.

[25023-0003]

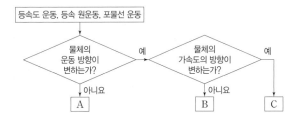

A, B, C로 옳은 것은?

	A	B	C
①	등속도 운동	포물선 운동	등속 원운동
②	등속도 운동	등속 원운동	포물선 운동
③	포물선 운동	등속도 운동	등속 원운동
④	포물선 운동	등속 원운동	등속도 운동
⑤	등속 원운동	포물선 운동	등속도 운동

04 그림은 구간 Ⅰ에서 등속도 운동을 한 후 구간 Ⅱ에서 빗면을 따라 직선 운동을 하던 물체가 구간 Ⅲ에서 포물선 운동을 하는 모습을 나타낸 것이다.

[25023-0004]

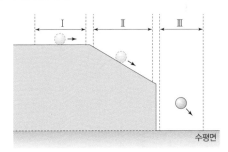

이에 대한 설명으로 옳은 것만을 〈보기〉에서 있는 대로 고른 것은? (단, 모든 마찰과 공기 저항은 무시한다.)

┌─〈 보기 〉─────────────────────
ㄱ. Ⅰ에서 물체에 작용하는 알짜힘은 0이다.
ㄴ. Ⅱ에서 물체는 속력이 증가하는 등가속도 운동을 한다.
ㄷ. Ⅱ와 Ⅲ에서 물체의 가속도의 크기는 같다.
└──────────────────────────

① ㄱ　　② ㄷ　　③ ㄱ, ㄴ　　④ ㄴ, ㄷ　　⑤ ㄱ, ㄴ, ㄷ

05 그림은 직선상에서 운동하는 물체의 위치를 시간에 따라 나타낸 것이다.

[25023-0005]

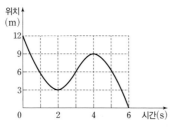

이에 대한 설명으로 옳은 것만을 〈보기〉에서 있는 대로 고른 것은?

보기

ㄱ. 0초부터 6초까지 물체의 운동 방향은 2번 바뀐다.

ㄴ. 0초부터 6초까지 물체의 평균 속도의 크기는 2 m/s 이다.

ㄷ. 5초일 때 물체의 가속도 방향은 운동 방향과 같다.

① ㄱ ② ㄷ ③ ㄱ, ㄴ ④ ㄴ, ㄷ ⑤ ㄱ, ㄴ, ㄷ

06 그림은 직선상에서 등가속도 운동을 하는 물체의 위치를 시간에 따라 나타낸 것이다.

[25023-0006]

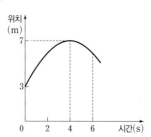

물체의 운동에 대한 설명으로 옳은 것만을 〈보기〉에서 있는 대로 고른 것은?

보기

ㄱ. 2초일 때 속력은 2 m/s이다.

ㄴ. 가속도의 크기는 0.5 m/s²이다.

ㄷ. 0초부터 6초까지 평균 속력은 1 m/s이다.

① ㄱ ② ㄴ ③ ㄱ, ㄷ ④ ㄴ, ㄷ ⑤ ㄱ, ㄴ, ㄷ

07 그림 (가)는 기준선 P에 정지한 자동차 A, B가 0초일 때, 오른쪽 방향으로 출발하는 모습을 나타낸 것이고, (나)는 A, B의 속도를 시간에 따라 나타낸 것이다. 0초부터 8초까지 자동차의 이동 거리는 B가 A보다 32 m만큼 크다.

[25023-0007]

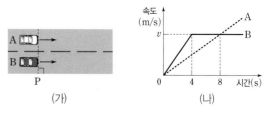

(가)　　　　　(나)

이에 대한 설명으로 옳은 것만을 〈보기〉에서 있는 대로 고른 것은? (단, A, B의 크기는 무시한다.)

보기

ㄱ. $v=16$이다.

ㄴ. 4초일 때 A의 가속도의 크기는 2 m/s²이다.

ㄷ. 0초부터 8초까지 B의 평균 속력은 12 m/s이다.

① ㄱ ② ㄷ ③ ㄱ, ㄴ ④ ㄴ, ㄷ ⑤ ㄱ, ㄴ, ㄷ

08 그림 (가)는 직선 도로에서 시간 $t=0$일 때 기준선 P를 통과한 자동차가 거리 d만큼 이동하여 $t=5t_0$일 때 기준선 Q를 통과하는 모습을 나타낸 것이다. 자동차의 속력은 P, Q에서 각각 6 m/s, 14 m/s이다. 그림 (나)는 (가)에서 자동차의 가속도를 t에 따라 나타낸 것이다.

[25023-0008]

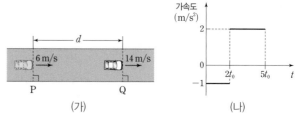

(가)　　　　　(나)

t_0과 d로 옳은 것은? (단, 자동차의 크기는 무시한다.)

	t_0	d		t_0	d
①	1초	32 m	②	1초	64 m
③	2초	32 m	④	2초	64 m
⑤	3초	32 m			

[25023–0009]

09 그림과 같이 빗면에서 스키 선수가 등가속도 직선 운동을 하여 점 P, Q, R를 지난다. P, Q, R에서 스키 선수의 속력은 각각 4 m/s, 8 m/s, 16 m/s이다.

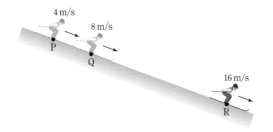

스키 선수의 운동에 대한 설명으로 옳은 것만을 〈보기〉에서 있는 대로 고른 것은? (단, 스키 선수의 크기는 무시한다.)

〈 보기 〉
ㄱ. P에서 Q까지 평균 속력은 6 m/s이다.
ㄴ. Q에서 R까지 운동하는 데 걸린 시간은 P에서 Q까지 운동하는 데 걸린 시간의 3배이다.
ㄷ. Q와 R 사이의 거리는 P와 Q 사이의 거리의 4배이다.

① ㄱ ② ㄴ ③ ㄱ, ㄷ ④ ㄴ, ㄷ ⑤ ㄱ, ㄴ, ㄷ

[25023–0010]

10 그림과 같이 직선상에서 시간 $t=0$일 때 점 P에 정지해 있던 자동차가 점 Q를 지난 후, $t=10$초일 때 점 R를 40 m/s의 속력으로 지난다. 자동차는 P에서 Q까지는 등가속도 운동을 하고, Q에서 R까지는 등속도 운동을 한다. P와 R 사이의 거리는 240 m이다.

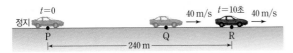

자동차의 운동에 대한 설명으로 옳은 것만을 〈보기〉에서 있는 대로 고른 것은? (단, 자동차의 크기는 무시한다.)

〈 보기 〉
ㄱ. $t=8$초일 때 Q를 지난다.
ㄴ. P에서 Q까지 운동하는 동안 가속도의 크기는 4 m/s^2이다.
ㄷ. P와 Q 사이의 거리는 Q와 R 사이의 거리의 2배이다.

① ㄱ ② ㄴ ③ ㄱ, ㄷ ④ ㄴ, ㄷ ⑤ ㄱ, ㄴ, ㄷ

[25023–0011]

11 그림과 같이 직선 도로에서 기준선 P를 속력 v로 통과한 자동차가 등가속도 운동을 하여 기준선 Q와 R를 지난다. R를 지날 때 자동차의 속력은 $5v$이고, P와 Q 사이의 거리와 Q와 R 사이의 거리는 각각 d, $2d$이다.

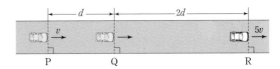

자동차의 운동에 대한 설명으로 옳은 것만을 〈보기〉에서 있는 대로 고른 것은? (단, 자동차의 크기는 무시한다.)

〈 보기 〉
ㄱ. Q를 지날 때 속력은 $2v$이다.
ㄴ. P에서 Q까지 운동하는 데 걸린 시간은 Q에서 R까지 운동하는 데 걸린 시간과 같다.
ㄷ. 가속도의 크기는 $\dfrac{8v^2}{d}$이다.

① ㄱ ② ㄴ ③ ㄷ ④ ㄱ, ㄷ ⑤ ㄴ, ㄷ

[25023–0012]

12 그림과 같이 직선 도로에서 시간 $t=0$일 때 자동차 A가 속력 15 m/s로 기준선 P를 지나는 순간 P에 정지해 있던 자동차 B가 출발한다. A, B는 각각 등가속도 직선 운동을 하여 $t=6$초일 때 기준선 Q를 동시에 지난다. 가속도의 방향은 서로 반대 방향이고, 가속도의 크기는 B가 A의 4배이다.

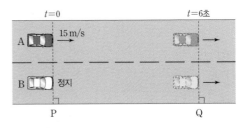

이에 대한 설명으로 옳은 것만을 〈보기〉에서 있는 대로 고른 것은? (단, A, B의 크기는 무시한다.)

〈 보기 〉
ㄱ. Q에서 A의 속력은 9 m/s이다.
ㄴ. B의 가속도의 크기는 4 m/s^2이다.
ㄷ. P와 Q 사이의 거리는 72 m이다.

① ㄱ ② ㄷ ③ ㄱ, ㄴ ④ ㄴ, ㄷ ⑤ ㄱ, ㄴ, ㄷ

[25023-0013]

13 그림 A, B, C는 일상생활에서 볼 수 있는 현상을 나타낸 것이다.

운동 방향

A. 달리던 버스가 갑자기 멈추면 사람과 버스 손잡이가 앞으로 기울어진다.

B. 동전이 올려진 종이를 재빠르게 치면 종이만 빠져나가고 동전은 컵 안으로 떨어진다.

C. 망치의 자루를 바닥에 내리치면 망치 머리가 자루에 단단히 박힌다.

A, B, C 중 관성과 관련된 현상만을 있는 대로 고른 것은?

① A ② B ③ A, C
④ B, C ⑤ A, B, C

[25023-0014]

14 그림 (가)는 수평면에서 물체 A와 실로 연결된 물체 B에 수평 방향으로 크기가 20 N인 힘이 작용하는 모습을 나타낸 것이고, (나)는 (가)에서 A의 속력을 시간에 따라 나타낸 것이다. A의 질량은 2 kg이다.

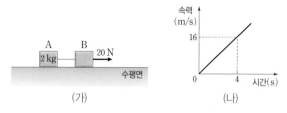

(가) (나)

이에 대한 설명으로 옳은 것만을 〈보기〉에서 있는 대로 고른 것은? (단, 실의 질량, 모든 마찰과 공기 저항은 무시한다.)

〈 보기 〉

ㄱ. A의 가속도의 크기는 4 m/s²이다.
ㄴ. B의 질량은 1 kg이다.
ㄷ. B에 작용하는 알짜힘의 크기는 8 N이다.

① ㄱ ② ㄴ ③ ㄷ ④ ㄱ, ㄷ ⑤ ㄴ, ㄷ

[25023-0015]

15 그림 (가)와 같이 수평면에서 물체 A, B를 접촉시키고, 수평 방향으로 12 N의 힘을 작용하였더니 A, B는 가속도의 크기가 4 m/s²인 등가속도 운동을 한다. A의 질량은 1 kg이다. 그림 (나)와 같이 A, B와 물체 C를 접촉시키고 수평 방향으로 15 N의 힘을 작용하였더니 A, B, C는 가속도의 크기가 3 m/s²인 등가속도 운동을 한다.

(가) (나)

이에 대한 설명으로 옳은 것만을 〈보기〉에서 있는 대로 고른 것은? (단, 모든 마찰과 공기 저항은 무시한다.)

〈 보기 〉

ㄱ. (가)에서 B에 작용하는 알짜힘의 크기는 8 N이다.
ㄴ. C의 질량은 2 kg이다.
ㄷ. A가 B에 작용하는 힘의 크기는 (가)에서가 (나)에서보다 크다.

① ㄱ ② ㄷ ③ ㄱ, ㄴ ④ ㄴ, ㄷ ⑤ ㄱ, ㄴ, ㄷ

[25023-0016]

16 그림과 같이 물체 A, B, C를 실로 연결한 후, A를 손으로 잡아 정지시켰다. A, B의 질량은 각각 m, $2m$이다. A를 가만히 놓으면 A, B, C가 함께 등가속도 운동을 한다. 등가속도 운동을 하는 동안 실 p가 B를 당기는 힘의 크기는 $\frac{4}{3}mg$이다.

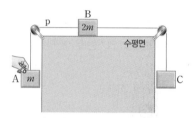

C의 질량은? (단, 중력 가속도는 g이고, 실의 질량, 모든 마찰과 공기 저항은 무시한다.)

① $\frac{3}{2}m$ ② $2m$ ③ $\frac{5}{2}m$ ④ $3m$ ⑤ $\frac{7}{2}m$

17 그림 (가)는 물체 A, B가 실로 연결되어 정지해 있는 모습을 나타낸 것으로, 수평면이 A에 작용하는 힘의 크기는 20 N이다. 그림 (나)는 실로 연결된 A, B가 가속도의 크기가 6 m/s²인 등가속도 운동을 하는 모습을 나타낸 것이다.

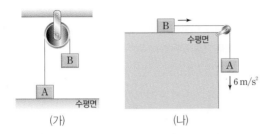

(가)   (나)

이에 대한 설명으로 옳은 것만을 〈보기〉에서 있는 대로 고른 것은? (단, 중력 가속도는 10 m/s²이고, 실의 질량, 모든 마찰과 공기 저항은 무시한다.)

─〈 보기 〉─
ㄱ. (가)에서 A에 작용하는 알짜힘은 0이다.
ㄴ. B의 질량은 4 kg이다.
ㄷ. (나)에서 실이 A를 당기는 힘의 크기는 12 N이다.

① ㄱ ② ㄷ ③ ㄱ, ㄴ ④ ㄴ, ㄷ ⑤ ㄱ, ㄴ, ㄷ

18 그림은 물체 A, B를 실로 연결하고 A를 손으로 잡아 점 p에 정지시킨 모습을 나타낸 것이다. A의 질량은 m이다. A를 가만히 놓으면 A는 등가속도 운동을 하여 p로부터 d만큼 떨어진 점 q를 $\sqrt{\dfrac{gd}{2}}$의 속력으로 지난다.

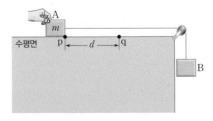

B의 질량은? (단, 중력 가속도는 g이고, 물체의 크기, 실의 질량, 모든 마찰과 공기 저항은 무시한다.)

① $\dfrac{1}{4}m$ ② $\dfrac{1}{3}m$ ③ $\dfrac{1}{2}m$ ④ m ⑤ $2m$

19 그림 (가)는 질량이 각각 m, $3m$, m인 물체 A, B, C가 실로 연결되어 정지해 있는 모습을 나타낸 것이다. 그림 (나)는 (가)에서 A의 위치를 바꾸었더니 물체가 등가속도 운동을 하는 모습을 나타낸 것이다.

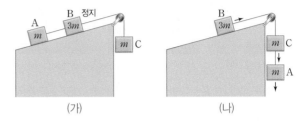

(가)   (나)

(나)에서 B와 C가 연결된 실이 B를 당기는 힘의 크기는? (단, 중력 가속도는 g이고, 실의 질량, 모든 마찰과 공기 저항은 무시한다.)

① mg ② $\dfrac{5}{4}mg$ ③ $\dfrac{4}{3}mg$ ④ $\dfrac{3}{2}mg$ ⑤ $\dfrac{8}{5}mg$

20 그림 (가)와 같이 물체 A, B를 실로 연결한 후, 손이 A에 연직 아래 방향으로 크기가 F인 힘을 가했더니 A, B가 정지해 있다. 그림 (나)는 (가)에서 A를 놓은 순간부터 A, B가 가속도의 크기가 $\dfrac{1}{2}g$인 등가속도 운동을 하는 모습을 나타낸 것이다. A의 질량은 m이다.

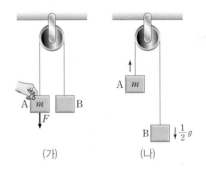

(가)   (나)

이에 대한 설명으로 옳은 것만을 〈보기〉에서 있는 대로 고른 것은? (단, 중력 가속도는 g이고, 실의 질량, 모든 마찰과 공기 저항은 무시한다.)

─〈 보기 〉─
ㄱ. B의 질량은 $3m$이다.
ㄴ. $F=2mg$이다.
ㄷ. 실이 B를 당기는 힘의 크기는 (가)에서가 (나)에서의 2배이다.

① ㄱ ② ㄷ ③ ㄱ, ㄴ ④ ㄴ, ㄷ ⑤ ㄱ, ㄴ, ㄷ

21 그림 (가)는 암벽에 매달려 정지해 있는 사람을, (나)는 노를 저어 앞으로 나아가는 배에 탄 사람을, (다)는 수영장 벽을 밀어 앞으로 나아가는 수영 선수를 나타낸 것이다.

[25023-0021]

(가) (나) (다)

이에 대한 설명으로 옳은 것만을 〈보기〉에서 있는 대로 고른 것은?

〔 보기 〕
ㄱ. (가)에서 사람에 작용하는 알짜힘은 0이다.
ㄴ. (나)에서 노가 물을 미는 힘과 물이 노를 미는 힘은 힘의 평형 관계이다.
ㄷ. (다)에서 수영 선수가 벽을 미는 힘의 크기는 벽이 수영 선수를 미는 힘의 크기보다 크다.

① ㄱ ② ㄷ ③ ㄱ, ㄴ ④ ㄴ, ㄷ ⑤ ㄱ, ㄴ, ㄷ

22 그림과 같이 수평한 트럭의 바닥면에 놓인 상자 A, B가 연직 위로 등속도 운동을 하고 있다. B가 트럭의 바닥을 누르는 힘의 크기는 B가 A를 떠받치는 힘의 크기의 3배이다.

[25023-0022]

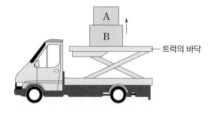

트럭의 바닥

이에 대한 설명으로 옳은 것만을 〈보기〉에서 있는 대로 고른 것은?

〔 보기 〕
ㄱ. A에 작용하는 알짜힘은 0이다.
ㄴ. 무게는 B가 A의 3배이다.
ㄷ. B가 A를 떠받치는 힘과 A가 B를 누르는 힘은 작용 반작용 관계이다.

① ㄱ ② ㄴ ③ ㄱ, ㄷ ④ ㄴ, ㄷ ⑤ ㄱ, ㄴ, ㄷ

23 그림과 같이 자석 A는 투명 플라스틱 컵의 바닥의 윗면에, 자석 B는 수평면의 바닥에 각각 정지해 있다. A의 S극과 B의 N극은 서로 마주 보고 있고, A와 B의 무게는 같다.

[25023-0023]

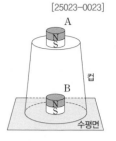

이에 대한 설명으로 옳은 것만을 〈보기〉에서 있는 대로 고른 것은?

〔 보기 〕
ㄱ. A가 B에 작용하는 자기력과 B가 A에 작용하는 자기력은 작용 반작용 관계이다.
ㄴ. A가 컵을 누르는 힘의 크기는 B가 바닥을 누르는 힘의 크기보다 크다.
ㄷ. A를 제거하면 B가 바닥을 누르는 힘의 크기는 감소한다.

① ㄱ ② ㄷ ③ ㄱ, ㄴ ④ ㄴ, ㄷ ⑤ ㄱ, ㄴ, ㄷ

24 그림과 같이 물체 A, B, C가 실 p, q로 연결되어 정지해 있다. A, B의 질량은 각각 $4m$, m이다. p가 B를 당기는 힘의 크기는 q가 C를 당기는 힘의 크기의 3배이다.

[25023-0024]

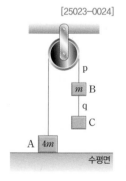

이에 대한 설명으로 옳은 것만을 〈보기〉에서 있는 대로 고른 것은? (단, 중력 가속도는 g이고, 실의 질량, 모든 마찰은 무시한다.)

〔 보기 〕
ㄱ. C의 질량은 $2m$이다.
ㄴ. A가 수평면을 누르는 힘과 수평면이 A를 떠받치는 힘은 작용 반작용 관계이다.
ㄷ. 수평면이 A를 떠받치는 힘의 크기는 $3mg$이다.

① ㄱ ② ㄴ ③ ㄱ, ㄷ ④ ㄴ, ㄷ ⑤ ㄱ, ㄴ, ㄷ

01 그림은 물체 A, B, C의 운동을 나타낸 것이고, 표는 운동 (가)~(다)의 특징을 나타낸 것이다. A, B, C의 운동은 각각 (가)~(다) 중 하나이다.

포물선 운동을 하는 농구공 A

연직 아래 방향으로 떨어지는 사과 B

지구 주위를 등속 원운동 하는 달 C

특징	(가)	(나)	(다)
물체의 속력이 일정하다.	○	×	×
물체의 운동 방향이 일정하다.	×	○	×
물체에 작용하는 알짜힘의 방향이 물체의 운동 방향과 같다.	㉠	㉡	㉢

(○: 예, ×: 아니요)

이에 대한 설명으로 옳은 것만을 〈보기〉에서 있는 대로 고른 것은?

〔 보기 〕
ㄱ. A의 운동은 (다)에 해당한다.
ㄴ. C의 운동 방향과 가속도 방향은 서로 같다.
ㄷ. ㉠, ㉡, ㉢ 중 '×'는 2개이다.

① ㄱ   ② ㄴ   ③ ㄱ, ㄷ   ④ ㄴ, ㄷ   ⑤ ㄱ, ㄴ, ㄷ

물체에 작용하는 알짜힘의 방향과 물체의 운동 방향이 같으면 물체는 속력이 증가하는 운동을 한다.

---

02 그림은 직선 활주로에서 점 p에 정지해 있던 비행기가 등가속도 직선 운동을 하여 점 q, r를 지나는 모습을 나타낸 것이다. q, r에서 비행기의 속력은 각각 60 m/s, 180 m/s이고, p와 q 사이의 거리는 **75 m**이다.

비행기의 운동에 대한 설명으로 옳은 것만을 〈보기〉에서 있는 대로 고른 것은? (단, 비행기의 크기는 무시한다.)

〔 보기 〕
ㄱ. p에서 q까지 평균 속력은 30 m/s이다.
ㄴ. 가속도의 크기는 24 m/s²이다.
ㄷ. q와 r 사이의 거리는 600 m이다.

① ㄱ   ② ㄴ   ③ ㄱ, ㄷ   ④ ㄴ, ㄷ   ⑤ ㄱ, ㄴ, ㄷ

등가속도 직선 운동을 하는 물체의 처음 속력을 v_0, 나중 속력을 v라고 할 때, 평균 속력은 $v_{평균} = \dfrac{v_0 + v}{2}$이다.

등가속도 직선 운동의 관계식
$2as = v^2 - v_0^2$에서 가속도가
같을 때, 이동 거리는 속력의
제곱 차에 비례한다.

[25023-0027]

03 그림과 같이 직선 도로에서 자동차 A, B가 기준선 P, Q를 각각 속력 $2v$, v로 동시에 지난 후 기준선 R까지는 서로 같은 가속도로 등가속도 운동을 하고, R부터는 각각 서로 다른 속력으로 등속도 운동을 하여 기준선 S를 동시에 지난다. S를 지날 때 B의 속력은 $2v$이다. P와 Q 사이의 거리와 Q와 R 사이 거리는 각각 $3L$, L이다.

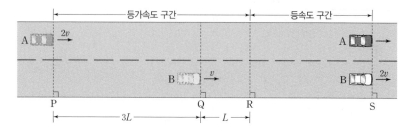

R와 S 사이의 거리는? (단, A, B의 크기는 무시한다.)

① $\dfrac{13}{6}L$　　　② $\dfrac{7}{3}L$　　　③ $\dfrac{5}{2}L$　　　④ $\dfrac{8}{3}L$　　　⑤ $\dfrac{17}{6}L$

빗면의 경사각이 클수록 빗면
에서 운동하는 수레의 가속도
의 크기가 크다.

[25023-0028]

04 다음은 빗면에서 운동하는 물체의 운동을 분석하기 위한 실험이다.

[실험 과정]

(가) 그림과 같이 빗면에서 운동하는 수레를 디지털 카메라로 동영상 촬영한다.

(나) 동영상 분석 프로그램을 이용하여 수레의 한 지점 P가 기준선을 통과하는 순간부터 0.1초 간격으로 P의 위치를 기록한다.

(다) 빗면의 경사각을 달리하여 과정 (가), (나)를 반복한다.

[실험 결과]

시간(초)		0	0.1	0.2	0.3	0.4	0.5
P의 위치 (cm)	실험 I	0	㉠	14	㉡	36	50
	실험 II	0	2	8	18	32	50

이에 대한 설명으로 옳은 것만을 〈보기〉에서 있는 대로 고른 것은? (단, 수레의 크기, 모든 마찰과 공기 저항은 무시한다.)

〔 보기 〕
ㄱ. ㉡ − ㉠ = 18이다.
ㄴ. 수레의 가속도의 크기는 실험 II일 때가 실험 I일 때의 2배이다.
ㄷ. 실험 II에서 0.5초일 때 수레의 속력은 3 m/s이다.

① ㄱ　　　② ㄷ　　　③ ㄱ, ㄴ　　　④ ㄴ, ㄷ　　　⑤ ㄱ, ㄴ, ㄷ

05 그림과 같이 빗면에서 물체 **A**, **B**가 점 **p**, **q**를 각각 $2v$, v의 속력으로 동시에 통과한 후 등가속도 직선 운동을 하여 점 **r**에서 만난다. **p**와 **q** 사이의 거리와 **q**와 **r** 사이의 거리는 각각 d, $2d$이다.

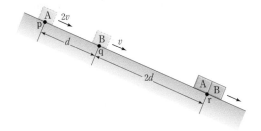

A의 가속도의 크기는? (단, 물체의 크기와 모든 마찰은 무시한다.)

① $\dfrac{2v^2}{d}$ ② $\dfrac{3v^2}{d}$ ③ $\dfrac{4v^2}{d}$ ④ $\dfrac{5v^2}{d}$ ⑤ $\dfrac{7v^2}{d}$

같은 빗면에서 A와 B는 같은 가속도로 운동하므로 같은 시간 동안 속도 변화량이 같다.

06 그림은 직선 도로에서 시간 $t=0$일 때 기준선 **P**를 통과한 자동차가 등가속도 운동을 하여 기준선 **Q**, **R**를 지난 후 $t=6$초일 때 기준선 **S**를 통과하는 모습을 나타낸 것이다. 자동차는 $t=3$초, $t=5$초일 때 각각 **Q**, **R**를 통과한다. **P**와 **Q** 사이의 거리와 **R**와 **S** 사이의 거리는 **12 m**로 서로 같다.

$t=0$부터 $t=3$초까지 자동차의 평균 속력은 $t=1.5$초일 때의 속력과 같다.

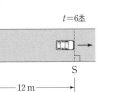

자동차의 운동에 대한 설명으로 옳은 것만을 〈보기〉에서 있는 대로 고른 것은? (단, 자동차의 크기는 무시한다.)

〔 보기 〕
ㄱ. 가속도의 크기는 $4\ \text{m/s}^2$이다.
ㄴ. $t=6$초일 때 속력은 $14\ \text{m/s}$이다.
ㄷ. **Q**와 **R** 사이의 거리는 **18 m**이다.

① ㄱ   ② ㄷ   ③ ㄱ, ㄴ   ④ ㄱ, ㄷ   ⑤ ㄴ, ㄷ

평균 속력은 q에서 r까지 운동하는 동안이 r에서 s까지 운동하는 동안의 $\frac{2}{3}$배이다.

07 그림과 같이 빗면의 점 p에서 가만히 놓은 물체가 등가속도 직선 운동을 하여 점 q, r, s를 지난다. s에서 물체의 속력은 v이다. q와 r 사이의 거리와 r와 s 사이의 거리는 각각 $4L$, $3L$이고, 물체가 q에서 r까지 운동하는 데 걸린 시간은 r에서 s까지 운동하는 데 걸린 시간의 2배이다.

물체의 운동에 대한 설명으로 옳은 것만을 〈보기〉에서 있는 대로 고른 것은? (단, 물체의 크기는 무시한다.)

〈 보기 〉
ㄱ. 속력은 r에서가 q에서의 2배이다.

ㄴ. 가속도의 크기는 $\frac{v^2}{4L}$이다.

ㄷ. p와 q 사이의 거리는 $\frac{4}{3}L$이다.

① ㄱ   ② ㄴ   ③ ㄱ, ㄷ   ④ ㄴ, ㄷ   ⑤ ㄱ, ㄴ, ㄷ

가속도는 물체에 작용하는 알짜힘에 비례하고, 질량에 반비례한다.

08 그림 (가), (나)와 같이 기중기 고리에 줄로 연결된 질량이 M인 상자가 연직 위 방향의 크기가 F인 힘을 받아 등가속도 직선 운동을 한다. (가)의 상자 안에는 질량이 m인 물체 A가, (나)의 상자 안에는 질량이 $2m$인 물체 B가 상자의 바닥에 각각 놓여 있다. (가), (나)에서 상자의 가속도의 크기는 각각 $\frac{1}{2}g$, $\frac{1}{4}g$이다.

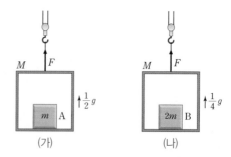

F는? (단, 중력 가속도는 g이고, 줄의 질량, 공기 저항은 무시한다.)

① $6mg$ ② $\frac{13}{2}mg$ ③ $7mg$ ④ $\frac{15}{2}mg$ ⑤ $8mg$

[25023-0033]

09 그림 (가), (나)와 같이 빗면 위에 물체 A, B, C를 접촉시키고, 빗면과 나란한 방향으로 크기가 42 N인 힘을 (가)에서는 A에, (나)에서는 C에 각각 작용하였더니, A, B, C가 함께 등가속 직선 운동을 한다. A, B, C의 질량은 각각 2 kg, 4 kg, 1 kg이다. A의 가속도의 크기는 (나)에서가 (가)에서의 2배이고 가속도의 방향은 서로 반대이다.

중력에 의해 물체에 빗면과 나란한 방향으로 작용하는 힘의 크기는 물체의 질량에 비례한다.

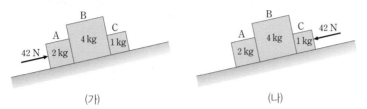

(가), (나)에서 B가 A에 작용하는 힘의 크기를 각각 $F_{(가)}$, $F_{(나)}$라고 할 때, $\dfrac{F_{(가)}}{F_{(나)}}$는? (단, 모든 마찰과 공기 저항은 무시한다.)

① $\dfrac{5}{2}$ ② 3   ③ $\dfrac{7}{2}$ ④ 4   ⑤ $\dfrac{9}{2}$

[25023-0034]

10 다음은 추와 수레를 이용하여 힘, 질량, 가속도 사이의 관계를 알아보는 실험이다.

(가), (나)에서 수레는 0부터 t_0까지 각각 60 cm, 90 cm를 이동한다.

[실험 과정]　(1) 그림 (가)와 같이 수레와 질량이 0.4 kg인 추 1개를 도르래를 통해 실로 연결하고, 수레를 가만히 놓은 순간부터 수레가 이동한 거리를 시간에 따라 측정한다.

(2) 그림 (나)와 같이 (가)의 수레 위에 추 1개를 올려놓고 추 2개를 도르래를 통해 실로 연결한 후, 수레를 가만히 놓은 순간부터 수레가 이동한 거리를 시간에 따라 측정한다. 추의 질량은 모두 0.4 kg이다.

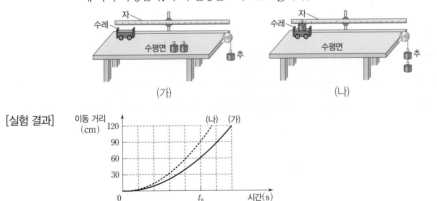

[실험 결과]

이에 대한 설명으로 옳은 것만을 〈보기〉에서 있는 대로 고른 것은? (단, 중력 가속도는 10 m/s²이고, 실의 질량, 모든 마찰과 공기 저항은 무시한다.)

┌─ 보기 ┐
ㄱ. 수레의 질량은 2 kg이다.　　　　　ㄴ. $t_0 < 1$이다.
ㄷ. 실이 수레에 작용하는 힘의 크기는 (가)에서가 (나)에서보다 작다.
└──────┘

① ㄱ　　② ㄷ　　③ ㄱ, ㄴ　　④ ㄴ, ㄷ　　⑤ ㄱ, ㄴ, ㄷ

각 물체에 작용하는 알짜힘의 크기는 전체 물체에 작용하는 알짜힘의 크기와 전체 물체의 질량 합에 대한 각 물체의 질량의 비를 곱한 값과 같다.

[25023-0035]

11 그림 (가), (나)와 같이 물체 A, B, C가 실 p, q로 연결되어 등가속도 운동을 한다. A, C의 질량은 각각 m, $2m$이고, (가)와 (나)에서 q가 B를 당기는 힘의 크기는 같다.

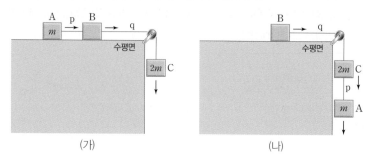

(가)   (나)

이에 대한 설명으로 옳은 것만을 〈보기〉에서 있는 대로 고른 것은? (단, 중력 가속도는 g이고, 실의 질량, 모든 마찰과 공기 저항은 무시한다.)

> (보기)
>
> ㄱ. B의 질량은 $2m$이다.
>
> ㄴ. A의 가속도의 크기는 (가)에서가 (나)에서의 $\frac{2}{3}$배이다.
>
> ㄷ. (나)에서 p가 A를 당기는 힘의 크기는 $\frac{3}{5}mg$이다.

① ㄱ   ② ㄷ   ③ ㄱ, ㄴ   ④ ㄴ, ㄷ   ⑤ ㄱ, ㄴ, ㄷ

[25023-0036]

(가)에서 중력에 의해 A에 빗면과 나란한 방향으로 작용하는 힘의 크기를 f라 하면, (나)에서 중력에 의해 C에 빗면과 나란한 방향으로 작용하는 힘의 크기는 $\frac{1}{2}f$이다.

12 그림 (가), (나)와 같이 동일한 빗면과 마찰이 있는 수평면에서 물체 A, B, C가 실로 연결되어 등가속도 운동을 한다. (가), (나)에서 마찰이 있는 수평면과 B 사이에는 크기가 F로 일정한 마찰력이 동일하게 작용한다. (가)와 (나)에서 B의 가속도의 크기는 각각 $\frac{1}{8}g$, $\frac{1}{5}g$이고, 가속도의 방향은 운동 방향과 같다. A, B, C의 질량은 각각 $2m$, m, m이다.

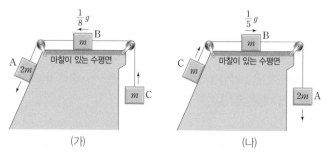

(가)   (나)

F는? (단, 중력 가속도는 g이고, 실의 질량, 수평면에서의 마찰 외의 모든 마찰과 공기 저항은 무시한다.)

① $\frac{1}{5}mg$ ② $\frac{3}{10}mg$ ③ $\frac{2}{5}mg$ ④ $\frac{1}{2}mg$ ⑤ $\frac{3}{5}mg$

13 그림 (가)와 같이 물체 A, B, C를 실로 연결하고 0초일 때 정지 상태에서 B를 가만히 놓았더니 물체가 등가속도 운동을 하다가 2초일 때 실 **p**가 끊어졌다. 그림 (나)는 B에 작용하는 알짜힘의 크기를 시간에 따라 나타낸 것이다. B의 질량은 **1 kg**이다. **p**가 끊어지기 전과 후 B의 가속도 방향은 같다.

1초, 3초일 때 B에 작용하는 알짜힘의 크기가 각각 5 N, 8 N이므로 1초, 3초일 때 B의 가속도의 크기는 각각 5 m/s², 8 m/s²이다.

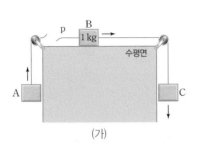
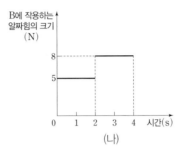

(가)   (나)

이에 대한 설명으로 옳은 것만을 〈보기〉에서 있는 대로 고른 것은? (단, 중력 가속도는 **10 m/s²**이고, 실의 질량, 모든 마찰과 공기 저항은 무시한다.)

┌─〈 보기 〉──────────────────────────
│ ㄱ. A의 질량은 2 kg이다.
│ ㄴ. 1초일 때 p가 B를 당기는 힘의 크기는 15 N이다.
│ ㄷ. 3초일 때 C에 작용하는 알짜힘의 크기는 36 N이다.
└──────────────────────────────────

① ㄱ   ② ㄴ   ③ ㄷ   ④ ㄱ, ㄷ   ⑤ ㄴ, ㄷ

[25023-0038]

14 그림 (가)는 물체 A, B를 실로 연결하고 A를 점 **p**에 가만히 놓았더니 A, B가 등가속도 운동을 하여 점 **q**에서 A의 속력이 v가 되는 순간 실이 끊어진 모습을 나타낸 것이다. 그림 (나)는 (가) 이후 A, B가 각각 등가속도 운동을 하여 A가 **p**를 $2v$의 속력으로 지나는 모습을 나타낸 것이다. A, B의 질량은 각각 $5m$, $4m$이다.

실이 끊어진 후 A가 내려오면서 q를 지나는 순간, A의 속력은 v이다.

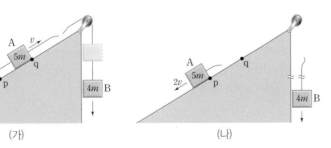

(가)   (나)

(가)에서 실이 끊어지기 전, 실이 B를 당기는 힘의 크기는? (단, 중력 가속도는 g이고, 물체의 크기, 실의 질량, 모든 마찰과 공기 저항은 무시한다.)

① $2mg$ ② $\dfrac{8}{3}mg$ ③ $3mg$ ④ $\dfrac{10}{3}mg$ ⑤ $4mg$

[25023-0039]

15 그림 (가)와 같이 물체 A~D가 실 **p**, **q**, **r**로 연결되어 정지해 있다. 그림 (나)는 (가)에서 시간 $t=0$일 때는 **r**를, $t=2t_0$일 때는 **q**를 끊었을 때 B의 속력을 t에 따라 나타낸 것이다. B, C, D의 질량은 각각 m, m, $2m$이다.

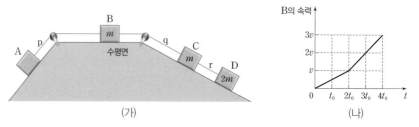

(가)   (나)

이에 대한 설명으로 옳은 것만을 〈보기〉에서 있는 대로 고른 것은? (단, 실의 질량, 모든 마찰과 공기 저항은 무시한다.)

┌─ 보기 ────────────────────────────────┐
ㄱ. A의 질량은 $2m$이다.
ㄴ. **p**가 A를 당기는 힘의 크기는 $t=t_0$일 때가 $t=3t_0$일 때의 3배이다.
ㄷ. $t=0$부터 $t=4t_0$까지 C가 이동한 거리는 $2vt_0$이다.
└──────────────────────────────────────┘

① ㄱ   ② ㄴ   ③ ㄱ, ㄷ   ④ ㄴ, ㄷ   ⑤ ㄱ, ㄴ, ㄷ

[25023-0040]

16 그림 (가)는 물체 A, B, C가 실로 연결되어 등속도 운동을 하다가 A, B가 각각 점 **p**, **q**를 지나는 순간 A와 B가 연결된 실이 끊어지는 모습을 나타낸 것이다. 그림 (나)는 (가)에서 실이 끊어진 순간부터 A가 정지하는 순간까지 A, B가 등가속도 운동을 하여 각각 $3d$, $8d$만큼 이동한 모습을 나타낸 것이다. A, B의 질량은 각각 $2m$, m이다.

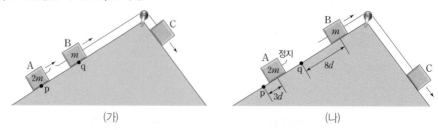

(가)   (나)

C의 질량은? (단, 물체의 크기, 실의 질량, 모든 마찰과 공기 저항은 무시한다.)

① $\dfrac{3}{2}m$ ② $\dfrac{7}{4}m$ ③ $2m$ ④ $\dfrac{9}{4}m$ ⑤ $\dfrac{5}{2}m$

가속도가 같을 때 각 물체에 작용하는 알짜힘의 크기의 비는 물체의 질량비와 같다.

A가 $3d$만큼 이동하는 동안 B는 $8d$만큼 이동하므로 평균 속력은 B가 A의 $\dfrac{8}{3}$배이다.

[25023−0041]

17 그림과 같이 마찰이 없는 수평면에 정지해 있는 물체 C 위에 물체 A와 B를 올려놓고, A, B에 수평 방향으로 크기가 각각 F, $5F$인 힘을 서로 반대 방향으로 작용하였더니 A, B가 미끄러지지 않고 C와 함께 등가속도 운동을 하였다. C의 윗면은 수평면과 나란하며, A, B, C의 질량은 각각 m, $2m$, $5m$이다.

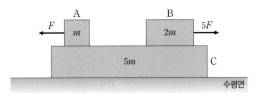

이에 대한 설명으로 옳은 것만을 〈보기〉에서 있는 대로 고른 것은? (단, 공기 저항은 무시한다.)

┌─ 보기 ────────────────────────────┐
ㄱ. A에 작용하는 알짜힘의 크기는 $2F$이다.
ㄴ. C가 A에 수평 방향으로 작용하는 힘의 방향은 A의 운동 방향과 같다.
ㄷ. B가 C에 수평 방향으로 작용하는 힘의 크기는 $4F$이다.
└──────────────────────────────────┘

① ㄱ   ② ㄴ   ③ ㄷ   ④ ㄴ, ㄷ   ⑤ ㄱ, ㄴ, ㄷ

> A, B, C의 가속도의 크기는
> $a = \dfrac{4F}{8m} = \dfrac{F}{2m}$ 이다.

[25023−0042]

18 그림 (가)와 같이 직육면체 모양의 물체 A, B가 수평면에 놓인 상태에서 A에 크기가 F인 힘이 연직 아래 방향으로 작용할 때, A, B가 정지해 있다. 그림 (나)와 같이 A, B를 천장에 대고 크기가 F인 힘이 연직 위 방향으로 B에 작용할 때, A, B가 정지해 있다. A, B의 질량은 각각 $2m$, m이고, A가 B에 작용하는 힘의 크기는 (가)에서가 (나)에서의 2배이다.

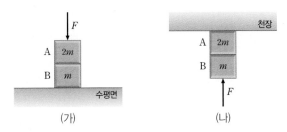

(가)   (나)

이에 대한 설명으로 옳은 것만을 〈보기〉에서 있는 대로 고른 것은? (단, 중력 가속도는 g이다.)

┌─ 보기 ────────────────────────────┐
ㄱ. (가)에서 A가 B를 누르는 힘과 수평면이 B를 떠받치는 힘은 작용 반작용 관계이다.
ㄴ. $F = 4mg$이다.
ㄷ. (가)에서 수평면이 B를 떠받치는 힘의 크기는 (나)에서 천장이 A를 누르는 힘의 크기의 7배이다.
└──────────────────────────────────┘

① ㄱ   ② ㄴ   ③ ㄱ, ㄷ   ④ ㄴ, ㄷ   ⑤ ㄱ, ㄴ, ㄷ

> 작용 반작용 관계에 있는 두 힘은 크기가 같고 방향은 반대이다.

[25023-0043]

19 그림 (가)와 같이 저울 위에 사람과 물체 A, B가 정지해 있다. 그림 (나), (다)는 A, B를 줄로 연결하고 사람이 B와 연결된 줄을 연직 아래 방향으로 당겨 A, B를 등속도 운동시키는 모습을 나타낸 것이다. 물체의 무게는 A가 B의 3배이고, (가), (나)에서 저울의 눈금은 각각 620 N, 460 N이다.

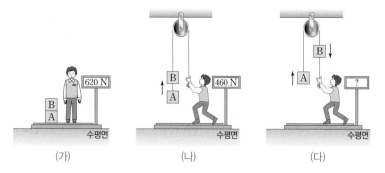

이에 대한 설명으로 옳은 것만을 〈보기〉에서 있는 대로 고른 것은? (단, 줄의 질량, 모든 마찰과 공기 저항은 무시한다.)

〔 보기 〕

ㄱ. (가)에서 A에 작용하는 알짜힘은 0이다.

ㄴ. 사람의 무게는 540 N이다.　　　　　ㄷ. (다)에서 저울의 눈금은 500 N이다.

① ㄱ　　　　　② ㄴ　　　　　③ ㄱ, ㄷ　　　　　④ ㄴ, ㄷ　　　　　⑤ ㄱ, ㄴ, ㄷ

[25023-0044]

20 그림 (가)는 저울 위에 놓인 물체 A가 물체 B, C와 빗면과 나란한 실 p, q로 연결되어 정지해 있는 모습을 나타낸 것이다. B의 질량은 2 kg이고, 저울에 측정된 힘의 크기는 20 N이다. 그림 (나)는 (가)에서 p를 끊었을 때, C가 가속도의 크기가 5 m/s²인 등가속도 운동을 하는 모습을 나타낸 것이다. 이때 q가 C를 당기는 힘의 크기는 20 N이고, A는 정지해 있다.

이에 대한 설명으로 옳은 것만을 〈보기〉에서 있는 대로 고른 것은? (단, 중력 가속도는 10 m/s²이고, 실의 질량, 모든 마찰과 공기 저항은 무시한다.)

〔 보기 〕

ㄱ. (가)에서 p가 B를 당기는 힘과 q가 B를 당기는 힘의 크기는 작용과 반작용 관계이다.

ㄴ. C의 질량은 4 kg이다.

ㄷ. (나)에서 저울에 측정된 힘의 크기는 40 N이다.

① ㄱ　　　　　② ㄴ　　　　　③ ㄷ　　　　　④ ㄱ, ㄷ　　　　　⑤ ㄴ, ㄷ

02 운동량과 충격량

1 운동량

(1) 운동량

① 같은 속력이라도 질량이 큰 물체는 멈추기가 어렵고, 같은 질량이라도 속력이 빠르면 멈추기가 어렵다. 이와 같이 물체가 운동하는 정도는 물체의 질량과 속력에 따라 다르다.

② **운동량(p):** 물체의 운동하는 정도를 나타낸 물리량으로, 물체의 질량과 속도의 곱으로 나타낸다. 즉, 질량이 m, 속도가 v인 물체의 운동량 p는 다음과 같다.

$$p=mv \ [\text{단위}: \text{kg·m/s}]$$

- 운동량의 방향은 속도의 방향과 같다.
- 운동량은 크기와 방향을 갖는 물리량으로, 직선상에서 두 물체가 서로 반대 방향으로 운동할 때 어느 한 방향에 (+)부호를 붙이면, 반대 방향에는 (−)부호를 붙인다.

$$-8\,\text{kg·m/s} \xleftarrow{4\,\text{m/s}} \boxed{\text{A} \atop 2\,\text{kg}} \qquad \boxed{\text{B} \atop 3\,\text{kg}} \xrightarrow{4\,\text{m/s}} 12\,\text{kg·m/s}$$

(2) 운동량 변화량

① 물체에 힘이 작용하면 물체의 속도가 변하게 되어 물체의 운동량이 변한다.

② **운동량 변화량(Δp):** 직선상에서 운동하는 물체의 운동량 변화량은 물체의 나중 운동량과 처음 운동량의 차이다. 즉, 질량이 m인 물체의 처음 속도가 v_0, 나중 속도가 v일 때 물체의 운동량 변화량 Δp는 다음과 같다.

$$\Delta p=mv-mv_0 \ [\text{단위}: \text{kg·m/s}]$$

- 운동량 변화량의 방향은 물체에 작용하는 힘의 방향과 같다.

과학 돋보기 🔍 운동량 변화량의 크기

- 그림 (가)와 같이 직선상에서 운동하는 물체에 처음 운동 방향과 같은 방향으로 힘이 작용하여 운동량이 증가하는 경우, 물체의 운동량 변화량의 크기는 $\Delta p=mv-mv_0$이다.

- 그림 (나)와 같이 직선상에서 운동하는 물체에 처음 운동 방향과 반대 방향으로 힘이 작용하여 운동량이 감소하는 경우, 물체의 운동량 변화량의 크기는 $\Delta p=mv_0-mv$이다.

- 그림 (다)와 같이 직선상에서 운동하는 물체에 처음 운동 방향과 반대 방향으로 힘이 작용하여 운동량의 방향이 반대 방향으로 변하는 경우, 물체의 운동량 변화량의 크기는 $\Delta p=mv_0+mv$이다.

개념 체크

🔸 **운동량:** 물체의 질량과 속도의 곱이며, 단위는 kg·m/s이다.

🔸 **운동량 변화량:** 물체의 나중 운동량과 처음 운동량의 차이며, 방향은 물체에 작용하는 힘의 방향이다.

1. 물체의 질량과 속도를 곱한 물리량을 (㉠)이라고 하고, (㉠)의 방향은 (㉡)의 방향과 같다.

2. 물체가 등속도 운동을 할 때, 물체의 속력이 클수록 물체의 운동량 크기는 ( ).

3. 질량이 2 kg인 물체가 4 m/s의 속력으로 등속도 운동을 할 때, 물체의 운동량 크기는 ( )이다.

정답
1. ㉠ 운동량, ㉡ 속도
2. 크다
3. 8 kg·m/s

⭕ **운동량 보존 법칙**: 물체가 충돌할 때 외력이 작용하지 않으면, 충돌 전 물체들의 운동량의 합과 충돌 후 물체들의 운동량의 합은 같다.

[1~4] 그림과 같이 질량이 같은 물체 A, B가 동일 직선상에서 서로를 향해 각각 등속도 운동을 한다. A, B의 운동량의 크기는 각각 $2p$, p이고, 충돌 후 한 덩어리가 되어 오른쪽으로 운동한다.

1. A와 B가 충돌할 때 A에 작용하는 힘의 크기와 B에 작용하는 힘의 크기는 (　　).

2. 충돌 전 A, B의 운동량 합의 크기는 (　　)이다.

3. 충돌 후 A의 운동량 크기는 (　　)이다.

4. 충돌 전과 후 B의 운동량 변화량의 크기는 (　　)이다.

2 운동량 보존 법칙

(1) 운동량 보존 법칙

① 물체에 힘이 작용하지 않으면 물체의 속도가 변하지 않으므로 운동량도 변하지 않는다.

② 그림과 같이 수평면에서 질량이 각각 m_A, m_B이고 충돌 전 속도가 각각 v_A, v_B인 두 물체 A, B가 서로 충돌한 후 속도가 각각 $v_A{}'$, $v_B{}'$가 되었다.

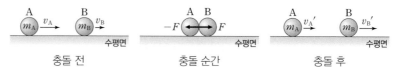

충돌 전　　　　　　　충돌 순간　　　　　　　충돌 후

- 충돌 전 A, B의 운동량의 합: $m_A v_A + m_B v_B$
- 충돌 후 A, B의 운동량의 합: $m_A v_A{}' + m_B v_B{}'$
- 충돌 순간, 작용 반작용 법칙에 따라 A, B는 서로 같은 크기의 힘(F)을 같은 시간(Δt) 동안 서로 반대 방향으로 받는다. 따라서 A, B에 뉴턴 운동 제2법칙을 적용하면 다음과 같다.

$$-F = m_A a_A = m_A\left(\frac{v_A{}' - v_A}{\Delta t}\right),\ F = m_B a_B = m_B\left(\frac{v_B{}' - v_B}{\Delta t}\right)$$

$$-m_A\left(\frac{v_A{}' - v_A}{\Delta t}\right) = m_B\left(\frac{v_B{}' - v_B}{\Delta t}\right) \text{에서 } m_A v_A + m_B v_B = m_A v_A{}' + m_B v_B{}' \text{가 성립한다.}$$

➡ 충돌 전 A, B의 운동량의 합과 충돌 후 A, B의 운동량의 합은 같다.

③ **운동량 보존 법칙**: 물체가 충돌할 때 외부에서 힘이 작용하지 않으면 충돌 전과 충돌 후 물체들의 운동량의 합은 일정하게 보존된다. 이것을 운동량 보존 법칙이라고 한다.
- 충돌하는 물체들의 운동량 변화량의 총합은 0이다. 즉, $\Delta p_A + \Delta p_B = 0$이다.
- 운동량 보존 법칙은 상호 작용 하는 힘의 종류나 물체의 크기에 관계없이 성립한다.

🧪 **탐구자료 살펴보기**　**탄성구의 운동량 보존**

과정

(1) 질량이 동일한 탄성구를 이용하여 실험 장치를 준비한다.

(2) 그림 (가)와 같이 왼쪽 1개의 탄성구를 높이 h에서 가만히 놓고, 충돌 후 운동하는 탄성구의 수와 높이의 최댓값을 측정한다.

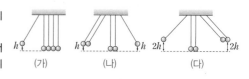

(가)　　　　　　(나)　　　　　　(다)

(3) 그림 (나)와 같이 왼쪽 2개의 탄성구와 오른쪽 1개의 탄성구를 높이 h에서 가만히 놓고, 충돌 후 운동하는 탄성구의 수와 높이의 최댓값을 측정한다.

(4) 그림 (다)와 같이 왼쪽 1개의 탄성구와 오른쪽 2개의 탄성구를 높이 $2h$에서 가만히 놓고, 충돌 후 운동하는 탄성구의 수와 높이의 최댓값을 측정한다.

결과

(2)의 결과	(3)의 결과	(4)의 결과
⎛⎜⎝ h	h ⎛⎜⎝ h	$2h$ ⎛⎜⎝ $2h$

point

- 탄성구의 충돌 과정에서 운동량과 역학적 에너지가 보존되므로 충돌 전 운동한 탄성구의 수는 충돌 후 운동한 탄성구의 수와 같고, 충돌 전 탄성구의 최대 높이는 충돌 후 탄성구의 최대 높이와 같다.

탐구자료 살펴보기 | 역학 수레를 이용한 운동량 보존 실험

과정

(1) 역학 수레 A, B의 질량과 추의 질량을 측정한 후, 그림과 같이 수평한 실험대 위에서 A의 용수철을 압축하여 A, B를 접촉하고 속력 측정기를 설치한다.

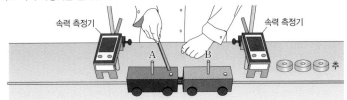

(2) A의 용수철 잠금 막대를 가볍게 쳐서 두 역학 수레를 밀어내게 하고, 분리된 직후 A, B의 속도를 측정한다.
(3) B에 추를 1개, 2개, 3개 올려놓은 후 A의 용수철을 압축하고 과정 (2)를 반복한다.

결과

B에 올려놓은 추의 수(개)	역학 수레 A			역학 수레 B		
	질량 (kg)	속도 (m/s)	운동량 (kg·m/s)	질량 (kg)	속도 (m/s)	운동량 (kg·m/s)
0	0.50	−0.40	−0.20	0.50	0.40	0.20
1	0.50	−0.42	−0.21	0.70	0.30	0.21
2	0.50	−0.45	−0.23	0.90	0.25	0.23
3	0.50	−0.48	−0.24	1.10	0.22	0.24

• 분리된 후 수레의 속도의 크기(속력)는 질량이 작은 수레가 더 크다.
• 분리된 후 수레의 질량과 속도의 크기의 곱은 A와 B가 서로 같다.
• B에 올려놓은 추의 수가 많을수록 분리된 후 B의 속력은 작아지고, A의 속력은 커진다.
• 분리되기 전 A, B의 운동량은 0이고, 분리된 후 A, B의 운동 방향은 반대이고 A, B의 운동량의 크기는 같다.

point

• 분리될 때 A가 B를 미는 힘과 B가 A를 미는 힘은 크기가 같고 방향이 반대이다.
• 분리되기 전 A, B의 운동량의 합과 분리된 후 A, B의 운동량의 합은 0으로 같다.
➡ 분리되기 전과 후에 A, B의 운동량의 합은 보존된다.

개념 체크

◉ 충돌, 분열, 융합될 때의 운동량: 외력이 작용하지 않으면 운동량이 보존된다.

[1~3] 그림과 같이 동일 직선상에서 서로를 향해 각각 등속도 운동을 하던 물체 A, B가 충돌 후 정지하였다. 충돌 전 속력은 B가 A의 2배이다.

1. 질량은 (　　)가 (　　)의 2배이다.

2. 충돌 전 A와 B의 운동량 크기는 (　　).

3. 충돌 전과 후 운동량 변화량의 크기는 A가 B보다 작다. (○, ×)

(2) 여러 가지 충돌

① **같은 방향으로 운동할 때의 충돌**: 그림과 같이 같은 방향으로 운동하는 범퍼카 A, B가 서로 충돌하면, A는 운동 방향과 반대 방향으로 힘을 받게 되어 속력이 감소하고, B는 운동 방향과 같은 방향으로 힘을 받게 되어 속력이 증가한다($v_A > v_A'$, $v_B < v_B'$).

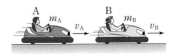 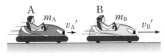

② **한 덩어리가 될 때의 충돌**: 그림과 같이 두 물체 A, B가 충돌한 후 한 덩어리가 되어 운동할 때, 운동량이 보존되므로 충돌 후 한 덩어리가 된 물체의 속력 v는 $m_A v_A + m_B v_B = (m_A + m_B)v$에서 $v = \dfrac{m_A v_A + m_B v_B}{m_A + m_B}$이다.

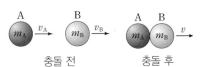

정답
1. A, B
2. 같다
3. ×

③ 한 물체가 두 물체로 분열될 때: 그림과 같이 분열 전 정지해 있던 물체가 두 물체 A, B로 분열될 때 운동량 보존 법칙이 성립한다. 분열 전 물체의 운동량이 0이므로 분열 후 A, B의 운동량의 합은 0이다. $0 = m_A v_A + m_B v_B$에서 $m_A v_A = -m_B v_B$이다. 즉, 분열 후 A, B의 운동량의 크기는 같고 방향은 서로 반대이다.

3 충격량

(1) 충격량

① 물체가 충돌할 때 물체에 작용하는 힘과 힘이 작용한 시간에 따라 운동량 변화량이 다르다.

② **충격량(I)**: 물체가 충돌할 때 물체가 받는 충격의 정도를 나타낸 물리량으로, 물체에 작용하는 힘과 힘이 작용한 시간의 곱으로 나타낸다. 즉, 물체에 힘 F가 시간 Δt 동안 작용할 때 물체가 받는 충격량 I는 다음과 같다. 이때 충격량의 방향은 물체에 작용하는 힘의 방향과 같다.

$$I = F\Delta t \; [단위: \text{N·s}]$$

③ **힘 – 시간 그래프**

- 힘의 크기가 일정할 때: 그림 (가)에서 그래프가 시간 축과 이루는 사각형의 면적은 Ft이므로 충격량을 나타낸다.

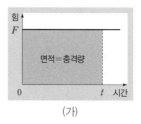 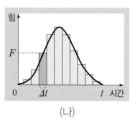

(가)　　　　　　(나)

- 힘의 크기가 변할 때: 그림 (나)에서 짙게 색칠한 직사각형의 면적은 매우 짧은 시간 Δt 동안 받은 충격량과 같으므로, 직사각형들의 면적을 모두 더하면 그래프가 시간 축과 이루는 면적과 같아진다. 즉, 면적은 충격량과 같다.

과학 돋보기 🔍 **운동량의 변화와 충격량**

그림 (가)는 날아오는 야구공을 야구 배트로 치는 모습을 나타낸 것이고, (나)는 야구공이 야구 배트에 부딪히는 동안 야구 배트가 야구공에 작용하는 힘의 크기를 시간에 따라 나타낸 것이다. 그림 (나)와 같이 야구공이 야구 배트에 부딪히는 동안 야구공에 작용하는 힘의 크기는 일정하지 않다. 따라서 힘 – 시간 그래프와 시간 축이 이루는 면적을 이용해 충격량을 구하고, 이 충격량은 야구공의 운동량 변화량과 같다. 또한 이 동안 야구공이 받은 충격량을 힘이 작용한 시간 Δt로 나누어 야구공에 작용한 평균 힘의 크기를 구할 수 있다.

 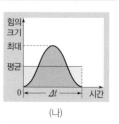

(가)　　　　　　(나)

---

(2) 충격량과 운동량의 관계: 질량이 m인 물체에 일정한 힘 F가 시간 Δt 동안 작용하여 속도가 v_0에서 v로 변할 때 뉴턴 운동 제2법칙을 적용하면, $F = ma = m\left(\dfrac{v - v_0}{\Delta t}\right) = \dfrac{mv - mv_0}{\Delta t}$

에서 $F\Delta t = mv - mv_0$이므로 물체가 받은 충격량은 운동량 변화량과 같다.

$$I = \Delta p$$

① 운동량 변화량의 방향과 충격량의 방향은 모두 물체에 작용하는 힘의 방향과 같다.

② 힘의 단위 N은 kg·m/s^2이므로, 충격량의 단위 N·s는 운동량의 단위 kg·m/s와 같다.

🧪 **탐구자료 살펴보기** **충격량과 운동량 실험**

과정

(1) 그림과 같이 휴지 1장을 공 모양으로 뭉쳐 빨대 한쪽 입구에 넣은 후 입으로 불어 수평 방향으로 날린다.

(2) 빨대를 부는 힘의 크기를 다르게 하여 과정 (1)을 반복한다.

(3) 빨대를 부는 힘의 크기는 일정하게 하고, 빨대의 길이를 다르게 하여 과정 (1)을 반복한다.

결과

• 빨대를 부는 힘의 크기가 클수록 공은 더 멀리 날아간다.

• 빨대를 부는 힘의 크기가 같을 때, 빨대의 길이가 길수록 공은 더 멀리 날아간다.

point

• 물체가 받는 충격량이 클수록 운동량의 변화량이 크다.

• 물체가 힘을 받는 시간이 일정할 때, 물체에 작용하는 힘의 크기가 클수록 물체가 받는 충격량의 크기가 크다.

• 물체에 작용하는 힘의 크기가 일정할 때, 물체에 힘이 작용하는 시간이 길수록 물체가 받는 충격량의 크기가 크다.

🔎 **과학 돋보기** **운동량 – 시간 그래프**

힘 – 시간 그래프에서 그래프가 시간 축과 이루는 면적이 물체가 받는 충격량이다. 충격량은 운동량 변화량과 같으므로 $F\Delta t = \Delta p$이다. 즉, 물체에 작용하는 힘은 $F = \dfrac{\Delta p}{\Delta t}$이다. 따라서 운동량 – 시간 그래프에서 그래프의 기울기는 물체에 작용하는 힘(알짜힘)을 나타내며, 힘은 단위 시간 동안의 운동량 변화량이라고 할 수 있다.

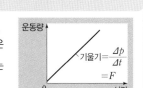

(3) 충격량과 힘의 관계: $I = F\Delta t \Rightarrow F = \dfrac{I}{\Delta t} = \dfrac{\Delta p}{\Delta t}$

① 힘이 일정하면 힘을 받는 시간이 길수록 충격량의 크기가 크다.

$$I \propto \Delta t \quad (F: \text{일정})$$

② 힘을 작용하는 시간이 일정하면 힘의 크기가 클수록 충격량의 크기가 크다.

$$I \propto F \quad (\Delta t: \text{일정})$$

골프공을 멀리 날려 보내려면 골프채를 휘두르는 속력을 크게 하여 골프공이 받는 힘을 크게 하고, 골프채로 골프공을 끝까지 밀어주어 힘을 오랫동안 받도록 한다.	포탄을 멀리 날려 보내려면 화약의 양을 많게 하여 포탄이 받는 힘을 크게 하고, 포신의 길이를 길게 하여 포탄이 힘을 오랫동안 받도록 한다.

(4) 충돌과 안전장치

① **충격력**: 물체가 충돌할 때 받는 힘을 충격력이라고 한다.

② **충격력과 시간의 관계**: 물체가 받는 충격량이 일정할 때 힘을 받는 시간이 길수록 물체에 작용하는 충격력의 크기는 작다. ➡ $F \propto \dfrac{1}{\Delta t}$ (I: 일정)

③ 충격력 줄이기

1. 물체가 받는 충격량이 일정할 때, 물체가 힘을 받는 시간이 (길수록 , 짧을수록) 물체에 작용하는 평균 힘의 크기가 작다.

2. 자동차의 범퍼는 자동차가 충돌할 때 힘을 받는 시간을 (길게 , 짧게) 하여 충격력을 감소시킨다.

3. 포수의 글러브는 공이 글러브에 충돌할 때, 충돌 시간을 길게 하여 평균 힘의 크기를 감소시킨다.
(○ , ×)

• 그림 (가)의 왼쪽은 유리잔이 단단한 바닥에, 오른쪽은 푹신한 방석에 떨어지는 경우를 나타낸 것으로, 유리잔이 받는 충격량은 같지만 단단한 바닥에 떨어진 유리잔은 깨졌고, 푹신한 방석에 떨어진 유리잔은 깨지지 않았다. 그림 (나)는 유리잔이 충돌하는 동안에 받는 힘을 시간에 따라 나타낸 것으로, 그래프가 시간 축과 이루는 면적은 같지만 푹신한 방석에 떨어진 경우가 충돌 시간이 길어 유리잔이 받는 평균 힘의 크기가 작다. 이와 같이 충돌할 때 충돌 시간을 길게 하면 충격력의 크기가 작아진다.

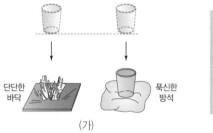
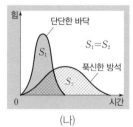

(가)   (나)

• 그림 (다)와 같이 날아오는 야구공을 받을 때 글러브를 뒤로 빼면서 받으면 충격력을 감소시킬 수 있다.

• 그림 (라)와 같이 높은 곳에서 뛰어내릴 때 무릎을 살짝 굽히면 충격력을 감소시킬 수 있다.

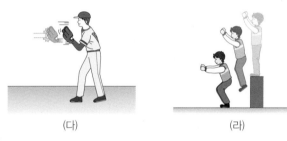

(다)   (라)

④ **여러 가지 안전장치:** 힘을 받는 시간을 길게 하여 충격력을 감소시킨다.

예 자동차의 범퍼, 자동차의 에어백, 선박의 충돌 피해 감소용 타이어, 번지 점프의 줄, 포수의 글러브와 얼굴 보호대, 구조용 에어 매트 등

자동차의 범퍼   자동차의 에어백   선박의 충돌 피해 감소용 타이어

번지 점프의 줄   포수의 글러브와 얼굴 보호대   구조용 에어 매트

01 그림 (가)는 마찰이 없는 수평면에서 물체 A가 물체 C와 접촉해 정지해 있는 물체 B를 향해 v의 속력으로 등속도 운동을 하는 것을, (나)는 (가)에서 A와 B가 충돌한 후 A는 정지하고 B, C는 각각 등속도 운동을 하는 것을 나타낸 것이다. (나)에서 속력은 C가 B의 2배이다. A, B, C의 질량은 m으로 같다.

[25023-0045]

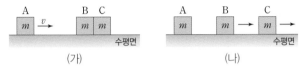

(가)   (나)

이에 대한 설명으로 옳은 것만을 〈보기〉에서 있는 대로 고른 것은? (단, A, B, C는 동일 직선상에서 운동한다.)

┌─ 보기 ┐
ㄱ. (나)에서 B의 속력은 $\frac{1}{3}v$이다.
ㄴ. (가)에서 A의 운동량 크기는 (나)에서 C의 운동량 크기의 2배이다.
ㄷ. (가) → (나) 과정에서 B가 C로부터 받은 충격량의 크기는 $\frac{1}{3}mv$이다.
└─────────┘

① ㄱ   ② ㄷ   ③ ㄱ, ㄴ   ④ ㄴ, ㄷ   ⑤ ㄱ, ㄴ, ㄷ

02 그림 (가)와 같이 마찰이 없는 수평면에서 질량이 2 kg인 물체 A가 정지해 있는 물체 B를 향해 등속도 운동을 한다. 그림 (나)는 (가)에서 A와 B의 위치를 시간에 따라 나타낸 것이다.

[25023-0046]

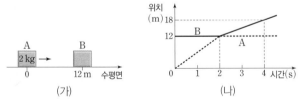

(가)   (나)

이에 대한 설명으로 옳은 것만을 〈보기〉에서 있는 대로 고른 것은? (단, 물체의 크기는 무시한다.)

┌─ 보기 ┐
ㄱ. 1초일 때, A의 운동량의 크기는 12 kg·m/s이다.
ㄴ. B의 질량은 4 kg이다.
ㄷ. A와 B가 충돌하는 동안, B가 A로부터 받은 충격량의 크기는 12 N·s이다.
└─────────┘

① ㄱ   ② ㄷ   ③ ㄱ, ㄴ   ④ ㄴ, ㄷ   ⑤ ㄱ, ㄴ, ㄷ

03 그림 (가)는 마찰이 없는 수평면에서 질량이 각각 2 kg, 3 kg인 물체 A, B가 각각 5 m/s, 2 m/s의 속력으로 등속도 운동을 하는 모습을 나타낸 것이다. 그림 (나)는 A와 B가 충돌하는 동안 A가 B에 작용한 힘의 크기를 시간에 따라 나타낸 것으로, 곡선과 시간 축이 만드는 면적은 I이다. 충돌 후 속력은 B가 A의 2배이다.

[25023-0047]

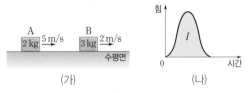

(가)   (나)

이에 대한 설명으로 옳은 것만을 〈보기〉에서 있는 대로 고른 것은? (단, A와 B는 동일 직선상에서 운동한다.)

┌─ 보기 ┐
ㄱ. 충돌 후 A의 속력은 3 m/s이다.
ㄴ. B의 운동량의 크기는 충돌 후가 충돌 전의 2배이다.
ㄷ. $I = 8$ N·s이다.
└─────────┘

① ㄱ   ② ㄴ   ③ ㄱ, ㄷ   ④ ㄴ, ㄷ   ⑤ ㄱ, ㄴ, ㄷ

04 그림 (가)와 같이 마찰이 없는 수평면에서 시간 $t=0$일 때 정지해 있는 물체 A, B에 각각 일정한 크기의 힘이 작용하여 서로를 향해 운동한 후, $t=2$초일 때 A, B가 충돌하여 한 덩어리가 되어 왼쪽 방향으로 운동한다. 그림 (나)의 P, Q는 A, B에 작용하는 힘의 크기를 t에 따라 순서 없이 나타낸 것이다.

[25023-0048]

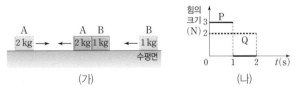

(가)   (나)

이에 대한 설명으로 옳은 것만을 〈보기〉에서 있는 대로 고른 것은? (단, A와 B는 동일 직선상에서 운동한다.)

┌─ 보기 ┐
ㄱ. P는 A에 해당한다.
ㄴ. 충돌 후 B의 속력은 $\frac{1}{3}$ m/s이다.
ㄷ. A와 B가 충돌하는 동안, A가 B로부터 받은 충격량의 크기는 $\frac{13}{3}$ N·s이다.
└─────────┘

① ㄱ   ② ㄷ   ③ ㄱ, ㄴ   ④ ㄴ, ㄷ   ⑤ ㄱ, ㄴ, ㄷ

[25023-0049]

05 그림 (가)는 마찰이 없는 수평면에서 물체 A가 정지해 있는 물체 B를 향해 운동하는 것을 나타낸 것이고, (나)는 (가)에서 A의 운동량을 시간에 따라 나타낸 것이다. A, B의 질량은 각각 $2m$, m이다.

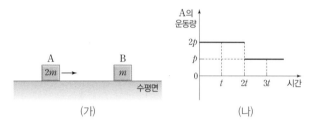

(가) (나)

t일 때 A의 속력을 v_A, $3t$일 때 B의 속력을 v_B라고 할 때, $\dfrac{v_A}{v_B}$는?

① $\dfrac{1}{4}$ ② $\dfrac{1}{2}$ ③ $\dfrac{3}{4}$ ④ 1 ⑤ $\dfrac{5}{4}$

[25023-0050]

06 그림 (가), (나)는 마찰이 없는 수평면에서 물체 A, C가 각각 정지해 있는 물체 B, D를 향해 등속도 운동을 하는 모습을 나타낸 것으로, 충돌 후 A와 B, C와 D는 각각 한 덩어리가 되어 등속도 운동을 한다. 충돌 전 A, C의 운동량의 크기는 같고, A~D의 질량은 각각 $2m$, m, m, $2m$이다.

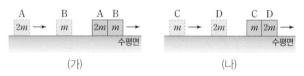

(가) (나)

이에 대한 설명으로 옳은 것만을 〈보기〉에서 있는 대로 고른 것은?

〔 보기 〕
ㄱ. 충돌 전 속력은 C가 A의 2배이다.
ㄴ. 충돌 후 속력은 B와 D가 같다.
ㄷ. 충돌하는 동안 A가 B로부터 받은 충격량의 크기는 C가 D로부터 받은 충격량의 크기보다 크다.

① ㄱ ② ㄷ ③ ㄱ, ㄴ ④ ㄴ, ㄷ ⑤ ㄱ, ㄴ, ㄷ

[25023-0051]

07 그림 (가)는 수평면에서 속력 v로 등속도 운동을 하는 물체 A가 운동 방향과 반대 방향으로 일정한 크기의 힘이 작용하는 구간 Ⅰ을 지나 정지해 있는 B를 향해 등속도 운동을 하는 것을, (나)는 A와 B가 충돌한 후 한 덩어리가 되어 등속도 운동을 하는 것을 나타낸 것이다. A가 B와 충돌하는 동안 A가 B로부터 받은 충격량의 크기는 $\dfrac{2}{9}mv$이다. A, B의 질량은 각각 $2m$, m이다.

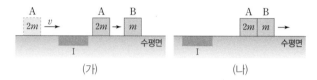

(가) (나)

Ⅰ을 통과하는 동안, A가 받은 충격량의 크기는? (단, 물체의 크기는 무시한다.)

① $\dfrac{7}{6}mv$ ② $\dfrac{4}{3}mv$ ③ $\dfrac{3}{2}mv$ ④ $\dfrac{5}{3}mv$ ⑤ $\dfrac{11}{6}mv$

[25023-0052]

08 그림은 질량이 같은 물체 A, B를 수평면으로부터 높이가 $4h$인 곳에서 서로 다른 재질의 수평면을 향해 가만히 놓았더니, A는 수평면과 충돌한 직후 정지하고 B는 수평면과 충돌한 후 높이가 h인 곳에서 속력이 0이 된 것을 나타낸 것이다. 물체가 수평면과 충돌하는 동안 걸린 시간은 A와 B가 같다.

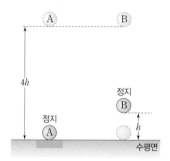

수평면과 충돌하는 동안, 이에 대한 설명으로 옳은 것만을 〈보기〉에서 있는 대로 고른 것은? (단, 물체의 크기, 공기 저항은 무시한다.)

〔 보기 〕
ㄱ. 물체의 운동량 변화량의 크기는 A가 B보다 크다.
ㄴ. 물체가 받은 충격량의 크기는 B가 A보다 크다.
ㄷ. 수평면으로부터 받은 평균 힘의 크기는 B가 A보다 크다.

① ㄱ ② ㄷ ③ ㄱ, ㄴ ④ ㄴ, ㄷ ⑤ ㄱ, ㄴ, ㄷ

09 [25023-0053] 그림은 충격량과 물체가 받는 힘에 대해 학생 A, B, C가 대화하는 모습을 나타낸 것이다

운전자와 에어백만이 충돌할 때, 운전자와 에어백이 받는 충격량의 크기는 서로 같아.

학생 A

공을 받을 때, 손을 뒤로 빼면서 받으면 손이 받는 평균 힘의 크기를 줄일 수 있어.

학생 B

배트로 공을 칠 때, 배트를 휘두르는 속력을 더 크게 하여 공을 쳐 공의 속력이 더 커지면 공이 배트로부터 받는 충격량의 크기가 커져.

학생 C

제시한 내용이 옳은 학생만을 있는 대로 고른 것은?

① A ② C ③ A, B ④ B, C ⑤ A, B, C

10 [25023-0054] 그림 (가)는 마찰이 없는 수평면에서 물체 A, B가 속력 v로 서로를 향해 운동하는 것을 나타낸 것으로, A, B에는 각각 물체 P, Q가 고정되어 있다. 그림 (나)는 (가)에서 A, B가 충돌한 후 한 덩어리가 되어 등속도 운동을 하는 것을 나타낸 것이다. A와 B의 질량은 각각 $15m$, $3m$이고, P와 Q의 질량은 m으로 같다.

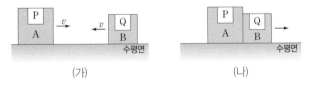

(가) (나)

이에 대한 설명으로 옳은 것만을 〈보기〉에서 있는 대로 고른 것은?

〔 보기 〕
ㄱ. (나)에서 A의 속력은 $\frac{3}{5}v$이다.
ㄴ. A와 B의 충돌 과정에서 B의 운동량 변화량의 크기는 $\frac{6}{5}mv$이다.
ㄷ. 충돌하는 동안 Q가 B로부터 받은 충격량의 크기는 P가 A로부터 받은 충격량의 크기의 4배이다.

① ㄱ ② ㄴ ③ ㄱ, ㄷ ④ ㄴ, ㄷ ⑤ ㄱ, ㄴ, ㄷ

11 [25023-0055] 그림 (가)는 마찰이 없는 수평면에서 물체 A, B를 용수철에 접촉하여 압축시킨 것을, (나)는 (가)에서 A, B를 동시에 가만히 놓은 후 A, B가 각각 용수철 p, q와 충돌하는 순간의 모습을 나타낸 것이다. (나)에서 A, B가 각각 p, q와 충돌하는 순간부터 정지하는 순간까지 걸린 시간은 각각 0.2초, 0.1초이다.

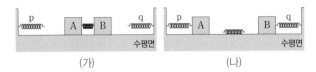

(가) (나)

(나)에서 A, B가 각각 p, q를 최대로 압축시킬 때까지 용수철로부터 받는 평균 힘의 크기를 F_A, F_B라고 할 때, $\frac{F_B}{F_A}$는? (단, 용수철의 질량, 공기 저항은 무시한다.)

① $\frac{5}{4}$ ② $\frac{3}{2}$ ③ $\frac{7}{4}$ ④ 2 ⑤ $\frac{5}{2}$

12 [25023-0056] 그림은 학생 A가 정지 상태에서 줄 P 또는 Q에 매달려 번지 점프를 하는 것을 나타낸 것이다. 줄에 매달려 운동할 때 A의 최대 속력은 P에 매달릴 때와 Q에 매달릴 때가 같고, 속력이 최대일 때부터 줄이 최대로 늘어날 때까지 걸린 시간은 Q에 매달릴 때가 P에 매달릴 때보다 크다. 이에 대한 설명으로 옳은 것만을 〈보기〉에서 있는 대로 고른 것은? (단, A는 연직 방향으로 운동하며, 줄의 질량, 공기 저항은 무시한다.)

P 또는 Q

〔 보기 〕
ㄱ. P가 최대로 늘어나 정지한 순간, A에 작용하는 알짜 힘은 0이다.
ㄴ. A가 연직 아래 방향으로 운동하여 속력이 최대인 지점을 지나는 순간부터 줄이 최대로 늘어나 정지할 때까지 받는 충격량의 크기는 P에 매달릴 때와 Q에 매달릴 때가 같다.
ㄷ. A가 연직 아래 방향으로 운동하여 속력이 최대인 지점을 지나는 순간부터 줄이 최대로 늘어나 정지할 때까지 받는 평균 힘의 크기는 P에 매달릴 때가 Q에 매달릴 때보다 크다.

① ㄱ ② ㄷ ③ ㄱ, ㄴ ④ ㄴ, ㄷ ⑤ ㄱ, ㄴ, ㄷ

A와 B가 충돌하는 동안 A가 B로부터 받은 충격량의 크기는 B가 A로부터 받은 충격량의 크기와 같다.

[25023–0057]

01 그림 (가)는 마찰이 없는 수평면에서 질량이 $2m$인 물체 A가 일정한 속력 v로 운동하는 물체 B를 향해 일정한 속력 $3v$로 운동하는 모습을, (나)는 (가)에서 A와 B가 충돌한 후 한 덩어리가 되어 일정한 속력 V로 운동하는 모습을 나타낸 것이다. A와 B가 충돌하는 동안 B가 A로부터 받은 충격량의 크기는 $\frac{4}{3}mv$이다.

(가)   (나)

B의 질량을 M이라고 할 때, V와 M으로 옳은 것은? (단, A, B는 동일 직선상에서 운동한다.)

  $\underline{V}$ $\underline{M}$ $\underline{V}$ $\underline{M}$ $\underline{V}$ $\underline{M}$

① $\frac{5}{3}v$ $\frac{1}{3}m$ ② $\frac{5}{3}v$ m ③ $\frac{7}{3}v$ m

④ $\frac{7}{3}v$ $\frac{4}{3}m$ ⑤ $3v$ $\frac{4}{3}m$

B에 작용하는 충격량의 크기는 A가 B에 작용하는 충격량과 C가 B에 작용하는 충격량의 합과 같다.

[25023–0058]

02 그림 (가)는 마찰이 없는 수평면에서 물체 A가 물체 C와 접촉해 정지해 있는 물체 B를 향해 $2v$의 속력으로 등속도 운동을 하는 것을 나타낸 것이다. 그림 (나)는 (가)에서 A와 B가 충돌한 후 A는 충돌 전과 반대 방향으로 v의 속력으로 등속도 운동을 하고, B와 C는 같은 방향으로 각각 등속도 운동을 하는 것을 나타낸 것이다. B가 A로부터 받은 충격량의 크기는 C가 B로부터 받은 충격량의 크기의 3배이다. A, B, C의 질량은 각각 m, $3m$, m이다.

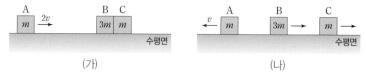

(가)   (나)

(나)에서 B, C의 속력을 각각 v_B, v_C라고 할 때, $\dfrac{v_\mathrm{C}}{v_\mathrm{B}}$는? (단, A, B, C는 동일 직선상에서 운동한다.)

① $\frac{5}{4}$ ② $\frac{3}{2}$ ③ 2   ④ $\frac{9}{4}$ ⑤ $\frac{5}{2}$

[25023-0059]

03 그림 (가)는 마찰이 없는 수평면에서 물체 A, B가 벽을 향해 같은 속력으로 등속도 운동을 하고 C 는 정지해 있는 것을 나타낸 것이다. B의 운동량의 크기는 p이다. 그림 (나)는 (가)에서 A가 벽에 충돌한 후 B와 충돌하여 A, B가 같은 방향으로 각각 등속도 운동을 하는 것을 나타낸 것이다. A가 벽으로부터 받은 충격량의 크기는 B가 A로부터 받은 충격량의 크기의 3배이다. 그림 (다)는 (나)에서 B가 C와 충돌 한 후 A, B, C가 같은 방향으로 각각 등속도 운동을 하는 것을 나타낸 것으로, 이때 A, B, C의 운동량 크기는 p로 같다.

(다)에서 A, B, C의 운동량 크기는 p로 같으므로 C와 충 돌 전 B의 운동량의 크기는 $2p$이다.

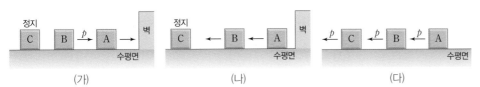

| (가) | (나) | (다) |

이에 대한 설명으로 옳은 것만을 〈보기〉에서 있는 대로 고른 것은? (단, A, B, C는 동일 직선상에서 운동 한다.)

┌─ 보 기 ┐
ㄱ. (나)에서 B와 충돌 직전 A의 운동량 크기는 $4p$이다.
ㄴ. (가)에서 A의 운동량 크기는 $5p$이다.
ㄷ. 질량은 A가 B의 5배이다.
└─────────┘

① ㄱ   ② ㄷ   ③ ㄱ, ㄴ   ④ ㄴ, ㄷ   ⑤ ㄱ, ㄴ, ㄷ

[25023-0060]

04 그림 (가)는 수평면에서 운동량의 크기가 $2p$인 물체 A가 정지해 있는 물체 B를 향해 운동하는 것 을, (나)는 (가)에서 A, B가 충돌한 후 함께 운동하는 것을, (다)는 (나)에서 A, B가 정지해 있던 물체 C와 충돌한 후 B는 정지하고 A와 C는 운동하는 것을 나타낸 것이다. (다)에서 C의 운동량의 크기는 $3p$이고 B가 A에 작용하는 충격량의 크기는 $\frac{7}{3}p$이다.

(가)에서 A의 운동량의 크기 가 $2p$이므로, (다)에서 운동량 의 합도 $2p$이다.

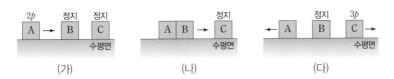

| (가) | (나) | (다) |

(나), (다)에서 A의 속력을 각각 v_1, v_2라고 할 때, $\dfrac{v_1}{v_2}$은? (단, A, B, C는 동일 직선상에서 운동하고, 모 든 마찰과 공기 저항은 무시한다.)

① $\dfrac{5}{4}$ ② $\dfrac{4}{3}$ ③ $\dfrac{3}{2}$ ④ $\dfrac{8}{5}$ ⑤ $\dfrac{5}{2}$

[25023-0061]

05 그림 (가)와 같이 마찰이 없는 수평면에서 물체 A, B, C가 동일 직선상에서 각각 등속도 운동을 한다. A는 2 m/s의 속력으로 벽을 향해 운동하고, B와 C는 서로를 향해 운동한다. B의 질량은 1 kg이다. 그림 (나)는 (가)에서 A와 C 사이의 거리 x를 시간에 따라 나타낸 것으로, 0초일 때 A와 B 사이의 거리는 8 m이다. 9초 이후 A와 C 사이의 거리는 일정하다.

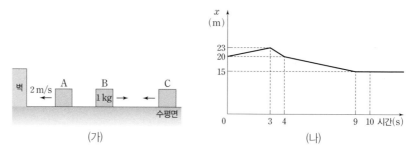

(가)   (나)

10초일 때 A, C의 운동량의 크기를 각각 p_A, p_C라고 할 때, $\dfrac{p_A}{p_C}$는? (단, 물체의 크기는 무시한다.)

① 1   ② $\dfrac{3}{2}$ ③ 2   ④ $\dfrac{5}{2}$ ⑤ 3

> 0초부터 3초까지 A와 C 사이의 거리가 3 m만큼 멀어지므로 C의 속력은 1 m/s이다.

[25023-0062]

06 다음은 역학 수레를 이용한 실험이다.

[실험 과정]
(가) 그림과 같이 마찰이 없는 수평면에서 수레 A, B를 일직선상에 놓고 A를 밀어 정지해 있는 B와 정면으로 충돌시킨다.

(나) 동일 직선상에서 운동하는 A, B의 충돌 과정을 촬영한 후 충돌 전후 A, B의 속도를 구한다. (단, 오른쪽 방향을 (+)로 한다.)
(다) 수레의 질량 또는 속도를 변화시켜가며 과정 (가), (나)를 반복한다.

[실험 결과]

A			B	
질량	충돌 전 속도	충돌 후 속도	질량	충돌 후 속도
1 kg	0.4 m/s	0	1 kg	0.4 m/s
2 kg	0.3 m/s	0.1 m/s	1 kg	㉠
1 kg	㉡	−0.2 m/s	2 kg	0.4 m/s

➡ 충돌 전과 후 A와 B의 [㉢]은 같다.

> 수레의 질량이나 속도를 변화시켜도 충돌 과정에서 운동량은 보존된다.

이에 대한 설명으로 옳은 것만을 〈보기〉에서 있는 대로 고른 것은?

〈 보기 〉
ㄱ. ㉠은 0.4 m/s이다.
ㄴ. ㉡은 0.6 m/s이다.
ㄷ. '운동량의 합'은 ㉢으로 적절하다.

① ㄱ   ② ㄷ   ③ ㄱ, ㄴ   ④ ㄴ, ㄷ   ⑤ ㄱ, ㄴ, ㄷ

[25023-0063]

07 그림은 수평면에서 점 **p**에 정지해 있는 물체를 수평면과 나란한 방향으로 크기와 방향이 일정한 힘 **F**로 잡아당겨 점 **q**에서 놓았더니, 물체가 점 **r**를 지나는 것을 나타낸 것이다. 표는 **F**의 크기와 물체의 질량에 따라 **r**에서 물체의 속력을 나타낸 것이다.

물체에 작용하는 충격량의 크기는 힘×시간이고, 운동량 변화량의 크기와 같다.

구분	F의 크기	질량	속력
Ⅰ	F	m	v
Ⅱ	$2F$	㉠	v
Ⅲ	$4F$	m	㉡

이에 대한 설명으로 옳은 것만을 〈보기〉에서 있는 대로 고른 것은? (단, 물체의 크기, 모든 마찰과 공기 저항은 무시한다.)

〈 보기 〉
ㄱ. ㉠은 $2m$이다.
ㄴ. ㉡은 $4v$이다.
ㄷ. **F**가 작용하는 구간을 지나는 동안, 물체가 받은 충격량의 크기는 Ⅲ에서가 Ⅱ에서의 2배이다.

① ㄱ ② ㄷ ③ ㄱ, ㄴ ④ ㄴ, ㄷ ⑤ ㄱ, ㄴ, ㄷ

[25023-0064]

08 그림 (가)와 같이 마찰이 없는 수평면에서 물체 **A~D**가 정지해 있고, **A**와 **B**는 압축된 용수철에 접촉되어 있다. 그림 (나)는 (가)에서 **A**, **B**를 동시에 가만히 놓았더니 **A**, **B**가 용수철에서 분리되어 각각 크기와 방향이 일정한 힘이 작용하는 구간 Ⅰ, Ⅱ를 통과한 후 **A**와 **C**, **B**와 **D**가 충돌하여 각각 한 덩어리로 등속도 운동을 하는 모습을 나타낸 것이다. (가)에서 용수철에서 분리된 직후 **B**의 속력은 (나)에서 **C**의 속력과 같고, (나)에서 **A**가 **C**로부터 받은 충격량의 크기와 **B**가 **D**로부터 받은 충격량의 크기는 같다. **A~D**의 질량은 각각 m, $2m$, $2m$, m이다.

A, **B**의 처음 운동량이 0이므로 분리된 직후 **A**, **B**의 운동량의 합도 0이다.

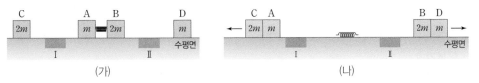

(가)   (나)

A, **B**가 각각 Ⅰ, Ⅱ를 통과하는 동안 받은 충격량의 크기를 I_A, I_B라고 할 때, $\dfrac{I_B}{I_A}$는? (단, **A~D**는 동일 직선상에서 운동하고, 용수철의 질량은 무시한다.)

① $\dfrac{5}{2}$ ② 3 ③ $\dfrac{7}{2}$ ④ 4 ⑤ $\dfrac{9}{2}$

[25023-0065]

물체에 작용하는 평균 힘의 크기는 $\frac{\Delta p}{\Delta t}$이다.

09 그림 (가)는 수평면에서 스톤 A와 함께 운동하는 컬링 선수 P가 A에 수평면과 나란한 방향으로 힘을 가해 정지해 있는 스톤 B를 향해 미는 것을 나타낸 것이고, (나)는 P와 함께 운동하는 순간부터 A의 속력을 시간에 따라 나타낸 것이다. P의 질량은 60 kg이고, A와 B의 질량은 20 kg으로 같다.

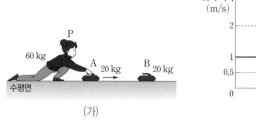
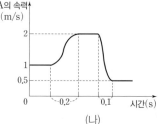

(가)　　　　(나)

이에 대한 설명으로 옳은 것만을 〈보기〉에서 있는 대로 고른 것은? (단, P, A, B는 동일 직선상에서 운동하고, 모든 마찰과 공기 저항은 무시한다.)

〔 보기 〕
ㄱ. P가 A를 미는 동안 P가 받는 충격량의 크기는 20 N·s이다.
ㄴ. A와 충돌한 후 B의 운동량 크기는 30 kg·m/s이다.
ㄷ. A에 작용하는 평균 힘의 크기는 A와 B가 충돌하는 동안이 P가 A를 미는 동안의 2배이다.

① ㄱ　　　② ㄷ　　　③ ㄱ, ㄴ　　　④ ㄴ, ㄷ　　　⑤ ㄱ, ㄴ, ㄷ

[25023-0066]

힘의 크기 – 시간 그래프에서 곡선이 시간 축과 만드는 면적이 클수록 물체에 작용하는 충격량의 크기가 크다.

10 그림 (가)는 수평면에서 물체 A가 v의 속력으로 등속도 운동을 하여 벽과 충돌한 후 정지한 것을, (나)는 A가 정지해 있는 B를 향해 v의 속력으로 등속도 운동을 하여 B와 충돌한 후 $\frac{1}{2}v$의 속력으로 등속도 운동을 하는 것을 나타낸 것이다. A, B의 질량은 각각 m, $3m$이다. 그림 (다)의 P, Q는 시간에 따라 A가 벽 또는 B와 충돌하는 동안 받는 힘의 크기를 순서 없이 나타낸 것이다. 곡선과 시간 축이 만드는 면적은 P가 Q보다 크다.

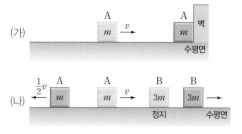
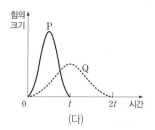

(다)

이에 대한 설명으로 옳은 것만을 〈보기〉에서 있는 대로 고른 것은? (단, A, B는 동일 직선상에서 운동한다.)

〔 보기 〕
ㄱ. P는 A가 벽으로부터 받는 힘을 시간에 따라 나타낸 것이다.
ㄴ. (나)에서 A와 충돌한 후 B의 속력은 $\frac{1}{2}v$이다.
ㄷ. 충돌 과정에서 A에 작용하는 평균 힘의 크기는 (나)에서가 (가)에서의 3배이다.

① ㄱ　　　② ㄴ　　　③ ㄱ, ㄷ　　　④ ㄴ, ㄷ　　　⑤ ㄱ, ㄴ, ㄷ

03 역학적 에너지 보존

1 일

(1) **일**: 물체의 이동 방향과 나란하게 작용한 힘의 크기와 물체가 이동한 거리를 곱한 값을 힘이 물체에 한 일이라고 한다.

① 힘의 방향과 이동 방향이 같을 때: 힘이 물체에 한 일(W)은 힘의 크기(F)와 이동 거리(s)를 곱한 값과 같다.
➡ $W = Fs$ [단위: $N \cdot m = J$(줄)]

② 힘의 방향과 이동 방향이 이루는 각이 θ일 때: 힘 F를 이동 방향과 나란한 성분 F_x와 수직인 성분 F_y로 분해한다.

- F_y 방향으로 이동한 거리가 0이므로 F_y가 물체에 한 일은 0이다.
- 힘 F가 물체에 한 일은 F_x가 물체에 한 일과 같으므로 $W = F_x s$이다.
- $F_x = F\cos\theta$이므로 힘 F가 물체에 한 일은 $W = Fs\cos\theta$이다.

(2) **힘-이동 거리 그래프와 일**: 물체에 작용한 힘의 방향과 물체의 이동 방향이 같을 때, 힘-이동 거리 그래프에서 그래프가 이동 거리 축과 이루는 면적은 힘이 물체에 한 일과 같다.

① 힘의 크기가 일정할 때: 그림 (가)에서 그래프가 이동 거리 축과 이루는 사각형의 면적 Fs는 힘이 물체에 한 일을 나타낸다.

② 힘의 크기가 변할 때: 그림 (나)에서 짙게 색칠한 직사각형의 면적은 물체가 Δs만큼 이동할 때 힘이 물체에 한 일과 같다. 이때 직사각형의 면적을 모두 더하면 그래프가 이동 거리 축과 이루는 면적과 같으며, 이 면적은 s만큼 이동하는 동안 힘이 물체에 한 일을 나타낸다.

(가) | (나)

과학 돋보기 🔍 한 일이 0인 경우

힘이 0인 경우	이동 거리가 0인 경우	힘의 방향과 이동 방향이 수직인 경우
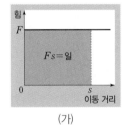	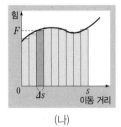	운동 방향 / 인공위성 / 중력 / 지구
마찰이나 공기 저항이 없는 곳에서 운동 방향으로 아무런 힘을 받지 않고 등속 직선 운동을 하는 물체는 이동 거리는 증가하지만 운동 방향으로의 힘이 0이므로 힘이 물체에 한 일은 0이다.	힘을 가해 벽을 밀어도 벽이 움직이지 않으면 힘의 방향으로 이동한 거리가 0이므로 힘이 벽에 한 일은 0이다.	지구 주위를 등속 원운동을 하는 인공위성은 운동 방향이 중력의 방향과 수직을 이루므로 중력이 인공위성에 한 일은 0이다.

1. 질량이 1 kg인 물체가 4 m/s의 속력으로 등속도 운동을 할 때, 물체의 운동 에너지는 (   )이다.

2. 질량이 2 kg인 물체의 운동량의 크기가 4 kg·m/s일 때, 물체의 운동 에너지는 (   )이다.

3. 운동 에너지가 4 J인 물체에 운동 방향으로 크기가 5 N인 알짜힘이 작용하여 2 m를 이동한 순간 물체의 운동 에너지는 (   )이다.

2 일과 에너지

(1) 운동 에너지(Kinetic Energy, E_k): 운동하는 물체가 가진 에너지로, 단위는 일의 단위와 같은 J(줄)을 사용한다.

① 질량이 m인 물체가 v의 속력으로 운동할 때(운동량의 크기 $p = mv$), 물체의 운동 에너지는

$$E_k = \frac{1}{2}mv^2 = \frac{p^2}{2m} \ [\text{단위: J}]\text{이다.}$$

🧪 탐구자료 살펴보기 ｜ 운동하는 물체가 하는 일

과정

(1) 시간기록계, 수레, 추, 막대자를 사용하여 그림과 같이 장치한다.
(2) 수레를 막대자에 충돌시켜서 막대자가 밀려 들어간 거리를 측정한다.
(3) 수레의 속력을 변화시키면서 과정 (2)를 반복한다.
(4) 수레의 질량을 변화시키면서 과정 (2)를 반복한다.

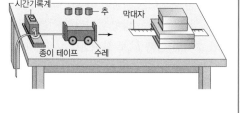

결과

• 수레의 속력이 클수록 막대자가 밀려 들어간 거리는 크다.
• 수레의 질량이 클수록 막대자가 밀려 들어간 거리는 크다.

point

• 막대자가 밀려 들어간 거리는 수레의 운동 에너지에 비례한다.
• 수레의 운동 에너지(E_k)는 수레의 질량(m)과 속력(v)의 제곱에 각각 비례한다. ➡ $E_k = \frac{1}{2}mv^2$

② **일·운동 에너지 정리**: 물체에 작용하는 알짜힘이 한 일은 물체의 운동 에너지 변화량과 같다. 수평면상에서 속력이 v_0이고 질량이 m인 수레에 운동 방향으로 일정한 힘 F를 작용하여 거리 s만큼 운동시켰을 때 수레의 속력이 v라면 F가 수레에 한 일 W는 다음과 같다.

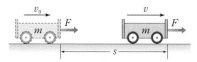

$$W = Fs = mas = \frac{1}{2}m(v^2 - v_0^2) = \Delta E_k$$

• 알짜힘이 수레에 한 일이 (＋)인 경우($W > 0$): 수레의 운동 에너지 증가
• 알짜힘이 수레에 한 일이 (－)인 경우($W < 0$): 수레의 운동 에너지 감소
• 알짜힘이 수레에 한 일이 0인 경우($W = 0$): 수레의 운동 에너지 일정

🔍 과학 돋보기 ｜ 여러 가지 힘이 한 일

그림과 같이 연직 위 방향으로 외력 F가 작용하여 질량이 m인 물체가 h만큼 운동할 때, 물체에 작용하는 힘이 물체에 한 일은 다음과 같다. (단, 중력 가속도는 g이다.)

• 외력 F가 한 일: $W_F = Fh$
• 중력 mg가 한 일: $W_{mg} = -mgh$
• 물체에 작용하는 알짜힘: $F_N = F - mg$
• 알짜힘이 한 일: $W = F_N s = (F - mg)h = Fh - mgh = W_F + W_{mg} = \frac{1}{2}mv^2 - \frac{1}{2}mv_0^2$

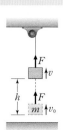

➡ 외력 F가 물체에 한 일은 물체의 역학적 에너지 변화량과 같고, 알짜힘이 물체에 한 일은 물체의 운동 에너지 변화량과 같다.

(2) **퍼텐셜 에너지(Potential Energy, E_p)**: 중력, 탄성력, 전기력 등이 작용하는 계에서 물체 또는 계에 저장되는 에너지로, 기준점에서 어떤 지점까지 물체를 등속으로 이동시키는 데 필요한 일을 그 지점에서의 퍼텐셜 에너지라고 한다.

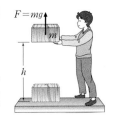

(3) **중력 퍼텐셜 에너지**: 중력장에서 기준점($E_\mathrm{p}=0$)으로부터 물체를 어떤 지점까지 등속으로 이동시킬 때 작용한 힘이 물체에 한 일을 그 지점에서의 중력 퍼텐셜 에너지라고 한다. 물체를 기준점으로부터 높이 h까지 일정한 속력으로 들어 올리는 동안 힘 F가 물체에 한 일은 $W=Fs=mgh$이다. 따라서 기준점으로부터 높이 h인 곳에서 물체의 중력 퍼텐셜 에너지는 $E_\mathrm{p}=mgh$[단위: J]이다.

① 기준점이 달라지면 물체의 중력 퍼텐셜 에너지도 달라진다.
② 두 지점 사이에서 물체의 중력 퍼텐셜 에너지 차는 기준점에 관계없이 일정하다.
③ 기준점보다 낮은 위치에서 물체의 중력 퍼텐셜 에너지는 $(-)$값을 갖는다.

🧪 탐구자료 살펴보기 | 중력 퍼텐셜 에너지

과정

(1) 그림과 같이 질량이 m인 물체를 높이 h에서 자유 낙하시켜 못이 박히는 거리를 관찰한다.
(2) 물체의 질량은 일정하게 유지하고, 자유 낙하시키는 출발 높이만을 $2h$, $3h$, …로 변화시켜 못이 박히는 거리를 측정한다.
(3) 자유 낙하시키는 출발 높이는 h로 일정하게 유지하고, 물체의 질량만을 $2m$, $3m$, …으로 변화시켜 못이 박히는 거리를 측정한다.

결과

• 물체의 높이가 높을수록 못이 박히는 거리가 크다.
• 물체의 질량이 클수록 못이 박히는 거리가 크다.

point

• 물체의 중력 퍼텐셜 에너지(E_p)는 물체의 높이(h)와 물체의 질량(m)에 각각 비례한다. ➡ $E_\mathrm{p}=mgh$ (g: 중력 가속도)

🔍 과학 돋보기 | 일과 에너지 변화

그림 (가)와 같이 마찰이 없는 수평면에 정지해 있는 질량이 m인 물체에 수평 방향으로 크기가 $2mg$인 일정한 힘을 작용하여 h만큼 이동시켰을 때와, (나)와 같이 수평면에 정지해 있는 질량이 m인 물체에 연직 위 방향으로 크기가 $2mg$인 일정한 힘을 작용하여 h만큼 이동시켰을 때 알짜힘이 물체에 한 일, 물체의 운동 에너지 변화량, 물체에 작용한 크기가 $2mg$인 힘이 물체에 한 일은 표와 같다. (단, 중력 가속도는 g이고, 공기 저항은 무시한다.)

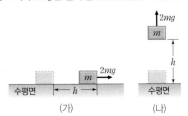

구분	(가)	(나)
알짜힘이 물체에 한 일	$2mgh$	mgh
물체의 운동 에너지 변화량	$2mgh$	mgh
$2mg$인 힘이 물체에 한 일	$2mgh$	$2mgh$

개념 체크

➡ **중력 퍼텐셜 에너지**: 중력 가속도가 g인 곳에서 질량이 m인 물체가 기준점으로부터 높이 h인 곳에 있을 때 물체의 중력 퍼텐셜 에너지는 $E_\mathrm{p}=mgh$이다.

1. 물체가 중력이 작용하는 방향과 반대 방향으로 이동하면 물체의 중력 퍼텐셜 에너지는 증가한다.
(○ , ×)

[2~3] 무게가 10 N인 물체를 연직 위 방향으로 일정한 힘 15 N을 작용하여 2 m만큼 이동시켰다.

2. 15 N의 힘이 물체에 한 일은 ( )이다.

3. 물체의 중력 퍼텐셜 에너지 증가량은 ( )이다.

정답
1. ○
2. 30 J
3. 20 J

(4) 탄성 퍼텐셜 에너지(탄성력에 의한 퍼텐셜 에너지): 용수철과 같은 탄성체가 변형되었을 때 가지는 에너지이다. 용수철을 당기는 동안 힘은 일정하게 증가하며($F=kx$, k: 용수철 상수), 평형 위치로부터 x만큼 당기는 동안 힘이 한 일 W는 힘 – 늘어난 길이 그래프의 아래 삼각형의 면적과 같으므로 $W=\frac{1}{2}Fx=\frac{1}{2}kx^2$이다. 즉, 힘 F가 용수철에 한 일은 $\frac{1}{2}kx^2$이므로, 평형 위치로부터 x만큼 늘어난 곳에서 탄성 퍼텐셜 에너지는 $E_p=\frac{1}{2}kx^2$ [단위: J]이다.

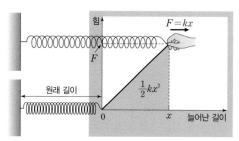

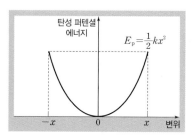

용수철을 당길 때 힘이 하는 일   탄성 퍼텐셜 에너지 – 변위 그래프

탐구자료 살펴보기   **탄성력 측정 실험**

과정

(1) 그림과 같이 실험 장치를 설치한다.
(2) 질량이 m_0인 추를 용수철 X의 끝에 매달아 평형 위치에서 정지하게 한 후, 용수철이 늘어난 길이를 측정한다.
(3) 질량이 $2m_0$인 추로 바꾸어 과정 (2)를 반복한다.
(4) 용수철 상수가 X의 2배인 용수철 Y로 바꾸어 과정 (2)~(3)을 반복한다.

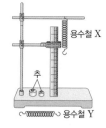

결과

용수철	추의 질량	용수철이 늘어난 길이
X	m_0	x_0
	$2m_0$	$2x_0$
Y	m_0	$\frac{1}{2}x_0$
	$2m_0$	x_0

point
• 용수철 상수를 k, 용수철이 늘어난 길이를 x라고 할 때, 용수철의 탄성력의 방향은 외력의 방향과 반대 방향이고, 탄성력의 크기는 용수철이 늘어난 길이에 비례한다. ➡ $F=kx$

과학 돋보기   **탄성 퍼텐셜 에너지를 이용한 스포츠**

• 양궁 선수가 활시위를 많이 당길수록 활시위에 저장된 탄성 퍼텐셜 에너지가 증가한다. 활시위를 놓으면 활시위에 저장된 탄성 퍼텐셜 에너지가 화살의 운동 에너지로 전환되어 화살이 날아가게 된다.
• 다이빙 선수에 의해 다이빙 보드가 구부러질 때 다이빙 보드에 저장된 탄성 퍼텐셜 에너지가 다이빙 선수의 역학적 에너지로 전환되어 점프하는 데 도움을 준다.

양궁 선수

다이빙 선수

개념 체크

과학 돋보기 🔍 **전기력에 의한 퍼텐셜 에너지**

전기력에 의한 퍼텐셜 에너지는 두 개 이상의 전하가 놓여 있을 때 전하의 위치에 대응하는 전기적 상호 작용 에너지로, 전기 퍼텐셜 에너지 또는 전기적 위치 에너지라고도 한다. 각 전하는 주변 전하로부터 전기력을 받기 때문에 위치가 변하면 일을 할 수 있다.

➡ **역학적 에너지**: 물체의 운동 에너지와 퍼텐셜 에너지의 합을 역학적 에너지라고 한다.

1. 물체의 운동 에너지와 퍼텐셜 에너지의 합을 물체의 (　　　)라고 한다.

2. 자유 낙하 하는 물체의 어느 순간 운동 에너지가 10 J이고, 중력 퍼텐셜 에너지가 20 J이면, 역학적 에너지는 (　　　)이다.

3. 물체가 자유 낙하 하는 동안 물체의 중력 퍼텐셜 감소량이 20 J일 때, 운동 에너지 증가량은 (　　　)이다.

4. 자유 낙하 하는 물체의 운동 에너지와 중력 퍼텐셜 에너지의 합은 일정하게 보존된다. (　○ , ×)

３ 역학적 에너지 보존

(1) 역학적 에너지: 물체의 운동 에너지와 퍼텐셜 에너지의 합을 역학적 에너지라고 한다.

(2) 중력에 의한 역학적 에너지 보존

① 중력 이외의 힘(마찰력, 공기 저항력 등)이 일을 하지 않으면 물체의 역학적 에너지는 일정하게 보존된다. ➡ $E_k + E_p$ = 일정

- 물체의 운동 에너지 변화량과 중력 퍼텐셜 에너지 변화량의 합은 0이다.
- 물체의 운동 에너지가 증가하면 그만큼 중력 퍼텐셜 에너지는 감소하고, 물체의 운동 에너지가 감소하면 그만큼 중력 퍼텐셜 에너지는 증가한다.

과학 돋보기 🔍 **역학적 에너지 전환을 이용한 놀이 기구**

역학적 에너지 전환을 이용한 놀이 기구 중 대표적인 것이 바로 레일을 따라 운동하는 열차, 진자 운동을 하는 배, 수직 낙하를 하는 기구 등이다. 레일을 따라 운동하는 열차의 경우 전동 체인에 의해 레일의 최고점으로 올라가는 동안 중력 퍼텐셜 에너지를 축적하고, 이후 하강하면서 중력 퍼텐셜 에너지가 운동 에너지로 전환되어 높이가 가장 낮은 지점에서 가장 빠른 속력을 가지게 된다. 마찬가지로 그네와 같은 진자 운동을 하는 배의 경우도 최고점에서의 중력 퍼텐셜 에너지가 최저점으로 갈수록 운동 에너지로 전환되어 속력이 증가한다. 또한 수직 낙하를 하는 기구는 중력 퍼텐셜 에너지가 운동 에너지로 전환되어 매우 빠른 속력을 가지게 되고, 지면에 닿기 전 특정 높이에서부터 속력을 줄이기 위한 감속 장치를 설계하여 탑승자가 짜릿한 기분을 즐길 수 있게 해 준다.

| 레일을 따라 운동하는 열차 | 진자 운동을 하는 배 | 수직 낙하를 하는 기구 |

② 질량이 m인 물체가 자유 낙하 하면서 지면으로부터의 높이가 h_1, h_2인 두 지점 A, B를 지날 때의 속력을 각각 v_1, v_2라고 하면, 물체가 A에서 B까지 낙하하는 동안 중력이 물체에 한 일은 $W = Fs = mg(h_1 - h_2)$이고, 중력이 물체에 한 일과 물체의 운동 에너지 증가량이 같으므로 $mg(h_1 - h_2) = \frac{1}{2}mv_2^2 - \frac{1}{2}mv_1^2$이다.

정답
1. 역학적 에너지
2. 30 J
3. 20 J
4. ○

개념 체크

○ **중력에 의한 역학적 에너지 보존:** 중력 이외의 힘이 일을 하지 않으면 물체의 운동 에너지와 중력 퍼텐셜 에너지의 합은 항상 일정하다.

[1~3] 그림은 점 p에서 가만히 놓은 질량이 m인 물체가 점 q를 지나는 것을 나타낸 것이다. p와 q의 높이차는 h이다. (단, 중력 가속도는 g이고, 물체의 크기, 공기 저항은 무시한다.)

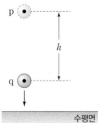

1. 물체가 p에서 q까지 운동하는 동안 중력 퍼텐셜 에너지 감소량은 (   )이다.

2. q에서 물체의 운동 에너지는 (   )이다.

3. 물체의 역학적 에너지는 p에서가 q에서보다 크다.
(○ , ×)

정답
1. mgh
2. mgh
3. ×

이 식을 정리하면 $mgh_1 + \frac{1}{2}mv_1^2 = mgh_2 + \frac{1}{2}mv_2^2$이므로, A와 B에서의 역학적 에너지는 같다.

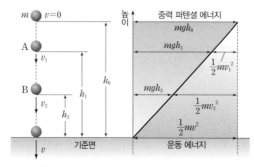

③ **자유 낙하 하는 물체의 에너지 전환 그래프:** 물체가 자유 낙하 할 때 물체의 중력 퍼텐셜 에너지는 감소하고 운동 에너지는 증가하지만, 중력 퍼텐셜 에너지와 운동 에너지의 합인 역학적 에너지는 일정하다.

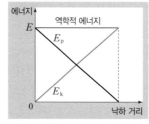

낙하 거리와 에너지의 관계   낙하 시간과 에너지의 관계

🧪 **탐구자료** 살펴보기 | **중력에 의한 역학적 에너지 보존**

과정

(1) 그림과 같이 수평면으로부터 2 m 높이에서 질량이 200 g인 구슬을 가만히 놓고, 디지털카메라로 구슬의 운동을 촬영한다.

(2) 동영상 분석 프로그램을 이용하여 시간에 따른 구슬의 중력 퍼텐셜 에너지, 운동 에너지, 역학적 에너지를 기록한다. (단, 공기 저항은 무시하고, 중력 가속도는 10 m/s²으로 가정한다.)

결과

시간(s)	0	0.1	0.2	0.3	0.4	0.5
높이(m)	2	1.95	1.8	1.55	1.2	0.75
속력(m/s)	0	1	2	3	4	5

시간(s)	0	0.1	0.2	0.3	0.4	0.5
중력 퍼텐셜 에너지(J)	4.0	3.9	3.6	3.1	2.4	1.5
운동 에너지(J)	0	0.1	0.4	0.9	1.6	2.5
역학적 에너지(J)	4.0	4.0	4.0	4.0	4.0	4.0

point

• 모든 지점에서 구슬의 역학적 에너지가 4.0 J로 일정하다.
• 구슬이 자유 낙하 할 때 구슬의 역학적 에너지는 보존된다.

(3) 탄성력에 의한 역학적 에너지 보존

① 탄성력 이외의 힘(마찰력, 공기 저항력 등)이 일을 하지 않으면 물체의 운동 에너지와 탄성 퍼텐셜 에너지의 합은 일정하게 보존된다. ➡ $E_k + E_p =$ 일정

② 마찰과 공기 저항이 없을 때, 물체를 용수철에 연결하여 A만큼 당겼다가 놓으면 물체는 평형 위치 O를 중심으로 진폭이 A인 진동을 한다. 평형 위치에 가까워지면 물체의 운동 에너지가 증가하고 탄성 퍼텐셜 에너지는 감소하며, 평형 위치에서 멀어지면 물체의 운동 에너지가 감소하고 탄성 퍼텐셜 에너지는 증가한다.

그림에서 평형 위치 O로부터의 위치가 각각 x_1, x_2인 두 지점 P, Q를 지날 때 물체의 속력을 각각 v_1, v_2라고 하면, P에서 Q까지 이동하는 동안 탄성력이 한 일은 $W = \frac{1}{2}kx_1^2 - \frac{1}{2}kx_2^2$이다. 탄성력이 한 일이 물체의 운동 에너지 증가량과 같으므로 $\frac{1}{2}kx_1^2 - \frac{1}{2}kx_2^2 = \frac{1}{2}mv_2^2 - \frac{1}{2}mv_1^2$이며, 이 식을 정리하면 $\frac{1}{2}kx_1^2 + \frac{1}{2}mv_1^2 = \frac{1}{2}kx_2^2 + \frac{1}{2}mv_2^2$이다. 따라서 P와 Q에서 역학적 에너지는 같다. 진폭이 A이고 평형 위치에서의 속력이 V이면 역학적 에너지는 다음과 같다.

$$\frac{1}{2}kA^2 = \frac{1}{2}kx_1^2 + \frac{1}{2}mv_1^2 = \frac{1}{2}kx_2^2 + \frac{1}{2}mv_2^2 = \frac{1}{2}mV^2$$

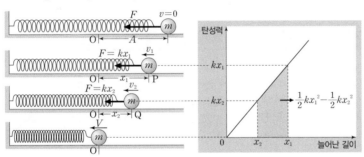

개념 체크

➡ **탄성력에 의한 역학적 에너지 보존:** 탄성력 이외의 힘이 일을 하지 않으면 물체의 운동 에너지와 탄성 퍼텐셜 에너지의 합은 항상 일정하다.

[1~3] 그림은 마찰이 없는 수평면에서 용수철 상수가 100 N/m인 용수철에 연결된 질량이 2 kg인 물체가 평형점 O를 중심으로 점 A와 점 B 사이를 진동하는 모습을 나타낸 것이다. (단, 물체의 크기, 용수철의 질량, 공기 저항은 무시한다.)

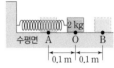

1. A와 B에서 용수철에 저장된 탄성 퍼텐셜 에너지는 같다. (○ , ×)

2. A에서 용수철에 저장된 탄성 퍼텐셜 에너지는 ( )이다.

3. O에서 물체의 운동 에너지는 ( )이다.

과학 돋보기 🔍 물체가 연직선상에서 진동할 때 역학적 에너지 보존

그림과 같이 질량이 m인 물체가 용수철 상수가 k인 용수철에 매달려 평형점 O를 중심으로 진폭 x로 진동할 때, 점 A, O, B에서 역학적 에너지는 같다.

평형점에서는 중력의 크기와 탄성력의 크기가 같으므로 $mg = kx$이다. 중력 가속도를 g, O에서 물체의 속력을 v, A에서 중력 및 탄성 퍼텐셜 에너지를 0이라고 하면, A, O, B에서 역학적 에너지는 다음과 같다. (단, 용수철의 질량, 공기 저항은 무시한다.)

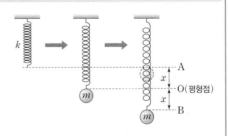

위치	중력 퍼텐셜 에너지	운동 에너지	탄성 퍼텐셜 에너지	역학적 에너지
A	0	0	0	0
O	$-mgx$	$\frac{1}{2}mv^2$	$\frac{1}{2}kx^2$	$-mgx + \frac{1}{2}mv^2 + \frac{1}{2}kx^2$
B	$-mg(2x)$	0	$\frac{1}{2}k(2x)^2$	$-mg(2x) + \frac{1}{2}k(2x)^2$

따라서 역학적 에너지 보존에 따라 $0 = -mgx + \frac{1}{2}mv^2 + \frac{1}{2}kx^2 = -mg(2x) + \frac{1}{2}k(2x)^2$이다.

정답
1. ○
2. 0.5 J
3. 0.5 J

개념 체크

◆ **역학적 에너지 보존**: 마찰력이나 공기 저항력 등이 작용하지 않으면 물체의 역학적 에너지는 보존되지만, 마찰력이나 공기 저항력 등이 작용하여 일을 하면 물체의 역학적 에너지는 보존되지 않는다.

1. 마찰과 공기 저항이 없을 때 용수철에 연결된 물체가 진동하는 경우, 물체의 운동 에너지가 감소하면 용수철에 저장된 탄성 퍼텐셜 에너지는 증가한다.
(○ , ×)

2. 물체가 운동하는 동안 마찰력이나 공기 저항력 등이 작용하면 물체의 역학적 에너지는 보존되지 않는다.
(○ , ×)

3. 수평면에서 운동 에너지가 100 J로 일정한 물체가 마찰 구간을 통과한 후 운동 에너지가 80 J이 되었다. 이때 마찰 구간에서 손실된 역학적 에너지는 (　　)이다.

③ **용수철에서의 에너지 전환 그래프**: 마찰과 공기 저항이 없을 때, 용수철에 연결된 물체가 진동하는 경우 탄성 퍼텐셜 에너지가 증가하면 물체의 운동 에너지는 감소하고, 탄성 퍼텐셜 에너지가 감소하면 물체의 운동 에너지가 증가한다. 그러나 탄성 퍼텐셜 에너지와 물체의 운동 에너지를 합한 역학적 에너지는 일정하다.

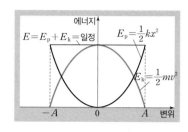

(4) 역학적 에너지 보존 법칙

① 마찰력, 공기 저항력 등과 같은 힘이 일을 하지 않으면 물체의 운동 에너지와 퍼텐셜 에너지의 합인 역학적 에너지는 일정하게 보존되는데, 이를 역학적 에너지 보존 법칙이라고 한다.
➡ $E_k + E_p =$ 일정

② 역학적 에너지가 보존되는 경우에 물체의 운동 에너지가 증가하면 그만큼 퍼텐셜 에너지가 감소하고, 물체의 운동 에너지가 감소하면 그만큼 퍼텐셜 에너지가 증가한다.

(5) 역학적 에너지가 보존되지 않는 경우: 마찰력, 공기 저항력 등과 같은 힘이 일을 하면 물체의 역학적 에너지는 열, 소리, 빛 등과 같은 다른 에너지로 전환되어 물체의 역학적 에너지는 감소하게 된다. 그러나 이 경우에도 에너지는 새로 생성되거나 소멸하지 않으므로 전환 전의 에너지의 총량과 전환 후의 에너지의 총량은 같다.

탐구자료 살펴보기 　**마찰력에 의한 물체의 역학적 에너지 감소 비교**

과정

(1) 그림과 같이 질량이 m인 물체를 빗면의 점 p에 가만히 놓은 후 마찰 구간의 시작점과 끝점 q, r를 지날 때의 속력을 측정한다.

(2) 마찰 구간을 마찰력이 다른 마찰 구간으로 바꾼 후 과정 (1)을 반복한다.

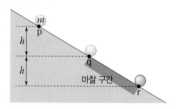

결과

과정	v_q	v_r	마찰 구간에서 손실된 역학적 에너지(E_f)
(1)	v	v	$mgh + \dfrac{1}{2}mv^2 - E_f = \dfrac{1}{2}mv^2 \Rightarrow E_f = mgh$
(2)	v	$\dfrac{5}{4}v$	$mgh + \dfrac{1}{2}mv^2 - E_f = \dfrac{1}{2}m\left(\dfrac{5}{4}v\right)^2 \Rightarrow E_f = \dfrac{7}{16}mgh$

(단, g는 중력 가속도)

point

r에서 물체의 역학적 에너지는 q에서 물체의 역학적 에너지에서 마찰 구간에서 손실된 역학적 에너지를 뺀 값과 같다.

과학 돋보기 🔍 **공기 저항에 의한 물체의 역학적 에너지 감소**

물체가 진공에서 자유 낙하를 하게 되면 시간에 따라 속력이 일정하게 증가하는 등가속도 운동을 하게 된다. 반면 물체가 공기 중에서 낙하를 하게 되면 물체의 속력이 증가함에 따라 공기 저항력도 점차 커지다가 중력과 공기 저항력이 평형을 이룰 때 물체는 일정한 속도로 낙하하게 되며, 이 속도를 종단 속도(Terminal Velocity)라고 한다. 빗방울이 높은 곳에서 낙하를 하더라도 공기 저항력에 의해 종단 속도로 지면에 도착하게 되므로 비를 맞아도 사람들이 다치지 않는 것이다.

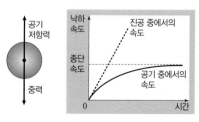

정답
1. ○
2. ○
3. 20 J

01 그림 (가)는 물체 A가 높이가 d인 지점을 속력 $\frac{1}{2}v$로 지난 후 빗면을 따라 $2d$만큼 운동하여 수평면에 도달한 것을, (나)는 높이가 d인 지점에서 가만히 놓은 물체 B가 속력 v로 수평면에 도달한 것을 나타낸 것이다. A, B의 질량은 같다.

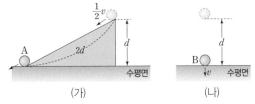

(가)   (나)

A, B가 수평면에 도달할 때까지, 이에 대한 설명으로 옳은 것만을 〈보기〉에서 있는 대로 고른 것은? (단, 중력 가속도는 g이고, 물체의 크기, 모든 마찰과 공기 저항은 무시한다.)

┌─ 보기 ─────────────────────┐
ㄱ. 중력이 A, B에 한 일은 같다.
ㄴ. 수평면에 도달하는 순간 A의 속력은 $\frac{\sqrt{5}}{2}v$이다.
ㄷ. 빗면에서 운동하는 동안 A의 가속도 크기는 $\frac{1}{2}g$이다.
└────────────────────────────┘

① ㄱ　② ㄷ　③ ㄱ, ㄴ　④ ㄴ, ㄷ　⑤ ㄱ, ㄴ, ㄷ

02 그림과 같이 기준선 P에 가만히 놓은 물체 A는 자유 낙하 하여 기준선 Q를 속력 v로 지나고, 물체 B는 연직 위 방향으로 크기가 F_1인 일정한 힘으로 당겼더니 속력 v로 Q와 P를 지나며, Q에 정지해 있는 물체 C는 연직 위 방향으로 크기가 F_2인 일정한 힘으로 당겼더니 속력 v로 P를 지난다. P, Q는 수평면과 나란하고, A, B, C의 질량은 m으로 같다. 이에 대한 설명으로 옳은 것만을 〈보기〉에서 있는 대로 고른 것은? (단, 물체의 크기, 공기 저항은 무시한다.)

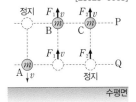

┌─ 보기 ─────────────────────┐
ㄱ. A가 P에서 Q까지 이동하는 동안 중력이 A에 한 일은 $\frac{1}{2}mv^2$이다.
ㄴ. B가 Q에서 P까지 이동하는 동안 크기가 F_1인 힘이 B에 한 일은 $\frac{1}{2}mv^2$이다.　ㄷ. $F_2 = 3F_1$이다.
└────────────────────────────┘

① ㄱ　② ㄷ　③ ㄱ, ㄴ　④ ㄴ, ㄷ　⑤ ㄱ, ㄴ, ㄷ

03 그림과 같이 빗면에서 물체 A가 점 **p**를 지나는 순간 물체 B가 점 **q**를 속력 v로 지나고, A와 B는 등가속도 직선 운동을 하여 점 **r**에서 만난다. A, B의 질량은 각각 m, $2m$이다. p와 q, q와 r 사이의 거리는 각각 $2d$, $3d$이다. A가 q에서 r까지 운동하는 동안 A의 운동 에너지의 변화량은 $\frac{3}{2}mv^2$이다.

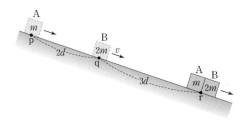

r에서 A, B의 운동 에너지를 각각 E_A, E_B라고 할 때, $\dfrac{E_A}{E_B}$는? (단, 물체의 크기, 모든 마찰과 공기 저항은 무시한다.)

① $\dfrac{9}{8}$　② $\dfrac{5}{4}$　③ $\dfrac{11}{8}$　④ $\dfrac{3}{2}$　⑤ $\dfrac{13}{8}$

04 그림 (가)는 수평면에 정지해 있는 질량이 $1\,\mathrm{kg}$인 물체 A에 수평 방향으로 힘 F가 작용하는 것을, (나)는 (가)에서 F를 A의 이동 거리 x에 따라 나타낸 것이다. A의 속력은 $x = 2\,\mathrm{m}$인 지점을 지날 때가 $x = 1\,\mathrm{m}$인 지점을 지날 때의 2배이다.

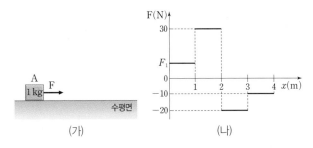

(가)   (나)

이에 대한 설명으로 옳은 것만을 〈보기〉에서 있는 대로 고른 것은? (단, 모든 마찰과 공기 저항은 무시한다.)

┌─ 보기 ─────────────────────┐
ㄱ. F_1은 5이다.
ㄴ. A가 $x = 0$에서 $x = 2\,\mathrm{m}$인 지점을 지날 때까지 F가 A에 한 일은 40 J이다.
ㄷ. $x = 4\,\mathrm{m}$인 지점을 지날 때 A의 속력은 $2\sqrt{10}\,\mathrm{m/s}$이다.
└────────────────────────────┘

① ㄱ　② ㄴ　③ ㄱ, ㄷ　④ ㄴ, ㄷ　⑤ ㄱ, ㄴ, ㄷ

05 그림 (가)는 질량이 각각 $4m$, m인 물체 A, B를 실에 연결한 후 A를 빗면에 가만히 놓았더니 A, B가 가속도의 크기가 $\frac{1}{3}g$인 등가속도 운동을 하는 것을, (나)는 A, B의 속력이 v인 순간 실이 끊어진 것을 나타낸 것이다.

[25023-0071]

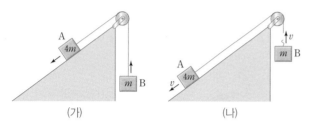

(가)　　　　　(나)

(나)에서 실이 끊어진 순간부터 B의 속력이 0이 되는 순간까지 A의 중력 퍼텐셜 에너지 감소량을 E_A, B의 중력 퍼텐셜 에너지 증가량을 E_B라고 할 때, $\frac{E_A}{E_B}$는? (단, 중력 가속도는 g이고, 물체의 크기, 실의 질량, 모든 마찰과 공기 저항은 무시한다.)

① $\frac{28}{9}$　② $\frac{14}{3}$　③ $\frac{64}{9}$　④ $\frac{23}{3}$　⑤ $\frac{80}{9}$

06 그림은 물체 A, C와 실로 연결된 물체 B를 점 p에 가만히 놓았더니, B가 등가속도 운동을 하여 점 q를 지날 때 B와 C를 연결한 실이 끊어진 것을 나타낸 것이다. 이후 점 r에서 B의 속력은 0이 된다. A, B, C의 질량은 각각 m, m, $4m$이고, p, q, r는 수평면의 점이다.

[25023-0072]

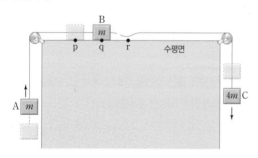

B가 p에서 r까지 운동하는 동안, A의 역학적 에너지 증가량을 E_A, C의 운동 에너지 증가량을 E_C라고 할 때, $\frac{E_C}{E_A}$는? (단, 실의 질량, 물체의 크기, 모든 마찰과 공기 저항은 무시한다.)

① 4　② 5　③ 6　④ 8　⑤ 9

07 그림 (가)는 물체 B와 실로 연결된 물체 A가 용수철에 연결되어 힘의 평형을 이루며 정지해 있는 모습을 나타낸 것으로, 용수철은 원래 길이에서 d만큼 늘어나 있다. 그림 (나)는 실을 끊었더니 A가 운동하여 최고점에서 속력이 0이 된 순간의 모습을 나타낸 것이다. A, B의 질량은 m으로 같다.

[25023-0073]

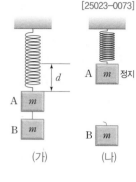

(가)　　(나)

이에 대한 설명으로 옳은 것만을 〈보기〉에서 있는 대로 고른 것은? (단, 중력 가속도는 g이고, 실과 용수철의 질량, 공기 저항은 무시한다.)

〈 보기 〉

ㄱ. 용수철 상수는 $\frac{2mg}{d}$이다.

ㄴ. (나)에서 실을 끊은 순간부터 A가 최고점까지 올라가는 동안 A의 중력 퍼텐셜 에너지 증가량은 $\frac{3}{2}mgd$이다.

ㄷ. (나)에서 A가 운동하는 동안 운동 에너지의 최댓값은 $\frac{1}{2}mgd$이다.

① ㄱ　② ㄷ　③ ㄱ, ㄴ　④ ㄴ, ㄷ　⑤ ㄱ, ㄴ, ㄷ

08 그림과 같이 수평면에서 물체 A, B 사이에 용수철을 넣어 압축시킨 후 동시에 가만히 놓았더니 A, B가 수평면을 따라 운동하여 각각 수평면의 점 p, q를 지난다. 용수철이 최대로 압축되었을 때 용수철에 저장된 탄성 퍼텐셜 에너지는 E_0이고, 질량이 각각 $3m$, m인 A, B가 각각 p, q를 지날 때 운동 에너지는 같다.

[25023-0074]

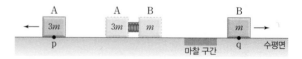

B가 마찰 구간을 지나는 동안 감소한 역학적 에너지는? (단, 용수철의 질량, 공기 저항, 마찰 구간 외의 모든 마찰은 무시한다.)

① $\frac{1}{8}E_0$　② $\frac{1}{4}E_0$　③ $\frac{3}{8}E_0$　④ $\frac{1}{2}E_0$　⑤ $\frac{5}{8}E_0$

[25023-0075]

09 그림은 수평면상의 점 p에 정지해 있는 물체 A를 수평 방향으로 크기가 F인 일정한 힘으로 당겼더니 일정한 크기의 마찰력이 작용하는 마찰 구간의 시작점과 끝점 q, r를 지나 점 s를 통과하는 것을 나타낸 것이다. p와 q, q와 r, r와 s 사이의 거리는 같다. A가 운동하는 데 걸리는 시간은 q에서 r까지가 p에서 q까지의 $\frac{2}{3}$배이다.

마찰 구간에서 감소한 A의 역학적 에너지를 E_1, s에서 A의 운동 에너지를 E_2라고 할 때, $\dfrac{E_1}{E_2}$은? (단, A의 크기, 공기 저항과 마찰 구간 외의 모든 마찰은 무시한다.)

① $\dfrac{7}{10}$　② $\dfrac{3}{5}$　③ $\dfrac{1}{2}$　④ $\dfrac{2}{5}$　⑤ $\dfrac{3}{10}$

[25023-0076]

10 그림과 같이 질량이 m인 물체 A를 빗면의 점 p에 가만히 놓았더니 빗면의 점 q, r, s, t를 지나 수평면에 도달하였다. p와 q, 마찰 구간의 시작점과 끝점 q와 r의 높이차는 h로 같고, r와 s의 높이차는 $3h$이며, t의 높이는 h이다. A는 q에서 r까지, s에서 t까지 각각 등속도 운동을 하고, q에서 r까지와 s에서 t까지 운동하는 데 걸린 시간은 같다.

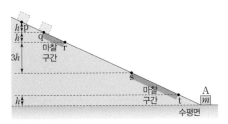

이에 대한 설명으로 옳은 것만을 〈보기〉에서 있는 대로 고른 것은? (단, 중력 가속도는 g이고, A의 크기, 공기 저항과 마찰 구간 외의 모든 마찰은 무시한다.)

┌─ 보기 ─
ㄱ. A가 s에서 t까지 운동하는 동안 감소한 역학적 에너지는 $2mgh$이다.
ㄴ. p에서 수평면에 도달할 때까지 중력이 A에 한 일은 $9mgh$이다.
ㄷ. 수평면에 도달하는 순간 A의 운동 에너지는 $6mgh$이다.
└───

① ㄱ　② ㄷ　③ ㄱ, ㄴ　④ ㄴ, ㄷ　⑤ ㄱ, ㄴ, ㄷ

[25023-0077]

11 그림은 빗면의 점 p에 가만히 놓은 물체가 점 q와 마찰 구간을 지나 맞은편 빗면의 점 r에서 속력이 0인 순간의 모습을 나타낸 것이다. q에서 물체의 운동 에너지는 마찰 구간에서 물체의 역학적 에너지 감소량의 2배이다. p, q, r의 높이는 각각 $2h$, h, H이다.

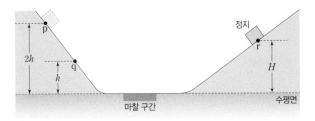

H는? (단, 물체의 크기, 공기 저항과 마찰 구간 외의 모든 마찰은 무시한다.)

① $\dfrac{5}{4}h$　② $\dfrac{11}{8}h$　③ $\dfrac{3}{2}h$　④ $\dfrac{13}{8}h$　⑤ $\dfrac{7}{4}h$

[25023-0078]

12 그림과 같이 수평면에서 물체 A, B를 용수철에 압축시킨 후 동시에 가만히 놓았더니 A는 길이가 $2d$인 일정한 크기의 마찰력이 작용하는 마찰 구간 P를 통과한 후 높이가 h_1인 지점에서 속력이 0이 되고, B는 높이가 h_2이고, 일정한 크기의 마찰력이 작용하는 수평한 마찰 구간 Q에서 d만큼 운동한 후 정지한다. P, Q에서 A, B에 각각 작용하는 마찰력의 크기는 같고, A, B가 운동하는 데 걸린 시간은 같다. A, B의 질량은 각각 $3m$, $2m$이다.

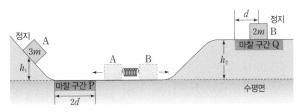

$\dfrac{h_2}{h_1}$는? (단, 물체의 크기, 용수철의 질량, 공기 저항, 마찰 구간 외의 모든 마찰은 무시한다.)

① $\dfrac{8}{3}$　② $\dfrac{15}{4}$　③ $\dfrac{9}{2}$　④ $\dfrac{16}{3}$　⑤ $\dfrac{27}{4}$

가속도의 크기가 일정할 때, 정지해 있던 물체의 이동 거리는 $s=\frac{1}{2}at^2$ (a: 가속도의 크기, t: 걸린 시간)이다.

[25023-0079]

01 그림과 같이 물체를 점 p에서 가만히 놓았더니 자유 낙하 하여 점 q, r, s를 지난다. q, r를 지날 때 물체의 속력은 각각 v, $\sqrt{2}v$이고, 물체가 운동하는 데 걸리는 시간은 q에서 s까지가 p에서 q까지의 2배이다.

이에 대한 설명으로 옳은 것만을 〈보기〉에서 있는 대로 고른 것은? (단, 물체의 크기는 무시한다.)

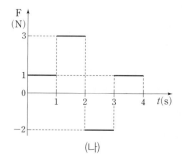

〈 보기 〉

ㄱ. 물체의 중력 퍼텐셜 에너지 감소량은 p에서 q까지 운동할 때와 q에서 r까지 운동할 때가 같다.

ㄴ. 물체의 운동 에너지는 s에서가 q에서의 9배이다.

ㄷ. r와 s 사이의 거리는 q와 r 사이의 거리의 7배이다.

① ㄱ   ② ㄷ   ③ ㄱ, ㄴ   ④ ㄴ, ㄷ   ⑤ ㄱ, ㄴ, ㄷ

물체의 운동량의 크기를 p라고 할 때, 질량이 m인 물체의 운동 에너지는 $E_{\mathrm{k}}=\frac{1}{2}mv^2=\frac{p^2}{2m}$이다.

[25023-0080]

02 그림 (가)는 시간 $t=0$일 때 수평면에 정지해 있는 질량이 **1 kg**인 물체 A에 수평 방향으로 힘 **F**가 작용하여 구간 Ⅰ~Ⅳ를 지나는 것을 나타낸 것이고, (나)는 (가)에서 **F**를 t에 따라 나타낸 것이다. A가 Ⅰ~Ⅳ를 각각 지나는 데 걸린 시간은 **1초**로 같다.

(가)

(나)

이에 대한 설명으로 옳은 것만을 〈보기〉에서 있는 대로 고른 것은? (단, 물체의 크기, 모든 마찰과 공기 저항은 무시한다.)

〈 보기 〉

ㄱ. $t=0$부터 $t=1$초까지 F가 A에 한 일은 1 J이다.

ㄴ. A의 이동 거리는 Ⅲ에서가 Ⅱ에서의 $\frac{6}{5}$배이다.

ㄷ. 4초일 때, A의 운동 에너지는 $\frac{7}{2}$ J이다.

① ㄱ   ② ㄴ   ③ ㄱ, ㄷ   ④ ㄴ, ㄷ   ⑤ ㄱ, ㄴ, ㄷ

03 그림 (가)는 물체 A, B, C를 실 **p**, **q**로 연결하여 C를 손으로 잡아 정지시킨 모습을 나타낸 것이고, (나)는 (가)에서 C를 가만히 놓은 순간부터 C의 속력을 시간에 따라 나타낸 것이다. **1**초일 때 **p**가 끊어졌다. A, B의 질량은 각각 **3 kg**, **2 kg**이다.

[25023-0081]

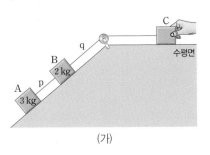

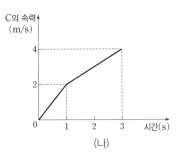

(가)

(나)

0초부터 **1**초까지 A의 중력 퍼텐셜 에너지 감소량을 E_A, **1**초부터 **3**초까지 B의 중력 퍼텐셜 에너지 감소량을 E_B라고 할 때, $\dfrac{E_B}{E_A}$는? (단, 실의 질량, 물체의 크기, 모든 마찰과 공기 저항은 무시한다.)

① $\dfrac{5}{2}$　　　　② 3　　　　③ $\dfrac{7}{2}$　　　　④ 4　　　　⑤ $\dfrac{9}{2}$

A, B, C가 함께 운동할 때, A와 B의 중력 퍼텐셜 에너지가 감소하는 만큼 A, B, C의 운동 에너지는 증가한다.

04 그림 (가)는 용수철 P에 연결된 물체 A에 물체 B를 실로 연결하고 P가 늘어나지 않은 상태에서 가만히 놓았더니 A가 P의 원래 길이보다 $2x$만큼 늘어난 지점에서 속력이 **0**이 된 순간을 나타낸 것으로, A, B의 질량은 각각 m, $2m$이다. 그림 (나)는 (가)에서 실을 끊었더니 A는 P를 최대로 압축시킨 후 속력이 **0**이 되고, P와 동일한 용수철 Q로부터 x만큼 떨어진 지점에 정지해 있던 B는 Q를 최대로 압축시킨 후 속력이 **0**이 된 모습을 나타낸 것이다.

이에 대한 설명으로 옳은 것만을 〈보기〉에서 있는 대로 고른 것은? (단, 중력 가속도는 g이고, 물체의 크기, 실과 용수철의 질량, 공기 저항은 무시한다.)

[25023-0082]

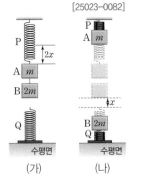

(가)　　　　(나)

용수철에 작용하는 탄성력의 크기는 $F=kx$ (k: 용수철 상수, x: 변형된 길이)이고, 용수철에 저장된 탄성 퍼텐셜 에너지는 $E_p=\dfrac{1}{2}kx^2$이다.

┌ 보기 ┐

ㄱ. (가)에서 P에 작용하는 탄성력의 크기는 $3mg$이다.

ㄴ. (나)에서 P가 최대로 늘어난 상태에서 최대로 압축될 때까지 탄성 퍼텐셜 에너지 감소량은 $\dfrac{10}{3}mgx$이다.

ㄷ. (나)에서 B가 운동하는 동안 운동 에너지의 최댓값은 $\dfrac{8}{3}mgx$이다.

① ㄱ　　　② ㄴ　　　③ ㄱ, ㄷ　　　④ ㄴ, ㄷ　　　⑤ ㄱ, ㄴ, ㄷ

A가 p에서 q까지 운동하는 동안 가속도의 크기는 $\frac{1}{3}g$이므로 B의 질량을 m_B라고 하면 $\frac{1}{3}g = \frac{m_B}{m+m_B}g$이다.

[25023-0083]

05 그림은 물체 B와 실로 연결된 질량이 m인 물체 A를 p에 가만히 놓았더니 A, B가 가속도의 크기 $\frac{1}{3}g$로 등가속도 운동을 한 후 마찰 구간에서 등속도 운동을 하는 것을 나타낸 것이다. p, q, r, s는 수평면의 점이고, p에서 q, 마찰 구간 q에서 r, r에서 s 사이의 거리는 같다

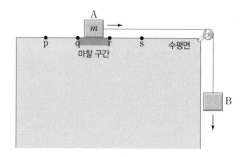

A가 마찰 구간을 지나는 동안 A와 B의 역학적 에너지 감소량을 E라고 할 때, A가 s를 지나는 순간 B의 운동 에너지는? (단, 중력 가속도는 g이고, 물체의 크기, 실의 질량, 공기 저항, 마찰 구간 외의 모든 마찰은 무시한다.)

① $\frac{1}{2}E$ ② $\frac{2}{3}E$ ③ $\frac{3}{4}E$ ④ $\frac{4}{5}E$ ⑤ $\frac{6}{5}E$

정지 상태에서 출발한 물체가 등가속도 직선 운동을 할 때, 이동 거리는 $s = \frac{1}{2}at^2$ (a: 가속도의 크기, t: 걸린 시간)이므로 걸린 시간이 2배가 되면 이동 거리는 4배가 된다.

[25023-0084]

06 그림은 빗면의 점 p에 질량이 2 kg인 물체를 가만히 놓았더니 물체가 빗면의 점 q, r와 수평면의 마찰 구간, 점 s를 지난 후 높이가 h인 지점에서 속력이 0인 순간을 나타낸 것이다. 물체가 운동하는 데 걸린 시간은 p에서 q까지와 q에서 r까지가 같고, 물체의 중력 퍼텐셜 에너지 차는 p와 r 사이와 q와 s 사이가 각각 16 J, 36 J이다. 마찰 구간에서 물체의 역학적 에너지 감소량은 14 J이다.

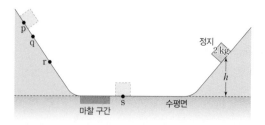

h는? (단, 중력 가속도는 10 m/s²이고, 물체의 크기, 공기 저항과 마찰 구간 외의 모든 마찰은 무시한다.)

① 1 m ② 1.1 m ③ 1.2 m ④ 1.3 m ⑤ 1.4 m

07 그림 (가)는 빗면의 점 p에 가만히 놓은 물체 A가 점 q를 통과하여 점 r를 지나는 것을, (나)는 빗면의 점 a에 가만히 놓은 물체 B가 일정한 크기의 마찰력이 작용하는 마찰 구간의 시작점 b를 통과하여 점 c를 지나는 것을 나타낸 것이다. B가 a에서 b까지 운동하는 데 걸리는 시간은 A가 p에서 q까지 운동하는 데 걸리는 시간의 2배이고, B가 b에서 c까지 운동하는 데 걸리는 시간은 A가 q에서 r까지 운동하는 데 걸리는 시간의 4배이다. p와 q, a와 b의 높이차는 h로 같고, q와 r, b와 c의 높이차는 $3h$로 같다. A, B의 질량은 m으로 같다.

p와 q, q와 r의 높이차가 각각 h, $3h$이므로 p와 q, q와 r의 거리 비는 1 : 3이다.

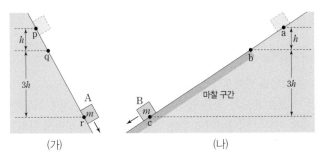

(가)　　　　　　　(나)

B가 b에서 c까지 운동하는 동안, B의 역학적 에너지 감소량은? (단, 중력 가속도는 g이고, 물체의 크기, 공기 저항과 마찰 구간 외의 모든 마찰은 무시한다.)

① $\dfrac{7}{2}mgh$ 　② $\dfrac{15}{4}mgh$ 　③ $4mgh$ 　④ $\dfrac{17}{4}mgh$ 　⑤ $\dfrac{9}{2}mgh$

08 그림은 물체를 빗면의 점 p에 가만히 놓았더니 물체가 마찰 구간 A, B, C를 지나 빗면의 점 s에서 속력이 0인 순간을 나타낸 것이다. p와 A의 높이차와 B의 양 끝점 q와 r의 높이차는 h로 같고, A의 높이는 $\dfrac{5}{2}h$이며, r와 s의 높이는 h이다. 물체는 A, C를 지나는 동안 크기가 같은 힘을 같은 시간 동안 받는다. A를 통과한 직후와 r에서 물체의 속력은 같다.

물체가 마찰 구간 A에 들어가기 직전과 마찰 구간 C를 통과한 직후의 속력은 같다.

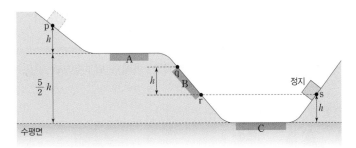

B, C를 통과하는 동안 물체의 역학적 에너지 감소량을 각각 E_B, E_C라고 할 때, $\dfrac{E_B}{E_C}$는? (단, 물체의 크기, 공기 저항, 마찰 구간 외의 모든 마찰은 무시한다.)

① $\dfrac{5}{6}$ 　② $\dfrac{6}{7}$ 　③ $\dfrac{7}{8}$ 　④ $\dfrac{8}{3}$ 　⑤ $\dfrac{8}{5}$

04 열역학 법칙

◯ 열평형 상태: 두 물체의 온도가 같아져 더 이상 온도가 변하지 않는 상태이다.

◯ 이상 기체: 분자의 부피를 무시할 수 있으며, 분자들 사이에 충돌 이외의 다른 상호 작용을 하지 않는 기체이다. 일정량의 이상 기체에 대하여 $\dfrac{압력 \times 부피}{절대 온도}$ 가 일정하게 유지된다.

1. 온도가 다른 두 물체 사이에서 열은 저절로 온도가 (　　) 물체에서 온도가 (　　) 물체로 이동한다.

2. 온도가 다른 두 물체 사이에서 열이 이동하여 온도가 같아져 더 이상 온도가 변하지 않는 상태를 (　　) 상태라고 한다.

3. 기체의 부피가 (증가 , 감소)하면 기체는 외부에 일을 하게 되고, 기체가 외부로부터 일을 받으면 체의 부피가 (증가 , 감소)한다.

1 열역학 제1법칙

(1) 온도: 물체의 차갑고 따뜻한 정도를 수치로 나타낸 물리량이다.

① **섭씨온도**: 1기압에서 순수한 물이 어는 온도를 0 ℃, 끓는 온도를 100 ℃로 정하고 그 사이를 100등분하여 1 ℃ 간격으로 눈금을 나타낸 온도이다.

② **절대 온도**: 섭씨온도와 눈금 간격은 같으나 열역학적 최저 온도인 −273 ℃를 0 K(켈빈)으로 정한 온도로, 절대 온도와 섭씨온도를 각각 T, t라고 할 때 다음 관계가 성립한다.

$$T(\text{K}) = t(℃) + 273$$

• 이상 기체 분자들의 평균 운동 에너지는 절대 온도에 비례한다.

③ **열**: 물체의 온도와 상태를 변화시키는 원인으로, 에너지의 일종이므로 열에너지라고도 한다.

④ **열의 이동**: 열은 저절로 온도가 높은 물체에서 온도가 낮은 물체로 이동한다. 고온의 물체에서 저온의 물체로 이동한 열에너지의 양을 열량이라고 하며, 열량의 단위는 kcal 또는 J을 사용한다.

⑤ **열평형 상태**: 온도가 다른 두 물체 사이에서 열이 이동하여 온도가 같아져 더 이상 온도가 변하지 않는 상태이다.

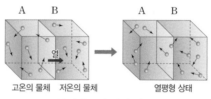

분자 운동과 열의 이동

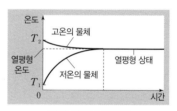

열의 이동과 열평형

(2) 기체가 하는 일

① **이상 기체**: 분자의 부피를 무시할 수 있고 충돌하는 동안 에너지 손실이 없는 기체로, 퍼텐셜 에너지가 없으므로 기체 분자의 역학적 에너지는 운동 에너지와 같다. 실제 기체는 압력이 낮거나, 온도가 높거나, 밀도가 작으면 이상 기체처럼 행동한다.

② **압력(P)**: 단위 면적(A)에 수직으로 작용하는 힘(F)이다.

$$압력 = \frac{힘}{면적}, \quad P = \frac{F}{A} \quad [\text{단위: Pa(파스칼), } 1\,\text{Pa} = 1\,\text{N/m}^2]$$

③ 기체에 열을 가하면 온도나 부피의 변화가 일어난다.

• 기체가 팽창하면 기체가 외부에 일을 하게 되고, 기체가 외부로부터 일을 받으면 기체가 수축한다.

• 압력이 일정할 때 기체가 하는 일은 다음과 같다.

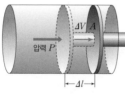

$$W = F\Delta l = PA\Delta l = P\Delta V$$

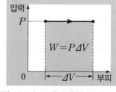

압력－부피 그래프에서 그래프 아래 면적은 기체가 외부에 한 일이다.

부피 변화	일의 부호와 의미
증가 ($\Delta V > 0$)	기체가 외부에 일을 한다. ➡ $W > 0$
감소 ($\Delta V < 0$)	기체가 외부로부터 일을 받는다. ➡ $W < 0$

④ 찌그러진 탁구공을 뜨거운 물에 넣으면 부피가 증가하는 것은 열에 의해 탁구공 내부의 기체의 압력이 커져 기체의 부피가 증가했기 때문이다. 이때 공 내부의 공기가 열을 흡수하여 압력이 증가하면 공 안쪽에서 바깥쪽으로 힘을 작용하여 부피가 증가하므로 공 내부의 공기는 외부에 일을 한다.

과학 돋보기 🔍 압력(P) – 부피(V) 그래프에서 기체가 한 일

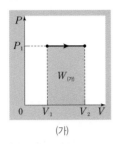 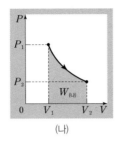 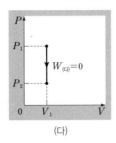

(가)　　　　　　(나)　　　　　　(다)

- (가) 과정: 압력이 P_1로 일정하고 부피가 V_1에서 V_2로 증가한 경우, 기체가 한 일은 그래프 아래의 면적인 $W_{(가)}=P_1(V_2-V_1)$이다.
- (나) 과정: 압력이 P_1에서 P_2로 감소하고 부피가 V_1에서 V_2로 증가한 경우, 기체가 한 일은 그래프 아래의 면적인 $W_{(나)}$이다.
- (다) 과정: 부피가 V_1로 일정하고 압력이 P_1에서 P_2로 변하는 경우, 기체의 부피 변화가 없으므로 기체가 한 일은 $W_{(다)}=0$이다.
- 기체가 한 일을 비교하면 $W_{(가)}>W_{(나)}>W_{(다)}=0$이다.

[1~3] 그림은 일정량의 이상 기체의 상태가 A → B → C를 따라 변하는 동안 기체의 압력과 부피를 나타낸 것이다.

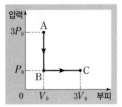

1. A → B 과정에서 기체의 온도는 (내려간다 , 일정하다 , 올라간다).

2. A → B 과정에서 기체가 외부에 한 일은 (　　)이다.

3. B → C 과정에서 기체가 외부에 한 일은 (　　)이다.

탐구자료 살펴보기 🧪 열의 이동과 기체가 하는 일

과정

(1) 주사기 A, B에 각각 온도가 같은 공기 30 mL를 넣고 고무마개로 막는다.

(2) 그림과 같이 A, B를 각각 온도가 40 ℃, 10 ℃인 물이 담긴 비커에 넣고 충분한 시간이 지나 피스톤이 움직이지 않을 때 공기의 부피를 측정한다.

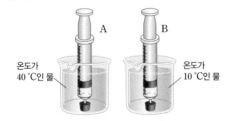

결과

주사기	공기의 처음 부피(mL)	공기의 나중 부피(mL)
A	30	35
B	30	27

point

- A 안의 공기의 온도는 물의 온도보다 낮아 열을 흡수하여 온도가 올라간다.
- B 안의 공기의 온도는 물의 온도보다 높아 열을 방출하여 온도가 내려간다.
- 물과 주사기 안 공기의 온도가 같아 열평형을 이루면 주사기의 피스톤이 움직이지 않는다.
- A 안의 공기의 부피는 증가하므로 공기는 외부에 일을 하고, B 안의 공기의 부피는 감소하므로 공기는 외부로부터 일을 받는다.

1. 기체 분자의 (　　) 에너지와 퍼텐셜 에너지의 총합을 기체의 (　　) 에너지라고 한다.

2. 이상 기체의 내부 에너지는 기체 분자의 수와 (　　)에 각각 비례한다.

3. 밀폐된 용기 안에 들어 있는 이상 기체에 열을 공급하면, 기체 분자 1개의 평균 운동 에너지는 (증가 , 감소)하고, 기체의 온도는 (올라간다 , 일정하다 , 내려간다).

(3) 기체의 내부 에너지

① **내부 에너지**(U): 기체 분자의 운동 에너지와 퍼텐셜 에너지의 총합을 말한다.

② 이상 기체는 분자 사이의 인력이 없으므로 퍼텐셜 에너지가 없다. 따라서 이상 기체의 내부 에너지는 운동 에너지만의 총합으로 나타나고, 절대 온도에 비례한다.

③ 이상 기체 분자 1개의 평균 운동 에너지($\overline{E_k}$)는 절대 온도(T)에 비례하므로, 이상 기체의 내부 에너지(U)는 기체 분자의 수(N)와 절대 온도(T)에 각각 비례한다.

$$U = N\overline{E_k} \propto NT$$

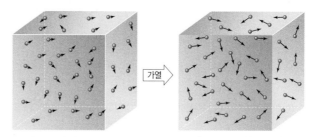

온도가 낮은 기체를 가열하여 온도가 높은 기체로 변화시키면 기체의 내부 에너지는 증가한다.

- 이상 기체의 분자 수가 일정한 경우 절대 온도가 2배로 증가하면 이상 기체의 내부 에너지도 2배가 된다.
- 이상 기체의 절대 온도가 0 K인 경우 내부 에너지는 0이 된다. 따라서 0 K일 때 기체는 열운동을 하지 않는다.

탐구자료 살펴보기 　내부 에너지와 평균 운동 에너지 비교

자료

그림 (가), (나)는 상자 속에 들어 있는 이상 기체의 분자들이 가지는 운동 에너지를 나타낸 것이다.

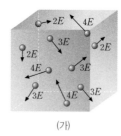 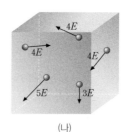

(가)　　　　　　　(나)

분석

구분	이상 기체의 내부 에너지	이상 기체의 평균 운동 에너지
(가)	$30E$	$3E$
(나)	$20E$	$4E$

point
- 기체의 내부 에너지는 (가)에서가 (나)에서보다 크고, 기체 분자의 평균 운동 에너지는 (나)에서가 (가)에서보다 크다.
- 이상 기체 분자의 평균 운동 에너지는 절대 온도에 비례하므로, 절대 온도는 (나)에서가 (가)에서보다 높다.

(4) 열역학 제1법칙: 기체가 흡수한 열량(Q)은 기체의 내부 에너지 증가량(ΔU)과 기체가 외부에 한 일(W)의 합과 같다. ➡ $Q=\Delta U+W$

① 열역학 제1법칙은 에너지는 한 형태에서 다른 형태로 전환될 수 있지만 에너지의 총량은 변하지 않는다는 것을 뜻하므로 에너지 보존 법칙을 의미한다.

② 풍선 내부의 기체를 가열하면 기체의 온도가 올라가고, 풍선이 팽창하며 대기를 밀어내는 일을 한다. 이때 풍선 내부의 기체가 흡수한 열량은 기체의 내부 에너지 증가량과 기체가 외부에 한 일의 합과 같다.

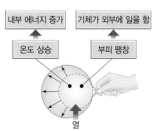

③ 부호와 물리량 0의 의미

구분	(+)	(−)	0
Q	열을 흡수	열을 방출	열 흡수·방출 없음
ΔU	내부 에너지 증가	내부 에너지 감소	기체 내부 에너지 일정(온도 일정)
W	외부에 일을 함	외부로부터 일을 받음	기체 부피 일정

④ **제1종 영구 기관**: 외부에서 에너지를 공급받지 않아도 계속 작동하는 열기관을 제1종 영구 기관이라고 한다. 제1종 영구 기관은 열역학 제1법칙, 즉 에너지 보존 법칙에 어긋나므로 만들 수 없다.

🧪 **탐구자료 살펴보기** ┃ **제1종 영구 기관**

자료

다음은 어떤 연설가가 말한 무한 에너지 생산 장치에 대한 설명이다.

(가) 자석에 의해 쇠구슬이 비탈면을 따라 끌려 올라가다가 구멍으로 떨어진 후, 굽은 면을 따라 원래의 위치로 돌아간다. 쇠구슬의 운동 에너지를 사용한 후 자석이 쇠구슬을 당겨 비탈면을 따라 끌려 올라가며 계속해서 작동한다. 이 장치를 이용하면 에너지를 계속 생산할 수 있다.

(나) 물이 떨어지며 스크루가 연결된 수차를 회전시키고, 수차의 회전 에너지를 이용하여 아래쪽 물을 위쪽으로 이동시키면 영원히 작동하는 장치를 만들 수 있다.

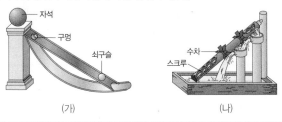

(가)   (나)

분석

(가) 쇠구슬이 비탈면을 따라 올라간다면, 구멍으로 떨어져도 자기력 때문에 다시 처음 위치로 갈 수 없다. 즉, 쇠구슬을 원래의 위치로 되돌리려면 별도의 에너지가 필요하다.

(나) 물의 처음 중력 퍼텐셜 에너지보다 수차를 돌리는 에너지와 스크루가 연결된 수차의 회전 에너지의 합이 더 크기 때문에 존재할 수 없는 장치이다.

point

• 에너지의 공급 없이 에너지를 계속 생산하는 장치는 존재할 수 없다.

개념 체크

➡ **열역학 제1법칙**: 기체의 내부 에너지 증가량은 기체가 외부로부터 흡수한 열량에서 외부에 한 일을 뺀 값과 같다.

$\Delta U=Q-W$, $Q=\Delta U+W$

➡ **제1종 영구 기관**: 에너지를 공급하지 않아도 계속 작동하는 열기관으로, 열역학 제1법칙에 위배되므로 제작이 불가능하다.

1. 기체가 흡수한 열량은 100 J이고, 기체가 외부에 한 일이 70 J이면, 기체의 내부 에너지는 ( )J만큼 (증가 , 감소)한다.

2. 그림은 일정량의 이상 기체의 상태가 A → B로 변할 때, 기체의 압력과 부피를 나타낸 것이다. A → B 과정에서 기체의 내부 에너지 증가량은 180 J이다.

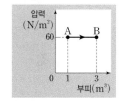

A → B 과정에서 기체가 흡수한 열량은 ( )J이다.

정답

1. 30, 증가
2. 300

(5) 열역학 과정

① 이상 기체의 상태 변화 그래프
- 그림과 같이 기체의 한 상태는 압력(P), 부피(V), 온도(T)의 세 가지 양으로 나타낸다.
- 온도가 같은 점을 이은 선을 등온선이라고 한다.

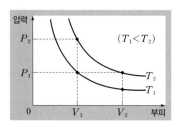

② 열역학 과정에서 일정하거나 0인 물리량

구분	등압(압력이 일정한) 과정	등적(부피가 일정한) 과정	등온(온도가 일정한) 과정	단열(열 출입이 없는) 과정
일정하거나 0인 물리량	압력 일정	부피 일정, 부피 변화량=0, 기체가 한 일=0	온도 일정, 내부 에너지 일정, 내부 에너지 변화량=0	열 출입=0

③ 등압 과정: 기체의 압력이 일정하게 유지되면서 기체의 부피와 온도가 변하는 과정이다 ($\Delta P = 0$).
- 기체가 흡수한 열은 기체의 내부 에너지 증가량과 기체가 외부에 한 일의 합과 같다.

$$Q = \Delta U + W$$

- 샤를 법칙에 따라 기체의 절대 온도가 올라가면 기체의 부피도 절대 온도에 비례하여 증가한다($\Delta T > 0 \Rightarrow \Delta V > 0$).

구분	등압 팽창	등압 수축
압력-부피 그래프	압력 $(T_1 < T_2)$ P T_2 T_1 0 V_1 V_2 부피 $\leftarrow V_2 - V_1 \rightarrow$ $Q \rightarrow$ $W = P(V_2 - V_1)$	압력 $(T_1 < T_2)$ P T_2 T_1 0 V_1 V_2 부피 $\leftarrow V_2 - V_1 \rightarrow$ $Q \leftarrow$ $W = P(V_1 - V_2)$
기체가 외부에 한 일	$\Delta V > 0,\ W > 0$	$\Delta V < 0,\ W < 0$
내부 에너지 변화	$\Delta T > 0,\ \Delta U > 0$	$\Delta T < 0,\ \Delta U < 0$
특징	기체가 흡수한 열량은 기체가 외부에 한 일과 기체의 내부 에너지 증가량의 합과 같다. 따라서 기체의 부피, 내부 에너지, 절대 온도는 모두 증가한다.	기체가 방출한 열량은 기체가 외부로부터 받은 일과 기체의 내부 에너지 감소량의 합과 같다. 따라서 기체의 부피, 내부 에너지, 절대 온도는 모두 감소한다.

④ 등적 과정: 기체의 부피가 일정하게 유지되면서 기체의 압력과 온도가 변하는 과정이다 ($\Delta V = 0,\ W = 0$).
- 기체가 외부에 한 일이 0이므로 기체가 흡수한 열은 기체의 내부 에너지 증가량과 같다.

$$Q = \Delta U$$

- 기체의 절대 온도가 올라가면 기체의 압력도 비례하여 증가한다($\Delta T > 0 \Rightarrow \Delta P > 0$).
- 부피가 변하지 않는 밀폐된 용기 내부의 기체가 받은 열은 모두 내부 에너지 증가에 사용되어 기체의 압력은 증가하고 온도는 올라간다.

구분	등적 가열(압력 증가)	등적 냉각(압력 감소)
압력 – 부피 그래프	압력 P_2 P_1 $(T_1 < T_2)$ T_2 T_1 0 V 부피 Q $\Delta U = Q$ $W = 0$	압력 P_2 P_1 $(T_1 < T_2)$ T_2 T_1 0 V 부피 Q $\Delta U = Q$ $W = 0$
기체가 외부에 한 일	$\Delta V = 0$, $W = 0$	$\Delta V = 0$, $W = 0$
내부 에너지 변화	$\Delta T > 0$, $\Delta U > 0$	$\Delta T < 0$, $\Delta U < 0$
특징	기체가 흡수한 열량은 기체의 내부 에너지 증가량과 같다. 따라서 기체의 압력, 내부 에너지는 증가하고 절대 온도는 올라간다.	기체가 방출한 열량은 기체의 내부 에너지 감소량과 같다. 따라서 기체의 압력, 내부 에너지는 감소하고 절대 온도는 내려간다.

⑤ **등온 과정**: 기체의 온도가 일정하게 유지되면서 기체의 부피와 압력이 변하는 과정이다 ($\Delta T = 0$, $\Delta U = 0$).
- 기체의 내부 에너지 변화량이 0이므로 기체가 흡수한 열은 기체가 외부에 한 일과 같다.

$$Q = W$$

- 보일 법칙에 따라 기체의 부피가 증가하면 기체의 압력은 감소한다($\Delta V > 0 \Rightarrow \Delta P < 0$).

구분	등온 팽창	등온 압축
압력 – 부피 그래프	압력 $(T : 일정)$ 0 V_1 V_2 부피 Q $\Delta U = 0$ $W = Q$	압력 $(T : 일정)$ 0 V_1 V_2 부피 Q $\Delta U = 0$ $W = Q$
기체가 외부에 한 일	$\Delta V > 0$, $W > 0$	$\Delta V < 0$, $W < 0$
내부 에너지 변화	$\Delta T = 0$, $\Delta U = 0$	$\Delta T = 0$, $\Delta U = 0$
특징	기체가 흡수한 열량은 기체가 외부에 한 일과 같다. 기체의 부피는 증가하고, 압력은 감소한다. 압력 – 부피 그래프의 아래 면적은 기체가 흡수한 열 또는 기체가 외부에 한 일과 같다.	기체가 방출한 열량은 기체가 외부로부터 받은 일과 같다. 기체의 부피는 감소하고, 압력은 증가한다. 압력 – 부피 그래프의 아래 면적은 기체가 방출한 열 또는 기체가 외부로부터 받은 일과 같다.

⑥ **단열 과정**: 기체가 외부와의 열 출입이 없는 상태에서 부피가 변하는 과정이다($Q = 0$).
- 기체가 흡수 또는 방출한 열량이 0이므로 기체가 외부에 한 일은 기체의 내부 에너지 감소량과 같고, 기체가 외부로부터 받은 일은 기체의 내부 에너지 증가량과 같다.

$$\Delta U = -W$$

- 기체의 부피가 증가하면 기체의 온도는 내려간다($\Delta V > 0 \Rightarrow \Delta T < 0$).

개념 체크

◆ **등적 과정**: 기체가 외부에 한 일이 0이므로 기체에 가한 열은 기체의 내부 에너지 증가량과 같다.
◆ **등온 과정**: 기체의 내부 에너지 변화량이 0이므로 기체에 가한 열은 기체가 외부에 한 일과 같다.
◆ **보일 법칙**: 기체의 온도가 일정할 때 기체의 부피는 압력에 반비례한다.
◆ **등온 팽창**: 기체의 온도가 일정하므로 내부 에너지가 일정하다. 따라서 외부에 한 일만큼 외부로부터 열을 흡수한다.

1. 그림은 일정량의 이상 기체의 상태가 A → B로 변할 때, 기체의 압력과 부피를 나타낸 것이다. A → B 과정에서 기체의 내부 에너지 변화량은 200 J이다.

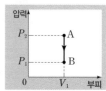

A → B 과정에서 기체가 외부에 한 일은 (　　)이고, 기체는 (　　) J만큼의 열을 (방출 , 흡수)한다.

2. 기체의 온도가 일정하게 유지되면서 기체의 압력이 감소하면, 기체의 내부 에너지는 (감소 , 일정 , 증가)하고, 기체는 열을 (방출 , 흡수)한다.

3. 기체의 온도가 일정하게 유지되면서 기체가 외부로부터 300 J만큼의 일을 받으면, 기체의 압력은 (감소 , 증가)하고, 기체가 (방출 , 흡수)한 열량은 (　　) J이다.

정답
1. 0, 200, 방출　2. 일정, 흡수
3. 증가, 방출, 300

● **단열 팽창**: $Q = \Delta U + W = 0$ 에서 $\Delta U = -W$이다. 따라서 기체가 외부에 한 일만큼 내부 에너지가 감소한다.

● **구름 생성과 단열 팽창**: 공기 덩어리가 상승하면 압력이 낮아지므로 부피가 팽창한다. 이때 공기 덩어리의 부피가 매우 크므로 단위 부피당 표면적이 매우 작아 열 출입을 무시할 수 있다. 따라서 공기 덩어리가 상승하면서 구름이 생성되는 것은 단열 팽창으로 설명할 수 있다.

● **단열 팽창과 단열 압축**: 단열 팽창을 하면 외부에 한 일만큼 내부 에너지가 감소하고, 단열 압축을 하면 외부로부터 받은 일만큼 내부 에너지가 증가한다.

1. 기체가 외부와의 열 출입이 없는 상태에서 기체의 부피가 증가하면, 기체의 내부 에너지는 (감소 , 증가)하고, 기체는 (외부에 일을 한다 , 외부로부터 일을 받는다).

2. 외부와의 열 출입이 없는 상태에서 기체가 외부로부터 150 J 만큼의 일을 받으면, 기체의 온도는 (내려 , 올라)가고, 기체의 내부 에너지는 ( )J 만큼 (감소 , 증가)한다.

3. 공기 덩어리가 산을 타고 상승할 때는 단열 팽창하면서 온도가 (내려 , 올라)가고, 산을 넘어서 내려올 때는 단열 압축하면서 온도가 (내려 , 올라)간다.

정답
1. 감소, 외부에 일을 한다
2. 올라, 150, 증가
3. 내려, 올라

구분	단열 팽창	단열 압축
압력 - 부피 그래프	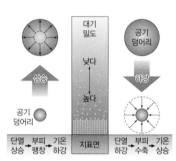 $\Delta U = -W$	$\Delta U = -W$
기체가 외부에 한 일	$\Delta V > 0$, $W > 0$	$\Delta V < 0$, $W < 0$
내부 에너지 변화	$\Delta T < 0$, $\Delta U < 0$	$\Delta T > 0$, $\Delta U > 0$
특징	기체가 외부에 한 일은 기체의 내부 에너지 감소량과 같다. 기체의 부피는 증가하고, 압력은 감소하며 온도는 내려간다. 압력 - 부피 그래프의 아래 면적은 기체가 외부에 한 일 또는 기체의 내부 에너지 감소량과 같다.	기체가 외부로부터 받은 일은 기체의 내부 에너지 증가량과 같다. 기체의 부피는 감소하고, 압력은 증가하며 온도는 올라간다. 압력 - 부피 그래프의 아래 면적은 기체가 외부로부터 받은 일 또는 기체의 내부 에너지 증가량과 같다.

• **단열 팽창과 구름의 생성**: 두터운 공기층 사이에서는 열의 이동이 느리게 일어나므로, 수증기를 포함하는 공기 덩어리가 갑자기 상승하면 기압이 낮아져 공기 덩어리가 단열 팽창을 한다. 따라서 공기 덩어리의 온도가 내려가고, 수증기가 응결하여 구름이 생성된다.

• **높새바람**: 우리나라의 동해로부터 불어온 공기 덩어리가 태백산맥을 넘어 서쪽으로 불면 고온 건조한 바람이 되는데, 이것을 높새바람이라고 한다. 공기 덩어리가 산을 타고 상승할 때는 단열 팽창을 하면서 온도가 내려가고, 공기 덩어리가 산을 넘어서 내려올 때는 단열 압축을 하면서 온도가 올라간다.

탐구자료 살펴보기   단열 압축과 단열 팽창

과정
(1) 그림 (가)와 같이 페트병 안에 액정 온도계와 에탄올 5 mL 정도를 넣는다.
(2) 그림 (나)와 같이 페트병 입구를 공기 압축 마개로 닫은 후 온도를 측정하고, 공기를 빠르게 압축한 후 온도를 측정한다.
(3) 그림 (다)와 같이 공기가 더 이상 들어가지 않으면 공기 압축 마개의 뚜껑을 빠르게 열고 페트병 안에서 나타나는 현상과 온도 변화를 관찰한다.

결과
• (나)의 결과: 공기를 압축한 후 액정 온도계의 온도가 올라간다.
• (다)의 결과: 페트병 안에 안개와 같은 것이 나타나고, 액정 온도계의 온도가 내려간다.

point
• 기체를 빠르게 압축하면 외부와의 열 출입이 없는 단열 압축 과정이 진행되어 기체의 온도가 올라가고, 기체를 빠르게 팽창시키면 외부와의 열 출입이 없는 단열 팽창 과정이 진행되어 기체의 온도가 내려가면서 수증기가 응결하여 구름이 형성된다.

2 열역학 제2법칙

(1) 가역 현상과 비가역 현상

① **가역 현상**: 물체가 외부에 어떠한 변화도 남기지 않고 처음의 상태로 되돌아가는 현상이다.
　　예 이상적인 용수철의 진동, 진공 중에서 운동하는 진자

② **비가역 현상**: 어떤 현상이 한쪽 방향으로는 저절로(자발적으로) 일어나지만, 그 반대 방향으로는 저절로 일어나지 않는 현상이다. 가역 현상은 마찰이나 공기 저항이 없는 매우 이상적인 상황에서만 가능하기 때문에 자연 현상은 대부분 한쪽 방향으로만 일어나는 비가역 현상이다.
　　예 공기 중에서 용수철의 진동 또는 진자에서 감쇠 진동, 열의 이동, 잉크 또는 연기의 확산

(2) 열역학 제2법칙

① 자연 현상은 대부분 비가역적으로 일어나며, 무질서도가 증가하는 방향으로 일어난다.

② 어떤 계를 고립시켜 외부와의 상호 작용이 없도록 했을 때 그 계의 원자나 분자들이 처음 상태보다 더 무질서한 배열을 이루는 방향으로 반응이 일어나며, 그 반대 현상은 자발적으로 일어나지 않는다.

③ 역학적 에너지는 전부 열에너지로 전환될 수 있지만(마찰열), 열에너지는 전부 역학적 에너지로 전환될 수 없다.

④ 열은 저절로 고온에서 저온으로 이동한다.

⑤ 고립계에서 자발적으로 일어나는 자연 현상은 항상 확률이 높은 방향으로 진행된다.
　　예 시간이 흐르면 기체들은 두 상자에 고르게 퍼지며, 저절로 한 상자에 모이지는 않는다.

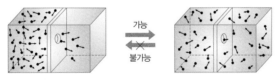

⑥ **제2종 영구 기관**: 열역학 제2법칙에 위배되는 열기관이다.
　　예 연료를 사용하지 않고 바닷물의 에너지를 이용하여 움직이는 '해수 에너지 선박'은 앞쪽의 물을 빨아들여 열을 빼앗아 엔진을 작동한 다음, 차가워진 물을 뒤로 내보내는 방식으로 작동하도록 설계되었다고 한다. 선박의 엔진을 작동시키려면 엔진의 온도가 높아야 하는데, 차가운 바

닷물에서 고온의 엔진으로 열은 저절로 이동하지 않는다. 만약 저온의 바닷물에서 열을 빼앗아 고온의 엔진으로 이동시키려면 반드시 또 다른 에너지를 사용하여 일을 해 주어야 한다. 이것은 에어컨이 전기 에너지를 사용해야 작동되는 것과 마찬가지이다. 따라서 다른 연료를 사용하지 않고 바닷물의 열로만 엔진을 작동시키는 선박은 만들 수 없다.

개념 체크

⊃ **비가역 현상**: 한쪽 방향으로의 변화는 자발적으로 일어나지만, 반대 방향으로의 변화는 자발적으로 일어나지 않는 현상

• 열은 온도가 높은 물체에서 온도가 낮은 물체로 자발적으로 이동하지만, 온도가 낮은 물체에서 온도가 높은 물체로는 자발적으로 이동하지 않는다.

• 일은 100 % 열로 전환될 수 있지만, 열은 100 % 일로 전환될 수 없다.

⊃ **열역학 제2법칙**: 고립계에서 자연 현상은 항상 확률이 높은 쪽으로 변화가 일어난다.

---

1. 열은 자발적으로 온도가 (낮은 , 높은) 물체에서 온도가 (낮은 , 높은) 물체로 이동하지만, 온도가 (낮은 , 높은) 물체에서 온도가 (낮은 , 높은) 물체로는 이동하지 않는다.

2. 공기 중에서 용수철의 진동, 열의 이동, 잉크 또는 연기의 확산 현상은 모두 (가역 , 비가역) 현상이다.

3. 고립계에서 자발적으로 일어나는 자연 현상은 항상 확률이 (낮은 , 높은) 쪽으로 변화가 일어난다.

정답
1. 높은, 낮은, 낮은, 높은
2. 비가역
3. 높은

개념 체크

➔ **열기관의 순환 과정:** 열역학 과정을 거친 후 다시 처음 상태로 되돌아오는 과정을 순환 과정이라고 하며, 열기관의 한 번의 순환 과정에서 기체가 한 일은 압력-부피 그래프에서 그래프로 둘러싸인 면적(W)과 같다.

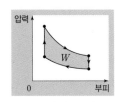

➔ **열기관:** 고열원과 저열원 사이의 온도 차를 이용해 열을 일로 전환하는 장치이다.

➔ **열효율:** 고열원에서 Q_1의 열량을 흡수하여 W만큼 일을 하고 저열원으로 Q_2의 열량을 방출하는 열기관의 열효율 e는 다음과 같다.

$$e = \frac{W}{Q_1} = \frac{Q_1 - Q_2}{Q_1} = 1 - \frac{Q_2}{Q_1}$$

1. 열기관은 반복되는 순환 과정을 거쳐 열을 (　　) 로 바꾸는 장치이다.

2. 열기관이 한 번의 순환 과정 동안 고열원으로부터 흡수한 열량이 200 J이고, 저열원으로 방출한 열량은 120 J이다.
　(1) 이 열기관이 외부에 한 일은 (　　) J이다.
　(2) 이 열기관의 열효율은 (　　)이다.

3. 고열원으로부터 흡수한 열을 모두 일로 바꿀 수 있는 열기관을 만들 수 (있다 . 없다).

정답
1. 일
2. (1) 80 (2) 0.4
3. 없다

3 열기관과 열효율

(1) 열기관: 반복되는 순환 과정을 거쳐 열을 일로 바꾸는 장치이다.

(2) 열기관의 종류

① **외연 기관:** 기관의 외부에서 연료를 연소시켜 이 열로 고온의 수증기를 만들어 수증기가 팽창할 때의 역학적 에너지를 이용하는 장치이다. **예** 증기 기관, 증기 터빈, 스털링 엔진

② **내연 기관:** 기관의 내부에서 연료를 연소시켜 발생한 기체가 팽창할 때의 역학적 에너지를 이용하는 장치이다. **예** 가솔린 기관, 디젤 기관, 제트 기관

(3) 열기관의 원리

① **열기관의 순환 과정:** 모든 열기관은 고온(T_1)의 열원으로부터 열(Q_1)을 흡수하여 일(W)을 하고, 남은 열(Q_2)을 저온(T_2)의 열원으로 방출한 후 원래의 상태로 다시 되돌아온다.
　• 한 번의 순환 과정 동안 열기관의 내부 에너지는 변화 없다 ($\Delta U = 0$).

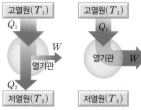

열기관에서 에너지 흐름　　열효율이 1인 열기관에서 에너지 흐름

② **열기관의 열효율(e):** 열기관의 열효율은 고온의 열원에서 흡수한 열량 Q_1에 대하여 외부에 한 일 W의 비로 정의한다.

➡ 열효율을 높이려면 일반적으로 고온부의 온도(T_1)는 높게, 저온부의 온도(T_2)는 낮게 해야 한다.

$$e = \frac{W}{Q_1} = \frac{Q_1 - Q_2}{Q_1} = 1 - \frac{Q_2}{Q_1}$$

③ **열효율이 1(100 %)인 열기관($Q_1 = W$)은 만들 수 없다:** 열역학 제2법칙에 의하면 열기관이 일을 하는 과정에서 열은 주변에 존재하는 더 낮은 온도의 계로 저절로 흘러가 버리기 때문이다.

④ 빗면에 놓은 물체는 빗면을 따라 내려와 수평면에 도달하여 멈춘다. 이는 물체의 에너지가 바닥이나 공기와의 마찰로 인해 모두 열로 바

뀌었기 때문이다. 그러나 수평면에 있는 물체에 열을 가하면 물체가 빗면 위로 올라가지 못한다. 열은 원자나 분자의 무질서한 운동에 의한 에너지이다. 수평면에 멈춘 물체가 다시 빗면으로 올라가기 위해서는 무질서한 운동을 하던 공기 분자가 같은 방향으로 힘을 가해 물체를 움직여야 한다. 그러나 열역학 제2법칙에 따르면 그런 일이 일어날 확률은 없다. 따라서 일을 모두 열로 바꿀 수는 있지만, 열을 모두 일로 바꿀 수는 없다.

과학 돋보기 🔍 **제임스 와트의 증기 기관**

18세기 초 토마스 뉴커먼(Newcomen Thomas, 1663~1729)이 최초로 피스톤을 이용한 증기 기관을 발명하였다. 이 증기 기관은 탄광 안의 물을 퍼내는 데 쓰여 광산에서 큰 성과를 나타냈다. 제임스 와트(Watt James, 1736~1819)는 아버지를 따라 런던에서 1년간 기계공으로 일하면서 기술자의 자질을 다지게 되었고, 대학에서 일하며 화학자 블랙을 통해 잠열이라는 것을 이해하고 증기 기관의 개량을 생각하였다. 증기 기관이 발명된 이후 약 70년이 지난 1781년에 증기 기관의 수리를 맡게 된 와트는 뉴커먼의 증기 기관에서 열효율과 실용성을 크게 향상시킨 증기 기관을 탄생시키게 되었다.

(4) 카르노 기관: 열효율이 최대인 이상적인 열기관이다.

① 순환 과정: 등온 팽창(A → B) → 단열 팽창(B → C) → 등온 압축(C → D) → 단열 압축(D → A)

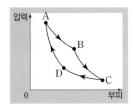

열역학 과정	Q	W	ΔU
등온 팽창(A → B)	+	+	0
단열 팽창(B → C)	0	+	−
등온 압축(C → D)	−	−	0
단열 압축(D → A)	0	−	+

② 열효율: 고열원에서 흡수하는 열량 Q_1과 저열원으로 방출하는 열량 Q_2가 각각 고온부의 절대 온도 T_1과 저온부의 절대 온도 T_2에 비례한다. 따라서 카르노 기관의 열효율($e_카$)은 다음과 같다.

$$e_카 = \frac{W}{Q_1} = \frac{Q_1 - Q_2}{Q_1} = 1 - \frac{Q_2}{Q_1} = 1 - \frac{T_2}{T_1} \ (0 \le e_카 < 1)$$

(5) 실제 열기관의 열효율

구분	가솔린 기관	디젤 기관	증기 기관
열효율	20 % ~ 30 %	25 % ~ 35 %	20 % 미만

탐구자료 살펴보기 　스털링 엔진

자료

그림은 스털링 엔진의 작동 과정을 나타낸 것이다.

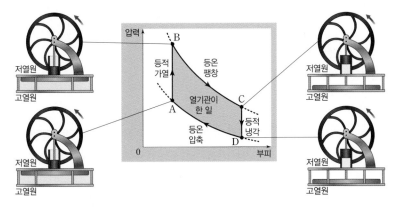

분석

• A → B(등적 가열) 과정: 부피가 일정한 상태에서 기체는 열을 흡수하여 온도가 올라간다($W=0$, $Q=\Delta U>0$).
• B → C(등온 팽창) 과정: 온도가 일정한 상태에서 기체는 열을 흡수하면서 팽창한다($\Delta U=0$, $Q=W>0$).
• C → D(등적 냉각) 과정: 부피가 일정한 상태에서 기체는 열을 방출하여 온도가 내려간다($W=0$, $Q=\Delta U<0$).
• D → A(등온 압축) 과정: 온도가 일정한 상태에서 기체가 열을 방출하면서 수축한다($\Delta U=0$, $Q=W<0$).

point

• 열을 흡수하는 과정은 A → B(등적 가열)와 B → C(등온 팽창)이고, 기체가 외부에 일을 하는 과정은 B → C(등온 팽창)이다.
• 외부에서 열을 흡수하는 과정에서는 내부 에너지가 증가하거나 부피가 팽창하여 외부에 일을 한다. 열을 방출하는 과정에서는 내부 에너지가 감소하거나 외부로부터 일을 받는다. 따라서 한 번의 순환 과정을 지난 후 내부 에너지는 동일한 상태를 반복한다.

개념 체크

➡ **카르노 기관**: 열역학 제2법칙을 적용하여 알아낸 최대의 열효율을 가질 수 있는 열기관이다. 고열원과 저열원의 온도가 각각 T_1, T_2일 때, 카르노 기관의 열효율 $e_카$는 다음과 같다.

$$e_카 = 1 - \frac{T_2}{T_1}$$

1. 카르노 기관의 고열원의 온도가 T_1이고, 저열원의 온도가 T_2일 때, 카르노 기관의 열효율은 $\frac{T_2}{T_1}$가 작을수록 (작다 , 크다).

[2~3] 그림은 스털링 엔진의 기체의 상태가 A → B → C → D → A를 따라 순환하는 동안 기체의 압력과 부피를 나타낸 것이다. A → B 과정과 C → D 과정은 등온 과정이며, B → C 과정과 D → A 과정은 부피가 일정한 과정이다.

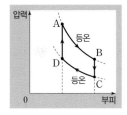

2. A → B 과정에서 기체의 내부 에너지는 (감소 , 일정 , 증가)하고, 기체는 열을 (방출 , 흡수)한다.

3. D → A 과정에서 기체의 내부 에너지 증가량은 ( ) 과정에서 기체가 방출한 열량과 같다.

정답
1. 크다
2. 일정, 흡수
3. B → C

[25023-0087]

01 그림 (가)는 일정량의 이상 기체가 들어 있는 단열된 실린더에 단열된 피스톤이 정지해 있는 모습을, (나)는 (가)에서 기체에 열을 공급하였더니 피스톤이 서서히 이동하여 정지해 있는 모습을 나타낸 것이다.

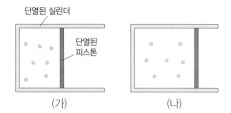

이에 대한 설명으로 옳은 것만을 〈보기〉에서 있는 대로 고른 것은? (단, 대기압은 일정하며, 실린더와 피스톤 사이의 마찰은 무시한다.)

〈 보기 〉
ㄱ. 기체의 압력은 (나)에서가 (가)에서보다 크다.
ㄴ. 기체의 온도는 (나)에서가 (가)에서보다 높다.
ㄷ. (가) → (나) 과정에서 기체는 외부에 일을 한다.

① ㄱ　② ㄷ　③ ㄱ, ㄴ　④ ㄴ, ㄷ　⑤ ㄱ, ㄴ, ㄷ

[25023-0088]

02 그림은 일정량의 이상 기체의 상태가 경로 Ⅰ 또는 Ⅱ를 따라 상태 A에서 상태 B로 변할 때, 기체의 압력과 부피를 나타낸 것이다.

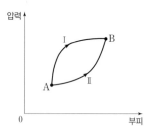

Ⅰ에서가 Ⅱ에서보다 큰 물리량만을 〈보기〉에서 있는 대로 고른 것은?

〈 보기 〉
ㄱ. 기체가 외부에 한 일
ㄴ. 기체의 내부 에너지 변화량
ㄷ. 기체가 흡수한 열량

① ㄱ　② ㄴ　③ ㄱ, ㄷ　④ ㄴ, ㄷ　⑤ ㄱ, ㄴ, ㄷ

[25023-0089]

03 그림 (가)와 같이 단열된 실린더가 단열된 피스톤에 의해 부피가 같은 영역 A, B로 나누어져 있고, 피스톤은 정지해 있다. A, B에는 같은 양의 동일한 이상 기체가 들어 있다. 그림 (나)는 (가)에서 피스톤을 이동시켜 고정핀으로 고정한 모습을 나타낸 것이다.

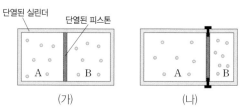

이에 대한 설명으로 옳은 것만을 〈보기〉에서 있는 대로 고른 것은? (단, 실린더와 피스톤 사이의 마찰은 무시한다.)

〈 보기 〉
ㄱ. (가)에서 기체의 온도는 A에서와 B에서가 같다.
ㄴ. (나)에서 기체의 압력은 A에서가 B에서보다 크다.
ㄷ. B의 기체의 내부 에너지는 (가)에서가 (나)에서보다 크다.

① ㄱ　② ㄴ　③ ㄱ, ㄴ　④ ㄱ, ㄷ　⑤ ㄴ, ㄷ

[25023-0090]

04 표는 부피가 일정한 용기에 들어 있는 일정량의 이상 기체의 상태가 A → B 또는 B → A로 변할 때, 기체의 압력, 부피, 내부 에너지를 나타낸 것이다.

상태	압력	부피	내부 에너지
A	P_0	V_0	$2U_0$
B	P_1	V_0	U_0

이에 대한 설명으로 옳은 것만을 〈보기〉에서 있는 대로 고른 것은?

〈 보기 〉
ㄱ. $P_1 > P_0$이다.
ㄴ. A → B 과정에서 기체는 외부에 일을 한다.
ㄷ. B → A 과정에서 기체가 흡수한 열량은 U_0이다.

① ㄱ　② ㄷ　③ ㄱ, ㄴ　④ ㄱ, ㄷ　⑤ ㄴ, ㄷ

05 그림은 일정량의 이상 기체의 상태가 A → B → C로 변할 때, 기체의 압력과 절대 온도를 나타낸 것이다. A → B 과정은 부피가 일정한 과정이다.

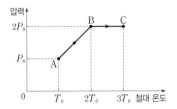

이에 대한 설명으로 옳은 것만을 〈보기〉에서 있는 대로 고른 것은?

〈 보기 〉
ㄱ. A → B 과정에서 기체의 내부 에너지는 증가한다.
ㄴ. A → B 과정에서 기체는 외부에 일을 한다.
ㄷ. 기체가 흡수한 열량은 A → B 과정에서가 B → C 과정에서보다 작다.

① ㄱ ② ㄴ ③ ㄱ, ㄷ ④ ㄴ, ㄷ ⑤ ㄱ, ㄴ, ㄷ

[25023-0091]

06 그림은 열원 A에서 $5Q_0$의 열을 흡수하여 열원 B로 $3Q_0$의 열을 방출하는 동안 W의 일을 하는 열기관을 모식적으로 나타낸 것이다.

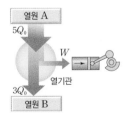

이에 대한 설명으로 옳은 것만을 〈보기〉에서 있는 대로 고른 것은?

〈 보기 〉
ㄱ. 온도는 A가 B보다 높다.
ㄴ. $W = 2Q_0$이다.
ㄷ. 이 열기관의 열효율은 0.4이다.

① ㄱ ② ㄷ ③ ㄱ, ㄴ ④ ㄴ, ㄷ ⑤ ㄱ, ㄴ, ㄷ

[25023-0092]

07 그림은 열효율이 0.2인 열기관 내의 일정량의 이상 기체의 상태가 A → B → C → A를 따라 순환하는 동안 기체의 압력과 부피를 나타낸 것이다. B → C 과정은 등온 과정이다. A → B 과정에서 기체가 흡수한 열량은 $3Q_0$이고, C → A 과정에서 기체가 받은 일은 $2Q_0$이다.

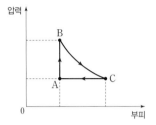

이 열기관이 1회 순환하는 동안, 기체가 외부에 한 일은?

① Q_0 ② $\dfrac{5}{4}Q_0$ ③ $\dfrac{3}{2}Q_0$ ④ $\dfrac{7}{4}Q_0$ ⑤ $2Q_0$

[25023-0093]

08 그림은 기체가 들어 있는 단열된 상자 속에 있는 추가 실에 매달려 진동하면서 진폭이 점점 줄어드는 현상을 보고 학생 A, B, C가 대화하는 모습을 나타낸 것이다.

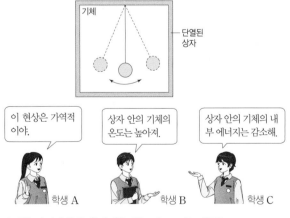

제시한 의견이 옳은 학생만을 있는 대로 고른 것은?

① A ② B ③ A, B ④ A, C ⑤ B, C

[25023-0094]

[25023-0095]

01 그림 (가)와 같이 단열된 피스톤으로 나누어진 단열된 실린더에 동일한 양의 이상 기체 A, B가 들어 있다. 피스톤은 정지해 있고, 부피는 A가 B보다 작다. 그림 (나)는 (가)에서 A에 열량 Q를 공급하여 피스톤이 이동한 후 정지한 모습을 나타낸 것이다.

(가)와 (나)에서 A와 B의 압력은 각각 서로 같다. (가) → (나) 과정에서 A가 B에 한 일은 B의 내부 에너지 증가량과 같다.

이에 대한 설명으로 옳은 것만을 〈보기〉에서 있는 대로 고른 것은? (단, 실린더와 피스톤 사이의 마찰은 무시한다.)

〈 보기 〉
ㄱ. (가)에서 기체의 온도는 A가 B보다 낮다.
ㄴ. B의 내부 에너지는 (가)에서와 (나)에서가 같다.
ㄷ. A와 B의 내부 에너지의 합은 (나)에서가 (가)에서보다 Q만큼 크다.

① ㄱ   ② ㄴ   ③ ㄱ, ㄷ   ④ ㄴ, ㄷ   ⑤ ㄱ, ㄴ, ㄷ

[25023-0096]

02 그림 (가)와 같이 단열된 실린더 속에 일정량의 이상 기체가 들어 있다. 기체의 부피는 $2V_0$이다. 그림 (나)는 (가)에서 기체가 열을 방출하여 기체의 부피가 V_0인 것을, (다)는 (나)에서 기체에 열을 가하여 기체의 부피가 $2V_0$인 것을 나타낸 것이다. (가) → (나) 과정은 온도가 일정한 과정이고, (나) → (다) 과정은 압력이 일정한 과정이다.

(가) → (나) 과정에서 기체의 압력은 증가하고, (나) → (다) 과정에서 기체의 온도는 올라간다.

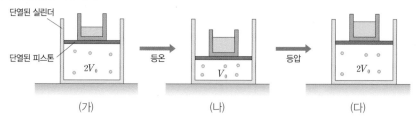

이에 대한 설명으로 옳은 것만을 〈보기〉에서 있는 대로 고른 것은? (단, 실린더와 피스톤 사이의 마찰은 무시한다.)

〈 보기 〉
ㄱ. 기체의 압력은 (나)에서가 (가)에서보다 크다.
ㄴ. 기체의 내부 에너지는 (다)에서가 (가)에서보다 크다.
ㄷ. (가) → (나) 과정에서 기체가 방출한 열량은 (나) → (다) 과정에서 기체가 외부에 한 일과 같다.

① ㄱ   ② ㄷ   ③ ㄱ, ㄴ   ④ ㄴ, ㄷ   ⑤ ㄱ, ㄴ, ㄷ

03 그림은 열효율이 0.4인 열기관에서 일정량의 이상 기체가 상 태 A → B → C → D → A를 따라 순환하는 동안 기체의 압력과 부피를 나타낸 것이다. A → B 과정과 C → D 과정은 등온 과정이 고, B → C 과정과 D → A 과정은 단열 과정이다. C → D 과정에 서 기체가 방출한 열량은 120 J이다.

[25023-0097]

이에 대한 설명으로 옳은 것만을 〈보기〉에서 있는 대로 고른 것은?

─〔 보기 〕──
ㄱ. A → B 과정에서 기체가 흡수한 열량은 200 J이다.
ㄴ. B → C 과정에서 기체가 외부에 한 일과 D → A 과정에서 기체의 내부 에너지 증가량은 같다.
ㄷ. 열기관이 1회 순환하는 동안 기체가 외부에 한 일은 80 J이다.

① ㄱ   ② ㄷ   ③ ㄱ, ㄴ   ④ ㄴ, ㄷ   ⑤ ㄱ, ㄴ, ㄷ

열기관이 1회 순환하는 동안 흡수한 열량이 Q_1이고, 방출한 열량이 Q_2일 때, 열기관의 열효율은 $e = 1 - \dfrac{Q_2}{Q_1}$이다.

[25023-0098]

04 그림은 고열원에서 열을 흡수하여 외부에 일을 하고 저열원으로 열을 방출하는 열기관 A, B를 나 타낸 것이다. A가 고열원에서 흡수하는 열량은 $4Q$이고, B가 저열원으로 방출하는 열량은 Q이다. A, B 가 외부에 하는 일은 각각 $3W$, $2W$이고, 열효율은 B가 A의 2배이다.

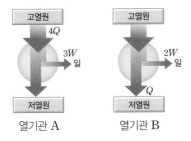

열기관 A   열기관 B

이에 대한 설명으로 옳은 것만을 〈보기〉에서 있는 대로 고른 것은?

─〔 보기 〕──
ㄱ. 1회 순환하는 동안, B가 고열원에서 흡수하는 열량은 $2Q$이다.
ㄴ. 1회 순환하는 동안, A가 외부에 하는 일은 $\dfrac{1}{2}Q$이다.
ㄷ. B의 열효율은 $\dfrac{1}{4}$이다.

① ㄱ   ② ㄷ   ③ ㄱ, ㄴ   ④ ㄴ, ㄷ   ⑤ ㄱ, ㄴ, ㄷ

열기관이 흡수한 열량이 Q_1, 방출한 열량이 Q_2일 때, 열기관이 외부에 한 일은 $Q_1 - Q_2$이고, 열기관의 열효율은 $e = 1 - \dfrac{Q_2}{Q_1}$이다.

1회 순환하는 동안 기체의 내부 에너지 변화량은 0이다. C → A 과정에서 기체의 내부 에너지는 증가하므로 A → B 과정에서 기체의 내부 에너지는 감소한다.

[25023-0099]

05 그림은 열효율이 $\frac{2}{7}$인 열기관에서 일정량의 이상 기체의 상태가 A → B → C → A를 따라 순환하는 동안 기체의 압력과 부피를 나타낸 것이다. C → A 과정은 부피가 일정한 과정이고, A → B 과정과 B → C 과정은 등온 과정과 단열 과정을 순서 없이 나타낸 것이다. B → C 과정에서 그래프가 부피 축과 이루는 면적은 S_0이다.

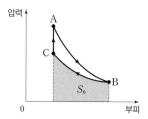

이에 대한 설명으로 옳은 것만을 〈보기〉에서 있는 대로 고른 것은?

〔 보기 〕
ㄱ. 기체의 온도는 A에서가 B에서보다 높다.
ㄴ. B → C 과정에서 기체가 방출한 열량은 S_0이다.
ㄷ. 1회 순환하는 동안, 열기관이 외부에 한 일은 $\frac{2}{5}S_0$이다.

① ㄱ ② ㄷ ③ ㄱ, ㄴ ④ ㄴ, ㄷ ⑤ ㄱ, ㄴ, ㄷ

A → B 과정에서 기체가 흡수한 열량은 기체의 내부 에너지 증가량과 기체가 외부에 한 일의 합과 같다. D → A 과정에서 기체가 흡수한 열량은 기체의 내부 에너지 증가량과 같다.

[25023-0100]

06 그림은 열기관에서 일정량의 이상 기체의 상태가 A → B → C → D → A를 따라 순환하는 동안 기체의 압력과 절대 온도를 나타낸 것이다. A → B 과정과 C → D 과정은 압력이 일정한 과정이고, B → C 과정과 D → A 과정은 부피가 일정한 과정이다. A와 C에서 기체의 온도는 같고, A에서 기체의 부피는 V_0이다. D → A 과정에서 기체가 흡수한 열량은 $3P_0V_0$이다.

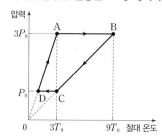

이 열기관의 열효율은?

① $\frac{1}{6}$ ② $\frac{2}{9}$ ③ $\frac{5}{18}$ ④ $\frac{1}{3}$ ⑤ $\frac{7}{18}$

[25023–0101]

07 그림은 열기관에서 일정량의 이상 기체의 상태가 A → B → C → D → A를 따라 순환하는 동안 기체의 압력과 부피를 나타낸 것이고, 표는 각 과정에서 기체가 외부에 한 일 또는 외부로부터 받은 일, 기체의 내부 에너지 변화량의 크기를 나타낸 것이다. B → C 과정과 D → A 과정은 단열 과정이다.

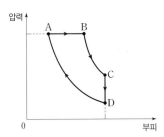

과정	기체가 외부에 한 일 또는 외부로부터 받은 일	기체의 내부 에너지 변화량의 크기
A → B	x_0	y_0
B → C	y_0	y_0
C → D	0	$\frac{2}{3}y_0$
D → A	x_0	x_0

이에 대한 설명으로 옳은 것만을 〈보기〉에서 있는 대로 고른 것은?

〈 보기 〉

ㄱ. 기체의 온도는 A에서와 C에서가 같다.

ㄴ. 열기관이 1회 순환하는 동안, 기체가 방출한 열량은 $\frac{1}{2}y_0$이다.

ㄷ. 이 열기관의 열효율은 $\frac{3}{5}$이다.

① ㄱ   ② ㄷ   ③ ㄱ, ㄴ   ④ ㄱ, ㄷ   ⑤ ㄴ, ㄷ

단열 과정에서는 기체가 외부에 한 일과 기체의 내부 에너지 감소량이 같다. A → B 과정에서 기체는 열을 흡수하고, C → D 과정에서 기체는 열을 방출한다.

[25023–0102]

08 그림 (가)는 스털링 엔진을 이용한 모형 자동차의 모습을 나타낸 것이고, (나)는 스털링 엔진 내의 일정량의 이상 기체의 상태가 A → B → C → D → A를 따라 순환하는 동안 기체의 부피와 절대 온도를 나타낸 것이다. A → B 과정에서 기체가 흡수한 열량은 Q_0이다.

(가)

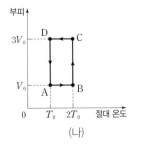

(나)

이에 대한 설명으로 옳은 것만을 〈보기〉에서 있는 대로 고른 것은?

〈 보기 〉

ㄱ. 기체의 압력은 A에서가 B에서보다 작다.

ㄴ. C → D 과정에서 기체의 내부 에너지 감소량은 $3Q_0$이다.

ㄷ. B → C 과정에서 기체가 한 일은 D → A 과정에서 기체가 방출한 열량보다 많다.

① ㄱ   ② ㄴ   ③ ㄱ, ㄷ   ④ ㄴ, ㄷ   ⑤ ㄱ, ㄴ, ㄷ

부피가 일정한 과정에서 기체가 흡수한 열량은 기체의 내부 에너지 증가량과 같다. 등온 과정에서 기체가 한 일은 기체가 흡수한 열량과 같다.

05 시간과 공간

1. A에 대한 B의 상대 속도는 (　　)의 속도에서 (　　)의 속도를 뺀 것과 같다.

2. 지면에 정지해 있는 관찰자 A에 대해 관찰자 B가 5 m/s의 속력으로 운동할 때, B에 대한 A의 상대 속도의 크기는 (　　) m/s이다.

3. 두 물체 A, B가 서로 반대 방향으로 각각 4 m/s, 6 m/s의 속력으로 운동할 때, A에 대한 B의 상대 속도의 크기는 (　　) m/s이다.

4. (　㉠　) 좌표계는 관성 법칙이 성립하는 좌표계이다. 어느 (　㉠　) 좌표계에 대해 정지해 있거나 (　㉡　) 운동을 하는 좌표계는 모두 (　㉠　) 좌표계이다.

1 특수 상대성 이론

(1) 고전 역학에서의 상대 속도: 물체의 운동 상태는 관찰자의 운동 상태에 따라 다르게 관찰되는데, 특히 관찰자가 운동하기 때문에 상대방의 속도가 다르게 나타나는 것을 상대 속도라고 한다.

① 물체 A, B가 지면에 대해 각각 v_A, v_B의 속도로 운동할 때 A가 본 B의 속도를 A에 대한 B의 속도(상대 속도)라고 한다.

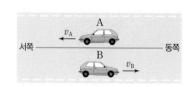

② A에 대한 B의 속도 v_{AB}는 B의 속도 v_B에서 A의 속도 v_A를 뺀 것과 같다.

$$v_{AB} = v_B - v_A \text{ (단, } v_A, v_B \text{는 빛의 속력 } c \text{보다 매우 작음)}$$

- A, B가 직선상에서 같은 방향으로 운동할 때: 두 속도의 부호는 같고, 상대 속도의 크기는 A와 B의 속력의 차와 같다.
- A, B가 직선상에서 반대 방향으로 운동할 때: 속도의 부호는 A와 B가 반대이고, 상대 속도의 크기는 A와 B의 속력의 합과 같다.
- A, B가 같은 속도로 운동할 때 상대 속도는 0이다. 즉, 관찰자가 물체를 보면 정지해 있는 것으로 보인다.
- 상대 속도의 크기가 클수록 관찰자가 느끼는 상대방의 속력이 크다.

과학 돋보기 🔍 상대 속도

v_A, v_B는 각각 x축을 따라 운동하는 자동차 A, B의 속도의 크기이고, 속도의 방향은 $+x$ 방향 또는 $-x$ 방향이다.

모습	A가 측정한 B의 속도			
	$v_A > v_B$일 때		$v_A < v_B$일 때	
	크기	방향	크기	방향
A →v_A B →v_B x	$v_A - v_B$	$-x$ 방향	$v_B - v_A$	$+x$ 방향
A →v_A B ←v_B x	$v_A + v_B$	$-x$ 방향	$v_A + v_B$	$-x$ 방향

(2) 관성계(관성 좌표계): 관성 법칙이 성립하는 좌표계이다. 한 관성계에 대하여 정지해 있거나 일정한 속도로 움직이는 좌표계는 모두 관성계이다.

(가) S는 자신이 정지해 있고 S′가 v의 속도로 운동한다고 생각한다.

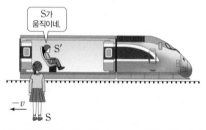

(나) 기차에 타고 있는 S′는 자신이 정지해 있고 S가 $-v$의 속도로 운동한다고 생각한다.

(3) 특수 상대성 이론의 배경

① 에테르: 19세기 과학자들이 생각한 빛을 전달해 주는 가상의 매질이다. 빛이 파동이므로 빛은 '에테르'라는 가상의 매질을 통해 전달된다고 생각하였다.

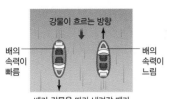

배가 강물을 따라 내려갈 때가 강물을 거슬러 올라갈 때보다 속력이 크게 측정된다.

에테르에 대해 지구가 빠르게 운동하면, 지구에서 측정할 때 에테르의 흐름이 있으므로 빛의 진행 방향에 따라 빛의 속력이 다르게 측정되어야 한다.

② 마이컬슨·몰리 실험: 빛의 매질인 에테르가 움직이면 빛의 속력 차가 나는 것을 이용하여 에테르의 존재를 증명하고자 하였으나, 에테르의 존재를 증명하지 못하였다.

탐구자료 살펴보기 마이컬슨·몰리 실험

과정

광원에서 방출한 빛의 50 %는 반투명 거울에서 반사되어 경로 1을 따라 진행하다가 거울 A에서 반사된 후 경로 2를 따라 진행하다가 반투명 거울을 투과하여 빛 검출기로 향하고, 나머지 50 %는 반투명 거울을 투과하여 경로 1′를 따라 진행하다가 거울 B에서 반사된 후 경로 2′를 따라 진행하다가 반투명 거울에서 반사되어 빛 검출기로 향한다.

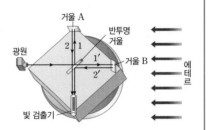

예상 결과

• 지구 표면에 에테르의 흐름이 있다면, 에테르의 흐름 방향에 대한 두 빛의 진행 방향이 다르기 때문에 빛 검출기에 도달하는 시간이 서로 다를 것이다.

결과

• 1 → A → 2 → 빛 검출기 경로의 빛과 1′ → B → 2′ → 빛 검출기 경로의 빛이 빛 검출기에 동시에 도달한다.

point

• 두 경로에서 빛의 속력 차가 측정되지 않아 에테르의 존재를 증명하지 못하였으며, 이후 모든 관성계에서 진공 속을 진행하는 빛의 속력이 같다는 '광속 불변 원리'의 실험적 증거가 되었다.

(4) 특수 상대성 이론의 두 가지 가정

① 상대성 원리: 모든 관성계에서 물리 법칙은 동일하게 성립한다.

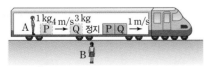
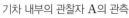

기차 내부의 관찰자 A의 관측

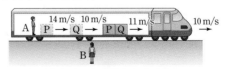

기차 외부의 관찰자 B의 관측

• 기차 내부의 관찰자 A가 관측할 때: 물체 P가 4 m/s의 속력으로 정지해 있던 물체 Q에 정면으로 충돌한 후, P, Q가 한 덩어리가 되어 1 m/s의 속력으로 운동한다.

• 기차 외부의 관찰자 B가 관측할 때: 기차가 10 m/s의 속력으로 운동하고 있으므로, 물체 P, Q가 각각 14 m/s, 10 m/s의 속력으로 운동하다가 정면으로 충돌한 후 한 덩어리가 되어 11 m/s의 속력으로 운동한다.

개념 체크

⊃ **마이컬슨·몰리 실험:** 진공에서 빛의 속력 c를 '에테르'라는 매질에 대한 속력으로 가정하고, '에테르'의 존재를 증명하려던 실험이다. 결과적으로 에테르의 존재를 증명하지 못하였다.

⊃ **상대성 원리:** 모든 관성 좌표계에서 물리 법칙은 동일하게 성립한다.

1. 마이컬슨과 몰리는 빛의 매질인 에테르의 존재를 실험으로 증명하였다.
(○ , ×)

2. ( ) 원리는 특수 상대성 이론의 두 가지 가정 중 하나로, '모든 관성계에서 물리 법칙은 동일하게 성립한다.'는 것이다.

정답
1. ×
2. 상대성

개념 체크

◐ **광속 불변 원리**: 모든 관성계에서 진공 속을 진행하는 빛의 속력은 광원이나 관찰자의 운동에 관계없이 일정하다.

1. ( ) 원리는 특수 상대성 이론의 두 가지 가정 중 하나로, '모든 관성계에서 진공 속을 진행하는 빛의 속력은 광원이나 관찰자의 속력에 관계없이 광속 c로 일정하다.'는 것이다.

[2~3] 그림과 같이 관찰자 A에 대해 관찰자 B가 탄 우주선이 $0.9c$의 속력으로 등속도 운동을 한다. A에 대해 정지해 있는 광원에서 B가 운동하는 방향과 반대 방향으로 빛이 방출된다. (단, c는 빛의 속력이다.)

2. A의 관성계에서 빛의 속력은 B의 속력보다 (작다 , 크다).

3. B의 관성계에서 A의 속력은 ( )이고, 빛의 속력은 ( )이다.

정답
1. 광속 불변
2. 크다
3. $0.9c$, c

• A, B의 측정값은 서로 다르지만, 두 경우 모두 운동량이 보존된다. 이와 같이 서로 다른 관성계에서 측정한 각각의 물리량은 서로 다를 수 있지만, 이들 사이의 관계인 물리 법칙은 동일하게 성립한다.

탐구자료 살펴보기 | **빛의 속력에 대한 사고 실험**

자료

그림과 같이 학생 A는 거울을 들고 지면에 정지해 있고, 학생 B는 거울을 들고 지면을 기준으로 빛의 속력 c로 직선 운동을 하고 있다고 가정하자. 상대 속도 식을 적용하여 다음의 물음에 답하자.

(1) 거울을 통해서 A는 자신의 모습을 볼 수 있는가?
(2) B에 대한 A의 속도의 크기는 얼마인가?
(3) 거울을 통해서 B는 자신의 모습을 볼 수 있는가?

분석

① 거울을 통해서 A는 자신의 모습을 볼 수 있다. 정지해 있는 A의 얼굴에서 출발한 빛이 거울에 반사되어 눈으로 들어오기 때문이다.

② B가 본 A의 상대 속도의 크기 $v_{BA} = v_A - v_B = 0 - c = -c$이다. 따라서 B가 A를 보면 A는 빛의 진행 방향과 반대 방향으로 빛의 속력 c로 움직이는 것으로 보일 것이다.

③ 거울을 통해서 B는 자신의 모습을 볼 수 없다. B의 얼굴에서 출발한 빛이 빛의 속력 c로 가는데, B도 c로 움직이므로, B가 본 빛의 상대 속도는 0이 되기 때문이다. 따라서 B의 얼굴에서 출발한 빛은 영원히 거울에 닿을 수 없다.

point

• A가 관측할 때 A는 거울을 통해서 자신의 얼굴을 보지만, B는 거울을 통해서 자신의 얼굴을 볼 수 없다. 그러나 B가 관측할 때는 A가 B의 운동 방향과 반대 방향으로 c로 움직이는 것으로 보이기 때문에 B는 거울을 통해 얼굴을 볼 수 있고, A가 거울을 통해 얼굴을 볼 수 없어야 한다. 이처럼 A와 B는 물리적으로 동등한 상황인데, 한쪽은 거울을 통해 얼굴을 보고 한쪽은 보지 못한다는 모순이 생긴다.

• 상대 속도 식에서처럼 빛의 속력도 관찰자에 따라 다르게 측정된다고 생각하면 모순이 생긴다. 특히 서로 다른 속도의 관성계에서 물리 현상이 달라지면 상대성 원리에 어긋난다. ➡ 빛의 속력은 관찰자의 속력에 관계없이 광속 c로 일정하다.

② **광속 불변 원리**: 모든 관성계에서 진공 속을 진행하는 빛의 속력은 광원이나 관찰자의 속력에 관계없이 광속 c로 일정하다.

광원이 관찰자 쪽으로 다가온다. 광원이 관찰자로부터 멀어진다. 광원과 관찰자가 서로 다가간다.

➡ 광원이나 관찰자의 운동과 무관하게 빛의 속력은 항상 광속 c로 측정된다.

(5) 특수 상대성 이론에 의한 현상

① **사건의 측정**: 물리적 현상의 발생을 사건이라고 하며, 사건을 측정한다는 것은 그 사건이 발생한 위치와 시간을 측정한다는 것이다.

② **동시성의 상대성**: 한 관성 좌표계에서 동시에 일어난 두 사건이 다른 관성 좌표계에서는 동시에 일어난 사건이 아닐 수 있다.

◆ **동시성의 상대성**: 한 관성계의 서로 다른 위치에서 동시에 발생한 두 사건을 다른 관성계에서 측정하면, 두 사건이 동시에 발생한 사건이 아닐 수 있다.

◆ 한 관성계에서 측정할 때 두 사건이 같은 장소에서 동시에 발생했다면, 어떤 관성계에서 측정해도 두 사건은 같은 장소에서 동시에 발생한 사건이다.

탐구자료 살펴보기 — 동시성에 대한 사고 실험

자료

행성에 대해 광속에 가까운 속력으로 등속도 운동을 하는 우주선의 가운데에 위치한 학생 P가 행성에 서 있는 학생 Q를 통과하는 순간 들고 있던 전구에서 불이 켜질 때, 전구에서 방출된 빛이 P로부터 같은 거리에 있는 두 빛 검출기에 도달하는 사건을 관측한다. 전구에서 방출된 빛이 두 검출기에 도달하는 사건을 각각 A와 B라고 하자.

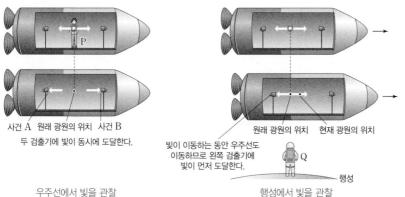

사건 A 원래 광원의 위치 사건 B
두 검출기에 빛이 동시에 도달한다.

빛이 이동하는 동안 우주선도 이동하므로 왼쪽 검출기에 빛이 먼저 도달한다.

원래 광원의 위치 현재 광원의 위치

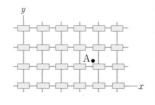

Q

행성

우주선에서 빛을 관찰   행성에서 빛을 관찰

(1) P가 측정할 때 A, B는 동시에 일어났는가?
(2) Q가 측정할 때 A, B는 동시에 일어났는가?
(3) P와 Q가 측정한 것 중 누가 옳은가?

분석

① 우주선 안의 관찰자(P)의 입장: 우주선의 가운데에서 방출된 빛은 같은 속력으로 같은 거리만큼 떨어진 왼쪽과 오른쪽 검출기에 동시에 도달한다.

② 행성에 있는 관찰자(Q)의 입장: 광속 불변 원리에 의해 왼쪽과 오른쪽으로 진행하는 빛의 속력은 같지만 우주선이 오른쪽으로 운동하고 있으므로 빛은 왼쪽 검출기에 먼저 도달하는 것으로 관측한다. 즉, 빛은 우주선의 왼쪽과 오른쪽 검출기에 동시에 도달하지 않는다.

③ P와 Q가 측정한 것 모두 관찰자 입장에서는 옳다.

point

• 우주선 안의 관찰자가 볼 때는 동시인 사건이 행성에 정지해 있는 관찰자에게는 동시가 아니다. 사건의 동시성은 절대적인 개념이 아니라 상대적인 개념인 것이다.

• 동시성의 상대성은 빛의 속력이 모든 관성 좌표계에서 일정하다는 사실 때문에 발생한다.

[1~3] 그림과 같이 관찰자 Q에 대해 관찰자 P가 탄 우주선이 광속에 가까운 속력으로 등속도 운동을 한다. P의 관성계에서, 광원에서 검출기 A, B를 향해 동시에 방출된 빛이 A, B에 동시에 도달한다.

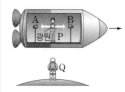

1. P의 관성계에서, 광원에서 A까지의 거리와 광원에서 B까지의 거리는 같다.
(○ , ×)

2. Q의 관성계에서, 광원에서 A, B를 향하는 빛은 동시에 방출된다.
(○ , ×)

3. Q의 관성계에서, 빛은 ( )보다 ( )에 먼저 도달한다.

과학 돋보기 — 사건의 측정

① 공간 좌표: xy평면에서 각 축에 대해 평행한 막대들에 축을 따라 부여되는 좌표값을 준다.

② 시간 좌표: 막대 교차점마다 작은 시계를 포함하고 있다고 생각한다. 작은 시계는 동시에 동일하게 맞추어야 한다.

③ 사건의 측정(시공간 좌표): 점 A에서 빛이 반짝이는 사건에 대해 가장 근접해 있는 시계에 나타나는 시간과 측정 막대의 좌표를 기록하면 시공간 좌표를 부여할 수 있다.

정답
1. ○
2. ○
3. B, A

➡ **고유 시간:** 어떤 관성계에서 측정할 때 두 사건이 같은 위치에서 발생했다면, 그 관성계에서 측정한 두 사건의 시간 차가 고유 시간이다.

➡ **시간 팽창:** 두 사건의 고유 시간이 t_0이면 임의의 관성계에서 측정한 시간 t는 다음과 같다.

$$t = \gamma t_0 \left(\gamma = \frac{1}{\sqrt{1 - \left(\frac{v}{c}\right)^2}} \right)$$

• $\gamma \geq 1$이므로 $t \geq t_0$이다. 따라서 두 사건 사이의 시간 간격은 고유 시간이 가장 짧다.

• 어떤 관성계의 관찰자가 측정할 때, 빠르게 운동하는 물체의 시간은 느리게 간다.

[1~2] 그림과 같이 관찰자 A가 있는 수평면에 놓인 빛 시계에서 빛이 거울 사이를 왕복한다. 관찰자 B가 탄 우주선은 A에 대해 광속에 가까운 속력 v로 등속도 운동을 한다. A의 관성계에서 빛이 거울 사이를 한 번 왕복하는 데 걸린 시간은 t_0이다.

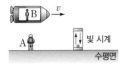

1. B의 관성계에서, 빛이 거울 사이를 한 번 왕복하는 데 걸린 시간은 t_0보다 (작다 , 크다).

2. A의 관성계에서 B의 시간은 A의 시간보다 (느리게 , 빠르게) 가고, B의 관성계에서 A의 시간은 B의 시간보다 (느리게 , 빠르게) 간다.

(6) 시간 팽창(시간 지연): 임의의 관성계 S에서 측정할 때, S에 대하여 빠르게 운동하는 관성계일수록 시간이 느리게 흐른다. 이것을 시간 팽창(시간 지연)이라고 한다.

① **고유 시간:** 한 장소에서 두 사건이 일어났을 때 일어난 장소에 대해 정지해 있는 관찰자가 측정한 두 사건 사이의 시간 간격을 고유 시간이라고 한다. 두 사건 사이의 시간 간격을 측정할 때, 고유 시간이 가장 짧다.

② **빛 시계:** 빛 시계는 거리가 L_0만큼 떨어진 양쪽의 거울 사이를 빛이 왕복하는 주기를 이용하여 시간을 측정한다.

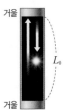

탐구자료 살펴보기 | **시간 팽창에 대한 사고 실험**

자료

그림 (가)와 같이 지면에 대해 오른쪽으로 v의 속력으로 등속 직선 운동을 하는 우주선 안에서 빛을 수직 위로 발사하여 천장에 있는 거울에서 반사한 뒤 되돌아오게 한다. 빛이 바닥에서 출발하여 다시 바닥으로 되돌아오는 데 걸리는 시간을 (가)의 우주선 안의 관찰자가 측정할 때는 t_0이고, 그림 (나)와 같이 지면에 있는 관찰자가 측정할 때는 t라고 하자. c는 빛의 속력이다.

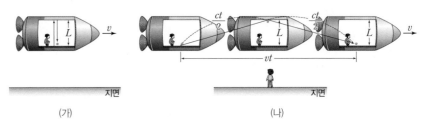

(가)   (나)

(1) (가)와 (나)의 관찰자 중 빛이 바닥에서 출발하여 다시 바닥으로 되돌아올 때까지 빛이 진행한 거리는 어느 경우가 긴가?

(2) t_0과 t 중 어느 시간이 긴가?

분석

• (가)의 우주선 안의 관찰자: 빛이 위아래로 왕복하는 것으로 본다. 따라서 $t_0 = \frac{2L}{c}$이다. 즉, 우주선 안의 시계로 측정한 시간 간격은 $\frac{2L}{c}$이고, 이 시간이 고유 시간이다.

• (나)의 지면에 있는 관찰자: (나)와 같이 빛이 위아래로 왕복하는 동안 우주선이 오른쪽으로 이동한 거리는 vt이고, 빛이 이동한 거리는 ct이다.

빗변 하나의 길이는 $\frac{ct}{2} = \sqrt{\left(\frac{vt}{2}\right)^2 + L^2} = \sqrt{\left(\frac{vt}{2}\right)^2 + \left(\frac{ct_0}{2}\right)^2}$ 이므로 $t = \frac{t_0}{\sqrt{1 - \left(\frac{v}{c}\right)^2}}$이다.

• 빛이 진행한 거리는 (나)에서 지면에 있는 관찰자가 측정할 때가 더 길고, 시간은 t가 t_0보다 길게 측정된다.

point

• 지면에서 측정한 시간(t)이 운동하는 우주선 안에서 측정한 시간(고유 시간: t_0)보다 길게 측정된다. 이것을 시간 팽창(시간 지연)이라고 한다.

(7) 길이 수축: 관찰자에 대해 운동하고 있는 물체는 관찰자에게 운동 방향으로 그 길이가 줄어든 것으로 측정된다. 이것을 길이 수축이라고 한다.

① **고유 길이:** 관찰자에 대해 정지해 있는 물체의 길이 또는 한 관성 좌표계에 대하여 동시에 측정한 고정된 두 지점 사이의 길이를 고유 길이라고 한다.

② 지구에 정지해 있는 관찰자에 대해 일정한 속력 v로 행성을 향해 운동하는 우주선이 있다.

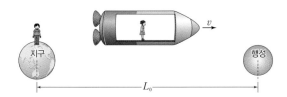

- 지구에 있는 관찰자 입장: 지구에 정지해 있는 관찰자가 지구에서 지구에 대해 정지해 있는 행성까지 측정한 거리를 L_0이라고 하면, 이 거리가 고유 길이이다. 지구에 있는 관찰자에 대해 속도 v로 운동하는 우주선이 지구에서 행성까지 가는 데 걸리는 시간 $t=\dfrac{L_0}{v}$이다.

- 우주선에 있는 관찰자 입장: 우주선에 있는 관찰자가 지구에서 행성까지 측정한 거리를 L이라고 하면, 지구와 행성이 자신에 대해 속력 v로 운동하므로 지구와 행성이 자신을 지나가는 데 걸리는 시간 $t_0=\dfrac{L}{v}$이 된다. 이 시간이 고유 시간이다. 따라서 시간 팽창에 의해 $t>t_0$이므로 $L<L_0$이다.

➡ 운동하는 우주선 안에서 측정한 거리(L)는 지구에 정지해 있는 관찰자가 측정한 거리(L_0)보다 짧다. 이것을 길이 수축이라고 한다. 길이 수축은 운동 방향과 나란한 방향의 길이에서만 일어나며, 운동 방향과 수직인 방향의 길이는 수축되지 않는다.

🔍 과학 돋보기 고유 시간과 고유 길이

① 고유 시간: 한 장소에서 두 사건이 일어났을 때 사건이 일어난 장소에 대해 정지해 있는 관찰자가 관측한 두 사건 사이의 시간 간격을 고유 시간이라고 한다.
  - 운동하는 관성계의 시간은 정지해 있는 관성계의 시간보다 느리게 간다.
  - 고유 시간(t_0)은 다른 관성계에서 측정한 시간(t)보다 항상 작다($t_0<t$).
② 고유 길이: 물체에 대해 정지해 있는 관찰자가 측정한 물체의 길이를 고유 길이라고 한다.
  - 운동하는 물체의 길이를 정지한 관성계에서 측정하면 고유 길이보다 짧다.
  - 고유 길이(L_0)는 다른 관성계에서 측정한 길이(L)보다 항상 길다($L_0>L$).

🔍 과학 돋보기 관찰 대상의 상대적 속력에 대한 시간 팽창과 길이 수축

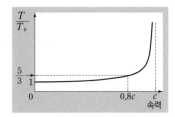
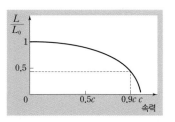

① 고유 시간 T_0에 대한 팽창된 시간 T의 값(시간 팽창 효과)은 관찰 대상의 상대적 속력이 클수록 크게 나타난다.
  ➡ 빛의 속력에 가깝게 빠르게 등속도 운동을 하는 시계가 느리게 등속도 운동을 하는 시계에 비해 시간 팽창 효과가 더 크게 나타난다.
② L_0은 고유 길이, L은 수축된 길이이다.
  ➡ 길이 수축 효과는 관찰 대상의 상대적 속력이 클수록 크게 나타난다.

개념 체크

➡ **질량 에너지 동등성:** 질량과 에너지는 서로 변환될 수 있으므로 근본적으로 동등하며, 상대론적 질량이 m인 물체의 에너지 E는 다음과 같다.
$E = mc^2$(c: 진공에서 빛의 속력)

1. 관성 좌표계에 대해 정지해 있는 물체 A의 질량이 m_0일 때, A에 대해 운동하는 관성계에서 측정한 A의 질량은 m_0보다 (작다 , 크다).

2. 질량은 에너지로 변환될 수 있고, 에너지는 질량으로 변환될 수 있다. 이를 질량 에너지 (　　)이라고 한다.

3. 정지 질량이 m_0인 물체의 정지 에너지는 (　　)이다. (단, 빛의 속력은 c이다.)

② 질량과 에너지

(1) 질량 에너지 동등성

① **정지 질량과 상대론적 질량:** 관성 좌표계에 대해 정지해 있는 물체의 질량을 정지 질량(m_0)이라 하고, 운동하는 물체의 질량을 상대론적 질량(m)이라고 하며, 물체의 속력이 증가하면 상대론적 질량도 증가한다.

② **질량 에너지 동등성:** 질량 m을 에너지 E로 환산하면 $E = mc^2$이다. 즉, 질량은 에너지로 변환될 수 있고, 반대로 에너지도 질량으로 변환될 수 있다. 정지 질량이 m_0인 물체가 정지해 있을 때 $E_0 = m_0c^2$의 에너지를 가지며, 이것을 정지 에너지라고 한다.

③ **특수 상대성 이론에서의 에너지 보존 법칙:** 질량과 에너지가 서로 변환되더라도 운동 에너지와 같은 물체의 에너지와 정지 에너지를 더한 총 에너지는 항상 보존된다.

④ **질량과 에너지 사이의 변환 예**
- 태양에서의 수소 핵융합처럼 가벼운 원소들이 결합해서 무거운 원소가 되는 핵융합과 원자력 발전소에서처럼 무거운 원소가 가벼운 원소들로 쪼개지는 핵분열은 질량이 에너지로 변환되는 현상이다.
- 원자핵이 양성자와 중성자로 분리되는 과정은 질량이 증가하므로 원자핵이 에너지를 흡수해야 한다.
- 양전자 방출 단층 촬영(PET)에서 전자의 반입자로 양(+)전하를 띠는 양전자와 전자가 만나면 함께 소멸하며 그 질량이 모두 에너지로 변환되어 한 쌍의 감마(γ)선을 생성한다.

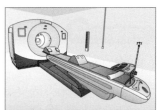

🧪 탐구자료 살펴보기 ┃ 상대론적 질량

자료

정지한 상태에서 측정한 질량이 m_0인 물체에 대해 속력 v로 등속도 운동을 하고 있는 관성계에서 측정한 물체의 질량이 m일 때, $\dfrac{v}{c}$에 따른 $\dfrac{m}{m_0}$은 그림과 같다. c는 빛의 속력이다.

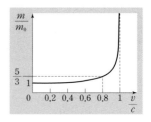

분석
- 정지 질량이 30 kg인 물체가 $0.8c$의 속력으로 등속도 운동을 하고 있을 때, 운동하는 물체의 질량은 50 kg이다.
- 등속도 운동을 하는 물체의 속력이 클수록 운동하는 물체의 질량이 크다.
- 물체의 속력이 빛의 속력에 가까워지면 물체의 질량은 무한대에 가까워진다.

point
- 질량을 가지고 있는 물체는 빛의 속력으로 운동할 수 없다.
- 물체에 힘을 가해 일을 해 주면 속력이 커질 뿐만 아니라 질량도 증가한다.
- 물체의 속력이 빛의 속력에 가까워지면 대부분의 일이 물체의 질량을 증가시키는 데 사용된다.

정답
1. 크다
2. 동등성
3. m_0c^2

(2) **원자핵**: 원자에서 매우 작은 부피를 차지하고 있으며, 크기는 10^{-15} m 정도이다. 또한 핵을 구성하는 입자를 핵자라고 하며, 이 핵자에는 양성자와 중성자가 있다.

양성자 중성자

① **원자핵의 표현**
- 원자 번호(Z): 원자핵 속에 들어 있는 양성자수
- 질량수(A): 원자핵 속 양성자수(Z)와 중성자수(N)의 합

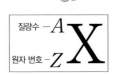
질량수 $-A$
원자 번호 $-Z$ X

② **동위 원소**: 양성자수는 같지만 중성자수가 다른 원소로, 화학적 성질은 같으나 물리적 성질은 다르다.
예 수소($_1^1 H$)의 동위 원소에는 중수소($_1^2 H$), 삼중수소($_1^3 H$)가 있다.

(3) **핵반응**: 핵이 분열하거나 융합하는 것을 말하며, 핵반응을 하는 동안 반응 전후 전하량과 질량수는 보존된다. 핵반응 전 질량의 총합보다 핵반응 후 질량의 총합이 작은 경우 줄어든 질량을 질량 결손이라고 하며, 질량 결손에 해당하는 에너지가 방출된다.

① **핵반응식**: 원자핵 A와 B가 반응하여 원자핵 C와 D가 되었을 때 핵반응식은 다음과 같다.

$$_w^a A + _x^b B \longrightarrow _y^c C + _z^d D + \text{에너지} \begin{pmatrix} \cdot \text{질량수 보존: } a+b=c+d \\ \cdot \text{전하량 보존: } w+x=y+z \end{pmatrix}$$

② **핵분열**: 질량수가 큰 원자핵이 크기가 비슷한 2개의 원자핵으로 쪼개지는 현상으로, 원자력 발전소의 원자로에서 일어나는 우라늄($_{92}^{235} U$)의 핵분열 반응이 있다.

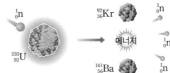
$_0^1 n$ $_{36}^{92} Kr$ $_0^1 n$
$_{92}^{235} U$ 에너지 $_0^1 n$
$_{56}^{141} Ba$ $_0^1 n$

- 우라늄 원자핵($_{92}^{235} U$)에 저속의 중성자($_0^1 n$)가 흡수되면 불안정한 우라늄 원자핵이 분열하여 크립톤($_{36}^{92} Kr$)과 바륨($_{56}^{141} Ba$)으로 쪼개지면서 고속의 중성자 3개가 방출된다. 이 과정에서 질량 결손에 해당하는 만큼 에너지가 방출된다.
- 핵분열 반응식: $_{92}^{235} U + _0^1 n \longrightarrow _{56}^{141} Ba + _{36}^{92} Kr + 3 _0^1 n + 200 \, MeV$

③ **핵융합**: 질량수가 작은 원자핵이 융합하여 질량수가 큰 원자핵으로 되는 현상이다.

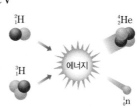
$_1^2 H$ $_2^4 He$
$_1^3 H$ 에너지 $_0^1 n$

- 중수소 원자핵($_1^2 H$)과 삼중수소 원자핵($_1^3 H$)이 융합하여 헬륨 원자핵($_2^4 He$)과 중성자($_0^1 n$)가 생성된다. 이 과정에서 질량 결손에 해당하는 만큼의 에너지가 방출된다.
- 핵융합 반응식: $_1^2 H + _1^3 H \longrightarrow _2^4 He + _0^1 n + 17.6 \, MeV$

과학 돋보기 🔍 **태양에서의 핵융합 반응**

1단계	2단계	3단계
수소 원자핵($_1^1 H$) 2개가 핵융합하여 중수소 원자핵($_1^2 H$)이 생성된다.	수소 원자핵($_1^1 H$)과 중수소 원자핵($_1^2 H$)이 핵융합하여 헬륨3 원자핵($_2^3 He$)이 생성된다.	헬륨3 원자핵($_2^3 He$) 2개가 핵융합하여 헬륨 원자핵($_2^4 He$)이 생성된다.

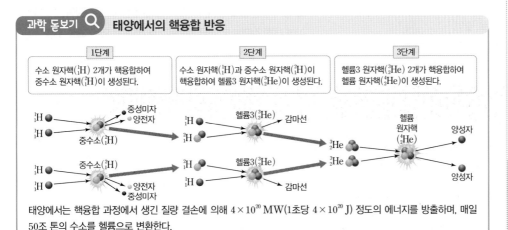

태양에서는 핵융합 과정에서 생긴 질량 결손에 의해 4×10^{20} MW(1초당 4×10^{20} J) 정도의 에너지를 방출하며, 매일 50조 톤의 수소를 헬륨으로 변환한다.

개념 체크

➡ **질량 결손**: 핵반응이 일어날 때 질량이 감소하면서 에너지가 방출된다. 이때 감소한 질량을 질량 결손이라고 한다.

➡ **질량 결손과 에너지**: 핵반응에 의한 질량 결손이 Δm일 때, 방출되는 에너지 ΔE는 다음과 같다.

$$\Delta E = \Delta mc^2$$

1. 삼중수소 원자핵($_1^3 H$)의 질량수는 ( )이고, 중성자수는 ( )이다.

2. 에너지가 방출되는 핵반응에서 핵반응 전 입자들의 질량의 합은 핵반응 후 입자들의 질량의 합보다 (작다 , 크다).

3. 핵반응에서 핵반응 전후 전하량과 ( )는 보존된다.

4. 핵반응에서 질량수가 큰 원자핵이 질량수가 작은 원자핵으로 쪼개지는 현상을 ( )이라고 한다.

정답
1. 3, 2
2. 크다
3. 질량수
4. 핵분열

[25023-0103]

01 그림 (가)와 같이 수평면에 정지해 있는 관찰자 P에 대해 관찰자 Q가 탄 버스가 **10 m/s**의 속력으로 등속도 운동을 하고 있다. 버스 안에 정지해 있는 Q에 대해 물체 A가 정지해 있는 물체 B를 향해 **2 m/s**의 속력으로 등속도 운동을 한다. 그림 (나)는 A와 B가 충돌한 후 한 덩어리가 되어 버스의 운동 방향과 같은 방향으로 등속도 운동을 하는 모습을 나타낸 것이다. A와 B의 질량은 **1 kg**으로 같다.

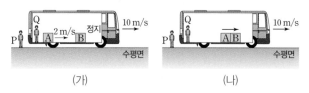

(가)   (나)

이에 대한 설명으로 옳은 것만을 〈보기〉에서 있는 대로 고른 것은? (단, 모든 마찰은 무시한다.)

〈 보기 〉
ㄱ. (가)에서 A의 운동량의 크기는 P의 관성계에서가 Q의 관성계에서보다 크다.
ㄴ. P의 관성계에서, A와 B의 운동량의 합의 크기는 (가)에서와 (나)에서가 같다.
ㄷ. (나)의 P의 관성계에서, A의 속력은 11 m/s이다.

① ㄱ ② ㄷ ③ ㄱ, ㄴ ④ ㄴ, ㄷ ⑤ ㄱ, ㄴ, ㄷ

[25023-0104]

02 그림은 관찰자 A에 대해 관찰자 B가 탄 우주선이 $0.9c$의 속력으로 등속도 운동을 하는 모습을 나타낸 것이다. 우주선에서는 우주선의 운동 방향으로 빛이 방출된다.
이에 대한 설명으로 옳은 것만을 〈보기〉에서 있는 대로 고른 것은? (단, c는 빛의 속력이다.)

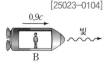

〈 보기 〉
ㄱ. B의 관성계에서, A의 운동 방향과 빛의 진행 방향은 같다.
ㄴ. B의 관성계에서, A의 속력은 $0.9c$이다.
ㄷ. A의 관성계에서, 빛의 속력은 $1.9c$이다.

① ㄱ ② ㄴ ③ ㄱ, ㄷ ④ ㄴ, ㄷ ⑤ ㄱ, ㄴ, ㄷ

[25023-0105]

03 그림과 같이 관찰자 A에 대해 관찰자 B가 탄 우주선이 x축과 나란한 방향으로 광속에 가까운 속력으로 등속도 운동을 한다. A의 관성계에서 광원에서 검출기 P와 Q를 향해 동시에 방출된 빛은 Q에 먼저 도달하고, B의 관성계에서 광원과 P 사이의 거리와 광원과 Q 사이의 거리는 같다. 우주선의 운동 방향은 P, 광원, Q를 잇는 직선과 나란하다.

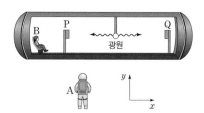

이에 대한 설명으로 옳은 것만을 〈보기〉에서 있는 대로 고른 것은?

〈 보기 〉
ㄱ. B의 관성계에서, 빛은 P와 Q에 동시에 도달한다.
ㄴ. A의 관성계에서, 우주선은 $+x$방향으로 운동한다.
ㄷ. P와 Q 사이의 거리는 A의 관성계에서가 B의 관성계에서보다 작다.

① ㄱ ② ㄴ ③ ㄱ, ㄷ ④ ㄴ, ㄷ ⑤ ㄱ, ㄴ, ㄷ

[25023-0106]

04 그림과 같이 관찰자 A에 대해 관찰자 B, C가 탄 우주선이 서로 반대 방향으로 각각 $0.6c$, $0.8c$의 속력으로 등속도 운동을 한다. B, C가 탄 우주선의 고유 길이는 같다.
이에 대한 설명으로 옳은 것만을 〈보기〉에서 있는 대로 고른 것은? (단, c는 빛의 속력이다.)

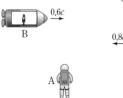

〈 보기 〉
ㄱ. A의 속력은 B의 관성계에서가 C의 관성계에서보다 작다.
ㄴ. A의 관성계에서, B가 탄 우주선의 길이는 C가 탄 우주선의 길이보다 작다.
ㄷ. B의 관성계에서, A의 시간은 C의 시간보다 느리게 간다.

① ㄱ ② ㄴ ③ ㄱ, ㄴ ④ ㄱ, ㄷ ⑤ ㄴ, ㄷ

05 [25023-0107]
그림과 같이 관찰자 A에 대해 광원, 검출기 P, Q가 정지해 있고 관찰자 B가 탄 우주선이 광속에 가까운 속력으로 등속도 운동을 하고 있다. A의 관성계에서, 광원에서 P, Q를 향해 동시에 방출된 빛은 P와 Q에 동시에 도달하며, P로 진행하는 빛은 B의 운동 방향과 수직이고, Q로 진행하는 빛은 B의 운동 방향과 나란하다.

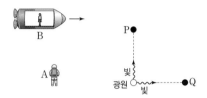

B의 관성계에서, 이에 대한 설명으로 옳은 것만을 〈보기〉에서 있는 대로 고른 것은?

─〈 보기 〉─

ㄱ. A의 시간은 B의 시간보다 느리게 간다.
ㄴ. 광원에서 방출된 빛은 P보다 Q에 먼저 도달한다.
ㄷ. 광원과 P 사이의 거리는 광원과 Q 사이의 거리보다 크다.

① ㄱ   ② ㄴ   ③ ㄱ, ㄷ   ④ ㄴ, ㄷ   ⑤ ㄱ, ㄴ, ㄷ

06 [25023-0108]
그림과 같이 관찰자 A에 대해 관찰자 B, C가 탄 우주선이 각각 $0.9c$의 속력으로 서로 반대 방향으로 등속도 운동을 한다. B가 탄 우주선 속의 빛 시계에서는 빛이 광원과 거울 사이를 왕복한다.

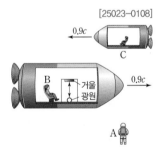

C의 관성계에서가 A의 관성계에서보다 큰 물리량만을 〈보기〉에서 있는 대로 고른 것은? (단, c는 빛의 속력이다.)

─〈 보기 〉─

ㄱ. 광원에서 방출된 빛의 속력
ㄴ. B가 탄 우주선의 길이
ㄷ. 빛 시계에서 빛이 1회 왕복하는 데 걸린 시간

① ㄱ   ② ㄷ   ③ ㄱ, ㄴ   ④ ㄴ, ㄷ   ⑤ ㄱ, ㄴ, ㄷ

07 [25023-0109]
그림과 같이 관찰자 A에 대해 관찰자 B가 탄 우주선이 광속에 가까운 속력으로 등속도 운동을 한다. B의 관성계에서, 우주선 안의 광원 P, Q에서 동시에 방출된 빛이 검출기에 도달하는 데 걸린 시간은 t_0으로 같다. A의 관성계에서, Q에서 방출된 빛이 검출기에 도달하는 데 걸린 시간은 $0.5t_0$이다. 우주선의 운동 방향은 P, 검출기, Q를 잇는 직선과 나란하다.

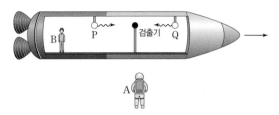

A의 관성계에서, 이에 대한 설명으로 옳은 것만을 〈보기〉에서 있는 대로 고른 것은? (단, c는 빛의 속력이다.)

─〈 보기 〉─

ㄱ. 빛은 P에서가 Q에서보다 먼저 방출되었다.
ㄴ. P와 Q 사이의 거리는 $2ct_0$보다 크다.
ㄷ. P에서 방출된 빛이 검출기에 도달하는 데 걸린 시간은 $1.5t_0$보다 크다.

① ㄱ   ② ㄴ   ③ ㄱ, ㄴ   ④ ㄱ, ㄷ   ⑤ ㄴ, ㄷ

08 [25023-0110]
그림은 입자 A의 속력과 A의 상대론적 질량의 관계를 나타낸 것이다.
이에 대한 설명으로 옳은 것만을 〈보기〉에서 있는 대로 고른 것은? (단, c는 빛의 속력이다.)

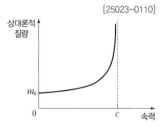

─〈 보기 〉─

ㄱ. A의 정지 질량은 m_0이다.
ㄴ. A의 속력은 c보다 클 수 있다.
ㄷ. A의 운동 에너지가 클수록 A의 상대론적 질량이 크다.

① ㄱ   ② ㄴ   ③ ㄱ, ㄷ   ④ ㄴ, ㄷ   ⑤ ㄱ, ㄴ, ㄷ

[25023-0111]

09 그림과 같이 입자 A, B는 같은 방향으로 $0.6c$의 속력으로 등속도 운동을 하고, 입자 C는 A와 반대 방향으로 $0.8c$의 속력으로 등속도 운동을 한다. A, B, C의 정지 질량은 각각 m_0, $2m_0$, m_0이다.

이에 대한 설명으로 옳은 것만을 〈보기〉에서 있는 대로 고른 것은? (단, c는 빛의 속력이다.)

〈 보기 〉
ㄱ. A의 관성계에서, B의 질량은 $2m_0$이다.
ㄴ. 정지 에너지는 A와 B가 같다.
ㄷ. A의 관성계에서 C의 상대론적 질량은 C의 관성계에서 A의 상대론적 질량보다 크다.

① ㄱ   ② ㄴ   ③ ㄱ, ㄷ   ④ ㄴ, ㄷ   ⑤ ㄱ, ㄴ, ㄷ

[25023-0112]

10 다음은 태양에 대한 설명의 일부이다.

태양의 중심부의 밀도는 물의 밀도의 약 150배 정도이고, 온도는 약 1,500만 K 정도이다. 태양은 일생 대부분의 기간 동안 양성자와 양성자 연쇄 반응이라는 핵반응으로 에너지를 만든다. 이 과정에서 수소는 헬륨으로 변환된다.

이에 대한 설명으로 옳은 것만을 〈보기〉에서 있는 대로 고른 것은?

〈 보기 〉
ㄱ. 태양의 중심부에서는 핵융합 반응이 일어난다.
ㄴ. 핵반응에서 발생하는 에너지는 질량 결손에 의한 것이다.
ㄷ. 핵반응이 일어나는 동안 태양의 질량은 감소한다.

① ㄱ   ② ㄷ   ③ ㄱ, ㄴ   ④ ㄴ, ㄷ   ⑤ ㄱ, ㄴ, ㄷ

[25023-0113]

11 다음은 핵반응을 나타낸 것이다. X는 원자핵이다.

$$^2_1\text{H} + \text{X} \longrightarrow {}^4_2\text{He} + {}^1_0\text{n} + 17.6\,\text{MeV}$$

이에 대한 설명으로 옳은 것만을 〈보기〉에서 있는 대로 고른 것은?

〈 보기 〉
ㄱ. X의 중성자수는 2이다.
ㄴ. 정지 에너지는 X가 중성자(${}^1_0\text{n}$)보다 크다.
ㄷ. 핵반응 전 입자들의 질량의 합은 핵반응 후 입자들의 질량의 합보다 크다.

① ㄱ   ② ㄷ   ③ ㄱ, ㄴ   ④ ㄴ, ㄷ   ⑤ ㄱ, ㄴ, ㄷ

[25023-0114]

12 다음은 두 가지 핵반응이다. X, Y는 원자핵이다.

(가) $^3_1\text{H} + \text{X} \longrightarrow {}^4_2\text{He} + {}^2_1\text{H} + 14.3\,\text{MeV}$

(나) $^{235}_{92}\text{U} + {}^1_0\text{n} \longrightarrow \text{Y} + {}^{94}_{38}\text{Sr} + 2{}^1_0\text{n} + 200\,\text{MeV}$

이에 대한 설명으로 옳은 것만을 〈보기〉에서 있는 대로 고른 것은?

〈 보기 〉
ㄱ. (가)는 핵융합 반응이다.
ㄴ. 질량수는 Y가 X의 50배이다.
ㄷ. 질량 결손은 (나)에서가 (가)에서보다 크다.

① ㄱ   ② ㄴ   ③ ㄱ, ㄴ   ④ ㄱ, ㄷ   ⑤ ㄴ, ㄷ

01 그림과 같이 관찰자 A가 있는 행성에서 관찰자 B, C가 탄 우주선이 서로 반대 방향으로 각각 행성 P, Q를 향해 광속에 가까운 속력으로 등속도 운동을 한다. A의 관성계에서 P, Q는 정지해 있고, C는 $0.8c$의 속력으로 운동한다. 표는 A의 관성계에서 측정한 자료이다.

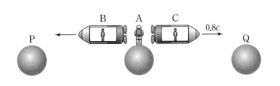

A에서 P까지의 거리	L_0
A에서 Q까지의 거리	L_0
B가 A를 지나는 순간부터 P에 도달하는 데 걸리는 시간	20년
C가 A를 지나는 순간부터 Q에 도달하는 데 걸리는 시간	15년

이에 대한 설명으로 옳은 것만을 〈보기〉에서 있는 대로 고른 것은? (단, c는 빛의 속력이다.)

─〔 보기 〕─
ㄱ. B의 관성계에서, A의 속력은 $0.6c$이다.
ㄴ. C의 관성계에서, A의 시간은 B의 시간보다 느리게 간다.
ㄷ. P와 Q 사이의 거리는 B의 관성계에서가 C의 관성계에서보다 크다.

① ㄱ   ② ㄴ   ③ ㄱ, ㄴ   ④ ㄱ, ㄷ   ⑤ ㄴ, ㄷ

> A의 관성계에서 A에 대해 정지해 있는 행성까지 측정한 거리는 고유 거리이고, 운동하는 관성계에서의 시간은 느리게 간다.

02 그림과 같이 관찰자 A에 대해 관찰자 B가 탄 우주선이 광속에 가까운 속력으로 광원과 거울 P를 잇는 직선과 나란하게 등속도 운동을 한다. B의 관성계에서, 광원에서 거울 P, R를 향해 동시에 방출된 빛은 P, R에서 동시에 반사되어 거울 Q에 도달한다.

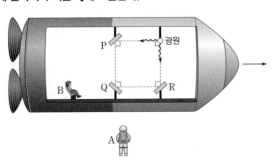

이에 대한 설명으로 옳은 것만을 〈보기〉에서 있는 대로 고른 것은?

─〔 보기 〕─
ㄱ. A의 관성계에서, 광원과 P 사이의 거리는 P와 Q 사이의 거리보다 작다.
ㄴ. A의 관성계에서, P에서 반사된 빛이 R에서 반사된 빛보다 Q에 먼저 도달한다.
ㄷ. 광원에서 P를 향해 방출된 빛이 다시 광원으로 되돌아오는 데 걸린 시간은 A의 관성계에서가 B의 관성계에서보다 크다.

① ㄱ   ② ㄴ   ③ ㄱ, ㄷ   ④ ㄴ, ㄷ   ⑤ ㄱ, ㄴ, ㄷ

> B의 관성계에서, P, R를 향해 동시에 방출된 빛은 P, R에 동시에 도달하여 반사한 후 Q에 동시에 도달한다.

P와 Q 사이의 고유 거리는 $2L_0$이고, 우주선의 고유 길이는 L_0이다. A의 관성계에서 B의 속력이 v이면, B의 관성계에서 A의 속력은 v이다.

[25023-0117]

03 그림은 관찰자 A에 대해 우주선을 탄 관찰자 B가 광속에 가까운 속력 v로 등속도 운동을 하는 모습을 나타낸 것이다. 깃발 P, Q는 A에 대해 정지해 있고, B는 P, Q를 잇는 직선과 나란하게 운동한다. A가 측정한 P와 Q 사이의 거리는 $2L_0$이고, B가 측정한 우주선의 길이는 L_0이다. 표는 A, B의 관성계에서 우주선이 P와 Q 사이를 완전히 통과하는 데 걸린 시간을 측정한 것이다.

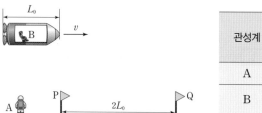

관성계	우주선이 P와 Q 사이를 완전히 통과하는 데 걸린 시간
A	t_0
B	$\frac{2}{3}t_0$

이에 대한 설명으로 옳은 것만을 〈보기〉에서 있는 대로 고른 것은?

┌─ 보기 ───
　ㄱ. B의 관성계에서, P의 속력은 v이다.
　ㄴ. B의 관성계에서 P와 Q 사이의 거리는 A의 관성계에서 우주선의 길이의 2배이다.
　ㄷ. $L_0 = \frac{4}{9}vt_0$이다.
└──

① ㄱ　　　　② ㄷ　　　　③ ㄱ, ㄴ　　　　④ ㄴ, ㄷ　　　　⑤ ㄱ, ㄴ, ㄷ

A의 관성계에서 광원에서 동시에 방출된 빛이 각각의 거울에 반사된 후 광원에 동시에 돌아오므로 B의 관성계에서도 각각의 거울에서 반사된 빛이 광원에 동시에 돌아온다.

[25023-0118]

04 그림과 같이 광원에서 동시에 $-x$방향, $+y$방향, $+x$방향으로 방출된 빛이 각각 거울 P, Q, R에 반사되어 광원으로 되돌아온다. 광원, P, Q, R는 관찰자 A에 대해 정지해 있고, 우주선을 탄 관찰자 B는 A에 대해 광속에 가까운 속력으로 $+x$방향으로 등속도 운동을 한다. B의 관성계에서 광원과 Q 사이의 거리는 L이다. 표는 A, B의 관성계에서 빛이 광원과 거울 사이를 1회 왕복하는 데 걸린 시간을 측정한 것이다.

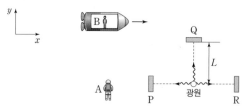

관성계	빛이 광원과 거울 사이를 1회 왕복하는 데 걸린 시간		
	P	Q	R
A	t_0	t_0	t_0
B	t_1	t_2	t_3

이에 대한 설명으로 옳은 것만을 〈보기〉에서 있는 대로 고른 것은?

┌─ 보기 ───
　ㄱ. $t_2 > t_0$이다.
　ㄴ. $t_1 = t_3$이다.
　ㄷ. B의 관성계에서, 광원에서 P로 진행하는 빛의 속력은 $\frac{2L}{t_0}$보다 크다.
└──

① ㄱ　　　　② ㄷ　　　　③ ㄱ, ㄴ　　　　④ ㄴ, ㄷ　　　　⑤ ㄱ, ㄴ, ㄷ

05 다음은 특수 상대성 이론에 대한 사고 실험이다.

[실험 과정]

(가) 그림과 같이 관찰자 A에 대해 정지해 있는 기준선 P, Q 상에 각각 전구 p, q가 고정되어 있고, 관찰자 B가 탄 우주선은 광속에 가까운 속력으로 p와 q를 잇는 직선과 나란하게 등속도 운동을 한다. 점 r, s는 각각 우주선의 앞쪽 끝과 뒤쪽 끝이다.

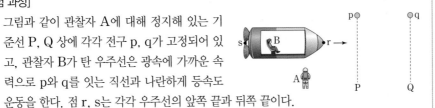

(나) A의 관성계에서 p와 q 사이의 거리를 측정하고, B의 관성계에서 r와 s 사이의 거리를 측정한다.

(다) p는 우주선의 s가 P에 닿는 순간에만 깜박이고, q는 우주선의 r가 Q에 닿는 순간에만 깜박이도록 장치하고, A, B의 관성계에서 전구의 깜박임을 관찰한다.

[실험 결과]

	A의 관성계	B의 관성계
(나)	L_0	$2L_0$
(다)	p와 q는 동시에 깜박인다.	ⓐ 먼저 깜박인다.

> A의 관성계에서 우주선의 앞쪽이 Q에 닿는 순간 우주선의 뒤쪽이 P에 닿는다.

이에 대한 설명으로 옳은 것만을 〈보기〉에서 있는 대로 고른 것은?

┌─ 보기 ────────────────────────────────────
ㄱ. A의 관성계에서, r와 s 사이의 거리는 L_0이다.

ㄴ. ⓐ은 'q가 p보다'가 적절하다.

ㄷ. B의 관성계에서, p와 q 사이의 거리는 $\frac{1}{2}L_0$이다.
└──

① ㄱ   ② ㄷ   ③ ㄱ, ㄴ   ④ ㄴ, ㄷ   ⑤ ㄱ, ㄴ, ㄷ

06 그림은 관찰자 A에 대해 우주선을 탄 관찰자 B와 입자가 $0.8c$의 속력으로 같은 방향으로 등속도 운동을 하는 모습을 나타낸 것이다. 점 P, Q는 A에 대해 정지해 있고, 입자는 P에서 생성되어 Q에서 소멸한다. 표는 A, B의 관성계에서 측정한 입자의 질량이다.

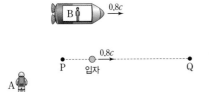

관성계	입자의 질량
A	m_1
B	m_2

> 운동하는 물체의 상대론적 질량은 정지 질량보다 크다. A의 관성계에서 입자는 $0.8c$의 속력으로 등속도 운동을 하며, B의 관성계에서 입자는 정지해 있다.

이에 대한 설명으로 옳은 것만을 〈보기〉에서 있는 대로 고른 것은? (단, c는 빛의 속력이다.)

┌─ 보기 ────────────────────────────────────
ㄱ. 입자의 수명은 A의 관성계에서가 B의 관성계에서보다 길다.

ㄴ. $m_1 > m_2$이다.   ㄷ. 입자의 정지 에너지는 m_2c^2이다.
└──

① ㄱ   ② ㄷ   ③ ㄱ, ㄴ   ④ ㄴ, ㄷ   ⑤ ㄱ, ㄴ, ㄷ

핵반응 전후 전하량과 질량수가 보존된다. 핵반응 과정에서 방출하는 에너지는 질량 결손에 의한 것이다.

[25023-0121]

07 다음은 두 가지 핵반응이다. 표는 원자핵 A~D의 양성자수, 중성자수, 질량을 나타낸 것이다.

(가) $A+B \longrightarrow C+5.49$ MeV

(나) $B+B \longrightarrow A+D+4.1$ MeV

원자핵	양성자수	중성자수	질량
A	1	0	m_A
B	1	ⓒ	m_B
C	㉠	1	m_C
D	㉡	㉣	m_D

이에 대한 설명으로 옳은 것만을 〈보기〉에서 있는 대로 고른 것은?

〈 보기 〉
ㄱ. C의 질량수는 3이다.
ㄴ. ⓒ+㉣은 3이다.
ㄷ. $2m_A+m_D > m_B+m_C$이다.

① ㄱ 　　　② ㄷ 　　　③ ㄱ, ㄴ 　　　④ ㄴ, ㄷ 　　　⑤ ㄱ, ㄴ, ㄷ

핵반응에서 질량 결손에 의한 에너지가 방출되며, 질량 결손이 클수록 방출되는 에너지가 크다.

[25023-0122]

08 다음은 네 가지 핵반응이다. X, Y, Z는 원자핵이다.

(가) $X+{}^3_2He \longrightarrow Y+Z+$에너지

(나) $X+X \longrightarrow {}^3_2He+{}^1_0n+3.7$ MeV

(다) $X+{}^3_1H \longrightarrow Y+{}^1_0n+$에너지

(라) $X+X \longrightarrow {}^3_1H+Z+4.03$ MeV

이에 대한 설명으로 옳은 것만을 〈보기〉에서 있는 대로 고른 것은?

〈 보기 〉
ㄱ. X의 중성자수는 1이다.
ㄴ. X와 Z가 핵융합하면 Y가 생성된다.
ㄷ. 질량 결손에 의한 에너지는 (가)에서가 (다)에서보다 크다.

① ㄱ 　　　② ㄴ 　　　③ ㄱ, ㄴ 　　　④ ㄱ, ㄷ 　　　⑤ ㄴ, ㄷ

09 다음은 두 가지 핵반응이다.

[25023–0123]

> (가) $^{10}_{5}B+\boxed{\ \ ㉠\ \ }\longrightarrow\ ^{4}_{2}He+\boxed{\ \ ㉡\ \ }+2.79\ MeV$
>
> (나) $^{235}_{92}U+\boxed{\ \ ㉠\ \ }\longrightarrow\ ^{95}_{36}Kr+^{139}_{56}Ba+2\boxed{\ \ ㉠\ \ }+200\ MeV$

이에 대한 설명으로 옳은 것만을 〈보기〉에서 있는 대로 고른 것은?

┌─ 보기 ┐

ㄱ. (나)는 핵분열 반응이다.

ㄴ. ㉡에 들어 있는 ㉠의 수는 4이다.

ㄷ. 질량 결손은 (가)에서가 (나)에서보다 작다.

① ㄱ   ② ㄷ   ③ ㄱ, ㄴ   ④ ㄴ, ㄷ   ⑤ ㄱ, ㄴ, ㄷ

질량수가 큰 원자핵이 질량수가 작은 원자핵으로 쪼개지는 현상은 핵분열 반응이다. 핵반응 전후 전하량과 질량수가 보존된다.

[25023–0124]

10 다음은 두 가지 핵반응을 나타낸 것이고, 표는 원자핵의 질량을 나타낸 것이다. X는 원자핵이고, a는 라듐(Ra)의 원자 번호이다.

> (가) $^{2}_{1}H+^{2}_{1}H\longrightarrow X+에너지$
>
> (나) $^{232}_{90}Th\longrightarrow^{228}_{a}Ra+X+에너지$

원자핵	질량
$^{2}_{1}H$	2.0141 u
$^{232}_{90}Th$	232.0377 u
$^{228}_{a}Ra$	228.0310 u

이에 대한 설명으로 옳은 것만을 〈보기〉에서 있는 대로 고른 것은? (단, u는 원자 질량의 단위이다.)

┌─ 보기 ┐

ㄱ. $a=88$이다.

ㄴ. X의 질량은 4.0282 u이다.

ㄷ. 핵반응에서 발생하는 에너지는 (가)에서가 (나)에서보다 크다.

① ㄱ   ② ㄷ   ③ ㄱ, ㄴ   ④ ㄱ, ㄷ   ⑤ ㄴ, ㄷ

핵반응에서 발생하는 에너지는 질량 결손에 의한 것이며, 반응 전 입자들의 질량의 합은 반응 후 입자들의 질량의 합보다 크다.

양성자수가 a, 질량수가 b인 원자핵의 $\dfrac{중성자수}{양성자수} = \dfrac{b}{a} - 1$ 이다. 핵반응에서는 질량 결손에 의한 에너지가 방출된다.

11 다음은 세 가지 핵반응을 나타낸 것이고, 표는 원자핵 A~C의 $\dfrac{중성자수}{양성자수}$와 질량을 나타낸 것이다.

[25023-0125]

(가) $^{1}_{1}\text{H} + ^{1}_{1}\text{H} \longrightarrow \text{B} + \boxed{\quad\bigcirc\quad} + \text{에너지}$

(나) $\text{B} + \text{B} \longrightarrow ^{1}_{1}\text{H} + \text{C} + \text{에너지}$

(다) $\text{C} \longrightarrow \text{A} + \boxed{\quad\bigcirc\!\bigcirc\quad} + \text{에너지}$

원자핵	$\dfrac{중성자수}{양성자수}$	질량
A	0.5	m_A
B	1	m_B
C	2	m_C

이에 대한 설명으로 옳은 것만을 〈보기〉에서 있는 대로 고른 것은?

〔 보기 〕

ㄱ. B의 질량수는 2이다.

ㄴ. $m_A = m_C$이다.

ㄷ. ㉠과 ㉡은 서로 같은 종류의 전하이다.

① ㄱ   ② ㄷ   ③ ㄱ, ㄴ   ④ ㄱ, ㄷ   ⑤ ㄴ, ㄷ

핵반응에서 반응 전후 질량수와 전하량이 보존된다.

12 다음은 의료에서 사용하는 진단 장치 P에 대한 설명이다.

[25023-0126]

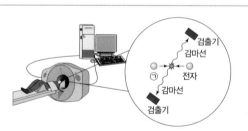

진단 장치 P는 입자 ㉠의 방출을 이용하는 핵의학 검사 방법 중 하나이다. ㉠을 방출하는 약물을 인체에 투여하면 체내에서 ㉠이 방출되고, ㉠은 주위의 전자와 만나 소멸하며 한 쌍의 감마(γ)선을 생성한다. 서로 반대 방향으로 진행하는 감마(γ)선을 검출하여 진단한다.

[㉠을 방출하는 핵반응식] $^{18}_{9}\text{F} \longrightarrow ^{18}_{8}\text{O} + \boxed{\quad\bigcirc\quad}$

이에 대한 설명으로 옳은 것만을 〈보기〉에서 있는 대로 고른 것은?

〔 보기 〕

ㄱ. ㉠은 양(+)전하를 띤다.

ㄴ. 중성자수는 $^{18}_{9}\text{F}$가 $^{18}_{8}\text{O}$보다 많다.

ㄷ. ㉠과 전자의 질량이 감마선의 에너지로 전환된다.

① ㄱ   ② ㄴ   ③ ㄱ, ㄴ   ④ ㄱ, ㄷ   ⑤ ㄴ, ㄷ

06 물질의 전기적 특성

1 원자와 전기력

(1) **원자의 구성 입자**: 원자는 전자와 원자핵으로 이루어져 있다.

① **전자**: 톰슨은 음극선이 전기장과 자기장에 의해서 휘어지는 현상으로부터 음극선이 음(−) 전하를 띤 입자의 흐름이라는 것을 알아내었다. 이 입자를 전자라고 한다.

• **톰슨의 음극선 실험 결과**: 음극선은 전기장과 자기장의 영향을 모두 받는다.

전기장을 걸어 준 경우	자기장을 걸어 준 경우
음극선에 전기장을 걸어 주면 음극선은 전기력에 의해 (+)극 쪽으로 휘어진다. ➡ 전기력을 받기 때문이다.	음극선에 자기장을 걸어 주면 음극선은 자기장에 의해 위쪽으로 휘어진다. ➡ 자기력을 받기 때문이다.

• 전자의 전하량의 크기(e): $e=1.6 \times 10^{-19}$ C(쿨롬) ➡ 기본 전하량이라고 한다.

② **원자핵**: 러더퍼드는 알파(α) 입자 산란 실험을 해석하여 '원자핵은 원자의 중심에 위치하며, 원자는 원자핵을 제외하면 거의 비어 있다.'는 사실을 알아내었다.

• **원자핵의 질량**: 전자의 질량에 비해 매우 크다. ➡ 원자의 질량은 대부분 원자핵의 질량이다.
• **원자핵의 전하량**: 양(+)전하를 띠며, 기본 전하량의 정수배이다.

과학 돋보기 🔍 러더퍼드 알파(α) 입자 산란 실험의 결과

• 대부분의 알파(α) 입자는 금박을 통과하여 직진한다. ➡ 원자 내부가 거의 빈 공간이다.
• 소수의 알파(α) 입자가 큰 각도로 휘어지거나 입사 방향의 거의 정반대 방향으로 되돌아 나온다. ➡ 원자의 중심에 양(+)전하를 띤 입자가 좁은 공간에 존재한다.

과학 돋보기 🔍 원자 모형의 변천

원자 모형은 원자의 존재를 알게 된 이후부터 계속 변천되어 왔다.

톰슨 원자 모형(1904년)	➡ 러더퍼드 원자 모형(1911년)	➡ 보어 원자 모형(1913년)
원자가 양(+)전하를 띤 물질로 채워져 있고, 그 속에 전자들이 띄엄띄엄 박혀 있다.	전자가 원자핵을 중심으로 임의의 궤도에서 원운동을 한다.	전자가 원자핵을 중심으로 특정한 궤도에서 원운동을 한다.

개념 체크

○ **전기력의 종류**: 다른 종류의 전하 사이에는 인력이, 같은 종류의 전하 사이에는 척력이 작용한다.

○ **전기력의 크기(쿨롱 법칙)**: 두 점전하 사이에 작용하는 전기력의 크기는 두 점전하의 전하량의 크기의 곱에 비례하고, 두 점전하 사이의 거리의 제곱에 반비례한다.

1. (같은 , 다른) 종류의 전하 사이에는 서로 당기는 전기력이 작용하고, (같은 , 다른) 종류의 전하 사이에는 서로 미는 전기력이 작용한다.

2. 두 점전하 사이에 작용하는 전기력의 크기는 두 전하의 (   )의 크기의 곱에 비례하고, 두 전하 사이의 (   )의 제곱에 반비례한다.

3. 원자에서 원자핵과 전자 사이에 서로 (당기는 , 미는) 전기력이 작용하여 전자가 원자핵 주위를 돌 수 있다.

(2) **전기력**: 전하 사이에 작용하는 힘이다.

① **전기력의 종류**: 인력(서로 당기는 힘)과 척력(서로 미는 힘) 두 종류가 있다. 다른 종류의 전하 사이에는 인력이 작용하고, 같은 종류의 전하 사이에는 척력이 작용한다.

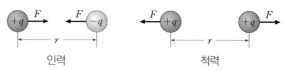

| 인력 | 척력 |

② **전기력의 크기(쿨롱 법칙)**: 두 점전하 사이에 작용하는 전기력의 크기는 두 점전하의 전하량의 크기의 곱에 비례하고, 두 점전하 사이의 거리의 제곱에 반비례한다. 전하량이 각각 q_1, q_2인 두 점전하 사이의 거리가 r일 때 두 점전하 사이에 작용하는 전기력의 크기 F는 다음과 같다.

$$F = k\frac{q_1 q_2}{r^2} \text{ (쿨롱 상수 } k = 8.99 \times 10^9 \text{ N·m}^2/\text{C}^2)$$

탐구자료 살펴보기 | **쿨롱 실험**

자료

쿨롱은 두 전하 사이에 작용하는 전기력의 크기를 측정하기 위해 그림과 같은 비틀림 저울을 이용하였다.

분석 1

• 대전된 두 금속구 A와 B를 서로 가까이 하면 A가 전기력을 받아 회전하므로 A를 매단 수정실이 비틀리게 된다. 이때 나사를 반대로 돌려서 A가 다시 제자리에 돌아오게 하면 A가 회전한 각도를 알 수 있다.

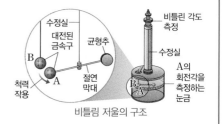

비틀림 저울의 구조

분석 2

• 수정실의 탄성력의 크기는 수정실이 비틀린 각도에 비례하므로, 이 탄성력과 A와 B 사이에 작용하는 전기력이 평형을 이루는 곳에서 A가 정지할 것이다. 따라서 수정실이 비틀린 각도를 측정하면 A와 B 사이에 작용하는 전기력의 크기를 측정할 수 있다.

point

• 두 금속구가 같은 종류의 전하를 띠면 척력이 작용하여 밀려나고, 다른 종류의 전하를 띠면 인력이 작용하여 당겨진다.
• 밀리거나 당겨진 각도를 측정하여 전기력의 크기를 측정하면 두 전하 사이에 작용하는 전기력의 크기는 두 전하의 전하량의 크기의 곱에 비례하고, 두 전하 사이의 거리의 제곱에 반비례한다.

(3) **원자에 속박된 전자**

① **원자핵과 전자 사이에 작용하는 전기력**: 원자의 중심에는 양(+)전하를 띠는 무거운 원자핵이 있고, 그 주위를 음(−)전하를 띠는 전자가 돌고 있다. 원자핵은 양(+)전하를 띠고, 전자는 음(−)전하를 띠고 있으므로 원자핵과 전자 사이에는 서로 당기는 전기력이 작용하여 전자가 원자핵 주위를 벗어나지 않고 돌 수 있다.

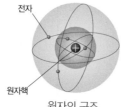

원자의 구조

원자핵과 전자 사이의 전기력

정답
1. 다른, 같은
2. 전하량, 거리
3. 당기는

탐구자료 살펴보기 | 전기력의 종류

과정

(1) 그림 (가)와 같이 털가죽으로 동일한 플라스틱 빨대 A, B를 각각 여러 번 문지른다.

(2) 그림 (나)와 같이 A를 플라스틱 통 위에 놓고, B를 A의 한쪽 끝에 가까이 가져가면서 A의 움직임을 관찰한다.

(3) 그림 (다)와 같이 과정 (2)에서 B 대신 빨대를 문지른 털가죽을 A의 한쪽 끝에 가까이 가져가면서 A의 움직임을 관찰한다.

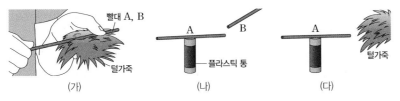

빨대 A, B
털가죽
(가)

A
B
플라스틱 통
(나)

A
털가죽
(다)

결과

- 과정 (2)에서 A는 B로부터 멀어지는 방향으로 회전한다.
- 과정 (3)에서 A는 털가죽에 가까워지는 방향으로 회전한다.

point

- 털가죽으로 A, B를 각각 여러 번 문지르면 A, B는 같은 종류의 전하로 대전되고, 털가죽은 A, B와 다른 종류의 전하로 대전된다.
- 같은 종류의 전하로 대전된 물체 사이에는 서로 미는 전기력(척력)이 작용한다.
- 다른 종류의 전하로 대전된 물체 사이에는 서로 당기는 전기력(인력)이 작용한다.

과학 돋보기 🔍 두 점전하로부터 받는 전기력이 0인 지점 찾기

① 두 점전하 A, B 사이에 있는 점전하 C에 작용하는 전기력이 0인 경우

- A와 B의 전하의 종류는 같다.
- A와 B의 전하량의 크기가 같으면 C가 받는 전기력이 0인 지점은 A와 B의 중간 지점에 있다.
- 전하량의 크기가 A가 B보다 크면 C가 받는 전기력이 0인 지점은 A와 B의 중간 지점과 B 사이에 있다.
- 전하량의 크기가 A가 B보다 작으면 C가 받는 전기력이 0인 지점은 A와 B의 중간 지점과 A 사이에 있다.

A　　　　C　　　　B

② 점전하 A의 왼쪽에 있는 점전하 C에 작용하는 전기력이 0인 경우: C로부터 멀리 떨어져 있는 B의 전하량의 크기가 C로부터 가까이 있는 A의 전하량의 크기보다 크고, A와 B의 전하의 종류는 다르다.

C　　A　　　　　B

③ 점전하 B의 오른쪽에 있는 점전하 C에 작용하는 전기력이 0인 경우: C로부터 멀리 떨어져 있는 A의 전하량의 크기가 C로부터 가까이 있는 B의 전하량의 크기보다 크고, A와 B의 전하의 종류는 다르다.

A　　　　　B　　C

point

- ①에서 C가 받는 전기력이 0인 경우, A와 B의 전하의 종류는 서로 같고, 전하량의 크기가 작은 점전하와 가까운 지점에 C가 위치한다.
- ②와 ③에서 C가 받는 전기력이 0인 경우, A와 B의 전하의 종류는 서로 다르고, 전하량의 크기가 작은 점전하와 가까운 지점에 C가 위치한다.

2 원자와 스펙트럼

(1) 스펙트럼: 빛이 파장에 따라 분리되어 나타나는 색의 띠이다.

(2) 스펙트럼의 종류

① **연속 스펙트럼**: 색의 띠가 모든 파장에서 연속적으로 나타나는 스펙트럼이다.

　　예 햇빛, 백열등과 같은 높은 온도의 물체에서 나오는 빛의 스펙트럼

② **선 스펙트럼**: 기체 방전관에서 나오는 빛의 스펙트럼으로, 특정한 위치에 파장이 다른 밝은 선이 띄엄띄엄 나타나는 스펙트럼이다.

　　예 수소, 네온 등과 같은 기체가 채워진 방전관에서 나오는 빛의 스펙트럼

　　• 원소의 종류에 따라 밝은 선의 위치, 밝은 선의 개수가 다르다.

　　• 선 스펙트럼을 분석하여 원소의 종류를 알 수 있다.

③ **흡수 스펙트럼**: 연속 스펙트럼을 나타내는 빛을 온도가 낮은 기체에 통과시켰을 때 기체가 특정한 파장의 빛을 흡수하여 연속 스펙트럼에 검은 선이 나타나는 스펙트럼이다.

　　• 별빛의 흡수 스펙트럼을 조사하면 별 표면에 있는 기체의 종류를 알 수 있다.

　　• 태양광의 흡수 스펙트럼에 수소의 흡수 스펙트럼이 포함된 것으로 보아, 태양 대기에는 수소 기체가 있음을 알 수 있다.

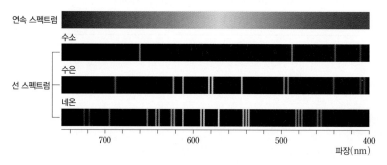

(3) 에너지 준위와 선 스펙트럼의 관계: 수소 원자의 전자는 양자수 n으로 구분되는 다양한 궤도 사이에서 빛에너지를 흡수하여 더 높은 궤도로 전이하고, 더 낮은 궤도로 전이할 때에는 빛에너지를 방출한다. 이때 방출하는 빛의 파장은 선 스펙트럼의 분석을 통해 알 수 있다.

🧪 탐구자료 살펴보기 ｜ 여러 가지 기체의 스펙트럼 관찰하기

과정

(1) 햇빛의 스펙트럼을 간이 분광기로 관찰한다.

(2) 수소, 헬륨, 네온 등 다양한 기체의 방전관에서 나오는 빛을 간이 분광기로 관찰한다.

결과

햇빛	수소	헬륨	네온
→ 파장 증가	→ 파장 증가	→ 파장 증가	→ 파장 증가

point

• 햇빛의 스펙트럼은 모든 색깔의 빛이 연속적으로 나타나는 연속 스펙트럼이고, 기체 방전관의 스펙트럼은 특정한 색깔의 빛이 띄엄띄엄 나타나는 선 스펙트럼이다.

• 기체의 종류에 따라 선의 개수, 위치, 굵기 등이 다른 까닭은 기체마다 원자 구조와 전자 배치가 달라서 원자가 방출하는 빛의 파장이 다르기 때문이다.

---

(4) 원자의 에너지 준위

① **보어의 원자 모형**: 원자의 중심에 있는 원자핵 주위를 전자가 돌고 있으며, 전자는 특정 궤도에서 원운동을 한다.

➡ 전자가 전자기파를 방출하지 않고 안정하게 존재한다.

② **궤도와 양자수**: 원자핵에서 가장 가까운 궤도부터 $n=1$, $n=2$, $n=3$, …인 궤도라고 부르며, $n=1, 2, 3, …$을 양자수라고 한다.

③ **에너지의 양자화**: 전자는 양자수와 관련된 특정한 에너지 값만을 가질 수 있다.

④ **에너지 준위**: 원자 내 전자가 가지는 에너지 값 또는 에너지 상태를 말한다. 양자수 n의 값에 따라 불연속적인 값을 가지며, 양자수 n이 커질수록 에너지 준위도 높아진다.

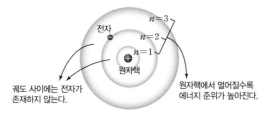

수소 원자에서 전자의 에너지 상태
· $n=1$일 때: 바닥상태
➡ 가장 낮은 에너지 상태
· $n≥2$일 때: 들뜬상태
➡ 바닥상태에서 에너지를 흡수한 상태

전자 / $n=3$ / $n=2$ / $n=1$ / 원자핵

궤도 사이에는 전자가 존재하지 않는다.

원자핵에서 멀어질수록 에너지 준위가 높아진다.

수소 원자 내의 궤도와 에너지의 양자화

(5) 전자의 전이: 전자가 에너지 준위 사이를 이동하는 것을 말한다.

① **전자의 이동**: 전자는 두 에너지 준위의 차에 해당하는 에너지를 흡수하거나 방출하여 에너지 준위 사이를 이동한다.

➡ 두 에너지 준위 차가 클수록 방출 또는 흡수하는 빛의 진동수가 크고, 파장은 짧다.

에너지를 흡수할 때	에너지를 방출할 때
전자 $E=hf$(흡수) / 에너지 흡수	전자 $E=hf$(방출) / 전자 / 에너지 방출
전자가 낮은 에너지 준위에서 높은 에너지 준위로 전이한다. ➡ 전자가 바깥쪽 궤도로 이동한다.	전자가 높은 에너지 준위에서 낮은 에너지 준위로 전이한다. ➡ 전자가 안쪽 궤도로 이동한다.

② **원자의 선 스펙트럼**: 원자의 에너지 준위가 불연속적이므로 원자에서 방출되는 전자기파의 스펙트럼은 밝은 선이 띄엄띄엄 나타나는 선 스펙트럼이다.

➡ 원자의 선 스펙트럼은 원자의 에너지 준위가 양자화되어 있음을 의미한다.

· **광자의 에너지**: 진동수가 f인 광자 1개의 에너지 E는 다음과 같다.

$$E=hf=\frac{hc}{\lambda} \ (h: 플랑크 상수, \ c: 진공에서 빛의 속력)$$

· **스펙트럼의 파장**: 양자수 m, n인 에너지 준위에 있는 전자의 에너지를 각각 E_m, E_n이라고 하면, 전자가 양자수 m, n인 에너지 준위 사이를 전이할 때 방출 또는 흡수하는 빛의 파장 λ는 다음과 같다.

$$hf=\frac{hc}{\lambda}=|E_m-E_n| \ ➡ \ \lambda=\frac{hc}{|E_m-E_n|}$$

· 원자의 종류에 따라 에너지 준위의 분포가 다르므로 선 스펙트럼을 분석하여 빛을 방출하는 원자의 종류를 알 수 있다.

(6) 수소의 선 스펙트럼

① **수소 원자의 에너지 준위**: 수소 원자의 에너지 준위는 불연속적이며, 전자가 양자수 n인 에너지 준위에서 가지는 에너지를 E_n이라고 하면 다음과 같다.

$$E_n = -\frac{13.6}{n^2} \text{ eV} \text{ (단, } n=1, 2, 3, \cdots)$$

② **수소의 선 스펙트럼 계열**: 전자가 들뜬상태에서 보다 안정한 상태로 전이할 때 선 스펙트럼이 나타나며, 라이먼 계열, 발머 계열, 파셴 계열 등으로 구분한다.

1. 보어의 수소 원자 모형에서 전자가 양자수 $n \geq 2$인 궤도에서 $n=1$인 궤도로 전이할 때 (라이먼, 발머) 계열의 선 스펙트럼이 나타나며, 방출하는 빛은 (자외선, 가시광선) 영역이다.

2. 보어의 수소 원자 모형에서 전자가 양자수 $n=3$인 궤도에서 $n=2$인 궤도로 전이할 때 방출하는 빛의 파장은 전자가 $n=2$인 궤도에서 $n=1$인 궤도로 전이할 때 방출하는 빛의 파장보다 (길다, 짧다).

3. 발머 계열에서 파장이 가장 (긴, 짧은) 빛은 양자수 $n=\infty$에서 양자수 $n=2$인 궤도로 전자가 전이할 때 방출하는 빛이다.

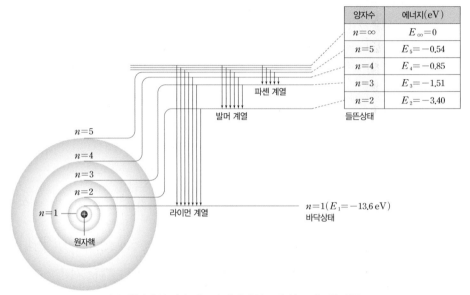

양자수	에너지(eV)
$n=\infty$	$E_\infty = 0$
$n=5$	$E_5 = -0.54$
$n=4$	$E_4 = -0.85$
$n=3$	$E_3 = -1.51$
$n=2$	$E_2 = -3.40$

수소 원자에서 전자 궤도의 에너지 분포와 선 스펙트럼 계열

구분	라이먼 계열	발머 계열	파셴 계열
전자의 전이	전자가 $n \geq 2$인 궤도에서 $n=1$인 궤도로 전이할 때	전자가 $n \geq 3$인 궤도에서 $n=2$인 궤도로 전이할 때	전자가 $n \geq 4$인 궤도에서 $n=3$인 궤도로 전이할 때
방출되는 빛	자외선 영역	가시광선을 포함하는 영역	적외선 영역

과학 돋보기 🔍 수소 원자에서 방출되는 빛의 선 스펙트럼 분석

수소 원자에서 방출되는 빛의 선 스펙트럼은 다음과 같다.

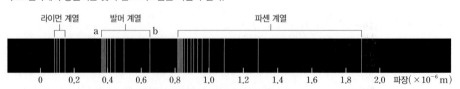

- 전자가 전이할 때 방출하는 광자 1개의 에너지가 클수록 빛의 파장은 짧다.
- 에너지 비교: 라이먼 계열>발머 계열>파셴 계열
- 진동수 비교: 라이먼 계열>발머 계열>파셴 계열
- 파장 비교: 라이먼 계열<발머 계열<파셴 계열
- 발머 계열에서 파장이 가장 짧은 a는 양자수 $n=\infty$에서 양자수 $n=2$인 궤도로 전자가 전이할 때 방출하는 빛이고, 파장이 가장 긴 b는 양자수 $n=3$에서 양자수 $n=2$인 궤도로 전자가 전이할 때 방출하는 빛이다.

과학 돋보기 🔍 **형광등에서의 전자의 전이**

형광등은 진공 상태의 유리관에 아르곤과 수은 기체를 넣고 밀봉한 것으로, 유리관 안쪽 벽에는 형광 물질이 칠해져 있다. 양 끝 전극에 전압을 걸어 주면 열전자가 방출되고, 열전자가 수은 원자와 충돌하면 원자가 열전자의 에너지를 흡수하여 수은 원자의 전자가 들뜬상태로 전이하고, 전자는 자외선을 방출하면서 안정한 상태로 전이한다. 수은에서 방출된 자외선은 형광 물질에 에너지를 전달하여 전자가 들뜬상태로 전이하고, 전자는 낮은 에너지 준위로 전이하면서 가시광선을 방출한다.

수은에서 자외선 방출　　　　형광 물질에서 가시광선 방출

③ 에너지띠 이론과 물질의 전기 전도성

(1) 고체의 에너지띠

① **기체 원자의 에너지 준위**: 원자들이 서로 멀리 떨어져 있어 한 원자가 다른 원자에 영향을 주지 않으므로 같은 종류의 기체 원자는 에너지 준위 분포가 같다.

② **고체 원자의 에너지 준위**: 원자 사이의 거리가 매우 가까워지면 인접한 원자들의 전자 궤도가 겹치게 되어 에너지 준위가 겹치게 된다.

- **에너지 준위의 변화**: 파울리 배타 원리에 의하면 하나의 양자 상태에 전자 2개가 있을 수 없다. 따라서 전자의 에너지 준위는 미세한 차를 두면서 존재한다.
- **에너지띠**: 전자의 에너지 준위가 매우 가깝게 존재하여 연속적인 것으로 취급할 수 있는 에너지 준위의 영역으로, 고체 내의 전자들은 에너지띠가 있는 영역의 에너지만 가질 수 있다.

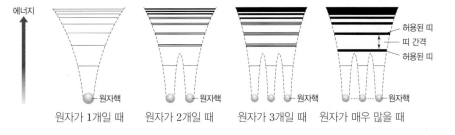

원자가 1개일 때　　원자가 2개일 때　　원자가 3개일 때　원자가 매우 많을 때

(2) 에너지띠의 구조

① **허용된 띠**: 전자가 존재할 수 있는 영역으로, 온도가 0 K 인 상태에서 원자 내부의 전자들은 허용된 띠의 에너지가 낮은 부분부터 채워 나간다.

- **원자가 띠**: 원자의 가장 바깥쪽에 있는 원자가 전자가 차지하는 에너지띠로, 전자가 채워져 있고 원자가 띠에 있는 전자들은 모든 에너지 준위에 차 있어 자유롭게 움직이지 못한다.
- **전도띠**: 원자가 띠 위에 있는 에너지띠로, 원자가 띠에 있는 전자는 띠 간격 이상의 에너지를 흡수하여 전도띠로 전이할 수 있고, 작은 에너지만 주어도 자유롭게 움직일 수 있는 자유 전자가 된다.

② **띠 간격**: 에너지띠 사이의 간격으로, 전자는 이 영역의 에너지 준위를 가질 수 없다.

---

1. 고체의 (　　　)는 전자의 에너지 준위가 매우 가깝게 존재하여 연속적인 것으로 취급할 수 있는 에너지 준위의 영역이다.

2. 원자의 가장 바깥쪽에 있는 원자가 전자가 차지하는 에너지띠를 (㉠)라 하고, (㉠) 위에 있는 허용된 띠를 (㉡)라고 한다.

3. 허용된 띠 사이에 전자가 존재할 수 없는 에너지 간격을 (　　　)이라고 한다.

(3) 고체의 전기 전도성

① **고체의 전기 전도성**: 전자가 모두 채워져 있는 원자가 띠에 해당하는 에너지를 갖는 전자는 자유롭게 움직이지 못하지만, 비어 있는 전도띠로 전이된 전자는 자유롭게 움직일 수 있어 전류를 흐르게 할 수 있다. ➡ 에너지띠 구조의 차이에 의해 전기 전도성이 달라진다.

② **자유 전자와 양공**: 자유 전자와 양공에 의해서 전류가 흐른다.

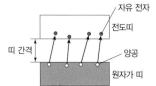

• **자유 전자**: 원자가 띠에 있던 전자가 띠 간격 이상의 에너지를 얻으면 전자는 전도띠로 전이하여 자유롭게 움직이는 자유 전자가 된다.

• **양공**: 원자가 띠에 전자가 채워질 수 있는 빈자리로, 이웃한 전자가 채워지면서 움직일 수 있기 때문에 양(+)전하를 띤 입자와 같은 역할을 한다.

③ **고체의 전기 전도성과 에너지띠 구조**

구분	도체	절연체(부도체)	반도체
정의	전기가 잘 통하는 물질 (전기 전도성이 좋은 물질)	전기가 잘 통하지 않는 물질 (전기 전도성이 좋지 않은 물질)	전기 전도성이 도체와 절연체의 중간 정도인 물질
전기 저항	매우 작다.	매우 크다.	절연체보다 작다.
예	은, 구리, 알루미늄	유리, 다이아몬드	규소(Si), 저마늄(Ge)
에너지띠 구조	원자가 띠의 일부분만 전자로 채워져 있거나, 원자가 띠와 전도띠가 일부 겹쳐 있어 상온에서도 비교적 많은 자유 전자들이 자유롭게 이동할 수 있다.	원자가 띠가 모두 전자로 채워져 있고, 원자가 띠와 전도띠 사이의 띠 간격이 매우 넓다.	원자가 띠가 모두 전자로 채워져 있고, 원자가 띠와 전도띠 사이의 띠 간격이 좁다.
전자의 이동	• 약간의 에너지만 흡수해도 전자가 쉽게 전도띠로 전이하여 고체 안을 자유롭게 이동하므로 전류가 잘 흐른다. • 원자가 띠에 전자가 부분적으로 채워져 있어 전자가 자유롭게 움직일 수 있으므로 전류가 잘 흐른다.	전류가 흐르기 위해서는 원자가 띠의 전자가 띠 간격 이상의 에너지를 얻어 전도띠로 전이해야 한다. 띠 간격이 넓어 상온일 때 원자가 띠에서 전도띠로 전자의 전이가 일어나지 않는다.	띠 간격이 좁아 상온일 때 원자가 띠에서 전도띠로 전자가 전이될 가능성이 있다.

• 전류가 흐르는 반도체 내부에서는 원자가 띠에 머물러 있던 전자가 전도띠로 전이되면 자유 전자가 되어 전류를 흐를 수 있게 해 주고, 원자가 띠에서 전자의 빈자리인 양공도 전류를 흐를 수 있게 해 준다. 따라서 그림과 같이 반도체의 경우 자유 전자와 양공 모두 전하를 운반하는 전하 운반자(전하 나르개)의 역할을 할 수 있다.

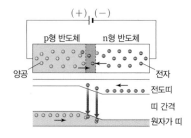

④ 전기 전도도(σ): 물질의 전기 전도성을 정량적으로 나타낸 물리량으로 물질의 고유한 성질이
며, 외부 전압에 의해 물체에서 전자가 자유롭게 이동할 수 있는 정도를 의미한다.

• 비저항(ρ): 일정한 온도에서 물체의 저항값 R는 물체의 길이 l에 비례하고, 단면적 A에
반비례한다. 이때의 비례 상수 ρ를 비저항이라고 한다. ➡ $R = \rho \dfrac{l}{A}$

• 전기 전도도(σ): 전기 전도도는 비저항의 역수와 같다. ➡ $\sigma = \dfrac{1}{\rho} = \dfrac{l}{RA}$ [단위: $\Omega^{-1} \cdot m^{-1}$]

🧪 탐구자료 살펴보기 | 여러 가지 고체의 전기 전도도 측정

과정

(1) 그림과 같이 구리선, 전지, 전류계, 전압계로 회로를 구성한다.
(2) 구리선에 흐르는 전류와 구리선 양단의 전압을 측정하여 옴의 법칙
($V = IR$)으로 저항값을 구한다.
(3) 구리선의 길이와 단면적을 측정하여 전기 전도도를 계산한다.
(4) 구리선 대신 여러 가지 물질로 바꿔 가며 실험하고, 전기 전도도를
계산한다.

결과

물질	전기 전도도(단위: $\Omega^{-1} \cdot m^{-1}$)	물질	전기 전도도(단위: $\Omega^{-1} \cdot m^{-1}$)
은	6.30×10^{7}	저마늄(Ge)	2.17
구리	5.96×10^{7}	규소(Si)	1.56×10^{-3}
알루미늄	3.50×10^{7}	유리	$10^{-11} \sim 10^{-15}$
철	1.00×10^{7}	고무	10^{-14}

[출처: Serway R. A. Principle of Physics, Saunders College]

point

• 은, 구리, 알루미늄, 철 등 금속 물질은 전기 전도도가 매우 커서 전류가 잘 흐른다.
• 유리, 고무 등은 전기 전도도가 매우 작아 전류가 잘 흐르지 못한다.
• 저마늄, 규소는 전기 전도도가 은, 구리, 알루미늄, 철보다 작고, 유리, 고무보다 크다.
• 은, 구리, 알루미늄, 철과 같이 전기 전도도가 큰 물질을 도체라 하고, 유리, 고무와 같이 전기 전도도가 작은 물질을
절연체(부도체)라고 한다. 그리고 저마늄이나 규소와 같이 전기 전도도가 도체와 절연체의 중간인 물질을 반도체라
고 한다.

🔍 과학 돋보기 | 온도에 따른 고체의 전기 전도도

• **도체**: 일반적으로 온도가 높아질수록 비저항이 증가한다. 즉, 온도가 높아질수록
전기 저항이 증가하므로 전기 전도도는 감소한다.
  ➡ 원자의 운동이 활발해져 전자가 원자 사이를 통과하기 어려워지기 때문이다.
• **반도체**: 일반적으로 온도가 높아질수록 비저항이 감소한다. 즉, 온도가 높아질수
록 전기 저항이 감소하므로 전기 전도도는 증가한다.
  ➡ 전도띠로 전이한 전자의 수가 증가하기 때문이다.

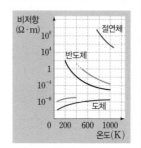

● **순수 반도체(고유 반도체)**: 도체와 절연체의 중간 정도의 전기 전도성을 가지는 물질로, 원자가 전자가 4개인 규소(Si), 저마늄(Ge)과 같은 반도체이다.

● **n형 반도체와 p형 반도체**: 원자가 전자가 4개인 순수한 규소(Si)나 저마늄(Ge)에 원자가 전자가 5개인 원소를 도핑하여 주된 전하 운반자가 전자인 반도체를 n형 반도체라 하고, 원자가 전자가 3개인 원소를 도핑하여 주된 전하 운반자가 양공인 반도체를 p형 반도체라고 한다.

1. (　　　)는 불순물이 없이 완벽한 결정 구조를 갖는 반도체로, 원자가 전자가 4개인 규소(Si), 저마늄(Ge)과 같은 반도체이다.

2. (　　　)는 원자가 전자가 4개인 규소(Si)에 원자가 전자가 5개인 비소(As), 인(P) 등을 첨가한 반도체로, 주된 전하 운반자가 (　　　)이다.

3. (　　　)는 원자가 띠 바로 위에 도핑된 원자에 의한 새로운 에너지 준위가 만들어져 원자가 띠의 전자가 도핑된 원자에 의한 에너지 준위로 쉽게 전이하여 전류가 흐를 수 있다.

④ 반도체

(1) 순수 반도체(고유 반도체): 불순물이 거의 없이 완벽한 결정 구조를 갖는 반도체로, 낮은 온도에서 양공이나 자유 전자의 수가 매우 적다.

① 도체와 절연체의 중간 정도의 전기 전도성을 가지는 물질로, 원자가 전자가 4개인 규소(Si), 저마늄(Ge)과 같은 반도체이다.

② 순수한 규소(Si) 반도체는 고체 내에서 주위의 규소 원자 4개와 공유 결합을 한다.

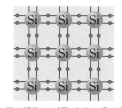

규소(Si)로 이루어진 고유 반도체의 원자가 전자의 배열

(2) 불순물 반도체: 불순물의 종류에 따라 p형 반도체와 n형 반도체로 나뉜다.

• 도핑: 순수 반도체에 불순물을 첨가하여 반도체의 성질을 바꾸는 기술이다.

① **n형 반도체**: 원자가 전자가 4개인 규소(Si)에 원자가 전자가 5개인 인(P), 비소(As), 안티모니(Sb) 등을 첨가하면 5개의 원자가 전자 중 4개는 규소와 결합하고, 남는 전자 1개가 원자에 약하게 속박되어 자유롭게 이동할 수 있다.

➡ 전자가 주된 전하 운반자의 역할을 한다.

• 규소(Si)에 불순물로 인(P)을 첨가하면 전도띠 바로 아래에 도핑된 원자에 의한 새로운 에너지 준위가 만들어져 전자가 작은 에너지로도 전도띠로 쉽게 전이하여 전류가 흐를 수 있다.

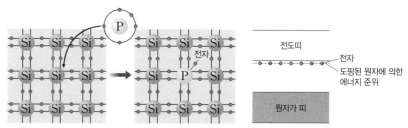

n형 반도체의 원자가 전자의 배열과 에너지띠

② **p형 반도체**: 원자가 전자가 4개인 규소(Si)에 원자가 전자가 3개인 붕소(B), 알루미늄(Al), 갈륨(Ga), 인듐(In) 등을 첨가하면 규소(Si) 원자에 비해 전자 1개가 부족하여 전자가 비어 있는 자리인 양공이 생긴다. 주변의 전자가 양공을 채우면 전자가 빠져나간 자리에 새로운 양공이 생긴다.

➡ 양공이 주된 전하 운반자의 역할을 한다.

• 규소(Si)에 불순물로 붕소(B)를 첨가하면 원자가 띠 바로 위에 도핑된 원자에 의한 새로운 에너지 준위가 만들어져 원자가 띠의 전자가 작은 에너지로도 도핑된 원자에 의한 에너지 준위로 쉽게 전이하여 전류가 흐를 수 있다.

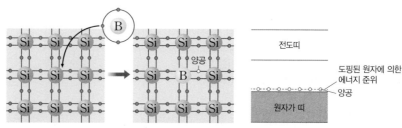

p형 반도체의 원자가 전자의 배열과 에너지띠

(3) p-n 접합 다이오드: p형 반도체와 n형 반도체를 접합한 것으로, 전류를 한쪽 방향으로만 흐르게 하는 특성이 있다.

모양:　　　　　　구조: p n　　　　회로 기호:

① 순방향 전압과 역방향 전압

구분	순방향 전압	역방향 전압
전원의 연결	p형 반도체에 전원의 (+)극을, n형 반도체에 전원의 (−)극을 연결한다.	p형 반도체에 전원의 (−)극을, n형 반도체에 전원의 (+)극을 연결한다.
원리	p형 반도체의 양공은 n형 반도체 쪽으로 이동하고, n형 반도체의 전자는 p형 반도체 쪽으로 이동한다. 양공과 전자가 서로 반대 방향으로 이동하므로, 전원에 의해 다이오드의 양 끝에서 양공과 전자가 계속 공급되어 전류가 지속적으로 흐른다.	p형 반도체에서는 전자가 공급되어 양공이 거의 사라지고 전원의 (−)극 쪽으로 양공이 몰리며, n형 반도체에서는 전자가 전원의 (+)극 쪽으로 몰린다. 따라서 접합면에 남는 양공이나 전자가 없어 p-n 접합면 쪽으로 전자가 이동할 수 없으므로 전류가 흐르지 않는다.

과학 돋보기 🔍 공핍층

p-n 접합 다이오드의 접합면에서는 전압을 걸지 않아도 p형 반도체의 양공은 n형 반도체 쪽으로, n형 반도체의 전자는 p형 반도체 쪽으로 확산된다. 따라서 접합면 부분에서 p형 반도체 쪽에는 음(−)전하 층이 형성되고, n형 반도체 쪽에는 양(+)전하 층이 형성되어 n형 반도체에서 p형 반도체 방향으로 양(+)전하가 받는 전기력이 작용하여 더 이상 전자나 양공이 이동할 수 없게 된다. 이 영역을 공핍층이라고 한다.

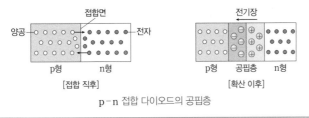

p-n 접합 다이오드의 공핍층

② **정류 작용**: 다이오드는 순방향 전압이 걸리면 전류가 흐르고, 역방향 전압이 걸리면 전류가 흐르지 않는다. 즉, 다이오드는 전류를 한쪽 방향으로만 흐르게 하는 특성이 있는데, 이를 정류 작용이라고 한다.

p-n 접합 다이오드의 정류 작용

● p-n 접합 다이오드: p형 반도체와 n형 반도체를 접합한 것으로, 전류를 한쪽 방향으로만 흐르게 하는 정류 작용을 한다.
● 순방향 전압, 역방향 전압

	p형 반도체	n형 반도체
순방향 전압	전원의 (+) 극에 연결	전원의 (−) 극에 연결
역방향 전압	전원의 (−) 극에 연결	전원의 (+) 극에 연결

1. p-n 접합 다이오드는 전류를 한쪽 방향으로만 흐르게 하는 (　　) 작용을 한다.

2. p-n 접합 다이오드의 (　　) 반도체에 전원의 (+)극을, (　　) 반도체에 전원의 (−)극을 연결하면 다이오드에 전류가 흐른다.

3. 다이오드에 (순방향 , 역방향) 전압이 걸리면 p형 반도체의 양공과 n형 반도체의 전자는 p-n 접합면으로 이동한다.

정답
1. 정류
2. p형, n형
3. 순방향

③ 가정에서 사용하는 전기 제품 중에서 직류로 작동하는 전기 제품 내부에는 다이오드로 구성된 정류 회로가 들어 있어 가정에 들어오는 교류를 전기 제품에 맞는 직류로 바꾸어 준다.

개념 체크

➔ **정류 회로**: 정류 회로는 방향이 주기적으로 바뀌는 교류를 한쪽 방향으로만 흐르게 한다.
➔ **다이오드의 특성**: 다이오드는 전원의 연결 방향에 따라 전류가 흐르거나 흐르지 않으므로 전류를 한쪽 방향으로 흐르게 하는 데 이용될 수 있다.

1. (　　　) 회로는 방향이 주기적으로 바뀌는 교류를 한쪽 방향으로만 흐르게 한다.

[2~3] 그림과 같이 p-n 접합 다이오드, 스위치 S, 직류 전원으로 회로를 구성하였다.

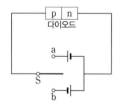

2. S를 a에 연결하면 다이오드에 (순방향 , 역방향) 전압이 걸린다.

3. S를 b에 연결하면 다이오드의 p형 반도체에 있는 양공은 p-n 접합면에서 멀어진다. (○ , ×)

정답
1. 정류
2. 순방향
3. ○

과학 돋보기 🔍 다이오드를 이용한 정류 회로

그림과 같이 교류 전원에 p-n 접합 다이오드 D_1, D_2, D_3, D_4와 저항 R를 연결하면 전류가 A 방향으로 흐를 때와 B 방향으로 흐를 때 모두 R에 같은 방향으로 전류가 흐른다.

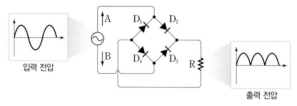

입력 전압　　출력 전압

• 그림 (가)와 같이 전류가 A 방향으로 흐르는 경우: D_2와 D_4에는 순방향 전압이 걸리고, D_1과 D_3에는 역방향 전압이 걸리므로 D_2와 D_4에는 전류가 흐르고, D_1과 D_3에는 전류가 흐르지 않는다.
• 그림 (나)와 같이 전류가 B 방향으로 흐르는 경우: D_1과 D_3에는 순방향 전압이 걸리고, D_2와 D_4에는 역방향 전압이 걸리므로 D_1과 D_3에는 전류가 흐르고, D_2와 D_4에는 전류가 흐르지 않는다.
• 다이오드의 정류 작용: 교류 전원에 의한 전류의 방향은 주기적으로 바뀌지만 R에는 한쪽 방향으로 전류가 흐른다.

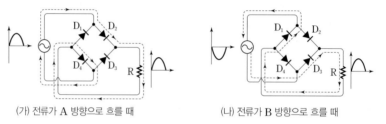

(가) 전류가 A 방향으로 흐를 때　　(나) 전류가 B 방향으로 흐를 때

과학 돋보기 🔍 순방향 전압과 역방향 전압

• 순방향 전압: p형 반도체, n형 반도체를 각각 전원의 (+)극, (-)극에 연결한 상태를 말한다. 다이오드가 순방향으로 연결되면 p-n 접합면에 양공과 전자가 공존하는 영역이 생긴다. 따라서 전도띠의 전자가 아래쪽 양공을 채우게 되므로 다이오드의 양 끝에서 양공과 전자를 계속 공급할 수 있게 되어 전류가 지속적으로 흐른다.
• 역방향 전압: p형 반도체, n형 반도체를 각각 전원의 (-)극, (+)극에 연결한 상태를 말한다. 다이오드가 역방향으로 연결되면 양공과 전자가 접합면에서 멀어지게 된다. 따라서 접합면에서 양공의 자리로 전자의 전이가 일어날 수 없게 되어 전류가 흐르지 않는다.

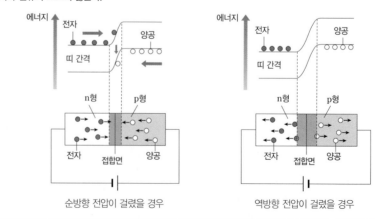

순방향 전압이 걸렸을 경우　　역방향 전압이 걸렸을 경우

(4) 다이오드의 이용

① **발광 다이오드(LED)**: 전류가 흐를 때 빛을 내는 다이오드이다.
- 원리: 순방향 전압에 의해 전류가 흐를 때 n형 반도체에서 p형 반도체에 도달한 전자들이 에너지 준위가 낮은 양공의 자리로 전이하면서 띠 간격에 해당하는 만큼의 에너지를 빛으로 방출한다.

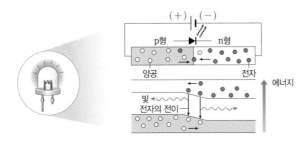

- 특징: LED의 띠 간격에 따라 방출되는 빛의 색깔이 다르다. ➡ 띠 간격이 큰 LED일수록 파장이 짧은 빛을 방출한다.
- 이용: 소모 전력이 작고, 수명이 길며, 소형으로 제작할 수 있어 영상 표시 장치, 리모컨, 조명 장치 등으로 활용된다.

② **광 다이오드**: 빛을 전기 신호로 변환하는 반도체 소자이다.
- 원리: 다이오드에 빛을 비추면 접합면 부근에서 빛이 흡수되면서 원자가 띠의 전자가 전도띠로 전이하며 양공과 전자가 생긴다. 이들이 접합면 부근의 전기장에 의해 전기력을 받아 각각 분리되면서 전류가 발생한다.
- 이용: 광센서, 화재 감지기, 조도계, 광통신 등

과학 돋보기 🔍 **광 다이오드의 광기전력 효과**

광 다이오드는 빛을 전기로 변환하는 반도체 소자로, 얇은 n형 반도체와 p형 반도체가 접합되어 있다. p-n 접합 반도체의 접합면에서는 양공과 전자가 결합하여 전자를 잃은 n형 반도체는 양(+)극이 되고, 양공을 잃은 p형 반도체는 음(-)극이 되어 접합면 근처에는 n형 반도체에서 p형 반도체로 전기장이 형성된다. 그림과 같이 빛을 광 다이오드에 비추면 빛은 얇은 n형 반도체를 통과하여 p형 반도체의 전자에 에너지를 공급하여 전자를 이탈시키고 빈자리는 양공이 된다. 이렇게 생성된 p형 반도체의 양공과 전자는 접합면에 형성된 전기장에 의해 자유 전자는 n형 반도체 쪽으로 이동하고, 양공은 p형 반도체 쪽으로 이동한다. 분리된 양공과 전자는 빛을 받는 동안 전지의 양(+)극과 음(-)극처럼 전위차를 만든다. 태양 전지는 이러한 광 다이오드를 많이 연결하여 외부 전원 없이도 햇빛으로 전기 에너지를 발생시키는 반도체 장치이다.

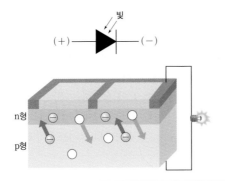

➡ **발광 다이오드(LED)**: 순방향 전압에 의해 전류가 흐를 때 n형 반도체에서 p형 반도체에 도달한 전자들이 에너지 준위가 낮은 양공의 자리로 전이하면서 띠 간격에 해당하는 만큼의 에너지를 빛으로 방출하는 다이오드이다.

➡ **광 다이오드**: 빛을 전기 신호로 변환하는 반도체 소자이다.

1. 발광 다이오드(LED)에 순방향 전압을 걸어 주면 n형 반도체의 전도띠에 있는 (　　)가 p형 반도체의 원자가 띠에 있는 (　　) 자리로 전이하면서 띠 간격에 해당하는 만큼의 에너지를 빛으로 방출한다.

2. (발광 다이오드 . 광 다이오드)는 빛을 전기 신호로 변환하는 반도체 소자로, 광센서에 이용된다.

정답
1. 전자, 양공
2. 광 다이오드

[25023-0127]

01 다음은 러더퍼드의 알파(α) 입자 산란 실험과 원자 모형에 대한 설명이다.

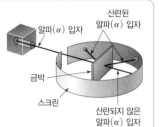

양(＋)전하를 띠는 알파 입자를 얇은 금박에 쏘았더니 대부분의 알파 입자는 직진하지만 일부는 진행 방향이 크게 바뀌었다. 이를 바탕으로 러더퍼드는 ㉠원자핵을 중심으로 ㉡ 이/가 원운동을 하는 원자 모형을 제안하였다.

이에 대한 설명으로 옳은 것만을 〈보기〉에서 있는 대로 고른 것은?

〈 보기 〉
ㄱ. ㉠의 부피는 원자의 부피에 비해 매우 작다.
ㄴ. ㉠의 질량은 원자 질량의 대부분을 차지한다.
ㄷ. ㉡은 '전자'이다.

① ㄱ　② ㄷ　③ ㄱ, ㄴ　④ ㄴ, ㄷ　⑤ ㄱ, ㄴ, ㄷ

[25023-0128]

02 그림은 보어 원자 모형에 대해 학생 A, B, C가 대화하는 모습을 나타낸 것이다.

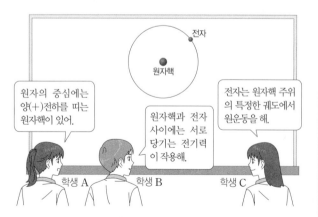

제시한 내용이 옳은 학생만을 있는 대로 고른 것은?

① A　② B　③ A, C　④ B, C　⑤ A, B, C

[25023-0129]

03 그림과 같이 x축상에 점전하 A, B가 고정되어 있다. A에 작용하는 전기력의 크기는 F이고, 전기력의 방향은 $-x$방향이다. B는 음(−)전하이다.

이에 대한 설명으로 옳은 것만을 〈보기〉에서 있는 대로 고른 것은?

〈 보기 〉
ㄱ. A는 음(−)전하이다.
ㄴ. B에 작용하는 전기력의 방향은 $+x$방향이다.
ㄷ. B에 작용하는 전기력의 크기는 F이다.

① ㄱ　② ㄴ　③ ㄱ, ㄷ　④ ㄴ, ㄷ　⑤ ㄱ, ㄴ, ㄷ

[25023-0130]

04 그림 (가)는 x축상에 점전하 A, B를 각각 $x=0$, $x=d$에 고정시킨 것을, (나)는 (가)에서 B를 제거하고 점전하 C를 $x=2d$에 고정시킨 것을 나타낸 것이다. (가)와 (나)에서 A에 작용하는 전기력의 크기는 F로 같고, A에 작용하는 전기력의 방향은 (가)에서는 $-x$방향, (나)에서는 $+x$방향이다.

이에 대한 설명으로 옳은 것만을 〈보기〉에서 있는 대로 고른 것은?

〈 보기 〉
ㄱ. C에 작용하는 전기력의 크기는 F이다.
ㄴ. 전하의 종류는 B와 C가 같다.
ㄷ. 전하량의 크기는 B가 C보다 크다.

① ㄱ　② ㄷ　③ ㄱ, ㄴ　④ ㄴ, ㄷ　⑤ ㄱ, ㄴ, ㄷ

05 그림과 같이 x축상에 점전하 A, B, C를 같은 간격 d로 고정시켰더니, 양(+)전하인 A에 작용하는 전기력의 방향은 $-x$방향이고 C에 작용하는 전기력은 0이다.

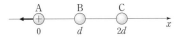

이에 대한 설명으로 옳은 것만을 〈보기〉에서 있는 대로 고른 것은?

〈 보기 〉
ㄱ. B와 C 사이에는 서로 미는 전기력이 작용한다.
ㄴ. B에 작용하는 전기력의 방향은 $+x$방향이다.
ㄷ. 전하량의 크기는 C가 A보다 크다.

① ㄱ ② ㄴ ③ ㄱ, ㄷ ④ ㄴ, ㄷ ⑤ ㄱ, ㄴ, ㄷ

[25023–0132]
06 그림 (가)와 같이 x축상에 점전하 A, B, C가 각각 $x=0$, $x=d$, $x=2d$에 고정되어 있다. B에 작용하는 전기력은 방향이 $+x$방향이고, 크기가 F이다. A와 C가 양(+)전하인 B로부터 받는 전기력의 크기는 같다. 그림 (나)는 (가)에서 C의 위치만 $x=3d$로 바꾸어 고정시킨 것이다.

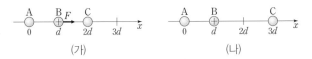

(나)에서 B에 작용하는 전기력의 크기는?

① $\frac{1}{4}F$ ② $\frac{3}{8}F$ ③ $\frac{1}{2}F$ ④ $\frac{5}{8}F$ ⑤ $\frac{3}{4}F$

[25023–0133]
07 그림 (가)는 분광기로 수소 기체 방전관에서 방출되는 빛, 백열등에서 방출되는 빛의 스펙트럼을 관찰하는 모습을 나타낸 것이다. 그림 (나)의 A, B는 (가)의 관찰 결과를 순서 없이 나타낸 것이다.

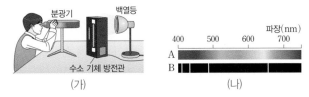

이에 대한 설명으로 옳은 것만을 〈보기〉에서 있는 대로 고른 것은?

〈 보기 〉
ㄱ. A는 연속 스펙트럼이다.
ㄴ. B는 백열등에서 방출되는 빛의 스펙트럼이다.
ㄷ. 수소 원자의 에너지 준위는 연속적이다.

① ㄱ ② ㄴ ③ ㄱ, ㄷ ④ ㄴ, ㄷ ⑤ ㄱ, ㄴ, ㄷ

[25023–0134]
08 그림은 각각 수소, 원소 X의 기체가 들어 있는 방전관에서 방출되는 가시광선 영역의 스펙트럼을 나타낸 것이다. ㉠, ㉡, ㉢은 각각 전자의 전이 과정에서 나타나는 수소, X의 스펙트럼선이다.

이에 대한 설명으로 옳은 것만을 〈보기〉에서 있는 대로 고른 것은?

〈 보기 〉
ㄱ. ㉠에 해당하는 빛은 수소의 전자가 바닥상태로 전이할 때 방출된다.
ㄴ. X는 ㉠에 해당하는 빛을 흡수할 수 있다.
ㄷ. 광자 1개의 에너지는 ㉡에 해당하는 빛이 ㉢에 해당하는 빛보다 크다.

① ㄱ ② ㄷ ③ ㄱ, ㄴ ④ ㄴ, ㄷ ⑤ ㄱ, ㄴ, ㄷ

09 그림은 보어의 수소 원자 모형에서 양자 수 n에 따른 전자의 궤도를 나타낸 것이다. 이에 대한 설명으로 옳은 것만을 〈보기〉에서 있는 대로 고른 것은?

[25023-0135]

〈 보기 〉
ㄱ. 원자핵과 전자 사이에는 서로 당기는 전기력이 작용한다.
ㄴ. 전자의 에너지는 전자가 $n=1$인 궤도에 있을 때가 $n=2$인 궤도에 있을 때보다 크다.
ㄷ. 전자는 $n=1$일 때의 에너지 준위와 $n=2$일 때의 에너지 준위 사이의 에너지를 가질 수 없다.

① ㄱ   ② ㄴ   ③ ㄱ, ㄷ   ④ ㄴ, ㄷ   ⑤ ㄱ, ㄴ, ㄷ

10 다음은 보어의 수소 원자 모형에서 양자수 n에 따른 에너지 준위와 전자가 전이할 때 방출되는 빛의 스펙트럼 계열에 대한 설명이다.

[25023-0136]

그림은 수소 원자의 스펙트럼 계열을 나타낸 것이다. $n=2$, $n=3$, $n=4$, $n=5$, …인 궤도에 있는 전자가 $n=1$인 궤도로 전이할 때 ⓐ 영역의 전자기파를 방출하는데, 이를 라이먼 계열이라고 한다. 또 $n=3$, $n=4$, $n=5$, …인 궤도에 있는 전자가 $n=2$인 궤도로 전이할 때 ⓑ가시광선을 포함한 영역의 전자기파를 방출하는데, 이를 발머 계열이라고 한다.

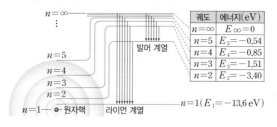

궤도	에너지(eV)
$n=\infty$	$E_\infty=0$
$n=5$	$E_5=-0.54$
$n=4$	$E_4=-0.85$
$n=3$	$E_3=-1.51$
$n=2$	$E_2=-3.40$

$n=1(E_1=-13.6\,\text{eV})$

이에 대한 설명으로 옳은 것만을 〈보기〉에서 있는 대로 고른 것은?

〈 보기 〉
ㄱ. '자외선'은 ⓐ으로 적절하다.
ㄴ. 방출하는 광자 1개의 에너지는 ⓑ 영역에서가 ⓐ 영역에서 보다 크다.
ㄷ. 라이먼 계열에서 파장이 가장 짧은 빛은 전자가 $n=\infty$에서 $n=1$인 궤도로 전이할 때 방출하는 빛이다.

① ㄱ   ② ㄴ   ③ ㄱ, ㄷ   ④ ㄴ, ㄷ   ⑤ ㄱ, ㄴ, ㄷ

11 그림은 보어의 수소 원자 모형에서 양자수 n에 따른 에너지 준위의 일부와 전자의 전이 a, b, c를 나타낸 것이다. a, b, c에서 방출되는 빛의 파장은 각각 λ_a, λ_b, λ_c이다.

[25023-0137]

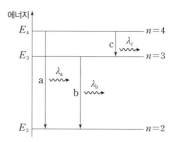

이에 대한 설명으로 옳은 것만을 〈보기〉에서 있는 대로 고른 것은?

〈 보기 〉
ㄱ. 전자가 원자핵으로부터 받는 전기력의 크기는 $n=2$인 궤도에서가 $n=3$인 궤도에서보다 크다.
ㄴ. 방출되는 광자 1개의 에너지는 a에서가 b에서보다 크다.
ㄷ. $\lambda_a=\lambda_b+\lambda_c$이다.

① ㄱ   ② ㄷ   ③ ㄱ, ㄴ   ④ ㄴ, ㄷ   ⑤ ㄱ, ㄴ, ㄷ

12 그림 (가)는 기체 상태에 있는 원자가 1개일 때의 에너지 준위를, (나)는 고체 상태에 있는 원자가 매우 많을 때의 에너지 준위를 나타낸 것이다. A, B은 각각 에너지띠이고, E_0은 띠 간격이다.

[25023-0138]

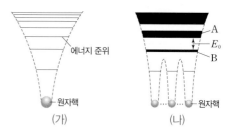

이에 대한 설명으로 옳은 것만을 〈보기〉에서 있는 대로 고른 것은?

〈 보기 〉
ㄱ. (가)에서 원자 내 전자가 전이할 때 연속적인 파장의 빛을 방출할 수 있다.
ㄴ. (나)에서 A에 있는 전자의 에너지는 모두 같다.
ㄷ. (나)에서 B에서 A로 전이하는 전자가 흡수하는 최소 에너지는 E_0이다.

① ㄱ   ② ㄷ   ③ ㄱ, ㄴ   ④ ㄴ, ㄷ   ⑤ ㄱ, ㄴ, ㄷ

13 그림은 고체의 에너지띠 구조를 나타낸 것으로, 색칠한 부분 [25023-0139]
까지 전자가 채워져 있다. E_0은 원자가 띠와 전도띠 사이의 띠 간격
이다. ㉠은 원자가 띠에 있던 전자가 전도띠로 전이하면서 생긴다.

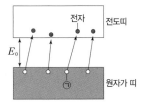

이에 대한 설명으로 옳은 것만을 〈보기〉에서 있는 대로 고른 것은?

┌─〈 보 기 〉─────────────
│ ㄱ. ㉠은 양공이다.
│ ㄴ. 에너지 준위는 전도띠가 원자가 띠보다 높다.
│ ㄷ. E_0이 클수록 고체의 전기 전도성이 좋다.
└──────────────────

① ㄱ ② ㄷ ③ ㄱ, ㄴ ④ ㄴ, ㄷ ⑤ ㄱ, ㄴ, ㄷ

14 그림은 학생 A, B, C가 물질 (가), (나), (다)의 에너지 띠 구 [25023-0140]
조에 대해 대화하는 모습을 나타낸 것이다. (가), (나), (다)는 도체,
반도체, 절연체를 순서 없이 나타낸 것이다.

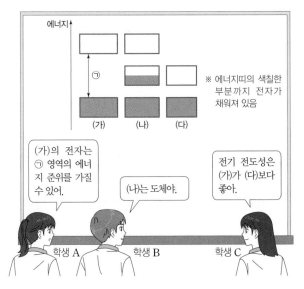

제시한 내용이 옳은 학생만을 있는 대로 고른 것은?

① A ② B ③ A, C ④ B, C ⑤ A, B, C

15 그림 (가)와 같이 고체 A, B, 스위치 S_1, S_2, 전구, 전지로 회 [25023-0141]
로를 구성하였다. S_1만을 닫으면 전구에 불이 켜지지 않고, S_1과
S_2를 모두 닫으면 전구에 불이 켜진다. A와 B는 각각 도체와 절
연체 중 하나이다. 그림 (나)의 X, Y는 A, B의 에너지띠 구조를
순서 없이 나타낸 것으로, 색칠한 부분까지 전자가 채워져 있다.

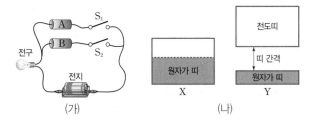

이에 대한 설명으로 옳은 것만을 〈보기〉에서 있는 대로 고른 것은?

┌─〈 보 기 〉─────────────
│ ㄱ. A는 도체이다.
│ ㄴ. 전기 전도성은 B가 A보다 좋다.
│ ㄷ. B의 에너지띠 구조는 X이다.
└──────────────────

① ㄱ ② ㄷ ③ ㄱ, ㄴ ④ ㄴ, ㄷ ⑤ ㄱ, ㄴ, ㄷ

16 그림은 규소(Si)로만 구성된 순수 반도체 X와 규소에 붕소 [25023-0142]
(B)를 첨가한 불순물 반도체 Y의 원자가 전자의 배열을 나타낸
것이다.

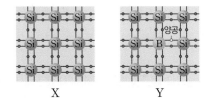

이에 대한 설명으로 옳은 것만을 〈보기〉에서 있는 대로 고른 것은?

┌─〈 보 기 〉─────────────
│ ㄱ. Y는 p형 반도체이다.
│ ㄴ. Y에서는 양공이 주된 전하 운반자 역할을 한다.
│ ㄷ. 상온에서 전기 전도성은 X가 Y보다 좋다.
└──────────────────

① ㄱ ② ㄷ ③ ㄱ, ㄴ ④ ㄴ, ㄷ ⑤ ㄱ, ㄴ, ㄷ

17 다음은 반도체 **A**에 대한 설명이다.

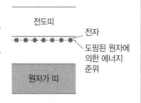

순수 반도체인 규소(Si)에 불순물로 원소 ⓐ 을/를 첨가하면 전도띠 바로 아래에 도핑된 원자에 의한 새로운 에너지 준위가 만들어져 전자가 작은 에너지로도 전도띠로 쉽게 전이하여 전류가 흐를 수 있다.

이에 대한 설명으로 옳은 것만을 〈보기〉에서 있는 대로 고른 것은?

〈 보기 〉
ㄱ. **A**는 p형 반도체이다.
ㄴ. 원자가 전자의 수는 규소(Si)가 ⓐ보다 많다.
ㄷ. **A**의 주된 전하 운반자는 전자이다.

① ㄱ ② ㄷ ③ ㄱ, ㄴ ④ ㄴ, ㄷ ⑤ ㄱ, ㄴ, ㄷ

[25023–0144]

18 그림 (가)는 p-n 접합 다이오드, 저항, 교류 전원으로 구성한 회로를 나타낸 것이고, **X**는 p형 반도체와 n형 반도체 중 하나이다. 그림 (나)는 교류 전원의 전압과 저항에 흐르는 전류를 시간에 따라 나타낸 것이다. 시간이 $\frac{1}{2}t$일 때 저항에는 화살표 방향으로 전류가 흐른다.

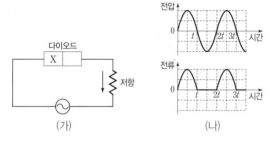

(가)   (나)

이에 대한 설명으로 옳은 것만을 〈보기〉에서 있는 대로 고른 것은?

〈 보기 〉
ㄱ. **X**는 n형 반도체이다.
ㄴ. $\frac{3}{2}t$일 때, 다이오드의 n형 반도체에 있는 전자는 p-n 접합면에 가까워진다.
ㄷ. $\frac{5}{2}t$일 때, 다이오드에는 순방향 전압이 걸린다.

① ㄱ ② ㄷ ③ ㄱ, ㄴ ④ ㄴ, ㄷ ⑤ ㄱ, ㄴ, ㄷ

[25023–0145]

19 그림은 p-n 접합 다이오드, 전구, 스위치 **S**, 직류 전원으로 구성한 회로를 나타낸 것이다. **S**를 a에 연결하면 전구에 불이 켜진다. **X**는 p형 반도체와 n형 반도체 중 하나이다.

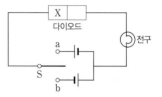

이에 대한 설명으로 옳은 것만을 〈보기〉에서 있는 대로 고른 것은?

〈 보기 〉
ㄱ. **S**를 a에 연결하면 다이오드에는 순방향 전압이 걸린다.
ㄴ. **X**는 p형 반도체이다.
ㄷ. **S**를 b에 연결하면 다이오드의 n형 반도체에 있는 전자는 p-n 접합면에서 멀어진다.

① ㄱ ② ㄷ ③ ㄱ, ㄴ ④ ㄴ, ㄷ ⑤ ㄱ, ㄴ, ㄷ

[25023–0146]

20 다음은 p-n 접합 발광 다이오드(LED)에 대한 설명이다.

그림과 같이 LED에 순방향 전압을 걸어 주면 p-n 접합면에서 전자가 전이하면서 빛을 방출한다. LED의 ⓐ띠 간격에 따라 방출되는 빛의 파장이 다르다. **A**와 **B**는 각각 p형 반도체, n형 반도체 중 하나이다.

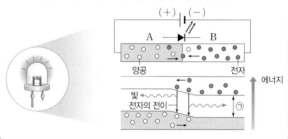

이에 대한 설명으로 옳은 것만을 〈보기〉에서 있는 대로 고른 것은?

〈 보기 〉
ㄱ. **A**는 p형 반도체이다.
ㄴ. 접합면 부근에서 **B**의 전도띠에 있는 전자의 에너지 준위는 **A**의 원자가 띠에 있는 양공의 에너지 준위보다 높다.
ㄷ. ⓐ이 클수록 방출하는 빛의 파장이 짧다.

① ㄱ ② ㄷ ③ ㄱ, ㄴ ④ ㄴ, ㄷ ⑤ ㄱ, ㄴ, ㄷ

01 그림과 같이 x축상에 점전하 A, B를 각각 $x=0$, $x=3d$에 고정하고, 양(+)전하인 점전하 P를 x축상에서 옮기며 고정한다. P가 $x=d$에 있을 때 P에 작용하는 전기력은 0이고, P가 $x=2d$에 있을 때 A에 작용하는 전기력은 0이다.

[25023–0147]

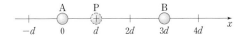

이에 대한 설명으로 옳은 것만을 〈보기〉에서 있는 대로 고른 것은?

(보 기)

ㄱ. A는 음(−)전하이다.
ㄴ. P가 $x=2d$에 있을 때, B에 작용하는 전기력의 방향은 +x방향이다.
ㄷ. A에 작용하는 전기력의 크기는 P가 $x=d$에 있을 때가 $x=4d$에 있을 때보다 작다.

① ㄱ   ② ㄴ   ③ ㄱ, ㄷ   ④ ㄴ, ㄷ   ⑤ ㄱ, ㄴ, ㄷ

P가 $x=d$에 있을 때 P에 작용하는 전기력은 0이므로 전하량의 크기는 B가 A의 4배이고, A와 B는 같은 종류의 전하이다.

[25023–0148]

02 그림과 같이 x축상에 점전하 A, B, C가 각각 $x=0$, $x=2d$, $x=3d$에 고정되어 있다. 전하량의 크기는 A가 C의 4배이고, B와 C 사이에는 서로 당기는 전기력이 작용한다. B와 C가 각각 A로부터 받는 전기력의 크기는 F로 같다.

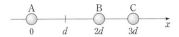

이에 대한 설명으로 옳은 것만을 〈보기〉에서 있는 대로 고른 것은?

(보 기)

ㄱ. A에 작용하는 전기력은 0이다.
ㄴ. 전하량의 크기는 B가 C보다 크다.
ㄷ. B와 C 사이에 작용하는 전기력의 크기는 F이다.

① ㄱ   ② ㄴ   ③ ㄱ, ㄷ   ④ ㄴ, ㄷ   ⑤ ㄱ, ㄴ, ㄷ

B와 C 사이에는 서로 당기는 전기력이 작용하므로 B와 C는 서로 다른 종류의 전하이다.

작용 반작용에 의해 세 점전하
A, B, C 사이에 상호 작용 하는
전기력을 모두 합하면 0이 된다.

[25023-0149]

03 그림 (가)는 점전하 A, B, C를 x축상에 각각 $x=0$, $x=d$, $x=3d$에 고정시킨 것을 나타낸 것으로 A에 작용하는 전기력의 방향은 $+x$방향이고, B는 양($+$)전하이다. 그림 (나)는 (가)에서 B의 위치만 $x=2d$로 바꾸어 고정시킨 것을 나타낸 것으로 C에 작용하는 전기력의 방향은 $+x$방향이다. (가), (나)에서 B에 작용하는 전기력의 방향은 서로 반대이다.

이에 대한 설명으로 옳은 것만을 〈보기〉에서 있는 대로 고른 것은?

〈 보기 〉
ㄱ. C는 양($+$)전하이다.
ㄴ. (가)에서 B에 작용하는 전기력의 방향은 $-x$방향이다.
ㄷ. (나)에서 A에 작용하는 전기력의 크기는 B에 작용하는 전기력의 크기보다 작다.

① ㄱ   ② ㄴ   ③ ㄱ, ㄷ   ④ ㄴ, ㄷ   ⑤ ㄱ, ㄴ, ㄷ

(가)에서 B에 작용하는 전기
력이 0이므로 A와 C는 전하
의 종류와 전하량의 크기가
같다.

[25023-0150]

04 그림 (가)는 점전하 A, B, C를 x축상에 각각 $x=0$, $x=d$, $x=2d$에 고정시킨 것을 나타낸 것으로, 양($+$)전하인 B에 작용하는 전기력은 0이다. 그림 (나)는 (가)에서 C를 점전하 D로 바꾸어 고정시킨 것으로 B에 작용하는 전기력의 방향은 $+x$방향이고, D에 작용하는 전기력은 0이다.

이에 대한 설명으로 옳은 것만을 〈보기〉에서 있는 대로 고른 것은?

〈 보기 〉
ㄱ. C는 음($-$)전하이다.
ㄴ. (가)에서 A에 작용하는 전기력은 0이다.
ㄷ. 전하량의 크기는 D가 C보다 작다.

① ㄱ   ② ㄷ   ③ ㄱ, ㄴ   ④ ㄴ, ㄷ   ⑤ ㄱ, ㄴ, ㄷ

05 그림 (가)는 점전하 A, B, C를 x축상에 각각 $x=0$, $x=d$, $x=2d$에 고정시킨 것을 나타낸 것으로, A는 양($+$)전하이고 C에 작용하는 전기력의 방향은 $-x$방향이다. 그림 (나)는 (가)에서 $x=3d$에 음($-$)전하인 점전하 D를 고정시킨 것을 나타낸 것으로, C에 작용하는 전기력은 0이고 전하량의 크기는 A가 C보다 크다.

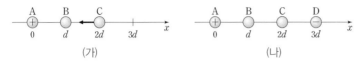

(가)   (나)

이에 대한 설명으로 옳은 것만을 〈보기〉에서 있는 대로 고른 것은?

〈 보기 〉
ㄱ. B는 음($-$)전하이다.
ㄴ. 전하량의 크기는 B가 D보다 크다.
ㄷ. A에 작용하는 전기력의 크기는 (가)에서가 (나)에서보다 작다.

① ㄱ   ② ㄷ   ③ ㄱ, ㄴ   ④ ㄴ, ㄷ   ⑤ ㄱ, ㄴ, ㄷ

> (가)에서 C에 작용하는 전기력의 방향이 $-x$방향이고, (나)에서 C에 작용하는 전기력이 0이므로 D가 C에 작용하는 전기력의 방향은 $+x$방향이다.

[25023-0151]

---

06 그림 (가)는 점전하 A, B, C를 x축상에 각각 $x=0$, $x=d$, $x=2d$에 고정시킨 것을 나타낸 것으로, B에는 $+$방향으로 크기가 F인 전기력이 작용한다. 그림 (나)는 (가)에서 양($+$)전하인 A의 위치만 $x=3d$로 바꾸어 고정시킨 것을 나타낸 것으로, C에는 $-x$방향으로 크기가 $3F$인 전기력이 작용한다. 그림 (다)는 (나)에서 B의 위치만 $x=4d$로 바꾸어 고정시킨 것을 나타낸 것이다. (가), (나)에서 A에 작용하는 전기력의 크기는 같다.

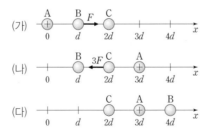

이에 대한 설명으로 옳은 것만을 〈보기〉에서 있는 대로 고른 것은?

〈 보기 〉
ㄱ. B와 C 사이에는 서로 미는 전기력이 작용한다.
ㄴ. (다)에서 A에 작용하는 전기력의 크기는 $4F$이다.
ㄷ. 전하량의 크기는 C가 A보다 크다.

① ㄱ   ② ㄷ   ③ ㄱ, ㄴ   ④ ㄴ, ㄷ   ⑤ ㄱ, ㄴ, ㄷ

> (가)에서 C가 B에 작용하는 전기력과 (나)에서 B가 C에 작용하는 전기력은 크기는 같고, 방향이 반대이다.

[25023-0152]

[25023-0153]

07 그림과 같이 x축상에 점전하 A, B, C를 각각 $x=0$, $x=2d$, $x=5d$에 고정하고 양($+$)전하인 점전하 P를 x축상에서 옮기며 고정한다. P가 $x=3d$에 있을 때 P에 작용하는 전기력은 0이고, P가 $x=4d$에 있을 때 P에 작용하는 전기력의 방향은 $+x$방향이다. A는 양($+$)전하이고, 전하량의 크기는 A가 B보다 작다.

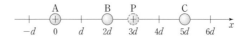

이에 대한 설명으로 옳은 것만을 〈보기〉에서 있는 대로 고른 것은?

(보기)
ㄱ. C는 음($-$)전하이다.
ㄴ. P에 작용하는 전기력의 크기는 P가 $x=d$에 있을 때가 $x=-d$에 있을 때보다 크다.
ㄷ. P가 $x=6d$에 있을 때, P에 작용하는 전기력의 방향은 $-x$방향이다.

① ㄱ   ② ㄴ   ③ ㄱ, ㄷ   ④ ㄴ, ㄷ   ⑤ ㄱ, ㄴ, ㄷ

설명 왼쪽 여백:
$x=3d$에서 P에 작용하는 전기력이 0이므로 B와 C가 P에 작용하는 전기력의 방향은 $-x$방향이다.

[25023-0154]

08 그림 (가)와 같이 x축상에 점전하 A, B, C를 각각 $x=0$, $x=2d$, $x=6d$에 고정하고 양($+$)전하인 점전하 P를 x축상에서 옮기며 고정한다. B는 양($+$)전하이다. 그림 (나)는 (가)에서 P의 위치가 $-2d<x<6d$인 구간에서 P에 작용하는 전기력을 나타낸 것으로, P가 $-2d<x<-d$인 구간에 있을 때 P에 작용하는 전기력이 0이 되는 위치가 있고, P가 $x=4d$에 고정되어 있을 때 P에 작용하는 전기력은 0이다.

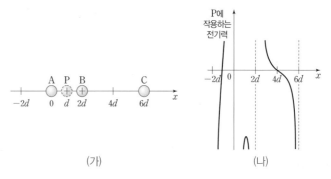

(가)   (나)

이에 대한 설명으로 옳은 것만을 〈보기〉에서 있는 대로 고른 것은?

(보기)
ㄱ. A는 양($+$)전하이다.
ㄴ. 전하량의 크기는 B가 C보다 크다.
ㄷ. P가 $x>6d$인 구간에 있을 때, P에 작용하는 전기력이 0이 되는 위치가 있다.

① ㄱ   ② ㄴ   ③ ㄱ, ㄷ   ④ ㄴ, ㄷ   ⑤ ㄱ, ㄴ, ㄷ

설명 왼쪽 여백:
$x=2d$에 고정되어 있는 B는 양($+$)전하이므로 P에 작용하는 전기력이 $+x$방향일 때가 양($+$)이고, C는 양($+$)전하이다.

09 그림 (가)는 점전하 A, B, C, D를 x축상에 각각 $x=0$, $x=d$, $x=2d$, $x=3d$에 고정시킨 것을 나타낸 것으로, A에는 $-x$방향으로 크기가 F인 전기력이 작용하고 C에 작용하는 전기력은 0이다. 그림 (나)는 (가)에서 B와 D의 위치를 서로 바꾸어 고정시킨 것을 나타낸 것으로, C에는 $-x$방향으로 크기가 $9F$인 전기력이 작용한다. 전하량의 크기는 A가 B의 4배이다.

이에 대한 설명으로 옳은 것만을 〈보기〉에서 있는 대로 고른 것은?

〔 보기 〕

ㄱ. 전하량의 크기는 D가 B보다 작다.

ㄴ. B와 C 사이에는 서로 당기는 전기력이 작용한다.

ㄷ. (나)에서 A에 작용하는 전기력의 크기는 $5F$이다.

① ㄱ
② ㄷ
③ ㄱ, ㄴ
④ ㄴ, ㄷ
⑤ ㄱ, ㄴ, ㄷ

(가)에서 C에 작용하는 전기력이 0이므로 A, B, D의 전하의 종류가 같다.

10 그림은 보어의 수소 원자 모형에서 양자수 n에 따른 전자의 궤도의 일부와 전자의 전이 a, b, c, d를 나타낸 것이고, 표는 n에 따른 에너지 준위를 나타낸 것이다. a, b, c, d에서 방출되는 빛의 파장은 각각 λ_a, λ_b, λ_c, λ_d이다.

양자수	에너지 준위
$n=1$	E_1
$n=2$	E_2
$n=3$	E_3
$n=4$	E_4

이에 대한 설명으로 옳은 것만을 〈보기〉에서 있는 대로 고른 것은? (단, 플랑크 상수는 h이다.)

〔 보기 〕

ㄱ. a에서 방출되는 빛의 진동수는 $\dfrac{E_4-E_2}{h}$이다.

ㄴ. $\lambda_b > \lambda_c$이다.

ㄷ. $\dfrac{1}{\lambda_d} = \dfrac{1}{\lambda_a} - \dfrac{1}{\lambda_b} + \dfrac{1}{\lambda_c}$이다.

① ㄱ
② ㄴ
③ ㄱ, ㄷ
④ ㄴ, ㄷ
⑤ ㄱ, ㄴ, ㄷ

전자가 전이할 때 방출되는 광자 1개의 에너지는 전이하는 전자의 에너지 준위 차와 같고, 광자 1개의 에너지가 클수록 빛의 파장이 짧다.

[25023-0157]

11 그림은 보어의 수소 원자 모형에서 양자수 n에 따른 에너지 준위의 일부와 전자의 전이 a~d를 나타낸 것이고, 표는 a~d에서 방출되는 광자 1개의 에너지를 나타낸 것이다.

빛의 진동수와 파장은 서로 반비례하고, 전자가 전이할 때 방출되는 광자 1개의 에너지는 방출되는 빛의 진동수에 비례한다.

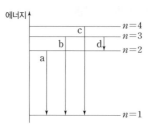

전이	방출되는 광자 1개의 에너지
a	$108E_0$
b	㉠
c	$135E_0$
d	$20E_0$

이에 대한 설명으로 옳은 것만을 〈보기〉에서 있는 대로 고른 것은? (단, 플랑크 상수는 h이다.)

〔 보기 〕
ㄱ. 방출되는 빛의 파장은 a에서가 b에서보다 길다.
ㄴ. ㉠은 $128E_0$이다.
ㄷ. 전자가 $n=4$에서 $n=3$으로 전이할 때 방출되는 빛의 진동수는 $\dfrac{7E_0}{h}$이다.

① ㄱ ② ㄴ ③ ㄱ, ㄷ ④ ㄴ, ㄷ ⑤ ㄱ, ㄴ, ㄷ

[25023-0158]

12 그림 (가)는 보어의 수소 원자 모형에서 양자수 n에 따른 에너지 준위의 일부와 전자의 전이 a~c를 나타낸 것이다. 그림 (나)는 (가)의 a, b, c에서 방출되는 빛의 스펙트럼을 파장에 따라 나타낸 것으로, λ_0은 a, b, c에서 방출되는 빛의 파장 중 하나이다.

전자가 전이할 때 방출되는 광자 1개의 에너지는 전이하는 전자의 에너지 준위 차와 같고, 빛의 파장과 진동수는 반비례한다.

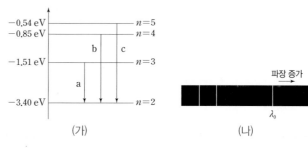

이에 대한 설명으로 옳은 것만을 〈보기〉에서 있는 대로 고른 것은?

〔 보기 〕
ㄱ. a에서 방출되는 광자 1개의 에너지는 3.40 eV이다.
ㄴ. 방출되는 빛의 진동수는 c에서가 b에서보다 크다.
ㄷ. λ_0은 c에서 방출되는 빛의 파장이다.

① ㄱ ② ㄴ ③ ㄱ, ㄷ ④ ㄴ, ㄷ ⑤ ㄱ, ㄴ, ㄷ

[25023−0159]

13 그림 (가)는 보어의 수소 원자 모형에서 양자수 n에 따른 에너지 준위의 일부와 전자의 전이에 따른 스펙트럼 계열을 나타낸 것이다. 그림 (나)는 (가)에서 방출되는 빛의 스펙트럼 계열을 파장에 따라 나타낸 것으로 A, B, C는 라이먼 계열, 발머 계열, 파셴 계열을 순서 없이 나타낸 것이고, ㉠, ㉡, ㉢은 각 계열에서 파장이 가장 짧은 빛의 스펙트럼선이다.

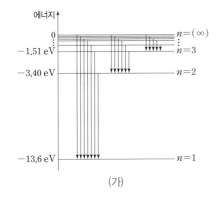

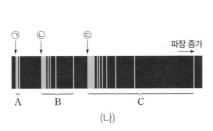

(가)   (나)

이에 대한 설명으로 옳은 것만을 〈보기〉에서 있는 대로 고른 것은?

┌─(보기)─────────────────────────────────
│ ㄱ. B는 발머 계열이다.
│ ㄴ. 광자 1개의 에너지는 ㉠이 ㉢보다 작다.
│ ㄷ. ㉡은 전자가 $n=3$에서 $n=2$로 전이할 때 방출되는 빛의 스펙트럼선이다.
└──────────────────────────────────────

① ㄱ   ② ㄴ   ③ ㄱ, ㄷ   ④ ㄴ, ㄷ   ⑤ ㄱ, ㄴ, ㄷ

보어의 수소 원자 모형에서 라이먼 계열은 양자수 $n \geq 2$에서 $n=1$인 상태로 전이할 때 방출하는 빛이고, 발머 계열은 $n \geq 3$에서 $n=2$인 상태로 전이할 때 방출하는 빛이며, 파셴 계열은 $n \geq 4$에서 $n=3$인 상태로 전이할 때 방출하는 빛이다.

[25023−0160]

14 그림은 고체 A, B의 에너지띠 구조를 나타낸 것으로, A의 원자가 띠의 전자는 진동수가 f_0인 빛을 흡수하여 전도띠로 전이한다. $hf_0 < E_3 - E_1$이다.

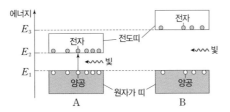

이에 대한 설명으로 옳은 것만을 〈보기〉에서 있는 대로 고른 것은? (단, h는 플랑크 상수이다.)

┌─(보기)─────────────────────────────────
│ ㄱ. A의 원자가 띠에 있는 전자가 전도띠로 전이할 때 흡수되는 광자 1개의 에너지는 $E_2 - E_1$보다 작다.
│ ㄴ. B에 진동수가 f_0인 빛을 비출 때, 원자가 띠의 전자는 전도띠로 전이한다.
│ ㄷ. 전기 전도성은 A가 B보다 좋다.
└──────────────────────────────────────

① ㄱ   ② ㄷ   ③ ㄱ, ㄴ   ④ ㄴ, ㄷ   ⑤ ㄱ, ㄴ, ㄷ

원자가 띠의 전자가 전도띠로 전이하기 위해서는 띠 간격 이상의 에너지를 흡수해야 한다.

도체는 원자가 띠의 일부가 비어 있거나 원자가 띠와 전도띠가 일부 겹쳐 있다. 원자가 띠와 전도띠 사이의 띠 간격은 절연체가 반도체보다 크다.

[25023–0161]

15 그림 (가)는 고체 A, B, C의 전기 전도도를 나타낸 것으로, A, B, C는 도체, 반도체, 절연체를 순서 없이 나타낸 것이다. 그림 (나)는 A, B, C의 에너지띠 구조를 나타낸 것으로, X, Y, Z는 A, B, C를 순서 없이 나타낸 것이며, 색칠한 부분까지 전자가 채워져 있다.

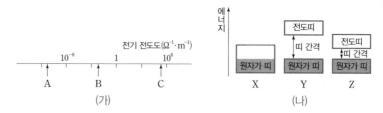

(가)   (나)

이에 대한 설명으로 옳은 것만을 〈보기〉에서 있는 대로 고른 것은?

〔 보기 〕
ㄱ. C의 에너지띠 구조는 X이다.
ㄴ. 전기 전도성은 Y가 Z보다 좋다.
ㄷ. 상온에서 단위 부피당 전도띠에 있는 전자의 수는 A가 B보다 많다.

① ㄱ   ② ㄴ   ③ ㄱ, ㄷ   ④ ㄴ, ㄷ   ⑤ ㄱ, ㄴ, ㄷ

고체의 전기 전도도는 비저항이 작을수록 크다. 고체의 전기 저항은 길이에 비례하고 단면적에 반비례한다.

[25023–0162]

16 다음은 고체의 전기 전도도를 측정하는 실험이다.

[실험 과정]
(가) 균질한 물질로 된 원기둥 모양의 막대 A, B, C를 준비한다.
(나) A, B, C의 단면적과 길이를 측정한다.
(다) 저항 측정기를 이용하여 A, B, C의 저항값을 측정한다.
(라) (나)와 (다)의 측정값을 이용하여 A, B, C의 전기 전도도를 구한다.

[실험 결과]

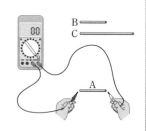

막대	길이 (cm)	단면적 (cm²)	저항값 (×10³ Ω)	전기 전도도 (×10⁻⁶ Ω⁻¹·m⁻¹)
A	10	0.2	1	5
B	10	0.2	0.5	㉠
C	20	㉡	2	10

이에 대한 설명으로 옳은 것만을 〈보기〉에서 있는 대로 고른 것은?

〔 보기 〕
ㄱ. ㉠은 10이다.
ㄴ. ㉡은 0.2보다 크다.
ㄷ. 비저항은 A를 이루는 물질이 C를 이루는 물질보다 크다.

① ㄱ   ② ㄴ   ③ ㄱ, ㄷ   ④ ㄴ, ㄷ   ⑤ ㄱ, ㄴ, ㄷ

17 다음은 **p − n** 접합 다이오드를 이용한 회로에 대한 실험이다.

[25023−0163]

[실험 과정]

(가) 그림 Ⅰ과 같이 동일한 p − n 접합 다이오드 A, B, 전원 장치, 스위치 S_1, S_2, 저항, 오실로스코프가 연결된 회로를 구성한다. X는 p형 반도체와 n형 반도체 중 하나이다.

(나) S_1, S_2를 모두 닫는다.

(다) 전원 장치에서 그림 Ⅱ와 같은 전압을 발생시키고, 저항에 걸리는 전압을 오실로스코프로 관찰한다.

(라) S_1을 열고 (다)를 반복한다.

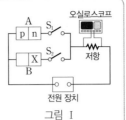

그림 Ⅰ

그림 Ⅱ

[실험 결과]

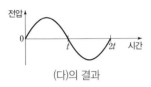

(다)의 결과

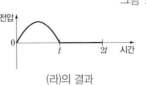

(라)의 결과

이에 대한 설명으로 옳은 것만을 〈보기〉에서 있는 대로 고른 것은?

〔 보기 〕

ㄱ. X는 p형 반도체이다.

ㄴ. (다)의 결과에서 시간 0부터 t까지 A에는 순방향 전압이 걸린다.

ㄷ. S_1은 닫고, S_2는 열고 과정 (다)를 반복하면, (라)의 결과와 동일한 실험 결과가 나온다.

① ㄱ   ② ㄴ   ③ ㄱ, ㄷ   ④ ㄴ, ㄷ   ⑤ ㄱ, ㄴ, ㄷ

(라)에서 0~t일 때, B에는 순방향 전압이 걸리므로 (다)에서 t~$2t$일 때 A에는 순방향 전압이 걸린다.

[25023−0164]

18 그림과 같이 동일한 **p − n** 접합 발광 다이오드(LED) **A~D**, 저항, 스위치 **S_1, S_2**, 직류 전원 2개로 회로를 구성한다. **X**는 p형 반도체와 n형 반도체 중 하나이다. 표는 **S_1**을 **a** 또는 **b**에 연결하고, **S_2**를 열고 닫을 때 **C, D**에서 빛의 방출 여부를 나타낸 것이다.

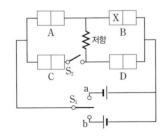

스위치		C	D
S_1	S_2		
a에 연결	열기	×	×
	닫기	○	×
b에 연결	열기	×	○
	닫기	×	○

(○: 방출됨, ×: 방출되지 않음)

이에 대한 설명으로 옳은 것만을 〈보기〉에서 있는 대로 고른 것은?

〔 보기 〕

ㄱ. X는 p형 반도체이다.

ㄴ. S_1을 a에 연결하고, S_2를 닫으면 D에는 역방향 전압이 걸린다.

ㄷ. S_1을 b에 연결하면 A의 n형 반도체에 있는 전자는 p − n 접합면으로 이동한다.

① ㄱ   ② ㄴ   ③ ㄱ, ㄷ   ④ ㄴ, ㄷ   ⑤ ㄱ, ㄴ, ㄷ

S_1을 a에 연결하면 D에는 역방향 전압이 걸리고, S_1를 b에 연결하면 D에는 순방향 전압이 걸린다.

07 물질의 자기적 특성

● **자기력**: 자석 사이에 작용하는 힘을 말한다. 같은 극끼리는 서로 미는 자기력이 작용하고, 다른 극끼리는 서로 당기는 자기력이 작용한다.
● **자기장**: 자기력이 작용하는 공간을 자기장이라고 한다.
● **자기력선**: 자기장 내에서 나침반 자침의 N극이 가리키는 방향을 연속적으로 연결한 선으로, 자석의 N극에서 나와서 S극으로 들어가는 폐곡선이다.

1. 자석의 N극과 N극 사이에는 서로 (　　) 자기력이 작용하고, N극과 S극 사이에는 서로 (　　) 자기력이 작용한다.

2. 자기력선은 자기장 내에서 자침의 (　　)극이 가리키는 방향을 연속적으로 연결한 선이다.

3. 자기장에 수직인 단위 면적을 지나는 (　　)의 수가 많을수록 자기장의 세기는 (　　).

1 전류에 의한 자기장

(1) 자석 주위의 자기장

① **자기력**: 자석 사이에 작용하는 힘을 자기력이라고 한다. 자석의 N극과 N극, S극과 S극 사이에는 서로 미는 방향으로 자기력이 작용하고, 자석의 N극과 S극 사이에는 서로 당기는 방향으로 자기력이 작용한다.

② **자기장**: 자석 주위에 다른 자석을 놓으면 자기력이 작용한다. 자석이나 전류가 흐르는 도선 주위에 자기력이 작용하는 공간을 자기장이라고 한다.

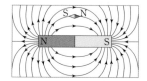

- **자기장의 방향**: 자침의 N극이 가리키는 방향이 자침이 놓인 지점에서 자기장의 방향이다.
- **자기장의 세기**: 자석의 자극에 가까울수록 자기장의 세기가 크다.

③ **자기력선**: 자기장 내에서 자침의 N극이 가리키는 방향을 연속적으로 연결한 선이다.

④ **자기력선의 특징**
- 자석의 N극에서 나와서 S극으로 들어가는 폐곡선이다.
- 서로 교차하거나 도중에 갈라지거나 끊어지지 않는다.
- 자기력선 위의 한 점에서 그은 접선 방향이 그 점에서 자기장의 방향이다.
- 자기장에 수직인 단위 면적을 지나는 자기력선의 수(밀도)는 자기장의 세기에 비례한다.

⑤ **자석 주위의 자기력선**
- 다른 극 사이에는 서로 당기는 방향으로 자기력선이 분포하고, 같은 극 사이에는 서로 미는 방향으로 자기력선이 분포한다.
- 자석의 끝부분에서 자기력선의 밀도가 크다.

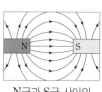 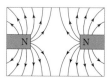 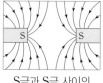

N극과 S극 사이의 자기력선 / N극과 N극 사이의 자기력선 / S극과 S극 사이의 자기력선

과학 돋보기 🔍 **자석의 발견과 특징**

우리가 주변에서 쉽게 볼 수 있는 자석은 자철석(Magnetite)이라는 광석으로부터 얻을 수 있다. 자기(Magnet)라는 단어의 어원을 살펴보면 고대 마그네시아(Magnesia) 지방에 많이 분포한 자철광으로 인해 이 지방의 이름으로부터 유래되었다고 한다. 또한 자석은 아무리 작게 쪼개도 N극과 S극이 항상 같이 나타나며, N극 또는 S극만 갖는 자석은 존재하지 않는다.

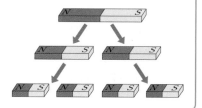

(2) 직선 전류에 의한 자기장: 직선 도선에 전류가 흐르면 도선 주위에 도선을 중심으로 하는 동심원의 자기장이 형성된다.

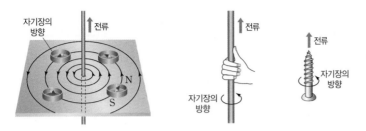

① **자기장의 세기**: 전류의 세기가 클수록 크고, 전류가 흐르는 도선으로부터의 거리가 멀수록 작다.

$$자기장의 세기 \propto \frac{전류의 세기}{직선\ 도선으로부터의\ 거리}$$

② **자기장의 방향**: 직선 전류가 흐르는 방향으로 오른손의 엄지손가락을 향하게 하면 직선 전류에 의한 자기장의 방향은 나머지 네 손가락이 도선을 감아쥐는 방향이다.

➡ 이를 앙페르 법칙이라고 하며, 앙페르 법칙은 오른나사의 진행 방향을 전류의 방향으로 할 때 자기장의 방향이 나사가 회전하는 방향과 같아 오른나사 법칙이라고도 한다. 따라서 앙페르 법칙은 오른나사 법칙과 같은 의미로 사용한다.

과학 돋보기 🔍 **지구 자기장의 영향**

그림 (가), (나)와 같이 직선 도선을 남북 방향으로 놓고 도선에 전류를 북쪽으로 흐르게 하면, (가)의 직선 도선 아래에 놓은 나침반 자침은 시계 반대 방향으로 회전하여 정지하고, (나)의 직선 도선 위에 놓은 나침반 자침은 시계 방향으로 회전하여 정지한다.

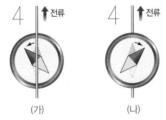

• 지구 자기장은 북쪽을 향하고, 전류에 의한 자기장은 나침반을 놓은 곳에 따라 서쪽 또는 동쪽을 향한다.

(가) 직선 도선 아래에 나침반을 놓은 경우	(나) 직선 도선 위에 나침반을 놓은 경우
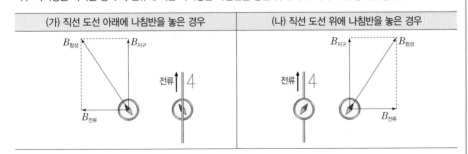	

• 직선 도선에 전류가 흐를 때 자침의 N극이 가리키는 방향은 전류에 의한 자기장 $B_{전류}$와 지구에 의한 자기장 $B_{지구}$의 합성 자기장 $B_{합성}$의 방향과 같다.

07 물질의 자기적 특성

개념 체크

➡ **원형 전류에 의한 자기장:** 원형 도선 중심에서 자기장의 세기는 전류의 세기에 비례하고, 원형 도선의 반지름에 반비례한다.

1. 원형 도선의 전류에 의한 도선의 중심에서의 자기장의 세기는 도선에 흐르는 전류의 세기가 (클수록 , 작을수록) 크고, 도선의 반지름이 (클수록 , 작을수록) 크다.

[2~3] 그림과 같이 xy평면에 중심이 점 O이고, 반지름이 r인 원형 도선이 고정되어 있다. 도선에는 시계 방향으로 세기가 I_0인 전류가 흐르고, O에서 원형 도선에 흐르는 전류에 의한 자기장의 세기는 B_0이다.

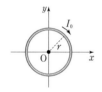

2. O에서 원형 도선의 전류에 의한 자기장의 방향은 (xy평면에 수직으로 들어가는 , xy평면에서 수직으로 나오는) 방향이다.

3. 도선에 흐르는 전류의 세기를 $2I_0$으로 증가시킬 때, O에서 원형 도선의 전류에 의한 자기장의 세기는 (   )이다.

정답
1. 클수록, 작을수록
2. xy평면에 수직으로 들어가는
3. $2B_0$

🧪 탐구자료 살펴보기 · 직선 전류에 의한 자기장

과정

(1) 그림과 같이 남북 방향의 직선 도선의 수직 아래에 나침반을 놓고 도선에 흐르는 전류의 세기를 변화시키면서 나침반 자침이 회전하는 각을 관찰한다.

(2) 전류의 세기는 일정하게 유지하고, 도선과 나침반 사이의 거리를 변화시키면서 나침반 자침이 회전하는 각을 관찰한다.

(3) 도선에 흐르는 전류의 방향을 바꾸어 과정 (1), (2)를 반복한다.

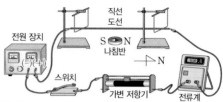

결과

• 전류의 세기가 증가할수록 나침반 자침의 회전각이 증가한다.
• 도선과 나침반 사이의 거리가 증가할수록 나침반 자침의 회전각이 감소한다.
• 전류의 방향이 바뀌면 나침반 자침의 회전 방향이 반대로 바뀐다.

point

• 직선 전류에 의한 자기장의 세기는 전류의 세기가 클수록 세고, 전류가 흐르는 도선에서 멀수록 약하다.
• 오른손의 엄지손가락을 전류의 방향으로 향하게 했을 때, 나머지 네 손가락이 도선을 감아쥐는 방향이 직선 전류에 의한 자기장의 방향이다.

---

(3) 원형 전류에 의한 자기장: 원형 도선에 흐르는 전류에 의한 자기장은 작은 직선 도선에 흐르는 전류에 의한 자기장의 합으로 생각할 수 있다.

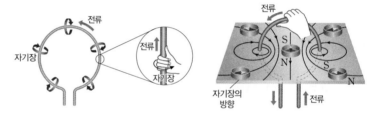

① **원형 전류 중심에서 자기장의 세기:** 전류의 세기가 클수록 크고, 반지름이 클수록 작다.

$$자기장의 세기 \propto \frac{전류의 세기}{원형 도선의 반지름}$$

② **원형 전류 중심에서 자기장의 방향:** 전류가 흐르는 방향으로 오른손의 엄지손가락을 향하게 하면 자기장의 방향은 나머지 네 손가락이 도선을 감아쥐는 방향이다.

🔍 과학 돋보기 · 두 원형 도선에 흐르는 전류에 의한 자기장

전류의 세기가 같은 두 원형 도선 A, B에 의한 원형 도선 중심에서의 합성 자기장은 다음과 같다.

전류의 방향이 같은 경우		전류의 방향이 반대인 경우	
	• 도선 A: B_0 ($\times$)		• 도선 A: B_0 ($\bullet$)
	• 도선 B: $\frac{1}{2}B_0$ ($\times$)		• 도선 B: $\frac{1}{2}B_0$ ($\times$)
	• 합성 자기장: $\frac{3}{2}B_0$ ($\times$)		• 합성 자기장: $\frac{1}{2}B_0$ ($\bullet$)

($\times$: 종이면에 수직으로 들어가는 방향, $\bullet$: 종이면에서 수직으로 나오는 방향)

➡ 두 원형 전류 중심에서의 자기장의 세기는 전류가 같은 방향으로 흐르면 커지고, 반대 방향으로 흐르면 작아진다.

(4) 솔레노이드에서 전류에 의한 자기장: 도선을 촘촘하고 균일하게 원통형으로 감은 것을 솔레노이드라고 하며, 원형 도선을 여러 개 겹쳐 놓은 것과 같다.

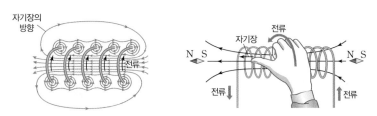

① **솔레노이드 내부에서 자기장의 세기**: 무한히 긴 솔레노이드 내부의 자기장은 균일하며, 전류의 세기가 클수록, 단위 길이당 도선의 감은 수가 많을수록 크다.

자기장의 세기 ∝ (전류의 세기) × (단위 길이당 도선의 감은 수)

② **솔레노이드 내부에서 자기장의 방향**: 오른손의 네 손가락을 전류의 방향으로 감아쥘 때 엄지손가락이 가리키는 방향이다.

(5) 전류에 의한 자기장의 이용

① **전자석**: 코일 내부에 철심을 넣어 코일에 전류가 흐를 때 자석의 성질을 갖게 한 것을 말한다.

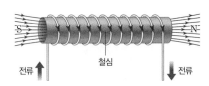

- **전자석의 원리**: 영구 자석과 달리 전류의 세기를 조절하여 자기장의 세기를 조절할 수 있고, 전류의 방향을 반대 방향으로 하면 자석의 극도 바꿀 수 있다. 센 전자석을 만들려면 코일에 센 전류를 흘려 보내야 하고, 코일을 촘촘히 감아야 한다.
- **전자석의 이용**: 전자석 기중기, 스피커, 자기 부상 열차, 초인종, 도난 경보 장치 등

전자석 기중기	스피커	자기 부상 열차
고철을 들어 올릴 때는 코일에 전류가 흐르게 하여 전자석에 고철이 붙도록 하고, 고철을 내려놓을 때는 전류가 흐르지 않도록 하여 고철이 떨어지게 한다.	전류의 방향이 바뀌면 전자석의 극이 바뀌어 자기력에 의해 영구 자석과 같은 극끼리는 서로 밀어내고, 다른 극끼리는 서로 끌어당겨 진동판이 진동하여 소리가 발생한다.	코일에 전류를 흐르게 하면 전자석이 레일의 자석과 서로 밀어내거나 끌어당겨 차량이 떠서 움직이게 한다.

② **전동기**: 전류의 자기 작용을 이용하여 회전 운동을 하는 장치이다.

개념 체크

⊙ **전동기**: 전류의 자기 작용을 이용하여 전기 에너지를 역학적 에너지로 전환하는 장치이다.

1. 전동기는 코일에 전류가 흐를 때 자석과 코일 사이에 작용하는 (   )을 이용하여 전기 에너지를 (   ) 에너지로 전환하는 장치이다.

2. 토카막은 도넛 모양의 장치로, 코일에 흐르는 전류에 의해 형성된 강한 (   )을 이용하여 플라스마를 가두어 둔다.

3. 자기 공명 영상(MRI) 장치에서는 코일에 흐르는 전류에 의한 강한 고주파의 (   )이 인체 내부의 수소 원자핵을 공명시켜 신호를 발생시킨다.

• **직류 전동기의 원리**: 자석 사이에 있는 코일에 전류가 흐를 때 자석과 코일 사이에 작용하는 자기력에 의해 코일이 회전하게 되며, 코일의 면이 자기장에 수직이 되는 순간 정류자에 의하여 전류의 방향이 바뀌므로 코일은 계속 한 방향으로 회전한다. 또한 전류의 방향을 바꾸면 코일의 회전 방향도 바뀌게 된다.

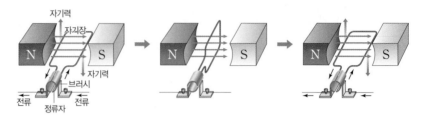

• **자기력의 크기**: 코일의 단위 길이당 감은 수가 많을수록, 코일에 흐르는 전류의 세기가 클수록 코일에 작용하는 자기력의 크기가 크다.
• **전동기의 이용**: 선풍기, 세탁기, 믹서기, 진공청소기, 헤어드라이어, 엘리베이터, 에스컬레이터, 전기 자동차, 전동 열차 등 각종 전기 제품에 기본적인 부품으로 이용된다.

③ **전류의 자기 작용을 이용한 다양한 예**

자기 공명 영상(MRI) 장치	하드 디스크(HDD)	토카막(Tokamak)
코일에 전류가 흐를 때 생기는 강한 자기장을 이용하여 인체 내부의 영상을 얻는다.	헤드의 코일에 전류가 흐를 때 생기는 자기장을 이용하여 플래터에 정보를 기록한다.	도넛 모양의 장치로, 강한 전류가 흐름에 따라 강한 자기장이 형성되어 플라스마를 가두어 둔다.

과학 돋보기 🔍 **자기 공명 영상(MRI) 장치**

병원에서 사용하는 의료 장비 중 하나인 자기 공명 영상(MRI, Magnetic Resonance Imaging) 장치에는 균일한 자기장과 고주파 자기장을 만들어 내기 위한 다양한 코일이 설치되어 있다. 이 장치에 인체를 넣고 고주파 자기장을 발생시키면 우리 몸의 약 70 %를 차지하는 물 분자의 수소 원자핵이 공명하면서 신호를 발생시킨다. 이 신호의 차이를 분석하고 컴퓨터를 통해 재구성하여 인체 내부를 영상으로 나타낸다. 특히 초전도 자석 코일로 형성된 고자기장 상태이기 때문에 인체 내부에 심장 박동기와 같은 금속이 있거나 이를 소지한 사람은 자기 공명 영상 장치를 이용하기 어렵다.

2 물질의 자성

(1) 자성: 물질이 가지는 자기적인 성질을 자성이라고 한다. 물질을 구성하는 원자 내부의 전자의 운동은 전류가 흐르는 효과를 나타낼 수 있으므로 원자 하나하나가 자석의 성질을 가질 수 있다. 따라서 전자의 궤도 운동과 스핀에 따라 물질의 자성이 달라진다.

정답
1. 자기력, 역학적
2. 자기장
3. 자기장

(2) 원자 내부 전자의 운동과 자성

① **전자의 궤도 운동에 의한 자기장**: 그림과 같이 원형 고리에 전류가 시계 방향으로 흐를 때 고리의 중심에서는 아래 방향으로 자기장이 형성된다. 전자가 원자핵 둘레를 시계 반대 방향으로 회전하면 전류는 시계 방향으로 흐르므로, 회전 중심에서 자기장의 방향은 전자의 궤도면에 수직인 아래 방향이 된다.

② **전자의 스핀에 의한 자기장**: 전자의 궤도 운동 외에 전자는 원자가 자성을 갖는 데 기여하는 스핀이라는 고유 성질을 가지고 있다.

전자의 궤도 운동에 의한 자기장 전자의 스핀에 의한 자기장

(3) 자기화(자화)
외부 자기장에 의하여 물질 내부의 원자가 나타내는 자기장의 배열이 바뀌어 물질 전체가 자석의 성질을 갖게 되는 것을 자기화라고 한다.

(4) 물질의 자성
자석에 강하게 끌리는 성질을 강자성, 자석에 약하게 끌리는 성질을 상자성, 자석에 약하게 밀리는 성질을 반자성이라고 한다.

과학 돋보기 🔍 **물질의 자성**

물질이 자성을 나타내는 까닭은 물질을 구성하는 원자 내 전자의 궤도 운동과 스핀에 의해 나타나는 자기장 때문으로, 원자를 매우 작은 자석으로 생각할 수 있다. 대부분의 물질에서 전자의 궤도 운동에 의한 자기적 효과는 0이거나 매우 작다. 많은 전자를 갖는 원자에서 전자들은 대개 반대 스핀을 갖는 것과 쌍을 이루며 자기적 효과가 상쇄된다. 그러나 이러한 쌍을 이루지 않는 전자를 갖는 원자에 의해 강자성이나 상자성이 나타나게 된다.

---

(5) 자성체의 종류

① **강자성체**: 외부 자기장의 방향과 같은 방향으로 자기화되는 비율이 높으며, 외부 자기장을 제거하여도 자성을 오래 유지하는 물질을 강자성체라고 한다.
    예 철, 코발트, 니켈 등

외부 자기장이 없을 때	외부 자기장을 걸어 줄 때	외부 자기장을 제거했을 때
자기 구역의 자기장이 다양하게 분포한다.	자기 구역이 외부 자기장과 같은 방향으로 강하게 자기화된다.	자기화된 상태를 오래 유지한다.

개념 체크

➡ **전자의 스핀과 자성**: 서로 반대 스핀의 두 전자가 짝을 이루면 스핀에 의한 자기화는 상쇄되고 전자의 궤도 운동에 의해 생기는 자성만을 갖는다. 반면에 짝이 없는 전자를 가지고 있는 물질은 상쇄되지 않은 스핀에 의해 상자성이나 강자성을 갖는다.

1. 외부 자기장에 의하여 물질 내부의 원자가 나타내는 자기장의 배열이 바뀌어 물질 전체가 자석의 성질을 갖게 되는 것을 ( )라고 한다.

2. ( )는 외부 자기장과 ( ) 방향으로 자기화되는 비율이 높으며, 외부 자기장을 제거하여도 자성을 오래 유지한다.

정답
1. 자기화(자화)
2. 강자성체, 같은

개념 체크

자성체의 성질: 강자성체와 상자성체는 외부 자기장과 같은 방향으로 자기화되지만, 반자성체는 외부 자기장과 반대 방향으로 자기화된다. 강자성체는 외부 자기장을 제거해도 자성을 오랫동안 유지하지만, 상자성체와 반자성체는 외부 자기장을 제거하면 자기화된 상태가 바로 사라진다.

1. (   )는 외부 자기장과 같은 방향으로 자기화되는 비율이 낮으며, 외부 자기장을 제거하면 자성이 (사라진다 , 유지된다).

2. 자석의 극을 반자성체에 가까이 가져갈 때, 반자성체는 자석에 의한 자기장과 (같은 , 반대) 방향으로 자기화되어 자석과 서로 (당기는 , 미는) 자기력이 작용한다.

② **상자성체**: 외부 자기장의 방향과 같은 방향으로 자기화되는 비율이 낮으며, 외부 자기장을 제거하면 자성이 없어지는 물질을 상자성체라고 한다. 예 종이, 알루미늄, 마그네슘, 산소 등

외부 자기장이 없을 때	외부 자기장을 걸어 줄 때	외부 자기장을 제거했을 때
원자가 나타내는 자기장 방향이 불규칙하게 분포되어 자성을 나타내지 않는다.	원자가 나타내는 자기장 방향이 외부 자기장과 같은 방향으로 약하게 자기화된다.	원자가 나타내는 자기장 방향이 흐트러져 자기화된 상태가 바로 사라진다.

③ **반자성체**: 외부 자기장이 없을 때 물질을 구성하는 각 원자들의 총 자기장이 0이고, 외부 자기장의 방향과 반대 방향으로 자기화되는 물질을 반자성체라고 한다. 반자성체에 가하는 외부 자기장을 제거하면 자성이 없어진다. 예 구리, 유리, 플라스틱, 금, 수소, 물 등

외부 자기장이 없을 때	외부 자기장을 걸어 줄 때	외부 자기장을 제거했을 때
원자가 나타내는 자기장은 총 0이다.	외부 자기장과 반대 방향으로 약하게 자기화된다.	자기화된 상태가 바로 사라진다.

탐구자료 살펴보기 | **물질의 자기적 성질 알아보기**

과정

(1) 그림과 같이 물체 A를 실에 매달아 스탠드에 고정시킨 다음 네오디뮴 자석을 가까이 하며 A를 관찰한다.

(2) A를 물체 B, C로 각각 바꾸어 가며 과정 (1)을 반복한다.

(3) (1)을 거친 A와 B, A와 C, B와 C를 서로 가까이 하며 물체 사이에 작용하는 자기력을 관찰한다.

결과

• 자석을 물체에 가까이 할 때

물체	A	B	C
결과	자석에 강하게 끌린다.	자석에 약하게 끌린다.	자석에서 약하게 밀린다.

• 두 물체를 서로 가까이 할 때

물체	A와 B	A와 C	B와 C
결과	서로 당기는 자기력	서로 미는 자기력	자기력이 작용하지 않음

point

• 강자성체와 상자성체는 자석에 의한 자기장과 같은 방향으로 자기화되므로 자석에 끌리고, 반자성체는 자석에 의한 자기장과 반대 방향으로 자기화되므로 자석에서 밀린다.

• 강자성체는 외부 자기장을 제거하여도 자성을 오래 유지하고, 상자성체와 반자성체는 외부 자기장을 제거하면 자성이 사라진다.

• A는 강자성체, B는 상자성체, C는 반자성체이다.

정답
1. 상자성체, 사라진다
2. 반대, 미는

과학 돋보기 🔍 자기 구역

강자성 물질이 강하게 자기를 띠게 되는 것은 '자기 구역' 때문이다. 자기 구역이란 그림처럼 수백만 개의 원자 자석들이 한 방향으로 정렬되어서 자석을 형성하게 되는 작은 단위를 말한다. 강자성 물질은 작은 자석들이 무작위 방향으로 배열되어 있고, 외부적으로는 각각의 자석의 효과가 상쇄되어 마치 자석이 아닌 것처럼 행동한다. 그렇지만 외부에서 자기장이 가해지면 자기 구역들의 자기를 띠는 방향이 외부 자기장의 방향으로 정렬되면서 자석으로서의 역할을 할 수 있게 된다.

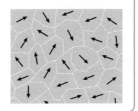

개념 체크

⬥ **자기 구역**: 물질 내에서 자기장의 방향이 같은 원자들이 모여 있는 구역을 말한다.

⬥ **철심을 넣은 전자석**: 강자성체인 철심을 넣어 자기장을 세게 만든 전자석은 강자성체를 이용하는 대표적인 예이다.

1. 전류가 흐르는 코일 안에 (강자성체 , 반자성체)를 넣으면 자성체가 전류에 의한 자기장과 (같은 , 반대) 방향으로 자기화되므로 강한 자석이 된다.

2. (강자성체 , 반자성체) 분말을 넣어 만든 액체 자석은 지폐의 위조 방지에 이용된다.

3. 하드 디스크의 플래터는 알루미늄과 같은 상자성체 표면에 (강자성체 , 반자성체)인 산화 철을 얇게 코팅하여 만들어 외부 자기장과 (같은 , 반대) 방향으로 자기화시켜 정보를 저장한다.

(6) 자성체의 이용

전자석	고무 자석
강자성체	고무 자석 / 앞면 / 뒷면
전류가 흐르는 코일 안에 강자성체(철심)를 넣으면 강자성체가 전류에 의한 자기장과 같은 방향으로 자기화되므로 매우 강한 자석이 된다.	강자성체 분말을 고무에 섞어 만든 고무 자석은 제작 단가가 낮고, 사용이 편리하기 때문에 광고 전단지, 냉장고 문 등에 많이 사용된다.
액체 자석	**하드 디스크**
자석 / 액체 자석	플래터 / 헤드
액체 자석은 강자성체 분말을 매우 작게 만들어 액체 속에 넣고 서로 뒤엉키지 않도록 처리하여 만든다. 지폐의 위조 방지를 위해 지폐의 숫자 부분에 액체 자석을 넣은 잉크가 사용되고 있으며, 장기 내부를 살펴보는 MRI 조영제로 활용하기 위한 연구도 진행되고 있다.	강자성체인 산화 철로 코팅된 얇은 디스크(플래터) 위에 헤드가 놓여 있는 구조로, 헤드에 전류가 흐르면서 생기는 자기장에 의해 헤드 근처를 지나가는 디스크의 작은 부분들이 자기화되면서 정보를 저장한다.

과학 돋보기 🔍 하드 디스크(Hard Disk)

하드 디스크는 컴퓨터에서 사용하는 대용량 저장 매체로, 컴퓨터에 공급하는 전원이 없어져도 저장된 정보들이 지워지지 않는 기억 장치 중 하나이며 플래터와 헤드 등으로 구성되어 있다. 플래터는 알루미늄과 같은 상자성체의 표면에 강자성체인 산화 철이 얇게 코팅되어 있으며, 회전하는 플래터 위에서 헤드의 코일에 흐르는 전류에 의한 자기장을 이용하여 산화 철을 전류에 의한 자기장의 방향으로 자기화시켜 정보를 구분하여 저장한다. 이때 산화 철은 전류에 의한 자기장이 사라져도 자기화된 상태가 유지되므로 저장된 정보가 사라지지 않는다.

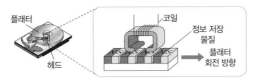

정답
1. 강자성체, 같은
2. 강자성체
3. 강자성체, 같은

3 전자기 유도

(1) 유도 전류

① **자기 선속(Φ)**: 자기 다발이라는 의미이며, 자기장에 수직인 단면을 지나는 자기력선의 수에 비례한다. 단위는 Wb(웨버)를 사용한다.

② **자기장의 세기(B)**: 자기장에 수직인 단위 면적을 통과하는 자기 선속을 자기장의 세기라고 한다. 자기장에 수직이고 면적이 S인 단면을 통과하는 자기 선속이 Φ일 때 자기장의 세기 B는 다음과 같다.

$$B = \frac{\Phi}{S} \quad [\text{단위: } T(\text{테슬라}), 1\,T = 1\,Wb/m^2]$$

③ **전자기 유도**: 코일 내부를 통과하는 자기 선속이 변할 때 코일에 전류가 흐르는 현상이다.

④ **유도 기전력**: 전자기 유도에 의해 발생하는 전압이다.

⑤ **유도 전류**: 전자기 유도에 의해 흐르는 전류이다.

🧪 **탐구자료 살펴보기** | **전자기 유도 실험**

과정
(1) 그림과 같이 자석과 검류계에 연결된 코일을 각각 잡는다.
(2) 과정 (1)에서 자석의 N극을 코일의 중심축을 따라 코일에 가까워지게 하면서 검류계 바늘이 움직이는 방향을 관찰한다.
(3) 과정 (1)에서 자석의 N극을 코일의 중심축을 따라 코일에서 멀어지게 하면서 검류계 바늘이 움직이는 방향을 관찰한다.
(4) 과정 (1)에서 자석의 중심축을 따라 코일을 자석의 N극에 가까워지게 하면서 검류계 바늘이 움직이는 방향을 관찰한다.
(5) 과정 (1)에서 자석의 중심축을 따라 코일을 자석의 N극에서 멀어지게 하면서 검류계 바늘이 움직이는 방향을 관찰한다.

결과

구분	(2)의 결과	(3)의 결과	(4)의 결과	(5)의 결과
검류계 바늘이 움직이는 방향	ⓐ 방향	ⓑ 방향	ⓐ 방향	ⓑ 방향

point
• 유도 전류는 자석과 코일의 상대적인 운동으로 인해 자기 선속의 변화를 방해하는 방향으로 흐른다.

---

(2) **렌츠 법칙**: 전자기 유도가 일어날 때 자기 선속의 변화에 따른 유도 전류의 방향을 찾는 법칙이다. 자기 선속의 변화를 방해하는 방향으로 유도 전류에 의한 자기장이 형성되도록 유도 전류가 흐른다.

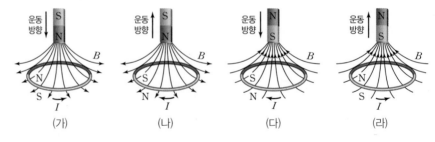

(가)　　　　(나)　　　　(다)　　　　(라)

① 그림 (가): 자석의 N극이 원형 도선에 가까워지면 원형 도선 중심에 아래 방향의 자기 선속이 증가한다. 따라서 아래 방향의 자기 선속이 증가하는 것을 방해하려면 유도 전류에 의한 자기장이 위 방향이 되어야 하므로, 원형 도선에는 시계 반대 방향으로 유도 전류가 흐른다.

② 그림 (나): 자석의 N극이 원형 도선에서 멀어지면 원형 도선 중심에 아래 방향의 자기 선속이 감소한다. 따라서 아래 방향의 자기 선속이 감소하는 것을 방해하려면 유도 전류에 의한 자기장이 아래 방향이 되어야 하므로, 원형 도선에는 시계 방향으로 유도 전류가 흐른다.

③ 그림 (다): 자석의 S극이 원형 도선에 가까워지면 원형 도선 중심에 위 방향의 자기 선속이 증가한다. 따라서 위 방향의 자기 선속이 증가하는 것을 방해하려면 유도 전류에 의한 자기장이 아래 방향이 되어야 하므로, 원형 도선에는 시계 방향으로 유도 전류가 흐른다.

④ 그림 (라): 자석의 S극이 원형 도선에서 멀어지면 원형 도선 중심에 위 방향의 자기 선속이 감소한다. 따라서 위 방향의 자기 선속이 감소하는 것을 방해하려면 유도 전류에 의한 자기장이 위 방향이 되어야 하므로, 원형 도선에는 시계 반대 방향으로 유도 전류가 흐른다.

과학 돋보기 🔍 전자기 유도와 자기력

구분	N극이 접근할 때	N극이 멀어질 때	S극이 접근할 때	S극이 멀어질 때
과정	운동 방향↓ S/N, a–G–b, N...S 코일	운동 방향↑ S/N, a–G–b, S...N 코일	운동 방향↓ N/S, a–G–b, S...N 코일	운동 방향↑ N/S, a–G–b, N...S 코일
자기력	밀어냄(척력)	끌어당김(인력)	밀어냄(척력)	끌어당김(인력)
코일의 극	위: N극 아래: S극	위: S극 아래: N극	위: S극 아래: N극	위: N극 아래: S극
유도 전류의 방향	a→Ⓖ→b	b→Ⓖ→a	b→Ⓖ→a	a→Ⓖ→b

- 자석이 코일에 가까워질 때: 밀어내는 자기력(척력)이 작용하도록 코일에 유도 전류가 흐른다. ➡ 자석과 가까운 쪽 코일에 자석과 같은 극이 형성된다.
- 자석이 코일에서 멀어질 때: 끌어당기는 자기력(인력)이 작용하도록 코일에 유도 전류가 흐른다. ➡ 자석과 가까운 쪽 코일에 자석과 다른 극이 형성된다.

(3) 패러데이 법칙

① 유도 기전력의 크기는 코일 내부를 지나는 자기 선속(Φ)이 빠르게 변할수록 크다.

② **패러데이 법칙**: 시간 Δt 동안 감은 수가 N인 코일을 통과하는 자기 선속의 변화가 $\Delta\Phi$이면 유도 기전력 V는 다음과 같다.

$$V = -N\frac{\Delta\Phi}{\Delta t}$$

위 식에서 (−)부호는 유도 기전력의 방향이 자기 선속의 변화를 방해하는 방향이라는 의미를 가지므로, 패러데이 법칙은 렌츠 법칙을 포함한다.

개념 체크

❯ **패러데이 법칙**: 유도 기전력의 크기는 코일 내부를 지나는 자기 선속이 빠르게 변할수록 커지며, 패러데이 법칙 식에서 (−)부호는 유도 기전력의 방향이 자기 선속의 변화를 방해하는 방향이라는 의미이므로 렌츠 법칙을 포함한다.

1. 전자기 유도에서 코일에 형성되는 유도 기전력의 크기는 (　　) 법칙에 의해 코일 내부를 통과하는 자기 선속이 (빠르게 . 천천히) 변할수록 크다.

[2~3] 그림과 같이 코일의 중심축을 따라 자석의 S극이 코일에 가까워지고 있다.

2. 검류계에 흐르는 유도 전류의 방향은 (　　) 방향이다.

3. 코일과 자석 사이에는 서로 (당기는 . 미는) 자기력이 작용한다.

정답
1. 패러데이, 빠르게
2. b → Ⓖ → a
3. 미는

◐ **유도 전류의 세기**: 코일의 단면을 지나는 자기 선속이 빠르게 변할수록 유도 전류의 세기는 커진다.

1. 그림과 같이 종이면에서 수직으로 나오는 균일한 자기장 영역에서 금속선의 양 끝을 일정한 속력으로 당기면 금속선의 원형 부분 P를 통과하는 자기 선속은 (　　)하고, P에 흐르는 유도 전류의 방향은 (　　) 방향이다.

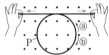

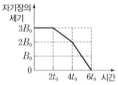

[2~3] 그림은 금속 고리에 수직인 방향으로 고리를 통과하는 자기장의 세기를 시간에 따라 나타낸 것이다.

2. 고리를 통과하는 자기 선속은 t_0일 때가 $3t_0$일 때보다 (크다 , 작다).

3. 고리에 흐르는 유도 전류의 세기는 $3t_0$일 때가 $5t_0$일 때보다 (크다 , 작다).

정답
1. 감소, ⓐ
2. 크다
3. 작다

🧪 **탐구자료 살펴보기** | **균일한 자기장 영역을 일정한 속력으로 통과하는 도선**

자료 및 분석

(×: 종이면에 수직으로 들어가는 방향)

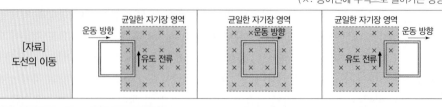

[분석]	균일한 자기장 영역에 들어갈 때	균일한 자기장 영역 내에서 운동할 때	균일한 자기장 영역에서 빠져나올 때
자기 선속	종이면에 수직으로 들어가는 방향의 자기 선속 증가	일정	종이면에 수직으로 들어가는 방향의 자기 선속 감소
유도 전류에 의한 자기장	종이면에서 수직으로 나오는 방향	없음	종이면에 수직으로 들어가는 방향
유도 전류의 방향	시계 반대 방향	없음	시계 방향

point

• 코일의 단면을 지나는 단위 시간당 자기 선속의 변화량은 $\dfrac{\Delta\Phi}{\Delta t}=\dfrac{\Delta(BS)}{\Delta t}=\dfrac{B\Delta S}{\Delta t}$이므로, 코일이 1번 감겼을 때 유도 기전력은 $V=-\dfrac{\Delta\Phi}{\Delta t}=-B\dfrac{\Delta S}{\Delta t}$이다. 이에 따라 유도 기전력은 유도 전류를 발생시키고, 유도 전류는 자기 선속의 변화를 방해하는 방향으로 흐른다.

🧪 **탐구자료 살펴보기** | **시간에 따라 변하는 자기장 영역에서의 전자기 유도**

자료

그림 (가)는 종이면에 수직으로 들어가는 방향의 균일한 자기장 영역에 금속 고리가 고정되어 있는 것을, (나)는 (가)의 자기장을 시간에 따라 나타낸 것이다.

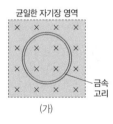

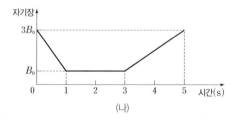

분석

시간(s)	0~1	1~3	3~5
금속 고리에 흐르는 유도 전류의 방향	시계 방향	없음	시계 반대 방향
금속 고리에 흐르는 유도 전류의 세기	$2I_0$	0	I_0

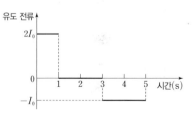

point

• 자기 선속이 통과하는 금속 고리의 면적(S)은 일정하고 자기장의 세기가 변하므로, 단위 시간당 자기 선속의 변화량은 $\dfrac{\Delta\Phi}{\Delta t}=\dfrac{\Delta(BS)}{\Delta t}=S\dfrac{\Delta B}{\Delta t}$이다. 따라서 (나)에서 기울기의 절댓값은 금속 고리에 흐르는 유도 전류의 세기에 비례한다.

(4) 전자기 유도의 이용 예

① **발전기**: 자석 사이에 코일을 넣고 회전시키면 자기장에 수직 방향인 코일의 단면적이 변하므로 코일 내부를 통과하는 자기 선속이 계속 변하여 코일에 유도 전류가 흐른다.

② **마이크**: 소리에 의해 진동판이 진동하면 코일이 진동하고, 코일을 통과하는 자기 선속이 변하여 유도 전류가 흐른다.

③ **교통 카드**: 교통 카드 가장자리에는 코일이 감겨 있으므로 단말기의 변하는 자기장이 교통 카드의 코일에 유도 전류를 흐르게 한다. 이 전류에 의해 마이크로 칩이 작동하여 요금이 계산된다.

발전기   마이크   교통 카드

④ **무선 충전**: 충전 패드의 1차 코일에 변하는 전류가 흘러 스마트폰 내부의 2차 코일을 통과하는 자기 선속이 시간에 따라 변하면 2차 코일에 유도 전류가 흘러 스마트폰이 충전된다.

⑤ **금속 탐지기**: 탐지기의 전송 코일에서 발생한 자기장이 금속을 통과하면 자기장의 변화가 생기고, 이를 탐지기의 수신 코일이 감지하여 유도 전류를 발생시켜 금속을 탐지하게 된다.

⑥ **전기 기타**: 영구 자석에 의해 자기화된 기타 줄이 진동하면 기타 줄 아래에 있는 코일을 통과하는 자기 선속이 변하여 코일에 유도 전류가 흐르게 되고, 이 전기 신호를 증폭하여 스피커로 보내면 소리가 난다.

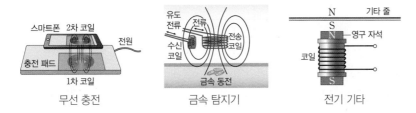

무선 충전   금속 탐지기   전기 기타

⑦ **발광 바퀴**: 바퀴가 회전하면서 코일을 감은 철심이 바퀴의 축에 고정된 영구 자석 주위를 회전하면, 코일을 통과하는 자기 선속의 변화로 유도 전류가 흘러 발광 다이오드가 켜진다.

⑧ **도난 방지 장치**: 출입구의 기둥 속에 코일이 들어 있어 자성을 제거하지 않은 채 물건을 가지고 나가면 코일에 유도 전류가 흘러 경고음이 발생한다.

발광 바퀴   도난 방지 장치

개념 체크

➡ **발전기**: 코일을 회전시키는 역학적 에너지가 전자기 유도에 의해 전기 에너지로 전환된다.

➡ **마이크**: 전자기 유도를 이용하여 소리를 전기 신호로 변환시키는 장치이다.

1. 발전기는 자석 사이에 코일을 넣고 회전시킬 때 코일을 통과하는 (　　　)의 변화에 의해 발생한 (　　　)를 이용하여 전기 에너지를 발생시킨다.

2. 무선 충전은 충전 패드의 1차 코일에 흐르는 전류의 변화로 스마트폰 내부의 2차 코일을 통과하는 (　　　)이 변할 때 발생하는 유도 전류를 이용한다.

3. 도난 방지 장치는 자성이 제거되지 않은 물체가 지나갈 때, 코일을 통과하는 (　　　)의 변화로 발생하는 유도 전류를 이용하므로 (　　　)의 원리가 적용된 것이다.

정답
1. 자기 선속(자기장), 유도 전류 (유도 기전력)
2. 자기 선속(자기장)
3. 자기 선속(자기장), 전자기 유도

개념 체크

→ **자기 브레이크**: 영구 자석에 의해 금속에 생기는 유도 전류를 이용한다.

1. 놀이 기구의 자기 브레이크에서는 영구 자석에 의해 금속에 생기는 (　　) 가 놀이 기구의 운동을 방해한다.

2. 그림과 같이 자석을 낙하 시킬 때, 구리관을 통과한 자석이 플라스틱 관을 통과하는 자석보다 바닥에 (먼저 , 나중에) 도달하는 까닭은 구리관에 발생한 (　　)가 자석의 운동을 방해하기 때문이다.

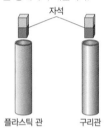

플라스틱 관　　구리관

과학 돋보기 🔍 **사운드 스프레이**

아프리카 지역에서 모기에 의해 전염되는 말라리아 문제를 해결하기 위해 우리나라 연구진이 개발한 적정 기술 사례가 있다. 이것은 일반 살충제처럼 통을 흔든 후 윗부분을 눌러 말라리아를 옮기는 모기를 퇴치하는 장치인데, 살충제 약이 분무되는 대신 모기가 싫어하는 특정 진동수의 초음파가 나오는 점이 일반 살충제와 다르다. 이 장치는 통을 흔들 때 내부의 코일에서 발생한 전기 에너지를 전지에 저장한 후, 이를 이용해 초음파를 발생하므로 반영구적으로 사용할 수 있는 장점이 있다.

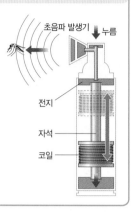

초음파 발생기　↓누름

전지

자석

코일

과학 돋보기 🔍 **자기 브레이크**

낙하하는 놀이 기구에서 사용하는 브레이크를 '자기 브레이크'라고 한다. 낙하하는 놀이 기구의 브레이크는 영구 자석에 의해 금속에 생기는 유도 전류를 이용한다. 놀이 기구를 지탱하는 기둥의 상단부를 지날 때에는 탑승 의자의 속력이 증가하지만, 수많은 금속판이 장착된 기둥의 하단부를 지날 때에는 금속판에 유도 전류가 형성되어 탑승 의자의 낙하 운동을 방해하므로 결국 운동 에너지를 잃고 멈춘다.

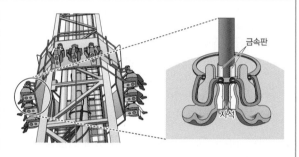

금속판

자석

탐구자료 살펴보기 **두 관 속에서 자석의 낙하 운동**

과정

(1) 길이와 두께가 같은 플라스틱 관과 구리관, 질량이 같은 약한 자석과 강한 자석을 준비한다.

(2) 그림과 같이 약한 자석을 각각 연직으로 세워진 플라스틱 관, 구리관의 입구의 같은 높이에서 가만히 놓은 후, 자석을 놓는 순간부터 자석이 관을 빠져나오는 순간까지 걸린 시간을 측정한다.

(3) 강한 자석을 사용하여 과정 (2)를 반복한다.

자석

플라스틱 관　　구리관

결과

구분	플라스틱 관	구리관
약한 자석	0.49초	1.64초
강한 자석	0.49초	2.38초

point

• 절연체인 플라스틱 관에서보다 도체인 구리관에서 낙하 시간이 더 크다.

• 구리관에서는 자석의 운동으로 인해 유도 전류가 흐르게 되어 자석의 운동을 방해하는 힘이 작용한다.

• 구리관에서 자석의 운동을 방해하는 힘은 강한 자석을 사용할 때가 더 크게 작용하여 낙하 시간이 더 크다.

정답
1. 유도 전류(유도 기전력)
2. 나중에, 유도 전류(유도 기전력)

[25023–0165]

01 그림과 같이 자석 A, B 가 xy평면의 원점 O로부터 같은 거리만큼 떨어진 x축상의 두 지점에 놓여 있을 때, y축상

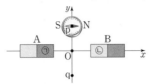

의 점 p에 나침반을 놓았더니 자침의 N극이 $+x$방향을 가리킨다. 점 q는 O를 중심으로 p와 반대편의 y축상의 지점이고, ㉠과 ㉡은 N극과 S극을 순서 없이 나타낸 것이다.

이에 대한 설명으로 옳은 것만을 〈보기〉에서 있는 대로 고른 것은? (단, 지구 자기장은 무시한다.)

〈 보기 〉
ㄱ. ㉠은 N극이다.
ㄴ. 자기장의 세기는 O에서가 p에서보다 크다.
ㄷ. 나침반을 q에 놓았을 때, 자침의 N극이 가리키는 방향은 $-x$방향이다.

① ㄱ   ② ㄷ   ③ ㄱ, ㄴ   ④ ㄴ, ㄷ   ⑤ ㄱ, ㄴ, ㄷ

[25023–0166]

02 그림 (가)와 같이 수평면에 놓인 나침반의 연직 위에 자침과 나란하게 직선 도선을 고정시켰다. ㉠은 직류 전원 장치의 단자이다. 그림 (나)는 (가)에서 스위치를 닫았을 때 자침의 N극이 북동쪽으로 회전하여 북쪽 방향과 θ의 각을 이루는 것을 나타낸 것이다.

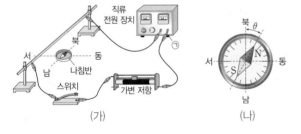

이에 대한 설명으로 옳은 것만을 〈보기〉에서 있는 대로 고른 것은?

〈 보기 〉
ㄱ. 나침반의 중심에서 도선의 전류에 의한 자기장의 방향은 동쪽이다.
ㄴ. ㉠은 $(+)$극이다.
ㄷ. 가변 저항의 저항값을 증가시키면 자침의 N극이 북쪽 방향과 이루는 각이 θ보다 커진다.

① ㄱ   ② ㄴ   ③ ㄱ, ㄷ   ④ ㄴ, ㄷ   ⑤ ㄱ, ㄴ, ㄷ

[25023–0167]

03 그림과 같이 xy평면에 가늘고 무한히 긴 직선 도선 A, B가 고정되어 있다. p, q, r는 각각 x축상의 $x=d$, $x=3d$, $x=4d$인 점

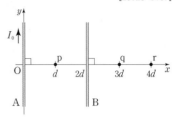

이다. A에는 세기가 I_0인 전류가 $+y$방향으로 흐르고 p에서 A, B의 전류에 의한 자기장은 0이다.

이에 대한 설명으로 옳은 것만을 〈보기〉에서 있는 대로 고른 것은?

〈 보기 〉
ㄱ. B에 흐르는 전류의 방향은 $-y$방향이다.
ㄴ. B에 흐르는 전류의 세기는 I_0이다.
ㄷ. A, B의 전류에 의한 자기장의 세기는 q에서가 r에서의 $\dfrac{16}{9}$배이다.

① ㄱ   ② ㄴ   ③ ㄱ, ㄷ   ④ ㄴ, ㄷ   ⑤ ㄱ, ㄴ, ㄷ

[25023–0168]

04 그림 (가)와 같이 종이면에 수직으로 고정된 가늘고 무한히 긴 직선 도선 A에 세기가 I_A인 전류가 흐를 때, 전류에 의한 자기장에 의해 나침반 자침의 N극이 서쪽으로 θ_1만큼 회전하여 정지해 있다. 그림 (나)는 (가)에서 자침의 북쪽에 세기가 I_B인 전류가 흐

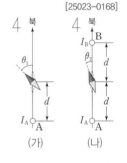

르는 도선 B를 종이면에 수직으로 고정시켰더니 A, B의 전류에 의한 자기장에 의해 자침의 N극이 북쪽 방향과 이루는 각이 θ_2가 되어 정지한 모습을 나타낸 것이다. $\theta_1 > \theta_2$이고, 자침에서 A와 B까지의 거리는 각각 d로 서로 같다.

이에 대한 설명으로 옳은 것만을 〈보기〉에서 있는 대로 고른 것은? (단, 자침의 크기는 무시한다.)

〈 보기 〉
ㄱ. (나)의 자침이 놓인 지점에서 B의 전류에 의한 자기장의 방향은 서쪽이다.
ㄴ. A, B에 흐르는 전류의 방향은 서로 반대이다.
ㄷ. $I_A > I_B$이다.

① ㄱ   ② ㄷ   ③ ㄱ, ㄴ   ④ ㄴ, ㄷ   ⑤ ㄱ, ㄴ, ㄷ

[25023-0169]

05 그림은 중심이 점 O이고 반지름이 각각 d, $2d$인 원형 도선 A, B가 종이면에 고정되어 있는 것을 나타낸 것이다. A에 흐르는 전류의 세기는 I_0이고, 방향은 시계 반대 방향이다. 표는 일정한 방향으로 B에 흐르는 전류의 세기에 따른 O에서 A, B의 전류에 의한 자기장의 세기를 나타낸 것이다.

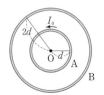

구분	B에 흐르는 전류의 세기	O에서 A, B의 전류에 의한 자기장의 세기
I	I_0	㉠
II	$2I_0$	B_0

이에 대한 설명으로 옳은 것만을 〈보기〉에서 있는 대로 고른 것은?

〈 보기 〉
ㄱ. B에 흐르는 전류의 방향은 시계 방향이다.
ㄴ. I 에서 A, B의 전류에 의한 O에서의 자기장의 방향은 종이면에서 수직으로 나오는 방향이다.
ㄷ. ㉠은 $\frac{3}{4}B_0$이다.

① ㄱ ② ㄴ ③ ㄱ, ㄷ ④ ㄴ, ㄷ ⑤ ㄱ, ㄴ, ㄷ

[25023-0170]

06 그림과 같이 xy평면에 가늘고 무한히 긴 직선 도선 A, B가 각각 $x=-d$, $x=d$에, 전류가 흐르는 원형 도선 C가 중심이 원점 O인 지점에 각각 고정되어 있다. A, B에 흐르는

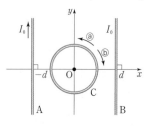

전류의 세기는 I_0으로 서로 같고, A에 흐르는 전류의 방향은 $+y$방향이며, O에서 A, B, C의 전류에 의한 자기장은 0이다.
이에 대한 설명으로 옳은 것만을 〈보기〉에서 있는 대로 고른 것은?

〈 보기 〉
ㄱ. O에서 B의 전류에 의한 자기장의 방향은 xy평면에 수직으로 들어가는 방향이다.
ㄴ. C에 흐르는 전류의 방향은 ⓐ 방향이다.
ㄷ. O에서 C의 전류에 의한 자기장의 세기는 A의 전류에 의한 자기장의 세기의 2배이다.

① ㄱ ② ㄷ ③ ㄱ, ㄴ ④ ㄴ, ㄷ ⑤ ㄱ, ㄴ, ㄷ

[25023-0171]

07 그림 (가)와 같이 xy평면에 가늘고 무한히 긴 직선 도선 A가 y축에, 원형 도선 B의 중심이 x축상의 $x=d$에 고정되어 있다. B에 흐르는 전류의 방향은 시계 방향이고, B의 중심에서 A, B의 전류에 의한 자기장은 0이다. 그림 (나)는 (가)에서 B의 중심을 x축상의 $x=2d$에 옮겨 고정시킨 것을 나타낸 것으로, B의 중심에서 A, B의 전류에 의한 자기장의 세기는 B_0이다.

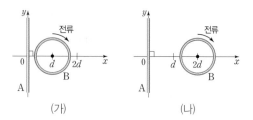

(가)   (나)

이에 대한 설명으로 옳은 것만을 〈보기〉에서 있는 대로 고른 것은?

〈 보기 〉
ㄱ. A에 흐르는 전류의 방향은 $-y$방향이다.
ㄴ. (나)의 B의 중심에서 A, B의 전류에 의한 자기장의 방향은 xy평면에 수직으로 들어가는 방향이다.
ㄷ. B의 중심에서 B의 전류에 의한 자기장의 세기는 $2B_0$이다.

① ㄱ ② ㄴ ③ ㄱ, ㄷ ④ ㄴ, ㄷ ⑤ ㄱ, ㄴ, ㄷ

[25023-0172]

08 그림과 같이 솔레노이드와 막대자석을 고정시키고 솔레노이드에 전류를 흐르게

하였더니 솔레노이드와 막대자석 사이에 서로 미는 자기력이 작용한다. p는 솔레노이드 내부의 점이고, 솔레노이드에 흐르는 전류의 방향은 ⓐ 방향 또는 ⓑ 방향이다.
이에 대한 설명으로 옳은 것만을 〈보기〉에서 있는 대로 고른 것은?

〈 보기 〉
ㄱ. p에서 솔레노이드의 전류에 의한 자기장의 방향은 막대자석을 향하는 방향이다.
ㄴ. 솔레노이드에 흐르는 전류의 방향은 ⓑ 방향이다.
ㄷ. 솔레노이드에 흐르는 전류의 세기가 클수록 솔레노이드와 막대자석 사이에 작용하는 자기력의 크기는 크다.

① ㄱ ② ㄷ ③ ㄱ, ㄴ ④ ㄴ, ㄷ ⑤ ㄱ, ㄴ, ㄷ

[25023-0173]

09 다음은 하드 디스크의 정보 저장 원리에 대한 설명이다.

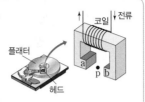

그림과 같이 하드 디스크는 ⊙ 인 산화 철로 코팅된 얇은 디스크(플래터) 위에 헤드가 놓여 있는 구조이다. 코일에 화살표 방향으로 전류가 흐를 때, 헤드의 외부인 점 p에는 전류에 의한 자기장이 ⓒ 방향으로 형성되고, 이 자기장에 의해 디스크의 산화 철은 외부 자기장과 ⓒ 방향으로 자기화되어 정보를 저장하며 전원이 끊어져도 자기화된 정보를 오랫동안 유지한다.

⊙, ⓒ, ⓒ으로 가장 적절한 것은?

	⊙	ⓒ	ⓒ
①	강자성체	$a \rightarrow p \rightarrow b$	같은
②	강자성체	$b \rightarrow p \rightarrow a$	같은
③	상자성체	$a \rightarrow p \rightarrow b$	같은
④	상자성체	$b \rightarrow p \rightarrow a$	반대
⑤	반자성체	$a \rightarrow p \rightarrow b$	반대

[25023-0174]

10 그림은 강자성체, 상자성체, 반자성체를 자기적 특성에 따라 분류한 것이다.

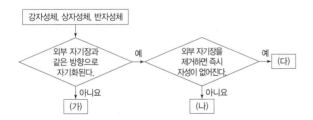

(가), (나), (다)에 해당하는 것으로 옳은 것은?

	(가)	(나)	(다)
①	강자성체	상자성체	반자성체
②	강자성체	반자성체	상자성체
③	상자성체	강자성체	반자성체
④	반자성체	강자성체	상자성체
⑤	반자성체	상자성체	강자성체

[25023-0175]

11 그림 (가), (나)는 천장에 연결된 실에 매달린 자기화되지 않은 자성체 A, B의 연직 아래에 전원 장치, 스위치가 연결된 솔레노이드를 설치한 모습을 나타낸 것으로, 실이 정지한 A, B를 당기는 힘의 크기는 서로 같다. A, B는 강자성체, 반자성체를 순서 없이 나타낸 것이다. (가), (나)에서 스위치를 각각 닫았을 때 실이 A를 당기는 힘의 크기는 실이 B를 당기는 힘의 크기보다 크다.

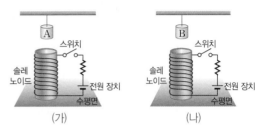

이에 대한 설명으로 옳은 것만을 〈보기〉에서 있는 대로 고른 것은? (단, 실의 질량은 무시한다.)

〈 보기 〉

ㄱ. A는 반자성체이다.

ㄴ. (가)에서 스위치를 닫았을 때, 솔레노이드 내부에서의 자기장의 방향은 연직 위 방향이다.

ㄷ. (나)에서 스위치를 닫았을 때, B는 솔레노이드에 가까운 아랫면이 S극으로 자기화된다.

① ㄱ   ② ㄴ   ③ ㄱ, ㄷ   ④ ㄴ, ㄷ   ⑤ ㄱ, ㄴ, ㄷ

[25023-0176]

12 그림은 실에 매달린 유리 막대의 한쪽 끝인 a 부분을 향해 자석의 N극을 접근시켰더니 유리 막대가 자석으로부터 멀어지는 방향으로 회전하는 모습을 나타낸 것이다. b는 유리 막대에서 a의 반대쪽 끝부분이다.

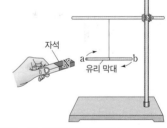

이에 대한 설명으로 옳은 것만을 〈보기〉에서 있는 대로 고른 것은?

〈 보기 〉

ㄱ. 유리 막대는 반자성체이다.

ㄴ. 유리 막대는 자석에 의한 자기장의 반대 방향으로 자기화된다.

ㄷ. 자석의 N극을 b 부분에 접근시킬 때, 자석과 유리 막대 사이에 서로 당기는 자기력이 작용한다.

① ㄱ   ② ㄷ   ③ ㄱ, ㄴ   ④ ㄴ, ㄷ   ⑤ ㄱ, ㄴ, ㄷ

[25023-0177]

13 그림 (가), (나)는 각각 자기화되어 있지 않은 자성체 A, B를 솔레노이드의 전류에 의한 자기장으로 자기화시키는 것을 나타낸 것이다. A, B는 상자성체, 반자성체를 순서 없이 나타낸 것이고, (가)에서 솔레노이드가 A에 작용하는 자기력의 방향은 +x방향이다.

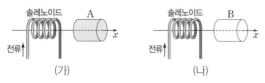

이에 대한 설명으로 옳은 것만을 〈보기〉에서 있는 대로 고른 것은?

〈 보기 〉
ㄱ. A는 상자성체이다.
ㄴ. (나)에서 B의 솔레노이드와 가까운 쪽의 면은 N극으로 자기화된다.
ㄷ. (가), (나)에서 솔레노이드를 각각 제거하고 A와 B를 가까이 하면 A와 B 사이에는 서로 미는 자기력이 작용한다.

① ㄱ　　② ㄴ　　③ ㄱ, ㄷ　　④ ㄴ, ㄷ　　⑤ ㄱ, ㄴ, ㄷ

[25023-0178]

14 그림 (가)와 같이 연직 방향의 균일한 자기장 영역에 자기화되어 있지 않은 직육면체 모양의 자성체 A, B를 넣어 자기화시킨 후, (나)와 같이 (가)에서 A, B를 꺼내어 자기화되지 않은 철 클립에 가까이 하였더니 클립이 A에는 달라붙고, B에는 달라붙지 않는다. 그림 (다)는 (가)에서 A, B를 꺼내어 A는 천장에 실로 연결하고, B는 바닥에 놓은 것을 나타낸 것이다. A, B는 강자성체, 상자성체를 순서 없이 나타낸 것이다.

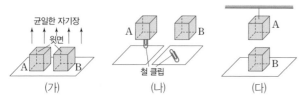

이에 대한 설명으로 옳은 것만을 〈보기〉에서 있는 대로 고른 것은? (단, 실의 질량은 무시한다.)

〈 보기 〉
ㄱ. A는 강자성체이다.
ㄴ. (가)에서 B의 윗면은 S극으로 자기화되어 있다.
ㄷ. (다)에서 실이 A를 당기는 힘의 크기는 A의 무게보다 작다.

① ㄱ　　② ㄴ　　③ ㄱ, ㄷ　　④ ㄴ, ㄷ　　⑤ ㄱ, ㄴ, ㄷ

[25023-0179]

15 다음은 공항에 설치된 금속 탐지 장치의 원리에 대한 설명이다.

- 금속 물체가 금속 탐지 장치를 통과할 때 금속 탐지 장치의 코일에 유도 전류가 흘러 경보음이 울리게 된다.
- 그림과 같이 판넬에 설치된 코일을 통과하며 장치의 외부 방향으로 형성된 ㉠자기장의 세기가 감소하는 동안 코일에는 [(가)] 방향으로 유도 전류가 흐른다.

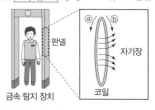

이에 대한 설명으로 옳은 것만을 〈보기〉에서 있는 대로 고른 것은?

〈 보기 〉
ㄱ. 금속 탐지 장치는 전자기 유도를 이용한다.
ㄴ. ㉠에 의해 코일을 통과하는 자기 선속은 감소한다.
ㄷ. 'ⓐ'는 (가)로 적절하다.

① ㄱ　　② ㄴ　　③ ㄱ, ㄷ　　④ ㄴ, ㄷ　　⑤ ㄱ, ㄴ, ㄷ

[25023-0180]

16 그림과 같이 막대자석이 금속 고리의 중심축을 따라 운동하여 점 p, q를 지난다. 자석이 q를 지나는 순간 고리에는 화살표 방향으로 유도 전류가 흐르고, p, q는 고리의 중심에서 같은 거리만큼 떨어진 지점이다. 자석의 속력은 p에서가 q에서보다 작고, ㉠은 자석의 N극과 S극 중 하나이다.

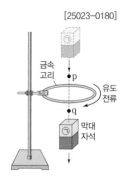

이에 대한 설명으로 옳은 것만을 〈보기〉에서 있는 대로 고른 것은?

〈 보기 〉
ㄱ. ㉠은 N극이다.
ㄴ. 자석이 p를 지나는 순간, 고리와 자석 사이에는 서로 미는 자기력이 작용한다.
ㄷ. 고리에 흐르는 유도 전류의 세기는 자석이 p를 지날 때가 q를 지날 때보다 작다.

① ㄱ　　② ㄷ　　③ ㄱ, ㄴ　　④ ㄴ, ㄷ　　⑤ ㄱ, ㄴ, ㄷ

17 그림 (가)와 같이 자기 화되어 있지 않은 자성체 **P**에 도선을 감아 구성한 회로에 전류를 흘려 **P**를 자기화 시켰다. 그림 (나)는 (가)에서 전원 장치와 도선을 제거한

[25023-0181]

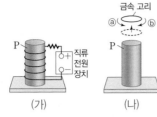

후 **P**의 연직 위에서 금속 고리를 **P**로부터 멀리 할 때 고리에 유도 전류가 흐르는 것을 나타낸 것으로, 유도 전류의 방향은 ⓐ 방향 또는 ⓑ 방향이다.

이에 대한 설명으로 옳은 것만을 〈보기〉에서 있는 대로 고른 것은?

〈 보기 〉
ㄱ. **P**는 상자성체이다.
ㄴ. (나)에서 고리를 통과하는 자기 선속은 감소한다.
ㄷ. (나)에서 고리에 흐르는 유도 전류의 방향은 ⓐ 방향이다.

① ㄱ   ② ㄴ   ③ ㄱ, ㄷ   ④ ㄴ, ㄷ   ⑤ ㄱ, ㄴ, ㄷ

[25023-0182]

18 다음은 자가 발전 손전등의 작동 원리에 대한 설명이다.

• 자가 발전 손전등은 회전 손잡이와 연결된 코일이 균일한 자기장에서 회전할 때 코일에 유도 전류가 발생하여 전구에 불이 켜지는 장치이다.
• 그림과 같이 자기장의 방향과 코일이 이루는 각 θ에 따라 유도 전류의 세기와 방향이 변하는데, 코일이 $\theta=0°$에서 $\theta=30°$까지 회전하는 동안 코일에는 ⎡⎯(가)⎯⎤ 방향으로 유도 전류가 흐른다.

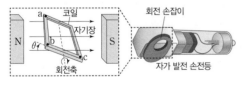

이에 대한 설명으로 옳은 것만을 〈보기〉에서 있는 대로 고른 것은?

〈 보기 〉
ㄱ. 자가 발전 손전등은 전자기 유도를 이용한다.
ㄴ. 코일이 $\theta=0°$에서 $\theta=30°$까지 회전하는 동안 코일을 통과하는 자기 선속은 증가한다.
ㄷ. 'a → b → c'는 (가)로 적절하다.

① ㄱ   ② ㄷ   ③ ㄱ, ㄴ   ④ ㄴ, ㄷ   ⑤ ㄱ, ㄴ, ㄷ

[25023-0183]

19 그림 (가)는 솔레노이드 주위에서 막대자석을 운동시키는 모습을 나타낸 것으로, 솔레노이드와 막대자석 사이의 거리는 d이다. 그림 (나)는 (가)에서 d를 시간에 따라 나타낸 것이다.

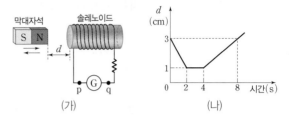

이에 대한 설명으로 옳은 것만을 〈보기〉에서 있는 대로 고른 것은?

〈 보기 〉
ㄱ. 1초일 때, 솔레노이드에 흐르는 유도 전류의 방향은 'p → ⓖ → q' 방향이다.
ㄴ. 솔레노이드 내부를 통과하는 자기 선속은 3초일 때가 5초일 때보다 작다.
ㄷ. 솔레노이드에 흐르는 유도 전류의 세기는 1초일 때와 6초일 때가 서로 같다.

① ㄱ   ② ㄷ   ③ ㄱ, ㄴ   ④ ㄴ, ㄷ   ⑤ ㄱ, ㄴ, ㄷ

[25023-0184]

20 그림은 xy평면에 수직이고 세기가 B_0으로 같은 균일한 자기장 영역 Ⅰ, Ⅱ에서 동일한 정사각형 도선 **A**, **B**, **C**, **D**가 각각 v, $2v$, v, v의 속력으로 $+x$방향, $-y$방향, $-x$방향, $+x$방향으로 운동하는 어느 순간의 모습을 나타낸 것이다. **A**, **C**에 흐르는 유도 전류의 방향은 서로 반대이다.

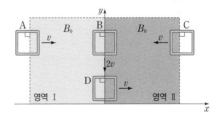

이에 대한 설명으로 옳은 것만을 〈보기〉에서 있는 대로 고른 것은? (단, **A**, **B**, **C**, **D** 사이의 상호 작용은 무시한다.)

〈 보기 〉
ㄱ. Ⅰ과 Ⅱ에서 자기장의 방향은 같다.
ㄴ. **A**와 **D**에 흐르는 유도 전류의 방향은 서로 반대이다.
ㄷ. 도선에 흐르는 유도 전류의 세기는 **B**에서가 가장 크다.

① ㄱ   ② ㄴ   ③ ㄱ, ㄷ   ④ ㄴ, ㄷ   ⑤ ㄱ, ㄴ, ㄷ

[25023–0185]

01 그림 (가)와 같이 방향과 세기가 일정한 전류가 흐르는 가늘고 무한히 긴 직선 도선 A, B, C가 각각 xy평면의 $x=-4d$, $x=0$, $x=4d$에 고정되어 있다. A, B에는 세기가 I_0으로 같은 전류가 흐르고, A에 흐르는 전류의 방향은 $+y$방향이다. 그림 (나)는 x축상의 $-4d < x < 4d$ 영역에서 A, B, C의 전류에 의한 자기장을 x에 따라 나타낸 것이다. $x=-2d$에서 자기장은 0, $x=2d$에서 자기장의 세기는 B_0이고, 자기장의 방향은 xy평면에서 수직으로 나오는 방향이 양(+)이다.

$x=-2d$에서 A, B, C의 전류에 의한 자기장이 0이므로 $x=-2d$에서 A의 전류에 의한 자기장과 B의 전류에 의한 자기장의 방향은 같다.

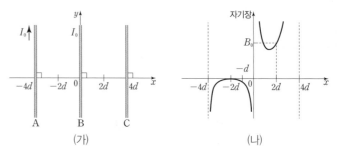

(가)　　　　　　　　(나)

이에 대한 설명으로 옳은 것만을 〈보기〉에서 있는 대로 고른 것은?

─〔 보기 〕─

ㄱ. B에 흐르는 전류의 방향은 $-y$방향이다.

ㄴ. C에 흐르는 전류의 세기는 $4I_0$이다.

ㄷ. $x=-d$에서 A, B, C의 전류에 의한 자기장의 세기는 $\dfrac{1}{20}B_0$이다.

① ㄱ　　　② ㄷ　　　③ ㄱ, ㄴ　　　④ ㄴ, ㄷ　　　⑤ ㄱ, ㄴ, ㄷ

[25023–0186]

02 그림과 같이 방향과 세기가 일정한 전류가 흐르는 가늘고 무한히 긴 직선 도선 A, B, C가 xy평면에 고정되어 있다. B에 흐르는 전류의 방향은 $-y$방향이다. 표는 xy평면의 점 p, q, r에서 A, B, C의 전류에 의한 자기장의 방향과 세기를 나타낸 것이다.

p, r에서 A, B의 전류에 의한 자기장은 서로 같다. 반면 p, r에서 C의 전류에 의한 자기장은 세기는 B_0으로 같고, 방향이 서로 반대이다.

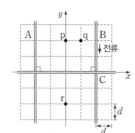

위치	A, B, C의 전류에 의한 자기장	
	방향	세기
p	●	$2B_0$
q	㉠	$3B_0$
r	●	$4B_0$

(●: xy평면에서 수직으로 나오는 방향)

이에 대한 설명으로 옳은 것만을 〈보기〉에서 있는 대로 고른 것은?

─〔 보기 〕─

ㄱ. A에 흐르는 전류의 방향은 $-y$방향이다.

ㄴ. ㉠은 xy평면에 수직으로 들어가는 방향이다.

ㄷ. 전류의 세기는 B에서가 C에서의 3배이다.

① ㄱ　　　② ㄷ　　　③ ㄱ, ㄴ　　　④ ㄴ, ㄷ　　　⑤ ㄱ, ㄴ, ㄷ

03 그림과 같이 일정한 방향으로 전류가 흐르는 가늘고 무한히 긴 직선 도선 A, B, C가 xy평면에 고정되어 있다. A에 흐르는 전류의 방향은 $+x$방향이고, 세기가 I_0이며, B와 C에 흐르는 전류의 방향은 서로 같다. 표는 B에 흐르는 전류의 세기가 I_0 또는 $3I_0$일 때, 점 p, q에서 A, B, C의 전류에 의한 자기장의 세기를 각각 나타낸 것이다. 이에 대한 설명으로 옳은 것만을 〈보기〉에서 있는 대로 고른 것은? (단, C에 흐르는 전류의 세기는 일정하다.)

[25023-0187]

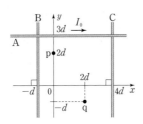

B에 흐르는 전류의 세기	위치	A, B, C의 전류에 의한 자기장의 세기
I_0	p	B_0
	q	㉠
$3I_0$	p	$3B_0$
	q	㉡

〈 보기 〉

ㄱ. C에 흐르는 전류의 방향은 $+y$방향이다.

ㄴ. B에 흐르는 전류의 세기가 $3I_0$일 때, q에서 A, B, C의 전류에 의한 자기장의 방향은 xy평면에 수직으로 들어가는 방향이다.

ㄷ. $|㉠-㉡| = \dfrac{2}{3}B_0$이다.

① ㄱ   ② ㄴ   ③ ㄱ, ㄷ   ④ ㄴ, ㄷ   ⑤ ㄱ, ㄴ, ㄷ

p에서 A, B, C의 전류에 의한 자기장의 세기가 B에 흐르는 전류의 세기에 비례하므로 p에서 A, C의 전류에 의한 자기장은 0이다.

[25023-0188]

04 그림 (가)와 같이 방향과 세기가 일정한 전류가 흐르는 가늘고 무한히 긴 직선 도선 A, B, C, D가 xy평면에 수직으로 고정되어 있다. A, B에 흐르는 전류의 방향은 서로 같고, C, D에 흐르는 전류의 세기는 각각 I_0으로 같으며 xy평면 위의 점 p에서 A, B, C, D의 전류에 의한 자기장은 0이다. 그림 (나)는 (가)에서 C를 $+x$방향으로 d만큼 이동시킨 것을 나타낸 것으로, (나)의 p에서 A, B, C, D의 전류에 의한 자기장의 방향은 $-y$방향이고 세기는 B_0이다.

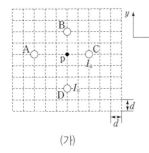

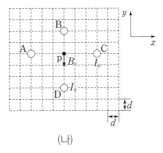

(가)   (나)

이에 대한 설명으로 옳은 것만을 〈보기〉에서 있는 대로 고른 것은?

〈 보기 〉

ㄱ. B에 흐르는 전류의 방향은 xy평면에서 수직으로 나오는 방향이다.

ㄴ. 전류의 세기는 A에서가 B에서의 $\dfrac{9}{4}$배이다.

ㄷ. (가)에서 D에 흐르는 전류의 세기가 $2I_0$으로 증가하면 (가)의 p에서 A, B, C, D의 전류에 의한 자기장의 세기는 $\dfrac{3}{2}B_0$이다.

① ㄱ   ② ㄴ   ③ ㄱ, ㄷ   ④ ㄴ, ㄷ   ⑤ ㄱ, ㄴ, ㄷ

(가) → (나) 과정에서, p에서 C의 전류에 의한 자기장의 세기만 $\dfrac{2}{3}$배만큼 작아졌으므로 (가), (나)의 p에서 C의 전류에 의한 자기장의 방향은 $+y$방향이다.

[25023-0189]

C에 흐르는 전류의 세기가 $2I$일 때, O에서 A, B, C의 전류에 의한 자기장이 0이므로 O에서 A와 B의 전류에 의한 자기장의 방향과 세기는 서로 같다.

05 그림과 같이 가늘고 무한히 긴 직선 도선 A, B와 원점 O를 중심으로 하는 원형 도선 C가 xy평면에 고정되어 있다. O로부터 A, B까지의 거리와 C의 반지름은 같고, A에는 $+x$방향으로 세기가 I_0인 일정한 전류가 흐르고, B에는 세기가 I_0으로 일정한 전류가 흐른다. 표는 O에서 A, B, C의 전류에 의한 자기장의 세기를 C에 일정한 방향으로 흐르는 전류의 세기에 따라 나타낸 것이다.

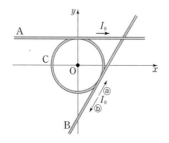

C에 흐르는 전류의 세기	O에서 A, B, C의 전류에 의한 자기장의 세기
0	㉠
I	B_0
$2I$	0
$3I$	㉡

이에 대한 설명으로 옳은 것만을 〈보기〉에서 있는 대로 고른 것은?

〈 보기 〉
ㄱ. B에 흐르는 전류의 방향은 ⓑ 방향이다.
ㄴ. O에서 C의 전류에 의한 자기장의 방향은 xy평면에서 수직으로 나오는 방향이다.
ㄷ. $\dfrac{㉠}{㉡}=2$이다.

① ㄱ   ② ㄷ   ③ ㄱ, ㄴ   ④ ㄴ, ㄷ   ⑤ ㄱ, ㄴ, ㄷ

[25023-0190]

C에 흐르는 전류의 세기가 증가할수록 xy평면에서 수직으로 나오는 방향의 자기장이 증가하므로 C에 흐르는 전류의 방향은 $+y$방향이다.

06 그림 (가)와 같이 반지름이 각각 d, $2d$인 두 원형 도선 A, B와 가늘고 무한히 긴 직선 도선 C가 xy평면에 고정되어 있다. A, B의 중심은 원점 O로 같고, A, B에는 세기가 각각 I_0, $2I_0$인 일정한 전류가 흐른다. 그림 (나)는 C에 흐르는 전류의 세기에 따른 O에서의 A, B, C의 전류에 의한 자기장을 나타낸 것이다. 자기장의 방향은 xy평면에서 수직으로 나오는 방향이 양(+)이다.

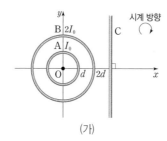
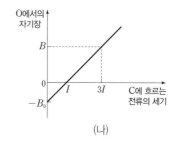

(가)   (나)

이에 대한 설명으로 옳은 것만을 〈보기〉에서 있는 대로 고른 것은?

〈 보기 〉
ㄱ. A에 흐르는 전류의 방향은 시계 반대 방향이다.
ㄴ. $B=2B_0$이다.
ㄷ. (가)에서 B에 흐르는 전류의 방향만을 반대로 바꾸고 C에 흐르는 전류의 세기를 $3I$로 할 때, O에서 A, B, C의 전류에 의한 자기장의 세기는 $3B_0$이다.

① ㄱ   ② ㄴ   ③ ㄱ, ㄷ   ④ ㄴ, ㄷ   ⑤ ㄱ, ㄴ, ㄷ

07 그림 (가)와 같이 가늘고 무한히 긴 직선 도선 A가 $y=d$에 x축과 나란하게 고정되어 있고, 중심이 원점 O인 원형 도선 B가 xy평면에 고정되어 있으며, 무한히 가늘고 긴 직선 도선 C는 y축과 나란하게 옮겨 고정시킬 수 있다. A, B, C에는 일정한 방향으로 전류가 흐른다. A에 흐르는 전류의 방향은 $+x$방향이고, A, C에 흐르는 전류의 세기는 각각 I_0, $3I_0$이다. 그림 (나)는 C의 위치 x_C에 따른 O에서 A, B, C의 전류에 의한 자기장 세기를 나타낸 것이다.

[25023-0191]

$x_C=3d$일 때, O에서 A의 전류에 의한 자기장의 세기와 C의 전류에 의한 자기장의 세기가 서로 같다. 따라서 O에서 A의 전류에 의한 자기장과 C의 전류에 의한 자기장의 방향은 서로 같다.

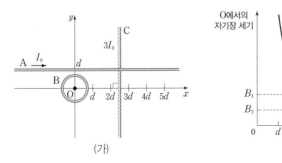

(가) (나)

이에 대한 설명으로 옳은 것만을 〈보기〉에서 있는 대로 고른 것은?

〈 보기 〉
ㄱ. C에 흐르는 전류의 방향은 $-y$방향이다.
ㄴ. O에서 B의 전류에 의한 자기장의 방향은 xy평면에서 수직으로 나오는 방향이다.
ㄷ. $\dfrac{B_1}{B_2}=2$이다.

① ㄱ ② ㄷ ③ ㄱ, ㄴ ④ ㄴ, ㄷ ⑤ ㄱ, ㄴ, ㄷ

08 그림 (가)와 같이 자기화되어 있지 않은 물체 A, B를 균일한 자기장 영역에 놓았더니 A, B가 자기화되었다. A, B의 무게는 같다. 그림 (나), (다)는 (가)에서 A, B를 꺼내어 수평면에 놓인 자기화되지 않은 C 위에 각각 올려놓았을 때 A, B, C가 정지해 있는 모습을 나타낸 것으로, (나)에서 C가 A를 떠받치는 힘의 크기는 A의 무게보다 크다. A, B, C는 강자성체, 상자성체, 반자성체를 순서 없이 나타낸 것이다.

[25023-0192]

(나)에서 A에 작용하는 힘은 A에 작용하는 중력, C가 A에 작용하는 자기력, C가 A를 떠받치는 힘으로, 이 세 힘이 평형을 이룬다.

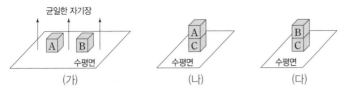

(가) (나) (다)

이에 대한 설명으로 옳은 것만을 〈보기〉에서 있는 대로 고른 것은?

〈 보기 〉
ㄱ. A는 강자성체이다.
ㄴ. (가)에서 B는 자기장의 방향과 같은 방향으로 자기화된다.
ㄷ. (다)에서 B와 C 사이에는 서로 미는 자기력이 작용한다.

① ㄱ ② ㄴ ③ ㄱ, ㄷ ④ ㄴ, ㄷ ⑤ ㄱ, ㄴ, ㄷ

A를 자석 위에 놓았을 때 A와 자석 사이에는 서로 당기는 자기력이 작용하고, B를 자석 위에 놓았을 때 B와 자석 사이에는 서로 미는 자기력이 작용한다.

[25023-0193]

09 다음은 자성체에 대한 실험이다.

[실험 과정]

(가) 아크릴 관에 자석을 고정하여 전자저울 위에 놓고 무게를 측정한 후, 자기화되어 있지 않은 물체 A, B, C를 각각 자석으로부터 같은 높이에 위치시켜 자기화시킨 후 전자저울에 나타난 측정값을 기록한다. A, B, C는 강자성체, 상자성체, 반자성체를 순서 없이 나타낸 것이다.

(나) 자석을 제거한 후 수평면에서 A와 B, B와 C를 서로 가까이 하며 물체 사이에 작용하는 자기력의 방향을 관찰한다.

[실험 결과]

(가)

물체	전자저울의 측정값(N)
없음	1.00
A	0.99
B	1.01
C	㉠

(나)

물체	자기력의 방향
A와 B	㉡
B와 C	서로 미는 방향

이에 대한 설명으로 옳은 것만을 〈보기〉에서 있는 대로 고른 것은?

〈 보기 〉

ㄱ. A는 반자성체이다.
ㄴ. ㉠>1.00이다.
ㄷ. '작용하지 않음'은 ㉡으로 적절하다.

① ㄱ   ② ㄷ   ③ ㄱ, ㄴ   ④ ㄴ, ㄷ   ⑤ ㄱ, ㄴ, ㄷ

(가)에서 A와 B는 각각 중력에 의해 빗면 아래 방향으로 작용하는 힘의 크기와 자기력에 의해 빗면 위 방향으로 작용하는 힘의 크기가 같다.

[25023-0194]

10 그림 (가)와 같이 빗면에 자석을 고정시키고 자석의 빗면 아래쪽과 위쪽에 물체 A, B를 각각 가만히 놓았더니 A, B가 정지해 있다. A, B는 상자성체와 반자성체를 순서 없이 나타낸 것이다. 그림 (나)는 (가)에서 자석을 제거하였더니 A, B가 빗면을 따라 등가속도 운동을 하는 것을 나타낸 것이다.

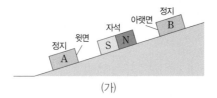

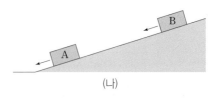

(가)   (나)

이에 대한 설명으로 옳은 것만을 〈보기〉에서 있는 대로 고른 것은? (단, 모든 마찰은 무시한다.)

〈 보기 〉

ㄱ. A는 상자성체이다.
ㄴ. (가)에서 B의 아랫면은 N극으로 자기화된다.
ㄷ. (나)에서 A와 B 사이에는 서로 미는 자기력이 작용한다.

① ㄱ   ② ㄷ   ③ ㄱ, ㄴ   ④ ㄴ, ㄷ   ⑤ ㄱ, ㄴ, ㄷ

[25023-0195]

11 그림 (가)와 (나)는 각각 자기화되어 있지 않은 자성체 A와 B, A와 C를 균일한 자기장 영역에서 자기화시키고 자기장 영역에서 꺼낸 A를 용수철에 매달아 정지시킨 후, B와 C를 각각 A의 연직 아래에 놓아 정지시킨 모습을 나타낸 것이다. A, B, C는 강자성체, 반자성체, 상자성체를 순서 없이 나타낸 것이고, 용수철에 A만을 매달았을 때 용수철의 길이는 d_0이며, A의 연직 아래에 B와 C를 각각 놓았을 때 용수철의 길이는 각각 d_1, d_2이고, $d_1 > d_0 > d_2$이다.

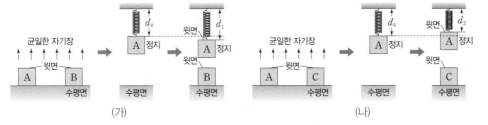

(가) (나)

이에 대한 설명으로 옳은 것만을 〈보기〉에서 있는 대로 고른 것은? (단, 용수철의 질량은 무시한다.)

〈 보기 〉
ㄱ. A는 강자성체이다.
ㄴ. (가)에서 용수철에 매달린 A와 수평면에 놓인 B 사이에는 서로 당기는 자기력이 작용한다.
ㄷ. (나)에서 용수철에 매달린 A 아래의 수평면에 놓인 C의 윗면은 S극으로 자기화된다.

① ㄱ   ② ㄴ   ③ ㄱ, ㄷ   ④ ㄴ, ㄷ   ⑤ ㄱ, ㄴ, ㄷ

> (가)에서 A의 연직 아래에 B를 놓았을 때 A와 B 사이에는 서로 당기는 자기력이 작용하고, (나)에서 A의 연직 아래에 C를 놓았을 때 A와 C 사이에는 서로 미는 자기력이 작용한다.

[25023-0196]

12 다음은 자성체 A와 A를 이용한 경보 장치의 작동 원리에 대한 설명이다.

- A는 외부 자기장과 같은 방향으로 자기화되고, 외부 자기장을 제거하여도 자성을 오래 유지하는 성질을 나타내며, A의 성질을 이용해 경보 장치에 활용한다.
- 그림과 같이 문이 닫혔을 때 1차 회로가 연결되어 1차 회로의 코일에 전류가 흐르고, A는 자기화되어 금속 막대를 당겨 2차 회로에 전류가 흐르지 않는다. 문이 열려 1차 회로가 차단되었을 때는 A와 금속 막대 사이의 자기력의 세기가 약해져 금속 막대가 2차 회로가 연결되어 경보 장치가 작동한다.

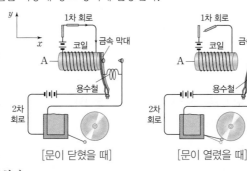

이에 대한 설명으로 옳은 것만을 〈보기〉에서 있는 대로 고른 것은?

〈 보기 〉
ㄱ. A는 강자성체이다.
ㄴ. 문이 닫혔을 때 코일 내부에서의 자기장 방향은 $-x$방향이다.
ㄷ. 문이 열렸을 때 A와 금속 막대 사이에는 서로 미는 자기력이 작용한다.

① ㄱ   ② ㄷ   ③ ㄱ, ㄴ   ④ ㄴ, ㄷ   ⑤ ㄱ, ㄴ, ㄷ

> A는 1차 회로가 연결되면 코일의 전류에 의한 외부 자기장과 같은 방향으로 자기화되고, 1차 회로가 차단되어 외부 자기장을 제거되었을 때도 자성이 오랫동안 유지된다.

(나)에서 A를 Ⅱ에 가까이 할 때 Ⅱ에 유도 전류가 흐르므로 (가)의 Ⅰ에서 꺼낸 A에는 자성이 오랫동안 유지된다.

[25023-0197]

13 다음은 자성체에 대한 실험이다.

[실험 과정]

(가) 그림과 같이 자기화되어 있지 않은 자성체 A, B, C를 각각 코일 Ⅰ에 넣고 Ⅰ에 전류를 흐르게 하여 자성체를 자기화시킨다. A, B, C는 강자성체, 반자성체, 상자성체를 순서 없이 나타낸 것이고, ⓐ는 전원 장치의 단자이다.

(나) 그림과 같이 Ⅰ에서 꺼낸 자성체의 P가 새겨진 쪽을 코일 Ⅱ 쪽에 가까이 하며 검류계를 관찰한다. p, q는 회로에 고정된 점이다.

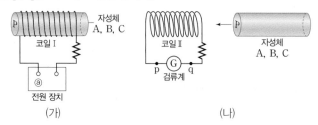

(가)   (나)

[실험 결과]

자성체	검류계에 흐르는 전류의 방향
A	p → Ⓖ → q
B	흐르지 않음
C	㉠

이에 대한 설명으로 옳은 것만을 〈보기〉에서 있는 대로 고른 것은?

〈 보기 〉

ㄱ. A는 강자성체이다.
ㄴ. ⓐ는 (−)극이다.
ㄷ. ㉠은 'q → Ⓖ → p'이다.

① ㄱ   ② ㄴ   ③ ㄱ, ㄷ   ④ ㄴ, ㄷ   ⑤ ㄱ, ㄴ, ㄷ

도선을 통과하는 자기 선속은 자기장의 세기에 비례하고, 단위 시간당 자기 선속의 변화량이 클수록 유도 전류의 세기가 크다.

[25023-0198]

14 그림 (가)는 xy평면에 수직으로 들어가는 균일한 자기장 영역 Ⅰ에 고정되어 있는 금속 고리를 나타낸 것으로, 점 P는 고리 위의 점이다. 그림 (나)는 Ⅰ에서의 자기장의 세기를 시간에 따라 나타낸 것이다.

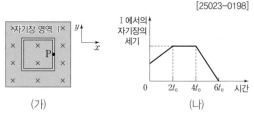

(가)   (나)

이에 대한 설명으로 옳은 것만을 〈보기〉에서 있는 대로 고른 것은?

〈 보기 〉

ㄱ. t_0일 때, P에 흐르는 유도 전류의 방향은 $+y$방향이다.
ㄴ. $4t_0$부터 $6t_0$까지 Ⅰ에서의 자기장에 의한 고리를 통과하는 자기 선속은 감소한다.
ㄷ. P에 흐르는 유도 전류의 세기는 t_0일 때가 $3t_0$일 때보다 작다.

① ㄱ   ② ㄷ   ③ ㄱ, ㄴ   ④ ㄴ, ㄷ   ⑤ ㄱ, ㄴ, ㄷ

[25023-0199]

15 그림 (가)는 막대자석의 ⓐ를 p-n 접합 발광 다이오드(LED)가 연결된 코일을 향하도록 하여 코일의 중심축을 따라 운동시키는 것을 나타낸 것이다. ⓐ는 자석의 N극과 S극 중 하나이다. 그림 (나)는 자석의 ⓐ의 끝부분과 코일 왼쪽 면의 중심 사이의 거리 d를 시간에 따라 나타낸 것이고, $5t_0$일 때 LED에서 빛이 방출된다.

LED에 순방향 전압이 걸려 p형 반도체에서 n형 반도체 방향으로 전류가 흐를 때 LED에서 빛이 방출되고, 역방향 전압이 걸릴 때는 LED에서 빛이 방출되지 않는다.

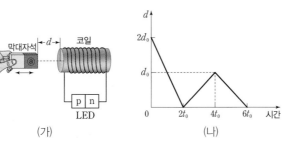

(가) (나)

이에 대한 설명으로 옳은 것만을 〈보기〉에서 있는 대로 고른 것은?

〔 보기 〕
ㄱ. ⓐ는 S극이다.
ㄴ. $2t_0$부터 $4t_0$까지 코일 내부를 통과하는 자기 선속은 감소한다.
ㄷ. LED에서 방출되는 빛의 밝기는 $\frac{3}{2}t_0$일 때와 $5t_0$일 때가 같다.

① ㄱ ② ㄴ ③ ㄱ, ㄷ ④ ㄴ, ㄷ ⑤ ㄱ, ㄴ, ㄷ

[25023-0200]

16 그림은 전기 저항값이 같은 정사각형 금속 고리 A, B, C가 xy평면에 수직으로 형성된 균일한 자기장 영역 Ⅰ, Ⅱ에 들어가는 순간의 모습을 나타낸 것이다. A, B, C의 한 변의 길이는 각각 d, d, $2d$이고, 속력은 각각 v, $2v$, v이다. 이 순간 A와 C에 흐르는 유도 전류의 세기는 같다.

이에 대한 설명으로 옳은 것만을 〈보기〉에서 있는 대로 고른 것은? (단, A, B, C의 상호 작용은 무시한다.)

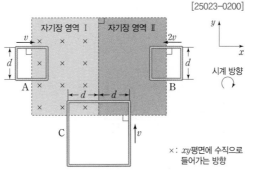

× : xy평면에 수직으로 들어가는 방향

A와 C에 흐르는 유도 전류의 세기가 같으므로 A와 C를 통과하는 단위 시간당 자기 선속의 변화량은 서로 같다.

〔 보기 〕
ㄱ. A에 흐르는 유도 전류의 방향은 시계 방향이다.
ㄴ. 자기장의 세기는 Ⅱ에서가 Ⅰ에서의 2배이다.
ㄷ. 유도 전류의 세기는 B에서가 C에서의 4배이다.

① ㄱ ② ㄷ ③ ㄱ, ㄴ ④ ㄴ, ㄷ ⑤ ㄱ, ㄴ, ㄷ

[25023–0201]

17 그림은 p-n 접합 발광 다이오드(LED)가 연결된 정사각형 금속 고리가 +x방향으로 속력 v로 등속도 운동을 하는 모습을 나타낸 것이다. xy평면에 수직인 방향으로 형성된 균일한 자기장 영역 Ⅰ, Ⅱ, Ⅲ에서의 자기장의 세기는 각각 B, 2B, B이고, 고리는 Ⅰ, Ⅱ, Ⅲ을 차례로 지난다. 표는 고리 위의 점 a의 위치에 따라 고리에 흐르는 유도 전류의 세기를 나타낸 것이다.

a의 위치가 x=3d, x=7d 일 때, 고리를 통과하는 자기 선속은 변하지만, LED에 역 방향 전압이 걸려 고리에 유 도 전류가 흐르지 않는다.

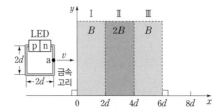

a의 위치	유도 전류의 세기
$x=d$	I
$x=3d$	흐르지 않음
$x=5d$	㉠
$x=7d$	흐르지 않음

이에 대한 설명으로 옳은 것만을 〈보기〉에서 있는 대로 고른 것은?

─〔 보기 〕─
ㄱ. a의 위치가 $x=d$일 때, a에 흐르는 유도 전류의 방향은 +y방향이다.
ㄴ. Ⅱ에서 자기장의 방향은 xy평면에 수직으로 들어가는 방향이다.
ㄷ. ㉠>I이다.

① ㄱ   ② ㄷ   ③ ㄱ, ㄴ   ④ ㄴ, ㄷ   ⑤ ㄱ, ㄴ, ㄷ

[25023–0202]

18 그림 (가)와 같이 한 변의 길이가 4d인 정사각형 금속 고리가 xy평면에서 +x방향으로 등속도 운동을 하며 xy평면에 수직인 방향으로 형성된 균일한 자기장 영역 Ⅰ~Ⅳ를 지난다. p는 금속 고리 위의 점이다. 그림 (나)는 p에 흐르는 유도 전류의 세기를 p의 위치 x_p에 따라 나타낸 것이다. $0<x_p<4d$ 구간에서 p에 흐르는 유도 전류의 방향은 같고, $8d<x_p<10d$ 구간에서 p에 흐르는 유도 전류의 세기는 $3I_0$보다 작다.

$0<x_p<4d$ 구간에서 p에 흐르는 유도 전류의 세기가 I_0으로 같으므로 Ⅰ과 Ⅱ에서 자기장의 방향과 세기는 서로 같다. 또한 $6d<x_p<8d$ 구간에서 p에 유도 전류가 흐르지 않으므로 Ⅱ와 Ⅳ에서 자기장의 방향과 세기가 서로 같다.

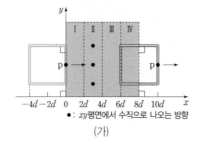

• : xy평면에서 수직으로 나오는 방향
(가)

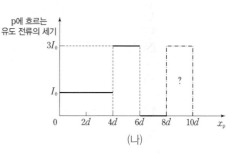

(나)

이에 대한 설명으로 옳은 것만을 〈보기〉에서 있는 대로 고른 것은?

─〔 보기 〕─
ㄱ. 자기장의 방향은 Ⅰ에서와 Ⅲ에서가 같다.
ㄴ. $x_p=5d$일 때, p에 흐르는 유도 전류의 방향은 +y방향이다.
ㄷ. $8d<x_p<10d$ 구간에서 p에 흐르는 유도 전류의 세기는 $\frac{3}{2}I_0$이다.

① ㄱ   ② ㄴ   ③ ㄱ, ㄷ   ④ ㄴ, ㄷ   ⑤ ㄱ, ㄴ, ㄷ

08 파동의 성질과 활용

1 파동의 진행과 굴절

(1) 파동의 특성

① **파동**: 공간이나 물질의 한 지점에서 발생한 진동이 주위로 퍼져 나가는 현상이다.
- **매질**: 용수철이나 물과 같이 파동을 전달해 주는 물질로, 파동이 전파될 때 매질은 제자리에서 진동만 할 뿐 파동과 함께 이동하지 않는다.
- 전자기파는 매질이 없는 공간에서도 전기장과 자기장의 진동으로 전파된다.

② **파동의 종류**

횡파	종파
파동의 진행 방향과 매질의 진동 방향이 서로 수직인 파동	파동의 진행 방향과 매질의 진동 방향이 서로 나란한 파동
진동 방향 / 진행 방향	진동 방향 / 진행 방향
예 지진파의 S파	예 지진파의 P파, 소리(초음파) 등

③ **파동의 표현**
- **파장(λ)**: 매질의 각 점이 한 번 진동하는 동안 파동이 진행한 거리, 즉 이웃한 마루와 마루 또는 골과 골 사이의 거리
- **진폭(A)**: 매질의 최대 변위의 크기, 즉 매질의 진동 중심으로부터 마루 또는 골까지의 거리
- **주기(T)**: 매질의 각 점이 한 번 진동하는 데 걸리는 시간, 즉 파동이 진행할 때 매질의 한 점이 마루가 되는 순간부터 다음 마루가 되는 데까지 걸리는 시간 [단위: s]
- **진동수(f)**: 매질의 한 점이 1초 동안 진동하는 횟수 [단위: Hz] ➡ $f=\dfrac{1}{T}$ 또는 $T=\dfrac{1}{f}$
- **위상**: 매질의 각 점들의 위치와 진동(운동) 상태를 나타내는 물리량으로, 한 파동에 있는 마루들은 위상이 서로 같고, 마루와 골은 위상이 서로 반대이다.
- 주기와 진동수는 파동을 발생시키는 파원에서 결정된다. 즉, 매질이 달라져도 주기와 진동수는 변하지 않는다.

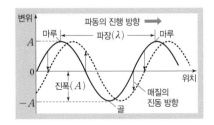
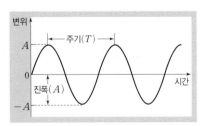

④ **파동의 진행 속력**: 파동은 한 주기(T) 동안 한 파장(λ)만큼 진행하므로 파동의 진행 속력은 파장(λ)을 주기(T)로 나눈 값이다.

$$v=\frac{\lambda}{T}=f\lambda$$

개념 체크

➡ **수심에 따른 물결파의 속력**: 물결파는 수심이 깊을수록 속력이 빠르다.

➡ **기체의 온도에 따른 소리의 속력**: 온도가 높을수록 소리의 속력이 빠르다. ➡ $v_{고온} > v_{저온}$

➡ **매질에 따른 소리의 속력**: 소리의 속력은 고체에서 가장 빠르고, 기체에서 가장 느리다.
➡ $v_{고체} > v_{액체} > v_{기체}$

➡ **파동의 굴절**: 파동이 진행하다가 속력이 다른 매질을 만나면 매질의 경계면에서 파동의 진행 방향이 꺾이는 현상이다.

1. 물결파는 수심이 (　　) 을수록 속력이 크다.

2. 기체에서 소리의 속력은 온도가 (　　)을수록 크다.

3. 두 매질의 경계면에서 파동이 굴절할 때 두 매질의 경계면에 수직인 직선을 (　　)이라고 한다.

• **줄에서의 속력**

① 줄의 재질과 굵기가 같을 때

줄을 천천히 흔들 때　　　줄을 빠르게 흔들 때

매질이 같으므로 파동의 속력이 같고, 속력이 같으므로 진동수가 증가하면 파장이 짧아진다.

② 줄의 재질은 같고 굵기가 다를 때

굵은 줄　　　　　가는 줄

굵은 줄에서 가는 줄로 진행할 때, 파동의 진동수는 변하지 않으므로 속력은 빨라지고 파장은 길어진다.

• **물결파의 속력**

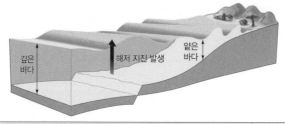

깊은 바다　해저 지진 발생　얕은 바다

물결파는 수심이 깊을수록 속력이 빠르다. 해저 지진으로 발생한 지진 해일이 육지 쪽으로 진행하면 수심이 얕아지므로 속력은 느려지고 파장은 짧아진다.

• **소리의 속력**

① 기체에서의 속력: 소리는 기체의 한 부분에서의 압력 변화가 주위로 전파되는 것으로, 이때 기체의 온도가 높을수록 소리의 속력이 빠르다. ➡ $v_{고온} > v_{저온}$

② 매질의 상태에 따른 속력: 매질의 상태에 따라 소리의 속력이 다른데, 소리의 속력은 고체에서 가장 빠르고 기체에서 가장 느리다. ➡ $v_{고체} > v_{액체} > v_{기체}$

기체에서 소리의 속력(m/s)			액체에서 소리의 속력(m/s)			고체에서 소리의 속력(m/s)		
공기 (0 ℃)	산소 (0 ℃)	헬륨 (0 ℃)	물	메탄올	바닷물	알루미늄	구리	철
331	317	972	1490	1140	1530	5100	3560	5130

과학 돋보기 🔍 소리가 발생한 방향을 찾는 원리

사람의 두 귀는 공간에서 발생한 소리의 방향을 인식하는 역할을 한다. 사람의 귀가 소리의 발생 방향을 인식하는 능력(Binaural Effect)의 가장 중요한 원리는 양쪽 귀에 소리가 도달하는 시간의 차를 감지하는 것이다. 소리가 사람의 왼쪽에서 발생하였을 때 소리의 이동 거리는 왼쪽 귀까지가 오른쪽 귀까지보다 짧아 오른쪽 귀에는 왼쪽 귀보다 소리가 약 0.0006초  늦게 도달한다. 사람의 왼쪽 측면으로부터 30° 전방에서 소리가 발생한 경우, 오른쪽 귀에는 왼쪽 귀보다 소리가 약 0.0002초 늦게 도달한다. 이처럼 사람은 양쪽 귀에 도달하는 소리의 시간차를 인식하여 소리가 발생한 방향을 감지한다.

사람이 물속으로 잠수하여 물속에서 발생한 소리를 감지하는 경우, 물속 소리의 속력이 공기 중에서보다 빨라 양쪽 귀에 도달하는 소리의 시간차가 매우 짧아서 소리가 발생한 방향을 쉽게 찾지 못한다.

(2) 파동의 굴절: 파동이 진행할 때 속력이 다른 매질의 경계면에서 진행 방향이 변하는 현상이다.
① **굴절의 원인**: 매질의 종류와 상태에 따라 파동의 진행 속력이 변하기 때문이다.
　• **법선**: 두 매질의 경계면에 수직인 직선
　• **입사각(i)**: 입사파의 진행 방향과 법선이 이루는 각

정답
1. 깊
2. 높
3. 법선

- 굴절각(r): 굴절파의 진행 방향과 법선이 이루는 각
- 파동의 속력이 빠른 매질에서 느린 매질로 진행할 때 입사각(i)이 굴절각(r)보다 크고, 파동의 속력이 느린 매질에서 빠른 매질로 진행할 때 입사각(i)이 굴절각(r)보다 작다.

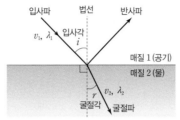

② **굴절 법칙(스넬 법칙)**

- 굴절률(n): 매질에서 빛의 속력 v에 대한 진공에서 빛의 속력 c의 비

$$n=\frac{c}{v}$$

물질	진공	공기	물	에탄올	글리세린	유리	다이아몬드
굴절률	1.00	1.0003	1.33	1.36	1.47	1.5~1.9	2.42

[온도] 공기: 0 ℃, 액체: 20 ℃, 고체: 상온, [파장] 589.29 nm

- 상대 굴절률(n_{12}): 매질 1의 굴절률이 n_1, 매질 2의 굴절률이 n_2일 때, 매질 1의 굴절률에 대한 매질 2의 굴절률

$$n_{12}=\frac{n_2}{n_1}$$

- 굴절 법칙: 매질 1에서 매질 2로 빛이 진행할 때, 매질 1의 굴절률이 n_1, 매질 2의 굴절률이 n_2이면 다음 관계가 성립한다.

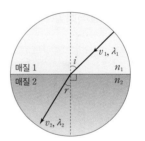

$$\frac{\sin i}{\sin r}=\frac{v_1}{v_2}=\frac{\lambda_1}{\lambda_2}=\frac{\frac{c}{n_1}}{\frac{c}{n_2}}=\frac{n_2}{n_1}=n_{12}(일정)$$

$n_1\sin i=n_2\sin r$: 굴절 법칙

과학 돋보기 🔍 **굴절 법칙**

그림은 매질 1에서 매질 2로 진행하는 파동이 굴절하는 것을 나타낸 것으로, 같은 시간(t) 동안 파면 AB가 진행할 때 매질 2에서는 A에서 A′까지 진행하고, 매질 1에서는 B에서 B′까지 진행한다.

매질 1에서 파동의 속력과 파장이 각각 v_1, λ_1, 매질 2에서 파동의 속력과 파장이 각각 v_2, λ_2라면 굴절 과정에서 파동의 진동수 f는 변하지 않으므로 $\overline{BB'}=v_1 t$, $v_1=f\lambda_1$, $\overline{AA'}=v_2 t$, $v_2=f\lambda_2$이다. $\overline{BB'}=\overline{AB'}\sin i$이고, $\overline{AA'}=\overline{AB'}\sin r$이므로 $\frac{\overline{BB'}}{\overline{AA'}}=\frac{v_1 t}{v_2 t}=\frac{v_1}{v_2}=\frac{f\lambda_1}{f\lambda_2}=\frac{\lambda_1}{\lambda_2}=\frac{\sin i}{\sin r}$이다. 따라서 $\frac{\sin i}{\sin r}=\frac{v_1}{v_2}=\frac{\lambda_1}{\lambda_2}$이다.

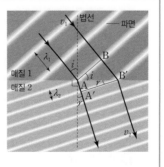

개념 체크

➡ **파동의 굴절 원인**: 매질에 따라 파동의 속력이 달라지기 때문이다.

1. 빛을 공기에서 물로 비스듬하게 입사시킬 때, 공기와 물의 경계면에서 빛의 속력은 ( )진다.

2. 그림과 같이 파동이 매질 1에서 매질 2로 진행할 때, 매질의 굴절률은 매질 1이 매질 2보다 (크다 , 작다).

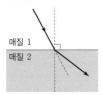

3. 그림은 파동이 매질 1에서 매질 2로 진행할 때 파동의 파면을 나타낸 것이다. 파동의 속력은 매질 1에서가 매질 2에서보다 (크다 , 작다).

정답
1. 느려(작아)
2. 크다
3. 크다

🧪 **탐구자료 살펴보기** | **빛이 굴절할 때의 규칙성 찾기**

과정
(1) 그림과 같이 굴절 실험 장치의 물통에 물을 기준선까지 넣는다.
(2) 입사각이 30°가 되도록 물통의 중심을 향해 레이저 빛을 비추고 빛의 진행 경로를 관찰하여 굴절각을 측정한다.
(3) 입사각을 45°, 60°로 바꾸어 굴절각을 측정한다.

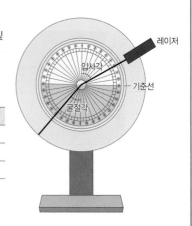

결과

입사각(°)	굴절각(°)	sin(입사각)	sin(굴절각)
30	22.1	0.500	0.376
45	32.1	0.707	0.531
60	40.6	0.866	0.651

point
• 입사각이 증가하면 굴절각도 증가한다.
• 공기에 대한 물의 굴절률은 입사각에 관계없이 $\dfrac{\sin(입사각)}{\sin(굴절각)} \fallingdotseq 1.33$으로 일정하다.

🧪 **탐구자료 살펴보기** | **물결파의 진행 방향 관찰하기**

과정
(1) 그림 (가)와 같이 물결파 투영 장치에 물을 채우고 물결파를 발생시켜 스크린에 투영된 물결파의 파면을 관찰한다.
(2) 그림 (나)와 같이 수조 안에 유리판을 넣어 물의 깊이가 얕은 곳을 만들고 물결파를 발생시켜 스크린에 투영된 물결파의 파면을 관찰한다.
(3) 그림 (다)와 같이 수조 안에 유리판을 비스듬히 넣고 물결파를 발생시켜 스크린에 투영된 물결파의 파면을 관찰한다.

(가)

(나)

(다)

결과

• 과정 (1)의 결과: 물결파의 파장이 일정하다.

• 과정 (2)의 결과: 물결파의 파장은 깊은 곳에서가 얕은 곳에서보다 길다.

• 과정 (3)의 결과: 물결파는 깊은 곳과 얕은 곳의 경계면에서 굴절한다.

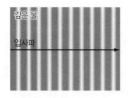

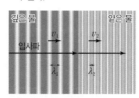

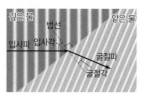

point
• 물의 깊이가 변하지 않을 때 물결파의 속력은 일정하다.
• 물결파의 진동수는 일정하므로 물결파의 속력은 깊은 곳에서가 얕은 곳에서보다 크다($v_1 > v_2$, $\lambda_1 > \lambda_2$).
• 물결파는 깊은 곳에서 얕은 곳으로 진행할 때 입사각이 굴절각보다 크다.

③ 생활 속 굴절 현상

- 소리의 굴절: 공기 중에서 소리는 속력이 느린(온도가 낮은) 쪽으로 굴절한다.
  ➡ 낮에는 높이 올라갈수록 기온이 낮아지므로 소리가 위로 휘어지고, 밤에는 높이 올라갈수록 기온이 높아지므로 소리가 아래로 휘어진다.

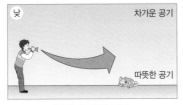
낮에 소리의 굴절

밤에 소리의 굴절

- 신기루: 공기의 온도에 따른 밀도의 변화로 빛의 진행 방향이 바뀌어 물체의 실제 위치가 아닌 곳에서 물체가 보이는 현상이다.
  ➡ 지표면이 뜨거워지면 상대적으로 위쪽 공기보다 지표면 근처의 공기 밀도가 작아지므로 빛의 속력이 커져서 아래로 향하던 빛이 위로 휘어져 사람의 눈에 들어오기 때문에 바닥에서도 물체가 보이고, 추운 지방에서는 온도 변화가 반대로 나타나므로 공중을 향하던 빛이 아래로 휘어져 사람의 눈에 들어오기 때문에 공중에서도 물체가 보인다.

뜨거운 도로 위 신기루

뜨거운 도로 위 신기루의 원리

추운 지방의 공중에 생기는 신기루

- 렌즈: 빛의 굴절을 이용하여 빛을 모으거나 퍼지게 할 수 있도록 만든 광학 기구로, 안경, 망원경, 현미경, 사진기 등에 이용된다.
  ➡ 볼록 렌즈는 빛을 모으고, 오목 렌즈는 빛을 퍼지게 한다.

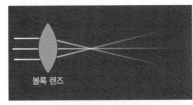
볼록 렌즈에서 빛의 굴절

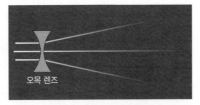
오목 렌즈에서 빛의 굴절

- 수심이 얕아 보이는 현상: 빛이 물속에서 공기 중으로 나올 때 굴절각이 입사각보다 크고, 이때 굴절된 광선의 연장선이 만나는 지점에 물체가 있는 것으로 보인다.

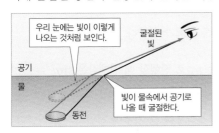

물속에 잠긴 다리가 짧아 보인다.

❯ **소리의 굴절**: 공기 중에서 소리는 속력이 느린(온도가 낮은) 쪽으로 굴절한다.

❯ **신기루**: 공기의 온도에 따른 밀도의 변화로 빛의 진행 방향이 바뀌어 물체의 실제 위치가 아닌 곳에서 물체가 보이는 현상이다.

1. 공기의 온도가 (   )을 수록 소리의 속력이 크다.

2. 지표면이 차가운 북극 해역에서는 해수 표면 근처의 빛의 속력이 공중에서보다 (작아서 , 커서) 신기루에 의해 생긴 상이 (해수면 , 공중)에 보인다.

3. 물속에 있는 사람이 물 밖의 물체를 보면 수면으로부터 물체가 (가까이 , 멀리) 있는 것으로 보인다.

4. 그림과 같이 물속의 동전이 실제보다 떠 보이는 현상은 빛의 속력이 공기에서가 물에서보다 (크기 , 작기) 때문이다.

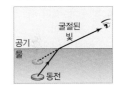

정답
1. 높
2. 작아서, 공중
3. 멀리
4. 크기

➔ **전반사**: 빛이 매질의 경계면에서 전부 반사되는 현상으로, 빛이 굴절률이 큰 매질에서 굴절률이 작은 매질로 진행하고 입사각이 임계각보다 클 때 나타나는 현상이다.

➔ **임계각**: 빛이 굴절률이 n_1인 매질에서 n_2인 매질($n_1 > n_2$)로 진행할 때 임계각 i_c는 다음과 같다.

$$\sin i_c = \frac{n_2}{n_1}$$

1. 빛이 굴절률이 서로 다른 매질의 경계면에 입사할 때 입사각과 관계없이 (굴절 광선 , 반사 광선)은 항상 생긴다.

2. 빛이 밀한 매질에서 소한 매질로 진행할 때, 굴절각이 ( )일 때의 입사각을 임계각이라고 한다.

3. 매질 1과 2의 굴절률이 각각 n_1, n_2이고, $n_1 > n_2$일 때 $\frac{n_2}{n_1}$가 작을수록 임계각은 ( )다.

4. 빛이 굴절률이 n인 물에서 굴절률이 1인 공기로 진행할 때 임계각이 i_c이면 $n \times \sin i_c = ($)이다.

🧪 **탐구자료** 살펴보기 | **서로 다른 매질에서 소리의 굴절 확인하기**

과정

(1) 그림과 같이 신호 발생기를 스피커와 연결하여 소리의 세기가 일정하고 진동수가 500 Hz인 소리를 발생시킨다.

(2) 스피커에서 나는 소리를 직접 들어 보며, 소리의 세기와 진동수를 비교한다.

(3) 스피커 앞에 이산화 탄소 기체를 넣은 풍선을 두고 과정 (2)를 반복한다.

(4) 스피커 앞에 헬륨 기체를 넣은 풍선을 두고 과정 (2)를 반복한다.

결과

구분	이산화 탄소 풍선	헬륨 풍선
소리의 세기	(2)에서보다 소리의 세기가 크다.	(2)에서보다 소리의 세기가 작다.
소리의 진동수	(2)에서와 같다.	(2)에서와 같다.

point

• 이산화 탄소는 공기보다 무거운 기체이므로 소리의 속력은 공기에서보다 작아지고, 이산화 탄소가 들어 있는 풍선을 통과하면서 굴절한 소리가 모이므로 소리의 세기가 크게 들린다. 헬륨은 공기보다 가벼운 기체이므로 소리의 속력은 공기에서보다 커지고, 헬륨이 들어 있는 풍선을 통과하면서 굴절한 소리가 흩어지므로 소리의 세기가 작게 들린다.

• 소리의 진동수는 매질에는 관계없고, 음원에서 결정된다.

2 전반사와 광통신

(1) 전반사

① **빛의 반사**: 빛이 진행하다가 서로 다른 매질의 경계면에서 원래 매질로 되돌아 나오는 현상으로, 입사각(i)과 반사각(i')의 크기는 항상 같다. ➡ $i = i'$

• 입사각이 증가하면 반사각과 굴절각도 증가한다.

② **빛의 전반사**: 빛이 매질의 경계면에서 전부 반사되는 현상이다.

• 그림과 같이 물에서 공기로 빛을 입사시키면 입사각보다 굴절각이 크다. 입사각을 증가시키면 굴절각도 증가하게 되고, 특정한 입사각에서 굴절각은 90°가 된다. 이때의 입사각을 임계각(i_c)이라 한다. 임계각보다 큰 각으로 입사된 빛은 매질의 경계면에서 전부 반사된다.

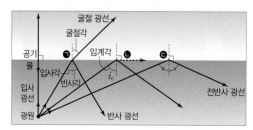

• ➊의 경우: 입사각 < 임계각
➡ 빛의 일부는 반사하고, 일부는 굴절한다.
• ➋의 경우: 입사각 = 임계각
➡ 굴절각이 90°이다.
• ➌의 경우: 입사각 > 임계각
➡ 빛은 전반사한다.

• **임계각(i_c)**: 빛이 굴절률이 큰 매질(n_1)에서 굴절률이 작은 매질(n_2)로 진행할 때 굴절각이 90°일 때의 입사각이다. $\frac{n_2}{n_1}$의 값이 작을수록 임계각이 작다.

• 빛이 굴절률이 n_1인 매질에서 n_2인 매질($n_1 > n_2$)로 진행할 때 임계각은 $\sin i_c = \frac{n_2}{n_1}$이다.

• **전반사 조건**: 빛이 굴절률이 큰 매질(밀한 매질, 느린 매질)에서 굴절률이 작은 매질(소한 매질, 빠른 매질)로 진행하면서 입사각이 임계각보다 큰 경우에 전반사가 일어난다.

- 전반사의 이용: 전반사를 이용하여 빛에너지의 손실 없이 신호를 멀리까지 전송할 수 있으며, 전반사 현상은 광섬유를 이용한 광통신, 의료에서의 내시경, 카메라, 쌍안경 등에 이용된다.

③ 생활 속 전반사의 이용

- 쌍안경: 프리즘 내부에서의 전반사를 이용하여 빛의 진행 경로를 바꾸고, 렌즈를 사용해 먼 곳의 물체를 확대하여 볼 수 있다.
- 자연 채광: 태양을 추적하는 집광기로 모은 빛을 광섬유를 묶어서 만든 광케이블을 사용해 지하로 이동시켜 어두운 지하를 밝게 한다.
- 내시경: 쉽게 휘어지도록 가늘게 만든 광섬유 다발을 연결한 소형 카메라를 사용해 인체 내부 장기의 모습을 살펴볼 수 있다.
- 장식품: 광섬유를 사용하여 예술품이나 장식품을 만들 수 있다.
- 다이아몬드: 외부에서 다이아몬드로 들어온 빛이 전반사를 통해 대부분 되돌아 나오기 때문에 다른 보석보다 더 많이 빛나 보인다.

쌍안경

자연 채광

내시경

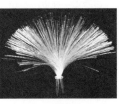
장식품

탐구자료 살펴보기 | 여러 가지 전반사 현상 관찰하기

과정

(1) 광학용 물통에 물을 절반 가량 채운다.
(2) 그림 (가)와 같이 레이저 빛을 물통의 둥근 부분 쪽에서 중심을 향해 비추어 빛이 물에서 공기로 진행할 때, 입사각을 변화시키면서 전반사 현상이 일어나는지를 관찰한다.
(3) 그림 (나)와 같이 빛이 공기에서 물로 진행할 때 입사각을 변화시키면서 전반사 현상이 일어나는지 관찰한다.
(4) 그림 (다)와 같이 구멍이 뚫린 플라스틱 컵에서 나오는 물줄기에 레이저 포인터로 빛을 비춘다.
(5) 그림 (라)와 같이 투명 아크릴 통에 물과 식용유를 차례로 넣고 식용유에서 공기 쪽으로 레이저 포인터를 비춘다.

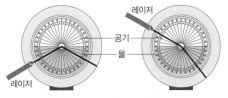
(가) 빛이 물 → 공기로 진행   (나) 빛이 공기 → 물로 진행

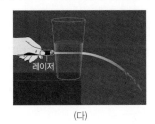
(다)

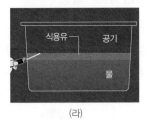
(라)

결과

- (가)에서 레이저 빛이 물에서 공기로 진행할 때, 입사각이 특정한 각보다 크면 전반사 현상이 나타난다.
- (나)에서 레이저 빛이 공기에서 물로 진행할 때, 입사각에 관계없이 전반사 현상이 나타나지 않는다.
- (다)에서 레이저 빛은 물줄기를 따라 전반사한다.
- (라)에서 레이저 빛은 식용유 안에서 전반사하며 진행한다.

1. 그림과 같이 빛이 광섬유 내부에서 전반사하며 진행할 때, θ는 임계각보다 (작다 , 크다).

2. 광섬유에서 굴절률은 클래딩이 코어보다 (작다 , 크다).

3. 전자기파의 전기장의 진동 방향과 전자기파의 진행 방향은 서로 (수직이다 , 나란하다).

정답
1. 크다
2. 작다
3. 수직이다.

point
• 전반사 현상은 빛이 굴절률이 큰 매질에서 굴절률이 작은 매질로 진행하고 입사각이 임계각보다 클 때 나타나며, 빛은 굴절률이 큰 매질 안에서 전반사하며 진행한다.
• 전반사 현상은 빛이 굴절률이 작은 매질에서 굴절률이 큰 매질로 진행할 때에는 나타나지 않는다.

(2) 광통신

① **광섬유의 구조**: 빛을 전송시킬 수 있는 투명한 유리 또는 플라스틱 섬유로, 중앙의 코어를 클래딩이 감싸고 있는 이중 원기둥 모양이다. 굴절률은 코어가 클래딩보다 크므로 코어와 클래딩의 경계면에서 입사각이 임계각보다 클 때 빛은 전반사하면서 코어를 따라 진행한다.

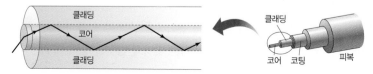

② **광통신**: 음성, 영상 등의 정보를 담은 전기 신호를 빛 신호로 변환하여 빛을 통해 정보를 주고받는 통신 방식이다.
③ **광통신 과정**: 음성, 영상 등과 같은 신호를 전기 신호로 변환한 후 레이저나 발광 다이오드를 사용하여 빛 신호로 변환하고, 빛 신호가 광섬유를 통해서 멀리까지 전달되면 수신기의 광 검출기에서 전기 신호로 변환하여 음성, 영상 등을 재생한다.

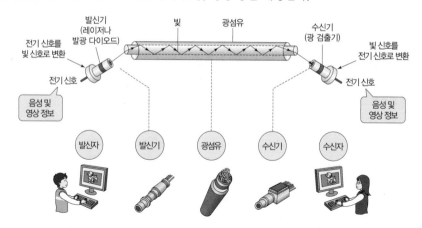

3 전자기파의 종류 및 활용

(1) 전자기파: 전기장과 자기장이 서로를 유도하며 진행하는 파동이다.
① 전자기파의 전기장과 자기장의 진동 방향은 서로 수직이고, 이때 전자기파는 전기장과 자기장의 진동 방향에 수직인 방향으로 진행하므로 횡파이다.

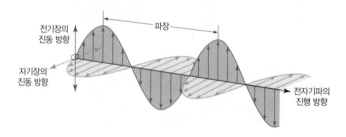

② 전자기파는 매질이 없어도 진행하며, 진공에서 전자기파의 속력은 파장에 관계없이 약 $3 \times 10^8 \, \text{m/s}$이다.

③ 같은 매질에서 진동수가 클수록(파장이 짧을수록) 에너지가 크다.

④ 전자기파는 파동의 일반적인 성질인 간섭, 회절 현상과 같은 파동성을 나타내고, 광전 효과와 같은 입자성도 나타낸다.

(2) 전자기파의 종류와 이용: 전자기파는 비슷한 성질을 가진 파장의 구간을 정하여 구분한다.

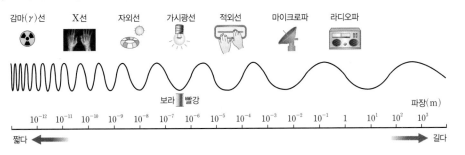

전자기파	특징
감마(γ)선	• 전자기파 중 파장이 가장 짧다. • 의료에서는 암을 치료하는 데 이용된다.
X선	• 감마(γ)선보다 파장이 길고 자외선보다 파장이 짧다. • 인체 내부의 골격 사진을 찍을 때(X선 촬영) 이용되고, 공항에서 수하물 내의 물품을 검색할 때와 물질의 특성을 파악하는 데에도 이용된다.
자외선	• X선보다 파장이 길고 가시광선의 보라색보다 파장이 짧다. • 세균의 DNA·RNA 구조를 변화시켜 살균 작용을 한다. • 태양에서 오는 자외선은 피부 노화의 원인이 되기도 하고, 피부에서 비타민 D의 생성, 위조지폐 감별 등에 이용된다.
가시광선	• 자외선보다 파장이 길고 적외선보다 파장이 짧다. • 사람의 눈은 파장에 따라 반응 정도가 다르며, 가시광선을 이용하여 물체를 볼 수 있으므로 광학 기구에 이용된다.
적외선	• 가시광선의 빨간색보다 파장이 길고 마이크로파보다 파장이 짧다. • 적외선 열화상 카메라, 적외선 온도계, 물리치료기, 리모컨, 야간 투시경과 같은 기구 등에 이용된다.
마이크로파	• 적외선보다 파장이 길고 라디오파보다 파장이 짧다. • 전자레인지, 휴대 전화, 레이더, 위성 통신 등에 이용된다.
라디오파	• 전자기파 중 파장이 가장 길다. • TV 방송, 각종 라디오 등에 이용된다.

파장에 따른 전자기파

진동수에 따른 전자기파

개념 체크

● **감마(γ)선**: X선보다 파장이 짧고, 전자기파 중에서 에너지가 가장 크다.

● **X선**: 투과력이 커서 골격 사진을 찍을 때 이용된다.

● **자외선**: 살균 작용을 할 수 있다.

● **적외선**: 열 감지, 리모컨 등에 이용된다.

● **마이크로파**: 전자레인지에서 음식을 데우는 데 이용된다.

1. 전자기파는 같은 매질에서 전자기파의 (   )가 클수록 에너지가 크다.

2. 전자기파 중에서 암 치료에 이용하는 전자기파는 (   )이다.

3. 전자기파 중에서 위조지폐 감별에 이용하는 전자기파는 (자외선 , 라디오파)이다.

4. 전자기파 중에서 야간 투시경에 이용하는 전자기파는 (   )이다.

5. 전자기파 중에서 전자레인지에 이용하는 전자기파는 (   )이다.

정답
1. 진동수
2. 감마(γ)선
3. 자외선
4. 적외선
5. 마이크로파

개념 체크

➡ **중첩 원리**: 두 파동이 겹칠 때 합성파의 변위는 각 파동의 변위의 합과 같다.

➡ **파동의 독립성**: 두 파동은 중첩 이후에 서로 다른 파동에 아무런 영향을 주지 않고 본래의 특성을 그대로 유지하면서 진행한다.

➡ **보강 간섭**: 중첩되기 전보다 진폭이 커지는 간섭이다.

➡ **상쇄 간섭**: 중첩되기 전보다 진폭이 작아지는 간섭이다.

1. 그림과 같이 변위가 각각 $+20\,cm$, $+30\,cm$인 두 파동이 서로 반대 방향으로 진행하여 중첩할 때, 합성파의 최대 변위의 크기는?

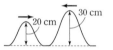

2. 동일한 두 파동의 마루와 마루가 만나 진폭이 커지는 간섭을 (　　) 간섭이라고 한다.

3. 두 파동이 서로 반대 방향의 변위로 중첩되어 합성파의 진폭이 작아지는 간섭을 (　　) 간섭이라고 한다.

정답

1. 50 cm
2. 보강
3. 상쇄

과학 돋보기 🔍 **전자레인지의 원리**

- 전자레인지에서 사용하는 마이크로파는 진동수가 약 $2.45\,GHz$이고, 파장이 약 $12.2\,cm$이다. 이 마이크로파는 음식물 속에 들어 있는 물 분자에 잘 흡수된다.
- 그림과 같이 마이크로파의 전기장에 의해 음식물 속의 극성 분자인 물 분자가 운동하고 주위의 분자와 충돌하게 되면서 음식물이 데워진다.

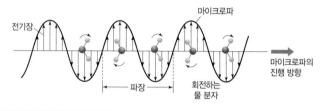

4 파동의 간섭

(1) 파동의 중첩

① **중첩 원리**: 두 파동이 겹칠 때 합성파의 변위는 각 파동의 변위의 합과 같다. ➡ $y = y_1 + y_2$

② **파동의 독립성**: 두 파동은 중첩 이후에 서로 다른 파동에 아무런 영향을 주지 않고 본래의 특성을 그대로 유지하면서 진행한다.

③ **합성파**: 두 개 이상의 파동이 중첩된 결과 만들어지는 파동이다.

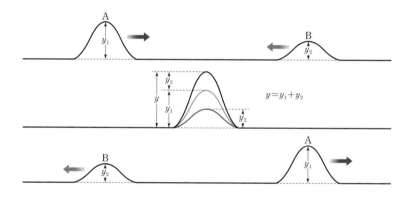

(2) 간섭: 두 파동이 중첩되어 진폭이 커지거나 작아지는 현상이다.

① **보강 간섭**: 두 파동의 위상이 동일하여 중첩되기 전보다 진폭이 커지는 간섭이다.

② **상쇄 간섭**: 두 파동의 위상이 반대여서 중첩되기 전보다 진폭이 작아지는 간섭이다.

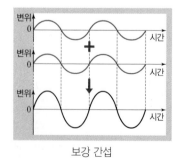

보강 간섭

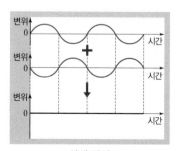

상쇄 간섭

(3) 소리의 간섭: 두 스피커에서 발생하는 소리가 크게 들리는 지점(P)에서는 보강 간섭이 일어나고, 작게 들리는 지점(Q)에서는 상쇄 간섭이 일어난다.

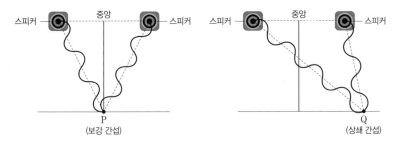

◈ **소리의 간섭**: 소리도 파동이므로 보강 간섭과 상쇄 간섭을 한다.

◈ **물결파의 간섭**: 두 파원에서 발생한 동일한 물결파가 상쇄 간섭 하는 지점에서는 마디가 나타난다.

[1~2] 그림과 같이 두 스피커에서 발생한 동일한 위상의 두 소리가 점 P_1과 P_2에서 보강 간섭을 하였다.

1. 두 스피커에서 발생한 소리가 P_1에 도달할 때 두 소리의 위상은 (같다 , 반대이다).

2. P_1과 P_2 사이에 두 소리가 보강 간섭을 일으키는 지점이 1개 있다면 P_1에서 P_2로 이동하며 소리의 세기를 측정할 때 소리의 세기가 최솟값으로 나타나는 지점은 (   )개이다.

3. 그림은 두 파원 S_1, S_2에서 같은 진폭과 위상으로 발생시킨 두 물결파의 모습을 모식적으로 나타낸 것이다. 점 P에서는 (   ) 간섭이 일어나고, 점 Q에서는 (   ) 간섭이 일어난다.

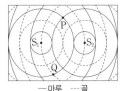

🧪 **탐구자료 살펴보기** **소리의 간섭 확인하기**

과정

(1) 그림과 같이 책상 위에 스피커 2개를 1 m 간격으로 놓고 함수 발생기를 연결한 후, 스피커의 중앙에서 2 m 떨어진 지점을 선으로 표시한다.

(2) 양쪽 스피커에서 500 Hz의 동일한 소리가 나오도록 한다.

(3) 선을 따라 이동하면서 스피커의 소리가 크게 들리는 곳과 작게 들리는 곳을 바닥에 표시한다.

(4) 소리의 진동수만을 1000 Hz로 바꾼 후 과정 (3)을 반복한다.

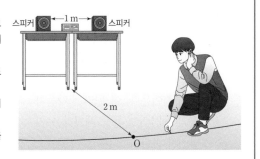

결과

• 두 스피커로부터 떨어진 거리가 같은 선의 중앙 지점 O에서 큰 소리가 발생하였다.

• 소리의 진동수를 바꾸었을 때 크게 들리는 곳과 작게 들리는 곳의 위치가 변한다.

point

• 소리의 진동수가 클수록 파장이 짧아서 O로부터 가까운 지점에서 첫 번째 상쇄 간섭이 일어나고, 소리의 진동수가 작을수록 파장이 길어서 O로부터 멀리 떨어진 지점에서 첫 번째 상쇄 간섭이 일어난다.

• 큰 소리가 나는 지점에서는 보강 간섭이 일어난다.

• 상쇄 간섭은 소음 제거의 원리로 이용할 수 있다.

---

(4) 물결파의 간섭: 물결파 투영 장치의 두 파원에서 파장과 진폭이 같은 물결파를 같은 위상으로 발생시킬 때 나타나는 무늬는 다음과 같다.

 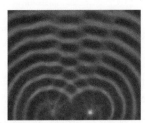 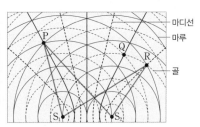

① **보강 간섭 지점(P, Q 지점)**: 수면의 높이가 계속 변하므로 무늬의 밝기가 변한다.

② **상쇄 간섭 지점(마디선, R 지점)**: 수면이 거의 진동하지 않으므로 무늬의 밝기가 변하지 않는다.

(5) 빛의 간섭: 빛은 보강 간섭을 하면 밝기가 밝아지고, 상쇄 간섭을 하면 밝기가 어두워지므로 보강 간섭이 일어나면 그 색깔의 빛이 더 밝게 보이고, 상쇄 간섭이 일어나면 검게 보인다.

기름 막에 의한 간섭무늬

기름 막에 의한 빛의 간섭 원리

(6) 파동의 간섭의 이용

① 상쇄 간섭의 이용

- **소음 제거 헤드폰**: 헤드폰에 달린 마이크로 외부 소음이 입력되면 소음과 상쇄 간섭을 일으킬 수 있는 소리를 발생시켜서 마이크로 입력된 소음과 헤드폰에서 발생시킨 소리가 서로 상쇄되어 소음이 줄어든다. 이 원리는 자동차나 항공기 엔진의 소음을 제거하는 기술로 발전하여 다양한 분야에 이용되고 있다.

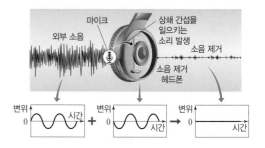

- **렌즈 코팅**: 안경 렌즈, 카메라 렌즈, 망원경 렌즈 등의 렌즈 표면에 적당한 두께의 얇은 막을 코팅하면 코팅 막의 윗면에서 반사된 빛과 아랫면에서 반사된 빛이 상쇄 간섭을 일으켜 선명한 시야를 얻을 수 있다.

② 보강 간섭의 이용

- **악기**: 현악기는 줄에서, 관악기는 공기 기둥에서, 타악기는 판에서 진동이 발생한다. 현악기의 줄에서, 관악기의 관 내부의 공기에서, 타악기의 울림통에서 보강 간섭이 일어나면 크고 선명하며 일정한 음파를 만든다.

- **초음파 충격**: 초음파 발생기에서 발생한 초음파가 결석이 있는 위치에서 보강 간섭을 하여 결석을 깨뜨린다. 신체 내부의 다른 조직을 통과할 때 파동의 세기가 약하여 다른 조직에 손상을 주는 것을 최소화하면서 필요한 부위에서 파동의 세기를 강하게 할 수 있다.

초음파 발생기

- **지폐 위조 방지**: 잉크 속에 포함된 미세한 입자들의 모양이 비대칭이어서 입자의 윗면과 아랫면에서 반사된 빛 중에서 보강 간섭을 하는 빛의 색깔이 잘 보이게 된다. 따라서 고성능 컬러 프린터로도 복사할 수 없기 때문에 지폐의 위조를 방지할 수 있다.

[25023-0203]

01 그림은 파동에 대하여 학생 A, B, C가 대화하는 모습을 나타낸 것이다.

파동의 진행 방향과 매질의 진동 방향이 서로 나란한 파동을 횡파라고 해.

횡파에서 이웃한 마루와 골 사이의 거리를 파장이라고 해.

음파가 진행할 때 매질이 달라져도 음파의 진동수는 변하지 않아.

학생 A   학생 B   학생 C

제시한 내용이 옳은 학생만을 있는 대로 고른 것은?

① A   ② C   ③ A, B   ④ B, C   ⑤ A, B, C

[25023-0204]

02 그림 (가)는 시간 $t=0$일 때 $-x$방향으로 진행하는 파동의 변위 y를 위치 x에 따라 나타낸 것이다. 파동의 속력은 일정하다. 그림 (나)에서 P와 Q는 $x=2$ cm와 $x=4$ cm에서 y를 t에 따라 순서 없이 나타낸 것이다.

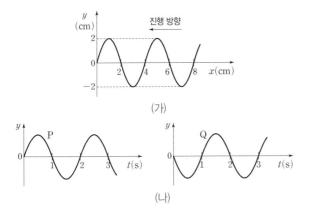

(가)

(나)

이에 대한 설명으로 옳은 것만을 〈보기〉에서 있는 대로 고른 것은?

〈 보기 〉
ㄱ. 파동의 진행 속력은 2 cm/s이다.
ㄴ. (나)의 P는 $x=4$ cm에서 y를 t에 따라 나타낸 것이다.
ㄷ. $t=2$초일 때 $x=3$ cm에서 $y=2$ cm이다.

① ㄱ   ② ㄷ   ③ ㄱ, ㄴ   ④ ㄴ, ㄷ   ⑤ ㄱ, ㄴ, ㄷ

[25023-0205]

03 그림은 시간 $t=0$일 때 x축과 나란하게 진행하는 파동 A, B의 변위 y를 위치 x에 따라 나타낸 것이다. A, B는 진행 속력이 1 cm/s로 같고, 진행 방향은 각각 $+x$방향, $-x$방향이다.

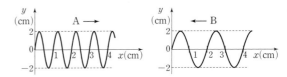

이에 대한 설명으로 옳은 것만을 〈보기〉에서 있는 대로 고른 것은?

〈 보기 〉
ㄱ. A의 파장은 1 cm이다.
ㄴ. 파동의 주기는 A가 B의 2배이다.
ㄷ. $t=1$초일 때 B의 $x=1$ cm에서 $y=-2$ cm이다.

① ㄱ   ② ㄴ   ③ ㄱ, ㄷ   ④ ㄴ, ㄷ   ⑤ ㄱ, ㄴ, ㄷ

[25023-0206]

04 다음은 물결파에 대한 실험이다.

[실험 과정]
(가) 그림과 같이 물결파 실험 장치의 한쪽에 유리판을 놓는다.
(나) 진동자로 일정한 진동수의 물결파를 발생시켜 물결파에 의해 스크린에 나타난 무늬를 관찰한다.

빛
진동자
유리판
물
스크린

[실험 결과]
Ⅰ, Ⅱ는 수심이 얕은 곳과 깊은 곳에 의해 스크린에 나타난 무늬를 순서 없이 나타낸 것이다.

Ⅰ

Ⅱ

이에 대한 설명으로 옳은 것만을 〈보기〉에서 있는 대로 고른 것은?

〈 보기 〉
ㄱ. Ⅰ의 무늬는 깊은 곳을 지나는 물결파에 의해 형성된다.
ㄴ. 물결파의 주기는 Ⅰ과 Ⅱ에서 같다.
ㄷ. 진동자의 진동수만을 증가시키면 얕은 곳을 지나는 물결파에 의해 스크린에 나타난 이웃한 밝은 무늬 사이의 간격은 증가한다.

① ㄱ   ② ㄴ   ③ ㄱ, ㄴ   ④ ㄱ, ㄷ   ⑤ ㄴ, ㄷ

[25023-0207]

05 그림은 파동이 x축과 나란하게 매질 Ⅰ에서 매질 Ⅱ로 진행할 때 시간 $t=0$인 순간 파동의 모습을 나타낸 것이다. 실선과 점선은 각각 마루와 골이고, $t=2$초일 때 $x=2\,\text{cm}$인 지점은 처음으로 마루가 된다.

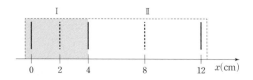

Ⅰ에서 파동의 파장을 λ_1, Ⅱ에서 파동의 진행 속력을 v_2라고 할 때, λ_1과 v_2로 옳은 것은?

	$\underline{\lambda_1}$	$\underline{v_2}$
①	2 cm	1 cm/s
②	4 cm	1 cm/s
③	4 cm	2 cm/s
④	8 cm	1 cm/s
⑤	8 cm	2 cm/s

[25023-0208]

06 그림은 어느 순간 파동 A, B의 모습을 나타낸 것이다. 실선과 점선은 각각 마루와 골이고, 파동의 진행 속력은 B가 A의 $\dfrac{3}{2}$배이다.

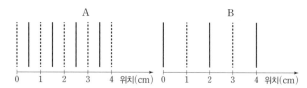

A, B의 진동수를 각각 f_A, f_B라고 할 때, $\dfrac{f_A}{f_B}$는?

① $\dfrac{1}{2}$ ② $\dfrac{3}{4}$ ③ 1 ④ $\dfrac{4}{3}$ ⑤ 2

[25023-0209]

07 그림은 위치 $x=0$에서 만들어진 파동 A, B가 각각 $-x$방향, $+x$방향으로 진행할 때 시간 $t=0$인 순간의 모습을 나타낸 것이다. A와 B의 주기는 T로 같다.

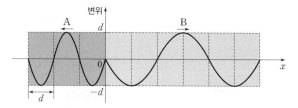

A와 B에 대한 설명으로 옳은 것만을 〈보기〉에서 있는 대로 고른 것은?

〈 보기 〉
ㄱ. B의 파장은 $2d$이다.

ㄴ. A의 진행 속력은 $\dfrac{2d}{T}$이다.

ㄷ. $t=\dfrac{1}{4}T$일 때, $x=2d$인 지점에서 B의 변위는 d이다.

① ㄱ ② ㄴ ③ ㄱ, ㄷ ④ ㄴ, ㄷ ⑤ ㄱ, ㄴ, ㄷ

[25023-0210]

08 그림 (가)는 밤에 발생한 소리의 진행 경로를, (나)는 낮에 진행하는 빛의 진행 경로를 나타낸 것이다.

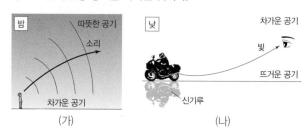

이에 대한 설명으로 옳은 것만을 〈보기〉에서 있는 대로 고른 것은?

〈 보기 〉
ㄱ. (가)에서 소리의 진행 방향과 공기의 진동 방향은 서로 수직이다.

ㄴ. (가)에서 소리의 파장은 차가운 공기에서가 따뜻한 공기에서보다 짧다.

ㄷ. (나)에서 굴절률은 뜨거운 공기가 차가운 공기보다 작다.

① ㄱ ② ㄷ ③ ㄱ, ㄴ ④ ㄴ, ㄷ ⑤ ㄱ, ㄴ, ㄷ

09 그림은 스피커와 마이크 사이에 이산화 탄소가 들어 있는 풍선을 놓았을 때 풍선을 통해 소리가 진행하는 경로를 나타낸 것이다.

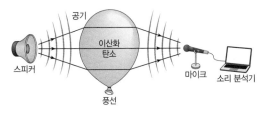

이에 대한 설명으로 옳은 것만을 〈보기〉에서 있는 대로 고른 것은?

[25023-0211]

┌─〈 보기 〉─────────────
ㄱ. 소리는 횡파이다.
ㄴ. 소리의 진동수는 공기에서와 이산화 탄소에서가 같다.
ㄷ. 소리의 속력은 공기에서가 이산화 탄소에서보다 크다.
└─────────────────

① ㄱ ② ㄷ ③ ㄱ, ㄴ ④ ㄱ, ㄷ ⑤ ㄴ, ㄷ

10 그림 (가)는 단색광이 매질 Ⅰ에서 매질 Ⅱ로 진행하는 경로를, (나)는 파동이 Ⅰ에서 Ⅱ로 진행할 때 파동의 파면의 일부를 나타낸 것이다. $\theta_1 > \theta_2$이다.

[25023-0212]

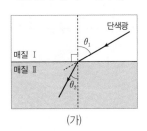 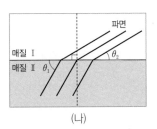

(가)   (나)

이에 대한 설명으로 옳은 것만을 〈보기〉에서 있는 대로 고른 것은?

┌─〈 보기 〉─────────────
ㄱ. (가)에서 단색광의 파장은 Ⅰ에서가 Ⅱ에서보다 길다.
ㄴ. (가)에서 매질의 굴절률은 Ⅰ이 Ⅱ보다 크다.
ㄷ. (나)에서 파동의 입사각이 굴절각보다 크다.
└─────────────────

① ㄱ ② ㄴ ③ ㄱ, ㄷ ④ ㄴ, ㄷ ⑤ ㄱ, ㄴ, ㄷ

11 그림은 물결파가 매질 Ⅰ에서 매질 Ⅱ로 진행하는 경로를 나타낸 것이다. Ⅰ과 Ⅱ의 경계면과 물결파의 진행 방향이 이루는 각은 각각 θ_1, θ_2이고, Ⅰ과 Ⅱ에서 물결파의 주기는 각각 T_1, T_2이며, 물결파의 속력은 각각 v_1, v_2이다.

[25023-0213]

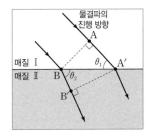

$\dfrac{v_2}{v_1}$와 같은 값인 것만을 〈보기〉에서 있는 대로 고른 것은?

┌─〈 보기 〉─────────────
ㄱ. $\dfrac{T_2}{T_1}$ ㄴ. $\dfrac{\overline{BB'}}{\overline{AA'}}$ ㄷ. $\dfrac{\sin\theta_2}{\sin\theta_1}$
└─────────────────

① ㄱ ② ㄴ ③ ㄱ, ㄷ ④ ㄴ, ㄷ ⑤ ㄱ, ㄴ, ㄷ

12 그림 (가)는 광원에서 나온 빛이 물과 공기의 경계면에서 굴절하는 것을, (나)는 렌즈로 숫자를 볼 때 숫자가 크게 보이는 것을 나타낸 것이다.

[25023-0214]

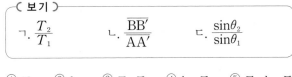

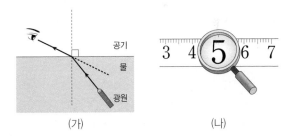

(가)   (나)

이에 대한 설명으로 옳은 것만을 〈보기〉에서 있는 대로 고른 것은?

┌─〈 보기 〉─────────────
ㄱ. (가)에서 빛의 속력은 물에서가 공기에서보다 작다.
ㄴ. (가)에서 입사각을 감소시키면 광원에서 나온 빛이 물과 공기의 경계면에서 전반사한다.
ㄷ. (나)에서 빛의 진행 방향이 렌즈에 의해 바뀌는 것은 빛의 반사로 설명할 수 있다.
└─────────────────

① ㄱ ② ㄴ ③ ㄷ ④ ㄱ, ㄴ ⑤ ㄴ, ㄷ

13 [25023-0215]
그림과 같이 공기와 매질 A의 경계면상의 점 p에 입사각 2θ로 입사한 단색광 X가 굴절각 θ로 굴절한다. 굴절된 X는 A와 매질 B의 경계면상의 점 q에서 전반사하여 점 r에서 일부가 굴절한다.

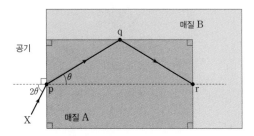

이에 대한 설명으로 옳은 것만을 〈보기〉에서 있는 대로 고른 것은?

〈 보기 〉
ㄱ. X의 속력은 A에서가 공기에서보다 크다.
ㄴ. A와 B 사이에서 임계각은 θ보다 크다.
ㄷ. r에서 X의 굴절각은 θ보다 작다.

① ㄱ ② ㄴ ③ ㄱ, ㄴ ④ ㄱ, ㄷ ⑤ ㄴ, ㄷ

14 [25023-0216]
그림은 단색광 A를 매질 Ⅰ과 매질 Ⅱ의 경계면상의 점 p에 입사시켰을 때 p에서 전반사하고, Ⅰ과 매질 Ⅲ의 경계면상의 점 q에서 일부는 반사하고 일부는 굴절하는 모습을 나타낸 것이다. θ_1과 θ_2는 Ⅰ과 Ⅲ의 경계면이 각각 반사 광선, 굴절 광선과 이루는 각이고, $\theta_1 > \theta_2$이다.

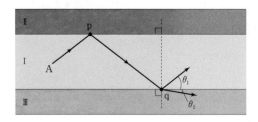

이에 대한 설명으로 옳은 것만을 〈보기〉에서 있는 대로 고른 것은?

〈 보기 〉
ㄱ. Ⅰ과 Ⅱ 사이의 임계각은 $90° - \theta_1$보다 크다.
ㄴ. A의 속력은 Ⅰ에서가 Ⅲ에서보다 크다.
ㄷ. 굴절률은 Ⅱ가 Ⅲ보다 작다.

① ㄱ ② ㄷ ③ ㄱ, ㄴ ④ ㄱ, ㄷ ⑤ ㄴ, ㄷ

15 [25023-0217]
그림 (가)와 같이 반원형 매질 A, B, C를 서로 붙여 놓고, 단색광 P를 두 매질의 중심에 입사시켰다. 그림 (나)는 (가)에서 입사각 i에 따른 굴절각 r를 측정하여 i에 따른 $\dfrac{\sin i}{\sin r}$를 나타낸 것이다.

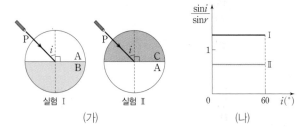

이에 대한 설명으로 옳은 것만을 〈보기〉에서 있는 대로 고른 것은?

〈 보기 〉
ㄱ. 굴절률은 B가 A보다 크다.
ㄴ. P의 속력은 A에서가 C에서보다 크다.
ㄷ. Ⅰ에서 $i = 70°$이면 P가 A에서 B로 진행할 때 전반사한다.

① ㄱ ② ㄷ ③ ㄱ, ㄴ ④ ㄴ, ㄷ ⑤ ㄱ, ㄴ, ㄷ

16 [25023-0218]
그림 (가)는 코어와 클래딩으로 구성된 광섬유에서 코어를 따라 빛이 진행하는 현상을 이용한 자연 채광을, (나)는 기름막에 의한 간섭 현상에 의해 나타난 여러 가지 색깔의 밝은 무늬와 어두운 무늬를 나타낸 것이다.

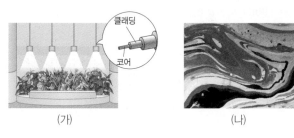

(가) (나)

이에 대한 설명으로 옳은 것만을 〈보기〉에서 있는 대로 고른 것은?

〈 보기 〉
ㄱ. (가)의 광섬유는 빛의 전반사 현상을 이용한다.
ㄴ. (가)의 광섬유에서 굴절률은 코어가 클래딩보다 크다.
ㄷ. (나)에서는 밝게 보이는 빛은 보강 간섭으로 설명할 수 있다.

① ㄴ ② ㄷ ③ ㄱ, ㄴ ④ ㄱ, ㄷ ⑤ ㄱ, ㄴ, ㄷ

[25023-0219]

17 그림 (가)는 +z방향으로 진행하는 전자기파를 나타낸 것으로, a는 이웃한 마루와 마루 사이의 거리이다. 그림 (나)는 (가)의 전자기파의 전기장을 시간에 따라 나타낸 것으로, b는 전기장이 한 번 진동하는 데 걸린 시간이다.

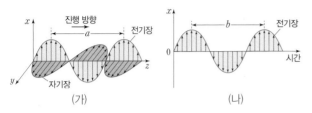

(가)   (나)

이에 대한 설명으로 옳은 것만을 〈보기〉에서 있는 대로 고른 것은?

〔 보기 〕
ㄱ. 전자기파의 진행 방향과 자기장의 진동 방향이 서로 수직이다.
ㄴ. 진공에서 a는 마이크로파가 자외선보다 길다.
ㄷ. 진공에서 $\dfrac{a}{b}$는 감마(γ)선과 라디오파가 같다.

① ㄱ   ② ㄷ   ③ ㄱ, ㄴ   ④ ㄴ, ㄷ   ⑤ ㄱ, ㄴ, ㄷ

[25023-0221]

19 그림은 가정에서 이용하는 전자기파 ㉠, ㉡, ㉢을 나타낸 것이다.

㉠ 무선 공유기에 이용하는 진동수가 2.4×10^9 Hz인 마이크로파

㉡ 진동수가 4.54×10^{14} Hz인 빨간색 빛

㉢ 무선 공유기에 이용하는 진동수가 5.0×10^9 Hz인 마이크로파

이에 대한 설명으로 옳은 것만을 〈보기〉에서 있는 대로 고른 것은?

〔 보기 〕
ㄱ. 진공에서 속력은 ㉠이 ㉡보다 크다.
ㄴ. ㉡은 적외선 영역에 해당한다.
ㄷ. 진공에서 파장은 ㉠이 ㉢보다 길다.

① ㄱ   ② ㄷ   ③ ㄱ, ㄴ   ④ ㄴ, ㄷ   ⑤ ㄱ, ㄴ, ㄷ

[25023-0220]

18 그림 (가)는 전자기파 A를 이용하여 TV에 신호를 보내는 리모컨을, (나)는 전자기파 B를 이용하여 암 치료에 이용하는 암 치료기를 나타낸 것이다. B는 X선보다 파장이 짧다.

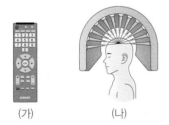

(가)   (나)

이에 대한 설명으로 옳은 것만을 〈보기〉에서 있는 대로 고른 것은?

〔 보기 〕
ㄱ. A는 자외선이다.
ㄴ. B는 감마(γ)선이다.
ㄷ. 진동수는 A가 B보다 작다.

① ㄱ   ② ㄷ   ③ ㄱ, ㄴ   ④ ㄴ, ㄷ   ⑤ ㄱ, ㄴ, ㄷ

[25023-0222]

20 그림 (가)는 파장에 따른 전자기파의 분류를 나타낸 것이고, (나)는 (가)의 전자기파 A, B, C를 이용한 예를 순서 없이 나타낸 것이다.

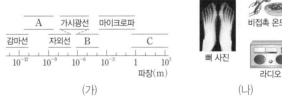

(가)   (나)

A, B, C를 이용한 예로 옳은 것은?

	A	B	C
①	비접촉 온도계	뼈 사진	라디오
②	비접촉 온도계	라디오	뼈 사진
③	뼈 사진	비접촉 온도계	라디오
④	뼈 사진	라디오	비접촉 온도계
⑤	라디오	뼈 사진	비접촉 온도계

21 다음은 진동수에 따른 전자기파와 자외선의 종류를 나타낸 것이다.

[25023-0223]

진공에서 자외선은 적외선보다 파장이 짧다. 자외선 중에는 자외선 A[UVA]와 자외선 B[UVB]가 있다. 진공에서 파장은 A가 B보다 길다.

이에 대한 설명으로 옳은 것만을 〈보기〉에서 있는 대로 고른 것은?

〈 보기 〉
ㄱ. ⓒ은 자외선이다.
ㄴ. 진동수는 B가 A보다 크다.
ㄷ. 진공에서 파장은 ⑤이 ⓒ보다 길다.

① ㄱ ② ㄷ ③ ㄱ, ㄴ ④ ㄴ, ㄷ ⑤ ㄱ, ㄴ, ㄷ

22 다음은 이어폰에 대한 설명이다.

[25023-0224]

적외선을 이용하여 체온을 측정할 수 있는 기능을 갖춘 보랏빛 색상의 ⓐ소음 제거 이어폰은 마이크로파를 사용하는 블루투스 5.2를 지원합니다.

이에 대한 설명으로 옳은 것만을 〈보기〉에서 있는 대로 고른 것은?

〈 보기 〉
ㄱ. 진동수는 가시광선의 보랏빛이 적외선보다 작다.
ㄴ. ⓐ의 원리는 보강 간섭으로 설명할 수 있다.
ㄷ. 진공에서 마이크로파의 속력은 공기 중에서 소리의 속력보다 크다.

① ㄱ ② ㄴ ③ ㄷ ④ ㄱ, ㄷ ⑤ ㄴ, ㄷ

23 다음은 빛의 간섭 실험에 대한 설명이다.

[25023-0225]

스크린상의 점 O는 이 중 슬릿 a, b로부터 같은 거리만큼 떨어져 있다. 점 P는 스크린상의 점이다. O, P는 각각 밝은 무늬의 중심, 어두운 무늬의 중심이다.

이에 대한 설명으로 옳은 것만을 〈보기〉에서 있는 대로 고른 것은?

〈 보기 〉
ㄱ. a, b를 통과하여 O에 도달한 두 단색광의 위상은 서로 같다.
ㄴ. a, b를 통과한 단색광은 P에서 상쇄 간섭한다.
ㄷ. 간섭은 빛의 파동성을 보여 주는 현상이다.

① ㄱ ② ㄴ ③ ㄱ, ㄷ ④ ㄴ, ㄷ ⑤ ㄱ, ㄴ, ㄷ

24 다음은 선박의 구상 선수에 대한 설명이다.

[25023-0226]

커다란 선박에 달려 있는 혹 같이 튀어나온 모양을 구상 선수라고 하는데, 이는 선박이 진행할 때 선박이 받는 파도의 저항을 줄여주는 역할을 한다. 선수에는 파도에 의해 선박의 진행을 방해하는 물결파가 형성되는데, 이 물결파는 매질의 진동 방향과 파동의 진행 방향이 서로 수직인 ⑤ 이다. 구상 선수는 이 물결파와 위상이 반대인 물결파를 만들어 두 물결파가 ⓒ 을 일으키도록 하여 저항을 줄여준다.

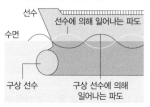

⑤, ⓒ에 들어갈 용어로 옳은 것은?

	⑤	ⓒ		⑤	ⓒ
①	횡파	보강 간섭	②	횡파	상쇄 간섭
③	횡파	회절	④	종파	보강 간섭
⑤	종파	상쇄 간섭			

01 다음은 파동을 이용한 의료 기술에 대한 설명이다.

[25023–0227]

> ⊙X선을 사용한 단층 촬영 사진으로 몸속에 있는 돌을 발견한 후, ⓛ매질의 진동 방향과 파동의 진행 방향이 나란한 파동을 돌에 쪼여 돌을 잘게 쪼갠다. 잘게 쪼개진 돌은 몸 밖으로 배출된다.

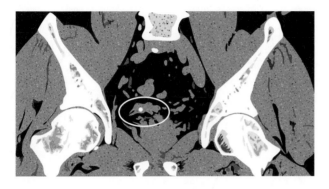

CT 촬영은 X선을 사용하여 단층 촬영을 하는 것이고, 초음파를 이용하여 몸속의 결석을 제거한다.

이에 대한 설명으로 옳은 것만을 〈보기〉에서 있는 대로 고른 것은?

─〈 보기 〉─
ㄱ. 진동수는 ⊙이 적외선보다 크다.
ㄴ. ⓛ은 횡파이다.
ㄷ. ⊙은 진공에서도 전파된다.

① ㄱ   ② ㄷ   ③ ㄱ, ㄴ   ④ ㄱ, ㄷ   ⑤ ㄴ, ㄷ

02 그림은 x축과 나란하게 진행하는 파동 A, B의 어느 순간의 모습을 나타낸 것이다. 실선과 점선은 각각 마루와 골이고, 파동의 진행 속력은 A가 B의 3배이다.

[25023–0228]

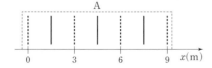
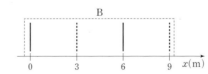

이웃한 마루와 마루 또는 골과 골 사이의 거리는 파장이고, 파동의 진동수는 파동의 속력을 파장으로 나눈 값이다.

A, B의 진동수를 각각 f_A, f_B라고 할 때, $\dfrac{f_A}{f_B}$는?

① $\dfrac{1}{6}$ ② $\dfrac{1}{2}$ ③ 2   ④ 3   ⑤ 6

매질의 변위 – 시간 그래프를 통해 주기를 알 수 있고, 파동의 파장은 파동의 속력과 파동의 주기의 곱과 같다.

03 그림은 x축을 따라 2 m/s의 속력으로 진행하는 파동 A에서 위치 $x=3$ m인 지점의 변위를 시간 t에 따라 나타낸 것이다. A는 횡파이고, $t=0$일 때 A는 $x=0$과 $x=6$ m 사이를 지나고 있으며, $t=0$일 때 $x=0.5$ m인 지점에는 A의 골이 지난다.

[25023–0229]

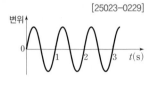

⊙A의 진행 방향과 ⓛ$x=2$ m인 지점의 변위를 t에 따라 나타낸 그래프로 옳은 것은?

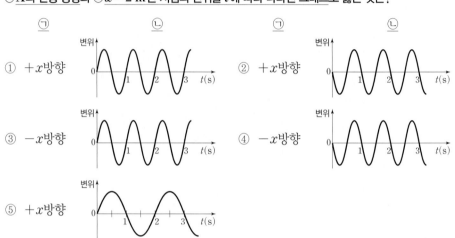

① ⊙ $+x$방향 ⓛ

② ⊙ $+x$방향 ⓛ

③ ⊙ $-x$방향 ⓛ

④ ⊙ $-x$방향 ⓛ

⑤ ⊙ $+x$방향 ⓛ

파동의 주기를 T라고 할 때, $y=0$인 $x=1$ m에서 매질의 운동 방향이 $-y$방향이라면 $\dfrac{T}{4}$가 지난 순간 $x=1$ m인 지점은 골이 되고, 매질의 운동 방향이 $+y$방향이라면 $\dfrac{T}{4}$가 지난 순간 $x=1$ m인 지점은 마루가 된다.

04 그림은 시간 $t=0$일 때 1 m/s의 속력으로 x축과 나란하게 진행하는 파동의 변위 y를 위치 x에 따라 나타낸 것이다. 표는 $t=0$일 때 x축상의 $x=1$ m, $x=2$ m인 지점에서 매질의 운동 방향을 나타낸 것이다.

[25023–0230]

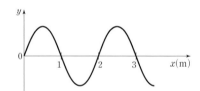

위치	매질의 운동 방향
$x=1$ m	$-y$방향
$x=2$ m	⊙

이에 대한 설명으로 옳은 것만을 〈보기〉에서 있는 대로 고른 것은?

〔 보기 〕
ㄱ. 파동의 주기는 1초이다.
ㄴ. ⊙은 $+y$방향이다.
ㄷ. $t=1.5$초일 때, $x=2.5$ m에서 매질의 운동 방향은 $+y$방향이다.

① ㄱ　　　② ㄴ　　　③ ㄱ, ㄷ　　　④ ㄴ, ㄷ　　　⑤ ㄱ, ㄴ, ㄷ

05 그림은 물결파 실험 장치에서 물결파가 매질 A에서 매질 B로 진행할 때 물결파의 파면을 나타낸 것이다. 파면과 매질의 경계면이 이루는 각은 각각 θ_A, θ_B이고, $\theta_A > \theta_B$이다.

[25023-0231]

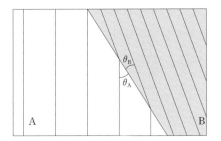

물결파에 대한 설명으로 옳은 것만을 〈보기〉에서 있는 대로 고른 것은?

〔 보기 〕
ㄱ. 주기는 A에서와 B에서가 같다.
ㄴ. 입사각은 굴절각보다 크다.
ㄷ. 진행 속력은 B에서가 A에서보다 크다.

① ㄱ 　　② ㄷ 　　③ ㄱ, ㄴ 　　④ ㄴ, ㄷ 　　⑤ ㄱ, ㄴ, ㄷ

> 파동이 굴절할 때 파동의 진동수와 주기는 변하지 않는다. 파동의 진동수가 일정하면 파동의 속력은 파장에 비례한다.

[25023-0232]

06 그림과 같이 단색광 X를 매질 A와 매질 B의 경계면상의 점 p에 입사시켰더니 X가 A, B, 매질 C를 지난다. A에서 B로, B에서 C로 입사할 때 입사각은 30°로 같고, 굴절각은 각각 45°, 60°이다.

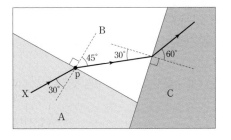

이에 대한 설명으로 옳은 것만을 〈보기〉에서 있는 대로 고른 것은?

〔 보기 〕
ㄱ. 굴절률은 A가 C보다 작다.
ㄴ. X의 파장은 B에서가 C에서보다 짧다.
ㄷ. 임계각은 A와 B 사이에서가 B와 C 사이에서보다 작다.

① ㄱ 　　② ㄴ 　　③ ㄱ, ㄷ 　　④ ㄴ, ㄷ 　　⑤ ㄱ, ㄴ, ㄷ

> 굴절률이 n_1인 매질에서 굴절률이 n_2인 매질로 빛이 진행할 때(단, $n_1 > n_2$) $\frac{n_2}{n_1}$가 작을수록 임계각이 작다.

A, B, C의 굴절률을 각각 n_A, n_B, n_C라 하면 (가)에서 $\frac{n_B}{n_A} = \sin\theta$이고, (나)에서 $n_B > n_C$이다. (다)에서 임계각을 θ'라 하면 $\frac{n_C}{n_A} = \sin\theta'$이다. 따라서 $\theta > \theta'$이다.

[25023-0233]

07 그림 (가), (나), (다)와 같이 매질 A, B, C 중 A와 B의 경계면, B와 C의 경계면, A와 C의 경계면에 동일한 단색광 X를 같은 입사각 θ로 입사시켰다. (가)에서 A와 B 사이의 임계각은 θ이고, (나)에서 X는 굴절각 2θ로 굴절한다.

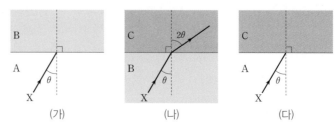

이에 대한 설명으로 옳은 것만을 〈보기〉에서 있는 대로 고른 것은?

┌─〈 보기 〉─────────────────────────────
│ ㄱ. 굴절률은 A가 B보다 크다.
│ ㄴ. X의 속력은 B에서가 C에서보다 작다.
│ ㄷ. (다)에서 X는 A와 C의 경계면에서 전반사한다.
└───────────────────────────────────

① ㄱ ② ㄷ ③ ㄱ, ㄴ ④ ㄴ, ㄷ ⑤ ㄱ, ㄴ, ㄷ

굴절률이 큰 매질의 굴절률을 n_1, 굴절률이 작은 매질의 굴절률을 n_2라고 하면, $\frac{n_2}{n_1}$가 작을수록 임계각은 작다.

[25023-0234]

08 그림과 같이 반원형 매질 A, B, C를 각각 서로 붙여 놓고 단색광 X를 A에서 B로 입사각 2θ로 입사시켰더니 B와 C를 각각 지나 C와 A의 경계면에서 굴절각 θ로 굴절한다. B에서 X의 진행 방향과 법선이 이루는 각은 3θ이다.

이에 대한 설명으로 옳은 것만을 〈보기〉에서 있는 대로 고른 것은?

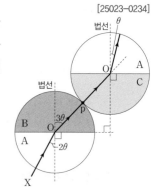

┌─〈 보기 〉─────────────────────────────
│ ㄱ. X의 파장은 A에서가 B에서보다 길다.
│ ㄴ. 굴절률은 B가 C보다 크다.
│ ㄷ. 임계각은 A와 C 사이에서가 B와 C 사이에서보다 작다.
└───────────────────────────────────

① ㄱ ② ㄴ ③ ㄷ ④ ㄱ, ㄴ ⑤ ㄴ, ㄷ

09 그림 (가)는 xy평면에서 단색광 X를 매질 A에서 원점 O에 입사각 60°로 입사시켰더니 반원형 매질 B를 지나 매질 C의 점 p를 지나는 것을 나타낸 것이다. 그림 (나)는 (가)에서 X를 평행 이동시켜 X가 A에서 x축상의 $x=-d$인 점을 지나도록 입사시킨 모습을 나타낸 것이다. (나)에서 X는 점 q를 지난다. B의 반지름은 $2d$이고, p와 q는 $x=d$인 동일선상에 있다.

이에 대한 설명으로 옳은 것만을 〈보기〉에서 있는 대로 고른 것은?

[25023-0235]

〈 보기 〉

ㄱ. 굴절률은 A가 B보다 작다.

ㄴ. X의 파장은 A에서가 C에서보다 짧다.

ㄷ. (나)에서 X를 평행 이동시켜 X가 A에서 x축상의 $x=-\frac{1}{2}d$인 점을 지나도록 입사시키면 X는 B와 C의 경계면에서 전반사한다.

① ㄱ ② ㄴ ③ ㄱ, ㄷ ④ ㄴ, ㄷ ⑤ ㄱ, ㄴ, ㄷ

입사각이 굴절각보다 크면 입사 광선이 진행하는 매질의 굴절률이 굴절 광선이 진행하는 매질의 굴절률보다 작다. 단색광이 굴절률이 큰 매질에서 굴절률이 작은 매질로 진행할 때, 입사각이 임계각보다 크면 두 매질의 경계면에서 전반사가 일어난다.

10 그림 (가)는 공기 중에서 파장이 다른 단색광 A, B, C가 두께가 일정하고 평평한 유리판에 거리 d로 나란하게 입사하여 거리가 각각 d_1, d_2로 나란하게 유리판을 나오는 경로를 나타낸 것이다. $d_2>d>d_1$이다. 그림 (나)의 n_{I}, n_{II}은 B, C의 공기 중 파장에 따른 유리판의 굴절률을 순서 없이 나타낸 것이다. A의 공기 중 파장에 따른 유리판의 굴절률은 n_{II}이다.

[25023-0236]

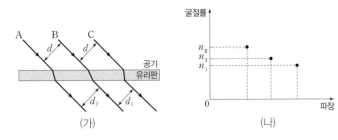

(가)   (나)

이에 대한 설명으로 옳은 것만을 〈보기〉에서 있는 대로 고른 것은?

〈 보기 〉

ㄱ. A가 유리판에 들어갈 때의 입사각과 유리판을 나올 때의 굴절각은 같다.

ㄴ. B의 속력은 유리판에서가 공기에서보다 작다.

ㄷ. C의 공기 중 파장에 따른 유리판의 굴절률은 n_{I}이다.

① ㄱ ② ㄷ ③ ㄱ, ㄴ ④ ㄴ, ㄷ ⑤ ㄱ, ㄴ, ㄷ

공기, 유리의 굴절률을 각각 $n_{공기}$, $n_{유리}$라 하고, 공기에서 유리로 진행할 때 굴절 법칙을 적용하면 $\dfrac{n_{유리}}{n_{공기}}=\dfrac{\sin i}{\sin r}$이다. $n_{공기}$와 i가 일정할 때, $n_{유리}$가 클수록 r가 작다.

단색광이 굴절률이 큰 매질에서 굴절률이 작은 매질로 진행할 때, 입사각이 임계각보다 크면 두 매질의 경계면에서 전반사가 일어난다.

11 그림 (가)는 단색광 X, Y가 매질 A와 B의 경계면상의 점 p, q에 각각 입사하여 A와 B의 경계면상의 점 r에 도달하는 것을 나타낸 것이다. X는 r에서 입사각 θ로 입사하여 전반사하고, Y는 r에 임계각 θ_c로 입사한다. p에서 X의 입사각은 2θ이고, $\theta = \theta_c$이다. 그림 (나)의 a, b는 X, Y의 A에 대한 B의

[25023-0237]

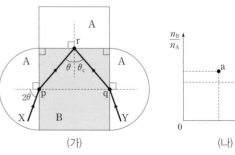

(가)

(나)

굴절률 $\dfrac{n_B}{n_A}$를 파장에 따라 순서 없이 나타낸 것이다.

이에 대한 설명으로 옳은 것만을 〈보기〉에서 있는 대로 고른 것은?

〈 보기 〉
ㄱ. X의 $\dfrac{n_B}{n_A}$는 1보다 작다.

ㄴ. θ_c는 30°보다 작다.

ㄷ. b는 Y의 A에 대한 B의 굴절률이다.

① ㄱ 　　② ㄷ 　　③ ㄱ, ㄴ 　　④ ㄴ, ㄷ 　　⑤ ㄱ, ㄴ, ㄷ

[25023-0238]

빛은 굴절률이 큰 매질, 즉 빛의 속력이 느린 매질 쪽으로 굴절한다. 빛은 입사각이 임계각보다 크면 두 매질의 경계면에서 전반사한다.

12 다음은 빛의 굴절에 대한 실험이다.

[실험 과정 및 결과]
(가) 반지름이 4 cm로 같은 반원형 매질 A, B, C를 준비한다.
(나) 그림과 같이 종이 위에 반원형 매질을 서로 붙여 놓고 단색광 P의 입사각을 변화시키면서 입사 광선과 만나는 매질의 표면의 점에서 법선까지의 거리 $\overline{ab}$에 따른 굴절 광선과 만나는 매질의 표면의 점에서 법선까지의 거리 $\overline{cd}$를 그래프로 나타낸다. 점 O는 원의 중심이다.

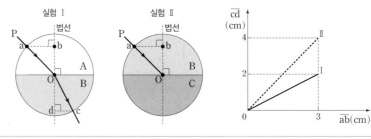

이에 대한 설명으로 옳은 것만을 〈보기〉에서 있는 대로 고른 것은?

〈 보기 〉
ㄱ. 굴절률은 A가 B보다 크다.

ㄴ. P의 속력은 B에서가 C에서보다 작다.

ㄷ. Ⅱ에서 $\overline{ab}$ = 3.5 cm가 되도록 P를 O에 입사시키면 P는 O에서 전반사한다.

① ㄱ 　　② ㄴ 　　③ ㄱ, ㄴ 　　④ ㄱ, ㄷ 　　⑤ ㄴ, ㄷ

13 그림과 같이 단색광 X를 매질 A에서 매질 B로 입사각 θ_1로 입사시켰더니 X는 A와 B의 경계면상의 점 p에서 굴절하고, B를 나와 A와 매질 C의 경계면상의 점 q에서 반사각 θ_2로 전반사하였다.
이에 대한 설명으로 옳은 것만을 〈보기〉에서 있는 대로 고른 것은?

[25023-0239]

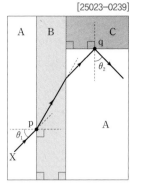

X가 A에서 B로 진행할 때 A와 B의 경계면과 B에서 A로 진행할 때 B와 A의 경계면이 서로 나란하다. 따라서 X가 A에서 B로 진행할 때 입사각이 θ_1이면 B에서 A로 진행할 때 굴절각도 θ_1이다.

┌ 보기 ┐
ㄱ. X의 속력은 B에서가 A에서보다 크다.
ㄴ. $\theta_1 + \theta_2 = 90°$이다.
ㄷ. X를 p에 θ_1보다 작은 각으로 입사시켰을 때 X가 A와 C의 경계면에 도달한다면 X는 A와 C의 경계면에서 전반사한다.

① ㄱ   ② ㄴ   ③ ㄱ, ㄷ   ④ ㄴ, ㄷ   ⑤ ㄱ, ㄴ, ㄷ

14 그림 (가)는 매질 I 의 아랫면에 고정된 광원 S에서 나오는 단색광의 경로를 나타낸 것이다. 점 p는 I 과 공기의 경계면상의 점이다. (나)는 (가)에서 I 을 매질 II 로 바꾼 것을 나타낸 것이다. (가)와 (나)에서 S에서 나오는 단색광이 공기 중으로 나오지 않도록 차단하는 원판의 최소 반지름은 각각 R, R'이고, I 과 II 의 윗면과 아랫면 사이의 거리는 같다.

[25023-0240]

굴절률이 n_1인 매질에서 굴절률이 n_2인 매질로 빛이 진행할 때(단, $n_1 > n_2$) $\frac{n_2}{n_1}$가 작을수록 임계각이 작다.

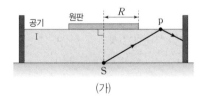
(가)

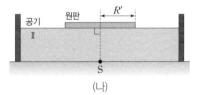
(나)

이에 대한 설명으로 옳은 것만을 〈보기〉에서 있는 대로 고른 것은? (단, 단색광은 공기와 매질의 경계면을 제외한 다른 경계면에서 투과하거나 반사되지 않는다.)

┌ 보기 ┐
ㄱ. p에서 단색광이 반사할 때 입사각과 반사각은 같다.
ㄴ. 굴절률은 공기가 II 보다 크다.
ㄷ. $R' > R$이면 굴절률은 I 이 II 보다 크다.

① ㄱ   ② ㄴ   ③ ㄱ, ㄴ   ④ ㄱ, ㄷ   ⑤ ㄴ, ㄷ

파동의 진동수가 같을 때 파동의 진행 속력은 파장에 비례한다.

15 그림 (가)는 진동수가 같은 파동이 매질 A, B, C에서 진행할 때 이웃한 파면의 모습을 나타낸 것이다. 그림 (나)는 (가)의 A, B, C 중 두 매질을 각각 영역 P, Q에 놓고 (가)의 파동이 P에서 Q로 진행할 때 점 a에 도달하는 것을 나타낸 것이다. a는 P와 Q의 경계면상의 점이다.

[25023-0241]

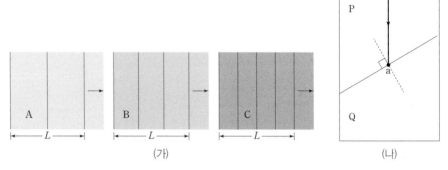

(가)   (나)

이에 대한 설명으로 옳은 것만을 〈보기〉에서 있는 대로 고른 것은?

〈 보기 〉
ㄱ. 파동의 진행 속력은 B에서가 C에서보다 크다.
ㄴ. (나)에서 P에 A를 놓고 Q에 B를 놓았을 때, a에서 입사각은 굴절각보다 크다.
ㄷ. 임계각은 P에 C를 놓고 Q에 B를 놓았을 때가 P에 C를 놓고 Q에 A를 놓았을 때보다 크다.

① ㄱ   ② ㄷ   ③ ㄱ, ㄴ   ④ ㄴ, ㄷ   ⑤ ㄱ, ㄴ, ㄷ

입사각이 굴절각보다 작으면 입사 광선이 진행하는 매질의 굴절률이 굴절 광선이 진행하는 매질의 굴절률보다 크다.

16 그림 (가)는 단색광이 매질 A → B → C → A로 진행하는 모습을, (나)는 A, B, C 중 두 매질로 만든 광섬유의 구조를 나타낸 것이다.

[25023-0242]

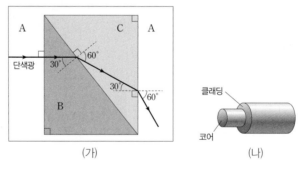

(가)   (나)

이에 대한 설명으로 옳은 것만을 〈보기〉에서 있는 대로 고른 것은?

〈 보기 〉
ㄱ. 단색광의 파장은 B에서가 C에서보다 길다.
ㄴ. 굴절률은 C가 A보다 크다.
ㄷ. (나)의 광섬유를 제작할 때 코어와 클래딩 사이의 임계각은 코어를 B, 클래딩을 C로 만들 때와 코어를 C, 클래딩을 A로 만들 때가 서로 같다.

① ㄱ   ② ㄴ   ③ ㄱ, ㄷ   ④ ㄴ, ㄷ   ⑤ ㄱ, ㄴ, ㄷ

[25023-0243]

17 그림 (가)는 전자기파가 진공에서 +*z*방향으로 진행하는 모습을 나타낸 것이고, (나)는 진동수 *f*에 따라 전자기파를 분류한 것을 나타낸 것이다. *a*는 이웃한 골과 마루 사이의 거리의 2배이다.

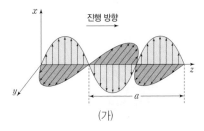
(가)

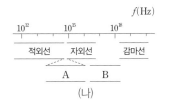
(나)

진공에서 전자기파의 속력은 일정하므로 전자기파의 진동수와 파장은 서로 반비례한다.

이에 대한 설명으로 옳은 것만을 〈보기〉에서 있는 대로 고른 것은?

〔 보기 〕
ㄱ. 진공에서 *a*는 A가 B보다 크다.
ㄴ. 진공에서 *a* × *f* 값은 A와 B가 같다.
ㄷ. B는 전자레인지에서 음식물을 데우는 데 이용된다.

① ㄱ ② ㄷ ③ ㄱ, ㄴ ④ ㄴ, ㄷ ⑤ ㄱ, ㄴ, ㄷ

[25023-0244]

18 그림은 전자기파를 파장에 따라 분류한 것이고, 표는 전자기파를 이용하는 장치를 나타낸 것이다.

암 치료에 이용하는 전자기파는 감마(γ)선이고, 살균 소독기에 이용하는 전자기파는 자외선이다.

전자기파	㉠	㉡
장치	살균 소독기	암 치료

이에 대한 설명으로 옳은 것만을 〈보기〉에서 있는 대로 고른 것은?

〔 보기 〕
ㄱ. ㉡은 A에 속한다.
ㄴ. 진동수는 B가 ㉠보다 크다.
ㄷ. 라디오에서 이용하는 전자기파는 C에 속한다.

① ㄱ ② ㄴ ③ ㄱ, ㄷ ④ ㄴ, ㄷ ⑤ ㄱ, ㄴ, ㄷ

전자레인지는 마이크로파를 이용하고, 에어프라이기는 적외선을 이용한다.

[25023-0245]

19 다음은 음식을 데우는 데 사용하는 두 전자기파 A, B에 대한 설명이다.

전자레인지에서 방출된 A가 공기와 유리의 경계면에 비스듬히 입사한 후 진행 방향이 변하여 음식물 속의 물 분자에 도달하면 A를 흡수한 물 분자가 운동하여 음식물의 온도가 높아진다. B를 이용하는 에어프라이기는 열선에 의해 발생한 열이 직접 음식물의 온도를 높이므로 물이 없는 음식물의 온도를 높일 수 있다. 진공에서의 파장은 A가 B보다 길다.

전자레인지   에어프라이기

이에 대한 설명으로 옳은 것만을 〈보기〉에서 있는 대로 고른 것은?

〔 보기 〕
ㄱ. A가 공기에서 유리로 진행할 때 A의 진동수는 변하지 않는다.
ㄴ. B는 피부에서 비타민 D를 생성하는 데 이용된다.
ㄷ. 진동수는 A가 X선보다 크다.

① ㄱ   ② ㄴ   ③ ㄱ, ㄷ   ④ ㄴ, ㄷ   ⑤ ㄱ, ㄴ, ㄷ

동일한 두 파동이 같은 위상으로 만나면 합성파의 진폭은 각 파동의 진폭의 2배이고, 반대 위상으로 만나면 합성파의 진폭은 0이다.

[25023-0246]

20 그림은 시간 $t=0$일 때 파장, 진폭, 진동수가 같은 두 파동이 서로 반대 방향으로 x축을 따라 진행하는 모습을 나타낸 것이다. 파동의 속력은 0.5 m/s이고, 파동의 진폭은 A이다.

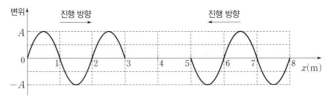

이에 대한 설명으로 옳은 것만을 〈보기〉에서 있는 대로 고른 것은?

〔 보기 〕
ㄱ. 파동의 진동수는 0.25 Hz이다.
ㄴ. $t=3$초일 때 $x=4 \text{ m}$에서 합성파의 변위의 크기는 A이다.
ㄷ. $t=4$초일 때 $x=3.5 \text{ m}$와 $x=4.5 \text{ m}$에서 합성파의 변위의 크기는 같다.

① ㄴ   ② ㄷ   ③ ㄱ, ㄴ   ④ ㄱ, ㄷ   ⑤ ㄱ, ㄴ, ㄷ

21 그림은 시간 $t=0$일 때 파장, 진폭, 진동수가 같은 두 물결파가 xy평면상에서 각각 $+x$방향, $+y$방향으로 진행하여 간섭하는 모습을 나타낸 것이다. 물결파의 속력은 1 m/s이고, 실선과 점선은 각각 마루와 골이다. 점 P, Q, R는 xy평면상의 지점이고, R는 $x=5$ m, $y=11$ m인 지점이다.

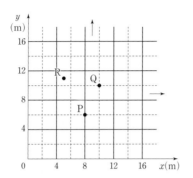

이에 대한 설명으로 옳은 것만을 〈보기〉에서 있는 대로 고른 것은?

〔 보기 〕
ㄱ. P에서는 보강 간섭이 일어난다.
ㄴ. Q에서 물결파의 높이는 시간에 따라 변하지 않는다.
ㄷ. $t=1$초일 때 R에서는 상쇄 간섭이 일어난다.

① ㄱ ② ㄷ ③ ㄱ, ㄴ ④ ㄴ, ㄷ ⑤ ㄱ, ㄴ, ㄷ

[25023-0247]

동일한 두 파동이 같은 위상으로 만나면 합성파의 진폭은 각 파동의 진폭의 2배이고, 반대 위상으로 만나면 합성파의 진폭은 0이다.

22 다음은 액티브 노이즈 캔슬링 이어폰에 대한 설명이다.

액티브 노이즈 캔슬링 이어폰은 소음을 소리로 없애는 방식이다. 소음을 마이크로 받아서 소음과 ⊙ 위상인 소리를 만들어 진행시키면 ⓐ소음이 없어지는 원리이다.

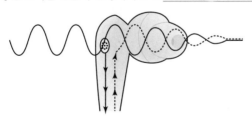

이에 대한 설명으로 옳은 것만을 〈보기〉에서 있는 대로 고른 것은?

〔 보기 〕
ㄱ. '같은'은 ⊙으로 적절하다.
ㄴ. ⓐ는 상쇄 간섭으로 설명할 수 있다.
ㄷ. 파동이 한 매질에서 다른 매질로 경계면에 비스듬히 진행할 때 파동의 진행 방향이 변하는 현상은 ⓐ에 의한 현상이다.

① ㄱ ② ㄴ ③ ㄱ, ㄷ ④ ㄴ, ㄷ ⑤ ㄱ, ㄴ, ㄷ

[25023-0248]

동일한 두 소리가 중첩하여 보강 간섭하면 큰 소리가 들리고, 상쇄 간섭하면 작은 소리가 들린다.

[25023-0249]

23 그림 (가)는 물결파 발생 장치 A, B에서 각각 일정한 진동수의 물결파가 발생하여 진행할 때, 시간 $t=0$인 순간의 모습을 나타낸 것이다. 점 p, q, r는 평면상의 고정된 세 지점이고, 두 물결파의 속력은 같다. 그림 (나)는

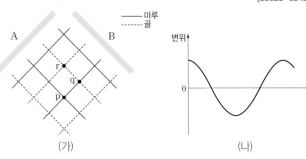

(가)

(나)

p, q, r 중 어느 한 지점에서 중첩된 물결파의 변위를 t에 따라 나타낸 것이다.

이에 대한 설명으로 옳은 것만을 〈보기〉에서 있는 대로 고른 것은?

마루와 마루, 골과 골이 만나면 보강 간섭이 일어나고, 마루와 골이 만나면 상쇄 간섭이 일어난다.

〈 보기 〉
ㄱ. (나)는 p에서 중첩된 물결파의 변위를 나타낸 것이다.
ㄴ. $t=0$일 때 q에서는 보강 간섭이 일어난다.
ㄷ. B에서 위상을 A에서와 반대로 하여 물결파를 동시에 발생시킬 때 r에서 중첩된 물결파의 변위를 t에 따라 나타내면 (나)와 같다.

① ㄱ   ② ㄴ   ③ ㄱ, ㄷ   ④ ㄴ, ㄷ   ⑤ ㄱ, ㄴ, ㄷ

[25023-0250]

24 그림 (가)와 같이 스피커 A를, (나)와 같이 A와 스피커 B를 x축과 같은 거리만큼 떨어진 지점에 고정하고, A, B에서 동일한 진동수의 소리를 같은 세기와 같은 위상으로 발생시킨 후, 소음 측정기를 x축 상에서 이동시키면서 소리의 세기를 측정하였다. 그림 (다)는 (나)에서 측정한 소리의 세기를 x에 따라 나타낸 것이다.

두 스피커에서 발생한 소리가 같은 위상으로 만나면 보강 간섭이 일어나고, 반대 위상으로 만나면 상쇄 간섭이 일어난다. (다)의 $x=x_0$, $x=2x_0$인 지점에서 각각 상쇄 간섭, 보강 간섭이 일어난다.

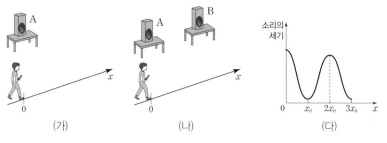

(가)   (나)   (다)

이에 대한 설명으로 옳은 것만을 〈보기〉에서 있는 대로 고른 것은?

〈 보기 〉
ㄱ. 소음 측정기에 측정된 소리의 최대 세기는 (가)에서가 (나)에서보다 크다.
ㄴ. (나)의 $x=2x_0$인 지점에 도달하는 두 소리의 위상은 서로 반대이다.
ㄷ. (나)의 $x=x_0$에서 일어나는 두 파동의 간섭 현상은 선명한 상을 얻기 위한 무반사 코팅 렌즈에 활용된다.

① ㄱ   ② ㄷ   ③ ㄱ, ㄴ   ④ ㄴ, ㄷ   ⑤ ㄱ, ㄴ, ㄷ

09 빛과 물질의 이중성

1 빛의 이중성

(1) 광전 효과

① **광전 효과**: 금속에 특정한 진동수보다 큰 진동수의 빛을 비출 때 금속에서 전자(광전자)가 방출되는 현상을 광전 효과라고 한다.

② **문턱(한계) 진동수**: 금속에서 전자가 방출되기 위한 최소한의 빛의 진동수로, 금속의 종류에 따라 다르다.

③ **광전류**: 광전관의 (−)극 K에 문턱 진동수 이상의 빛을 비출 때, 광전자가 방출되어 (+)극 P로 모이므로 광전류가 흐른다.
- 문턱(한계) 진동수보다 작은 진동수의 빛으로는 광전자를 방출시키지 못한다.
- 광전자의 최대 운동 에너지는 빛의 세기와 관계없고, 빛의 진동수와 문턱 진동수에 의해서만 결정된다.

④ **광전 효과의 이용**: 도난 경보기, 화재 경보기, 디지털 카메라, 자동문 등

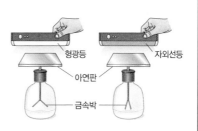
광전 효과 실험 장치

 탐구자료 살펴보기 **광전 효과 실험**

과정

(1) 그림과 같이 아연판을 검전기 위에 올려놓고 음(−)전하로 대전시킨다.

(2) 검전기 위의 아연판에 형광등과 자외선등을 각각 비추고 금속박의 변화를 관찰한다. 빛의 세기를 세게 하여 실험을 반복한다.

형광등 / 자외선등 / 아연판 / 금속박

결과

구분	약한 빛	센 빛
형광등	벌어져 있다.	벌어져 있다.
자외선등	천천히 오므라든다.	빨리 오므라든다.

point

- 금속에 특정 진동수 이상의 빛을 비추면 빛의 세기와 관계없이 금속에서 광전자가 방출된다. 따라서 세기가 약한 자외선을 아연판에 비추어도 자외선의 진동수가 아연의 문턱(한계) 진동수보다 크면 금속박이 오므라든다.
- 광전 효과를 일으키는 빛은 빛의 세기가 셀수록 단위 시간 동안에 방출되는 전자의 수가 많다.

과학 돋보기 🔍 **광전 효과의 이용**

- 도난 경보기는 빛을 광전관의 (−)극에 비추면 광전류가 발생하고, 광전류가 전자석의 코일에 흐르면 스위치의 금속 막대를 끌어당겨 스위치가 열려 있게 된다. 그러나 침입자가 빛을 차단하게 되면 광전류가 흐르지 않게 되어 스위치의 금속 막대에 연결된 용수철이 금속 막대를 당기므로 스위치가 닫히게 되고, 이때 경보 시스템이 작동하여 경보음이 울리게 된다.
- 화재 경보기는 평소에는 광원에서 방출된 빛이 직진하여 광센서에 도달하지 못하지만, 화재가 발생하여 빛이 연기 입자에 의해 산란되어 광센서에 도달하면 경보가 울린다.

광전관 / 전자석 / 부저 / 금속 막대 / 스위치 / 빛을 비출 때 / 빛을 차단했을 때 / 도난 경보기
광원 / 렌즈 / 광선 / 산란광 / 렌즈 광센서 / 경보 장치 / 연기 입자 / 화재 경보기

개념 체크

◆ **광양자설**: 빛은 진동수에 비례하는 에너지를 갖는 광자(광양자)의 흐름이다.

1. 아인슈타인은 빛이 진동수에 비례하는 에너지를 갖는 광자(광양자)의 흐름이라는 (   )로 광전 효과를 설명하였다.

2. 광전 효과는 빛의 파동성으로 설명할 수 없고, 빛의 (   )으로 설명할 수 있다.

3. 플랑크 상수를 h라고 할 때, 광양자설에 의하면 진동수가 f인 광자 1개가 가지는 에너지는 (   )이다.

(2) 빛의 파동 이론의 한계와 광양자설

① 빛이 파동이라면 진동수가 아무리 작아도 그 빛의 세기를 증가시키거나 오랫동안 비추면 금속 내의 전자는 충분한 에너지를 얻어 금속 표면 밖으로 튀어나올 수 있어야 한다. 그러나 문턱 진동수보다 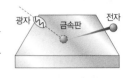 작은 진동수를 갖는 빛은 비추는 시간에 관계없이 광전자가 방출되지 않는다. 그리고 문턱 진동수가 물질의 종류에 따라 다르다는 것도 파동 이론으로는 설명이 되지 않는다. 따라서 광전 효과를 설명하려면 빛에 대한 다른 이론이 필요하다.

② 1905년 아인슈타인은 플랑크가 제안한 양자 가설을 이용하여 '빛은 진동수에 비례하는 에너지를 갖는 광자(광양자)라고 하는 입자들의 흐름이다.'라는 광양자설로 광전 효과를 설명하였다. 광양자설에 의하면 진동수가 f인 광자 1개가 가지는 에너지는 $E=hf$이다. 여기서 h는 플랑크 상수이고, 그 값은 $h≒6.6\times10^{-34}\,\text{J·s}$이다.

과학 돋보기 🔍 **광전자의 최대 운동 에너지**

• 일함수(W): 금속에서 전자를 떼어내는 데 필요한 최소한의 에너지를 일함수라고 한다.
$$W=hf_0\ (h: 플랑크\ 상수,\ f_0: 문턱\ 진동수)$$
• 광전자의 최대 운동 에너지(E_k): 금속판에 비춘 광자 1개의 에너지에서 일함수를 뺀 값이다.
$$E_k=hf-W\ (f: 빛의\ 진동수)$$
• 금속판에서 광전자가 방출될 때, 광전자의 최대 운동 에너지는 금속판에 비춘 빛의 진동수가 클수록, 금속의 일함수(또는 문턱 진동수)가 작을수록 크다.

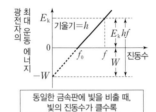

동일한 금속판에 빛을 비출 때, 빛의 진동수가 클수록 광전자의 최대 운동 에너지가 크다.

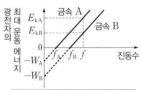

진동수가 같은 빛을 비출 때, 금속판의 일함수가 작을수록 광전자의 최대 운동 에너지가 크다.

탐구자료 살펴보기 **광전관 실험**

과정

(1) 그림과 같이 회로를 구성한 후, 광전관 내에 금속판 A를 설치한다.

(2) 광전관 내의 A에 단색광을 비추고, 전류계의 값을 읽는다.

(3) (−)극과 (+)극 사이에 전압을 걸어 주어 전류계의 값이 0이 될 때의 전압을 측정하여 광전자의 최대 운동 에너지를 구한다.

(4) 단색광의 진동수를 다르게 하여 과정 (2), (3)을 반복한다.

(5) A를 금속판 B로 바꾸어 과정 (2)~(4)를 반복한다.

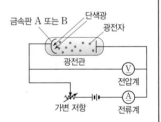

결과

단색광의 진동수 ($\times10^{15}$ Hz)	광전자의 최대 운동 에너지(eV)	
	금속판 A	금속판 B
0.75	1.00	0
1.00	2.04	0.44
1.25	3.07	1.47

point

• 광전자의 최대 운동 에너지는 단색광의 진동수가 클수록 크다.

• 광전자의 최대 운동 에너지는 금속판의 문턱 진동수가 작을수록 크다.

정답
1. 광양자설
2. 입자성
3. hf

(3) 빛의 이중성

① 빛은 진행할 때 파동의 성질인 간섭과 회절 현상이 나타나고, 광전 효과에서는 입자의 성질
이 나타난다. 이와 같이 빛은 어떤 경우에는 파동성을 나타내고, 또 어떤 경우에는 입자성을
나타내는데, 이것을 빛의 이중성이라고 한다.

② 모든 광학적 현상은 전자기파 이론 또는 파동 이론과 빛의 광양자 이론 중 어느 하나로 설명
이 가능하다.

③ 빛은 간섭이나 회절 현상에서 알 수 있듯이 파동의 성질을 가지고 있는 것이 분명하다. 그러
나 광전 효과에서 보았듯이 빛을 입자라고 생각해야 잘 설명할 수 있는 현상도 있다. 사진
건판에 상이 기록되는 현상은 광자와 사진 건판에 발라진 감광제 입자들의 충돌에 의한 화
학 반응의 결과이고, 이것은 빛의 파동성으로 설명하기 어렵다. 그러므로 빛은 파동이면서
동시에 입자인 이중적인 본질을 지니고 있는 것이다.

빛의 파동성

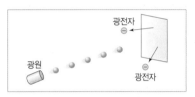

빛의 입자성

개념 체크

➡ **빛의 이중성**: 빛은 간섭이나
회절과 같은 파동성을 가지는 동
시에 광전 효과와 같은 입자성을
가진다.

➡ **전하 결합 소자(CCD)**: 빛 신
호를 전기 신호로 바꾸어 주는 장
치로, 디지털카메라, 광학 스캐너,
비디오 카메라 등에 이용된다.

2 영상 정보의 기록

(1) 전하 결합 소자(Charge−Coupled Device, CCD)

① 빛을 전기 신호로 바꾸어 주는 장치로, 수백만 개의 집광 장치로 이루어져 있다.

② 구조는 광센서인 광 다이오드가 평면적으로 배열된 형태를 가지고 있고, 주로 규소(Si) 등의
물질이 광센서로 사용되며 각각의 화소를 구성한다. 디지털카메라, 광학 스캐너, 비디오 카
메라 등에 이용된다.

(2) 영상 정보가 기록되는 원리

① 렌즈를 통과한 빛이 전하 결합 소자 내부로 입사하면 광전 효과로 인해 반도체 내에서 전자
와 양공의 쌍이 형성되고, 이때 전자의 수는 입사한 빛의 세기에 비례하며, 전자는 (＋)전압
이 걸려 있는 첫 번째 전극 아래에 쌓이게 된다.

② 인접한 두 번째 전극에 같은 크기의 전압을 걸어 주면 전자는 고르게 분포하게 된다.

③ 첫 번째 전극의 전압을 제거하면 전자는 두 번째 전극으로 이동하여 모이게 된다.

④ 다시 인접한 세 번째 전극에 같은 크기의 전압을 걸어 주면 전자는 고르게 분포하게 된다.
이렇게 순차적으로 전극에 전압을 걸어 주어 전자들이 이동하게 된다.

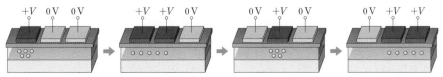

① 광전 효과에 의해 첫 번째
전극 아래에 전자가 쌓
인다.

② 두 번째 전극에 걸린 전압
에 의해 전자는 고르게 분
포하게 된다.

③ 첫 번째 전극의 전압을 제
거하면 전자는 두 번째 전
극에 모인다.

④ 세 번째 전극에 걸린 전압
에 의해 전자는 고르게 분
포하게 된다.

1. 좁은 틈을 지난 빛이 회
절 무늬를 만드는 현상은
빛의 ( )으로 설명할
수 있다.

2. 전하 결합 소자는 빛
의 입자성이 나타나는
( )를 이용하여 빛 신
호를 ( ) 신호로 바꾸
어 주는 장치이다.

3. 전하 결합 소자의 구조는
광센서인 ( )가 평면
적으로 배열된 형태를 가
지고 있다.

4. 빛이 전하 결합 소자 내
부로 입사하면 ( )로
인해 광 다이오드 내에서
전자와 양공의 쌍이 형성
된다. 이때 빛의 세기가
셀수록 전극에 모이는 전
자의 수가 (많다 , 적다).

정답
1. 파동성
2. 광전 효과, 전기
3. 광 다이오드
4. 광전 효과, 많다

(3) 컬러 영상을 얻는 원리

① 일반적으로 전하 결합 소자는 빛의 세기만 측정하기 때문에 흑백 영상만을 얻을 수 있으므로, 컬러 영상을 얻기 위해서 서로 교차된 색 필터를 전하 결합 소자 위에 배열한다.

② 빨간색, 초록색, 파란색 필터 아래에 있는 전하 결합 소자에는 각각 빨간색, 초록색, 파란색 빛의 세기에 비례하는 전자가 전극에 쌓이게 되어 원래의 색상 정보가 입력된다.

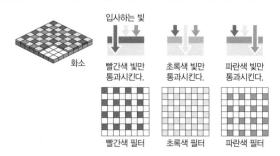

과학 돋보기 🔍 **디지털카메라의 영상 정보 기록**

렌즈를 통해 빛이 전하 결합 소자(CCD)의 광 다이오드에 들어오면 광전 효과에 의해 광전자가 방출되어 빛이 전기 신호로 변환되며, 색 필터를 통과한 빛의 세기에 따라 방출되는 광전자의 수가 달라지므로 빛의 세기를 분석하여 천연색 영상 정보를 메모리 카드에 저장한다.

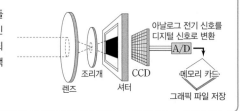

3 물질의 파동성

(1) 물질파

① **드브로이의 물질파 이론**: 1923년 드브로이는 파동이라고 생각했던 빛이 입자성을 나타낸다면 반대로 전자와 같은 물질 입자도 파동성을 나타낼 수 있을 것이라는 가설을 제안하였다.

② **물질파**: 물질 입자가 파동성을 나타낼 때, 이 파동을 물질파 또는 드브로이파라고 한다.

③ **물질파 파장(드브로이 파장)**: 드브로이는 질량이 m인 입자가 속력 v로 운동하여 운동량의 크기가 p일 때 나타나는 파장은 $\lambda = \dfrac{h}{p} = \dfrac{h}{mv}$ (h: 플랑크 상수)로 주어진다고 제안하였다.

(2) 데이비슨·거머 실험

① **실험 과정**: 데이비슨과 거머는 그림과 같이 니켈 결정에 느리게 움직이는 전자의 전자선을 입사시킨 후 입사한 전자선과 튀어나온 전자가 이루는 각에 따른 분포를 알아보기 위해 전자 검출기의 각 θ를 변화시키면서 각에 따라 검출되는 전자의 수를 측정하였다.

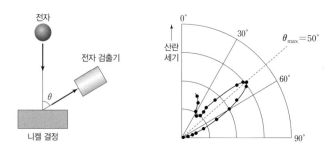

② **실험 결과**: 54 V의 전압으로 전자를 가속한 경우 입사한 전자선과 50°의 각을 이루는 곳에서 튀어나오는 전자의 수가 가장 많았다.

③ **실험 결과에 대한 해석**

• 원자가 반복적으로 배열된 결정 표면에 X선을 비출 경우, 결정면에 대하여 특정한 각으로 X선을 입사시킬 때 결정 표면에서 반사된 빛과 이웃한 결정면에서 반사된 빛이 보강 간섭을 일으킨다. 이는 마치 얇은 막에 의해 빛이 반사될 경우, 빛이 얇은 막에 특정한 각으로 입사할 때 반사된 빛이 보강 간섭을 일으킨 것으로 해석할 수 있다.

• 전자선을 결정 표면에 입사시킬 때, X선을 결정 표면에 비출 경우와 마찬가지로 입사한 전자선과 결정면에서 튀어나온 전자선이 이루는 각이 특정한 각도에서 전자가 많이 검출된다.

• 실험 결과 X선 회절 실험으로부터 구한 전자의 파장과 드브로이의 물질파 이론을 적용하여 구한 전자의 파장이 일치한다는 사실로 드브로이의 물질파 이론이 증명되었다.

과학 돋보기 🔍 **전자의 입자성과 파동성**

그림은 전자들을 바람개비에 쏘아 주었을 때 바람개비에 나타나는 변화를 확인할 수 있는 실험 장치이다. 이 장치를 작동시키면 전자들이 쏘여 졌을 때 바람개비가 돌아가는데, 이것은 전자가 바람개비에 충돌하여 정지해 있던 바람개비가 회전하는 것이다. 즉, 전자는 운동량을 가진 입자임을 알 수 있다.

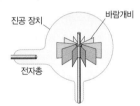

그림 (가)와 같이 2개의 슬릿이 뚫린 얇은 금속박과 벽에 나란하게 움직일 수 있는 감지기를 설치하고, 전자총으로 전자들을 금속박의 슬릿으로 쏘아 주면 전자들이 슬릿을 통과하여 감지기가 있는 벽에 도달한다. 벽에 도달한 전자의 위치를 점으로 나타낸 결과, (나)와 같이 도달하는 전자의 양이 많은 지점과 적은 지점이 번갈아 가면서 나타난다.

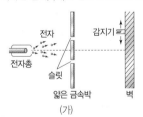

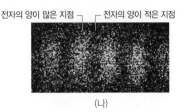

(가)   (나)

전자가 입자라면 전자의 양이 많은 지점이 두 군데 생겨야 한다. 그러나 전자를 쏘았을 때 전자의 양이 많은 지점과 적은 지점이 번갈아 가면서 나타나는 간섭무늬가 생겼으므로, 이때의 전자는 파동이라고 생각해야 한다. 따라서 전자도 빛과 마찬가지로 입자와 파동의 이중성을 나타낸다.

---

(3) 톰슨 실험: 1928년 톰슨은 얇은 금속박에 전자선을 입사시켜 전자선의 회절 무늬를 얻었는데, 이것은 파장이 매우 짧은 X선을 입사시켰을 때 얻어지는 회절 무늬와 같았다. 따라서 전자선의 회절 무늬로 전자와 같은 물질 입자가 파동성을 갖는다는 것을 확인할 수 있었다.

개념 체크

➡ **톰슨 실험**: 전자선의 회절 무늬는 전자와 같은 물질 입자가 파동성을 갖는다는 것을 확인시켜 주는 것이다.

1. 데이비슨과 거머의 실험은 전자의 (입자성 , 파동성)을 확인시켜 주는 실험이다.

2. 니켈 결정 표면에 입사한 전자선의 전자가 가장 많이 튀어나오는 각은 파동 이론에서 결정면에서 반사한 파동이 (보강 , 상쇄) 간섭되는 조건과 같다.

3. 바람개비에 전자들을 쏘아 주었을 때 바람개비가 회전하는 것은 전자의 ( )으로 설명할 수 있으며, 전자들이 이중 슬릿을 통과하여 스크린에 밝고 어두운 무늬를 만드는 것은 전자의 ( )으로 설명할 수 있다.

정답
1. 파동성
2. 보강
3. 입자성, 파동성

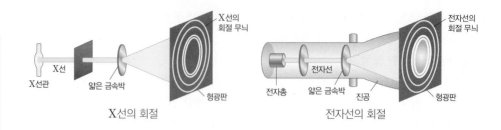

X선의 회절

전자선의 회절

⊙ **물질의 이중성**: 빛과 마찬가지로 입자에서도 파동과 입자의 이중적인 성질이 나타나며, 이와 같은 현상을 물질의 이중성이라고 한다.

1. 미시적인 세계에서 빛과 마찬가지로 물질 입자도 파동과 입자의 이중적인 성질이 나타나는데, 이를 물질의 (　　)이라고 한다.

2. 전자 현미경은 전자의 (입자성 . 파동성)을 이용한 것으로 실물 크기의 10만 배 이상으로 물체를 확대시켜 볼 수 있다.

3. 먼지와 같은 작은 크기를 갖는 입자에서도 물질파 파장은 존재하지만, 그 파장이 너무 (길어서 . 짧아서) 파동성을 관찰할 수 없다.

(4) 물질의 이중성

① 파동성은 전자뿐만 아니라 원자핵의 구성 입자인 양성자와 중성자, 분자와 같은 입자에서도 발견되었다. 이와 같이 미시적인 세계에서는 빛과 마찬가지로 물질 입자도 파동과 입자의 이중적인 성질이 나타나며, 이와 같은 성질을 물질의 이중성이라고 한다.

② 공중에 떠다니는 먼지와 같이 작은 크기를 갖는 입자에서도 물질파 파장은 존재하지만, 그 파장이 너무 짧아서 파동성을 관찰할 수 없다. 즉, 물질파 파장 λ는 플랑크 상수 h를 물체의 질량과 속력의 곱인 mv로 나눈 값$\left(\dfrac{h}{mv}\right)$인데, 플랑크 상수의 값이 아주 작기 때문에 mv의 값이 전자와 같이 아주 작지 않으면 검증할 수 있는 파장 λ의 값을 얻을 수 없는 것이다. 이것이 물질 입자의 파동성이 늦게 발견된 까닭이다.

③ 전자의 파동성을 이용하여 전자의 속력을 조절하면 파장이 매우 짧은 물질파의 전자선을 만들 수 있고, 이를 이용해서 분해능이 우수한 현미경을 만들 수 있다. 전자의 파동성을 이용한 현미경이 전자 현미경이며, 전자 현미경을 이용하여 실물 크기의 10만 배 이상으로 물체를 확대시켜 볼 수 있다.

탐구자료 살펴보기　간섭 실험을 통한 물질의 이중성

자료

빛의 간섭 실험	전자선의 간섭 실험
단색광 / 단일 슬릿 / 이중 슬릿 / 스크린	전자총 / 전자 / 단일 슬릿 / 이중 슬릿 / 형광판
빛을 단일 슬릿과 이중 슬릿에 통과시키면 스크린에 보강 간섭(밝은 무늬)과 상쇄 간섭(어두운 무늬)이 나타난다.	전자의 속력을 조절하여 전자를 단일 슬릿과 이중 슬릿에 통과시키면 형광판에 보강 간섭(밝은 무늬)과 상쇄 간섭(어두운 무늬)이 나타난다.

분석

• 슬릿을 통과한 빛과 전자는 모두 보강 간섭과 상쇄 간섭을 일으켜 밝은 무늬와 어두운 무늬가 번갈아 가며 나타난다.

point

• 두 실험의 결과로부터 물질 입자인 전자도 파동성을 가진다는 것을 알 수 있다.

4 전자 현미경

(1) 전자의 속력과 전자의 물질파 파장

① **가속 전압과 전자의 운동 에너지**: 그림과 같이 금속판 A와 B에 전압 V가 걸려 있을 경우 A에 정지해 있던 질량이 m인 전자는 전기력을 받아 가속되어 매우 빠른 속력으로 B에 도달하게 된다. B에 도달하는 순간 전자의 운동 에너지 E_k는 전기력이 전자에 해 준 일과 같다.

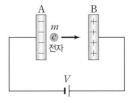

② **가속 전압에 따른 전자의 물질파 파장**: 전기력을 받아 가속된 전자의 속력이 v일 때 전자의 물질파 파장은 다음과 같다.

$$\lambda = \frac{h}{p} = \frac{h}{mv} = \frac{h}{\sqrt{2mE_k}} \ (h: 플랑크 상수)$$

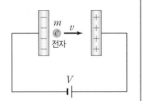
(2) 전자 현미경

① 전자 현미경에서 이용하는 전자의 물질파 파장은 광학 현미경에서 이용하는 가시광선의 파장보다 훨씬 짧아 전자 현미경은 광학 현미경보다 훨씬 높은 배율과 분해능을 얻을 수 있다.

② 광학 현미경에서 최대 배율은 약 2000배이고, 전자의 물질파 파장이 1.0 nm 이하인 전자 현미경의 최대 배율은 수백만 배이다.

③ 전자 현미경은 자기장에 의해 전자의 진행 경로가 휘어지는 현상을 이용하는 것으로, 코일을 감은 원통형 전자석인 자기렌즈는 전자를 초점으로 모으는 역할을 한다. 전자 현미경은 이러한 자기렌즈를 사용하여 광학 현미경처럼 물체를 확대하여 볼 수 있다.

④ 전자 현미경은 시료를 진공 속에 넣어야 하기 때문에 살아 있는 생명체를 관찰하는 것이 어렵고, 얇은 시료를 만들거나 코팅을 해야 하는 준비 작업을 필요로 하지만, 높은 배율과 좋은 분해능을 얻을 수 있는 장점이 있다.

광학 현미경으로 관찰

전자 현미경으로 관찰

개념 체크

➡ **투과 전자 현미경(TEM)**: 전자선이 시료를 투과한 후 확대된 영상을 얻는다.
➡ **주사 전자 현미경(SEM)**: 전자선을 쪼일 때 시료에서 튀어나오는 전자를 측정하여 시료의 영상을 얻는다.

1. 전자의 속력이 (클 , 작을)수록 전자의 물질파 파장이 짧아져 전자 현미경의 분해능이 좋아진다.

2. (   ) 전자 현미경은 전자가 특별하게 제작된 얇은 시료를 통과하게 되어 평면 영상을 관찰할 수 있다.

3. (   ) 전자 현미경은 전자선을 시료의 표면에 쪼일 때 튀어나오는 전자를 검출하므로, 시료 표면의 3차원적 구조를 관찰할 수 있다.

(3) 전자 현미경의 종류

① 투과 전자 현미경(TEM, Transmission Electron Microscope)
- 전자가 특별하게 제작된 얇은 시료를 통과하게 되고, 이때 시료 내부의 물질에 의해 전자가 산란되는 정도가 달라지며 시료를 통과한 전자에 의해 확대된 영상이 만들어진다.
- 전자는 눈에 보이지 않으므로 확대된 영상은 필름이나 형광면에 투사시키면 볼 수 있다.
- 투과 전자 현미경으로 관찰하는 시료는 매우 얇게 만들어져야 한다. 그렇지 않으면 투과하는 동안 전자의 속력이 느려져 전자의 드브로이 파장이 길어지므로 분해능이 떨어져 시료의 영상이 흐려진다.
- 투과 전자 현미경은 전자선이 얇은 시료를 투과하므로 평면 영상을 관찰할 수 있다.

② 주사 전자 현미경(SEM, Scanning Electron Microscope)
- 전자선을 시료의 전체 표면에 차례로 쪼일 때 시료에서 튀어나오는 전자를 측정한다.
- 감지기에서 측정한 신호를 해석하여 상을 재구성한다.
- 주사 전자 현미경으로 관찰하려는 대상은 전기 전도성이 좋아야 한다. 따라서 전기 전도도가 낮은 생물과 같은 시료는 금, 백금, 이리듐 등과 같이 전기 전도도가 높은 물질로 얇게 코팅해야 한다.
- 주사 전자 현미경은 투과 전자 현미경보다 배율은 낮지만, 시료 표면의 3차원적 구조를 볼 수 있다는 장점이 있다.

| 광학 현미경 | 투과 전자 현미경 | 주사 전자 현미경 |

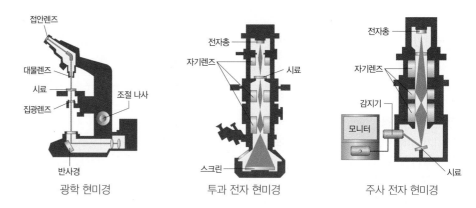

정답
1. 클
2. 투과
3. 주사

01 그림 A, B, C는 일상생활에서 빛의 성질을 활용한 예를 나타낸 것이다. [25023-0251]

A: 전하 결합 소자 (CCD)를 이용하는 디지털 카메라

B: 태양 전지를 이용하여 불을 켜는 가로등

C: 보는 각도에 따라 글자 색깔이 다르게 보이는 지폐

A, B, C 중 빛의 입자성을 활용한 예만을 있는 대로 고른 것은?

① A　② C　③ A, B　④ B, C　⑤ A, B, C

02 다음은 광전 효과에 관한 설명이다. [25023-0252]

- 광전 효과는 금속 표면에 진동수가 큰 빛을 비추었을 때 금속 표면에서 (가) 가 방출되는 현상으로, 빛의 (나) 을 나타내는 증거이다.

- 아인슈타인은 '빛은 (다) 에 비례하는 에너지를 갖는 광자들의 흐름이다.'라는 광양자설을 도입하여 광전 효과를 설명하였다.

단색광

금속판

(가), (나), (다)로 가장 적절한 것은?

	(가)	(나)	(다)
①	전자	입자성	진동수
②	전자	입자성	파장
③	전자	파동성	진동수
④	양성자	파동성	파장
⑤	양성자	입자성	진동수

03 다음은 검전기를 이용한 광전 효과에 대한 실험이다. [25023-0253]

[실험 과정]

그림과 같이 대전되지 않은 동일한 검전기 P, Q의 금속판에 같은 세기의 단색광 A, B를 각각 10초 동안 비추면서 금속박의 움직임을 관찰한다.

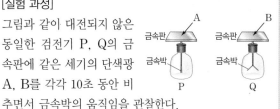

[실험 결과]

구분	P에 A를 비출 때	Q에 B를 비출 때
금속박의 움직임	움직이지 않음	벌어짐

이에 대한 설명으로 옳은 것만을 〈보기〉에서 있는 대로 고른 것은?

〈 보기 〉
ㄱ. 단색광의 진동수는 A가 B보다 작다.
ㄴ. P에 A를 오랫동안 비추면 P의 금속박이 벌어진다.
ㄷ. 실험 결과에서 Q의 금속판은 양(+)전하로 대전되어 있다.

① ㄱ　② ㄴ　③ ㄱ, ㄷ　④ ㄴ, ㄷ　⑤ ㄱ, ㄴ, ㄷ

04 그림은 금속판 A, B에 각각 단색광을 비추었을 때, 방출된 광전자의 최대 운동 에너지를 단색광의 진동수에 따라 나타낸 것이다. [25023-0254]

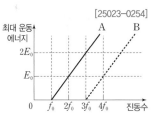

이에 대한 설명으로 옳은 것만을 〈보기〉에서 있는 대로 고른 것은?

〈 보기 〉
ㄱ. 문턱 진동수는 A가 B보다 크다.
ㄴ. 진동수가 $2f_0$인 단색광을 B에 비출 때, 세기를 증가시키면 B에서 광전자가 방출된다.
ㄷ. A에서 방출되는 광전자의 최대 운동 에너지는 진동수가 $2f_0$인 단색광을 비출 때가 진동수가 $3f_0$인 단색광을 비출 때보다 작다.

① ㄱ　② ㄷ　③ ㄱ, ㄴ　④ ㄴ, ㄷ　⑤ ㄱ, ㄴ, ㄷ

[25023-0255]

05 그림 (가), (나)는 파장이 서로 다른 단색광 A, B, C가 금속판 X, Y에 각각 같은 세기로 도달하는 모습을 나타낸 것으로, P는 A와 B가, Q는 B와 C가 겹쳐진 영역이다. (가)와 (나)의 P, Q 중 (나)의 P에서만 광전자가 방출되지 않았다.

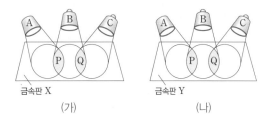

(가)　　　　　　　　(나)

이에 대한 설명으로 옳은 것만을 〈보기〉에서 있는 대로 고른 것은?

(보기)

ㄱ. 문턱 진동수는 X가 Y보다 작다.
ㄴ. 진동수는 B가 C보다 작다.
ㄷ. 방출된 광전자의 최대 운동 에너지는 (가)의 Q에서가 (나)의 Q에서보다 크다.

① ㄱ　　② ㄷ　　③ ㄱ, ㄴ　　④ ㄴ, ㄷ　　⑤ ㄱ, ㄴ, ㄷ

[25023-0256]

06 그림은 광전관의 금속판에 파장이 서로 다른 단색광 X, Y, Z를 비추는 모습을 나타낸 것이다. 표는 금속판에 비춘 단색광에 따라 측정되는 광전류의 세기와 방출되는 광전자의 최대 운동 에너지를 나타낸 것이다.

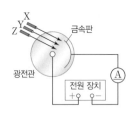

금속판에 비춘 단색광	광전류의 세기	광전자의 최대 운동 에너지
X와 Y	I_0	E
X와 Z	㉠	E
Z	I_0	㉡

이에 대한 설명으로 옳은 것만을 〈보기〉에서 있는 대로 고른 것은?

(보기)

ㄱ. X, Y, Z 중 진동수는 X가 가장 크다.
ㄴ. ㉠은 I_0보다 작다.
ㄷ. ㉡은 E보다 크다.

① ㄱ　　② ㄴ　　③ ㄱ, ㄴ　④ ㄱ, ㄷ　⑤ ㄴ, ㄷ

[25023-0257]

07 다음은 전하 결합 소자(CCD)에서 영상 정보가 기록되는 원리에 대한 설명이다.

빛이 전하 결합 소자(CCD)의 ㉠광 다이오드에 들어오면 │ (가) │에 의해 전자가 발생한다. 색 필터를 통과한 빛의 │ (나) │에 따라 방출되는 광전자의 수가 달라지므로 이를 분석하면 원래의 색상 정보를 기록할 수 있다.

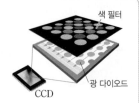

이에 대한 설명으로 옳은 것만을 〈보기〉에서 있는 대로 고른 것은?

(보기)

ㄱ. ㉠에서 빛 신호가 전기 신호로 변환된다.
ㄴ. '광전 효과'는 (가)로 적절하다.
ㄷ. '세기'는 (나)로 적절하다.

① ㄱ　　② ㄷ　　③ ㄱ, ㄴ　　④ ㄴ, ㄷ　　⑤ ㄱ, ㄴ, ㄷ

[25023-0258]

08 그림 (가)는 전하 결합 소자(CCD)에서 광전 효과에 의해 형성된 전자가 전극 A 아래에 쌓이는 모습을, (나)는 (가)에서 A에 걸린 전압을 제거하고 전극 B, C에 전압을 걸어 주었을 때, 전자가 이동하는 모습을 나타낸 것이다.

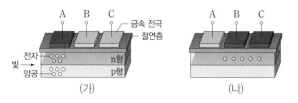

(가)　　　　　　　　(나)

이에 대한 설명으로 옳은 것만을 〈보기〉에서 있는 대로 고른 것은?

(보기)

ㄱ. (가)에서 입사하는 빛의 세기가 증가하면 형성되는 전자의 수가 감소한다.
ㄴ. (나)에서 B에는 (+)전압이 걸려 있다.
ㄷ. (나)에서 B에 걸린 전압만을 제거하면 B 아래에 있던 전자는 C 쪽으로 이동한다.

① ㄱ　　② ㄴ　　③ ㄱ, ㄷ　　④ ㄴ, ㄷ　　⑤ ㄱ, ㄴ, ㄷ

09 그림은 입자 A, B의 물질파 파장을 속력에 따라 나타낸 것이다.

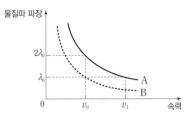

이에 대한 설명으로 옳은 것만을 〈보기〉에서 있는 대로 고른 것은?

〈 보기 〉
ㄱ. $v_1 = 2v_0$이다.
ㄴ. 속력이 v_0일 때 운동량의 크기는 A가 B보다 작다.
ㄷ. 질량은 A가 B보다 크다.

① ㄱ ② ㄷ ③ ㄱ, ㄴ ④ ㄴ, ㄷ ⑤ ㄱ, ㄴ, ㄷ

[25023–0260]

10 표는 입자 A, B, C의 질량과 물질파 파장을 나타낸 것이다. B, C의 운동량의 크기는 같다.

입자	질량	물질파 파장
A	m	λ
B	m	2λ
C	$2m$	㉠

이에 대한 설명으로 옳은 것만을 〈보기〉에서 있는 대로 고른 것은?

〈 보기 〉
ㄱ. 운동량의 크기는 A가 B의 2배이다.
ㄴ. ㉠은 2λ이다.
ㄷ. 입자의 운동 에너지는 A가 C의 8배이다.

① ㄱ ② ㄷ ③ ㄱ, ㄴ ④ ㄴ, ㄷ ⑤ ㄱ, ㄴ, ㄷ

[25023–0261]

11 그림 (가), (나)는 알루미늄 박막에 각각 X선, 운동량의 크기가 p인 전자선을 쪼였을 때, 사진 건판에 나타나는 회절 무늬를 나타낸 것이다.

(가)　　　　(나)

이에 대한 설명으로 옳은 것만을 〈보기〉에서 있는 대로 고른 것은? (단, 플랑크 상수는 h이다.)

〈 보기 〉
ㄱ. (가)는 빛의 입자성을 나타낸다.
ㄴ. (나)에서 전자의 물질파 파장은 $\frac{h}{p}$이다.
ㄷ. (나)에서 (가)와 같은 형태의 회절 무늬가 나타나는 것은 전자의 파동성으로 설명할 수 있다.

① ㄱ ② ㄷ ③ ㄱ, ㄴ ④ ㄴ, ㄷ ⑤ ㄱ, ㄴ, ㄷ

[25023–0262]

12 그림 (가)는 니켈 결정에 속력이 v인 전자선을 입사시킨 후, 산란된 전자를 전자 검출기에서 측정하는 모습을 나타낸 것이다. 그림 (나)는 입사한 전자선과 $\theta=50°$의 각을 이루는 곳에서 전자가 가장 많이 검출되는 것을 나타낸 것이다.

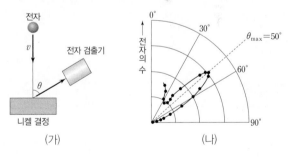
(가)　　　　(나)

이에 대한 설명으로 옳은 것만을 〈보기〉에서 있는 대로 고른 것은?

〈 보기 〉
ㄱ. (가)에서 v가 클수록 전자의 물질파 파장은 짧다.
ㄴ. $\theta=50°$로 산란된 전자의 물질파는 보강 간섭을 한다.
ㄷ. (나)는 전자가 파동성을 가지기 때문에 나타나는 현상이다.

① ㄱ ② ㄷ ③ ㄱ, ㄴ ④ ㄴ, ㄷ ⑤ ㄱ, ㄴ, ㄷ

13 그림 (가)는 동일한 조건에서 두 광원에서 나온 빛을 광학 기기 A, B로 각각 관찰한 회절 무늬 영상을 나타낸 것이다. 그림 (나)는 전자 현미경으로 시료를 관찰하는 모습을 나타낸 것이다.

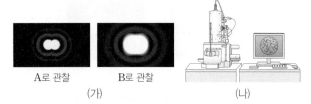

A로 관찰   B로 관찰
(가)   (나)

이에 대한 설명으로 옳은 것만을 〈보기〉에서 있는 대로 고른 것은?

〈 보기 〉
ㄱ. (가)에서 분해능은 A가 B보다 좋다.
ㄴ. (나)의 전자 현미경에서 이용하는 전자의 속력이 클수록 전자의 물질파 파장이 길어진다.
ㄷ. (나)의 전자 현미경에서는 분해능을 높이기 위해 전자의 속력을 증가시킨다.

① ㄱ   ② ㄴ   ③ ㄷ   ④ ㄱ, ㄷ   ⑤ ㄴ, ㄷ

14 그림은 광학 현미경과 전자 현미경으로 동일한 시료를 관찰한 영상을 나타낸 것이다.

광학 현미경으로 관찰한 영상   전자 현미경으로 관찰한 영상

이에 대한 설명으로 옳은 것만을 〈보기〉에서 있는 대로 고른 것은?

〈 보기 〉
ㄱ. 분해능은 광학 현미경이 전자 현미경보다 좋다.
ㄴ. 전자 현미경에서 사용하는 전자의 물질파 파장은 가시광선의 파장보다 길다.
ㄷ. 전자 현미경에서 사용하는 전자의 물질파 파장이 짧을수록 전자 현미경의 분해능은 좋다.

① ㄱ   ② ㄷ   ③ ㄱ, ㄴ   ④ ㄴ, ㄷ   ⑤ ㄱ, ㄴ, ㄷ

15 그림은 전자선을 시료의 표면을 따라 쪼여 주어 상을 얻는 전자 현미경 A의 구조를 나타낸 것이다. A는 주사 전자 현미경과 투과 전자 현미경 중 하나이다.

이에 대한 설명으로 옳은 것만을 〈보기〉에서 있는 대로 고른 것은?

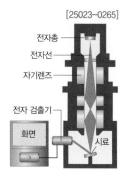

전자총
전자선
자기렌즈

전자 검출기
화면
시료

〈 보기 〉
ㄱ. A는 주사 전자 현미경(SEM)이다.
ㄴ. 자기렌즈는 전자의 진행 경로를 휘게 하여 전자들을 모으는 역할을 한다.
ㄷ. A는 시료 표면의 3차원적 구조를 관찰할 때 이용된다.

① ㄱ   ② ㄷ   ③ ㄱ, ㄴ   ④ ㄴ, ㄷ   ⑤ ㄱ, ㄴ, ㄷ

16 그림은 투과 전자 현미경(TEM)의 구조를 나타낸 것이고, 표는 투과 전자 현미경의 전자총에서 방출되는 전자 A, B의 물질파 파장과 운동 에너지를 나타낸 것이다.

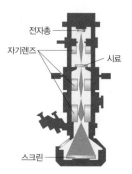

전자총
자기렌즈
시료

스크린

전자	물질파 파장	운동량의 크기
A	λ_0	p_0
B	㉠	$2p_0$

이에 대한 설명으로 옳은 것만을 〈보기〉에서 있는 대로 고른 것은?

〈 보기 〉
ㄱ. 투과 전자 현미경의 시료는 얇게 만들어야 한다.
ㄴ. ㉠은 $2\lambda_0$이다.
ㄷ. B를 이용하면 A를 이용할 때보다 물질의 더 작은 구조를 구분하여 관찰할 수 있다.

① ㄱ   ② ㄴ   ③ ㄱ, ㄷ   ④ ㄴ, ㄷ   ⑤ ㄱ, ㄴ, ㄷ

01 다음은 광전식 화재 감지기에 대한 설명이다.

[25023-0267]

화재가 발생하여 연기 입자에 의해 산란된 빛이 광 다이오드에 도달하면 광전 효과에 의해 광전자가 발생한다.

> 그림과 같이 평상시에는 발광 다이오드(LED)에서 방출된 빛이 직진하여 광 다이오드에 도달하지 못하지만, 화재 시에는 화재 감지기로 유입된 연기 입자에 의해 빛이 산란되어 광 다이오드에 도달하면 경보음이 울리게 된다.

광전식 화재 감지기

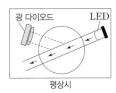
평상시

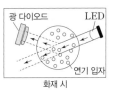
화재 시

이에 대한 설명으로 옳은 것만을 〈보기〉에서 있는 대로 고른 것은?

(보 기)
ㄱ. 광전식 화재 감지기의 광 다이오드는 빛의 파동성을 이용한 장치이다.
ㄴ. 광 다이오드는 전기 신호를 빛 신호로 변환한다.
ㄷ. 연기의 양이 많아 산란되어 광 다이오드에 도달하는 빛의 세기가 셀수록 광 다이오드가 연결된 회로에 흐르는 전류의 세기가 크다.

① ㄱ   ② ㄷ   ③ ㄱ, ㄴ   ④ ㄴ, ㄷ   ⑤ ㄱ, ㄴ, ㄷ

[25023-0268]

02 그림 (가)는 금속판에 빛 X, Y를 함께 비출 때, X, Y의 진동수를 변화시키며 광전류를 측정하는 것을 나타낸 것이다. 그림 (나)는 (가)에서 X, Y의 진동수를 시간에 따라 나타낸 것으로, 광전류는 0초부터 10초까지 흐르고, 10초 이후에는 흐르지 않았다. X, Y의 세기는 서로 같고, 각각 일정하다.

금속판에서 방출되는 광전자의 최대 운동 에너지는 금속판에 비추는 단색광의 진동수가 클수록 크다.

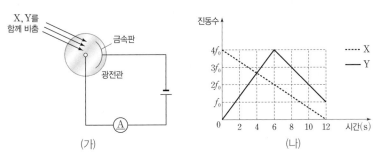
(가)   (나)

이에 대한 설명으로 옳은 것만을 〈보기〉에서 있는 대로 고른 것은?

(보 기)
ㄱ. 금속판의 문턱 진동수는 f_0이다.
ㄴ. 광전류의 세기는 2초일 때가 4초일 때보다 작다.
ㄷ. 방출된 광전자의 최대 운동 에너지는 2초일 때가 8초일 때보다 크다.

① ㄱ   ② ㄴ   ③ ㄷ   ④ ㄴ, ㄷ   ⑤ ㄱ, ㄴ, ㄷ

금속판에 여러 단색광을 동시에 비추었을 때 방출되는 광전자의 최대 운동 에너지는 가장 큰 진동수의 단색광에 의해 결정된다.

[25023-0269]

03 그림은 금속판 P, Q에 같은 세기의 단색광 A, B를 비추는 모습을 나타낸 것이다. 표는 A, B를 P, Q에 비추었을 때 단위 시간당 방출되는 광전자의 수 N과 방출되는 광전자의 최대 운동 에너지 E_{max}를 나타낸 것이다.

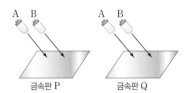

금속판	단색광	N	E_{max}
P	A	N_0	$2E_0$
	A, B	㉠	$3E_0$
Q	B	N_0	㉡
	A, B	N_0	?

이에 대한 설명으로 옳은 것만을 〈보기〉에서 있는 대로 고른 것은?

〔 보기 〕
ㄱ. ㉠은 N_0보다 크다.
ㄴ. 문턱 진동수는 P가 Q보다 작다.
ㄷ. ㉡은 $3E_0$보다 작다.

① ㄱ ② ㄷ ③ ㄱ, ㄴ ④ ㄴ, ㄷ ⑤ ㄱ, ㄴ, ㄷ

광양자설에 의하면 광자 1개의 에너지는 $E = hf = h\dfrac{c}{\lambda}$ (h: 플랑크 상수, f: 빛의 진동수, λ: 빛의 파장)이므로 빛의 파장이 짧을수록 크다.

[25023-0270]

04 그림은 광전관의 금속판에 단색광을 비추는 모습을 나타낸 것이다. 표는 광전관의 금속판을 금속판 A, B, C로 바꾸어 가며 파장이 각각 λ_1, λ_2, λ_3인 단색광을 A, B, C에 비추었을 때, 금속판에서 광전자의 방출 여부를 나타낸 것이다.

단색광

금속판
광전자

단색광의 파장	금속판		
	A	B	C
λ_1	×	○	?
λ_2	×	×	○
λ_3	○	?	㉠

(○: 방출됨, ×:방출 안 됨)

이에 대한 설명으로 옳은 것만을 〈보기〉에서 있는 대로 고른 것은?

〔 보기 〕
ㄱ. $\lambda_2 > \lambda_1 > \lambda_3$이다.
ㄴ. 문턱 진동수는 A가 C보다 크다.
ㄷ. ㉠은 '×'이다.

① ㄱ ② ㄷ ③ ㄱ, ㄴ ④ ㄴ, ㄷ ⑤ ㄱ, ㄴ, ㄷ

[25023−0271]

05 그림은 광전관의 금속판을 P 또는 Q로 바꾸어 가며 단색광 A 또는 B를 광전관의 금속판에 비추는 모습을 나타낸 것이다. 표는 금속판에 비추는 단색광에 따른 금속판에서 방출되는 광전자의 물질파 파장의 최솟값을 나타낸 것이다.

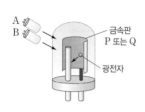

금속판	단색광	광전자의 물질파 파장의 최솟값
P	A	λ
	B	2λ
Q	A	㉠
	B	3λ

이에 대한 설명으로 옳은 것만을 〈보기〉에서 있는 대로 고른 것은?

〔 보 기 〕
ㄱ. 진동수는 A가 B보다 크다.
ㄴ. 문턱 진동수는 P가 Q보다 크다.
ㄷ. $\lambda <$ ㉠ $< 3\lambda$이다.

① ㄱ   ② ㄴ   ③ ㄱ, ㄷ   ④ ㄴ, ㄷ   ⑤ ㄱ, ㄴ, ㄷ

> 금속판에서 방출된 광전자의 물질파 파장의 최솟값이 작을수록 광전자의 최대 운동 에너지가 크다.

[25023−0272]

06 그림은 전하 결합 소자(CCD)의 동일한 광 다이오드 X, Y, Z와 색 필터 R, G, B를 나타낸 것이다. R, G, B는 각각 빨간색 필터, 초록색 필터, 파란색 필터이다. 표는 동일한 빛을 R, G, B에 각각 비추었을 때 X, Y, Z에서 단위 시간당 방출되는 광전자의 수를 나타낸 것이다.

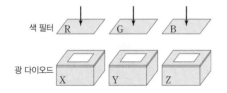

광 다이오드	광전자의 수
X	N_0
Y	$2N_0$
Z	방출되지 않음

이에 대한 설명으로 옳은 것만을 〈보기〉에서 있는 대로 고른 것은?

〔 보 기 〕
ㄱ. 빛에는 파란색 빛이 포함되어 있지 않다.
ㄴ. R를 제거하고 X에 빛을 바로 비추면 X에서 단위 시간당 방출되는 광전자의 수는 N_0보다 크다.
ㄷ. B에 비추는 빛의 세기만을 증가시키면 Z에서 광전자가 방출된다.

① ㄱ   ② ㄷ   ③ ㄱ, ㄴ   ④ ㄴ, ㄷ   ⑤ ㄱ, ㄴ, ㄷ

> 전하 결합 소자는 빛을 비추었을 때 전자가 방출되는 광전 효과를 이용한다.

[25023-0273]

입자의 질량을 m, 속력을 v, 물질파 파장을 λ라고 하면 $\lambda = \dfrac{h}{mv}$ (h: 플랑크 상수)이다.

07 그림은 입자 A가 정지해 있는 입자 B를 향해 v의 속력으로 등속도 운동을 하는 모습을 나타낸 것이다. 그림 (나)는 A, B가 충돌하기 전부터 충돌한 후까지 A의 물질파 파장을 시간에 따라 나타낸 것이다. A, B의 질량은 각각 $3m$, m이다. 충돌 후 A와 B의 운동 방향은 같다.

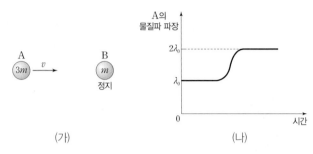

(가)　　　　　　　　　　　　(나)

충돌 후 B의 속력과 물질파 파장으로 옳은 것은?

	속력	물질파 파장		속력	물질파 파장
①	$\dfrac{3}{2}v$	$2\lambda_0$	②	$\dfrac{3}{2}v$	$3\lambda_0$
③	$\dfrac{3}{2}v$	$4\lambda_0$	④	$\dfrac{5}{2}v$	$2\lambda_0$
⑤	$\dfrac{5}{2}v$	$3\lambda_0$			

[25023-0274]

형광판에 나타난 무늬는 전자의 물질파 간섭에 의해 생긴 것이다. 전자의 속력이 클수록 전자의 물질파 파장이 짧다.

08 그림과 같이 금속판에 단색광 X를 비추어 방출된 광전자가 전압 V에 의해 가속된 후 이중 슬릿을 통과하여 형광판에 간섭무늬를 만든다. 점 p에서는 밝은 무늬가, 점 q에서는 어두운 무늬가 나타난다.

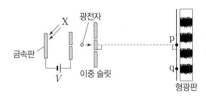

이에 대한 설명으로 옳은 것만을 〈보기〉에서 있는 대로 고른 것은?

〔 보기 〕
ㄱ. 형광판에 도달하는 전자의 수는 p에서가 q에서보다 많다.
ㄴ. X의 세기를 감소시키면, p에서 밝기는 증가한다.
ㄷ. 금속판에서 방출된 광전자가 전압 V에 의해 가속되는 동안 광전자의 물질파 파장은 길어진다.

① ㄱ　　　　② ㄷ　　　　③ ㄱ, ㄴ　　　　④ ㄴ, ㄷ　　　　⑤ ㄱ, ㄴ, ㄷ

09 그림은 질량이 각각 m_A, m_B인 입자 A, B의 운동 에너지에 따른 물질파 파장을 나타낸 것이다.

[25023-0275]

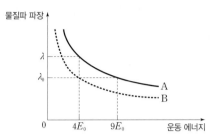

이에 대한 설명으로 옳은 것만을 〈보기〉에서 있는 대로 고른 것은?

〔 보 기 〕

ㄱ. $\dfrac{m_B}{m_A} = \dfrac{4}{9}$이다.

ㄴ. $\lambda = \dfrac{3}{2}\lambda_0$이다.

ㄷ. B의 물질파 파장이 λ일 때 B의 운동 에너지는 $\dfrac{16}{9}E_0$이다.

① ㄱ   ② ㄴ   ③ ㄷ   ④ ㄴ, ㄷ   ⑤ ㄱ, ㄴ, ㄷ

> 물질 입자가 파동성을 나타낼 때 이 파동을 물질파(드브로이파)라고 하며, 물질파 파장 은 $\lambda = \dfrac{h}{p} = \dfrac{h}{mv}$ (h: 플랑크 상수, p: 운동량의 크기, m: 질량, v: 속력)이다.

[25023-0276]

10 표는 현미경 A, B, C를 이용하여 짚신벌레를 관찰할 때 각 현미경의 특징과 관찰 결과를 나타낸 것이다. A, B, C는 각각 광학 현미경, 주사 전자 현미경, 투과 전자 현미경을 순서 없이 나타낸 것이다.

현미경	A	B	C
특징	짚신벌레 내부의 미세 구조 관찰	살아 있는 짚신벌레의 운동성 관찰	짚신벌레 표면의 입체 구조 관찰
관찰 결과			

이에 대한 설명으로 옳은 것만을 〈보기〉에서 있는 대로 고른 것은?

〔 보 기 〕

ㄱ. A는 투과 전자 현미경이다.

ㄴ. A, B, C 모두 자기렌즈를 이용한다.

ㄷ. C는 시료에서 튀어나오는 전자를 분석하여 영상을 얻는다.

① ㄱ   ② ㄴ   ③ ㄱ, ㄷ   ④ ㄴ, ㄷ   ⑤ ㄱ, ㄴ, ㄷ

> 주사 전자 현미경은 시료의 3차원 입체 구조를 관찰하는 데 사용된다.

[25023-0277]

전자의 물질파 파장이 p에서 가 q에서의 2배이므로 전자의 속력은 p에서가 q에서의 $\frac{1}{2}$배이다.

11 그림과 같이 질량이 m인 전자가 직류 전원 장치에 연결된 평행한 두 금속판 사이에서 등가속도 직선 운동을 하여 점 p, q를 지난 후 오른쪽 금속판에 도달한다. p와 q 사이의 거리는 d이고, p, q에서 전자의 물질파 파장은 각각 $2\lambda_0$, λ_0이다.

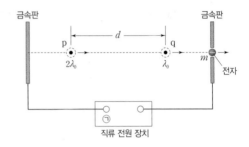

이에 대한 설명으로 옳은 것만을 〈보기〉에서 있는 대로 고른 것은? (단, 플랑크 상수는 h이다.)

─〈 보기 〉─
ㄱ. 직류 전원 장치의 단자 ㉠은 (−)극이다.
ㄴ. 전자의 운동량의 크기는 p에서가 q에서보다 작다.
ㄷ. 전자가 p에서 q까지 운동하는 데 걸린 시간은 $\dfrac{4md\lambda_0}{3h}$이다.

① ㄱ　　　　② ㄷ　　　　③ ㄱ, ㄴ　　　　④ ㄴ, ㄷ　　　　⑤ ㄱ, ㄴ, ㄷ

[25023-0278]

분해능은 서로 떨어져 있는 두 물체를 구별할 수 있는 능력을 말한다.

12 그림 (가)는 광학 현미경, 투과 전자 현미경, 주사 전자 현미경을 구분하는 과정을 나타낸 것이다. 그림 (나)는 (가)에서 A 또는 B 현미경의 구조를 나타낸 것이다.

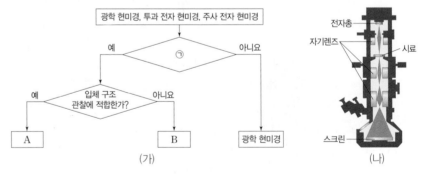

이에 대한 설명으로 옳은 것만을 〈보기〉에서 있는 대로 고른 것은?

─〈 보기 〉─
ㄱ. '시료를 관찰할 때 전자선을 이용하는가?'는 ㉠으로 적절하다.
ㄴ. (나)는 A의 구조를 나타낸 것이다.
ㄷ. 분해능은 B가 광학 현미경보다 좋다.

① ㄱ　　　　② ㄴ　　　　③ ㄱ, ㄷ　　　　④ ㄴ, ㄷ　　　　⑤ ㄱ, ㄴ, ㄷ

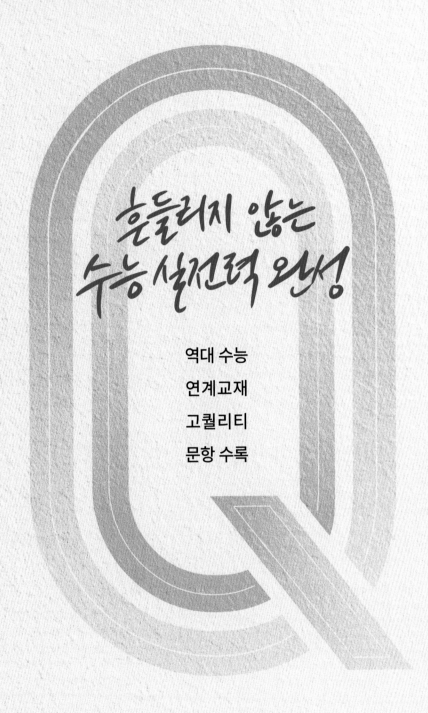

흔들리지 않는
수능 실전력 완성

역대 수능
연계교재
고퀄리티
문항 수록

14회분
수록

미니모의고사로 만나는 수능연계 우수 문항집

수능특강Q
미니모의고사

국 어	Start / Jump / Hyper
수 학	수학 I / 수학 II / 확률과 통계 / 미적분
영 어	Start / Jump / Hyper
사회탐구	사회·문화
과학탐구	생명과학 I / 지구과학 I

수능특강

정답과 해설

2026학년도
수능 연계교재

Lucky Box!

과학탐구영역
물리학 I

본 교재는 대학수학능력시험을 준비하는 데 도움을 드리고자 과학과 교육과정을 토대로 제작된 교재입니다.
학교에서 선생님과 함께 교과서의 기본 개념을 충분히 익힌 후 활용하시면 더 큰 학습 효과를 얻을 수 있습니다.

수능특강

과학탐구영역 | **물리학Ⅰ**

정답과 해설

01 힘과 운동

01 ④	02 ③	03 ①	04 ③	05 ⑤	06 ②
07 ⑤	08 ④	09 ③	10 ③	11 ②	12 ⑤
13 ⑤	14 ①	15 ③	16 ④	17 ③	18 ②
19 ④	20 ⑤	21 ①	22 ③	23 ③	24 ②

01 운동의 표현

이동 거리는 물체가 이동한 경로의 길이이고, 변위는 물체의 위치 변화를 나타낸다.

✗. 장난감 비행기가 P에서 Q까지 이동하는 경로는 곡선이므로 장난감 비행기의 운동 방향은 변한다. 따라서 속도가 변하는 가속도 운동을 한다.

ㄴ. 장난감 비행기가 P에서 Q까지 곡선 운동을 하므로 이동 거리는 변위의 크기보다 크다.

ㄷ. 장난감 비행기가 P에서 Q까지 이동하는 동안 이동 거리는 변위의 크기보다 크다. 따라서 평균 속력은 평균 속도의 크기보다 크다.

02 운동의 분류

기차, 배구공, 장난감 비행기 모두 속도가 변하는 운동을 한다.

ㄱ. 기차는 속력이 빨라지는 직선 운동을 하므로 기차에 작용하는 알짜힘의 방향은 기차의 운동 방향과 같다.

✗. 배구공은 운동 방향과 속력이 모두 변하는 운동을 한다.

ㄷ. 기차는 운동 방향은 일정하지만 속력이 변하는 운동을, 배구공은 속력과 운동 방향이 모두 변하는 운동을, 장난감 비행기는 속력은 일정하지만 운동 방향이 변하는 운동을 한다. 따라서 기차, 배구공, 장난감 비행기 모두 속도가 변하므로 가속도 운동을 한다.

03 운동의 분류

속도는 속력과 운동 방향을 함께 나타내는 물리량이므로 속도가 일정한 등속도 운동은 속력과 운동 방향이 모두 일정한 운동이다. 속력과 운동 방향 중 하나라도 변하면 속도가 변하는 가속도 운동이다.

① A는 속력과 운동 방향이 변하지 않는 등속도 운동이다. B는 운동 방향이 변하고, 가속도의 방향이 변하지 않으므로 포물선 운동이다. C는 운동 방향과 가속도의 방향이 모두 변하므로 등속 원운동이다.

04 운동의 분류

Ⅰ에서는 등속도 운동을, Ⅱ에서는 속력이 증가하는 운동을, Ⅲ에서는 물체에 작용하는 중력에 의한 등가속도 운동을 한다.

ㄱ. Ⅰ에서 물체는 등속도 운동을 하므로 물체에 작용하는 알짜힘은 0이다.

ㄴ. Ⅱ에서 빗면의 경사각이 일정하므로 물체는 속력이 일정하게 증가하는 등가속도 운동을 한다.

✗. 빗면에서 운동하는 물체에 작용하는 알짜힘의 크기는 물체에 작용하는 중력의 크기보다 작다. 따라서 물체의 가속도의 크기는 Ⅱ에서가 Ⅲ에서보다 작다.

05 위치-시간 그래프 분석

물체의 운동 방향과 가속도의 방향이 같을 때 물체의 속력은 증가하고, 물체의 운동 방향과 가속도의 방향이 반대일 때 물체의 속력은 감소한다.

ㄱ. 위치-시간 그래프에서 그래프의 기울기는 속도이다. 2초 전후와 4초 전후 그래프의 기울기의 부호가 다르므로 2초일 때와 4초일 때 물체의 운동 방향이 바뀐다. 따라서 0초부터 6초까지 물체의 운동 방향은 2번 바뀐다.

ㄴ. 평균 속도의 크기는 $\dfrac{\text{변위의 크기}}{\text{걸린 시간}}$ 이다. 0초부터 6초까지 물체의 변위의 크기는 12 m이고, 걸린 시간은 6초이므로 평균 속도의 크기는 $\dfrac{12\ \text{m}}{6\ \text{s}}=2\ \text{m/s}$이다.

ㄷ. 4초부터 6초까지 그래프의 기울기 크기가 점점 커지므로 물체의 속력은 점점 증가한다. 따라서 5초일 때 물체의 가속도 방향은 운동 방향과 같다.

06 위치-시간 그래프 분석

물체가 등가속도 직선 운동을 할 때 변위(s)와 시간(t)의 관계식은 $s=v_0t+\dfrac{1}{2}at^2$ (v_0: 처음 속도, a: 가속도)이다. 이때 $v_0=0$이면 $s=\dfrac{1}{2}at^2$이다. 평균 속력은 전체 이동 거리를 걸린 시간으로 나눈 값이다.

✗. 4초일 때 물체의 속도는 0이다. 0초부터 4초까지 물체의 이동 거리가 4 m이므로 0초부터 4초까지 평균 속력은 1 m/s이다. 따라서 2초일 때 물체의 속력은 1 m/s이다.

ㄴ. 2초일 때 물체의 속력은 1 m/s이고, 4초일 때 물체의 속력은 0이므로 2초부터 4초까지 속력은 1 m/s만큼 감소하였다. 따라서 물체의 가속도의 크기는 $\dfrac{1\ \text{m/s}}{2\ \text{s}}=0.5\ \text{m/s}^2$이다.

✗. 물체의 가속도의 크기는 0.5 m/s²이고, 4초일 때 물체의 속력이 0이므로 4초부터 6초까지 물체가 이동한 거리는 $s=\dfrac{1}{2}\times0.5\times(2)^2=1(\text{m})$이다. 따라서 6초일 때 물체의 위치는

6 m이다. 0초부터 6초까지 물체가 이동한 거리는 5 m이고, 걸린 시간은 6초이므로 평균 속력은 $\frac{5}{6}$ m/s이다.

07 속도와 가속도

속도 – 시간 그래프에서 그래프의 기울기는 가속도, 그래프가 시간 축과 이루는 면적은 변위이다.

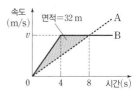

㉠. 0초부터 8초까지 이동 거리는 B가 A보다 32 m만큼 크다. 따라서 $32 = \frac{1}{2} \times 4 \times v$에서 $v = 16$이다.

㉡. 속도 – 시간 그래프에서 그래프의 기울기는 가속도이므로 4초일 때 A의 가속도의 크기는 $\frac{16 \text{ m/s}}{8 \text{ s}} = 2$ m/s²이다.

㉢. 0초부터 8초까지 B의 이동 거리는 $\frac{1}{2} \times 4 \times 16 + 4 \times 16 = 96$(m)이고, 걸린 시간은 8초이므로 0초부터 8초까지 B의 평균 속력은 $\frac{96 \text{ m}}{8 \text{ s}} = 12$ m/s이다.

08 가속도 – 시간 그래프 분석

가속도 – 시간 그래프에서 그래프와 시간 축이 이루는 면적은 자동차의 속도 변화량과 같다. 자동차의 속도를 시간에 따라 나타내면 그림과 같다.

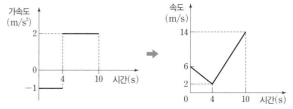

④ $t = 0$부터 $t = 5t_0$까지 자동차의 속력이 6 m/s에서 14 m/s로 증가하였으므로 $6 - 2t_0 + 6t_0 = 14$(m/s)에서 $t_0 = 2$초이다. 따라서 P와 Q 사이의 거리는

$$d = \left(\frac{6 \text{ m/s} + 2 \text{ m/s}}{2}\right) \times 4 \text{ s} + \left(\frac{2 \text{ m/s} + 14 \text{ m/s}}{2}\right) \times 6 \text{ s}$$
$$= 64 \text{ m이다.}$$

09 빗면에서의 등가속도 직선 운동

등가속도 직선 운동을 하는 물체의 처음 속력을 v_0, 나중 속력을 v라고 할 때, 평균 속력은 $v_{평균} = \frac{v_0 + v}{2}$이다.

㉠. P, Q에서 스키 선수의 속력이 각각 4 m/s, 8 m/s이므로 P에서 Q까지 평균 속력은 $\frac{4 \text{ m/s} + 8 \text{ m/s}}{2} = 6$ m/s이다.

㉯. 스키 선수의 속력이 P에서 Q까지 운동하는 동안에는 4 m/s만큼 증가하고, Q에서 R까지 운동하는 동안에는 8 m/s만큼 증가한다. 가속도가 일정할 때 속도 변화량의 크기는 걸린 시간에 비례하므로 Q에서 R까지 운동하는 데 걸린 시간은 P에서 Q까지 운동하는 데 걸린 시간의 2배이다.

㉢. Q에서 R까지 스키 선수의 평균 속력은 $\frac{8 \text{ m/s} + 16 \text{ m/s}}{2}$ $= 12$ m/s이다. 스키 선수의 평균 속력은 Q에서 R까지가 P에서 Q까지의 2배이고, 걸린 시간도 Q에서 R까지가 P에서 Q까지의 2배이다. 따라서 Q와 R 사이의 거리는 P와 Q 사이의 거리의 4배이다.

10 등속도 운동과 등가속도 운동

자동차는 등가속도 직선을 한 후 등속도 운동을 하므로 자동차의 속도를 시간에 따라 나타내면 그림과 같다.

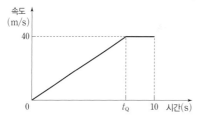

㉠. 자동차가 Q를 지날 때 시간을 t_Q라고 하면, 0초부터 10초까지 이동 거리가 240 m이므로 $\frac{1}{2} \times t_Q \times 40 + 40 \times (10 - t_Q) = 240$에서 $t_Q = 8$초이다.

㉯. 0초부터 8초까지 자동차의 속력이 40 m/s만큼 증가하였으므로 P에서 Q까지 운동하는 동안 자동차의 가속도의 크기는 $\frac{40 \text{ m/s}}{8 \text{ s}} = 5$ m/s²이다.

㉢. P와 Q 사이의 거리는 160 m이고, Q와 R 사이의 거리는 80 m이다. 따라서 P와 Q 사이의 거리는 Q와 R 사이의 거리의 2배이다.

11 등가속도 직선 운동

등가속도 직선 운동을 하는 물체의 처음 속도가 v_0, 나중 속도가 v, 변위가 s일 때 가속도는 $a = \frac{v^2 - v_0^2}{2s}$이다. $s = \frac{v^2 - v_0^2}{2a}$이므로 가속도가 일정할 때 s는 속력의 제곱 차에 비례한다.

㉯. Q에서 자동차의 속력을 v_Q, 자동차의 가속도의 크기를 a라고 하면, $2ad = v_Q^2 - v^2 \cdots$ ①, $2a(2d) = (5v)^2 - v_Q^2 \cdots$ ②이다. ①, ②에서 $v_Q = 3v$이다.

ⓒ. P에서 Q까지와 Q에서 R까지 자동차가 운동하는 동안 속도 변화량의 크기가 $2v$로 같으므로 P에서 Q까지와 Q에서 R까지 운동하는 데 걸린 시간도 같다.

[별해] P에서 Q까지 운동하는 데 걸린 시간을 t_1, Q에서 R까지 운동하는 데 걸린 시간을 t_2라고 하면, $\left(\frac{v+3v}{2}\right)t_1 : \left(\frac{3v+5v}{2}\right)t_2$ $=d : 2d$에서 $t_1=t_2$이다. 따라서 P에서 Q까지 운동하는 데 걸린 시간과 Q에서 R까지 운동하는 데 걸린 시간은 같다.

✗. $2ad={v_Q}^2-v^2 \cdots$ ①에서 $v_Q=3v$이므로 $a=\frac{4v^2}{d}$이다.

12 등가속도 직선 운동

가속도의 방향은 서로 반대 방향이고, 가속도의 크기는 B가 A의 4배이므로 Q에서 A, B의 속력을 각각 $15 \text{ m/s}-v'$, $4v'$라고 할 수 있다.

ⓐ. 0초부터 6초까지 A, B의 평균 속력이 같으므로

$\frac{15 \text{ m/s}+(15 \text{ m/s}-v')}{2}=\frac{0+4v'}{2}$에서 $v'=6 \text{ m/s}$이다. 따라서 Q에서 A의 속력은 9 m/s이다.

ⓑ. 0초부터 6초까지 B의 속력이 24 m/s만큼 증가하였으므로 B의 가속도의 크기는 $\frac{24 \text{ m/s}}{6 \text{ s}}=4 \text{ m/s}^2$이다.

ⓒ. P와 Q 사이의 거리는 $\frac{1}{2}\times(4 \text{ m/s}^2)\times(6 \text{ s})^2=72 \text{ m}$이다.

13 뉴턴 운동 제1법칙

정지해 있는 물체는 계속 정지해 있고, 운동하는 물체는 계속 등속도 운동을 하려는 성질을 관성이라고 한다.

ⓐ. 달리던 버스가 갑자기 멈추면 사람과 버스 손잡이는 운동 상태를 유지하려는 관성에 의해 앞으로 기울어진다.

ⓑ. 종이가 이동해도 동전은 정지해 있는 상태를 유지하려는 관성에 의해 컵 안으로 떨어진다.

ⓒ. 망치의 자루를 바닥에 내리치면 망치의 머리 부분은 계속 운동하려는 관성에 의해 자루에 단단히 박힌다.

14 뉴턴 운동 법칙과 물체의 운동

가속도(a)는 물체에 작용하는 알짜힘(F)에 비례하고, 질량(m)에 반비례한다.

ⓐ. (나)에서 그래프의 기울기는 가속도이다. 따라서 A의 가속도의 크기는 4 m/s²이다.

✗. A와 B 전체에 작용하는 알짜힘의 크기는 20 N이다. B의 질량을 m이라 하고 뉴턴 운동 법칙을 적용하면

20 N=$(2 \text{ kg}+m)\times4 \text{ m/s}^2$이므로 $m=3 \text{ kg}$이다.

✗. 물체에 작용하는 알짜힘의 크기는 물체의 질량과 물체의 가속도의 크기를 곱한 값과 같다. 따라서 B에 작용하는 알짜힘의 크기는 $3 \text{ kg}\times4 \text{ m/s}^2=12 \text{ N}$이다.

15 뉴턴 운동 법칙

(가)에서 A, B 전체에 작용하는 알짜힘의 크기는 12 N이다. B의 질량을 m_B라 하고 뉴턴 운동 법칙을 적용하면

12 N=$(1 \text{ kg}+m_B)\times4 \text{ m/s}^2$이므로 $m_B=2 \text{ kg}$이다.

ⓐ. 물체에 작용하는 알짜힘의 크기는 물체의 질량과 물체의 가속도의 크기를 곱한 값과 같다. 따라서 (가)에서 B에 작용하는 알짜힘의 크기는 $2 \text{ kg}\times4 \text{ m/s}^2=8 \text{ N}$이다.

ⓑ. (나)에서 A, B, C 전체에 작용하는 알짜힘의 크기는 15 N이다. C의 질량을 m_C라 하고, A, B, C를 한 물체로 생각하여 뉴턴 운동 법칙을 적용하면, 15 N=$(1 \text{ kg}+2 \text{ kg}+m_C)\times3 \text{ m/s}^2$이므로 $m_C=2 \text{ kg}$이다.

✗. A가 B에 작용하는 힘과 B가 A에 작용하는 힘은 작용 반작용 관계이므로 두 힘의 크기는 같다. (가)에서 A가 B에 작용하는 힘의 크기는 B에 작용하는 알짜힘의 크기와 같으므로 8 N이고, (나)에서 B가 A에 작용하는 힘의 크기를 F라 하고, A에 뉴턴 운동 법칙을 적용하면 15 N$-F=1 \text{ kg}\times3 \text{ m/s}^2$이므로 $F=12 \text{ N}$이다. 따라서 A가 B에 작용하는 힘의 크기는 (나)에서가 (가)에서보다 크다.

16 뉴턴 운동 법칙

A, B, C가 등가속도 운동을 하는 동안 p가 B를 당기는 힘의 크기와 p가 A를 당기는 힘의 크기는 $\frac{4}{3}mg$로 같다.

④ A, B, C가 등가속도 운동을 하는 동안 가속도의 크기를 a라 하고, A에 뉴턴 운동 법칙을 적용하면 $\frac{4}{3}mg-mg=ma$이므로 $a=\frac{1}{3}g$이다. C의 질량을 m_C라 하고, A, B, C를 한 물체로 생각하여 뉴턴 운동 법칙을 적용하면,

$(m_C-m)g=(m+2m+m_C)\frac{1}{3}g$이므로 $m_C=3m$이다.

17 뉴턴 운동 법칙

물체에 작용하는 알짜힘이 0일 때 물체는 힘의 평형을 이룬다.

ⓐ. (가)에서 A는 정지해 있으므로 A에 작용하는 알짜힘은 0이다.

ⓑ. A, B의 질량을 각각 m_A, m_B라고 하면, (가)에서 A가 힘의 평형 상태에 있고 수평면이 A에 작용하는 힘은 20 N이므로 $m_A\times10 \text{ m/s}^2=20 \text{ N}+m_B\times10 \text{ m/s}^2$에서 $m_A-m_B=2 \text{ kg}$ $\cdots$ ①이다.

(나)에서 A, B를 한 물체로 생각하여 뉴턴 운동 법칙을 적용하면 $m_A\times10 \text{ m/s}^2=(m_A+m_B)\times6 \text{ m/s}^2$ $\cdots$ ②이다.

①, ②에서 $m_A=6 \text{ kg}$, $m_B=4 \text{ kg}$이다.

✗. (나)에서 실이 A를 당기는 힘의 크기를 T라 하고, A에 뉴턴 운동 법칙을 적용하면 60 N$-T=6 \text{ kg}\times6 \text{ m/s}^2$에서 $T=24 \text{ N}$이다.

18 뉴턴 운동 법칙

등가속도 직선 운동을 하는 물체의 처음 속도가 v_0, 나중 속도가 v, 변위가 s일 때 가속도는 $a=\dfrac{v^2-v_0{}^2}{2s}$이다.

② A, B의 가속도의 크기를 a라고 할 때, A가 q를 $\sqrt{\dfrac{gd}{2}}$의 속력으로 지나므로 $a=\dfrac{\left(\dfrac{gd}{2}\right)}{2d}=\dfrac{1}{4}g$이다. B의 질량을 m_B라 하고 A, B를 한 물체로 생각하여 뉴턴 운동 법칙을 적용하면 $m_Bg=(m+m_B)\left(\dfrac{1}{4}g\right)$이므로 $m_B=\dfrac{1}{3}m$이다.

19 뉴턴 운동 법칙

(가)에서 A, B, C가 정지해 있고, 질량이 B가 A의 3배이므로 중력에 의해 A, B에 빗면과 나란한 방향으로 작용하는 힘의 크기는 각각 $\dfrac{1}{4}mg$, $\dfrac{3}{4}mg$이다.

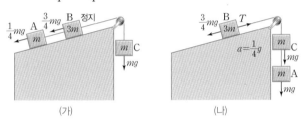

(가)   (나)

④ (나)에서 A, B, C를 한 물체로 생각하여 가속도의 크기를 a라 하고 뉴턴 운동 법칙을 적용하면, $2mg-\dfrac{3}{4}mg=5ma$ 이므로 $a=\dfrac{1}{4}g$이다. (나)에서 B와 C가 연결된 실이 B를 당기는 힘의 크기를 T라 하고, B에 뉴턴 운동 법칙을 적용하면, $T-\dfrac{3}{4}mg=3m\left(\dfrac{1}{4}g\right)$이므로 $T=\dfrac{3}{2}mg$이다.

20 뉴턴 운동 법칙

B의 질량을 m_B라고 하면, (가)에서 크기가 F인 힘에 의해 A, B가 정지해 있으므로 $F+mg=m_Bg$이다.

㉠. (나)에서 A, B를 한 물체로 생각하여 뉴턴 운동 법칙을 적용하면, $m_Bg-mg=(m+m_B)\left(\dfrac{1}{2}g\right)$이다. 따라서 $m_B=3m$이다.

㉡. (가)의 $F+mg=m_Bg$에서 $m_B=3m$이므로 $F=2mg$이다.

㉢. (가), (나)에서 실이 B를 당기는 힘의 크기를 각각 $T_{(가)}$, $T_{(나)}$라고 하면, (가)에서는 $T_{(가)}=3mg$이고, (나)에서는 $3mg-T_{(나)}=3m\left(\dfrac{1}{2}g\right)$가 성립하여 $T_{(나)}=\dfrac{3}{2}mg$이다. 따라서 실이 B를 당기는 힘의 크기는 (가)에서가 (나)에서의 2배이다.

21 힘의 평형과 작용 반작용 법칙

한 물체에 작용하는 두 힘의 합력이 0일 때 두 힘은 힘의 평형 관계에 있다고 하며, 두 물체 사이의 상호 작용으로 나타나는 두 힘은 작용 반작용 관계라고 한다.

㉠. (가)에서 사람이 정지해 있으므로 사람에 작용하는 알짜힘은 0이다.

✗. (나)에서 노를 저어 배가 나아갈 때 노와 물 사이에는 상호 작용 하는 힘이 있다. 즉, 노가 물을 미는 힘과 물이 노를 미는 힘은 작용 반작용 관계이다.

✗. (다)에서 수영 선수가 벽을 미는 힘과 벽이 수영 선수를 미는 힘은 작용 반작용 관계이므로 힘의 크기가 같다.

22 작용 반작용 법칙

작용 반작용 관계에 있는 두 힘은 힘의 크기는 같고, 힘의 방향은 서로 반대이며, 두 힘은 상호 작용 하는 각각의 물체에 작용한다.

㉠. A가 일정한 속도로 운동하므로 A에 작용하는 알짜힘은 0이다.

✗. A가 B 위에 놓여 있으므로 B가 트럭의 바닥을 누르는 힘의 크기는 A와 B의 무게의 합(W_A+W_B)과 같고, B가 A를 떠받치는 힘의 크기는 A의 무게(W_A)와 같다. 따라서 $W_A+W_B=3W_A$에서 $2W_A=W_B$이므로 무게는 B가 A의 2배이다.

㉢. B가 A를 떠받치는 힘과 A가 B를 누르는 힘은 A와 B가 상호 작용 하는 힘으로 작용 반작용 관계이다.

23 힘의 평형과 작용 반작용 법칙

A와 B 사이에 작용하는 자기력의 크기를 $F_{자기}$, A, B의 무게를 각각 W, 컵이 A를 떠받치는 힘의 크기를 N_A, 바닥이 B를 떠받치는 힘의 크기를 N_B라고 할 때 A, B에 작용하는 힘은 그림과 같다.

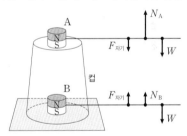

㉠. A가 B에 작용하는 자기력과 B가 A에 작용하는 자기력은 상호 작용 하는 힘이므로 작용 반작용 관계이다.

㉡. A가 컵을 누르는 힘의 크기는 컵이 A를 떠받치는 힘의 크기(N_A)와 같고, B가 바닥을 누르는 힘의 크기는 바닥이 B를 떠받치는 힘의 크기(N_B)와 같다. A와 B에 작용하는 힘들이 각각 평형을 이루므로 $N_A=F_{자기}+W$ … ①이고, $F_{자기}+N_B=W$ … ②이다. ②에서 $N_B=W-F_{자기}$이므로 A가 컵을 누르는 힘의 크기는 B가 바닥을 누르는 힘의 크기보다 크다.

✗. A를 제거하면 A와 B 사이에 작용하는 자기력($F_{자기}$)이 사라지므로 바닥이 B를 떠받치는 힘의 크기(N_B)는 증가한다. 따라서 B가 바닥을 누르는 힘의 크기도 증가한다.

24 힘의 평형과 작용 반작용 법칙

q가 B를 당기는 힘의 크기를 T라고 하면 p가 B를 당기는 힘의 크기는 $3T$이다. B에 작용하는 알짜힘이 0이므로 $3T=mg+T$에서 $T=\frac{1}{2}mg$이다.

✗. C의 질량을 m_C라고 하면 $T=\frac{1}{2}mg=m_Cg$에서 $m_C=\frac{1}{2}m$이다.

ⓛ. A가 수평면을 누르는 힘과 수평면이 A를 떠받치는 힘은 상호 작용 하는 힘이므로 작용 반작용 관계이다.

✗. 수평면이 A를 떠받치는 힘의 크기를 F라고 하면, A에 작용하는 알짜힘이 0이므로 $F+3T=4mg$이다. $3T=\frac{3}{2}mg$이므로 $F=\frac{5}{2}mg$이다.

수능 **3점** 테스트					본문 19~28쪽
01 ③	02 ⑤	03 ④	04 ③	05 ①	06 ②
07 ③	08 ④	09 ①	10 ⑤	11 ③	12 ②
13 ②	14 ④	15 ③	16 ④	17 ④	18 ④
19 ⑤	20 ②				

01 운동의 분류

물체에 작용하는 알짜힘의 방향과 물체의 운동 방향이 같으면 물체는 속력이 증가하는 운동을 한다.

⊙. 포물선 운동을 하는 농구공 A는 속력과 운동 방향이 모두 변하는 운동을 하므로 (다)에 해당한다.

✗. 등속 원운동을 하는 달 C의 가속도 방향은 원의 중심 방향으로, 운동 방향(접선 방향)과 가속도 방향은 같지 않다.

ⓒ. 물체에 작용하는 알짜힘의 방향이 물체의 운동 방향과 같으면 물체는 속력이 증가하는 등가속도 직선 운동을 한다. 등가속도 직선 운동을 하는 물체는 B로 (나)에 해당한다. 따라서 ⊙, ⓒ은 '×'이고, ⓒ은 'ㅇ'이다.

02 등가속도 직선 운동

등가속도 직선 운동을 하는 물체의 처음 속력을 v_0, 나중 속력을 v라고 할 때, 평균 속력은 $v_{평균}=\frac{v_0+v}{2}$이다.

⊙. p, q에서 비행기의 속력이 각각 0, 60 m/s이므로 p에서 q까지 비행기의 평균 속력은 $\frac{0+60\ m/s}{2}=30\ m/s$이다.

ⓒ. 비행기가 p에서 q까지 이동하는 데 걸린 시간을 t라고 하면 $75\ m=30\ m/s \times t$에서 $t=2.5$초이다. 따라서 가속도의 크기는 $\frac{60\ m/s}{2.5\ s}=24\ m/s^2$이다.

ⓒ. p에서 q까지 속도 변화량의 크기는 60 m/s이고, q에서 r까지 속도 변화량의 크기는 120 m/s이므로 비행기가 q에서 r까지 이동하는 데 걸린 시간은 p에서 q까지 이동하는 데 걸린 시간의 2배인 5초이다. 따라서 q와 r 사이의 거리는 $\left(\frac{60\ m/s+180\ m/s}{2}\right) \times 5\ s=600\ m$이다.

03 등가속도 직선 운동

등가속도 직선 운동의 관계식 $2as=v^2-v_0^2$ (a: 가속도, s: 변위, v: 나중 속도, v_0: 처음 속도)에서 가속도가 같을 때, 변위의 크기는 속력의 제곱 차에 비례한다. $s \propto (v^2-v_0^2)$

④ R에서 B의 속력은 $2v$이고, R에서 A의 속력을 v_R라고 하면, 등가속도 구간에서 A, B의 가속도가 같으므로 변위의 크기는 속력의 제곱 차에 비례한다.

따라서 $[v_R^2-(2v)^2] : [(2v)^2-v^2]=4L : L$에서 $v_R=4v$이다.

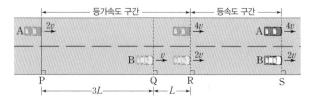

등가속도 구간에서 A의 속도 변화량의 크기는 $2v$이고, B의 속도 변화량의 크기는 v이므로 등가속도 구간을 운동하는 데 걸린 시간은 A가 B의 2배이다. 등속도 구간에서 A, B가 이동한 거리는 같고 자동차의 속력은 A가 B의 2배이므로 걸린 시간은 B가 A의 2배이다. A, B가 운동하는 동안 총 걸린 시간이 같아야 하므로 각 구간에서 걸린 시간을 나타내면 다음과 같다.

자동차	걸린 시간	
	등가속도 구간	등속도 구간
A	$2T$	T
B	T	$2T$

R와 S 사이의 거리를 d라고 하면, A가 등가속도 구간에서 운동할 때 $4L=\left(\frac{2v+4v}{2}\right) \times 2T$ ⋯ ①이고, A가 등속도 구간에서 운동할 때 $d=4vT$ ⋯ ②이다. ①, ②에서 $d=\frac{8}{3}L$이다.

04 등가속도 직선 운동 실험

등가속도 직선 운동에서 시간 t_1인 순간의 속력이 v_1, 시간 t_2인 순간의 속력이 v_2일 때, t_1부터 t_2까지의 평균 속력은 $\frac{v_1+v_2}{2}$이고, 시간 $\frac{t_1+t_2}{2}$인 순간 속력은 $\frac{v_1+v_2}{2}$이다. 실험 Ⅰ에서 수레의 속력을 시간에 따라 나타내면 그림과 같다.

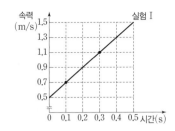

ㄱ. 실험 Ⅰ에서 0~0.2초 동안 수레의 평균 속력은 $\dfrac{0.14\ \text{m}}{0.2\ \text{s}}=$ 0.7 m/s이므로 0.1초일 때 수레의 속력은 0.7 m/s이다. 0.2~ 0.4초 동안 수레의 평균 속력은 $\dfrac{(0.36-0.14)\ \text{m}}{0.2\ \text{s}}=1.1$ m/s이므로 0.3초일 때 수레의 속력은 1.1 m/s이다. 속력 – 시간 그래프에서 면적은 이동 거리에 해당하므로 ㉠은 6이고, ㉡은 24이다. 따라서 ㉡−㉠=18이다.

ㄴ. 실험 Ⅰ에서 수레의 가속도의 크기는 $\dfrac{(1.1-0.7)\ \text{m}}{(0.3-0.1)\ \text{s}}$ =2 m/s²이다. 실험 Ⅱ에서 0~0.2초 동안 수레의 평균 속력은 $\dfrac{0.08\ \text{m}}{0.2\ \text{s}}=0.4$ m/s이므로 0.1초일 때 수레의 속력은 0.4 m/s이다. 0~0.4초 동안 수레의 평균 속력은 $\dfrac{0.32\ \text{m}}{0.4\ \text{s}}=0.8$m/s이므로 0.2초일 때 수레의 속력은 0.8 m/s이다. 따라서 수레의 가속도의 크기는 $\dfrac{(0.8-0.4)\ \text{m}}{(0.2-0.1)\ \text{s}}=4$ m/s²이다. 그러므로 수레의 가속도의 크기는 실험 Ⅱ일 때가 실험 Ⅰ일 때의 2배이다.

✗. 실험 Ⅱ에서 0.2초일 때 수레의 속력은 0.8 m/s이므로 0.5초일 때 수레의 속력은 0.8 m/s+4 m/s²×0.3 s=2 m/s이다.

05 등가속도 직선 운동

같은 빗면에서 A와 B는 같은 가속도로 운동하므로 같은 시간 동안 속도 변화량이 같다.

① A, B가 운동하는 동안 속도 변화량의 크기를 $\varDelta v$라고 하면 p, r에서 A의 속력은 각각 $2v$, $2v+\varDelta v$이고, q, r에서 B의 속력은 각각 v, $v+\varDelta v$이다. 같은 시간 동안 이동한 거리는 A가 B의 $\dfrac{3}{2}$배이므로 평균 속력도 A가 B의 $\dfrac{3}{2}$배이다. 따라서 $\dfrac{2v+(2v+\varDelta v)}{2}:\dfrac{v+(v+\varDelta v)}{2}=3:2$에서 $\varDelta v=2v$이고, r에서 A, B의 속력은 각각 $4v$, $3v$이다. 빗면에서 A의 가속도의 크기를 a라고 하면, $2a(3d)=(4v)^2-(2v)^2$이므로 $a=\dfrac{2v^2}{d}$이다.

06 등가속도 직선 운동

물체가 등가속도 직선 운동을 할 때, 처음 속도를 v_0, 나중 속도를 v, 걸린 시간을 t라고 하면 가속도는 $a=\dfrac{v-v_0}{t}$이다. 따라서 $v=v_0+at$이다.

✗. $t=0$부터 $t=3$초까지 자동차의 평균 속력은 $\dfrac{12\ \text{m}}{3\ \text{s}}=4$ m/s로 $t=1.5$초일 때의 자동차의 속력과 같다. 또한 $t=5$초부터 $t=6$초까지 자동차의 평균 속력은 $\dfrac{12\ \text{m}}{1\ \text{s}}=12$ m/s로 $t=5.5$초일 때의 자동차의 속력과 같다. 따라서 자동차의 가속도의 크기는 $\dfrac{(12-4)\ \text{m/s}}{(5.5-1.5)\ \text{s}}=2$ m/s²이다.

✗. $t=5.5$초일 때 자동차의 속력이 12 m/s이므로 $t=6$초일 때 자동차의 속력은 12 m/s+2 m/s²×0.5 s=13 m/s이다.

ㄷ. $t=1.5$초일 때 자동차의 속력이 4 m/s이므로 3초일 때 자동차의 속력은 4 m/s+2 m/s²×1.5 s=7 m/s이고, $t=5$초일 때 자동차의 속력은 7 m/s+2 m/s²×2 s=11 m/s이다. 따라서 Q와 R 사이의 거리는 $\left(\dfrac{7\ \text{m/s}+11\ \text{m/s}}{2}\right)\times 2\ \text{s}=18$ m이다.

07 등가속도 직선 운동

s에서 물체의 속력이 v이므로 q, r에서 물체의 속력을 각각 $v-3\varDelta v$, $v-\varDelta v$라고 할 수 있다.

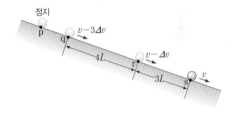

구간	구간 거리	걸린 시간	속도 변화량의 크기
q에서 r까지	$4L$	$2t$	$2\varDelta v$
r에서 s까지	$3L$	t	$\varDelta v$

ㄱ. 평균 속력은 q에서 r까지 운동하는 동안이 r에서 s까지 운동하는 동안의 $\dfrac{2}{3}$배이므로 $\dfrac{(v-3\varDelta v)+(v-\varDelta v)}{2}:\dfrac{(v-\varDelta v)+v}{2}$ =2 : 3에서 $\varDelta v=\dfrac{1}{5}v$이다. q, r에서 물체의 속력은 각각 $\dfrac{2}{5}v$, $\dfrac{4}{5}v$이므로 물체의 속력은 r에서가 q에서의 2배이다.

✗. r에서 s까지 운동하는 동안, 물체의 가속도의 크기를 a라 하고, 등가속도 직선 운동의 관계식을 적용하면, $v^2-\left(\dfrac{4}{5}v\right)^2=2a(3L)$에서 $a=\dfrac{3v^2}{50L}$이다.

ㄷ. 물체가 p에서 q까지 운동하는 동안과 q에서 r까지 운동하는 동안 속도 변화량의 크기가 $\dfrac{2}{5}v$로 같으므로 걸린 시간도 동일하다. 따라서 각 구간에서 평균 속력의 비는 이동 거리의 비와 같다. p와 q 사이의 거리를 d라고 하면 $\dfrac{\left(0+\dfrac{2}{5}v\right)}{2}:\dfrac{\left(\dfrac{2}{5}v+\dfrac{4}{5}v\right)}{2}=d:4L$에서 $d=\dfrac{4}{3}L$이다.

[별해] 등가속도 직선 운동의 관계식 $2as=v^2-v_0{}^2$에서 가속도가 같을 때, 이동 거리는 속력의 제곱 차에 비례한다. 따라서 $\left[\left(\frac{2}{5}v\right)^2-0\right]:\left[\left(\frac{4}{5}v\right)^2-\left(\frac{2}{5}v\right)^2\right]=d:4L$에서 $d=\frac{4}{3}L$이다.

08 가속도 법칙

가속도는 물체에 작용하는 알짜힘에 비례하고, 질량에 반비례한다.

④ (가)에 운동 방정식을 적용하면,

$F-Mg-mg=(M+m)\left(\frac{1}{2}g\right)$ … ①이고, (나)에 운동 방정식을 적용하면, $F-Mg-2mg=(M+2m)\left(\frac{1}{4}g\right)$ … ②이다. ①, ②에서 $M=4m$이다. 따라서 $F=\frac{15}{2}mg$이다.

09 뉴턴 운동 법칙과 물체의 운동

중력에 의해 A, B, C에 빗면과 나란한 방향으로 작용하는 힘의 크기는 물체의 질량에 비례한다.

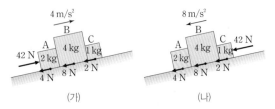

(가)   (나)

① 중력에 의해 A, B, C에 빗면과 나란한 방향으로 작용하는 힘들의 합력의 크기를 f라 하고, (가)와 (나)에서 물체의 가속도의 크기를 각각 a, $2a$라고 할 때, (가)에서 A, B, C를 한 물체로 생각하여 뉴턴 운동 법칙을 적용하면, $42\,\text{N}-f=(7\,\text{kg})a$ … ①이고, (나)에서 A, B, C를 한 물체로 생각하여 뉴턴 운동 법칙을 적용하면, $42\,\text{N}+f=(7\,\text{kg})(2a)$ … ②이다.

①, ②에서 $\dfrac{①}{②}=\dfrac{42\,\text{N}-f}{42\,\text{N}+f}=\dfrac{1}{2}$이므로 $f=14\,\text{N}$이다. 따라서 A, B, C에 작용하는 중력에 의해 빗면과 나란한 아래 방향으로 작용하는 힘의 크기는 각각 $4\,\text{N}$, $8\,\text{N}$, $2\,\text{N}$이다. 또한 (가), (나)에서 물체의 가속도의 크기는 각각 $4\,\text{m/s}^2$, $8\,\text{m/s}^2$이다. (가)에서 A의 운동 방정식은 $42\,\text{N}-4\,\text{N}-F_{(가)}=2\,\text{kg}\times4\,\text{m/s}^2$이므로 $F_{(가)}=30\,\text{N}$이고, (나)에서 A의 운동 방정식은 $4\,\text{N}+F_{(나)}=2\,\text{kg}\times8\,\text{m/s}^2$이므로 $F_{(나)}=12\,\text{N}$이다. 따라서 $\dfrac{F_{(가)}}{F_{(나)}}=\dfrac{5}{2}$이다.

10 뉴턴 운동 법칙 실험

(가), (나)에서 수레는 0부터 t_0까지 각각 60 cm, 90 cm를 이동하므로 수레의 가속도의 크기는 (나)에서가 (가)에서의 $\frac{3}{2}$배이다.

㉠ (가), (나)에서 수레의 가속도의 크기를 각각 $2a$, $3a$라 하고, 수레의 질량을 M이라고 하면, (가)에서 수레와 추의 운동 방정식은 $4\,\text{N}=(M+0.4\,\text{kg})(2a)$ … ①이고, (나)에서 수레와 추의 운동 방정식은 $8\,\text{N}=(M+1.2\,\text{kg})(3a)$ … ②이다. 식 ①, ②에서 $M=2\,\text{kg}$이다.

㉡ (나)에서 수레의 가속도의 크기는 $3a=2.5\,\text{m/s}^2$이다. 등가속도 직선 운동의 관계식 $s=\frac{1}{2}(3a)t^2$에서 $0.9\,\text{m}=\frac{1}{2}(2.5\,\text{m/s}^2)t_0{}^2$이므로, $t_0=\frac{6}{\sqrt{50}}$초이다. 따라서 $t_0<1$이다.

㉢ 실이 수레에 작용하는 힘의 크기는 (가)에서 $2\,\text{kg}\times2a$이고, (나)에서 $2.4\,\text{kg}\times3a$이므로 (가)에서가 (나)에서보다 작다.

11 뉴턴 운동 법칙

각 물체에 작용하는 알짜힘의 크기는 전체 물체에 작용하는 알짜힘의 크기와 전체 물체의 질량 합에 대한 각 물체의 질량의 비를 곱한 값과 같다.

㉠ B의 질량을 M이라고 하면, (가)와 (나)에서 q가 B를 당기는 힘의 크기가 같으므로 $2mg\left(\dfrac{m+M}{3m+M}\right)=3mg\left(\dfrac{M}{3m+M}\right)$에서 $M=2m$이다.

㉡ (가), (나)에서 A의 가속도의 크기를 각각 a_1, a_2라고 하면, (가)에서 A, B, C의 운동 방정식은 $2mg=(m+2m+2m)a_1$이므로 $a_1=\dfrac{2}{5}g$이다. (나)에서 A, B, C의 운동 방정식은 $3mg=(m+2m+2m)a_2$이므로 $a_2=\dfrac{3}{5}g$이다. 따라서 A의 가속도의 크기는 (가)에서가 (나)에서의 $\dfrac{2}{3}$배이다.

✗. (나)에서 p가 A를 당기는 힘의 크기를 T라고 하면, A에 작용하는 알짜힘의 크기가 $\dfrac{3}{5}mg$이므로 A의 운동 방정식은 $mg-T=\dfrac{3}{5}mg$이다. 따라서 $T=\dfrac{2}{5}mg$이다.

12 뉴턴 운동 법칙

(가)에서 중력에 의해 A에 빗면과 나란한 방향으로 작용하는 힘의 크기를 f라 하면, (나)에서 중력에 의해 C에 빗면과 나란한 방향으로 작용하는 힘의 크기는 $\dfrac{1}{2}f$이다.

② A, B, C를 한 물체로 생각하여 뉴턴 운동 법칙을 적용하면 (가)에서는 $f-F-mg=(2m+m+m)\left(\dfrac{1}{8}g\right)$ … ①이고, (나)에서는 $2mg-F-\dfrac{1}{2}f=(2m+m+m)\left(\dfrac{1}{5}g\right)$ … ②이다. ①, ②에서 $F=\dfrac{3}{10}mg$이다.

13 뉴턴 운동 법칙

1초, 3초일 때 B에 작용하는 알짜힘의 크기가 각각 5 N, 8 N이므로 1초, 3초일 때 B의 가속도의 크기는 각각 $5\,\text{m/s}^2$, $8\,\text{m/s}^2$이다.

✗. A, C의 질량을 각각 m_A, m_C라고 하면 3초일 때 B, C의 운동 방정식은 $10m_C=(m_C+1\ \text{kg})(8\ \text{m/s}^2)$이므로 $m_C=4\ \text{kg}$이고, 1초일 때 A, B, C의 운동 방정식은 $40\ \text{N}-10m_A=(m_A+5\ \text{kg})(5\ \text{m/s}^2)$이므로 $m_A=1\ \text{kg}$이다.

◯. 1초일 때 p가 B를 당기는 힘의 크기는 p가 A를 당기는 힘의 크기와 같다. p가 A를 당기는 힘의 크기를 T라고 하면, A의 운동 방정식은 $T-10\ \text{N}=1\ \text{kg}\times5\ \text{m/s}^2$에서 $T=15\ \text{N}$이다.

✗. C의 질량은 4 kg이고 3초일 때 C의 가속도의 크기는 8 m/s²이므로, 이때 C에 작용하는 알짜힘의 크기는 32 N이다.

14 뉴턴 운동 법칙

등가속도 직선 운동을 하는 물체의 처음 속도가 v_0, 나중 속도가 v, 변위가 s일 때 가속도는 $a=\dfrac{v^2-v_0^2}{2s}$이다. 따라서 s가 일정할 때 가속도는 속력의 제곱 차에 비례한다.

④ 실이 끊어진 후 A가 내려오면서 q를 지나는 순간, A의 속력은 v이다. 실이 끊어지기 전후 A의 가속도의 크기를 각각 a_1, a_2라 하고, p와 q 사이의 거리를 d라고 하면 $2a_1d=v^2-0\ \cdots$ ①이고, $2a_2d=(2v)^2-v^2\ \cdots$ ②이므로, $\dfrac{②}{①}=\dfrac{a_2}{a_1}=3$이다. (가)에서 실이 끊어지기 전후 A의 가속도의 크기를 각각 a, $3a$라고 하면, A, B의 운동 방정식은 $4mg-5m(3a)=(5m+4m)a$이므로 $a=\dfrac{1}{6}g$이다. 또한 다른 방법으로, 실이 끊어지기 전후 A에 작용하는 알짜힘의 변화량의 크기와 B에 작용하는 알짜힘의 변화량의 크기가 같으므로 $5m\times|a-(-3a)|=4m\times|g-a|$에서 $a=\dfrac{1}{6}g$임을 알 수 있다. (가)에서 실이 끊어지기 전 실이 B를 당기는 힘의 크기를 T라고 하면, B의 운동 방정식은 $4mg-T=4m\left(\dfrac{1}{6}g\right)$이므로 $T=\dfrac{10}{3}mg$이다.

15 뉴턴 운동 법칙

중력에 의해 물체에 빗면과 나란한 방향으로 작용하는 힘의 크기는 물체의 질량에 비례하므로 중력에 의해 A, C, D에 빗면과 나란한 방향으로 작용하는 힘의 크기를 각각 F, $\dfrac{1}{3}F$, $\dfrac{2}{3}F$라고 할 수 있다. $0\sim2t_0$ 동안 B의 가속도의 크기를 a라고 하면, $2t_0\sim4t_0$ 동안 B의 가속도의 크기는 $2a$이다.

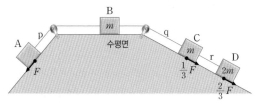

◯. A의 질량을 M이라 하고, $t=t_0$일 때 A, B, C를 한 물체로 생각하여 뉴턴 운동 법칙을 적용하면 $F-\dfrac{1}{3}F=(M+m+m)a$ $\cdots$ ①이다. $t=3t_0$일 때 A, B를 한 물체로 생각하여 뉴턴 운동 법칙을 적용하면 $F=(M+m)2a$ $\cdots$ ②이다. ①, ②에서 $M=2m$이다.

✗. $t=t_0$일 때 A에 작용하는 알짜힘의 크기는 $\dfrac{2}{3}F\times\left(\dfrac{2m}{2m+m+m}\right)=\dfrac{1}{3}F$이므로, 이때 p가 A를 당기는 힘의 크기는 $\dfrac{2}{3}F$이다. $t=3t_0$일 때 A에 작용하는 알짜힘의 크기는 $F\times\left(\dfrac{2m}{2m+m}\right)=\dfrac{2}{3}F$이므로, 이때 p가 A를 당기는 힘의 크기는 $\dfrac{1}{3}F$이다. 따라서 p가 A를 당기는 힘의 크기는 $t=t_0$일 때가 $t=3t_0$일 때의 2배이다.

◯. $2t_0\sim4t_0$ 동안 C의 가속도의 크기를 a_C라고 하고, C에 뉴턴 운동 법칙을 적용하면 $\dfrac{1}{3}F=ma_C$이다. ②에서 $F=6ma$이므로 $a_C=2a$이다. 속도-시간 그래프에서 면적은 물체의 변위와 같으므로 $t=0$부터 $t=4t_0$까지 C가 이동한 거리는 $2vt_0$이다.

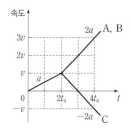

16 뉴턴 운동 법칙

실이 끊어지는 순간 A, B, C의 속력을 v, B가 q로부터 $8d$만큼 이동한 순간 B의 속력을 v'라고 하면, A가 p로부터 $3d$만큼 이동하여 정지하는 동안 A, B의 평균 속력의 비는 $\dfrac{v+0}{2}:\dfrac{v+v'}{2}=3:8$에서 $v'=\dfrac{5}{3}v$이다.

③ 같은 시간 동안 A의 속도 변화량의 크기가 v이고, B의 속도 변화량의 크기는 $\dfrac{2}{3}v$이므로 A, B의 가속도의 크기를 각각 a, $\dfrac{2}{3}a$라고 할 수 있다. (가)에서 중력에 의해 C에 빗면과 나란한 방향으로 작용하는 힘의 크기를 f_C라고 하면, 실이 끊어지기 전 A, B, C가 등속도 운동을 하므로 $2ma+ma=f_C$ $\cdots$ ①이다. C의 질량을 m_C라 하고 (나)에서 B, C를 한 물체로 생각하여 뉴턴 운동 법칙을 적용하면 $f_C-ma=(m+m_C)\left(\dfrac{2}{3}a\right)$ $\cdots$ ②이다. 식 ①, ②에서 $m_C=2m$이다.

[별해] 실이 끊어지기 전후 A에 작용하는 알짜힘의 변화량의 크기와 B, C에 작용하는 알짜힘의 변화량의 크기가 같으므로 $2m \times |(-a)-0| = (m+m_C) \times \left|\frac{2}{3}a-0\right|$에서 $m_C = 2m$이다.

17 뉴턴 운동 법칙

A, B, C의 가속도의 크기는 $a = \frac{4F}{8m} = \frac{F}{2m}$이므로, A, B, C에 작용하는 알짜힘의 크기는 각각 $\frac{1}{2}F$, F, $\frac{5}{2}F$이다.

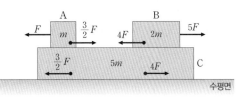

ㄱ. A에 작용하는 알짜힘의 크기는 A의 질량과 가속도 크기의 곱이므로 $m\left(\frac{F}{2m}\right) = \frac{1}{2}F$이다.

ㄴ. A는 오른쪽 방향으로 등가속도 운동을 하므로 C가 A에 수평 방향으로 작용하는 힘의 방향은 A의 운동 방향과 같다.

ㄷ. C가 B에 수평 방향으로 작용하는 힘의 크기를 f라고 하면 B의 운동 방정식은 $5F-f=F$이므로, $f=4F$이다. B가 C에 수평 방향으로 작용하는 힘은 C가 B에 작용하는 힘과 작용 반작용 관계이므로 B가 C에 작용하는 힘의 크기는 $4F$이다.

18 작용 반작용 법칙

작용 반작용 관계에 있는 두 힘은 힘의 크기는 같고, 힘의 방향은 서로 반대 방향이며, 두 힘은 상호 작용 하는 각각의 물체에 작용한다.

ㄱ. (가)에서 A가 B를 누르는 힘의 반작용은 B가 A를 떠받치는 힘이다.

ㄴ. (가)에서 B가 A에 작용하는 힘의 크기를 $N_{(가)}$라고 하면, A에 작용하는 알짜힘이 0이므로 $2mg+F=N_{(가)}$이고, (나)에서 A가 B에 작용하는 힘의 크기를 $N_{(나)}$라고 하면, B에 작용하는 알짜힘이 0이므로 $mg+N_{(나)}=F$에서 $N_{(나)}=F-mg$이다. A가 B에 작용하는 힘의 크기는 (가)에서가 (나)에서의 2배이므로 $2mg+F=2(F-mg)$에서 $F=4mg$이다.

ㄷ. (가)에서 수평면이 B를 떠받치는 힘의 크기를 $F_{수평면}$이라고 하면, $F+3mg=F_{수평면}$이므로 $F_{수평면}=7mg$이다. (나)에서 천장이 A를 누르는 힘의 크기를 $F_{천장}$이라고 하면, $F=3mg+F_{천장}$이므로 $F_{천장}=mg$이다. 따라서 (가)에서 수평면이 B를 떠받치는 힘의 크기는 (나)에서 천장이 A를 누르는 힘의 크기의 7배이다.

19 힘의 평형과 작용 반작용 법칙

물체가 정지해 있거나 등속도 운동을 할 때 물체에 작용하는 알짜힘은 0이다.

ㄱ. (가)에서 A는 정지해 있으므로 A에 작용하는 알짜힘은 0이다.

ㄴ. 사람, A, B의 무게를 각각 $W_{사}$, W_A, W_B라고 하면, (가)에서 $W_{사}+W_A+W_B=620$ N ⋯ ①이고, (나)에서 $W_{사}-W_A-W_B=460$ N ⋯ ②이다. ①, ②에서 $2W_{사}=1080$ N이다. 따라서 $W_{사}=540$ N이다.

ㄷ. 식 ①에 의해 $W_A+W_B=80$ N이고, 물체의 무게는 A가 B의 3배이므로 $W_A=60$ N이고, $W_B=20$ N이다. (다)에서 A, B는 등속도 운동을 하므로 A, B에 작용하는 알짜힘은 0이다. 따라서 사람이 줄을 당기는 힘의 크기는 40 N이다. (다)에서 저울의 눈금을 $W_{(다)}$라고 하면, 사람은 힘의 평형 상태에 있으므로 40 N$+W_{(다)}=540$ N에서 $W_{(다)}=500$ N이다.

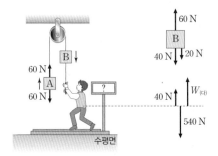

20 뉴턴 운동 법칙과 작용 반작용 법칙

(가), (나)에서 물체에 작용하는 힘을 나타내면 그림과 같다.

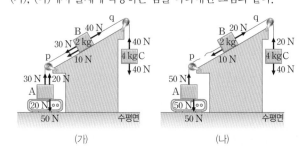

(가)   (나)

ㄱ. (가)에서 p가 B를 당기는 힘과 q가 B를 당기는 힘은 모두 작용점이 B에 있으므로 작용과 반작용 관계가 아니다.

ㄴ. C의 질량을 m_C라고 하면, (나)에서 q가 C를 당기는 힘의 크기가 20 N이므로 C의 운동 방정식은 $10m_C-20=5m_C$이다. 따라서 $m_C=4$ kg이다.

ㄷ. (나)에서 중력에 의해 B에 빗면과 나란한 방향으로 작용하는 힘의 크기를 f라고 하면, B의 운동 방정식은 20 N$-f=2$ kg$\times 5$ m/s^{2}에서 $f=10$ N이다. (가)에서 B가 정지해 있으므로 p가 B를 당기는 힘의 크기는 30 N이다. A의 무게를 W라고 하면 (가)에서 $W=20$ N$+30$ N이다. 따라서 (나)에서 저울에 측정된 힘의 크기(A의 무게)는 50 N이다.

02 운동량과 충격량

01 운동량과 충격량

두 물체가 충돌할 때 외부에서 힘이 작용하지 않으면 충돌 전과 충돌 후 두 물체의 운동량의 합은 일정하게 보존된다.

㉠ (나)에서 C의 속력은 B의 속력의 2배이므로 B의 속력을 v_0이라고 하면 C의 속력은 $2v_0$이고, 충돌 전후 운동량은 보존되므로 $mv=3mv_0$의 관계가 성립한다. 따라서 (나)에서 B의 속력은 $\frac{1}{3}v$이다.

✗. (가)에서 A의 운동량 크기는 mv이고, (나)에서 C의 속력은 $\frac{2}{3}v$이므로 운동량의 크기는 $\frac{2}{3}mv$이다. 따라서 (가)에서 A의 운동량 크기는 (나)에서 C의 운동량 크기의 $\frac{3}{2}$배이다.

✗. (가) → (나) 과정에서 B가 C로부터 받은 충격량의 크기는 C가 B로부터 받은 충격량의 크기와 같으므로 $\frac{2}{3}mv$이다.

02 운동량 보존 법칙

충돌 전후 운동량이 보존되고 A와 B가 충돌한 후 A의 속력은 0이므로, 충돌 전 A의 운동량과 충돌 후 B의 운동량은 같다.

㉠ 운동량의 크기는 질량과 속력의 곱이고, 1초일 때 A의 속력은 6 m/s이므로 A의 운동량의 크기는 12 kg·m/s이다.

㉡ 충돌 전후 운동량이 보존되고 A, B가 충돌한 후 A의 속력은 0이므로 B의 운동량의 크기는 12 kg·m/s이다. 따라서 충돌 후 B의 속력은 3 m/s이므로 B의 질량은 4 kg이다.

㉢ 충격량의 크기는 운동량 변화량의 크기와 같고, A와 충돌한 후 B의 운동량의 크기는 12 kg·m/s이다. 따라서 A와 B가 충돌하는 동안 B가 A로부터 받은 충격량의 크기는 12 N·s이다.

03 충격량과 힘–시간 그래프

힘–시간 그래프에서 곡선과 시간 축이 만드는 면적은 충격량의 크기이고, 충격량의 크기는 운동량 변화량의 크기와 같다.

✗. 충돌 후 속력은 B가 A의 2배이므로, 충돌 후 A의 속력을 v라고 하면 충돌 전후 운동량이 보존되므로 $16=2×v+3×2v$의 관계가 성립한다. 따라서 $v=2$ m/s이므로 충돌 후 A의 속력은 2 m/s이다.

㉡ B의 운동량 크기는 충돌 전은 6 kg·m/s, 충돌 후는 12 kg·m/s이다. 따라서 B의 운동량의 크기는 충돌 후가 충돌 전의 2배이다.

✗. 충격량의 크기는 운동량 변화량의 크기와 같고, A와 B의 운동량 변화량의 크기는 각각 6 N·s이므로 충격량의 크기는 $I=6$ N·s이다.

04 힘–시간 그래프

힘–시간 그래프에서 면적은 충격량의 크기이고 충격량의 크기는 운동량 변화량의 크기와 같다.

㉠ 충돌 후 A와 B는 충돌 전 B의 운동 방향과 같은 방향으로 운동하므로 충돌 직전 운동량의 크기는 B가 A보다 크다. 따라서 P는 A에 해당한다.

㉡ 충돌 전후 운동량이 보존되므로 충돌 후 A, B의 속력을 V라고 하면 $4-3=3V$의 관계가 성립하고, 충돌 후 B의 속력은 $V=\frac{1}{3}$(m/s)이다.

✗. A의 운동량 크기는 충돌 전에는 3 kg·m/s, 충돌 후에는 $\frac{2}{3}$ kg·m/s이고, 운동량의 방향은 충돌 전후가 반대이다. 따라서 A와 B가 충돌하는 동안 A가 B로부터 받은 충격량의 크기는 $\frac{11}{3}$ N·s이다.

05 운동량–시간 그래프

운동량–시간 그래프에서 물체의 운동량의 변화량을 알 수 있고, 운동량의 변화량을 통해 충격량을 알 수 있다.

④ A의 운동량이 $2p$일 때 A의 속력을 $2v$라고 하면 p일 때 A의 속력은 v이다. 충돌 전후 운동량이 보존되므로 충돌 후 B의 운동량 크기는 p이고 B의 속력은 $2v$이다. 따라서 $\frac{v_A}{v_B}=1$이다.

06 운동량 보존 법칙

두 물체가 충돌한 후 한 덩어리가 되어 운동할 때, 충돌 전 운동량 크기와 충돌 후 한 덩어리가 된 물체의 운동량 크기는 같다.

㉠ 충돌 전 A와 C의 운동량 크기는 같고 질량은 A가 C의 2배이므로 속력은 C가 A의 2배이다.

㉡ 충돌 전후 운동량의 합이 보존되므로 충돌 후 한 덩어리가 되어 운동하는 A와 B의 운동량 합의 크기와 C와 D의 운동량 합의 크기는 같다. 따라서 A와 B의 질량 합과 C와 D의 질량 합이 같으므로 충돌 후 속력은 B와 D가 같다.

✗. 충돌 후 B의 속력과 D의 속력은 같으므로 충돌 후 운동량 변화량의 크기는 D가 B의 2배이다. 따라서 충돌하는 동안 C가 D로부터 받은 충격량의 크기는 A가 B로부터 받은 충격량의 크기의 2배이다.

07 충격량

충격량의 크기는 운동량 변화량의 크기와 같고, A와 B가 충돌할 때 A가 B로부터 받은 충격량의 크기와 B가 A로부터 받은 충격량의 크기는 같다.

② B가 A로부터 받은 충격량의 크기는 $\frac{2}{9}mv$이므로 (나)에서 한 덩어리가 되어 운동하는 A와 B의 속력은 $\frac{2}{9}v$이고, A와 B의 운동량 합은 $3m \times \frac{2}{9}v = \frac{2}{3}mv$이다. 따라서 I을 통과한 후 A의 운동량 크기는 $\frac{2}{3}mv$이고, I을 통과하는 동안 A가 받은 충격량의 크기는 A의 운동량 변화량의 크기와 같으므로 A가 받은 충격량의 크기 $I_A = \left| \frac{2}{3}mv - 2mv \right| = \frac{4}{3}mv$이다.

08 충격량과 충격력

두 물체가 충돌할 때 물체에 작용하는 평균 힘의 크기를 $\overline{F}$, 힘이 작용하는 시간을 Δt라고 할 때 물체에 작용하는 충격량의 크기는 $\overline{F} \times \Delta t$이다.

✗. 수평면에 충돌 직전 A, B의 속력을 v, 질량을 m이라고 하면 충돌 직전 A, B의 운동량 크기는 mv이고, 충돌 직후 B의 속력은 $\frac{1}{2}v$이다. 따라서 A의 운동량 변화량의 크기는 mv, B의 운동량 변화량의 크기는 $\frac{3}{2}mv$이므로 수평면과 충돌하는 동안 물체의 운동량 변화량의 크기는 B가 A보다 크다.

ⓒ. 충격량의 크기는 운동량 변화량의 크기와 같으므로 수평면과 충돌하는 동안 물체가 받은 충격량의 크기는 B가 A보다 크다.

ⓒ. 물체가 수평면과 충돌하는 동안 걸린 시간은 A와 B가 같고, 충격량의 크기는 B가 A보다 크므로 수평면과 충돌하는 동안 수평면으로부터 받은 평균 힘의 크기는 B가 A보다 크다.

09 충격량과 물체가 받는 힘

두 물체가 충돌할 때 두 물체가 받는 힘의 크기는 같고 방향은 반대이며, 충돌하는 시간은 같으므로 두 물체가 받는 충격량의 크기는 같다.

Ⓐ. 운전자와 에어백만이 충돌할 때, 운전자와 에어백에 작용하는 평균 힘의 크기는 같고 충돌 시간이 같으므로 운전자와 에어백이 받는 충격량의 크기는 서로 같다.

Ⓑ. 공을 받을 때 손을 뒤로 빼면서 받으면 공과 손의 접촉 시간을 길게 할 수 있으므로 손이 받는 평균 힘의 크기를 줄일 수 있다.

Ⓒ. 배트를 휘두르는 속력을 더 크게 하여 공을 치면 공의 운동량 변화량의 크기도 더 커지므로 공이 배트로부터 받는 충격량의 크기도 커진다.

10 운동량 보존과 충격량

A와 B가 충돌할 때, 운동량의 합이 보존되므로 충돌 전과 충돌 후 A, B, P, Q의 운동량의 합은 같다.

㉠. 충돌 과정에서 운동량이 보존되므로 (나)에서 A의 속력을 V라고 하면 $16mv - 4mv = 20mV$의 관계가 성립하고, $V = \frac{3}{5}v$이다.

✗. B의 운동량 변화량의 크기는 $\frac{9}{5}mv - (-3mv) = \frac{24}{5}mv$이다.

㉢. 충격량의 크기는 운동량 변화량의 크기와 같으므로 P가 A로부터 받은 충격량의 크기는 $\frac{2}{5}mv$이고, Q가 B로부터 받은 충격량의 크기는 $\frac{8}{5}mv$이다. 따라서 Q가 B로부터 받은 충격량의 크기는 P가 A로부터 받은 충격량의 크기의 4배이다.

11 충격량과 충격력

충격량의 크기는 운동량 변화량의 크기와 같으므로 $I = \Delta p = \overline{F} \times \Delta t$이다.

④ (가)에서 용수철과 분리된 후 A, B의 운동량 크기는 같고, A, B가 각각 p, q와 충돌하는 순간부터 정지하는 순간까지 걸린 시간은 각각 0.2초, 0.1초이므로 $F_A = \frac{p}{0.2}$, $F_B = \frac{p}{0.1}$이다. 따라서 $\frac{F_B}{F_A} = 2$이다.

12 충격량과 충격력

A가 줄에 매달려 운동할 때 속력이 최대인 지점에서 알짜힘이 0이므로 A에 작용하는 중력의 크기와 줄이 당기는 탄성력의 크기는 같다. A에 작용하는 충격량의 크기는 운동량 변화량의 크기와 같으므로 $I = \Delta p = \overline{F} \times \Delta t$이다.

✗. P가 최대로 늘어나 정지한 순간 A에는 중력과 줄이 당기는 힘이 작용하고, 이후 A는 위쪽으로 운동하므로 A에 작용하는 알짜힘의 크기는 0보다 크다. 알짜힘이 0이 되는 지점은 중력과 줄이 당기는 힘의 크기가 같은 지점으로 속력이 최대가 되는 지점이다.

ⓒ. 충격량의 크기는 운동량 변화량의 크기와 같고, 속력이 최대인 지점을 지날 때 A의 속력은 같으므로 속력이 최대인 지점을 지나는 순간부터 줄이 최대로 늘어나 정지할 때까지 A가 받는 충격량의 크기는 P에 매달릴 때와 Q에 매달릴 때가 같다.

ⓒ. A가 연직 아래 방향으로 운동하여 속력이 최대인 지점을 지나는 순간부터 정지할 때까지 받는 충격량의 크기는 P에 매달릴 때와 Q에 매달릴 때가 같다. P, Q에 매달릴 때 받는 평균 힘의 크기를 각각 F_P, F_Q라 하고, 속력이 최대일 때부터 줄이 최대로 늘어날 때까지 걸린 시간을 t_P, t_Q라고 하면 $F_P \times t_P = F_Q \times t_Q$의 관계가 성립한다. 따라서 $t_Q > t_P$이므로 $F_P > F_Q$이다.

01 운동량과 충격량

충돌 전 A와 B의 운동량의 합의 크기는 충돌 후 한 덩어리가 되어 운동하는 A와 B의 운동량의 합의 크기와 같다. 또한 A와 B가 충돌하는 동안 A가 B로부터 받은 충격량의 크기는 B가 A로부터 받은 충격량의 크기와 같다.

③ A와 B가 충돌하는 동안 A가 B로부터 받은 충격량의 크기는 $\frac{4}{3}mv$이므로 $-\frac{4}{3}mv=2mV-6mv$의 관계가 성립하여 $V=\frac{7}{3}v$이다. $V=\frac{7}{3}v$, B의 질량은 M이고, B가 A로부터 받은 충격량의 크기는 $\frac{4}{3}mv$이므로 $\frac{7}{3}Mv-Mv=\frac{4}{3}mv$의 관계가 성립하여 $M=m$이다.

02 운동량과 충격량

충돌 과정에서 B에 작용하는 충격량의 크기는 A가 B에 작용하는 충격량과 C가 B에 작용하는 충격량의 합과 같다.

② B가 A로부터 받은 충격량의 크기는 C가 B로부터 받은 충격량의 크기의 3배이고, A가 B로부터 받은 충격량의 크기는 $3mv$이므로 C가 B로부터 받은 충격량의 크기는 mv이다. 충격량의 크기는 운동량 변화량의 크기와 같으므로 $v_C=v$이다. (가)와 (나)에서 운동량이 보존되므로 $2mv=-mv+3mv_B+mv$의 관계가 성립하고, $v_B=\frac{2}{3}v$이다. 따라서 $\frac{v_C}{v_B}=\frac{3}{2}$이다.

03 운동량 보존과 충격량

두 물체가 충돌할 때 충돌 전후 운동량의 합은 같고, 두 물체에 작용하는 충격량의 크기는 같다.

ㄱ. (다)에서 A, B, C의 운동량의 크기가 p로 같으므로 C와 충돌 전 B의 운동량의 크기는 $2p$이고, A, B, C의 운동량의 합은 $3p$이다. (가)에서 B의 운동량 방향은 오른쪽이고 크기는 p이므로 벽과 충돌 후 A의 운동량 방향은 왼쪽이고 크기는 $4p$이다.

ㄴ. B가 A로부터 받은 충격량의 크기는 $3p$이고, A가 벽으로부터 받은 충격량의 크기는 B가 A로부터 받은 충격량의 크기의 3배이므로 A가 벽으로부터 받은 충격량의 크기는 $9p$이다. 따라서 (가)에서 벽에 충돌 전 A의 운동량 크기는 $5p$이다.

ㄷ. (가)에서 A, B의 속력은 같고, 운동량의 크기는 A가 B의 5배이므로 질량은 A가 B의 5배이다.

04 운동량 보존 법칙

충돌 과정에서 운동량의 합이 보존되므로 충돌 전 운동량의 합이 $2p$이면, 충돌 후 운동량의 합도 $2p$이고, 운동량의 방향은 같다.

② (다)에서 B가 A에 작용하는 충격량의 크기는 $\frac{7}{3}p$이므로 A가 B에 작용하는 충격량은 오른쪽으로 $\frac{7}{3}p$이고, C가 B에 작용하는 충격량은 왼쪽으로 $3p$이므로 B에 작용한 충격량(운동량의 변화량)의 크기는 $\frac{2}{3}p$이다. (나)에서 A, B의 속력이 같을 때 A, B의 운동량의 합이 $2p$이므로 A, B의 운동량의 크기는 각각 $\frac{4}{3}p$, $\frac{2}{3}p$이고, (다)에서 A의 운동량의 방향은 왼쪽이고 크기는 p이다.

따라서 A의 운동량의 크기는 (나)에서가 (다)에서의 $\frac{4}{3}$배이므로 $\frac{v_1}{v_2}=\frac{4}{3}$이다.

05 운동량 보존 법칙

두 물체가 충돌할 때 외부에서 힘이 작용하지 않으면 충돌 전과 충돌 후 물체의 운동량의 합은 일정하게 보존된다.

② C에 대한 A의 속력은 0초부터 3초까지 왼쪽으로 1 m/s, 3초부터 4초까지 오른쪽으로 3 m/s이므로 3초일 때는 A와 벽이 충돌하고, 4초일 때는 B와 C가 충돌한다. 또한 9초 이후 A와 C 사이의 거리는 일정하므로 충돌 후 A와 B는 한 덩어리가 되어 운동한다. 0초부터 3초까지 A에 대한 C의 속력은 1 m/s이므로 1초일 때 C의 속력은 1 m/s이다. A가 벽과 충돌한 후 A에 대한 C의 속력은 3 m/s이므로 3초부터 4초까지 A의 속력은 2 m/s이고 방향은 오른쪽이다. 0초일 때 A와 B 사이의 거리가 8 m이고, A와 C 사이의 거리가 20 m이므로 B와 C 사이의 거리는 12 m이다. B와 C가 4초일 때 충돌하므로 C와 충돌 전 B의 속력은 2 m/s이다.

4초일 때 B와 C의 충돌 후 C에 대한 A의 속력은 1 m/s이고 방향은 오른쪽이므로 C의 속력은 4초부터 9초까지 오른쪽으로 1 m/s이다. 9초일 때 A와 B가 충돌하므로 A와 충돌 직전 B의 속력은 2 m/s이고 방향은 왼쪽이다. B와 C의 충돌 과정에서 B가 받은 충격량의 크기가 4 kg·m/s이므로 C가 받은 충격량의 크기도 4 kg·m/s이고, C의 질량을 m_C라고 하면 $4=2m_C$이므로 $m_C=2(\text{kg})$이다. A와 B가 충돌한 후 함께 운동하고, 속력은 C와 같은 1 m/s이므로 A의 질량을 m_A라고 하면 충돌 전후 A, B의 운동량의 합이 보존되므로 $2m_A-2=(m_A+1)\times1$이고 $m_A=3(\text{kg})$이다.

따라서 $m_A=3$ kg, $m_C=2$ kg, A, C의 속력은 모두 1 m/s이므로 $\frac{p_A}{p_C}=\frac{3}{2}$이다.

06 운동량 보존 법칙

두 물체가 충돌할 때, 충돌 전과 충돌 후 운동량의 합은 보존된다. 물체의 운동 방향은 오른쪽 방향을 $(+)$로 놓으면 왼쪽 방향은 $(-)$이다.

㉠. 충돌 과정에서 운동량의 합이 보존되므로 $2 \times 0.3 = 2 \times 0.1 + 1 \times ㉠$의 관계가 성립하고, ㉠은 $0.4(\text{m/s})$이다.

㉡. 충돌 과정에서 운동량의 합이 보존되고, 물체의 운동 방향은 오른쪽 방향을 $(+)$로 놓으면 왼쪽 방향은 $(-)$가 되므로 $1 \times ㉡ = 1 \times (-0.2) + 2 \times 0.4$의 관계가 성립한다. 따라서 ㉡은 $0.6(\text{m/s})$이다.

㉢. 충돌 전과 후 A와 B의 운동량의 합은 같으므로 '운동량의 합'은 ㉢으로 적절하다.

07 충격량과 물체의 운동

충격량의 크기는 물체에 작용하는 힘×시간이고, 운동량 변화량의 크기와 같다. 힘을 받는 구간의 길이 s가 같을 때, 물체의 속력은 $v = \sqrt{2as}$이고 가속도의 크기는 $a = \dfrac{\text{힘의 크기}}{\text{물체의 질량}}$이다.

㉠. Ⅰ, Ⅱ의 경우 r에서 물체의 속력이 같으므로 힘이 작용하는 구간을 지나는 동안 물체의 가속도 크기는 같다. 따라서 ㉠은 $2m$이다.

✗. 물체의 속력은 $v = \sqrt{2as}$이고 가속도의 크기는 $a = \dfrac{\text{F의 크기}}{\text{물체의 질량}}$이므로 ㉡은 $2v$이다.

✗. 물체에 작용하는 충격량의 크기는 물체의 운동량 변화량의 크기와 같고, r에서 물체의 운동량의 크기는 Ⅱ에서와 Ⅲ에서가 $2mv$로 같다. 따라서 F가 작용하는 구간을 지나는 동안 물체가 받은 충격량의 크기는 Ⅱ에서와 Ⅲ에서가 같다.

08 운동량과 충격량

A와 B를 압축된 용수철에 접촉시킨 후 가만히 놓았을 때, A와 B의 운동량의 합은 보존되므로 분리된 후 A의 속력은 B의 속력의 2배이다.

④ (가)에서 A와 B가 용수철에서 분리되기 전과 후 운동량의 합이 보존되므로 분리 후 B의 속력을 v라고 하면 A의 속력은 $2v$이다. (가)에서 용수철에서 분리된 후 B의 속력은 (나)에서 C의 속력과 같으므로 (나)에서 C가 A로부터 받은 충격량의 크기는 $2mv$이고, C와 충돌 직전 A의 속력은 $3v$이며 $I_A = 3mv - 2mv = mv$이다. A가 C로부터 받은 충격량의 크기와 B가 D로부터 받은 충격량의 크기는 같으므로 (나)에서 D의 속력은 $2v$이고, D와 충돌 직전 B의 속력은 $3v$이며 $I_B = 6mv - 2mv = 4mv$이다. 따라서 $\dfrac{I_B}{I_A} = 4$이다.

09 운동량 보존 법칙과 충격량

두 물체가 충돌할 때 외부에서 힘이 작용하지 않으면 충돌 전과 충돌 후 물체의 운동량의 합은 일정하게 보존된다. 충격량의 크기는 $I = \Delta p = \overline{F} \times \Delta t$이고, 운동량 변화량의 크기와 같다.

㉠. P가 A를 미는 동안 P가 받는 충격량의 크기는 A에 작용하는 충격량의 크기와 같고, 충격량의 크기는 운동량 변화량의 크기와 같다. 따라서 P가 A를 미는 동안 A에 작용하는 충격량의 크기가 $20 \text{ N} \cdot \text{s}$이므로 P가 받는 충격량의 크기도 $20 \text{ N} \cdot \text{s}$이다.

㉡. B와 충돌 직전 A의 운동량 크기는 $40 \text{ kg} \cdot \text{m/s}$이고, B와 충돌 후 A의 운동량 크기는 $10 \text{ kg} \cdot \text{m/s}$이므로 A와 충돌 후 B의 운동량 크기는 $30 \text{ kg} \cdot \text{m/s}$이다.

✗. A에 작용하는 평균 힘의 크기는 P가 A를 미는 동안에는 $\dfrac{20 \text{ N} \cdot \text{s}}{0.2 \text{ s}} = 100 \text{ N}$이고, A와 B가 충돌하는 동안에는 $\dfrac{30 \text{ N} \cdot \text{s}}{0.1 \text{ s}} = 300 \text{ N}$이다. 따라서 A에 작용하는 평균 힘의 크기는 A와 B가 충돌하는 동안이 P가 A를 미는 동안의 3배이다.

10 충격량과 충격력

두 물체가 충돌할 때 물체의 운동량 변화량의 크기는 물체에 작용하는 충격량의 크기와 같고, 충격량의 크기는 $I = \Delta p = \overline{F} \times \Delta t$이므로 물체에 작용하는 평균 힘의 크기는 $\overline{F} = \dfrac{\Delta p}{\Delta t}$이다.

✗. 힘 - 시간 그래프에서 곡선과 시간 축이 만드는 면적은 물체에 작용하는 충격량의 크기이고, 충돌 과정에서 A에 작용하는 충격량의 크기는 (나)에서가 (가)에서보다 크다. 따라서 P는 A가 B로부터 받은 힘을 시간에 따라 나타낸 것이다.

㉡. (나)에서 A, B의 충돌 과정에서 운동량의 합이 보존되므로 A와 충돌한 후 B의 속력을 v_B라고 하면 $mv = -\dfrac{1}{2}mv + 3mv_B$의 관계가 성립한다. 따라서 $v_B = \dfrac{1}{2}v$이다.

㉢. 충돌 과정에서 A에 작용하는 평균 힘의 크기는 (가)에서는 $F_{(가)} = \dfrac{mv}{2t}$, (나)에서는 $F_{(나)} = \dfrac{3mv}{2t}$이다. 따라서 충돌 과정에서 A에 작용하는 평균 힘의 크기는 (나)에서가 (가)에서의 3배이다.

03 역학적 에너지 보존

수능 **2점** 테스트　　　　　본문 51~53쪽

01 ⑤	02 ③	03 ①	04 ②	05 ③	06 ⑤
07 ①	08 ④	09 ②	10 ①	11 ③	12 ⑤

01 일과 에너지

중력이 물체에 한 일만큼 물체의 운동 에너지가 변하고, 중력이 한 일이 같으면 물체의 운동 에너지 변화량은 같다.

㉠. A, B의 질량은 같으므로 A, B의 질량을 m이라고 하면, 중력이 A, B에 한 일은 mgd로 같다.

㉡. 중력이 물체에 한 일은 물체의 운동 에너지의 변화량과 같고, B의 운동 에너지 변화량은 $\frac{1}{2}mv^2$이므로 A의 운동 에너지 변화량도 $\frac{1}{2}mv^2$이다. 따라서 수평면에 도달하는 순간 A의 속력을 v_A라고 하면 $\frac{1}{2}mv^2=\frac{1}{2}m\left(v_A^2-\frac{1}{4}v^2\right)$이므로 수평면에 도달하는 순간 A의 속력은 $v_A=\frac{\sqrt{5}}{2}v$이다.

㉢. (가)에서 A의 가속도 크기를 a_A라고 하면 $\frac{5}{4}v^2-\frac{1}{4}v^2=2a_A(2d)$ … ①이고, (나)에서 $v^2=2gd$ … ②이다. ①, ②를 정리하면 빗면에서 운동하는 동안 A의 가속도 크기는 $a_A=\frac{1}{2}g$이다.

02 일과 에너지

중력 외의 힘이 한 일은 역학적 에너지의 변화량과 같고, 운동 에너지가 일정하면 힘이 한 일은 중력 퍼텐셜 에너지의 변화량과 같다.

㉠. A는 자유 낙하 하므로 중력이 한 일은 운동 에너지의 변화량과 같다. 중력 가속도를 g, P와 Q의 높이차를 h라고 하면 A가 P에서 Q까지 이동하는 동안 중력이 A에 한 일은 $W_A=mgh=\frac{1}{2}mv^2$이다.

㉡. B를 크기가 F_1인 힘으로 당겼을 때, B는 등속도 운동을 하므로 $F_1=mg$이다. 따라서 B가 Q에서 P까지 이동하는 동안 크기가 F_1인 힘이 B에 한 일은 $W_B=mgh=\frac{1}{2}mv^2$이다.

✗. C를 크기가 F_2인 힘으로 당겼을 때, 힘이 한 일은 $W_C=F_2h$ $=mgh+\frac{1}{2}mv^2$이고, $mgh=\frac{1}{2}mv^2$이므로 $F_2=2mg$이다. 따라서 $F_2=2F_1$이다.

03 중력에 의한 역학적 에너지 보존

물체가 빗면을 따라 운동하는 동안 역학적 에너지가 보존되므로 중력 퍼텐셜 에너지가 감소하는 만큼 운동 에너지는 증가한다.

① 만약 A, B의 질량이 같다면 q에서 r까지 운동하는 동안 A의 운동 에너지 변화량은 A의 중력 퍼텐셜 에너지 변화량과 같으므로 A의 운동 에너지 변화량은 B의 중력 퍼텐셜 에너지 변화량과 같다. 문제의 상황에서 질량은 B가 A의 2배이므로 B가 q에서 r까지 운동하는 동안 B의 운동 에너지 변화량은 $3mv^2$이고, r에서 B의 속력은 $2v$이다. A와 B가 r에서 만나므로 A가 p에서 r까지 운동할 때까지와 B가 q에서 r까지 운동할 때까지 A, B의 속력 변화량은 v로 같다. r에서 만날 때까지 A, B가 이동한 거리는 각각 $5d$, $3d$이므로 p에서 A의 속력을 v_A라고 하면 $2v_A+v=\frac{5}{3}(3v)$에서 $v_A=2v$이고, r에서 A의 속력은 $3v$이다.

따라서 $E_A=\frac{9}{2}mv^2$, $E_B=\frac{8}{2}mv^2$이므로 $\frac{E_A}{E_B}=\frac{9}{8}$이다.

04 힘-이동 거리 그래프

힘-이동 거리 그래프에서 그래프가 이동 거리 축과 이루는 면적은 힘이 물체에 한 일과 같고, 힘이 물체에 한 일은 물체의 운동 에너지 변화량과 같다.

✗. 운동 에너지는 속력의 제곱에 비례하고, A의 속력은 $x=2$ m인 지점을 지날 때가 $x=1$ m인 지점을 지날 때의 2배이므로 운동 에너지는 A가 $x=2$ m인 지점을 지날 때가 $x=1$ m인 지점을 지날 때의 4배이다. 따라서 $F_1=10(N)$이다.

㉡. 힘-이동 거리 그래프에서 그래프가 이동 거리 축과 이루는 면적은 힘 F가 A에 한 일과 같다. 따라서 A가 $x=0$에서 $x=2$ m인 지점을 지날 때까지 F가 A에 한 일은 40 J이다.

✗. A가 $x=4$ m인 지점을 지날 때까지 힘 F가 A에 한 일은 10 J이므로 $x=4$ m인 지점을 지날 때 A의 속력을 v라 하면 $10=\frac{1}{2}\times1\times v^2$이고, $v=2\sqrt{5}$ m/s이다.

05 중력에 의한 역학적 에너지 보존

물체가 운동할 때 역학적 에너지가 보존되므로 중력 퍼텐셜 에너지가 감소하는 만큼 운동 에너지는 증가한다.

③ (가)에서 A, B는 가속도 크기가 $\frac{1}{3}g$인 등가속도 운동을 하므로 A에 작용하는 빗면 방향 힘의 크기를 f라고 하면 $\frac{1}{3}g=\frac{f-mg}{5m}$의 관계가 성립하고, $f=\frac{8}{3}mg$이다. (나)에서 A, B를 연결한 실이 끊어졌으므로 A에 작용하는 알짜힘의 크기는 빗면 방향으로 $\frac{8}{3}mg$이므로 A의 가속도의 크기는 $\frac{2}{3}g$이고, B의 가속도의 크기는 연직 아래 방향으로 g이다. (나)에서 실이 끊어진 순간부터 B의 속력이 0이 되는 순간까지 걸린 시간을 t라고 하면

$v=gt$ … ①이고, A의 속력은 $v_A=v+\frac{2}{3}gt$ … ②이므로 ①, ②를 정리하면 $v_A=\frac{5}{3}v$이다. 따라서 A의 중력 퍼텐셜 에너지 감소량은 $E_A=\frac{1}{2}\times4m\times\left(\left(\frac{5}{3}v\right)^2-v^2\right)=\frac{32}{9}mv^2$, B의 중력 퍼텐셜 에너지 증가량은 $E_B=\frac{1}{2}mv^2$이므로 $\frac{E_A}{E_B}=\frac{64}{9}$이다.

06 중력에 의한 역학적 에너지 보존

A, B, C가 함께 운동할 때, A, B, C의 역학적 에너지는 보존되므로 운동 에너지가 감소한 만큼 중력 퍼텐셜 에너지는 증가하고, 중력 퍼텐셜 에너지가 감소한 만큼 운동 에너지는 증가한다.

⑤ 중력 가속도를 g, p와 q 사이의 거리를 d, B가 q를 지날 때 A, B, C의 속력을 v라고 하면, 역학적 에너지가 보존되므로 $4mgd=\frac{6}{2}mv^2+mgd$이고, $mv^2=mgd$이다. 실이 끊어진 후 A, B의 역학적 에너지는 보존되고, r에서 B의 속력은 0이 된다. B가 p에서 q, q에서 r까지 운동하는 동안 가속도의 크기는 $\frac{1}{2}g$로 같으므로 운동하는 데 걸리는 시간은 같다. B가 p에서 q까지 운동하는 동안 감소한 C의 역학적 에너지는 증가한 A, B의 역학적 에너지의 합과 같고, B가 r까지 운동하는 동안 A의 역학적 에너지 변화량과 같으므로 A의 역학적 에너지 증가량 $E_A=2mgd$이다. 실이 끊어진 후 C의 가속도는 g이므로 B가 q를 지날 때와 r를 지날 때 C의 속력은 각각 v, $3v$이고 B가 p에서 r까지 운동하는 동안 C의 운동 에너지 증가량 $E_C=\frac{1}{2}(4m)(3v)^2=18mgd$이다. 따라서 $\frac{E_C}{E_A}=9$이다.

07 탄성력에 의한 역학적 에너지 보존

물체가 용수철에 연결되어 힘의 평형을 이루며 정지해 있을 때, 물체에 작용하는 중력의 크기와 탄성력의 크기는 같다. 물체가 용수철에 연결되어 운동할 때, 역학적 에너지가 보존되므로 물체의 운동 에너지, 중력 퍼텐셜 에너지, 탄성 퍼텐셜 에너지의 합은 항상 일정하다.

㉠. (가)에서 B와 실로 연결된 A는 힘의 평형을 이루며 정지해 있으므로 A, B에 작용하는 중력의 크기와 용수철에 작용하는 탄성력의 크기는 같다. 따라서 용수철 상수를 k라고 하면 $2mg=kd$의 관계가 성립하여 $k=\frac{2mg}{d}$이다.

✗. (나)에서 실이 끊어진 후 용수철의 원래 길이에서 평형 위치까지 늘어난 길이를 x_0이라고 하면 $mg=kx_0$의 관계가 성립하고, $x_0=\frac{mg}{k}=\frac{1}{2}d$이므로 A는 용수철의 원래 길이가 되는 d만큼 운동한 후 속력이 0이 된다. 따라서 (나)에서 A가 최고점까지 올라가는 동안 A의 중력 퍼텐셜 에너지 증가량은 mgd이다.

✗. A의 운동 에너지가 최대가 되는 지점은 평형 위치를 지날 때

이다. A의 운동 에너지 최댓값을 E_k라고 하면 A가 운동하는 동안 역학적 에너지가 보존되므로 $mgd=\frac{1}{2}mgd+\frac{1}{2}k\left(\frac{1}{2}d\right)^2+E_k$의 관계가 성립한다. 따라서 $k=\frac{2mg}{d}$이므로 $E_k=\frac{1}{4}mgd$이다.

08 역학적 에너지 보존과 마찰에 의한 역학적 에너지 손실

A, B 사이에 용수철을 넣어 압축시킨 후 가만히 놓았을 때 A와 B의 운동량 크기는 같고, 물체의 운동 에너지는 $\frac{p^2}{2m}$이므로 용수철에서 분리된 후 운동 에너지는 B가 A의 3배이다.

④ 용수철에서 분리된 후 운동 에너지는 B가 A의 3배이므로 A, B의 운동 에너지는 각각 $\frac{1}{4}E_0$, $\frac{3}{4}E_0$이다. A, B가 각각 p, q를 지날 때 운동 에너지는 같으므로 q에서 B의 운동 에너지는 $\frac{1}{4}E_0$이다. 따라서 B가 마찰 구간을 지나는 동안 감소한 역학적 에너지는 $\frac{1}{2}E_0$이다.

09 힘이 한 일과 마찰에 의한 역학적 에너지 손실

수평면에서 크기가 F인 힘이 한 일은 물체의 운동 에너지 변화량과 같고, 물체가 마찰 구간을 통과하는 동안 마찰력의 크기가 F보다 크면 역학적 에너지는 감소한다.

② p와 q 사이의 거리를 d, A의 질량을 m, q에서 A의 속력을 v라고 하면 $Fd=\frac{1}{2}mv^2$이다. r에서 A의 속력을 v_r라고 하면 p와 q, q와 r 사이의 거리는 같고, A가 운동하는 데 걸리는 시간은 q에서 r까지가 p에서 q까지의 $\frac{2}{3}$배이므로 A의 평균 속력은 q에서 r까지가 p에서 q까지의 $\frac{3}{2}$배이다. 따라서 $\frac{v}{2}\times\frac{3}{2}=\frac{v+v_r}{2}$의 관계가 성립하므로 $v_r=\frac{v}{2}$이고, 마찰 구간에서 손실된 A의 역학적 에너지는 $E_1=\frac{1}{2}mv^2-\frac{1}{2}m\left(\frac{v}{2}\right)^2=\frac{3}{8}mv^2$이다. r에서 A의 속력은 $\frac{v}{2}$이고, A가 r에서 s까지 운동하는 동안 힘이 한 일은 $Fd=\frac{1}{2}mv^2$이므로 s에서 A의 운동 에너지는 $E_2=\frac{1}{2}m\left(\frac{v}{2}\right)^2+\frac{1}{2}mv^2=\frac{5}{8}mv^2$이다. 그러므로 $\frac{E_1}{E_2}=\frac{3}{5}$이다.

10 마찰에 의한 역학적 에너지 손실

물체가 마찰이 없는 구간에서 운동할 때는 중력이 한 일만큼 운동 에너지가 증가하고, 마찰 구간에서 일정한 속력으로 운동할 때는 중력 퍼텐셜 에너지가 감소한 만큼 역학적 에너지가 감소한다.

㉠. A가 q를 지날 때의 속력을 v라고 하면 r에서의 속력은 v이고, $mgh=\frac{1}{2}mv^2$의 관계가 성립한다. A가 q에서 r까지 운동하는

동안 감소한 역학적 에너지가 mgh이므로 A가 p에서 s까지 운동할 때 $4mgh=\frac{1}{2}m(2v)^2$의 관계가 성립하므로 s에서의 속력은 $2v$이다. q~r 구간과 s~t 구간에서 A의 평균 속력은 각각 v, $2v$이고, q에서 r까지와 s에서 t까지 운동하는 데 걸린 시간은 같으므로 s와 t 사이의 거리는 q와 r 사이 거리의 2배이다. 따라서 s와 t의 높이차는 $2h$이므로 A가 s에서 t까지 운동하는 동안 감소한 역학적 에너지는 $2mgh$이다.

✗. s와 t의 높이차는 $2h$이므로 A가 p에서 수평면에 도달할 때까지 중력이 A에 한 일은 $8mgh$이다.

✗. A가 p에서 수평면에 도달할 때까지 중력이 A에 한 일은 $8mgh$이고, 두 마찰 구간에서 감소한 역학적 에너지는 $3mgh$이다. 따라서 수평면에 도달하는 순간 A의 운동 에너지는 $5mgh$이다.

11 마찰에 의한 에너지 손실과 중력에 의한 역학적 에너지 보존

공기 저항과 마찰이 없을 때 물체의 역학적 에너지는 보존되고, 마찰 구간을 지날 때 물체의 역학적 에너지는 감소한다.

③ p, q의 높이차는 h이므로 q에서 물체의 운동 에너지를 E, 중력 가속도를 g라고 하면 $mgh=E$이고, 마찰 구간에 들어가기 직전 물체의 운동 에너지는 $2E$이다. q에서 물체의 운동 에너지는 마찰 구간에서 물체의 역학적 에너지 감소량의 2배이므로 마찰 구간에서 감소한 역학적 에너지는 $\frac{1}{2}E$이고, 마찰 구간을 통과한 직후 물체의 운동 에너지는 $\frac{3}{2}E$이다. 따라서 마찰 구간을 통과한 후부터 물체의 역학적 에너지가 보존되므로 $mgH=\frac{3}{2}E=\frac{3}{2}mgh$이고, $H=\frac{3}{2}h$이다.

12 마찰에 의한 에너지 손실과 역학적 에너지 보존

질량이 각각 $3m$, $2m$인 물체 A, B가 용수철에서 분리된 후 A, B의 운동량 크기는 같으므로 속력의 비는 2 : 3이다.

⑤ 용수철에서 분리된 후 A, B의 운동량 크기는 같으므로 A의 속력을 v라고 하면 B의 속력은 $\frac{3}{2}v$이다. P, Q에서 A, B에 각각 작용하는 마찰력의 크기는 같고 마찰 구간에서 운동하는 데 걸린 시간은 같으므로, A, B가 각각 P, Q에서 운동할 때 평균 속력은 A가 B의 2배이고, 가속도의 크기는 B가 A의 $\frac{3}{2}$배이다. A가 P를 빠져나오는 순간의 속력을 v_1, B가 Q에 들어가는 순간의 속력을 v_2라고 하면 $\frac{v+v_1}{2}=v_2$이고, $v_2=\frac{3}{2}(v-v_1)$이므로 $v_1=\frac{1}{2}v$, $v_2=\frac{3}{4}v$이다. A가 P를 통과한 후 역학적 에너지가 보존되므로 중력 가속도를 g라고 하면 $h_1=\frac{1}{2g}\times\frac{v^2}{4}=\frac{v^2}{8g}$이고, $h_2=\frac{1}{2g}\left(\frac{9}{4}-\frac{9}{16}\right)v^2=\frac{27v^2}{32g}$이다. 따라서 $\frac{h_2}{h_1}=\frac{27}{4}$이다.

수능 **3점** 테스트   본문 54~57쪽

01 ⑤	**02** ②	**03** ④	**04** ④	**05** ②	**06** ④
07 ②	**08** ④				

01 역학적 에너지 보존 법칙

물체가 자유 낙하 할 때 중력 퍼텐셜 에너지가 감소하는 만큼 운동 에너지는 증가하고, 중력 퍼텐셜 에너지 감소량이 클수록 운동 에너지 증가량은 크다.

㉠. 중력 가속도를 g, p, q의 높이차를 h, 물체의 질량을 m이라고 하면 물체가 p에서 q까지 운동하는 동안 역학적 에너지가 보존되므로 $mgh=\frac{1}{2}mv^2$이다. q, r의 높이차를 h'라고 하면 $mgh'=\frac{1}{2}m(2v^2-v^2)=\frac{1}{2}mv^2$이므로 $h'=h$이다. 따라서 중력 퍼텐셜 에너지 감소량은 물체가 p에서 q까지 운동할 때와 q에서 r까지 운동할 때가 같다.

㉡. 물체가 운동하는 데 걸리는 시간은 q에서 s까지가 p에서 q까지의 2배이므로 물체가 p에서 q까지 운동하는 데 걸린 시간을 t라고 하면 p에서 s까지 운동하는 데 걸린 시간은 $3t$이다. 따라서 높이차는 p에서 s까지가 p에서 q까지의 9배이므로 물체의 운동 에너지는 s에서가 q에서의 9배이다.

㉢. 물체가 q에서 r까지 운동하는 동안 운동 에너지는 $\frac{1}{2}mv^2$만큼 증가하고, r에서 s까지 운동하는 동안 운동 에너지는 $\frac{7}{2}mv^2$만큼 증가하므로 r와 s 사이의 거리는 q와 r 사이의 거리의 7배이다.

02 힘 – 시간 그래프

힘 – 시간 그래프에서 그래프가 시간 축과 이루는 면적은 물체의 운동량 변화량이다. 물체의 운동량의 크기를 p라고 할 때, 질량이 m인 물체의 운동 에너지는 $E_k=\frac{1}{2}mv^2=\frac{p^2}{2m}$이다. 시간 t에 따른 A의 운동 에너지는 다음과 같다.

t(초)	1	2	3	4
E_k(J)	$\frac{1}{2}$	8	2	$\frac{9}{2}$

✗. F가 한 일은 운동 에너지의 변화량과 같으므로 $t=0$부터 $t=1$초까지 F가 A에 한 일은 $\frac{1}{2}$ J이다.

㉡. Ⅱ, Ⅲ에서 A의 이동 거리를 각각 d_2, d_3이라고 하면 F가 한 일은 운동 에너지 변화량과 같으므로 $3d_2=\frac{15}{2}$, $-2d_3=-6$이고, $d_2=\frac{5}{2}$(m), $d_3=3$(m)이다. 따라서 A의 이동 거리는 Ⅲ에서가 Ⅱ에서의 $\frac{6}{5}$배이다.

✗. 4초일 때 A의 운동량의 크기는 3 kg·m/s이므로 운동 에너지는 $\frac{9}{2}$ J이다.

03 역학적 에너지 보존

A, B, C가 실로 연결되어 함께 운동할 때, A와 B의 중력 퍼텐셜 에너지가 감소하는 만큼 A, B, C의 운동 에너지는 증가한다. ㉠ C의 질량을 m, A와 B에 빗면 아래 방향으로 작용하는 힘의 크기를 각각 $3f$, $2f$라고 하면 $2=\frac{5f}{5+m}$ ⋯ ①, $1=\frac{2f}{2+m}$ ⋯ ②이므로 ①, ②를 정리하면 $m=10$ kg이다. 0초부터 1초까지 A와 B의 중력 퍼텐셜 에너지가 감소하는 만큼 A, B, C의 운동 에너지가 증가하므로 A와 B의 중력 퍼텐셜 에너지 감소량은 $\frac{1}{2}\times15\times2^2=30(J)$이고, 질량은 A가 B의 $\frac{3}{2}$배이므로 $E_A=18$ J이다. 1초부터 3초까지 B의 중력 퍼텐셜 에너지가 감소하는 만큼 B, C의 운동 에너지가 증가하므로 B의 중력 퍼텐셜 에너지 감소량은 $E_B=\frac{1}{2}\times12\times(4^2-2^2)=72(J)$이다. 따라서 $\frac{E_B}{E_A}=4$이다.

04 탄성력에 의한 역학적 에너지 보존

용수철에 매단 물체를 가만히 놓아 물체가 정지 상태일 때, 물체에 작용하는 중력과 용수철에 작용하는 탄성력의 크기는 같다.
✗. (가)에서 A가 P의 원래 길이보다 $2x$만큼 늘어난 지점에서 속력이 0이 되었으므로, 물체에 작용하는 중력과 탄성력의 크기가 같은 지점은 용수철이 원래 길이에서 x만큼 늘어난 지점이다. 따라서 용수철 상수를 k라 하면 $3mg=kx$이고, P가 최대로 늘어난 상태에서 P에 작용하는 탄성력 크기는 $2kx=6mg$이다.
㉡. (나)에서 P가 평형 위치까지 늘어난 거리를 x_1이라고 하면 $mg=kx_1$이므로 $x_1=\frac{1}{3}x$이고, P가 최대로 늘어난 거리는 평형 위치에서 $\frac{5}{3}x$만큼 늘어난 지점이다. 또한 P가 최대로 압축된 길이는 P의 원래 길이에서 $\frac{4}{3}x$만큼 압축된 지점이다. A의 중력 퍼텐셜 에너지가 증가한 만큼 탄성 퍼텐셜 에너지가 감소하므로 (나)에서 P가 최대로 늘어난 상태에서 최대로 압축될 때까지 탄성 퍼텐셜 에너지 감소량은 $\frac{10}{3}mgx$이다.
㉢. B가 운동하는 동안 평형 위치를 지날 때 운동 에너지가 최댓값을 갖는다. B가 Q를 누르기 시작하여 평형 위치까지 Q가 압축된 길이를 x_2라고 하면, $2mg=kx_2$이므로 $x_2=\frac{2}{3}x$이다. 따라서 B가 평형 위치까지 운동하는 동안
$2mg\left(\frac{5}{3}x\right)=E_k+\frac{1}{2}k\left(\frac{2}{3}x\right)^2$의 관계가 성립하므로 (나)에서 B가 운동하는 동안 운동 에너지의 최댓값은 $E_k=\frac{8}{3}mgx$이다.

05 마찰에 의한 에너지 손실과 역학적 에너지 보존

A가 마찰 구간을 지날 때 물체의 역학적 에너지는 감소하므로 A가 s를 지날 때 A와 B의 운동 에너지의 합은 B에 작용하는 중력이 한 일에서 마찰 구간에서 손실된 역학적 에너지를 뺀 값과 같다.
② A가 p에서 q까지 운동하는 동안 가속도의 크기는 $\frac{1}{3}g$이므로 $\frac{1}{3}g=\frac{m_B}{m+m_B}g$의 관계가 성립하고, B의 질량은 $m_B=\frac{1}{2}m$이다. p에서 q, q에서 r, r에서 s 사이 거리를 d라고 하면 A가 마찰 구간에서 일정한 속력으로 운동하므로 A가 p에서 s까지 운동하는 동안 B의 중력 퍼텐셜 에너지 감소량은 $\frac{3}{2}mgd$이고, 마찰에 의한 역학적 에너지 감소량은 $E=\frac{1}{2}mgd$이다. 따라서 A와 B의 운동 에너지 증가량의 합은 mgd이고, B의 운동 에너지 증가량은 $\frac{1}{3}mgd$이므로 A가 s를 지나는 순간 B의 운동 에너지는 $\frac{2}{3}E$이다.

06 마찰에 의한 에너지 손실과 역학적 에너지 보존

물체의 중력 퍼텐셜 에너지가 감소하는 만큼 운동 에너지는 증가하고, 마찰 구간을 지나는 동안 물체의 역학적 에너지는 감소한다. 정지 상태에서 출발한 물체가 등가속도 운동을 할 때, 이동 거리는 $s=\frac{1}{2}at^2$ (a: 가속도의 크기, t: 걸린 시간)이므로 걸린 시간이 2배가 되면 이동 거리는 4배가 된다.
④ p와 r 사이의 중력 퍼텐셜 에너지 차는 16 J이고 물체가 p에서 q, q에서 r까지 운동하는 데 걸린 시간은 같으며, 높이차는 p에서 r까지가 p에서 q까지의 4배이므로 p와 q 사이의 중력 퍼텐셜 에너지 차는 4 J, q와 r 사이의 중력 퍼텐셜 에너지 차는 12 J이다. 따라서 p와 s 사이의 중력 퍼텐셜 에너지 차는 40 J이고, 마찰 구간을 지나면서 손실된 역학적 에너지는 14 J이므로 수평면에서 물체의 운동 에너지는 26 J이다. 따라서 물체가 마찰 구간을 지난 후 높이가 h인 지점까지 올라가는 동안에는 역학적 에너지가 보존되므로 $26=2\times10\times h$이고, $h=1.3(m)$이다.

07 마찰에 의한 에너지 손실과 중력에 의한 역학적 에너지 보존

A가 마찰이 없는 빗면을 따라 운동하는 동안 A의 역학적 에너지는 보존되고, B는 마찰 구간에서 운동하는 동안 역학적 에너지가 감소한다.
② p와 q, a와 b의 높이차는 h로 같으므로 q에서 A의 속력을 v라고 하면 b에서 B의 속력도 v이고, p와 r의 높이차는 $4h$이므로 r에서 A의 속력은 $2v$이다. B가 a에서 b까지 운동하는 데 걸리는 시간은 A가 p에서 q까지 운동하는 데 걸리는 시간의 2배

이므로 p와 q 사이의 거리를 d라고 하면 a와 b 사이의 거리는 $2d$이고, q와 r 사이의 거리는 $3d$, b와 c 사이의 거리는 $6d$이다. B가 b에서 c까지 운동하는 데 걸리는 시간은 A가 q에서 r까지 운동하는 데 걸리는 시간의 4배이므로 c에서 B의 속력을 v'라고 하면 $\dfrac{v+v'}{2} \times 4 = 2 \times \dfrac{3v}{2}$의 관계가 성립하므로 $v' = \dfrac{1}{2}v$이다. B가 마찰 구간을 지나는 동안 마찰에 의해 손실된 역학적 에너지를 W_f라고 하면 $4mgh - W_f = \dfrac{1}{8}mv^2$의 관계가 성립하고, $mgh = \dfrac{1}{2}mv^2$이므로 B가 b에서 c까지 운동하는 동안 B의 역학적 에너지 감소량은 $\dfrac{15}{4}mgh$이다.

08 마찰에 의한 에너지 손실과 역학적 에너지 보존

마찰과 공기 저항이 없을 때 물체의 역학적 에너지는 보존되지만 마찰 구간을 지날 때에는 물체의 역학적 에너지가 감소한다. 물체가 A에 들어가기 직전과 C를 통과한 직후의 속력은 같다.

④ 물체가 A, C를 지나는 동안 크기가 같은 힘을 같은 시간 동안 받으므로 A, C를 지나는 동안 물체가 받은 충격량은 같다. 물체의 질량을 m, 중력 가속도를 g, 물체가 A에 들어가기 직전의 속력을 v, A, C를 통과하는 동안 속력의 변화량을 v_0이라고 하면, A를 통과한 직후의 속력은 $v - v_0$, C를 통과한 직후의 속력은 v, C에 들어가기 직전의 속력은 $v + v_0$이고, $mgh = \dfrac{1}{2}mv^2 \cdots$ ①이다. A를 통과한 직후와 r에서 물체의 속력은 같고, 물체가 r에서 C에 들어가기 직전까지 역학적 에너지가 보존되므로 $\dfrac{1}{2}m(v - v_0)^2 + mgh = \dfrac{1}{2}m(v + v_0)^2 \cdots$ ②이다. ①, ②를 정리하면 $v_0 = \dfrac{1}{4}v$이고, 물체가 A를 통과한 직후의 속력은 $\dfrac{3}{4}v$, C에 들어가기 직전의 속력은 $\dfrac{5}{4}v$이다. 따라서 A를 통과한 직후와 r에서 물체의 속력은 같으므로 B를 통과하는 동안 물체의 역학적 에너지 감소량은 $E_B = \dfrac{3}{2}mgh$, C를 통과하는 동안 물체의 역학적 에너지 감소량은 $E_C = \dfrac{1}{2}m\left(\left(\dfrac{5}{4}\right)^2 - 1\right)v^2 = \dfrac{9}{16}mgh$이므로 $\dfrac{E_B}{E_C} = \dfrac{8}{3}$이다.

[별해] A를 통과한 직후 물체의 속력은 $\dfrac{3}{4}v$이고 A를 통과한 직후부터 q까지 역학적 에너지가 보존되므로 $\dfrac{1}{2}m\left(\dfrac{3}{4}v\right)^2 + \dfrac{1}{2}mgh = \dfrac{17}{16}mgh$이다. 물체가 q에서 r까지 운동하는 동안 마찰에 의해 감소한 역학적 에너지를 E_B라고 하면 A를 통과한 직후와 r에서 물체의 속력은 같으므로 $\dfrac{17}{16}mgh + mgh - E_B = \dfrac{1}{2}m\left(\dfrac{3}{4}v\right)^2 = \dfrac{9}{16}mgh$이고, $E_B = \dfrac{3}{2}mgh$이다.

04 열역학 법칙

01 ④	02 ③	03 ①	04 ②	05 ③	06 ⑤
07 ②	08 ②

01 등압 팽창

등압 팽창 과정은 기체의 압력과 외부의 대기압이 같은 상태에서 기체의 부피가 증가하는 과정이다. 이 과정에서 기체는 열을 흡수하므로 (가) → (나) 과정에서 기체의 압력과 부피는 그림과 같다.

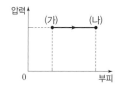

Ⅹ. 기체의 압력은 외부의 대기압과 같은 상태이다. 따라서 (가)와 (나)에서 기체의 압력은 같다.

ⓒ. 기체의 압력은 일정하게 유지되며, 기체의 부피는 (나)에서가 (가)에서보다 크므로 (가) → (나) 과정에서 기체는 열을 흡수하게 되어 기체의 온도는 올라간다. 따라서 기체의 온도는 (나)에서가 (가)에서보다 높다.

ⓒ. (가) → (나) 과정에서 기체의 부피가 증가하므로 기체는 외부에 일을 한다.

02 압력 - 부피 그래프 해석

기체의 압력 - 부피 그래프에서 그래프가 부피 축과 이루는 면적은 기체가 외부에 한 일이다. 기체가 흡수한 열량은 기체의 내부 에너지 증가량과 기체가 외부에 한 일의 합과 같다.

ⓒ. A → B 과정에서 Ⅰ이 Ⅱ보다 그래프가 부피 축과 이루는 면적이 크므로 기체가 외부에 한 일은 Ⅰ에서가 Ⅱ에서보다 크다.

Ⅹ. 기체의 내부 에너지 변화량은 기체의 온도 변화량에 비례한다. A → B 과정에서 기체의 온도 변화량은 Ⅰ에서와 Ⅱ에서가 같다. 따라서 기체의 내부 에너지 변화량은 Ⅰ에서와 Ⅱ에서가 같다.

ⓒ. A → B 과정에서 기체가 흡수한 열량은 기체의 내부 에너지 변화량과 기체가 외부에 한 일의 합과 같다. 기체의 내부 에너지 변화량은 Ⅰ에서와 Ⅱ에서가 같고, 기체가 외부에 한 일은 Ⅰ에서가 Ⅱ에서보다 크므로 기체가 흡수한 열량은 Ⅰ에서가 Ⅱ에서보다 크다.

03 단열 팽창과 단열 압축

(가)에서 피스톤이 정지해 있으므로 A에서와 B에서의 압력은 서로 같다. (가)에서 피스톤을 이동시켜 (나)로 되는 동안, A의 기체는 열의 출입 없이 부피가 증가하는 단열 팽창 과정이고, B의 기체는 열의 출입 없이 부피가 감소하는 단열 압축 과정이다.

⊙. (가)에서 A에서와 B에서의 압력이 서로 같고, A와 B의 부피도 서로 같으므로 기체의 온도는 A에서와 B에서가 같다.

✗. (가) → (나) 과정에서 A에 들어 있는 기체의 압력은 감소하고, B에 들어 있는 기체의 압력은 증가한다. 따라서 (나)에서 기체의 압력은 A에서가 B에서보다 작다.

✗. (가) → (나) 과정에서 A에 들어 있는 기체는 열의 출입 없이 부피가 증가하는 과정에서 일을 하여 A의 기체의 내부 에너지는 감소하고, B에 들어 있는 기체는 열의 출입 없이 부피가 감소하는 과정에서 일을 받아 B의 기체의 내부 에너지는 증가한다. 따라서 B의 기체의 내부 에너지는 (나)에서가 (가)에서보다 크다.

04 등적 과정

기체의 압력과 부피의 곱은 절대 온도에 비례하고, 기체의 내부 에너지는 기체의 절대 온도에 비례한다. 기체가 흡수한 열량은 기체가 한 일과 내부 에너지 증가량의 합과 같다.

✗. A, B에서 기체의 부피는 같고, 기체의 절대 온도는 A일 때가 B일 때보다 높으므로 기체의 압력은 A일 때가 B일 때보다 크다. 즉, $P_0 > P_1$이다.

✗. A → B 과정에서 기체의 부피는 변하지 않으므로 기체는 외부에 일을 하지 않는다.

⊙. B → A 과정에서 기체의 부피는 변하지 않으므로 기체가 외부로부터 일을 받거나 일을 하지 않는다. B → A 과정에서 기체의 내부 에너지는 증가하므로 기체는 외부로부터 열을 흡수한다. 즉, B → A 과정에서 기체의 내부 에너지 증가량은 U_0이므로 기체가 흡수한 열량은 U_0이다.

05 등적 과정과 등압 과정

기체의 내부 에너지는 기체의 절대 온도가 높을수록 크고, 기체의 부피가 증가하면 기체는 외부에 일을 한다. 기체가 흡수한 열량은 기체의 내부 에너지 증가량과 기체가 외부에 한 일의 합과 같다.

A → B 과정에서 기체의 압력과 절대 온도는 비례하므로 기체의 부피는 일정하고, B → C 과정은 등압 팽창 과정이다. 기체의 상태가 A → B → C로 변할 때, A일 때 기체의 부피를 $2V_0$이라 하면 압력과 부피는 그림과 같다.

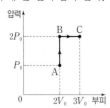

⊙. A → B 과정에서 기체의 온도는 올라가므로 기체의 내부 에너지는 증가한다.

✗. A → B 과정에서 기체의 부피는 일정하므로 기체는 외부에 일을 하지 않는다.

⊙. A → B 과정과 B → C 과정에서 기체의 온도 증가량이 같으므로 기체의 내부 에너지 증가량도 같다. A → B 과정에서 기체가 외부에 한 일은 0이고, B → C 과정에서 기체는 외부에 일을 한다. 따라서 기체가 흡수한 열량은 A → B 과정에서가 B → C 과정에서보다 작다.

06 열기관의 열효율

열기관은 고열원으로부터 열을 흡수하여 저열원으로 열을 방출하는 과정에서 외부에 일을 한다.

열기관의 열효율은 $e = \dfrac{\text{외부에 한 일}}{\text{흡수한 열량}}$이다.

⊙. 열기관은 A에서 열을 흡수하고 B로 열을 방출하므로 온도는 A가 B보다 높다.

⊙. 고열원에서 흡수한 열량은 저열원으로 방출한 열량과 기체가 외부에 한 일의 합과 같다. 따라서 열기관이 외부에 한 일은 $W = 5Q_0 - 3Q_0 = 2Q_0$이다.

⊙. 흡수한 열량은 $5Q_0$이고, 외부에 한 일은 $2Q_0$이므로 열기관의 열효율은 $e = \dfrac{2Q_0}{5Q_0} = 0.4$이다.

07 열기관의 열효율

등온 과정에서 기체의 내부 에너지 변화량은 0이고, 기체가 흡수한 열량은 기체가 외부에 한 일과 같다. 열기관이 흡수한 열량이 Q_1, 열기관이 방출한 열량이 Q_2일 때, 열기관이 외부에 한 일은 $W = Q_1 - Q_2$이고, 열기관의 열효율은 $e = 1 - \dfrac{Q_2}{Q_1}$이다.

② A → B 과정에서 기체의 부피는 일정하므로 기체가 흡수한 열량은 기체의 내부 에너지 증가량과 같다. B → C 과정에서 기체의 내부 에너지는 변하지 않으므로 C → A 과정에서 기체의 내부 에너지 감소

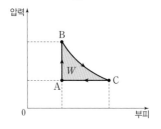

량은 $3Q_0$이다. C → A 과정에서 기체가 받은 일은 $2Q_0$이므로 C → A 과정에서 기체가 외부로 방출한 열량은 $5Q_0$이다. 그림과 같이 열기관이 1회 순환하는 동안 외부에 한 일(W)은 그래프로 이루어진 면적과 같다.

따라서 B → C 과정에서 기체가 흡수한 열량은 $W + 2Q_0$이다. 열기관이 1회 순환하는 동안 기체가 흡수한 열량은 $W + 5Q_0$이고, 방출한 열량은 $5Q_0$이므로 $0.2 = 1 - \dfrac{5Q_0}{W + 5Q_0}$에서 $W = \dfrac{5}{4}Q_0$이다.

08 열역학 제2법칙

열은 저절로 고온에서 저온으로 이동한다. 추가 실에 매달려 진동하면서 진폭이 점점 줄어드는 동안 기체와의 마찰로 열이 발생한다.

✗. 추의 역학적 에너지는 기체와의 마찰로 점점 감소하게 되어 추는 최종적으로 정지하게 된다. 마찰로 발생한 열에 의해 추가 다시 진동할 수는 없기 때문에 이 현상은 비가역 현상이다.

⊙. 진동하는 추와 기체의 마찰로 인해 열이 발생하게 되므로 상자 안의 기체의 온도는 높아진다.

✗. 추의 진폭이 점점 줄어드는 동안 기체의 온도는 점점 높아지게 되어 상자 안의 기체의 내부 에너지는 증가한다.

01 단열 압축

A에 열을 공급하면 A의 압력이 증가하여 피스톤이 오른쪽으로 이동하게 된다. B는 열의 공급 없이 부피가 감소하므로 B는 단열 압축 과정이다. 이 과정에서 B는 A로부터 일을 받게 되므로 B의 내부 에너지는 증가한다.

ㄱ. (가)에서 피스톤은 정지해 있으므로 A와 B의 압력은 같고, 부피는 A가 B보다 작으므로 기체의 온도는 A가 B보다 낮다.

ㄴ. A에 열을 공급하면 피스톤이 오른쪽으로 이동하게 되어 B는 A로부터 일을 받는다. B는 단열된 상태에서 일을 받으므로 B의 내부 에너지는 증가한다. 따라서 B의 내부 에너지는 (나)에서가 (가)에서보다 크다.

ㄷ. A에 열을 공급하는 동안 A와 B의 부피의 합은 일정하다. 즉, A와 B가 외부에 한 일은 없으므로 A에 공급한 열량은 A와 B의 내부 에너지 증가량의 합과 같다. 따라서 A와 B의 내부 에너지의 합은 (나)에서가 (가)에서보다 Q만큼 크다.

02 등온 과정과 등압 과정

(가) → (나) 과정은 기체의 온도는 일정하고 기체의 부피는 감소하므로 등온 압축 과정이고, (나) → (다) 과정은 기체의 압력은 일정하고 기체의 부피는 증가하므로 등압 팽창 과정이다. (가) → (나) → (다) 과정에서 기체의 압력과 부피는 그림과 같다.

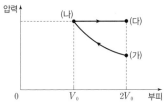

ㄱ. (가) → (나) 과정에서 기체의 온도는 일정하고 기체는 외부로부터 일을 받아 부피가 감소하므로 기체의 압력은 증가한다. 따라서 기체의 압력은 (나)에서가 (가)에서보다 크다.

ㄴ. (가) → (나) 과정에서 기체의 온도는 일정하므로 (가)와 (나)에서 기체의 내부 에너지는 같다. (나) → (다) 과정에서 기체의 압력은 일정하고 부피는 증가하였으므로 기체의 내부 에너지는 증가한다. 따라서 기체의 내부 에너지는 (다)에서가 (가)에서보다 크다.

ㄷ. (나) → (다) 과정에서 기체가 외부에 한 일은 압력 – 부피 그래프에서 그래프가 부피 축과 이루는 면적과 같다. 따라서 (가) → (나) 과정에서 기체가 방출한 열량은 (나) → (다) 과정에서 기체가 외부에 한 일보다 작다.

03 열기관의 열효율과 열역학 제1법칙

B → C 과정과 D → A 과정은 단열 과정이다. A → B 과정에서 기체는 열을 흡수하고, C → D 과정에서 기체는 열을 방출한다. 열기관이 1회 순환하는 동안 흡수한 열량이 Q_1, 방출한 열량이 Q_2일 때, 열기관의 열효율은 $e = 1 - \dfrac{Q_2}{Q_1}$이다.

ㄱ. A → B 과정에서 기체가 흡수한 열량을 Q_1이라고 하면, 열기관의 열효율이 0.4이고, C → D 과정에서 방출한 열량은 120 J이므로 $0.4 = 1 - \dfrac{120\,\text{J}}{Q_1}$에서 $Q_1 = 200$ J이다.

각 과정에서 기체에 출입한 열량(Q), 기체가 외부에 한 일 또는 받은 일(W), 기체의 내부 에너지 변화량($\varDelta U$)은 다음과 같다.

과정	Q	W	$\varDelta U$
A → B	+200 J	+200 J	0
B → C	0	$+U_0$	$-U_0$
C → D	−120 J	−120 J	0
D → A	0	$-U_0$	$+U_0$

ㄴ. B → C 과정은 단열 과정이므로 기체가 외부에 한 일만큼 기체의 내부 에너지는 감소하고, D → A 과정도 단열 과정이므로 기체가 받은 일만큼 기체의 내부 에너지가 증가한다. 이때 B → C 과정에서 기체의 내부 에너지 감소량은 D → A 과정에서 기체의 내부 에너지 증가량과 같다. 따라서 B → C 과정에서 기체가 외부에 한 일과 D → A 과정에서 기체의 내부 에너지 증가량은 같다.

ㄷ. 열기관의 열효율은 0.4이고, 기체가 흡수한 열량은 200 J이므로 열기관이 1회 순환하는 동안 기체가 외부에 한 일은 80 J이다.

04 열기관의 열효율

열기관이 고열원으로부터 흡수한 열량이 Q, 열기관이 외부에 한 일이 W일 때, 열기관의 열효율은 $e = \dfrac{W}{Q}$이고, 열기관이 저열원으로 방출한 열량은 $Q - W$이다.

ㄱ. A의 열효율은 $\dfrac{3W}{4Q}$이고, B의 열효율은 $\dfrac{2W}{Q+2W}$이다. 열효율은 B가 A의 2배이므로 $\dfrac{2W}{Q+2W} = 2 \times \dfrac{3W}{4Q}$에서 $Q = 6W$이다. 따라서 B가 고열원에서 흡수하는 열량은 $\dfrac{4}{3}Q$이다.

ㄴ. A가 외부에 하는 일은 $3W = \dfrac{1}{2}Q$이다.

ㄷ. A의 열효율은 $\dfrac{1}{8}$이고, B의 열효율은 $\dfrac{1}{4}$이다.

05 열기관의 열효율

C → A 과정에서 기체의 부피는 일정하고 기체는 외부로부터 열을 흡수하므로 기체의 온도는 높아진다. A → B 과정이 등온 과

정이라면 B → C 과정에서 기체의 온도는 높아져야 하는데 C에서 온도는 A에서보다 낮다. 따라서 A → B 과정은 단열 과정이어야 하고, B → C 과정은 등온 과정이어야 한다. 1회 순환하는 동안 열기관이 외부에 한 일은 그래프로 둘러싸인 영역의 면적과 같다.

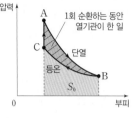

ㄱ. A → B 과정은 열의 출입이 없는 단열 과정이고, A → B 과정에서 기체는 외부에 일을 하므로 기체의 내부 에너지는 감소한다. 따라서 기체의 온도는 A에서가 B에서보다 높다.

ㄴ. 압력 – 부피 그래프에서 그래프가 부피 축과 이루는 면적은 기체가 한 일과 같다. B → C 과정은 기체의 온도가 일정하므로 내부 에너지는 변하지 않는다. B → C 과정에서 기체의 부피는 감소하므로 기체는 외부로부터 일을 받으며, 받은 일의 양은 S_0이다. 따라서 B → C 과정에서 기체가 방출한 열량은 S_0이다.

ㄷ. A → B 과정에서 기체의 내부 에너지 감소량을 U라고 하면, C → A 과정에서 기체의 내부 에너지 증가량은 U이므로 열기관이 흡수한 열량은 U이고, B → C 과정에서 열기관이 방출한 열량은 S_0이다. 따라서 열기관의 열효율이 $\frac{2}{7} = 1 - \frac{S_0}{U}$이므로 $U = \frac{7}{5}S_0$이다. 열기관이 1회 순환하는 동안 외부에 한 일을 W라고 하면, $\frac{W}{U} = \frac{2}{7}$이므로 $W = \frac{2}{7}U = \frac{2}{5}S_0$이다.

06 열기관의 열효율

A → B 과정은 등압 팽창 과정이고, B → C 과정은 등적 과정, C → D 과정은 등압 압축 과정, D → A 과정은 등적 과정이다. 기체의 상태가 A → B → C → D → A를 따라 순환하는 동안 기체의 압력과 부피를 나타내면 그림과 같다.

② A에서 기체의 절대 온도는 $3T_0$이므로 D에서 기체의 절대 온도는 T_0이다. D → A 과정에서 기체의 부피는 일정하고, 기체가 흡수한 열량이 $3P_0V_0$이므로 기체의 내부 에너지 증가량은 $3P_0V_0$이다. 즉, D → A 과정에서 기체의 절대 온도가 $2T_0$만큼 증가할 때 기체의 내부 에너지 증가량이 $3P_0V_0$이다. A → B 과정에서 기체의 온도는 $6T_0$만큼 증가하므로 기체의 내부 에너지 증가량은 $9P_0V_0$이고, 기체가 외부에 한 일이 $6P_0V_0$이므로 기체가 흡수한 열량은 $15P_0V_0$이다. 열기관이 1회 순환하는 동안 기체가 흡수한 열량은 $18P_0V_0$이고, 외부에 한 일은 $4P_0V_0$이다. 따라서 열기관의 열효율은 $e = \frac{4P_0V_0}{18P_0V_0} = \frac{2}{9}$이다.

07 열기관의 열효율

B → C 과정에서 기체가 외부에 한 일과 내부 에너지 변화량의 크기가 같으므로 B → C 과정은 단열 팽창 과정이다. 마찬가지로 D → A 과정에서 기체가 받은 일과 내부 에너지 변화량의 크기가 같으므로 D → A 과정은 단열 압축 과정이다.

ㄱ. A → B 과정에서 기체의 내부 에너지는 y_0만큼 증가하고, B → C 과정에서 기체의 내부 에너지는 y_0만큼 감소한다. 따라서 기체의 온도는 A에서와 C에서가 같다.

ㄴ. A → B 과정에서 기체는 열을 흡수하고, C → D 과정에서 기체는 열을 방출한다. C → D 과정에서 기체가 외부에 한 일은 0이고, 기체의 내부 에너지는 $\frac{2}{3}y_0$만큼 감소한다. 따라서 열기관이 1회 순환하는 동안, 기체가 방출한 열량은 $\frac{2}{3}y_0$이다.

ㄷ. 열기관이 1회 순환하는 동안 기체의 내부 에너지 변화량은 0이다. C → D 과정에서 기체의 내부 에너지 감소량이 $\frac{2}{3}y_0$이므로 D → A 과정에서 기체의 내부 에너지 증가량은 $x_0 = \frac{2}{3}y_0$이다. 1회 순환하는 동안 기체가 외부에 한 일은 y_0이고, 기체가 흡수한 열량은 $x_0 + y_0$이다. 따라서 열기관의 열효율은 $\frac{y_0}{x_0 + y_0} = \frac{3}{5}$이다.

08 열기관과 열역학 제1법칙

A → B → C 과정에서 기체는 열을 흡수하고, C → D → A 과정에서 기체는 열을 방출한다.

ㄱ. A → B 과정에서 기체의 부피는 일정하고, 기체의 온도는 높아지므로 기체의 압력은 A에서가 B에서보다 작다.

ㄴ. A → B 과정에서 기체는 외부에 일을 하지 않고 흡수한 열량만큼 내부 에너지가 증가한다. 따라서 A → B 과정에서 기체의 내부 에너지 증가량은 Q_0이다. C → D 과정에서 기체의 온도 감소량과 A → B 과정에서 기체의 온도 증가량이 같으므로 C → D 과정에서 기체의 내부 에너지 감소량은 A → B 과정에서 기체의 내부 에너지 증가량과 같다. 그러므로 C → D 과정에서 기체의 내부 에너지 감소량은 Q_0이다.

ㄷ. A → B → C → D → A를 따라 순환하는 동안 기체의 압력과 부피는 그림과 같다. B → C 과정에서 기체가 한 일은 그래프가 부피 축과 이루는 면적이고, D → A 과정에서 기체가 방출한 열량은 기체가 받은 일과 같다. 따라서 B → C 과정에서 기체가 한 일은 D → A 과정에서 기체가 방출한 열량보다 많다.

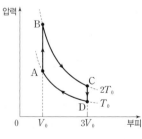

05 시간과 공간

수능 **2점** 테스트   본문 82~84쪽

01 ⑤	02 ②	03 ③	04 ①	05 ⑤	06 ②
07 ④	08 ③	09 ①	10 ⑤	11 ⑤	12 ④

01 특수 상대성 이론의 기본 가정

P의 관성계에서와 Q의 관성계에서는 모두 충돌 전후 두 물체의 운동량의 합은 일정하다는 운동량 보존 법칙이 성립한다.

㉠. (가)에서 A의 속력은 Q의 관성계에서는 2 m/s이고, P의 관성계에서는 12 m/s이다. 따라서 A의 운동량의 크기는 P의 관성계에서가 Q의 관성계에서보다 크다.

㉡. P의 관성계에서도 A와 B의 충돌 전후 A와 B의 운동량의 합은 같다는 운동량 보존 법칙이 성립한다. 따라서 P의 관성계에서 A와 B의 운동량의 합의 크기는 (가)에서와 (나)에서가 같다.

㉢. Q의 관성계에서 충돌 전 A와 B의 운동량의 합의 크기는 2 kg·m/s이므로 충돌 후 A와 B의 운동량의 크기의 합도 2 kg·m/s이다. 따라서 (나)에서, Q의 관성계에서 한 덩어리가 되어 운동하는 A의 속력은 1 m/s이므로 P의 관성계에서 A의 속력은 11 m/s이다.

02 광속 불변 원리

모든 관성계에서 진공에서 진행하는 빛의 속력은 광원이나 관찰자의 속력과 관계없이 광속 c로 일정하다.

✗. B의 관성계에서 A의 운동 방향은 왼쪽이고, 우주선에서 방출된 빛의 진행 방향은 오른쪽이다.

㉡. A의 관성계에서 B의 속력은 0.9c이므로 B의 관성계에서 A의 속력은 0.9c이다.

✗. 광속 불변 원리에 따르면 모든 관성계에서 빛의 속력은 같다. 따라서 A의 관성계에서와 B의 관성계에서 빛의 속력은 모두 c이다.

03 동시성의 상대성과 길이 수축

어느 관성계에서 동시에 일어난 사건은 속도가 다른 관성계에서는 동시에 일어난 사건이 아닐 수 있다.

㉠. A의 관성계에서 광원에서 P와 Q를 향해 동시에 빛이 방출되었으므로 B의 관성계에서도 광원에서 P와 Q를 향해 동시에 빛이 방출된다. B의 관성계에서 광원과 P 사이의 거리와 광원과 Q 사이의 거리가 같으므로 B의 관성계에서 빛은 P와 Q에 동시에 도달한다.

✗. A의 관성계에서는 광원에서 방출된 빛이 Q에 먼저 도달하므로 우주선은 $-x$방향으로 운동한다.

㉢. A에 대해 B가 탄 우주선이 운동하고 있으므로 길이 수축이 일어난다. B의 관성계에서 측정한 P와 Q 사이의 거리가 고유 거리이다. 따라서 P와 Q 사이의 거리는 A의 관성계에서가 B의 관성계에서보다 작다.

04 시간 팽창과 길이 수축

운동하는 관성계에서의 시간은 느리게 가며, 운동하는 속력이 클수록 길이 수축이 크게 일어난다. A의 관성계에서 속력은 C가 B보다 크고, B의 관성계에서 속력은 C가 A보다 크다.

㉠. B의 관성계에서 A의 속력은 0.6c이고, C의 관성계에서 A의 속력은 0.8c이다.

✗. A의 관성계에서 우주선의 속력은 C가 탄 우주선이 B가 탄 우주선보다 크다. 따라서 A의 관성계에서 C가 탄 우주선의 길이가 B가 탄 우주선의 길이보다 작다.

✗. B의 관성계에서 C의 속력은 A의 속력보다 크다. 따라서 B의 관성계에서 C의 시간이 A의 시간보다 느리게 간다.

05 시간 팽창과 길이 수축

A의 관성계에서 광원에서 동시에 방출된 빛이 P와 Q에 동시에 도달하므로 A의 관성계에서 광원과 P 사이의 거리와 광원과 Q 사이의 거리는 같다. 길이 수축은 운동하는 방향과 나란한 방향으로만 일어난다.

㉠. B의 관성계에서는 A가 운동하므로 B의 관성계에서 A의 시간은 B의 시간보다 느리게 간다.

㉡. B의 관성계에서는 A, 광원, P, Q가 운동하므로 B의 관성계에서 광원에서 방출된 빛이 진행하는 경로는 그림과 같다. 따라서 B의 관성계에서 광원에서 방출된 빛은 P보다 Q에 먼저 도달한다.

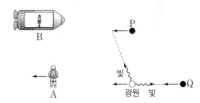

㉢. B의 관성계에서 광원과 Q 사이의 거리는 길이 수축이 일어나지만 광원과 P 사이의 거리는 수축되지 않는다. 따라서 B의 관성계에서 광원과 P 사이의 거리는 광원과 Q 사이의 거리보다 크다.

06 시간 팽창과 길이 수축

한 장소에서 일어난 두 사건 사이의 시간 간격이 고유 시간이다. B의 관성계에서 빛 시계 속의 빛이 1회 왕복하는 데 걸리는 시간이 고유 시간이다. 운동하는 관성계에서 두 사건 사이의 시간 간격은 고유 시간보다 크다. A의 관성계에서 B와 C의 속력은 같지만, C의 관성계에서 B의 속력은 A의 속력보다 크다.

✗. 빛의 속력은 관찰자의 속력이나 광원의 속력과 관계없이 같

다. 따라서 광원에서 방출된 빛의 속력은 A의 관성계에서와 C의 관성계에서 c로 같다.

✗. B가 탄 우주선의 속력은 C의 관성계에서가 A의 관성계에서보다 크다. 운동하는 물체의 속력이 클수록 길이 수축이 크게 일어난다. 따라서 B가 탄 우주선의 길이는 C의 관성계에서가 A의 관성계에서보다 작다.

©. B의 관성계에서, 빛 시계에서 빛이 1회 왕복하는 데 걸린 시간이 고유 시간이다. A나 C의 관성계에서, 빛 시계에서 빛이 1회 왕복하는 데 걸린 시간은 고유 시간보다 크다. B가 탄 우주선의 속력은 C의 관성계에서가 A의 관성계에서보다 크므로 빛 시계에서 빛이 1회 왕복하는 데 걸린 시간은 C의 관성계에서가 A의 관성계에서보다 크다.

07 동시성과 시간 팽창, 길이 수축

B의 관성계에서 P와 Q에서 방출된 빛이 검출기에 도달하는 데 걸린 시간이 같으므로 P와 검출기 사이의 거리와 Q와 검출기 사이의 거리가 같고, B의 관성계에서 빛은 검출기에 동시에 도달한다.

㉠. B의 관성계에서 검출기에 빛이 동시에 도달하므로 A의 관성계에서도 검출기에 빛이 동시에 도달한다. A에 대해 우주선이 오른쪽으로 운동하고 있으므로 A의 관성계에서 빛이 검출기에 동시에 도달하기 위해서는 빛이 P에서가 Q에서보다 먼저 방출되어야 한다.

✗. B의 관성계에서 빛의 속력은 c이고, 빛이 P, Q에서 검출기까지 진행하는 데 걸린 시간이 t_0으로 같으므로 P와 Q 사이의 거리는 $2ct_0$이다. A의 관성계에서는 P와 Q가 운동하고 있으므로 A의 관성계에서 P와 Q 사이의 거리는 $2ct_0$보다 작다.

©. B의 관성계에서, P에서 방출된 빛이 검출기에 도달하고 다시 검출기에서 P로 돌아오는 데 걸리는 시간은 $2t_0$이며, 이 시간이 빛이 P와 검출기 사이를 한 번 왕복하는 데 걸린 고유 시간이다. A의 관성계에서 B가 탄 우주선은 운동하고 있으므로 A의 관성계에서 빛이 P와 검출기 사이를 한 번 왕복하는 데 걸리는 시간은 고유 시간보다 크다. A의 관성계에서 Q에서 방출된 빛이 검출기에 도달하는 데 걸린 시간이 $0.5t_0$이므로, A의 관성계에서 P에서 방출된 빛이 검출기에 도달하는 데 걸린 시간은 $1.5t_0$보다 크다.

08 상대론적 질량

입자의 속력이 클수록 입자의 상대론적 질량은 크다. 입자의 속력이 광속에 가까워지면 입자의 상대론적 질량은 무한대로 커진다.

㉠. A의 속력이 0일 때의 질량이 정지 질량이다. 즉, A의 정지 질량은 m_0이다.

✗. 질량을 가진 입자의 속력이 광속에 가까워지면 입자의 상대론적 질량이 무한대로 커지므로 A의 속력은 c보다 클 수 없다.

©. A의 운동 에너지가 클수록 A의 속력이 크고 A의 상대론적 질량도 크다.

09 질량 에너지 동등성

정지 질량에 해당하는 에너지가 정지 에너지이고, 운동하는 물체의 질량은 정지 질량보다 크다.

㉠. A와 B가 같은 방향으로 같은 속력으로 운동하고 있으므로 A의 관성계에서 B는 정지해 있는 것이다. 따라서 A의 관성계에서 B의 질량은 $2m_0$이다.

✗. 정지 에너지는 정지 질량이 클수록 크다. 정지 질량은 B가 A의 2배이므로 정지 에너지는 B가 A의 2배이다.

✗. A의 관성계에서 C의 속력과 C의 관성계에서 A의 속력은 같다. 따라서 A의 관성계에서 C의 상대론적 질량과 C의 관성계에서 A의 상대론적 질량은 같다.

10 태양에서의 핵융합 반응

태양의 중심부에서는 양성자와 양성자의 핵융합 반응으로 에너지가 방출된다. 이 과정을 통해 수소는 헬륨으로 변환된다.

㉠. 수소 원자핵이 핵반응을 하여 질량수가 더 큰 원자핵인 헬륨 원자핵이 되므로 태양의 중심부에서는 핵융합 반응이 일어난다.

©. 수소 핵융합 반응에서 발생하는 에너지는 질량 결손에 의한 것이다.

©. 핵반응에서 발생하는 에너지는 질량 결손에 의한 것이므로 핵반응이 일어나는 동안 태양의 질량은 감소한다.

11 핵반응

핵반응 과정에서 전하량과 질량수가 보존된다.

X의 양성자수를 a, 질량수를 b라 하면, $1+a=2+0$, $2+b=4+1$에서 $a=1$, $b=3$이다. 즉, 핵반응식은 다음과 같다.

$$^2_1\text{H} + ^3_1\text{H} \longrightarrow ^4_2\text{He} + ^1_0\text{n} + 17.6\ \text{MeV}$$

㉠. X는 질량수가 3이고, 양성자수가 1인 삼중수소 원자핵이다. 따라서 X의 중성자수는 2이다.

©. 정지 에너지는 정지 질량에 해당하는 에너지이다. 정지 질량은 X가 중성자($^1_0$n)보다 크므로 정지 에너지는 X가 중성자($^1_0$n)보다 크다.

©. 핵반응에서 발생하는 에너지는 질량 결손에 의한 것이다. 따라서 핵반응 전 입자들의 질량의 합은 핵반응 후 입자들의 질량의 합보다 크다.

12 핵반응과 질량 결손

핵반응 과정에서 전하량과 질량수가 보존되며, 두 핵반응식은 다음과 같다.

(가) $^3_1\text{H} + ^3_2\text{He} \longrightarrow ^4_2\text{He} + ^1_1\text{H} + 14.3\ \text{MeV}$

(나) $^{235}_{92}\text{U} + ^1_0\text{n} \longrightarrow ^{140}_{54}\text{Xe} + ^{94}_{38}\text{Sr} + 2^1_0\text{n} + 200\ \text{MeV}$

즉, X는 ^3_2He이고, Y는 $^{140}_{54}\text{Xe}$이다.

㉠. (가)는 질량수가 작은 원자핵이 융합하여 질량수가 큰 원자핵이 되므로 핵융합 반응이다.

✗. X의 질량수는 3이고, Y의 질량수는 140이므로 질량수는 Y가 X의 $\frac{140}{3}$배이다.

ㄷ. 핵반응에서 방출되는 에너지는 질량 결손에 의한 것이다. 핵반응에서 방출된 에너지는 (나)에서가 (가)에서보다 크므로 질량 결손은 (나)에서가 (가)에서보다 크다.

01 시간 지연과 길이 수축

A의 관성계에서 측정한 A에서 P까지의 거리가 고유 거리이다. 운동하는 관성계의 시간은 느리게 가며, 속력이 클수록 시간은 더 느리게 간다.

ㄱ. A의 관성계에서 C의 속력은 $0.8c$이고, C가 Q에 도달하는 데 걸린 시간이 15년이므로 A에서 Q까지의 거리는 $L_0=0.8c\times15$년 $=12$광년이다. A의 관성계에서 B의 속력을 v라고 하면, 12광년 $=v\times20$년이므로 $v=0.6c$이다. A의 관성계에서 B의 속력이 $0.6c$이므로 B의 관성계에서 A의 속력은 $0.6c$이다.

✗. A의 관성계에서 C의 속력은 $0.8c$이므로 C의 관성계에서 A의 속력은 $0.8c$이다. A의 관성계에서 B와 C는 서로 반대 방향으로 운동하므로 C의 관성계에서 B의 속력은 $0.8c$보다 크다. 따라서 C의 관성계에서 A의 속력은 B의 속력보다 작으므로 A의 시간은 B의 시간보다 빠르게 간다.

ㄷ. 운동하는 물체의 속력이 클수록 길이 수축이 크게 일어난다. B의 관성계에서 P와 Q의 속력은 $0.6c$이고, C의 관성계에서 P와 Q의 속력은 $0.8c$이다. 따라서 P와 Q 사이의 거리는 B의 관성계에서가 C의 관성계에서보다 크다.

02 특수 상대성 이론

B의 관성계에서 광원에서 방출된 빛이 P와 R에 동시에 도달하여 반사하므로 광원과 P 사이의 거리와 광원과 R 사이의 거리가 같다. 또한 P와 Q 사이의 거리와 Q와 R 사이의 거리도 같다. 따라서 B의 관성계에서 P와 R에서 반사된 빛은 Q에 동시에 도달한다.

ㄱ. 운동하는 방향과 나란한 방향의 물체의 길이가 수축된다. A의 관성계에서 광원과 P 사이의 거리는 수축되지만, P와 Q 사이의 거리는 수축되지 않는다. 따라서 A의 관성계에서, 광원과 P 사이의 거리는 P와 Q 사이의 거리보다 작다.

✗. B의 관성계에서 P와 R에서 반사된 빛이 Q에 동시에 도달하므로 A의 관성계에서도 P에서 반사된 빛과 R에서 반사된 빛은 Q에 동시에 도달한다.

ㄷ. 광원에서 P를 향해 방출된 빛이 다시 광원으로 되돌아오는 데 걸린 시간은 B의 관성계에서 측정한 시간이 고유 시간이다. A의 관성계에 대해 우주선은 일정한 속력으로 운동하고 있으므로, A의 관성계에서 광원에서 P를 향해 방출된 빛이 다시 광원으로 되돌아오는 데 걸린 시간은 고유 시간보다 길다.

03 고유 거리와 고유 시간

A의 관성계에서 측정한 P와 Q 사이의 거리는 P와 Q 사이의 고유 거리이고, B가 측정한 우주선의 길이는 우주선의 고유 길이이다.

ㄱ. A의 관성계에서 B의 속력이 v이므로 B의 관성계에서 A의 속력은 v이다. 따라서 B의 관성계에서 P의 속력은 v이다.

ㄴ. B의 관성계에서 P와 Q 사이의 거리가 P와 Q 사이의 고유 거리의 n배로 수축되었다면, A의 관성계에서 우주선의 길이도 우주선의 고유 길이의 n배로 수축된다. 따라서 P와 Q 사이의 고유 거리가 우주선의 고유 길이의 2배이므로 B의 관성계에서 P와 Q 사이의 거리는 A의 관성계에서 우주선의 길이의 2배이다.

ㄷ. A의 관성계에서 우주선의 길이를 L이라고 하면, B의 관성계에서 P와 Q 사이의 거리는 $2L$이다. A의 관성계에서 우주선이 P와 Q 사이를 완전히 통과하는 동안 우주선이 이동하는 거리는 $2L_0+L=vt_0\cdots$ ①이다. B의 관성계에서 우주선이 P와 Q 사이를 완전히 통과하는 데 걸린 시간은 $2L+L_0=\frac{2}{3}vt_0\cdots$ ②이다. ①, ②를 정리하면 $L_0=\frac{4}{9}vt_0$이다.

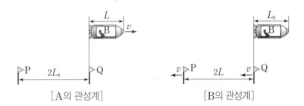

[A의 관성계] 　　　　　　　　[B의 관성계]

04 특수 상대성 이론

A, B의 관성계에서 측정한 광원과 Q 사이의 거리는 L로 같다. A의 관성계에서, 빛이 광원과 거울 사이를 1회 왕복하는 데 걸린 시간이 모두 t_0으로 같으므로 광원과 P 사이의 거리, 광원과 Q 사이의 거리, 광원과 R 사이의 거리는 모두 L로 같다.

ㄱ. B의 관성계에서 A의 시간은 B의 시간보다 느리게 간다. 빛이 광원과 거울 사이를 1회 왕복하는 데 걸리는 시간은 B의 관성계에서가 A의 관성계에서보다 크다. 따라서 $t_2>t_0$이다.

ㄴ. A의 관성계에서 광원에서 방출된 빛이 P, Q, R에서 반사되어 다시 광원에 동시에 도달하므로 B의 관성계에서도 광원에서 방출되어 각 거울에서 반사된 빛은 광원에 동시에 도달한다. 따라서 $t_1=t_2=t_3$이다.

✗. 광원에서 방출된 빛의 속력은 관찰자의 속력과 관계없이 같다. A의 관성계에서 광원과 P 사이를 빛이 왕복하는 데 걸리는 시간은 t_0이고, 광원과 P 사이의 거리는 L이므로 빛의 속력은

$\dfrac{2L}{t_0}$이다. 따라서 B의 관성계에서도 광원에서 P로 진행하는 빛의 속력은 $\dfrac{2L}{t_0}$이다.

05 특수 상대성 이론

p와 q 사이의 고유 거리는 L_0이고, 우주선의 고유 길이는 $2L_0$이다.

㉠. A의 관성계에서 p와 q 사이의 거리는 L_0이고, A의 관성계에서 p와 q는 동시에 깜박이므로 A의 관성계에서 r와 s 사이의 거리는 L_0이다.

㉡. B의 관성계에서는 Q가 r를 먼저 지난 후 P가 s를 통과하게 되므로 q가 p보다 먼저 깜박인다.

㉢. A의 관성계에서 고유 길이가 $2L_0$인 우주선의 길이가 L_0으로 측정되므로 물체의 길이는 $\dfrac{1}{2}$배로 수축된다. 마찬가지로 B의 관성계에서도 물체의 길이는 $\dfrac{1}{2}$배로 수축된다. 따라서 B의 관성계에서 고유 길이가 L_0인 p와 q 사이의 거리는 $\dfrac{1}{2}L_0$이다.

06 시간 팽창과 상대론적 질량

A의 관성계에서 B가 탄 우주선과 입자가 같은 방향으로 같은 속력으로 운동하므로 B의 관성계에서 입자는 정지해 있다.

㉠. A의 관성계에서 입자는 운동하고, B의 관성계에서 입자는 정지해 있으므로 입자의 수명은 A의 관성계에서가 B의 관성계에서보다 길다.

㉡. A의 관성계에서 입자는 운동하고 있으므로 A의 관성계에서 입자의 질량 m_1은 입자의 정지 질량 m_2보다 크다.

㉢. 입자의 정지 질량은 m_2이다. 따라서 입자의 정지 에너지는 m_2c^2이다.

07 핵반응

핵반응 과정에서 전하량과 질량수가 보존되며, 핵반응 과정에서 질량 결손이 클수록 방출하는 에너지가 크다. A는 수소 원자핵(^1_1H)이다.

㉠. (가)의 핵반응식 $\text{A} + \text{B} \longrightarrow \text{C} + 5.49\,\text{MeV}$에서 A와 B의 양성자수의 합은 C의 양성자수와 같다. A와 B의 양성자수의 합은 2이므로 C의 양성자수 ㉠은 2이다. 따라서 C의 질량수는 3이다. 즉, C는 헬륨 원자핵(^3_2He)이다.

㉡. C의 질량수가 3이므로 A와 B의 질량수의 합은 3이다. A의 질량수는 1이므로 B의 질량수는 2이다. 따라서 B의 중성자수 ㉡은 1이다. 즉, B는 중수소 원자핵(^2_1H)이고, (가)는 $^1_1\text{H} + ^2_1\text{H}$ $\longrightarrow$ $^3_2\text{He} + 5.49\,\text{MeV}$이다. (나)에서 A와 D의 양성자수의 합은 2이므로 D의 양성자수 ㉢은 1이다. A와 D의 질량수의 합이 4이므로 D의 질량수는 3이다. 따라서 D의 중성자수 ㉣은 2이다. 그러므로 ㉢+㉣은 3이다. (나)의 핵반응식은 다음과 같다.

$^2_1\text{H} + ^2_1\text{H} \longrightarrow ^1_1\text{H} + ^3_1\text{H} + 4.1\,\text{MeV}$

㉢. (가)에서 질량 결손은 $m_A + m_B - m_C$이고, (나)에서 질량 결손은 $2m_B - (m_A + m_D)$이다. 질량 결손에 의해 방출되는 에너지는 (가)에서가 (나)에서보다 크므로 질량 결손은 (가)에서가 (나)에서보다 크다. 따라서 $m_A + m_B - m_C > 2m_B - (m_A + m_D)$에서 $2m_A + m_D > m_B + m_C$이다.

08 질량 결손에 의한 에너지

핵반응 과정에서 전하량과 질량수가 보존된다. X의 양성자수를 a, 질량수를 b라 하면, (나)에서 X의 양성자수는 $a=1$이고, 질량수는 $b=2$이다. 즉, X는 중수소 원자핵(^2_1H)이다.

㉠. X는 중수소 원자핵(^2_1H)으로 중성자수는 1이다.

㉧. (다)에서 Y의 양성자수는 2, 질량수는 4이므로 Y는 헬륨 원자핵(^4_2He)이다. (라)에서 Z의 양성자수는 1, 질량수는 1이므로 Z는 수소 원자핵(^1_1H)이다. X와 Z의 질량수의 합이 Y의 질량수보다 작으므로 X와 Z가 핵융합하여 Y가 생성될 수는 없다.

㉢. (가)~(라)의 핵반응식은 다음과 같다.

(가) $^2_1\text{H} + ^3_2\text{He} \longrightarrow ^4_2\text{He} + ^1_1\text{H} + \text{에너지}$

(나) $^2_1\text{H} + ^2_1\text{H} \longrightarrow ^3_2\text{He} + ^1_0\text{n} + 3.7\,\text{MeV}$

(다) $^2_1\text{H} + ^3_1\text{H} \longrightarrow ^4_2\text{He} + ^1_0\text{n} + \text{에너지}$

(라) $^2_1\text{H} + ^2_1\text{H} \longrightarrow ^3_1\text{H} + ^1_1\text{H} + 4.03\,\text{MeV}$

중성자(^1_0n), 수소 원자핵(^1_1H), 삼중수소 원자핵(^3_1H), 헬륨 원자핵(^3_2He)의 질량을 각각 m_1, m_2, m_3, m_4라고 하면, 핵반응에서 방출되는 에너지는 (라)에서가 (나)에서보다 크므로 $m_1 + m_4 > m_2 + m_3$이다. (가)에서 질량 결손을 $\Delta m_{(가)}$, (다)에서 질량 결손을 $\Delta m_{(다)}$라고 하면, $\Delta m_{(가)} - \Delta m_{(다)} = (m_1 + m_4) - (m_2 + m_3)$이다. 따라서 $m_1 + m_4 > m_2 + m_3$이므로 $\Delta m_{(가)} > \Delta m_{(다)}$이다. 질량 결손은 (가)에서가 (다)에서보다 크므로 질량 결손에 의한 에너지는 (가)에서가 (다)에서보다 크다.

09 핵반응과 질량 결손

(나)에서 ㉠의 양성자수는 0이고, 질량수는 1이므로 ㉠은 중성자(^1_0n)이다. (가)에서 ㉡의 양성자수는 3이고, 질량수는 7이므로 ㉡은 리튬 원자핵(^7_3Li)이다.

(가) $^{10}_5\text{B} + ^1_0\text{n} \longrightarrow ^4_2\text{He} + ^7_3\text{Li} + 2.79\,\text{MeV}$

(나) $^{235}_{92}\text{U} + ^1_0\text{n} \longrightarrow ^{95}_{36}\text{Kr} + ^{139}_{56}\text{Ba} + 2^1_0\text{n} + 200\,\text{MeV}$

㉠. (나)는 질량수가 큰 원자핵이 질량수 작은 원자핵으로 쪼개지므로 핵분열 반응이다.

㉡. 리튬 원자핵(^7_3Li)의 질량수는 7이고, 양성자수는 3이므로 중성자수는 4이다.

㉢. 핵반응에서는 질량 결손에 의한 에너지가 방출된다. 핵반응에서 방출된 에너지는 (가)에서가 (나)에서보다 작으므로 질량 결손은 (가)에서가 (나)에서보다 작다.

10 핵반응과 질량 결손

핵반응 과정에서 질량 결손에 의해 에너지가 방출되며, 질량 결손은 핵반응 전 입자들의 질량의 합에서 핵반응 후 입자들의 질량의 합을 뺀 값이다.

㉠. (가)에서 X의 양성자수는 2이고 질량수는 4이므로 X는 헬륨 원자핵($^4_2$He)이다. (나)에서 전하량이 보존되므로 $90 = a + 2$이다. 따라서 $a = 88$이다.

✗. (가)의 핵반응에서 에너지가 방출되므로 핵반응 전 중수소 ($^2_1$H) 원자핵 두 개의 질량의 합(4.0282 u)은 헬륨 원자핵($^4_2$He) 의 질량보다 크다. 따라서 X의 질량은 4.0282 u보다 작다.

㉢. X인 헬륨 원자핵의 질량을 m이라고 하면, (가)에서 질량 결손은 $4.0282\,\text{u} - m$이다. (나)에서 질량 결손은 $4.0067\,\text{u} - m$이다. 질량 결손은 (가)에서가 (나)에서보다 크므로 핵반응에서 발생하는 에너지는 (가)에서가 (나)에서보다 크다.

11 핵반응과 질량 결손

핵반응에서는 질량 결손에 의해 에너지가 방출된다.

㉠. B의 양성자수를 a, 질량수를 b라고 하면, $\dfrac{b}{a} - 1 = 1$이므로 $b = 2a$이다. (가)에서 B의 질량수는 2를 초과할 수 없으므로 $a = 1$이고, $b = 2$이다. 따라서 B의 질량수는 2이다.

✗. (다)에서 방출되는 에너지는 질량 결손에 의한 것이다. 따라서 $m_C > m_A$이다.

✗. (가)에서 B의 양성자수는 1이므로 ㉠은 양(+)전하를 띤다. (나)에서 C의 양성자수는 1이고, 질량수는 3이다. 즉, C는 삼중 수소 원자핵($^3_1$H)이다. (다)에서 A의 양성자수를 x, 질량수를 y 라고 하면, $\dfrac{y}{x} - 1 = \dfrac{1}{2}$이므로 $y = \dfrac{3}{2}x$이다. y는 3을 초과할 수 없으므로 $y = 3$이고 $x = 2$이다. (다)에서 A는 헬륨 원자핵($^3_2$He) 으로 양성자수가 2이므로 ㉡은 음(−)전하를 띤다. 따라서 ㉠과 ㉡은 서로 다른 종류의 전하이다.

12 질량 에너지 동등성

입자 ㉠을 방출하는 핵반응에서 $^{18}_9$F와 $^{18}_8$O의 질량수가 같으므로 ㉠은 질량수가 0이다. 핵반응 전후 전하량이 보존되므로 ㉠은 양 성자와 같은 전하를 띠고 있어야 한다. 따라서 ㉠은 양(+)전하를 띠면서 질량수가 0인 양전자($^0_{+1}$e)이다.

㉠. ㉠은 양(+)전하를 띠는 양전자이다.

✗. $^{18}_9$F의 중성자수는 9이고, $^{18}_8$O의 중성자수는 10이다.

㉢. 양전자와 전자가 만나 소멸하며 감마선이 생성되므로 양전자 와 전자의 질량이 감마선의 에너지로 전환된 것이다.

---

06 물질의 전기적 특성

01 ⑤	02 ⑤	03 ⑤	04 ①	05 ④	06 ④
07 ①	08 ②	09 ③	10 ③	11 ③	12 ②
13 ③	14 ②	15 ④	16 ③	17 ②	18 ②
19 ⑤	20 ⑤				

01 러더퍼드의 알파(α) 입자 산란 실험과 원자 모형

러더퍼드는 원자의 중심에는 원자 전체 질량의 대부분을 차지하고 양(+)전하를 띤 부피가 매우 작은 원자핵이 존재한다는 것을 알아내었다.

㉠. 대부분의 알파 입자들이 직진하는 것으로 보아 원자 내부는 거의 비어 있고 중심에만 부피가 매우 작은 원자핵이 존재한다는 것을 알 수 있다.

㉡. 원자핵의 질량은 전자의 질량보다 매우 크고 원자핵의 부피는 원자의 부피보다 매우 작으므로 원자 전체 질량의 대부분을 차지 하는 것은 원자핵이다.

㉢. 원자는 원자핵과 전자로 구성되어 있다.

02 보어 원자 모형과 전기력

원자는 원자핵과 전자로 구성되어 있으며 원자핵은 양(+)전하를 띠고 전자는 음(−)전하를 띤다.

Ⓐ. 양(+)전하를 띠는 원자핵을 중심으로 음(−)전하를 띠는 전 자가 원운동을 한다.

Ⓑ. 원자핵과 전자는 서로 다른 종류의 전하를 띠므로 원자핵과 전자 사이에는 서로 당기는 전기력이 작용한다.

Ⓒ. 원자핵을 중심으로 전자가 특정한 궤도에서 원운동을 할 때, 전자는 빛을 방출하지 않고 안정한 상태로 존재한다.

03 전하와 전기력

같은 종류의 전하 사이에는 서로 미는 전기력이 작용한다.

㉠. A에 작용하는 전기력의 방향이 $-x$방향이므로 A와 B 사이 에는 서로 미는 전기력이 작용한다. 따라서 A와 B는 같은 종류 의 전하이므로 A는 음(−)전하이다.

㉡. A와 B 사이에는 서로 미는 전기력이 작용하므로 B에 작용하 는 전기력의 방향은 $+x$방향이다.

㉢. A와 B 사이에 작용하는 전기력은 상호 작용 하는 두 힘으로, 작용 반작용에 의해 A에 작용하는 전기력의 크기와 B에 작용하 는 전기력의 크기는 F로 같다.

04 전하와 전기력

같은 종류의 전하 사이에는 서로 미는 전기력이 작용하고, 다른 종류의 전하 사이에는 서로 당기는 전기력이 작용한다.

ㄱ. A가 C에 작용하는 전기력과 C가 A에 작용하는 전기력은 작용 반작용 관계이므로 C에 작용하는 전기력의 크기는 A에 작용하는 전기력의 크기와 같은 F이다.

✗. A와 B 사이에는 서로 미는 전기력이 작용하므로 A와 B는 같은 종류의 전하이고, A와 C 사이에는 서로 당기는 전기력이 작용하므로 A와 C는 다른 종류의 전하이다. 따라서 B와 C는 다른 종류의 전하이다.

✗. B가 A에 작용하는 전기력의 크기와 C가 A에 작용하는 전기력의 크기는 같고 방향은 반대이다. A와 C 사이의 거리가 A와 B 사이의 거리보다 크므로 전하량의 크기는 C가 B보다 크다.

05 전하와 전기력

두 점전하 사이에 작용하는 전기력의 크기는 전하량의 크기의 곱에 비례하고, 두 점전하가 떨어진 거리의 제곱에 반비례한다.

✗. C에 작용하는 전기력이 0이므로 A와 B는 다른 종류의 전하이고, A에 작용하는 전기력의 방향이 $-x$방향이므로 A와 C는 같은 종류의 전하이다. 따라서 B와 C는 다른 종류의 전하이므로 서로 당기는 전기력이 작용한다.

ㄴ. A가 C에 작용하는 전기력의 크기와 B가 C에 작용하는 전기력의 크기는 같고, 방향은 반대이다. C가 A에 작용하는 전기력의 크기는 B가 A에 작용하는 전기력의 크기보다 크므로 C가 B에 작용하는 전기력의 크기는 A가 B에 작용하는 전기력의 크기보다 크다. 따라서 B에 작용하는 전기력의 방향은 $+x$방향이다.

ㄷ. C가 B에 작용하는 전기력의 크기는 A가 B에 작용하는 전기력의 크기보다 크고, A와 B 사이의 거리와 B와 C 사이의 거리가 같으므로 전하량의 크기는 C가 A보다 크다.

06 전하와 전기력

(가)에서 A와 C가 B로부터 받는 전기력의 크기는 같으므로 A가 B에 작용하는 전기력의 크기와 C가 B에 작용하는 전기력의 크기는 같다. B에 작용하는 전기력의 방향이 $+x$방향이므로 A는 양 $(+)$전하이고, C는 음$(-)$전하이다.

④ (가)에서 B에 작용하는 전기력의 크기가 F이고, A와 C가 B로부터 받는 전기력의 크기는 같으므로 A가 B에 작용하는 전기력의 크기와 C가 B에 작용하는 전기력의 크기는 $\frac{1}{2}F$로 같다.

(나)에서 A가 B에 작용하는 전기력의 크기는 $\frac{1}{2}F$이고, C가 B에 작용하는 전기력의 크기는 $\frac{1}{8}F$이다. A와 C가 B에 작용하는 전기력의 방향은 같으므로 B에 작용하는 전기력의 크기는 $\frac{5}{8}F$이다.

07 스펙트럼

백열등과 같은 높은 온도의 물체에서 나오는 빛에 의한 색의 띠가 모든 파장에서 연속적으로 나타나는 스펙트럼은 연속 스펙트럼이다. 기체 방전관에서 나오는 빛의 스펙트럼은 특정한 위치에 파장이 다른 밝은 선이 나타나는데, 이러한 스펙트럼을 선 스펙트럼이라고 한다.

ㄱ. A는 모든 파장의 빛이 연속적으로 나타나는 연속 스펙트럼이다.

✗. B는 띄엄띄엄한 밝은 선이 나타나는 선 스펙트럼으로 수소 기체 방전관에서 수소 원자 내 전자가 높은 에너지 준위에서 낮은 에너지 준위로 전이할 때 방출되는 빛의 스펙트럼이다.

✗. 수소 기체 방전관에서 방출되는 빛의 스펙트럼은 선 스펙트럼으로, 선 스펙트럼은 수소 원자 내 전자가 특정한 에너지를 갖는다는 증거가 된다. 따라서 수소 원자의 에너지 준위는 불연속적이다.

08 스펙트럼

기체 원자의 에너지 준위는 띄엄띄엄 분포한다. 원자 내 전자가 $n=2$인 궤도로 전이할 때 가시광선을 포함하는 영역의 빛이 방출되고, 이 빛은 발머 계열에 해당한다. 전자가 전이하는 두 에너지 준위의 차가 클수록 방출되는 광자 1개의 에너지가 크다.

✗. ㉠은 가시광선 영역의 스펙트럼선이므로 발머 계열에 해당하고, 수소의 전자가 $n=2$인 궤도로 전이할 때 ㉠에 해당하는 빛이 방출된다. 바닥상태는 $n=1$일 때 에너지 준위이다.

✗. X는 ㉠에 해당하는 빛을 방출하지 않으므로 ㉠에 해당하는 빛을 흡수하지 않는다.

ㄷ. 광자 1개의 에너지는 빛의 파장이 짧을수록 크다. 스펙트럼선에 해당하는 빛의 파장은 ㉡이 ㉢보다 짧으므로 광자 1개의 에너지는 ㉡에 해당하는 빛이 ㉢에 해당하는 빛보다 크다.

09 보어의 수소 원자 모형

보어의 수소 원자 모형에서 전자는 원자핵을 중심으로 돌고 있으며, 전자는 특정한 궤도에서만 원운동을 한다.

ㄱ. 원자핵은 양$(+)$전하를 띠고, 전자는 음$(-)$전하를 띠므로 원자핵과 전자 사이에는 서로 당기는 전기력이 작용한다.

✗. 양자수가 클수록 에너지 준위가 높으므로 전자의 에너지는 전자가 $n=2$인 궤도에 있을 때가 $n=1$인 궤도에 있을 때보다 크다.

ㄷ. 원자 내의 전자는 양자수와 관련된 특정한(불연속적인) 에너지 값만 가지므로 전자는 $n=1$일 때와 $n=2$일 때의 에너지 준위 사이의 에너지를 가질 수 없다.

10 보어의 수소 원자 모형

전자가 들뜬상태에서 보다 안정한 상태로 전이할 때 선 스펙트럼이 나타난다. 이때 선 스펙트럼은 라이먼 계열, 발머 계열 등으로 구분한다. 라이먼 계열은 전자가 $n \geq 2$인 궤도에서 $n=1$인 궤도로 전이할 때 방출되는 자외선 영역의 빛이고, 발머 계열은 전자가 $n \geq 3$인 궤도에서 $n=2$인 궤도로 전이할 때 방출되는 가시광선을 포함한 영역의 빛이다.

㉠. 라이먼 계열은 자외선 영역에 해당한다.

✗. $n=2$인 궤도로 전이하면서 방출하는 발머 계열 빛의 광자 1개의 에너지는 $n=1$인 궤도로 전이하면서 방출하는 라이먼 계열 빛의 광자 1개의 에너지보다 항상 작다.

㉢. 라이먼 계열에서, 파장이 가장 긴 빛은 $n=2$에서 $n=1$인 궤도로 전자가 전이할 때 방출하는 빛이고, 파장이 가장 짧은 빛은 $n=\infty$에서 $n=1$인 궤도로 전자가 전이할 때 방출하는 빛이다.

11 보어의 수소 원자 모형

보어의 수소 원자 모형에서 양자수가 클수록 전자의 궤도 반지름이 크고 에너지 준위가 높다. 전자가 전이하는 두 에너지 준위의 차가 클수록 방출되는 광자 1개의 에너지가 크고, 파장이 λ인 광자 1개의 에너지는 $E=\dfrac{hc}{\lambda}$ (h: 플랑크 상수, c: 빛의 속력)이다.

㉠. 양자수가 클수록 전자의 궤도 반지름이 크고, 전자가 원자핵으로부터 받는 전기력의 크기는 원자핵과 전자 사이의 거리의 제곱에 반비례한다. 따라서 전자가 받는 전기력의 크기는 $n=2$인 궤도에서가 $n=3$인 궤도에서보다 크다.

㉡. 전자가 전이하는 두 에너지 준위의 차가 클수록 방출되는 광자 1개의 에너지가 크므로 방출되는 광자 1개의 에너지는 a에서가 b에서보다 크다.

✗. a에서 방출되는 빛의 에너지는 E_4-E_2, b에서 방출되는 빛의 에너지는 E_3-E_2, c에서 방출되는 빛의 에너지는 E_4-E_3이다. 따라서 $E_4-E_2=(E_3-E_2)+(E_4-E_3)$이므로 $\dfrac{1}{\lambda_a}=\dfrac{1}{\lambda_b}+\dfrac{1}{\lambda_c}$이다.

12 에너지띠

기체 상태에 있는 원자가 1개일 때의 에너지 준위는 불연속적으로 분포하고, 고체 상태에 있는 원자가 매우 많을 때의 에너지 준위는 미세하게 나누어져 에너지띠를 이룬다.

✗. 기체 상태에 있는 원자의 에너지는 불연속적이므로 원자 내의 전자는 전이할 때 특정한 파장의 빛들만 방출할 수 있다.

✗. 고체 상태에서는 원자 사이의 거리가 매우 가까워 인접한 원자들의 에너지 준위는 미세하게 차이가 난다. 따라서 에너지띠에 있는 전자의 에너지는 모두 같지 않다.

㉢. B의 가장 높은 에너지 준위의 전자는 띠 간격에 해당하는 에너지를 공급받으면 A의 가장 낮은 에너지 준위로 전이할 수 있으므로 B에서 A로 전이하는 전자가 흡수하는 최소 에너지는 E_0이다.

13 에너지띠 구조와 전기 전도성

원자가 띠와 전도띠 사이의 에너지 간격이 띠 간격이고, 전자가 원자가 띠에서 전도띠로 전이하기 위해서는 띠 간격 이상의 에너지를 흡수해야 한다.

㉠. ㉠은 원자가 띠에 있는 전자가 전도띠로 전이하여 생긴 양공이다.

㉡. 원자가 띠에 있는 전자가 에너지를 흡수하여 전도띠로 전이하므로 에너지 준위는 전도띠가 원자가 띠보다 높다.

✗. 띠 간격은 원자가 띠와 전도띠 사이의 에너지 간격이고, 띠 간격이 작을수록 전기 전도성이 좋다. 따라서 E_0이 작을수록 고체의 전기 전도성이 좋다.

14 에너지띠

고체 원자의 에너지 준위는 원자 사이의 거리가 매우 가까워 인접한 원자들의 에너지 준위가 미세하게 나누어져 띠를 이룬다. 고체 내의 전자들은 에너지띠가 있는 영역의 에너지만 가질 수 있다.

✗. 허용된 띠와 허용된 띠 사이에는 전자가 존재할 수 없다. 따라서 전자는 ㉠ 영역의 에너지 준위를 가질 수 없다.

㉡. 도체는 원자가 띠와 전도띠 일부가 겹쳐 있거나 원자가 띠의 일부가 비어 있으므로 (나)는 도체이다.

✗. 원자가 띠와 전도띠 사이의 간격이 띠 간격이고, 띠 간격이 작을수록 전기 전도성이 좋다. 띠 간격은 (다)가 (가)보다 작으므로 전기 전도성은 (다)가 (가)보다 좋다.

15 물질의 전기 전도성

S_1만을 닫으면 전구에 불이 켜지지 않고, S_1과 S_2를 모두 닫으면 전구에 불이 켜지므로 전기 전도성은 B가 A보다 좋다.

✗. S_1만을 닫으면 전구에 불이 켜지지 않으므로 A는 절연체이다.

㉡. S_1만을 닫으면 전구에 불이 켜지지 않고, S_1과 S_2를 모두 닫으면 전구에 불이 켜지므로 전류는 B가 A보다 잘 흐른다. 따라서 전기 전도성은 B가 A보다 좋다.

㉢. 도체는 원자가 띠와 전도띠 일부가 겹쳐 있거나 원자가 띠의 일부가 비어 있고, 원자가 띠와 전도띠 사이의 띠 간격이 작을수록 전기 전도성이 좋다. 전기 전도성이 좋은 B의 에너지띠 구조는 X이다.

16 반도체

불순물이 없이 완벽한 결정 구조를 갖는 반도체를 순수 반도체라고 하며, 순수 반도체는 양공이나 자유 전자의 수가 매우 적기 때문에 전기 전도성이 좋지 않다. 순수 반도체에 불순물을 첨가하여 전기 전도성을 향상시킨 반도체를 불순물 반도체라고 한다.

㉠. 순수한 규소(Si)에 규소보다 원자가 전자의 수가 작은 붕소

(B)를 첨가하여 전자가 비어 있는 자리인 양공이 생기는 반도체는 p형 반도체이다. 따라서 Y는 p형 반도체이다.

ⓒ. p형 반도체인 Y는 전류가 흐를 때 양공이 주된 전하 운반자 역할을 한다.

✗. 순수 반도체는 원자가 전자가 모두 공유 결합을 하고 있어 전류가 잘 흐르지 않으나, 순수 반도체에 불순물을 첨가한 p형 반도체는 양공이 있어 전류가 잘 흐른다. 따라서 전기 전도성은 Y가 X보다 좋다.

17 n형 반도체

n형 반도체는 원자가 전자가 4개인 규소(Si) 또는 저마늄(Ge)에 원자가 전자가 5개인 인(P), 비소(As) 등을 첨가한 반도체로 전도띠 바로 아래에 도핑된 원자에 의한 새로운 에너지 준위가 만들어져 전자가 작은 에너지로도 전도띠로 쉽게 전이하여 전류가 흐를 수 있는 반도체이다.

✗. 전도띠 바로 아래에 도핑된 원자에 의한 새로운 에너지 준위가 만들어져 있으므로 A는 n형 반도체이다.

✗. n형 반도체는 원자가 전자가 4개인 순수 반도체에 원자가 전자가 5개인 인(P), 비소(As) 등을 첨가한 반도체로 원자가 전자의 수는 규소(Si)가 ⓐ보다 적다.

ⓒ. A에 전류가 흐를 때, 도핑된 원자에 의한 에너지 준위에서와 원자가 띠에서 전도띠로 전자가 전이하여 A의 전도띠에 있는 단위 부피당 전자의 수는 A의 원자가 띠에 있는 단위 부피당 양공의 수보다 많다. 따라서 A의 주된 전하 운반자는 전자이다.

18 반도체와 다이오드

p-n 접합 다이오드는 p형 반도체와 n형 반도체를 접합하여 만들고, 전류를 한쪽 방향으로만 흐르게 하는 정류 작용을 한다. 다이오드에는 순방향 전압이 걸리면 전류가 흐르고, 역방향 전압이 걸리면 전류가 흐르지 않는다.

✗. $\frac{1}{2}t$일 때 저항에는 화살표 방향으로 전류가 흐르므로 X는 p형 반도체이다.

✗. $\frac{3}{2}t$일 때 저항에 전류가 흐르지 않으므로 다이오드에는 역방향 전압이 걸리고 다이오드의 n형 반도체에 있는 전자는 p-n 접합면에서 멀어진다.

ⓒ. $\frac{5}{2}t$일 때 저항에 전류가 흐르므로 다이오드에는 순방향 전압이 걸린다.

19 반도체와 다이오드

p형 반도체에 전원의 (+)극을 연결하고, n형 반도체에 전원의 (−)극을 연결한 것을 순방향 전압이라고 하며, 이때 회로에 전류가 흘러 전구에 불이 켜진다.

ⓐ. S를 a에 연결하면 전구에 불이 켜지므로 다이오드에는 순방

향 전압이 걸린다.

ⓒ. S를 a에 연결하면 전구에 불이 켜지므로 다이오드의 X에 (+)극이 연결될 때 다이오드에 순방향 전압이 걸린다. 따라서 X는 p형 반도체이다.

ⓒ. S를 b에 연결하면 다이오드에는 역방향 전압이 걸린다. 따라서 다이오드의 n형 반도체에 있는 전자는 p-n 접합면에서 멀어지게 되고 회로에는 전류가 흐르지 않는다.

20 발광 다이오드(LED)

발광 다이오드(LED)의 p형 반도체가 전원의 (+)극에, n형 반도체가 전원의 (−)극에 연결되면 접합면에서 전도띠에 있는 전자가 원자가 띠에 있는 양공과 결합하면서 띠 간격에 해당하는 에너지를 가지는 빛을 방출한다. 이때 방출되는 빛은 띠 간격이 작을수록 파장이 길다.

ⓐ. LED에 순방향 전압이 걸려 빛을 방출하므로 (+)극에 연결된 A는 p형 반도체, (−)극에 연결된 B는 n형 반도체이다.

ⓒ. LED에 순방향 전압을 걸어주면 n형 반도체의 전도띠에 있는 전자가 p형 반도체의 원자가 띠의 양공으로 이동하여 빛을 방출하므로 B의 전도띠에 있는 전자의 에너지 준위는 A의 원자가 띠에 있는 양공의 에너지 준위보다 높다.

ⓒ. 전도띠와 원자가 띠 사이의 띠 간격이 클수록 파장이 짧은 빛을 방출하므로 ⓐ이 클수록 방출하는 빛의 파장이 짧다.

수능 3점 테스트   본문 109~117쪽

01 ①	02 ③	03 ②	04 ③	05 ⑤	06 ②
07 ⑤	08 ②	09 ④	10 ③	11 ⑤	12 ②
13 ①	14 ②	15 ①	16 ③	17 ①	18 ④

01 전하와 전기력

같은 종류의 전하 사이에는 서로 미는 전기력이 작용하고, 다른 종류의 전하 사이에는 서로 당기는 전기력이 작용한다.

ⓐ. P가 $x=d$에 있을 때 P에 작용하는 전기력은 0이므로 전하량의 크기는 B가 A의 4배이고, A와 B는 같은 종류의 전하이다. P가 $x=2d$에 있을 때 A에 작용하는 전기력은 0이므로 B는 음(−)전하이다. 따라서 A는 음(−)전하이다.

✗. P가 $x=2d$에 있을 때 A에 작용하는 전기력은 0이고, P와 B는 A로부터 각각 $2d$, $3d$만큼 떨어져 있으므로 전하량의 크기

는 P가 B의 $\frac{4}{9}$배이다. A가 B에 $+x$방향으로 작용하는 전기력의 크기를 F_0이라 하면, 전하량의 크기는 P가 A의 $\frac{16}{9}$배이므로 P가 $x=2d$에 있을 때 P가 B에 $-x$방향으로 작용하는 전기력의 크기는 $16F_0$이다. 따라서 P가 $x=2d$에 있을 때, B에 작용하는 전기력의 방향은 $-x$방향이다.

✗. B가 A에 $-x$방향으로 작용하는 전기력의 크기를 F_0이라 하면, P가 $x=d$에 있을 때 P가 A에 $+x$방향으로 작용하는 전기력의 크기는 $4F_0$이므로 A에 작용하는 전기력의 크기는 $3F_0(=|-F_0+4F_0|)$이다. 또 P가 $x=4d$에 있을 때 P가 A에 $+x$방향으로 작용하는 전기력의 크기는 $\frac{1}{4}F_0$이므로 A에 작용하는 전기력의 크기는 $\frac{3}{4}F_0\left(=\left|-F_0+\frac{1}{4}F_0\right|\right)$이다. 따라서 A에 작용하는 전기력의 크기는 P가 $x=d$에 있을 때가 $x=4d$에 있을 때보다 크다.

02 전하와 전기력

두 점전하 사이에 작용하는 전기력의 크기는 전하량의 크기의 곱에 비례하고, 두 점전하가 떨어진 거리의 제곱에 반비례한다.

㉠. B와 C가 각각 A로부터 받는 전기력의 크기는 같으므로 작용 반작용 관계에 의해 B가 A에 작용하는 전기력의 크기는 C가 A에 작용하는 전기력의 크기와 같다. B와 C 사이에는 서로 당기는 전기력이 작용하므로 B와 C는 서로 다른 종류의 전하이다. 따라서 B가 A에 작용하는 전기력의 방향과 C가 A에 작용하는 전기력의 방향은 반대이고, 크기는 같으므로 A에 작용하는 전기력은 0이다.

✗. B가 A에 작용하는 전기력의 크기와 C가 A에 작용하는 전기력의 크기는 같고, B와 C는 A로부터 각각 $2d$, $3d$만큼 떨어져 있으므로 전하량의 크기는 C가 B의 $\frac{9}{4}$배이다. 따라서 전하량의 크기는 C가 B보다 크다.

㉢. B, C가 A로부터 떨어진 거리가 각각 $2d$, $3d$이고 B와 C가 각각 A로부터 받는 전기력의 크기가 F이므로 전하량의 크기는 B가 C의 $\frac{4}{9}$배이다. A, B가 C로부터 떨어진 거리가 각각 $3d$, d이고, 전하량의 크기는 A가 B의 9배이므로 C가 B로부터 받는 전기력의 크기는 C가 A로부터 받는 전기력의 크기와 같다. 따라서 B와 C 사이에 작용하는 전기력의 크기는 F이다.

03 전하와 전기력

두 점전하 A, B 사이에 상호 작용 하는 두 힘은 A가 B에 작용하는 전기력(F_{AB})과 B가 A에 작용하는 전기력(F_{BA})이다. 작용 반작용에 의해 A가 B에 작용하는 전기력(F_{AB})의 크기는 B가 A에 작용하는 전기력(F_{BA})의 크기와 같고 방향은 서로 반대이다. A, B를 하나의 물체라고 생각하면 A, B 한 물체에 작용하는 전

기력은 0이다.

✗. (가), (나)에서 B에 작용하는 전기력의 방향은 서로 반대이므로 $d<x<2d$인 구간에서 B에 작용하는 전기력이 0인 위치가 있고, A와 C의 전하의 종류는 같다. (가)에서 A에 작용하는 전기력의 방향이 $+x$방향이므로 A와 C는 모두 음($-$)전하이다.

㉡. (가)에서 (나)로 상황이 바뀔 때 C가 B에 작용하는 전기력의 크기가 A가 B에 작용하는 전기력의 크기보다 커져 B에 작용하는 전기력의 방향이 바뀐다. 따라서 (가)에서 B에 작용하는 전기력의 방향은 $-x$방향이다.

✗. (나)에서 B와 C에 작용하는 전기력의 방향은 $+x$방향으로 같으므로 A에 작용하는 전기력의 방향은 $-x$방향이고, A에 작용하는 전기력의 크기는 B와 C에 작용하는 전기력의 크기의 합과 같다. 따라서 (나)에서 A에 작용하는 전기력의 크기는 B에 작용하는 전기력의 크기보다 크다.

04 전하와 전기력

같은 종류의 전하 사이에는 서로 미는 전기력이 작용하고, 다른 종류의 전하 사이에는 서로 당기는 전기력이 작용한다.

㉠. (가)에서 B에 작용하는 전기력은 0이고, A와 B 사이의 거리와 B와 C 사이의 거리가 같으므로 A, C는 전하의 종류와 전하량의 크기가 같다. (나)에서 D에 작용하는 전기력이 0이므로 A는 음($-$)전하이고 전하량의 크기는 A가 B의 4배이다. 따라서 C는 음($-$)전하이다.

㉡. (가)에서 C는 음($-$)전하이고, 전하량의 크기는 C가 B의 4배이므로 A에 작용하는 전기력은 0이다.

✗. (가), (나)에서 A가 B에 $-x$방향으로 작용하는 전기력의 크기를 F_0이라고 하면, (가)에서 B에 작용하는 전기력은 0이므로 C가 B에 $+x$방향으로 작용하는 전기력의 크기와 A가 B에 $-x$방향으로 작용하는 전기력의 크기는 F_0으로 같다. (나)에서 B에 작용하는 전기력의 방향은 $+x$방향이므로 D가 B에 $+x$방향으로 작용하는 전기력의 크기는 F_0보다 크다. C, D는 B로부터 떨어진 거리가 서로 같으므로 전하량의 크기는 D가 C보다 크다.

05 전하와 전기력

두 점전하 사이에 작용하는 전기력의 크기는 전하량의 크기의 곱에 비례하고, 두 점전하가 떨어진 거리의 제곱에 반비례한다.

㉠. (나)에서 D가 C에 작용하는 전기력의 방향은 $+x$방향이므로 C는 양($+$)전하이다. (가)에서 A가 C에 작용하는 전기력의 방향은 $+x$방향이고, C에 작용하는 전기력의 방향은 $-x$방향이므로 B는 음($-$)전하이다.

㉡. (나)에서 C에 작용하는 전기력은 0이므로 B가 C에 $-x$방향으로 작용하는 전기력의 크기는 A, D가 각각 C에 $+x$방향으로

작용하는 전기력의 합의 크기와 같다. A, B, D의 전하량의 크기를 각각 Q_A, Q_B, Q_D라고 하면 $Q_B = \frac{1}{4}Q_A + Q_D$이므로 전하량의 크기는 B가 D보다 크다.

ㄷ. 전하량의 크기는 A가 C보다 크고, (가)에서 B가 A, C로부터 떨어진 거리가 같으므로 B에 작용하는 전기력의 방향은 $-x$방향이다. 작용 반작용 관계에 의해 A에 작용하는 전기력의 방향은 $+x$방향이다. (나)에서 D가 A에 작용하는 전기력의 방향은 $+x$방향이므로 A에 작용하는 전기력의 크기는 (나)에서가 (가)에서보다 크다.

06 전하와 전기력

B가 C에 작용하는 전기력과 C가 B에 작용하는 전기력은 작용 반작용에 의해 크기는 같고, 방향은 반대이다.

ㄱ. (가)에서 A와 B 사이에 작용하는 전기력의 크기를 F_{AB}, B와 C 사이에 작용하는 전기력의 크기를 F_{BC}, A, B, C를 모두 양(+)전하라고 하면 $F_{AB} - F_{BC} = F$ … ①이고, (나)에서 A와 C 사이에 작용하는 전기력의 크기를 F_{AC}라고 하면 $F_{BC} - F_{AC} = -3F$ … ②이다. (가), (나)에서 A에 작용하는 전기력의 크기가 같으므로 $F_{AB} + \frac{1}{4}F_{AC} = F_{AC} + \frac{1}{4}F_{AB}$ … ③이다. ①, ②, ③에서 B는 음(−)전하이고, C는 양(+)전하이다. 따라서 B와 C는 서로 다른 종류의 전하이고, B와 C 사이에는 서로 당기는 전기력이 작용한다.

ㄴ. (가), (나)에서 $-F_{AB} + F_{BC} = F$, $-F_{BC} - F_{AC} = -3F$이므로 $F_{AB} + F_{AC} = 2F$이다. 따라서 (다)에서 A에 작용하는 전기력의 크기는 $2F$이다.

ㄷ. ①, ②, ③에서 전기력의 크기는 $F_{AB} = F_{AC} = F$, $F_{BC} = 2F$이고, 두 전하 사이에 떨어진 거리는 d로 모두 같으므로 전하량의 크기는 C가 A의 2배이다.

07 전하와 전기력

$x = 3d$에서 P에 작용하는 전기력이 0이므로 B와 C가 P에 작용하는 전기력의 방향은 $-x$방향이다.

ㄱ. C가 양(+)전하이면, P가 $x = 3d$에 있을 때 P에 작용하는 전기력은 0이고, C가 P에 작용하는 전기력의 방향은 $-x$방향이므로 A, B가 P에 작용하는 전기력의 합의 방향은 $+x$방향이고, A, B가 각각 P에 작용하는 전기력의 합의 크기는 C가 P에 작용하는 전기력의 크기와 같다. P가 $x = 4d$에 있을 때 C가 P에 $-x$방향으로 작용하는 전기력의 크기가 A, B가 P에 각각 작용하는 전기력의 합($+x$방향)의 크기보다 크므로 P에 작용하는 전기력의 방향은 $-x$방향이다. 따라서 C는 음(−)전하이다.

ㄴ. P가 $x = 3d$에 있을 때 각각 양(+)전하, 음(−)전하인 A, C가 각각 P에 작용하는 전기력의 방향은 $+x$방향이고, P에 작용하는 전기력이 0이므로 B가 P에 작용하는 전기력의 방향은 $-x$

방향이다. 따라서 B는 음(−)전하이다. P가 $x = -d$에 있을 때 A, B, C가 P에 작용하는 전기력의 방향은 각각 $-x$방향, $+x$방향, $+x$방향이다. P가 $x = d$에 있을 때 A, B, C가 P에 작용하는 전기력의 방향은 모두 $+x$방향이다. 따라서 B, C가 각각 P에 작용하는 전기력의 크기는 $x = d$에서가 $x = -d$에서보다 크므로 P에 작용하는 전기력의 크기는 $x = d$에 있을 때가 $x = -d$에 있을 때보다 크다.

[별해] P가 A, B, C로부터 각각 d만큼 떨어져 있을 때 A, B, C가 각각 P에 작용하는 전기력의 크기를 F_A, F_B, F_C라고 하자. $+x$방향을 양(+)이라고 하면 P가 $x = -d$에 있을 때 P에 작용하는 전기력의 크기는 $-F_A + \frac{1}{9}F_B + \frac{1}{36}F_C$이고, P가 $x = d$에 있을 때 P에 작용하는 전기력의 크기는 $F_A + F_B + \frac{1}{16}F_C$이다. 따라서 P에 작용하는 전기력의 크기는 $x = d$에 있을 때가 $x = -d$에 있을 때보다 크다.

ㄷ. P가 $x = 6d$에 있을 때, 전하량의 크기는 A가 B보다 작으므로 B가 P에 $-x$방향으로 작용하는 전기력의 크기$\left(\frac{1}{16}F_B\right)$는 A가 P에 $+x$방향으로 작용하는 전기력의 크기$\left(\frac{1}{36}F_A\right)$보다 크다. 따라서 A, B가 각각 P에 작용하는 전기력의 합의 방향은 $-x$방향이고, C가 P에 작용하는 전기력의 방향도 $-x$방향이므로 P에 작용하는 전기력의 방향은 $-x$방향이다.

08 전하와 전기력

$x = 2d$에 고정되어 있는 B는 양(+)전하이므로 P에 작용하는 전기력이 $+x$방향일 때가 P에 작용하는 전기력은 양(+)이고, A, C는 각각 음(−)전하, 양(+)전하이다.

ㄱ. P가 $-d < x < 0$인 구간에 있을 때 P에 작용하는 전기력의 방향이 $+x$방향이고, P가 $0 < x < 2d$인 구간에 있을 때 P에 작용하는 전기력의 방향이 $-x$방향이므로 A는 음(−)전하이다.

ㄴ. P가 $x = 4d$에 있을 때 A, B, C가 각각 P에 작용하는 전기력의 방향은 $-x$방향, $+x$방향, $-x$방향이므로 B와 C가 P에 작용하는 전기력의 방향은 $+x$방향이다. B와 C는 $x = 4d$로부터 떨어진 거리가 같으므로 전하량의 크기는 B가 C보다 크다.

ㄷ. P가 $-2d < x < -d$인 구간에 있을 때 P에 작용하는 전기력이 0이 되는 위치에서 A가 P에 $+x$방향으로 작용하는 전기력의 크기는 B와 C가 P에 $-x$방향으로 작용하는 전기력의 크기와 같고, A가 P로부터 떨어진 거리는 B, C가 각각 P로부터 떨어진 거리보다 작다. 따라서 P가 $x > 6d$인 구간에 있을 때, A가 P로부터 떨어진 거리는 B, C가 각각 P로부터 떨어진 거리보다 크므로 A가 P에 $-x$방향으로 작용하는 전기력의 크기는 B와 C가 P에 $+x$방향으로 작용하는 전기력의 크기보다 작다. 따라서 P가 $x > 6d$인 구간에 있을 때, P에 작용하는 전기력이 0이 되는 위치가 없다.

[별해] $x<0$인 구간에서 P에 작용하는 전기력이 0이 되는 위치에 P가 고정되어 있을 때 A, B, C가 각각 P에 작용하는 힘의 크기를 F_{AP}, F_{BP}, F_{CP}라고 하면 $F_{AP}=F_{BP}+F_{CP}$이다.

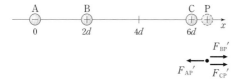

[$x<0$인 구간에서 P에 작용하는 전기력이 0이 되는 위치에 있을 때]

P가 $x>6d$인 구간에 있을 때 A, B, C가 각각 P에 작용하는 힘의 크기를 F_{AP}', F_{BP}', F_{CP}'라고 하면 $F_{AP}>F_{AP}'$, $F_{CP}<F_{CP}'$이므로 $F_{AP}'<F_{BP}'+F_{CP}'$이다. 따라서 P에 작용하는 전기력의 방향은 $+x$방향이다.

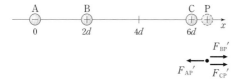

[P가 $x>6d$인 구간에 있을 때]

09 전하와 전기력

두 점전하 사이에 작용하는 전기력의 크기는 전하량 크기의 곱에 비례하고, 두 점전하가 떨어진 거리의 제곱에 반비례한다.

✗. (가)에서 A와 C 사이의 거리가 B와 C 사이의 거리의 2배이고, 전하량의 크기가 A가 B의 4배이므로 A가 C에 작용하는 전기력의 크기와 B가 C에 작용하는 전기력의 크기가 같다. C에 작용하는 전기력이 0이므로 A, B, D의 전하의 종류가 같고, D의 전하량의 크기는 B의 2배이다.

◯. (나)에서 C에 작용하는 전기력의 방향이 $-x$방향이므로 C의 전하의 종류는 A, B, D의 전하의 종류와 다르다. 따라서 B와 C 사이에는 서로 당기는 전기력이 작용한다.

◯. (가)에서 A와 B 사이에 작용하는 전기력의 크기를 F_1, A와 C 사이에 작용하는 전기력의 크기를 F_2라고 하면, B, C, D가 A에 작용하는 전기력의 크기는 $F_1-F_2+\frac{2}{9}F_1=F$ … ①이고, (나)에서 A, D, B가 C에 작용하는 전기력의 크기는 $F_2+2F_2-F_2=9F$ … ②이다. ①, ②에서 $F_1=\frac{9}{2}F$, $F_2=\frac{9}{2}F$이고, (나)에서 A에 작용하는 전기력의 크기는 $2F_1-F_2+\frac{1}{9}F_1=5F$이다.

10 보어의 수소 원자 모형

수소 원자의 에너지 준위는 불연속적이고, 전자는 양자수에 해당하는 특정한 에너지 준위를 가진다.

◯. 전자가 전이할 때 방출되는 광자 1개의 에너지는 전이하는 전자의 두 에너지 준위 차와 같고, 진동수가 f인 광자 1개의 에너지 $E=hf$ (h: 플랑크 상수)이다. 따라서 a에서 방출되는 빛의 진동수는 $\frac{E_4-E_2}{h}$이다.

✗. 방출되는 광자 1개의 에너지는 전이하는 전자의 두 에너지 준위 차와 같고, 광자 1개의 에너지는 파장에 반비례하므로 $\lambda_b<\lambda_c$이다.

◯. 빛의 속력을 c라고 하면, $\frac{hc}{\lambda_d}=\frac{hc}{\lambda_a}-\frac{hc}{\lambda_b}+\frac{hc}{\lambda_c}$이다. 따라서 전자가 $n=4$에서 $n=3$으로 전이할 때 $\frac{1}{\lambda_d}=\frac{1}{\lambda_a}-\frac{1}{\lambda_b}+\frac{1}{\lambda_c}$이다.

11 보어의 수소 원자 모형

보어의 수소 원자 모형에서 양자수가 클수록 전자의 궤도 반지름이 크고 전자의 에너지 준위가 높다. 전자가 전이하는 두 에너지 준위의 차가 클수록 방출되는 광자 1개의 에너지가 크고, 진동수가 f인 광자 1개의 에너지 $E=hf$ (h: 플랑크 상수)이다.

◯. 광자 1개의 에너지가 클수록 빛의 파장이 짧다. a에서 방출되는 광자 1개의 에너지가 b에서 방출되는 광자 1개의 에너지보다 작으므로 방출되는 빛의 파장은 a에서가 b에서보다 길다.

◯. b에서 방출되는 광자 1개의 에너지는 a에서 방출되는 광자 1개의 에너지와 d에서 방출되는 광자 1개의 에너지의 합과 같으므로 ㉠은 $128E_0$이다.

◯. c에서 방출되는 광자 1개의 에너지는 b에서 방출되는 광자 1개의 에너지와 전자가 $n=4$에서 $n=3$으로 전이할 때 방출되는 광자 1개의 에너지의 합과 같다. $n=4$에서 $n=3$으로 전이할 때 방출되는 광자 1개의 에너지는 $7E_0$이므로 $n=4$에서 $n=3$으로 전이할 때 방출되는 빛의 진동수는 $\frac{7E_0}{h}$이다.

12 보어의 수소 원자 모형

전자가 전이할 때 흡수하거나 방출하는 광자 1개의 에너지는 전이하는 전자의 두 에너지 준위 차와 같다.

✗. 전자가 $n=3$에서 $n=2$로 전이할 때 두 에너지 준위 차는 $|-3.40\,\text{eV}-(-1.51\,\text{eV})|=1.89\,\text{eV}$이므로 a에서 방출되는 광자 1개의 에너지는 $1.89\,\text{eV}$이다.

◯. 방출되는 광자 1개의 에너지는 전이하는 전자의 두 에너지 준위 차와 같고, 광자 1개의 에너지는 진동수에 비례하므로 방출되는 빛의 진동수는 c에서가 b에서보다 크다.

✗. 전자가 전이할 때 방출되는 광자 1개의 에너지가 클수록 방출되는 빛의 파장은 짧다. a, b, c 중에서 방출되는 광자 1개의 에너지는 c가 가장 크므로 c에서 방출되는 빛의 파장이 가장 짧다. 따라서 λ_0은 c에서 방출되는 빛의 파장이 아니다.

13 보어의 수소 원자 모형

보어의 수소 원자 모형에서 라이먼 계열은 양자수 $n \geq 2$에서 $n = 1$인 상태로 전이할 때 방출하는 빛이고, 발머 계열은 양자수 $n \geq 3$에서 $n = 2$인 상태로 전이할 때 방출하는 빛이며, 파셴 계열은 양자수 $n \geq 4$에서 $n = 3$인 상태로 전이할 때 방출하는 빛이다.

◯. 전자가 전이할 때 방출되는 빛의 파장이 라이먼 계열은 자외선 영역이고, 발머 계열은 가시광선을 포함한 영역이며, 파셴 계열은 적외선 영역에 해당하므로 B는 발머 계열이다.

✗. 전자가 전이할 때 방출되는 광자 1개의 에너지가 클수록 방출되는 빛의 파장이 짧으므로 광자 1개의 에너지는 ㉠이 ㉢보다 크다.

✗. ㉡은 발머 계열에서 파장이 가장 짧은 빛의 스펙트럼선으로 전자가 $n = \infty$에서 $n = 2$로 전이할 때 방출되는 빛의 스펙트럼선이다.

14 에너지띠 구조와 물질의 전기적 성질

원자가 띠의 전자가 전도띠로 전이하기 위해서는 띠 간격 이상의 에너지를 흡수해야 한다.

✗. 원자가 띠의 전자가 전도띠로 전이하기 위해서는 띠 간격 이상의 에너지를 흡수해야 한다. A의 띠 간격은 $E_2 - E_1$이므로 A에서 흡수되는 광자 1개의 에너지는 $E_2 - E_1$과 같거나 크다.

✗. B의 띠 간격은 $E_3 - E_1$이고, $hf_0 < E_3 - E_1$이므로 B에 진동수가 f_0인 빛을 비출 때, 원자가 띠의 전자는 전도띠로 전이할 수 없다.

◯. 원자가 띠와 전도띠 사이의 간격인 띠 간격이 클수록 전자가 원자가 띠에서 전도띠로 전이하기 어려우므로 전류가 잘 흐르지 않는다. 따라서 전기 전도성은 A가 B보다 좋다.

15 에너지띠 구조와 물질의 전기적 성질

원자가 띠와 전도띠 사이의 간격인 띠 간격이 클수록 전자가 원자가 띠에서 전도띠로 전이하기 어려우므로 전류가 잘 흐르지 않는다.

◯. C는 전기 전도도가 A, B, C 중 가장 크므로 도체이고, 도체는 원자가 띠의 일부가 비어 있거나 원자가 띠와 전도띠가 일부 겹쳐 있다. 따라서 C의 에너지띠 구조는 X이다.

✗. 띠 간격이 작을수록 전류가 잘 흐르므로 전기 전도성은 Y가 Z보다 나쁘다.

✗. 상온에서 원자가 띠의 전자가 전도띠로 전이하기 위해서는 띠 간격 이상의 에너지를 흡수해야 하고, 띠 간격이 작을수록 전류가 잘 흐르므로 전기 전도성이 좋다. (나)에서 띠 간격은 Z가 Y보다 작고 전기 전도도는 B가 A보다 크므로 B의 에너지띠 구조는 Z이고, A의 에너지띠 구조는 Y이므로 띠 간격은 A가 B보다 크다. 따라서 상온에서 단위 부피당 전도띠에 있는 전자의 수는 B가 A보다 많다.

16 물질의 전기 전도도

물질의 전기 전도도는 물질의 고유한 특성으로 막대의 길이와 단면의 지름에 따라 변하지 않는다. 저항값은 $R = \rho \dfrac{l}{S}$ (ρ: 비저항, l: 길이, S: 단면적)이고, 전기 전도도는 $\sigma = \dfrac{1}{\rho}$이다.

◯. A와 B는 길이와 단면적이 같고, 저항값은 A가 B의 2배이므로 전기 전도도는 A가 B의 $\dfrac{1}{2}$배이다. 따라서 ㉠은 10이다.

✗. B와 C는 전기 전도도가 같고, 저항값이 C가 B의 4배이다. 길이는 C가 B의 2배이므로 단면적은 C가 B의 $\dfrac{1}{2}$배이다. 따라서 ㉡은 0.1이다.

◯. 물질의 비저항은 전기 전도도가 작을수록 크다. 따라서 비저항은 A를 이루는 물질이 C를 이루는 물질보다 크다.

17 p-n 접합 다이오드를 이용한 회로

전원 장치의 전압의 방향은 0부터 t까지와 t부터 $2t$까지가 반대이고, (다)의 결과에서 0부터 t까지와 t부터 $2t$까지 모두 전류가 흐르므로 A에 순방향 전압이 걸릴 때 B에는 역방향 전압이 걸린다.

◯. (다)의 결과에서 전압의 방향이 바뀌어도 저항에 전류가 흐르므로 A에 역방향 전압이 걸릴 때 B에는 순방향 전압이 걸린다. 따라서 X는 p형 반도체이다.

✗. (라)의 결과에서 0부터 t까지 B에는 순방향 전압이 걸리므로 (다)의 결과에서 0부터 t까지 A에는 역방향 전압이 걸린다.

✗. S_1은 닫고, S_2는 열고 과정 (다)를 반복하면, 0부터 t까지 A에는 역방향 전압이 걸려 저항에 전류가 흐르지 않고, t부터 $2t$까지 A에는 순방향 전압이 걸려 저항에 전류가 흐르므로 (라)의 결과와 동일하지 않다.

18 다이오드의 정류 작용

S_1을 a에 연결하고 S_2를 닫으면 C에서 빛이 방출되므로 B, C에는 순방향 전압이 걸리고, D에는 역방향 전압이 걸린다.

✗. S_1를 a에 연결하고 S_2를 닫으면, C에는 순방향 전압이 걸리고 D에는 역방향 전압이 걸리므로 B에는 순방향 전압이 걸린다. 따라서 X는 n형 반도체이다.

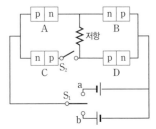

◯. S_1를 a에 연결하고, S_2를 닫으면 D에는 역방향 전압이 걸린다.

◯. S_1을 b에 연결하면 A, D에는 순방향 전압이 걸리므로 A의 n형 반도체에 있는 전자는 p-n 접합면으로 이동한다.

07 물질의 자기적 특성

01 자석 주위의 자기장

자석 주위의 자기장의 방향은 N극에서 나와 S극으로 들어가고, 나침반을 놓은 지점에서 자침의 N극이 가리키는 방향이 자기장의 방향이다. 자기장 내에서 자침의 N극이 가리키는 방향을 연속적으로 연결한 선을 자기력선이라 하고, 자기력선의 밀도가 클수록 자기장의 세기는 크다.

ㄱ. A, B에 의한 자기장을 자기력선으로 나타내면 그림과 같다.

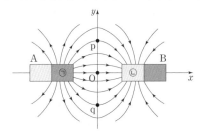

자기력선이 ㉠에서 나와서 ㉡으로 들어가므로 ㉠은 N극, ㉡은 S극이다.

ㄴ. 자기력선의 밀도가 O에서가 p에서보다 크므로 자기장의 세기는 O에서가 p에서보다 크다.

ㄷ. q에서 자기장의 방향은 $+x$방향이므로 나침반을 q에 놓았을 때 자침의 N극이 가리키는 방향은 $+x$방향이다.

02 직선 도선의 전류에 의한 자기장

직선 도선에 전류가 흐르면 도선 주위에 도선을 중심으로 하는 동심원의 자기장이 생긴다. 스위치를 닫은 (가)의 모습을 위에서 바라볼 때, 그림과 같이 도선 아래의 나침반 자침의 N극이 북동쪽으로 회전하였으므로 직선 도선의 전류에 의한 자기장의 방향은 동쪽이고, 도선에 흐르는 전류의 방향은 남쪽이다.

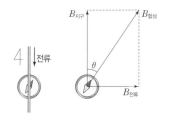

ㄱ. 나침반 자침의 N극이 북동쪽으로 회전하였으므로 나침반의 중심에서 도선의 전류에 의한 자기장의 방향은 동쪽이다.

ㄴ. 도선에 흐르는 전류의 방향이 남쪽이므로 ㉠극 쪽으로 전류가 들어간다. 따라서 ㉠은 (ー)극이다.

ㄷ. 가변 저항의 저항값을 증가시키면 도선에 흐르는 전류의 세기는 감소한다. 직선 전류에 의한 자기장의 세기는 도선에 흐르는 전류의 세기에 비례하므로 가변 저항의 저항값을 증가시키면 자침의 N극이 북쪽 방향과 이루는 각은 θ보다 작아진다.

03 직선 도선의 전류에 의한 자기장

직선 도선의 전류에 의한 자기장의 세기는 직선 도선에 흐르는 전류의 세기에 비례하고, 도선으로부터 떨어진 거리에 반비례한다. 또한 두 직선 도선에 흐르는 전류의 방향이 같을 때 두 도선의 전류에 의한 자기장이 0인 지점이 두 도선 사이에 위치하고, 두 도선에 흐르는 전류의 방향이 서로 반대이면 두 도선의 전류에 의한 자기장이 0인 지점은 흐르는 전류의 세기가 작은 도선에 가까운 바깥쪽에 위치한다.

ㄱ. A와 B 사이의 지점인 p에서 두 도선의 전류에 의한 자기장이 0이므로 A와 B에 흐르는 전류의 방향은 같다. 따라서 B에 흐르는 전류의 방향은 $+y$방향이다.

ㄴ. 자기장이 0인 p로부터 A, B까지의 거리가 d로 같으므로 A, B에 흐르는 전류의 세기가 같다. 따라서 B에 흐르는 전류의 세기는 I_0이다.

ㄷ. q, r에서 A의 전류에 의한 자기장과 B의 전류에 의한 자기장의 방향은 각각 xy평면에 수직으로 들어가는 방향으로 같다. A와 B에서 각각 거리 d만큼 떨어진 지점에서의 자기장 세기를 B_0이라 할 때, q, r에서 A, B의 전류에 의한 자기장의 세기 B_q, B_r는 다음과 같다.

[q에서] $B_q = \frac{1}{3}B_0 + B_0 = \frac{4}{3}B_0$

[r에서] $B_r = \frac{1}{4}B_0 + \frac{1}{2}B_0 = \frac{3}{4}B_0$

따라서 A, B의 전류에 의한 자기장의 세기는 q에서가 r에서의 $\frac{16}{9}$배이다.

04 직선 도선의 전류에 의한 자기장

직선 도선의 전류에 의한 자기장의 세기는 직선 도선에 흐르는 전류의 세기에 비례하고, 도선으로부터 떨어진 거리에 반비례한다. (가)에서 A의 전류에 의한 자기장의 방향과 (나)에서 A, B의 전류에 의한 자기장의 방향은 서쪽으로 같고, 세기는 (가)에서가 (나)에서보다 크다.

ㄱ. (나)에서 A, B의 전류에 의한 자기장의 세기가 (가)에서 A의 전류에 의한 자기장의 세기보다 작으므로 (나)의 자침이 놓인 지점에서 A의 전류에 의한 자기장과 B의 전류에 의한 자기장의 방

향은 서로 반대이다. 따라서 (나)의 자침이 놓인 지점에서 B의 전류에 의한 자기장의 방향은 동쪽이다.

✗. 앙페르 법칙에 의해 A, B에 흐르는 전류의 방향은 종이면에서 수직으로 나오는 방향으로 서로 같다.

ⓒ. (나)에서 A, B의 전류에 의한 자기장의 방향이 서쪽이므로 자침이 놓인 지점에서 A의 전류에 의한 자기장의 세기가 B의 전류에 의한 자기장의 세기보다 크다. 따라서 전류의 세기는 A에서가 B에서보다 크므로 $I_A > I_B$이다.

05 원형 도선의 전류에 의한 자기장

원형 도선의 중심에서 원형 도선의 전류에 의한 자기장의 방향은 앙페르 법칙에 따라 오른손 엄지손가락이 전류가 흐르는 방향을 가리킬 때 나머지 네 손가락이 도선을 감아쥐는 방향이고, 자기장의 세기는 도선의 반지름에 반비례한다.

✗. 표에서 B에 흐르는 전류의 세기가 $2I_0$일 때, O에서 A, B의 전류에 의한 자기장이 0이 아닌 B_0이므로 A, B에 흐르는 전류의 방향은 서로 같다. 따라서 B에 흐르는 전류의 방향은 A에서와 같은 시계 반대 방향이다.

ⓒ. 앙페르 법칙에 의해 O에서 A의 전류에 의한 자기장과 B의 전류에 의한 자기장의 방향은 모두 종이면에서 수직으로 나오는 방향이다. 따라서 Ⅰ, Ⅱ에서 A, B의 전류에 의한 O에서의 자기장의 방향은 모두 종이면에서 수직으로 나오는 방향이다.

ⓒ. O에서 A의 전류에 의한 자기장의 세기를 B_A라 할 때, Ⅰ, Ⅱ에서 B의 전류에 의한 O에서의 자기장 세기는 각각 $\frac{1}{2}B_A$, B_A이고, Ⅱ에서 자기장의 세기는 $B_A + B_A = B_0$이므로 $B_A = \frac{1}{2}B_0$이다. 따라서 Ⅰ에서 A, B의 전류에 의한 O에서의 자기장 세기는 $B_A + \frac{1}{2}B_A = \frac{3}{2}B_A = \frac{3}{4}B_0$이다.

06 직선 도선과 원형 도선의 전류에 의한 자기장

직선 도선의 전류에 의한 자기장의 방향은 앙페르 법칙에 따라 오른손 엄지손가락을 전류의 방향으로 할 때 나머지 네 손가락이 도선을 감아쥐는 방향이다. 따라서 O에서 A의 전류에 의한 자기장의 세기와 B의 전류에 의한 자기장의 세기가 같으므로 O에서 A, B, C의 전류에 의한 자기장이 0이 되는 조건을 충족하기 위해서는 O에서 A의 전류에 의한 자기장의 방향과 B의 전류에 의한 자기장의 방향이 같아야 한다. 따라서 A와 B에 흐르는 전류의 방향은 서로 반대이다.

ⓐ. 앙페르 법칙에 따라 O에서 A의 전류에 의한 자기장의 방향은 xy평면에 수직으로 들어가는 방향이다. O에서 A의 전류에 의한 자기장의 방향과 B의 전류에 의한 자기장의 방향이 같으므로 O에서 B의 전류에 의한 자기장의 방향은 xy평면에 수직으로 들어가는 방향이다.

ⓒ. O에서 A, B, C의 전류에 의한 자기장이 0이므로 O에서 C의 전류에 의한 자기장의 방향은 xy평면에서 수직으로 나오는 방향이다. 따라서 앙페르 법칙에 따라 C에 흐르는 전류의 방향은 ⓐ 방향이다.

ⓒ. O에서 A, B, C 각각의 전류에 의한 자기장의 세기를 각각 B_A, B_B, B_C라 할 때, O에서 A, B, C의 전류에 의한 자기장의 세기는 다음과 같다.

[O에서] $B_A + B_B - B_C = 0$

이때 $B_A = B_B$이므로 $B_C = 2B_A$이다. 따라서 O에서 C의 전류에 의한 자기장의 세기는 A의 전류에 의한 자기장의 세기의 2배이다.

07 직선 도선과 원형 도선의 전류에 의한 자기장

원형 도선의 중심에서 원형 도선의 전류에 의한 자기장의 방향은 앙페르 법칙에 따라 오른손 엄지손가락이 전류가 흐르는 방향을 가리킬 때 나머지 네 손가락이 도선을 감아쥐는 방향이다. 따라서 B의 중심에서 B의 전류에 의한 자기장의 방향은 xy평면에 수직으로 들어가는 방향이다.

ⓐ. (가)의 B의 중심에서 A, B의 전류에 의한 자기장이 0이므로 B의 중심에서 A의 전류에 의한 자기장의 방향은 xy평면에서 수직으로 나오는 방향이다. 따라서 앙페르 법칙에 따라 A에 흐르는 전류의 방향은 $-y$방향이다.

ⓒ. B의 중심에서 A의 전류에 의한 자기장의 세기는 (가)에서가 (나)에서의 2배이다. 따라서 (나)의 B의 중심에서 자기장의 세기는 B의 전류에 의한 자기장이 A의 전류에 의한 자기장보다 크므로 B의 중심에서 A, B의 전류에 의한 자기장의 방향은 xy평면에 수직으로 들어가는 방향이다.

ⓒ. B의 중심에서 B의 전류에 의한 자기장의 세기를 B_B, (가)의 B의 중심에서 A의 전류에 의한 자기장의 세기를 B_A라 할 때, (가), (나)의 B의 중심에서 A, B의 전류에 의한 자기장의 세기는 다음과 같다. (가) $B_B - B_A = 0$ … ①, (나) $B_B - \frac{1}{2}B_A = B_0$ … ②

①, ②에 의해 $B_A = B_B = 2B_0$이다.

08 솔레노이드의 전류에 의한 자기장

솔레노이드의 전류에 의한 솔레노이드 내부에서의 자기장의 방향은 오른손의 네 손가락을 전류의 방향으로 감아쥘 때 엄지손가락이 가리키는 방향이다.

ⓐ. 솔레노이드에 전류가 흐를 때 솔레노이드와 자석 사이에 서로 미는 자기력이 작용하므로 p에서 솔레노이드의 전류에 의한 자기장의 방향은 막대자석을 향하는 방향이다.

ⓒ. p에서 막대자석을 향하는 자기장의 방향으로 오른손의 엄지손가락을 가리킬 때, 솔레노이드에는 네 손가락이 감아쥐는 방향으로 전류가 흐른다. 따라서 솔레노이드에 흐르는 전류의 방향은 ⓑ 방향이다.

ⓒ. 솔레노이드의 전류에 의한 솔레노이드 내부의 자기장 세기는 전류의 세기에 비례한다. 따라서 솔레노이드에 흐르는 전류의 세기가 클수록 솔레노이드와 막대자석 사이에 작용하는 자기력의 크기는 크다.

09 전류에 의한 자기장의 이용

코일의 전류에 의한 코일 내부에서의 자기장의 방향은 오른손의 네 손가락을 전류의 방향으로 감아쥘 때 엄지손가락이 가리키는 방향이다. 따라서 헤드의 코일에 흐르는 전류에 의한 코일 내부에서의 자기장의 방향은 b에서 a를 향하는 방향이고, p에서의 자기장의 방향은 내부와 반대 방향으로 형성된다.
① 자기장의 형태로 정보를 저장하고 전원이 끊겨도 정보가 지워지지 않도록 하드 디스크는 ㉠강자성체인 산화 철로 코팅한다. 또한 p에서의 자기장의 방향은 코일 내부에서의 자기장의 방향과 반대 방향이므로 ㉡a → p → b 방향이고, 강자성체인 디스크의 산화 철은 외부 자기장과 ㉢같은 방향으로 자기화되어 정보를 저장한다.

10 물질의 자성

강자성체와 상자성체는 외부 자기장과 같은 방향으로 자기화되고, 반자성체는 외부 자기장과 반대 방향으로 자기화된다. 또한 강자성체는 외부 자기장을 제거해도 자성을 오랫동안 유지한다.
④ 외부 자기장과 같은 방향으로 자기화되지 않는 (가)는 반자성체, 외부 자기장과 같은 방향으로 자기화되고 외부 자기장을 제거해도 자성이 즉시 사라지지 않고 오랫동안 유지되는 (나)는 강자성체, 외부 자기장을 제거하면 자성이 즉시 사라지는 (다)는 상자성체이다.

11 물질의 자성

강자성체는 외부 자기장과 같은 방향으로 자기화되어 전류가 흐르는 솔레노이드와 서로 당기는 자기력이 작용하고, 반자성체는 외부 자기장과 반대 방향으로 자기화되어 전류가 흐르는 솔레노이드와 서로 미는 자기력이 작용한다.
✗. 스위치를 닫았을 때 실이 A를 당기는 힘의 크기가 실이 B를 당기는 힘의 크기보다 크므로 A와 솔레노이드 사이에는 서로 당기는 자기력이, B와 솔레노이드 사이에는 서로 미는 자기력이 작용한다. 따라서 A, B는 각각 강자성체, 반자성체이다.
ⓒ. 솔레노이드에 흐르는 전류의 방향으로 오른손의 네 손가락을 감아쥘 때 솔레노이드 내부에서 자기장의 방향은 엄지손가락이 가리키는 방향이다. 따라서 (가)에서 스위치를 닫았을 때, 솔레노이드 내부에서의 자기장의 방향은 연직 위 방향이다.
✗. B는 반자성체로 외부 자기장의 방향과 반대 방향으로 자기화된다. 따라서 (나)에서 스위치를 닫았을 때, B는 솔레노이드에 가까운 아랫면이 N극으로 자기화된다.

12 물질의 자성

반자성체는 외부 자기장과 반대 방향으로 자기화되어 자석과 서로 미는 자기력이 작용한다.
㉠. 유리 막대는 자석을 가까이 하면 자석으로부터 멀어지는 방향으로 회전하므로 자석과 유리 막대 사이에는 서로 미는 자기력이 작용한다. 따라서 유리 막대는 반자성체이다.
ⓒ. 반자성체인 유리 막대는 자석에 의한 자기장과 반대 방향으로 자기화된다.
✗. 자석의 N극을 b 부분에 접근시켜도 유리 막대는 외부 자기장과 반대 방향으로 자기화되어 자석과 유리 막대 사이에는 서로 미는 자기력이 작용한다.

13 물질의 자성

상자성체와 반자성체는 각각 외부 자기장과 같은 방향, 반대 방향으로 자기화되고, 외부 자기장을 제거하는 즉시 자성이 사라진다.
✗. (가)에서 솔레노이드가 A에 작용하는 자기력의 방향이 $+x$방향이므로 솔레노이드와 A 사이에는 서로 미는 자기력이 작용한다. 따라서 A는 반자성체이다.
ⓒ. B는 상자성체이므로 솔레노이드의 전류에 의한 자기장에 의해 외부 자기장과 같은 방향으로 자기화된다. 따라서 (나)에서 B의 솔레노이드와 가까운 쪽의 면은 N극으로 자기화된다.
✗. (가), (나)에서 솔레노이드를 제거하는 즉시 A, B의 자성은 모두 사라진다. 따라서 솔레노이드를 제거하고 A와 B를 가까이 할 때 A와 B 사이에는 자기력이 작용하지 않는다.

14 물질의 자성

강자성체와 상자성체는 외부 자기장과 같은 방향으로 자기화된다. 외부 자기장을 제거하였을 때 강자성체는 자성을 오랫동안 유지하고, 상자성체는 자기장이 제거되는 즉시 자성이 사라진다.
㉠. (가)에서 자기화시킨 후 외부 자기장이 없는 공간에서 A에 클립이 달라 붙었으므로 A는 외부 자기장을 제거해도 자성을 유지하는 강자성체이다.
✗. A, B는 각각 강자성체, 상자성체이므로 외부 자기장과 같은 방향으로 자기화된다. 따라서 (가)에서 A와 B의 윗면은 모두 N극으로 자기화된다.
✗. (다)에서 강자성체인 A는 자성을 유지하므로 A와 B 사이에는 당기는 자기력이 작용한다. 따라서 A에는 연직 아래 방향으로 작용하는 중력(A의 무게)과 B가 A를 당기는 자기력, 연직 위 방향으로 작용하는 실이 A를 당기는 힘이 서로 평형을 이루므로 실이 A를 당기는 힘의 크기는 A의 무게보다 크다.

15 전자기 유도의 이용

금속 탐지 장치는 판넬의 코일을 통과하는 자기장이 금속 물질에 의해 변할 때, 코일에 유도 전류가 흘러 경보음이 울리는 장치이다.

㉠ 금속 탐지 장치는 금속 물질에 의해 판넬에 설치된 코일을 통과하는 자기 선속의 변화에 의해 발생하는 유도 전류를 이용하는 것으로, 전자기 유도를 이용한다.

㉡ 코일을 통과하는 자기 선속은 코일을 통과하는 자기장의 세기가 클수록 크다. 따라서 코일에 형성된 자기장의 세기가 작아질 때 코일을 통과하는 자기 선속은 감소한다.

㉢ 전자기 유도에 의해 발생하는 유도 전류의 방향은 렌츠 법칙에 의해 자기 선속의 변화를 방해하는 방향이다. 코일을 통과하는 자기 선속이 감소할 때 코일에 흐르는 유도 전류는 자기 선속의 변화를 방해하는 방향으로 흐르므로 유도 전류의 방향은 ⓐ 방향이다. 따라서 'ⓐ'는 (가)로 적절하다.

16 전자기 유도

막대자석이 금속 고리 근처에서 운동할 때, 고리를 통과하는 자기 선속이 변하여 고리에는 유도 전류가 흐른다. 고리에 흐르는 유도 전류의 방향은 렌츠 법칙에 의해 고리를 통과하는 자기 선속의 변화를 방해하는 방향이고, 유도 전류의 세기는 패러데이 법칙에 의해 고리를 통과하는 단위 시간당 자기 선속의 변화량의 크기가 클수록 크다.

✗. 자석이 q를 지나는 동안 자석과 고리 사이가 멀어지고 있으므로 고리를 통과하는 자기 선속이 감소하고, 고리에 화살표 방향으로 유도 전류가 흐르므로 고리를 통과하는 자석에 의한 자기장의 방향은 연직 아래 방향이다. 따라서 ㉠은 자석의 S극이다.

㉡ 자석이 p를 지나는 동안 자석과 고리 사이가 가까워지고 있으므로 고리에는 연직 아래 방향으로 형성된 자기장에 의한 자기 선속의 증가를 방해하는 방향으로 유도 전류가 흐른다. 따라서 고리의 유도 전류에 의한 자기장의 방향은 연직 위 방향이므로 자석이 p를 지나는 순간, 고리와 자석 사이에는 서로 미는 자기력이 발생한다.

㉢ 자석의 속력이 p에서가 q에서보다 작으므로 고리를 통과하는 자기 선속의 변화는 자석이 p를 지나는 동안이 q를 지나는 동안보다 작다. 따라서 고리에 흐르는 유도 전류의 세기는 자석이 p를 지날 때가 q를 지날 때보다 작다.

17 자성체와 전자기 유도

금속 고리가 자기화된 자성체 근처에서 운동할 때 고리를 통과하는 자기 선속이 변하여 전자기 유도에 의해 고리에는 유도 전류가 흐른다. 이때 고리에 흐르는 유도 전류의 방향은 렌츠 법칙에 의해 고리를 통과하는 자기 선속의 변화를 방해하는 방향이다.

✗. (가)에서 P를 자기화시키고 전원 장치와 도선을 제거한 후, (나)에서 P로부터 멀어지는 고리에 유도 전류가 흐르므로 (나)에서 P는 자기화된 상태가 유지되고 있다. 따라서 P는 외부 자기장을 제거해도 자성이 오랫동안 유지되는 강자성체이다.

㉡ 고리가 P의 연직 위에서 P로부터 멀어지고 있으므로 고리를 통과하는 P에 의한 자기장의 세기가 작아진다. 고리를 통과하는 자기 선속은 고리를 통과하는 자기장의 세기에 비례하므로 (나)에서 고리를 통과하는 자기 선속은 감소한다.

㉢ (가)에서 P는 외부 자기장과 같은 방향으로 자기화되므로 (나)에서 P에 의해 형성된 연직 위 방향의 자기장에 의한 자기 선속이 고리를 통과한다. 따라서 (나)에서 고리가 연직 위로 움직일 때, 고리에 흐르는 유도 전류의 방향은 렌츠 법칙에 의해 연직 위 방향의 자기장에 의한 고리를 통과하는 자기 선속의 감소를 방해하는 방향이므로 ⓐ 방향이다.

18 전자기 유도 현상의 이용

자가 발전 손전등은 회전 손잡이와 연결된 코일이 균일한 자기장에서 회전할 때 코일을 통과하는 자기 선속이 변하여 코일에 생기는 유도 전류를 이용한다.

㉠ 자가 발전 손전등은 코일이 회전할 때 코일을 통과하는 자기 선속의 변화에 의한 유도 전류를 이용하므로 전자기 유도를 이용한 것이다.

㉡ 코일이 $\theta = 0°$에서 $\theta = 30°$까지 회전하는 동안, 자기장이 통과하는 코일의 단면적이 증가한다. 따라서 이 동안 코일을 통과하는 자기 선속은 자기장이 통과하는 코일의 단면적에 비례하므로 코일을 통과하는 자기 선속은 증가한다.

✗. 코일이 $\theta = 0°$에서 $\theta = 30°$까지 회전하는 동안 코일을 통과하는 자기 선속이 증가하므로 렌츠 법칙에 의해 코일에는 자기 선속의 증가를 방해하는 방향으로 유도 전류가 흐른다. 따라서 코일에 흐르는 유도 전류의 방향은 c → b → a 방향이므로 'c → b → a'는 (가)로 적절하다.

19 전자기 유도

막대자석이 솔레노이드 근처에서 운동할 때, 솔레노이드 내부를 통과하는 자기 선속이 변하여 솔레노이드에 유도 전류가 흐른다.

㉠ 0초부터 2초까지 자석과 솔레노이드가 가까워지므로 자석에서 솔레노이드를 향하는 방향으로의 자기장에 의해 코일의 내부를 통과하는 자기 선속이 증가한다. 따라서 렌츠 법칙에 의해 자기 선속의 증가를 방해하는 방향으로 유도 전류가 흐르므로 1초일 때 솔레노이드에 흐르는 유도 전류의 방향은 'p → ⓒ → q' 방향이다.

✗. 2초부터 4초까지 자석과 솔레노이드가 가장 가까우므로 솔레노이드 내부에서 자석에 의한 자기장의 세기가 가장 크다. 솔레노이드 내부를 통과하는 자기 선속은 솔레노이드 내부에서의 자기장 세기에 비례하므로 솔레노이드 내부를 통과하는 자기 선속은 3초일 때가 5초일 때보다 크다.

✗. 1초일 때 자석이 솔레노이드에 가까워지는 속력이 6초일 때 자석이 솔레노이드로부터 멀어지는 속력보다 크므로 솔레노이드에 흐르는 유도 전류의 세기는 1초일 때가 6초일 때보다 크다.

20 전자기 유도

정사각형 도선이 자기장 영역으로 들어갈 때나 나올 때 도선을 통과하는 자기 선속이 변하므로 도선에는 유도 전류가 흐른다. 도선에 흐르는 유도 전류의 방향은 렌츠 법칙에 의해 도선을 통과하는 자기 선속의 변화를 방해하는 방향이고, 유도 전류의 세기는 패러데이 법칙에 의해 도선을 통과하는 단위 시간당 자기 선속의 변화량의 크기가 클수록 크다.

✗. A, C는 각각 Ⅰ, Ⅱ로 들어가고 있으므로 Ⅰ, Ⅱ의 자기장에 의한 자기 선속이 증가한다. A, C에는 각각 자기 선속의 증가를 방해하는 방향으로 유도 전류가 흐르고, A, C에 흐르는 유도 전류의 방향이 서로 반대이므로 Ⅰ, Ⅱ에서 자기장의 방향은 서로 반대이다.

Ⓛ. A는 자기장 영역 밖에서 Ⅰ로 들어가고, D는 Ⅰ에서 Ⅱ로 이동하므로 A와 D에서 자기 선속의 변화 방향이 서로 반대이다. 따라서 A, D에 흐르는 유도 전류의 방향은 서로 반대이다.

✗. B는 Ⅰ, Ⅱ에 걸쳐 $-y$방향으로 운동하므로 자기 선속의 변화가 없다. 따라서 B에는 유도 전류가 흐르지 않는다.

01 직선 전류에 의한 자기장

직선 도선의 전류에 의한 자기장의 세기는 직선 도선에 흐르는 전류의 세기에 비례하고, 도선으로부터 떨어진 거리에 반비례한다.

Ⓘ. B에 흐르는 전류의 방향이 A에서와 같은 $+y$방향이라면 $x=-2d$에서 A, B의 전류에 의한 자기장이 0이고, C에 전류가 흐르고 있으므로 $x=-2d$에서 A, B, C의 전류에 의한 자기장이 0이 될 수 없다. 따라서 B에 흐르는 전류의 방향은 $-y$방향이다.

✗. $x=-2d$에서 A, B, C의 전류에 의한 자기장이 0이므로 C에 흐르는 전류의 방향은 $+y$방향이다. $x=-2d$에서 A의 전류에 의한 자기장과 B의 전류에 의한 자기장의 세기가 각각 B로 같다고 할 때, $x=-2d$에서 C의 전류에 의한 자기장의 세기는 $2B$이다. $x=-2d$에서 A, B까지의 거리가 $2d$로 같고, C까지의 거

리는 $6d$이므로 C에 흐르는 전류의 세기는 A 또는 B에 흐르는 전류의 세기의 6배이다. 따라서 C에 흐르는 전류의 세기는 $6I_0$이다.

✗. $x=2d$에서 A의 전류에 의한 자기장의 방향은 xy평면에 수직으로 들어가는 방향, B, C의 전류에 의한 자기장의 방향은 각각 xy평면에서 수직으로 나오는 방향이다. 따라서 $x=2d$에서 A, B, C의 전류에 의한 자기장은 $-\frac{1}{3}B+B+6B=\frac{20}{3}B=B_0$이다. 또한 $x=-d$에서 A, B의 전류에 의한 자기장의 방향은 각각 xy평면에 수직으로 들어가는 방향이고, C의 전류에 의한 자기장의 방향은 xy평면에서 수직으로 나오는 방향이므로 $x=-d$에서 A, B, C의 전류에 의한 자기장은 $-\frac{2}{3}B-2B+\frac{12}{5}B=-\frac{4}{15}B=-\frac{1}{25}B_0$이다. 따라서 $x=-d$에서 A, B, C의 전류에 의한 자기장의 세기는 $\frac{1}{25}B_0$이다.

02 직선 전류에 의한 자기장

직선 도선의 전류에 의한 자기장의 방향은 앙페르 법칙에 따라 오른손 엄지손가락을 전류의 방향으로 할 때 나머지 네 손가락이 도선을 감아쥐는 방향이다.

Ⓘ. p, r에서 A, B의 전류에 의한 자기장은 같다. 따라서 p, r에서 C의 전류에 의한 자기장의 세기는 B_0으로 같고, 방향은 p에서는 xy평면에 수직으로 들어가는 방향, r에서는 xy평면에서 수직으로 나오는 방향이다. 또한 p에서 B의 전류에 의한 자기장은 xy평면에 수직으로 들어가는 방향이므로 A의 전류에 의한 자기장의 방향은 xy평면에서 수직으로 나오는 방향이다. 따라서 A에 흐르는 전류의 방향은 $-y$방향이다.

Ⓛ. A의 전류에 의한 자기장의 세기는 q에서가 p에서의 $\frac{2}{3}$배이고, B의 전류에 의한 자기장의 세기는 q에서가 p에서의 2배이다. 또한 A, B, C의 전류에 의한 자기장의 세기가 q에서가 p에서보다 크므로 q에서의 자기장의 방향은 xy평면에 수직으로 들어가는 방향이다.

Ⓒ. p에서 A의 전류에 의한 자기장의 세기와 B의 전류에 의한 자기장의 세기를 각각 B_A, B_B라 할 때, p, q에서 A, B, C의 전류에 의한 자기장의 세기는 다음과 같다.

[p에서] $B_A-B_B-B_0=2B_0 \cdots$ ①

[q에서] $2B_B-\frac{2}{3}B_A+B_0=3B_0 \cdots$ ②

①, ②에 의해 $B_A=6B_0$, $B_B=3B_0$이므로 전류의 세기는 B에서가 C에서의 3배이다.

03 직선 전류에 의한 자기장

직선 도선의 전류에 의한 자기장의 세기는 직선 도선에 흐르는 전류의 세기에 비례하고, 도선으로부터 떨어진 거리에 반비례한다.

ⓒ. p에서 A, B, C의 전류에 의한 자기장의 세기가 B에 흐르는 전류의 세기에 비례하므로 p에서 A, C의 전류에 의한 자기장은 0이다. p에서 C의 전류에 의한 자기장의 방향이 xy평면에서 수직으로 나오는 방향이므로 C에 흐르는 전류의 방향은 $+y$방향이고, 세기는 $4I_0$이다.

✗. B에 흐르는 전류의 세기가 I_0일 때, p에서 B의 전류에 의한 자기장의 세기가 B_0이다. 따라서 B에 흐르는 전류의 세기가 $3I_0$일 때, q에서 A의 전류에 의한 자기장과 B의 전류에 의한 자기장의 방향은 모두 xy평면에 수직으로 들어가는 방향이고, C의 전류에 의한 자기장의 방향은 xy평면에서 수직으로 나오는 방향이며 세기는 각각 $\frac{1}{4}B_0$, B_0, $2B_0$이므로 q에서 A, B, C의 전류에 의한 자기장의 방향은 xy평면에서 수직으로 나오는 방향이다.

ⓒ. B에 흐르는 전류의 세기가 I_0, $3I_0$일 때, q에서 A, B, C의 전류에 의한 자기장의 세기는 다음과 같다.

[B에 흐르는 전류의 세기가 I_0일 때]

ⓐ$=-\frac{1}{4}B_0-\frac{1}{3}B_0+2B_0=\frac{17}{12}B_0$

[B에 흐르는 전류의 세기가 $3I_0$일 때]

ⓑ$=-\frac{1}{4}B_0-B_0+2B_0=\frac{3}{4}B_0$

따라서 ⓐ과 ⓑ의 차는 $|ⓐ-ⓑ|=\frac{2}{3}B_0$이다.

04 직선 전류에 의한 자기장

직선 도선의 전류에 의한 자기장의 방향은 앙페르 법칙에 따라 오른손 엄지손가락을 전류의 방향으로 할 때 나머지 네 손가락이 도선을 감아쥐는 방향이다. 따라서 (가)와 (나)에서 A와 C의 전류에 의한 자기장은 각각 y축과 나란한 방향이고, B, D의 전류에 의한 자기장의 방향은 방향은 각각 x축과 나란한 방향이다.

✗. (가)보다 (나)에서 C의 전류에 의한 자기장의 세기가 작아졌을 때 p에서 A, B, C, D의 전류에 의한 자기장의 방향이 $-y$방향이므로 p에서 C의 전류에 의한 자기장의 방향은 $+y$방향이다. 따라서 C에 흐르는 전류의 방향은 xy평면에 수직으로 들어가는 방향이고, (가)의 p에서 A, B, C, D의 전류에 의한 자기장이 0이므로 A에 흐르는 전류의 방향은 C에 흐르는 전류와 같은 방향인 xy평면에 수직으로 들어가는 방향이다. 또한 A, B에 흐르는 전류의 방향이 같으므로 B에 흐르는 전류의 방향은 xy평면에 수직으로 들어가는 방향이다.

ⓒ. (가)에서 A와 p 사이의 거리가 C와 p 사이의 거리의 $\frac{3}{2}$배이므로 A에 흐르는 전류의 세기는 $\frac{3}{2}I_0$이다. 또한 B와 p 사이의 거리가 D와 p 사이의 거리의 $\frac{2}{3}$배이므로 B에 흐르는 전류의 세기는 D에 흐르는 전류의 세기의 $\frac{2}{3}$배이다. 따라서 B에 흐르는 전류의 세기는 $\frac{2}{3}I_0$이다. 그러므로 전류의 세기는 A에서가 B에

서의 $\frac{9}{4}$배이다.

✗. (나)의 p에서 A, B, C, D의 전류에 의한 자기장의 세기가 B_0이므로 (가)의 p에서 A의 전류에 의한 자기장의 세기와 C의 전류에 의한 자기장의 세기는 각각 $3B_0$이다. 따라서 p에서 B의 전류에 의한 자기장의 세기와 D의 전류에 의한 자기장의 세기는 각각 $2B_0$이고, D에 흐르는 전류의 세기를 $2I_0$으로 증가시키면 p에서 D의 전류에 의한 자기장의 세기가 $4B_0$으로 증가하므로 (가)의 p에서 A, B, C, D의 전류에 의한 자기장은 방향이 $+x$방향이고 세기가 $2B_0$이다.

05 직선 도선과 원형 도선의 전류에 의한 자기장

원형 도선의 중심에서 자기장의 세기는 도선에 흐르는 전류의 세기에 비례하고, 도선의 반지름에 반비례한다. O에서 A의 전류에 의한 자기장의 세기와 B의 전류에 의한 자기장의 세기는 같다.

ⓒ. C에 흐르는 전류의 세기가 $2I$일 때, O에서 A, B, C의 전류에 의한 자기장이 0이므로 O에서 A의 전류에 의한 자기장의 방향과 B의 전류에 의한 자기장의 방향이 같다. 따라서 B에 흐르는 전류의 방향은 ⓑ 방향이다.

ⓒ. O에서 A의 전류에 의한 자기장의 방향과 B의 전류에 의한 자기장의 방향이 xy평면에 수직으로 들어가는 방향으로 같으므로 O에서 C의 전류에 의한 자기장의 방향은 xy평면에서 수직으로 나오는 방향이다.

ⓒ. C에 흐르는 전류의 세기가 $2I$일 때 O에서 자기장이 0이고, C에 흐르는 전류의 세기가 I일 때 O에서 자기장의 세기가 B_0이므로 C에 흐르는 전류의 세기가 0일 때 O에서 자기장의 세기 ⓐ$=2B_0$이고, C에 흐르는 전류의 세기가 $3I$일 때 O에서 자기장의 세기 ⓑ$=B_0$이다. 따라서 $\frac{ⓐ}{ⓑ}=2$이다.

[별해] O에서 자기장의 세기 B를 C에 흐르는 전류의 세기 I_C에 따라 나타내면 그림과 같다.

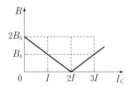

06 직선 도선과 원형 도선의 전류에 의한 자기장

원형 도선의 중심에서 원형 도선의 전류에 의한 자기장의 방향은 앙페르 법칙에 따라 오른손 엄지손가락을 전류가 흐르는 방향으로 할 때 나머지 네 손가락이 도선을 감아쥐는 방향이다. 따라서 A, B에 흐르는 전류의 방향이 서로 반대이면 O에서 A, B의 전류에 의한 자기장이 0이 되므로 A, B에 흐르는 전류의 방향은 서로 같은 방향이다.

✗. C에 전류가 흐르지 않을 때, O에서 A, B의 전류에 의한 자기장의 방향이 xy평면에 수직으로 들어가는 방향이므로 A와 B에 흐르는 전류의 방향은 모두 시계 방향이다.

ㄴ. C에 전류가 흐르지 않을 때 O에서 자기장의 세기가 B_0이므로 O에서 A의 전류에 의한 자기장의 세기와 B의 전류에 의한 자기장의 세기는 각각 $\frac{1}{2}B_0$으로 같다. 또한 C에 흐르는 전류의 세기가 I일 때 O에서 C의 전류에 의한 자기장의 세기가 B_0이므로 C에 흐르는 전류의 세기가 $3I$일 때 O에서 C의 전류에 의한 자기장의 세기는 $3B_0$이다. 따라서 $B=3B_0-\frac{1}{2}B_0-\frac{1}{2}B_0=2B_0$이다.

ㄷ. (가)에서 B에 흐르는 전류의 방향만을 반대로 바꾸면 O에서 B의 전류에 의한 자기장은 xy평면에서 수직으로 나오는 방향으로 세기가 $\frac{1}{2}B_0$이므로 O에서 A, B의 전류에 의한 자기장이 0이 되어, 이때 O에서 A, B, C의 전류에 의한 자기장의 세기는 C에 흐르는 전류에 의한 자기장의 세기와 같다. 따라서 B에 흐르는 전류의 방향을 반대로 바꾸고 C에 흐르는 전류의 세기를 $3I$로 할 때, O에서 A, B, C의 전류에 의한 자기장의 세기는 $3B_0$이다.

07 직선 도선과 원형 도선의 전류에 의한 자기장

직선 도선의 전류에 의한 자기장의 세기는 직선 도선에 흐르는 전류의 세기에 비례하고, 도선으로부터 떨어진 거리에 반비례한다. $x_C=3d$일 때, O에서의 자기장이 0이므로 O에서 A의 전류에 의한 자기장과 C의 전류에 의한 자기장의 방향이 xy평면에 수직으로 들어가는 방향으로 서로 같다.

ㄱ. O에서 C의 전류에 의한 자기장의 방향이 xy평면에 수직으로 들어가는 방향이므로 앙페르 법칙에 따라 C에 흐르는 전류의 방향은 $-y$방향이다.

ㄴ. O에서 A와 C의 전류에 의한 자기장의 방향이 xy평면에 수직으로 들어가는 방향으로 같으므로 $x_C=3d$일 때 A, B, C의 전류에 의한 자기장이 0이 되기 위해서는 O에서 B의 전류에 의한 자기장의 방향은 xy평면에서 수직으로 나오는 방향이다.

ㄷ. O에서 A의 전류에 의한 자기장의 세기를 B_0이라 할 때, O에서 B의 전류에 의한 자기장의 세기는 $2B_0$이다. $x_C=2d$일 때와 $x_C=4d$일 때 O에서 C의 전류에 의한 자기장의 세기가 각각 $\frac{3}{2}B_0$, $\frac{3}{4}B_0$이므로 $x_C=2d$일 때와 $x_C=4d$일 때 O에서 A, B, C의 전류에 의한 자기장의 방향과 세기는 다음과 같다.

$[x_C=2d$일 때$]$ $B_1=\left|-B_0+2B_0-\frac{3}{2}B_0\right|=\frac{1}{2}B_0$
(xy평면에 수직으로 들어가는 방향)

$[x_C=4d$일 때$]$ $B_2=\left|-B_0+2B_0-\frac{3}{4}B_0\right|=\frac{1}{4}B_0$
(xy평면에 수직으로 나오는 방향)

따라서 $\frac{B_1}{B_2}=2$이다.

08 물질의 자성

강자성체와 상자성체는 외부 자기장과 같은 방향으로 자기화되고, 반자성체는 외부 자기장과 반대 방향으로 자기화된다. 또한 강자성체는 외부 자기장을 제거해도 자성을 오랫동안 유지한다.

ㄱ. (나)에서 C가 A를 떠받치는 힘의 크기는 A의 무게보다 크므로 A와 C 사이에는 서로 당기는 자기력이 작용한다. 즉, 자기장에서 꺼낸 A의 자성이 유지되어 A와 C 사이에 자기력이 작용하므로 A는 강자성체이고 C는 상자성체이다.

✗. B는 반자성체이므로 (가)에서 B는 자기장의 방향과 반대 방향으로 자기화된다.

✗. (가)에서 꺼낸 B는 자성이 사라지므로 (다)에서 B와 C 사이에는 자기력이 작용하지 않는다.

09 물질의 자성

강자성체와 상자성체는 외부 자기장과 같은 방향으로 자기화되어 자석과 서로 당기는 자기력이 작용하고, 반자성체는 외부 자기장과 반대 방향으로 자기화되어 자석과 서로 미는 자기력이 작용한다.

✗. (가)에서 A를 자석 위에 놓았을 때 A와 자석 사이에 서로 당기는 자기력이 작용한다. 또한 (가)에서 자석과 서로 미는 자기력이 작용하는 반자성체인 B와 C 사이에는 서로 미는 자기력이 작용하므로 C는 자석을 제거해도 자기력이 유지되는 강자성체이다. 따라서 A, B, C는 각각 상자성체, 반자성체, 강자성체이다.

✗. (가)에서 자석 위에 C를 놓았을 때 C와 자석 사이에 서로 당기는 자기력이 작용하므로 ㉠<1.00이다.

ㄷ. 자석을 제거한 후 상자성체 A와 반자성체 B의 자성이 사라지게 되므로 (나)에서 A와 B 사이에는 자기력이 작용하지 않는다. 따라서 '작용하지 않음'은 ㉡으로 적절하다.

10 물질의 자성

상자성체는 외부 자기장과 같은 방향으로 자기화되어 자석과 서로 당기는 자기력이 작용하고, 반자성체는 외부 자기장과 반대 방향으로 자기화되어 자석과 서로 미는 자기력이 작용한다.

ㄱ. (가)에서 자석이 A에 작용하는 자기력의 방향은 빗면 위 방향이므로 A와 자석 사이에는 서로 당기는 자기력이 작용한다. 따라서 A는 상자성체, B는 반자성체이다.

ㄴ. B는 반자성체이므로 외부 자기장과 반대 방향으로 자기화된다. 따라서 (가)에서 B의 아랫면은 N극으로 자기화된다.

✗. 상자성체와 반자성체는 외부 자기장이 제거되는 즉시 자성이 사라진다. 따라서 (나)에서 A와 B 사이에는 자기력이 작용하지 않는다.

11 물질의 자성

강자성체와 상자성체는 외부 자기장과 같은 방향으로 자기화되고, 반자성체는 외부 자기장과 반대 방향으로 자기화된다. 또한 강자성체는 외부 자기장을 제거해도 오랫동안 자성을 유지한다.

ㄱ. (가), (나)에서 A만을 용수철에 매달았을 때보다 B와 C를 A의 연직 아래에 놓았을 때 용수철의 길이가 늘어나거나 줄어들었다. 따라서 자기화를 거친 A와 B, A와 C 사이에 자기력이 작용하므로 A는 외부 자기장을 제거해도 오랫동안 자성을 유지하는 강자성체이다.

ㄴ. (가)에서 용수철에 A만을 매달 때의 용수철의 길이 d_0보다 A의 연직 아래에 B를 놓았을 때 용수철의 길이 d_1이 더 크므로, 용수철에 매달린 A와 B 사이에는 서로 당기는 자기력이 작용한다. 따라서 B는 상자성체이다.

ㄷ. A는 강자성체이므로 외부 자기장의 방향과 같은 방향으로 자기화되어 (나)의 균일한 자기장 영역에서 A의 윗면은 N극으로 자기화된다. 또한 C는 반자성체이므로 외부 자기장의 방향과 반대 방향으로 자기화되므로 A의 연직 아래에 놓인 C의 윗면은 A의 윗면과 반대인 S극으로 자기화된다.

12 자성체의 이용

강자성체는 외부 자기장과 같은 방향으로 자기화되고 외부 자기장을 제거하였을 때 자성을 오랫동안 유지한다.

ㄱ. 외부 자기장과 같은 방향으로 자기화되고, 외부 자기장이 제거되어도 자성을 유지하는 A는 강자성체이다.

ㄴ. 코일의 전류에 의한 코일 내부에서의 자기장의 방향은 오른손의 네 손가락을 전류의 방향으로 감아쥘 때 엄지손가락이 가리키는 방향이다. 따라서 문이 닫혔을 때 코일 내부에서의 자기장 방향은 $-x$방향이다.

ㄷ. 문이 열렸을 때 A에는 같은 방향의 자성이 남아 있으므로 A와 금속 막대 사이에는 서로 당기는 자기력이 작용한다.

13 자성체와 전자기 유도

코일 근처에서 자기화된 자성체가 운동할 때 코일 내부를 통과하는 자기 선속이 변하여 전자기 유도에 의해 코일에는 유도 전류가 발생한다. 이때 코일에 발생하는 유도 전류의 방향은 렌츠 법칙에 의해 코일 내부를 통과하는 자기 선속의 변화를 방해하는 방향이다.

ㄱ. (나)에서 A를 Ⅱ에 가까이 할 때 전자기 유도에 의해 Ⅱ에 유도 전류가 흐르므로 A는 외부 자기장을 제거하여도 자성이 유지되는 강자성체이다.

ㄴ. (나)에서 A를 Ⅱ에 가까이 할 때, A에 의한 자기장에 의해 Ⅱ를 통과하는 자기 선속이 증가하고, Ⅱ에는 자기 선속의 증가를 방해하는 방향으로 유도 전류가 흐른다. 따라서 A의 P가 새겨진 쪽은 S극으로 자기화되어 있다. (가)에서 강자성체 A의 P가 새겨진 쪽이 S극으로 자기화되기 위해서 코일에는 그림과 같은 방

향으로 전류가 흘러야 하므로 전원 장치의 ⓐ는 (+)극이다.

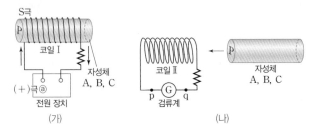

ㄷ. B, C는 상자성체와 반자성체 또는 반자성체와 상자성체이다. 상자성체와 반자성체는 외부 자기장을 제거하는 즉시 자성이 사라지므로 B, C 모두 Ⅱ에 가까이 할 때 Ⅱ에는 전류가 흐르지 않는다. 따라서 ㉠은 '흐르지 않음'이다.

14 전자기 유도

자기장의 세기가 증가하거나 감소할 때 금속 고리를 통과하는 자기 선속이 변하므로 고리에는 유도 전류가 흐른다.

ㄱ. 0부터 $2t_0$까지 고리에는 xy평면에 수직으로 들어가는 방향의 자기 선속이 증가하므로 렌츠 법칙에 의해 고리에 흐르는 유도 전류에 의한 자기장은 xy평면에서 수직으로 나오는 방향이다. 따라서 t_0일 때, P에 흐르는 유도 전류의 방향은 $+y$방향이다.

ㄴ. $4t_0$부터 $6t_0$까지 고리를 통과하는 Ⅰ에서의 자기장 세기가 감소하므로 고리를 통과하는 Ⅰ에서의 자기장에 의한 자기 선속은 감소한다.

ㄷ. P에 흐르는 유도 전류의 세기는 고리를 통과하는 자기 선속의 단위 시간당 자기 선속의 변화량의 크기에 비례하므로 시간에 따른 자기장의 세기 그래프에서 기울기가 클 때 P에 흐르는 유도 전류의 세기가 크다. 따라서 P에 흐르는 유도 전류의 세기는 t_0일 때가 $3t_0$일 때보다 크고, $3t_0$일 때는 고리를 통과하는 자기 선속의 변화량이 0이므로 P에는 유도 전류가 흐르지 않는다.

15 전자기 유도

막대자석이 솔레노이드 근처에서 운동할 때, 솔레노이드 내부를 통과하는 자기 선속이 변하여 솔레노이드에는 유도 전류가 흐른다. 유도 전류의 세기는 패러데이 법칙에 의해 도선을 통과하는 단위 시간당 자기 선속의 변화량의 크기가 클수록 크다.

ㄱ. $5t_0$일 때는 그림과 같이 자석이 코일에 가까워 질 때이고, LED에서 빛이 방출되므로 LED에는 순방향 전압이 걸린다. 따라서 코일에 흐르는 전류의 방향은 LED의 p형 반도체 → n형 반도체 방향이고, 코일에는 그림과 같이 전류가 흐른다.

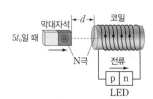

렌츠 법칙에 의해 코일에 흐르는 유도 전류에 의해 형성된 자기장의 방향은 코일에서 자석을 향하는 방향이므로 자석의 운동에 의해 코일에는 자석에서 코일을 향하는 방향으로 자기 선속이 증가한다. 따라서 ⓐ는 자석의 N극이다.

ⓒ. $2t_0$부터 $4t_0$까지 자석이 코일로부터 멀어지므로 코일 내부를 통과하는 자기 선속은 감소한다.

✗. 자석과 코일 사이의 거리는 $\frac{3}{2}t_0$일 때와 $5t_0$일 때가 같다. 그러나 자석이 코일에 가까워지는 속력은 $\frac{3}{2}t_0$일 때가 $5t_0$일 때의 2배이므로 전자기 유도 현상에 의해 코일에 형성되는 유도 기전력은 $\frac{3}{2}t_0$일 때가 $5t_0$일 때보다 크다. 따라서 LED에서 방출되는 빛의 밝기는 $\frac{3}{2}t_0$일 때가 $5t_0$일 때보다 밝다.

16 전자기 유도

도선에 생기는 유도 전류의 방향은 렌츠 법칙에 의해 도선을 통과하는 자기 선속의 변화를 방해하는 방향이고, 유도 전류의 세기는 패러데이 법칙에 의해 도선을 통과하는 단위 시간당 자기 선속의 변화량의 크기가 클수록 크다.

✗. A가 Ⅰ에 들어가는 동안 A에는 xy평면에 수직으로 들어가는 방향으로 자기 선속이 증가한다. 따라서 A에는 xy평면에 수직으로 들어가는 방향으로 자기 선속이 증가하는 것을 방해하는 방향으로 유도 전류가 흐르므로 A에 흐르는 유도 전류의 방향은 시계 반대 방향이다.

ⓒ. A와 C에 흐르는 유도 전류의 세기가 같으므로 A와 C의 단위 시간당 자기 선속의 변화량이 같다. 따라서 Ⅱ에는 Ⅰ에서와 반대 방향이고 세기가 Ⅰ에서의 2배인 자기장이 형성되어 있다. 따라서 자기장의 세기는 Ⅱ에서가 Ⅰ에서의 2배이다.

ⓒ. 자기장의 세기가 Ⅱ에서가 Ⅰ에서의 2배이고, Ⅱ로 들어가는 B의 속력이 Ⅰ로 들어가는 A의 속력의 2배이므로 단위 시간당 자기 선속의 변화량은 B에서가 A에서의 4배이다. 또한 유도 전류의 세기가 A에서와 C에서가 같으므로 유도 전류의 세기는 B에서가 C에서의 4배이다.

17 전자기 유도

금속 고리가 세기와 방향이 각각 다른 균일한 자기장 영역을 지나갈 때 고리를 통과하는 자기 선속이 변하므로, 전자기 유도에 의해 고리에 연결된 LED에 순방향 전압이 걸리면 LED에서 빛이 방출된다.

✗. a의 위치가 $x=d$일 때, 고리에 유도 전류가 흐르므로 LED에 순방향 전압이 걸리며 고리에 흐르는 전류의 방향은 시계 방향이다. 따라서 이때 a에 흐르는 유도 전류의 방향은 $-y$방향이다.

ⓒ. a의 위치가 $x=d$를 지날 때, 고리에 흐르는 유도 전류의 방향이 시계 방향이므로 렌츠 법칙에 의해 Ⅰ의 자기장의 방향은

xy평면에서 수직으로 나오는 방향이다. Ⅱ에서 자기장의 세기가 Ⅰ에서의 2배이므로 Ⅱ에서의 자기장의 방향이 xy평면에서 수직으로 나오는 방향이면 LED에는 순방향 전압이 걸려 고리에 유도 전류가 흐른다. 하지만 a의 위치가 $x=3d$일 때 고리에 유도 전류가 흐르지 않으므로 LED에는 역방향이 전압이 걸리며 Ⅱ에서 자기장의 방향은 xy평면에 수직으로 들어가는 방향이다.

ⓒ. a의 위치가 $x=7d$일 때, 고리에 유도 전류가 흐르지 않으므로 이때 LED에는 역방향 전압이 걸린다. 따라서 렌츠 법칙에 의해 Ⅲ에서 자기장의 방향은 xy평면에서 수직으로 나오는 방향이다. 따라서 a의 위치가 $x=5d$일 때, 즉 고리가 Ⅱ에서 빠져나오면서 Ⅲ으로 들어갈 때, 단위 시간당 자기 선속의 변화량은 xy평면에서 수직으로 나오는 방향으로 크기는 고리가 Ⅰ로 들어갈 때의 3배이다. 그러므로 고리에 흐르는 유도 전류의 세기는 a의 위치가 $x=5d$일 때가 $x=d$일 때보다 크므로 ㉠$>I$이다.

18 전자기 유도

유도 전류의 세기는 패러데이 법칙에 의해 고리를 통과하는 단위 시간당 자기 선속의 변화량의 크기가 클수록 크다. $0<x_p<4d$ 구간에서 p에 흐르는 유도 전류의 세기가 I_0으로 같으므로 Ⅰ과 Ⅱ에서 자기장의 방향과 세기는 서로 같다.

✗. p에 흐르는 유도 전류의 세기가 $x_p=5d$일 때가 $x_p=d$일 때의 3배이므로 Ⅰ, Ⅱ에서의 자기장 세기를 B_0이라 할 때, Ⅲ에서 자기장은 xy평면에서 수직으로 나오는 방향으로 세기가 $4B_0$ 또는 xy평면에 수직으로 들어가는 방향으로 세기가 $2B_0$이다. 만약 Ⅲ에서의 자기장의 세기가 $4B_0$일 때는 $8d<x_p<10d$ 구간에서 p에 흐르는 유도 전류의 세기가 $4I_0$으로 $3I_0$보다 크므로 제시된 조건에 위배가 된다. 따라서 Ⅲ에서 자기장은 xy평면에 수직으로 들어가는 방향으로 세기가 $2B_0$이다. 그러므로 Ⅰ에서와 Ⅲ에서의 자기장의 방향은 서로 반대이다.

ⓒ. $4d<x_p<6d$ 구간에서 고리를 통과하는 자기 선속이 xy평면에 수직으로 들어가는 방향으로 증가하므로 렌츠 법칙에 의해 고리에 흐르는 유도 전류의 방향은 시계 반대 방향이다. 따라서 $x_p=5d$일 때, p에 흐르는 유도 전류의 방향은 $+y$방향이다.

✗. 고리를 통과하는 단위 시간당 자기 선속의 변화량의 크기는 $8d<x_p<10d$ 구간에서가 $0<x_p<4d$ 구간에서의 2배이다. 따라서 $8d<x_p<10d$ 구간에서 p에 흐르는 유도 전류의 세기는 $2I_0$이다.

수능 2점 테스트

본문 157~162쪽

01 ②	02 ③	03 ①	04 ③	05 ③	06 ④
07 ②	08 ④	09 ⑤	10 ①	11 ②	12 ①
13 ②	14 ②	15 ③	16 ⑤	17 ⑤	18 ④
19 ②	20 ③	21 ⑤	22 ③	23 ⑤	24 ②

01 파동의 특성과 종류

매질의 진동 방향과 파동의 진행 방향이 나란한 파동을 종파라 하고, 매질의 진동 방향과 파동의 진행 방향이 수직인 파동을 횡파라고 한다.

✗. 횡파는 파동의 진행 방향과 매질의 진동 방향이 서로 수직인 파동이고, 종파는 파동의 진행 방향과 매질의 진동 방향이 서로 나란한 파동이다.

✗. 횡파에서 이웃한 마루와 마루 또는 이웃한 골과 골 사이의 거리를 파장이라고 한다.

⊙. 파동이 진행할 때 매질이 달라져도 파동의 진동수와 주기는 변하지 않는다. 따라서 음파가 진행할 때 매질이 달라져도 음파의 진동수는 변하지 않는다.

02 파동의 진행

파동의 변위를 위치에 따라 나타낸 그래프에서 이웃한 마루와 마루 사이의 거리는 파동의 파장이고, 매질의 한 점의 변위를 시간에 따라 나타낸 그래프에서 마루가 지난 순간부터 다음 마루가 지나는 순간까지 걸린 시간은 파동의 주기이다.

⊙. 파동의 파장은 4 cm, 파동의 주기는 2초이므로 파동의 진행 속력은 $\dfrac{4\ \text{cm}}{2\ \text{s}}$=2 cm/s이다.

ⓒ. t=0일 때 x=4 cm에서 y=0이고, 운동 방향은 $+y$방향이다. 따라서 (나)의 P는 x=4 cm에서 y를 t에 따라 나타낸 것이다.

✗. 파동의 주기는 2초이므로 t=2초일 때 파동의 모습은 (가)와 동일하다. 따라서 t=2초일 때 x=3 cm에서 y=-2 cm이다.

03 파동의 진행

파동의 속력은 파동의 파장과 진동수의 곱 또는 파동의 파장을 주기로 나눈 값이다. 따라서 파동의 속력이 일정할 때 파동의 파장과 진동수는 서로 반비례하고, 파동의 파장과 주기는 서로 비례한다.

⊙. 파장은 이웃한 마루와 마루 사이의 거리 또는 이웃한 골과 골 사이의 거리이다. 따라서 A의 파장은 1 cm이다.

✗. B의 파장은 2 cm이고, 파동의 진행 속력은 파동의 파장을 파동의 주기로 나눈 값이다. 따라서 A, B의 주기는 각각 $\dfrac{1\ \text{cm}}{1\ \text{cm/s}}$=1초, $\dfrac{2\ \text{cm}}{1\ \text{cm/s}}$=2초이므로 파동의 주기는 B가 A의 2배이다.

✗. B의 주기는 2초이므로 t=0일 때와 t=1초일 때 모두 B의 x=1 cm에서 y=0이다.

04 파동의 진행

물결파가 투영된 영역에서 밝은 부분은 마루, 어두운 부분은 골이다.

⊙. 물결파의 파장은 깊은 곳에서가 얕은 곳에서보다 길다. 스크린에 나타난 무늬에서 이웃한 밝은 무늬 사이의 거리는 Ⅰ에서가 Ⅱ에서보다 크므로 Ⅰ의 무늬는 깊은 곳을 지나는 물결파에 의해 형성된 것이다.

ⓒ. 물결파의 주기는 수심이 변해도 변하지 않는다. 따라서 물결파의 주기는 Ⅰ과 Ⅱ에서 같다.

✗. 물결파의 속력은 파장과 진동수의 곱이다. 따라서 진동자의 진동수만을 증가시키면 물결파의 파장은 감소하므로 얕은 곳을 지나는 물결파에 의해 스크린에 나타난 이웃한 밝은 무늬 사이의 간격은 감소한다.

05 파동의 진행

파동이 골에서 처음으로 마루가 될 때까지 걸린 시간은 주기의 $\dfrac{1}{2}$배이다.

③ Ⅰ에서 파동의 파장은 4 cm이다. x=2 cm인 지점은 t=0일 때 골이고, t=2초일 때 처음으로 마루가 되므로 Ⅰ에서 파동의 주기는 4초이다. 파동이 서로 다른 매질로 진행할 때 주기는 변하지 않으므로 Ⅱ에서 파동의 주기도 4초이다. Ⅱ에서 파장은 8 cm이므로 파동의 속력은 $\dfrac{8\ \text{cm}}{4\ \text{s}}$=2 cm/s이다. 따라서 λ_1=4 cm, v_2=2 cm/s이다.

06 파동의 진행

파동의 파장은 이웃한 마루와 마루 또는 골과 골 사이의 거리이다. 파동의 진행 속력, 파장, 진동수를 각각 v, λ, f라 하면 $f=\dfrac{v}{\lambda}$이다.

④ A, B의 속력을 각각 $2v$, $3v$라 하면, A, B의 파장은 각각 1 cm, 2 cm이므로 $f_A=\dfrac{2v}{1\ \text{cm}}$, $f_B=\dfrac{3v}{2\ \text{cm}}$이다. 따라서 $\dfrac{f_A}{f_B}=\dfrac{4}{3}$이다.

07 파동의 진행

파동의 파장은 이웃한 마루와 마루 또는 골과 골 사이의 거리이다.

✗. 파동의 파장은 이웃한 골과 골 사이의 거리이다. 따라서 B의 파장은 $4d$이다.

◯. A의 파장은 $2d$이고 주기는 T이므로 A의 진행 속력은 $\dfrac{2d}{T}$이다.

✗. B의 진행 방향은 $+x$방향이므로 $t=\dfrac{1}{4}T$일 때, $x=2d$인 지점에서 B의 변위는 $-d$이다.

08 파동의 종류와 굴절

빛의 속력은 차가운 공기에서는 느리고 따뜻한 공기에서는 빠르다. 따라서 공기의 온도에 따라 빛의 속력이 달라지면서 진행하는 빛의 경로가 휘어지는 현상이 일어난다.

✗. 소리는 종파로 파동의 진행 방향과 매질의 진동 방향이 서로 나란하다.

◯. 파동의 진동수는 매질에 따라 변하지 않고 파동은 속력이 느려지는 매질 쪽으로 굴절한다. 파장은 속력에 비례하므로 (가)에서 소리의 파장은 차가운 공기에서가 따뜻한 공기에서보다 짧다.

◯. 파동은 굴절률이 큰 매질 쪽으로 굴절한다. 따라서 (나)에서 굴절률은 뜨거운 공기가 차가운 공기보다 작다.

09 파동의 종류와 굴절

소리는 종파이며, 종파는 매질의 진동 방향과 파동의 진행 방향이 나란하다.

✗. 소리는 진행 방향과 매질의 진동 방향이 서로 나란한 종파이다.

◯. 동일한 파원에서 발생한 소리의 진동수는 매질이 달라져도 변하지 않는다.

◯. 소리는 진행하다가 다른 매질을 만나 굴절될 때 속력이 느린 매질 쪽으로 굴절된다. 따라서 소리의 속력은 공기에서가 이산화탄소에서보다 크다.

10 빛과 파동의 굴절

그림과 같이 파동이 진행할 때 파면과 경계면 사이의 각은 입사각 또는 굴절각과 같다.

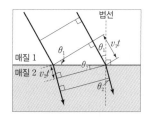

◯. (가)에서 Ⅰ과 Ⅱ에서 단색광의 파장을 각각 λ_1, λ_2이라 하고

굴절 법칙 $\dfrac{\sin\theta_1}{\sin\theta_2}=\dfrac{\lambda_1}{\lambda_2}$을 적용하면 $\theta_1>\theta_2$이므로 $\lambda_1>\lambda_2$이다.

✗. (가)에서 Ⅰ과 Ⅱ의 굴절률을 각각 n_1, n_2라 하고 굴절 법칙을 적용하면 $\dfrac{n_1}{n_2}=\dfrac{\sin\theta_2}{\sin\theta_1}$이다. $\theta_1>\theta_2$이므로 $n_1<n_2$이다.

✗. (나)에서 파동이 Ⅰ에서 Ⅱ로 진행할 때 입사각은 θ_2이고 굴절각은 θ_1이다. $\theta_1>\theta_2$이므로 (나)에서 파동의 입사각이 굴절각보다 작다.

11 물결파의 굴절

매질 1과 2에서 파동의 입사각과 굴절각을 각각 i, r라 하고, 파동의 속력을 각각 v_1, v_2라고 하자. 속력은 같은 시간 동안 이동한 거리에 비례하므로 $\dfrac{\sin i}{\sin r}=\dfrac{v_1}{v_2}=\dfrac{\overline{AA'}}{\overline{BB'}}$이다.

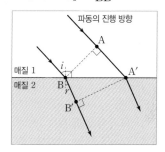

✗. 매질에 따라 물결파의 속력이 변하므로 물결파가 매질의 경계면에서 굴절한다. 물결파가 굴절하여도 물결파의 주기는 변하지 않으므로 $T_1=T_2$이고 $\dfrac{T_2}{T_1}$는 $\dfrac{v_2}{v_1}$가 아니다.

◯. 물결파의 속력은 같은 시간 동안 파면의 진행 거리이다. 따라서 $\dfrac{v_2}{v_1}=\dfrac{\overline{BB'}}{\overline{AA'}}$이다.

✗. 물결파의 입사각은 $90°-\theta_1$이고 굴절각은 $90°-\theta_2$이다. 따라서 $\dfrac{v_2}{v_1}=\dfrac{\sin(90°-\theta_2)}{\sin(90°-\theta_1)}$이다.

12 빛의 굴절과 전반사

빛이 매질의 경계면에서 굴절할 때 빛의 진행 방향과 법선이 이루는 각이 큰 쪽의 매질의 굴절률이 작다. 빛의 전반사는 굴절률이 큰 매질에서 굴절률이 작은 매질로 빛이 임계각보다 큰 입사각으로 진행할 때 일어난다.

◯. (가)에서 광원에서 나온 빛이 물에서 공기로 진행할 때 입사각보다 굴절각이 크다. 따라서 빛의 속력은 물에서가 공기에서보다 작다.

✗. 광원에서 나온 빛이 물과 공기의 경계면에서 전반사하려면 광원에서 나온 빛이 물에서 공기로 진행할 때 입사각이 임계각보다 커야 한다. 입사각을 감소시키면 물과 공기의 경계면에서 빛은 굴절한다.

✗. (나)에서 렌즈를 통해 숫자가 크게 보이는 것은 빛이 공기에서 렌즈로 진행할 때와 렌즈에서 공기로 진행할 때 진행 방향이 변하기 때문에 나타나는 현상이므로 빛의 굴절로 설명할 수 있다.

13 빛의 굴절과 전반사

굴절률이 n_1인 매질에서 n_2인 매질로 빛이 진행할 때 $\sin i_c = \dfrac{n_2}{n_1}$ (i_c: 임계각)이므로 n_1이 커질수록, n_2가 작아질수록 임계각은 작아진다.

✗. X가 공기에서 A로 진행할 때 굴절각이 입사각보다 작으므로 X의 속력은 공기에서가 A에서보다 크다.

ⓒ. r에서 X의 입사각이 θ일 때 X가 굴절하였으므로 A와 B 사이의 임계각은 θ보다 크다.

✗. q에서 X가 전반사하였으므로 굴절률은 A가 B보다 크다. 따라서 r에서 X가 굴절할 때 굴절각은 입사각 θ보다 크다.

14 빛의 굴절과 전반사

입사각은 법선과 입사 광선이 이루는 각이고, 굴절각은 법선과 굴절 광선이 이루는 각이다.

✗. A가 Ⅰ에서 Ⅲ으로 진행할 때 입사각은 $90° - \theta_1$이고, Ⅰ과 Ⅱ의 경계면과 Ⅰ과 Ⅲ의 경계면이 나란하므로 A가 p로 진행할 때 입사각은 $90° - \theta_1$이다. A가 p에서 전반하였으므로 Ⅰ과 Ⅱ 사이의 임계각은 입사각 $90° - \theta_1$보다 작다.

✗. A가 q에서 굴절할 때 굴절각이 입사각보다 크므로 A의 속력은 Ⅰ에서가 Ⅲ에서보다 작다.

ⓒ. A가 Ⅰ과 Ⅱ의 경계면상의 p에서 전반사하고 Ⅰ과 Ⅲ의 경계면상의 q에서 입사각보다 굴절각이 크게 굴절하였으므로 Ⅰ, Ⅱ, Ⅲ의 굴절률을 각각 n_1, n_2, n_3이라 하면 $n_1 > n_3 > n_2$이다.

15 굴절 법칙과 전반사

$\dfrac{\sin i}{\sin r} > 1$이면 빛의 속력은 입사 광선이 굴절 광선보다 크다. 이때 굴절률은 입사 광선이 진행하는 매질이 굴절 광선이 진행하는 매질보다 작다.

ⓒ. Ⅰ에서 $\dfrac{\sin i}{\sin r} > 1$이므로 $\sin i > \sin r$이다. 따라서 굴절률은 B가 A보다 크다.

ⓒ. Ⅱ에서 $\dfrac{\sin i}{\sin r} < 1$이므로 $\sin i < \sin r$이다. 따라서 굴절률은 C가 A보다 크다. 굴절 법칙을 적용하면 굴절률과 빛의 속력은 서로 반비례하므로 P의 속력은 A에서가 C에서보다 크다.

✗. 전반사는 빛이 굴절률이 큰 매질에서 굴절률이 작은 매질로 진행하고 입사각이 임계각보다 클 때 일어나는 현상이다. Ⅰ에서 굴절률은 B가 A보다 크므로 P가 A에서 B로 진행하면 입사각에 관계없이 전반사가 일어나지 않는다.

16 전반사와 간섭 현상

광섬유에서 굴절률은 코어가 클래딩보다 크므로 코어와 클래딩의 경계면에서 입사각이 임계각보다 클 때 빛은 전반사하면서 코어를 따라 진행한다.

ⓒ. (가)에서 빛은 광섬유의 코어만을 따라 진행한다. 따라서 빛은 코어와 클래딩의 경계면에서 전반사해야 한다.

ⓒ. (가)의 광섬유에서 빛은 코어를 따라 전반사하며 진행하므로 굴절률은 코어가 클래딩보다 크다.

ⓒ. 빛의 간섭에 의해 밝게 보이는 빛은 두 빛이 보강 간섭할 때 발생한다.

17 전자기파의 특성과 종류

(가)에서 이웃한 마루와 마루 사이의 거리는 파장이고, (나)에서 마루가 지난 순간부터 다음 마루가 지나는 순간까지 걸린 시간은 주기이다.

ⓒ. 전자기파는 횡파이므로 전자기파의 진행 방향과 자기장의 진동 방향이 서로 수직이다.

ⓒ. a는 파장이고 진공에서 파장은 마이크로파가 자외선보다 길다.

ⓒ. b는 주기이므로 $\dfrac{a}{b}$는 전자기파의 속력이다. 따라서 진공에서 $\dfrac{a}{b}$는 감마(γ)선과 라디오파가 같다.

18 전자기파의 종류와 이용

진공에서 전자기파의 파장과 진동수는 서로 반비례한다. 전자기파 중 파장이 가장 짧은 것은 감마(γ)선이고, 파장이 가장 긴 것은 라디오파이다.

✗. 리모컨에서 TV에 신호를 보내는 데 이용하는 A는 적외선이다.

ⓒ. X선보다 파장이 짧은 B는 감마(γ)선이다.

ⓒ. 파장은 적외선이 감마(γ)선보다 길다. 따라서 진동수는 적외선이 감마(γ)선보다 작다.

19 전자기파의 종류, 진행 속력, 파장

진공에서 전자기파의 속력은 진동수에 관계없이 일정하고, 전자기파의 파장과 진동수는 서로 반비례한다.

✗. 진공에서 전자기파의 속력은 진동수에 관계없이 일정하므로 진공에서 속력은 ㉠과 ㉡이 같다.

✗. 빨간색 빛은 사람이 눈으로 볼 수 있는 빛이므로 가시광선 영역에 해당하는 전자기파이다.

ⓒ. 진공에서 전자기파의 속력은 진동수와 관계없이 같다. ㉠과 ㉢의 속력은 같으므로 전자기파의 진동수가 작을수록 파장이 길다. 따라서 진공에서의 파장은 ㉠이 ㉢보다 길다.

20 전자기파의 종류와 이용

A는 X선, B는 적외선, C는 라디오파이다.

③ 뼈 사진에 이용하는 X선의 파장은 감마(γ)선보다 길고 자외선보다 짧다. 비접촉 온도계에 이용하는 적외선의 파장은 가시광선보다 길고, 마이크로파보다 짧다. 라디오에 이용하는 라디오파의 파장은 마이크로파보다 길다.

21 전자기파의 종류와 이용

㉠은 마이크로파, ㉡은 자외선, ㉢은 X선이다.

㉠. 가시광선보다 진동수가 큰 전자기파인 ㉡은 자외선이다.

㉡. 진공에서 전자기파의 파장과 진동수는 서로 반비례하므로 파장이 긴 A가 B보다 진동수가 작다.

㉢. 진공에서의 파장은 진동수가 작은 ㉠이 진동수가 큰 ㉢보다 길다.

22 전자기파의 종류와 소음 제거 원리

진공에서 전자기파의 파장과 진동수는 서로 반비례한다. 소음 제거 원리는 두 파동의 상쇄 간섭을 이용한다.

✗. 진공에서 파장은 가시광선의 보랏빛이 적외선보다 짧으므로 진동수는 가시광선의 보랏빛이 적외선보다 크다.

✗. 소음 제거 이어폰에서는 외부에서 입력된 소음과 이어폰에서 발생시킨 소리가 서로 상쇄 간섭하여 소음이 줄어든다.

㉢. 진공에서 전자기파의 속력은 공기 중에서 소리의 속력보다 크다.

23 파동의 간섭

빛의 이중 슬릿 실험에서 스크린상의 밝은 무늬의 중심은 보강 간섭, 어두운 무늬의 중심은 상쇄 간섭이 일어난 결과이다.

㉠. 밝은 무늬의 중심은 a, b를 통과한 두 단색광이 같은 위상으로 만나 보강 간섭하기 때문에 나타난다. 따라서 O는 밝은 무늬의 중심이므로 O에 도달한 두 단색광의 위상은 서로 같다.

㉡. 어두운 무늬는 a, b를 통과한 두 단색광이 반대 위상으로 만나 상쇄 간섭하기 때문에 나타난다. 따라서 P는 어두운 무늬의 중심이므로 a, b를 통과한 단색광이 P에서 상쇄 간섭한다.

㉢. 간섭은 파동이 중첩되어 나타나는 현상으로, 빛의 파동성을 보여 주는 현상이다.

24 파동의 간섭

동일한 매질에서 두 파동이 서로 같은 위상으로 만나면 보강 간섭이 일어나고 서로 반대 위상으로 만나면 상쇄 간섭이 일어난다.

② 매질의 진동 방향과 파동의 진행 방향이 서로 수직인 물결파는 횡파이고 선박의 진행에 의해 만들어진 물결파를 없애기 위해서는 물결파와 위상이 반대인 물결파를 만나게 하여 두 물결파가 상쇄 간섭을 일으키도록 해야 한다.

---

01 ④	02 ⑤	03 ④	04 ④	05 ③	06 ②
07 ⑤	08 ⑤	09 ①	10 ③	11 ②	12 ⑤
13 ⑤	14 ④	15 ⑤	16 ④	17 ③	18 ③
19 ①	20 ④	21 ②	22 ②	23 ①	24 ②

01 횡파와 종파

X선은 횡파이고 진공에서도 전파된다. 초음파는 종파이고 진공에서는 전파되지 않는다.

㉠. 진동수는 X선이 적외선보다 크다.

✗. ㉡은 매질의 진동 방향과 파동의 진행 방향이 나란한 종파이다.

㉢. X선은 전자기파로 진공에서도 전파된다.

02 파동의 발생과 진행

위상은 매질의 각 점들의 위치와 진동(운동) 상태를 나타내는 물리량으로, 같은 시각에 동일한 운동을 하는 점들은 위상이 같다. 한 파동에서 이웃한 마루들은 위상이 서로 같고, 마루와 골은 위상이 서로 반대이다.

⑤ A, B의 진행 속력을 각각 $3v$, v라 하면 $f_A = \dfrac{3v}{3\,\text{m}}$, $f_B = \dfrac{v}{6\,\text{m}}$이다. 따라서 $\dfrac{f_A}{f_B} = 6$이다.

03 파동의 진행

파동의 변위를 시간에 따라 나타낸 그래프에서 위상이 같은 이웃한 두 점 사이의 시간은 주기이다. 파동의 파장은 파동의 속력과 주기를 곱한 값이다.

④ 그래프에서 마루와 마루 사이의 걸린 시간 1초는 A의 주기이고 A의 속력은 2 m/s이다. 파동의 파장은 속력과 주기의 곱이므로 A의 파장은 2 m/s×1 s=2 m이다.

A가 $+x$방향으로 진행한다고 할 때 A의 변위를 x에 따라 나타내면 다음과 같다.

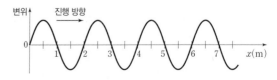

A가 $-x$방향으로 진행한다고 할 때 A의 변위를 x에 따라 나타내면 다음과 같다.

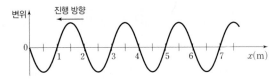

두 그래프 중 $t=0$일 때 $x=0.5$ m인 지점에 A의 골이 지나는 경우는 A가 $-x$방향으로 진행하는 경우이고, $x=2$ m인 지점의 변위를 t에 따라 나타낸 그래프는 다음과 같다.

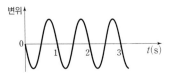

04 파동의 진행

파동의 주기를 T라고 할 때, $y=0$인 $x=1$ m에서 매질의 운동 방향이 $-y$방향이라면 $\frac{1}{4}T$가 지난 순간 $x=1$ m인 지점은 골이 되고, 매질의 운동 방향이 $+y$방향이라면 $\frac{1}{4}T$가 지난 순간 $x=1$ m인 지점은 마루가 된다.

✗. 파동의 파장은 2 m이므로 파동의 주기는 $T=\dfrac{2\,\text{m}}{1\,\text{m/s}}=2$초 이다.

◯. $t=0$일 때 x축상의 $x=1$ m, $x=2$ m인 지점은 위상이 서로 반대이므로 ㉠은 $+y$방향이다.

◯. x축상의 $x=1$ m, $x=2$ m인 지점에서 매질의 운동 방향은 각각 $-y$방향, $+y$방향이므로 파동은 $-x$방향으로 진행한다. $t=1.5$초$=\dfrac{3}{4}T$일 때 파동은 $\dfrac{3}{4}\times2$ m$=\dfrac{3}{2}$ m만큼 이동하므로 $t=1.5$초일 때, $x=2.5$ m에서 매질의 운동 방향은 $+y$방향이다.

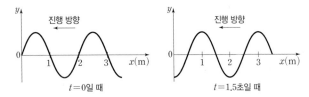

05 물결파의 굴절

파동이 굴절할 때 파동의 진동수와 주기는 변하지 않으며 파동의 진동수가 일정하면 파동의 속력은 파장에 비례한다.

◯. 파동이 굴절할 때 파동의 주기는 변하지 않으므로 물결파의 주기는 A에서와 B에서가 같다.

◯. 파동의 진행 방향이 매질의 경계에 그은 법선과 이루는 각은 파면과 매질의 경계면이 이루는 각과 같으므로 물결파가 A에서 B로 진행할 때 물결파의 진행 방향, 각 매질에서의 파장과 입사각(θ_A)과 굴절각(θ_B)은 그림과 같다.

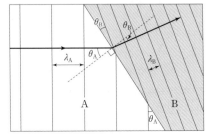

따라서 θ_A는 θ_B보다 크다.

✗. A, B에서 물결파의 진행 속력을 각각 v_A, v_B라고 하면 $\dfrac{v_A}{v_B}=\dfrac{\sin\theta_A}{\sin\theta_B}>1$이다. 따라서 물결파의 진행 속력은 A에서가 B에서보다 크다.

[별해] A와 B에서 주기는 같고 파장은 $\lambda_A>\lambda_B$이므로 물결파의 진행 속력은 A에서가 B에서보다 크다.

06 빛의 굴절과 전반사

입사각보다 굴절각이 크면 입사 광선이 진행하는 매질의 굴절률이 굴절 광선이 진행하는 매질의 굴절률보다 크다.

✗. A, B, C의 굴절률을 각각 n_A, n_B, n_C라 하고, X가 A에서 B로 진행할 때 굴절 법칙을 적용하면 $\dfrac{n_B}{n_A}=\dfrac{\sin30°}{\sin45°}$이므로 $n_A>n_B$이고, X가 B에서 C로 진행할 때 굴절 법칙을 적용하면 $\dfrac{n_C}{n_B}=\dfrac{\sin30°}{\sin60°}$이므로 $n_B>n_C$이다. 따라서 $n_A>n_C$이다.

◯. B와 C에서 X의 파장을 각각 λ_B, λ_C라고 하면 $\dfrac{n_C}{n_B}=\dfrac{\sin30°}{\sin60°}=\dfrac{\lambda_B}{\lambda_C}$이다. 따라서 $\lambda_B<\lambda_C$이다.

✗. X가 A에서 B로 진행할 때와 B에서 C로 진행할 때 입사각은 30°로 같으나 굴절각은 A에서 B로 진행할 때 45°, B에서 C로 진행할 때 60°이다. X가 A에서 B로 진행할 때와 B에서 C로 진행할 때 각각 동일한 각으로 입사각을 점점 증가시키면 A에서 B로 진행할 때가 B에서 C로 진행할 때보다 나중에 전반사가 일어난다. 따라서 임계각은 A와 B 사이에서가 B와 C 사이에서보다 크다.

[별해] $\dfrac{n_B}{n_A}=\dfrac{\sin30°}{\sin45°}=\dfrac{\sqrt{2}}{2}$, $\dfrac{n_C}{n_B}=\dfrac{\sin30°}{\sin60°}=\dfrac{\sqrt{3}}{3}$이다. A와 B 사이의 임계각을 i_{AB}, B와 C 사이의 임계각을 i_{BC}라고 하면 $\sin i_{AB}=\dfrac{\sqrt{2}}{2}$, $\sin i_{BC}=\dfrac{\sqrt{3}}{3}$이 되어 $i_{AB}>i_{BC}$이다. 따라서 임계각은 A와 B 사이에서가 B와 C 사이에서보다 크다.

07 빛의 굴절과 전반사

임계각은 굴절각이 90°일 때의 입사각이다. 입사각보다 굴절각이 크면 입사 광선이 진행하는 매질의 굴절률이 굴절 광선이 진행하는 매질의 굴절률보다 크다.

ⓘ. (가)에서 θ는 임계각이므로 굴절률은 A가 B보다 크다.

ⓛ. (나)에서 입사각 θ보다 굴절각 2θ가 크므로 X의 속력은 B에서가 C에서보다 작다.

ⓒ. A, B, C의 굴절률을 각각 n_A, n_B, n_C라 하면 (가)에서 $n_A > n_B$, $\dfrac{n_B}{n_A} = \sin\theta$이고, (나)에서 $n_B > n_C$이므로 $n_A > n_B > n_C$이다. (다)에서 임계각을 θ'라 하면 $\dfrac{n_C}{n_A} = \sin\theta'$이다. 따라서 $\theta > \theta'$이다. (다)에서 임계각은 θ보다 작으므로 입사각이 θ일 때 X는 A와 C의 경계면에서 전반사한다.

08 굴절 법칙

매질 1과 2에서 단색광의 진행 방향과 법선이 이루는 각을 각각 θ_1, θ_2, 매질 1과 2의 굴절률을 각각 n_1, n_2라고 할 때 굴절 법칙을 적용하면 $\dfrac{n_2}{n_1} = \dfrac{\sin\theta_1}{\sin\theta_2}$이다.

✗. X가 A에서 B로 진행할 때 입사 광선의 진행 방향과 법선이 이루는 각이 굴절 광선의 진행 방향과 법선이 이루는 각보다 작으므로 X의 파장은 A에서가 B에서보다 짧다.

ⓛ. B에서 X의 진행 방향과 법선이 이루는 각과 C에서 X의 진행 방향과 법선이 이루는 각은 3θ로 같고, A에서 B로 진행할 때 A에서 X의 진행 방향과 법선이 이루는 각은 2θ이고 C에서 A로 진행할 때 A에서 X의 진행 방향과 법선이 이루는 각은 θ이다. A, B, C의 굴절률을 각각 n_A, n_B, n_C라 하고 굴절 법칙을 적용하면 $\dfrac{n_B}{n_A} = \dfrac{\sin 2\theta}{\sin 3\theta} \cdots$ ①, $\dfrac{n_A}{n_C} = \dfrac{\sin 3\theta}{\sin\theta} \cdots$ ②이다. ① × ② $= \dfrac{n_B}{n_C} = \dfrac{\sin 2\theta}{\sin\theta}$에서 $n_B > n_C$이므로 $n_A > n_B > n_C$이다.

ⓒ. A와 C 사이에서 임계각은 $\dfrac{n_C}{n_A}$이고, B와 C 사이에서 임계각은 $\dfrac{n_C}{n_B}$이다. $n_A > n_B > n_C$이므로 A와 C 사이에서 임계각은 B와 C 사이에서 임계각보다 작다.

09 빛의 굴절과 전반사

입사각이 굴절각보다 크면 입사 광선이 진행하는 매질의 굴절률이 굴절 광선이 진행하는 매질의 굴절률보다 작다. 단색광이 굴절률이 큰 매질에서 굴절률이 작은 매질로 진행할 때, 입사각이 임계각보다 크면 두 매질의 경계면에서 전반사가 일어난다.

ⓘ. A, B의 굴절률을 각각 n_A, n_B라 하고, (가)에서 X가 A에서 B로 진행할 때 굴절 법칙을 적용하면 $\dfrac{n_B}{n_A} = \dfrac{\sin 60°}{\dfrac{1}{\sqrt{5}}} = \dfrac{\sqrt{15}}{2}$이므로 $n_A < n_B$이다.

✗. (나)에서 X는 그림과 같이 y축상의 $y = -2d$인 지점을 지난다. C의 굴절률을 n_C라 하고, (나)에서 X가 B에서 C로 진행할 때, 굴절 법칙을 적용하면 $\dfrac{n_C}{n_B} = \dfrac{\dfrac{1}{\sqrt{5}}}{\sin 45°} = \dfrac{\sqrt{10}}{5}$이다. A와 C에서 X의 파장을 각각 λ_A, λ_C라 하고, 굴절 법칙을 적용하면 $\dfrac{n_C}{n_A} = \dfrac{\lambda_A}{\lambda_C} = \sqrt{\dfrac{3}{2}} > 1$이므로 $\lambda_A > \lambda_C$이다.

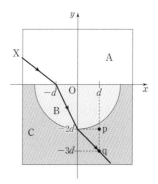

✗. (나)에서 X를 평행 이동시켜 X가 A에서 x축상의 $x = -\dfrac{1}{2}d$인 점을 지나도록 입사시키면 X가 B와 C의 경계면에서 입사할 때 입사각이 (나)에서보다 작다. 따라서 X는 B와 C의 경계면에서 전반사하지 않고 일부는 굴절한다.

10 빛의 굴절

공기, 유리의 굴절률을 각각 $n_{공기}$, $n_{유리}$라 하고, 공기에서 유리로 진행할 때 굴절 법칙을 적용하면 $\dfrac{n_{유리}}{n_{공기}} = \dfrac{\sin i}{\sin r}$이다. $n_{공기}$와 i가 일정할 때 $n_{유리}$가 클수록 r가 작다.

ⓘ. A가 공기 중에서 유리판에 들어갈 때와 유리판을 나올 때 굴절 법칙을 적용하면 A가 유리판에 들어갈 때 입사각과 A가 유리판을 나올 때 굴절각은 같다.

ⓛ. B가 공기 중에서 유리판으로 굴절할 때, 입사각이 굴절각보다 크므로 B의 속력은 유리판에서가 공기에서보다 작다.

✗. $d_2 > d > d_1$이 되려면 단색광이 공기 중에서 유리판에 들어갈 때 굴절되는 정도는 C가 가장 크고 B가 가장 작다. A의 공기 중 파장에 따른 유리판의 굴절률은 n_{II}이므로 B의 공기 중 파장에 따른 유리판의 굴절률은 n_{I}이고, C의 공기 중 파장에 따른 유리판의 굴절률은 n_{III}이다.

11 빛의 굴절과 전반사

단색광이 굴절률이 큰 매질에서 굴절률이 작은 매질로 진행할 때, 입사각이 임계각보다 크면 두 매질의 경계면에서 전반사가 일어난다.

✗. A, B의 굴절률을 각각 n_A, n_B라 하면, r에서 X는 전반사하므로 $n_B > n_A$이다. 따라서 X의 $\frac{n_B}{n_A} > 1$이다.

✗. p에서 X의 굴절각은 $90° - \theta$이고 $n_B > n_A$이다. $90° - \theta < 2\theta$이고, $\theta = \theta_c$이므로 $90° < 3\theta = 3\theta_c$가 되어 $\theta_c > 30°$이다.

ⓒ. X는 r에서 입사각 θ로 입사하여 전반사하고, Y는 r에 임계각 θ_c로 입사하므로 r에서 임계각은 X가 Y보다 작다. B에서 A로 진행할 때 임계각을 i_{BA}라고 하면 $\frac{n_B}{n_A} = \frac{\sin 90°}{\sin i_{BA}}$이므로 임계각이 작을수록 $\frac{n_B}{n_A}$는 크다. 따라서 b는 Y의 A에 대한 B의 굴절률이다.

12 빛의 굴절과 전반사

매질 1과 2의 굴절률을 각각 n_1, n_2, 매질 1과 2에서 빛의 속력을 v_1, v_2라 하고, 빛이 매질 1에서 입사각 i로 입사하여 매질 2에서 굴절각 r로 굴절할 때 굴절 법칙을 적용하면 $\frac{n_2}{n_1} = \frac{\sin i}{\sin r} = \frac{v_1}{v_2}$이다. 전반사는 빛이 굴절률이 큰 매질에서 굴절률이 작은 매질로 진행하고 입사각이 임계각보다 큰 경우에 일어난다.

✗. Ⅰ에서 A, B의 굴절률을 각각 n_A, n_B라 하고 굴절 법칙을 적용하면 $\frac{n_B}{n_A} = \frac{\sin i}{\sin r} = \frac{\overline{ab}}{\overline{cd}}$이다. $\overline{ab} > \overline{cd}$이므로 굴절률은 A가 B보다 작다.

ⓒ. Ⅱ에서 B, C에서의 빛의 속력을 각각 v_B, v_C라 하고 굴절 법칙을 적용하면 $\frac{n_C}{n_B} = \frac{\sin i}{\sin r} = \frac{\overline{ab}}{\overline{cd}} = \frac{v_B}{v_C}$이다. $\overline{ab} < \overline{cd}$이므로 P의 속력은 B에서가 C에서보다 작다.

ⓒ. Ⅱ에서 $\overline{ab} = 3$ cm일 때가 임계각이므로 $\overline{ab} > 3$ cm일 때 P의 입사각은 임계각보다 크다. 따라서 $\overline{ab} = 3.5$ cm가 되도록 P를 O에 입사시키면 P는 O에서 전반사한다.

13 빛의 굴절과 전반사

매질 A, B의 굴절률을 n_A, n_B라 하자. 단색광이 A에서 B로 입사각 i로 입사하여 굴절각 r로 굴절할 때와 단색광이 B에서 A로 입사각 r로 입사하여 굴절각 i로 굴절할 때, 굴절 법칙을 적용하면 모두 $\frac{n_B}{n_A} = \frac{\sin i}{\sin r}$로 동일하다.

⊙. X가 A에서 B로 진행할 때 입사각보다 굴절각이 크므로 X의 속력은 B에서가 A에서보다 크다.

ⓒ. X가 A에서 B로 진행할 때 A와 B의 경계면과 B에서 A로 진행할 때 B와 A의 경계면이 서로 나란하다. 따라서 X가 A에서 B로 진행할 때 입사각이 θ_1이면 B에서 A로 진행할 때 굴절각도 θ_1이다. X가 q에 입사할 때 입사각이 θ_2이므로 $\theta_1 + \theta_2 = 90°$이다.

ⓒ. X를 p에 θ_1보다 작은 입사각으로 입사시키면 A와 C의 경계면에서 입사각이 θ_2보다 커진다. 따라서 X를 p에 θ_1보다 작은 각으로 입사시키면 X는 A와 C의 경계면에서 전반사한다.

14 빛의 굴절과 전반사

전반사는 굴절률이 큰 매질에서 굴절률이 작은 매질로 임계각보다 큰 입사각으로 입사할 때 일어난다.

⊙. 빛이 반사할 때 입사각과 반사각은 같다.

✗. (나)에서 S에 나온 단색광은 공기와 Ⅱ의 경계면에서 전반사하므로 굴절률은 공기가 Ⅱ보다 작다.

ⓒ. $R' > R$이면 임계각은 (가)에서가 (나)에서보다 작다. 공기, Ⅰ, Ⅱ의 굴절률을 각각 $n_{공기}$, n_1, n_{II}라 하고 (가)와 (나)에서 임계각을 각각 $\theta_{(가)}$, $\theta_{(나)}$라 하면 (가)와 (나)에서 각각 $\frac{n_{공기}}{n_1} = \sin\theta_{(가)}$, $\frac{n_{공기}}{n_{II}} = \sin\theta_{(나)}$가 성립한다. $\theta_{(가)} < \theta_{(나)}$이므로 $n_1 > n_{II}$이다. 따라서 굴절률은 Ⅰ이 Ⅱ보다 크다.

15 파동의 굴절과 전반사

진동수가 일정할 때 속력이 클수록 파장이 길다. 전반사는 파동의 진행 속력이 작은 매질에서 큰 매질로 진행하고 임계각보다 큰 입사각으로 입사할 때 일어난다.

⊙. 진동수가 같을 때 파동의 진행 속력은 파장에 비례한다. (가)에서 파장은 A에서 가장 길고 C에서 가장 짧으므로, 파동의 진행 속력은 A에서 가장 크고 C에서 가장 작다. 따라서 파동의 진행 속력은 B에서가 C에서보다 크다.

ⓒ. (나)에서 P에 A를 놓고 Q에 B를 놓았을 때, 경계면에서 파동의 속력은 느려지므로 굴절 법칙을 적용하면 a에서 입사각은 굴절각보다 크다.

ⓒ. 굴절률이 n_1인 매질에서 굴절률이 n_2인 매질로 빛이 진행할 때(단, $n_1 > n_2$) $\frac{n_2}{n_1}$가 작을수록 임계각이 작다. 따라서 임계각은 P에 C를 놓고 Q에 B를 놓았을 때가 P에 C를 놓고 Q에 A를 놓았을 때보다 크다.

16 빛의 굴절과 광섬유

입사각이 굴절각보다 작을 경우 입사 광선이 진행하는 매질의 굴절률이 굴절 광선이 진행하는 매질의 굴절률보다 크다.

✗. 단색광이 B에서 C로 진행할 때 입사각이 굴절각보다 작으므로 단색광의 파장은 B에서가 C에서보다 짧다.

ⓒ. 단색광이 C에서 A로 진행할 때 입사각이 굴절각보다 작으므로 입사 광선이 진행하는 C의 굴절률이 굴절 광선이 진행하는 A의 굴절률보다 크다.

ⓒ. A, B, C의 굴절률을 각각 n_A, n_B, n_C, 코어를 B로 클래딩을 C로 만들 때와 코어를 C, 클래딩을 A로 만들 때의 임계각을 각각 θ_{BC}, θ_{CA}라 하고 굴절 법칙을 각각 적용하면 $\frac{n_C}{n_B} = \frac{\sin 30°}{\sin 60°} = \frac{\sin\theta_{BC}}{\sin 90°}$, $\frac{n_A}{n_C} = \frac{\sin 30°}{\sin 60°} = \frac{\sin\theta_{CA}}{\sin 90°}$이다. 따라서 $\theta_{BC} = \theta_{CA}$이다.

17 전자기파의 특성과 분류

진공에서 전자기파의 속력은 일정하므로 전자기파의 진동수와 파장은 서로 반비례한다. A는 가시광선이고, B는 X선이다.

㉠. a는 전자기파의 파장이고, 진공에서 전자기파의 진동수와 파장은 서로 반비례한다. 전자기파의 진동수가 B가 A보다 크므로 a는 A가 B보다 크다.

㉡. 전자기파의 속력은 파장과 진동수의 곱이다. 진공에서 전자기파의 속력은 일정하므로 진공에서 $a \times f$ 값은 A와 B가 같다.

✗. B는 X선으로 뼈 사진 촬영에 이용되고, 전자레인지에서 음식물을 데우는 데 사용되는 전자기파는 마이크로파이다.

18 전자기파의 특성과 분류

암 치료에 이용하는 전자기파는 감마(γ)선이고, 살균 소독기에 이용하는 전자기파는 자외선이다.

㉠. A는 감마(γ)선이고 암 치료에 이용한다.

✗. B는 자외선보다 파장이 길고 마이크로파보다 파장이 짧은 전자기파로 적외선이다. 살균 소독기에 이용하는 전자기파는 자외선(㉠)이다. 진공에서 전자기파의 파장과 진동수는 서로 반비례하므로 진동수는 B가 ㉠보다 작다.

㉢. C는 라디오파로 라디오에 이용한다.

19 전자기파의 특성

마이크로파는 적외선보다 파장이 길고, 라디오파보다 파장이 짧은 전자기파이고, 전자레인지, 휴대 전화, 레이더, 위성 통신 등에 이용된다. 적외선은 가시광선의 빨간색보다 파장이 길고 마이크로파보다 파장이 짧은 전자기파로, 적외선 진동이 열을 발생시켜 열선이라고도 하며, 적외선 열화상 카메라, 적외선 온도계, 물리 치료기, 리모컨, 야간 투시경과 같은 기구 등에 이용된다.

㉠. 전자기파는 굴절할 때 파장, 속력이 변하지만 진동수는 변하지 않는다.

✗. B는 적외선으로 적외선 열화상 카메라, 적외선 온도계 등에서 이용된다. 피부에서 비타민 D를 생성하는 데 이용되는 전자기파는 자외선이다.

✗. 전자레인지에 사용되는 A는 마이크로파이므로, 진동수는 마이크로파가 X선보다 작다.

20 파동의 간섭

파동의 속력을 v, 파장을 λ, 진동수를 f라고 하면 $f = \dfrac{v}{\lambda}$이다. $t=3$초일 때, $+x$방향, $-x$방향으로 진행하는 두 파동이 중첩된 파동의 모습은 점선과 같다.

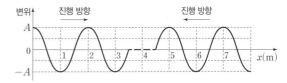

$t=4$초일 때, $+x$방향, $-x$방향으로 진행하는 두 파동이 중첩된 파동의 모습은 점선과 같다.

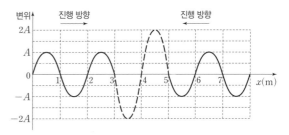

㉠. 파동의 진동수는 $\dfrac{0.5 \text{ m/s}}{2 \text{ m}} = 0.25 \text{ Hz}$이다.

✗. $t=3$초일 때 $x=4$ m에서 두 파동의 변위는 각각 A, $-A$이므로 합성파의 변위는 0이다.

㉢. $t=4$초일 때 $x=3.5$ m에서 두 파동의 변위는 모두 $-A$이므로 합성파의 변위는 $-2A$이고, $x=4.5$ m에서 두 파동의 변위는 모두 A이므로 합성파의 변위는 $2A$이다. 따라서 $t=4$초일 때 $x=3.5$ m와 $x=4.5$ m에서 합성파의 변위의 크기는 $2A$로 같다.

21 파동의 간섭

두 물결파가 만날 때 마루와 마루 또는 골과 골의 중첩에 의해 보강 간섭이 일어나고, 마루와 골의 중첩에 의해 상쇄 간섭이 일어난다.

✗. P에서는 마루와 골이 만나므로 상쇄 간섭이 일어난다.

✗. Q에서는 두 물결파가 같은 위상으로 만나 골과 골의 중첩, 마루와 마루의 중첩이 계속 반복되므로 물결파의 높이는 시간에 따라 변한다.

㉢. $t=1$초일 때 R에서는 $+x$방향으로 진행하는 물결파의 마루와 $+y$방향으로 진행하는 물결파의 골이 만나므로 상쇄 간섭이 일어난다.

22 파동의 간섭

마이크로 외부 소음이 입력되면 소음과 상쇄 간섭을 일으킬 수 있는 소리를 발생시켜 마이크로 입력된 소음과 이어폰에서 발생시킨 소리가 서로 상쇄되어 소음이 줄어든다.

✗. 소음과 위상이 반대인 소리가 서로 만날 때 소음이 제거된다.

㉡. 두 파동의 위상이 반대여서 중첩되기 전보다 진폭이 작아지는 간섭을 상쇄 간섭이라고 한다. 따라서 노이즈 캔슬링 이어폰에서 소음이 없어지는 원리는 상쇄 간섭으로 설명할 수 있다.

23 파동의 간섭

마루와 마루 또는 골과 골이 만나면 보강 간섭이 일어나고 골과 마루가 만나면 상쇄 간섭이 일어난다. 두 물결파가 중첩될 때 상쇄 간섭이 일어나면 변위는 계속 0이다.

ㄱ. $t=0$일 때 p에서는 마루와 마루가 만나고, q에서는 마루와 골이 만나며, r에서는 골과 골이 만난다. p, q, r에서 중첩된 물결파의 변위를 t에 따라 나타내면 다음과 같다.

✗. $t=0$일 때 q에서는 마루와 골이 만나므로 상쇄 간섭이 일어난다.

✗. B의 위상만을 반대로 하면 r에서 두 물결파의 위상이 서로 반대인 상태에서 중첩되므로 중첩된 물결파의 변위는 항상 0이 된다. 따라서 B의 위상만을 반대로 하여 r에서 중첩된 물결파의 변위를 t에 따라 나타내면 다음과 같다.

24 소리의 간섭

두 스피커에서 발생한 소리가 같은 위상으로 만나면 보강 간섭이 일어나고, 반대 위상으로 만나면 상쇄 간섭이 일어난다.

✗. (가)에서 x축상의 소리의 최대 세기는 A에서의 최대 세기와 같고 (나)에서 x축상의 소리의 최대 세기는 B와 C의 최대 세기의 합과 같다. 따라서 소음 측정기에서 측정된 소리의 최대 세기는 (가)에서가 (나)에서보다 작다.

✗. (나)에서 소음 측정기가 $x=x_0$인 지점에서 $x=3x_0$인 지점까지 이동하면서 측정한 소리의 세기는 $x=2x_0$인 지점에서가 최대이므로 $x=2x_0$인 지점에 도달하는 두 소리는 보강 간섭을 일으킨다. 따라서 $x=2x_0$인 지점에 도달하는 두 소리의 위상은 같다.

ㄷ. $x=x_0$에서 소리의 세기가 최소인 것은 두 소리가 상쇄 간섭을 일으켰기 때문이다. 렌즈 표면에 적당한 두께의 얇은 막을 코팅한 무반사 코팅 렌즈는 코팅 막의 윗면에서 반사된 빛과 아랫면에서 반사된 빛이 상쇄 간섭을 일으켜 선명한 시야를 얻을 수 있다.

09 빛과 물질의 이중성

01 ③	02 ①	03 ③	04 ②	05 ⑤	06 ①
07 ⑤	08 ④	09 ③	10 ⑤	11 ④	12 ⑤
13 ④	14 ②	15 ⑤	16 ③		

01 빛의 이중성과 활용

빛은 간섭과 같은 파동성을 나타내기도 하고, 광전 효과와 같은 입자성을 나타내기도 한다. 이처럼 빛이 파동과 입자의 이중적인 성질을 나타내는 것을 빛의 이중성이라고 한다.

ㄱ. 디지털 카메라에 활용되는 전하 결합 소자(CCD)는 광전 효과를 이용하여 빛 신호를 전기 신호로 변환한다. 따라서 빛의 입자성을 활용한 예이다.

ㄴ. 태양 전지는 광전 효과를 이용하여 빛에너지를 전기 에너지로 전환하는 장치로 빛의 입자성을 활용한 예이다.

✗ 보는 각도에 따라 글자 색깔이 다르게 보이는 지폐는 빛의 간섭을 이용한 것으로 빛의 파동성을 활용한 예이다.

02 광전 효과

금속에 문턱 진동수보다 큰 진동수의 빛을 비출 때 금속에서 전자가 방출되는 현상을 광전 효과라고 한다.

① 금속 표면에 특정 진동수 이상의 빛을 비추었을 때, 전자(광전자)가 방출되는 광전 효과는 빛의 입자성으로 설명할 수 있다. 광양자설에 의하면 빛은 진동수에 비례하는 에너지를 갖는 광자(광양자)의 흐름이다. 따라서 (가), (나), (다)는 각각 전자, 입자성, 진동수이다.

03 광전 효과

광전 효과는 금속판에 문턱 진동수 이상의 빛을 비출 때만 일어난다.

ㄱ. Q에서만 금속박이 벌어졌으므로 금속판의 문턱 진동수는 A의 진동수보다 크고, B의 진동수보다 작다. 따라서 단색광의 진동수는 A가 B보다 작다.

✗. 문턱 진동수보다 작은 진동수의 빛을 아무리 오랫동안 비추어도 광전 효과는 일어나지 않는다. 따라서 충분한 시간이 지나도 A에 의해 P의 금속박이 벌어지지 않는다.

ㄷ. 광전 효과에 의해 금속판에서 광전자가 방출되므로 Q의 금속판은 양(+)전하로 대전되어 금속박이 벌어지게 된다.

04 광전 효과

금속에 문턱 진동수 이상의 빛을 비추면 빛의 세기와 관계없이 광전자가 방출된다.

✗. A, B의 문턱 진동수는 각각 f_0, $3f_0$이다. 따라서 문턱 진동수는 A가 B보다 작다.

✗. 광전 효과는 빛의 세기와 관계없이 금속판에 문턱 진동수 이상의 빛을 비출 때만 일어난다. 따라서 진동수가 $2f_0$인 단색광을 B에 더 세게 비추어도 광전자가 방출되지 않는다.

ⓒ. 금속판에서 방출되는 광전자의 최대 운동 에너지는 비추는 빛의 진동수가 클수록 크다. 따라서 A에서 방출되는 광전자의 최대 운동 에너지는 진동수가 $2f_0$인 단색광을 비출 때가 진동수가 $3f_0$인 단색광을 비출 때보다 작다.

05 광전 효과

서로 다른 두 금속에 비춰주는 빛의 진동수가 같을 때, 광전자의 최대 운동 에너지는 금속의 문턱 진동수가 작을수록 크다.

㉠. (가)의 P에서는 광전 효과가 일어났고, (나)의 P에서는 광전 효과가 일어나지 않았으므로 문턱 진동수는 X가 Y보다 작다.

ⓛ. (나)에서 Q에서만 광전 효과가 일어났으므로 Q에서는 C에 의해서만 광전 효과가 일어났음을 알 수 있다. 따라서 진동수는 B가 C보다 작다.

ⓒ. 문턱 진동수는 X가 Y보다 작으므로 광전 효과가 일어나기 위한 최소한의 에너지도 X가 Y보다 작다. 따라서 방출된 광전자의 최대 운동 에너지는 (가)의 Q에서가 (나)의 Q에서보다 크다.

06 광전 효과

금속판에 여러 단색광을 동시에 비추었을 때 방출되는 광전자의 최대 운동 에너지는 가장 큰 진동수의 단색광에 의해 결정된다.

㉠. 방출되는 광전자의 최대 운동 에너지는 X와 Y를 동시에 비추었을 때와 X와 Z를 동시에 비추었을 때가 E로 같으므로 두 경우 모두 방출되는 광전자의 최대 운동 에너지는 X에 의한 것임을 알 수 있다. 따라서 X, Y, Z 중 진동수는 X가 가장 크다.

✗. 금속판에 Z만 비추었을 때 광전류의 세기가 I_0이므로 Z에 의해 광전 효과가 일어남을 알 수 있다. 금속판에 X와 Z를 동시에 비추면 X, Z에 의해 모두 광전 효과가 일어나므로 단위 시간당 방출되는 광전자의 수는 Z만 비추었을 때보다 많다. 따라서 ㉠은 I_0보다 크다.

✗. X에 의해 방출되는 광전자의 최대 운동 에너지는 E이고, 진동수는 X가 Z보다 크므로 ⓛ은 E보다 작다.

07 전하 결합 소자(CCD)

전하 결합 소자의 광 다이오드는 빛 신호를 전기 신호로 변환하는 기능을 가진 반도체 소자이다.

㉠. 광 다이오드는 광전 효과에 의해 발생하는 광전자를 이용하여 빛 신호를 전기 신호로 변환한다.

ⓛ. 전하 결합 소자는 빛의 입자성을 보여주는 광전 효과를 이용한다. 따라서 '광전 효과'는 (가)로 적절하다.

ⓒ. 광 다이오드에서 발생하는 전자의 수는 광 다이오드에 입사하는 빛의 세기가 셀수록 많아진다. 따라서 '세기'는 (나)로 적절하다.

08 전하 결합 소자(CCD)

전하 결합 소자는 빛을 비추었을 때 형성되는 전자와 양공 쌍의 수로 빛의 세기를 측정하여 영상을 기록하고, 각 전극에 (+)전압을 순차적으로 걸어주어 전자를 이동시킨다.

✗. 전하 결합 소자에 입사하는 빛의 세기가 셀수록 생성되는 전자와 양공 쌍의 수가 증가한다.

ⓛ. 광전 효과에 의해 생성된 전자는 (+)전압이 걸린 전극 아래에 모인다. 따라서 (나)에서 B에는 (+)전압이 걸려 있다.

ⓒ. (나)에서 B에 걸린 전압만을 제거하면 B 아래에 있던 전자는 전기력에 의해 C 쪽으로 이동한다.

09 물질파

입자의 질량을 m, 속력을 v, 운동량의 크기를 p라고 하면, 입자의 물질파 파장은 $\lambda = \dfrac{h}{p} = \dfrac{h}{mv}$ (h: 플랑크 상수)이다.

㉠. 질량이 일정할 때 물질파 파장과 속력은 반비례한다. 따라서 동일한 입자의 속력과 물질파 파장의 곱은 일정하다. A에서 $v_0(2\lambda_0) = v_1\lambda_0$이므로 $v_1 = 2v_0$이다.

ⓛ. $\lambda = \dfrac{h}{p}$에서 운동량의 크기와 물질파 파장의 곱은 일정하다. 속력이 v_0일 때 A, B의 파장이 각각 $2\lambda_0$, λ_0이므로 A, B의 운동량의 크기를 각각 p_A, p_B라고 하면 $h = p_A(2\lambda_0) = p_B\lambda_0$에서 $2p_A = p_B$이다. 따라서 속력이 v_0일 때 운동량의 크기는 A가 B보다 작다.

✗. A, B의 질량을 각각 m_A, m_B라고 하면, 질량, 속력, 물질파 파장의 곱은 h로 일정하므로 $h = m_A v_0 (2\lambda_0) = m_B v_0 \lambda_0$에서 $2m_A = m_B$이다. 따라서 질량은 A가 B보다 작다.

10 물질파

입자의 질량을 m, 속력을 v, 운동량의 크기를 p, 물질파 파장을 λ라고 하면 입자의 운동 에너지 E_k는 다음과 같다.

$$E_k = \frac{1}{2}mv^2 = \frac{p^2}{2m} = \frac{h^2}{2m\lambda^2} \ (h: \text{플랑크 상수})$$

㉠. 운동량의 크기는 물질파 파장에 반비례하므로 운동량의 크기는 A가 B의 2배이다.

ⓛ. 물질파 파장은 $\lambda = \dfrac{h}{p}$이다. B, C의 운동량의 크기가 같으므로 B와 C의 물질파 파장도 같다. 따라서 ㉠은 2λ이다.

ⓒ. A의 운동 에너지는 $\dfrac{h^2}{2m\lambda^2}$이고, C의 운동 에너지는 $\dfrac{h^2}{2(2m)(2\lambda)^2}$이므로 입자의 운동 에너지는 A가 C의 8배이다.

11 전자의 회절 무늬

톰슨은 얇은 금속판에 전자선을 입사시켜 회절 무늬를 얻음으로써 전자와 같은 물질 입자도 파동의 성질을 가지고 있음을 확인하였다.

✗. X선의 회절 무늬는 빛의 파동성으로 설명할 수 있다.

ⓛ. (나)에서 전자의 물질파 파장은 $\dfrac{h}{p}$이다.

ⓒ. (가), (나)에서 같은 형태의 회절 무늬가 나타나는 것은 물질 입자인 전자의 파동성으로 설명할 수 있다.

12 데이비슨 · 거머 실험

니켈 결정에 가속된 전자를 입사시키면 입사한 전자선과 결정 표면에서 회절된 전자선이 이루는 각 중 특정한 각도에서만 전자가 많이 검출된다. 이는 전자가 파동성을 지니고, 회절되어 보강 간섭을 한 것으로 해석할 수 있다.

ⓛ. 전자의 질량을 m, 플랑크 상수를 h라고 하면 물질파 파장은 $\lambda = \dfrac{h}{p} = \dfrac{h}{mv}$이므로 v가 클수록 전자의 물질파 파장은 짧다.

ⓛ. $\theta = 50°$로 산란된 전자의 수가 많은 것은 전자의 물질파가 보강 간섭 조건을 만족하기 때문이다.

ⓒ. 전자가 보강 간섭의 조건을 만족하는 것은 전자가 파동성을 가지기 때문이다.

13 분해능과 전자 현미경

분해능은 서로 떨어져 있는 두 물체를 구별할 수 있는 능력을 말한다. 분해능이 좋을수록 아주 가까운 두 물체를 서로 다른 물체로 구별할 수 있다.

ⓛ. A로 관찰한 영상이 B로 관찰한 영상보다 회절 무늬가 충분히 떨어져 있어서 두 점의 상이 더 명확하게 구별되므로 분해능은 A가 B보다 좋다.

✗. 전자의 물질파 파장은 전자의 속력에 반비례한다. 따라서 전자의 속력이 클수록 전자의 물질파 파장은 짧아진다.

ⓒ. 전자 현미경의 분해능은 전자의 물질파 파장이 짧을수록 좋다. 전자의 속력이 클수록 전자의 물질파 파장이 짧아지므로 전자 현미경에서는 분해능을 높이기 위해 전자의 속력을 증가시킨다.

14 광학 현미경과 전자 현미경

전자 현미경은 전자를 가속시켜 광학 현미경에서 이용하는 가시광선보다 파장이 짧은 물질파를 이용하기 때문에 분해능이 좋아

시료를 더욱 세밀히 관찰할 수 있다.

✗. 분해능은 전자 현미경이 광학 현미경보다 좋다.

✗. 전자 현미경에서 사용하는 전자의 물질파 파장은 가시광선의 파장보다 짧다.

ⓒ. 물질파 파장이 짧을수록 전자 현미경의 분해능은 좋다.

15 주사 전자 현미경(SEM)

주사 전자 현미경은 투과 전자 현미경보다 배율은 낮지만 시료 표면의 3차원적 구조를 관찰할 수 있다.

ⓛ. A는 전자선을 시료에 쪼여 시료에서 튀어나오는 전자를 측정한다. 따라서 A는 주사 전자 현미경(SEM)이다.

ⓛ. 자기렌즈는 자기장으로 전자의 진행 경로를 휘게 하여 전자들을 초점으로 모으는 역할을 한다.

ⓒ. 주사 전자 현미경(A)은 시료 표면에서 튀어나오는 전자를 측정하므로 시료 표면의 3차원적인 구조를 관찰할 수 있다.

16 투과 전자 현미경(TEM)

투과 전자 현미경은 전자선을 시료에 투과시켜 형광 스크린에 시료의 확대된 영상을 만든다.

ⓛ. 시료가 두꺼우면 시료를 통과하는 동안 전자의 속력이 감소하여 분해능이 나빠진다. 따라서 투과 전자 현미경의 시료는 최대한 얇게 만들어야 한다.

✗. 전자의 운동량과 전자의 물질파 파장은 반비례하므로 ㉠은 $\dfrac{1}{2}\lambda_0$이다.

ⓒ. B의 물질파 파장이 A의 물질파 파장보다 짧으므로 분해능은 B를 이용할 때가 A를 이용할 때보다 좋다. 따라서 B를 이용하면 A를 이용할 때보다 더 작은 구조를 구분하여 관찰할 수 있다.

수능 3점 테스트					본문 187~192쪽
01 ②	02 ④	03 ⑤	04 ③	05 ③	06 ③
07 ①	08 ①	09 ④	10 ③	11 ⑤	12 ③

01 광 다이오드를 이용한 화재 감지기

화재가 발생하여 연기 입자에 의해 산란된 빛이 광 다이오드에 도달하면 광전 효과에 의해 광전류가 발생한다.

✗. 광전식 화재 감지기는 광 다이오드에 빛이 도달하면 광전자가 발생하는 광전 효과를 이용한다. 따라서 광전식 화재 감지기의 광 다이오드는 빛의 입자성을 이용한 장치이다.

✗. 광 다이오드는 광전 효과에 의해 발생하는 광전자를 이용하여 빛 신호를 전기 신호로 변환한다.

ㄷ. 광전 효과에 의해 광 다이오드에 도달하는 빛의 세기가 셀수록 단위 시간당 발생하는 광전자의 수가 많다. 따라서 연기의 양이 많아 산란되어 광 다이오드에 도달하는 빛의 세기가 셀수록 광 다이오드가 연결된 회로에 흐르는 전류의 세기가 크다.

02 광전 효과

금속판에서 방출되는 광전자의 최대 운동 에너지는 금속판에 비추는 단색광의 진동수가 클수록 크다.

✗. 10초일 때 Y의 진동수가 X의 진동수보다 크고 10초부터 광전류가 흐르지 않았으므로 금속판의 문턱 진동수는 $2f_0$이다.

ㄴ. 금속판의 문턱 진동수가 $2f_0$이므로 2초일 때는 X에 의해서만 광전류가 흐르고, 4초일 때는 X, Y에 의해 광전류가 흐른다. X, Y의 세기가 같으므로 광전류의 세기는 2초일 때가 4초일 때보다 작다.

ㄷ. 2초일 때는 X에 의해서만, 8초일 때는 Y에 의해서만 광전 효과가 일어난다. 2초일 때 X의 진동수가 $3f_0$보다 크고, 8초일 때 Y의 진동수가 $3f_0$이므로 방출된 광전자의 최대 운동 에너지는 2초일 때가 8초일 때보다 크다.

03 광전 효과

금속판에 여러 단색광을 동시에 비추었을 때 방출되는 광전자의 최대 운동 에너지는 가장 큰 진동수의 단색광에 의해 결정된다. 방출되는 광전자의 최대 운동 에너지가 P에 A만 비출 때보다 A, B를 함께 비출 때가 더 크므로 단색광의 진동수는 B가 A보다 크다.

ㄱ. P에 A, B를 비출 때 모두 광전자가 방출되므로 ㉠은 N_0보다 크다.

ㄴ. Q에 B를 비출 때와 A, B를 함께 비출 때 단위 시간당 방출되는 전자수가 같다. 따라서 Q에 A를 비출 때는 광전자가 방출되지 않는다. P에 A를 비출 때는 광전자가 방출되므로 문턱 진동수는 P가 Q보다 작다.

ㄷ. P에 A, B를 비출 때 방출되는 광전자의 최대 운동 에너지($3E_0$)는 진동수가 큰 B에 의해 결정된다. 문턱 진동수는 P가 Q보다 작으므로 Q에 B를 비출 때 방출된 광전자의 최대 운동 에너지는 $3E_0$보다 작다.

04 광전 효과

광양자설에 의하면 광자 1개의 에너지는 $E=hf=h\dfrac{c}{\lambda}$ (h: 플랑크 상수, f: 빛의 진동수, c: 빛의 속력)이므로 파장이 짧을수록 크다.

ㄱ. A에 파장이 λ_3인 단색광을 비추었을 때 광전자가 방출되었으나 파장이 λ_1, λ_2인 단색광을 비추었을 때 광전자가 방출되지 않

았으므로 파장은 λ_3이 가장 짧다. B에 파장이 λ_1인 단색광을 비추었을 때 광전자가 방출되었으나 파장이 λ_2인 단색광을 비추었을 때 광전자가 방출되지 않았으므로 파장은 $\lambda_2 > \lambda_1$이다. 따라서 $\lambda_2 > \lambda_1 > \lambda_3$이다.

ㄴ. A에 파장이 λ_2인 단색광을 비추었을 때는 광전자가 방출되지 않았고, C에 파장이 λ_2인 단색광을 비추었을 때는 광전자가 방출되었으므로 문턱 진동수는 A가 C보다 크다.

✗. 단색광의 파장은 $\lambda_2 > \lambda_3$이고, C에 파장이 λ_2인 단색광을 비추었을 때 광전자가 방출되었으므로 파장이 λ_3인 단색광을 비출 때도 광전자가 방출된다. 따라서 ㉠은 'O'이다.

05 광전 효과와 물질파

금속판에서 방출된 광전자의 물질파 파장의 최솟값이 작을수록 광전자의 최대 운동 에너지가 크다.

ㄱ. P에서 방출된 광전자의 최대 운동 에너지는 A를 비출 때가 B를 비출 때보다 크므로 진동수는 A가 B보다 크다.

✗. 방출된 광전자의 최대 운동 에너지는 B를 P에 비추었을 때가 B를 Q에 비추었을 때보다 크므로 문턱 진동수는 P가 Q보다 작다.

ㄷ. 문턱 진동수는 P가 Q보다 작으므로 방출된 광전자의 최대 운동 에너지는 A를 P에 비출 때가 A를 Q에 비출 때보다 크다. 따라서 $\lambda <$ ㉠이다. 또한 단색광의 진동수는 A가 B보다 크므로 방출된 광전자의 최대 운동 에너지는 Q에 A를 비출 때가 Q에 B를 비출 때보다 크다. 따라서 ㉠ $< 3\lambda$이다. 그러므로 $\lambda <$ ㉠ $< 3\lambda$이다.

06 전하 결합 소자(CCD)와 광 다이오드

전하 결합 소자는 빛을 비추었을 때 전자가 방출되는 광전 효과를 이용한 장치로, 광 다이오드에서 방출되는 광전자의 수로 빛의 세기를 측정한다. 광 다이오드는 빛의 색깔을 구분할 수 없으므로 전하 결합 소자에 들어오는 색상 정보를 파악하기 위해 색 필터를 사용한다.

ㄱ. B(파란색 필터)는 파란색 빛만 통과시킨다. Z에서 광전자가 방출되지 않았으므로 빛에는 파란색 빛이 포함되어 있지 않다.

ㄴ. R(빨간색 필터)를 제거하고 빛을 X에 바로 비추면 초록색 빛에 의해서도 광전자가 방출되므로 단위 시간당 방출되는 광전자의 수는 R를 통과한 빛만 비추었을 때인 N_0보다 크다.

✗. B(파란색 필터)에 비추는 빛의 세기만을 증가시켜도 B를 통과한 빛이 없으므로 Z에서는 광전자가 방출되지 않는다.

07 운동량 보존과 물질파 파장

입자의 질량을 m, 속력을 v, 물질파 파장을 λ라고 하면 $\lambda = \dfrac{h}{mv}$ (h: 플랑크 상수)에서 $h = mv\lambda$이므로 m, v, λ의 곱은 일정하다.

ㄱ. A의 물질파 파장이 충돌 전 λ_0에서 충돌 후 $2\lambda_0$으로 변하므로 충돌 후 A의 속력은 $\dfrac{1}{2}v$이다. 충돌 후 B의 속력을 v'라

하고 A, B가 충돌할 때 운동량 보존 법칙을 적용하면

$3mv+0=3m\left(\dfrac{1}{2}v\right)+mv'$에서 $v'=\dfrac{3}{2}v$이다. $h=mv\lambda$에서 m,

v, λ의 곱은 일정하므로 충돌 후 B의 물질파 파장을 λ'라고 하면

$h=(3m)\left(\dfrac{1}{2}v\right)(2\lambda_0)=m\left(\dfrac{3}{2}v\right)\lambda'$이므로 $\lambda'=2\lambda_0$이다.

08 빛의 입자성과 파동성

광전 효과 현상은 빛의 입자성으로 설명할 수 있고, 형광판에 나타난 전자의 간섭무늬는 물질의 파동성으로 설명할 수 있다.

㉠. p에서는 밝은 무늬가 나타나므로 형광판에 도달하는 전자의 수가 많고, q에서는 어두운 무늬가 나타나므로 형광판에 도달하는 전자의 수가 적다.

✗. X를 금속판에 비출 때 광전자가 방출되는데, X의 세기를 감소시키면 방출되는 광전자의 수가 감소하고, 형광판에 도달하는 광전자의 수도 감소한다. 따라서 밝은 무늬가 나타났던 p에서 밝기는 감소한다.

✗. 전자의 속력이 클수록 전자의 물질파 파장이 짧다. 금속판에서 방출된 광전자는 전압 V에 의해 가속되는 동안 속력이 커지므로 광전자의 물질파 파장은 짧아진다.

09 물질파

입자의 질량이 m, 속력이 v, 운동량의 크기가 p, 물질파 파장이 λ일 때 운동 에너지 E_k는 다음과 같다.

$$E_k=\dfrac{1}{2}mv^2=\dfrac{p^2}{2m}=\dfrac{h^2}{2m\lambda^2}\ (h: \text{플랑크 상수})$$

✗. $E_k=\dfrac{h^2}{2m\lambda^2}$에서 $h^2=2mE_k\lambda^2$이므로 m, E_k, λ^2의 곱은 일

정하다. $h^2=2m_A(9E_0)\lambda_0^2=2m_B(4E_0)\lambda_0^2$에서 $\dfrac{m_B}{m_A}=\dfrac{9}{4}$이다.

㉡. A, B의 질량을 각각 $4m$, $9m$이라 하면,

$h^2=2(4m)(4E_0)\lambda^2=2(9m)(4E_0)\lambda_0^2$이므로 $\lambda=\dfrac{3}{2}\lambda_0$이다.

㉢. B의 물질파 파장이 λ일 때 B의 운동 에너지를 E라 하면,

$h^2=2(4m)(4E_0)\lambda^2=2(9m)E\lambda^2$이므로 $E=\dfrac{16}{9}E_0$이다.

10 광학 현미경과 전자 현미경

A, B, C는 각각 투과 전자 현미경, 광학 현미경, 주사 전자 현미경이다.

㉠. 짚신벌레 내부의 미세 구조를 관찰하는 데 사용하는 A는 투과 전자 현미경이다.

✗. 전자 현미경의 자기렌즈는 자기장을 이용하여 전자의 진행 경로를 제어하고 초점을 맞추는 역할을 한다. 따라서 A, B, C 중 자기렌즈를 이용하는 현미경은 A, C이다.

㉢. C는 주사 전자 현미경으로 감지기에서 시료에서 튀어나오는

전자를 분석하여 영상을 얻는다.

11 물질파

입자의 질량을 m, 속력을 v, 물질파 파장을 λ라고 하면 $\lambda=\dfrac{h}{mv}$

(h: 플랑크 상수)이므로 $v=\dfrac{h}{m\lambda}$이다.

㉠. 전자의 속력은 물질파 파장에 반비례하므로 p에서 전자의 속력을 v라고 하면 q에서 전자의 속력은 $2v$이다. 전자가 p에서 q까지 운동하는 동안 전자의 속력이 증가하므로 직류 전원 장치의 단자 ㉠은 $(-)$극이다.

㉡. 운동량의 크기는 물질파 파장에 반비례한다. 따라서 전자의 운동량의 크기는 p에서가 q에서보다 작다.

㉢. p, q에서 전자의 속력은 각각 $\dfrac{h}{m(2\lambda_0)}$, $\dfrac{h}{m\lambda_0}$이다. 전자가 p부터 q까지 운동하는 데 걸린 시간을 t라고 하면, 전자가 p에서 q까지 운동하는 동안 평균 속력은 $\dfrac{\dfrac{h}{2m\lambda_0}+\dfrac{h}{m\lambda_0}}{2}$이므로

$d=\dfrac{\dfrac{h}{2m\lambda_0}+\dfrac{h}{m\lambda_0}}{2}\times t$이다. 따라서 $t=\dfrac{4md\lambda_0}{3h}$이다.

12 광학 현미경과 전자 현미경

투과 전자 현미경(TEM)은 전자가 얇은 시료를 통과하는 과정을 이용하여 상을 얻고, 주사 전자 현미경(SEM)은 시료에서 튀어나오는 전자를 측정하여 상을 얻는다.

㉠. 시료를 관찰할 때 투과 전자 현미경과 주사 전자 현미경은 전자선을 이용하고, 광학 현미경은 광원으로 가시광선을 이용한다. 따라서 '시료를 관찰할 때 전자선을 이용하는가?'는 ㉠으로 적절하다.

✗. 시료의 입체 구조를 관찰하는 데 이용되는 현미경은 주사 전자 현미경이므로 A, B는 각각 주사 전자 현미경, 투과 전자 현미경이다. (나)는 시료가 자기렌즈 사이에 위치해 있으므로 투과 전자 현미경의 구조를 나타낸 것이다. 따라서 (나)는 투과 전자 현미경(B)의 구조를 나타낸 것이다.

㉢. 투과 전자 현미경(B)에서 이용하는 전자의 물질파 파장은 광학 현미경에서 이용하는 가시광선의 파장보다 짧으므로 분해능은 투과 전자 현미경(B)이 광학 현미경보다 좋다.

HONAM
UNIVERSITY

36.5°C 따뜻한 대학
호남대학교

호남대학교
HONAM UNIVERSITY

역사를 개척한 인하, 혁신으로 나아가다
Innovation × Heritage

인하대학교 로고를 형상화한 이미지입니다.

인하의 문을 열면 새로운 세계가 열립니다.
전공 선택의 자율성을 보장하는 프런티어창의대학,
융복합 교육을 실현하며 학문의 경계를 넘나드는 융합전공,
혁신으로 이끄는 탄탄한 교육시스템과 연구를 바탕으로
인하에서 새롭고 무한한 가능성의 세계가 펼쳐집니다.

인하대학교 입학처

인하대학교

지식과 교양의 광활한 지평을 여는

EBS 30일 인문학 시리즈

1일 1키워드로 30일 만에 훑어보기!

키워드만 연결해도 인문학의 흐름이 한눈에 보인다.

<EBS 30일 인문학> 시리즈는 철학, 역사학, 심리학, 사회학, 정치학 등 우리 삶의 근간을 이루는 학문 분야의 지식을 '1일 1키워드로 30일' 만에 정리할 수 있는 책들로 구성했습니다. 30일 동안 한 분야의 전체적 흐름과 핵심을 파악하고 세상을 보는 시야를 확장시킬 수 있는 지식을 담아냅니다.

- ✒ **처음 하는 철학 공부** 윤주연 지음 | 15,000원
- ✒ **처음 하는 역사학 공부** 김서형 지음 | 15,000원
- ✒ **처음 하는 심리학 공부** 윤주연 지음 | 15,000원
- ✒ **처음 하는 사회학 공부** 박한경 지음 | 16,000원
- ✒ **처음 하는 정치학 공부** 이원혁 지음 | 16,000원

EBS BOOKS

고등학교
입문서
NO. 1

고등
예비
과정

통합과학

구성과 특징 STRUCTURE & FEATURES

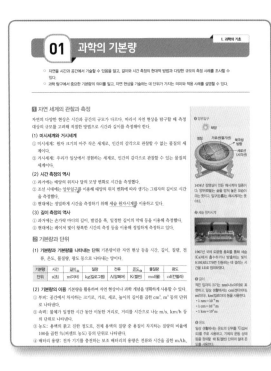

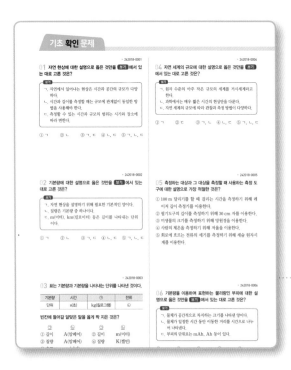

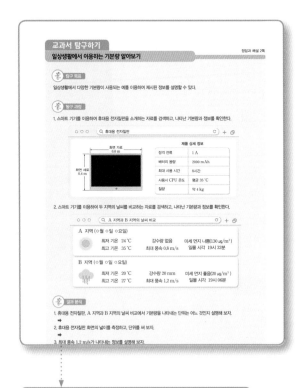

교과서 내용 정리

통합과학 교과서의 핵심 개념을 체계적으로 꼼꼼히 정리하였고, 보조단에 보충 설명을 하여 학습에 도움이 될 수 있도록 구성하였습니다.

교과서 탐구하기

단원의 주요 탐구 활동을 선별하여 탐구 목표를 제시하였고, 그림 자료와 함께 탐구 과정과 결과를 정리하였습니다.

기초 확인 문제

기초 실력을 닦을 수 있는 문제를 수록하여 학교 시험에 대비할 수 있도록 구성하였습니다.

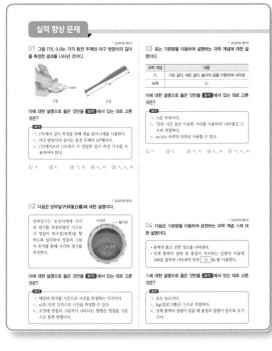

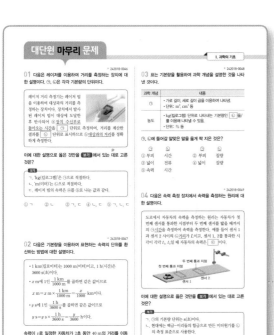

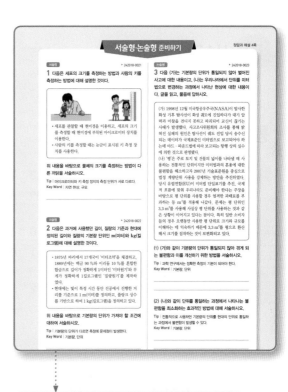

실력 향상 문제

수능형 문항을 포함한 난이도 있는 문제로 구성하여 문제 해결 능력을 기를 수 있도록 하였습니다.

서술형·논술형 준비하기

학교 수행 평가를 대비할 수 있는 서술형과 논술형 문제를 수록하였습니다.

대단원 마무리 문제

문제를 풀어보며 대단원에서 학습한 내용을 종합적으로 정리할 수 있도록 구성하였습니다.

차례 CONTENTS

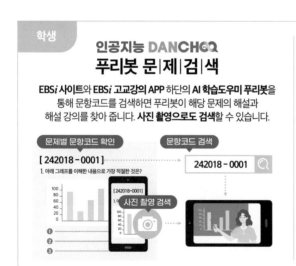

통합과학 1

01 과학의 기본량

○ 자연을 시간과 공간에서 기술할 수 있음을 알고, 길이와 시간 측정의 현대적 방법과 다양한 규모의 측정 사례를 조사할 수 있다.

○ 과학 탐구에서 중요한 기본량의 의미를 알고, 자연 현상을 기술하는 데 단위가 가지는 의미와 적용 사례를 설명할 수 있다.

1 자연 세계의 관찰과 측정

자연의 다양한 현상은 시간과 공간의 규모가 다르다. 따라서 자연 현상을 탐구할 때 측정 대상의 규모를 고려해 적절한 방법으로 시간과 길이를 측정해야 한다.

(1) 미시세계와 거시세계

① 미시세계: 원자 크기의 아주 작은 세계로, 인간의 감각으로 관찰할 수 없는 물질의 세계이다.

② 거시세계: 우리가 일상에서 경험하는 세계로, 인간의 감각으로 관찰할 수 있는 물질의 세계이다.

(2) 시간 측정의 역사

① 과거에는 태양의 위치나 달의 모양 변화로 시간을 측정했다.

② 조선 시대에는 앙부일구를 이용해 태양의 위치 변화에 따라 생기는 그림자의 길이로 시간을 측정했다.❶

③ 현대에는 정밀하게 시간을 측정하기 위해 세슘 원자시계를 이용하고 있다.❷

(3) 길이 측정의 역사

① 과거에는 손가락 마디의 길이, 발걸음 폭, 일정한 길이의 막대 등을 이용해 측정했다.

② 현대에는 레이저 빛이 왕복한 시간의 측정 등을 이용해 정밀하게 측정하고 있다.

2 기본량과 단위

(1) 기본량과 기본량을 나타내는 단위 기본량이란 자연 현상 등을 시간, 길이, 질량, 전류, 온도, 물질량, 광도 등으로 나타내는 양이다.

기본량	시간	길이❸	질량	전류	온도❹	물질량	광도
단위	s(초)	m(미터)	kg(킬로그램)	A(암페어)	K(켈빈)	mol(몰)	cd(칸델라)

(2) 기본량의 이용 기본량을 활용하여 자연 현상이나 과학 개념을 명확하게 사용할 수 있다.

① 부피: 공간에서 차지하는 크기로, 가로, 세로, 높이의 길이를 곱한 cm^3, m^3 등의 단위로 나타낸다.

② 속력: 물체가 일정한 시간 동안 이동한 거리로, 거리를 시간으로 나눈 m/s, km/h 등의 단위로 나타낸다.

③ 농도: 용액의 묽고 진한 정도로, 전체 용액의 질량 중 용질이 차지하는 질량의 비율에 100을 곱한 %(퍼센트 농도) 등의 단위로 나타낸다.

④ 배터리 용량: 전자 기기를 충전하는 보조 배터리의 용량은 전류와 시간을 곱한 mAh, Ah 등의 단위로 나타낸다.

❶ 앙부일구

1434년 장영실이 만든 해시계의 일종이다. 앙부(仰釜)는 솥을 받쳐 놓은 모습이라는 뜻이고, 일구(日晷)는 해시계라는 뜻이다.

❷ 세슘 원자시계

1967년 국제 도량형 총회를 통해 세슘(Cs)에서 흡수하거나 방출하는 빛이 9,192,631,770번 진동하는 데 걸리는 시간을 1초로 정의하였다.

❸ 길이

작은 입자의 크기는 nm(나노미터)로 표현하고, 일상 생활에서는 cm(센티미터), m(미터), km(킬로미터) 등을 사용한다.
• $1\ nm = 10^{-9}\ m$
• $1\ cm = 10^{-2}\ m$
• $1\ km = 10^3\ m$

❹ 온도

일상 생활에서는 온도의 단위를 ℃(섭씨도)를 주로 사용하고, 기체의 운동 상태 등을 정의할 때 K(켈빈) 단위의 절대 온도를 사용한다.

교과서 탐구하기

일상생활에서 이용하는 기본량 알아보기

 탐구 목표

일상생활에서 다양한 기본량이 사용되는 예를 이용하여 제시된 정보를 설명할 수 있다.

 탐구 과정

1. 스마트 기기를 이용하여 휴대용 전자칠판을 소개하는 자료를 검색하고, 나타난 기본량과 정보를 확인한다.

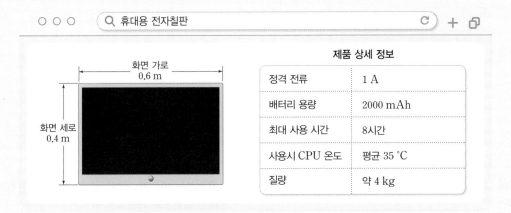

제품 상세 정보	
정격 전류	1 A
배터리 용량	2000 mAh
최대 사용 시간	8시간
사용시 CPU 온도	평균 35 ℃
질량	약 4 kg

화면 가로 0.6 m
화면 세로 0.4 m

2. 스마트 기기를 이용하여 두 지역의 날씨를 비교하는 자료를 검색하고, 나타난 기본량과 정보를 확인한다.

Q A 지역과 B 지역의 날씨 비교

A 지역 (○월 ○일 ○요일)
최저 기온 24 ℃   강수량 없음   미세 먼지 나쁨(130 μg/m^3)
최고 기온 35 ℃   최대 풍속 0.8 m/s   일몰 시각 19시 32분

B 지역 (○월 ○일 ○요일)
최저 기온 20 ℃   강수량 20 mm   미세 먼지 좋음(20 μg/m^3)
최고 기온 27 ℃   최대 풍속 1.2 m/s   일몰 시각 19시 06분

 결과 분석

1. 휴대용 전자칠판, A 지역과 B 지역의 날씨 비교에서 기본량을 나타내는 단위는 어느 것인지 설명해 보자.

➡

2. 휴대용 전자칠판 화면의 넓이를 측정하고, 단위를 써 보자.

➡

3. 최대 풍속 1.2 m/s가 나타내는 정보를 설명해 보자.

➡

▶ 242018-0001

01 자연 현상에 대한 설명으로 옳은 것만을 **보기** 에서 있는 대로 고른 것은?

보기

ㄱ. 자연에서 일어나는 현상은 시간과 공간의 규모가 다양하다.
ㄴ. 시간과 길이를 측정할 때는 규모에 관계없이 동일한 방법을 사용해야 한다.
ㄷ. 측정할 수 있는 시간과 규모의 범위는 시기와 장소에 따라 변한다.

① ㄱ　　② ㄴ　　③ ㄱ, ㄷ　　④ ㄴ, ㄷ　　⑤ ㄱ, ㄴ, ㄷ

▶ 242018-0002

02 기본량에 대한 설명으로 옳은 것만을 **보기** 에서 있는 대로 고른 것은?

보기

ㄱ. 자연 현상을 설명하기 위해 필요한 기본적인 양이다.
ㄴ. 질량은 기본량 중 하나이다.
ㄷ. m(미터), km(킬로미터) 등은 길이를 나타내는 단위이다.

① ㄱ　　② ㄴ　　③ ㄱ, ㄷ　　④ ㄴ, ㄷ　　⑤ ㄱ, ㄴ, ㄷ

▶ 242018-0003

03 표는 기본량과 기본량을 나타내는 단위를 나타낸 것이다.

기본량	시간	㉠	전류
단위	s(초)	kg(킬로그램)	㉡

빈칸에 들어갈 알맞은 말을 옳게 짝 지은 것은?

	㉠	㉡		㉠	㉡
①	길이	A(암페어)	②	길이	m(미터)
③	질량	A(암페어)	④	질량	K(켈빈)
⑤	온도	m(미터)			

▶ 242018-0004

04 자연 세계의 규모에 대한 설명으로 옳은 것만을 **보기** 에서 있는 대로 고른 것은?

보기

ㄱ. 원자 수준의 아주 작은 규모의 세계를 거시세계라고 한다.
ㄴ. 과학에서는 매우 짧은 시간의 현상만을 다룬다.
ㄷ. 자연 세계의 규모에 따라 관찰과 측정 방법이 다양하다.

① ㄱ　　② ㄷ　　③ ㄱ, ㄴ　　④ ㄴ, ㄷ　　⑤ ㄱ, ㄴ, ㄷ

▶ 242018-0005

05 측정하는 대상과 그 대상을 측정할 때 사용하는 측정 도구에 대한 설명으로 가장 적절한 것은?

① 100 m 달리기를 할 때 걸리는 시간을 측정하기 위해 레이저 길이 측정기를 이용한다.
② 필기도구의 길이를 측정하기 위해 30 cm 자를 이용한다.
③ 미생물의 크기를 측정하기 위해 망원경을 이용한다.
④ 사람의 체온을 측정하기 위해 저울을 이용한다.
⑤ 회로에 흐르는 전류의 세기를 측정하기 위해 세슘 원자시계를 이용한다.

▶ 242018-0006

06 기본량을 이용하여 표현하는 물리량인 부피에 대한 설명으로 옳은 것만을 **보기** 에서 있는 대로 고른 것은?

보기

ㄱ. 물체가 공간적으로 차지하는 크기를 나타낸 양이다.
ㄴ. 물체가 일정한 시간 동안 이동한 거리를 시간으로 나누어 나타낸다.
ㄷ. 부피의 단위로는 mAh, Ah 등이 있다.

① ㄱ　　② ㄴ　　③ ㄱ, ㄷ　　④ ㄴ, ㄷ　　⑤ ㄱ, ㄴ, ㄷ

▸ 242018-0007

07 시간과 시간 측정에 대한 설명으로 옳은 것만을 **보기** 에서 있는 대로 고른 것은?

보기

ㄱ. 과거에는 태양의 위치 변화에 따른 그림자의 변화로 시간을 측정하였다.
ㄴ. 시간을 나타내는 기본량의 단위는 A(암페어)이다.
ㄷ. 세슘 원자시계를 이용하여 측정한 시간은 앙부일구를 이용하여 측정한 시간보다 정밀하다.

① ㄱ ② ㄴ ③ ㄱ, ㄷ ④ ㄴ, ㄷ ⑤ ㄱ, ㄴ, ㄷ

▸ 242018-0008

08 길이와 길이 측정에 대한 설명으로 옳은 것만을 **보기** 에서 있는 대로 고른 것은?

보기

ㄱ. 과거에는 발걸음 폭 등을 이용해 길이를 측정하였다.
ㄴ. 길이를 나타내는 기본량의 단위는 s(초)이다.
ㄷ. 레이저 빛이 왕복한 시간을 이용해 측정한 길이는 막대자를 이용해 측정한 길이보다 정밀하다.

① ㄱ ② ㄴ ③ ㄱ, ㄷ ④ ㄴ, ㄷ ⑤ ㄱ, ㄴ, ㄷ

▸ 242018-0009

09 다음은 기본량에 대해 학생 A, B, C가 대화하는 모습을 나타낸 것이다.

옳은 내용을 제시한 학생만을 있는 대로 고른 것은?

① A ② B ③ A, C ④ B, C ⑤ A, B, C

▸ 242018-0010

10 다음은 과학의 기본량 A가 공통적으로 적용되는 측정 대상을 나타낸 것이다.

• 수소 원자의 크기
• 농구 골대의 높이
• 지구에서 달까지의 거리

기본량 A는?

① 시간 ② 길이 ③ 질량 ④ 전류 ⑤ 온도

▸ 242018-0011

11 표는 현대에서 시간과 길이를 측정하는 방법을 순서 없이 나타낸 것이다.

(㉠)의 측정	(㉡)의 측정
현대에는 ㉠ 을/를 정밀하게 측정하기 위해 세슘을 이용한 원자시계를 이용한다.	현대에는 빛을 쏘아 빛이 왕복한 ㉠ 을/를 이용하여 ㉡ 을/를 정밀하게 측정할 수 있다.

빈칸에 들어갈 알맞은 말을 옳게 짝 지은 것은?

	㉠	㉡		㉠	㉡
①	시간	길이	②	시간	전류
③	길이	시간	④	길이	질량
⑤	전류	온도			

▸ 242018-0012

12 다음은 과학의 기본량 A에 대한 설명이다.

• 물체의 차갑고 뜨거운 정도를 나타낸다.
• 물체가 열을 받으면 A가 높아지고, 열을 잃으면 A는 낮아진다.

기본량 A의 단위로 옳은 것은?

① m(미터) ② s(초) ③ kg(킬로그램)
④ A(암페어) ⑤ K(켈빈)

01 그림 (가), (나)는 각각 동전 두께와 야구 방망이의 길이를 측정한 결과를 나타낸 것이다.

▶ 242018-0013

(가)   (나)

이에 대한 설명으로 옳은 것만을 **보기** 에서 있는 대로 고른 것은?

> **보기**
> ㄱ. (가)에서 길이 측정을 위해 세슘 원자시계를 사용한다.
> ㄴ. 야구 방망이의 길이는 동전 두께의 10^3배이다.
> ㄷ. (가)에서보다 (나)에서 더 정밀한 길이 측정 기구를 사용하여야 한다.

① ㄱ   ② ㄴ   ③ ㄱ, ㄷ   ④ ㄴ, ㄷ   ⑤ ㄱ, ㄴ, ㄷ

02 다음은 앙부일구(仰釜日晷)에 대한 설명이다.

▶ 242018-0014

> 앙부일구는 조선시대에 시각과 절기를 측정하였던 기구로서 영침이 북극성(북쪽)을 향하도록 설치하여 영침의 그림자 위치를 통해 시각과 절기를 측정한다.

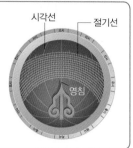

이에 대한 설명으로 옳은 것만을 **보기** 에서 있는 대로 고른 것은?

> **보기**
> ㄱ. 태양의 위치를 기준으로 시각을 측정하는 기구이다.
> ㄴ. s(초) 단위 간격으로 시간을 측정할 수 있다.
> ㄷ. 오전에 영침의 그림자가 나타나는 방향은 영침을 기준으로 동쪽 방향이다.

① ㄱ   ② ㄴ   ③ ㄱ, ㄷ   ④ ㄴ, ㄷ   ⑤ ㄱ, ㄴ, ㄷ

03 표는 기본량을 이용하여 설명하는 과학 개념에 대한 설명이다.

▶ 242018-0015

과학 개념	내용
㉠	가로 길이, 세로 길이, 높이의 곱을 이용하여 나타냄
속력	㉡

이에 대한 설명으로 옳은 것만을 **보기** 에서 있는 대로 고른 것은?

> **보기**
> ㄱ. ㉠은 부피이다.
> ㄴ. '단위 시간 동안 이동한 거리를 이용하여 나타냄'은 ㉡으로 적절하다.
> ㄷ. m/s는 속력의 단위로 사용할 수 있다.

① ㄱ   ② ㄴ   ③ ㄱ, ㄷ   ④ ㄴ, ㄷ   ⑤ ㄱ, ㄴ, ㄷ

04 다음은 기본량을 이용하여 표현하는 과학 개념 A에 대한 설명이다.

▶ 242018-0016

> • 용액의 묽고 진한 정도를 나타낸다.
> • 전체 용액의 질량 중 용질이 차지하는 질량의 비율에 100을 곱하여 나타내며 단위 ㉠ 을/를 이용한다.

A에 대한 설명으로 옳은 것만을 **보기** 에서 있는 대로 고른 것은?

> **보기**
> ㄱ. A는 농도이다.
> ㄴ. kg(킬로그램)은 ㉠으로 적절하다.
> ㄷ. 전체 용액의 질량이 같을 때 용질의 질량이 클수록 A가 크다.

① ㄱ   ② ㄴ   ③ ㄱ, ㄷ   ④ ㄴ, ㄷ   ⑤ ㄱ, ㄴ, ㄷ

▶ 242018-0017

05 다음은 시간의 단위 ㉠에 대한 서로 다른 두 가지의 정의를 나타낸 것이다.

- 원자시: 세슘 원자($^{133}_{55}$Cs)에서 방출한 특정한 빛이 9,192,631,770번 진동하는 데 걸리는 시간이 1 ㉠ 이다.
- 태양시: 태양이 남중한 순간부터 다음 남중할 때까지 걸리는 시간을 하루로 정하고, 하루의 $\frac{1}{24 \times 60 \times 60}$이 1 ㉠ 이다.

이에 대한 설명으로 옳은 것만을 보기 에서 있는 대로 고른 것은?

보기
ㄱ. 현재 사용하고 있는 시간의 표준은 원자시이다.
ㄴ. ㉠은 s(초)이다.
ㄷ. 원자시와 태양시는 항상 같은 시간을 나타낸다.

① ㄱ ② ㄷ ③ ㄱ, ㄴ ④ ㄴ, ㄷ ⑤ ㄱ, ㄴ, ㄷ

▶ 242018-0018

06 다음은 길이의 단위 ㉠에 대한 정의 (가)와 (나)를 나타낸 것이다.

- (가) 백금–이리듐 합금으로 1 ㉠ 길이의 막대 모양 원기를 만들어 세계 각국에 보급하여 길이의 표준으로 삼았다.
- (나) 빛이 진공에서 $\frac{1}{299,792,458}$초 동안 진행한 거리를 1 ㉠ (으)로 정하였다.

이에 대한 설명으로 옳은 것만을 보기 에서 있는 대로 고른 것은?

보기
ㄱ. 현대의 길이 단위는 (가)를 이용해 정의한다.
ㄴ. ㉠은 m(미터)이다.
ㄷ. (가)의 합금은 온도와 기압에 따라 길이가 변하는 문제점이 있다.

① ㄱ ② ㄴ ③ ㄱ, ㄷ ④ ㄴ, ㄷ ⑤ ㄱ, ㄴ, ㄷ

▶ 242018-0019

07 다음은 과학의 기본량에 대한 설명이다.

- 기본량은 자연 현상이나 우리 주변의 여러 현상을 설명하기 위해 필요한 기본적인 양으로 시간, 길이, 질량 등이 있다.
- 시간, 길이, 질량 등의 기본량을 활용하면 부피, 속력 등과 같이 일상생활의 여러 현상이나 과학 개념을 명확하게 설명할 수 있다.

이에 대한 설명으로 옳은 것만을 보기 에서 있는 대로 고른 것은?

보기
ㄱ. 과학에서는 각 기본량마다 기본이 되는 단위를 정하여 사용한다.
ㄴ. 부피의 단위는 cm(센티미터)이다.
ㄷ. 속력은 기본량 중 시간의 개념만을 이용해 설명할 수 있다.

① ㄱ ② ㄴ ③ ㄱ, ㄷ ④ ㄴ, ㄷ ⑤ ㄱ, ㄴ, ㄷ

▶ 242018-0020

08 그림은 일정한 속력으로 운동하는 물체와 속력 측정기에서 측정한 물체의 속력을 나타낸 것이다.

이에 대한 설명으로 옳은 것만을 보기 에서 있는 대로 고른 것은?

보기
ㄱ. 속력은 기본량 중 시간과 길이를 활용하여 나타낸다.
ㄴ. 2초 동안 물체가 이동하는 거리는 2.0 m이다.
ㄷ. 물체의 속력이 클수록 속력 측정기를 통과하는 데 걸리는 시간은 짧아진다.

① ㄱ ② ㄷ ③ ㄱ, ㄴ ④ ㄴ, ㄷ ⑤ ㄱ, ㄴ, ㄷ

서술형·논술형 준비하기

서술형 ▶ 242018-0021

1 다음은 세포의 크기를 측정하는 방법과 사람의 키를 측정하는 방법에 대해 설명한 것이다.

- 세포를 관찰할 때 현미경을 이용하고, 세포의 크기를 측정할 때 현미경에 부착된 마이크로미터 장치를 이용한다.
- 사람의 키를 측정할 때는 눈금이 표시된 키 측정 장치를 사용한다.

위 내용을 바탕으로 물체의 크기를 측정하는 방법이 다른 까닭을 서술하시오.

Tip | 마이크로미터와 키 측정 장치의 측정 단위가 서로 다르다.
Key Word | 자연 현상, 규모

서술형 ▶ 242018-0022

2 다음은 과거에 사용했던 길이, 질량의 기준과 현대에 정의된 길이와 질량의 기본량 단위인 m(미터)와 kg(킬로그램)에 대해 설명한 것이다.

- 1875년 파리에서 17개국이 '미터조약'을 체결하고, 1889년에는 백금 90 %와 이리듐 10 %를 혼합한 합금으로 길이가 정확하게 1미터인 '미터원기'와 무게가 정확하게 1킬로그램인 '질량원기'를 제작하였다.
- 현대에는 빛이 특정 시간 동안 진공에서 진행한 거리를 기준으로 1 m(미터)를 정의하고, 플랑크 상수를 기반으로 하여 1 kg(킬로그램)을 정의하고 있다.

위 내용을 바탕으로 기본량의 단위가 가져야 할 조건에 대하여 서술하시오.

Tip | 기본량의 단위가 다르면 측정에 문제점이 발생한다.
Key Word | 기본량, 단위

논술형 ▶ 242018-0023

3 다음 (가)는 기본량의 단위가 통일되지 않아 벌어진 사고에 대한 내용이고, (나)는 우리나라에서 단위를 미터법으로 변경하는 과정에서 나타난 현상에 대한 내용이다. 글을 읽고, 물음에 답하시오.

(가) 1998년 12월 미국항공우주국(NASA)이 발사한 화성 기후 탐사선이 화성 궤도에 진입하다가 대기 압력과 마찰을 견디지 못하고 파괴되어 교신이 끊기는 사태가 발생했다. 사고조사위원회의 조사를 통해 밝혀진 실패의 원인은 탐사선이 궤도 진입 당시 송수신되는 데이터가 국제표준인 미터법으로 보고되어야 하는데 야드·파운드법에 따라 보고되는 항행 상의 실수에 의한 것으로 판명됐다.

(나) '평'은 주로 토지 및 건물의 넓이를 나타낼 때 사용하는 전통적인 단위이지만 미터법과의 혼용에 대한 불편함을 해소하고자 2007년 기술표준원을 중심으로 법정 계량단위 사용을 강제하는 방안을 추진하였다. 당시 유럽연합(EU)이 미터법 단일표기를 추진, 국제적 흐름에 맞춰 우리나라도 준비해야 한다는 주장을 바탕으로 평 단위를 사용할 경우 엄격한 과태료를 부과하는 등 m²를 적용해 나갔다. 문제는 평 단위인 3.3 m²를 사용해 사실상 평 단위를 사용하는 것과 같은 상황이 이어지고 있다는 점이다. 특히 일반 소비자들의 경우 오랫동안 사용한 평 단위로 크기와 규모를 이해하는 데 익숙하기 때문에 3.3 m²를 평으로 환산해서 크기를 짐작하는 것이 보편화되고 있다.

(1) (가)와 같이 기본량의 단위가 통일되지 않아 겪게 되는 불편함과 이를 개선하기 위한 방법을 서술하시오.

Tip | 과학 연구에서는 정확한 측정이 기본이 되어야 한다.
Key Word | 기본량, 단위

(2) (나)와 같이 단위를 통일하는 과정에서 나타나는 불편함을 최소화하는 효과적인 방법에 대해 서술하시오.

Tip | 전통적으로 사용하던 기본량의 단위를 현대의 단위로 통일하는 과정에서 불편함이 발생할 수 있다.
Key Word | 기본량, 단위

02 측정 표준과 정보

○ 과학 탐구에서 측정과 어림의 의미를 알고, 일상생활의 여러 가지 상황에서 측정 표준의 유용성과 필요성을 설명할 수 있다.
○ 자연에서 일어나는 다양한 변화를 측정·분석하여 정보를 산출함을 알고, 이러한 정보를 디지털로 변환하는 기술을 정보 통신에 활용하여 현대 문명에 미친 영향을 인식한다.

1 측정과 측정 표준

(1) 측정과 어림
① 도구를 이용하여 어떤 대상의 기본량을 비롯해 다양한 물리량을 수치와 단위로 나타낸 것을 측정이라고 한다.
② 도구에 나타나는 값과 그 값을 읽는 방법에 한계가 있어 반올림과 같은 어림이 따른다.

(2) 측정 표준 측정에 있어서 기준이 되는 기본 단위의 정의를 측정 표준이라고 한다.
　예 1875년 미터 협약을 통해 미터원기를 측정 표준으로 활용함.

(3) 측정 표준의 활용
① 일상생활에서 시간, 길이 등을 나타낼 때 신뢰할 수 있는 측정 결과를 얻기 위해 측정 표준을 활용한다.
② 측정 표준의 영역은 의료, 안전, 환경과 같은 분야로 점점 확대되고 있다.
③ 원자의 크기 측정이나 우주의 나이 측정 등 다양한 규모로 활용 범위가 확대되고 있다.

2 신호와 정보

(1) 신호의 측정과 분석
① 우리가 살고 있는 자연계에서는 시간의 흐름에 따라 빛의 세기, 온도 등이 끊임없이 변하고 있으며, 이러한 자연계의 변화는 우리에게 전달되어 신호가 된다.
② 신호를 측정해 분석하면 유용한 정보를 얻을 수 있다.
③ 자연계의 신호는 연속적으로 변하는 아날로그 형태이므로 센서를 이용해 신호를 보다 효율적으로 측정할 수 있다.

(2) 센서의 이용과 개발
① 센서: 자연계의 신호를 받아들여 전기 신호로 바꾸어 주는 장치이다.
② 센서의 이용: 연속적인 값을 갖는 아날로그 형태의 신호를 특정한 값을 갖는 디지털 형태로 측정 ➡ 센서를 이용해 측정한 신호를 분석해 과거에 비해 많은 정보를 수집한다.

(3) 디지털 정보와 현대 문명
① 저장과 분석이 쉬워 컴퓨터와 같은 다양한 전자 기기에서 이용된다.
② 전송하기 쉽기 때문에 정보를 주고받으며 소통하는 정보 통신에 활용된다.
③ 사회 관계망 서비스를 통한 정보의 공유, 인터넷을 통한 물건 구매와 은행 거래, 로봇을 이용한 작업의 수행, 시간과 장소에 구애받지 않는 원격 교육 등 디지털 정보를 활용한 정보 통신의 발전은 현대 문명에 많은 영향을 주고 있다.

❶ 미터원기

1 m에 해당하는 길이를 금속으로 만든 기구로 측정 표준으로 활용되었다. 현재는 측정 표준으로 활용하지 않고, 1983년 빛을 이용해 새롭게 정의한 1 m를 측정 표준으로 활용한다.

❷ 신호

햇빛의 세기가 약해지는 것은 밤이 오는 신호이다. 이처럼 자연계의 변화는 신호로 전달된다.

❸ 디지털
연속적으로 변하는 양을 최소 단위를 갖는 불연속적인 값으로 나타내는 것

❹ 디지털 정보
스마트 기기로 촬영한 사진과 영상, 컴퓨터로 작성한 문서 등은 모두 디지털 정보로 이루어져 있다.

탐구 목표

스마트 기기를 활용해 길이(거리), 시간, 온도 등의 기본량을 측정하고 분석할 수 있다.

 탐구 과정 1

1. 스마트 기기에 길이와 시간 측정 애플리케이션을 각각 설치한다.
2. 과정 1에서 설치한 애플리케이션을 이용해 나와 목표물 사이의 거리를 측정하고, 걸어갈 때와 뛰어갈 때 목표물까지 이동하는 데 걸린 시간을 각각 측정한다.
3. 측정한 거리와 시간을 이용해 속력을 분석한다.

 탐구 과정 2

1. 길이 측정 애플리케이션을 이용해 교실의 가로 길이, 세로 길이, 높이를 측정한다.
2. 측정한 길이를 이용해 교실의 부피를 측정한다.

 자료 정리

1. '탐구 과정 1'에서 측정한 나와 목표물 사이의 거리, 걸어갈 때와 뛰어갈 때 걸린 시간을 표에 정리해 보자.

나와 목표물 사이의 거리	걸어갈 때 걸린 시간	뛰어갈 때 걸린 시간
50 m	50초	10초

2. '탐구 과정 2'에서 측정한 교실의 가로 길이, 세로 길이, 높이를 표에 정리해 보자.

가로 길이	세로 길이	높이
10 m	20 m	3 m

 결과 분석

1. 목표물까지 걸어가는 동안 나의 속력과 뛰어가는 동안 나의 속력을 구해 보자.
   ➡

2. 같은 거리를 이동할 때, 속력과 시간의 관계에 대한 정보를 설명해 보자.
   ➡

3. 교실의 부피를 구해 보자.
   ➡

4. 스마트 기기에 설치한 애플리케이션이 거리를 측정하는 원리를 조사해 보자.
   ➡

▶ 242018-0024

01 도구를 이용한 기본량의 측정에 대한 설명으로 옳은 것만을 보기 에서 있는 대로 고른 것은?

보기
ㄱ. 기본량을 비롯한 물질이나 물질의 양을 측정할 수 있다.
ㄴ. 길이를 측정할 때 사용되는 기본량의 단위는 m(미터)이다.
ㄷ. 측정한 값이나 읽는 방법에는 한계가 있다.

① ㄱ　　② ㄴ　　③ ㄱ, ㄷ　　④ ㄴ, ㄷ　　⑤ ㄱ, ㄴ, ㄷ

▶ 242018-0025

02 측정 표준에 해당하는 내용을 보기 에서 있는 대로 고른 것은?

보기
ㄱ. 측정에 대한 기준이 되는 기본 단위에 대한 정의
ㄴ. 기본 단위에 해당하는 값을 확인할 수 있도록 만든 장치
ㄷ. 기본량을 나타낼 때 국제적으로 공통된 단위를 사용한 것

① ㄱ　　② ㄴ　　③ ㄱ, ㄷ　　④ ㄴ, ㄷ　　⑤ ㄱ, ㄴ, ㄷ

▶ 242018-0026

03 그림은 측정 표준의 활용에 대하여 학생 A, B, C가 대화하는 모습을 나타낸 것이다.

제시한 내용이 옳은 학생만을 있는 대로 고른 것은?

① A　　② C　　③ A, B　　④ B, C　　⑤ A, B, C

▶ 242018-0027

04 다음은 도구를 이용한 측정에 대한 설명이다.

도구를 이용하면 ㉠ 을 비롯해 물질이나 물질의 양을 측정할 수 있다. 정확한 결과를 얻기 위해 측정의 기준이 되는 기본 단위에 대한 정의인 ㉡ 이 필요하다. 또한, 도구를 이용한 측정값이나 읽는 방법에는 한계가 있으므로 측정에는 반올림과 같은 ㉢ 이 따른다.

빈칸에 들어갈 알맞은 말을 옳게 짝 지은 것은?

	㉠	㉡	㉢
①	기본량	측정 표준	어림
②	기본량	측정 표준	환산
③	어림	기본량	측정 표준
④	어림	측정 표준	기본량
⑤	측정 표준	어림	기본량

▶ 242018-0028

05 측정 표준이 활용되는 사례에 해당하는 것만을 보기 에서 있는 대로 고른 것은?

보기
ㄱ. 질량, 부피의 측정 표준을 이용해 혈당량을 측정한다.
ㄴ. 길이, 질량, 부피의 측정 표준을 활용해 미세 먼지의 농도를 측정한다.
ㄷ. 각 지역마다 다른 길이 단위를 이용해 속도 제한 표지판을 제작한다.

① ㄱ　　② ㄷ　　③ ㄱ, ㄴ　　④ ㄴ, ㄷ　　⑤ ㄱ, ㄴ, ㄷ

▶ 242018-0029

06 측정과 측정 표준에 대한 설명으로 옳은 것만을 보기 에서 있는 대로 고른 것은?

보기
ㄱ. 측정과 어림은 과학 탐구에서만 활용된다.
ㄴ. 도구를 이용하는 과정에서 읽는 방법에 한계가 있을 때 어림을 활용한다.
ㄷ. 측정 표준은 시간, 길이 등의 기본량에 대해서만 활용된다.

① ㄱ　　② ㄴ　　③ ㄱ, ㄷ　　④ ㄴ, ㄷ　　⑤ ㄱ, ㄴ, ㄷ

▶ 242018-0030

07 신호와 정보에 대한 설명으로 옳은 것만을 보기 에서 있는 대로 고른 것은?

보기
ㄱ. 자연계의 변화는 우리에게 전달되어 신호가 된다.
ㄴ. 신호를 측정해 분석하여 유용한 정보를 얻을 수 있다.
ㄷ. 자연계의 신호는 모두 디지털 형태이다.

① ㄱ　　② ㄷ　　③ ㄱ, ㄴ　　④ ㄴ, ㄷ　　⑤ ㄱ, ㄴ, ㄷ

▶ 242018-0031

08 센서에 대한 설명으로 옳은 것만을 보기 에서 있는 대로 고른 것은?

보기
ㄱ. 자연계의 신호를 받아들여 전기 신호로 바꾸어 주는 장치이다.
ㄴ. 특정한 값을 갖는 디지털 형태를 연속적인 값을 갖는 아날로그 형태의 신호로 변환한다.
ㄷ. 자연의 신호를 직접 받아들여 분석할 때보다 센서를 이용할 때가 정보의 저장과 분석이 어렵다.

① ㄱ　　② ㄷ　　③ ㄱ, ㄴ　　④ ㄴ, ㄷ　　⑤ ㄱ, ㄴ, ㄷ

▶ 242018-0032

09 디지털 정보에 대한 설명으로 옳은 것만을 보기 에서 있는 대로 고른 것은?

보기
ㄱ. 연속적인 값을 갖는 형태의 신호이다.
ㄴ. 스마트 기기에 저장된 영상은 디지털 정보로 이루어져 있다.
ㄷ. 정보를 주고받으며 소통하는 정보 통신에 디지털 정보가 활용된다.

① ㄱ　　② ㄴ　　③ ㄱ, ㄷ　　④ ㄴ, ㄷ　　⑤ ㄱ, ㄴ, ㄷ

▶ 242018-0033

10 디지털 정보의 활용에 대한 설명으로 옳은 것만을 보기 에서 있는 대로 고른 것은?

보기
ㄱ. 디지털 형태의 상품 정보를 통해 상점에 가지 않고도 원하는 물건을 구매할 수 있다.
ㄴ. 낮의 길이 변화를 통해 계절의 변화를 알 수 있다.
ㄷ. 사회 관계망 서비스를 통해 사진과 영상 등을 공유할 수 있다.

① ㄱ　　② ㄴ　　③ ㄱ, ㄷ　　④ ㄴ, ㄷ　　⑤ ㄱ, ㄴ, ㄷ

▶ 242018-0034

11 표는 아날로그 형태와 디지털 형태 신호에 대한 설명을 나타낸 것이다. A와 B는 아날로그와 디지털을 순서 없이 나타낸 것이다.

(A)형태 신호	(B)형태 신호
신호의 세기가 시간에 따라 연속적인 값을 가지는 신호	신호의 세기가 시간에 따라 불연속적인 값을 가지는 신호

이에 대한 설명으로 옳은 것만을 보기 에서 있는 대로 고른 것은?

보기
ㄱ. A는 디지털이다.
ㄴ. A는 B보다 세밀한 표현이 가능하다.
ㄷ. A는 전송이나 복사 시 변형되는 단점이 있다.

① ㄱ　　② ㄴ　　③ ㄱ, ㄷ　　④ ㄴ, ㄷ　　⑤ ㄱ, ㄴ, ㄷ

▶ 242018-0035

12 디지털 정보와 현대 문명에 대한 설명으로 옳은 것만을 보기 에서 있는 대로 고른 것은?

보기
ㄱ. 디지털 정보는 아날로그 정보에 비해 저장과 분석이 쉽다.
ㄴ. 사람이 하기 힘든 일에 활용되는 로봇을 조종하는 과정에서 디지털 정보를 주고 받는다.
ㄷ. 디지털 정보를 활용한 정보 통신의 발전은 현대 문명에 많은 영향을 미쳤다.

① ㄱ　　② ㄴ　　③ ㄱ, ㄷ　　④ ㄴ, ㄷ　　⑤ ㄱ, ㄴ, ㄷ

01 다음은 미터원기에 대한 설명이다.

▶ 242018-0036

> 과학자들은 이전에 정의된 1 m를 기준으로 미터원기를 제작하였고, 1875년 미터 협약을 맺어 미터원기를 ⊙ (으)로 활용했다. 현재는 미터원기를 ⊙ (으)로 사용하지 않고, 1983년 빛을 이용해 새롭게 정의한 1 m를 ⊙ (으)로 활용한다.

이에 대한 설명으로 옳은 것만을 보기 에서 있는 대로 고른 것은?

> **보기**
> ㄱ. m(미터)는 기본량 중 길이의 기본 단위이다.
> ㄴ. '측정 표준'은 ⊙으로 적절하다.
> ㄷ. 빛을 이용한 1 m의 정의가 미터원기보다 더 정밀하고 변함이 없다.

① ㄱ ② ㄴ ③ ㄱ, ㄷ ④ ㄴ, ㄷ ⑤ ㄱ, ㄴ, ㄷ

02 다음은 과거의 측정과 관련된 내용이다.

▶ 242018-0037

> (가) 고대 이집트 사람들은 '로열 이집트 큐빗'이라는 길이의 단위를 정하고, '로열 큐빗 마스터'라는 자를 만들어 사용했다. 이러한 길이 측정 방법을 활용해 정사각형 밑면에서 각 변의 길이 차이가 거의 없는 정교한 피라미드를 만들 수 있었다.
> (나) 진시황은 지역마다 각기 다른 도량형(度量衡) 제도로 인한 비단이나 모시 등을 세금으로 내야 했던 백성들의 어려움을 해결하기 위해 도량형 제도를 통일하고, 표준이 되는 자와 저울을 만들어 보급하였다.

이에 대한 설명으로 옳은 것만을 보기 에서 있는 대로 고른 것은?

> **보기**
> ㄱ. '로열 이집트 큐빗'은 고대 이집트 지역의 측정 표준이다.
> ㄴ. 기본량의 단위는 지역의 특성을 반영해 지역마다 다르게 적용하여야 한다.
> ㄷ. 측정 표준은 과학 분야에만 영향을 미친다.

① ㄱ ② ㄴ ③ ㄱ, ㄷ ④ ㄴ, ㄷ ⑤ ㄱ, ㄴ, ㄷ

03 그림 (가), (나)는 자동차의 속력을 측정하는 장치이다. (가)에서는 자기기력을, (나)에서는 전자기파를 감지하는 센서를 이용해 속력을 나타낸다.

▶ 242018-0038

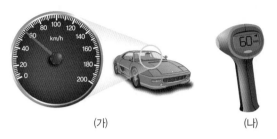

(가)   (나)

이에 대한 설명으로 옳은 것만을 보기 에서 있는 대로 고른 것은?

> **보기**
> ㄱ. 속력은 기본량 중 시간과 길이를 활용하여 나타낸다.
> ㄴ. (가)에서 나타나는 정보는 디지털 형태이다.
> ㄷ. (나)에서 센서는 디지털 형태의 신호를 수신하여 아날로그 형태의 신호로 변환한다.

① ㄱ ② ㄴ ③ ㄱ, ㄷ ④ ㄴ, ㄷ ⑤ ㄱ, ㄴ, ㄷ

04 다음은 신호와 정보에 대한 설명이다.

▶ 242018-0039

> 지진 측정 장치에는 ⊙센서가 있어 ⓒ지면의 흔들림과 기울기를 측정할 수 있고, 이를 통해 ⓒ지진의 강도와 발생 장소를 확인할 수 있다.

이에 대한 설명으로 옳은 것만을 보기 에서 있는 대로 고른 것은?

> **보기**
> ㄱ. ⊙은 디지털 형태의 신호를 수신하여 아날로그 형태의 신호로 변환한다.
> ㄴ. ⓒ은 연속적인 신호이다.
> ㄷ. ⓒ은 신호를 통해 얻은 정보에 해당한다.

① ㄱ ② ㄴ ③ ㄱ, ㄷ ④ ㄴ, ㄷ ⑤ ㄱ, ㄴ, ㄷ

05 다음은 현대 문명과 관련된 자료이다.

▶ 242018-0040

- 사회 관계망 서비스를 통해 센서로 얻은 전기 신호와 이를 분석한 ㉠사진, 영상 등의 정보를 여러 사람과 공유할 수 있다.
- 실시간으로 ㉡영상, 소리 등의 정보가 전달되면서 시간, 장소에 구애받지 않는 원격 교육을 실시할 수 있다.

이에 대한 설명으로 옳은 것만을 〔보기〕에서 있는 대로 고른 것은?

〔보기〕
ㄱ. ㉠은 아날로그 형태의 정보이다.
ㄴ. ㉡은 디지털의 형태로 전달된다.
ㄷ. 디지털 형태의 정보는 아날로그 형태의 정보보다 복제나 편집, 전송이 쉬워 정보 통신에 활용된다.

① ㄱ 　② ㄴ 　③ ㄱ, ㄷ 　④ ㄴ, ㄷ 　⑤ ㄱ, ㄴ, ㄷ

06 그림 (가)와 (나)는 아날로그 신호와 디지털 신호를 순서 없이 나타낸 것이다.

▶ 242018-0041

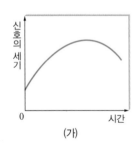
(가)

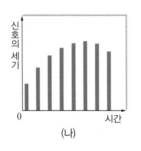
(나)

이에 대한 설명으로 옳은 것만을 〔보기〕에서 있는 대로 고른 것은?

〔보기〕
ㄱ. (가)는 아날로그 신호이다.
ㄴ. 센서가 자연의 신호를 수신할 때 (가) 형태의 신호를 (나) 형태로 변환한다.
ㄷ. (가)와 (나) 사이의 신호 전환 과정에서 정보의 손실이 발생할 수 있다.

① ㄱ 　② ㄴ 　③ ㄱ, ㄷ 　④ ㄴ, ㄷ 　⑤ ㄱ, ㄴ, ㄷ

07 다음은 속력 장치의 원리에 대한 설명이다.

▶ 242018-0042

속력 측정 장치에서는 자동차를 향해 적외선을 내보내는데, 이 적외선이 다가오는 자동차에서 반사된다. 속력 장치의 ㉠센서는 반사된 적외선을 수신하여 발사된 적외선과 반사된 적외선의 진동수 변화를 분석하여 자동차의 속력을 알아낸다.

적외선 반사　　적외선 발사
속력 측정 장치

이에 대한 설명으로 옳은 것만을 〔보기〕에서 있는 대로 고른 것은?

〔보기〕
ㄱ. 속력은 기본량 중 시간과 질량을 활용하여 나타낸다.
ㄴ. ㉠은 광센서이다.
ㄷ. ㉠은 아날로그 형태의 신호를 디지털 형태의 신호로 변환한다.

① ㄱ 　② ㄴ 　③ ㄱ, ㄷ 　④ ㄴ, ㄷ 　⑤ ㄱ, ㄴ, ㄷ

08 그림은 스마트 기기를 이용해 길이, 시간 등의 기본량을 측정하여 속력 정보를 분석하는 모습을 나타낸 것이고, 표는 스마트 기기에서 측정한 기본량을 나타낸 것이다. 속력은 실험 Ⅰ에서가 Ⅱ에서의 2배이다.

▶ 242018-0043

실험	측정한 기본량	
	길이	시간
Ⅰ	40 m	㉠
Ⅱ	10 m	5초

이에 대한 설명으로 옳은 것만을 〔보기〕에서 있는 대로 고른 것은?

〔보기〕
ㄱ. 스마트 기기에는 아날로그 신호를 디지털 신호로 변환하는 센서가 있다.
ㄴ. 속력의 단위는 m/s이다.
ㄷ. ㉠은 2.5초이다.

① ㄱ 　② ㄷ 　③ ㄱ, ㄴ 　④ ㄴ, ㄷ 　⑤ ㄱ, ㄴ, ㄷ

서술형·논술형 준비하기

▶ 242018-0044

서술형

1 표는 아날로그 신호와 디지털 신호를 비교한 것이다.

아날로그 신호	디지털 신호
• 발생한 신호의 세기를 그래프로 나타낼 때 부드러운 곡선으로 나타나는 연속된 값의 신호	• 발생한 신호의 세기를 그래프로 나타낼 때 막대 또는 직사각형으로 나타나는 값의 신호
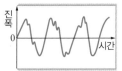	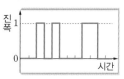
• 자연에서 발생한 대부분의 신호	• 두 가지 정보 상태를 0과 1로 표시하고, 0과 1로 나타낼 수 있는 최소 단위로 비트(bit)를 사용

(1) 자연계의 신호를 측정하는 데 사용하는 센서의 특징을 서술하시오.

Tip | 센서는 자연의 신호를 수신하여 변환한다.
Key Word | 센서, 아날로그 신호, 디지털 신호

_____

_____

(2) 센서를 이용해 신호를 측정하고 변환할 때 신호 사이의 오차를 줄이는 방법에 대해 서술하시오.

Tip | 연속적인 신호와 불연속적인 신호의 변환 과정에서 오차가 발생한다.
Key Word | 센서, 아날로그 신호, 디지털 신호

_____

_____

논술형

▶ 242018-0045

2 다음 (가)는 디지털 정보가 현대 문명에 활용되고 있는 내용이고, (나)는 디지털 격차에 대한 내용이다. 글을 읽고, 물음에 답하시오.

> (가) 센서로 얻은 전기 신호와 이를 분석한 정보를 디지털로 변환하는 기술을 활용해 디지털 정보를 얻을 수 있다. 디지털 정보는 전송하기 쉽기 때문에 정보를 주고받으며 소통하는 정보 통신에 활용되고, 현대의 정보 통신은 인터넷이 널리 보급되면서 시간과 공간의 제약 없이 빠르게 디지털 정보를 공유할 수 있게 해준다.
>
> (나) 디지털 격차란 정보에 대한 격차로 해석되며 이러한 격차는 현대 정보화 사회에서는 개인의 사회적, 경제적 격차의 원인으로 작용할 수 있다. 디지털 정보가 보편화되면서 이를 제대로 활용하는 계층은 지식이 늘어나고 소득도 증가하는 반면, 디지털 정보를 이용하지 못하는 사람들은 발전하지 못해 양 계층 간 격차가 커지는 것을 의미한다.
> 디지털 격차는 소득, 교육, 지역에 따라 점점 심화되는 양상으로 나타난다. 중산층 이상 가정의 자녀들은 인터넷 환경에 노출되어 있어 '인터넷 중독', '스마트폰 중독'이라는 새로운 사회 문제를 야기하고 있다. 반면, 저소득층, 장애인, 노령층 등은 상대적으로 인터넷을 배울 기회나 정보 통신 기술에 노출될 기회가 부족하게 되는 현상이 발생하고 있다.

(1) (가)와 같이 디지털 정보의 활용이 현대 문명에 미치는 영향에 대해 다양한 분야의 예를 바탕으로 서술하시오.

Tip | 디지털 정보는 저장과 분석, 전송이 유리하다.
Key Word | 디지털 정보, 현대 문명, 정보 통신

_____

_____

(2) (나)에서 나타난 디지털 격차를 해소하기 위한 효과적인 방법에 대해 서술하시오.

Tip | 디지털 정보의 분석과 활용에 지속적인 교육이 필요하다.
Key Word | 디지털 격차, 디지털 문해력

_____

_____

▶ 242018-0046

01 다음은 레이저를 이용하여 거리를 측정하는 장치에 대한 설명이다. ㉠, ㉡은 각각 기본량의 단위이다.

레이저 거리 측정기는 레이저 빔을 이용하여 대상과의 거리를 측정하는 장치이다. 장치에서 발사된 레이저 빔이 대상에 도달한 후 반사되어 ⓐ장치 수신부로 돌아오는 시간을 ㉠ 단위로 측정하여, 거리를 계산한 결과를 ㉡ 단위로 표시하므로 ⓑ대상과의 거리를 정확하게 측정한다.

이에 대한 설명으로 옳은 것만을 **보기** 에서 있는 대로 고른 것은?

보기
ㄱ. 'kg(킬로그램)'은 ㉠으로 적절하다.
ㄴ. 'm(미터)'는 ㉡으로 적절하다.
ㄷ. 레이저 빔의 속력은 ⓐ를 ⓑ로 나눈 값과 같다.

① ㄱ　② ㄴ　③ ㄱ, ㄷ　④ ㄴ, ㄷ　⑤ ㄱ, ㄴ, ㄷ

▶ 242018-0047

02 다음은 기본량을 이용하여 표현하는 속력의 단위를 환산하는 방법에 대한 설명이다.

- 1 km(킬로미터)는 1000 m(미터)이고, 1 h(시간)은 3600 s(초)이다.
- x m에 1인 $\dfrac{1 \text{ km}}{1000 \text{ m}}$를 곱하면 같은 값이므로

  $x \text{ m} = x \text{ m} \times \dfrac{1 \text{ km}}{1000 \text{ m}} = \dfrac{x}{1000} \text{ km}$이다.
- y s에 1인 $\dfrac{1 \text{ h}}{3600 \text{ s}}$를 곱하면 같은 값이므로

  $y \text{ s} = y \text{ s} \times \dfrac{1 \text{ h}}{3600 \text{ s}} = \dfrac{y}{3600} \text{ h}$이다.

속력이 v로 일정한 자동차가 2초 동안 40 m의 거리를 이동하였을 때, v는?

① 36 km/h　② 54 km/h　③ 72 km/h
④ 90 km/h　⑤ 108 km/h

▶ 242018-0048

03 표는 기본량을 활용하여 과학 개념을 설명한 것을 나타낸 것이다.

과학 개념	내용
㉠	• 가로 길이, 세로 길이 곱을 이용하여 나타냄. • 단위: m^2, cm^2 등
농도	• kg(킬로그램) 단위로 나타내는 기본량인 ㉡ 을/를 이용해 나타낼 수 있음. • 단위: % 등

㉠, ㉡에 들어갈 알맞은 말을 옳게 짝 지은 것은?

	㉠	㉡		㉠	㉡
①	부피	시간	②	부피	질량
③	넓이	전류	④	넓이	질량
⑤	속력	시간			

▶ 242018-0049

04 다음은 속력 측정 장치에서 속력을 측정하는 원리에 대한 설명이다.

도로에서 자동차의 속력을 측정하는 원리는 자동차가 첫 번째 센서를 통과한 시점부터 두 번째 센서를 밟을 때까지의 ㉠시간을 측정하여 속력을 측정한다. 예를 들어 센서 1과 센서 2 사이의 ㉡거리가 L이고, 센서 1, 2를 통과한 시각이 각각 t_1, t_2일 때 자동차의 속력은 ㉢ 이다.

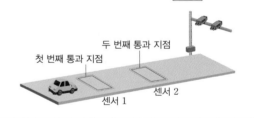

두 번째 통과 지점
첫 번째 통과 지점
센서 1
센서 2

이에 대한 설명으로 옳은 것만을 **보기** 에서 있는 대로 고른 것은?

보기
ㄱ. ㉠의 기본량 단위는 s(초)이다.
ㄴ. 현대에는 백금-이리듐의 합금으로 만든 미터원기를 ㉡의 측정 표준으로 사용한다.
ㄷ. ㉢은 $\dfrac{L}{t_2 - t_1}$이다.

① ㄱ　② ㄴ　③ ㄱ, ㄷ　④ ㄴ, ㄷ　⑤ ㄱ, ㄴ, ㄷ

05 ▶ 242018-0050

다음은 혈당량 측정 장치의 원리에 대한 설명이다.

혈당량은 혈액 속에 있는 포도당의 농도로, 혈액 내 포도당이 산화 효소와 반응하여 발생하는 전자에 의해 장치에 흐르는 ⊙전류의 세기를 분석하여 혈당량을 측정한다. 이때 측정된 혈당량의 단위는 mg/dL를 사용한다.

*1 mg$=10^{-3}$ g
*1 dL$=10^{-1}$ L

이에 대한 설명으로 옳은 것만을 보기 에서 있는 대로 고른 것은?

보기

ㄱ. 혈당량을 나타낼 때, 질량과 온도의 측정 표준을 활용한다.
ㄴ. ⊙의 기본 단위는 V(볼트)이다.
ㄷ. 혈당량 100 mg/dL인 혈액 1 L에 있는 포도당은 1 g이다.

① ㄱ   ② ㄷ   ③ ㄱ, ㄴ   ④ ㄴ, ㄷ   ⑤ ㄱ, ㄴ, ㄷ

06 ▶ 242018-0051

그림 (가)는 질량의 기본이 되는 질량원기를, (나)는 고정된 플랑크 상수와 전기력의 원리를 이용해 질량을 정확히 측정하는 키블 저울을 나타낸 것이다.

(가)   (나)

이에 대한 설명으로 옳은 것만을 보기 에서 있는 대로 고른 것은?

보기

ㄱ. 질량의 기본량 단위는 kg(킬로그램)이다.
ㄴ. 질량의 기준은 (가)에서 (나)로 변하였다.
ㄷ. 플랑크 상수는 정밀한 질량의 측정 표준을 정의하는 데 활용된다.

① ㄱ   ② ㄷ   ③ ㄱ, ㄴ   ④ ㄴ, ㄷ   ⑤ ㄱ, ㄴ, ㄷ

07 ▶ 242018-0052

그림은 열화상 카메라로 사람의 온도를 측정하는 모습을 나타낸 것이다. 사람의 몸에서 발생한 적외선 형태의 신호를 카메라의 센서가 수신한 후 온도 정보를 화면을 통해 나타낸다.

이에 대한 설명으로 옳은 것만을 보기 에서 있는 대로 고른 것은?

보기

ㄱ. 사람의 몸에서 발생한 적외선 신호는 아날로그 형태의 신호이다.
ㄴ. 센서는 디지털 형태의 신호를 아날로그 형태로 변환한다.
ㄷ. 사람은 화면을 통해 나오는 신호를 눈을 통해 아날로그의 형태로 수신한다.

① ㄱ   ② ㄴ   ③ ㄱ, ㄷ   ④ ㄴ, ㄷ   ⑤ ㄱ, ㄴ, ㄷ

08 ▶ 242018-0053

그림 (가)는 드론에 장착된 카메라로 촬영한 영상 정보가 실시간으로 스마트 기기에 전송되어 화면에 나타난 모습을, (나)는 카메라의 센서로 수신된 신호가 변환되는 과정을 모식적으로 나타낸 것이다. A, B는 아날로그 신호와 디지털 신호를 순서 없이 나타낸 것이다.

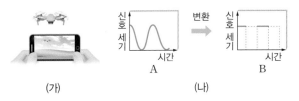

(가)   (나)

이에 대한 설명으로 옳은 것만을 보기 에서 있는 대로 고른 것은?

보기

ㄱ. A는 아날로그 신호이다.
ㄴ. A는 편집이나 전송이 쉬운 신호이다.
ㄷ. B는 원래의 자연 신호를 완벽하게 재생할 수 있는 장점이 있다.

① ㄱ   ② ㄴ   ③ ㄱ, ㄷ   ④ ㄴ, ㄷ   ⑤ ㄱ, ㄴ, ㄷ

03 원소의 생성과 규칙성

○ 우주 진화 초기에 형성된 원소가 현재 우주의 주요 구성 원소이며, 별이 진화하는 과정에서 헬륨보다 무거운 원소가 생성됨을 설명할 수 있다.
○ 세상을 구성하는 원소들의 성질이 주기성을 나타내며 물질의 성질이 원소의 결합 차이에 의한 것임을 설명할 수 있다.

1 우주 초기의 원소

(1) 스펙트럼

① 빛을 분광기에 통과시켰을 때 파장에 따라 분산되어 생기는 띠이다.

연속 스펙트럼	선 스펙트럼	
	흡수 스펙트럼	방출 스펙트럼
고온의 광원에서 나오는 빛을 분광기로 분산시켰을 때 빨간색에서 보라색까지 무지개색의 띠가 연속적으로 나타나는 스펙트럼	연속 스펙트럼을 만드는 빛이 저온의 기체에 일부 흡수되어 연속 스펙트럼에 검은 색의 흡수선이 나타나는 스펙트럼	고온의 기체에서 나오는 빛을 분광기로 분산시켰을 때 특정한 파장에서 방출선이 나타나는 스펙트럼

② 원소의 종류에 따라 선 스펙트럼이 다르게 나타난다.
③ 한 원소의 흡수선과 방출선은 같은 위치(파장)에서 나타난다.
④ 별빛의 스펙트럼을 원소의 스펙트럼과 비교하여 별을 구성하는 원소의 종류 및 질량비를 알 수 있다. ➡ 다양한 별빛의 스펙트럼 분석 결과 우주 전역에 수소와 헬륨이 존재하며 우주에 분포하는 수소와 헬륨의 질량비는 약 3 : 1임을 알 수 있다.

(2) 우주 초기의 원소 생성

① 빅뱅 우주론: 약 138억 년 전 초고온, 초고밀도의 한 점에서 빅뱅(대폭발)이 일어나 우주가 탄생하였고, 지금까지 계속 팽창하고 있다고 설명하는 이론이다. ➡ 팽창하는 우주의 밀도는 감소하고 온도는 낮아진다.
② 빅뱅 후 우주가 팽창하면서 수소 원자와 헬륨 원자가 생성되었다.

▲우주의 탄생과 팽창

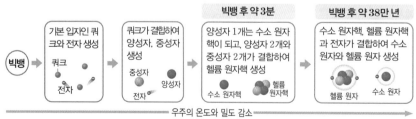

		빅뱅 후 약 3분	빅뱅 후 약 38만 년
기본 입자인 쿼크와 전자 생성	쿼크가 결합하여 양성자, 중성자 생성	양성자 1개는 수소 원자핵이 되고, 양성자 2개와 중성자 2개가 결합하여 헬륨 원자핵 생성	수소 원자핵, 헬륨 원자핵과 전자가 결합하여 수소 원자와 헬륨 원자 생성

← 우주의 온도와 밀도 감소 →
▲우주 초기의 원소 생성

③ 우주 초기에 생성된 수소와 헬륨은 별과 은하를 만드는 재료가 되었고, 이후 별의 진화 과정을 거쳐 지구와 생명체를 구성하는 물질을 이루는 다양한 원소들이 만들어졌다.

---

❶ 가까운 별인 태양의 스펙트럼

프라운호퍼는 태양의 스펙트럼에서 수백 개의 흡수선을 발견하여 태양의 대기가 여러 가지 원소로 구성되어 있음을 알아냈다.

❷ 원소의 질량비
별빛 스펙트럼에서 흡수선의 세기를 분석하여 별을 구성하는 원소들의 질량비를 알 수 있다.

❸ 원자의 구조

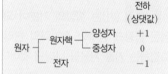

	전하 (상댓값)
양성자	+1
중성자	0
전자	−1

• 원자는 전기적으로 중성이다.
→ 양성자수와 전자 수가 같다.
→ 양성자 1개와 중성자 1개의 질량은 거의 같고 전자의 질량은 상대적으로 매우 작다.
→ 원자의 질량은 양성자의 질량과 중성자의 질량의 합과 거의 같다.
→ 원자의 상대 질량은 양성자수와 중성자 수의 합과 같다.

❹ 물질을 구성하는 입자

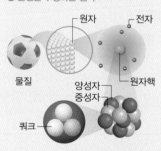

② 무거운 원소의 생성

(1) 별의 탄생

성운의 형성		원시별의 형성		별의 탄생
수소와 헬륨 등으로 이루어진 성간 물질이 모여 가스 구름을 이룬 후, 성운 형성	➡	성운 내부의 밀도가 큰 곳에서 원시별이 형성, 중력에 의해 수축하면서 온도와 압력 상승	➡	원시별의 온도가 1,000만 K 이상이 되면 수소 핵융합 반응이 시작되면서 별 형성

(2) 별의 진화와 무거운 원소의 생성

① 질량이 태양과 비슷한 별: 별 중심의 핵융합 반응으로 탄소까지 생성된다.
 • 수소 핵융합 반응 ➡ 헬륨 핵융합 반응을 통해 탄소(C) 생성
② 질량이 태양보다 매우 큰 별: 별 중심의 핵융합 반응으로 철까지 생성된다.
 • 수소 핵융합 반응 ➡ 헬륨 핵융합 반응 ➡ 무거운 원소의 핵융합 반응으로 철(Fe)까지 생성 ➡ 초신성 폭발 과정을 거치며 철(Fe)보다 무거운 원소를 생성

(3) 원소의 순환
별의 진화 과정에서 생성된 원소들은 우주로 방출되어 새로운 별이나 행성, 생명체를 만드는 재료가 된다.

(4) 태양계의 형성
초신성 폭발로 만들어진 거대한 성운에서 약 50억 년 전에 형성되었다.

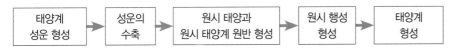

③ 원소의 주기성

(1) 원소와 주기율표

① 원소: 물질의 구성 성분으로 모든 물질은 원소로 이루어져 있다.
② 주기율표: 원소들을 원자 번호 순으로 화학적 성질이 유사한 원소가 같은 세로줄에 오도록 배열한 표이다. ➡ 새로운 가로줄(주기)이 시작될 때마다 같은 세로줄(족)에서 원소의 성질이 반복되어 나타난다(주기성).
③ 원소의 분류: 주기율표의 왼쪽과 가운데 부분에는 대체로 금속 원소가, 오른쪽 부분에는 비금속 원소가 위치한다.

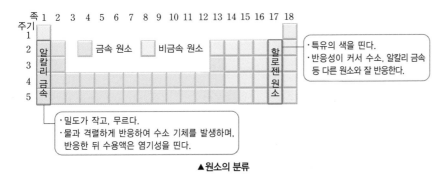

▲원소의 분류

❺ 별
스스로 빛을 내는 천체

❻ 수소 핵융합 반응
수소 원자핵 4개가 융합해 헬륨 원자핵 1개를 생성하면서 에너지를 방출하는 반응

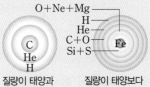

❼, ❽ 질량에 따른 별의 내부 구조

질량이 태양과 비슷한 별 / 질량이 태양보다 매우 큰 별

❾ 원소와 원자
 • 원소: 물질을 구성하는 성분
 ❿ H_2O를 구성하는 원소는 2가지이다.
 • 원자: 물질을 구성하는 기본적인 입자
 ⓫ H_2O 분자를 이루는 원자는 H 원자 2개와 O 원자 1개이다.

⓬ 원자 번호와 양성자수
원자 번호는 양성자수와 같다.

⓭ 금속 원소와 비금속 원소
 • 금속 원소: 광택이 있고 열 전도성과 전기 전도성이 있으며 전자를 잘 잃는다. ➡ 일반적으로 원자가 전자 수 3 이하인 원소
 ⓮ Mg: 원자가 전자 수=2 ➡ 금속 원소
 • 비금속 원소: 대부분 열 전도성과 전기 전도성이 없으며 전자를 잘 얻는다.(18족 제외) ➡ 일반적으로 원자가 전자 수 4이상인 원소
 ⓯ O: 원자가 전자 수=6 ➡ 비금속 원소

(2) 원자의 전자 배치

① 전자 껍질: 원자핵 주위의 전자가 존재하는 특정한 에너지 준위를 가지는 궤도이다.
　➡ 전자가 배치되어 있는 전자 껍질 수＝주기

② 원자가 전자 수: 가장 바깥 전자 껍질에 배치된 전자로, 화학 반응에 참여하여 원소의 화학적 성질을 결정한다. ➡ 원자가 전자 수＝족의 끝자리(18족 제외)

원자 번호	1	8	10	11	17
전자 배치	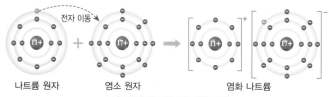				
원자가 전자 수	1	6	0	1	7
주기	1	2	2	3	3
족	1	16	18	1	17

▉ 4 화학 결합과 물질의 생성

(1) 화학 결합의 원리 18족 원소는 가장 바깥 전자 껍질에 전자가 모두 채워진 안정한 상태이며, 18족 이외의 원소들은 18족 원소와 같은 전자 배치를 하여 안정해지려는 경향이 있다.

(2) 이온 결합과 공유 결합

① 이온 결합: 금속 원소의 양이온과 비금속 원소의 음이온 사이의 정전기적 인력으로 형성되는 화학 결합이다.

전자 이동

나트륨 원자　　염소 원자　　　염화 나트륨
▲나트륨과 염소의 이온 결합 모형

② 공유 결합: 비금속 원소 사이에 전자쌍을 공유하여 형성되는 화학 결합이다.

수소 원자　　산소 원자　　수소 원자　　　물 분자 / 공유 전자쌍 / 전자쌍을 공유함
▲수소와 산소의 공유 결합 모형

(3) 물질의 화학 결합에 따른 전기 전도성

구분	고체의 전기 전도성	액체의 전기 전도성	수용액의 전기 전도성
이온 결합 물질	전류가 흐르지 않음	전류가 흐름	전류가 흐름
공유 결합 물질	전류가 흐르지 않음 (예외: 흑연 등)	전류가 흐르지 않음	전류가 흐르지 않음

⑫ 전자 배치의 원리
• 원자핵에 가까운 전자 껍질부터 차례로 배치
• 첫 번째 전자 껍질에는 최대 2개, 두 번째 전자 껍질부터는 최대 8개가 배치

⑬ 원자가 전자와 주기성
원자 번호가 증가함에 따라 원자가 전자 수가 주기적으로 변하므로 주기성이 나타난다.

⑭ 이온 결합 물질의 화학식
이온 결합 물질은 전기적으로 중성 ➡ 양이온과 음이온의 총 전하의 합이 0이다.
⑭ Al과 O의 원자가 전자 수는 각각 3, 6이므로 Al은 Al^{3+}, O는 O^{2-}이 된후 정전기적 인력에 의해 결합하여 Al_2O_3을 형성한다.

⑮ 공유 결합의 종류
18족 원소와 같은 전자 배치를 갖기 위해 필요한 전자 수만큼 전자쌍을 공유하며, 공유한 전자쌍의 수에 따라 단일 결합, 2중 결합, 3중 결합이 있다.
• F: 전자 1개 부족 ➡ 전자쌍 1개 공유 ➡ 단일 결합 형성
F_2:
• O: 전자 2개 부족 ➡ 전자쌍 2개 공유 ➡ 2중 결합 형성
O_2:
• N: 전자 3개 부족 ➡ 전자쌍 3개 공유 ➡ 3중 결합 형성
N_2:

교과서 탐구하기
스펙트럼 관찰·비교하기

탐구 목표

분광기로 다양한 스펙트럼을 관찰하고 천체의 스펙트럼과 비교할 수 있다.

탐구 과정

1. 백열등을 전원에 연결하여 전구에서 나오는 빛을 간이 분광기로 관찰한다.
2. 기체 방전관(수소, 헬륨)을 고전압 발생 장치에 끼우고 전원을 연결한 후 방전관에서 나오는 빛을 분광기로 관찰한다.
3. 과정 1과 2에서 관찰한 스펙트럼과 천체 A에서 방출되는 빛의 스펙트럼을 비교해 본다.

자료 정리

백열등	
수소 기체 방전관	
헬륨 기체 방전관	
천체 A	

결과 분석

1. 관찰한 스펙트럼의 종류를 쓰시오.

백열등	수소 기체 방전관	헬륨 기체 방전관	천체 A

2. 수소 기체 방전관과 헬륨 기체 방전관에서 나온 빛의 스펙트럼의 공통점과 차이점을 쓰시오.
   ➡

3. 백열등과 기체 방전관에서 나온 빛의 스펙트럼의 차이점을 쓰시오.
   ➡

4. 천체 A의 대기에 포함되어 있는 원소는 무엇인지 쓰고, 그 까닭을 서술하시오.
   ➡

▶ 242018-0054

01 그림은 어느 별빛의 스펙트럼을 나타낸 것이다.

이에 대한 설명으로 옳은 것만을 보기 에서 있는 대로 고른 것은?

> **보기**
> ㄱ. 백열등에서 관측한 스펙트럼의 종류와 같다.
> ㄴ. 선의 개수는 대기를 구성하는 성분 원소의 가짓수와 같다.
> ㄷ. 흡수선과 원소의 스펙트럼을 비교하면 별의 대기 구성 성분을 알 수 있다.

① ㄱ   ② ㄷ   ③ ㄱ, ㄴ   ④ ㄴ, ㄷ   ⑤ ㄱ, ㄴ, ㄷ

▶ 242018-0055

02 그림 (가)와 (나)는 기체 A가 들어 있는 방전관에서 나오는 빛과 어느 별 ㉠의 별빛 스펙트럼을 순서 없이 나타낸 것이다.

이에 대한 설명으로 옳은 것만을 보기 에서 있는 대로 고른 것은?

> **보기**
> ㄱ. (가)는 방출 스펙트럼이다.
> ㄴ. ㉠의 스펙트럼은 (나)이다.
> ㄷ. ㉠의 대기에는 A가 존재한다.

① ㄱ   ② ㄷ   ③ ㄱ, ㄴ   ④ ㄴ, ㄷ   ⑤ ㄱ, ㄴ, ㄷ

▶ 242018-0056

03 빅뱅 우주론에 대한 설명으로 옳은 것만을 보기 에서 있는 대로 고른 것은?

> **보기**
> ㄱ. 우주는 약 138억 년 전 한 점에서 시작되었다.
> ㄴ. 빅뱅 이후 우주의 온도는 점점 낮아진다.
> ㄷ. 우주의 밀도는 빅뱅 직후가 현재보다 크다.

① ㄱ   ② ㄷ   ③ ㄱ, ㄴ   ④ ㄴ, ㄷ   ⑤ ㄱ, ㄴ, ㄷ

▶ 242018-0057

04 다음 중 보기 의 물질을 질량이 작은 것부터 큰 순서대로 나열한 것은?

> **보기**
> ㄱ. 쿼크   ㄴ. 중성자   ㄷ. 원자

① ㄱ - ㄴ - ㄷ   ② ㄱ - ㄷ - ㄴ
③ ㄴ - ㄱ - ㄷ   ④ ㄴ - ㄷ - ㄱ
⑤ ㄷ - ㄱ - ㄴ

▶ 242018-0058

05 그림 (가)와 (나)는 수소 원자핵과 헬륨 원자핵을 순서 없이 나타낸 것이다.

(가)   (나)

이에 대한 설명으로 옳은 것만을 보기 에서 있는 대로 고른 것은?

> **보기**
> ㄱ. ㉠은 중성자이다.
> ㄴ. ㉠으로만 이루어진 원자핵이 존재한다.
> ㄷ. 우주에서 (가)와 (나)가 생성된 시기는 같다.

① ㄱ   ② ㄷ   ③ ㄱ, ㄴ   ④ ㄴ, ㄷ   ⑤ ㄱ, ㄴ, ㄷ

▶ 242018-0059

06 그림 (가)와 (나)는 빅뱅 우주에서 생성된 서로 다른 종류의 원자를 나타낸 것이다.

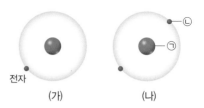

전자

(가)   (나)

이에 대한 설명으로 옳은 것만을 보기 에서 있는 대로 고른 것은?

> **보기**
> ㄱ. 양성자수는 (가)>(나)이다.
> ㄴ. 우주에 존재하는 원소의 질량은 (가)>(나)이다.
> ㄷ. ㉡은 ㉠보다 먼저 생성되었다.

① ㄱ   ② ㄷ   ③ ㄱ, ㄴ   ④ ㄴ, ㄷ   ⑤ ㄱ, ㄴ, ㄷ

▶ 242018-0060

07 그림은 빅뱅 이후 입자의 생성 과정을 순서대로 나타낸 것이다.

이에 대한 설명으로 옳은 것만을 <보기> 에서 있는 대로 고른 것은?

> **보기**
> ㄱ. (가)에서 전자가 생성되었다.
> ㄴ. 최초의 원소는 (나)에서 생성되었다.
> ㄷ. 우주의 온도는 (다)>(라)이다.

① ㄱ ② ㄴ ③ ㄱ, ㄷ ④ ㄴ, ㄷ ⑤ ㄱ, ㄴ, ㄷ

▶ 242018-0061

08 다음은 어느 별의 중심부에서 일어나는 핵융합 반응을 나타낸 것이다.

이에 대한 설명으로 옳은 것만을 <보기> 에서 있는 대로 고른 것은?

> **보기**
> ㄱ. 우주에 존재하는 원소의 질량은 A>B이다.
> ㄴ. 이 반응으로 에너지가 발생한다.
> ㄷ. 태양의 내부에서 일어나는 반응이다.

① ㄱ ② ㄴ ③ ㄱ, ㄷ ④ ㄴ, ㄷ ⑤ ㄱ, ㄴ, ㄷ

▶ 242018-0062

09 그림은 질량이 매우 큰 어느 별의 마지막 단계에 해당하는 내부 구조의 모습을 나타낸 것이다. A와 B에 존재하는 원소로 가장 적절한 것은?

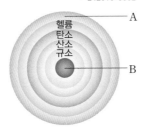

	A	B			A	B
①	H	Al		②	H	Fe
③	H	Mg		④	Li	Al
⑤	Li	Zn				

▶ 242018-0063

10 표는 물과 산화 은을 구성하는 원소를 나타낸 것이다.

물질	물	산화 은
구성 원소	X, Y	Y, Z

이에 대한 설명으로 옳은 것만을 <보기> 에서 있는 대로 고른 것은? (단, X~Z는 임의의 원소 기호이다.)

> **보기**
> ㄱ. X는 빅뱅 초기 우주에서 생성되었다.
> ㄴ. Y와 Z는 모두 별에서 핵융합 반응으로 생성되었다.
> ㄷ. 원자의 질량은 Y>Z이다.

① ㄱ ② ㄴ ③ ㄱ, ㄷ ④ ㄴ, ㄷ ⑤ ㄱ, ㄴ, ㄷ

▶ 242018-0064

11 표는 지구와 생명체의 주요 구성 원소를 나타낸 것이다.

구분	주요 구성 원소
지구	Fe, O, Si, Al
생명체	O, C, H, N

이에 대한 설명으로 옳은 것만을 <보기> 에서 있는 대로 고른 것은?

> **보기**
> ㄱ. 지구와 생명체에 공통으로 존재하는 원소는 산소이다.
> ㄴ. 지구의 주요 구성 원소는 모두 별에서 생성되었다.
> ㄷ. 생명체의 주요 구성 원소는 빅뱅 후 초기 우주에서 생성되었다.

① ㄱ ② ㄷ ③ ㄱ, ㄴ ④ ㄴ, ㄷ ⑤ ㄱ, ㄴ, ㄷ

▶ 242018-0065

12 그림은 원자 X의 전자 배치를 나타낸 것이다. X에 대한 설명으로 옳지 <u>않은</u> 것은?

① 원자번호는 11이다.
② 3주기 원소이다.
③ 11족 원소이다.
④ 원자가 전자 수는 1이다.
⑤ 전자 1개를 쉽게 잃고 양이온이 된다.

▶ 242018-0066

13 다음은 원자의 전자 배치에 대한 자료이다.

- 원자핵에 가까운 전자 껍질부터 채워진다.
- 첫 번째 전자 껍질에 최대 2개, 두 번째에는 최대 8개의 전자가 배치된다.

원자 번호가 16인 원자의 전자 배치에서 원자가 전자 수는?

① 0 　　② 4 　　③ 5 　　④ 6 　　⑤ 7

▶ 242018-0067

14 그림은 주기율표의 일부를 나타낸 것이고, 다음은 원소 A~G에 대한 자료이다.

족 주기	1	2	13	14	15	16	17	18
1	A							
2	B						C	
3		D			E		F	G

- 원자가 전자 수가 1인 원소는 a가지이다.
- 비금속 원소는 b가지이다.
- 전자 껍질 수가 3인 원소는 c가지이다.

$a+b+c$는? (단, A~G는 임의의 원소 기호이다.)

① 6 　　② 7 　　③ 9 　　④ 11 　　⑤ 12

▶ 242018-0068

15 그림은 원자 A~D의 전자 배치를 모형으로 나타낸 것이다.

A　　　B　　　C　　　D

A~D에 대한 설명으로 옳은 것만을 【보기】에서 있는 대로 고른 것은? (단, A~D는 임의의 원소 기호이다.)

【보기】
ㄱ. C는 18족 원소이다.
ㄴ. 금속 원소는 3가지이다.
ㄷ. 화학적 성질이 비슷한 원소는 3가지이다.

① ㄱ 　　② ㄴ 　　③ ㄱ, ㄷ 　　④ ㄴ, ㄷ 　　⑤ ㄱ, ㄴ, ㄷ

▶ 242018-0069

16 현대의 주기율표에 대한 설명으로 옳지 <u>않은</u> 것은?

① 원자량 순서대로 배열되어 있다.
② 가로줄은 주기, 세로줄은 족이라고 한다.
③ 화학적 성질이 비슷한 원소가 같은 세로줄에 위치하도록 배열되어 있다.
④ 같은 족 원소들은 화학적 성질이 비슷하다.
⑤ 왼쪽에는 대체로 금속 원소, 오른쪽에는 비금속 원소가 위치한다.

▶ 242018-0070

17 다음은 주기율표에서 같은 족에 속하는 3가지 원소이다.
이 원소들의 공통점으로 옳지 <u>않은</u> 것은?

Li	Na	K

① 할로젠 원소이다.
② 원자가 전자 수가 1이다.
③ 실온에서 고체 상태로 존재한다
④ 물과 반응하여 수소 기체를 발생시킨다.
⑤ 물에 넣어 반응시킨 후, 수용액의 액성은 염기성이다.

▶ 242018-0071

18 비활성 기체에 대한 설명으로 옳지 <u>않은</u> 것은?

① 18족 원소이다.
② 원자가 전자 수가 0이다.
③ 비금속 원소이다.
④ 가장 바깥 전자 껍질에 들어 있는 전자 수는 모두 8이다.
⑤ 반응성이 없어 화합물을 거의 형성하지 않는다.

▶ 242018-0072

19 그림은 원자 A~C의 전자 배치를 모형으로 나타낸 것이다.

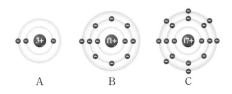

A~C에 대한 설명으로 옳은 것만을 보기 에서 있는 대로 고른 것은? (단, A~C는 임의의 원소 기호이고, 이온은 18족 원소의 전자 배치를 갖는다.)

보기

ㄱ. A는 이온이 될 때 전자 1개를 잃는다.
ㄴ. C는 이온이 될 때 전자 1개를 얻는다.
ㄷ. 이온의 전자 배치는 B와 C가 같다.

① ㄱ　　② ㄷ　　③ ㄱ, ㄴ　　④ ㄴ, ㄷ　　⑤ ㄱ, ㄴ, ㄷ

▶ 242018-0073

20 그림은 나트륨 원자와 염소 원자가 결합하여 염화 나트륨이 생성되는 과정을 나타낸 것이다.

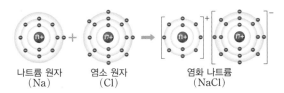

나트륨 원자　　염소 원자　　　염화 나트륨
(Na)　　　　(Cl)　　　　　(NaCl)

이에 대한 설명으로 옳은 것만을 보기 에서 있는 대로 고른 것은?

보기

ㄱ. 나트륨 원자에서 염소 원자로 전자가 이동한다.
ㄴ. 전자 수는 염화 이온이 나트륨 이온보다 8만큼 크다.
ㄷ. 염화 이온과 나트륨 이온은 정전기적 인력으로 결합한다.

① ㄱ　　② ㄴ　　③ ㄱ, ㄷ　　④ ㄴ, ㄷ　　⑤ ㄱ, ㄴ, ㄷ

▶ 242018-0074

21 그림은 주기율표의 일부를 나타낸 것이다.

족\주기	1	2	13	14	15	16	17	18
1	A							
2		B				C		
3	D	E					F	

A~F로 이루어진 물질 중 이온 결합 물질이 <u>아닌</u> 것은?
(단, A~F는 임의의 원소 기호이다.)

① A_2C　　② BC　　③ E_2C_3　　④ EF_3　　⑤ DF

▶ 242018-0075

22 다음은 원자 X와 Y에 대한 자료이다.

• X의 원자 번호는 17이다.
• Y는 3주기 2족 원소이다.

이에 대한 설명으로 옳은 것은? (단, X와 Y는 임의의 원소 기호이고, X와 Y이온은 18족 원소의 전자 배치를 갖는다.)

① 원자 번호는 X < Y이다.
② X와 Y는 이온 결합한다.
③ X와 Y 이온의 전자 배치는 같다.
④ X와 Y가 결합할 때 전자는 X에서 Y로 이동한다.
⑤ X와 Y는 1 : 2의 개수비로 결합하여 화합물을 형성한다.

▶ 242018-0076

23 그림은 3주기 원소 A와 B가 화합물을 형성할 때, 두 원자 사이에 형성되는 결합을 모형으로 나타낸 것이다.

이에 대한 설명으로 옳은 것만을 보기 에서 있는 대로 고른 것은? (단, A와 B는 임의의 원소 기호이다.)

보기

ㄱ. A는 금속 원소, B는 비금속 원소이다.
ㄴ. 원자 번호는 B가 A보다 크다.
ㄷ. (가)와 (나)의 전자 배치는 Ne과 같다.

① ㄱ　　② ㄷ　　③ ㄱ, ㄴ　　④ ㄴ, ㄷ　　⑤ ㄱ, ㄴ, ㄷ

▶ 242018-0077

24 그림은 원자 A와 B의 전자 배치를 모형으로 나타낸 것이다.
이에 대한 설명으로 옳은 것만을 **보기** 에서 있는 대로 고른 것은? (단, A와 B는 임의의 원소 기호이다.)

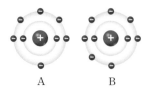

보기

ㄱ. 원자가 전자 수는 A > B이다.
ㄴ. A이온과 B이온의 전자 배치는 같다.
ㄷ. 원자들 사이에 공유한 전자쌍 수는 $A_2 > B_2$이다.

① ㄱ   ② ㄴ   ③ ㄱ, ㄷ   ④ ㄴ, ㄷ   ⑤ ㄱ, ㄴ, ㄷ

▶ 242018-0078

25 그림은 원자 A와 B의 전자 배치를 모형으로 나타낸 것이다.
이에 대한 설명으로 옳은 것만을 **보기** 에서 있는 대로 고른 것은? (단, A와 B는 임의의 원소 기호이다.)

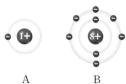

보기

ㄱ. A와 B는 비금속 원소이다.
ㄴ. A와 B는 F(플루오린)과 공유 결합하여 화합물을 형성한다.
ㄷ. A_2와 B_2에서 원자들 사이에 공유한 전자쌍의 수는 1로 같다.

① ㄱ   ② ㄷ   ③ ㄱ, ㄴ   ④ ㄴ, ㄷ   ⑤ ㄱ, ㄴ, ㄷ

▶ 242018-0079

26 그림은 2가지 고체 X와 Y를 물에 녹여 만든 수용액에 들어 있는 입자의 모형을 나타낸 것이다. X와 Y는 각각 설탕과 염화 나트륨을 순서 없이 나타낸 것이다. X와 Y에 대한 설명으로 옳은 것만을 **보기** 에서 있는 대로 고른 것은?

X 수용액   Y 수용액

보기

ㄱ. X는 염화 나트륨이다.
ㄴ. 수용액 상태에서 전기 전도성은 X > Y이다.
ㄷ. 액체 상태에서 전기 전도성은 X > Y이다.

① ㄱ   ② ㄴ   ③ ㄱ, ㄷ   ④ ㄴ, ㄷ   ⑤ ㄱ, ㄴ, ㄷ

▶ 242018-0080

27 그림은 주기율표의 일부를 나타낸 것이다.

족 \ 주기	1	2	3~12	13	14	15	16	17	18
1	A								
2	B							C	D

이에 대한 설명으로 옳은 것만을 **보기** 에서 있는 대로 고른 것은? (단, A~D는 임의의 원소 기호이다.)

보기

ㄱ. A와 C는 공유 결합하여 화합물을 형성한다.
ㄴ. B와 C는 이온 결합하여 화합물을 형성한다.
ㄷ. C_2에서 C의 전자 배치는 D와 같다.

① ㄱ   ② ㄷ   ③ ㄱ, ㄴ   ④ ㄴ, ㄷ   ⑤ ㄱ, ㄴ, ㄷ

▶ 242018-0081

28 그림은 원자 A~C의 전자 배치를 모형으로 나타낸 것이다.

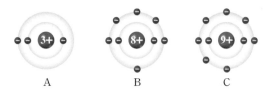

A   B   C

이에 대한 설명으로 옳은 것만을 **보기** 에서 있는 대로 고른 것은? (단, A~C는 임의의 원소 기호이다.)

보기

ㄱ. A와 C는 1 : 1로 이온 결합하여 화합물을 형성한다.
ㄴ. BC_2에서 원자들 사이에 공유한 총 전자쌍 수는 2이다.
ㄷ. 액체 상태에서 전기 전도성은 $A_2B > C_2$이다.

① ㄱ   ② ㄷ   ③ ㄱ, ㄴ   ④ ㄴ, ㄷ   ⑤ ㄱ, ㄴ, ㄷ

▶ 242018-0082

01 그림은 백열등, A 기체와 B 기체가 들어 있는 방전관, 태양 빛, 미지의 별빛을 분광기로 관찰한 스펙트럼을 나타낸 것이다.

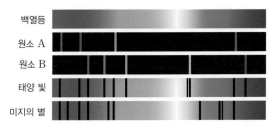

이에 대한 설명으로 옳은 것만을 **보기**에서 있는 대로 고른 것은?

보기

ㄱ. 백열등에서 방출되는 빛의 스펙트럼은 연속 스펙트럼이다.

ㄴ. 태양의 대기에 존재하는 원소는 2가지 이상이다.

ㄷ. 태양과 미지의 별의 대기에 모두 원소 A가 존재한다.

① ㄱ   ② ㄴ   ③ ㄱ, ㄷ   ④ ㄴ, ㄷ   ⑤ ㄱ, ㄴ, ㄷ

▶ 242018-0083

02 다음은 빅뱅 우주에서 생성된 입자 ㉠~㉣을 나타낸 것이다.

| ㉠ 양성자 | ㉡ 중성자 | ㉢ 쿼크 | ㉣ 전자 |

이에 대한 설명으로 옳지 <u>않은</u> 것은?

① ㉢이 ㉠보다 먼저 생성되었다.

② ㉢이 결합하여 ㉡이 생성된다.

③ 모든 원자핵은 ㉠과 ㉡이 결합하여 생성되었다.

④ 원자에서 ㉠과 ㉣의 수는 같다.

⑤ ㉣의 수는 헬륨 원자가 수소 원자보다 크다.

▶ 242018-0084

03 그림은 빅뱅 우주에서 생성된 원자 A와 B를 나타낸 것이다. A와 B에 들어 있는 중성자수는 각각 0, 2이다.

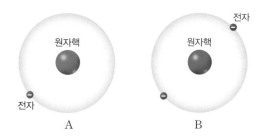

A와 B의 양성자수와 원자의 상대적 질량을 옳게 비교한 것은? (단, A와 B는 임의의 원소 기호이다.)

	양성자수	원자의 상대적 질량
①	A>B	A>B
②	A>B	A=B
③	A>B	A<B
④	A<B	A>B
⑤	A<B	A<B

▶ 242018-0085

04 그림은 별 (가)와 (나)의 내부 구조를 나타낸 것이다. (가)의 중심부에서는 탄소까지만 만들어진다.

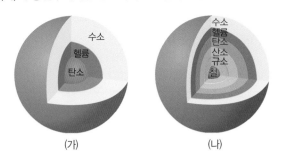

이에 대한 설명으로 옳은 것만을 **보기**에서 있는 대로 고른 것은?

보기

ㄱ. (가)는 태양보다 질량이 10배 이상 큰 별이다.

ㄴ. (나)의 중심부에서 철의 핵융합 반응이 일어난다.

ㄷ. (가)와 (나) 모두 중심부로 갈수록 무거운 원소가 존재한다.

① ㄱ   ② ㄷ   ③ ㄱ, ㄴ   ④ ㄴ, ㄷ   ⑤ ㄱ, ㄴ, ㄷ

05 다음은 원자 W~Z의 전자 배치를 모형으로 나타낸 것이다.

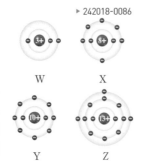

W~Z에 대한 설명으로 옳은 것만을 **보기** 에서 있는 대로 고른 것은? (단, W~Z는 임의의 원소 기호이고, 이온은 18족 원소의 전자 배치를 갖는다.)

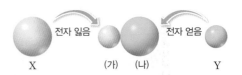 242018-0086

보기
ㄱ. 금속 원소는 2가지이다.
ㄴ. 전자를 잘 얻는 성질이 있는 원소는 2가지이다.
ㄷ. X와 Z 이온의 전자 배치는 Y와 같다.

① ㄱ　　② ㄴ　　③ ㄱ, ㄷ　　④ ㄴ, ㄷ　　⑤ ㄱ, ㄴ, ㄷ

▸ 242018-0087

06 다음은 주기율표의 일부를 나타낸 것이다.

족 주기	1	2	13	14	15	16	17	18
1	A							B
2	C	D				E		
3			F				G	

A~G에 대한 설명으로 옳은 것만을 **보기** 에서 있는 대로 고른 것은? (단, A~G는 임의의 원소 기호이다.)

보기
ㄱ. 원자가 전자 수는 B>E이다.
ㄴ. A와 C는 화학적 성질이 유사하다.
ㄷ. 실온에서 고체 상태인 원소는 3가지이다.

① ㄱ　　② ㄷ　　③ ㄱ, ㄴ　　④ ㄴ, ㄷ　　⑤ ㄱ, ㄴ, ㄷ

▸ 242018-0088

07 다음은 원소 A, B에 대한 내용이다.

- A: 3주기 16족
- B: 4주기 2족

A와 B로 이루어진 화합물의 화학식과 화학 결합의 종류로 옳은 것은? (단, A, B는 임의의 원소 기호이다.)

	화학식	화학 결합		화학식	화학 결합
①	AB	공유 결합	②	BA	이온 결합
③	BA	공유 결합	④	A_2B	공유 결합
⑤	B_2A_2	이온 결합			

▸ 242018-0089

08 그림은 3주기 원소 X와 Y가 화합물을 이룰 때 두 원자 사이에 형성되는 결합을 모형으로 나타낸 것이다.

이에 대한 설명으로 옳은 것만을 **보기** 에서 있는 대로 고른 것은? (단, X, Y는 임의의 원소 기호이다.)

보기
ㄱ. 전자가 들어 있는 전자 껍질 수는 Y가 (가)보다 1 크다.
ㄴ. 총 전자 수는 (나)>(가)이다.
ㄷ. (가)와 (나)는 정전기적 인력으로 결합한다.

① ㄱ　　② ㄷ　　③ ㄱ, ㄴ　　④ ㄴ, ㄷ　　⑤ ㄱ, ㄴ, ㄷ

▸ 242018-0090

09 다음은 알칼리 금속 X를 이용한 실험을 수행한 후 학생이 작성한 보고서의 일부이다.

- 칼로 쉽게 잘라지고 잘린 단면에 광택이 있으나 광택은 곧 사라졌다.
- 증류수에 페놀프탈레인 용액을 몇 방울 떨어뜨린 후, X를 넣었더니 반응하여 ㉠기체가 발생했고 수용액이 붉은색으로 변했다.

이에 대한 설명으로 옳은 것만을 **보기** 에서 있는 대로 고른 것은?

보기
ㄱ. X는 반응성이 큰 원소이다.
ㄴ. ㉠은 산소이다.
ㄷ. X가 물과 반응한 수용액은 염기성이다.

① ㄱ　　② ㄴ　　③ ㄱ, ㄷ　　④ ㄴ, ㄷ　　⑤ ㄱ, ㄴ, ㄷ

10 다음은 2주기 원소 A~C에 대한 자료이다.

▶ 242018-0091

> - A는 할로젠 원소이다.
> - C는 15족 원소이다.
> - 원자가 전자 수는 A>B>C이다.

A_2, B_2, C_2에서 원자 사이에 공유한 전자쌍의 수로 옳은 것은? (단, A~C는 임의의 원소 기호이다.)

	A_2	B_2	C_2
①	1	1	2
②	1	2	3
③	2	1	1
④	2	1	3
⑤	3	2	1

11 그림은 3주기 원소 A와 B로 이루어진 화합물 (가)의 화학 결합 모형을 나타낸 것이다. 원자 번호는 B>A이다.

▶ 242018-0092

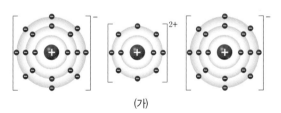

(가)

이에 대한 설명으로 옳은 것만을 보기 에서 있는 대로 고른 것은? (단, A와 B는 임의의 원소 기호이다.)

> **보기**
> ㄱ. (가)는 공유 결합 물질이다.
> ㄴ. (가)가 생성될 때 전자는 B에서 A로 이동한다.
> ㄷ. (가)는 A와 B가 1:2의 개수비로 결합하여 형성된 물질이다.

① ㄱ   ② ㄷ   ③ ㄱ, ㄴ   ④ ㄴ, ㄷ   ⑤ ㄱ, ㄴ, ㄷ

12 그림은 분자 A_2, B_2, C_2의 화학 결합을 모형으로 나타낸 것이다.

▶ 242018-0093

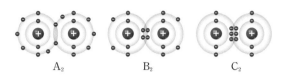

A_2 B_2 C_2

이에 대한 설명으로 옳은 것만을 보기 에서 있는 대로 고른 것은? (단, A ~ C는 임의의 원소 기호이다.)

> **보기**
> ㄱ. A_2, B_2, C_2에서 원자는 모두 18족 원소의 전자 배치를 가진다.
> ㄴ. A ~ C 중 원자 번호는 A가 가장 크다.
> ㄷ. 원자 사이에 공유하는 전자쌍 수는 BA_2>CA_3이다.

① ㄴ   ② ㄷ   ③ ㄱ, ㄴ   ④ ㄱ, ㄷ   ⑤ ㄱ, ㄴ, ㄷ

13 다음은 원자 A~D의 전자 배치를 모형으로 나타낸 것이고, 표는 A~D로 이루어진 화합물 (가)~(다)에 대한 자료이다. 화합물에서 A는 He의 전자 배치를, B~D는 Ne의 전자 배치를 가진다.

▶ 242018-0094

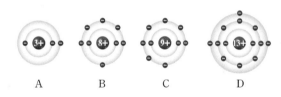

A   B   C   D

화합물	(가)	(나)	(다)
성분 원소	A, B	A, C	B, D
음이온의 수 양이온의 수	$\frac{1}{2}$	x	$\frac{3}{2}$

이에 대한 설명으로 옳은 것만을 보기 에서 있는 대로 고른 것은? (단, A~D는 임의의 원소 기호이다.)

> **보기**
> ㄱ. $x=1$이다.
> ㄴ. (가)~(다)는 모두 액체 상태에서 전기 전도성이 있다.
> ㄷ. 화학식에 들어 있는 원자 수는 (가)>(나)>(다)이다

① ㄱ   ② ㄷ   ③ ㄱ, ㄴ   ④ ㄴ, ㄷ   ⑤ ㄱ, ㄴ, ㄷ

▶ 242018-0095

14 표는 2, 3주기 원자 A~C의 전자 배치에 대한 자료이다. (단, $x \neq y$이다.)

원자	A	B	C
전자 껍질 수	x	y	x
원자가 전자 수	$x-1$	$2y+1$	$3x$

이에 대한 설명으로 옳은 것만을 **보기** 에서 있는 대로 고른 것은?(단, A~C는 임의의 원소 기호이다.)

> **보기**
>
> ㄱ. $x > y$이다.
> ㄴ. 전자 껍질 수가 $y+1$이고, 원자가 전자 수가 $y-2$인 원자의 양성자수는 20이다.
> ㄷ. 화학식을 구성하는 원자 수는 A와 C로 이루어진 물질이 A와 B로 이루어진 물질보다 크다.

① ㄱ   ② ㄷ   ③ ㄱ, ㄴ   ④ ㄴ, ㄷ   ⑤ ㄱ, ㄴ, ㄷ

▶ 242018-0096

15 그림은 원자 W~Z의 전자 배치를 모형으로 나타낸 것이다.

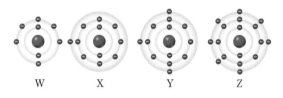

W   X   Y   Z

이에 대한 설명으로 옳은 것만을 **보기** 에서 있는 대로 고른 것은? (단, W~Z는 임의의 원소 기호이다.)

> **보기**
>
> ㄱ. 액체 상태에서 전기 전도성은 $WZ_2 > Y_2W_3$이다.
> ㄴ. X_2W는 이온 결합 물질이다.
> ㄷ. Y와 Z는 1 : 3의 개수비로 결합하여 화합물을 형성한다.

① ㄱ   ② ㄴ   ③ ㄱ, ㄷ   ④ ㄴ, ㄷ   ⑤ ㄱ, ㄴ, ㄷ

▶ 242018-0097

16 표는 원자 A~E에 대한 자료이다.

원자	A	B	C	D	E
양성자수	6	8	9	11	13

이에 대한 설명으로 옳은 것만을 **보기** 에서 있는 대로 고른 것은? (단, A~E는 임의의 원소 기호이다.)

> **보기**
>
> ㄱ. 2주기 원소는 2가지이다.
> ㄴ. B와 D가 결합할 때 전자는 D에서 B로 이동한다.
> ㄷ. C와 E로 이루어진 물질의 화학식에서 원자수는 C > E이다.

① ㄱ   ② ㄴ   ③ ㄱ, ㄷ   ④ ㄴ, ㄷ   ⑤ ㄱ, ㄴ, ㄷ

▶ 242018-0098

17 표는 4가지 물질을 기준에 따라 분류한 것이다. ㉠~㉣은 $NaCl$, $MgCl_2$, NCl_3, CH_4 중 하나이다.

분류 기준	예	아니요
액체 상태에서 전기 전도성이 있는가?	㉠, ㉡	㉢, ㉣
(가)	㉢, ㉣	㉠, ㉡

이에 대한 설명으로 옳은 것만을 **보기** 에서 있는 대로 고른 것은?

> **보기**
>
> ㄱ. '공유 결합 물질인가?'는 (가)로 적절하다.
> ㄴ. ㉠과 ㉡의 수용액에서 $\dfrac{\text{음이온의 수}}{\text{양이온의 수}}$는 모두 1이다.
> ㄷ. ㉢과 ㉣은 고체 상태에서 전기 전도성이 없다.

① ㄱ   ② ㄴ   ③ ㄱ, ㄷ   ④ ㄴ, ㄷ   ⑤ ㄱ, ㄴ, ㄷ

서술형 ▶ 242018-0099

1 그림은 미지의 별 A와 여러 원소의 스펙트럼이다.

별 A
수소
헬륨
나트륨
칼슘

각 스펙트럼을 비교하여 별 A를 구성하는 원소는 무엇인지 서술하시오.

Tip | 원소의 선 스펙트럼은 원소의 특성이다.
Key Word | 파장, 흡수, 방출

_____

_____

서술형 ▶ 242018-0100

2 다음은 원소 X에 대한 자료이다.

- 양성자수는 3이다.
- 물과 반응하여 수소 기체를 발생시킨다.
- 물과 반응한 후 수용액의 액성은 염기성이다.

X와 같은 족에 속하는 3주기 원소 Y의 성질일 것이라고 추측되는 것을 3가지 쓰고 그렇게 생각한 까닭을 서술하시오.

Tip | 원소의 화학적 성질은 원자가 전자 수와 관련된다.
Key Word | 원자가 전자 수, 화학적 성질

_____

_____

서술형 ▶ 242018-0101

3 다음은 물질 (가)와 (나)에 대한 자료이다. (가)와 (나)를 이루는 화학 결합의 종류를 쓰고 그렇게 생각한 까닭을 서술하시오.

물질	(가)	(나)
구성 원소	산소(O), 나트륨(Na)	산소(O), 수소(H)
화학 결합의 종류		
까닭		

Tip | 이온 결합은 금속 원소와 비금속 원소, 공유 결합은 비금속 원소 간의 결합의 형태이다.
Key Word | 금속 원소, 비금속 원소, 18족 원소의 전자 배치

_____

_____

서술형 ▶ 242018-0102

4 그림은 이산화 탄소(CO_2)의 화학 결합을 모형으로 나타낸 것이다.

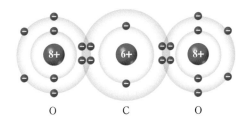

O   C   O

탄소 원자와 산소 원자가 화학 결합하여 이산화 탄소를 생성하는 과정을 서술하시오.

Tip | 탄소와 산소의 원자 번호는 각각 6과 8이며, 원자의 원자 번호는 전자 수와 같다.
Key Word | 18족 원소, 공유한 전자쌍

_____

_____

04 자연의 구성 물질

- ◎ 지각과 생명체를 구성하는 물질들이 기본 단위체의 결합을 통해서 형성된다는 것을 규산염 광물, 단백질과 핵산의 예를 통해 설명할 수 있다.
- ◎ 지구를 구성하는 물질을 전기적 성질에 따라 구분할 수 있고, 물질의 전기적 성질을 응용하여 일상생활과 첨단기술에서 다양한 소재로 활용됨을 인식한다.

1 지각과 생명체의 구성 물질

(1) 지각과 생명체를 구성하는 물질의 다양성과 규칙성

지각과 생명체를 구성하는 물질은 매우 다양하며, 이 물질들은 이온 결합이나 공유 결합과 같은 원소들의 다양한 화학 반응을 통해 만들어진다.

(2) 지각을 구성하는 광물의 규칙성

① 지각은 대부분 산소(O)와 규소(Si)가 결합된 규산염 광물 (예 장석, 석영, 휘석, 각섬석 등)로 이루어져 있다.

② 규산염 광물의 규칙성: 1개의 규소가 4개의 산소와 공유 결합한 규산염 사면체를 기본 단위체로 한다.

③ 다양한 규산염 광물이 형성되는 원리: 어느 규산염 사면체의 산소가 다른 규산염 사면체의 산소와 공유 결합하며, 많은 수의 규산염 사면체가 다양한 형태로 결합해 다양한 종류의 규산염 광물이 형성된다.

규소
산소

▲SiO_4 사면체의 구조

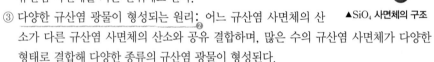

단사슬 구조	복사슬 구조	판상 구조	망상 구조	독립형 구조
휘석	각섬석	흑운모	석영, 장석	감람석

(3) 생명체를 구성하는 물질의 규칙성

① 생명체는 지각과 달리 탄소(C)의 구성 비율이 높으며, 생명체를 구성하는 물질 중 물을 제외한 나머지는 대부분 탄소 화합물(탄수화물, 단백질, 지질, 핵산 등)이다.

② 탄소 화합물의 규칙성: 탄소(C)와 수소(H)의 공유 결합을 기본으로 하며, 탄소는 수소(H) 이외에 산소(O), 질소(N) 등과도 공유 결합한다.

③ 다양한 탄소 화합물이 형성되는 원리: 탄소는 다른 탄소와도 공유 결합해 탄소 골격을 이룬다. 탄소 골격은 길이, 2중 결합이나 3중 결합의 위치, 형태 등이 다양하며, 이로 인해 다양한 탄소 화합물이 형성된다.

사슬 모양   고리 모양   가지 모양

▲탄소 원자의 여러 가지 결합 방식

---

❶ 광물
암석을 이루는 무기질의 고체로, 고유한 화학 조성과 결정 구조를 가진다.

❷ 규산염 사면체의 결합

산소를 공유함

❸ 탄소의 특징
탄소는 규소와 마찬가지로 최외각 전자가 4개이므로 다양한 원자들과 최대 4개의 공유 결합을 형성할 수 있다.

탄소 원자

❹ 지각과 생물체(세포)의 구성 원소 비율

지각		생물체(세포)	
원소	비율(%)	원소	비율(%)
O	46.6	O	62.0
Si	27.7	C	20.0
Al	8.1	N	10.0
Fe	5.0	H	3.0

❺ 탄소 골격에서의 2중 결합과 3중 결합

2중 결합   3중 결합

② 생명체의 주요 구성 물질

(1) 생명체 구성 물질의 특징⑥

탄소 화합물 중 단백질, 핵산, 탄수화물은 모두 같거나 비슷한 구조의 물질이 기본 단위체가 되고, 여러 개의 기본 단위체가 공유 결합하여 형성된다.

(2) 단백질

① 단백질의 기능: 몸을 구성하고 에너지원으로 사용되며, 효소, 호르몬의 주성분이 된다.
② 단백질의 규칙성: 단백질은 기본 단위체인 약 20종류의 아미노산이 펩타이드결합으로⑦ 길게 연결된 후 입체 구조를 형성해 만들어진다.

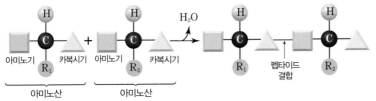

| 아미노기 | 카복시기 | 아미노기 | 카복시기 | R_1 | 펩타이드 결합 | R_2 |

아미노산   아미노산
▲아미노산의 구조와 펩타이드결합의 형성

(3) 핵산⑧

① 핵산의 종류와 기능: DNA는 유전정보를 저장하고 다음 세대로 전달하며, RNA는 DNA로부터 유전정보를 전달받아 단백질을 합성하는 데 관여한다.
② 핵산의 규칙성: DNA와 RNA는 기본 단위체인 뉴클레오타이드가 공유 결합으로 길게 연결되어 만들어진 폴리뉴클레오타이드이다. 뉴클레오타이드는 인산, 당, 염기로 구성된다.

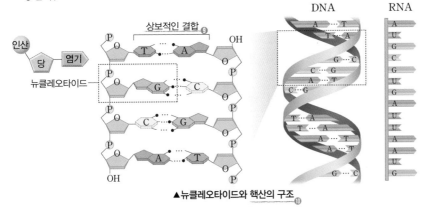

▲뉴클레오타이드와 핵산의 구조⑩

③ DNA가 다양한 유전정보를 저장하는 원리: 서로 다른 염기를 가진 4종류의 뉴클레오타이드가 다양한 순서로 배열되어 다양한 유전정보를 저장한다.

한 걸음 THE 다양한 종류의 단백질이 만들어지는 원리

- 'BUSY'와 'BUS'처럼 알파벳의 종류와 수가 다르면 서로 다른 단어가 되듯이, 아미노산의 종류와 수가 다르면 서로 다른 종류의 단백질이 된다.
- 'BUS'와 'USB'처럼 알파벳의 배열 순서가 다르면 서로 다른 단어가 되듯이, 아미노산의 배열 순서가 다르면 서로 다른 종류의 단백질이 된다.

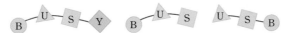

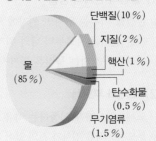

⑥ 사람의 간을 구성하는 물질의 비율

단백질(10 %)
지질(2 %)
핵산(1 %)
물(85 %)
탄수화물(0.5 %)
무기염류(1.5 %)

⑦ 기본 단위체
단백질, 핵산, 탄수화물(다당류)은 서로 다른 종류의 기본 단위체로 이루어진 물질이다.

물질	기본 단위체
단백질	아미노산
핵산	뉴클레오타이드
탄수화물	포도당

⑧ 핵산의 어원
'핵 속에 들어 있는 산성 물질'이란 의미이다.

⑨ 상보적인 결합
DNA를 구성하는 뉴클레오타이드의 염기는 아데닌(A), 타이민(T), 구아닌(G), 사이토신(C)의 4종류가 있으며, DNA를 구성하는 두 가닥 사이에서 아데닌(A)은 타이민(T)과, 구아닌(G)은 사이토신(C)과만 상보적인 결합을 형성한다.

⑩ 핵산의 구조
DNA는 2개의 폴리뉴클레오타이드 가닥으로 이루어진 이중나선구조이고, RNA는 1개의 폴리뉴클레오타이드 가닥으로 이루어진 단일 가닥 구조이다. RNA에는 DNA에는 없는 유라실(U) 염기가 있다.

③ 물질의 전기적 성질

(1) 물질의 전기적 성질[11]
① 물질을 이루는 입자인 원자에 빛을 쪼이거나 열을 가하면 원자 내에 있던 전자가 에너지를 얻어 원자로부터 나와 원자 사이를 이동할 수 있다.
② 지구를 구성하는 물질은 전기적 성질에 따라 도체, 부도체, 반도체로 구분할 수 있다.

(2) 도체와 부도체
① 도체: 자유롭게 이동하는 자유 전자가 많아 전류가 잘 흐르는 물질 **예** 금, 은, 구리 등
② 부도체: 자유 전자가 거의 없어 전류가 거의 흐르지 않는 물질 **예** 유리, 고무, 플라스틱 등

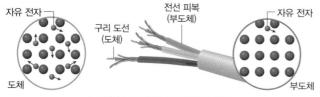

▲도체와 부도체에서 자유 전자의 이동

(3) 반도체
도체와 부도체의 중간 정도의 전기 전도성을 가진 물질로, 순수 반도체에 미량의 불순물을 넣어 조건에 따라 전류가 흐를 수 있게 만든 불순물 반도체를 많이 사용한다. 이처럼 순수한 반도체에 불순물을 추가하여 반도체 소자(**예** 다이오드, 트랜지스터 등)를 만들면 전기적 성질을 쉽게 제어할 수 있다.

(4) 물질의 전기적 성질의 활용
① 도체: 전류가 잘 흐르기 때문에 피뢰침, 정전기 방지 패드, 전력 케이블의 전선 등을 만들 때 활용된다.
② 부도체: 전류가 거의 흐르지 않기 때문에 절연 장갑이나 전선의 피복, 반도체 기판의 코팅 물질 등에 활용된다.
③ 반도체: 영상 표시 장치, 몸에 착용하는 스마트 기기, 자율주행 자동차, 태양 전지 등에 활용된다.[13]

도체의 활용	부도체의 활용	반도체의 활용
피뢰침	절연 장갑	태양 전지 / 몸에 착용하는 스마트 기기
정전기 방지 패드	반도체 기판의 코팅 물질	자율주행 자동차

⑪ 물질의 성질
• **물리적 성질**: 전기 전도성, 열전도성, 자성, 탄성 등
• **화학적 성질**: 물질의 냄새, 맛, 연소열, 독성, 가연성 등

⑫ 불순물 반도체
원자가 전자가 4개인 규소(Si) 또는 저마늄(Ge)에 불순물로 원자가 전자가 3개인 원소를 도핑(불순물을 섞는 과정)하면 양공이 전하 운반자가 되는 p형 반도체가 되고, 불순물로 원자가 전자가 5개인 원소를 도핑하면 전자가 전하 운반자가 되는 n형 반도체가 된다.

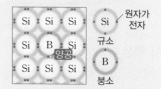

p형 반도체

n형 반도체

양공이란 전자의 빈자리로 양(+)전하를 띤 입자처럼 행동하는 가상의 입자를 의미한다.

⑬ 태양 전지
태양 에너지를 전기 에너지로 변환할 수 있는 장치이다. p−n 접합면을 가지는 반도체 접합 영역에 큰 에너지의 빛이 입사되면 전자와 양공이 발생하여 접합 영역에 형성된 내부 전기장이 전자는 n형 반도체로, 양공은 p형 반도체로 이동시켜 기전력이 발생한다.

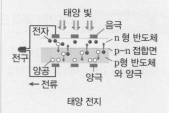

태양 전지

DNA 모형을 제작하고 DNA의 구조적 특징과 규칙성 탐구하기

 탐구 목표

DNA 모형을 제작하고 관찰하여 DNA의 구조적 특징과 규칙성을 설명할 수 있다.

 탐구 과정

그림은 어떤 핵산 모형과 모형의 일부를 구성하는 모형 조각을 나타낸 것이다. ㉠~㉫은 모두 핵산을 구성하는 물질을 나타낸 것이다.

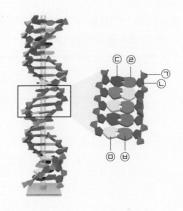

1. 이 핵산 모형은 DNA를 나타낸 것인지 RNA를 나타낸 것인지 구조적 특징을 바탕으로 설명하시오.
2. 이 모형을 통해 알 수 있는 핵산의 구조적 규칙성을 ㉠, ㉡, ㉣로 이루어진 구조의 명칭을 이용해 설명하시오.
3. ㉢이 아데닌(A)이라면 ㉣, ㉤, ㉫은 각각 어떤 물질인지 설명하시오.

 자료 정리

1. 2개의 긴 가닥이 결합해 이루어져 있으며, 꼬여 있는 이중나선구조를 하고 있는 이 핵산 모형은 DNA를 나타낸 것이다.
2. 핵산은 ㉠, ㉡, ㉣로 이루어진 물질과 유사한 구조가 반복해서 연결되어 만들어진다. 따라서 ㉠, ㉡, ㉣로 이루어진 구조는 핵산의 기본 단위체인 뉴클레오타이드이다. 뉴클레오타이드는 인산, 당, 염기가 차례로 결합한 물질로, ㉠은 인산, ㉡은 당, ㉣은 DNA의 안쪽에서 다른 가닥에 있는 물질과 쌍을 이루고 있는 염기이다.
3. ㉢~㉫은 모두 DNA에서 쌍을 이루고 있는 염기이다. 그런데 DNA의 염기에서 상보적인 결합은 아데닌(A)과 타이민(T), 구아닌(G)과 사이토신(C) 사이에서만 형성되므로 ㉢이 아데닌(A)이라면 ㉣은 타이민(T)이고, ㉤과 ㉫은 각각 구아닌(G)과 사이토신(C) 중 하나이다.

 결과 분석

1. DNA의 구조적 특징을 쓰시오.
   ➡

2. 생명체를 구성하는 물질 중 핵산, 탄수화물(다당류), 단백질이 만들어지는 원리에는 어떤 공통점이 있는지 쓰시오.
   ➡

3. 생명체에서 핵산이 다양한 유전정보를 저장하는 원리와 다양한 종류의 단백질이 합성되는 원리에는 어떤 공통점이 있는지 쓰시오.
   ➡

▶ 242018-0103

01 지각과 생명체를 구성하는 물질에 대한 설명으로 옳은 것만을 보기 에서 있는 대로 고른 것은?

보기

ㄱ. 생명체는 한 가지 물질로 구성된다.
ㄴ. 지각을 구성하는 물질에는 공유 결합을 통해 형성된 물질이 있다.
ㄷ. 지각과 생명체를 구성하는 원소에는 공통적으로 존재하는 원소가 있다.

① ㄱ　　② ㄴ　　③ ㄱ, ㄷ　④ ㄴ, ㄷ　⑤ ㄱ, ㄴ, ㄷ

▶ 242018-0104

02 다음은 지각을 구성하는 광물 (가)에 대한 설명이다.

• 지각을 구성하는 대표적인 광물이며, 장석, 석영 등이 (가)에 해당한다.
• 산소(O)와 규소(Si)가 결합되어 있다.

(가)에 해당하는 광물은 무엇인가?

① 황화 광물　　② 원소 광물　　③ 탄산염 광물
④ 황산염 광물　　⑤ 규산염 광물

▶ 242018-0105

03 광물을 구성하는 규산염 사면체에 대한 설명으로 옳은 것만을 보기 에서 있는 대로 고른 것은?

보기

ㄱ. 규산염 광물의 기본 단위체이다.
ㄴ. 1개의 산소(O)와 4개의 규소(Si)가 공유 결합되어 있다.
ㄷ. 많은 수의 규산염 사면체는 한 가지 형태로만 결합한다.

① ㄱ　　② ㄴ　　③ ㄱ, ㄷ　④ ㄴ, ㄷ　⑤ ㄱ, ㄴ, ㄷ

▶ 242018-0106

04 생명체를 구성하는 탄소 화합물에 대한 설명으로 옳은 것만을 보기 에서 있는 대로 고른 것은?

보기

ㄱ. 에너지원으로 사용되는 물질은 없다.
ㄴ. 규소를 중심 원소로 형성된 화합물이다.
ㄷ. 생명체를 구성하는 비율이 물보다 낮다.

① ㄱ　　② ㄷ　　③ ㄱ, ㄴ　④ ㄴ, ㄷ　⑤ ㄱ, ㄴ, ㄷ

▶ 242018-0107

05 탄소 화합물을 구성하는 탄소 골격에 대한 설명으로 옳은 것은?

① 길이가 일정하다.
② 형태가 일정하다.
③ 탄소와 탄소 사이에는 2중 결합만 형성된다.
④ 2중 결합의 위치에 상관없이 형태가 일정하다.
⑤ 탄소는 수소, 산소, 질소와 모두 공유 결합할 수 있다.

▶ 242018-0108

06 다음은 생명체를 구성하는 물질 (가)에 대한 설명이다.

• (가)는 단백질의 기본 단위체이다.
• (가)의 종류는 약 ㉠가지이다.

이에 대한 설명으로 옳은 것만을 보기 에서 있는 대로 고른 것은?

보기

ㄱ. (가)는 아미노산이다.
ㄴ. ㉠은 20이다.
ㄷ. 같은 종류의 (가)로 구성된 단백질의 기능과 모양은 모두 같다.

① ㄱ　　② ㄷ　　③ ㄱ, ㄴ　④ ㄴ, ㄷ　⑤ ㄱ, ㄴ, ㄷ

▶ 242018-0109

07 생명체를 구성하는 단백질에 대한 설명으로 옳은 것만을 **보기** 에서 있는 대로 고른 것은?

> **보기**
> ㄱ. 효소의 주성분이다.
> ㄴ. 에너지원으로 사용된다.
> ㄷ. 기본 단위체의 펩타이드결합으로 형성된다.

① ㄱ　　② ㄴ　　③ ㄱ, ㄷ　　④ ㄴ, ㄷ　　⑤ ㄱ, ㄴ, ㄷ

▶ 242018-0110

08 다음은 생명체를 구성하는 물질 ㉠~㉢에 대한 설명이다. ㉠~㉢은 핵산, DNA, RNA를 순서 없이 나타낸 것이다.

> • ㉠은 생명체에서 유전정보를 저장하는 물질로, ㉠의 종류에는 ㉡과 ㉢이 있다.
> • ㉡은 ㉢으로부터 유전정보를 전달받아 단백질 합성에 관여한다.

이에 대한 설명으로 옳은 것만을 **보기** 에서 있는 대로 고른 것은?

> **보기**
> ㄱ. ㉠은 핵산이다.
> ㄴ. ㉡은 DNA이다.
> ㄷ. ㉢은 한 가닥의 폴리뉴클레오타이드로 구성된다.

① ㄱ　　② ㄴ　　③ ㄱ, ㄷ　　④ ㄴ, ㄷ　　⑤ ㄱ, ㄴ, ㄷ

▶ 242018-0111

09 DNA와 RNA에 대한 설명으로 옳은 것은?

① DNA의 기본 단위체는 염기이다.
② DNA를 구성하는 염기의 종류는 1종류이다.
③ RNA는 이중나선구조를 갖는다.
④ RNA의 기본 단위체는 뉴클레오타이드이다.
⑤ DNA와 RNA에는 모두 유라실(U) 염기가 있다.

▶ 242018-0112

10 물질의 전기적 성질에 대한 설명으로 옳은 것만을 **보기** 에서 있는 대로 고른 것은?

> **보기**
> ㄱ. 도체는 전류가 잘 흐르는 물질이다.
> ㄴ. 유리와 고무는 모두 부도체에 해당하는 물질이다.
> ㄷ. 물질을 이루는 원자에 빛을 쪼이더라도 원자 내에 있던 모든 전자는 원자 사이를 이동할 수 없다.

① ㄱ　　② ㄷ　　③ ㄱ, ㄴ　　④ ㄴ, ㄷ　　⑤ ㄱ, ㄴ, ㄷ

▶ 242018-0113

11 반도체에 대한 설명으로 옳은 것만을 **보기** 에서 있는 대로 고른 것은?

> **보기**
> ㄱ. 자유 전자가 도체보다 많다.
> ㄴ. 규소는 순수 반도체에 해당한다.
> ㄷ. 반도체 소자에는 다이오드, 트랜지스터가 있다.

① ㄱ　　② ㄴ　　③ ㄱ, ㄷ　　④ ㄴ, ㄷ　　⑤ ㄱ, ㄴ, ㄷ

▶ 242018-0114

12 물질의 전기적 성질의 활용 사례로 적절한 것만을 **보기** 에서 있는 대로 고른 것은?

> **보기**
> ㄱ. 피뢰침을 만들 때 도체를 사용한다.
> ㄴ. 전선의 피복을 만들 때 부도체를 사용한다.
> ㄷ. 영상 표시 장치를 만들 때 반도체를 사용한다.

① ㄱ　　② ㄷ　　③ ㄱ, ㄴ　　④ ㄴ, ㄷ　　⑤ ㄱ, ㄴ, ㄷ

▶ 242018-0115

01 그림은 지각을 구성하는 어떤 광물의 기본 단위체 X를 나타낸 것이다. X는 1개의 ㉠과 4개의 ㉡으로 구성되며, ㉠과 ㉡은 산소와 규소를 순서 없이 나타낸 것이다.

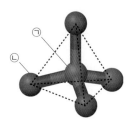

이에 대한 설명으로 옳은 것만을 보기 에서 있는 대로 고른 것은?

> **보기**
> ㄱ. X는 규산염 광물의 기본 단위체이다.
> ㄴ. X에서 ㉠과 ㉡ 사이의 결합은 공유 결합이다.
> ㄷ. 지각을 구성하는 원소의 비율은 ㉠이 ㉡보다 높다.

① ㄱ ② ㄷ ③ ㄱ, ㄴ ④ ㄴ, ㄷ ⑤ ㄱ, ㄴ, ㄷ

▶ 242018-0116

02 그림 (가)~(다)는 탄소 화합물에서 나타나는 탄소 골격을 나타낸 것이다.

(가)   (나)   (다)

이에 대한 설명으로 옳은 것만을 보기 에서 있는 대로 고른 것은?

> **보기**
> ㄱ. 탄소 골격은 단일 형태로만 존재한다.
> ㄴ. (다)에서 탄소는 수소와 결합할 수 있다.
> ㄷ. 탄소 원자 수가 같더라도 서로 다른 모양의 탄소 골격이 형성될 수 있다.

① ㄱ ② ㄷ ③ ㄱ, ㄴ ④ ㄴ, ㄷ ⑤ ㄱ, ㄴ, ㄷ

▶ 242018-0117

03 그림 (가)와 (나)는 생명체를 구성하는 탄소 화합물을 나타낸 것이다. (가)와 (나)는 각각 단백질과 DNA를 순서 없이 나타낸 것이다.

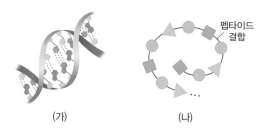

(가)   (나)

이에 대한 설명으로 옳은 것만을 보기 에서 있는 대로 고른 것은?

> **보기**
> ㄱ. (가)에는 유전정보가 저장되어 있다.
> ㄴ. (나)의 기본 단위체의 종류는 약 20가지이다.
> ㄷ. (가)와 (나)에 모두 탄소 원자가 있다.

① ㄱ ② ㄴ ③ ㄱ, ㄷ ④ ㄴ, ㄷ ⑤ ㄱ, ㄴ, ㄷ

▶ 242018-0118

04 그림은 정상인의 간을 구성하는 물질의 함량비를 나타낸 것이다. A와 B는 각각 물과 단백질 중 하나이다.

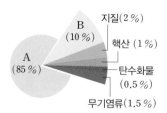

이에 대한 설명으로 옳은 것만을 보기 에서 있는 대로 고른 것은?

> **보기**
> ㄱ. A는 물이다.
> ㄴ. B는 효소의 주성분이다.
> ㄷ. A와 B는 모두 에너지원으로 사용된다.

① ㄱ ② ㄷ ③ ㄱ, ㄴ ④ ㄴ, ㄷ ⑤ ㄱ, ㄴ, ㄷ

05 ▸ 242018-0119

그림은 사람이 가지고 있는 물질 X의 구조 중 일부를 나타낸 것이다.

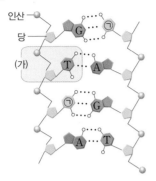

이에 대한 설명으로 옳은 것만을 **보기**에서 있는 대로 고른 것은?

> **보기**
> ㄱ. X는 항체의 주성분이다.
> ㄴ. ㉠은 사이토신(C)이다.
> ㄷ. (가)는 뉴클레오타이드이다.

① ㄱ　② ㄴ　③ ㄱ, ㄷ　④ ㄴ, ㄷ　⑤ ㄱ, ㄴ, ㄷ

06 ▸ 242018-0120

그림은 단백질 X가 형성되는 과정의 일부를 나타낸 것이다. (가)는 아미노산과 아미노산 사이에 형성되는 결합이다.

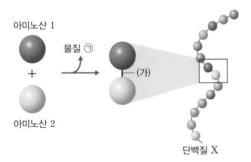

이에 대한 설명으로 옳은 것만을 **보기**에서 있는 대로 고른 것은?

> **보기**
> ㄱ. ㉠에는 탄소 원자가 있다.
> ㄴ. (가)는 펩타이드결합이다.
> ㄷ. X는 2종류의 아미노산으로 구성된다.

① ㄴ　② ㄷ　③ ㄱ, ㄴ　④ ㄱ, ㄷ　⑤ ㄴ, ㄷ

07 ▸ 242018-0121

그림은 전선을 나타낸 것이다. ㉠과 ㉡은 각각 도체와 부도체를 순서 없이 나타낸 것이고, ㉡은 ㉠을 감싸고 있다.

이에 대한 설명으로 옳은 것만을 **보기**에서 있는 대로 고른 것은?

> **보기**
> ㄱ. ㉠은 도체이다.
> ㄴ. 구리 도선은 ㉡에 해당한다.
> ㄷ. 단위 부피당 자유 전자는 ㉠에서가 ㉡에서보다 많다.

① ㄱ　② ㄴ　③ ㄱ, ㄷ　④ ㄴ, ㄷ　⑤ ㄱ, ㄴ, ㄷ

08 ▸ 242018-0122

다음은 물질 X에 대한 자료이다.

> • X는 전기적 성질이 도체와 부도체의 중간인 물질이다.
> • 순수한 X인 규소에 여러 물질을 첨가하여 물질의 ⓐ전기적 성질을 제어하기도 한다.
> • X에 전류가 흐를 때 빛을 내는 성질을 이용해 ㉠을 만든다.

이에 대한 설명으로 옳은 것만을 **보기**에서 있는 대로 고른 것은?

> **보기**
> ㄱ. X는 반도체이다.
> ㄴ. 연소열, 독성은 모두 ⓐ에 해당한다.
> ㄷ. 태양 전지는 ㉠에 해당한다.

① ㄱ　② ㄴ　③ ㄱ, ㄷ　④ ㄴ, ㄷ　⑤ ㄱ, ㄴ, ㄷ

서술형 ▶ 242018-0123

1 다음은 단백질을 영어 단어에 비유한 자료이다. 알파벳은 아미노산을 의미한다.

> • 'BUSY'와 'BUS'는 서로 다른 단어이다.
> • 'BUS'와 'USB'는 서로 다른 단어이다.
>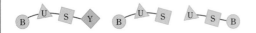

이 자료를 바탕으로 다양한 단백질이 만들어지는 원리를 쓰시오.

Tip | 같은 종류의 알파벳이라도 배열 순서에 따라 서로 다른 의미를 가진 단어가 완성된다.
Key Word | 기본 단위체, 아미노산, 수, 종류, 배열 순서

서술형 ▶ 242018-0124

2 그림은 DNA와 RNA의 구조를 나타낸 것이다.

DNA   RNA

(1) DNA와 RNA의 공통점과 차이점을 각각 1가지씩 쓰시오.

Tip | DNA와 RNA는 구성하는 뉴클레오타이드의 종류가 다르지만, 모두 유전정보를 저장할 수 있다.
Key Word | 염기의 종류, 구조

---

(2) DNA에서 아데닌(A)과 타이민(T)의 양이 같고, 구아닌(G)과 사이토신(C)의 양이 같은 까닭을 DNA의 구조적 특징과 관련지어 쓰시오.

Tip | DNA는 이중나선구조를 갖고, 안쪽의 염기 사이의 결합에는 규칙성이 있다.
Key Word | 이중나선구조, 아데닌(A), 타이민(T), 구아닌(G), 사이토신(C)

서술형 ▶ 242018-0125

3 그림은 도체와 부도체에서의 자유 전자의 이동을 나타낸 것이다.
도체는 전류가 잘 흐르지만 부도체는 전류가 잘 흐르지 않는 까닭을 쓰시오.

자유 전자

도체   부도체

Tip | 도체에는 이동하는 자유 전자의 수가 많지만, 부도체에는 이동하는 자유 전자의 수가 적다.
Key Word | 도체, 부도체, 자유 전자

논술형 ▶ 242018-0126

4 다음은 탄소 원자의 결합 방식에 대한 탐구 활동이다.

> [탐구 과정]
> 탄소 원자 모형과 결합 막대로 아래의 결합 규칙에 따라 탄소 골격을 만든다.
> • 규칙 1: 탄소 원자 모형 1개에는 반드시 결합 막대 4개를 꽂아야 한다.
> • 규칙 2: 탄소 원자 모형 1개와 다른 탄소 원자 모형 1개를 연결할 때에는 결합 막대를 최대 3개까지 사용할 수 있다.
> [탐구 결과]
> 결합 방식이 다양한 탄소 골격이 만들어졌다.
>
>

위의 글을 토대로 같은 수의 탄소 원자로부터 다양한 탄소 화합물이 형성되는 원리에 대해 설명하고, 이렇게 다양한 탄소 화합물이 형성되어 생명체가 가질 수 있는 장점으로는 어떤 것이 있을지 서술하시오.

Tip | 규칙 1에서 탄소 원자는 최대 4개의 다른 원소와 결합할 수 있다는 사실을 알 수 있고, 규칙 2에서 탄소 원자는 다른 탄소 원자와 다양한 결합이 가능하다는 사실을 알 수 있다.
Key Word | 탄소 원자, 4개, 단일, 2중, 3중, 길이, 형태

01 그림은 빅뱅 우주에서 수소 원자가 생성되는 과정의 일부를 나타낸 것이다.

▸ 242018-0127

```
쿼크 생성  →(가)→  양성자 생성  →(나)→  수소 원자 생성
```

이에 대한 설명으로 옳은 것만을 **보기** 에서 있는 대로 고른 것은?

> **보기**
> ㄱ. (가) 시기에 쿼크와 전자가 결합하였다.
> ㄴ. (나) 시기에 헬륨 원자핵이 생성되었다.
> ㄷ. 우주의 밀도는 (나)>(가)이다.

① ㄱ ② ㄴ ③ ㄱ, ㄷ ④ ㄴ, ㄷ ⑤ ㄱ, ㄴ, ㄷ

02 표는 원자 A~C에 대한 자료이다.

▸ 242018-0128

원자	A	B	C
원자 번호	8	c	13
원자가 전자 수	a	1	d
주기	b	2	3

이에 대한 설명으로 옳은 것만을 **보기** 에서 있는 대로 고른 것은? (단, A, B, C는 임의의 원소 기호이고, 이온은 18족 원소의 전자 배치를 갖는다.)

> **보기**
> ㄱ. $a+b+c+d=14$이다.
> ㄴ. A, B, C 중 비금속 원소는 1가지이다.
> ㄷ. 이온 전하의 크기는 C 이온>B 이온이다.

① ㄱ ② ㄴ ③ ㄱ, ㄷ ④ ㄴ, ㄷ ⑤ ㄱ, ㄴ, ㄷ

03 그림은 4가지 원소 A~D의 전자 배치를 모형으로 나타낸 것이다.

▸ 242018-0129

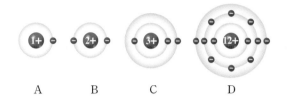

A   B   C   D

A~D에 대한 설명으로 옳은 것만을 **보기** 에서 있는 대로 고른 것은? (단, A~D는 임의의 원소 기호이다.)

> **보기**
> ㄱ. 같은 주기 원소는 2가지이다.
> ㄴ. A와 C는 화학적 성질이 비슷하다.
> ㄷ. B와 D의 원자가 전자 수는 같다.

① ㄱ ② ㄴ ③ ㄱ, ㄷ ④ ㄴ, ㄷ ⑤ ㄱ, ㄴ, ㄷ

04 다음은 나트륨(Na)의 성질을 알아보기 위한 실험이다.

▸ 242018-0130

> [실험 과정]
> (가) Na을 칼로 잘라 단면의 색 변화를 관찰한다.
> (나) 증류수가 들어있는 시험관 A에 쌀알 크기의 Na 조각을 넣은 후 발생하는 기체를 시험관 B에 포집한다.
> (다) (나)과정 후 시험관 A에 페놀프탈레인 용액을 떨어뜨린다.
> (라) (나)에서 포집한 기체가 들어 있는 시험관 B의 입구에 성냥불을 가져다 댄다.
> [실험 결과]
> • (가)에서 칼로 자른 금속의 단면은 곧 광택을 잃는다.
> • (나)에서 Na은 물의 표면에서 격렬하게 반응한다.
> • (다)에서 수용액이 붉게 변한다.
> • (라)에서 '퍽' 소리가 난다.

Na에 대한 설명으로 옳은 것만을 **보기** 에서 있는 대로 고른 것은?

> **보기**
> ㄱ. 공기 중의 산소와 쉽게 반응한다.
> ㄴ. 물과 반응하여 산소 기체를 발생시킨다.
> ㄷ. 물과 반응 후 수용액은 염기성이다.

① ㄱ ② ㄴ ③ ㄱ, ㄷ ④ ㄴ, ㄷ ⑤ ㄱ, ㄴ, ㄷ

▶ 242018-0131

05 그림은 원자 A~C의 전자 배치를 모형으로 나타낸 것이다.

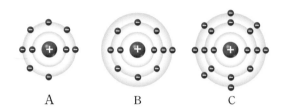

A~C에 대한 설명으로 옳은 것만을 **보기** 에서 있는 대로 고른 것은? (단, A~C는 임의의 원소 기호이고, 이온은 모두 18족 원소의 전자 배치를 갖는다.)

> **보기**
> ㄱ. (양성자수＋원자가 전자 수)는 A＞B이다.
> ㄴ. A와 C는 화학적 성질이 비슷하다.
> ㄷ. 이온 전하의 크기는 모두 같다.

① ㄱ　　② ㄴ　　③ ㄱ, ㄷ　　④ ㄴ, ㄷ　　⑤ ㄱ, ㄴ, ㄷ

▶ 242018-0132

06 그림은 화합물 (가)와 (나)를 화학 결합 모형으로 나타낸 것이다.

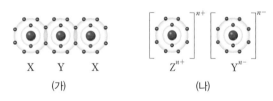

이에 대한 설명으로 옳은 것만을 **보기** 에서 있는 대로 고른 것은? (단, X ~ Z는 임의의 원소 기호이다.)

> **보기**
> ㄱ. 액체 상태에서 전기 전도성은 (나)＞(가)이다.
> ㄴ. $n=1$이다.
> ㄷ. 원자번호는 Z＞Y＞X이다.

① ㄱ　　② ㄴ　　③ ㄷ　　④ ㄱ, ㄴ　　⑤ ㄱ, ㄷ

▶ 242018-0133

07 표는 이온 결합 물질 (가)와 (나)를 구성하는 이온 수 비를 나타낸 것이다. (가)와 (나)에서 이온의 전자 배치는 Ne과 같다.

화합물	(가)	(나)
이온 수 비	$X^{a+} : Y^{b-} = 2 : 1$	$Z^{c+} : Y^{b-} = 2 : 3$

이에 대한 설명으로 옳은 것만을 **보기** 에서 있는 대로 고른 것은? (단, X~Z는 임의의 원소 기호이고, $a{\sim}c$는 3 이하의 자연수이다.)

> **보기**
> ㄱ. X~Z 중 원자 번호는 X가 가장 크다.
> ㄴ. Y_2에서 원자 사이에 공유한 전자쌍 수는 2이다.
> ㄷ. 원자가 전자 수는 X＞Z이다.

① ㄴ　　② ㄷ　　③ ㄱ, ㄴ　　④ ㄴ, ㄷ　　⑤ ㄱ, ㄴ, ㄷ

▶ 242018-0134

08 표는 물질 (가)~(다)에 대한 자료이다.

물질		(가)	(나)	(다)
전기 전도성	고체	없음	없음	없음
	액체	㉠	있음	있음
	수용액	없음	있음	있음

이에 대한 설명으로 옳은 것만을 **보기** 에서 있는 대로 고른 것은?

> **보기**
> ㄱ. ㉠은 '있음'이다.
> ㄴ. (가) ~ (다) 중 이온으로 이루어진 물질은 2가지이다.
> ㄷ. (다)가 고체 상태에서 전기 전도성이 없는 까닭은 이온이 존재하지 않기 때문이다.

① ㄱ　　② ㄴ　　③ ㄷ　　④ ㄱ, ㄷ　　⑤ ㄴ, ㄷ

▶ 242018-0135

09 표는 규산염 광물 ㉠~㉢에서 발견되는 규산염 사면체의 결합 구조를 나타낸 것이다. ㉠~㉢은 각섬석, 석영, 휘석을 순서 없이 나타낸 것이다.

규산염 광물	㉠	㉡	㉢
구조			

이에 대한 설명으로 옳은 것만을 **보기** 에서 있는 대로 고른 것은?

보기
ㄱ. ㉠은 석영이다.
ㄴ. ㉡에서 규산염 사면체는 망상 구조를 형성한다.
ㄷ. ㉢에서 규산염 사면체는 얇은 판 형태로 쌓여 있다.

① ㄱ　　② ㄴ　　③ ㄱ, ㄷ　　④ ㄴ, ㄷ　　⑤ ㄱ, ㄴ, ㄷ

▶ 242018-0136

10 그림은 사람의 간을 구성하는 물질의 비율을 나타낸 것이다. ㉠~㉢은 물, 핵산, 단백질을 순서 없이 나타낸 것이다.

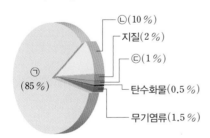

이에 대한 설명으로 옳은 것만을 **보기** 에서 있는 대로 고른 것은?

보기
ㄱ. ㉠을 구성하는 원소에 탄소가 있다.
ㄴ. ㉡과 ㉢은 모두 탄소 화합물에 속한다.
ㄷ. ㉡은 항체와 효소의 주성분이다.

① ㄱ　　② ㄴ　　③ ㄱ, ㄷ　　④ ㄴ, ㄷ　　⑤ ㄱ, ㄴ, ㄷ

▶ 242018-0137

11 표는 탄소 화합물 ㉠~㉢의 구조와 기본 단위체를 나타낸 것이다. ㉠~㉢은 DNA, RNA, 단백질을 순서 없이 나타낸 것이다.

탄소 화합물	㉠	㉡	㉢
구조			
기본 단위체	아미노산	ⓐ	뉴클레오타이드

이에 대한 설명으로 옳은 것만을 **보기** 에서 있는 대로 고른 것은?

보기
ㄱ. ㉠에 펩타이드결합이 있다.
ㄴ. ⓐ에는 당, 인산, 염기가 모두 있다.
ㄷ. ㉢에는 타이민(T) 염기가 있다.

① ㄱ　　② ㄷ　　③ ㄱ, ㄴ　　④ ㄴ, ㄷ　　⑤ ㄱ, ㄴ, ㄷ

▶ 242018-0138

12 표는 지구를 구성하는 물질 6가지를 기준 X에 따라 (가)~(다)로 분류한 것이다. (가)~(다)는 도체, 부도체, 반도체를 순서 없이 나타낸 것이다.

구분	물질
(가)	㉠, 유리
(나)	철, 구리
(다)	규소, 저마늄

이에 대한 설명으로 옳은 것만을 **보기** 에서 있는 대로 고른 것은?

보기
ㄱ. 고무는 ㉠에 해당한다.
ㄴ. '물질의 전기적 성질'은 X에 해당한다.
ㄷ. 태양 전지의 소재로 (다)가 사용된다.

① ㄱ　　② ㄴ　　③ ㄱ, ㄷ　　④ ㄴ, ㄷ　　⑤ ㄱ, ㄴ, ㄷ

05 지구시스템

- 지구시스템은 태양계의 구성 요소임을 알고, 각 권역들의 성층 구조를 설명할 수 있다.
- 지구시스템을 구성하는 권역들 간의 물질 순환과 에너지 흐름의 결과로 나타나는 현상을 설명할 수 있다.
- 지권의 변화를 판 구조론의 관점에서 설명할 수 있다.

1 지구시스템의 구성과 상호작용

지구는 태양계의 한 행성으로 지권, 기권, 수권, 생물권, 외권으로 이루어져 있으며 이들이 끊임없이 상호작용 하여 하나의 시스템을 이루고 있다.

(1) 지구시스템의 구성 요소

지권 ❶	지구의 딱딱한 표면과 내부로, 구성 물질의 종류와 상태에 따라 지각, 맨틀, 외핵, 내핵으로 구분한다.
기권 ❷	지표로부터 높이 약 1000 km까지 지구 표면을 둘러싸고 있는 대기로, 높이에 따른 기온 분포에 따라 대류권, 성층권, 중간권, 열권으로 구분한다.
수권	해수, 빙하, 강, 호수, 지하수와 같이 지구에 있는 물로, 대부분 해수로 존재한다. 해수는 깊이에 따른 수온 분포에 따라 혼합층, 수온 약층, 심해층으로 구분한다. 혼합층은 바람이 강할수록 두꺼워지며, 수온 약층은 안정하여 심해층과 혼합층의 물질과 에너지 교환을 차단한다.
생물권	지구상에 존재하는 모든 생명체
외권	기권 바깥의 우주 공간

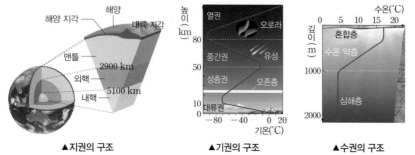

▲지권의 구조 ▲기권의 구조 ▲수권의 구조

(2) 지구시스템의 상호작용

① 지구시스템의 에너지원: 태양 에너지❸, 지구 내부 에너지❹, 조력 에너지❺

② 지구시스템의 상호작용: 지구시스템의 구성 요소는 끊임 없이 상호작용 하고 있으며, 이 과정에서 물질과 에너지의 순환이 일어난다.

③ 물 순환: 물은 태양 에너지에 의해 지구시스템의 각 권역을 순환하며 지형을 변화시킨다.

④ 탄소 순환: 탄소는 기권에서는 이산화 탄소, 수권에서는 탄산 이온, 생물권에서는 유기물, 지권에서는 석회암이나 화석 연료의 형태로 존재한다.

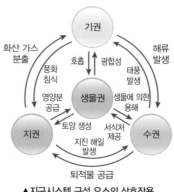

▲지구시스템 구성 요소의 상호작용

---

❶ 지권의 구조
- **지각:** 대륙 지각과 해양 지각으로 구분되며, 대륙 지각은 해양 지각에 비해 두께가 두껍고 밀도가 작다.
- **맨틀:** 지구 전체 부피의 약 80 %를 차지하며, 맨틀 일부는 유동성이 있어 대류가 일어난다.
- **핵:** 대부분 철과 니켈로 이루어져 있으며 외핵은 액체 상태, 내핵은 고체 상태이다.

❷ 기권
- **대류권:** 높이 올라갈수록 기온이 낮아지므로 대류가 활발하고, 수증기로 인한 기상 현상이 나타난다.
- **성층권:** 오존층이 태양으로부터 오는 자외선을 흡수하여 가열되므로 높이 올라갈수록 기온이 높아져 대류 현상이 없는 안정한 층이다.
- **중간권:** 고도가 높아질수록 기온이 낮아지므로 대류 현상이 나타나며 수증기가 거의 없어 기상 현상은 없다. 유성이 나타난다.
- **열권:** 대기가 매우 희박하여 기온의 일교차가 매우 크고 오로라가 나타난다.

❸ 태양 에너지
지구시스템의 에너지 중 가장 많은 양을 차지하고, 기상 현상, 해류, 풍화·침식 등을 일으킨다.

❹ 지구 내부 에너지
방사성 원소가 붕괴할 때 발생하는 열과 고온의 지구 중심으로부터의 열로 인한 에너지로 대륙 이동, 지진, 화산 활동을 일으킨다.

❺ 조력 에너지
달과 태양의 인력에 의해 생기며, 밀물과 썰물을 일으킨다.

② 지권의 변화와 판 구조론

(1) 지권의 변화 지구 내부 에너지의 방출로 지각 변동이 발생
① 지진: 지각 일부가 끊어지면서 땅이 흔들리는 현상 ┐
② 화산 활동: 지하의 마그마가 지표로 분출하는 현상 ┘

> 지진과 화산이 자주 발생하는 지진대와 화산대는 판의 경계와 대체로 일치한다.

(2) 판 구조론 여러 판의 운동에 의해 판의 경계에서 지진이나 화산 활동 같은 지각 변동이 일어난다는 이론

— 판의 경계　→ 판의 상대적 이동 방향

유라시아판, 아라비아판, 필리핀판, 북아메리카판, 카리브판, 아프리카판, 코코스판, 태평양판, 남아메리카판, 나스카판, 아프리카판, 인도-오스트레일리아판, 스코샤판, 남극판

┌─────────────────────────────┐
│ ⊙ 히말라야산맥　ⓒ 마리아나 해구
│ ⓒ 안데스산맥　　ⓔ 산안드레아스 단층
│ ⓜ 동태평양 해령　ⓗ 동아프리카 열곡대
└─────────────────────────────┘

▲판 경계와 주요 지형의 위치

판 경계의 종류와 특징

판의 경계		모습	지형	지각 변동	예
발산형 경계❼		해령, 열곡, 해양판, 해양판	해령, 열곡대	지진, 화산 활동	동태평양 해령, 동아프리카 열곡대
수렴형 경계❾	해양판과 해양판	호상열도, 해구	해구, 호상열도❽	지진, 화산 활동	마리아나 해구
	해양판과 대륙판	해구, 습곡 산맥, 해양판, 대륙판	해구, 호상열도 또는 습곡 산맥	지진, 화산 활동	안데스산맥, 일본 해구
	대륙판과 대륙판	습곡 산맥, 대륙판, 대륙판	습곡 산맥	지진	히말라야산맥
보존형 경계❿		변환 단층, 해양판	변환 단층	지진	산안드레아스 단층

(3) 지권의 변화가 지구시스템에 미치는 영향 지진은 도로 붕괴, 생태계 파괴, 산사태나 화재, 지진 해일과 같은 피해를 입히고, 화산 활동은 화산 가스에 의한 산성비, 화산재에 의한 기후 변화, 생태계 파괴 등으로 지구시스템에 영향을 미친다.

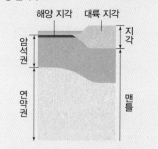

❻ 판의 구조

해양 지각　대륙 지각
지각
암석권
연약권
맨틀

• **암석권**: 지각과 맨틀 일부를 포함한 약 100 km 두께의 단단한 부분으로, 암석권의 조각을 판이라고 한다.
• **연약권**: 판 아래의 깊이가 약 100~400 km에 맨틀 물질이 부분적으로 녹아 있는 부분이다. 연약권에서 일어나는 맨틀 대류에 의해 판이 이동한다.

❼ 발산형 경계
맨틀 대류가 상승하면서 새로운 지각이 만들어지는 경계로 해령에서 멀수록 암석의 나이가 많아진다.

❽ 호상열도
수렴형 경계와 나란하게 활 모양으로 늘어서 있는 화산섬의 집합체로, 상대적으로 밀도가 작은 판에 분포한다.

❾ 수렴형 경계
판과 판이 만날 때 상대적으로 밀도가 큰 판이 밀도가 작은 판 아래로 들어가면서 판이 소멸한다. 해양판의 밀도는 대륙판보다 크며, 해양판은 밀도가 커서 지구 내부로 섭입할 수 있지만, 대륙판은 밀도가 작아 섭입이 일어나기 어렵다. 해구에서 대륙 쪽으로 갈수록 지진 발생 깊이가 깊어진다.

❿ 보존형 경계
두 판이 어긋나 이동하는 경계로 판이 생성되거나 소멸되지 않는 경계이다.

교과서 탐구하기
지진과 화산 분출로 나타나는 피해 조사와 대책 수립하기

탐구 목표

지진과 화산 분출로 나타나는 환경적 피해와 사회·경제적 피해를 조사하고, 지구와 생명 시스템 측면에서 피해를 줄이기 위한 대책을 수립할 수 있다.

탐구 과정

그림 (가)는 지진이 일어난 뒤의 모습이고, 그림 (나)는 화산이 폭발하는 모습이다.

(가)

(나)

1. (가)와 (나) 현상을 일으키는 지구시스템의 에너지원을 조사한다.
2. 지진과 화산 분출로 나타나는 환경적 피해와 사회·경제적 피해를 조사한다.
3. 지진과 화산 분출의 피해를 줄이기 위한 대책을 토의하여 수립한다.

결과 분석

1. (가)와 (나) 현상을 일으키는 지구시스템의 에너지원은 무엇인지 써 보자.

2. 지진과 화산 분출로 나타나는 환경적 피해와 사회·경제적 피해 및 대책을 써 보자.

구분	지진	화산 분출
환경적 피해		
사회·경제적 피해		
대책		

▶ 242018-0139

01 태양계의 구성 요소에 대한 설명으로 옳지 <u>않은</u> 것은?

① 지구에는 생물권이 존재한다.
② 달에는 기권이 존재하지 않는다.
③ 금성과 화성에는 지권이 존재한다.
④ 혜성은 태양계의 구성 요소에 속하지 않는다.
⑤ 태양계의 구성 천체들은 태양의 중력에 영향을 받는다.

▶ 242018-0140

02 지구시스템에 대한 설명으로 옳은 것만을 보기 에서 있는 대로 고른 것은?

보기

ㄱ. 지구시스템은 기권, 수권, 지권, 생물권, 외권으로 구성되어 있다.
ㄴ. 지구시스템의 각 권역은 서로 영향을 주고받지 않는다.
ㄷ. 생물권은 지권, 수권, 기권, 외권에 분포한다.

① ㄱ   ② ㄴ   ③ ㄷ   ④ ㄱ, ㄷ   ⑤ ㄴ, ㄷ

▶ 242018-0141

03 그림은 지권의 층상 구조를 나타낸 것이다.

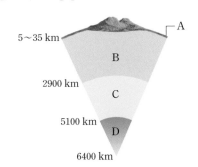

A~D층의 이름을 옳게 짝 지은 것은?

	A	B	C	D
①	지각	맨틀	내핵	외핵
②	지각	맨틀	외핵	내핵
③	맨틀	지각	외핵	내핵
④	맨틀	지각	내핵	외핵
⑤	내핵	외핵	맨틀	지각

▶ 242018-0142

04 기권에 대한 설명으로 옳은 것은?

① 3개의 층상 구조로 되어 있다.
② 대기 중 가장 많은 기체는 산소이다.
③ 성층권은 높이가 높아질수록 기온이 하강한다.
④ 높이에 따른 공기 밀도가 일정하다.
⑤ 밤과 낮의 기온 차는 성층권보다 열권이 크다.

▶ 242018-0143

05 수권에 대한 설명으로 옳은 것은?

① 육수는 해수보다 많다.
② 수온 약층은 불안정한 층이다.
③ 바람이 세게 불면 혼합층의 두께는 두꺼워진다.
④ 계절에 따른 온도 변화는 심해층이 혼합층보다 크다.
⑤ 해수는 깊이에 따른 염분 차이로 혼합층, 수온 약층, 심해층으로 구분한다.

▶ 242018-0144

06 태풍의 발생은 어느 권역의 상호작용인가?

① 수권 → 기권   ② 기권 → 지권   ③ 지권 → 수권
④ 생물권 → 기권   ⑤ 수권 → 지권

▶ 242018-0145

07 다음에서 설명하는 지구시스템의 권역은 무엇인가?

• 지구 기권의 바깥 영역에 해당한다.
• 이 영역에 위치하는 지구 자기장은 우주에서 오는 대전된 입자를 막아 생명체를 보호하는 역할을 한다.

① 기권   ② 수권   ③ 지권   ④ 외권   ⑤ 생물권

▶ 242018-0146

08 그림은 물의 순환을 나타낸 것이다.

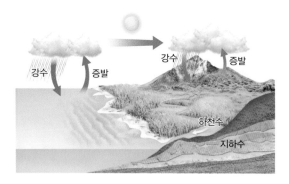

물의 순환과 관련된 설명으로 옳지 <u>않은</u> 것은?

① 하천수와 지하수는 지형을 변화시킨다.
② 물을 증발시키는 에너지원은 태양 에너지이다.
③ 물 순환은 지구시스템의 각 권역에 에너지를 이동시킨다.
④ 물 순환은 육지의 생명체가 살아가는 데 중요한 역할을 한다.
⑤ 물은 액체 상태로만 지구시스템의 각 권역을 순환한다.

▶ 242018-0147

09 지구시스템의 각 권역에 존재하는 탄소의 형태를 옳게 짝 지은 것은?

	수권	지권	생물권
①	탄산 이온	유기물	석회암
②	탄산 이온	석회암	유기물
③	화석 연료	탄산 이온	이산화 탄소
④	유기물	화석 연료	탄산 이온
⑤	석회암	화석 연료	유기물

▶ 242018-0148

10 탄소의 순환에 대한 설명으로 옳지 <u>않은</u> 것은?

① 탄소의 순환은 주로 조력 에너지에 의해 일어난다.
② 모든 생명체의 몸은 탄소를 기본으로 구성되어 있다.
③ 대기 중의 이산화 탄소는 광합성을 통해 식물에 흡수된다.
④ 화석 연료의 연소 과정을 통해 탄소는 지권에서 기권으로 이동한다.
⑤ 생물권에서 에너지 저장과 이동은 포도당과 같은 탄소 화합물을 통해 이루어진다.

▶ 242018-0149

11 지구시스템의 에너지원에 대한 설명으로 옳은 것만을 보기 에서 있는 대로 고른 것은?

> **보기**
> ㄱ. 태양 에너지가 가장 많은 양의 에너지를 공급한다.
> ㄴ. 달과 태양의 인력에 의해 생기는 에너지는 조력 에너지이다.
> ㄷ. 지진과 화산 활동은 지구 내부 에너지에 의해 발생한다.

① ㄱ　　② ㄴ　　③ ㄱ, ㄷ　④ ㄴ, ㄷ　⑤ ㄱ, ㄴ, ㄷ

▶ 242018-0150

12 판의 구조에 대한 설명으로 옳은 것만을 보기 에서 있는 대로 고른 것은?

> **보기**
> ㄱ. 판의 두께는 약 100 km이다.
> ㄴ. 판의 아래에는 연약권이 존재한다.
> ㄷ. 해양판의 지각은 대륙판의 지각보다 얇다.

① ㄱ　　② ㄴ　　③ ㄱ, ㄷ　④ ㄴ, ㄷ　⑤ ㄱ, ㄴ, ㄷ

▶ 242018-0151

13 판 구조론에 대한 설명으로 옳지 <u>않은</u> 것은?

① 판 운동은 맨틀 대류의 영향을 받는다.
② 지구 표면은 1개의 판으로 이루어져 있다.
③ 판은 대륙판과 해양판으로 구분할 수 있다.
④ 지진은 판의 중앙부보다 판의 경계 부근에서 자주 발생한다.
⑤ 판의 경계에는 발산형 경계, 수렴형 경계, 보존형 경계가 있다.

▶ 242018-0152

14 그림은 화산 활동이 일어날 때 분출되는 물질 (가), (나), (다)를 나타낸 것이다. 이에 대한 설명으로 옳은 것만을 보기 에서 있는 대로 고른 것은?

(가) 화산 가스
(나) 화산 쇄설물
(다) 용암

┌─ 보기 ─────────────────────────┐
ㄱ. 산성비를 내리게 하는 물질은 (가)이다.
ㄴ. (나)는 주로 기체이다.
ㄷ. (다)는 산불이나 산사태를 일으킬 수 있다.
└────────────────────────────┘

① ㄱ　　② ㄴ　　③ ㄱ, ㄷ　　④ ㄴ, ㄷ　　⑤ ㄱ, ㄴ, ㄷ

▶ 242018-0153

15 지진과 화산 활동에 대한 설명으로 옳은 것만을 보기 에서 있는 대로 고른 것은?

┌─ 보기 ─────────────────────────┐
ㄱ. 화산 활동은 대체로 지진과 함께 발생한다.
ㄴ. 지진대와 화산대는 특정 지역에 띠 모양으로 분포한다.
ㄷ. 지진과 화산 활동은 주로 판의 중앙부에서 발생한다.
└────────────────────────────┘

① ㄱ　　② ㄷ　　③ ㄱ, ㄴ　　④ ㄴ, ㄷ　　⑤ ㄱ, ㄴ, ㄷ

▶ 242018-0154

16 그림은 판의 경계 (가), (나), (다)를 나타낸 것이다.

(가)　　　　　(나)　　　　　(다)

(가), (나), (다)에 해당하는 판의 경계를 옳게 짝 지은 것은?

	(가)	(나)	(다)
①	수렴형	발산형	보존형
②	보존형	수렴형	발산형
③	보존형	발산형	수렴형
④	발산형	보존형	수렴형
⑤	발산형	수렴형	보존형

▶ 242018-0155

17 그림은 판과 맨틀 대류의 모습을 나타낸 것이다.

A와 B에서 형성될 수 있는 지형을 옳게 짝 지은 것은? (단, 화살표는 맨틀 대류를 나타낸다.)

	A	B			A	B
①	해령	해구		②	해구	해령
③	습곡 산맥	해구		④	해구	습곡 산맥
⑤	열곡대	해령				

▶ 242018-0156

18 지진에 의한 영향으로 옳지 <u>않은</u> 것은?

① 건물이나 도로가 무너질 수 있다.
② 산사태나 화재가 발생할 수 있다.
③ 햇빛을 가려 기후를 변화시킬 수 있다.
④ 지진파를 분석하여 지구 내부 구조를 알 수 있다.
⑤ 해저에서 지진이 일어나면 지진 해일이 발생할 수 있다.

▶ 242018-0157

19 그림은 해령 부근에서 판의 상대적 이동을 나타낸 것이다.

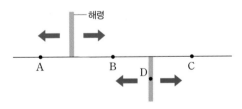

⊙ A~D 중 변환 단층에 위치한 지점과 ⓒ 지진이 활발하게 발생하는 지점을 옳게 짝 지은 것은?

	⊙	ⓒ
①	B	B, D
②	B	B
③	B	D
④	A, B, C	B, D
⑤	A, B, C	A, B, C, D

01 그림은 어느 해양에서 깊이에 따른 수온의 분포를 나타낸 것이다. 이에 대한 설명으로 옳은 것만을 보기 에서 있는 대로 고른 것은?

▶ 242018-0158

보기
ㄱ. A는 수온 약층이다.
ㄴ. B는 A와 C의 물질 교환을 억제한다.
ㄷ. C에는 태양 에너지가 거의 도달하지 않는다.

① ㄱ　② ㄴ　③ ㄱ, ㄷ　④ ㄴ, ㄷ　⑤ ㄱ, ㄴ, ㄷ

02 그림은 기권에서 높이에 따른 기온 분포를 나타낸 것이다.

▶ 242018-0159

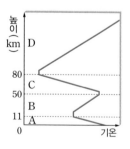

A~D에 대한 설명으로 옳은 것만을 보기 에서 있는 대로 고른 것은?

보기
ㄱ. C에서 오로라가 나타난다.
ㄴ. A와 C에서 모두 기상 현상이 나타난다.
ㄷ. 오존층이 존재하는 곳은 B이다.

① ㄱ　② ㄷ　③ ㄱ, ㄴ　④ ㄴ, ㄷ　⑤ ㄱ, ㄴ, ㄷ

03 그림은 지권의 층상 구조를 나타낸 것이다. A~D에 대한 설명으로 옳은 것은?

▶ 242018-0160

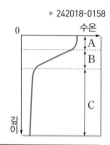

① A의 대륙 지각은 해양 지각보다 두께가 얇다.
② B는 C보다 밀도가 큰 물질로 이루어져 있다.
③ C는 온도가 가장 높은 층이다.
④ 부피가 가장 큰 층은 D이다.
⑤ D는 고체 상태이다.

04 생물권에 대한 설명으로 옳은 것만을 보기 에서 있는 대로 고른 것은?

▶ 242018-0161

보기
ㄱ. 광합성과 호흡은 기권의 조성을 변화시킨다.
ㄴ. 식물의 뿌리는 지권의 암석을 풍화시킬 수 있다.
ㄷ. 지권과 수권에만 분포한다.

① ㄱ　② ㄷ　③ ㄱ, ㄴ　④ ㄴ, ㄷ　⑤ ㄱ, ㄴ, ㄷ

05 그림은 생물권과 다른 지구시스템의 구성 요소와의 상호작용을, 표는 상호작용의 예를 나타낸 것이다.

▶ 242018-0162

상호작용의 예
A. 생물의 호흡
B. 화석 연료의 생성
C. 해양 생물의 서식처 제공

상호작용 (가), (나), (다)에 해당하는 예를 A~C에서 찾아 옳게 짝 지은 것은?

	(가)	(나)	(다)
①	A	B	C
②	B	A	C
③	B	C	A
④	C	A	B
⑤	C	B	A

▸ 242018-0163

06 탄소 순환에 대한 설명으로 옳은 것만을 **보기** 에서 있는 대로 고른 것은?

> **보기**
> ㄱ. 기권에서 탄소는 주로 이산화 탄소의 형태로 존재한다.
> ㄴ. 지구시스템에서 탄소의 분포량이 가장 많은 영역은 지권이다.
> ㄷ. 광합성을 통해 생물권의 탄소는 기권으로 이동한다.

① ㄱ　　② ㄴ　　③ ㄱ, ㄴ　　④ ㄱ, ㄷ　　⑤ ㄴ, ㄷ

▸ 242018-0164

07 그림은 위도에 따른 해수의 층상 구조를 나타낸 것이다.
이에 대한 설명으로 옳은 것만을 **보기** 에서 있는 대로 고른 것은?

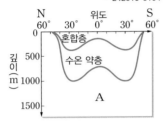

> **보기**
> ㄱ. A는 혼합층보다 수온이 낮다.
> ㄴ. 바람은 적도 부근에서 가장 강하게 분다.
> ㄷ. 고위도 해역에서 해수의 층상 구조가 가장 잘 나타난다.

① ㄱ　　② ㄴ　　③ ㄱ, ㄷ　　④ ㄴ, ㄷ　　⑤ ㄱ, ㄴ, ㄷ

▸ 242018-0165

08 표는 지구시스템의 여러 가지 현상을 일으키는 에너지원의 특징을 나타낸 것이다. (나)와 (다)는 각각 지구 내부 에너지와 태양 에너지 중 하나이다.

에너지원	에너지양(W)	현상
(가)	( )	밀물과 썰물
(나)	1.7×10^{17}	A
(다)	5.4×10^{12}	( )

이에 대한 설명으로 옳은 것만을 **보기** 에서 있는 대로 고른 것은?

> **보기**
> ㄱ. (가)는 조력 에너지이다.
> ㄴ. 해류와 바람은 A의 예에 해당한다.
> ㄷ. (가)와 (다)를 합한 에너지양은 (나)의 에너지양보다 많다.

① ㄱ　　② ㄷ　　③ ㄱ, ㄴ　　④ ㄴ, ㄷ　　⑤ ㄱ, ㄴ, ㄷ

▸ 242018-0166

09 그림은 판의 구조를 나타낸 것이다.

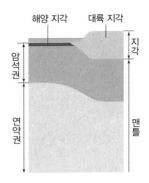

이에 대한 설명으로 옳은 것만을 **보기** 에서 있는 대로 고른 것은?

> **보기**
> ㄱ. 암석권과 연약권을 합쳐서 판이라고 한다.
> ㄴ. 해양판의 밀도는 대륙판의 밀도보다 크다.
> ㄷ. 연약권은 유동성을 띠고 있다.

① ㄱ　　② ㄴ　　③ ㄱ, ㄷ　　④ ㄴ, ㄷ　　⑤ ㄱ, ㄴ, ㄷ

▸ 242018-0167

10 그림 (가)와 (나)는 지진대와 화산대의 분포를 나타낸 것이다.

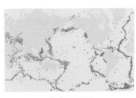

(가) 지진대　　　　　　(나) 화산대

이에 대한 설명으로 옳은 것만을 **보기** 에서 있는 대로 고른 것은?

> **보기**
> ㄱ. 화산 활동과 지진을 일으키는 에너지원은 태양 에너지이다.
> ㄴ. 화산 활동은 대서양 연안보다 태평양 연안에서 활발하다.
> ㄷ. 화산 활동이 활발한 곳에서는 지진이 거의 일어나지 않는다.

① ㄱ　　② ㄴ　　③ ㄱ, ㄷ　　④ ㄴ, ㄷ　　⑤ ㄱ, ㄴ, ㄷ

▶ 242018-0168

11 그림은 수렴형 경계의 모습을 나타낸 것이다.

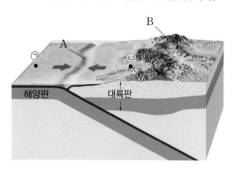

이에 대한 설명으로 옳은 것만을 보기 에서 있는 대로 고른 것은?

> **보기**
>
> ㄱ. A는 해구, B는 습곡 산맥이다.
> ㄴ. 화산 활동이 발생할 가능성은 ㉠보다 ㉡이 높다.
> ㄷ. 판의 밀도는 대륙판보다 해양판이 크다.

① ㄱ ② ㄴ ③ ㄱ, ㄷ ④ ㄴ, ㄷ ⑤ ㄱ, ㄴ, ㄷ

▶ 242018-0169

12 그림은 주요 판의 분포와 상대적 이동 방향을 나타낸 것이다.

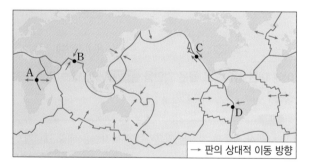

A에서는 동아프리카 열곡대가 나타난다. B, C, D에 존재하는 산맥 또는 단층의 이름을 쓰시오.

- B: (   )
- C: (   )
- D: (   )

▶ 242018-0170

13 그림은 어느 지역의 모습을 나타낸 것이다.

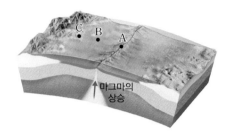

이에 대한 설명으로 옳은 것만을 보기 에서 있는 대로 고른 것은?

> **보기**
>
> ㄱ. A에는 해령이 존재한다.
> ㄴ. 화산 활동은 A와 C에서 활발하다.
> ㄷ. 암석의 나이는 A보다 B가 많다.

① ㄱ ② ㄴ ③ ㄱ, ㄷ ④ ㄴ, ㄷ ⑤ ㄱ, ㄴ, ㄷ

▶ 242018-0171

14 다음은 화산 활동으로 발생했던 피해 사례를 조사한 것이다.

> A. 화산 가스에 포함된 아황산 가스에 의해 산성비가 내렸다.
> B. 빙하 밑으로 분출한 용암에 의해 빙하가 녹으면서 홍수가 발생하여 주민들이 대피하였다.
> C. 화산재로 인한 사고 위험으로 일주일 동안 항공기 운항이 중단되어 물류 수송에 차질을 빚었다.
> D. 화산재가 성층권까지 올라가 지구의 기온을 낮추었다.

이에 대한 설명으로 옳은 것만을 보기 에서 있는 대로 고른 것은?

> **보기**
>
> ㄱ. A, B, C는 화산 활동이 기권에 영향을 준 사례이다.
> ㄴ. 화산 활동은 사회적, 경제적 피해를 유발할 수 있다.
> ㄷ. D는 화산재가 태양 에너지를 차단했기 때문에 나타난 사례이다.

① ㄱ ② ㄴ ③ ㄱ, ㄷ ④ ㄴ, ㄷ ⑤ ㄱ, ㄴ, ㄷ

서술형·논술형 준비하기

▶ 242018-0172

서술형

1 산업 혁명 이후, 급격하게 화석 연료의 사용량이 증가하였다. 화석 연료의 사용으로 지권과 기권에서 일어난 탄소량의 변화를 서술하시오.

Tip | 화석 연료의 사용은 지권의 탄소를 기권으로 이동시킨다.
Key Word | 화석 연료, 이산화 탄소

_____

_____

서술형

▶ 242018-0173

2 다음은 오존홀에 대한 설명이다.

> 1966년 영국의 남극 탐사대가 남극 대기권의 오존층에서 주변보다 오존의 농도가 낮은 오존홀을 발견하였고, 독일 막스플랑크 연구소에서 위성 관측을 통해 오존홀이 계속해서 커지고 있음을 확인하였다. 오존홀은 산업 공해로 인해 생긴 것으로, 각종 냉각 장치에 사용되는 냉매제인 프레온 가스, 비행기나 자동차에서 내뿜는 일산화 질소 등이 오존홀 생성의 주범이다.

오존홀의 발생은 지구시스템의 어느 권역 간의 상호작용인지 쓰고, 오존층이 파괴될 경우 발생할 수 있는 피해 중 1가지를 쓰시오.

Tip | 오존층은 태양에서 오는 자외선을 흡수해 육상 생명체가 살 수 있도록 해준다.
Key Word | 오존층, 지구시스템의 상호작용, 자외선

_____

_____

서술형

▶ 242018-0174

3 지진이 발생하면 땅이 흔들리면서 여러 가지 피해를 입힌다. 지진에 의한 피해 1가지와 이에 대한 대책을 서술하시오.

Tip | 지진으로 인해 땅이 흔들리면서 환경, 사회, 경제적 피해가 발생한다.
Key Word | 지진, 지진 피해, 지진 대책

_____

_____

논술형

▶ 242018-0175

4 다음 글을 읽고, 물음에 답하시오.

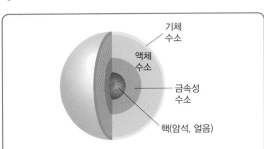

> 그림은 목성의 내부 구조이다. 맨 바깥층은 기체 상태의 수소로 이루어져 있고 안으로 들어가면서 액체 상태의 수소와 금속 상태의 수소층이 존재한다. 핵에는 암석과 금속, 얼음 등이 존재한다.

위의 글을 토대로 목성 시스템에 존재하는 구성 요소와 그렇게 생각한 까닭을 서술하시오. (단, 구성 요소는 '생물권' 같이 ○○권으로 서술하고 어느 부분을 구성 요소로 생각했는지를 포함하시오.)

Tip | 액체 수소로 되어 있는 층을 독립적인 영역으로 구분할지, 다른 영역에 포함시킬지 결정한다.
Key Word | 목성, 목성의 구성 요소

_____

_____

_____

06 역학 시스템

◎ 중력의 작용으로 인한 지구 표면과 지구 주위의 다양한 운동을 설명할 수 있다.
◎ 상호작용이 없을 때 물체가 가속되지 않음을 알고, 충격량과 운동량의 관계를 충돌 관련 안전장치와 스포츠에 적용할 수 있다.

1 중력의 작용

(1) 속도와 가속도
① 속도: 물체의 빠르기와 운동 방향을 함께 나타내는 물리량 (단위: m/s)
② 가속도: $\dfrac{\text{나중 속도} - \text{처음 속도}}{\text{걸린 시간}} = \dfrac{\text{속도 변화량}}{\text{걸린 시간}}$ (단위: m/s²)

(2) 자유 낙하 운동 지표면 근처에서 물체가 중력만을 받아 아래로 떨어지는 운동
① 물체의 속력은 질량과 관계없이 1초마다 약 9.8 m/s씩 일정하게 증가한다.
② 물체의 가속도의 크기는 질량에 관계없이 중력 가속도 9.8 m/s²으로 일정하다.

(3) 자유 낙하 운동과 수평으로 던진 물체의 운동
① 지표면 근처의 같은 높이에서 자유 낙하 하는 물체 A와 수평 방향으로 던진 물체 B는 동시에 떨어진다. B는 시간이 지날수록 운동 방향이 아래쪽으로 휘어지며 속력이 증가하는데 이때 매 순간 물체의 높이는 자유 낙하 하는 물체의 높이와 같다.
② B에는 연직 방향으로만 중력이 작용하므로 연직 방향으로는 중력에 의한 가속도 운동을 한다. 즉, B의 연직 방향 운동은 자유 낙하 운동과 같다.
③ B는 수평 방향으로 작용하는 힘이 없으므로 수평 방향으로는 속력이 일정한 운동을 한다. ➡ 수평 방향으로 v_0의 속력으로 던져진 B는 수평 방향으로 속력이 v_0으로 일정한 등속 직선 운동, 연직 방향으로는 자유 낙하 운동을 한다.
④ 수평 방향으로 던진 물체는 던진 속력에 관계없이 모두 연직 방향으로 같은 가속도로 운동한다. 따라서 수평 방향으로 물체를 던진 속력에 관계없이 바닥에 닿기까지 걸린 시간이 같고, 수평 방향의 속력이 크면 같은 시간 동안 수평 방향으로 더 많이 이동하므로 물체를 수평 방향으로 던진 속력이 클수록 바닥에 닿기까지 더 많은 수평 거리를 이동하는 포물선 운동을 한다.

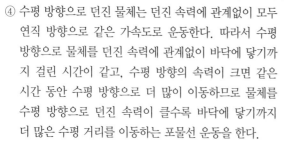
▲자유 낙하 운동과 수평으로 던진 물체의 운동

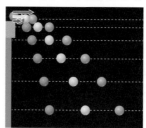
▲수평 방향으로 던진 세 물체의 운동

(4) 지구 주위의 원운동과 중력 뉴턴(Newton, I., 1642~1727)은 높은 꼭대기에서 물체를 특정 속력으로 던지면 물체는 지표면에 닿지 않고 지구 주위를 원운동할 수 있다는 사고 실험을 통해 달이 지구로 떨어지지 않는 이유를 중력에 의한 운동으로 설명하였다.

---

❶ 가속도의 방향

속력이 증가할 때 가속도의 방향이 속도의 방향과 같다.

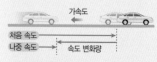

속력이 감소할 때 가속도의 방향이 속도의 방향과 반대이다.

❷ 중력 가속도

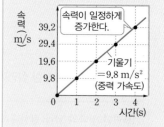

❸ 자유 낙하 운동과 수평으로 던진 물체의 운동 비교
자유 낙하 운동과 수평으로 던진 물체의 운동은 같은 시간 동안 속도 변화량이 같다.

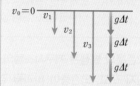

❹ 뉴턴의 사고 실험
지구 주위를 공전하는 원운동은 모두 중력에 의한 운동이다. 즉, 지구 주위를 공전하는 인공위성의 원운동은 지구 중심 방향의 가속도 운동이다.

② 역학적 시스템과 안전

(1) 상호작용이 없을 때의 운동 물체에 외부에서 힘이 작용하지 않을 때 정지해 있는 물체는 계속 정지해 있으려는 성질이 있고, 일정한 속도로 운동하던 물체는 계속 일정한 속도로 운동하려는 성질이 있다. 이러한 성질을 관성이라고 한다.⑤

(2) 운동량과 충격량

① 운동량(p): 물체가 운동할 때 물체의 질량(m)과 속도(v)를 곱한 물리량
  ➡ 운동량(p) = 질량(m) × 속도(v) (단위: kg·m/s)
② 충격량(I)⑥: 물체에 힘이 작용할 때 물체가 받는 힘(F)과 힘이 작용한 시간(Δt)을 곱한 물리량 ➡ 충격량(I) = 힘(F) × 시간(Δt) (단위: N·s)

(3) 운동량과 충격량의 관계

① 질량이 m인 물체가 힘 F를 시간 Δt동안 받아 속도가 v_0에서 v로 변하였을 때,

물체의 가속도 $a = \dfrac{v - v_0}{\Delta t}$이므로 $F = m\left(\dfrac{v - v_0}{\Delta t}\right)$가 되어 $F \cdot \Delta t = mv - mv_0$이다.

즉, 충격량은 운동량의 변화량(나중 운동량 − 처음 운동량)과 같다.

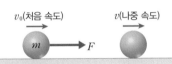
v_0(처음 속도)　　v(나중 속도)

$$
\begin{aligned}
\text{충격량}(I) &= \text{운동량의 변화량}(p - p_0) \\
&= \text{힘}(F) \times \text{시간}(\Delta t) \\
&= \text{질량}(m) \times \text{속도 변화량}(v - v_0)
\end{aligned}
$$

② 힘이 일정하면 힘을 받는 시간이 길수록 충격량의 크기가 크다.
  ➡ F가 일정할 때, $I \propto \Delta t$
  ⓔ 포신의 길이, 운동 경기에서 팔로 스루(follow through)

▲포신의 길이　　　　▲팔로 스루

(4) 충격량이 같을 때 충돌에서 힘을 줄일 수 있는 방법

① 충격량이 같을 때 힘을 받는 시간이 길수록 작용하는 힘의 크기가 작다.⑦
  ➡ I가 일정할 때, $F \propto \dfrac{1}{\Delta t}$
  ⓔ 자동차의 에어백, 무릎 보호대와 안전모, 운동 경기의 안전 매트

▲에어백

▲무릎 보호대와 안전모

▲안전 매트

② 충격 흡수 장치: 일상생활에서 물체가 충돌할 때 충돌 시간을 길게 하여 물체가 받는 힘의 크기를 줄이기 위한 다양한 장치를 활용하고 있다.
  ⓔ 자동차의 범퍼, 배에 매단 타이어, 모서리 보호대 등

⑤ 관성

버스가 갑자기 출발하면 계속 정지해 있으려는 관성 때문에 몸이 뒤로 쏠린다.

버스가 갑자기 정지하면 버스와 같은 속도로 계속 운동하려는 관성 때문에 몸이 앞으로 쏠린다.

⑥ 충격량의 크기

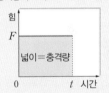

충격량의 크기는 힘-시간 그래프 아랫부분의 넓이와 같다.

⑦ 같은 높이에서 떨어지는 달걀

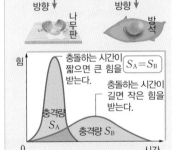

동일한 달걀을 같은 높이에서 가만히 놓을 때 달걀이 단단한 나무판에 떨어지면 깨지지만 푹신한 방석에 떨어지면 깨지지 않는다. 달걀이 떨어져 충돌할 때, 두 달걀이 받는 충격량의 크기는 같지만 달걀이 정지할 때까지 힘을 받는 시간이 나무판보다 방석에서 더 길기 때문에 방석과 충돌할 때 달걀에 작용하는 힘의 크기가 작아 달걀이 깨지지 않는다.

교과서 탐구하기
자유 낙하와 수평으로 던진 물체의 운동을 시각화하여 비교하기

탐구 목표 자유 낙하와 수평으로 던진 물체의 운동을 시각화해 비교할 수 있다.

탐구 과정

1. 눈금판을 세우고, 그 앞의 1 m 정도 높이에 동시 낙하 장치를 설치한다.
2. 공이 떨어지는 모습 전체를 촬영할 수 있는 위치에 스마트 기기를 설치한다.
3. 동시 낙하 장치에 공 A는 자유 낙하, 공 B는 수평 방향으로 운동하게 놓는다.
4. 동시 낙하 장치를 작동해 두 공이 동시에 운동하는 모습을 동영상으로 촬영한다.
5. 스마트 기기의 동영상 분석 애플리케이션을 이용해 과정 4에서 촬영한 공 A, B의 운동 동영상을 한 장의 사진으로 변환한다.
6. 공 A, B가 이동한 거리를 시간에 따라 표에 기록한다.
7. B의 발사 속력을 다르게 하여 과정 1~6을 반복한다.

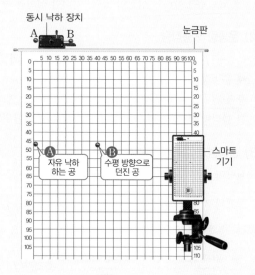

자료 정리

1. 공 A, B의 운동을 시각화한 자료를 분석하고, 시간에 따른 구간별 이동 거리와 속력을 기록하자.

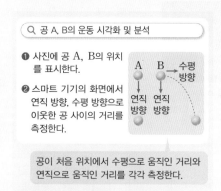

🔍 공 A, B의 운동 시각화 및 분석

❶ 사진에 공 A, B의 위치를 표시한다.

❷ 스마트 기기의 화면에서 연직 방향, 수평 방향으로 이웃한 공 사이의 거리를 측정한다.

공이 처음 위치에서 수평으로 움직인 거리와 연직으로 움직인 거리를 각각 측정한다.

출발점부터 걸린 시간(s)		0.1	0.2	0.3	0.4
시간 간격(s)		0.1	0.1	0.1	0.1
공 A	연직 방향 구간 거리(m)	0.049	0.147	0.245	0.343
	연직 방향 구간 속력(m/s)	0.49	1.47	2.45	3.43
공 B	수평 방향 구간 거리(m)	0.049	0.049	0.049	0.049
	수평 방향 구간 속력(m/s)	0.49	0.49	0.49	0.49
	연직 방향 구간 거리(m)	0.049	0.147	0.245	0.343
	연직 방향 구간 속력(m/s)	0.49	1.47	2.45	3.43

결과 분석

1. A의 연직 방향의 속력과 B의 수평 방향 및 연직 방향의 속력이 같은 시간 동안 어떻게 변하는지 분석해 보자.
   ➡

2. A, B 중 어느 것이 바닥에 먼저 도달했는지 관측하고, 그 까닭을 분석해 보자.
   ➡

3. B의 발사 속력에 따라 B가 바닥에 도달할 때까지 수평 방향의 이동 거리가 어떻게 변하는지 관측하고 분석해 보자.
   ➡

4. B의 발사 속력에 따라 B가 바닥에 도달할 때까지 걸린 시간을 측정하고 분석해 보자.
   ➡

▶ 242018-0176

01 다음은 물체의 물리량 A에 대한 설명이다.

> 물체의 속도가 변할 때 단위 시간 동안 물체의 속도 변화량
> 으로, 단위는 ⟨ ㉠ ⟩이다.

A에 대한 설명으로 옳은 것만을 보기 에서 있는 대로 고른
것은?

보기
ㄱ. A는 가속도이다.
ㄴ. 'm/s²'은 ㉠으로 적절하다.
ㄷ. A의 방향과 물체의 운동 방향이 같을 때, 물체의 속력
   은 증가한다.

① ㄱ   ② ㄷ   ③ ㄱ, ㄴ   ④ ㄴ, ㄷ   ⑤ ㄱ, ㄴ, ㄷ

▶ 242018-0177

02 그림은 중력에 대해 학생 A, B, C가 대화하는 모습을
나타낸 것이다.

물체에 작용하는 중력의 방향은 지구 중심 방향이야.

지표면 근처에서 동일한 물체가 받는 중력의 크기는 장소에 관계없이 일정해.

헬륨 기체가 채워진 풍선은 중력을 받지 않아.

학생 A   학생 B   학생 C

제시한 내용이 옳은 학생만을 있는 대로 고른 것은?

① A   ② C   ③ A, B   ④ B, C   ⑤ A, B, C

▶ 242018-0178

03 그림은 지구 주위를 원운동하고 있
는 달의 모습을 나타낸 것이다. 이에 대
한 설명으로 옳은 것만을 보기 에서 있
는 대로 고른 것은?

지구
달

보기
ㄱ. 달은 가속도 운동을 한다.
ㄴ. 지구가 달에 작용하는 중력의 방향은 일정하다.
ㄷ. 달의 운동 방향과 지구가 달에 작용하는 중력의 방향은
   같다.

① ㄱ   ② ㄷ   ③ ㄱ, ㄴ   ④ ㄴ, ㄷ   ⑤ ㄱ, ㄴ, ㄷ

▶ 242018-0179

04 그림은 사과나무에 매달린 사과
A와 매달려 있다가 떨어지고 있는 사
과 B를 나타낸 것이다. A와 B의 질량
은 같다. 이에 대한 설명으로 옳은 것만
을 보기 에서 있는 대로 고른 것은?
(단, 공기 저항은 무시한다.)

보기
ㄱ. A에는 중력이 작용하지 않는다.
ㄴ. 지면까지 운동하는 동안 B의 속력은 증가한다.
ㄷ. 지면까지 운동하는 동안 B의 운동 방향과 가속도의 방
   향은 반대이다.

① ㄱ   ② ㄴ   ③ ㄱ, ㄷ   ④ ㄴ, ㄷ   ⑤ ㄱ, ㄴ, ㄷ

▶ 242018-0180

05 그림은 잡고 있던 공을 가만히 놓았을
때 자유 낙하 운동하는 공의 위치를 일정한
시간 간격으로 나타낸 것이다. 이에 대한 설명
으로 옳은 것만을 보기 에서 있는 대로 고른
것은? (단, 공기 저항은 무시한다.)

지면

보기
ㄱ. 공은 가속도의 크기가 일정한 운동을 한다.
ㄴ. 공은 속력이 증가하다가 감소하는 운동을 한다.
ㄷ. 공의 운동 방향과 공에 작용하는 중력의 방향은 같다.

① ㄱ   ② ㄴ   ③ ㄱ, ㄷ   ④ ㄴ, ㄷ   ⑤ ㄱ, ㄴ, ㄷ

▶ 242018-0181

06 그림은 지표면 근처에서
자유 낙하 운동하는 물체의
속력을 시간에 따라 나타낸
것이다. 이에 대한 설명으로
옳은 것만을 보기 에서 있는
대로 고른 것은? (단, 중력 가
속도는 g이다.)

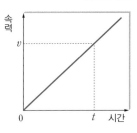

보기
ㄱ. 물체는 가속도의 크기가 증가하는 운동을 한다.
ㄴ. $g = \dfrac{v}{t}$ 이다.
ㄷ. 물체에 작용하는 중력의 크기는 일정하다.

① ㄱ   ② ㄴ   ③ ㄱ, ㄷ   ④ ㄴ, ㄷ   ⑤ ㄱ, ㄴ, ㄷ

▶ 242018-0182

07 그림은 수평면에서 일정한 가속도로 직선 운동하는 자동차의 모습을 나타낸 것이다. $t=0$일 때와 $t=2$초일 때 자동차의 속력은 각각 2 m/s, 10 m/s이다.

자동차의 운동에 대한 설명으로 옳은 것만을 보기 에서 있는 대로 고른 것은?

보기

ㄱ. 가속도의 방향은 운동 방향과 같다.
ㄴ. 가속도의 크기는 4 m/s²이다.
ㄷ. 1초일 때, 속력은 6 m/s이다.

① ㄱ　② ㄴ　③ ㄱ, ㄷ　④ ㄴ, ㄷ　⑤ ㄱ, ㄴ, ㄷ

▶ 242018-0183

08 그림은 수평 방향으로 던진 공의 운동을 일정한 시간 간격으로 촬영한 것이다. 공의 운동에 대한 설명으로 옳은 것만을 보기 에서 있는 대로 고른 것은? (단, 공기 저항은 무시한다.)

보기

ㄱ. 수평 방향으로 등속 직선 운동을 한다.
ㄴ. 연직 방향으로의 운동은 자유 낙하 운동과 같다.
ㄷ. 물체에 작용하는 중력의 방향은 운동 방향에 따라 변한다.

① ㄱ　② ㄷ　③ ㄱ, ㄴ　④ ㄴ, ㄷ　⑤ ㄱ, ㄴ, ㄷ

▶ 242018-0184

09 그림과 같이 물체 A를 가만히 놓는 순간 같은 높이에서 물체 B를 수평 방향으로 던졌더니 각각 점선의 경로를 따라 운동하여 지면에 도달하였다. 이에 대한 설명으로 옳은 것만을 보기 에서 있는 대로 고른 것은? (단, 물체의 크기와 공기 저항은 무시한다.)

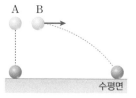

보기

ㄱ. 운동하는 동안 A와 B에 작용하는 힘의 방향은 같다.
ㄴ. 운동하는 동안 B의 연직 방향의 속력은 일정하다.
ㄷ. A가 B보다 먼저 수평면에 도달한다.

① ㄱ　② ㄴ　③ ㄱ, ㄷ　④ ㄴ, ㄷ　⑤ ㄱ, ㄴ, ㄷ

▶ 242018-0185

10 그림은 정지해 있던 버스가 갑자기 출발할 때, 승객들의 몸이 버스의 운동 방향과 반대 방향으로 기울어지는 모습을 나타낸 것이다. 이와 같은 원리로 설명할 수 있는 현상만을 보기 에서 있는 대로 고른 것은?

보기

ㄱ. 두루마리 휴지를 갑자기 당기면 끝부분만 끊어진다.
ㄴ. 노를 저으면 배가 앞으로 간다.
ㄷ. 물로켓이 물을 뒤로 분사하며 앞으로 날아간다.

① ㄱ　② ㄷ　③ ㄱ, ㄴ　④ ㄴ, ㄷ　⑤ ㄱ, ㄴ, ㄷ

▶ 242018-0186

11 다음은 물체의 물리량 A, B에 대한 설명이다.

A: 물체의 질량과 속도의 곱으로 나타내며 단위는 ⓐ 이다.
B: 물체에 작용하는 힘과 힘이 작용하는 동안 ⓑ 의 곱으로 나타내며 단위는 N·s이다.

빈칸에 들어갈 알맞은 말을 옳게 짝 지은 것은?

	ⓐ	ⓑ		ⓐ	ⓑ
①	m/s	시간	②	kg·m/s	시간
③	kg·m/s²	시간	④	kg·m/s	이동 거리
⑤	kg·m/s²	이동 거리			

▶ 242018-0187

12 다음은 물체 A, B, C의 운동 상태를 나타낸 것이다.

(가) 수평면에서 질량 1 kg인 물체 A가 동쪽으로 10 m/s의 일정한 속력으로 운동할 때
(나) 정지해 있던 질량 2 kg인 물체 B가 서쪽으로 5 m/s²의 일정한 가속도로 운동을 시작한 후 2초가 지났을 때
(다) 정지해 있던 질량 2 kg인 물체 C가 크기가 10 N인 알짜힘을 서쪽으로 2초 동안 받았을 때

(가), (나), (다)에서 A, B, C의 운동량 크기를 각각 p_A, p_B, p_C라고 할 때, 옳게 비교한 것은?

① $p_A < p_B = p_C$　　② $p_A < p_B < p_C$
③ $p_B < p_A = p_C$　　④ $p_B < p_A < p_C$
⑤ $p_B = p_C < p_A$

▶ 242018-0188

13 그림과 같이 자동차 A, B가 각각 v_A, v_B의 일정한 속력으로 직선 운동한다. A, B의 운동량 크기는 서로 같고, 기준선 P에서 Q까지 운동하는 데 걸린 시간은 A가 B의 2배이다. A, B의 질량을 각각 m_A, m_B라 할 때, $\dfrac{m_A}{m_B}$는?

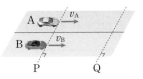

① $\dfrac{1}{4}$　　② $\dfrac{1}{2}$　　③ 1　　④ 2　　⑤ 4

▶ 242018-0189

14 그림은 마찰이 없는 수평면 위에 정지해 있던 질량 2 kg인 물체에 수평 방향으로 작용하는 알짜힘의 크기 F를 시간 t에 따라 나타낸 것이다. 이에 대한 설명으로 옳은 것만을 보기에서 있는 대로 고른 것은?

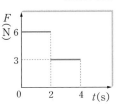

보기

ㄱ. 물체의 가속도 크기는 1초일 때가 3초일 때의 2배이다.
ㄴ. 2~4초 동안 물체가 받은 충격량의 크기는 6 N·s이다.
ㄷ. 4초일 때, 물체의 속력은 18 m/s이다.

① ㄱ　　② ㄷ　　③ ㄱ, ㄴ　　④ ㄴ, ㄷ　　⑤ ㄱ, ㄴ, ㄷ

▶ 242018-0190

15 그림은 질량이 0.5 kg인 공이 마찰이 없는 수평면에서 4 m/s의 속력으로 운동하다가 벽에 충돌한 후, 반대 방향으로 v의 속력으로 운동하는 모습을 나타낸 것이다. 공의 운동량의 크기는 벽과 충돌 전이 충돌 후의 2배이다. 이에 대한 설명으로 옳은 것만을 보기에서 있는 대로 고른 것은?

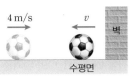

보기

ㄱ. $v = 2$ m/s이다.
ㄴ. 벽과 충돌하는 동안 공의 운동량 변화량의 크기는 1 kg·m/s이다.
ㄷ. 벽이 공으로부터 받은 충격량의 크기는 3 N·s이다.

① ㄱ　　② ㄴ　　③ ㄱ, ㄷ　　④ ㄴ, ㄷ　　⑤ ㄱ, ㄴ, ㄷ

▶ 242018-0191

16 다음은 물체가 받는 충격량의 크기를 크게 하는 원리에 대한 설명이다.

> 물체에 작용하는 힘이 일정할 때, 힘이 작용하는 시간이 ⊙ 물체가 받는 ⓛ충격량의 크기가 크다. 이와 같은 원리를 적용하여 포신을 길게 제작하면 포탄을 멀리까지 보낼 수 있다.

이에 대한 설명으로 옳은 것만을 보기에서 있는 대로 고른 것은?

보기

ㄱ. '짧을수록'은 ⊙으로 적절하다.
ㄴ. ⓛ은 운동량 변화량의 크기와 같다.
ㄷ. 스포츠에서 팔로 스루 동작은 위와 같은 원리를 적용한 것이다.

① ㄱ　　② ㄴ　　③ ㄱ, ㄷ　　④ ㄴ, ㄷ　　⑤ ㄱ, ㄴ, ㄷ

▶ 242018-0192

17 다음은 안전모의 원리에 대한 설명이다.

> 충격을 받을 때, 충돌 시간을 길게 하여 머리에 가해지는 평균 힘의 크기를 줄여준다.

이와 같은 원리가 적용된 것만을 보기에서 있는 대로 고른 것은?

보기

ㄱ. 자동차가 충돌할 때 에어백이 작동한다.
ㄴ. 번지점프를 할 때 늘어나는 줄을 이용한다.
ㄷ. 상자 내 물건을 포장할 때 공기가 채워진 비닐 포장재를 이용한다.

① ㄱ　　② ㄷ　　③ ㄱ, ㄴ　　④ ㄴ, ㄷ　　⑤ ㄱ, ㄴ, ㄷ

01 그림과 같이 시간 $t=0$일 때 물체 A를 자유 낙하 운동 시킨 후, $t=1$초일 때 지면으로부터 높이가 h인 곳에서 물체 B를 자유 낙하 운동 시켰다. $t=3$초일 때 A, B가 지면에 동시에 도달하였다. 질량은 A가 B보다 크다. 이에 대한 설명으로 옳은 것만을 **보기**에서 있는 대로 고른 것은? (단, 물체의 크기 및 공기 저항은 무시한다.)

▶ 242018-0193

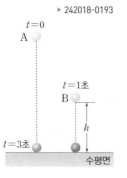

보기
ㄱ. 물체에 작용하는 중력의 크기는 A가 B보다 크다.
ㄴ. $t=1$초일 때, A의 높이는 h이다.
ㄷ. 바닥에 도달하는 순간 속력은 A가 B보다 크다.

① ㄱ   ② ㄴ   ③ ㄱ, ㄷ   ④ ㄴ, ㄷ   ⑤ ㄱ, ㄴ, ㄷ

02 그림은 같은 높이에서 자유 낙하 시킨 물체 A와 수평으로 속력 v_0으로 던진 물체 B의 위치를 1초 간격으로 나타낸 것이다. 질량은 A가 B의 2배이다.

▶ 242018-0194

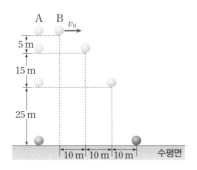

이에 대한 설명으로 옳은 것만을 **보기**에서 있는 대로 고른 것은? (단, 물체의 크기 및 공기 저항은 무시한다.)

보기
ㄱ. A에 작용하는 알짜힘의 방향과 B에 작용하는 알짜힘의 방향은 서로 수직이다.
ㄴ. $v_0=10$ m/s이다.
ㄷ. 가속도의 크기는 A가 B의 2배이다.

① ㄱ   ② ㄴ   ③ ㄱ, ㄷ   ④ ㄴ, ㄷ   ⑤ ㄱ, ㄴ, ㄷ

03 다음은 자유 낙하 운동과 수평 방향으로 던진 물체의 운동을 비교하는 실험이다.

▶ 242018-0195

[실험 과정]
(가) 자의 한쪽 끝에 동전 A를 올려놓고, 다른 쪽 끝에는 자의 옆에 동전 B를 놓는다.
(나) 자를 ㉠ 방향으로 빠르게 쳐서 A, B를 동시에 낙하시킨다.
(다) A, B의 운동을 관찰한다.

 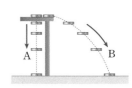

이에 대한 설명으로 옳은 것만을 **보기**에서 있는 대로 고른 것은? (단, 동전의 크기, 자의 두께, 모든 마찰과 공기 저항은 무시한다.)

보기
ㄱ. A와 B는 동시에 바닥에 도달한다.
ㄴ. 가속도의 크기는 A가 B보다 작다.
ㄷ. 바닥에 도달하는 순간 속력은 A와 B가 같다.

① ㄱ   ② ㄷ   ③ ㄱ, ㄴ   ④ ㄴ, ㄷ   ⑤ ㄱ, ㄴ, ㄷ

04 그림은 질량이 각각 m_A, m_B, m_C인 공 A, B, C를 같은 높이에서 동시에 던졌을 때 A, B, C의 위치를 일정한 시간 간격으로 나타낸 것이다. $m_A>m_B>m_C$이다. 이에 대한 설명으로 옳은 것만을 **보기**에서 있는 대로 고른 것은? (단, 공의 크기 및 공기 저항은 무시한다.)

▶ 242018-0196

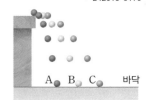

보기
ㄱ. 가속도의 크기는 A가 B보다 크다.
ㄴ. B가 C보다 먼저 바닥에 도달한다.
ㄷ. 떨어지는 동안 A와 C의 높이는 항상 같다.

① ㄱ   ② ㄷ   ③ ㄱ, ㄴ   ④ ㄴ, ㄷ   ⑤ ㄱ, ㄴ, ㄷ

05 그림은 질량이 각각 $2m$, m인 물체 A, B를 같은 높이에서 동시에 수평 방향으로 던졌을 때, A, B의 운동 경로를 나타낸 것이다. A, B가 지면에 떨어질 때까지 수평 방향으로 이동한 거리는 d, $2d$이다.

▶ 242018-0197

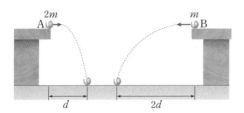

이에 대한 설명으로 옳은 것만을 보기 에서 있는 대로 고른 것은? (단, 물체의 크기 및 공기 저항은 무시한다.)

보기

ㄱ. A에 작용하는 중력의 크기는 B에 작용하는 중력의 크기의 2배이다.
ㄴ. A가 B보다 지면에 먼저 도달한다.
ㄷ. 던져지는 순간 운동량의 크기는 A와 B가 같다.

① ㄱ　　② ㄴ　　③ ㄱ, ㄷ　　④ ㄴ, ㄷ　　⑤ ㄱ, ㄴ, ㄷ

06 그림과 같이 시간 $t=0$일 때 지면으로부터 높이가 h, $4h$인 지점에서 수평 방향으로 각각 같은 속력 v로 던져진 물체 A, B가 포물선 운동을 하고 있다. A, B가 지면에 도달하는 시간은 각각 $t=t_A$, $t=t_B$이고, 수평 도달 거리는 각각 R, $2R$이다.

▶ 242018-0198

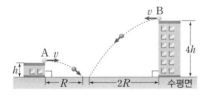

이에 대한 설명으로 옳은 것만을 보기 에서 있는 대로 고른 것은? (단, 물체의 크기 및 공기 저항은 무시한다.)

보기

ㄱ. $\frac{t_A}{t_B}=\frac{1}{4}$이다.
ㄴ. 바닥에 도달하는 순간 속력은 B가 A보다 크다.
ㄷ. $t=t_A$일 때, B의 높이는 $2h$보다 크다.

① ㄱ　　② ㄴ　　③ ㄱ, ㄷ　　④ ㄴ, ㄷ　　⑤ ㄱ, ㄴ, ㄷ

07 다음은 자동차가 벽에 충돌하는 실험에 대한 설명이다.

▶ 242018-0199

- 안전띠는 사람이 　ㄱ　에 의해 앞으로 튀어 나가는 위험을 막아준다.
- 에어백은 충돌할 때, 사람이 받은 　ㄴ　의 크기가 작아지게 하는 역할을 한다.

이에 대한 설명으로 옳은 것만을 보기 에서 있는 대로 고른 것은?

보기

ㄱ. 물 위에서 노를 뒤로 저으면 배가 앞으로 움직이는 현상은 ㄱ의 원리를 설명할 수 있다.
ㄴ. '충격량'은 ㄴ으로 적절하다.
ㄷ. 에어백은 사람이 충격을 받는 시간을 길게 한다.

① ㄱ　　② ㄷ　　③ ㄱ, ㄴ　　④ ㄴ, ㄷ　　⑤ ㄱ, ㄴ, ㄷ

08 그림 (가)는 테니스 선수가 라켓으로 같은 속력으로 다가오는 공을 쳐서 처음 운동 방향과 반대 방향으로 공을 보내는 모습을 나타낸 것이다. 그림 (나)의 A, B는 라켓으로 공을 짧게 끊어 칠 때와 동작을 길게 하여 팔로 스루를 할 때 라켓이 공에 작용하는 힘의 크기를 시간에 따라 나타낸 것이다.

▶ 242018-0200

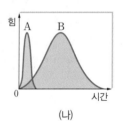

(가)　　　　(나)

이에 대한 설명으로 옳은 것만을 보기 에서 있는 대로 고른 것은?

보기

ㄱ. (나)에서 곡선이 시간 축과 이루는 면적은 공이 받는 충격량의 크기이다.
ㄴ. 공의 운동량 변화량 크기는 A일 때가 B일 때보다 작다.
ㄷ. 공이 라켓에서 떨어지는 순간 공의 속력은 A일 때가 B일 때보다 크다.

① ㄱ　　② ㄷ　　③ ㄱ, ㄴ　　④ ㄴ, ㄷ　　⑤ ㄱ, ㄴ, ㄷ

▶ 242018-0201

09 그림 (가)는 시간 0초일 때 수평면 위에서 일정한 속력 5 m/s로 운동하던 질량 2 kg인 물체에 운동 방향과 같은 방향으로 크기가 F인 힘을 작용시킨 모습을, (나)는 이 물체에 작용하는 힘 F를 시간에 따라 나타낸 것으로 물체의 운동량 크기는 3초일 때가 1초일 때의 2배이다.

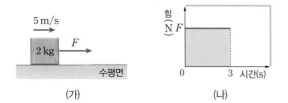

(가)   (나)

F는? (단, 모든 마찰과 공기 저항은 무시한다.)

① 5 N   ② 10 N   ③ 15 N   ④ 20 N   ⑤ 25 N

▶ 242018-0202

10 그림 (가)는 수평면에서 질량이 각각 m_A, m_B인 물체 A, B가 같은 속력 v로 벽을 향해 운동하다가 벽과 충돌한 후 정지한 모습을 나타낸 것이다. 그림 (나)는 A, B가 벽으로부터 받는 힘의 크기를 시간에 따라 나타낸 것으로, 곡선이 시간 축과 이루는 면적은 각각 2S, 3S이고, 충돌 순간부터 정지할 때까지 걸린 시간은 각각 t, 2t이다.

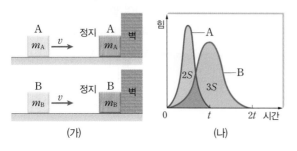

(가)   (나)

이에 대한 설명으로 옳은 것만을 [보기]에서 있는 대로 고른 것은? (단, 모든 마찰과 공기 저항은 무시한다.)

[보기]

ㄱ. $\dfrac{m_A}{m_B}=\dfrac{2}{3}$이다.

ㄴ. 벽과 충돌하는 동안 받은 충격량의 크기는 A가 B의 $\dfrac{2}{3}$배이다.

ㄷ. 벽과 충돌하는 동안 받은 평균 힘의 크기는 A가 B보다 크다.

① ㄱ   ② ㄴ   ③ ㄱ, ㄷ   ④ ㄴ, ㄷ   ⑤ ㄱ, ㄴ, ㄷ

▶ 242018-0203

11 그림과 같이 같은 높이에서 질량이 같은 달걀 A, B를 떨어뜨렸더니 접시에 떨어진 A는 깨지고, 스펀지에 떨어진 B는 깨지지 않았

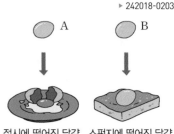

접시에 떨어진 달걀   스펀지에 떨어진 달걀

다. 이에 대한 설명으로 옳은 것만을 [보기]에서 있는 대로 고른 것은? (단, 공기 저항은 무시한다.)

[보기]

ㄱ. 낙하하는 동안 가속도의 크기는 A가 B보다 크다.

ㄴ. 충돌 과정에서 받은 충격량의 크기는 A가 B보다 크다.

ㄷ. A가 접시와 충돌하는 데 걸린 시간은 B가 스펀지와 충돌하는 데 걸린 시간보다 짧다.

① ㄱ   ② ㄷ   ③ ㄱ, ㄴ   ④ ㄴ, ㄷ   ⑤ ㄱ, ㄴ, ㄷ

▶ 242018-0204

12 다음은 유아 보호용 모서리 쿠션에 대한 설명이다.

유아 보호용 모서리 쿠션은 푹신한 재질로 되어 있어 유아가 부딪혔을 때, 유아에 힘이 작용하는 시간을 길게 하여 유아가 받는 충격을 줄여 준다.

이와 같은 원리가 적용된 장치로 옳은 것만을 [보기]에서 있는 대로 고른 것은?

[보기]

ㄱ.   ㄴ.   ㄷ.

스펀지가   배에 매단 타이어   지진계의 무거운 추
내장된 헬멧

① ㄱ   ② ㄷ   ③ ㄱ, ㄴ   ④ ㄴ, ㄷ   ⑤ ㄱ, ㄴ, ㄷ

▶ 242018-0205

서술형

1 그림은 지구와 달에서 높이가 h로 같은 지점에서 물체 A, B를 각각 가만히 놓았을 때, A, B가 자유 낙하 운동을 하여 수평면에 도달하는 모습

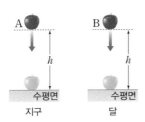

을 나타낸 것이다. 지표면 근처에서 중력 가속도의 크기는 지구에서가 달에서보다 크다. 수평면에 도달할 때까지 걸린 시간과 수평면에 도달하는 순간의 A, B의 속력을 비교하고, 그 까닭을 서술하시오.

Tip | 중력 가속도가 클수록 물체의 속력이 빠르게 증가한다.
Key Word | 자유 낙하, 중력 가속도

▶ 242018-0206

서술형

2 그림 (가)는 질량이 같은 자동차 A, B의 충돌 실험 모습을 나타낸 것으로 A의 범퍼보다 B의 범퍼가 더 잘 찌그러지도록 제작되었다. 그림 (나)는 (가)에서 A, B가 벽에 충돌하는 순간부터 정지할 때까지 자동차가 벽으로부터 받는 힘을 시간에 따라 나타낸 것으로 A, B의 곡선이 시간 축과 이루는 면적은 S로 같다.

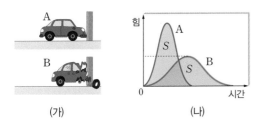

(가)　　　　　　(나)

A, B 중 어느 자동차가 충돌 상황에서 더 안전한지 서술하시오.

Tip | 충격량이 같을 때, 평균 힘의 크기는 충돌 시간에 반비례한다.
Key Word | 충격량, 평균 힘

▶ 242018-0207

논술형

3 다음 (가)는 뉴턴의 사고 실험에 대한 내용이고, (나)는 지구의 표면에 대한 설명이다.

(가) A의 경로와 같이 물체를 수평 방향으로 던질 때, 공기 저항을 무시하면 물체는 수평 방향으로 운동하면서 지구를 향해 떨어진다. B의 경로와 같이 물체를 더

빠른 속력으로 던지면 더 멀리 가서 떨어질 것이다. 그러다가 C와 같이 어떤 특정한 속력으로 물체를 던지면 물체는 계속 떨어지지만 지구가 둥글기 때문에 땅에 닿지 않고 지구 주위를 원운동할 수 있다.

(나) 지구 표면 근처에서 가만히 놓은 물체는 등가속도 운동을 하여 1초에 5 m만큼 떨어지고, 지구를 매끄러운 구라고 가정하면 지구 표면은 수평으로 약 8 km마다 지구 중심 방향으로 5 m씩 낮아진다.

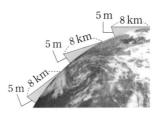

(1) (가)를 바탕으로 인공위성의 운동 원리를 서술하시오.

Tip | 중력에 의해 낙하하는 동안 지면도 낮아지는 것과 같은 원리이다.
Key Word | 중력, 수평으로 던진 물체의 운동

(2) (나)의 내용을 바탕으로 지구 주위를 원운동하는 인공위성의 고도가 높을수록 인공위성의 속력을 어떻게 조정해야 하는지 서술하시오.

Tip | 고도에 따라 인공위성의 운동 궤도가 달라진다.
Key Word | 중력, 수평으로 던진 물체의 운동

07 생명 시스템

○ 생명 시스템을 유지하기 위해서 다양한 화학 반응과 물질 출입이 필요함을 이해하고, 일상생활에서 활용되는 화학 반응 사례를 조사하여 발표할 수 있다.

○ 생명 시스템의 유지에 필요한 세포 내 정보의 흐름을 유전자로부터 단백질이 만들어지는 과정을 중심으로 설명할 수 있다.

1 생명 시스템에서의 화학 반응

(1) 생명 시스템

① 생명체가 외부 환경 요소와 상호작용 하면서 이루는 체계를 말하며, 기본 단위는 세포이다.

② 세포에서는 생명 시스템을 유지하기 위해 다양한 화학 반응이 일어난다.

(2) 물질대사 생명체 안에서 일어나는 화학 반응을 말하며, 동화작용과 이화작용으로 구분된다.

구분	동화작용	이화작용
물질의 변화	크기가 작은 물질이 크기가 큰 물질로 합성	크기가 큰 물질이 크기가 작은 물질로 분해
에너지의 출입	에너지가 흡수된다.	에너지가 방출된다.
예	광합성	세포호흡

(3) 효소

① 효소의 주성분은 단백질이고, 효소 구조에 맞는 특정 반응물과만 결합해 작용한다.

② 생명체는 물질대사가 빠르게 일어나도록 하는 생체 촉매인 효소를 이용한다.

③ 효소의 촉매 원리: 효소는 물질대사(화학 반응)가 일어나는 데 필요한 활성화에너지를 낮추어 보다 많은 반응물이 생성물로 바뀌게 한다. ─❶

④ 효소의 이용: 다양한 발효 식품을 만들 때 이용되고 소화제나 세제에는 영양소(예 단백질, 지방)를 분해하는 효소가 이용된다.

2 세포막을 통한 물질 출입

(1) 세포와 세포막 ❷

① 모든 생물은 세포로 이루어져 있으며, 세포 안에서 다양한 생명활동이 일어난다. 따라서 세포는 생명 시스템의 기본 단위이다.

② 모든 세포는 세포막으로 둘러싸여 있다. → 세포막은 세포가 생명활동을 수행하기 위해 필요한 물질의 출입을 조절한다. ❸

(2) 동물세포와 식물세포의 비교

① 공통점: 막으로 싸인 핵이 있으며, 다양한 종류의 세포 소기관이 있다.

② 차이점: 세포벽과 엽록체는 식물세포에는 있지만, 동물세포에는 없다.

▲동물세포 　　▲식물세포

핵
소포체
라이보솜
골지체
세포막
마이토콘드리아
세포벽
엽록체
세포막

(3) 확산 세포막을 경계로 일어나는 확산은 세포막을 경계로 물질의 농도 차가 존재할 때 물질이 세포막을 통해 농도가 높은 곳에서 낮은 곳으로 이동하는 현상이다.

---

❶ 활성화에너지
활성화에너지는 화학 반응이 일어나기 위한 최소한의 에너지이다.

에너지 / 효소가 없을 때의 활성화에너지 / 효소가 있을 때의 활성화에너지 / 반응물 / 생성물 / 반응의 진행

❷ 세포막의 구조
인지질과 단백질로 구성된다. 친수성 부위와 소수성 부위를 모두 갖는 인지질은 세포막에서 2중층 구조를 형성한다.

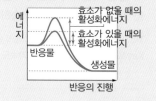

단백질 / 세포 밖 / 친수성 부위 / 소수성 부위 / 친수성 부위 / 인지질 2중층 / 세포 안 / 인지질

❸ 세포막의 선택적 투과성
산소와 같이 작은 물질은 인지질 2중층을 통해 직접 운반되고, 포도당과 같이 큰 물질은 막단백질을 통해 운반된다.

〈세포 밖〉 / 산소 / 포도당 / 나트륨 이온 / 세포막 / 인지질 2중층을 통한 이동 / 막단백질을 통한 이동 / 〈세포 안〉

❹ 세포 소기관
• 핵: 유전물질인 DNA가 있어 유전 현상이 나타나게 한다.
• 엽록체: 빛에너지를 흡수해 광합성을 하여 포도당을 합성한다.
• 마이토콘드리아: 세포호흡을 통해 생명활동에 필요한 에너지를 생성한다.
• 소포체: 세포 내에서 물질을 이동시키는 데 관여한다.
• 골지체: 물질을 저장하거나, 세포 밖으로 분비하는 데 관여한다.

(4) 삼투

① 세포막을 통과하지 못하는 용질의 농도 차가 존재할 때 용질 대신 물이 세포막을 통해 이동하는 현상으로, 삼투에서 물은 용질의 농도가 낮은 곳에서 높은 곳으로 이동한다.

② 삼투에 의한 적혈구의 모양 변화

구분	적혈구가 적혈구보다 용질 농도가 낮은 수용액에 있을 때	적혈구가 적혈구와 용질 농도가 같은 수용액에 있을 때	적혈구가 적혈구보다 용질 농도 높은 수용액에 있을 때
모양의 변화	적혈구 안으로 들어오는 물이 많아 부풀다가 터진다.	적혈구 안팎으로 출입하는 물의 양이 같아 변화 없다.	적혈구 밖으로 나가는 물이 많아 쭈그러든다.

③ 세포 내 정보의 흐름

(1) 유전과 유전자

① 부모의 형질이 자손에게 전달되어 자손이 부모를 닮는 현상을 유전이라고 한다.

② 유전자: 유전 현상을 일으키며, DNA에서 유전 형질에 대한 정보를 저장하고 있는 특정한 부위이다.

(2) 유전자와 단백질

각 유전자에는 4종류 염기(A, T, G, C)의 배열 순서로 단백질을 구성하는 아미노산의 종류와 배열 순서에 대한 정보가 저장되어 있다. 이 정보를 이용해 단백질이 만들어지면, 단백질이 효소 등으로 작용해 개체의 여러 유전 형질이 나타난다.

(3) 세포 내 정보의 흐름

① 세포 내에서는 전사와 번역을 통해 DNA(유전자) → RNA → 단백질의 순서로 정보의 흐름이 일어난다. 진핵세포에서 전사는 핵에서, 번역은 세포질에서 일어난다.

② DNA에는 연속된 3개 염기조합이 1개 아미노산을 지정하는 3염기조합(유전부호)이 있고, DNA의 염기 배열 순서에 의해 단백질의 아미노산 종류와 배열 순서가 결정된다.

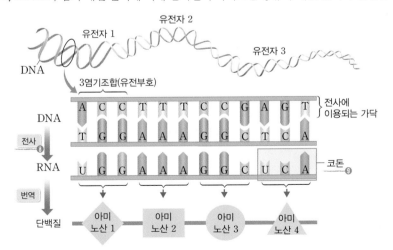

❺ 삼투
식물세포를 세포 안보다 용질의 농도가 낮은 용액에 넣으면 세포 안으로 들어오는 물의 양이 많아 세포의 부피가 커지고, 세포 안보다 용질의 농도가 높은 용액에 넣으면 세포 밖으로 빠져나가는 물의 양이 많아 세포막과 세포벽이 분리된다.

❻ 전사와 번역
전사는 DNA를 이용해 RNA가 만들어짐으로써 DNA의 정보가 RNA로 전달되는 과정이고, 번역은 RNA로 전달된 정보를 이용해 단백질이 만들어지는 과정이다.

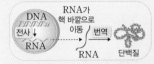

세포 내 존재하는 라이보솜은 RNA로 전달된 유전정보를 이용해 단백질을 합성한다.

❼ DNA의 3염기조합(유전부호)
DNA를 구성하는 염기는 4종류이고, 단백질을 구성하는 아미노산은 약 20종류이므로 DNA에서 연속된 3개의 염기가 조합되어 1개의 아미노산을 지정해야만 약 20종류의 아미노산을 모두 지정할 수 있다.

❽ 전사에서의 정보 전달
전사에 사용되는 DNA 가닥의 염기 A, T, G, C이 각각 U, A, C, G으로 대응되어 RNA가 만들어진다. RNA에는 DNA의 T 대신 U(유라실)이 있다.
• DNA 염기: A, G, C, T
• RNA 염기: A, G, C, U

❾ 코돈
DNA에 있는 3염기조합이 전사되어 만들어진 RNA의 유전부호로, 3개의 염기로 이루어져 있다.

탐구 목표

세포막을 통한 물질의 이동에 대한 실험 결과를 분석하여 세포막이 생명활동 유지에 어떤 역할을 하는지 설명할 수 있다.

탐구 과정

1. 감자를 비슷한 크기의 조각 3개로 자른 후 각각 무게를 측정한다.
2. 감자 조각을 증류수와 진한 설탕물이 들어 있는 비커에 각각 1개씩 넣어 1시간 동안 담가 두고, 남은 감자 조각 1개는 실온에 1시간 동안 보관한다.
3. 1시간 후 증류수와 진한 설탕물에 각각 담가 두었던 감자 조각을 꺼내 표면의 물기를 닦아낸다.
4. 실험 전과 후의 감자 조각 변화를 관찰한다.

자료 정리

1. 실온에 둔 감자 조각은 수분이 증발해 크기가 약간 줄어들었고, 증류수에 넣은 감자 조각은 감자 세포 안으로 물이 들어와 크기가 늘어났다. 반면 진한 설탕물에 넣은 감자 조각은 감자 세포 밖으로 물이 빠져나가 크기가 많이 줄어들었다.

증류수에 넣은 조각

실온에 둔 조각

진한 설탕물에 넣은 조각

2. 물은 세포막을 통과하지만 세포 안에 있는 물질과 설탕은 세포막을 통과하지 못하므로 증류수와 진한 설탕물에 각각 넣은 감자 조각에서 삼투가 일어났다. 이를 통해 세포막은 특정 물질만 통과시키는 선택적 투과성을 가지며, 세포 안팎으로의 물질 출입을 조절해 세포 안에서 생명활동이 일어날 수 있게 해준다는 것을 알 수 있다.

결과 분석

1. 진한 설탕물에 넣은 감자 조각을 증류수에 옮겨 넣으면 어떤 변화가 일어나는지 쓰시오.
   ➡

2. 비료가 많은 토양에서 자란 식물이 시드는 까닭을 쓰시오.
   ➡

▶ 242018-0208

01 생명 시스템에 대한 설명으로 옳은 것만을 보기 에서 있는 대로 고른 것은?

보기
ㄱ. 기본 단위는 분자이다.
ㄴ. 생명 시스템을 유지하기 위해 다양한 화학 반응이 일어난다.
ㄷ. 생명체가 외부 환경 요소와 상호작용 하면서 이루는 체계이다.

① ㄱ   ② ㄴ   ③ ㄱ, ㄷ   ④ ㄴ, ㄷ   ⑤ ㄱ, ㄴ, ㄷ

▶ 242018-0209

02 생명체의 물질대사에 대한 설명으로 옳은 것만을 보기 에서 있는 대로 고른 것은?

보기
ㄱ. 효소에 의해 조절된다.
ㄴ. 생명체에서 일어나는 화학 반응이다.
ㄷ. 세포는 물질대사를 통해 생명활동에 필요한 물질과 에너지를 얻는다.

① ㄱ   ② ㄴ   ③ ㄱ, ㄷ   ④ ㄴ, ㄷ   ⑤ ㄱ, ㄴ, ㄷ

▶ 242018-0210

03 동화작용에 대한 설명으로 옳은 것만을 보기 에서 있는 대로 고른 것은?

보기
ㄱ. 세포호흡이 해당한다.
ㄴ. 반응 중 에너지 흡수가 일어난다.
ㄷ. 반응물의 에너지가 생성물의 에너지보다 작다.

① ㄱ   ② ㄴ   ③ ㄱ, ㄷ   ④ ㄴ, ㄷ   ⑤ ㄱ, ㄴ, ㄷ

▶ 242018-0211

04 그림은 사람에서 일어나는 물질대사 과정 (가)를 나타낸 것이다.

단백질 ──(가)──→ 아미노산

(가)에 대한 설명으로 옳은 것만을 보기 에서 있는 대로 고른 것은?

보기
ㄱ. 이화작용에 해당한다.
ㄴ. 효소가 관여한다.
ㄷ. 에너지 방출이 일어난다.

① ㄱ   ② ㄴ   ③ ㄱ, ㄷ   ④ ㄴ, ㄷ   ⑤ ㄱ, ㄴ, ㄷ

▶ 242018-0212

05 효소에 대한 설명으로 옳은 것은?

① 구성 성분 중 단백질은 없다.
② 효소에 의해 물질대사 속도가 조절된다.
③ 물질대사에 필요한 활성화에너지를 높인다.
④ 음식물 소화 과정에서는 효소가 사용되지 않는다.
⑤ 생명체 밖에서 모든 효소는 기능을 나타내지 않는다.

▶ 242018-0213

06 효소가 이용된 사례만을 보기 에서 있는 대로 고른 것은?

보기
ㄱ. 땅콩을 연소시킨다.
ㄴ. 발효식품을 만든다.
ㄷ. 소화제를 복용하여 소화를 돕는다.

① ㄱ   ② ㄴ   ③ ㄱ, ㄷ   ④ ㄴ, ㄷ   ⑤ ㄱ, ㄴ, ㄷ

▶ 242018-0214

07 세포막에 대한 설명으로 옳은 것만을 보기 에서 있는 대로 고른 것은?

> **보기**
> ㄱ. 인지질 2중층 구조가 있다.
> ㄴ. 물질 운반에 관여하는 단백질이 있다.
> ㄷ. 모든 세포는 세포막을 갖는다.

① ㄱ   ② ㄴ   ③ ㄱ, ㄷ   ④ ㄴ, ㄷ   ⑤ ㄱ, ㄴ, ㄷ

▶ 242018-0215

08 세포에 대한 설명으로 옳은 것만을 보기 에서 있는 대로 고른 것은?

> **보기**
> ㄱ. 세포 안에서 물질대사가 일어난다.
> ㄴ. 세포막에 의해 세포 안과 밖이 구분된다.
> ㄷ. 세포 안과 밖의 물질 교환은 일어나지 않는다.

① ㄱ   ② ㄷ   ③ ㄱ, ㄴ   ④ ㄴ, ㄷ   ⑤ ㄱ, ㄴ, ㄷ

▶ 242018-0216

09 사람의 피부 세포와 시금치의 잎을 구성하는 세포의 공통점만을 보기 에서 있는 대로 고른 것은?

> **보기**
> ㄱ. 핵을 갖는다.
> ㄴ. 세포벽을 갖는다.
> ㄷ. 광합성이 일어난다.

① ㄱ   ② ㄴ   ③ ㄱ, ㄷ   ④ ㄴ, ㄷ   ⑤ ㄱ, ㄴ, ㄷ

▶ 242018-0217

10 세포 내 구조물에 대한 설명으로 옳은 것만을 보기 에서 있는 대로 고른 것은?

> **보기**
> ㄱ. 핵에는 DNA가 있다.
> ㄴ. 라이보솜에서 단백질 합성이 일어난다.
> ㄷ. 식물세포에는 마이토콘드리아가 없다.

① ㄱ   ② ㄷ   ③ ㄱ, ㄴ   ④ ㄴ, ㄷ   ⑤ ㄱ, ㄴ, ㄷ

▶ 242018-0218

11 다음은 세포 소기관 ㉠과 ㉡에 대한 설명이다. ㉠과 ㉡은 각각 엽록체와 마이토콘드리아 중 하나이다.

> • ㉠은 빛에너지를 흡수하여 포도당을 합성한다.
> • ㉡은 생명활동에 필요한 에너지를 공급한다.

이에 대한 설명으로 옳은 것만을 보기 에서 있는 대로 고른 것은?

> **보기**
> ㄱ. ㉠은 엽록체이다.
> ㄴ. ㉡은 식물세포에만 존재한다.
> ㄷ. ㉡에서 광합성이 일어난다.

① ㄱ   ② ㄴ   ③ ㄱ, ㄷ   ④ ㄴ, ㄷ   ⑤ ㄱ, ㄴ, ㄷ

▶ 242018-0219

12 세포막을 통해 일어나는 확산에 대한 설명으로 옳은 것만을 보기 에서 있는 대로 고른 것은?

> **보기**
> ㄱ. 세포 안팎으로 용질의 농도 차가 없어도 일어난다.
> ㄴ. 확산이 일어나면 세포 안팎에서 용질의 농도 차가 감소한다.
> ㄷ. 용질이 농도가 낮은 곳에서 높은 곳으로 이동하는 현상이다.

① ㄱ   ② ㄴ   ③ ㄱ, ㄷ   ④ ㄴ, ㄷ   ⑤ ㄱ, ㄴ, ㄷ

▶ 242018-0220

13 다음은 정상 적혈구를 이용한 삼투 관찰 실험의 일부를 나타낸 것이다.

> (가) 용질 X는 세포막을 통과하지 못한다.
> (나) X의 농도가 적혈구보다 높은 수용액에 정상 적혈구를 넣었다.

과정 (나) 이후 적혈구에서 일어나는 현상에 대한 설명으로 옳은 것만을 보기 에서 있는 대로 고른 것은?

> **보기**
> ㄱ. 적혈구의 부피가 증가한다.
> ㄴ. 적혈구 안 물의 양이 감소한다.
> ㄷ. 적혈구 안에서 밖으로 물의 이동이 일어난다.

① ㄱ　② ㄴ　③ ㄱ, ㄷ　④ ㄴ, ㄷ　⑤ ㄱ, ㄴ, ㄷ

▶ 242018-0221

14 삼투에 의한 세포의 모양 변화에 대한 설명으로 옳은 것만을 보기 에서 있는 대로 고른 것은?

> **보기**
> ㄱ. 세포를 세포와 용질 농도가 같은 수용액에 넣으면 세포의 부피가 증가한다.
> ㄴ. 식물세포는 식물세포의 용질 농도보다 낮은 농도의 수용액에서 세포막과 세포벽의 분리가 일어난다.
> ㄷ. 적혈구는 적혈구의 용질 농도보다 낮은 농도의 수용액에서 적혈구 밖으로 나가는 물의 양보다 적혈구 안으로 들어오는 물의 양이 많다.

① ㄱ　② ㄷ　③ ㄱ, ㄴ　④ ㄴ, ㄷ　⑤ ㄱ, ㄴ, ㄷ

▶ 242018-0222

15 유전과 유전자에 대한 설명으로 옳은 것만을 보기 에서 있는 대로 고른 것은?

> **보기**
> ㄱ. 유전은 생명체가 가진 특징에 해당한다.
> ㄴ. 사람 체세포의 DNA에는 유전자가 있다.
> ㄷ. 생식 과정에서 부모의 DNA가 자손에게 전달된다.

① ㄱ　② ㄴ　③ ㄱ, ㄷ　④ ㄴ, ㄷ　⑤ ㄱ, ㄴ, ㄷ

▶ 242018-0223

16 다음은 유전자와 형질 발현에 대한 설명이다. ⊙~ⓒ은 염기, 단백질, 아미노산을 순서 없이 나타낸 것이다.

> 유전자에는 4종류인 ⊙의 배열 순서로 20여 종류인 ⓒ의 배열 순서가 저장되어 있다. 이 정보를 이용해 ⓒ이 만들어지면 ⓒ에 의해 형질이 나타난다.

이에 대한 설명으로 옳은 것만을 보기 에서 있는 대로 고른 것은?

> **보기**
> ㄱ. ⊙은 DNA를 구성한다.
> ㄴ. ⓒ은 단백질이다.
> ㄷ. ⓒ은 여러 개의 ⓒ으로 구성된다.

① ㄱ　② ㄴ　③ ㄱ, ㄷ　④ ㄴ, ㄷ　⑤ ㄱ, ㄴ, ㄷ

▶ 242018-0224

17 세포 내에서 정보의 흐름에 대한 설명으로 옳은 것만을 보기 에서 있는 대로 고른 것은?

> **보기**
> ㄱ. 전사를 통해 RNA가 합성된다.
> ㄴ. DNA를 구성하는 염기의 종류는 4가지이다.
> ㄷ. 세포에서 정보의 흐름은 단백질 → RNA → DNA 순서로 일어난다.

① ㄱ　② ㄷ　③ ㄱ, ㄴ　④ ㄴ, ㄷ　⑤ ㄱ, ㄴ, ㄷ

▶ 242018-0225

18 DNA 3염기조합(유전부호)에 대한 설명으로 옳은 것만을 보기 에서 있는 대로 고른 것은?

> **보기**
> ㄱ. 구성하는 염기로 유라실(U)이 있다.
> ㄴ. 염기 1개가 단백질의 아미노산 1개를 지정한다.
> ㄷ. 염기 배열 순서는 단백질의 아미노산 배열 순서에 영향을 미친다.

① ㄱ　② ㄷ　③ ㄱ, ㄴ　④ ㄴ, ㄷ　⑤ ㄱ, ㄴ, ㄷ

▶ 242018-0226

01 그림은 세포막의 구조를 나타낸 것이다. ㉠과 ㉡은 인지질과 단백질을 순서 없이 나타낸 것이다.

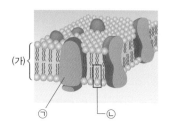

이에 대한 설명으로 옳은 것만을 보기 에서 있는 대로 고른 것은?

보기

ㄱ. (가)는 인지질 2중층 구조이다.
ㄴ. ㉠의 기본 단위체는 아미노산이다.
ㄷ. ㉡에는 친수성 부분과 소수성 부분이 모두 있다.

① ㄱ   ② ㄴ   ③ ㄱ, ㄷ   ④ ㄴ, ㄷ   ⑤ ㄱ, ㄴ, ㄷ

▶ 242018-0227

02 그림은 정상 적혈구를 농도가 서로 다른 수용액 $X \sim Z$ 에 넣은 후 적혈구의 모양을 나타낸 것이다.

X에 있을 때	Y에 있을 때	Z에 있을 때
적혈구 부피 변화 없음	적혈구 부피 증가	적혈구 부피 감소

이에 대한 설명으로 옳은 것만을 보기 에서 있는 대로 고른 것은?

보기

ㄱ. 수용액의 농도는 $Z > X > Y$이다.
ㄴ. Y에 넣은 적혈구에서 삼투가 일어났다.
ㄷ. Z에 넣은 적혈구에서는 세포 안으로 들어오는 물의 양보다 세포 밖으로 나가는 물의 양이 많다.

① ㄱ   ② ㄴ   ③ ㄱ, ㄷ   ④ ㄴ, ㄷ   ⑤ ㄱ, ㄴ, ㄷ

▶ 242018-0228

03 그림은 세포 (가)의 구조를 나타낸 것이다. (가)는 식물세포와 동물세포 중 하나이고, ㉠과 ㉡은 각각 핵과 엽록체 중 하나이다.

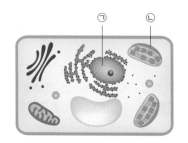

이에 대한 설명으로 옳은 것만을 보기 에서 있는 대로 고른 것은?

보기

ㄱ. (가)는 동물세포이다.
ㄴ. ㉠에는 DNA가 있다.
ㄷ. ㉡에서는 빛에너지 흡수가 일어난다.

① ㄱ   ② ㄴ   ③ ㄱ, ㄷ   ④ ㄴ, ㄷ   ⑤ ㄱ, ㄴ, ㄷ

▶ 242018-0229

04 다음은 세포 내에 존재하는 ㉠과 ㉡에 대한 설명이다. ㉠과 ㉡은 각각 라이보솜과 마이토콘드리아 중 하나이다.

• ㉠은 세포호흡을 통해 생명활동에 필요한 에너지를 생성한다.
• ㉡은 RNA로 전달된 유전정보를 이용해 단백질을 합성한다.

이에 대한 설명으로 옳은 것만을 보기 에서 있는 대로 고른 것은?

보기

ㄱ. ㉠은 마이토콘드리아이다.
ㄴ. ㉡에서 펩타이드결합이 일어난다.
ㄷ. ㉠과 ㉡은 모두 동물세포에 있다.

① ㄱ   ② ㄴ   ③ ㄱ, ㄷ   ④ ㄴ, ㄷ   ⑤ ㄱ, ㄴ, ㄷ

▶ 242018-0230

05 그림은 세포 안에서 일어나는 반응 (가)와 (나)를 나타낸 것이다.

이에 대한 설명으로 옳은 것만을 **보기** 에서 있는 대로 고른 것은?

> **보기**
> ㄱ. (가)는 동화작용에 해당한다.
> ㄴ. (나)에서 에너지 방출은 일어나지 않는다.
> ㄷ. (가)와 (나)에서 모두 효소가 이용된다.

① ㄱ ② ㄴ ③ ㄱ, ㄷ ④ ㄴ, ㄷ ⑤ ㄱ, ㄴ, ㄷ

▶ 242018-0231

06 그림은 어떤 화학 반응에서 효소가 있을 때와 없을 때의 에너지 변화를 나타낸 것이다.

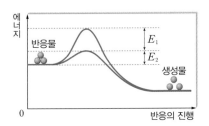

이에 대한 설명으로 옳은 것만을 **보기** 에서 있는 대로 고른 것은?

> **보기**
> ㄱ. 이 반응에서 에너지가 방출된다.
> ㄴ. E_2는 효소가 있을 때의 활성화에너지이다.
> ㄷ. 반응 속도는 활성화에너지가 $E_1 + E_2$일 때가 E_2일 때보다 빠르다.

① ㄱ ② ㄷ ③ ㄱ, ㄴ ④ ㄴ, ㄷ ⑤ ㄱ, ㄴ, ㄷ

▶ 242018-0232

07 그림은 어떤 식물에서 붉은 색소 합성효소를 암호화하는 유전자 ㉠의 작용으로 붉은색 꽃 형질이 표현되기까지의 과정을 나타낸 것이다.

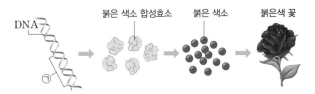

이에 대한 설명으로 옳은 것만을 **보기** 에서 있는 대로 고른 것은?

> **보기**
> ㄱ. ㉠은 자손 세대에 전달될 수 있다.
> ㄴ. 붉은색 꽃에는 ㉠이 있다.
> ㄷ. ㉠에는 아미노산 배열 순서에 대한 유전정보가 있다.

① ㄱ ② ㄴ ③ ㄱ, ㄷ ④ ㄴ, ㄷ ⑤ ㄱ, ㄴ, ㄷ

▶ 242018-0233

08 그림은 세포 내 정보의 흐름을 나타낸 것이다.

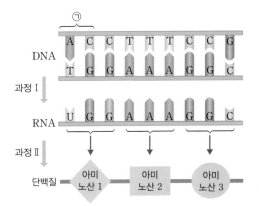

이에 대한 설명으로 옳은 것만을 **보기** 에서 있는 대로 고른 것은?

> **보기**
> ㄱ. ㉠은 아미노산 1을 암호화하는 유전부호이다.
> ㄴ. 과정 Ⅰ은 전사이다.
> ㄷ. 과정 Ⅱ에 라이보솜이 관여한다.

① ㄱ ② ㄴ ③ ㄱ, ㄷ ④ ㄴ, ㄷ ⑤ ㄱ, ㄴ, ㄷ

09 그림은 효소 X가 촉진하는 반응 (가)를 나타낸 것이다.

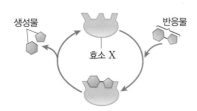

이 자료에 대한 설명으로 옳은 것만을 보기 에서 있는 대로 고른 것은?

보기
ㄱ. X의 주성분은 단백질이다.
ㄴ. (가)에서 에너지 흡수만 일어난다.
ㄷ. X는 반응 후에 재사용될 수 없다.

① ㄱ　　② ㄴ　　③ ㄱ, ㄷ　　④ ㄴ, ㄷ　　⑤ ㄱ, ㄴ, ㄷ

10 그림은 DNA로부터 RNA가 합성되는 과정을 나타낸 것이다.

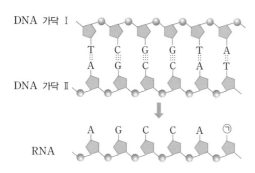

이에 대한 설명으로 옳은 것만을 보기 에서 있는 대로 고른 것은? (단, 제시된 자료 이외는 고려하지 않는다.)

보기
ㄱ. ㉠은 유라실(U)이다.
ㄴ. DNA 가닥 Ⅱ에는 2종류의 염기가 있다.
ㄷ. DNA 가닥 Ⅰ과 Ⅱ 중 전사에 사용된 것은 가닥 Ⅰ이다.

① ㄱ　　② ㄴ　　③ ㄱ, ㄷ　　④ ㄴ, ㄷ　　⑤ ㄱ, ㄴ, ㄷ

11 그림은 세포막을 통한 물질의 이동을 나타낸 것이다. 물질 ㉠과 ㉡은 세포막을 통해 확산하는 물질이고, ⓐ는 세포막을 구성하는 물질이다.

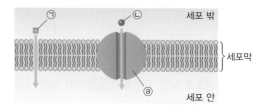

이에 대한 설명으로 옳은 것만을 보기 에서 있는 대로 고른 것은?

보기
ㄱ. ⓐ는 단백질이다.
ㄴ. 포도당은 ㉠에 해당한다.
ㄷ. ㉡의 농도는 세포 안에서가 세포 밖에서보다 높다.

① ㄱ　　② ㄴ　　③ ㄱ, ㄷ　　④ ㄴ, ㄷ　　⑤ ㄱ, ㄴ, ㄷ

12 그림 (가)는 어떤 세포를, (나)는 세포 내에서 일어나는 유전정보의 흐름을 나타낸 것이다. A와 B는 각각 핵과 라이보솜 중 하나이다.

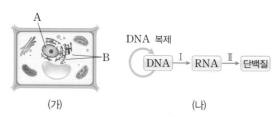

이에 대한 설명으로 옳은 것만을 보기 에서 있는 대로 고른 것은?

보기
ㄱ. A에서 과정 Ⅰ이 일어난다.
ㄴ. B는 과정 Ⅱ에 관여한다.
ㄷ. 과정 Ⅰ과 Ⅱ에 모두 효소가 관여한다.

① ㄱ　　② ㄴ　　③ ㄱ, ㄷ　　④ ㄴ, ㄷ　　⑤ ㄱ, ㄴ, ㄷ

서술형·논술형 준비하기

서술형 ▶ 242018-0238

1 다음은 삼투에 대한 실험이다.

[실험 과정 및 결과]
(가) 설탕 농도가 서로 다른 용액 ㉠과 ㉡을 준비한다.
(나) 동물세포 X를 ㉠에 넣고 시간에 따른 세포의 부피를 측정한다.
(다) (나)의 X를 ㉡으로 옮겨 넣고 시간에 따른 세포의 부피를 측정한다.
(라) 그림은 (나)와 (다) 과정을 통해 얻은 결과를 나타낸 것이다.

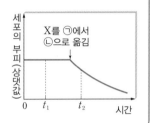

(1) ㉠과 ㉡의 설탕 용액 농도를 비교하시오.

Tip | 삼투는 세포막과 같은 반투과성 막을 경계로 저농도에서 고농도로 물이 이동하는 현상이다.
Key Word | 설탕 용액 농도

(2) t_1과 t_2일 때 X의 세포막을 통해 세포 안팎으로 이동하는 물의 양을 비교하시오.

Tip | 삼투에 의해 세포 안으로 유입되는 물의 양이 세포 밖으로 유출되는 물의 양보다 많으면 세포의 부피가 증가한다.
Key Word | 삼투, 세포막, 물의 양

서술형 ▶ 242018-0239

2 그림은 세포에서 일어나는 유전정보의 흐름을 나타낸 것이다. 아미노산 ㉠~㉢을 지정하는 코돈을 각각 쓰시오.

DNA
T A C T C T A A A
A T G A G A T T T

RNA
A U G ?

단백질 ㉠ ㉡ ㉢

Tip | DNA의 3염기조합과 RNA의 코돈은 각각 1개의 아미노산을 지정한다.
Key Word | 코돈

논술형 ▶ 242018-0240

3 다음은 효소에 대한 실험이다. 과산화 수소는 자연 상태에서 물과 산소로 분해된다.

[실험 과정]
(가) 비커 A와 B에 3 % 과산화 수소수를 50 mL씩 넣는다.
(나) 그림과 같이 조건을 달리하여 A와 B에 처리한다.

증류수 + 3 % 과산화 수소수 50 mL
3 % 과산화 수소수 50 mL
생간 조각
A B

(다) 향에 불을 붙였다 끈 후 꺼져가는 불씨만 남은 향을 A와 B에 각각 넣고 불씨의 변화를 관찰한다.

[실험 결과]

비커	A	B
비커의 변화	변함 없다.	㉠거품이 생긴다.
불씨의 변화	변함 없다.	불씨가 다시 살아난다.

(1) ㉠에 포함된 기체가 무엇인지 쓰고, 그렇게 답한 까닭을 쓰시오.

Tip | 과산화 수소는 물과 산소로 분해된다.
Key Word | 산소, 불씨

(2) [실험 결과]를 바탕으로 효소의 작용 원리를 쓰시오.

Tip | 효소는 특정 반응물과 선택적으로 반응하여 화학 반응 속도를 빠르게 한다.
Key Word | 효소, 활성화에너지, 반응 속도

(3) 우리 생활 주변에서 효소가 사용된 예시를 2가지 찾아보고, 그 원리를 서술하시오.

Tip | 효소는 식품 생산, 소화제나 효소, 생활 하수 정화 등에 사용된다.
Key Word | 술, 빵, 소화제, 세제, 오염 물질 분해 미생물

대단원 마무리 문제

▶ 242018-0241

01 그림 (가)는 기권의 높이에 따른 기온 분포를, (나)는 지구 내부의 층상 구조를 나타낸 것이다.

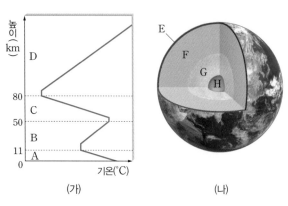

(가)　　　　　　　(나)

이에 대한 설명으로 옳은 것만을 보기 에서 있는 대로 고른 것은?

> **보기**
> ㄱ. 태양에서 오는 적외선은 주로 B층에서 흡수된다.
> ㄴ. 주성분이 철과 니켈로 이루어진 층은 G층과 H층이다.
> ㄷ. A, B, F, G층은 대류 현상이 나타난다.

① ㄱ　　② ㄴ　　③ ㄱ, ㄷ　　④ ㄴ, ㄷ　　⑤ ㄱ, ㄴ, ㄷ

▶ 242018-0242

02 그림은 위도별 해수의 층상 구조를 나타낸 것이다. A, B, C는 각각 저위도, 중위도, 고위도에 위치한 해역 중 하나이다. 이에 대한 설명으로 옳은 것만을 보기 에서 있는 대로 고른 것은?

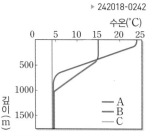

> **보기**
> ㄱ. 중위도 해역은 A이다.
> ㄴ. 깊이 1500 m의 수온은 A, B, C 해역이 거의 같다.
> ㄷ. 바람은 중위도 해역이 저위도 해역보다 강하게 분다.

① ㄱ　　② ㄴ　　③ ㄱ, ㄷ　　④ ㄴ, ㄷ　　⑤ ㄱ, ㄴ, ㄷ

▶ 242018-0243

03 그림은 탄소 순환의 일부를 나타낸 것이다. A와 B는 각각 석회암과 화석 연료 중 하나이다.

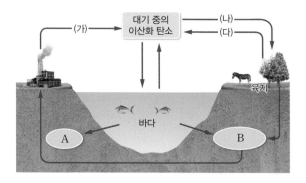

이에 대한 설명으로 옳은 것만을 보기 에서 있는 대로 고른 것은?

> **보기**
> ㄱ. 화석 연료는 B에 해당한다.
> ㄴ. 생물의 호흡은 (나)의 예에 해당한다.
> ㄷ. (나)와 (다)는 생물권과 기권의 상호작용에 해당한다.

① ㄱ　　② ㄴ　　③ ㄱ, ㄷ　　④ ㄴ, ㄷ　　⑤ ㄱ, ㄴ, ㄷ

▶ 242018-0244

04 그림은 지구시스템 구성 요소의 상호작용을, 표는 상호작용 ㉠과 ㉡의 예를 나타낸 것이다. A, B, C는 각각 기권, 수권, 지권 중 하나이다.

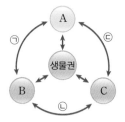

상호작용	예
㉠	지진 해일의 발생
㉡	표층 해류의 발생

이에 대한 설명으로 옳은 것만을 보기 에서 있는 대로 고른 것은?

> **보기**
> ㄱ. A는 수권, B는 지권, C는 기권이다.
> ㄴ. 파도가 바닷가의 자갈을 둥글게 만드는 것은 ㉠의 예이다.
> ㄷ. 태풍의 발생은 ㉡의 예이다.

① ㄱ　　② ㄴ　　③ ㄱ, ㄷ　　④ ㄴ, ㄷ　　⑤ ㄱ, ㄴ, ㄷ

05 그림 (가)와 (나)는 서로 다른 지역에 분포하는 판의 경계와 판의 이동을 나타낸 것이다.

▶ 242018-0245

(가)   (나)

이에 대한 설명으로 옳은 것만을 보기 에서 있는 대로 고른 것은?

> **보기**
> ㄱ. 히말라야산맥은 (나)와 같은 경계에 해당한다.
> ㄴ. 화산 활동은 (가)보다 (나)에서 활발하게 일어난다.
> ㄷ. (가)에서는 맨틀 대류가 상승하고, (나)에서는 맨틀 대류가 하강한다.

① ㄱ ② ㄴ ③ ㄱ, ㄷ ④ ㄴ, ㄷ ⑤ ㄱ, ㄴ, ㄷ

06 그림은 산안드레아스 단층, 안데스산맥, 대서양 중앙 해령을 특징에 따라 구분하는 과정을 나타낸 것이다.

▶ 242018-0246

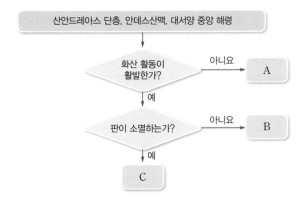

이에 대한 설명으로 옳은 것만을 보기 에서 있는 대로 고른 것은?

> **보기**
> ㄱ. A는 보존형 경계에 해당한다.
> ㄴ. B에서는 지진이 발생한다.
> ㄷ. C는 안데스산맥이다.

① ㄱ ② ㄴ ③ ㄱ, ㄷ ④ ㄴ, ㄷ ⑤ ㄱ, ㄴ, ㄷ

07 그림은 태평양 주변의 판 경계와 판의 상대적인 이동 방향을 나타낸 것이다.

▶ 242018-0247

이에 대한 설명으로 옳은 것만을 보기 에서 있는 대로 고른 것은?

> **보기**
> ㄱ. 해구가 존재하는 곳은 A, C, D이다.
> ㄴ. A~D에서 모두 지진이 일어난다.
> ㄷ. C에는 호상열도가 존재한다.

① ㄱ ② ㄴ ③ ㄱ, ㄷ ④ ㄴ, ㄷ ⑤ ㄱ, ㄴ, ㄷ

08 그림은 우리나라 주변의 판 운동과 화산 분포를 나타낸 것이다.
이에 대한 설명으로 옳은 것만을 보기 에서 있는 대로 고른 것은?

▶ 242018-0248

> **보기**
> ㄱ. 유라시아판과 태평양판의 경계는 해양판과 해양판의 수렴형 경계이다.
> ㄴ. 규모가 큰 지진은 A보다 B에서 자주 발생할 것이다.
> ㄷ. 판의 밀도는 태평양판 > 필리핀판 > 유라시아판이다.

① ㄱ ② ㄴ ③ ㄱ, ㄷ ④ ㄴ, ㄷ ⑤ ㄱ, ㄴ, ㄷ

09 그림과 같이 시간 $t=0$일 때, 물체 A를 수평면으로부터 높이가 20 m인 지점에서 수평 방향으로 속력 v로 던진 순간 A로부터 수평 방향으로 20 m 떨어진 지점에서 물체 B를 가만히 놓았더니 $t=2$초일 때 A, B가 수평면에서 충돌하였다.

▶ 242018-0249

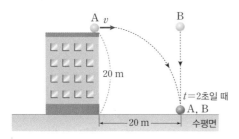

이에 대한 설명으로 옳은 것만을 보기 에서 있는 대로 고른 것은? (단, 물체의 크기, 공기 저항은 무시한다.)

보기
ㄱ. $v=10$ m/s이다.
ㄴ. $t=1$초일 때, A와 B 사이의 거리는 10 m이다.
ㄷ. $t=1$초일 때, B는 높이가 10 m인 지점을 지난다.

① ㄱ   ② ㄷ   ③ ㄱ, ㄴ   ④ ㄴ, ㄷ   ⑤ ㄱ, ㄴ, ㄷ

▶ 242018-0250

10 그림 (가)와 (나)는 동일한 쇠구슬과 깃털을 같은 높이에서 가만히 놓아 낙하시키는 모습을 나타낸 것이다. (가)와 (나)는 공기 중과 진공 상태를 순서 없이 나타낸 것이고, 질량은 쇠구슬이 깃털보다 크다.

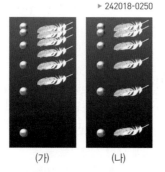

(가)   (나)

이에 대한 설명으로 옳은 것만을 보기 에서 있는 대로 고른 것은?

보기
ㄱ. (나)는 진공 상태이다.
ㄴ. 깃털에 작용하는 중력의 크기는 (가)에서가 (나)에서보다 작다.
ㄷ. (나)에서 바닥에 도달할 때의 속력은 쇠구슬이 깃털보다 크다.

① ㄱ   ② ㄴ   ③ ㄱ, ㄷ   ④ ㄴ, ㄷ   ⑤ ㄱ, ㄴ, ㄷ

▶ 242018-0251

11 그림은 시간 $t=0$일 때 지면으로부터 높이가 5 m인 수평면상의 지점 p를 지난 물체가 $t=1$초일 때 수평면상의 끝점 q를 지난 직후 포물선 운동하여 지면상의 지점 r에 도달하는 모습을 나타낸 것이다. p와 q 사이의 거리, q와 r 사이의 수평 거리는 각각 10 m로 같다.

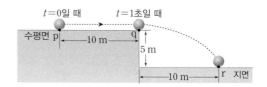

이에 대한 설명으로 옳은 것만을 보기 에서 있는 대로 고른 것은? (단, 물체의 크기, 모든 마찰과 공기 저항은 무시한다.)

보기
ㄱ. 수평면에서 운동하는 동안 물체의 속력은 10 m/s이다.
ㄴ. 물체는 $t=2.5$초일 때 r에 도달한다.
ㄷ. q에서 r까지 운동하는 동안 물체의 수평 방향 속력은 증가한다.

① ㄱ   ② ㄴ   ③ ㄱ, ㄷ   ④ ㄴ, ㄷ   ⑤ ㄱ, ㄴ, ㄷ

▶ 242018-0252

12 그림은 자유 낙하 하던 물체 A가 높이가 h인 지점을 지나는 순간, 물체 B를 높이 h에서 수평 방향으로 v_0의 속력으로 던지는 것을 나타낸 것이다. A, B는 각각 직선 운동, 포물선 운동을 하여 수평면상의 점 p, q에 도달하고, B가 포물선 운동을 하는 동안 수평 이동 거리는 h이다.

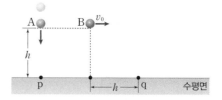

이에 대한 설명으로 옳은 것만을 보기 에서 있는 대로 고른 것은? (단, 물체의 크기, 공기 저항은 무시한다.)

보기
ㄱ. 가속도의 크기는 A가 B보다 크다.
ㄴ. A는 B보다 수평면에 먼저 도달한다.
ㄷ. A가 바닥에 도달하는 순간의 속력은 v_0보다 크다.

① ㄱ   ② ㄴ   ③ ㄱ, ㄷ   ④ ㄴ, ㄷ   ⑤ ㄱ, ㄴ, ㄷ

▶ 242018-0253

13 그림 (가)는 수평면 위에서 시간 $t=0$일 때, 2 m/s의 속력으로 운동하던 질량 4 kg인 물체에 운동 방향과 반대 방향으로 수평 방향의 힘을 작용시켰더니 $t=4$초일 때 3 m/s의 속력으로 운동하는 모습을 나타낸 것이다. $t=0$일 때와 $t=4$초일 때 물체의 운동 방향은 반대이다. 그림 (나)는 (가)에서 물체에 작용하는 힘의 크기를 시간에 따라 나타낸 것이다.

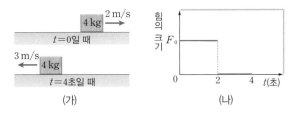

(가)   (나)

이에 대한 설명으로 옳은 것만을 보기 에서 있는 대로 고른 것은? (단, 모든 마찰과 공기 저항은 무시한다.)

보기
ㄱ. 물체의 운동량의 크기는 $t=4$초일 때가 $t=0$일 때의 $\frac{3}{2}$배이다.
ㄴ. $t=1$초일 때 물체의 속력은 1 m/s이다.
ㄷ. $F_0=10 \text{ N}$이다.

① ㄱ ② ㄴ ③ ㄱ, ㄷ ④ ㄴ, ㄷ ⑤ ㄱ, ㄴ, ㄷ

▶ 242018-0254

14 그림은 자동차가 충돌할 때를 대비한 안전장치들을 나타낸 것이다. 동일한 속력

에어백   범퍼

으로 자동차가 벽에 부딪혀 정지할 때, 안전장치가 없을 때와 비교하여 충돌 과정에서 안전장치들의 역할로 옳은 것만을 보기 에서 있는 대로 고른 것은? (단, 자동차 운전자의 질량은 동일하다.)

보기
ㄱ. 운전자의 평균 가속도의 크기를 감소시킨다.
ㄴ. 운전자가 받는 충격량의 크기를 증가시킨다.
ㄷ. 운전자가 힘을 받는 시간을 길게 한다.

① ㄱ ② ㄴ ③ ㄱ, ㄷ ④ ㄴ, ㄷ ⑤ ㄱ, ㄴ, ㄷ

▶ 242018-0255

15 그림 (가)는 시간 $t=0$일 때, 수평면에서 질량이 2 kg인 물체가 $+x$ 방향으로 운동하고 있는 모습을, (나)는 물체의 운동량의 크기를 시간 t에 따라 나타낸 것이다.

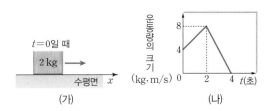

(가)   (나)

$t=1$초일 때와 $t=3$초일 때, 물체에 작용하는 알짜힘의 크기를 각각 F_1, F_2라 할 때, $\dfrac{F_1}{F_2}$는?

① $\dfrac{1}{2}$ ② $\dfrac{2}{3}$ ③ 1 ④ $\dfrac{3}{2}$ ⑤ 2

▶ 242018-0256

16 그림 (가)는 질량이 각각 m_A, m_B인 물체 A, B가 수평면에서 각각 경로상의 기준선 p, q를 같은 속력 v_0으로 통과한 후, 벽에 충돌하는 모습을 나타낸 것이다. 충돌 후 A는 v_0의 속력으로 반대 방향으로 운동하고, B는 정지한다. 그림 (나)는 (가) 이후 A, B가 벽과 충돌하는 동안 벽으로부터 받는 힘의 크기를 시간에 따라 나타낸 것이다. 시간 축과 만드는 면적은 A에 대한 곡선이 B에 대한 곡선의 $\dfrac{4}{3}$배이다.

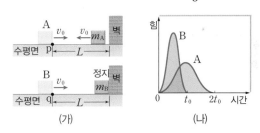

(가)   (나)

이에 대한 설명으로 옳은 것만을 보기 에서 있는 대로 고른 것은? (단, 모든 마찰과 공기 저항은 무시한다.)

보기
ㄱ. 벽과 충돌하기 전 운동량의 크기는 A가 B의 $\dfrac{2}{3}$배이다.
ㄴ. $\dfrac{m_A}{m_B}=\dfrac{2}{3}$이다.
ㄷ. 벽과 충돌하는 동안 받은 평균 힘의 크기는 A가 B의 $\dfrac{2}{3}$배이다.

① ㄱ ② ㄷ ③ ㄱ, ㄴ ④ ㄴ, ㄷ ⑤ ㄱ, ㄴ, ㄷ

▶ 242018-0257

17 그림은 세포 안에서 일어나는 반응 (가)와 (나)를 나타낸 것이다.

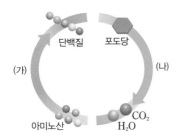

이에 대한 설명으로 옳은 것만을 보기 에서 있는 대로 고른 것은?

보기
ㄱ. (가)는 동화작용에 해당한다.
ㄴ. (나)에서 에너지 방출이 일어난다.
ㄷ. (가)와 (나)는 모두 효소의 조절을 받는다.

① ㄱ　　② ㄴ　　③ ㄱ, ㄷ　　④ ㄴ, ㄷ　　⑤ ㄱ, ㄴ, ㄷ

▶ 242018-0258

18 그림은 조건 ㉠과 ㉡에서 화학 반응 (가)의 에너지 변화를 나타낸 것이다. ㉠과 ㉡은 각각 효소가 있을 때와 효소가 없을 때 중 하나이다.

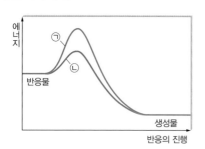

이에 대한 설명으로 옳은 것만을 보기 에서 있는 대로 고른 것은?

보기
ㄱ. (가)는 이화작용에 해당한다.
ㄴ. ㉠은 효소가 있을 때이다.
ㄷ. (가)의 반응 속도는 ㉠에서가 ㉡에서보다 빠르다.

① ㄱ　　② ㄴ　　③ ㄱ, ㄷ　　④ ㄴ, ㄷ　　⑤ ㄱ, ㄴ, ㄷ

▶ 242018-0259

19 그림은 효소 카탈레이스의 작용을 나타낸 것이다.

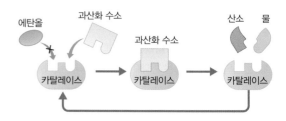

카탈레이스에 대한 설명으로 옳은 것만을 보기 에서 있는 대로 고른 것은?

보기
ㄱ. 특정 반응물과만 결합한다.
ㄴ. 반응 후 재사용된다.
ㄷ. 과산화 수소의 분해에 필요한 활성화에너지를 높인다.

① ㄱ　　② ㄷ　　③ ㄱ, ㄴ　　④ ㄴ, ㄷ　　⑤ ㄱ, ㄴ, ㄷ

▶ 242018-0260

20 그림은 세포막의 구조를 나타낸 것이다. A와 B는 각각 단백질과 인지질 중 하나이다.

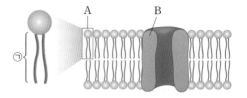

이에 대한 설명으로 옳은 것만을 보기 에서 있는 대로 고른 것은?

보기
ㄱ. ㉠은 친수성 부위이다.
ㄴ. B는 단백질이다.
ㄷ. A와 B는 모두 탄소 화합물에 속한다.

① ㄱ　　② ㄴ　　③ ㄱ, ㄷ　　④ ㄴ, ㄷ　　⑤ ㄱ, ㄴ, ㄷ

▶ 242018-0261

21 그림 (가)~(다)는 사람의 적혈구를 설탕 수용액 X~Z에 넣었을 때의 적혈구 변화를 나타낸 것이다.

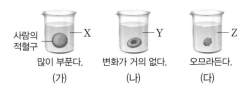

많이 부푼다. (가) / 변화가 거의 없다. (나) / 오므라든다. (다)

이에 대한 설명으로 옳은 것만을 **보기** 에서 있는 대로 고른 것은?

> **보기**
> ㄱ. 설탕 수용액의 농도는 X에서가 Z에서보다 높다.
> ㄴ. (가)의 적혈구에서 삼투가 일어났다.
> ㄷ. (나)에서 적혈구 안으로 들어오는 물의 양은 적혈구 밖으로 나가는 물의 양보다 많다.

① ㄱ   ② ㄴ   ③ ㄱ, ㄷ   ④ ㄴ, ㄷ   ⑤ ㄱ, ㄴ, ㄷ

▶ 242018-0263

23 그림은 DNA의 유전정보에 따라 폴리펩타이드가 합성되는 과정을 나타낸 것이다. ㉠~㉢은 아미노산이다.

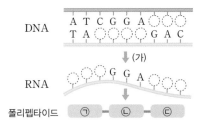

이에 대한 설명으로 옳은 것만을 **보기** 에서 있는 대로 고른 것은?

> **보기**
> ㄱ. 과정 (가)에서 전사가 일어난다.
> ㄴ. ㉠과 ㉡은 펩타이드결합으로 연결되어 있다.
> ㄷ. ㉠과 ㉢을 지정하는 코돈에는 모두 유라실(U) 염기가 있다.

① ㄱ   ② ㄴ   ③ ㄱ, ㄷ   ④ ㄴ, ㄷ   ⑤ ㄱ, ㄴ, ㄷ

▶ 242018-0262

22 그림은 세포 (가)와 (나)의 구조를 나타낸 것이다. (가)와 (나)는 각각 동물세포와 식물세포 중 하나이고, ㉠~㉢은 각각 핵, 세포벽, 엽록체 중 하나이다.

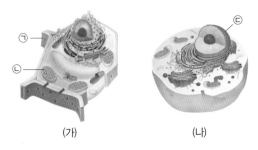

(가)   (나)

이에 대한 설명으로 옳은 것만을 **보기** 에서 있는 대로 고른 것은?

> **보기**
> ㄱ. (나)에서 광합성이 일어난다.
> ㄴ. 사람의 적혈구에 ㉠이 있다.
> ㄷ. ㉡과 ㉢에서 모두 동화작용이 일어난다.

① ㄱ   ② ㄷ   ③ ㄱ, ㄴ   ④ ㄴ, ㄷ   ⑤ ㄱ, ㄴ, ㄷ

▶ 242018-0264

24 그림은 동물세포에서 일어나는 유전정보의 흐름을 나타낸 것이다. (가)와 (나)는 핵과 세포질을 순서 없이 나타낸 것이고, ㉠~㉢은 단백질, DNA, RNA를 순서 없이 나타낸 것이다.

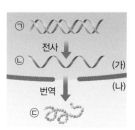

전사 / 번역 / (가) / (나)

이에 대한 설명으로 옳은 것만을 **보기** 에서 있는 대로 고른 것은?

> **보기**
> ㄱ. ㉠과 ㉡의 단위체는 모두 뉴클레오타이드이다.
> ㄴ. ㉢은 단백질이다.
> ㄷ. (나)에 광합성이 일어나는 세포 소기관이 있다.

① ㄱ   ② ㄷ   ③ ㄱ, ㄴ   ④ ㄴ, ㄷ   ⑤ ㄱ, ㄴ, ㄷ

통합과학 2

08 환경 변화와 생물다양성

○ 지질 시대를 통해 지구 환경이 변화해 왔음을 설명할 수 있다.
○ 진화 과정을 통해 생물다양성이 형성되었음을 추론할 수 있다.
○ 생물다양성의 구성 요소와 필요성을 설명할 수 있다.

1 지질 시대의 환경과 생물 변화

(1) 지질 시대와 화석

① 지질 시대: 지구가 탄생한 46억 년 전부터 현재까지의 시대
② 화석: 지질 시대에 살았던 생물의 유해나 흔적이 지층 속에 남아 있는 것
③ 지질 시대의 구분: 화석 종류의 큰
변화를 기준으로 구분한다. 화석이
거의 발견되지 않는 시기를 선캄브
리아시대, 화석이 비교적 많이 발견
되는 시기를 고생대, 중생대, 신생대로 구분한다.

	선캄브리아시대 (88.2 %)	고생대 (6.3 %)	중생대 (4.1 %)	신생대(1.4 %)
45.67		5.39	2.52	0.66 (억 년 전)

▲지질 시대의 구분

(2) 선캄브리아시대

① 초기에는 강한 자외선으로 육상에는 생물이 존재할 수 없었고 바다에서 단세포 생물이 출현하였다.
② 약 35억 년 전에 광합성을 하는 남세균이 출현하여 대기에 산소가 축적되기 시작했다.
③ 말기에는 최초의 다세포 생물이 출현하였다.
④ 대표 화석: 스트로마톨라이트, 에디아카라 생물군(다세포 생물)

스트로마톨라이트

에디아카라 생물군 상상도

(3) 고생대

① 단단한 껍데기와 뼈를 가진 해양 생물이 많아져 화석이 많이 발견된다.
② 대기에 오존층이 형성되어 강한 자외선을 차단하면서 육상 생물이 출현하였다.
③ 고생대 바다에는 삼엽충, 완족류, 갑주어 같은 어류가 번성하였으며, 중기 이후에 육지에는 고사리 같은 양치식물과 양서류, 거대 곤충이 번성하였다.
④ 고생대 말에는 초대륙인 판게아가 형성되면서 생물의 서식지가 축소되고 기후가 급격히 변해 대멸종이 일어났다.

(4) 중생대

① 판게아가 분리되며 활발한 화산 활동으로 대기 중 이산화 탄소 농도가 증가했다. 이에 따른 온실효과로 전반적으로 기후가 온난했다.
② 육지에서는 겉씨식물과 육상 파충류인 공룡이, 바다에서는 암모나이트가 번성하였다.

❶ 스트로마톨라이트
남세균은 최초의 광합성 생물이다. 스트로마톨라이트는 남세균의 점액질에 모래나 진흙 같은 부유물이 달라붙어 만들어진 퇴적 구조이다.

❷ 삼엽충
단단한 껍데기를 가진 해양 무척추동물로 세 개의 엽(잎)을 가진 벌레라는 의미이다.

❸ 고사리
고사리류는 양치식물로 고생대부터 생존해 왔다. 우리가 보통 알고 있는 고사리는 신생대 초에 나타났고, 고생대부터 내려오는 고사리류로는 나무고사리가 있으며 현재도 아열대 지역에 서식하고 있다. 큰 것은 약 20 m까지 자라기도 한다.

❹ 거대 곤충
고생대 후기는 산소 농도가 약 35 %로 현재(약 21 %)보다 높았으며 이로 인해 거대 곤충이 번성할 수 있었다.

고생대 거대 잠자리 화석

(5) 신생대

① 중기까지는 온난한 기후가 지속되었으나 말기에는 빙하기와 간빙기가 반복되었다.

② 대륙 이동으로 대서양이 넓어지며 현재와 같은 대륙 분포가 되었다. 인도 대륙과 유라시아 대륙이 충돌해 히말라야산맥이 형성되었다.

③ 육지에서는 매머드와 같은 포유류와 속씨식물이 번성했으며, 바다에서는 대형 유공충인 화폐석이 번성했다.

암모나이트

공룡

화폐석

(6) 대멸종

짧은 기간 동안 대량의 생물종이 멸종한 사건을 대멸종이라고 하며, 지질 시대 동안 다섯 번의 대멸종이 있었다.

① 대멸종의 원인은 대규모 화산 분화, 운석 충돌, 기후 변화 등의 급격한 환경 변화이다.

② 대멸종에서 살아남은 생물종은 새로운 환경에 적응하며 다양한 종으로 진화한다.

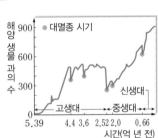
▲ 다섯 번의 대멸종 시기

2 생물의 진화

(1) 변이의 발생과 자연선택

① 변이: 같은 생물종의 개체 간에 나타나는 형질의 차이로, 개체가 가진 유전자의 차이로 나타난다. **예** 무당벌레의 무늬 차이, 사람의 피부색 차이 등

② 돌연변이: 유전자의 염기 배열 순서 변화로 유전정보가 달라지는 현상으로 돌연변이가 일어나면 부모에게 없던 새로운 형질이 출현할 수 있다.

③ 유성생식: 암·수의 성이 분화하여 각각의 성에서 생식세포의 수정에 의해 자손을 만드는 생식 방법이다. 자손들은 서로 다른 유전자 조합을 가지게 되므로 부모와 유전정보가 달라 변이가 발생한다.

④ 자연선택: 다양한 변이가 있는 생물 집단의 개체들 중 생존과 번식에 유리한 형질을 가진 개체가 살아남아 자손을 더 많이 남기는 과정이다.

자연선택이 일어나는 과정

❶ 같은 종의 생물 무리에 다양한 형질을 가진 개체들이 존재한다.

❷ 자연 상태에서 포식자의 눈에 더 잘 띄는 피식자 개체가 높은 비율로 잡아먹힌다.

❸ 시간이 지남에 따라 포식자의 눈에 덜 띄는 피식자 개체가 더 잘 살아남는다.

❹ 살아남은 개체의 형질이 자손에게 전달되어 그 형질을 가진 개체수가 증가한다.

---

❺ 신생대의 빙하기

전 지구의 평균 기온이 현재보다 약 2~10 ℃ 낮은 기간이 수천 년 동안 지속된 때를 빙하기라고 한다. 신생대에는 4번의 빙하기가 있었으며 빙하기와 빙하기 사이의 온난한 시기를 간빙기라고 한다. 지금은 4번째 간빙기이다.

❻ 대륙 이동

맨틀 대류에 의해 판이 움직이면서 고생대 말에는 초대륙인 판게아가 형성되었으며, 중생대 초기부터 판게아가 분리되면서 계속 이동하여 현재와 같은 모습이 되었다.

판게아   고생대 말   중생대 중기

신생대

❼ 화폐석

대형 유공충의 일종으로 지름이 수 mm에서 최대 10 cm이다. 원반형의 석회질 껍질을 가지고 있으며 반으로 잘라보면 나선형으로 정렬된 구멍 같은 것이 있다. 볼록렌즈 모양의 두꺼운 동전처럼 생겨서 화폐석이라고 불리고 있다.

❽ 무당벌레 무늬 차이

무당벌레의 날개 무늬와 색의 차이가 나타나는 것은 유전자의 차이 때문이다.

(2) 생물의 진화와 다양한 생물의 출현

① 진화: 생물 집단이 오랜 세월 동안 여러 세대를 거치면서 생물의 특성이 변화하여 원래의 종과는 다른 새로운 종이 생겨나는 과정

② 자연선택설: 생물종은 여러 세대 동안 자연선택을 거듭하면서 진화가 일어난다는 것으로 다원이 주장한 진화의 원리이다.
　　예 갈라파고스 제도의 핀치, 항생제 내성 세균의 출현

③ 지구가 탄생한 이후 지구 환경은 계속 변화해 왔다. 다양한 환경 조건에 따라 서로 다른 변이가 자연선택되는 과정이 오랜 시간 반복되면서 현재 지구에는 매우 다양한 생물이 존재하게 되었다.

3 생물다양성과 보전

(1) 생물다양성의 3가지 요소

지구에는 다양한 환경에서 각각의 환경에 적응하여 진화한 다양한 종류의 생물이 살고 있는데, 이를 생물다양성이라고 한다. 생물다양성은 유전적 다양성, 종다양성, 생태계다양성의 3가지 요소로 구성된다.

구분	개념	사례
유전적 다양성	한 생물종이 가지는 유전정보의 다양함	같은 종의 나비라도 유전자의 차이로 날개 무늬가 다양하다.
종다양성	한 생태계에 살고 있는 생물종의 다양함	숲에는 무당벌레, 개구리, 달팽이, 참나무, 버섯 등 다양한 생물이 살고 있다.
생태계다양성	한 지역에 존재하는 생태계의 다양함	우리나라에는 숲, 초원, 갯벌, 호수, 강 등 다양한 종류의 생태계가 있다.

유전적 다양성

종다양성

생태계다양성

(2) 생물다양성의 가치

생물다양성이 높은 생태계는 한 생물종이 사라져도 다른 생물종이 그 역할을 대체하며 생태계가 안정적으로 유지된다. ➡ 생물다양성이 높을수록 식량, 의약품, 에너지 등 인간이 이용할 수 있는 생물자원의 종류가 많아진다.

(3) 생물다양성의 보전

① 최근 서식지 파괴 및 단편화, 불법 포획과 남획, 환경 오염, 기후 변화 등으로 생물다양성이 빠르게 감소하고 있다. 생물다양성 파괴는 특정 지역이나 한 나라에 국한된 문제가 아닌 인류 생존에 직결된 문제이다.

② 생물다양성보전 노력
　• 국가의 노력: 생물다양성보전을 위한 국제 협약 체결, 생물다양성법 제정
　　　　　　　생물 서식지 복원, 생태통로 설치, 불법 포획 및 남획 금지
　　　　　　　환경오염 방지 대책 및 기후 변화 해결 방안 마련 등
　• 개인의 노력: 자원 재활용, 대중교통 이용, 친환경 제품 사용 등

---

❾ 다원
영국의 생물학자로, 1859년에 '종의 기원'을 발표하여 자연선택에 의한 생물의 진화를 주장하였다.

❿ 갈라파고스 제도의 핀치

(가)

(나)

갈라파고스 제도에 정착한 핀치들은 오랜 세월 동안 각 섬의 먹이 환경에 적합한 변이를 가진 개체가 자연선택되는 과정을 거쳐 섬마다 핀치 부리 모양이 다른 여러 종의 핀치로 진화하였다. (가)는 딱딱한 씨앗을 먹는 핀치의 부리 모양이고, (나)는 곤충을 잡아먹는 핀치의 부리 모양이다.

⓫ 항생제 내성
항생제는 세균과 같은 미생물의 증식이나 생장을 억제하는 물질이다. 항생제 내성은 미생물이 항생제에 영향을 받지 않고 저항하는 성질이다.

⓬ 서식지 단편화
도로나 댐 등의 건설로 생물의 왕래가 어렵도록 서식지가 분리되는 현상이다. 서식지가 단편화되면 생물은 이동 범위가 좁아져 생존에 필요한 자원을 얻기 어렵고, 단편화된 서식지 내에서만 교배가 일어나 유전적 다양성이 감소한다.

⓭ 국제 협약
생물다양성보전을 위해 생물다양성 협약, 람사르 협약(습지 보전을 위한 협약) 등 다양한 국제 협약이 체결되어 있다.

교과서 탐구하기
자연선택 과정에 대한 모의실험하기

탐구 목표

모의실험을 통해 변이의 발생과 자연선택 과정을 설명할 수 있다.

탐구 과정

1. 모둠별로 노란색 도화지 위에 빨간색, 노란색, 초록색 단추를 각각 10개씩 골고루 섞어서 늘어놓는다.
2. 모둠원 2명이 각자 눈을 감았다가 뜨자마자 제일 먼저 눈에 띄는 단추를 1개씩 젓가락으로 집어 도화지 밖으로 꺼낸다.
   이를 반복하여 한 사람당 단추를 총 6개씩 꺼낸다.
3. 도화지 위에 남아 있는 단추를 색깔별로 몇 개인지 센 뒤, 같은 색 단추를 그 수만큼 추가해 골고루 섞어서 늘어놓는다.
4. 도화지를 빨간색으로 바꾸고, 과정 2~3을 3회 반복한다.

자료 정리 및 결과 분석

1. 탐구 결과를 빈칸에 채우시오.

구분		단추(개)			가장 많이 남아 있는 단추 색깔
		빨간색	노란색	초록색	
1회	남은 개수				
	남은 개수×2				
2회	남은 개수				
	남은 개수×2				
3회	남은 개수				
	남은 개수×2				
4회	남은 개수				
	남은 개수×2				

2. 여러 색의 단추, 도화지, 젓가락은 자연에서 무엇을 의미하는지 써 보자.
   ➡

3. 같은 색 단추를 그 수만큼 추가하는 과정과 도화지의 종류를 바꾸는 과정은 무엇을 의미하는지 써 보자.
   ➡

4. 변이의 발생과 자연선택 과정을 모의실험 결과와 관련지어 설명해 보자.
   ➡

▶ 242018-0265

01 다음은 지질 시대에 대한 설명이다.

지구가 탄생한 약 ⬚ ㉠ ⬚ 년 전부터 현재까지를 지질 시대라고 하고, 과거 생물의 유해나 흔적이 지층에 남아 있는 것을 ⬚ ㉡ ⬚ (이)라고 하는데, 지질 시대는 ⬚ ㉡ ⬚ 의 종류가 크게 변하는 시기를 기준으로 구분한다.

빈칸에 들어갈 알맞은 말을 옳게 짝 지은 것은?

	㉠	㉡
①	46억	화석
②	46억	화산
③	46억	환경
④	5.39억	화석
⑤	5.39억	화산

▶ 242018-0266

02 화석에 대한 설명으로 옳지 않은 것은?

① 화석으로 지층의 생성 환경을 알 수 있다.
② 화석으로 지층의 생성 시기를 유추할 수 있다.
③ 화석을 통해 생물의 진화 과정을 추정할 수 있다.
④ 고생물의 발자국이나 배설물은 화석이 되지 않는다.
⑤ 최근의 지층일수록 현재 생물과 유사한 화석이 나온다.

▶ 242018-0267

03 다음은 화석이 생성되는 과정을 순서 없이 나타낸 것이다.

(가) 퇴적층이 다져지고 침전물에 의해 굳어진다.
(나) 풍화·침식 작용으로 지표에 생물의 유해가 노출된다.
(다) 과거에 살았던 생물의 유해가 남는다.
(라) 생물의 유해 위로 퇴적물이 쌓인다.

(가)~(라)를 순서대로 나열한 것은?

① (가) → (나) → (다) → (라)
② (가) → (나) → (라) → (다)
③ (다) → (가) → (나) → (라)
④ (다) → (라) → (가) → (나)
⑤ (다) → (라) → (나) → (가)

▶ 242018-0268

04 선캄브리아시대의 환경에 대한 설명으로 옳은 것만을 보기 에서 있는 대로 고른 것은?

보기
ㄱ. 바다가 만들어졌다.
ㄴ. 지표면에는 현재보다 강한 자외선이 존재했다.
ㄷ. 대기 중의 산소량은 현재와 같았다.

① ㄱ ② ㄴ ③ ㄷ ④ ㄱ, ㄴ ⑤ ㄴ, ㄷ

▶ 242018-0269

05 각 지질 시대에 번성했던 육상 식물 화석을 옳게 짝 지은 것은?

	고생대	중생대	신생대
①	속씨식물	겉씨식물	양치식물
②	속씨식물	양치식물	겉씨식물
③	겉씨식물	속씨식물	양치식물
④	양치식물	속씨식물	겉씨식물
⑤	양치식물	겉씨식물	속씨식물

▶ 242018-0270

06 고생대에 대한 설명으로 옳은 것만을 보기 에서 있는 대로 고른 것은?

보기
ㄱ. 포유류가 번성하였다.
ㄴ. 암모나이트가 번성하였다.
ㄷ. 최초로 육상생물이 출현한 시대이다.

① ㄱ ② ㄷ ③ ㄱ, ㄴ ④ ㄴ, ㄷ ⑤ ㄱ, ㄴ, ㄷ

▶ 242018-0271

07 포유류와 파충류가 번성했던 지질 시대를 옳게 짝 지은 것은?

	포유류	파충류
①	선캄브리아시대	고생대
②	신생대	고생대
③	고생대	중생대
④	신생대	중생대
⑤	중생대	신생대

▶ 242018-0272

08 스트로마톨라이트 화석에 대한 설명으로 옳은 것만을 보기 에서 있는 대로 고른 것은?

> **보기**
> ㄱ. 고생대에서 신생대까지의 기간에 쌓인 지층에서만 발견된다.
> ㄴ. 남세균에 의해 형성된다.
> ㄷ. 점액질에 진흙같은 부유물이 붙은 후 겹겹이 쌓여서 만들어진 퇴적 구조이다.

① ㄱ　　② ㄴ　　③ ㄷ　　④ ㄱ, ㄷ　　⑤ ㄴ, ㄷ

▶ 242018-0273

09 그림 (가), (나), (다)는 고생대 이후 서로 다른 세 시기의 수륙 분포를 순서 없이 나타낸 것이다.

(가)　　　　(나)　　　　(다)

수륙 분포 변화를 순서대로 나열한 것은?

① (가) → (나) → (다)　　② (가) → (다) → (나)
③ (나) → (가) → (다)　　④ (나) → (다) → (가)
⑤ (다) → (가) → (나)

▶ 242018-0274

10 각 화석이 존재했던 지질 시대를 옳게 짝 지은 것은?

① 매머드 – 중생대　　② 암모나이트 – 신생대
③ 화폐석 – 고생대　　④ 완족류 – 고생대
⑤ 에디아카라 생물군 – 신생대

▶ 242018-0275

11 중생대에 대한 설명으로 옳은 것만을 보기 에서 있는 대로 고른 것은?

> **보기**
> ㄱ. 오존층이 형성되었다.
> ㄴ. 공룡이 크게 번성하였다.
> ㄷ. 다세포 생물이 출현하였다.

① ㄱ　　② ㄴ　　③ ㄱ, ㄷ　　④ ㄴ, ㄷ　　⑤ ㄱ, ㄴ, ㄷ

▶ 242018-0276

12 신생대에 대한 설명으로 옳지 <u>않은</u> 것은?

① 초기는 대체로 온난한 기후였다.
② 속씨식물이 번성하였다.
③ 후기에는 인류의 조상이 출현하였다.
④ 중생대에 비해 대서양의 크기가 작아졌다.
⑤ 후기에는 빙하기와 간빙기가 반복되었다.

▶ 242018-0277

13 다음은 어느 대멸종에 대한 설명이다.

> 고생대 말에 초대륙인 　ㄱ　 가 형성되어 급격한 환경 변화가 일어났다. 그 결과 　ㄴ　 을/를 비롯한 수많은 생명체의 대멸종이 발생하였다.

빈칸에 들어갈 알맞은 말을 옳게 짝 지은 것은?

	ㄱ	ㄴ
①	판게아	공룡
②	판게아	삼엽충
③	판게아	매머드
④	로디니아	공룡
⑤	로디니아	삼엽충

▶ 242018-0278

14 다음은 변이에 대한 설명이다.

> 변이는 같은 생물종의 개체 간에 나타나는 ⟨ ㉠ ⟩의 차이로, 개체마다 가지고 있는 ⟨ ㉡ ⟩의 차이로 나타난다.

빈칸에 들어갈 알맞은 말을 옳게 짝 지은 것은?

	㉠	㉡
①	형질	유전정보
②	형질	세포
③	유전정보	형질
④	세포	유전정보
⑤	세포	형질

▶ 242018-0279

15 자연선택에 대한 설명으로 옳은 것만을 [보기]에서 있는 대로 고른 것은?

> **보기**
> ㄱ. 다윈이 주장한 생물 진화의 원리이다.
> ㄴ. 주로 변이가 없는 생물 집단에서 일어난다.
> ㄷ. 생존과 번식에 유리한 형질을 가진 개체가 살아남아 자손을 더 많이 남긴다는 것이다.

① ㄱ   ② ㄴ   ③ ㄱ, ㄷ   ④ ㄴ, ㄷ   ⑤ ㄱ, ㄴ, ㄷ

▶ 242018-0280

16 다음은 변이에 대한 학생 A, B, C의 대화이다.

옳게 설명한 학생만을 있는 대로 고른 것은?

① A   ② B   ③ A, C   ④ B, C   ⑤ A, B, C

▶ 242018-0281

17 다음은 변이를 일으키는 요인 (가)와 (나)의 특징을 나타낸 것이다.

요인	특징
(가)	유전자의 염기서열 순서가 변화하는 현상
(나)	암수 생식세포의 수정으로 자손이 만들어지는 방법

이에 대한 설명으로 옳은 것만을 [보기]에서 있는 대로 고른 것은?

> **보기**
> ㄱ. (나)는 유성생식이다.
> ㄴ. (나)로 인해 부모와 자식의 유전정보는 똑같다.
> ㄷ. (가)와 (나)는 생물 집단에 다양한 형질이 나타나게 한다.

① ㄱ   ② ㄴ   ③ ㄱ, ㄷ   ④ ㄴ, ㄷ   ⑤ ㄱ, ㄴ, ㄷ

▶ 242018-0282

18 다음은 어떤 섬에서 핀치가 진화되는 과정을 순서 없이 나열한 것이다.

> A. 자손에게 크고 두꺼운 부리 형질이 전달되었다.
> B. 부리 모양이 다양한 핀치가 살았다.
> C. 크고 단단한 씨앗에 대한 먹이 경쟁이 일어났다.
> D. 크고 두꺼운 부리를 가진 핀치가 많이 살아남았다.

A~D를 진화의 순서대로 나열한 것은?

① A → B → C → D   ② B → C → A → D
③ B → C → D → A   ④ C → B → D → A
⑤ C → B → A → D

▶ 242018-0283

19 표는 생물다양성의 3가지 요소 (가)~(다)의 예를 나타낸 것이다.

구분	예
(가)	초원에는 얼룩말, 사자, 치타, 가젤 등이 살고 있다.
(나)	강화도에는 산, 갯벌, 하천이 존재한다.
(다)	헬리코니우스나비의 날개 무늬는 개체마다 다르다.

(가), (나), (다)에 들어갈 요소를 옳게 짝 지은 것은?

	(가)	(나)	(다)
①	생태계다양성	종다양성	유전적 다양성
②	생태계다양성	유전적 다양성	종다양성
③	유전적 다양성	종다양성	생태계다양성
④	종다양성	생태계다양성	유전적 다양성
⑤	종다양성	유전적 다양성	생태계다양성

▶ 242018-0284

20 생물다양성에 대한 설명으로 옳은 것만을 보기 에서 있는 대로 고른 것은?

보기
ㄱ. 생물다양성에는 지구에 사는 생물 전체가 포함된다.
ㄴ. 변이는 유전적 다양성을 높이는 요인이다.
ㄷ. 진화는 생태계다양성을 높이는 요인이다.

① ㄱ   ② ㄷ   ③ ㄱ, ㄴ   ④ ㄴ, ㄷ   ⑤ ㄱ, ㄴ, ㄷ

▶ 242018-0285

21 생물다양성 변화에 대한 설명으로 옳은 것만을 보기 에서 있는 대로 고른 것은?

보기
ㄱ. 서식지가 단편화되면 생물다양성이 증가한다.
ㄴ. 수질 오염은 하천의 종다양성을 감소시킨다.
ㄷ. 생물 남획은 생물다양성을 감소시키는 원인이다.

① ㄱ   ② ㄴ   ③ ㄱ, ㄷ   ④ ㄴ, ㄷ   ⑤ ㄱ, ㄴ, ㄷ

▶ 242018-0286

22 생물다양성보전에 대한 설명으로 옳은 것만을 보기 에서 있는 대로 고른 것은?

보기
ㄱ. 멸종 위기종은 자연선택에 의한 결과이므로 인위적으로 개입하지 않는다.
ㄴ. 람사르 협약은 습지를 보전하기 위해 채택한 협약이다.
ㄷ. 단일 품종 위주로 농작물을 재배하면 병충해 발생 시 멸종할 위험이 커진다.

① ㄱ   ② ㄴ   ③ ㄱ, ㄷ   ④ ㄴ, ㄷ   ⑤ ㄱ, ㄴ, ㄷ

▶ 242018-0287

23 다음 중 유전적 다양성에 해당하지 <u>않는</u> 것은?

① 사람마다 얼굴 모습이 다른 것
② 기린의 표피 무늬가 다른 것
③ 나비의 날개 무늬가 다른 것
④ 달팽이 껍데기의 무늬가 다른 것
⑤ 초원에 여러 종의 생물들이 다양하게 존재하는 것

▶ 242018-0288

24 생물자원을 활용하는 예에 대한 설명으로 옳은 것만을 보기 에서 있는 대로 고른 것은?

보기
ㄱ. 쓰레기를 분리배출한다.
ㄴ. 쌀, 콩, 밀은 옷의 재료로 이용된다.
ㄷ. 옥수수나 사탕수수를 이용해 바이오에탄올을 만든다.

① ㄱ   ② ㄷ   ③ ㄱ, ㄴ   ④ ㄴ, ㄷ   ⑤ ㄱ, ㄴ, ㄷ

▶ 242018-0289

25 생물다양성보전을 위한 방안으로 적절하지 <u>않은</u> 것은?

① 자원 재활용   ② 국제 협약 체결
③ 친환경 제품 사용   ④ 국립 공원 지정 최소화
⑤ 멸종 위기종 지정 및 관리

▶ 242018-0290

01 그림은 지질 시대를 상대적 길이에 따라 구분한 것이다. A~D는 각각 선캄브리아시대, 고생대, 중생대, 신생대 중 하나이다.

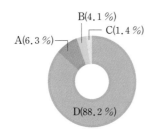

이에 대한 설명으로 옳은 것만을 보기 에서 있는 대로 고른 것은?

보기

ㄱ. A는 고생대이다.
ㄴ. 가장 오래된 지질 시대는 D이다.
ㄷ. D는 A~C보다 화석이 많이 발견된다.

① ㄱ   ② ㄷ   ③ ㄱ, ㄴ   ④ ㄴ, ㄷ   ⑤ ㄱ, ㄴ, ㄷ

▶ 242018-0291

02 그림 (가)와 (나)는 각각 산호와 고사리 화석을 순서 없이 나타낸 것이다.

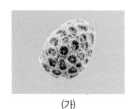 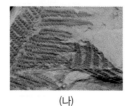

(가)　　　　　　　(나)

이에 대한 설명으로 옳은 것만을 보기 에서 있는 대로 고른 것은?

보기

ㄱ. (가)와 (나)는 선캄브리아시대의 화석이다.
ㄴ. (가)가 산출된 지층은 따뜻하고 얕은 바다 환경에서 퇴적되었다.
ㄷ. (나)는 습기가 많은 지역에서 사는 생물의 화석이다.

① ㄱ   ② ㄷ   ③ ㄱ, ㄴ   ④ ㄴ, ㄷ   ⑤ ㄱ, ㄴ, ㄷ

▶ 242018-0292

03 그림은 지질 시대 (가)와 (나)의 모습을 나타낸 것이다. (가)와 (나)는 각각 선캄브리아시대와 고생대 중 하나이다.

(가)　　　　　　　(나)

이에 대한 설명으로 옳은 것만을 보기 에서 있는 대로 고른 것은?

보기

ㄱ. 고생대는 (나)이다.
ㄴ. 산출되는 화석의 양은 (가)의 지층이 (나)의 지층보다 많다.
ㄷ. 에디아카라 생물군 화석은 (가)의 대표 화석이다.

① ㄱ   ② ㄴ   ③ ㄱ, ㄷ   ④ ㄴ, ㄷ   ⑤ ㄱ, ㄴ, ㄷ

▶ 242018-0293

04 표는 지질 시대 (가)와 (나)의 기후를 정리한 것이다. (가)와 (나)는 중생대와 신생대 중 하나이다.

지질 시대	기후
(가)	지질 시대 기간 내내 온난한 기후가 지속되었다.
(나)	중기까지는 대체로 온난한 기후였으나, 말기에는 빙하기와 간빙기가 반복되었다.

이에 대한 설명으로 옳은 것만을 보기 에서 있는 대로 고른 것은?

보기

ㄱ. (가)는 중생대, (나)는 신생대이다.
ㄴ. 히말라야산맥은 (나)에 형성되었다.
ㄷ. 대기 중 이산화 탄소 농도는 (나) 말기보다 (가)가 높았을 것이다.

① ㄱ   ② ㄷ   ③ ㄱ, ㄴ   ④ ㄴ, ㄷ   ⑤ ㄱ, ㄴ, ㄷ

05 그림은 어느 지질 시대의 모습을 나타낸 것이다.
이 지질 시대에 대한 설명으로 옳은 것만을 보기에서 있는 대로 고른 것은?

▶ 242018-0294

> **보기**
> ㄱ. 신생대이다.
> ㄴ. 해양에는 화폐석이 번성했다.
> ㄷ. 암모나이트가 번성했다.

① ㄱ ② ㄷ ③ ㄱ, ㄴ ④ ㄴ, ㄷ ⑤ ㄱ, ㄴ, ㄷ

06 그림은 어느 지질 시대의 대표적인 화석을 나타낸 것이다.
이 생물이 번성한 지질 시대에 대한 설명으로 옳은 것만을 보기에서 있는 대로 고른 것은?

▶ 242018-0295

> **보기**
> ㄱ. 중생대이다.
> ㄴ. 어류가 최초로 출현하였다.
> ㄷ. 은행나무와 같은 겉씨식물이 번성하였다.

① ㄱ ② ㄴ ③ ㄱ, ㄷ ④ ㄴ, ㄷ ⑤ ㄱ, ㄴ, ㄷ

07 그림은 고생대 이후에 있었던 5번의 대멸종 A~E를 나타낸 것이다.
이에 대한 설명으로 옳은 것만을 보기에서 있는 대로 고른 것은?

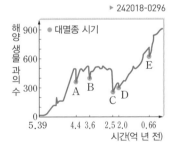

▶ 242018-0296

> **보기**
> ㄱ. A와 B는 고생대 시기에 일어난 대멸종이다.
> ㄴ. 공룡은 D에 멸종하였다.
> ㄷ. 해양 생물 과의 수가 가장 크게 감소한 대멸종은 C이다.

① ㄱ ② ㄴ ③ ㄱ, ㄷ ④ ㄴ, ㄷ ⑤ ㄱ, ㄴ, ㄷ

08 그림은 어느 지역의 지층 A~E에서 발견되는 화석 (가)~(마)의 산출 범위를 나타낸 것이다. 지층의 생성 순서는 A에서 E 순이다.

▶ 242018-0297

지층＼화석	(가)	(나)	(다)	(라)	(마)
E					▮
D			▮		
C			▮	▮	
B	▮		▮		
A		▮	▮		

지층 A~E가 쌓인 기간을 세 시기로 구분할 때의 경계로 가장 적절한 것은?

① A와 B 사이, B와 C 사이 ② A와 B 사이, C와 D 사이
③ B와 C 사이, C와 D 사이 ④ B와 C 사이, D와 E 사이
⑤ C와 D 사이, D와 E 사이

09 그림은 어느 지역의 지층 모습과 지층 A, B에서 산출된 화석을 나타낸 것이다.
이에 대한 설명으로 옳은 것만을 보기에서 있는 대로 고른 것은?

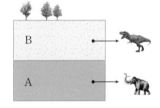

▶ 242018-0298

> **보기**
> ㄱ. 지층 A는 신생대 지층이다.
> ㄴ. 이 지역의 지층은 역전되었다.
> ㄷ. 지층 B에서는 암모나이트 화석이 발견될 수 있다.

① ㄱ ② ㄷ ③ ㄱ, ㄴ ④ ㄴ, ㄷ ⑤ ㄱ, ㄴ, ㄷ

10 변이에 대한 설명으로 옳은 것만을 보기에서 있는 대로 고른 것은?

▶ 242018-0299

> **보기**
> ㄱ. 같은 종의 개체 사이에서 나타나는 형질 차이이다.
> ㄴ. 다양한 변이가 있는 생물 집단은 변이가 적은 생물 집단에 비해 멸종 위험성이 높다.
> ㄷ. 같은 변이를 가진 경우에는 환경이 달라져도 자연선택의 결과가 같다.

① ㄱ ② ㄷ ③ ㄱ, ㄴ ④ ㄴ, ㄷ ⑤ ㄱ, ㄴ, ㄷ

▶ 242018-0300

11 그림 (가)와 (나)는 한 종으로 이루어진 세균 집단에 항생제를 투여했을 때의 변화를 나타낸 것이다.

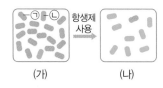

(가)   (나)

이 자료에 대한 설명으로 옳은 것만을 보기 에서 있는 대로 고른 것은? (단, 외부 개체의 출입은 없었다.)

> **보기**
>
> ㄱ. 항생제 사용으로 세균의 개체수가 감소하였다.
> ㄴ. 항생제에 내성이 있는 세균은 ⓒ이다.
> ㄷ. (가) → (나) 과정에서 자연선택이 일어났다.

① ㄱ   ② ㄷ   ③ ㄱ, ㄴ   ④ ㄴ, ㄷ   ⑤ ㄱ, ㄴ, ㄷ

▶ 242018-0301

12 다음은 어떤 지역에 서식하는 나방에 대한 내용이다.

> • 19세기 초에는 흰색 나방과 검은색 나방 중 흰색 나방의 비율이 90 %이었다.
> • ㉠ 산업화로 환경이 오염되면서 검은색 나방보다 흰색 나방이 포식자에게 쉽게 노출되게 되었다.
> • 20세기 중반에는 흰색 나방과 검은색 나방 중 검은색 나방의 비율이 ㉡ %가 되었다.

이에 대한 설명으로 옳은 것만을 보기 에서 있는 대로 고른 것은?

> **보기**
>
> ㄱ. ㉠은 검은색 나방의 생존에 유리하게 작용하였다.
> ㄴ. ㉡은 10보다 큰 수이다.
> ㄷ. 나방 집단의 비율이 달라진 것은 자연선택의 결과이다.

① ㄱ   ② ㄷ   ③ ㄱ, ㄴ   ④ ㄴ, ㄷ   ⑤ ㄱ, ㄴ, ㄷ

▶ 242018-0302

13 그림은 자연선택에 의한 기린의 진화 과정을 나타낸 것이다. (나) → (다) 과정에서는 먹이 경쟁이 없었다.

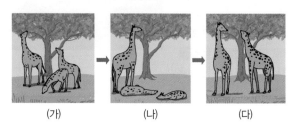

(가)   (나)   (다)

이에 대한 설명으로 옳은 것만을 보기 에서 있는 대로 고른 것은?

> **보기**
>
> ㄱ. (가)의 기린 집단에는 변이가 존재한다.
> ㄴ. (나)에서 높은 곳의 잎을 먹기 유리한 기린이 살아남았다.
> ㄷ. (나) → (다) 과정에서 자연선택이 일어났다.

① ㄱ   ② ㄷ   ③ ㄱ, ㄴ   ④ ㄴ, ㄷ   ⑤ ㄱ, ㄴ, ㄷ

▶ 242018-0303

14 그림은 갈라파고스 제도의 한 섬에서 핀치의 진화를 나타낸 것이고, 표는 (가), (나), (다)에 들어갈 내용을 순서 없이 나타낸 것이다.

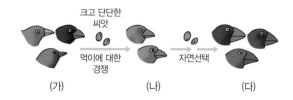

(가)   (나)   (다)

구분	내용
A	부리 모양의 변이
B	부리가 크고 두꺼운 핀치 집단으로 진화
C	적자생존

(가), (나), (다)에 해당하는 내용을 옳게 짝 지은 것은?

	(가)	(나)	(다)
①	A	B	C
②	A	C	B
③	B	A	C
④	B	C	A
⑤	C	B	A

▶ 242018-0304

15 자연선택에 대한 설명으로 옳은 것은?

① 자연선택된 형질은 모두 자손에게 전달되지 않는다.
② 환경과 무관하게 어떤 형질이 무작위로 선택된다.
③ 자연선택은 다른 종 사이의 생존경쟁에서 일어난다.
④ 자연선택되는 형질을 가진 개체는 다른 개체에 비해 생존율이 높다.
⑤ 자연선택이 일어난 생물 집단에서는 더 이상 진화가 일어나지 않는다.

▶ 242018-0305

16 그림은 어떤 지역에서 일어나는 종의 진화 과정에서 종 A~C의 개체수 비율 변화를 나타낸 것이다.

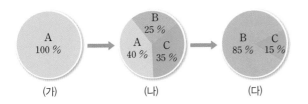

(가)   (나)   (다)

이에 대한 설명으로 옳은 것만을 보기 에서 있는 대로 고른 것은? (단, 이 지역에서 외부와의 개체 출입은 없고, 종 A~C 이외의 다른 종은 고려하지 않는다.)

보기
ㄱ. (가)에서 A의 형질은 모두 같다.
ㄴ. (나) → (다)에서 A보다 B가 생존에 유리했다.
ㄷ. 종다양성은 (가)에서보다 (나)에서 높다.

① ㄱ ② ㄴ ③ ㄱ, ㄷ ④ ㄴ, ㄷ ⑤ ㄱ, ㄴ, ㄷ

▶ 242018-0306

17 생물다양성보전을 위한 일상 속 실천 방법으로 옳지 <u>않은</u> 것은?

① 야생 동물 서식지 주변의 쓰레기를 줍는다.
② 귀여운 야생 동물을 발견하면 데려다가 키운다.
③ 코끼리 상아 등 밀렵으로 만든 가공품을 사지 않는다.
④ 부상당한 야생 동물을 발견하면 구조 센터에 구조 신고를 한다.
⑤ 생물다양성 보호를 위해 활동하는 단체에 자원봉사를 한다.

▶ 242018-0307

18 표는 생물다양성의 보전 방안의 예를 3가지 수준의 노력으로 나누어 나타낸 것이다. (가), (나), (다)는 각각 사회적 수준의 노력, 개인적 수준의 노력, 국제적 수준의 노력 중 하나이다.

구분	예
(가)	야생 생물 보호법 제정
(나)	국가들이 모여 ⊙ 국제 협약 체결
(다)	에너지 절약, 자원 재활용

이에 대한 설명으로 옳은 것만을 보기 에서 있는 대로 고른 것은?

보기
ㄱ. 사회적 수준의 노력은 (다)이다.
ㄴ. 멸종 위기종 지정은 (가)에 해당한다.
ㄷ. 생물다양성 협약은 ⊙에 해당한다.

① ㄱ ② ㄷ ③ ㄱ, ㄴ ④ ㄴ, ㄷ ⑤ ㄱ, ㄴ, ㄷ

▶ 242018-0308

19 그림은 생물다양성의 3가지 요소 (가), (나), (다)의 예를 나타낸 것이다. (가), (나), (다)는 각각 종다양성, 생태계다양성, 유전적 다양성 중 하나이다.

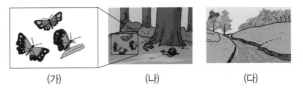

(가)   (나)   (다)

이에 대한 설명으로 옳은 것만을 보기 에서 있는 대로 고른 것은?

보기
ㄱ. 돌연변이가 많이 일어날수록 (가)는 낮아진다.
ㄴ. (나)는 같은 종의 개체수가 많을수록 높다.
ㄷ. (다)가 높을수록 (나)도 높게 나타난다.

① ㄱ ② ㄷ ③ ㄱ, ㄴ ④ ㄴ, ㄷ ⑤ ㄱ, ㄴ, ㄷ

서술형 ▶ 242018-0309

1 선캄브리아시대에 육상 생명체가 존재할 수 없었던 까닭에 대해 서술하시오.

Tip | 생명체는 자외선이 강한 곳에서는 생존할 수 없다.
Key Word | 자외선, 오존층, 생명체

_____

_____

_____

서술형 ▶ 242018-0310

2 다음은 바나나의 멸종 위기에 대한 내용이다.

> 바나나 생산자들은 대량 생산과 공급을 위해 400여 종의 바나나 중 단일 품종으로 '그로미셀' 바나나만 재배해 공급했다. 그러다 치명적인 바나나 전염병 '파나마병'이 확산되면서 ㉠'그로미셀' 바나나는 멸종 위기에 처했고 이로 인해 바나나 재배가 중단되었다.

이 사례와 가장 관련 깊은 생물다양성의 요소를 쓰고, 이 요소와 관련해 ㉠이 일어나게 된 원인을 서술하시오.

Tip | 특정 형질을 가진 단일 품종의 바나나 개체들은 모두 유전적으로 동일하다.
Key Word | 바나나, 멸종, 유전적 다양성, 생물다양성

_____

_____

_____

서술형 ▶ 242018-0311

3 그림은 산 사이로 도로가 건설되어 야생 동물들이 사는 서식지가 강제로 나뉘어 진 모습을 나타낸 것이다. 도로를 없애지 않고 서식지 단편화를 해결할 수 있는 방안에 대해 서술하시오.

Tip | 육상 생물이 도로를 걸어서 지나가는 것은 위험하다.
Key Word | 로드킬, 생태통로

_____

_____

_____

논술형 ▶ 242018-0312

4 다음 글을 읽고, 물음에 답하시오.

> 지난 30년 동안 인간이 발견한 생물종의 개체수와 서식지 40 %가 사라졌다. 20분에 한 종, 즉 1년에 26,000여 종이 사라지고 있다. 생물이 사라지는 것은 자연스러운 진화의 모습이지만, 현재 멸종 속도는 자연적 속도의 백 배~천 배가 된다.

최근에 생물다양성이 감소되는 까닭과 생물다양성을 보전해야 하는 까닭에 대해 서술하시오.

Tip | 인간의 활동은 환경 오염과 생태계 파괴를 일으켰다.
Key Word | 멸종, 생물다양성

_____

_____

_____

09 화학 변화와 에너지 출입

- ○ 산화와 환원 반응을 산소의 이동 및 전자의 이동으로 설명할 수 있다.
- ○ 산과 염기를 혼합할 때 나타나는 중화 반응을 생활 속에서 이용할 수 있다.
- ○ 주변에서 에너지를 흡수하거나 방출하는 현상을 찾아보고 우리 생활에 어떻게 이용되는지 설명할 수 있다.

---

1 산화와 환원

(1) 지구와 생명의 역사를 바꾼 화학 반응

구분	반응물	생성물
광합성❶	물, 이산화 탄소	포도당, 산소
화석 연료❷의 연소	화석 연료, 산소	물, 이산화 탄소
철의 제련	산화 철(Ⅲ), 일산화 탄소	철, 이산화 탄소

➡ 모두 산소가 관여하는 반응이다.

(2) 산소의 이동에 의한 산화·환원 반응

산소를 얻는 반응을 산화, 산소를 잃는 반응을 환원이라고 한다.

$$2CuO + C \longrightarrow 2Cu + CO_2$$

산화(산소를 얻음)
환원(산소를 잃음)

(3) 전자의 이동에 의한 산화·환원 반응

① 전자를 잃는 반응을 산화, 전자를 얻는 반응을 환원이라고 한다.

$$Zn + Cu^{2+} \longrightarrow Zn^{2+} + Cu$$

산화(전자를 잃음)
환원(전자를 얻음)

② 산소가 관여하는 산화·환원 반응에서 전자의 이동: 마그네슘이 산소와 반응하여 산화 마그네슘을 생성할 때, 마그네슘은 전자를 잃고 마그네슘 이온으로 산화되고 산소는 전자를 얻어 산화 이온으로 환원된다. 즉, 산소를 얻는 반응인 산화는 전자를 잃는 것이고, 산소를 잃는 반응인 환원은 전자를 얻는 것이다.

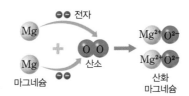

③ 질산 은 수용액과 구리의 반응

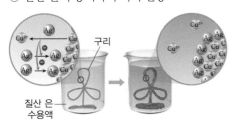

질산 은 수용액

- 용액이 푸른색으로 변한다.
  $$Cu \longrightarrow Cu^{2+} + 2e^- \ (산화)$$
- 구리줄 표면에 은이 석출된다.
  $$2Ag^+ + 2e^- \longrightarrow 2Ag \ (환원)$$
- 전체 반응식
  $$Cu + 2Ag^+ \longrightarrow Cu^{2+} + 2Ag$$

(4) 산화·환원 반응의 동시성

산화·환원 반응에서 한 물질이 전자를 잃고(산소를 얻고) 산화되면, 다른 물질은 전자를 얻어(산소를 잃어) 환원되므로 산화 반응과 환원 반응은 항상 동시에 일어난다.

❶ 광합성
원시 지구에 광합성을 하는 생물이 출현하면서 생성된 산소는 대기의 조성을 변화시켰고, 대기에 산소가 축적되면서 오존층이 형성되었으며, 물속에 살던 생물들이 육지로 올라와 육상 생물이 출현하였다.

❷ 화석 연료
지질 시대 생물이 땅속에 묻혀 생성된 것으로 탄소와 수소가 주요 성분이다.
📗 석탄, 석유, 천연가스 등

❸ 여러 가지 산화·환원 반응
- 깎아 놓은 사과가 갈색으로 변한다.
- 철가루가 들어 있는 손난로를 흔들면 따뜻해진다.
- 머리카락을 염색한다.
- 철이 녹슨다.

(5) 우리 주변의 산화 · 환원 반응

광합성	식물의 엽록체에서 빛에너지를 이용하여 이산화 탄소와 물로 포도당과 산소를 만든다.	$6CO_2 + 6H_2O \xrightarrow{\text{산화}\ \text{환원}} C_6H_{12}O_6 + 6O_2$
세포 호흡	마이토콘드리아에서 세포호흡으로 포도당과 산소가 반응하여 이산화 탄소와 물이 생성되고, 에너지가 발생한다.	$C_6H_{12}O_6 + 6O_2 \xrightarrow{\text{산화}\ \text{환원}} 6CO_2 + 6H_2O$
메테인의 연소	도시가스의 주성분인 메테인이 산소와 반응하여 이산화 탄소와 물이 생성된다.	$CH_4 + 2O_2 \xrightarrow{\text{산화}\ \text{환원}} CO_2 + 2H_2O$
철의 제련	용광로에 철광석과 코크스④를 넣고 가열하면 순수한 철을 얻을 수 있다.	$2C + O_2 \xrightarrow{\text{산화}\ \text{환원}} 2CO$ $Fe_2O_3 + 3CO \xrightarrow{\text{산화}\ \text{환원}} 2Fe + 3CO_2$

② 산과 염기

(1) 산 ⑤ 물에 녹아 수소 이온(H^+)을 내놓는 물질
① 산의 이온화: 물에 녹아 수소 이온(H^+)과 음이온으로 나누어진다.

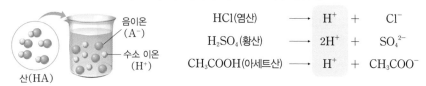

$HCl(염산) \longrightarrow H^+ + Cl^-$
$H_2SO_4(황산) \longrightarrow 2H^+ + SO_4^{2-}$
$CH_3COOH(아세트산) \longrightarrow H^+ + CH_3COO^-$

② 산의 공통적인 성질(산성): 수소 이온(H^+) 때문에 나타난다.
- 신맛이 나고, 수용액은 전류가 흐른다.
- 금속과 반응하면 수소 기체를, 탄산 칼슘과 반응하면 이산화 탄소 기체를 발생시킨다.⑥

(2) 염기 ⑦ 물에 녹아 수산화 이온(OH^-)을 내놓는 물질
① 염기의 이온화: 물에 녹아 양이온과 수산화 이온(OH^-)으로 나누어진다.

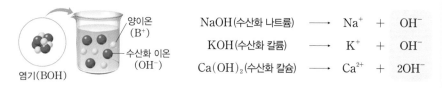

$NaOH(수산화 나트륨) \longrightarrow Na^+ + OH^-$
$KOH(수산화 칼륨) \longrightarrow K^+ + OH^-$
$Ca(OH)_2(수산화 칼슘) \longrightarrow Ca^{2+} + 2OH^-$

② 염기의 공통적인 성질(염기성): 수산화 이온(OH^-) 때문에 나타난다.
- 쓴맛이 나고, 수용액은 전류가 흐른다.
- 단백질을 녹이는 성질이 있어 손으로 만지면 미끈거린다.

(3) 지시약의 색 변화

지시약		리트머스 종이⑨	BTB 용액	메틸 오렌지 용액	페놀프탈레인 용액
색 변화	산성	푸른색 → 붉은색	노란색	붉은색	무색
	중성	―	초록색	노란색	무색
	염기성	붉은색 → 푸른색	파란색	노란색	붉은색

---

④ 철광석과 코크스
- **철광석**: 자연에서 철은 주로 철광석의 형태로 얻어지는데, 철광석의 주성분은 철과 산소가 결합한 산화 철이다.
- **코크스**: 석탄을 높은 온도에서 오랫동안 구운 것으로 주성분은 탄소이다.

⑤ 주변의 산성 물질과 포함된 산

산성 물질	포함된 산
식초	아세트산
탄산 음료	탄산
레몬	시트르산
김치	젖산

⑥ 묽은 염산과 아연의 반응
아연은 전자를 잃고(산화), 수소 이온은 전자를 얻는다(환원).

$Zn + 2H^+ \rightarrow Zn^{2+} + H_2$

⑦ 주변의 염기성 물질과 포함된 염기

염기성 물질	포함된 염기
비누	수산화 나트륨
하수구 세정제	수산화 나트륨
제산제	수산화 마그네슘

⑧ 산성과 염기성을 나타내는 이온의 확인
그림과 같이 장치한 후 전류를 흘려주면 (가)에서 H^+이 (−)극 쪽으로 이동하므로 푸른색 리트머스 종이가 (−)극 쪽으로 붉게, (나)에서 OH^-이 (+)극 쪽으로 이동하므로 붉은색 리트머스 종이가 (+)극 쪽으로 푸르게 변해간다.

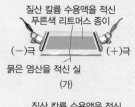

질산 칼륨 수용액을 적신 푸른색 리트머스 종이

(−)극   (+)극

묽은 염산을 적신 실
(가)

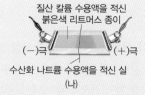

질산 칼륨 수용액을 적신 붉은색 리트머스 종이

(−)극   (+)극

수산화 나트륨 수용액을 적신 실
(나)

3 중화 반응

(1) 중화 반응 산과 염기가 반응하여 물이 생성되는 반응을 중화 반응이라고 한다.
→ 수소 이온과 수산화 이온은 1 : 1의 개수비로 반응한다($H^+ + OH^- \rightarrow H_2O$).

(2) 묽은 염산(HCl)과 수산화 나트륨(NaOH) 수용액의 중화 반응이 일어날 때의 변화
① BTB 용액을 떨어뜨린 묽은 염산(HCl)에 수산화 나트륨(NaOH) 수용액을 조금씩 넣을 때 중화 반응
· 중화 반응 모형

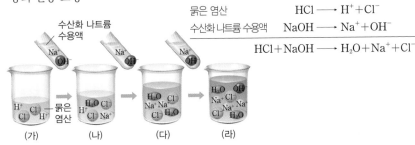

묽은 염산 $HCl \longrightarrow H^+ + Cl^-$
수산화 나트륨 수용액 $NaOH \longrightarrow Na^+ + OH^-$
$HCl + NaOH \longrightarrow H_2O + Na^+ + Cl^-$

(가) (나) (다) (라)

· 혼합 용액의 액성: (가) 산성, (나) 산성, (다) 중성, (라) 염기성
② 묽은 염산(HCl)과 수산화 나트륨(NaOH) 수용액을 혼합할 때 온도 변화

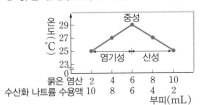

묽은 염산   2   4   6   8   10
수산화 나트륨 수용액 10   8   6   4   2
부피(mL)

· 산과 염기의 중화 반응이 일어나면 열(중화열)이 발생하므로 수용액의 온도가 올라간다.
· 반응한 수소 이온 수 또는 수산화 이온 수가 많을수록 중화열이 많이 발생하므로 수용액의 액성이 중성일 때 온도가 가장 높다.

4 물질 변화에서 에너지 출입

(1) 흡열 반응 주변으로부터 에너지를 흡수하는 반응으로 주위의 온도가 낮아진다.
- 예 · 더운 여름에 도로에 물을 뿌리면 물이 수증기로 기화하면서 주변으로부터 열에너지를 흡수하므로 시원해진다.
· 질산 암모늄과 수산화 바륨이 반응할 때 주변으로부터 열에너지를 흡수하여 주변의 온도가 낮아진다.
· 식물은 빛에너지를 흡수하여 광합성을 한다.

(2) 발열 반응 주변으로 에너지를 방출하는 반응으로 주위의 온도가 높아진다.
- 예 · 물질이 연소할 때 주변으로 열에너지를 방출하여 주위의 온도가 높아진다.
· 산과 염기가 반응할 때 주변으로 중화열을 방출하여 용액의 온도가 높아진다.
· 세포호흡이 일어날 때 열에너지가 방출되며, 방출된 에너지의 일부는 생명 활동에 쓰인다.
· 일회용 손난로는 철가루가 산화되어 산화 철이 되는 과정에서 열에너지를 방출하는 현상을 이용한다.
· 산화 칼슘은 물과 반응하여 열을 발생하므로 발열팩에 이용한다.

❾ 생활 속 중화 반응의 예
· 생선 비린내를 없애기 위해 식초나 레몬즙을 뿌린다.
· 위액이 많이 분비되어 속이 쓰릴 때 제산제를 복용한다.
· 산성화된 토양이나 호수에 석회 가루를 뿌린다.

❿ 묽은 염산(HCl)과 수산화 나트륨(NaOH) 수용액의 중화 반응

묽은 염산 수산화 나트륨 수용액 혼합 용액

⓫ 묽은 염산(HCl)에 수산화 나트륨(NaOH) 수용액을 조금씩 넣을 때 이온 수 변화

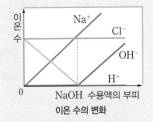

이온 수의 변화

⓬ 혼합 용액의 액성
· H^+ 수 > OH^- 수 → 산성
· H^+ 수 = OH^- 수 → 중성
· H^+ 수 < OH^- 수 → 염기성

⓭ 흡열 반응과 발열 반응

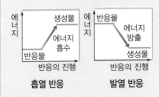

흡열 반응   발열 반응

⓮ 질산 암모늄과 수산화 바륨 반응

질산 암모늄 + 수산화 바륨

질산 암모늄과 수산화 바륨이 반응하면 흡열 반응이 일어나며 삼각 플라스크와 나무판 사이의 물이 얼어 나무판이 삼각 플라스크와 함께 들어 올려진다.

교과서 탐구하기
산과 염기의 중화 반응 탐구하기

 탐구 목표

산과 염기의 중화 반응에서 지시약의 색 변화와 온도 변화를 관찰하고, 수용액의 온도 변화를 그래프로 나타낼 수 있다.

 탐구 과정

1. 묽은 염산과 수산화 나트륨 수용액의 처음 온도를 각각 측정한다.
2. 홈판의 홈 A~E에 묽은 염산과 수산화 나트륨 수용액의 부피를 다르게 하여 넣고 잘 섞은 후 최고 온도를 측정하여 표에 기록한다.
3. A~E에 BTB 용액을 각각 1~2방울씩 넣은 후 혼합 수용액의 색 변화를 관찰하여 표에 기록한다.

 자료 정리

1. 혼합 전 묽은 염산과 수산화 나트륨 수용액의 온도: 21℃
2. 혼합 수용액의 최고 온도와 수용액의 색

홈	A	B	C	D	E
묽은 염산(HCl)의 부피(mL)	1	3	5	7	9
수산화 나트륨(NaOH) 수용액의 부피(mL)	9	7	5	3	1
최고 온도(℃)	22	24	26	24	22
수용액의 색	파란색	파란색	초록색	노란색	노란색

 결과 분석

1. 혼합 용액의 최고 온도를 그래프로 나타내 보자.

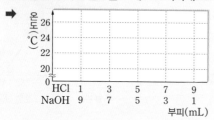

2. 묽은 염산과 수산화 나트륨 수용액을 혼합할 때 용액의 온도가 높아지는 까닭은 무엇인지 쓰시오.
➡

3. A~E 중 완전히 중화가 일어난 것은 어느 것인지 쓰시오.
➡

4. A~E에서 혼합 수용액의 액성은 무엇인지 쓰시오.
➡

기초 확인 문제

▶ 242018-0313

01 다음은 지구와 생명의 역사를 바꾼 2가지 화학 반응이다.

- 이산화 탄소 + 물 ⟶ 포도당 + ⬚ ㉠
- 화석 연료 + ⬚ ㉠ ⟶ 이산화 탄소 + 물

㉠은?

① 수소   ② 질소   ③ 산소   ④ 나트륨   ⑤ 염소

▶ 242018-0314

02 다음은 3가지 화학 반응식이다.

(가) $2CuO + C \longrightarrow 2Cu + CO_2$
(나) $Cu^{2+} + Zn \longrightarrow Cu + Zn^{2+}$
(다) $2Na + Cl_2 \longrightarrow 2NaCl$

(가)~(다)에서 산화된 물질을 옳게 짝 지은 것은?

	(가)	(나)	(다)
①	CuO	Cu^{2+}	Na
②	CuO	Zn	Na
③	C	Zn	Na
④	C	Zn	Cl_2
⑤	C	Cu^{2+}	Cl_2

▶ 242018-0315

03 다음은 마그네슘(Mg)과 산소(O_2)가 반응하여 산화 마그네슘(MgO)이 생성되는 반응의 화학 반응식이다.

$$2Mg + O_2 \longrightarrow 2MgO$$

이에 대한 설명으로 옳은 것만을 보기 에서 있는 대로 고른 것은?

보기
ㄱ. Mg은 산화된다.
ㄴ. O_2는 전자를 얻는다.
ㄷ. MgO은 이온 결합 물질이다.

① ㄱ   ② ㄷ   ③ ㄱ, ㄴ   ④ ㄴ, ㄷ   ⑤ ㄱ, ㄴ, ㄷ

▶ 242018-0316

04 산화·환원 반응에 대한 설명으로 옳은 것만을 보기 에서 있는 대로 고른 것은?

보기
ㄱ. 물질이 산소와 결합하는 것은 산화 반응이다.
ㄴ. 물질이 전자를 얻는 것은 환원 반응이다.
ㄷ. 산화 반응과 환원 반응은 항상 동시에 일어난다.

① ㄱ   ② ㄴ   ③ ㄴ, ㄷ   ④ ㄱ, ㄷ   ⑤ ㄱ, ㄴ, ㄷ

▶ 242018-0317

05 다음은 구리를 이용한 실험이다.

(가) 도가니에 붉은색 구리 가루 w g을 넣고 공기 중에서 가열하여 모두 반응시켰더니 ㉠ 검은색 물질이 생성되었다.
(나) (가)에서 생성된 검은색 물질을 탄소 가루와 섞은 후 가열하였더니 붉은색 물질과 기체가 생성되었고, ㉡ 생성된 기체를 석회수에 통과시켰더니 석회수가 뿌옇게 흐려졌다.

이에 대한 설명으로 옳은 것만을 보기 에서 있는 대로 고른 것은?

보기
ㄱ. (가)에서 생성된 ㉠의 질량은 w g보다 크다.
ㄴ. ㉡은 이산화 탄소이다.
ㄷ. (나)에서 ㉠은 환원된다.

① ㄱ   ② ㄴ   ③ ㄱ, ㄴ   ④ ㄴ, ㄷ   ⑤ ㄱ, ㄴ, ㄷ

▶ 242018-0318

06 그림은 질산 은($AgNO_3$) 수용액에 구리(Cu)판을 넣었을 때 일어나는 반응을 모형으로 나타낸 것이다.

반응이 진행될 때, 이에 대한 설명으로 옳은 것만을 보기 에서 있는 대로 고른 것은?

보기
ㄱ. 전자는 구리에서 은 이온으로 이동한다.
ㄴ. 질산 이온의 수는 일정하다.
ㄷ. 수용액 속 은 이온의 수는 증가한다.

① ㄱ   ② ㄷ   ③ ㄱ, ㄴ   ④ ㄴ, ㄷ   ⑤ ㄱ, ㄴ, ㄷ

▶ 242018-0319

07 그림은 묽은 염산(HCl)에 아연 (Zn)판을 넣었을 때의 반응을 모형으로 나타낸 것이다.

이에 대한 설명으로 옳은 것만을 보기 에서 있는 대로 고른 것은?

보기
ㄱ. 아연은 전자를 잃고 산화된다.
ㄴ. 수용액의 양이온 수는 증가한다.
ㄷ. 아연판의 질량은 점점 증가한다.

① ㄱ   ② ㄴ   ③ ㄱ, ㄷ   ④ ㄴ, ㄷ   ⑤ ㄱ, ㄴ, ㄷ

▶ 242018-0320

08 다음은 드라이아이스에 마그네슘 가루를 넣고 연소시킬 때 일어나는 반응의 화학 반응식이다.

$$2Mg + CO_2 \longrightarrow 2\boxed{\text{㉠}} + C$$

이에 대한 설명으로 옳은 것만을 보기 에서 있는 대로 고른 것은?

보기
ㄱ. ㉠은 MgO이다.
ㄴ. 물질 사이에서 산소가 이동한다.
ㄷ. 이산화 탄소는 환원된다.

① ㄱ   ② ㄷ   ③ ㄱ, ㄴ   ④ ㄴ, ㄷ   ⑤ ㄱ, ㄴ, ㄷ

▶ 242018-0321

09 그림은 질산 은(AgNO₃) 수용액에 철(Fe) 못을 넣었을 때 못 표면에서 금속 X가 석출 되는 모습을 나타낸 것이다.

이에 대한 설명으로 옳은 것만을 보기 에서 있는 대로 고른 것은?

보기
ㄱ. X는 은(Ag)이다.
ㄴ. 철은 전자를 잃는다.
ㄷ. 질산 이온은 산화된다.

① ㄱ   ② ㄷ   ③ ㄱ, ㄴ   ④ ㄴ, ㄷ   ⑤ ㄱ, ㄴ, ㄷ

▶ 242018-0322

10 그림은 수용액 (가)와 (나)에 들어 있는 이온을 모형으로 나타낸 것이다.

이에 대한 설명으로 옳은 것만을 보기 에서 있는 대로 고른 것은?

보기
ㄱ. (가)와 (나)는 모두 전류가 흐른다.
ㄴ. 마그네슘 조각을 넣었을 때 수소 기체가 발생하는 것은 (가)이다.
ㄷ. 페놀프탈레인 용액을 넣었을 때 붉은색으로 변하는 것은 (나)이다.

① ㄱ   ② ㄴ   ③ ㄱ, ㄷ   ④ ㄴ, ㄷ   ⑤ ㄱ, ㄴ, ㄷ

▶ 242018-0323

11 다음은 3가지 산의 이온화 반응식이다.

- $HCl \longrightarrow \boxed{\text{㉠}} + Cl^-$
- $HNO_3 \longrightarrow \boxed{\text{㉠}} + NO_3^-$
- $CH_3COOH \longrightarrow \boxed{\text{㉠}} + CH_3COO^-$

㉠에 대한 설명으로 옳은 것만을 보기 에서 있는 대로 고른 것은?

보기
ㄱ. H^+이다.
ㄴ. 붉은색 리트머스 종이를 푸르게 변화시킨다.
ㄷ. 레몬즙에 들어있다.

① ㄱ   ② ㄴ   ③ ㄱ, ㄷ   ④ ㄴ, ㄷ   ⑤ ㄱ, ㄴ, ㄷ

▶ 242018-0324

12 표는 4가지 물질을 분류 기준 ㉠에 따라 분류한 것이다.

분류 기준	예	아니요
㉠	HCl, HNO₃	NaOH, KOH

㉠으로 적절한 것만을 보기 에서 있는 대로 고른 것은?

보기
ㄱ. 수용액에서 전류가 흐르는가?
ㄴ. 수용액에 BTB 용액을 떨어뜨렸을 때 초록색인가?
ㄷ. 수용액에 마그네슘 조각을 넣었을 때 기체가 발생하는가?

① ㄱ   ② ㄷ   ③ ㄱ, ㄴ   ④ ㄴ, ㄷ   ⑤ ㄱ, ㄴ, ㄷ

▶ 242018-0325

13 다음은 수산화 나트륨(NaOH) 수용액을 이용한 실험이다.

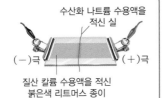

그림과 같이 장치한 후 전류를 흘려주었더니 붉은색 리트머스 종이가 실에서부터 ㉠극 쪽으로 ㉡색으로 변해간다.

㉠과 ㉡으로 옳게 짝 지은 것은?

	㉠	㉡		㉠	㉡		㉠	㉡
①	(+)	푸른	②	(+)	붉은	③	(−)	푸른
④	(−)	붉은	⑤	(−)	초록			

▶ 242018-0326

14 수용액에 달걀 껍데기를 넣었을 때 이산화 탄소 기체를 발생시키는 물질만을 [보기]에서 있는 대로 고른 것은?

[보기]
ㄱ. NaOH   ㄴ. CH₃COOH   ㄷ. Ca(OH)₂

① ㄴ   ② ㄷ   ③ ㄱ, ㄴ   ④ ㄱ, ㄷ   ⑤ ㄱ, ㄴ, ㄷ

▶ 242018-0327

15 다음은 묽은 염산(HCl)을 이용한 실험이다.

질산 칼륨 수용액을 적신 푸른색 리트머스 종이 위에 묽은 염산을 적신 실을 올려놓고 전류를 흘려주었더니 푸른색 리트머스 종이가 실에서부터 A극 쪽으로 붉게 변해갔다.

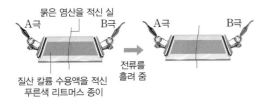

묽은 염산을 적신 실
A극   B극
질산 칼륨 수용액을 적신
푸른색 리트머스 종이
전류를 흘려 줌
A극   B극

이에 대한 설명으로 옳은 것만을 [보기]에서 있는 대로 고른 것은?

[보기]
ㄱ. A극은 (−)극이다.
ㄴ. Cl⁻은 B극으로 이동한다.
ㄷ. 묽은 황산(H₂SO₄)으로 실험해도 같은 결과가 나타난다.

① ㄱ   ② ㄷ   ③ ㄱ, ㄴ   ④ ㄴ, ㄷ   ⑤ ㄱ, ㄴ, ㄷ

▶ 242018-0328

16 산과 염기 수용액의 공통점에 대한 설명으로 옳은 것만을 [보기]에서 있는 대로 고른 것은?

[보기]
ㄱ. 전기 전도성이 있다.
ㄴ. 탄산 칼슘과 반응하여 이산화 탄소 기체가 발생한다.
ㄷ. 페놀프탈레인 용액을 넣으면 붉은색이 나타난다.

① ㄱ   ② ㄷ   ③ ㄱ, ㄴ   ④ ㄴ, ㄷ   ⑤ ㄱ, ㄴ, ㄷ

▶ 242018-0329

17 그림은 온도와 부피가 같은 수용액 (가)와 (나)에 들어 있는 이온을 각각 모형으로 나타낸 것이다. (가)와 (나)를 혼합한 용액에 대한 설명으로 옳은 것만을 [보기]에서 있는 대로 고른 것은?

(가)   (나)

[보기]
ㄱ. 용액에 존재하는 양이온 수와 음이온 수가 같다.
ㄴ. 탄산 칼슘을 넣으면 이산화 탄소 기체가 발생한다.
ㄷ. 붉은색 리트머스 종이를 푸르게 변화시킨다.

① ㄱ   ② ㄴ   ③ ㄱ, ㄷ   ④ ㄴ, ㄷ   ⑤ ㄱ, ㄴ, ㄷ

▶ 242018-0330

18 그림은 묽은 황산 (가)와 수산화 나트륨 수용액 (나)의 반응을 입자 모형으로 나타낸 것이다. (가)와 (나)의 온도는 각각 t_1 ℃이고, 혼합 용액의 온도는 t_2 ℃이다.

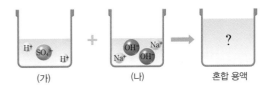
(가)   (나)   혼합 용액

이에 대한 설명으로 옳은 것만을 [보기]에서 있는 대로 고른 것은?

[보기]
ㄱ. 혼합 용액에 BTB 용액을 떨어뜨리면 파란색이 된다.
ㄴ. 혼합 용액에서 중화 반응으로 생성된 물 분자 수는 Na⁺ 수와 같다.
ㄷ. $t_1 < t_2$이다.

① ㄱ   ② ㄷ   ③ ㄱ, ㄴ   ④ ㄴ, ㄷ   ⑤ ㄱ, ㄴ, ㄷ

▶ 242018-0331

19 다음은 생활 속에서 중화 반응을 이용한 예 (가)~(다)에 대한 내용이다.

> (가) 생선 비린내를 제거하기 위해 레몬즙을 사용한다.
> (나) 위산 과다 분비로 속이 쓰릴 때 제산제를 먹는다.
> (다) 산성화된 토양을 중화시키기 위해 재를 뿌린다.

(가)~(다)에 대한 설명으로 옳은 것만을 보기 에서 있는 대로 고른 것은?

> **보기**
> ㄱ. (가)에서 레몬즙 대신 식초를 사용해도 된다.
> ㄴ. (나)의 제산제를 물에 녹인 후 BTB 용액을 떨어뜨리면 푸른색으로 변한다.
> ㄷ. (다)에서 재는 염기성 물질이다.

① ㄱ　　② ㄷ　　③ ㄱ, ㄴ　　④ ㄴ, ㄷ　　⑤ ㄱ, ㄴ, ㄷ

▶ 242018-0332

20 그림은 페놀프탈레인 용액을 2~3방울 떨어뜨린 일정량의 묽은 염산(HCl)에 수산화 나트륨(NaOH) 수용액을 조금씩 넣을 때 용액 (가)~(라)에 들어 있는 입자를 모형으로 나타낸 것이다.

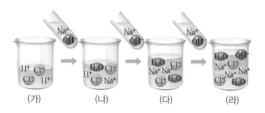

이에 대한 설명으로 옳은 것만을 보기 에서 있는 대로 고른 것은?(단, 혼합 전 두 수용액의 온도는 같다.)

> **보기**
> ㄱ. 용액에 존재하는 총 이온 수는 (가)>(나)이다.
> ㄴ. 용액의 온도는 (다)가 가장 높다.
> ㄷ. (다)와 (라)에서 용액은 모두 붉은색이다.

① ㄱ　　② ㄴ　　③ ㄱ, ㄷ　　④ ㄴ, ㄷ　　⑤ ㄱ, ㄴ, ㄷ

▶ 242018-0333

21 그림은 일정량의 묽은 염산(HCl)에 수산화 칼륨(KOH) 수용액을 조금씩 넣을 때 용액에 들어 있는 이온 수를 나타낸 것이다. A~D에 해당하는 이온으로 옳은 것은?

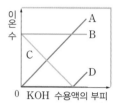

	A	B	C	D
①	K^+	Cl^-	H^+	OH^-
②	K^+	Cl^-	OH^-	H^+
③	K^+	OH^-	Cl^-	H^+
④	Cl^-	K^+	H^+	OH^-
⑤	H^+	Cl^-	OH^-	K^+

▶ 242018-0334

22 표는 같은 부피에 들어 있는 양이온 수가 같은 묽은 염산(HCl)과 수산화 나트륨(NaOH) 수용액의 부피를 다르게 하여 혼합한 용액 (가)~(라)에 대한 자료이다.

혼합 용액	(가)	(나)	(다)	(라)
묽은 염산의 부피(mL)	20	30	40	50
수산화 나트륨 수용액의 부피(mL)	40	30	20	10

이에 대한 설명으로 옳은 것만을 보기 에서 있는 대로 고른 것은?

> **보기**
> ㄱ. 온도가 가장 높은 혼합 용액은 (나)이다.
> ㄴ. H^+ 수는 (라)가 (다)의 2배이다.
> ㄷ. (가)와 (라)를 혼합한 수용액의 액성은 산성이다.

① ㄱ　　② ㄷ　　③ ㄱ, ㄴ　　④ ㄴ, ㄷ　　⑤ ㄱ, ㄴ, ㄷ

▶ 242018-0335

23 우리 주변에서 볼 수 있는 현상 중 흡열 반응만을 보기 에서 있는 대로 고른 것은?

> **보기**
> ㄱ. 더운 여름날 물을 뿌리면 주변이 시원해진다.
> ㄴ. 손난로를 흔들면 따뜻해진다.
> ㄷ. 컵에 담긴 얼음이 녹는다.

① ㄱ　　② ㄴ　　③ ㄷ　　④ ㄱ, ㄷ　　⑤ ㄴ, ㄷ

실력 향상 문제

▸ 242018-0336

01 다음은 2가지 산화 환원 반응의 화학 반응식이다.

> (가) $4Fe + 6O_2 \longrightarrow 2Fe_2O_3$
> (나) $Fe_2O_3 + 3CO \longrightarrow 2Fe + 3CO_2$

이에 대한 설명으로 옳은 것만을 보기 에서 있는 대로 고른 것은?

> **보기**
>
> ㄱ. Fe_2O_3은 이온 결합 물질이다.
> ㄴ. (가)에서 Fe은 산화되고, (나)에서 CO는 환원된다.
> ㄷ. (가)와 (나)에서 모두 전자의 이동이 일어난다.

① ㄱ   ② ㄴ   ③ ㄱ, ㄷ   ④ ㄴ, ㄷ   ⑤ ㄱ, ㄴ, ㄷ

▸ 242018-0337

02 다음은 구리를 이용한 실험이다.

> **[실험 과정]**
> (가) 구리 조각의 질량을 전자 저울로 측정한다.
> (나) 구리 조각을 가열하면서 겉모습을 관찰한다.
> (다) 구리 조각이 식으면 질량을 다시 측정한다.
>
>
>
> **[실험 결과]**
>
> | 구분 | 구리의 질량(g) | 구리의 겉모습 |
> |------|------|------|
> | 가열 전 | 0.89 | 붉은색 |
> | 가열 후 | 1.00 | 검은색 |

이에 대한 설명으로 옳은 것만을 보기 에서 있는 대로 고른 것은?

> **보기**
>
> ㄱ. (나)에서 구리는 산화된다.
> ㄴ. (나)에서 생성된 검은색 물질은 산화 구리이다.
> ㄷ. 구리와 결합한 산소의 질량은 0.11 g이다.

① ㄱ   ② ㄷ   ③ ㄱ, ㄴ   ④ ㄴ, ㄷ   ⑤ ㄱ, ㄴ, ㄷ

▸ 242018-0338

03 다음은 구리와 관련된 3가지 화학 반응식이다.

> (가) $CuO + H_2 \longrightarrow Cu + \boxed{㉠}$
> (나) $2CuO + C \longrightarrow 2Cu + CO_2$
> (다) $2Cu + O_2 \longrightarrow 2CuO$

이에 대한 설명으로 옳은 것만을 보기 에서 있는 대로 고른 것은?

> **보기**
>
> ㄱ. ㉠은 H_2O이다.
> ㄴ. (나)에서 C는 전자를 잃는다.
> ㄷ. (다)에서 Cu는 환원된다.

① ㄱ   ② ㄷ   ③ ㄱ, ㄴ   ④ ㄴ, ㄷ   ⑤ ㄱ, ㄴ, ㄷ

▸ 242018-0339

04 그림 (가)는 금속 A를 B 이온이 들어 있는 수용액에 넣은 것을, (나)는 금속 C를 A 이온이 들어 있는 수용액에 넣은 것을 나타낸 것이다. (가)와 (나)의 금속 표면에서 각각 고체가 석출되었으며, 전체 이온 수는 모두 증가했고, A~C 이온의 전하는 각각 $+a$, $+b$, $+c$이다.

(가)   (나)

이에 대한 설명으로 옳은 것만을 보기 에서 있는 대로 고른 것은? (단, A~C는 임의의 원소 기호이며, 음이온은 반응에 참여하지 않는다.)

> **보기**
>
> ㄱ. (가)에서 A는 전자를 잃고 산화되었다.
> ㄴ. (나)에서 전자는 금속 C에서 A 이온으로 이동했다.
> ㄷ. a~c 중 b가 가장 크다.

① ㄱ   ② ㄴ   ③ ㄱ, ㄷ   ④ ㄴ, ㄷ   ⑤ ㄱ, ㄴ, ㄷ

▶ 242018-0340

05 그림은 질산 은($AgNO_3$) 수용액에 구리(Cu)줄을 넣었을 때의 변화를 나타낸 것이다.

이에 대한 설명으로 옳은 것만을 보기 에서 있는 대로 고른 것은?

보기
ㄱ. 은 이온은 전자를 얻어 환원된다.
ㄴ. 구리는 전자를 잃고 구리 이온(Ⅱ)이 된다.
ㄷ. 반응이 진행될수록 수용액의 색은 점점 푸른색으로 변한다.

① ㄱ   ② ㄷ   ③ ㄱ, ㄴ   ④ ㄴ, ㄷ   ⑤ ㄱ, ㄴ, ㄷ

▶ 242018-0341

06 표는 몇 가지 물질을 분류 기준 ㉠과 ㉡에 따라 분류한 것이다.

분류 기준	예	아니요
㉠	탄산, 아세트산	수산화 나트륨, 설탕
㉡	수산화 나트륨	탄산, 아세트산, 설탕

㉠과 ㉡으로 적절한 것은?

	㉠	㉡
①	수용액에서 전류가 흐르는가?	수용액에 페놀프탈레인 용액을 넣으면 붉게 변하는가?
②	수용액에서 전류가 흐르는가?	수용액에 달걀 껍데기를 넣으면 기체가 발생하는가?
③	수용액에 달걀 껍데기를 넣으면 기체가 발생하는가?	수용액에서 전류가 흐르는가?
④	수용액에 달걀 껍데기를 넣으면 기체가 발생하는가?	수용액에 페놀프탈레인 용액을 넣으면 붉게 변하는가?
⑤	수용액에 페놀프탈레인 용액을 넣으면 붉게 변하는가?	수용액에서 전류가 흐르는가?

▶ 242018-0342

07 다음은 몇 가지 물질에 들어 있는 주성분 물질의 이온화 반응식이다.

• 탄산 음료: $H_2CO_3 \longrightarrow 2H^+ + CO_3^{2-}$
• 식초: $CH_3COOH \longrightarrow H^+ + CH_3COO^-$
• 하수구 세정제: $NaOH \longrightarrow Na^+ + OH^-$

이에 대한 설명으로 옳은 것만을 보기 에서 있는 대로 고른 것은?

보기
ㄱ. 탄산 음료의 액성은 산성이다.
ㄴ. 식초에 마그네슘 조각을 넣으면 수소 기체가 발생한다.
ㄷ. 식초와 하수구 세정제에 페놀프탈레인 용액을 넣으면 모두 붉은색으로 변한다.

① ㄱ   ② ㄷ   ③ ㄱ, ㄴ   ④ ㄴ, ㄷ   ⑤ ㄱ, ㄴ, ㄷ

▶ 242018-0343

08 그림은 HA와 BOH의 수용액에 들어 있는 이온을 모형으로 나타낸 것이다.

HA 수용액   BOH 수용액

이에 대한 설명으로 옳은 것만을 보기 에서 있는 대로 고른 것은?

보기
ㄱ. HA는 산이다.
ㄴ. B 이온의 전하는 +2이다.
ㄷ. BTB 용액을 넣었을 때 노란색으로 변하는 것은 HA 수용액이다.

① ㄱ   ② ㄴ   ③ ㄱ, ㄷ   ④ ㄴ, ㄷ   ⑤ ㄱ, ㄴ, ㄷ

▶ 242018-0344

09 다음은 X 수용액에 대한 자료이다.

• 전류가 흐른다.
• 이온 수 비는 양이온 : 음이온 = 2 : 1이다.
• 달걀 껍데기를 넣었더니 기체가 발생했다.

X로 가장 적절한 것은?

① CH_3COOH ② $Ca(OH)_2$ ③ H_2SO_4
④ $NaOH$ ⑤ $Ba(OH)_2$

10 그림과 같이 질산 칼륨 수용액을 적신 ㉠색 리트머스 종이에 아세트산 수용액을 적신 실을 올려놓고 전류를 흘려 주었더니 (−)극 쪽으로 색이 변하였다.

이에 대한 설명으로 옳은 것만을 보기 에서 있는 대로 고른 것은?

> **보기**
> ㄱ. '붉은'은 ㉠으로 적절하다.
> ㄴ. 아세트산 수용액의 H^+이 (−)극으로 이동한다.
> ㄷ. 질산 칼륨 수용액 대신 묽은 염산을 사용해도 같은 결과를 얻을 수 있다.

① ㄴ   ② ㄷ   ③ ㄱ, ㄴ   ④ ㄱ, ㄷ   ⑤ ㄱ, ㄴ, ㄷ

▶ 242018-0346

11 표는 묽은 염산(HCl), 염화 나트륨($NaCl$) 수용액, 수산화 나트륨($NaOH$) 수용액을 분류 기준에 따라 분류한 것이다.

기준	예	아니요
Mg과 반응하여 수소 기체를 발생시키는가?	(가)	(나)
페놀프탈레인 용액을 붉게 변화시키는가?	(다)	(라)

(가)~(라)에 해당하는 수용액의 가짓수로 옳은 것은?

	(가)	(나)	(다)	(라)
①	1	2	0	3
②	1	2	1	2
③	1	2	2	1
④	2	1	2	1
⑤	2	1	3	0

▶ 242018-0347

12 그림은 온도가 t ℃로 같은 수용액 (가)와 (나)를 혼합하여 (다)를 만드는 과정을 나타낸 것이다.

이에 대한 설명으로 옳은 것만을 보기 에서 있는 대로 고른 것은?

> **보기**
> ㄱ. A는 2가 양이온이다.
> ㄴ. (가)와 (나)를 혼합하면 물이 생성된다.
> ㄷ. (다)의 온도는 t ℃보다 높다.

① ㄱ   ② ㄴ   ③ ㄱ, ㄷ   ④ ㄴ, ㄷ   ⑤ ㄱ, ㄴ, ㄷ

▶ 242018-0348

13 그림은 부피가 같은 수용액 (가)~(다)를 이온 모형으로 나타낸 것이다. (가)~(다)는 각각 묽은 염산(HCl), 수산화 나트륨($NaOH$) 수용액, 수산화 칼슘($Ca(OH)_2$) 수용액 중 하나이다.

이에 대한 설명으로 옳은 것만을 보기 에서 있는 대로 고른 것은?

> **보기**
> ㄱ. (나)는 수산화 나트륨 수용액이다.
> ㄴ. ●는 OH^-이다.
> ㄷ. (가)와 (다)를 혼합한 용액에서 전체 양이온 수가 전체 음이온 수보다 크다.

① ㄱ   ② ㄷ   ③ ㄱ, ㄴ   ④ ㄴ, ㄷ   ⑤ ㄱ, ㄴ, ㄷ

▶ 242018-0349

14 그림은 같은 온도, 같은 농도의 묽은 염산(HCl)과 수산화 나트륨(NaOH) 수용액의 부피를 달리하여 혼합한 용액의 최고 온도를 측정하여 나타낸 것이다.

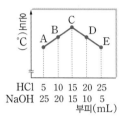

HCl	5	10	15	20	25
NaOH	25	20	15	10	5

부피(mL)

이에 대한 설명으로 옳지 <u>않은</u> 것은?

① A에는 OH⁻이 있다.
② B에 BTB 용액을 떨어뜨리면 푸른색으로 변한다.
③ C에서 생성된 물 분자 수가 가장 많다.
④ 페놀프탈레인 용액에 의해 붉게 변하는 것은 D와 E이다.
⑤ A와 D를 혼합한 수용액의 액성은 염기성이다.

▶ 242018-0350

15 그림은 묽은 염산(HCl) 10 mL에 수산화 칼륨(KOH) 수용액을 조금씩 넣을 때 혼합 용액에 존재하는 이온 X의 수를 나타낸 것이다.

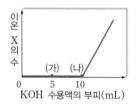

이에 대한 설명으로 옳은 것만을 보기 에서 있는 대로 고른 것은?

보기
ㄱ. 이온 X는 OH⁻이다.
ㄴ. 혼합 전 묽은 염산과 수산화 칼륨 수용액은 같은 부피에 들어 있는 전체 이온 수가 같다.
ㄷ. (가)에서 혼합 용액에 들어 있는 이온 수는 Cl⁻이 가장 크다.

① ㄱ   ② ㄴ   ③ ㄱ, ㄷ   ④ ㄴ, ㄷ   ⑤ ㄱ, ㄴ, ㄷ

▶ 242018-0351

16 그림은 묽은 염산(HCl)에 t ℃ 수산화 나트륨(NaOH) 수용액을 10 mL씩 넣을 때 혼합 용액에 존재하는 이온을 모형으로 나타낸 것이다.

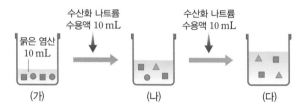

이에 대한 설명으로 옳은 것만을 보기 에서 있는 대로 고른 것은?

보기
ㄱ. 혼합 전 묽은 염산과 수산화 나트륨 수용액은 같은 부피에 들어 있는 양이온 수가 같다.
ㄴ. 같은 부피에 들어 있는 Cl⁻ 수는 (가)>(나)>(다)이다.
ㄷ. (다)에 t ℃ 수산화 나트륨 수용액 10 mL를 추가한 혼합 용액의 온도는 (다)보다 높다.

① ㄱ   ② ㄴ   ③ ㄱ, ㄷ   ④ ㄴ, ㄷ   ⑤ ㄱ, ㄴ, ㄷ

▶ 242018-0352

17 다음은 드라이아이스로 만든 통에 불을 붙인 마그네슘을 넣었을 때 일어나는 2가지 반응 (가)와 (나)에 대한 설명이다.

(가) 드라이아이스가 승화하여 이산화 탄소 기체가 발생한다.
(나) 마그네슘은 이산화 탄소로부터 산소를 얻어 빛과 열을 내며 연소한다.

이에 대한 설명으로 옳은 것만을 보기 에서 있는 대로 고른 것은?

보기
ㄱ. (가)에서 일어나는 반응은 물리 변화이다.
ㄴ. (가)는 발열 반응이다.
ㄷ. (나)에서 반응이 일어나는 동안 주위로부터 열을 흡수한다.

① ㄱ   ② ㄴ   ③ ㄱ, ㄷ   ④ ㄴ, ㄷ   ⑤ ㄱ, ㄴ, ㄷ

1 그림은 질산 은($AgNO_3$) 수용액에 구리(Cu)줄을 넣었을 때 반응 전과 후의 모습을 나타낸 것이다. 반응 후 구리선 표면에 회백색 고체가 생성되었고, 수용액의 색은 푸른색이 되었다.

이 반응을 화학 반응식으로 쓰고, 전자의 이동에 의한 산화·환원 반응으로 설명하시오.

Tip | 금속 이온과 금속은 전자 이동을 통해 산화·환원 반응을 한다.
Key Word | 전자 이동, 산화, 환원

2 그림은 일정량의 수산화 나트륨(NaOH) 수용액에 $t\,°C$의 묽은 염산(HCl)을 조금씩 가할 때 이온 모형을 나타낸 것이다.

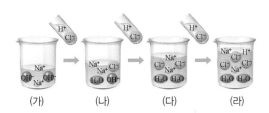

용액 (가)~(라) 중 가장 온도가 높은 용액을 쓰고, 그렇게 생각한 까닭을 쓰시오.

Tip | H^+과 OH^-은 1 : 1의 개수비로 반응하며, 중화 반응이 일어날 때 열이 발생한다.
Key Word | 중화 반응, 중화열

3 다음은 광변색 렌즈에 대한 자료이다.

광변색 렌즈는 자외선에 반응하여 색이 변하는 특수한 렌즈이다. 실외에서는 선글라스처럼 자외선에 의해 어둡게 변색하여 눈을 보호하고, 실내에 들어오면 자외선이 줄어들어 다시 투명해진다.

광변색 렌즈에는 염화 은($AgCl$), 염화 구리(Ⅰ)($CuCl$)와 같이 자외선에 반응하는 물질이 포함되어 있다. 이 물질은 자외선에 노출되면 염화 이온(Cl^-)이 전자를 잃고, 은 이온(Ag^+)은 이 전자를 얻어 원자가 된다. 이 과정에서 생성된 Ag이 짙은 색을 띠므로 렌즈의 색이 어두워진다. 이때 Ag과 Cl가 바로 반응하지 않는 것은 Cu^+이 생성된 Cl와 반응하기 때문이다.
$$Ag^+ + Cl^- \longrightarrow Ag + Cl$$
$$Cu^+ + Cl \longrightarrow Cu^{2+} + Cl^-$$
자외선이 약한 실내에서는 Cu^{2+}이 천천히 결정 표면으로 이동하여 금속 Ag과 반응하고 Ag^+은 다시 Cl^-과 결합하면서 투명해진다.

자외선이 강할 때와 약할 때 렌즈에서 일어나는 반응을 산화·환원 반응으로 설명하고, 우리 생활 주변에서 이와 같은 화학 반응이 적용된 사례를 2가지 제시한 후 전자의 이동 또는 산소의 이동으로 원리를 서술하시오.

Tip | 전자를 잃거나 산소를 얻으면 산화, 전자를 얻거나 산소를 잃으면 환원된다.
Key Word | 전자 이동, 산소 이동, 산화, 환원

대단원 마무리 문제

▸ 242018-0356

01 그림 (가)와 (나)는 삼엽충과 스트로마톨라이트 사진을 순서 없이 나타낸 것이다.

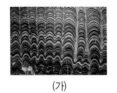

(가) (나)

이에 대한 설명으로 옳은 것만을 **보기** 에서 있는 대로 고른 것은?

보기
ㄱ. 화석이 산출되는 지질 시대의 길이는 (가)가 (나)보다 길다.
ㄴ. (나)는 척추동물의 화석이다.
ㄷ. (가)와 (나)는 해양 생물의 화석이다.

① ㄱ   ② ㄴ   ③ ㄷ   ④ ㄱ, ㄷ   ⑤ ㄴ, ㄷ

▸ 242018-0357

02 그림 (가)와 (나)는 서로 다른 지질 시대에 번성했던 생물의 화석이다.

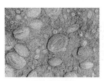

(가) 암모나이트 (나) 화폐석

이에 대한 설명으로 옳은 것만을 **보기** 에서 있는 대로 고른 것은?

보기
ㄱ. (가)는 (나)보다 먼저 생성되었다.
ㄴ. (가)와 (나)는 해양 생물의 화석이다.
ㄷ. 공룡이 번성했던 시대의 화석은 (가)이다.

① ㄱ   ② ㄴ   ③ ㄱ, ㄷ   ④ ㄴ, ㄷ   ⑤ ㄱ, ㄴ, ㄷ

▸ 242018-0358

03 그림은 고생대 이후 해양 생물 과의 수 변화를 나타낸 것이다.

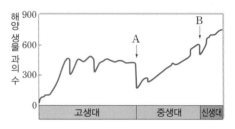

이에 대한 설명으로 옳은 것만을 **보기** 에서 있는 대로 고른 것은?

보기
ㄱ. 삼엽충은 A 시기에 멸종하였다.
ㄴ. B 시기의 대멸종 요인 중 한 가지는 초대륙의 형성이다.
ㄷ. 해양 생물 과의 수 감소 비율은 A 시기가 B 시기보다 크다.

① ㄱ   ② ㄴ   ③ ㄱ, ㄷ   ④ ㄴ, ㄷ   ⑤ ㄱ, ㄴ, ㄷ

▸ 242018-0359

04 그림은 공룡, 삼엽충, 매머드를 분류하는 과정을 나타낸 것이다.

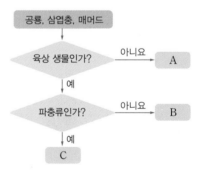

이에 대한 설명으로 옳은 것만을 **보기** 에서 있는 대로 고른 것은?

보기
ㄱ. A는 삼엽충이다.
ㄴ. B가 번성했던 시대에 히말라야산맥이 형성되었다.
ㄷ. 중생대에 번성했던 생물은 C이다.

① ㄱ   ② ㄴ   ③ ㄱ, ㄷ   ④ ㄴ, ㄷ   ⑤ ㄱ, ㄴ, ㄷ

▶ 242018-0360

05 그림은 살충제 살포에 의한 어떤 해충 집단의 변화를 나타낸 것이다. ㉠과 ㉡은 각각 살충제에 내성이 있는 해충과 살충제에 내성이 없는 해충 중 하나이다.

이에 대한 설명으로 옳은 것만을 <u>보기</u>에서 있는 대로 고른 것은?

> **보기**
> ㄱ. 해충 집단에는 변이가 존재한다.
> ㄴ. 살충제 내성이 있는 해충은 ㉠이다.
> ㄷ. 해충 집단에서 ㉠과 ㉡의 비율이 변한 것은 돌연변이의 결과이다.

① ㄱ ② ㄴ ③ ㄷ ④ ㄱ, ㄴ ⑤ ㄴ, ㄷ

▶ 242018-0361

06 그림은 면적이 같은 서로 다른 지역 A와 B에 서식하는 생물종을 나타낸 것이다.

지역 A

지역 B

이에 대한 설명으로 옳은 것만을 <u>보기</u>에서 있는 대로 고른 것은?

> **보기**
> ㄱ. A가 속한 생태계는 사막 환경일 것이다.
> ㄴ. 종다양성은 A에서가 B에서보다 높다.
> ㄷ. 거미 배 부분 색의 유전적 다양성은 A에서가 B에서보다 높다.

① ㄱ ② ㄷ ③ ㄱ, ㄴ ④ ㄴ, ㄷ ⑤ ㄱ, ㄴ, ㄷ

▶ 242018-0362

07 그림 (가), (나), (다)는 유전적 다양성, 종다양성, 생태계 다양성을 순서 없이 나타낸 것이다.

(가)　　　　　(나)　　　　　(다)

이에 대한 설명으로 옳은 것만을 <u>보기</u>에서 있는 대로 고른 것은?

> **보기**
> ㄱ. 종다양성은 (나)이다.
> ㄴ. 환경이 급격하게 변했을 때, 종이 멸종될 확률은 (다)와 관계가 깊다.
> ㄷ. 사막, 삼림, 습지 등이 다양하게 나타나는 것은 (가)가 높은 것이다.

① ㄱ ② ㄴ ③ ㄱ, ㄷ ④ ㄴ, ㄷ ⑤ ㄱ, ㄴ, ㄷ

▶ 242018-0363

08 다음은 자연선택 과정에 대한 모의 탐구 과정이다.

> (가) 노란색 도화지 위에 빨간색, 초록색, 파란색 초콜릿을 각각 10개씩 골고루 섞어서 흩어 놓는다.
> (나) 눈을 감았다가 뜨자마자 제일 먼저 눈에 띄는 초콜릿을 1개씩 집어내는 과정을 15회 반복한다.
> (다) 남아 있는 초콜릿의 수만큼 같은 색 초콜릿을 추가한다.
> (라) 초록색 초콜릿 3개를 노란색 초콜릿으로 바꾼다.
> (마) (나)와 (다)를 3회 반복한다.

이에 대한 설명으로 옳은 것만을 <u>보기</u>에서 있는 대로 고른 것은?

> **보기**
> ㄱ. (라)는 돌연변이를 표현한 것이다.
> ㄴ. 생존한 개체의 생식 과정은 표현되지 않았다.
> ㄷ. (마)의 결과에서 도화지 위의 노란색 초콜릿 비율은 횟수가 지날수록 증가할 것이다.

① ㄴ ② ㄷ ③ ㄱ, ㄴ ④ ㄱ, ㄷ ⑤ ㄱ, ㄴ, ㄷ

▶ 242018-0364

09 다음은 산화 구리(Ⅱ)를 이용한 실험이다.

[실험 과정]
그림과 같이 장치한 후 시험관을 가열하고 변화를 관찰한다.

산화 구리(Ⅱ)
+
탄소 가루

석회수

[실험 결과]
시험관에 붉은색 고체 물질이 생성되었고, 석회수가 뿌옇게 흐려졌다.

이에 대한 설명으로 옳은 것만을 **보기**에서 있는 대로 고른 것은?

보기
ㄱ. 이산화 탄소가 생성되었다.
ㄴ. 탄소는 산소를 얻어 산화되었다.
ㄷ. 산화 구리(Ⅱ)는 산화되었다.

① ㄱ   ② ㄷ   ③ ㄱ, ㄴ   ④ ㄴ, ㄷ   ⑤ ㄱ, ㄴ, ㄷ

▶ 242018-0365

10 다음은 금속 A판을 질산 은($AgNO_3$) 수용액에 넣은 후 반응시켰을 때에 대한 자료이다.

• A판 표면에 ⊙은백색 고체 물질이 생성되었다.
• 무색이었던 수용액의 색이 ⓒ푸른색을 띠었다.
• 수용액에 들어 있는 양이온 수는 반응 전보다 감소했다.

이에 대한 설명으로 옳은 것만을 **보기**에서 있는 대로 고른 것은?

보기
ㄱ. ⊙은 은(Ag)이다.
ㄴ. ⓒ은 A 이온 때문이다.
ㄷ. A 이온의 전하는 은 이온의 전하보다 크다.

① ㄱ   ② ㄴ   ③ ㄱ, ㄷ   ④ ㄴ, ㄷ   ⑤ ㄱ, ㄴ, ㄷ

▶ 242018-0366

11 그림은 묽은 염산(HCl)에 아연(Zn)판을 넣었을 때 일어나는 변화를 모형으로 나타낸 것이다.

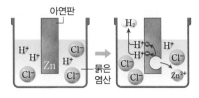

아연판

묽은 염산

이에 대한 설명으로 옳은 것만을 **보기**에서 있는 대로 고른 것은?

보기
ㄱ. 수용액의 질량은 증가한다.
ㄴ. 아연판의 질량은 감소한다.
ㄷ. 수용액에 들어 있는 전체 이온 수는 감소한다.

① ㄱ   ② ㄴ   ③ ㄱ, ㄷ   ④ ㄴ, ㄷ   ⑤ ㄱ, ㄴ, ㄷ

▶ 242018-0367

12 다음은 산의 성질을 알아보기 위한 실험이다.

[가설] 산의 성질은 ⊙ 때문에 나타난다.
[실험 과정]
(가) 질산 칼륨 수용액을 적신 푸른색 리트머스 종이 위에 묽은 염산을 적신 실을 올린다.

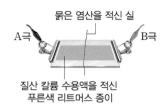

묽은 염산을 적신 실

A극   B극

질산 칼륨 수용액을 적신 푸른색 리트머스 종이

(나) (가)의 리트머스 종이에 전극을 연결한 후 전류를 흘리며 리트머스 종이의 색 변화를 관찰한다.
(다) 아세트산 수용액을 이용하여 (가)와 (나)를 반복한다.
[실험 결과] (나)와 (다)에서 푸른색 리트머스 종이는 실에서 A극 쪽으로 붉게 변해갔다.
[결론] 가설은 옳다.

결론이 타당할 때, 이에 대한 설명으로 옳은 것만을 **보기**에서 있는 대로 고른 것은?

보기
ㄱ. A극은 (−)극이다.
ㄴ. ⊙은 H^+이다.
ㄷ. 묽은 염산 대신 수산화 칼슘 수용액을 이용하여 실험해도 같은 결과를 얻을 수 있다.

① ㄱ   ② ㄷ   ③ ㄱ, ㄴ   ④ ㄴ, ㄷ   ⑤ ㄱ, ㄴ, ㄷ

▶ 242018-0368

13 다음은 3가지 물질을 분류 기준에 따라 분류한 것이다. ㉠~㉢은 각각 HCl, NaOH, KNO₃ 중 하나이다.

분류 기준	예	아니요
수용액에 BTB 용액을 떨어뜨리면 푸른색으로 변하는가?	㉠	㉡, ㉢
수용액에 Mg 조각을 넣으면 수소 기체가 발생하는가?	㉢	㉠, ㉡

이에 대한 설명으로 옳은 것만을 [보기]에서 있는 대로 고른 것은?

[보기]
ㄱ. ㉡은 KNO₃이다.
ㄴ. ㉠~㉢ 수용액은 모두 전기 전도성이 있다.
ㄷ. ㉢ 수용액에 달걀 껍데기를 넣으면 산소 기체가 발생한다.

① ㄴ　　② ㄷ　　③ ㄱ, ㄴ　　④ ㄱ, ㄷ　　⑤ ㄱ, ㄴ, ㄷ

▶ 242018-0369

14 그림 (가)와 (나)는 각각 묽은 황산(H_2SO_4) V mL와 수산화 나트륨(NaOH) 수용액 $2V$ mL에 들어 있는 음이온만을 모형으로 나타낸 것이다.

(가)　　　　　(나)

(가)와 (나)의 용액을 모두 혼합하여 만들 용액에 대한 설명으로 옳은 것만을 [보기]에서 있는 대로 고른 것은?

[보기]
ㄱ. 산성 용액이다.
ㄴ. 이온 수 비는 Na^+ : SO_4^{2-}=3 : 2이다.
ㄷ. 생성된 물 분자 수는 Na^+의 수와 같다.

① ㄱ　　② ㄷ　　③ ㄱ, ㄴ　　④ ㄴ, ㄷ　　⑤ ㄱ, ㄴ, ㄷ

▶ 242018-0370

15 표는 묽은 염산(HCl)과 수산화 나트륨(NaOH) 수용액의 부피를 달리하여 혼합한 수용액에 대한 자료이다.

혼합 용액	부피(mL)		수용액의 액성
	묽은 염산	수산화 나트륨 수용액	
(가)	20	10	산성
(나)	20	20	산성
(다)	30	40	염기성

이에 대한 설명으로 옳은 것만을 [보기]에서 있는 대로 고른 것은?

[보기]
ㄱ. 전체 이온 수는 (나)>(가)이다.
ㄴ. 생성된 물 분자 수는 (다)>(나)>(가)이다.
ㄷ. (가)와 (다)를 혼합한 수용액의 액성은 산성이다.

① ㄱ　　② ㄴ　　③ ㄱ, ㄷ　　④ ㄴ, ㄷ　　⑤ ㄱ, ㄴ, ㄷ

▶ 242018-0371

16 다음은 질산 암모늄과 수산화 바륨의 반응에서 에너지 출입을 알아보기 위한 실험이다.

[실험 과정]
(가) 나무판 위에 물을 뿌린 뒤 질산 암모늄과 수산화 바륨을 넣은 삼각 플라스크를 올려놓는다.
(나) 유리 막대로 두 물질을 잘 섞은 뒤 삼각 플라스크를 들어 올린다.

[실험 결과]
나무판이 삼각 플라스크에 달라붙은 채로 들어 올려진다.

이 반응에 대한 설명으로 옳은 것만을 [보기]에서 있는 대로 고른 것은?

[보기]
ㄱ. 흡열 반응이다.
ㄴ. 생성물의 에너지 합이 반응물의 에너지 합보다 크다.
ㄷ. 반응이 일어나면 주위의 온도가 낮아진다.

① ㄱ　　② ㄷ　　③ ㄱ, ㄴ　　④ ㄴ, ㄷ　　⑤ ㄱ, ㄴ, ㄷ

10 생태계와 환경

○ 생태계구성요소를 이해하고 생물과 환경 사이의 상호 관계를 설명할 수 있다.
○ 먹이 관계와 생태피라미드를 중심으로 생태계평형이 유지되는 과정을 이해하고, 환경의 변화가 생태계에 미칠 수 있는 영향에 대해 협력적으로 소통할 수 있다.

1 생물과 환경

(1) 생태계의 구성요소 생태계는 생물과 환경이 서로 영향을 주고받으며 유지되는 체계이므로 생물요소와 비생물요소로 구성된다.

생산자

빛, 물, 공기, 토양, 온도

소비자   분해자

생물요소   비생물요소

▲생태계의 구성요소

① 생물요소는 생태계에서의 역할에 따라 생산자, 소비자, 분해자로 구분된다.❶
② 비생물요소는 빛, 물, 공기, 토양, 온도 등이 있다.
③ 생태계는 개체 → 개체군 → 군집 → 생태계의 위계적인 구조로 되어 있다.❷

생물요소	생태계에서의 역할	예
생산자	빛에너지를 흡수해 광합성을 하여 생물의 에너지원이 되는 유기물을 생산한다.	녹색식물, 해조류, 식물 플랑크톤 등
소비자	다른 생물을 섭취하여 생태계에서 에너지가 흐르도록 한다.	초식동물, 육식동물 등
분해자	생물의 사체와 배설물을 분해하여 환경으로 되돌려 생태계에서 물질이 순환되도록 한다.	버섯, 곰팡이 등

(2) 생물과 환경의 상호 관계 생태계를 구성하는 생물과 환경은 서로 영향을 주고받으며 상호작용 한다.

구분	환경이 생물에 영향을 미치는 사례	생물이 환경에 영향을 미치는 사례
빛	식물의 줄기가 빛을 향해 굽어 자란다.	숲이 울창해지면 지표에 도달하는 빛이 약해진다.
물	건조한 곳에 사는 선인장은 잎이 가시 모양으로 변해 있다.	수생식물에 의해 수질이 정화된다.
공기	산소가 부족한 고산지대에 사는 사람은 적혈구 수가 많다.	식물의 광합성으로 숲은 다른 곳보다 산소 농도가 높다.
토양	토양의 산성도에 따라 수국의 꽃 색깔이 달라진다.	지렁이는 낙엽을 분해해 토양을 비옥하게 한다.
온도	북극여우는 사막여우보다 귀와 꼬리가 짧다.❸	식물의 증산 작용으로 숲은 다른 곳보다 시원하다.

---

❶ 분해자
분해자는 사체와 배설물에 포함된 유기물을 무기물로 분해하여 환경으로 되돌리며, 이 무기물은 다시 생산자에게 이용된다.

❷ 개체군과 군집
개체군은 같은 종의 생물 개체들이 모인 무리이고, 군집은 여러 생물 개체군이 모인 무리이다.

❸ 여우의 온도 적응
추운 곳에 사는 여우일수록 몸집이 크고, 몸에 비해 귀와 꼬리가 짧아 피부를 통한 열의 방출을 줄이도록 적응하였다.

북극여우

사막여우

② 생태계평형

(1) 생태계평형의 유지

① 생태계평형: 생태계를 구성하는 생물의 종류와 개체수 등이 급격히 변하지 않아 생태계가 안정적으로 유지되는 상태를 말한다.

② 먹이 관계와 생태계평형의 유지: 생물이 살아가는 데 필요한 에너지는 생산자의 광합성을 통해 유기물에 저장된 후 먹이 관계의 영양단계를 따라 전달된다. 따라서 생태계의 평형은 먹이 관계에 의해 유지된다.

③ 생물다양성과 생태계평형: 생태계 A에서는 개구리가 사라지면 뱀도 사라지지만, 생태계 B에서는 개구리가 사라져도 뱀은 사라지지 않는다. 따라서 생물다양성이 높으면 생태계평형이 잘 유지된다.

④ 생태피라미드: 생태계에서 상위 영양단계로 갈수록 에너지양, 개체수, 생물량이 점점 줄어드는 피라미드 형태를 말한다.

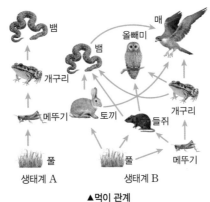

▲먹이 관계

(2) 환경 변화와 생태계 보전

① 환경 변화가 생태계평형에 미치는 영향

환경 변화 요인	생태계평형에 미치는 영향	
무분별한 개발과 환경오염	생물의 서식지를 감소시킨다.	생물다양성을 감소시켜 생태계평형을 파괴한다. ⑦
기후 변화	생물의 서식 범위, 개화나 산란 시기를 변화시킨다.	
남획과 불법 포획	특정 생물의 개체수를 감소시킨다.	
외래생물의 도입	천적이 없는 경우, 토착 생물의 생존을 위협한다.	

② 생태계보전: 인간은 생태계의 구성요소이므로 생태계의 평형이 파괴되면 인류의 생존을 보장받지 못한다. 따라서 자원 절약, 생태통로의 설치, 도시 숲의 조성, 하천 복원 등의 노력을 통해 생태계를 보전해야 한다.

④ 먹이 관계
생물들 사이의 먹고(포식) 먹히는(피식) 관계로, 먹이사슬과 먹이그물이 있다.

⑤ 영양단계
먹이 관계에서 에너지가 전달되는 단계로, 에너지는 생산자 → 1차 소비자 → 2차 소비자 → 3차 소비자 등의 순서로 전달된다.

⑥ 에너지의 전달
한 영양단계의 생물이 가진 에너지 중 생명활동에 이용되고 남은 에너지의 일부만 상위 영양단계로 전달되므로 상위 영양단계로 갈수록 에너지양이 감소한다.

⑦ 생태계평형의 파괴
생태계평형 회복 능력에는 한계가 있으므로 과도한 환경 변화는 생태계평형을 파괴할 수 있다.

⑧ 생태통로
생물의 서식지 단절을 막아 생물의 개체수 감소를 줄일 수 있다.

한걸음THE 먹이 관계에 의한 생태계평형 회복

• 평형 회복 과정의 예: 1차 소비자의 개체수가 일시적으로 증가 → 1차 소비자에게 먹히는 생산자의 개체수 감소, 1차 소비자를 잡아먹는 2차 소비자의 개체수 증가 → 생산자(먹이)가 부족하고 2차 소비자에게 많이 잡아먹혀 1차 소비자의 개체수 감소 → 1차 소비자에게 먹히는 생산자의 개체수 증가, 1차 소비자(먹이)가 부족해 2차 소비자의 개체수 감소 → 생태계평형 회복

❸ 지구 환경의 변화

(1) 온실 효과와 지구 온난화

① 태양 복사 에너지: 태양이 방출하는 복사 에너지이다.

② 지구 복사 에너지: 태양 복사 에너지를 흡수한 지구가 방출하는 에너지이다. 지구 대기의 온실 기체는 태양에서 오는 에너지를 대부분 통과시키지만 지구가 방출하는 에너지는 대부분 흡수한다.

③ 열수지와 복사 평형: 어떤 물체가 에너지를 얻고 잃는 것의 차이를 열수지라고 한다. 열수지가 0인 경우, 즉 어떤 물체가 흡수한 복사 에너지양과 방출한 복사 에너지양이 같은 상태를 복사 평형이라고 한다.

④ 온실 효과: 지구에 대기가 있을 때는 대기 중의 온실 기체가 지표에서 방출하는 에너지를 흡수했다가 지표로 다시 방출하기 때문에 지구의 평균 기온은 대기가 없을 때보다 높게 유지된다.

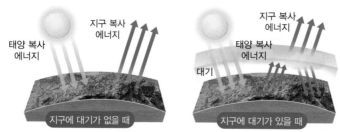

태양 복사 에너지 / 지구 복사 에너지 / 지구에 대기가 없을 때

지구 복사 에너지 / 태양 복사 에너지 / 대기 / 지구에 대기가 있을 때

▲지구의 에너지 출입 관계

⑤ 지구 온난화: 지구의 평균 기온이 상승하는 현상이다. 대기 중 온실 기체가 증가하면, 온실 효과가 강화되며 지구의 기온을 높인다.

(2) 사막화

① 자연적인 기후 변동이나 인간 활동에 의해 사막이 늘어나거나 새로운 사막이 생기는 현상을 사막화라고 한다.

② 오늘날의 사막화는 인간 활동에 의한 인위적인 요인이 큰 비중을 차지하고 있다. 과잉 경작, 과잉 방목, 무분별한 삼림 벌채, 화전, 대기오염 물질에 의한 지구 온난화 및 산성화 등에 의해 사막화가 가속화된다.

③ 사막화를 방지하기 위한 대책은 물을 보전하는 것과 토양 유실을 방지하는 것이다. 그리고 토양을 비옥화하는 것이다.

(3) 엘니뇨 동태평양 적도 부근 해역의 해수면 온도가 평상시보다 높은 상태가 몇 개월 이상 지속되는 현상을 엘니뇨라고 한다.

① 평상시: 대기 대순환으로 발생하는 무역풍에 의해 적도 부근의 따뜻한 표층 해수가 동태평양에서 서태평양 쪽으로 흐른다. → 서태평양은 따뜻한 해수에 의한 상승 기류로 많은 비가 내리고, 동태평양은 표층 해수가 서쪽으로 이동함에 따라 깊은 곳의 차가운 해수가 올라오게(용승) 되어 수온이 낮게 유지된다.

② 엘니뇨 발생 시: 무역풍이 약해져 서태평양으로 이동하던 따뜻한 표층 해수의 이동이 약해지고, 동태평양 적도 해역의 용승이 약해진다. → 평상시보다 서태평양 해역의 수온은 낮아지고, 동태평양 해역의 수온은 높아진다.

---

❾ 온실 기체
온실 효과를 일으키는 기체를 온실 기체라고 한다. 온실 기체에는 수증기, 이산화탄소, 메테인, 오존 등이 있다.

❿ 엘니뇨
평상시와 엘니뇨 발생 시의 대기와 해수의 흐름 및 서태평양과 동태평양의 기후
▶평상시

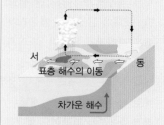

서 / 표층 해수의 이동 / 동 / 차가운 해수

• 서태평양 적도 부근 해역: 상승 기류, 강수량 많음
• 동태평양 적도 부근 해역: 하강 기류, 날씨 맑음

▶엘니뇨 발생 시

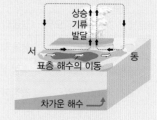

상승 기류 발달 / 서 / 표층 해수의 이동 / 동 / 차가운 해수

• 서태평양 적도 부근 해역: 하강 기류 → 강수량 감소, 가뭄 발생
• 동태평양 적도 부근 해역: 상승 기류 → 강수량 증가, 홍수 발생

⓫ 대기 대순환
위도에 따른 에너지 불균형과 지구 자전에 의해 생기는 지구 전체 규모의 순환이다. 대기 대순환에 의해 지표면 부근에는 극동풍, 편서풍, 무역풍이 분다.

90°N / 60°N / 극동풍 / 30°N / 편서풍 / 0° / 무역풍

탐구 목표

생태계를 구성하는 생물요소들의 균형이 깨졌을 때 먹이 관계에 따른 개체군의 변동을 설명할 수 있다.

 탐구 과정 및 자료 정리

국립 공원 (가)는 생물다양성이 매우 높아 생태계평형이 안정적으로 유지되는 지역이었으나 오랜 가뭄으로 인해 생태계가 크게 훼손되었다. (가)의 생태계는 어떻게 변화했을까?

(가)

1. (가)의 생태계가 안정된 상태일 때 생산자, 1차 소비자, 2차 소비자로 구성된 개체수피라미드를 나타내 보자.

➡

2. (가)에서 각 개체군이 증가할 때 다른 개체군의 개체수가 증가할지 감소할지 예상해 보자.

구분	생산자	1차 소비자	2차 소비자
생산자가 증가할 때	−		
1차 소비자가 증가할 때		−	
2차 소비자가 증가할 때			−

3. (가)에서 각 개체군이 감소할 때 다른 개체군의 개체수가 증가할지 감소할지 예상해 보자.

구분	생산자	1차 소비자	2차 소비자
생산자가 감소할 때	−		
1차 소비자가 감소할 때		−	
2차 소비자가 감소할 때			−

4. 생태계가 크게 훼손된 (가)에서 2차 소비자의 개체수가 감소하고, 초식동물의 개체수가 증가하였다. 이 상태를 개체수피라미드로 나타내어 보자.

➡

5. 생태계평형이 파괴된 후 회복될 수 있는 원리를 이야기해 보자.

➡

6. 과정 4에서 나타낸 개체수피라미드가 생태계평형을 회복하는 과정을 예측하고, 이를 단계별로 나타내어 보자.

➡

▶ 242018-0372

01 생태계에 대한 설명으로 옳은 것은?

① 생물요소로만 구성된다.
② 사람은 비생물요소에 포함된다.
③ 생물과 환경은 서로 영향을 주고받지 않는다.
④ 빛, 물, 토양은 모두 생태계를 구성하는 요소에 포함된다.
⑤ 개체 → 군집 → 개체군 → 생태계의 위계적인 구조로 되어 있다.

▶ 242018-0373

02 생태계를 구성하는 생물요소에 대한 설명으로 옳은 것만을 보기 에서 있는 대로 고른 것은?

보기
ㄱ. 시금치는 생산자에 속한다.
ㄴ. 분해자는 사체와 배설물에 포함된 유기물을 분해할 수 있다.
ㄷ. 생태계에서의 역할에 따라 생산자, 소비자, 분해자로 구분된다.

① ㄱ　　② ㄷ　　③ ㄱ, ㄴ　④ ㄴ, ㄷ　⑤ ㄱ, ㄴ, ㄷ

▶ 242018-0374

03 다음 중 생태계를 구성하는 생물요소에 해당하는 것은?

① 온도
② 소나무
③ 빛의 세기
④ 토양의 유기물 함량
⑤ 대기 중 이산화 탄소 농도

▶ 242018-0375

04 다음은 생물 집단 ㉠과 ㉡에 대한 설명이다. ㉠과 ㉡은 각각 군집과 개체군 중 하나이다.

생태계에서 생물은 무리지어 살아가는데, ㉠은 같은 종의 생물 개체들이 모인 무리이고, ㉡은 여러 ㉠이 모인 무리이다.

이에 대한 설명으로 옳은 것만을 보기 에서 있는 대로 고른 것은?

보기
ㄱ. ㉠은 개체군이다.
ㄴ. ㉡은 같은 종으로 구성된다.
ㄷ. ㉠과 ㉡은 모두 생물요소에 속한다.

① ㄱ　　② ㄴ　　③ ㄱ, ㄷ　④ ㄴ, ㄷ　⑤ ㄱ, ㄴ, ㄷ

▶ 242018-0376

05 생태계구성요소 중 소비자에 해당하는 것만을 보기 에서 있는 대로 고른 것은?

보기
ㄱ. 벼　　　　ㄴ. 개미　　　　ㄷ. 개나리
ㄹ. 고양이　　ㅁ. 곰팡이　　　ㅂ. 플라나리아

① ㄱ, ㄴ　　　② ㄹ, ㅁ　　　③ ㄴ, ㄹ, ㅂ
④ ㄱ, ㄴ, ㄹ, ㅁ　⑤ ㄴ, ㄷ, ㄹ, ㅁ

▶ 242018-0377

06 다음은 생물과 환경의 상호 관계 사례를 나타낸 것이다.

• 파충류는 몸 표면이 비늘로 덮여 있다.
• 사막의 캥거루쥐는 콩팥 기능을 발달시켜 수분을 최대한 흡수한다.

이 사례에서 공통적으로 작용한 비생물요소로 가장 적절한 것은?

① 물　　　　② 빛　　　　③ 공기
④ 온도　　　⑤ 토양

▶ 242018-0378

07 생물과 환경의 상호 관계 중 생물요소가 비생물요소에 영향을 미친 사례만을 보기 에서 있는 대로 고른 것은?

> **보기**
> ㄱ. 지렁이가 흙속에 구멍을 뚫어 토양의 통기성이 증가하였다.
> ㄴ. 가을에 기온이 낮아져 식물세포의 포도당 농도가 증가하였다.
> ㄷ. 여우의 개체수가 증가하여 토끼의 개체수가 감소하였다.

① ㄱ   ② ㄴ   ③ ㄱ, ㄷ   ④ ㄴ, ㄷ   ⑤ ㄱ, ㄴ, ㄷ

▶ 242018-0379

08 그림은 생태계구성요소에서 일어나는 에너지 이동을 나타낸 것이다. (가)와 (나)는 생산자와 분해자를 순서 없이 나타낸 것이다.

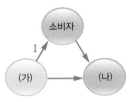

이에 대한 설명으로 옳은 것만을 보기 에서 있는 대로 고른 것은?

> **보기**
> ㄱ. (가)는 생산자이다.
> ㄴ. 시금치는 (나)에 속한다.
> ㄷ. 호랑이가 토끼를 잡아먹는 것은 과정 Ⅰ에 해당한다.

① ㄱ   ② ㄴ   ③ ㄱ, ㄷ   ④ ㄴ, ㄷ   ⑤ ㄱ, ㄴ, ㄷ

▶ 242018-0380

09 생태계평형에 대한 설명으로 옳은 것만을 보기 에서 있는 대로 고른 것은?

> **보기**
> ㄱ. 먹이 관계에 의해 유지된다.
> ㄴ. 비생물요소의 영향을 받지 않는다.
> ㄷ. 생물다양성은 생태계평형 유지 능력에 영향을 미친다.

① ㄱ   ② ㄴ   ③ ㄱ, ㄷ   ④ ㄴ, ㄷ   ⑤ ㄱ, ㄴ, ㄷ

▶ 242018-0381

10 다음은 생태계 A와 B에 대한 설명이다.

> • A를 구성하는 종의 수는 B를 구성하는 종의 수보다 작다.
> • A에서 매는 뱀과 토끼만 잡아먹을 수 있다.
> • B에서 매는 뱀, 토끼, 쥐, 새를 모두 잡아먹을 수 있다.

이에 대한 설명으로 옳은 것만을 보기 에서 있는 대로 고른 것은? (단, 제시된 조건 이외는 고려하지 않는다.)

> **보기**
> ㄱ. A에는 소비자가 있다.
> ㄴ. B는 한 종류의 개체군으로 구성된다.
> ㄷ. A와 B 중 생태계평형이 보다 잘 유지되는 생태계는 B이다.

① ㄱ   ② ㄴ   ③ ㄱ, ㄷ   ④ ㄴ, ㄷ   ⑤ ㄱ, ㄴ, ㄷ

▶ 242018-0382

11 안정된 육상 생태계의 특징에 대한 설명으로 옳은 것만을 보기 에서 있는 대로 고른 것은?

> **보기**
> ㄱ. 생물량은 최종소비자가 가장 많다.
> ㄴ. 생산자와 1차 소비자의 에너지양은 서로 같다.
> ㄷ. 상위 영양단계로 갈수록 개체수가 감소한다.

① ㄱ   ② ㄷ   ③ ㄱ, ㄴ   ④ ㄴ, ㄷ   ⑤ ㄱ, ㄴ, ㄷ

▶ 242018-0383

12 다음은 생산자, 1차 소비자, 2차 소비자로 구성된 어떤 생태계에서 1차 소비자의 개체수가 일시적으로 감소한 후 생태계평형이 회복되는 과정을 순서 없이 나타낸 것이다.

> (가) 2차 소비자의 개체수 증가, 생산자의 개체수 감소
> (나) 2차 소비자의 개체수 감소, 생산자의 개체수 증가
> (다) 1차 소비자의 개체수 증가

(가)~(다)를 순서대로 바르게 나열한 것은?

① (가) → (나) → (다)   ② (나) → (가) → (다)
③ (나) → (다) → (가)   ④ (다) → (가) → (나)
⑤ (다) → (나) → (가)

▶ 242018-0384

13 다음은 여러 가지 환경 변화 요인들이다.

> • 서식지파괴   • 환경오염   • 남획   • 무분별한 개발

이 요인들의 공통점으로 옳은 것만을 보기 에서 있는 대로 고른 것은?

보기

ㄱ. 생물다양성을 증가시킨다.
ㄴ. 생태계평형을 깨뜨린다.
ㄷ. 생태계의 먹이그물을 복잡하게 한다.

① ㄱ   ② ㄴ   ③ ㄱ, ㄷ   ④ ㄴ, ㄷ   ⑤ ㄱ, ㄴ, ㄷ

▶ 242018-0385

14 생태계를 보전하기 위한 노력으로 적절한 것만을 보기 에서 있는 대로 고른 것은?

보기

ㄱ. 자원 절약
ㄴ. 생태통로의 설치
ㄷ. 천적이 없는 외래생물의 도입

① ㄱ   ② ㄷ   ③ ㄱ, ㄴ   ④ ㄴ, ㄷ   ⑤ ㄱ, ㄴ, ㄷ

▶ 242018-0386

15 그림은 어떤 생태계에서 에너지피라미드를 나타낸 것이다.

에너지피라미드($kcal/m^2$·년)

이에 대한 설명으로 옳은 것만을 보기 에서 있는 대로 고른 것은?

보기

ㄱ. 이 생태계에서 소비자는 한 종류이다.
ㄴ. 상위 영양단계로 갈수록 에너지양이 감소한다.
ㄷ. 1차 소비자는 무기물로부터 스스로 양분을 합성할 수 있다.

① ㄱ   ② ㄴ   ③ ㄱ, ㄷ   ④ ㄴ, ㄷ   ⑤ ㄱ, ㄴ, ㄷ

▶ 242018-0387

16 생태계에서 먹이 관계에 따른 에너지와 물질 이동에 대한 설명으로 옳은 것만을 보기 에서 있는 대로 고른 것은?

보기

ㄱ. 먹이 관계는 한 가지 형태로만 형성된다.
ㄴ. 생산자의 에너지는 상위 영양단계를 따라 전달된다.
ㄷ. 생산자로부터 1차 소비자로 물질의 이동은 일어나지 않는다.

① ㄱ   ② ㄴ   ③ ㄱ, ㄷ   ④ ㄴ, ㄷ   ⑤ ㄱ, ㄴ, ㄷ

▶ 242018-0388

17 태양과 지구가 방출하는 에너지에 대한 설명으로 옳은 것만을 보기 에서 있는 대로 고른 것은?

보기

ㄱ. 태양 복사 에너지는 태양이 방출하는 에너지이다.
ㄴ. 지구로 들어오는 태양 복사 에너지는 모두 지구에 흡수된다.
ㄷ. 단위 시간당 지구 복사 에너지의 방출량은 대기 밖에서 태양 복사 에너지의 입사량보다 적다.

① ㄱ   ② ㄴ   ③ ㄱ, ㄷ   ④ ㄴ, ㄷ   ⑤ ㄱ, ㄴ, ㄷ

▶ 242018-0389

18 그림은 위도에 따라 입사하는 태양 복사 에너지를 나타낸 것이다. A~C는 각각 15°N, 45°N, 75°N의 인접 지역 중 하나이다.
이에 대한 설명으로 옳은 것만을 보기 에서 있는 대로 고른 것은?

보기

ㄱ. 지역 C는 지역 B보다 저위도 지역이다.
ㄴ. 지역 C에서는 극동풍이 분다.
ㄷ. 지역 A와 B에서 단위 면적당 지표면에 입사하는 태양 복사 에너지양은 서로 다르다.

① ㄱ   ② ㄴ   ③ ㄱ, ㄷ   ④ ㄴ, ㄷ   ⑤ ㄱ, ㄴ, ㄷ

▶ 242018-0390

19 지구에서 온실 효과를 일으키는 기체만을 **보기** 에서 있는 대로 고른 것은?

보기
ㄱ. 질소   ㄴ. 오존   ㄷ. 수증기
ㄹ. 메테인   ㅁ. 이산화 탄소

① ㄱ, ㄷ   ② ㄴ, ㄷ   ③ ㄱ, ㄷ, ㄹ
④ ㄱ, ㄴ, ㄹ, ㅁ   ⑤ ㄴ, ㄷ, ㄹ, ㅁ

▶ 242018-0391

20 온실 효과와 지구 온난화에 대한 설명으로 옳은 것만을 **보기** 에서 있는 대로 고른 것은?

보기
ㄱ. 지구에 대기가 없어도 온실 효과는 일어난다.
ㄴ. 대기 중 온실 기체가 증가하면 온실 효과가 강화된다.
ㄷ. 지구 온난화는 지구의 평균 기온이 상승하는 현상을 의미한다.

① ㄱ   ② ㄴ   ③ ㄱ, ㄷ   ④ ㄴ, ㄷ   ⑤ ㄱ, ㄴ, ㄷ

▶ 242018-0392

21 평상시 태평양 연안에서 일어나는 해수의 이동에 대한 설명으로 옳은 것만을 **보기** 에서 있는 대로 고른 것은?

보기
ㄱ. 따뜻한 해수는 서태평양 연안에서가 동태평양 연안에서보다 많다.
ㄴ. 페루 연안에서는 깊은 곳의 차가운 해수가 올라온다.
ㄷ. 무역풍에 의해 표층 해수는 서태평양 쪽에서 동태평양 쪽으로 흐른다.

① ㄱ   ② ㄴ   ③ ㄱ, ㄴ   ④ ㄱ, ㄷ   ⑤ ㄴ, ㄷ

▶ 242018-0393

22 엘니뇨가 발생했을 때 나타나는 기상 현상으로 옳은 것만을 **보기** 에서 있는 대로 고른 것은?

보기
ㄱ. 무역풍이 강화된다.
ㄴ. 동태평양 적도 부근 해역에 홍수가 발생한다.
ㄷ. 서태평양 적도 부근 해역의 강수량이 감소한다.

① ㄱ   ② ㄴ   ③ ㄱ, ㄷ   ④ ㄴ, ㄷ   ⑤ ㄱ, ㄴ, ㄷ

▶ 242018-0394

23 다음은 지구에서 일어나는 현상 (가)에 대한 설명이다.

건조한 지역에서 여러 가지 원인으로 토양이 황폐해지면서 점차 사막으로 변하는 현상이다. (가)의 원인으로는 지구의 기온 상승, 초원 지대에서의 과잉 방목, 무분별한 농경지 확장과 삼림 벌채 등이 있다.

(가)에 해당하는 것으로 가장 적절한 것은?

① 사막화   ② 표층 순환   ③ 엘니뇨
④ 대기 대순환   ⑤ 지구 온난화

▶ 242018-0395

24 지구 온난화에 대한 대책으로 옳은 것만을 **보기** 에서 있는 대로 고른 것은?

보기
ㄱ. 석탄이나 석유의 사용을 늘린다.
ㄴ. 에너지 효율이 높은 제품 사용을 권장한다.
ㄷ. 나무를 심기보다는 삼림을 개발하여 도로를 넓힌다.

① ㄱ   ② ㄴ   ③ ㄱ, ㄷ   ④ ㄴ, ㄷ   ⑤ ㄱ, ㄴ, ㄷ

01 그림은 개체, 군집, 개체군, 생태계의 관계를 나타낸 것 ▸ 242018-0396
이다. (가)~(라)는 개체, 군집, 개체군, 생태계를 순서 없이 나타낸 것이다.

(가) (나) (다) (라)

이에 대한 설명으로 옳은 것만을 [보기]에서 있는 대로 고른 것은?

[보기]
ㄱ. (가)는 개체이다.
ㄴ. (나)는 한 종의 생물로 구성된다.
ㄷ. (다)와 (라)는 모두 비생물요소를 포함한다.

① ㄱ ② ㄷ ③ ㄱ, ㄴ ④ ㄴ, ㄷ ⑤ ㄱ, ㄴ, ㄷ

02 표는 위도가 서로 다른 지역 (가)와 (나)에 서식하는 여 ▸ 242018-0397
우 ㉠과 ㉡의 특징을 나타낸 것이다. ㉠과 ㉡은 각각 북극여우와 사막여우 중 하나이고, ㉠은 ㉡보다 몸집이 크다.

지역	(가)	(나)
여우	㉠	㉡
특징	몸에 비해 귀가 작다.	몸에 비해 귀가 크다.

이에 대한 설명으로 옳은 것만을 [보기]에서 있는 대로 고른 것은?

[보기]
ㄱ. 연평균 기온은 (가)에서가 (나)에서보다 높다.
ㄴ. ㉠은 북극여우이다.
ㄷ. 온도는 ㉠과 ㉡의 외부 형태 차이에 영향을 미친 비생물요소에 해당하지 않는다.

① ㄱ ② ㄴ ③ ㄱ, ㄷ ④ ㄴ, ㄷ ⑤ ㄱ, ㄴ, ㄷ

03 그림은 생태계의 구성요소를 나타낸 것이다. A와 B는 ▸ 242018-0398
생산자와 소비자를 순서 없이 나타낸 것이다.

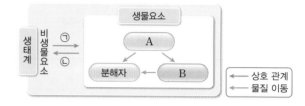

이에 대한 설명으로 옳은 것만을 [보기]에서 있는 대로 고른 것은?

[보기]
ㄱ. 소나무는 A에 해당한다.
ㄴ. B는 A를 통해 양분을 얻는다.
ㄷ. 참나무의 낙엽에 의해 토양의 유기물량이 증가하는 것은 ㉡에 해당한다.

① ㄱ ② ㄴ ③ ㄱ, ㄷ ④ ㄴ, ㄷ ⑤ ㄱ, ㄴ, ㄷ

04 표 (가)는 생태계의 구성요소 A~C에서 특징 ㉠과 ㉡의 ▸ 242018-0399
유무를, (나)는 ㉠과 ㉡을 순서 없이 나타낸 것이다. A~C는 시금치, 토양, 곰팡이를 순서 없이 나타낸 것이다.

구성요소 특징	A	B	C
㉠	×	○	○
㉡	×	○	×

(○: 있음, ×: 없음)

(가)

특징(㉠, ㉡)
• 생물요소이다.
• 광합성을 한다.

(나)

이에 대한 설명으로 옳은 것만을 [보기]에서 있는 대로 고른 것은?

[보기]
ㄱ. ㉠은 '광합성을 한다.'이다.
ㄴ. A는 비생물요소에 해당한다.
ㄷ. C는 곰팡이이다.

① ㄱ ② ㄴ ③ ㄱ, ㄷ ④ ㄴ, ㄷ ⑤ ㄱ, ㄴ, ㄷ

▶ 242018-0400

05 그림은 생태계 A와 B에서의 먹이 관계를 나타낸 것이다.

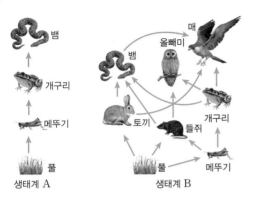

생태계 A   생태계 B

이에 대한 설명으로 옳은 것만을 보기 에서 있는 대로 고른 것은? (단, 제시된 조건 이외는 고려하지 않는다.)

보기
ㄱ. 생태계평형은 A에서가 B에서보다 잘 유지될 것이다.
ㄴ. A에서 메뚜기로부터 개구리로의 에너지 전달이 일어난다.
ㄷ. B에서 매는 어떤 먹이를 섭취하느냐에 따라 영양단계가 달라진다.

① ㄱ   ② ㄴ   ③ ㄱ, ㄷ   ④ ㄴ, ㄷ   ⑤ ㄱ, ㄴ, ㄷ

▶ 242018-0401

06 그림 (가)와 (나)는 1차 소비자의 개체수가 일시적으로 증가한 후 생태계평형 회복 과정의 일부를 나타낸 것이다. ⊙은 감소와 증가 중 하나이다.

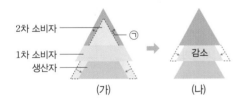

(가)   (나)

이에 대한 설명으로 옳은 것만을 보기 에서 있는 대로 고른 것은?

보기
ㄱ. ⊙은 증가이다.
ㄴ. (나) 이후 생산자의 개체수가 증가할 것이다.
ㄷ. (가)에서 생산자의 개체수 감소는 다른 영양단계의 개체수의 영향을 받은 결과이다.

① ㄱ   ② ㄴ   ③ ㄱ, ㄷ   ④ ㄴ, ㄷ   ⑤ ㄱ, ㄴ, ㄷ

▶ 242018-0402

07 그림은 어떤 안정된 생태계에서 각 영양단계에 따른 에너지 이동량을 상댓값으로 나타낸 것이다.

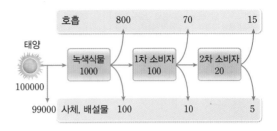

이에 대한 설명으로 옳은 것만을 보기 에서 있는 대로 고른 것은? (단, 제시된 자료 이외는 고려하지 않는다.)

보기
ㄱ. 에너지는 생태계에서 순환한다.
ㄴ. 영양단계가 높아질수록 에너지양이 증가한다.
ㄷ. 분해자가 이용 가능한 에너지 총량은 1차 소비자가 가진 에너지양보다 크다.

① ㄴ   ② ㄷ   ③ ㄱ, ㄴ   ④ ㄱ, ㄷ   ⑤ ㄴ, ㄷ

▶ 242018-0403

08 표는 비생물요소가 생물요소에 영향을 미치는 사례를 나타낸 것이다. ⊙~ⓒ은 각각 물, 빛, 온도 중 하나이다.

구분	사례
⊙	ⓐ 곰은 겨울에 겨울잠을 잔다.
ⓛ	(가)
ⓒ	ⓑ 식물의 줄기가 빛을 향해 굽어 자란다.

이에 대한 설명으로 옳은 것만을 보기 에서 있는 대로 고른 것은?

보기
ㄱ. ⊙은 온도이다.
ㄴ. 생태계에서 ⓐ와 ⓑ의 영양단계는 같다.
ㄷ. '바다의 깊이에 따라 서식하는 해조류가 다르다.'는 (가)에 해당한다.

① ㄱ   ② ㄴ   ③ ㄱ, ㄷ   ④ ㄴ, ㄷ   ⑤ ㄱ, ㄴ, ㄷ

09 다음은 생태계평형에 대한 학생 A~C의 대화 내용이다.

▶ 242018-0404

제시한 내용이 옳은 학생만을 있는 대로 고른 것은?

① A ② C ③ A, B ④ B, C ⑤ A, B, C

10 그림은 시기 (가)와 (나)일 때 태평양의 적도 부근에서 일어나는 대기와 해수의 이동을 나타낸 것이다. (가)와 (나)는 평상시와 엘니뇨 시기를 순서 없이 나타낸 것이다.

▶ 242018-0405

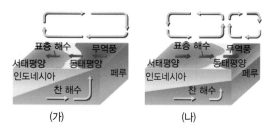

이에 대한 설명으로 옳은 것만을 보기 에서 있는 대로 고른 것은?

보기
ㄱ. (가)는 평상시이다.
ㄴ. 무역풍은 (가)일 때가 (나)일 때보다 강하게 분다.
ㄷ. (나)일 때 표층 해수는 동태평양에서 서태평양으로 흐른다.

① ㄱ ② ㄷ ③ ㄱ, ㄴ ④ ㄴ, ㄷ ⑤ ㄱ, ㄴ, ㄷ

11 그림은 사막과 사막화가 진행되고 있는 지역을 나타낸 것이다.

▶ 242018-0406

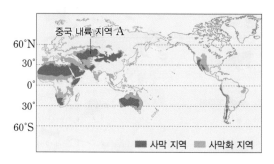

이에 대한 설명으로 옳은 것만을 보기 에서 있는 대로 고른 것은?

보기
ㄱ. 위도 0° 지역은 모두 사막화 지역이다.
ㄴ. 사막 지역은 위도 30°N 부근에서가 위도 60°N 부근에서보다 많다.
ㄷ. A에서 사막화 지역 확대는 우리나라의 황사 발생을 억제할 것이다.

① ㄱ ② ㄴ ③ ㄱ, ㄷ ④ ㄴ, ㄷ ⑤ ㄱ, ㄴ, ㄷ

12 그림은 위도별 태양 복사 에너지 입사량과 지구 복사 에너지 방출량을 나타낸 것이다. ㉠과 ㉡은 태양 복사 에너지 입사량과 지구 복사 에너지 방출량을 순서 없이 나타낸 것이다.

▶ 242018-0407

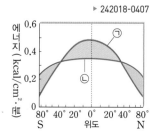

이에 대한 설명으로 옳은 것만을 보기 에서 있는 대로 고른 것은?

보기
ㄱ. ㉠은 태양 복사 에너지 입사량이다.
ㄴ. 위도 0° 지역은 복사 평형을 이룬다.
ㄷ. 위도별 에너지 불균형은 위도 80°N 지역이 위도 40°N 지역보다 크다.

① ㄱ ② ㄴ ③ ㄱ, ㄷ ④ ㄴ, ㄷ ⑤ ㄱ, ㄴ, ㄷ

서술형·논술형 준비하기

▶ 242018-0408

서술형

1 그림은 생태계를 구성하는 요소들 간의 관계를 나타낸 것이다.

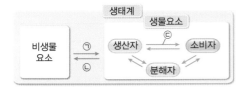

㉠~㉢에 해당하는 사례를 각각 1가지씩 쓰시오.

Tip │ 생태계를 구성하는 생물요소와 비생물요소는 서로 영향을 주고받는다.
Key Word │ 생물요소, 비생물요소

▶ 242018-0409

서술형

2 그림은 태평양 적도 부근에서 평상시 나타나는 대기와 해수의 흐름을 나타낸 것이다.

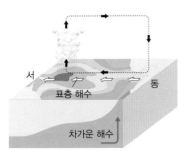

평상시와 비교하여 엘니뇨 발생 시 동태평양 지역과 서태평양 지역에서 발생할 수 있는 피해를 각각 1가지씩 쓰시오.

Tip │ 엘니뇨는 평상시보다 무역풍이 약화되어 나타난다.
Key Word │ 무역풍, 동태평양, 서태평양, 홍수, 가뭄

▶ 242018-0410

서술형

3 그림은 안정된 생태계의 먹이 관계를 나타낸 것이다. 2차 소비자의 개체수가 일시적으로 감소할 때 1차 소비자와 생산자의 개체수는 어떻게 변하면서 생태계평형이 회복되는지 쓰시오.

Tip │ 2차 소비자의 개체수가 일시적으로 감소하면 1차 소비자의 개체수가 증가한다.
Key Word │ 생산자, 1차 소비자, 2차 소비자, 개체수 증가, 개체수 감소

▶ 242018-0411

논술형

4 다음은 지속가능한 발전에 대한 자료이다.

> 지속가능한 발전이란 경제 발전을 위해 환경을 개발하되, 자연의 수용 능력을 넘지 않는 범위 내에서 개발하는 것을 말한다. 이를 실천하기 위해서는 한 가지 측면이 아닌 사회적, 경제적, 환경적 측면 등 여러 가지 측면에서 고려해야 할 사항이 많다. 우선 사회적 측면에서는 자연과 조화를 이룬 건강하고 생산적인 삶을 지향해야 한다. 경제적 측면으로는 생태계와 환경을 훼손하지 않고 인간이 지속적으로 발전할 수 있는 경제 개발을 지향해야 한다. 환경적 측면으로는 후손을 생각하면서 현세대도 쾌적하게 살기 위한 깨끗한 환경 조성을 지향해야 한다.

위 글을 참고하여 지속가능한 발전을 위한 환경 보호 정책이나 사례를 3가지만 서술하시오.

Tip │ 지속가능한 발전을 위한 환경 보호 정책이나 사례를 찾아본다. 이러한 정책이나 사례에는 자연형 하천 복원, 생태 도시 건설, 생태통로 등이 있다.
Key Word │ 지속가능한 발전, 환경 보호

11 에너지

- 태양에서 수소 핵융합 반응에 의해 생성된 에너지의 일부가 지구에서 다양한 에너지로 전환되는 과정을 추론할 수 있다.
- 발전기에서 운동 에너지가 전기 에너지로 전환되는 과정을 이해하고, 발전소가 인간 생활에 미치는 영향을 설명할 수 있다.
- 에너지 효율의 의미와 중요성을 설명하고, 지속가능한 발전과 지구 환경 문제 해결을 위한 방안을 탐색할 수 있다.

1 태양 에너지의 생성과 전환

(1) 여러 가지 에너지 일을 할 수 있는 능력을 에너지라고 한다. 에너지는 빛에너지, 열에너지, 화학 에너지, 전기 에너지, 역학적 에너지, 핵에너지 등 여러 가지 형태로 우리 주변에 존재한다.

(2) 태양 에너지의 생성

① 태양 에너지는 태양의 중심부에서 일어나는 수소 핵융합 반응에 의해서 생성된다. → 수소 원자핵 4개가 융합하여 헬륨 원자핵 1개가 만들어지는 수소 핵융합 반응이 일어날 때 질량이 줄어든다. 이때 줄어든 질량은 질량 에너지 등가 원리에 의해 에너지로 전환된다.

② 태양은 탄생 이후 50억 년 동안 수소 핵융합 반응을 통해 막대한 에너지를 생성하고 방출해 왔다. 태양이 1초 동안 발생하는 에너지의 양은 인류가 수십만 년 동안 사용할 수 있는 에너지양과 비슷하다.

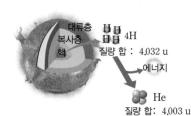

▲태양의 구조와 수소 핵융합 반응

(3) 태양 에너지의 전환

① 태양 에너지는 빛에너지 형태로 광합성을 통해 식물의 화학 에너지로 전환되며 동물의 에너지원이 된다. 식물이나 동물의 유해가 땅속에 묻혀 오랜 세월에 걸쳐 열과 압력을 받으면 석탄, 석유, 천연가스 등과 같은 화석 연료가 된다.

② 태양 에너지는 열에너지 형태로 지표면을 가열하고 지표면의 상태에 따른 온도 차, 기압 차를 발생시켜 대기의 순환이 이루어지게 된다. 또한 지표의 물을 증발시켜 수증기가 되고, 대기 중에서 수증기의 응결로 구름을 만들어 물의 순환이 이루어지게 한다.

→ 태양 에너지는 지구시스템을 순환하며 여러 가지 자연 현상을 일으키고, 생명체가 살아갈 수 있게 하는 주된 에너지원이 된다.

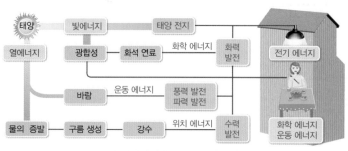

▲지구에서의 태양 에너지의 순환과 전환

❶ 여러 가지 에너지

빛에너지	빛의 형태로 전달되는 에너지
화학 에너지	물질에 화학 결합의 형태로 저장되어 있는 에너지
역학적 에너지	물체의 운동 에너지와 위치 에너지의 합
열에너지	물질의 온도나 상태를 변화시키는 에너지
전기 에너지	전류가 흐를 때 전달되는 에너지
핵에너지	원자핵이 핵반응할 때 발생하는 에너지

❷ 핵융합과 핵분열
- **핵융합**: 2개 이상의 가벼운 원자핵이 결합하여 무거운 원자핵이 만들어지는 현상
- **핵분열**: 무거운 원자핵이 2개 이상의 가벼운 원자핵으로 쪼개지는 현상

❸ 질량 에너지 등가 원리
핵반응에서 질량 결손이 에너지로 발생한다는 원리로 다음과 같은 관계가 성립한다.
$$E = \Delta mc^2$$
(E: 에너지, Δm: 질량 결손, c: 빛의 속력)

❹ 광합성
식물이 태양 에너지를 이용하여 이산화 탄소와 물에서 유기물(포도당)을 합성하고 산소를 대기 중에 방출한다.

② 전기 에너지의 생산

(1) 전자기 유도

① 전자기 유도: 코일 주위에서 자석을 움직이거나 자석 주위에서 코일을 움직일 때 코일 내부의 자기장의 세기가 변하여 코일에 전류가 흐르는 현상을 전자기 유도라고 한다. 이때 코일에 흐르는 전류를 유도 전류라고 한다.

② 전자기 유도에서의 에너지 전환: 운동 에너지 → 전기 에너지

③ 유도 전류의 방향: 코일을 통과하는 자기장의 변화를 방해하는 방향으로 유도 전류가 흐른다.

구분	N극이 접근할 때	N극이 멀어질 때	S극이 접근할 때	S극이 멀어질 때
자석의 운동				
코일의 자기장	코일을 아래 방향으로 통과하는 자기장 증가 → 자석과 미는 자기력	코일을 아래 방향으로 통과하는 자기장 감소 → 자석과 당기는 자기력	코일을 위 방향으로 통과하는 자기장 증가 → 자석과 미는 자기력	코일을 위 방향으로 통과하는 자기장 감소 → 자석과 당기는 자기력
유도 전류 방향	a → ⓖ → b	b → ⓖ → a	b → ⓖ → a	a → ⓖ → b

④ 유도 전류의 세기: 자석의 세기가 셀수록, 자석을 빠르게 움직일수록, 코일의 감은 수가 많을수록 유도 전류의 세기가 크다.

(2) 발전기

① 발전기: 전자기 유도 현상을 이용하여 자석이나 코일의 회전에 의한 운동 에너지를 전기 에너지로 전환시키는 장치

② 코일이 회전할 때 자기장이 수직으로 통과하는 코일면의 면적이 변할 때에도 코일 내부의 자기장이 변할 때와 마찬가지로 코일에 유도 전류가 흐른다.

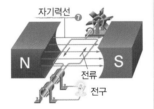

▲발전기의 구조

(3) 화력 발전과 핵발전

① 화력 발전: 화석 연료를 태워 발생하는 열에너지로 물을 끓인다. 이때 발생하는 수증기를 이용하여 터빈을 돌리고, 터빈과 연결된 발전기를 돌려 전기 에너지를 생산한다.

② 핵발전: 우라늄이 핵분열할 때 발생하는 열에너지로 물을 끓여 발생하는 고온, 고압의 수증기가 터빈을 돌리고, 터빈과 연결된 발전기를 돌려 전기 에너지를 생산한다.

▲화력 발전

▲핵발전

❺ 전자기 유도 현상의 이용
일상 생활에서는 발전기, 변압기, 전자 기타, 도난 방지 장치, 무선 충전기, 인덕션 레인지, 교통카드 등에 전자기 유도 현상이 이용된다.

❻ 유도 전류의 방향
오른손으로 코일을 감아쥐고 엄지손가락이 코일에서 전자기 유도에 의해 형성된 N극을 나타내는 방향으로 하였을 때, 네 손가락이 감긴 방향이 코일에 흐르는 유도 전류의 방향이다.

❼ 자기력선
자기장 내에서 나침반 자침의 N극이 가리키는 방향을 연결한 선이다. 자기력선은 N극에서 나와 S극으로 들어가고, 자기력선이 조밀할수록 자기장의 세기가 크다.

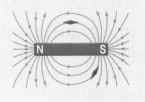

❽ 발전소에서의 에너지 전환

(4) 발전소가 우리 생활에 미치는 영향

① 화력 발전소: 화석 연료가 연소할 때 온실 기체, 대기 오염 물질이 발생한다.

② 핵발전소: 방사성 폐기물의 발생과 사고가 날 경우 방사선 노출 가능성이 있다.

③ 지구 환경을 보호하기 위해 다른 방식으로의 전기 에너지 생산이 필요하다.

❸ 에너지 효율과 지구 환경

(1) 에너지 전환과 보존

① 한 형태의 에너지가 다른 형태의 에너지로 바뀌는 것으로 자연이나 일상생활의 모든 현상에서 에너지 전환이 일어난다.

② 에너지 보존 법칙: 에너지가 전환될 때 전환 전 에너지의 총량과 전환 후 에너지의 총량은 항상 일정하게 보존된다.

운동 에너지 — 휴대 전화가 진동한다.

빛에너지 — 화면에서 빛이 난다.

열에너지 — 휴대 전화가 뜨거워진다.

화학 에너지 — 전지가 충전된다.

소리 에너지 — 스피커에서 소리가 들린다.

전기 에너지

▲전기 에너지의 에너지 전환의 예

(2) 에너지 효율

① 에너지 효율: 공급한 전체 에너지에 대한 유용하게 사용한 에너지의 비율

$$에너지 효율(\%) = \frac{유용하게 \ 사용한 \ 에너지}{공급한 \ 전체 \ 에너지} \times 100$$

② 형광등 대신 에너지 효율이 높은 발광 다이오드(LED)를 사용하면 더 적은 양의 에너지만 사용하면서도 같은 밝기의 효과를 낼 수 있다. 또 냉장고, TV, 세탁기 등을 선택할 때 에너지 소비 효율 등급이 높은 전기 기구를 사용하면 에너지를 절약할 수 있다.

(3) 에너지 문제를 해결하기 위한 노력

① 현재의 발전이 미래 세대의 발전을 방해하지 않게 지속가능한 발전이라는 국제 공동 목표를 설정하고 에너지 효율 높이기, 환경오염을 일으키지 않는 에너지 사용하기 등의 노력이 필요하다.

② 에너지 효율을 높이는 방법의 예: 하이브리드 자동차의 이용, 에너지 수확 기술의 적용

③ 신재생 에너지: 지구 환경을 보호하고 지속가능한 발전을 위해 친환경적이고 재생이 가능한 새로운 에너지

한 걸음 THE 에너지 제로 하우스

- 에너지 제로 하우스는 기름, 가스, 석탄, 전기 등 기존의 화석 연료를 전혀 사용하지 않고, 태양, 지열, 풍력 등의 친환경 에너지를 사용하여 에너지 사용으로 인해 발생하는 탄소 배출이 0(Zero)인 100 % 에너지 자립형 주택이다.

- 에너지 제로 하우스는 이러한 친환경적인 시스템으로 에너지를 얻는 과정과 함께 고단열 벽재, 고단열 지붕과 바닥, 고기밀 창호, 차양 시스템 등을 이용해 외부로의 에너지 손실을 차단하여 에너지 효율을 높인다.

▲에너지 제로 하우스

---

❾ 에너지 전환의 예

구분	에너지 전환
광합성	빛 → 화학
인체	화학 → 열, 운동
건전지	화학 → 전기
태양 전지	빛 → 전기
전동기	전기 → 운동

❿ 에너지 보존 법칙과 열에너지
에너지 전환 과정에서 에너지의 전체 양은 보존되지만, 에너지가 전환될 때마다 항상 에너지의 일부는 다시 사용하기 어려운 형태의 열에너지로 전환된다.

⓫ 에너지 소비 효율 등급
에너지를 효율적으로 사용하는 정도를 1등급~5등급으로 나누어 표시하는 제도이다. 1등급에 가까울수록 에너지 효율이 높아 에너지를 절약할 수 있다.

⓬ 하이브리드 자동차
브레이크를 밟는 동안 자동차의 운동 에너지를 전기 에너지로 전환하여 배터리에 저장하고, 자동차의 속력이 빨라질 때 저장된 전기로 모터를 돌린다.

탐구 목표

간이 발전기를 만들어 자석의 역학적 에너지가 전기 에너지로 전환되는 과정을 설명할 수 있다.

 탐구 과정

1. 길이가 10 cm 정도인 플라스틱 관의 중앙에 에나멜선을 300번 정도 감고, 두 고무링으로 에나멜선을 고정시킨다.
2. 에나멜선의 양 끝의 코팅을 벗겨 내고, 빨간색과 초록색 발광 다이오드의 긴 다리와 짧은 다리가 서로 반대가 되도록 연결한다.
3. 플라스틱 관에 네오디뮴 자석을 넣고, 플라스틱 관의 양 끝에 관마개를 씌운다.
4. 플라스틱 관을 흔들어 두 발광 다이오드에 불이 어떻게 켜지는지 관찰한다.
5. 자석을 흔드는 속력을 크게 할 때 두 발광 다이오드의 밝기를 관찰한다.
6. 동일한 자석의 개수를 많게 하여 자석을 흔들 때 두 발광 다이오드의 밝기를 관찰한다.

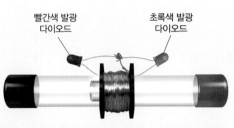

빨간색 발광 다이오드   초록색 발광 다이오드

 자료 정리

1. 발광 다이오드는 한쪽 방향의 전류를 통과시킨다. 플라스틱 관을 흔들면 빨간색 발광 다이오드에 불이 켜질 때 초록색 발광 다이오드에는 불이 켜지지 않고, 초록색 발광 다이오드에 불이 켜질 때 빨간색 발광 다이오드에는 불이 켜지지 않는다.
2. 자석을 흔드는 속력을 크게 하면 두 발광 다이오드에 각각 불이 켜지고 불의 최대 밝기가 밝아진다.
3. 자석의 개수를 많게 하여 자석을 흔들면 두 발광 다이오드에 각각 불이 켜지고 불의 최대 밝기가 밝아진다.

 결과 분석

1. 자석을 이용하여 발광 다이오드에 불이 켜지는 현상을 과학적 원리를 이용하여 설명하시오.

➡

2. 자석을 흔드는 속력과 자석의 개수는 코일에 흐르는 전류에 어떤 영향을 주는지 쓰시오.

➡

3. 직류 전동기를 케이블 타이를 이용하여 자전거에 부착한 후 자전거 바퀴를 돌리면 전기가 발생할 수 있을지 쓰시오.

주의 자전거 바퀴를 돌리는 동안 직류 전동기나 콘센트를 만지지 않도록 한다.

➡

▶ 242018-0412

01 다음은 태양 에너지의 생성에 대한 설명이다.

> 태양의 중심부에서 ⊙ 핵융합 반응이 일어나며, 이 과정에서 ⓒ 하는 질량이 에너지로 방출된다.

빈칸에 들어갈 알맞은 말을 옳게 짝 지은 것은?

	⊙	ⓒ		⊙	ⓒ
①	수소	감소	②	수소	증가
③	헬륨	감소	④	헬륨	증가
⑤	산소	감소			

▶ 242018-0413

02 그림은 태양에서 일어나는 핵반응을 나타낸 것이다.

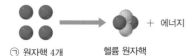

⊙ 원자핵 4개   헬륨 원자핵

이에 대한 설명으로 옳은 것만을 보기 에서 있는 대로 고른 것은?

> **보기**
> ㄱ. ⊙은 수소이다.
> ㄴ. 핵융합 반응이다.
> ㄷ. 핵반응 과정에서 발생하는 에너지의 일부는 지구에 도달하여 에너지 전환과 물질의 순환을 일으킨다.

① ㄱ   ② ㄴ   ③ ㄱ, ㄷ   ④ ㄴ, ㄷ   ⑤ ㄱ, ㄴ, ㄷ

▶ 242018-0414

03 다음은 태양 에너지에 대해 학생 A, B, C가 대화하는 모습을 나타낸 것이다.

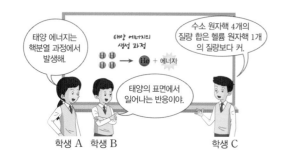

제시한 내용이 옳은 학생만을 있는 대로 고른 것은?

① A   ② C   ③ A, B   ④ B, C   ⑤ A, B, C

▶ 242018-0415

04 질량과 에너지의 관계에 대한 설명으로 옳은 것만을 보기 에서 있는 대로 고른 것은?

> **보기**
> ㄱ. 질량 에너지 등가 원리에 의해 질량과 에너지는 서로 변환이 가능하다.
> ㄴ. 핵반응에서 발생하는 에너지는 반응 과정에서의 질량 증가량과 비례한다.
> ㄷ. 핵발전소에서 전기 에너지를 생산하는 과정에서 질량과 에너지의 변환이 이용된다.

① ㄱ   ② ㄴ   ③ ㄱ, ㄷ   ④ ㄴ, ㄷ   ⑤ ㄱ, ㄴ, ㄷ

▶ 242018-0416

05 태양 에너지의 발생과 전환에 대한 설명으로 옳지 않은 것은?

① 수소 핵융합 반응을 통해 에너지를 생산한다.
② 지구에서 탄소의 순환과 같은 물질 순환을 일으킨다.
③ 지구의 위도에 따라 흡수되는 태양 복사 에너지의 양이 다르다.
④ 태양에서 발생한 에너지는 모두 지구에 도달하여 지구의 여러 가지 현상을 일으킨다.
⑤ 지구의 대기와 해수의 순환을 일으키며, 이 과정에서 에너지가 이동한다.

▶ 242018-0417

06 다음은 지구에서 일어나는 자연 현상에 대한 설명이다.

> (가) 식물이 광합성을 통해 유기물을 합성하고 산소를 대기 중에 방출한다.
> (나) 지표면의 상태에 따른 온도 차, 기압 차에 의해 대기의 순환이 이루어진다.

이에 대한 설명으로 옳은 것만을 보기 에서 있는 대로 고른 것은?

> **보기**
> ㄱ. (가)에서 빛에너지가 핵에너지로 전환된다.
> ㄴ. (나)에서 지표면의 상태 차이를 만들어내는 에너지는 열에너지이다.
> ㄷ. (가), (나)에서 현상을 일으키는 에너지의 근원은 태양 에너지이다.

① ㄱ   ② ㄴ   ③ ㄱ, ㄷ   ④ ㄴ, ㄷ   ⑤ ㄱ, ㄴ, ㄷ

▶ 242018-0418

07 다음은 태양 에너지에 의해 화석 연료가 생성되는 과정에 대한 설명이다.

> 태양 에너지의 ⓐ 는 광합성을 통해 식물의 ⓑ 로 전환되며 동물의 에너지원이 된다. 식물이나 동물의 유해가 땅속에서 오랜 세월을 거쳐 열과 압력을 받으면 ⓒ 형태로 에너지가 저장된 화석 연료가 된다.

빈칸에 들어갈 알맞은 말을 옳게 짝 지은 것은?

	ⓐ	ⓑ		ⓐ	ⓑ
①	빛에너지	열에너지	②	빛에너지	화학 에너지
③	열에너지	빛에너지	④	열에너지	화학 에너지
⑤	핵에너지	열에너지			

▶ 242018-0419

08 지구에서 일어나는 탄소 순환에 대한 설명으로 옳은 것만을 보기 에서 있는 대로 고른 것은?

> **보기**
> ㄱ. 화석 연료가 연소할 때 주로 이산화 탄소의 형태로 배출된다.
> ㄴ. 핵발전은 화력 발전에 비해 이산화 탄소를 더 많이 배출한다.
> ㄷ. 화석 연료의 에너지 근원은 태양 에너지이다.

① ㄱ ② ㄴ ③ ㄱ, ㄷ ④ ㄴ, ㄷ ⑤ ㄱ, ㄴ, ㄷ

▶ 242018-0420

09 그림은 코일 근처에서 자석을 움직이며 검류계의 눈금을 관찰하는 모습을 나타낸 것이다.
이에 대한 설명으로 옳은 것만을 보기 에서 있는 대로 고른 것은?

> **보기**
> ㄱ. 자석이 코일 속에 정지하고 있을 때, 검류계의 바늘은 움직인다.
> ㄴ. 자석의 같은 극을 가까이할 때와 멀리할 때 검류계의 바늘은 반대 방향으로 움직인다.
> ㄷ. 자석의 N극을 가까이할 때와 S극을 가까이할 때 검류계의 바늘은 같은 방향으로 움직인다.

① ㄱ ② ㄴ ③ ㄱ, ㄷ ④ ㄴ, ㄷ ⑤ ㄱ, ㄴ, ㄷ

▶ 242018-0421

10 전자기 유도 현상에 대한 설명으로 옳은 것만을 보기 에서 있는 대로 고른 것은?

> **보기**
> ㄱ. 코일을 통과하는 자기장의 세기가 일정할 때 코일에 전류가 유도되어 흐르는 현상이다.
> ㄴ. 전기 에너지가 운동 에너지로 전환되는 현상이다.
> ㄷ. 발전기는 전자기 유도 현상을 이용한 장치이다.

① ㄱ ② ㄷ ③ ㄱ, ㄴ ④ ㄴ, ㄷ ⑤ ㄱ, ㄴ, ㄷ

▶ 242018-0422

11 그림은 발전기의 구조를 나타낸 것이다.
이에 대한 설명으로 옳은 것만을 보기 에서 있는 대로 고른 것은?

> **보기**
> ㄱ. 전자기 유도 현상을 이용한 장치이다.
> ㄴ. 자석이 만드는 자기장의 세기가 작을수록 코일에 흐르는 유도 전류의 세기가 크다.
> ㄷ. 발전기에서는 역학적 에너지가 전기 에너지로 전환된다.

① ㄱ ② ㄴ ③ ㄱ, ㄷ ④ ㄴ, ㄷ ⑤ ㄱ, ㄴ, ㄷ

▶ 242018-0423

12 그림 (가)는 코일에 N극을 가까이 하는 모습을, (나)는 코일에서 S극을 멀리하는 모습을 나타낸 것이다.

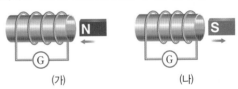

이에 대한 설명으로 옳은 것만을 보기 에서 있는 대로 고른 것은?

> **보기**
> ㄱ. (가)에서 코일을 통과하는 자기장의 세기는 증가한다.
> ㄴ. (나)에서 코일과 자석 사이에는 서로 당기는 자기력이 발생한다.
> ㄷ. (가)와 (나)에서 검류계에 흐르는 유도 전류의 방향은 서로 같다.

① ㄱ ② ㄷ ③ ㄱ, ㄴ ④ ㄴ, ㄷ ⑤ ㄱ, ㄴ, ㄷ

▸ 242018-0424

13 그림은 고정된 자석 근처에서 전구가 연결된 코일을 연직 방향으로 움직이는 모습을 나타낸 것이다.

이에 대한 설명으로 옳은 것만을 **보기** 에서 있는 대로 고른 것은?

보기

ㄱ. 코일을 가까이할 때 코일을 통과하는 자기장의 세기는 커진다.
ㄴ. 코일을 자석에서 멀리할 때 코일과 자석 사이에는 서로 밀어내는 자기력이 작용한다.
ㄷ. 코일의 운동 에너지가 전기 에너지로 전환된다.

① ㄱ   ② ㄴ   ③ ㄱ, ㄷ   ④ ㄴ, ㄷ   ⑤ ㄱ, ㄴ, ㄷ

▸ 242018-0425

14 그림은 화력 발전과 핵발전의 에너지 전환 과정을 나타낸 것이다.

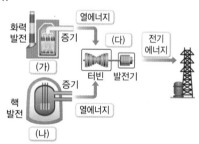

(가), (나), (다)에 들어갈 알맞은 에너지 형태는?

	(가)	(나)	(다)
①	화학 에너지	핵에너지	빛에너지
②	화학 에너지	핵에너지	운동 에너지
③	핵에너지	화학 에너지	빛에너지
④	핵에너지	화학 에너지	운동 에너지
⑤	화학 에너지	운동 에너지	핵에너지

▸ 242018-0426

15 화력 발전과 핵발전의 공통점으로 옳은 것만을 **보기** 에서 있는 대로 고른 것은?

보기

ㄱ. 발전기를 이용한다.
ㄴ. 열에너지를 증기의 운동 에너지로 전환한다.
ㄷ. 화석 연료의 화학 에너지를 이용한다.

① ㄱ   ② ㄷ   ③ ㄱ, ㄴ   ④ ㄴ, ㄷ   ⑤ ㄱ, ㄴ, ㄷ

▸ 242018-0427

16 자석과 코일의 상대적인 운동에 의한 유도 전류의 세기를 증가시키는 방법에 대한 설명으로 옳은 것만을 **보기** 에서 있는 대로 고른 것은?

보기

ㄱ. 코일을 더 많이 감는다.
ㄴ. 자석을 코일 방향으로 더 빠르게 움직인다.
ㄷ. 자기장의 세기가 더 큰 자석을 사용한다.

① ㄱ   ② ㄴ   ③ ㄱ, ㄷ   ④ ㄴ, ㄷ   ⑤ ㄱ, ㄴ, ㄷ

▸ 242018-0428

17 그림은 고정된 원형 코일 위에서 실에 매단 자석이 p, q, r 지점 사이에서 진동하는 모습을 나타낸 것이다.

이에 대한 설명으로 옳은 것만을 **보기** 에서 있는 대로 고른 것은?
(단, 자석은 기울어지지 않고 진동한다.)

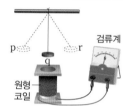

보기

ㄱ. 자석이 p → q 구간을 운동할 때, 자석과 코일 사이에는 서로 밀어내는 자기력이 작용한다.
ㄴ. 자석이 p → q 구간을 운동할 때와 q → r 구간을 운동할 때 코일에 흐르는 유도 전류의 방향은 같다.
ㄷ. 코일의 감은 수를 크게 하면 검류계 바늘이 움직이는 폭은 작아진다.

① ㄱ   ② ㄷ   ③ ㄱ, ㄴ   ④ ㄴ, ㄷ   ⑤ ㄱ, ㄴ, ㄷ

▸ 242018-0429

18 에너지와 에너지 전환에 대한 설명으로 옳은 것만을 **보기** 에서 있는 대로 고른 것은?

보기

ㄱ. 에너지는 새로 생겨나거나 없어지지 않는다.
ㄴ. 한 형태의 에너지가 다른 형태의 에너지로 전환될 때 에너지 총량의 손실이 발생한다.
ㄷ. 전동기는 역학적 에너지를 전기 에너지로 전환하는 장치이다.

① ㄱ   ② ㄴ   ③ ㄱ, ㄷ   ④ ㄴ, ㄷ   ⑤ ㄱ, ㄴ, ㄷ

▶ 242018-0430

19 그림은 전기 에너지가 여러 가지 형태로 전환되어 이용되는 예를 나타낸 것이다. ㉠, ㉡에 들어갈 에너지의 형태와 ㉢에 들어갈 예로 가장 적절한 것은?

	㉠	㉡	㉢
①	소리 에너지	화학 에너지	태양열 발전
②	열에너지	화학 에너지	발광 다이오드(LED)
③	화학 에너지	열에너지	전열기
④	열에너지	화학 에너지	건전지
⑤	화학 에너지	열에너지	태양 전지

▶ 242018-0431

20 에너지를 효율적으로 이용한 예로 옳은 것만을 보기에서 있는 대로 고른 것은?

> **보기**
> ㄱ. 발광 다이오드(LED) 대신 백열전구를 사용한다.
> ㄴ. 사용하지 않는 전기 기구의 플러그는 연결하지 않는다.
> ㄷ. 에너지 소비 효율 등급이 5등급에 가까운 제품을 구입하여 사용한다.

① ㄱ ② ㄴ ③ ㄱ, ㄷ ④ ㄴ, ㄷ ⑤ ㄱ, ㄴ, ㄷ

▶ 242018-0432

21 다음은 에너지 보존 법칙과 에너지 전환에 대한 설명이다.

> • 에너지가 전환될 때 전환 전 에너지의 총량과 전환 후 에너지의 총량은 항상 일정하게 보존된다.
> • 에너지가 전환될 때마다 항상 에너지의 일부는 다시 사용하기 어려운 ㉠ 형태로 전환된다.

이에 대한 설명으로 옳은 것만을 보기에서 있는 대로 고른 것은?

> **보기**
> ㄱ. '열에너지'는 ㉠으로 적절하다.
> ㄴ. 공급한 전체 에너지에 비해 유용하게 사용한 에너지의 비율이 높은 장치를 사용해야 한다.
> ㄷ. 에너지 소비 효율 등급이 1등급에 가까운 제품을 사용해야 한다.

① ㄱ ② ㄷ ③ ㄱ, ㄴ ④ ㄴ, ㄷ ⑤ ㄱ, ㄴ, ㄷ

▶ 242018-0433

22 다음은 에너지 문제를 해결해 나가려는 노력에 대해 학생 A, B, C가 대화하는 모습을 나타낸 것이다.

제시한 내용이 옳은 학생만을 있는 대로 고른 것은?

① A ② C ③ A, B ④ B, C ⑤ A, B, C

▶ 242018-0434

23 신재생 에너지에 대한 설명으로 옳은 것만을 보기에서 있는 대로 고른 것은?

> **보기**
> ㄱ. 환경적인 문제가 거의 없어 친환경적이다.
> ㄴ. 자원 고갈에 대한 위험성으로 지속가능한 발전이 어렵다.
> ㄷ. 자연의 에너지원을 이용하므로 초기 투자 비용이 들지 않는다.

① ㄱ ② ㄴ ③ ㄱ, ㄷ ④ ㄴ, ㄷ ⑤ ㄱ, ㄴ, ㄷ

▶ 242018-0435

24 그림 (가)와 (나)는 각각 태양광 발전 장치와 풍력 발전 장치를 나타낸 것이다.

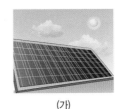

(가)　　　　　　(나)

이에 대한 설명으로 옳은 것만을 보기에서 있는 대로 고른 것은?

> **보기**
> ㄱ. (가)는 계절과 일조량에 따라 발전 시간과 발전량이 제한적이다.
> ㄴ. (나)에서 이용하는 자원은 지속 발전이 가능한 자원이다.
> ㄷ. (가)와 (나)는 모두 전자기 유도 현상을 이용한다.

① ㄱ ② ㄷ ③ ㄱ, ㄴ ④ ㄴ, ㄷ ⑤ ㄱ, ㄴ, ㄷ

▶ 242018-0436

01 다음은 태양 에너지의 발생에 대한 설명이다.

- 태양 중심부에서 ㉠핵융합 반응이 일어난다.
- 수소 원자핵 4개가 헬륨 원자핵 1개로 융합한다.
- 핵융합 과정에서 질량 에너지 등가 원리에 의해 에너지가 발생한다.

이에 대한 설명으로 옳은 것만을 보기 에서 있는 대로 고른 것은?

보기

ㄱ. 핵융합 반응은 상온의 기체에서 일어난다.
ㄴ. 우라늄을 원료로 하는 핵발전소에서 일어나는 반응은 ㉠이다.
ㄷ. 수소 원자핵 4개의 질량 합은 헬륨 원자핵 1개의 질량보다 크다.

① ㄱ ② ㄷ ③ ㄱ, ㄴ ④ ㄴ, ㄷ ⑤ ㄱ, ㄴ, ㄷ

▶ 242018-0437

02 그림 (가)는 태양에서 수소 원자핵 4개가 ㉠ 1개로 변하면서 태양 에너지가 방출되는 모습을, (나)는 지구에 도달한 태양 에너지에 의해 발생하는 기상 현상을 나타낸 것이다.

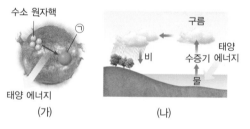

(가)   (나)

이에 대한 설명으로 옳은 것만을 보기 에서 있는 대로 고른 것은?

보기

ㄱ. ㉠은 헬륨 원자핵이다.
ㄴ. (나)에서 물은 태양 에너지를 열에너지 형태로 흡수하여 수증기가 된다.
ㄷ. 비가 내릴 때, 떨어지는 빗방울의 운동 에너지는 감소한다.

① ㄱ ② ㄷ ③ ㄱ, ㄴ ④ ㄴ, ㄷ ⑤ ㄱ, ㄴ, ㄷ

▶ 242018-0438

03 그림은 지구에 도달하는 태양 에너지에 의해 탄소가 순환하는 과정의 일부를 나타낸 것이다.

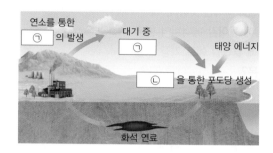

이에 대한 설명으로 옳은 것만을 보기 에서 있는 대로 고른 것은?

보기

ㄱ. ㉠은 이산화 탄소이다.
ㄴ. ㉡을 통해 태양의 빛에너지가 화학 에너지로 전환된다.
ㄷ. 생명체가 포도당을 이용하는 과정에서 화학 에너지로 축적되거나 운동 에너지로 전환된다.

① ㄱ ② ㄷ ③ ㄱ, ㄴ ④ ㄴ, ㄷ ⑤ ㄱ, ㄴ, ㄷ

▶ 242018-0439

04 그림은 지구에서 태양 에너지가 다양한 형태의 에너지로 전환되어 이용되는 과정을 나타낸 것이다. (가), (나), (다)는 각각 에너지 형태의 한 종류이다.

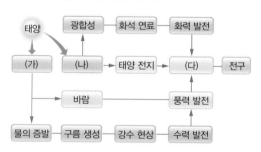

이에 대한 설명으로 옳은 것만을 보기 에서 있는 대로 고른 것은?

보기

ㄱ. (가)는 빛에너지이다.
ㄴ. 화력 발전, 풍력 발전, 수력 발전은 모두 전자기 유도 현상을 이용한다.
ㄷ. 태양 전지는 열에너지를 전기 에너지로 전환한다.

① ㄱ ② ㄴ ③ ㄱ, ㄷ ④ ㄴ, ㄷ ⑤ ㄱ, ㄴ, ㄷ

05 그림은 고정된 코일의 중 심축을 따라 막대자석이 일정 한 속력으로 운동하여 코일에 가까워지는 모습을 나타낸 것 이다. 점 p는 코일의 중심축상에 있다.

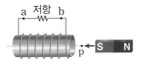

이에 대한 설명으로 옳은 것만을 보기 에서 있는 대로 고른 것은? (단, 자석의 크기는 무시한다.)

보기
ㄱ. 코일을 통과하는 자석에 의한 자기장의 세기는 커진다.
ㄴ. 코일에 흐르는 유도 전류의 방향은 a → 저항 → b이다.
ㄷ. 막대자석이 p를 통과하는 순간 막대자석의 속력이 클 수록 코일에 흐르는 유도 전류의 세기는 작다.

① ㄱ ② ㄴ ③ ㄱ, ㄷ ④ ㄴ, ㄷ ⑤ ㄱ, ㄴ, ㄷ

06 그림 (가)는 자가발전 손전등의 모습을 나타낸 것으로 자석은 코일 근처에서 가까워졌다가 멀어지는 운동을 한다. 그림 (나)는 교통 카드를 사용하는 과정을 나타낸 것으로 카드 단말기에서 교통 카드를 향하는 방향으로 세기가 변하는 자기장이 발생한다.

(가)   (나)

이에 대한 설명으로 옳은 것만을 보기 에서 있는 대로 고른 것은?

보기
ㄱ. (가)와 (나)는 모두 전자기 유도 현상을 이용한다.
ㄴ. (가)에서 자석이 코일에 가까워질 때, 코일을 통과하는 자기장의 세기는 작아진다.
ㄷ. (나)의 단말기에서 발생하는 자기장의 세기가 커질 때 카드의 내부 코일에는 ⓑ 방향으로 유도 전류가 흐른다.

① ㄱ ② ㄴ ③ ㄱ, ㄷ ④ ㄴ, ㄷ ⑤ ㄱ, ㄴ, ㄷ

07 그림과 같이 높이가 같은 기준선 P에서 자석 A, B를 동시에 가만히 놓 았더니 A, B는 각각 관 X, Y의 중심 축을 따라 낙하하여 A가 기준선 Q를 통과한 이후 B가 Q를 통과한다. X, Y는 구리관과 플라스틱 관을 순서 없 이 나타낸 것이다.

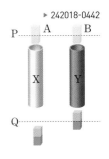

이에 대한 설명으로 옳은 것만을 보기 에서 있는 대로 고른 것은? (단, A, B의 크기 및 공기 저항은 무시한다.)

보기
ㄱ. X는 구리관이다.
ㄴ. Q를 지나는 순간의 속력은 A가 B보다 크다.
ㄷ. B가 Q를 지나는 순간 Y와 B 사이에는 서로 당기는 자기력이 발생한다.

① ㄱ ② ㄷ ③ ㄱ, ㄴ ④ ㄴ, ㄷ ⑤ ㄱ, ㄴ, ㄷ

08 다음은 마이크의 원리에 대한 설명이다.

- 마이크는 진동판에 연결된 코일의 운동에 의해 코일에 유도 전류가 발생하여 ㉠에너지 전환이 일어난다.
- 그림과 같이 코일이 자석의 S극으로부터 멀어지면 코일 을 통과하는 자기장의 세기는 약해지고, 코일에는 (가) 방향으로 유도 전류가 흐른다.

이에 대한 설명으로 옳은 것만을 보기 에서 있는 대로 고른 것은?

보기
ㄱ. 마이크는 전자기 유도 현상을 이용한다.
ㄴ. ㉠은 운동 에너지에서 전기 에너지로의 전환이다.
ㄷ. (가)는 ⓑ이다.

① ㄱ ② ㄷ ③ ㄱ, ㄴ ④ ㄴ, ㄷ ⑤ ㄱ, ㄴ, ㄷ

09 그림은 열원 A에서 Q_A의 열을 흡수하여 W의 일을 하고 열원 B로 Q_B의 열을 방출하는 열기관을 나타낸 것이다. 이에 대한 설명으로 옳은 것만을 보기에서 있는 대로 고른 것은?

▶ 242018-0444

보기

ㄱ. 온도는 A가 B보다 낮다.
ㄴ. $Q_A = Q_B + W$이다.
ㄷ. $Q_B = 2W$일 때, 열기관의 에너지 효율은 $\frac{2}{3}$이다.

① ㄱ ② ㄴ ③ ㄱ, ㄷ ④ ㄴ, ㄷ ⑤ ㄱ, ㄴ, ㄷ

▶ 242018-0445

10 그림 (가)는 공급한 에너지로 일을 하고 에너지를 방출하는 열기관을 나타낸 것이고, (나)는 열기관 A, B의 에너지 소비 효율 등급을 나타낸 것이다. A, B가 한 일이 같을 때, A, B에 공급한 에너지는 각각 E_A, E_B이다.

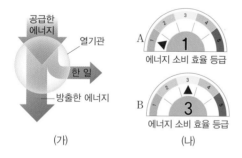

(가)   (나)

이에 대한 설명으로 옳은 것만을 보기에서 있는 대로 고른 것은?

보기

ㄱ. 에너지 효율은 A가 B보다 낮다.
ㄴ. 에너지를 효율적으로 이용하기 위해서는 B보다 A를 사용해야 한다.
ㄷ. $E_A > E_B$이다.

① ㄱ ② ㄴ ③ ㄱ, ㄷ ④ ㄴ, ㄷ ⑤ ㄱ, ㄴ, ㄷ

▶ 242018-0446

11 그림은 에너지 제로 하우스의 구조를 나타낸 것이고, 자료는 에너지 제로 하우스에 적용되는 기술에 대한 설명이다.

• 능동(액티브) 기술: 자체적으로 에너지를 생산하는 기술
• 수동(패시브) 기술: 낭비되는 에너지를 줄이는 기술

이에 대한 설명으로 옳은 것만을 보기에서 있는 대로 고른 것은?

보기

ㄱ. 단열 진공 유리창과 벽체는 능동(액티브) 기술이다.
ㄴ. 태양 전지는 빛에너지를 전기 에너지로 전환한다.
ㄷ. 발광 다이오드 조명은 백열전구 조명보다 에너지 효율이 높다.

① ㄱ ② ㄷ ③ ㄱ, ㄴ ④ ㄴ, ㄷ ⑤ ㄱ, ㄴ, ㄷ

▶ 242018-0447

12 다음은 신재생 에너지 기술의 이용에 대한 자료이다.

(가) 태양 전지가 설치된 버스 정류장에는 태양의 ⑤ 을/를 전기 에너지로 전환하여 휴대 전화 등을 충전할 수 있다.
(나) 방조제를 쌓아 밀물과 썰물에 의한 바닷물의 높이 차를 이용하여 발전기로부터 전기 에너지를 생산한다.

이에 대한 설명으로 옳은 것만을 보기에서 있는 대로 고른 것은?

보기

ㄱ. '빛에너지'는 ⑤으로 적절하다.
ㄴ. (나)에서는 발전 과정에서 온실 기체가 배출된다.
ㄷ. (가)와 (나) 모두 전자기 유도 현상을 이용한다.

① ㄱ ② ㄷ ③ ㄱ, ㄴ ④ ㄴ, ㄷ ⑤ ㄱ, ㄴ, ㄷ

서술형·논술형 준비하기

서술형 ▶ 242018-0448

1 다음은 하이브리드 자동차에 대한 설명이다.

- 2개 이상의 동력원에 의해 구동되는 차량을 의미하며, 동력원으로는 주로 내연 기관과 전기 모터를 함께 장착한다.
- 자동차의 역학적 에너지를 전기 에너지로 전환하고, 이를 다시 사용하여 에너지 효율을 높인다.

위 내용을 바탕으로 수평면에서 자동차가 운동할 때 속력 변화에 따른 전지의 전기 에너지 충전, 방전 과정을 서술하시오.

Tip | 자동차는 역학적 에너지를 전기 에너지로 전환한다.
Key Word | 역학적 에너지, 전기 에너지

_____

_____

서술형 ▶ 242018-0449

2 그림은 수소와 산소를 이용하여 전기 에너지와 물이 생성되는 수소 연료 전지를 나타낸 것이다.

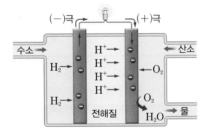

각 전극에서 일어나는 반응을 화학 반응식과 함께 산화와 환원의 개념을 적용하여 서술하시오.

Tip | 수소와 산소가 반응하여 물이 생성될 때 전기 에너지를 발생한다.
Key Word | 수소, 산소, 전자

_____

_____

논술형 ▶ 242018-0450

3 다음 (가), (나)는 에너지와 에너지 자원에 대한 글이고, (다)는 우리나라 자연 환경의 특징이다.

(가) 에너지는 다양한 형태로 전환되지만 전환 전 에너지의 총량과 전환 후 에너지의 총량을 항상 같다. 즉, 에너지는 항상 보존된다.

(나) 석유의 주요 생산지는 페르시아만, 북해, 미국 멕시코만 등이고, 우라늄의 주요 생산지는 캐나다, 미국, 남아프리카 공화국, 오스트레일리아 등이며, 이들 국가에서 산출되는 양이 전세계 산출량의 대부분을 차지한다. 이처럼 에너지 자원의 주요 생산지는 특정 지역에 한정되어 에너지 자원의 국제적인 이동이 활발하게 나타나고 있다. 하지만 에너지 자원이 불균등하게 분포함에 따라 에너지 자원 문제가 점차 심각해지고 있으며, 이러한 문제를 해결하기 위해 신재생 에너지 개발이 필요하다.

(다) 우리나라는 중위도 지역에 위치하고 있어 연중 일사량이 비교적 많다. 또한 삼면이 바다로 둘러싸여 있으며, 특히 서해안에서는 조수 간만의 차가 크게 나타난다.

(1) 에너지는 보존되지만 일상 생활에서 에너지 소비 효율 등급이 높은 제품을 사용해야 되는 까닭을 서술하시오.

Tip | 에너지의 흐름에는 방향성이 있다.
Key Word | 에너지 전환, 열에너지

_____

_____

_____

(2) 우리나라 자연환경에서 개발하기에 적합한 신재생 에너지와 이러한 신재생 에너지를 개발해야 하는 까닭을 논술하시오.

Tip | 우리나라는 높은 일사량에 의한 태양의 빛에너지와 열에너지를 활용할 수 있다.
Key Word | 태양 에너지, 신재생 에너지

_____

_____

_____

▶ 242018-0451

01 그림은 생태계를 구성하는 요소 사이의 상호 관계를 나타낸 것이다.

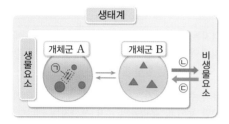

이에 대한 설명으로 옳은 것만을 **보기** 에서 있는 대로 고른 것은?

보기
ㄱ. 빛, 토양, 온도는 모두 비생물요소에 해당한다.
ㄴ. 호랑이가 토끼를 잡아먹는 것은 ㉠의 예에 해당한다.
ㄷ. 식물의 광합성에 의해 대기의 이산화 탄소 농도가 감소하는 것은 ㉢의 예에 해당한다.

① ㄱ   ② ㄴ   ③ ㄱ, ㄷ   ④ ㄴ, ㄷ   ⑤ ㄱ, ㄴ, ㄷ

▶ 242018-0452

02 그림은 어떤 생태계에서 에너지의 흐름을 나타낸 것이다. A와 B는 서로 다른 생물이다.

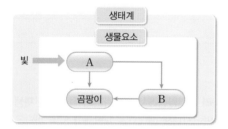

이에 대한 설명으로 옳은 것만을 **보기** 에서 있는 대로 고른 것은?

보기
ㄱ. 시금치는 A에 해당한다.
ㄴ. B는 A의 피식자이다.
ㄷ. B에서 곰팡이로 유기물이 이동한다.

① ㄱ   ② ㄴ   ③ ㄱ, ㄷ   ④ ㄴ, ㄷ   ⑤ ㄱ, ㄴ, ㄷ

▶ 242018-0453

03 그림 (가)는 생태계구성요소 간의 관계 중 일부를, (나)는 나무 A에 있는 서로 다른 잎인 양엽과 음엽의 단면 구조를 나타낸 것이다. 빛을 많이 받는 곳의 잎은 울타리조직이 발달한다.

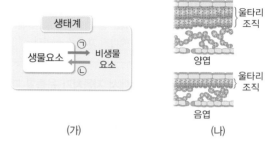

(가)   (나)

이에 대한 설명으로 옳은 것만을 **보기** 에서 있는 대로 고른 것은?

보기
ㄱ. (가)에서 생물요소에는 분해자가 포함된다.
ㄴ. (나)는 ㉡의 예에 해당한다.
ㄷ. A에서 빛을 많이 받는 곳일수록 양엽보다 음엽이 발달할 것이다.

① ㄱ   ② ㄴ   ③ ㄷ   ④ ㄱ, ㄴ   ⑤ ㄴ, ㄷ

▶ 242018-0454

04 그림은 어떤 생태계의 생태 피라미드를, 자료는 이 생태계의 생태계평형 회복 과정을 나타낸 것이다. A~C는 생산자, 1차 소비자, 2차 소비자를 순서 없이 나타낸 것이며, ㉠과 ㉡은 각각 A와 C 중 하나이다.

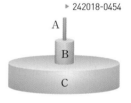

생태계평형 상태 → B의 개체수 일시적 증가 → ㉠의 개체수 증가, ㉡의 개체수 감소 → B의 개체수 감소 → ㉠의 개체수 감소, ㉡의 개체수 증가 → 생태계평형 회복

이에 대한 설명으로 옳은 것만을 **보기** 에서 있는 대로 고른 것은?

보기
ㄱ. ㉠은 A이다.
ㄴ. ㉡은 생산자이다.
ㄷ. C의 에너지 중 일부는 B로 전달된다.

① ㄱ   ② ㄴ   ③ ㄱ, ㄷ   ④ ㄴ, ㄷ   ⑤ ㄱ, ㄴ, ㄷ

▶ 242018-0455

05 그림은 어떤 지역에서 사슴을 보호하기 위해 늑대 사냥을 허가한 이후 사슴과 늑대의 개체수 및 식물군집의 양을 나타낸 것이다.

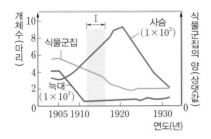

이에 대한 설명으로 옳은 것만을 보기에서 있는 대로 고른 것은?

> 보기
> ㄱ. 늑대를 제거하면 식물군집의 양이 증가할 것이다.
> ㄴ. 먹이 관계는 식물군집 → 사슴 → 늑대이다.
> ㄷ. 구간 Ⅰ에서 사슴의 개체수가 증가한 것은 늑대의 개체수가 감소했기 때문이다.

① ㄱ   ② ㄴ   ③ ㄱ, ㄷ   ④ ㄴ, ㄷ   ⑤ ㄱ, ㄴ, ㄷ

▶ 242018-0456

06 그림은 엘니뇨 발생 시 적도 부근의 태평양 연안에서 대기와 해수의 이동을 나타낸 것이다. ㉠과 ㉡은 동쪽과 서쪽을 순서 없이 나타낸 것이다.

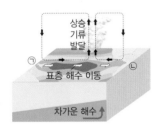

이에 대한 설명으로 옳은 것만을 보기에서 있는 대로 고른 것은?

> 보기
> ㄱ. 엘니뇨 발생 시 평상시보다 무역풍이 강하다.
> ㄴ. 평상시 적도 부근의 표층 해수는 ㉡에서 ㉠ 방향으로 이동한다.
> ㄷ. 엘니뇨 발생 시 ㉠ 지역은 평상시보다 비가 많이 내린다.

① ㄱ   ② ㄴ   ③ ㄱ, ㄷ   ④ ㄴ, ㄷ   ⑤ ㄱ, ㄴ, ㄷ

▶ 242018-0457

07 그림은 지구의 복사 평형을, 표는 에너지 A~D를 순서 없이 나타낸 것이다.

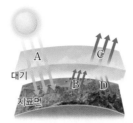

에너지(A~D)
• 지구 복사 에너지
• 태양 복사 에너지
• 대기의 재복사 에너지
• 지표면 복사 에너지

이에 대한 설명으로 옳은 것만을 보기에서 있는 대로 고른 것은? (단, 제시된 조건 이외는 고려하지 않는다.)

> 보기
> ㄱ. B는 지표면 복사 에너지이다.
> ㄴ. 대기 중 온실 기체가 증가하면 D가 감소한다.
> ㄷ. 지구의 평균 기온은 지구 대기가 있는 경우가 지구 대기가 없는 경우보다 낮게 유지된다.

① ㄱ   ② ㄴ   ③ ㄱ, ㄷ   ④ ㄴ, ㄷ   ⑤ ㄱ, ㄴ, ㄷ

▶ 242018-0458

08 그림은 1950년부터 2023년까지 기온 편차 변화와 대기 중 이산화 탄소 평균 농도 변화를 나타낸 것이다. 기온 편차는 관측값에서 지구 평균 기온을 뺀 값이다.

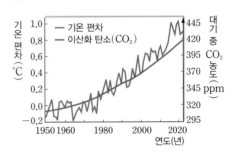

이에 대한 설명으로 옳은 것만을 보기에서 있는 대로 고른 것은?

> 보기
> ㄱ. 이 기간 동안 지구의 평균 기온은 상승했을 것이다.
> ㄴ. 화석 연료의 사용 증가는 대기 중 이산화 탄소 농도 증가에 영향을 미친다.
> ㄷ. 기온 편차 변화와 이산화 탄소 평균 농도 변화는 반비례 관계에 있다.

① ㄱ   ② ㄷ   ③ ㄱ, ㄴ   ④ ㄴ, ㄷ   ⑤ ㄱ, ㄴ, ㄷ

▶ 242018-0459

09 다음의 (가), (나)는 태양 중심부에서 일어나는 수소 핵융합 반응과 핵발전소에서 일어나는 우라늄의 핵분열 반응을 순서 없이 나타낸 것이다. 한 번의 핵반응에서 발생하는 에너지는 (가)에서가 (나)에서보다 작다.

$$(가)\ 4^1_1H \longrightarrow {}^4_2He + 2^0_1e^+ + 에너지$$
$$(나)\ {}^{235}_{92}U + {}^1_0n \longrightarrow {}^{141}_{56}Ba + {}^{92}_{36}Kr + 3^1_0n + 에너지$$

이에 대한 설명으로 옳은 것만을 보기 에서 있는 대로 고른 것은?

보기

ㄱ. (가)는 핵발전소에서 일어나는 반응이다.
ㄴ. 핵반응에서 발생하는 질량 결손은 (가)에서가 (나)에서보다 작다.
ㄷ. 우라늄 원자핵($^{235}_{92}U$)에 포함된 중성자(^1_0n) 수는 92이다.

① ㄱ ② ㄴ ③ ㄱ, ㄷ ④ ㄴ, ㄷ ⑤ ㄱ, ㄴ, ㄷ

▶ 242018-0460

10 그림 (가)는 태양에서 수소(H) 원자핵 4개가 융합하여 헬륨(He) 원자핵 1개가 되는 반응이 일어날 때 에너지가 발생하는 것을, (나)는 지구에서 태양 에너지의 전환 사례를 나타낸 것이다. 수소 원자핵과 헬륨 원자핵 1개의 질량은 각각 m_H, m_{He}이다.

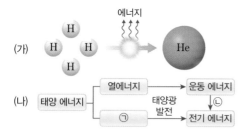

이에 대한 설명으로 옳은 것만을 보기 에서 있는 대로 고른 것은?

보기

ㄱ. $4m_H > m_{He}$이다.
ㄴ. ㉠은 빛에너지이다.
ㄷ. ㉡ 과정에서 전자기 유도 현상을 이용한다.

① ㄱ ② ㄷ ③ ㄱ, ㄴ ④ ㄴ, ㄷ ⑤ ㄱ, ㄴ, ㄷ

▶ 242018-0461

11 다음은 전자기 유도 실험이다.

[실험 과정]
(가) 코일의 중심축을 따라 자석을 일정한 속력으로 코일의 입구까지 접근시키며 전류의 최댓값을 측정한다.
(나) 자석 2개를 같은 극끼리 겹치게 한 후 (가)를 반복한다.
(다) (나)에서 자석이 코일에 접근하는 속력을 빠르게 하여 (가)를 반복한다.

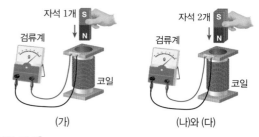

(가) (나)와 (다)

[실험 결과]

과정	(가)	(나)	(다)
전류의 최댓값	$I_{(가)}$	$I_{(나)}$	$I_{(다)}$

$I_{(가)}$, $I_{(나)}$, $I_{(다)}$를 옳게 비교한 것은?

① $I_{(가)} > I_{(나)} > I_{(다)}$ ② $I_{(가)} > I_{(나)} = I_{(다)}$
③ $I_{(다)} > I_{(나)} > I_{(가)}$ ④ $I_{(나)} = I_{(다)} < I_{(가)}$
⑤ $I_{(나)} < I_{(다)} = I_{(가)}$

▶ 242018-0462

12 그림 (가), (나)는 각각 화력 발전소와 핵발전소를 나타낸 것이다.

(가) (나)

이에 대한 설명으로 옳은 것만을 보기 에서 있는 대로 고른 것은?

보기

ㄱ. (가)에서는 '운동 에너지 → 열에너지 → 전기 에너지'의 에너지 전환 과정이 일어난다.
ㄴ. (나)에서는 핵분열 반응을 이용한다.
ㄷ. (가), (나)에서 모두 전자기 유도 현상을 이용한다.

① ㄱ ② ㄴ ③ ㄱ, ㄷ ④ ㄴ, ㄷ ⑤ ㄱ, ㄴ, ㄷ

▶ 242018-0463

13 그림 (가)는 코일 주위에서 막대자석을 운동시키는 모습을 나타낸 것이고, 코일과 자석 사이의 거리는 d이다. 그림 (나)는 (가)에서 d를 시간에 따라 나타낸 것이다.

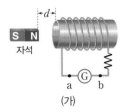
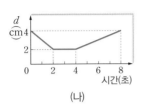

(가)　　　　　　　　(나)

이에 대한 설명으로 옳은 것만을 보기 에서 있는 대로 고른 것은?

> **보기**
> ㄱ. 1초일 때, 코일에 흐르는 유도 전류의 방향은 b → ⓖ → a이다.
> ㄴ. 코일을 통과하는 자석에 의한 자기장의 세기는 1초일 때가 3초일 때보다 작다.
> ㄷ. 코일에 흐르는 유도 전류의 세기는 1초일 때가 6초일 때보다 크다.

① ㄱ　　② ㄴ　　③ ㄱ, ㄷ　　④ ㄴ, ㄷ　　⑤ ㄱ, ㄴ, ㄷ

▶ 242018-0464

14 다음은 휴대 전화를 무선 충전하는 원리에 대한 설명이다.

- 무선 충전기에서 시간에 따라 크기와 방향이 변하는 ⓐ 이/가 발생하면, 휴대 전화 내부 코일에 유도 전류가 흘러 휴대 전화가 충전된다.
- 그림과 같이 어느 순간 무선 충전기에서 발생한 ⓐ 이/가 윗방향이고 세기가 증가하고 있으면 코일에 흐르는 유도 전류의 방향은 ⓑ 방향이다.

이에 대한 설명으로 옳은 것만을 보기 에서 있는 대로 고른 것은?

> **보기**
> ㄱ. 휴대 전화 무선 충전은 전자기 유도 현상을 이용한다.
> ㄴ. '자기장'은 ⓐ으로 적절하다.
> ㄷ. ⓑ은 ⓐ이다.

① ㄱ　　② ㄷ　　③ ㄱ, ㄴ　　④ ㄴ, ㄷ　　⑤ ㄱ, ㄴ, ㄷ

▶ 242018-0465

15 그림과 같이 수평면에서 연직 방향으로 쏘아 올린 자석이 고정된 코일의 중심축을 따라 최고점에 도달한 후 낙하한다. (가), (나)는 코일과 최고점 사이의 동일한 위치에서 자석이 올라갈 때와 내려올 때를 나타낸 것이다.

이에 대한 설명으로 옳은 것만을 보기 에서 있는 대로 고른 것은? (단, 자석은 회전하지 않고 크기는 무시한다.)

> **보기**
> ㄱ. (가)에서 코일과 자석 사이에는 서로 당기는 자기력이 작용한다.
> ㄴ. (나)에서 저항에 흐르는 유도 전류의 방향은 p → 저항 → q이다.
> ㄷ. 저항에 흐르는 유도 전류의 세기는 (가)일 때가 (나)일 때보다 크다.

① ㄱ　　② ㄴ　　③ ㄱ, ㄷ　　④ ㄴ, ㄷ　　⑤ ㄱ, ㄴ, ㄷ

▶ 242018-0466

16 그림은 공급받은 연료의 에너지가 각각 E_A, E_B인 내연 기관 자동차 A와 연료 전지 자동차 B의 에너지 전환 과정을 통해 운동 에너지가 E_0만큼 발생하는 것을 나타낸 것이다. A, B의 에너지 효율은 각각 $\frac{1}{5}$, $\frac{2}{5}$이고, ⓐ은 B의 연료이다.

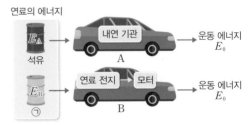

이에 대한 설명으로 옳은 것만을 보기 에서 있는 대로 고른 것은?

> **보기**
> ㄱ. A는 '화학 에너지 → 열에너지 → 운동 에너지'로 에너지를 전환한다.
> ㄴ. ⓐ은 탄소이다.
> ㄷ. $E_A - E_B = 2E_0$이다.

① ㄱ　　② ㄷ　　③ ㄱ, ㄴ　　④ ㄴ, ㄷ　　⑤ ㄱ, ㄴ, ㄷ

12 과학의 유용성과 빅데이터의 활용

○ 감염병 진단과 추적 등의 사례를 통해 과학의 유용성을 설명할 수 있다.
○ 미래 사회 문제 해결에서 과학의 필요성을 설명할 수 있다.
○ 빅데이터를 과학 기술 사회에서 사용하고 있는 사례를 조사하고, 빅데이터 활용의 장점과 문제점을 설명할 수 있다.

1 과학의 유용성과 필요성

(1) 과학 기술을 활용한 감염병 진단과 추적

① 감염병을 효과적으로 관리하기 위해서는 감염병의 진단뿐 아니라 감염병 환자의 감염 경로와 동선을 추적 관리하는 것이 필요하며, 이러한 과정에 과학이 밀접하게 관련되어 있다.

② 감염병 진단: 병원체에 감염되었는지를 판별하는 것

항체 검사	혈액 채취 → 항체 존재 확인
항원 검사	• 검체 채취 → 병원체(항원)의 특정 단백질 검출 • 간편하지만 검체에 포함된 병원체의 양이 적을 경우 병원체가 검출되지 않을 수도 있다.
PCR 검사	검체 채취 → 병원체의 핵산 증폭 → 병원체의 존재 여부를 확인

③ 감염병 추적 및 관리: 환자의 스마트 기기에 내장된 GPS, WiFi, 블루투스, 센서 등을 활용하여 환자의 정보를 수집하고 감염 경로를 추적한다. 감염병의 특성을 파악하고 예측하기 위해 빅데이터 기술과 인공지능 기술 등을 활용한다.

(2) 미래 사회 문제 해결에서 과학의 필요성

① 미래 사회 문제: 감염병 대유행, 기후 변화, 자연재해 및 재난, 에너지 및 자원고갈, 물 부족, 식량 부족, 사생활 침해 및 보안 등

② 미래 사회 문제 해결에 복합적으로 활용 가능한 과학 기술: 빅데이터 기술, 인공지능 기술, 로봇 공학 기술, 생명공학기술, 나노 기술, 재생 에너지 기술 등

2 빅데이터 활용

(1) 실시간 생활 데이터 측정

과학 기술의 발달로 다양한 데이터를 실시간으로 측정 가능하다.
⑩ 미세 먼지 농도 실시간 측정 → 공기의 질 파악

(2) 빅데이터의 활용

① 여러 분야의 빅데이터 분석을 통해 현상에 대한 빠른 이해와 정확한 예측이 가능하다. 일상생활에서는 정부의 정책 결정이나 교육, 의료 등 다양한 분야에서 합리적 결정을 내리는 데 활용되며, 과학 분야에서는 새로운 장비와 기술의 발달로 다량의 관측 및 실험 데이터 수집, 디지털 형태로 전환하여 대량의 데이터를 축적하고, 기상 관측, 신약 개발, 과학 실험, 유전체 분석 등에 활용된다.

② 빅데이터의 문제점에 대한 인식 필요: 빅데이터 형성 과정에서 사생활 침해 가능성, 개인 정보 유출, 충분히 검증받지 못한 데이터 활용 가능성, 지나친 데이터 의존 등

❶ 감염병
• 세균이나 바이러스와 같은 병원체가 사람의 몸에 침입하여 생기는 질병으로 빠르게 전파되는 특성이 있다. 따라서 감염병의 확산을 늦추기 위해 빠르게 진단하고 추적하여 감염 경로를 차단하는 것이 중요하다.
• 바이러스에 감염되어 발생하는 감염병의 경우 신속 항원 검사, 중합효소연쇄반응(PCR) 검사를 통해 진단한다.

❷ 항체
항원(병원체)에 대항하기 위해 혈액에서 생성된 단백질

❸ 검체
사람 또는 동물로부터 수집하거나 채취한 것 ⑩ 혈액, 소변 등

❹ PCR(Polymerase Chain Reaction) 검사
유전자증폭검사로, 중합효소연쇄반응을 이용하여 감염 여부를 알아내는 방법이다.

❺ 데이터
정보를 가진 값

❻ 빅데이터
• 방대하고 복잡한 데이터의 집합
• 센서의 개발과 정보 통신 기술의 발달로 다양한 데이터를 실시간으로 수집하고 디지털로 전환할 수 있게 되면서 빅데이터 개념이 등장했다.
• 빅데이터를 저장하고 분석하는 데 슈퍼 컴퓨터와 인공지능이 이용된다.
• 우리가 활용하는 대부분의 빅데이터는 유사한 성질을 가진 데이터를 모아서 검색이나 사용이 편리하도록 정리한 것이다. → 데이터셋

교과서 탐구하기

단백질과 핵산을 이용한 감염병 진단 기술 체험하기

 탐구 목표

단백질과 핵산을 이용한 감염병 진단 기술을 체험하고, 감염병 진단 기술에 과학이 유용하게 이용됨을 설명할 수 있다.

탐구 과정

[실험 Ⅰ] 단백질을 이용한 감염병 진단 기술 체험

1. 4홈판의 밑면에 유성펜으로 각각의 홈에 A~D를 표시한 후 모의 항체 용액을 2방울씩 넣는다.

2. 과정 1의 A~D에 각각 모의 음성 대조군, 모의 양성 대조군, 사람 1의 시료, 사람 2의 시료를 각각 넣는다.

3. 4개의 홈에 검출 시약 Ⅰ을 2방울씩 넣고 5분 후 검출 시약 Ⅱ를 2방울씩 넣고 색 변화를 관찰하여 기록한다.

[실험 Ⅱ] 핵산을 이용한 감염병 진단 기술 체험

1. 핵산을 이용한 감염병 진단 기술 절차에 따라 수행한다.

  ① 검사 대상자(사람 3, 4)로부터 시료를 채취한다.

  ② 시료에서 핵산을 분리하여 중합효소연쇄반응(PCR) 검사를 하기 위해 중합효소연쇄반응(PCR) 장치에 넣는다.

  ③ 병원체에서 핵산만 여러 차례 증폭(복제)한다.

2. 과정 1을 거친 후 얻어진 자료를 이용해 증폭 횟수에 따른 핵산의 양을 그래프로 나타낸다.

자료 정리

[실험 Ⅰ]

홈	진단 시료	색 변화
A	감염병 음성 모의 대조군 2방울	없음
B	감염병 양성 모의 대조군 2방울	있음
C	사람 1의 시료 2방울	있음
D	사람 2의 시료 2방울	없음

[실험 Ⅱ]

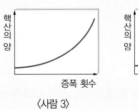
〈사람 3〉

〈사람 4〉

결과 분석

1. [실험 Ⅰ]의 결과를 바탕으로 감염병에 걸린 사람이 누구인지 까닭과 함께 쓰시오.

  ➡

2. [실험 Ⅱ]의 결과를 바탕으로 감염병에 걸린 사람이 누구인지 까닭과 함께 쓰시오.

  ➡

3. 감염병 문제를 해결하는 데 감염병 진단 기술의 역할을 쓰시오.

  ➡

▶ 242018-0467

01 다음은 감염병에 대한 설명이다.

> 감염병은 바이러스, 세균, 곰팡이와 같은 병원체에 감염되어 발생하는 질병이다.

감염병에 대한 설명으로 옳은 것만을 보기 에서 있는 대로 고른 것은?

> **보기**
> ㄱ. 감기, 독감, 결핵 등이 해당한다.
> ㄴ. 호흡을 통한 흡입, 오염된 물과 음식물의 섭취, 피부 접촉 등 다양한 경로로 감염된다.
> ㄷ. 감염병 진단은 감염으로 인한 증상이 나타나는 사람의 검체를 채취하여 이루어진다.

① ㄱ   ② ㄴ   ③ ㄱ, ㄷ   ④ ㄴ, ㄷ   ⑤ ㄱ, ㄴ, ㄷ

▶ 242018-0468

02 감염병 검사 방법에 대한 설명으로 옳은 것만을 보기 에서 있는 대로 고른 것은?

> **보기**
> ㄱ. 검체에 포함된 지방양을 분석한다.
> ㄴ. 병원체의 핵산 존재 여부를 확인한다.
> ㄷ. 병원체의 특정 단백질 존재 여부를 확인한다.

① ㄱ   ② ㄴ   ③ ㄱ, ㄷ   ④ ㄴ, ㄷ   ⑤ ㄱ, ㄴ, ㄷ

▶ 242018-0469

03 그림은 개인용 신속 항원 검사인 자가 진단 도구의 모습을 나타낸 것이다.

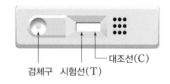

검체구 시험선(T) 대조선(C)

이에 대한 설명으로 옳은 것만을 보기 에서 있는 대로 고른 것은?

> **보기**
> ㄱ. 검체구에 환자에게 채취한 시료를 넣는다.
> ㄴ. 감염 유무와 상관없이 검사 후 대조선에 선이 나타난다.
> ㄷ. 시험선에 선이 나타나면 감염병에 걸렸을 확률이 높다.

① ㄱ   ② ㄷ   ③ ㄱ, ㄴ   ④ ㄴ, ㄷ   ⑤ ㄱ, ㄴ, ㄷ

▶ 242018-0470

04 다음은 감염병 진단에 이용되는 검사 (가)와 (나)에 대한 설명이다.

> (가) 채취한 검체에 바이러스를 구성하는 단백질이 존재하는지 확인하는 검사법
> (나) 채취한 검체에 들어 있는 바이러스의 특정 유전자를 증폭한 후 검체에 바이러스가 존재하는지 확인하는 검사법

(가)와 (나)로 옳은 것은?

	(가)	(나)
①	신속 항원 검사	항체 검사
②	신속 항원 검사	PCR 검사
③	항체 검사	PCR 검사
④	항체 검사	신속 항원 검사
⑤	PCR 검사	신속 항원 검사

▶ 242018-0471

05 감염병 추적 및 관리에 대한 설명으로 옳은 것만을 보기 에서 있는 대로 고른 것은?

> **보기**
> ㄱ. 조사관이 환자의 동선을 일일이 파악하는 것이 가장 효율적이다.
> ㄴ. 환자의 스마트 기기에 내장된 GPS 등을 활용하여 환자의 정보를 수집한다.
> ㄷ. 감염병의 특성을 파악하고 확산을 예측하기 위해 빅데이터 기술, 인공지능 기술이 활용되기도 한다.

① ㄱ   ② ㄴ   ③ ㄷ   ④ ㄱ, ㄷ   ⑤ ㄴ, ㄷ

▶ 242018-0472

06 감염병과 관련된 과학 기술을 연결한 것으로 옳은 것만을 보기 에서 있는 대로 고른 것은?

> **보기**
> ㄱ. 감염병 진단 ─ 중합효소연쇄반응(PCR) 검사
> ㄴ. 감염병 추적 ─ 스마트 기기에 내장된 센서
> ㄷ. 감염병 확산 경로 예측 ─ 인공지능

① ㄱ   ② ㄴ   ③ ㄱ, ㄷ   ④ ㄴ, ㄷ   ⑤ ㄱ, ㄴ, ㄷ

▶ 242018-0473

07 미래 사회에 대한 설명으로 적절한 것만을 **보기** 에서 있는 대로 고른 것은?

보기
ㄱ. 미래 사회 문제는 모두 예상할 수 있다.
ㄴ. 기후 변화는 미래 사회에 큰 위협이 될 수 있다.
ㄷ. 미래 사회 문제 해결에서 과학기술의 역할이 늘어날 것이다.

① ㄱ ② ㄴ ③ ㄱ, ㄷ ④ ㄴ, ㄷ ⑤ ㄱ, ㄴ, ㄷ

▶ 242018-0474

08 다음은 미래 사회 문제에 대한 학생 A~C의 대화이다.

노인 인구의 증가와 같은 요인으로 건강 문제가 중요해질 거야.

인터넷과 컴퓨터 기술이 발전함에 따라 사이버 범죄가 증가할 수 있어.

미래 사회의 복잡하고 다양한 문제들은 과학 기술을 복합적으로 활용하여 해결할 수 있을 거야.

학생 A   학생 B   학생 C

제시한 내용이 옳은 학생만을 있는 대로 고른 것은?

① A ② B ③ A, C ④ B, C ⑤ A, B, C

▶ 242018-0475

09 다음은 빅데이터에 대한 설명이다.

방대하고 복잡한 데이터의 집합이며 수치 자료뿐 아니라 글이나 영상, 음성 등 그 형태도 매우 다양하다. 빅데이터는 정부의 결정이나 교육, 의료 등 우리 생활의 다양한 분야에서 합리적인 결정을 내리는 데 유용하게 활용되고 있다.

빅데이터의 특징에 해당하는 것만을 **보기** 에서 있는 대로 고른 것은?

보기
ㄱ. 데이터의 양이 매우 많다.
ㄴ. 데이터가 생성되고 처리되는 속도가 빠르다.
ㄷ. 데이터의 형태와 유형이 다양하다.

① ㄱ ② ㄴ ③ ㄱ, ㄷ ④ ㄴ, ㄷ ⑤ ㄱ, ㄴ, ㄷ

▶ 242018-0476

10 다음은 (가)에 대한 설명이다.

현대 사회는 (가)를 이용하여 현상에 대한 더 빠른 이해와 정확한 예측이 가능해졌고, 일상생활에서도 폭넓게 활용하면서 삶이 풍요로워지고 있다.

(가)로 가장 적절한 것은?

① 센서 ② 과학 실험
③ 빅데이터 ④ 신약 개발
⑤ 유전체 분석

▶ 242018-0477

11 빅데이터를 활용할 때의 장점에 대한 설명으로 옳은 것만을 **보기** 에서 있는 대로 고른 것은?

보기
ㄱ. 기상 현상 예측의 정확도가 증가한다.
ㄴ. 유전적 특성에 맞는 적절한 치료를 받을 수 있다.
ㄷ. 기존에 수행하기 어려웠던 과학 실험을 수행할 수 있다.

① ㄱ ② ㄷ ③ ㄱ, ㄴ ④ ㄴ, ㄷ ⑤ ㄱ, ㄴ, ㄷ

▶ 242018-0478

12 다음은 빅데이터 활용 예이다.

통화 기록의 빅데이터를 분석해 유동 인구를 예측하면 효율적인 교통 정책을 수립할 수 있다. 그러나 이 과정에서 ㉠피해가 발생할 수도 있다.

㉠으로 적절한 것만을 **보기** 에서 있는 대로 고른 것은?

보기
ㄱ. 개인정보 유출
ㄴ. 사생활 침해
ㄷ. 지나친 데이터 의존

① ㄱ ② ㄷ ③ ㄱ, ㄴ ④ ㄴ, ㄷ ⑤ ㄱ, ㄴ, ㄷ

실력 향상 문제

▶ 242018-0479

01 다음은 감염병을 진단하는 2가지 방법을 나타낸 것이다.

> (가) 신속 항원 검사   (나) 중합효소연쇄반응(PCR) 검사

이에 대한 설명으로 옳은 것만을 **보기** 에서 있는 대로 고른 것은?

> **보기**
> ㄱ. (가)와 (나)에 과학 원리가 활용된다.
> ㄴ. (나)에서 병원체의 핵산을 증폭한다.
> ㄷ. (나)는 (가)보다 감염병을 정확하게 진단할 수 있다.

① ㄱ   ② ㄴ   ③ ㄱ, ㄷ   ④ ㄴ, ㄷ   ⑤ ㄱ, ㄴ, ㄷ

▶ 242018-0480

02 다음은 감염병 진단 실험이다.

> [실험 과정]
> (가) 시험관 1에 포획 항체, 감염병 음성 표준 시료, 검출 시약, 진단 반응물을 순서대로 5분 간격으로 첨가한 후 색 변화를 관찰한다.
> (나) 시험관 2, 3에 감염병 양성 표준 시료, 사람 A의 시료를 이용하여 (가)를 반복한다.
>
> [실험 결과]
>
> | 홈 | 진단 시료 | 색 변화 |
> |---|---|---|
> | 1 | 감염병 음성 표준 시료 | 변화 없음 |
> | 2 | 감염병 양성 표준 시료 | 붉은색으로 변함 |
> | 3 | 사람 A 시료 | 붉은색으로 변함 |

이에 대한 설명으로 옳은 것만을 **보기** 에서 있는 대로 고른 것은?

> **보기**
> ㄱ. 사람 A는 감염병 양성이다.
> ㄴ. 감염병 진단을 위해 핵산이 이용되었다.
> ㄷ. 감염병 진단에 과학 원리가 이용되었다.

① ㄱ   ② ㄴ   ③ ㄱ, ㄷ   ④ ㄴ, ㄷ   ⑤ ㄱ, ㄴ, ㄷ

▶ 242018-0481

03 빅데이터 활용에 대한 설명으로 옳은 것만을 **보기** 에서 있는 대로 고른 것은?

> **보기**
> ㄱ. 문제 상황에 대한 다양한 예측이 가능하다.
> ㄴ. 전문 분야에서만 활용된다.
> ㄷ. 데이터의 수집 및 활용 과정에서 개인 정보 유출 등의 피해가 발생할 수 있다.

① ㄴ   ② ㄷ   ③ ㄱ, ㄴ   ④ ㄱ, ㄷ   ⑤ ㄱ, ㄴ, ㄷ

▶ 242018-0482

04 다음은 빅데이터 활용 사례에 대한 설명이다.

> • 여러 연구자에 의해 수집된 빅데이터를 기반으로 개별 연구자만으로는 기존에 수행하기 어려웠던 ⊙ 을 수행할 수 있게 되었다.
> • ⓛ 와/과 관련된 빅데이터를 분석하여 개인에게 발생 가능한 질병을 예측하고, 유전적 특성에 맞는 적절한 치료를 받을 수 있게 되었다.

빈칸에 들어갈 알맞은 말을 옳게 짝 지은 것은?

	⊙	ⓛ
①	과학 실험	신약 개발
②	과학 실험	유전체
③	기상 관측	신약 개발
④	신약 개발	유전체
⑤	신약 개발	과학 실험

▶ 242018-0483

서술형

1 다음 제시문을 읽고, 물음에 답하시오.

(가) 감염병 진단은 병원체에 감염되었는지를 판별하는 것으로 일반적으로 감염으로 인한 증상이 나타나는 사람에게서 검체를 채취한 다음 실험실에서 병원체의 존재를 확인하여 이루어진다.

(나) 신속 항원 검사는 채취한 검체에 바이러스를 구성하는 단백질이 존재하는지를 확인하는 검사법이고, 중합효소연쇄반응(PCR) 검사는 채취한 검체에 들어 있는 바이러스의 특정 유전자(핵산)를 증폭하여 바이러스가 존재하는지를 확인하는 검사법이다. 중합효소연쇄반응(PCR) 검사는 검체에 들어 있는 매우 적은 양의 핵산을 단시간에 많은 양으로 복제한 다음 컴퓨터를 활용하여 정밀하게 분석하는 방법이다.

(다) 코로나바이러스감염증은 새로운 유형의 코로나바이러스에 의한 호흡기 감염병으로 감염자의 비말(침방울)이 호흡기나 눈·코·입의 점막으로 침투될 때 전염된다. 감염되면 약 2~14일의 잠복기를 거친 뒤 발열(37.5 ℃ 이상) 및 기침이나 호흡곤란 등 호흡기 증상, 폐렴이 주증상으로 나타나지만 무증상 감염 사례 빈도도 높게 나오고 있다.

(1) 사람 A가 최근 방문한 식당에서 코로나바이러스감염증 환자가 발생했다. 현재 무증상 상태인 A가 코로나바이러스감염증에 어떻게 감염될 수 있는지 쓰고, 감염 여부를 확인할 수 있는 방법을 쓰시오.

Tip | 코로나바이러스감염증은 호흡기를 통해 감염된다.
Key Word | 호흡기, 바이러스

---

(2) 그림은 사람 A가 자가 진단 도구를 이용하여 검사한 결과를 나타낸 것이다. 검사 결과를 토대로 코로나바이러스감염증 감염 여부를 쓰고, 감염 여부를 보다 확실하게 알아볼 수 있는 방법을 서술하시오.

└ 대조선(C)

Tip | 자가 진단 도구를 이용한 검사 시 감염 여부와 관계없이 대조선에는 항상 선이 나타난다.
Key Word | 대조선, 시험선

▶ 242018-0484

논술형

2 다음 제시문을 읽고 물음에 답하시오.

(가) ○○시에는 신호등을 기다리는 횡단보도 앞에 우산 모양의 그늘막을 설치했고, 이것은 한여름 뜨거운 햇빛으로부터 시민을 보호하기 위해 설치한 정책 사업의 일환으로 시민들로부터 큰 호응을 얻었으며, ○○시뿐 아니라 타시로 확산이 되고 있다.

(나) 버스 정류장에 설치된 온열 의자는 추운 겨울 버스를 기다리는 시민들을 위한 것이다. 최근에는 △△시 □□구의 버스 정류장에 냉난방 기기와 편의 시설을 갖춘 '스마트 쉼터'가 등장했다. 스마트 쉼터 내 설치된 화면을 통해 버스, 지하철의 도착 정보와 안내 방송이 흘러나왔고, □□구의 구정 정보도 확인할 수 있다. 매일 새벽 4시 30분부터 다음날 새벽 1시까지 상시 운영되며, 늦은 밤이나 새벽 혹시 모를 안전사고에 대비한 비상벨과 CCTV도 설치되어 있다.

(다) △△시 ◇◇구에는 대중교통을 이용하는 시민을 위한 서비스로 환기와 냉방이 되며 와이파이 공유기도 갖추고 있는 '미세 먼지 안심 버스 정류장'을 설치했다. 이곳은 더위나 미세 먼지에 대처할 뿐 아니라 한겨울 추위를 피하거나 갑자기 내리는 소나기도 잠시 피해갈 수 있다.

시민을 위한 그늘막, 온열 의자, 스마트 쉼터, 미세 먼지 안심 버스 정류장 등을 설치하기 위해 이용할 수 있는 데이터셋을 고른 후 그렇게 고른 까닭과 빅데이터 활용의 장점과 주의점을 서술하시오.

- 생활 인구 데이터
- 화산 지진 활동
- 미세 먼지 데이터
- 인공위성 자료
- 도로별 CCTV 데이터
- 지역 내 지하철역 승하차 인원

Tip | 시민의 편의를 위한 시설은 유동 인구가 많은 곳에 설치하는 것이 유용하다.
Key Word | 빅데이터, 개인 정보

13 과학기술의 발전과 윤리

○ 과학기술의 발전이 인간 삶과 환경 개선에 활용된 예를 설명할 수 있다.
○ 과학기술의 발전이 미래 사회에 미치는 유용성과 한계를 예측할 수 있다.
○ 과학 관련 사회적 쟁점과 과학 윤리의 중요성을 설명할 수 있다.

1 과학기술의 발전과 한계

(1) 과학기술과 우리의 삶

① 자동차, 컴퓨터, 휴대 전화 등과 같은 과학기술은 우리의 삶을 변화시키고 있다.
② 인공지능 로봇: 인공지능 기술을 활용해 상황을 스스로 판단하며 자율적으로 움직이는 로봇으로 센서와 통신기기를 이용해 정보를 주고받으며 적절한 행동을 선택하거나 배우고 실행한다.❶
③ 사물 인터넷(IoT): 각종 사물에 센서와 통신 기능을 내장하고 인터넷에 연결하여 정보를 전송하고 통신하는 기술이다. **예** 스마트홈(원격으로 TV, 조명, 냉난방 기구 등을 조절), 원격 의료(스마트워치❷ 등을 이용해 원격으로 환자를 진료) 등

(2) 과학기술의 유용성과 한계❸

과학기술의 발전은 여러 방면에서 유용하고 인간의 삶을 풍요롭게 하지만, 다양한 문제점도 가지고 있어 양면성을 띤다.

2 과학 관련 사회적 쟁점과 과학 윤리

(1) 과학 관련 사회적 쟁점

① 과학기술의 발전 과정에서 발생하는 사회적·윤리적 문제들을 과학 관련 사회적 쟁점(SSI, Socio-Scientific Issues)이라고 한다. **예** '유전자 변형 농산물을 먹어도 되는가?', '인공지능이 생성한 그림의 저작권❹은 누가 가져야 하는가?' 등
② 과학 관련 사회적 쟁점을 대할 때, 과학적 이해를 바탕으로 다양한 의견을 고려하고 합리적 의사결정을 하도록 노력해야 한다.

(2) 과학 윤리

① 과학 연구를 수행하거나 과학기술을 이용할 때 지켜야 하는 윤리적 원칙과 기준을 과학 윤리라고 한다.
② 과학자의 연구 윤리

정직성과 개방성	• 연구 절차와 결과를 조작하거나 거짓으로 만들어내지 않는다. • 학문 발전을 위해 연구 내용을 공개한다.
실험 대상에 대한 존중	실험 대상을 윤리적으로 대하며 생명의 존엄성을 존중한다.
지식 재산권 존중	다른 과학자의 연구 결과를 무단으로 사용하지 않는다.
상호 존중	함께 연구하는 동료를 존중하고 성과를 공정하게 나눈다.
사회적 책임	사회적 악영향이 미치는 연구는 피하고 공공의 이익을 위해 노력한다.

❶ 센서
어떤 대상의 정보를 수집하여, 기계가 취급할 수 있는 신호로 치환하는 장치. 빛을 감지하는 광센서, 움직임을 감지하는 동작 센서, 온도를 측정하는 온도 센서 등 다양한 센서가 있다.

❷ 스마트워치
컴퓨터 시스템을 가지고 있는 휴대용 시계. 각종 센서를 장착하고 있으며 스마트폰과 블루투스로 연동하여 동기화된다.

❸ 과학기술의 유용성과 한계
• 유용성: 산업 현장의 생산성이 높아질 수 있고, 시공간의 제약 없이 정보를 주고받을 수 있으며, 문화 예술에 대한 접근성을 높인다.
• 한계: 자동화 기술로 사라지는 직업이 생기고, 사이버 언어 폭력의 위험성이 높아질 수 있으며, 세대 간 정보 격차와 소통의 문제를 일으킬 수 있다.

❹ 저작권
시, 소설, 음악 등 저작물에 대해 창작자가 가지는 권리. 저작권자는 일반적으로 저작권을 양도하거나 사용을 허락함으로써 경제적 대가를 받을 수 있다.

탐구 목표

일상생활에 활용되는 로봇의 특징을 분석하고 개선 방안을 고안할 수 있다.

 탐구 과정

1. 다음은 일상생활에서 활용되는 다양한 로봇 중 일부를 나타낸 것이다.

안내 로봇

물류 로봇

청소 로봇

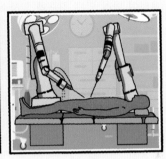
의료 로봇

2. 일상생활에서 활용되는 로봇 중 하나를 정하고 자료를 조사해 특징을 분석한다.

> 〈예시〉 서빙 로봇
> • 로봇의 역할: 음식이나 물건을 실어 나른다.
> • 로봇에 사용된 센서의 종류: 라이다 센서, 거리 센서, 카메라
> • 특징: 특정 공간에서 사물과 사람을 인식해 장애물을 피해가도록 설계되어 있으며 자율주행 기술에 기반하여 주문한 곳까지 음식을 나른다.

3. 조사한 로봇의 불편한 점을 토의한다.
4. 로봇의 불편한 점을 개선할 수 있는 방안을 고안한다.

 결과 분석

1. 내가 조사한 로봇을 쓰고, 조사한 로봇의 특징과 불편한 점, 개선 방안을 쓰시오.

내가 조사한 로봇	
특징	
불편한 점	
개선 방안	

▶ 242018-0485

01 과학기술 발전이 인간의 삶에 미친 영향으로 옳지 <u>않은</u> 것은?

① 자동차의 개발로 먼 거리는 잘 가지 않게 되었다.
② 드론을 이용한 농약 살포로 식량 생산량이 증가하였다.
③ 옥상에 태양광 발전 시설을 설치하여 전기료가 낮아졌다.
④ 조명과 전기 기술의 발전으로 밤에도 책을 읽을 수 있게 되었다.
⑤ 전화를 이용하여 멀리 있는 친구와 의사소통이 가능해졌다.

▶ 242018-0486

02 인공지능 로봇에 대한 설명으로 옳은 것만을 보기 에서 있는 대로 고른 것은?

보기

ㄱ. 명령이 입력되어야 작동하는 수동적인 로봇이다.
ㄴ. 센서를 이용하여 주변 상황을 인식한다.
ㄷ. 인간과 상호작용 하여 작업을 보조할 수 있다.

① ㄱ   ② ㄴ   ③ ㄱ, ㄷ
④ ㄴ, ㄷ   ⑤ ㄱ, ㄴ, ㄷ

▶ 242018-0487

03 사물 인터넷 기술에 관한 설명으로 옳지 <u>않은</u> 것은?

① 사물에 센서가 내장되어 있어야 한다.
② 사물에 통신 기능이 내장되어 있어야 한다.
③ 사용자는 원격으로 사물의 상태를 파악할 수 있다.
④ 스마트 기기와 사물은 인터넷에 연결되어 있어야 한다.
⑤ 스마트 기기와 사물을 연결해 사물로 스마트 기기를 제어할 수 있다.

▶ 242018-0488

04 사물 인터넷을 활용하여 할 수 <u>없는</u> 일은?

① 집 안의 조명을 원격으로 켜고 끌 수 있다.
② 주차장에서 빈자리 정보를 쉽게 찾을 수 있다.
③ 멀리 떨어진 곳에서 자동차의 시동을 걸 수 있다.
④ 환자의 정보를 파악해 응급상황 시 119에 신고한다.
⑤ 조각품을 제작하여 미술대회에 출품한다.

▶ 242018-0489

05 정보 통신 기술의 발달로 인한 유용성과 한계에 대한 설명으로 옳은 것만을 보기 에서 있는 대로 고른 것은?

보기

ㄱ. 시공간의 제약을 크게 받지 않고 정보를 주고받을 수 있다.
ㄴ. 개인 정보 유출로 인한 피해가 증가하고 있다.
ㄷ. 허위 사실이 유포될 때, 전파 속도가 느려졌다.

① ㄱ   ② ㄷ   ③ ㄱ, ㄴ
④ ㄴ, ㄷ   ⑤ ㄱ, ㄴ, ㄷ

▶ 242018-0490

06 과학기술의 발전으로 인한 유용성으로 가장 옳지 <u>않은</u> 것은?

① 수명 연장
② 환경오염 증가
③ 이동 시간 단축
④ 교육 기회 확대
⑤ 우주 자원 탐사

07 과학 관련 사회적 쟁점으로 적절하지 <u>않은</u> 것은?

▸ 242018-0491

① 동물 실험은 꼭 필요한가?
② 모든 학생에게 무상급식이 필요할까?
③ 신재생 에너지의 활용을 확대해야 할까?
④ 오래된 핵발전소의 가동을 중지해야 할까?
⑤ 환경보전을 위해 인간중심개발을 중지해야 할까?

08 과학기술의 발전 방향에 대한 설명으로 옳은 것만을 [보기]에서 있는 대로 고른 것은?

▸ 242018-0492

[보기]
ㄱ. 과학기술은 잘못 사용하면 큰 피해가 발생할 수 있다.
ㄴ. 과학기술은 위험하므로 발전을 멈추고 전통적인 과거로 회귀해야 한다.
ㄷ. 과학기술이 잘못된 방향으로 발전하는 것을 막기 위한 제도적·기술적 장치가 마련되어야 한다.

① ㄱ　② ㄴ　③ ㄷ　④ ㄱ, ㄷ　⑤ ㄴ, ㄷ

09 생성형 인공지능이 그린 그림의 저작권에 대한 논의 내용 중 가장 합리적이지 <u>않은</u> 것은?

▸ 242018-0493

① 생성형 인공지능에 명령어를 입력한 이용자의 창작물로 인정해야 하지 않을까?
② 생성형 인공지능을 개발한 개발자의 권리도 일정 부분 인정되어야 할 거 같아.
③ 인공지능이 그린 그림이 이쁘기만 하면 돼. 저작권을 고려할 필요가 있어?
④ 비슷한 명령어를 사용하면 누구나 비슷한 결과물을 얻으니까 저작권을 인정하는 건 어렵지 않을까?
⑤ 생성형 인공지능은 학습을 통해 성장하므로 학습에 이용한 작품의 저작권자에 대한 고려도 필요해.

10 과학 관련 사회적 쟁점에 대한 설명으로 옳은 것만을 [보기]에서 있는 대로 고른 것은?

▸ 242018-0494

[보기]
ㄱ. 과학 관련 사회적 쟁점을 대할 때 나와 같은 의견만 파악해야 한다.
ㄴ. 과학 관련 사회적 쟁점은 사회적인 측면에서만 논의해야 한다.
ㄷ. 과학 관련 사회적 쟁점을 대할 때 과학적 이해가 바탕이 되어야 한다.

① ㄱ　② ㄴ　③ ㄷ　④ ㄱ, ㄷ　⑤ ㄴ, ㄷ

11 과학 윤리에 대한 내용으로 적절하지 <u>않은</u> 것은?

▸ 242018-0495

① 지식 재산권 존중
② 실험 대상에 대한 존중
③ 실험 결과에 대한 정직성
④ 과학기술 적용에 대한 환경적 책임
⑤ 실험 참여자의 비밀과 사생활 공개

12 다음의 진단 기술이 거짓으로 밝혀졌던 사례이다.

▸ 242018-0496

한 벤처 사업가가 자신의 회사는 피 한 방울로 200여 가지의 질병을 진단할 수 있는 기술을 개발했다고 발표하였다. 이 소식을 들은 일부 투자자들은 연구 내용을 확인하거나 기술을 검증하지 않고 투자했고 질병 관리 기관도 제품을 승인했다. 그러나 몇몇 연구자가 의문을 제기하고 한 기자의 끈질긴 추적 끝에 이 회사가 고객들에게 제공된 결과는 조작이고, 기술이 존재하지 않는다는 것이 밝혀졌다.

이 벤처 사업가가 지키지 않은 과학 윤리로 가장 적절한 것은?

① 실험 안전　② 환경적 책임
③ 지식 재산권 존중　④ 생명 존중
⑤ 정직성

▶ 242018-0497

01 다음은 가정용 청소 로봇 A에 대한 자료이다.

A는 사전에 입력된 논리 회로에 의해 청소할 면적을 스캔하고 최적의 청소 경로로 청소를 수행한다. 또한 청소를 마치면 충전기로 돌아온다. A가 수집한 먼지는 자동으로 먼지통으로 보내는 기능도 있다.

먼지통
충전기
A

A에 대한 설명으로 옳은 것만을 보기 에서 있는 대로 고른 것은?

보기

ㄱ. 인공지능 로봇이다.
ㄴ. 수집한 먼지는 매일 비워줘야 한다.
ㄷ. 인간의 가사노동 시간을 줄여준다.

① ㄱ   ② ㄷ   ③ ㄱ, ㄷ   ④ ㄴ, ㄷ   ⑤ ㄱ, ㄴ, ㄷ

▶ 242018-0498

02 그림은 사물 인터넷 기술로 스마트폰과 냉장고가 연결된 모습이다. 스마트폰으로는 냉장고의 온도를 조절할 수 있다.

이에 대한 설명으로 옳은 것만을 보기 에서 있는 대로 고른 것은?

보기

ㄱ. 스마트폰과 냉장고는 유선으로 연결되어 있다.
ㄴ. 냉장고에는 통신 기능과 온도 센서가 내장되어 있다.
ㄷ. 스마트폰에서 냉장고의 온도를 내리면 냉장고는 실시간으로 온도를 내리는 작업을 수행한다.

① ㄱ   ② ㄴ   ③ ㄱ, ㄷ   ④ ㄴ, ㄷ   ⑤ ㄱ, ㄴ, ㄷ

▶ 242018-0499

03 다음은 인공지능에 관한 내용이다.

(가) 어느 회사에서 우수한 역량을 가진 엔지니어 채용을 위해 입사지원서를 인공지능으로 평가할 수 있는 시스템을 개발하고 사용하였다. 이 인공지능은 입사지원서에 '여성'임을 유추할 수 있는 데이터가 들어간 경우 평가에 불이익을 주는 편향성이 드러났다. 이는 ㉠인공지능 모델 학습에 사용된 10년간의 지원자 데이터가 남성 엔지니어의 것이 압도적으로 많았기 때문인 것으로 밝혀졌다.

(나) 생성형 인공지능 서비스가 도입되면서 언론 및 미디어 산업에 큰 변화가 생길 것으로 예상되고 있다. 기존의 미디어 산업에서는 인간 기자가 정보를 수집하고 기사를 작성하는 것이 일반적이었는데, 생성형 인공지능을 이용하면 대량의 데이터를 기반으로 정보를 빠르게 수집할 수 있고 기사의 초안도 작성해 주기 때문이다. 이 때문에 미디어 산업의 생산성과 효율성이 높아질 것으로 보고 있다.

이에 대한 설명으로 옳은 것만을 보기 에서 있는 대로 고른 것은?

보기

ㄱ. ㉠을 우수한 여성 엔지니어 것을 주로 사용하면 (가)의 인공지능은 남성의 입사지원서에 불이익을 줄 것이다.
ㄴ. (나)의 인공지능으로 인해 인간 기자의 일자리는 없어질 것이다.
ㄷ. (가)와 (나)는 인공지능의 장점을 보여주는 사례이다.

① ㄱ   ② ㄴ   ③ ㄱ, ㄷ   ④ ㄴ, ㄷ   ⑤ ㄱ, ㄴ, ㄷ

▶ 242018-0500

04 과학자가 연구를 진행할 때 가져야 할 윤리로서 가장 적절한 것은?

① 실험 결과가 이상할 경우 가설에 맞게 적절히 수정한다.
② 대학원생은 아직 과학자가 아니므로 성과를 공유하지 않는다.
③ 자신의 연구 이론은 완성될 때까지 철저하게 비공개로 진행한다.
④ 실험 대상이 동물일지라도 생명의 존엄성을 존중하며 연구에 임한다.
⑤ 사회에 악영향을 미칠 수 있는 연구라도 연구에 대해 가치 판단을 하지 않고 연구를 수행한다.

서술형·논술형 준비하기

서술형 ▶ 242018-0501

1 태양광, 풍력과 같은 신재생 에너지 기술이 발전하면 우리 삶에서 개선될 수 있는 문제점에 대해 서술하시오.

Tip | 지구 온난화는 석탄, 석유와 같은 화석연료 사용량 증가가 주 원인으로 알려져 있다.
Key Word | 기후 변화, 태양광, 풍력, 지속가능 발전

서술형 ▶ 242018-0502

2 다음 글을 읽고, 물음에 답하시오.

> 어느 편의점에서는 평상시에는 2명의 근로자가 상주하며 물품 재고 확인, 품절된 물품 주문, 제품 진열, 유통 기한이 지난 물품 폐기, 구매자가 가져온 물품 계산, 청소 등의 업무를 수행한다. 이때, 물품이 잘못 진열되어 있는 경우나 품절된 것을 늦게 확인하여 재고 없는 경우 구매자가 불편을 겪는 일이 발생하곤 한다. 편의점을 운영하는 업체에서는 인공지능 로봇이 근로자가 하는 일을 도와 생산성과 효율성을 높일 수 있을 것으로 보고 인공지능 로봇을 편의점에 배치하였다.

(1) 편의점 업체에서는 인공지능 로봇에게 어떤 작업을 시킬 수 있는지 쓰시오.

Tip | 인공지능 로봇은 상황을 스스로 판단하며 자율적으로 움직여 사람이 하는 일을 도울 수 있다.
Key Word | 인공지능 로봇

(2) 편의점에 배치된 인공지능 로봇이 작업을 훌륭히 소화할 경우 발생할 수 있는 문제점에 대해 쓰시오.

Tip | 인공지능 로봇은 단순 반복 작업뿐만 아니라 상황을 판단해야 하는 업무도 소화할 수 있으므로 사람을 대체할 수 있다.
Key Word | 과학기술 발전의 문제점, 직업, 인공지능 로봇

서술형 ▶ 242018-0503

3 과학기술을 연구하거나 이용할 때 지켜야 할 과학 윤리에 대해 2가지를 서술하시오.

Tip | 과학 윤리는 인간이 보편적으로 가져야 할 도덕 및 윤리와 다르지 않다.
Key Word | 과학 윤리

논술형 ▶ 242018-0504

4 다음은 과학 관련 사회적 쟁점 중 하나에 관한 내용이다.

> 2011년 지진해일이 일본의 후쿠시마를 덮쳐 원자력 발전소가 폭발, 방사능이 대거 유출되었다. 이 사고에 충격을 받은 세계 각국은 원자력 발전을 지양하고 신재생 에너지 발전으로 전력을 얻는 방향으로 정책을 수정하게 되었다. 하지만 에너지 수요는 늘어만 가고 신재생 에너지로 얻는 전력이 충분하지 못한 상황이 되자 안정적인 전력 수급과 저렴한 운영 비용을 이유로 원자력 발전을 찬성하는 여론도 증가하고 있다.

우리나라에 새로운 원자력 발전소를 짓는 것에 대해 논리적인 근거를 들어 찬성 또는 반대 의견을 쓰시오.

Tip | 원자력 발전을 찬성하는 측은 경제적 근거를, 반대하는 측은 위험을 근거로 들고 있다.
Key Word | 과학 관련 사회적 쟁점, 원자력 발전, 신재생 에너지

논술형 ▶ 242018-0505

5 다음은 자율주행차에 대한 자료이다.

> 자율주행차란 운전자가 차량을 제어하지 않아도 도로·교통 상황을 스스로 파악해 자동으로 주행하는 자동차를 의미한다. 자율주행차 개발 업체들은 차량에 탑재된 인공지능이 안전을 위해 최선의 선택을 하도록 설계하고 있지만 답이 뚜렷하지 않은 상황도 있다. 예를 들어, 그대로 주행하면 보행자가 죽고, 피하려 하면 벽에 부딪혀 승객이 죽는 돌발상황에 맞닥뜨린 자율주행차는 어떻게 움직여야 할까? 설문조사에서 사람들은 승객보다는 보행자를 살리는 쪽을 선호했다. 하지만 본인이나 가족이 탈 차를 구매할 때는 어떤 상황에서도 차량의 승객을 보호하는 차량을 구매하겠다는 의사가 많았다.

자율주행차가 상용화되려면 자율주행차의 인공지능에 자료와 같은 상황을 해결할 윤리적 알고리즘을 입력할 필요가 있다. 어떤 윤리적 알고리즘을 주입할지를 결정할 때, 어떤 과정을 거쳐 사회적 합의를 해야 하는지 쓰시오.

Tip | 자율주행차의 인공지능 소프트웨어에 삽입할 윤리적 알고리즘은 사람들의 논의를 통해 만들어질 것이다. 어떤 사람들을 모아야 할까?
Key Word | 과학 관련 사회적 쟁점, 자율주행차, 윤리적 알고리즘

대단원 마무리 문제

▶ 242018-0506

01 표는 감염병 A에 대해 사람 1과 2의 신속 항원 검사와 중합효소연쇄반응(PCR) 검사 결과를 각각 나타낸 것이다

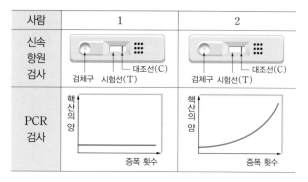

사람	1	2
신속 항원 검사	검체구 시험선(T) 대조선(C)	검체구 시험선(T) 대조선(C)
PCR 검사	핵산의 양 / 증폭 횟수	핵산의 양 / 증폭 횟수

이에 대한 설명으로 옳은 것만을 **보기** 에서 있는 대로 고른 것은?

> **보기**
> ㄱ. 감염병 A에 대해 양성인 사람은 사람 2이다.
> ㄴ. 중합효소연쇄반응(PCR) 검사는 신속 항원 검사보다 정확도가 높은 검사 방법이다.
> ㄷ. 신속 항원 검사와 중합효소연쇄반응(PCR) 검사는 모두 병원체의 존재 여부를 확인하는 검사 방법이다.

① ㄱ   ② ㄴ   ③ ㄱ, ㄷ   ④ ㄴ, ㄷ   ⑤ ㄱ, ㄴ, ㄷ

▶ 242018-0507

02 그림 (가)와 (나)는 빅데이터가 과학기술에 활용된 사례를 나타낸 것이다.

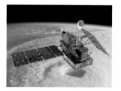

(가) 신약 개발   (나) 기상 관측

이에 대한 설명으로 옳은 것만을 **보기** 에서 있는 대로 고른 것은?

> **보기**
> ㄱ. (가)는 기존의 약물과 화학 물질에 대한 빅데이터 분석을 통해 가능하다.
> ㄴ. (나)는 인공위성으로 수집한 빅데이터를 이용한다.
> ㄷ. 빅데이터를 저장하고 분석하는 데 슈퍼컴퓨터와 인공지능이 이용된다.

① ㄱ   ② ㄴ   ③ ㄱ, ㄷ   ④ ㄴ, ㄷ   ⑤ ㄱ, ㄴ, ㄷ

▶ 242018-0508

03 과학의 필요성에 대한 설명으로 옳은 것만을 **보기** 에서 있는 대로 고른 것은?

> **보기**
> ㄱ. 과학은 미래 사회의 복잡하고 다양한 문제를 해결하는 데 중요한 역할을 담당할 것이다.
> ㄴ. 신재생 에너지 기술은 식량부족 문제 해결에 기여하지 못할 것이다.
> ㄷ. 미래사회 문제 해결을 위해 과학기술을 복합적으로 활용한다.

① ㄱ   ② ㄴ   ③ ㄱ, ㄷ   ④ ㄴ, ㄷ   ⑤ ㄱ, ㄴ, ㄷ

▶ 242018-0509

04 그림은 코로나바이러스의 해외 유입 여부를 예측한 것이다.

감염 경로의 조사 방식과 분석에 대한 설명으로 옳은 것만을 **보기** 에서 있는 대로 고른 것은?

> **보기**
> ㄱ. 스마트 기기로 감염자 이동 경로, 인구 수, 체온 등 다양한 정보를 빠르게 수집한다.
> ㄴ. 정보 통신 기술을 이용하여 수집한 정보를 실시간으로 전달한다.
> ㄷ. 인공지능을 이용하여 방대한 정보를 빠르게 처리, 분석한다.

① ㄱ   ② ㄴ   ③ ㄱ, ㄷ   ④ ㄴ, ㄷ   ⑤ ㄱ, ㄴ, ㄷ

▶ 242018-0510

05 다음은 로봇팔에 대한 설명이다.

로봇팔은 ㉠생산성 향상과 노동력 절감을 위해 사용되는 장치인데, 철로 만들어 무거워서 ㉡재배치하기 힘들고 전력 소비량이 높다는 문제점이 있다.

이에 대한 설명으로 옳은 것만을 보기 에서 있는 대로 고른 것은?

보기
ㄱ. 사람에 비해 로봇팔은 24시간 가동할 수 있기 때문에 ㉠이 가능하다.
ㄴ. 철보다 튼튼하고 가벼운 소재로 로봇팔을 만들면 ㉡을 해결할 수 있다.
ㄷ. 로봇팔을 사용하는 회사는 로봇팔 점검과 유지 보수를 위한 비용을 지출해야 한다.

① ㄱ　　② ㄴ　　③ ㄱ, ㄷ　　④ ㄴ, ㄷ　　⑤ ㄱ, ㄴ, ㄷ

▶ 242018-0511

06 다음은 지구 온난화 대처 방안에 설명이다.

기후 변화 문제가 심각해지면서 기후 변화에 대처하기 위해 지구 공학 기술을 도입해야 한다는 목소리가 힘을 얻고 있다. 지구 공학 기술 중에는 거대한 화산이 폭발하면 지구의 기온이 하강한다는 점에 착안해 ㉠성층권에 에어로졸을 분사하여 지구의 기온을 낮추는 방법이 있다. 이 기술의 실행 여부를 두고 심각한 지구 온난화를 먼저 해결해야 한다는 찬성 측 입장과 에어로졸이 심각한 환경오염을 일으킬 것이라는 반대 측 입장이 첨예하게 대립하고 있다.

이에 대한 설명으로 옳은 것만을 보기 에서 있는 대로 고른 것은?

보기
ㄱ. 지구 공학 기술 도입은 과학 관련 사회적 쟁점이다.
ㄴ. ㉠은 지구 복사 에너지를 흡수하여 지구의 기온을 낮춘다.
ㄷ. 기후 변화 문제가 심각하기 때문에 반대 의견은 무시하고 지구 공학 기술을 도입해야 한다.

① ㄱ　　② ㄴ　　③ ㄱ, ㄷ　　④ ㄴ, ㄷ　　⑤ ㄱ, ㄴ, ㄷ

▶ 242018-0512

07 표는 어느 냉장고에 적용된 기술과 기능을 나타낸 것이다.

기술	기능
마이크	'미역국 끓이는 법 알려줘.'와 같은 음성 명령을 할 수 있고, 음성 메모도 가능
스크린	TV, 라디오, 메모판, 포토앨범 등의 기능을 수행
운영체제	유통기한이 지난 음식을 스마트 기기에 알람으로 알려주는 등의 작업을 수행
근접 센서	사람이 오는 것을 인식해 날씨, 교통정보 등을 알려주는 브리핑 제공
스피커	음원사이트 애플리케이션을 통해 음악 재생
특수 카메라	냉장고의 음식을 촬영하여 스마트 기기로 전송

이에 대한 설명으로 옳은 것만을 보기 에서 있는 대로 고른 것은?

보기
ㄱ. 이 냉장고에는 사물 인터넷 기술이 활용되었다.
ㄴ. 마이크, 스크린은 냉장고 외부에, 특수 카메라는 냉장고 내부에 설치되어 있을 것이다.
ㄷ. 냉장고 설치 장소에는 무선 인터넷 연결이 가능해야 냉장고 기술을 활용할 수 있다.

① ㄱ　　② ㄴ　　③ ㄱ, ㄷ　　④ ㄴ, ㄷ　　⑤ ㄱ, ㄴ, ㄷ

▶ 242018-0513

08 사람을 대상으로 하는 과학기술 연구를 수행할 때의 과학 윤리에 대한 설명으로 옳은 것만을 보기 에서 있는 대로 고른 것은?

보기
ㄱ. 연구 대상자는 공정하게 선정되어야 한다.
ㄴ. 연구 대상자의 자발적 동의가 이루어져야 한다.
ㄷ. 사회의 이익이 연구 대상자의 안전보다 우선시되어야 한다.

① ㄱ　　② ㄷ　　③ ㄱ, ㄴ　　④ ㄴ, ㄷ　　⑤ ㄱ, ㄴ, ㄷ

중학교와 달라지는 고등학교, 이렇게 시작하세요

입시 전략 세우는 법은?

모의고사는 어떻게 대비하지?

달라지는 내신 평가 방법?

시작이 반! 제대로 시작하기

대입으로의 첫걸음을 딛는 고등학교 생활! 막연한 두려움을 가질 필요는 없습니다. 어디를 향해 출발해야 할지 알고 목표를 명확하게 세운다면 좋은 결과를 얻을 것입니다. 고등학교에서 배우는 내용의 깊이와 낯선 수능 유형 적응이라는 관문이 높게 보이겠지만, 중학교에서 학습한 내용에 근간을 두고 있다는 점을 명심하고 자신감 있게 시작해 봅시다.

수능 첫 관문, 전국연합학력평가

3월에 시행되는 전국연합학력평가는 나의 성취 수준을 가늠할 수 있는 고등학교 1학년 전국 단위 첫 시험으로 중학교 전 범위가 출제범위입니다. 6월, 9월, 10월에도 전국연합학력평가가 시행되며, 고등학교 1학년 공통과목(국어, 수학, 영어, 한국사, 통합사회, 통합과학) 교육과정 순서에 따라 일부 단원까지만 출제범위에 포함됩니다.

고1 3월 전국연합학력평가 출제범위	
영역(과목)	**출제범위**
국어	
수학	
영어	중학교 전 범위
한국사	
탐구 사회	
탐구 과학	

대학수학능력시험 출제범위	
영역(과목)	**출제범위**
국어	화법과 언어, 독서와 작문, 문학
수학	대수, 미적분Ⅰ, 확률과 통계
영어	영어Ⅰ, 영어Ⅱ
한국사	한국사
탐구 사회	통합사회
탐구 과학	통합과학

성공적인 대입을 위한 내신 관리의 중요성

대학 입시 전형에서 수시 모집 인원이 차지하는 비중은 70% 내외로 수시 모집 전형은 대체로 높은 내신 성적을 요구합니다. 그러므로 고등학교 입학과 동시에 철저한 내신 관리가 필요합니다. 내신 관리의 가장 중요한 점은 학교 수업에서 강조한 부분이 무엇인지 알고 어떤 문제 유형이 출제되는지 아는 것입니다. 성공적인 학습 성과를 거두기 위해 자신의 적성과 진로에 맞춰 과목을 선택하고, 수동적으로 수업을 듣는 것에 그치지 않고 꾸준히 자기 주도 학습을 하는 것이 중요합니다.

> ★ **EBS 100% 활용하기 (+만점을 위한 학습 습관 기르기)**
> – 교재에 수록된 문항코드를 검색해 모르는 문제는 강의까지 꼼꼼하게 복습한다.
> – 기출은 필수! EBSi에서 기출문제 내려받아 풀고, AI단추를 활용해 취약 영역 중심으로 반복 학습한다.

MEMO

EBS

수학의 왕도

수학 공부의 핵심은
암기도, 양치기도 아닌
개|념|이|해

수학의 왕도

한눈에 쏙 들어오는 시각화 요소로
누구나 개념을 쉽게 이해하는
EBS 수학 기본서

공통수학1   공통수학2

고등 수학은
EBS 수학의 왕도로
한 번에 완성!

▷고2~고3 교재는 2025년 4월 발행 예정

✓ **2022 개정 교육과정 적용, 새 수능 대비** 기본서

✓ **개념 이해가 쉬운 시각화 장치로 친절한 개념서**

✓ **기초 문제부터 실력 문제까지 모두 포함**된 종합서

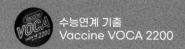

수능연계 기출
Vaccine VOCA 2200

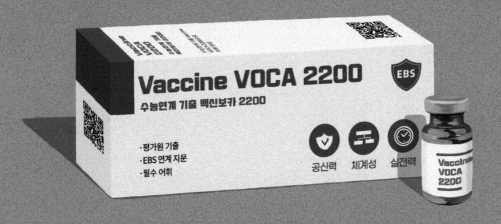

○ **수능 영단어장의 끝판왕!**
　10개년 수능 빈출 어휘 + 7개년 연계교재 핵심 어휘

○ **수능 적중 어휘 자동암기 3종 세트 제공**
　휴대용 포켓 단어장 / 표제어 & 예문 MP3 파일 / 수능형 어휘 문항 실전 테스트

휴대용 **포켓 단어장** 제공

2022 개정 교육과정 적용

2025년 고1 적용

고등학교
입문서
NO. 1

고등
예비
과정

통합과학

| 정답과 해설

고등학교
입 문 서
NO. 1

고등
예비
과정

통합과학

정답과 해설

I. 과학의 기초

01. 과학의 기본량

교과서 탐구하기

본문 7쪽

1 기본량이란 자연 현상이나 우리 주변의 여러 현상을 시간, 길이, 질량, 전류, 온도 등으로 나타내는 양으로 기본량의 크기를 나타내거나 비교하기 위해 단위를 사용한다.

모범 답안 휴대용 전자칠판을 소개하는 자료에서 기본량을 나타내는 단위는 길이를 나타내는 m, 전류를 나타내는 A, 시간을 나타내는 시, 온도를 나타내는 ℃, 질량을 나타내는 kg 등이 있다. 일기예보에서 기본량을 나타내는 단위는 온도를 나타내는 ℃, 강수량(길이)을 나타내는 mm, 시간을 나타내는 시와 분 등이 있다.

2 시간, 길이, 질량 등의 기본량을 활용하면 일상생활에서의 여러 현상이나 과학 개념을 명확하게 사용할 수 있다. 그 예로서 넓이는 가로, 세로의 길이를 곱한 cm^2, m^2 등의 단위로 나타낸다.

모범 답안 휴대용 전자칠판 화면의 넓이는 가로와 세로의 길이의 곱으로 나타내고, 단위는 m^2이다. 화면의 가로, 세로 길이는 각각 0.6 m, 0.4 m이므로 화면의 넓이는 0.6 m × 0.4 m = 0.24 m^2이다.

3 속력은 물체가 단위 시간 동안 이동한 거리로 거리를 시간으로 나눈 m/s, km/h 등의 단위로 나타낸다.

모범 답안 최대 풍속 1.2 m/s는 바람의 속력의 최댓값을 나타내고, 바람을 만드는 공기의 흐름이 1초당 최대 1.2 m만큼의 거리를 이동한다는 것을 의미한다.

기초 확인 문제

본문 8~9쪽

01 ③	02 ⑤	03 ③	04 ②	05 ②
06 ①	07 ③	08 ③	09 ③	10 ②
11 ①	12 ⑤			

01 **정답 맞히기** ㄱ. 자연에서 일어나는 다양한 현상이나 물체의 크기는 원자 수준의 아주 작은 규모를 나타내는 미시세계와 그보다 훨씬 큰 규모를 나타내는 거시세계까지 시간과 공간의 규모가 다양하다.

ㄷ. 자연 현상을 탐구하거나 측정할 때 측정 대상의 규모에 따라 시간과 길이를 측정하는 적절한 방법이 각각 다르므로 시기와 장소에 따라 적절한 방법을 이용하여 측정하여야 한다.

오답 피하기 ㄴ. 자연에서 일어나는 다양한 현상이나 물체의 크기는 시간과 공간의 규모가 다르므로 각 현상마다 관찰이나 측정하는 방법이 다르다.

02 **정답 맞히기** ㄱ. 기본량은 자연 현상이나 우리 주변의 현상을 나타내는 양이다.

ㄴ. 기본량으로는 시간, 길이, 질량, 전류, 온도 등이 있다.

ㄷ. 길이를 나타내는 단위는 m를 기준으로 작은 입자의 크기는 nm로 표현하고, 일상 생활에서는 cm, m, km 등을 사용한다.

03 **정답 맞히기** ③ 기본량 중 kg(킬로그램)의 단위로 표현하는 기본량 ㉠은 질량이다. 또한 기본량 전류를 나타내는 단위 ㉡은 A(암페어)이다.

04 **정답 맞히기** ㄷ. 자연 세계의 규모는 원자 수준의 아주 작은 규모부터 지구의 지름과 같은 큰 규모까지 다루므로 규모에 따라 관찰과 측정 방법이 다양하다.

오답 피하기 ㄱ. 원자 수준의 아주 작은 규모의 세계는 미시세계라고 한다.

ㄴ. 과학에서는 빛이 두 지점 사이를 이동하는 데 걸리는 시간과 같이 매우 짧은 시간에서부터 암석이 풍화되는 데 걸리는 시간과 같은 매우 긴 시간의 현상 등 다양한 시간 규모의 현상을 다룬다.

05 **정답 맞히기** ② 필기도구의 길이를 측정할 때는 cm 단위로 나타낸 30 cm 자를 이용한다.

오답 피하기 ① 100 m 달리기를 할 때 걸리는 시간을 측정할 때는 초단위로 시간을 측정할 수 있는 초시계를 이용한다.

③ 미생물의 크기를 측정할 때는 아주 작은 크기의 범위까지 측정할 수 있는 현미경에 설치된 마이크로미터를 이용한다.

④ 사람의 체온을 측정할 때는 체온계를 이용한다.

⑤ 회로에 흐르는 전류의 세기를 측정할 때는 전류계를 이용한다.

06 **정답 맞히기** ㄱ. 부피는 물체가 공간에서 차지하는 크기를 나타낸 양이다.

오답 피하기 ㄴ. 부피는 물체의 가로, 세로, 높이의 길이를 곱하여 나타낸다.

ㄷ. 부피의 단위로는 cm^3, m^3 등이 있다.

07 정답 맞히기 ㄱ. 조선 시대에는 앙부일구를 이용해 태양의 위치 변화에 따른 그림자의 변화로 시간을 측정했다.

ㄷ. 현대에는 과거에 비해 정밀한 시간을 측정하기 위해 빛이 진동하는 데 걸리는 시간을 이용하는 세슘 원자시계를 이용한다.

오답 피하기 ㄴ. 시간을 나타내는 기본량의 단위는 s(초)이다.

08 정답 맞히기 ㄱ. 과거에는 손가락 마디의 길이, 발걸음 폭, 일정한 길이의 막대 등을 이용해 길이를 측정했다.

ㄷ. 현대에는 과거에 비해 정밀한 길이 측정을 위해 레이저 빛이 왕복한 시간을 이용하는 장치를 활용한다.

오답 피하기 ㄴ. 길이를 나타내는 기본량의 단위는 m(미터)이다.

09 정답 맞히기 A: 과학에서는 시간, 길이, 질량, 전류, 온도 등의 기본량에 각각 s(초), m(미터), kg(킬로그램), A(암페어), K(켈빈) 등의 단위를 정해 사용한다.

C: 질량을 나타내는 기본량의 단위는 kg(킬로그램)이다.

오답 피하기 B: 물체의 크기를 나타내는 부피는 기본량인 길이를 이용하여 나타낸 유도량이다.

10 정답 맞히기 ② 수소 원자의 크기, 농구 골대의 높이, 지구에서 달까지의 거리 등에 적용되는 기본량 A는 길이이다.

11 정답 맞히기 ① 현대에는 시간을 정밀하게 측정하기 위해 세슘을 이용한 원자시계를 이용한다. 또한, 길이를 정밀하게 측정하기 위해 길이 측정 장치에서 빛을 쏘아 빛이 왕복한 시간을 이용한다.

12 정답 맞히기 ⑤ 온도는 물체의 차갑고 뜨거운 정도를 나타내고, 물체가 열을 받으면 온도가 올라가고, 열을 잃으면 온도가 낮아진다. 따라서 기본량 A는 온도이고, 온도의 단위는 K(켈빈)이다.

실력 향상 문제
본문 10~11쪽

01 ②	**02** ①	**03** ⑤	**04** ③	**05** ③
06 ④	**07** ①	**08** ⑤		

01 정답 맞히기 ㄴ. 동전의 두께는 1 mm로 10^{-3} m이므로 방망이의 길이 1 m는 동전의 두께 1 mm의 10^3배이다.

오답 피하기 ㄱ. (가)에서 동전의 두께를 측정하기 위해서는 mm 단위까지 측정할 수 있는 버니어 캘리퍼스 등의 장치를 이용한다.

ㄷ. (가)에서가 (나)에서보다 측정 단위가 더 작으므로 (나)에서보다 (가)에서 더 정밀한 측정 기구를 사용하여야 한다.

02 정답 맞히기 ㄱ. 앙부일구는 태양의 위치 변화에 따른 그림자의 위치와 길이로 시각을 측정한 장치이다.

오답 피하기 ㄴ. 태양의 위치에 따른 그림자의 변화로 시간을 측정하므로 현대의 시간 측정 장치와 같이 s(초) 단위까지 측정이 어렵고, 앙부일구에 시각을 측정하기 위해 표시된 눈금도 2시간 간격으로 나타나 있다.

ㄷ. 오전에 태양의 위치가 동쪽이므로 영침의 그림자 방향은 영침을 기준으로 서쪽 방향이다.

03 정답 맞히기 ㄱ. 가로 길이, 세로 길이, 높이의 곱을 이용하여 나타내는 ㉠은 공간에서 차지하는 크기를 나타내는 부피이다.

ㄴ. 속력은 거리를 시간으로 나누어 표현하므로 '단위 시간 동안 이동한 거리를 이용하여 나타냄'은 ㉡으로 적절하다.

ㄷ. 속력=$\dfrac{길이}{시간}$이므로 m/s는 속력의 단위로 사용할 수 있다.

04 정답 맞히기 ㄱ. 용액의 묽고 진한 정도를 나타내는 A는 농도이다.

ㄷ. 전체 용액의 질량이 같을 때, 용질의 질량이 클수록 농도가 크다.

오답 피하기 ㄴ. 농도는 전체 용액의 질량 중 용질이 차지하는 질량의 비율 $\left(\dfrac{용질이\ 차지하는\ 질량}{전체\ 용액의\ 질량}\right)$에 100을 곱하여 나타낸 과학 개념이므로 단위는 %(퍼센트)이다.

05 정답 맞히기 ㄱ. 현재 사용하고 있는 시간의 표준은 특정한 빛이 진동하는 데 걸리는 시간으로 기준을 정한 원자시이다.

ㄴ. 시간의 표준화된 기본량 단위 ㉠은 s(초)이다.

오답 피하기 ㄷ. 원자시는 항상 정확한 시간을 나타내는 반면, 태양시는 태양의 남중하는 시각이 변하여 원자시와 태양시가 항상 같은 시간을 나타내지는 않는다.

06 정답 맞히기 ㄴ. 길이의 표준화된 기본량 단위 ㉠은 m(미터)이다.

ㄷ. 백금-이리듐 합금은 온도와 기압에 따라 길이가 조금씩 변하여 길이의 표준화된 기본량 단위 1 m가 변하는 문제점이 있다.

오답 피하기 ㄱ. 현대 길이 단위의 정의는 (나)와 같이 빛이 특정 시간 동안 진행한 거리를 기준으로 정의한다.

07 정답 맞히기 ㄱ. 과학에서는 각 기본량마다 기본이 되는 단위를 사용하여 정밀한 측정과 정확한 분석이 가능하다.

오답 피하기 ㄴ. 부피는 cm^3, m^3 등의 단위를 사용한다.

ㄷ. 속력은 거리를 시간으로 나누어 표현하므로 기본량 중 시간과 거리의 개념을 이용해 설명할 수 있다.

08 정답 맞히기 ㄱ. 속력은 기본량 중 시간과 길이를 활용해 거리를 시간으로 나누어 나타낸다.

ㄴ. 물체의 속력이 1 m/s이므로 2초 동안 물체가 이동하는 거리는 1 m/s×2 s＝2 m이다.

ㄷ. 속력＝$\dfrac{거리}{시간}$이므로 시간＝$\dfrac{거리}{속력}$가 되어 물체의 속력이 클수록 같은 구간을 통과하는 데 걸리는 시간은 짧아진다.

서술형·논술형 준비하기

본문 12쪽

서술형

1 세포의 크기는 μm(마이크로미터) 수준의 아주 작은 크기이고, 사람의 키는 m(미터), cm(센티미터)의 눈금으로 측정할 수 있는 크기의 규모이다.

모범 답안 자연에서 일어나는 다양한 현상이나 물체의 크기는 시간과 공간의 규모가 다르므로 각 현상이나 크기를 측정하는 기구와 방법이 다르다.

채점 기준	배점
자연에서 일어나는 현상과 물체의 규모와 크기를 측정하는 방법의 차이를 모두 옳게 서술한 경우	100 %
자연에서 일어나는 현상과 물체의 규모와 크기를 측정하는 방법 중 1가지만 옳게 서술한 경우	50 %

서술형

2 과거에 길이와 질량의 기준으로 사용하였던 '미터원기'와 '질량원기'는 온도, 기압, 습도 등에 따라 그 크기가 조금씩 달라지는 문제점이 있었다.

모범 답안 기본량의 단위는 모든 상황에서 동일한 기준으로 적용될 수 있고, 온도, 기압, 압력 등의 영향을 받지 않는 항상 일정한 크기로 나타낼 수 있어야 한다.

채점 기준	배점
제시된 내용을 바탕으로 기본량의 단위가 가져야 할 조건을 온도, 기압, 압력 등과 연결하여 모두 옳게 서술한 경우	100 %
기본량의 단위가 가져야 할 조건에 대한 일반적인 내용만 옳게 서술한 경우	50 %

논술형

3 (1) 모범 답안 서로 사용하는 단위가 다르면, 주고받는 양이 달라지거나 똑같은 숫자를 이야기하고 있지만, 서로 다르게 이해할 가능성이 높다. 특히, 과학의 모든 분야는 측정을 토대로 연구하고 관찰하기 때문에 정확한 측정이 과학 연구의 기본인데, 서로 다른 단위로 측정을 한다면 과학에서 소통은 불가능하다고 할 수 있다. 많은 과정을 거쳐 현재는 국제표준의 단위계를 이용하여 언어가 달라도 같은 단위 체계를 사용하며 과학의 발전을 이끌어 왔으나 아직까지도 몇몇 나라에서는 자신들의 관습에 따라 국제단위계와 다른 단위를 사용하고 있다. 이로 인해 외국인들이 방문하였을 때 큰 불편을 겪기도 하고, 다른 나라와의 의사 소통에서 문제점과 불편함을 야기하고 있다.

따라서 이러한 문제점을 개선하기 위해서는 국제적으로 통일된 단위 사용에 대한 약속을 지킬 수 있는 합의가 지속적으로 이어져야 하며 단위의 통일이 가져다줄 이점에 대한 홍보가 계속되어야 한다. 또한 관련 정책에서도 엄격한 기준을 적용하여 전 세계적으로 통일된 단위 체계를 사용할 수 있도록 제도적인 뒷받침도 병행되어야 한다.

채점 기준	배점
기본량의 단위가 통일되지 않았을 때 발생하게 되는 불편함과 이를 개선하기 위한 방법을 논리적으로 기술한 경우	100 %
기본량의 단위 통일에 대한 이해만 기술하거나 또는 단위 통일의 필요성만을 기술한 경우	50 %

(2) 모범 답안 전통적으로 사용하던 단위를 변경하는 경우 기존의 단위를 사용하던 생활과 달라져 불편함을 가져올 수 있다. 하지만 기존의 단위를 계속 사용하게 될 경우 통일된 단위 표기를 지향하는 세계적 흐름에 맞춰나가지 못하고, 나아가서는 과학, 기술의 발전에서도 세계적인 수준에 뒤처진다는 문제점을 가져올 수 있다.

이러한 단위를 통일하는 과정에서 나타나는 불편함을 최소화하기 위해서는 제도적으로 성급하게 단위를 바꾸어 사용하기보다 기존에 사용하던 단위와 국제단위계에서 사용하는 단위에 대한 환산을 이용하여 이를 병기하는 기간을 가지며 기존에 사용하던 단위에서 새롭게 사용하는 단위에 적응할 수 있는 시간적인 여유를 가질 수 있도록 제도적인 유연성이 필요할 것이다. 또한 지속적인 홍보 과정을 통해 새롭게 변경된 단위가 빠르게 일상생활에 적용될 수 있도록 해야 할 것이다.

채점 기준	배점
단위 통일 과정에서 나타나는 불편함을 이해하고 이러한 불편함을 최소화하는 방법을 기술한 경우	100 %
단위 통일 과정에서 나타나는 불편함에 대한 부분 또는 불편함을 최소화하는 방법에 대해서만 기술한 경우	50 %

1 속력은 물체가 일정한 시간 동안 이동한 거리로 $\dfrac{\text{이동 거리}}{\text{걸린 시간}}$로 나타내고, 단위는 m/s이다.

모범 답안 걸어가는 동안의 속력은 $\dfrac{50\text{ m}}{50\text{ s}}=1\text{ m/s}$이고,

뛰어가는 동안의 속력은 $\dfrac{50\text{ m}}{10\text{ s}}=5\text{ m/s}$이다.

2 같은 거리를 이동할 때, 걸린 시간이 길수록 속력은 작고 걸린 시간이 짧을수록 속력은 크다.

모범 답안 속력은 기본량인 거리와 시간을 이용해 나타내는 것으로 속력$=\dfrac{\text{이동 거리}}{\text{걸린 시간}}$이므로, 같은 거리를 이동하는 동안 속력은 이동하는 데 걸린 시간과 반비례 관계이다.

3 부피는 공간에서 차지하는 크기로 가로, 세로, 높이의 길이를 곱하여 나타내고, 단위는 m^3이다.

모범 답안 교실의 부피는 $10\text{ m}\times20\text{ m}\times3\text{ m}=600\text{ m}^3$이다.

4 스마트 애플리케이션이 거리를 측정하는 원리는 스마트 기기가 어떤 지점을 가리킬 때 기울어진 각도를 이용하여 측정한다.

모범 답안 스마트 기기에 설치된 앱이 거리를 측정하는 원리는 삼각함수를 이용한 것이다. 카메라를 이용해 화면에 표시된 십자 표시의 중심을 바닥과 일치하게 하였을 때, 스마트 기기가 기울어진 각을 바탕으로 거리를 측정할 수 있다.

기초 확인 문제   본문 15~16쪽

01 ⑤	**02** ⑤	**03** ③	**04** ①	**05** ③
06 ②	**07** ③	**08** ①	**09** ④	**10** ③
11 ④	**12** ⑤			

01 정답 맞히기 ㄱ. 물질이나 물질의 양을 측정할 때 측정 도구를 이용하여 기본량 등을 측정할 수 있다.
ㄴ. 길이의 표준화된 기본량 단위는 m(미터)이다.
ㄷ. 도구에 나타나는 값이나 그 값을 읽는 방법에 한계가 있으므로 측정에는 어림이 따른다.

02 정답 맞히기 ㄱ. 측정에 대한 기준이 되는 기본 단위에 대한 정의는 측정 표준에 해당한다.
ㄴ. 기본 단위에 해당하는 값을 확인할 수 있도록 만든 자, 저울과 같은 측정 장치는 측정 표준에 해당한다.
ㄷ. 기본량을 나타낼 때 m(미터), kg(킬로그램)과 같은 국제적으로 공통된 단위를 사용하는 것은 측정 표준에 해당한다.

03 정답 맞히기 A. 일상 생활에서 시간, 길이 등을 나타낼 때 신뢰할 수 있는 측정 결과를 얻기 위해 측정 표준을 활용한다.
B. 측정 표준을 활용하면 원활한 의사소통과 공정한 거래를 할 수 있다.

오답 피하기 C. 측정 표준은 산업 분야와 과학자들의 협업 등 다양한 분야에 활용된다.

04 정답 맞히기 ① 도구를 이용하면 ㉠기본량을 비롯해 물질이나 물질의 양을 측정할 수 있다. 정확한 결과를 얻기 위해 측정의 기준이 되는 ㉡측정 표준이 필요하고, 측정에 한계가 있으므로 측정에는 반올림과 같은 ㉢어림이 따른다.

05 정답 맞히기 ㄱ. 혈당량은 혈액 속에 녹아 있는 포도당의 농도이다. 단위는 mg/dL로 100 mL의 혈액 속에 있는 mg 단위의 포도당의 질량이다. 따라서 혈당량은 질량, 부피의 측정 표준을 이용한다.
ㄴ. 미세 먼지를 정의할 때 직경에 따라 구분하고, 미세 먼지의 농도는 부피당 포함된 미세 먼지의 질량으로 나타낸다. 따라서 미세 먼지 농도를 측정할 때 길이, 질량, 부피의 측정 표준을 이용한다.

오답 피하기 ㄷ. 지역마다 같은 길이 단위를 이용해 속도 제한 표지판을 설치해야 혼란이 줄어든다. 이때 사용하는 같은 길이 단위는 측정 표준이다.

06 정답 맞히기 ㄴ. 도구를 이용하여 측정하는 과정에서 읽는 방법에 한계가 있을 때 반올림과 같은 어림을 활용한다.

오답 피하기 ㄱ. 측정과 어림은 과학 탐구뿐만 아니라 산업 분야, 의사소통 및 거래 등에도 활용한다.
ㄷ. 측정 표준은 기본량에 대해서만 활용되는 것이 아니라 부피 등의 다양한 측정 및 분야에 활용된다.

07 정답 맞히기 ㄱ. 빛의 세기, 온도 등의 변화와 같은 자연계의 변화는 우리에게 전달되어 신호가 된다.

ㄴ. 우주에서 온 빛의 신호를 통해 우주의 생성 과정을 알 수 있는 것처럼 신호를 측정하고 분석하면 유용한 정보를 얻을 수 있다.

오답 피하기 ㄷ. 자연계의 신호는 연속적인 값을 갖는 아날로그 형태이다.

08 정답 맞히기 ㄱ. 센서는 자연계의 신호를 받아들여 전기 신호로 바꾸어 준다.

오답 피하기 ㄴ. 센서는 자연계의 연속적인 아날로그 신호를 특정한 값을 갖는 디지털 형태로 바꾸어 준다.

ㄷ. 센서를 이용해 변환한 디지털 신호는 저장과 분석이 쉬워 과거 자연의 신호를 아날로그 형태로 직접 받아들여 분석할 때보다 더 많은 정보를 수집할 수 있다.

09 정답 맞히기 ㄴ. 스마트 기기에 저장된 영상은 모두 센서를 통해 전기 신호로 바뀌어 디지털 정보로 저장된 것이다.

ㄷ. 디지털 정보는 전송하기 쉽기 때문에 정보를 주고받으며 소통하는 정보 통신에 활용된다.

오답 피하기 ㄱ. 디지털 신호는 특정한 불연속적인 값을 갖는 형태의 신호이다.

10 정답 맞히기 ㄱ. 정보 통신을 활용한 디지털 형태의 상품 정보를 통해 상점에 가지 않고도 원하는 물건을 구입할 수 있다.

ㄷ. 디지털 정보는 사회 관계망 서비스를 통해 사진과 영상 등의 정보를 공유할 수 있다.

오답 피하기 ㄴ. 낮의 길이 변화는 자연에서 발생하는 아날로그 신호이다.

11 정답 맞히기 ㄴ. 아날로그 신호 A는 연속적인 신호이므로 디지털 신호 B보다 세밀한 표현이 가능하다.

ㄷ. 아날로그 신호 A는 전송이나 복사 시 변형될 가능성이 있다.

오답 피하기 ㄱ. 신호의 세기가 시간에 따라 연속적인 값을 가지는 A는 아날로그 신호이다.

12 정답 맞히기 ㄱ. 디지털 정보는 아날로그 정보에 비해 저장과 분석이 쉽고, 변형없이 전송이 가능하다.

ㄴ. 로봇을 조종할 때 디지털 정보를 주고받으며 조종한다.

ㄷ. 디지털 정보는 전송이 쉬워 정보를 주고받는 정보 통신에 활용되는 등 현대 문명에 많은 영향을 미쳤다.

실력 향상 문제

본문 17~18쪽

01 ⑤　**02** ①　**03** ①　**04** ④　**05** ④
06 ⑤　**07** ④　**08** ③

01 정답 맞히기 ㄱ. 기본량 중 길이의 기본 단위는 m(미터)이다.

ㄴ. 1 m를 측정하는 기준이 된 미터원기는 과거 시대의 측정 표준이다.

ㄷ. 미터원기는 온도, 압력 등에 의해 변형 가능성이 있고, 빛의 속력은 변함없이 일정하므로 빛을 이용한 1 m의 정의가 미터원기보다 더 정밀하고 변함이 없다.

02 정답 맞히기 ㄱ. '로열 이집트 큐빗'은 고대 이집트 지역에서 길이의 단위를 활용한 것으로 그 시대, 지역에서의 측정 표준이다.

오답 피하기 ㄴ. 기본량의 단위는 국제단위계에 맞추어 전체적으로 동일한 단위를 사용하여야 한다.

ㄷ. 측정 표준은 과학 분야뿐만 아니라 일상생활, 산업 분야 등 다양한 분야에 영향을 미친다.

03 정답 맞히기 ㄱ. 속력은 물체가 단위 시간 동안 이동한 거리로 시간과 길이를 활용하여 나타내고 단위는 m/s 또는 km/h 등이 사용된다.

오답 피하기 ㄴ. (가)의 속도계에 나타난 자동차의 속력은 연속적인 형태로 나타나는 아날로그 신호이다.

ㄷ. (나)에서 속도계의 센서는 아날로그 형태의 신호를 수신하여 디지털 형태의 신호로 변환한다.

04 정답 맞히기 ㄴ. 지면의 흔들림과 기울기는 연속적인 형태의 신호로 아날로그 신호이다.

ㄷ. 지면의 흔들림과 기울기의 신호를 측정하여 지진의 강도와 발생 장소와 같은 정보를 얻는다.

오답 피하기 ㄱ. 센서는 아날로그 형태의 신호를 수신하여 디지털 형태의 신호로 변환한다.

05 정답 맞히기 ㄴ. 디지털은 정보와 저장이 쉬워서 실시간으로 전송이 가능하다.

ㄷ. 현대 문명에 사용되는 디지털 형태의 정보는 복제, 편집, 전송이 쉬워 정보 통신에 이용된다.

오답 피하기 ㄱ. 사회 관계망 서비스를 통해 주고받은 사진, 영상 등의 정보는 디지털 형태의 정보이다.

06 정답 맞히기 ㄱ. 연속적인 신호로 나타난 (가)는 아날로그 신호, 불연속적인 특정한 값의 신호로 나타난 (나)는 디지털 신호이다.

ㄴ. 센서는 자연의 아날로그 신호를 디지털 형태의 신호로 변환한다.

ㄷ. 아날로그 신호를 디지털 신호로, 디지털 신호를 아날로그 신호로 변환하는 과정에서 정보의 손실이 발생할 수 있다.

07 정답 맞히기 ㄴ. 적외선은 전자기파(빛)이므로 적외선을 수신하는 센서는 광센서이다.

ㄷ. 센서는 아날로그 형태의 신호를 디지털 형태의 신호로 변환한다.

오답 피하기 ㄱ. 속력은 기본량 중 길이와 시간을 활용하여 나타낸다.

08 정답 맞히기 ㄱ. 스마트 기기의 센서는 자연의 연속적인 아날로그 신호를 특정한 값의 디지털 신호로 변환한다.

ㄴ. 속력은 이동 거리를 시간으로 나누어 나타내며 단위는 m/s이다.

오답 피하기 ㄷ. I, II에서 측정된 속력은 각각

$v_{\mathrm{I}} = \dfrac{40\ \mathrm{m}}{\text{㉠}}$, $v_{\mathrm{II}} = \dfrac{10\ \mathrm{m}}{5\ \mathrm{s}} = 2\ \mathrm{m/s}$이고 v_{I}이 v_{II}의 2배이므로 ㉠=10초이다.

서술형·논술형 준비하기

본문 19쪽

서술형

1 아날로그 신호는 자연의 연속적인 신호이고, 디지털 신호는 특정값을 이용해 불연속적으로 나타내는 신호이다. 아날로그 신호와 디지털 신호의 변환 과정에서 신호의 왜곡이나 손실이 발생할 가능성이 있다.

(1) 모범 답안 센서는 자연계의 신호를 받아들여 전기 신호로 바꾸어 주는 장치로 센서를 이용하면 연속적인 값을 갖는 아날로그 형태의 신호를 특정한 값을 갖는 디지털 형태의 신호로 변환할 수 있다.

채점 기준	배점
아날로그 신호와 디지털 신호의 특징을 분석하여 센서의 기능을 옳게 서술한 경우	100 %
센서의 기능을 서술하는 과정에서 아날로그 신호와 디지털 신호와의 연결이 이루어지지 않은 경우	50 %

(2) 모범 답안 신호를 변환하는 시간 간격을 짧게 할수록, 기록하는 비트(bit) 수가 많을수록 연속적인 아날로그 신호에 가깝게 신호를 변환하여 기록할 수 있다.

채점 기준	배점
시간 간격, 비트(bit) 수 등의 개념을 이용해 신호 오차를 줄이는 방법을 정확하게 서술한 경우	100 %
신호 오차를 줄이는 방법에 대해 시간 간격, 비트(bit) 수의 개념 적용이 미흡한 경우	50 %

논술형

2 (1) 모범 답안 디지털 정보는 저장과 분석이 쉽고 전송이 용이하므로 사회 관계망 서비스를 통한 사진, 영상 등의 정보를 여러 사람과 공유할 수 있고, 실시간으로 영상, 소리 등의 디지털 정보가 전달되면서 원격 교육을 받을 수 있다. 또한 사람이 하기 힘든 일에 로봇을 투입하여 디지털 정보를 주고받으며 로봇을 조종할 수 있고, 디지털 형태의 상품 정보를 통해 상점에 가지 않고도 인터넷 등을 통해 상품을 구매할 수 있으며 미디어 분야에서도 디지털 정보를 이용해 다양한 콘텐츠를 활용할 수 있는 등 디지털 정보를 활용한 정보 통신의 발전은 현대 문명에 많은 영향을 주고 있다.

채점 기준	배점
디지털 정보의 특징을 분석하여 이 정보의 활용과 현대 문명에 미치는 영향을 논리적으로 연결하여 서술한 경우	100 %
디지털 정보의 분석은 이루어졌지만 이를 적용한 활용 분야 및 현대 문명에 미치는 영향을 정확하게 서술하지 못한 경우	50 %

(2) 모범 답안 디지털 격차를 해소하기 위해서는 먼저 디지털 문해력이 떨어지는 집단에 대한 디지털 정보 활용 교육이 이루어져야 한다. 현재와 같이 특정 시간, 특정 장소에 사람을 모아서 일률적으로 교육하는 방식으로는 개인별 성향에 맞추지 못하는 것은 물론이고 지속적인 교육도 어렵기 때문에 지역 사회 커뮤니티를 통해 방문 방식으로 지속적인 관심과 지원이 이루어지는 체계를 구축해야 한다. 또한, 기술의 고도화를 통해 제품을 사용할 때 '유니버설 디자인'과 같이 성별이나 나이, 문화적 배경, 장애와 상관없이 누구나 손쉽게 쓸 수 있도록 바꾸어야 한다. 이러한 부분에 대한 사회적인 노력이 뒷받침이 되었을 때, 집단에 따른 디지털 격차를 해소하고 보다 많은 사람들이 디지털 정보를 활용하고 공유할 수 있는 사회로 발전해 나갈 수 있을 것이다.

채점 기준	배점
디지털 격차를 줄이는 방법을 사회, 기술적으로 분석하여 옳게 서술한 경우	100 %
디지털 격차를 줄이는 방법을 사회 또는 기술적인 부분 중 1가지에 대해서만 서술한 경우	50 %

01 ② **02** ③ **03** ④ **04** ③ **05** ②
06 ⑤ **07** ③ **08** ①

01 정답 맞히기 ㄴ. 길이의 기본량 단위는 m(미터)이다. 따라서 'm(미터)'는 ⓒ으로 적절하다.

오답 피하기 ㄱ. 시간의 기본량 단위는 s(초)이다. 따라서 's(초)'는 ㉠으로 적절하다.

ㄷ. 속력은 단위 시간 동안의 이동 거리로, 거리를 시간으로 나누어 표현한다. 레이저 빔이 장치 수신부로 돌아오는 시간(ⓐ) 동안 빔이 장치와 대상 사이를 왕복하므로 이 동안 빔이 진행한 거리는 대상과의 거리(ⓑ)의 2배이다. 따라서 레이저 빔의 속력은 ⓑ의 2배를 ⓐ로 나눈 값과 같다.

02 정답 맞히기 ③ 자동차가 2초 동안 40 m의 거리를 이동하였으므로 $v=\dfrac{40\text{ m}}{2\text{ s}}=20$ m/s이다.

따라서 $v=\dfrac{20\text{ m}}{1\text{ s}}\times\dfrac{3600\text{ s}}{1\text{ h}}\times\dfrac{1\text{ km}}{1000\text{ m}}=72$ km/h이다.

03 정답 맞히기 ④ 가로, 세로를 곱하여 표현하며 m^2, cm^2의 단위를 사용하는 ㉠은 넓이이다. 농도는 kg(킬로그램) 단위로 나타내는 질량의 비로 나타내므로 ⓒ은 '질량'이다.

04 정답 맞히기 ㄱ. 시간의 기본량 단위는 s(초)이다.

ㄷ. 자동차가 센서 1, 2를 통과한 시간이 각각 t_1, t_2이므로 센서 1에서 센서 2까지 이동하는 데 걸린 시간은 t_2-t_1이고, 이 동안 이동한 거리가 L이므로

자동차의 속력$=\dfrac{\text{이동 거리}}{\text{걸린 시간}}=\dfrac{L}{t_2-t_1}$이다.

오답 피하기 ㄴ. 현대에는 빛이 특정 시간 동안 진공에서 진행한 거리를 기준으로 1 m(미터)를 정의한다.

05 정답 맞히기 ㄷ. 혈당량 100 mg/dL는 혈액 10^{-1} L에 포도당이 100 mg=0.1 g이 있는 것이므로 혈액 1 L에 있는 포도당은 1 g이다.

오답 피하기 ㄱ. 혈당량은 혈액 속에 있는 포도당의 농도로 질량, 부피 등의 측정 표준을 이용한다.

ㄴ. 전류 세기의 단위는 A(암페어)이다.

06 정답 맞히기 ㄱ. 질량의 기본량 단위는 kg(킬로그램)이다.

ㄴ. 질량의 기준은 (가)의 질량 원기에서 (나)의 플랑크 상수와 전기력의 원리를 이용한 정의로 변경되어 더 정밀하고 변동이 없는 기준이 되었다.

ㄷ. 플랑크 상수는 변동이 없이 고정된 값이므로 정밀한 질량의 측정 표준을 정의하는 데 활용된다.

07 정답 맞히기 ㄱ. 사람의 몸에서 발생하는 적외선 신호는 연속적인 형태의 아날로그 신호이다.

ㄷ. 화면을 통해 나오는 빛 신호는 사람의 눈이 수신할 수 있는 연속적인 형태의 아날로그 신호이다.

오답 피하기 ㄴ. 센서는 아날로그 형태의 신호를 디지털 형태로 변환한다.

08 정답 맞히기 ㄱ. 연속적인 신호로 나타난 A는 아날로그 신호, 불연속적인 신호로 나타난 B는 디지털 신호이다.

오답 피하기 ㄴ. 디지털 신호는 전송이 쉬워 정보 통신 등에서 정보의 활용, 공유 등에 이용된다.

ㄷ. 디지털 신호는 센서를 통해 자연의 신호를 변환한 신호이므로 원래의 자연 정보를 완벽하게 재생하는데 한계가 있다.

II. 물질과 규칙성

03 원소의 생성과 규칙성

1 빛을 분광기로 분산시켰을 때 무지개색의 띠가 연속적으로 나타나는 스펙트럼은 연속 스펙트럼, 연속 스펙트럼을 만드는 빛이 저온의 기체에 일부 흡수되어 연속 스펙트럼에 검은 선이 나타나는 스펙트럼은 흡수 스펙트럼, 고온의 기체에서 나오는 빛을 분산시켰을 때 특정한 파장에서 밝은 빛이 방출되어 나타나는 스펙트럼은 방출 스펙트럼이다.

모범 답안

백열등	수소 기체 방전관	헬륨 기체 방전관	천체 A
연속 스펙트럼	방출 스펙트럼	방출 스펙트럼	흡수 스펙트럼

2 원소마다 고유한 선 스펙트럼이 나타난다.

모범 답안 모두 선 스펙트럼 중 방출 스펙트럼이다. 그러나 선의 위치와 선의 개수, 굵기가 방전관에 들어 있는 원소의 종류에 따라 다르게 나타난다.

3 백열등에서 나온 빛은 연속 스펙트럼, 기체 방전관에서 나온 빛은 방출 스펙트럼이다.

모범 답안 백열등에서 나온 빛의 스펙트럼은 연속 스펙트럼이며, 이는 가시광선 영역에 해당하는 모든 파장의 빛이다. 수소 및 헬륨이 들어 있는 기체 방전관에서 나오는 빛의 스펙트럼은 방출 스펙트럼이며, 이는 가시광선 영역에 해당하는 파장 중 특정 파장의 빛이 방출된 것이다.

4 선 스펙트럼은 원소의 고유한 특성이다. 천체 A에 나타난 흡수선의 파장을 분석하여 포함된 원소를 알 수 있다.

모범 답안 같은 종류의 원소에서는 방출 스펙트럼의 방출선과 흡수 스펙트럼의 흡수선이 나타내는 파장이 같다. 따라서 천체 A의 스펙트럼과 수소 기체 방전관과 헬륨 기체 방전관의 스펙트럼을 비교할 때 천체 A의 대기에는 수소와 헬륨이 포함되어 있음을 알 수 있다.

01 ②	**02** ⑤	**03** ⑤	**04** ①	**05** ①
06 ④	**07** ⑤	**08** ⑤	**09** ②	**10** ①
11 ③	**12** ③	**13** ④	**14** ④	**15** ①
16 ①	**17** ①	**18** ④	**19** ③	**20** ⑤
21 ①	**22** ②	**23** ③	**24** ④	**25** ③
26 ⑤	**27** ⑤	**28** ⑤		

01 **정답 맞히기** ㄷ. 원소의 종류에 따라서 스펙트럼이 다르며, 한 종류 원소에서 나타나는 방출 스펙트럼과 흡수 스펙트럼의 선의 위치는 동일하다. 따라서 별빛의 스펙트럼과 원소의 스펙트럼을 비교하면 별의 대기 성분을 알 수 있다.

오답 피하기 ㄱ. 백열등의 스펙트럼은 연속 스펙트럼으로 검은 선이 존재하지 않는다.

ㄴ. 어떤 원소의 스펙트럼을 관찰해 보면 여러 개의 선이 나타나며, 원소의 종류에 따라 선의 개수, 위치, 굵기 등이 다르다. 따라서 별빛의 스펙트럼에 나타난 흡수선의 개수는 별의 대기를 구성하는 성분 원소의 가짓수보다 많다.

02 **정답 맞히기** ㄱ. (가)는 특정 파장의 빛에 의한 밝은 선들이 나타나는 스펙트럼으로 방출 스펙트럼이다.

ㄴ. 별빛의 스펙트럼은 흡수 스펙트럼이므로 별 ㉠의 스펙트럼은 (나)이다.

ㄷ. 한 원소에서 나타나는 방출 스펙트럼과 흡수 스펙트럼의 파장은 동일하다. 기체 A의 스펙트럼에 나타난 방출선이 별 ㉠의 스펙트럼에서 같은 파장에 흡수선으로 나타나므로 ㉠의 대기에 A가 존재함을 알 수 있다.

03 **정답 맞히기** ㄱ. 우주는 138억 년 전 한 점에서 시작되었고 이후 현재까지 팽창하고 있다.

ㄴ. 우주에 존재하는 에너지는 일정하므로 팽창하는 우주의 온도는 점점 낮아진다.

ㄷ. 빅뱅 이후 우주의 밀도는 계속 작아지고 있으므로 빅뱅 직후 우주의 밀도는 현재보다 컸다.

04 **정답 맞히기** 원자는 원자핵과 전자로 구성되어 있고, 원자핵은 양성자와 중성자로 주로 이루어지며, 양성자와 중성자는 각각 쿼크로 이루어졌다. 따라서 질량은 쿼크(ㄱ), 중성자(ㄴ), 원자(ㄷ) 순으로 커진다.

05 **정답 맞히기** ㄱ. 수소와 헬륨의 원자 번호는 각각 1, 2이며, 원자 번호는 원자핵 안에 들어 있는 양성자 수와 같다. 따

라서 (가)와 (나)는 각각 헬륨의 원자핵, 수소의 원자핵이고, (나)에 들어 있지 않은 ㉠은 중성자, (가)와 (나)에 각각 2개, 1개 존재하는 ㉡은 양성자이다.

오답 피하기 ㄴ. (나)와 같이 양성자로만 이루어진 원자핵은 존재하지만 중성자로만 이루어진 원자핵은 존재하지 않는다.

ㄷ. 빅뱅 우주에서 물질을 구성하는 입자의 생성 순서는 쿼크, 전자 ➡ 양성자(수소 원자핵), 중성자 ➡ 헬륨 원자핵 ➡ 수소와 헬륨 원자 순이다. (나)는 양성자 1개로 이루어진 수소의 원자핵으로 빅뱅 우주에서 양성자와 중성자가 생성된 시기에, (가)는 양성자와 중성자가 결합하여 생성되었다. 따라서 우주에서 (나)가 생성된 이후에 (가)가 생성되었다.

06 정답 맞히기 ㄴ. 원자는 전기적으로 중성으로 양성자수와 전자 수는 같고, 양성자수는 원자 번호와 같다. 따라서 (가)와 (나)는 각각 수소, 헬륨 원자이다. 우주에 존재하는 수소와 헬륨의 질량비는 3 : 1이므로 우주에 존재하는 원소의 질량은 (가)>(나)이다.

ㄷ. ㉠과 ㉡은 각각 원자핵과 전자이다. 빅뱅 우주에서 전자는 쿼크가 생성되는 시기에 생성되었고, 쿼크의 결합으로 양성자와 중성자가 생성되었으며 양성자와 중성자가 결합하여 원자핵이 생성되었다. 따라서 ㉡은 ㉠보다 먼저 생성되었다.

오답 피하기 ㄱ. (가)와 (나)는 각각 수소, 헬륨 원자이고, 수소와 헬륨의 원자핵에 들어 있는 양성자수는 각각 1, 2이다. 따라서 양성자 수는 (나)>(가)이다.

07 정답 맞히기 ㄱ. 빅뱅 이후 우주가 팽창하면서 쿼크, 전자와 같은 기본 입자가 생성되었다.

ㄴ. 최초의 원소는 양성자 1개로 이루어진 원자핵을 가진 수소이다. 따라서 양성자와 중성자가 생성된 시기에 최초의 원소인 수소가 생성되었다.

ㄷ. 우주의 온도는 우주가 팽창함에 따라 점점 낮아지고 있다. 따라서 우주의 온도는 (다)>(라)이다.

08 정답 맞히기 ㄱ. 수소 핵융합 반응은 수소 원자핵 4개가 융합하여 헬륨 원자핵 1개가 만들어지는 반응이다 따라서 A는 수소이고, B는 헬륨이다. 우주에 존재하는 수소와 헬륨의 질량비는 약 3 : 1이므로 A>B이다.

ㄴ. 수소 원자핵 4개의 질량의 합은 헬륨 원자핵 1개의 질량보다 크다. 따라서 수소 핵융합 반응이 일어나면 질량 차이만큼에 해당하는 에너지가 발생한다.

ㄷ. 태양 내부에서는 수소 핵융합 반응이 일어난다.

09 정답 맞히기 ② A는 헬륨보다 상대 질량이 작은 원소로 수소(H)가 가장 적절하고, B는 규소보다 상대 질량이 큰 원소이다. 태양보다 질량이 약 10배 이상 큰 별에서는 핵융합 반응에

의해서 Fe까지 생성되며, Fe보다 무거운 원소는 초신성 폭발 과정에서 생성된다. 따라서 Fe는 B로 적절하다.

10 정답 맞히기 ㄱ. 물을 구성하는 원소는 H와 O이고, 산화 은을 구성하는 원소는 Ag과 O이다. 따라서 물과 산화 은에 공통으로 들어 있는 Y는 O이므로 X와 Z는 각각 H, Ag이다. X(H)는 빅뱅 초기 우주에서 생성되었다.

오답 피하기 ㄴ. O는 별에서 핵융합 반응에 의해서 생성된 원소이고, Ag은 태양보다 질량이 매우 큰 별의 최후에 초신성 폭발 과정에서 생성되는 원소이다.

ㄷ. Y와 Z는 각각 O와 Ag이다. 따라서 원자의 질량은 Z(Ag)>Y(O)이다.

11 정답 맞히기 ㄱ. 지구와 생명체를 구성하는 주요 구성 원소로부터 지구와 생명체에 공통으로 존재하는 원소는 산소임을 알 수 있다.

ㄴ. 지구의 주요 구성 원소 중 가장 질량이 큰 원소는 Fe이다. 따라서 지구의 주요 구성 원소는 모두 별에서 생성되었다.

오답 피하기 ㄷ. 생명체를 구성하는 주요 원소 중 H는 빅뱅 초기 우주에서 생성되었고, C, N, O는 별에서 일어나는 핵융합 반응으로 생성되었다.

12 정답 맞히기 ③ 주기율표에서 주기는 원자에서 전자가 들어 있는 전자 껍질 수와 같고, 족은 원자가 전자 수를 의미한다. X는 가장 바깥 전자 껍질에 전자 1개가 존재하므로 1족 원소임을 알 수 있다.

오답 피하기 ① 원자는 전기적으로 중성이고, 원자에서 원자핵에 들어 있는 양성자수와 전자 수는 같다. 따라서 X의 원자 번호는 11이다.

② X에서 전자가 들어 있는 전자 껍질 수가 3이므로 X는 3주기 원소이다.

④ X는 가장 바깥 전자 껍질에 전자가 1개 있으므로 원자가 전자 수는 1이다.

⑤ 원자는 전자 이동을 통해 18족 원소와 같은 전자 배치를 가지려는 경향이 있고, 18족 원소와 같은 전자 배치를 이루었을 때 안정해진다. 따라서 X는 원자가 전자 수가 1이며, 전자 1개를 쉽게 잃고 1가 양이온이 되려는 성질이 있다.

13 정답 맞히기 ④ 원자 번호가 16인 원자의 전자 배치는 그림과 같다.

원자가 전자는 전자 배치에서 가장 마지막 전자 껍질에 들어있는 전자로 화학 반응에 참여하는 전자이다. 따라서 원자 번호가 16인 원자의 원자가 전자 수는 6이다.

14 정답 맞히기 ④ 원자가 전자 수가 1인 원소는 1족 원소이므로 A와 B 2가지이다. 비금속 원소는 1주기 1족 원소와 대체로 주기율표의 오른쪽에 위치하며, 원자가 전자 수가 4 이상이므로 A, C, E, F, G가 해당되어 총 5가지이다. 전자 껍질 수가 3인 원소는 3주기 원소이므로 D, E, F, G가 해당된다. 따라서 a~c는 각각 2, 5, 4이므로 $a+b+c=11$이다.

15 정답 맞히기 ㄱ. C는 가장 마지막 전자 껍질에 8개의 전자가 들어있으므로 18족 원소이다.

오답 피하기 ㄴ. 금속 원소는 대체로 원자가 전자 수가 1~3인 원소이다. A~D의 원자가 전자 수는 각각 1, 1, 0, 1이지만 A는 H로 비금속 원소이다. 따라서 금속 원소는 B와 D 2가지이고, 비금속 원소는 A와 C 2가지이다.
ㄷ. 화학적 성질이 비슷한 원소의 원자가 전자 수는 같다. A, B, D의 원자가 전자 수는 각각 1, 1, 1이므로 주기율표에서 모두 같은 1족 원소에 해당한다. 그러나 A는 1족 원소이지만 H로 비금속 원소이다. 따라서 화학적 성질이 유사한 원소는 B와 D 2가지이다.

16 정답 맞히기 ① 현대의 주기율표에서 원자는 원자 번호 순으로 배열되어 있다.

오답 피하기 ② 주기율표에서 가로줄은 주기, 세로줄은 족이라고 한다.
③ 화학적 성질이 비슷한 원소가 같은 세로줄에 위치하도록 배열되어 있어 주기성이 나타난다.
④ 같은 세로줄에 위치한 원소들은 원자가 전자 수가 같아 화학적 성질이 비슷하다.
⑤ 주기율표의 왼쪽에는 원자가 전자 수가 작아 전자를 잘 잃는 성질이 있는 금속 원소가, 오른쪽에는 전자를 잘 얻는 성질이 있는 비금속 원소(18족 원소 제외)가 위치한다.

17 정답 맞히기 ① Li, Na, K은 원자 번호가 각각 3, 11, 19이며, 원자가 전자 수가 1인 알칼리 금속이다.

오답 피하기 ② 알칼리 금속은 1족 원소로 원자가 전자 수는 1이다.
③ 금속 원소는 대체로 실온에서 고체 상태로 존재한다.
④ 알칼리 금속은 전자 1개를 잘 잃는 성질이 있는 원소로 물과 잘 반응하고 그 결과 수소 기체를 발생시킨다.
⑤ 알칼리 금속을 물과 반응시킨 후 수용액에 페놀프탈레인 수용액을 한두 방울 떨어뜨리면 붉게 변한다. 이로부터 알칼리 금속이 물과 반응하면 수용액이 염기성이 됨을 알 수 있다.

18 정답 맞히기 ④ 비활성 기체는 가장 바깥 전자 껍질에 들어 있는 전자 수는 대체로 8이지만 He은 2이다.

오답 피하기 ① 비활성 기체는 18족 원소이다.
② 18족 원소는 가장 바깥 껍질에 전자가 모두 채워진 원소로 원자가 전자 수는 0이다.
③ 18족 원소는 비금속 원소이다.
⑤ 18족 원소는 반응성이 없어 다른 원소와 반응하지 않으므로 화합물을 거의 형성하지 않는다.

19 정답 맞히기 ㄱ. A는 원자가 전자 수가 1인 금속 원소이다. 따라서 A는 전자 1개를 잃고 He과 같은 전자 배치를 가져 안정해지려는 경향이 있다.
ㄴ. C는 원자가 전자 수가 7인 비금속 원소이다. 따라서 C는 전자 1개를 얻고 Ar과 같은 전자 배치를 가져 안정해지려는 경향이 있다.

오답 피하기 ㄷ. B는 3주기 1족 원소로 원자가 전자 수가 1인 금속 원소이다. 따라서 전자 1개를 잘 잃고 Ne과 같은 전자 배치를 가지려는 경향이 있으므로 B와 C의 안정한 이온의 전자 배치는 각각 Ne, Ar과 같다.

20 정답 맞히기 ㄱ. 나트륨은 원자가 전자 수가 1인 금속 원소이고, 염소는 원자가 전자 수가 7인 비금속 원소이다. 따라서 나트륨과 염소가 반응할 때 나트륨 원자의 원자가 전자 1개가 염소 원자로 이동한다.
ㄴ. 염화 이온의 전자 배치는 Ar과 같고, 나트륨 이온의 전자 배치는 Ne과 같다. 따라서 전자 수는 염화 이온이 나트륨 이온보다 8만큼 크다.
ㄷ. 염화 이온은 (−)전하를 띠는 음이온이고, 나트륨 이온은 (+)전하를 띠는 양이온이다. 따라서 염화 이온과 나트륨 이온은 정전기적 인력으로 결합하여 이온 결합 물질을 형성한다.

21 정답 맞히기 ① A와 C는 각각 비금속 원소이다. 따라서 A_2C는 비금속 원자와 비금속 원자가 전자쌍을 공유하여 형성된 공유 결합 물질이다.

오답 피하기 ② B는 금속 원소, C는 비금속 원소이므로 BC는 이온 결합 물질이다.
③ E는 금속 원소, C는 비금속 원소이므로 E_2C_3는 이온 결합 물질이다.
④ E는 금속 원소, F는 비금속 원소이므로 EF_3는 이온 결합 물질이다.
⑤ D는 금속 원소, F는 비금속 원소이므로 DF는 이온 결합 물질이다.

22 정답 맞히기 ② X는 원자 번호가 17이므로 전자 수가 17이고, Y는 3주기 2족 원소이므로 전자 껍질 3개에 전자가 들어 있으며 가장 마지막 전자 껍질에 들어있는 전자 수는 2이다. 따라서 X와 Y의 전자 배치는 그림과 같다.

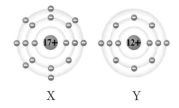

$$X \qquad\qquad Y$$

그러므로 X는 비금속 원소이고 Y는 금속 원소이므로 X와 Y는 이온 결합하여 화합물을 형성한다.

오답 피하기 ① 원자 번호는 X가 Y보다 크다.
③ X는 전자 1개를 얻어 Ar과 같은 전자 배치를, Y는 전자 2개를 잃고 Ne과 같은 전자 배치를 가져 안정해지려는 경향이 있다.
④ X와 Y가 결합할 때 전자는 금속 원소인 Y에서 비금속 원소인 X로 이동한다.
⑤ X와 Y가 반응할 때 X는 X^-, Y는 Y^{2+}이 된 후 정전기적 인력에 의해 결합하여 이온 결합 물질을 형성한다. 이온 결합 물질은 전기적으로 중성이므로 X와 Y는 2 : 1의 개수비로 결합한다.

23 정답 맞히기 ㄱ. A는 전자를 잃고 (가)가 되므로 A는 금속 원소이고, (가)는 양이온이다. B는 전자를 얻고 (나)가 되므로 B는 비금속 원소이고, (나)는 음이온이다.
ㄴ. A와 B는 3주기 원소이고 A는 금속 원소, B는 비금속 원소이므로 원자가 전자 수는 B>A이다. 따라서 원자 번호는 B>A이다.

오답 피하기 ㄷ. A는 3주기 금속 원소이므로 A가 전자를 잃어 형성된 이온 (가)의 전자 배치는 Ne과 같고, B는 3주기 비금속 원소이므로 B가 전자를 얻어 형성된 이온 (나)의 전자 배치는 Ar과 같다.

24 정답 맞히기 ㄴ. A와 B는 전자가 들어 있는 전자 껍질 수가 2이므로 모두 2주기 원소이며, 원자가 전자 수가 4 이상인 비금속 원소이다. 따라서 이온의 전자 배치는 Ne과 모두 같다.
ㄷ. 원자가 공유 결합하여 화합물을 형성할 때 18족 원소의 전자 배치와 같아지기 위해 필요한 전자 수만큼 전자쌍을 공유한다. 따라서 A_2와 B_2에서 원자들 사이에 공유한 전자쌍의 수는 각각 2, 1이다.

오답 피하기 ㄱ. A와 B의 원자가 전자 수는 각각 6, 7이다.

25 정답 맞히기 ㄱ. A는 원자가 전자 수가 1인 수소, B는 원자가 전자 수가 6인 산소로 모두 비금속 원소이다.

ㄴ. 수소와 산소는 모두 F(플루오린)과 공유 결합하여 화합물을 형성한다.

오답 피하기 ㄷ. 비금속 원소는 18족 원소와 같은 전자 배치가 되기 위해 필요한 전자 수 만큼 전자쌍을 공유하여 결합한다. 따라서 A_2에서 A 원자 2개는 전자쌍 1개를 공유하고 있고, B_2에서 B 원자 2개는 전자쌍 2개를 공유하고 있다.

26 정답 맞히기 ㄱ. X 수용액에는 양이온과 음이온이 존재하므로 X는 이온 결합 물질인 염화 나트륨이다.
ㄴ. 수용액 상태에서 이온이 존재하는 물질은 전기 전도성이 있다. 따라서 수용액 상태에서 전기 전도성은 X>Y이다.
ㄷ. 액체 상태에서 이온이 존재하는 물질은 전기 전도성이 있다. X는 이온 결합 물질이므로 액체 상태에서 이온이 존재하고 전기 전도성이 있으나 Y는 공유 결합 물질로 액체 상태에서 이온이 존재하지 않아 전기 전도성이 없다. 따라서 액체 상태에서 전기 전도성은 X>Y이다.

27 정답 맞히기 ㄱ. A와 C는 모두 비금속 원소이다. 따라서 공유 결합하여 화합물을 형성한다.
ㄴ. B는 금속 원소, C는 비금속 원소이다. 따라서 B와 C는 이온 결합하여 화합물을 형성한다.
ㄷ. C는 원자가 전자 수가 7인 비금속 원소이다. 따라서 C_2에서 C 원자들은 전자쌍 1개를 공유하여 결합을 이루고 있으며, 이때 전자 배치는 D와 같다.

28 정답 맞히기 ㄱ. A~C의 원자가 전자 수는 각각 1, 6, 7이고, A는 금속 원소, B와 C는 비금속 원소이다. A와 C가 반응할 때 A는 전자 1개를 잃고 1가 양이온이, C는 전자 1개를 얻어 1가 음이온이 되며 두 이온은 정전기적 인력에 의해 1 : 1의 개수비로 이온 결합하여 화합물을 형성한다.
ㄴ. B와 C는 비금속 원소이므로 공유 결합을 형성하며, B와 C는 원자가 전자 수가 각각 6, 7이므로 B와 C로 이루어진 공유 결합 물질에서 B는 2개의 전자쌍을, C는 1개의 전자쌍을 공유한다. 따라서 BC_2에서 원자들 사이에 공유한 총 전자쌍 수는 2이다.
ㄷ. A_2B는 이온 결합 물질, C_2는 공유 결합 물질이다. 따라서 액체 상태에서 전기 전도성은 $A_2B>C_2$이다.

실력 향상 문제

본문 31~34쪽

01 ⑤	02 ③	03 ⑤	04 ②	05 ③
06 ②	07 ②	08 ⑤	09 ③	10 ②
11 ②	12 ③	13 ③	14 ②	15 ④
16 ④	17 ③			

01 정답 맞히기 ㄱ. 백열등에서 방출되는 빛의 스펙트럼은 가시광선에 해당하는 모든 파장의 빛이 나타나는 연속 스펙트럼이다.

ㄴ. 태양의 스펙트럼은 흡수 스펙트럼이며, 한 종류의 원소는 방출 스펙트럼과 흡수 스펙트럼에서 선이 나타나는 위치가 같다. 따라서 태양의 흡수 스펙트럼과 원소 A, B의 방출 스펙트럼을 비교할 때, 원소 A, B의 방출 스펙트럼에 나타나는 파장과 동일한 파장 위치에 흡수선이 존재하므로 태양에는 원소 A와 B가 포함되어 있으며, A와 B의 선 스펙트럼에 나타나는 선 이외에도 다른 선이 존재하므로 태양의 대기에는 원소 A와 B 이외에도 다른 원소가 존재함을 알 수 있다.

ㄷ. 태양과 미지의 별의 스펙트럼에 모두 원소 A의 방출 스펙트럼과 같은 파장의 흡수선이 존재하므로 태양과 미지의 별의 대기에 모두 원소 A가 존재함을 알 수 있다.

02 정답 맞히기 ③ 양성자 1개로 이루어진 원자핵과 전자 1개로 이루어진 수소 원자가 존재하므로 모든 원자핵이 양성자와 중성자가 결합하여 생성되는 것은 아니다.

오답 피하기 ① 빅뱅 우주에서 쿼크와 전자가 가장 먼저 생성되었고, 이후 양성자와 중성자가 생성되었다. 따라서 ⓒ이 ㉠보다 먼저 생성되었다.

② 빅뱅 후 생성된 쿼크들이 결합하여 양성자와 중성자가 생성되었다.

④ 원자는 전기적으로 중성이며, 원자핵의 전하량은 원자핵을 구성하는 양성자에 의해 결정된다. 양성자 1개와 전자 1개가 띠는 전하량은 크기는 같고 부호가 반대이다. 따라서 원자에서 양성자와 전자의 수는 같다.

⑤ 수소와 헬륨의 원자 번호는 각각 1, 2이므로 수소와 헬륨 원자의 전자 수는 각각 1, 2이다.

03 정답 맞히기 ⑤ 원자에서 양성자수는 전자 수와 같고, 원자의 상대적 질량은 양성자수와 중성자수 합에 의해 결정된다. A와 B에 들어 있는 양성자수는 각각 1, 2이고, 중성자수는 각각 0, 2이므로 A의 원자핵은 양성자 1개로, B의 원자핵은 양성자 2개와 중성자 2개로 이루어져 있다. 따라서 원자의 상대적 질량은 A<B이다.

04 정답 맞히기 ㄷ. (가)와 (나)에서 별의 중심부로 갈수록 원자 번호가 점점 커지는 원소가 분포하므로 중심부로 갈수록 무거운 원소가 존재함을 알 수 있다.

오답 피하기 ㄱ. (가)에서 탄소까지만 만들어지므로 (가)는 태양과 질량이 비슷한 별이다.

ㄴ. 별에서 핵융합 반응으로 만들어질 수 있는 가장 무거운 원소는 Fe이다. 따라서 (나)의 중심부에서 Fe의 핵융합 반응은 일어나지 않는다.

05 정답 맞히기 ㄱ. W~Z 중 W와 Z는 원자가 전자 수가 각각 1, 3인 금속 원소이다.

ㄷ. X는 전자 2개를 얻어 Ne과 같은 전자 배치를, Z는 전자 3개를 잃고 Ne과 같은 전자 배치를 가져 안정해지려는 경향이 있는 원소이다. 따라서 X와 Z 이온의 전자 배치는 Y와 같다.

오답 피하기 ㄴ. 전자를 잘 얻는 성질이 있는 원소는 대체로 원자가 전자 수가 5~7인 비금속 원소이다. 따라서 전자를 잘 얻는 성질이 있는 원소는 X 1가지이다.

06 정답 맞히기 ㄷ. 실온에서 고체 상태인 원소는 일반적으로 금속 원소이다. A~G 중 금속 원소는 C, D, F 3가지이다.

오답 피하기 ㄱ. B는 18족 원소로 원자가 전자 수는 0이고, E는 16족 원소로 원자가 전자 수는 6이다. 따라서 원자가 전자 수는 E>B이다.

ㄴ. A와 C는 같은 족에 해당하지만 A는 비금속 원소이고 C는 금속 원소로 화학적 성질이 유사하지 않다.

07 정답 맞히기 ② A는 3주기 16족 원소이므로 원자가 전자 수가 6인 비금속 원소로 전자 2개를 얻어 2가 음이온이 되려는 성질이 있는 원소이고, B는 4주기 2족 원소이므로 원자가 전자 수가 2인 금속 원소로 전자 2개를 잃고 2가 양이온이 되려는 성질이 있는 원소이다. 따라서 A와 B가 반응할 때 각각 A^{2-}, B^{2+}가 되어 정전기적 인력에 의해 1 : 1의 개수비로 결합하여 이온 결합 물질을 형성한다.

08 정답 맞히기 ㄱ. X는 전자를 잃고 (가)가, Y는 전자를 얻어 (나)가 되므로 X는 금속 원소, Y는 비금속 원소임을 알 수 있다. 3주기 금속 원소는 전자를 잃고 Ne과 같은 전자 배치를 가지려는 경향이 있으므로 이온이 될 때 전자 껍질 수가 1 감소한다. 3주기 비금속 원소는 전자를 얻어 Ar과 같은 전자 배치를 가져 안정해지려는 경향이 있으므로 이온이 되더라도 전자 껍질 수는 변하지 않는다. 따라서 전자가 들어 있는 전자 껍질 수는 Y가 (가)보다 1 크다.

ㄴ. (가)와 (나)의 전자 배치는 각각 Ne, Ar과 같으므로 총 전자 수는 (나)>(가)이다.

ㄷ. (가)는 (+)전하를 띠고 (나)는 (−)전하를 띠므로 정전기적 인력으로 이온 결합한다.

09 정답 맞히기 ㄱ. X를 칼로 잘랐을 때 잘린 단면의 광택이 곧 사라졌으므로 공기 중에 존재하는 원소와 쉽게 반응하여 화합물을 형성함을 알 수 있다.

ㄷ. X를 물과 반응시킨 후 수용액에 페놀프탈레인 용액을 몇 방울 떨어뜨렸을 때 붉은색으로 변했으므로 X가 물과 반응한 수용액은 염기성임을 알 수 있다.

오답 피하기 ㄴ. 알칼리 금속은 물과 반응하여 수소 기체를 발생시킨다.

10 정답 맞히기 ③ A는 할로젠 원소이므로 원자가 전자 수가 7인 비금속 원소, C는 15족 원소이므로 원자가 전자 수가 5인 비금속 원소이다. A~C의 원자가 전자 수는 A>B>C이므로 B는 원자가 전자 수가 6인 비금속 원소이다. 따라서 분자에서 원자 사이에 공유한 전자쌍의 수는 18족 원소와 같은 전자 배치를 갖기 위해 필요한 전자 수와 같다. 따라서 A_2, B_2, C_2에서 원자들이 공유한 전자쌍 수는 각각 1, 2, 3이다.

11 정답 맞히기 ㄷ. A와 B는 3주기 원소이고 원자 번호는 B>A이므로 원자가 전자 수는 B>A이다. (가)는 이온 결합 물질이므로 원자가 전자 수가 적은 A가 전자를 잃고 양이온이, 원자가 전자 수가 많은 B가 전자를 얻어 음이온이 된 후 결합하여 형성된 물질임을 알 수 있다. 같은 주기에서 금속 원소는 전자를 잃고 양이온이 될 때 전자 껍질 수가 1 감소하고, 비금속 원소는 전자를 얻어 음이온이 될 때 전자 껍질 수는 변하지 않는다. 이것으로부터 (가)에서 Ne과 전자 배치가 같은 양이온의 원자는 A이고, Ar과 전자 배치가 같은 음이온의 원자는 B임을 알 수 있다. 따라서 (가)는 A와 B가 1 : 2의 개수비로 결합하여 형성된 물질이다.

오답 피하기 ㄱ. (가)는 양이온과 음이온이 결합하여 형성된 물질이므로 이온 결합 물질이다.

ㄴ. A와 B는 각각 금속 원소, 비금속 원소이므로 (가)가 생성될 때 전자는 A에서 B로 이동한다.

12 정답 맞히기 ㄱ. A_2~C_2에서 원자는 모두 18족 원소인 Ne과 같은 전자 배치를 갖는다.

ㄴ. 비금속 원소는 18족 원소와 같은 전자 배치를 갖기 위해 필요한 전자 수 만큼의 전자쌍을 공유하여 결합한다. A_2, B_2, C_2에서 원자 사이에 공유한 전자쌍의 수는 각각 1, 2, 3이므로 원자 A~C의 원자가 전자 수는 각각 7, 6, 5이다. 원자 A~C의 전자 배치에서 전자 껍질 수가 2로 같으므로 A~C는 모두 2주기 원소이고, 원자가 전자 수는 A~C가 각각 7, 6, 5이므로 원자 번호는 A가 가장 크다.

오답 피하기 ㄷ. BA_2에서 B 원자는 A 원자와 각각 1개의 전자쌍을 공유하여 결합하므로 BA_2에서 원자 사이에 공유한 전자쌍의 수는 2이다. CA_3에서 C 원자는 A 원자와 각각 1개의 전자쌍을 공유하여 결합하므로 CA_3에서 원자 사이에 공유한 전자쌍의 수는 3이다.

13 정답 맞히기 ㄱ. A~D의 원자가 전자 수는 각각 1, 6, 7, 3이므로 A와 D는 금속 원소이고, B와 C는 비금속 원소이다. A는 1가 양이온, B는 2가 음이온이 되려는 성질이 있는 원소이므로 A와 B는 2 : 1의 개수비로 결합하여 (가)를 형성했다.

따라서 (가)에서 $\dfrac{\text{음이온 수}}{\text{양이온 수}}=\dfrac{1}{2}$이다. A는 1가 양이온, C는 1

가 음이온이 되려는 성질이 있는 원소이므로 A와 C는 1 : 1의 개수비로 결합하여 (나)를 형성했다. 따라서 (나)에서

$\dfrac{\text{음이온 수}}{\text{양이온 수}}=1(x)$이다.

B는 2가 음이온, D는 3가 양이온이 되려는 성질이 있는 원소이므로 B와 D는 3 : 2의 개수비로 결합하여 (다)를 형성했다.

따라서 (다)에서 $\dfrac{\text{음이온 수}}{\text{양이온 수}}=\dfrac{3}{2}$이다.

그러므로 x는 1이다.

ㄴ. (가)~(다)는 모두 이온 결합 물질이다. 따라서 모두 액체 상태에서 전기 전도성이 있다.

오답 피하기 ㄷ. (가)는 A : B=2 : 1, (나)는 A : C=1 : 1, (다)는 B : D=3 : 2로 결합한 이온 결합 물질이다. 따라서 화학식에 들어 있는 원자 수는 (다)>(가)>(나)이다.

14 정답 맞히기 ㄷ. A~C는 2, 3주기 원소이므로 전자 껍질 수는 2 또는 3이다. 2, 3주기 원소의 원자가 전자 수는 0~7이다. 따라서 $x=2$이고, $y=3$이므로 A~C는 각각 2주기 1족, 3주기 17족, 2주기 16족 원소이다. A와 B가 결합한 화합물에서 A는 1가 양이온, B는 1가 음이온 상태이므로 A와 B는 1 : 1의 개수비로 결합하여 AB를, A와 C가 결합한 화합물에서 A는 1가 양이온, C는 2가 음이온 상태이므로 A : C는 2 : 1의 개수비로 결합하여 A_2C를 형성한다.

오답 피하기 ㄱ. $x=2$이고, $y=3$이므로 $y>x$이다.

ㄴ. 전자껍질 수가 $y+1=4$이고 원자가 전자 수가 $y-2=1$인 원자는 전자 수가 19이므로 양성자수는 19이다.

15 정답 맞히기 ㄴ. W~Z의 원자가 전자 수는 각각 6, 1, 3, 7이므로 W, Z는 비금속 원소, X, Y는 금속 원소이다. 따라서 X_2W는 금속 원소와 비금속 원소가 결합한 이온 결합 물질이다.

ㄷ. Y와 Z로 이루어진 화합물에서 Y는 3가 양이온, Z는 1가 음이온 상태이므로 Y와 Z는 1 : 3의 개수비로 결합하여 화합물을 형성한다.

오답 피하기 ㄱ. WZ_2는 공유 결합 물질, Y_2W_3은 이온 결합 물질이므로 액체 상태에서 전기 전도성은 $Y_2W_3>WZ_2$이다.

16 정답 맞히기 ㄴ. A는 2주기 14족, B는 2주기 16족, C는 2주기 17족, D는 3주기 1족, E는 3주기 13족 원소이다. 따라서 B는 비금속 원소, D는 금속 원소이므로 B와 D가 결합할 때 전자는 D에서 B로 이동한다.

ㄷ. C와 E로 이루어진 화합물에서 C는 1가 음이온, E는 3가 양이온이다. 따라서 C와 E로 이루어진 물질의 화학식에서 원자수는 C>E이다.

오답 피하기 ㄱ. A~E 중 2주기 원소는 A, B, C 3가지이다.

17 정답 맞히기 ㄱ. NaCl, MgCl₂, NCl₃, CH₄ 중 NaCl, MgCl₂은 이온 결합 물질로 액체 상태에서 전기 전도성이 있고, NCl₃, CH₄은 공유 결합 물질로 액체 상태에서 전기 전도성이 없다. 따라서 ㉠, ㉡은 각각 NaCl, MgCl₂ 중 하나이고, ㉢, ㉣은 각각 NCl₃, CH₄ 중 하나이다. 따라서 '공유 결합 물질인가?'는 (가)로 적절하다.

ㄷ. ㉢, ㉣은 각각 NCl₃, CH₄ 중 하나이며 모두 공유 결합 물질이므로 고체 상태에서 전기 전도성이 없다.

오답 피하기 ㄴ. NaCl, MgCl₂ 수용액에서 $\dfrac{\text{음이온의 수}}{\text{양이온의 수}}$ 는 각각 1, 2이다.

서술형·논술형 준비하기
본문 35쪽

서술형

1 원소의 선 스펙트럼은 원소의 고유한 특성이며, 특정 원소가 흡수하고 방출하는 빛의 파장은 동일하다.

모범 답안 같은 종류의 원소는 흡수하는 빛의 파장과 방출하는 빛의 파장이 같다. 별 A의 스펙트럼과 여러 원소의 스펙트럼을 비교할 때, 별 A의 스펙트럼에 나타난 흡수선의 파장에 해당하는 빛을 방출하는 원소는 수소, 헬륨이다. 따라서 수소와 헬륨은 별 A를 구성하는 원소에 해당한다.

채점 기준	배점
별 A의 흡수선의 위치와 원소의 스펙트럼에 나타난 방출선의 위치가 같음을 이용하여 별 A를 구성하는 원소 2가지를 설명한 경우	100 %
별 A를 구성하는 원소 2가지를 옳게 쓴 경우	50 %

서술형

2 주기율표에서 같은 족 원소는 원자가 전자 수가 같으므로 화학적 성질이 비슷하다.

모범 답안 원소의 화학적 성질은 원자가 전자 수와 관련된다. X는 원자 번호가 3인 원소로 전자 수가 3이고 원자가 전자 수는 1이므로 1가 양이온이 되기 쉽다. X와 같은 족에 속하는 3주기 원소 Y는 X와 원자가 전자 수가 같으므로 화학적 성질이 유사하다. 따라서 Y는 1가 양이온이 되기 쉽고, 물과 반응하여 수소 기체를 발생시키며, 물과 반응한 후 수용액의 액성은 염기성이다.

채점 기준	배점
원자가 전자 수가 같음을 토대로 1가 양이온이 되기 쉽고, 물과 반응하여 수소 기체를 발생시키며, 수용액의 액성이 염기성임을 옳게 서술한 경우	100 %
1가 양이온이 되기 쉽고, 물과 반응하여 수소 기체를 발생시키며, 수용액이 염기성임을 옳게 서술한 경우	50 %

서술형

3 이온 결합은 금속 원소와 비금속 원소 간의 결합이며, 공유 결합은 비금속 원소 간의 결합이다. 화학 결합을 통해 형성된 물질은 모두 전기적으로 중성이다.

모범 답안

물질	(가)	(나)
구성 원소	산소(O), 나트륨(Na)	산소(O), 수소(H)
화학 결합의 종류	이온 결합	공유 결합
까닭	Na은 원자가 전자 수가 1로 전자 1개를 잃으려는 성질을 가진 금속 원소이며, O는 원자가 전자 수가 6으로 전자 2개를 얻으려는 성질을 가진 비금속 원소이므로 Na은 전자를 1개 잃고 Na⁺이, O는 전자를 2개 얻고 O²⁻이 되어 18족 원소의 전자 배치를 이루어 안정해지려고 한다. 형성된 양이온과 음이온은 정전기적 인력으로 이온 결합을 형성한다.	O와 H는 원자가 전자 수가 각각 6, 1인 비금속 원소이고, O는 전자 2개를, H는 전자 1개를 얻어 18족 원소와 같은 전자 배치를 가져 안정해지려고 한다. 따라서 O 원자 1개는 H 원자 2개와 각각 1개의 전자쌍을 공유하며 공유 결합을 형성한다.

채점 기준	배점
화학 결합의 종류와 까닭을 모두 옳게 쓴 경우	100 %
화학 결합의 종류만 옳게 쓴 경우	40 %

서술형

4 비금속 원자는 18족 원소와 같은 전자 배치를 갖기 위해 필요한 전자 수만큼 전자쌍을 공유하여 결합한다.

모범 답안 탄소와 산소는 원자가 전자 수가 각각 4, 6인 비금속 원소이므로 탄소는 4개의 전자쌍을 공유, 산소는 2개의 전자쌍을 공유하여 18족 원소와 같은 전자 배치를 가지며 화학 결합을 형성한다. 따라서 CO₂에서 탄소 원자는 2개의 산소 원자와 각각 전자쌍 2개씩을 공유하여 결합을 형성한다.

채점 기준	배점
원자가 전자 수를 토대로 공유 결합 물질에서 공유하는 전자쌍 수를 옳게 설명한 경우	100 %
공유 결합 물질에서 공유하는 전자쌍 수만 옳게 쓴 경우	50 %

04 자연의 구성 물질

교과서 탐구하기
본문 39쪽

1 DNA는 핵 속에 있는 산성 물질의 한 종류이고, 유전정보를 저장한다. DNA의 기본 단위체는 당, 인산, 염기가 1:1:1로 결합한 뉴클레오타이드이다.

모범 답안 DNA는 이중나선구조를 갖는다. 당-인산 골격은 이중나선구조의 바깥쪽을 구성하며, 안쪽에는 염기 사이에 상보적인 결합이 형성되어 있다.

2 핵산은 뉴클레오타이드, 탄수화물(다당류)은 포도당과 같은 단당류, 단백질은 아미노산이 기본 단위체가 되며, 많은 수의 기본 단위체가 공유 결합을 통해 길게 연결되어 각각 핵산, 탄수화물(녹말, 글리코젠, 셀룰로스), 단백질이 만들어진다.

모범 답안 비슷한 구조의 기본 단위체가 길게 연결되어 만들어진다.

3 핵산은 기본 단위체인 뉴클레오타이드의 수, 종류, 배열 순서에 따라 다양한 유전정보를 저장하며, 단백질은 기본 단위체인 아미노산의 수, 종류, 배열 순서에 따라 다양한 입체 구조를 갖는다.

모범 답안 기본 단위체의 수, 종류, 배열 순서에 의해 다양해진다.

기초 확인 문제
본문 40~41쪽

01 ④	**02** ⑤	**03** ①	**04** ②	**05** ⑤
06 ③	**07** ⑤	**08** ①	**09** ④	**10** ③
11 ④	**12** ⑤			

01 **정답 맞히기** ㄴ. 지각을 구성하는 물질은 이온 결합이나 공유 결합과 같은 원소들의 다양한 화학 반응을 통해 만들어진다.
ㄷ. 지각과 생명체를 구성하는 원소에는 탄소(C), 산소(O)와 같이 공통적으로 존재하는 원소가 있다.

오답 피하기 ㄱ. 생명체를 구성하는 물질은 다양하고, 각 물질을 구성하는 원소도 탄소(C), 질소(N), 수소(H), 산소(O) 등으로 다양하다.

02 **정답 맞히기** ⑤ 규산염 광물은 규소(Si)와 산소(O)의 공유 결합을 통해 형성된 광물로 지각의 대부분을 구성한다.

오답 피하기 ① 황화 광물은 양이온에 황(S)이 붙어서 된 광물이다.
② 원소 광물은 단일 원소로 구성된 광물이다.
③ 탄산염 광물은 탄산 이온이 기반이 되는 광물이다.
④ 황산염 광물은 황산 이온이 기반이 되는 광물이다.

03 **정답 맞히기** ㄱ. 규산염 광물은 1개의 규소(Si)가 4개의 산소(O)와 공유 결합한 규산염 사면체를 기본 단위체로 한다.

오답 피하기 ㄴ. 규산염 사면체는 1개의 규소(Si)가 4개의 산소(O)와 공유 결합한다.
ㄷ. 규산염 사면체의 산소가 다른 규산염 사면체의 산소와 공유 결합하며, 많은 수의 규산염 사면체가 다양한 형태로 결합해 다양한 종류의 규산염 광물이 형성된다.

04 **정답 맞히기** ㄷ. 생명체를 구성하는 비율은 탄소 화합물이 물보다 낮다.

오답 피하기 ㄱ. 탄소 화합물에는 에너지원으로 사용되는 탄수화물, 단백질, 지질 등이 있다.
ㄴ. 탄소 화합물은 탄소를 중심 원소로 형성된 화합물이다.

05 **정답 맞히기** ⑤ 탄소 화합물은 탄소와 수소의 공유 결합을 기본으로 하며, 탄소는 산소, 질소 등과도 공유 결합할 수 있다.

오답 피하기 ① 탄소 골격은 탄소의 수에 따라 길이가 다양하다.
② 탄소 골격은 탄소의 수, 탄소와 다른 원소의 결합 방식 등에 따라 형태가 다양하다.
③ 탄소와 탄소의 결합은 단일 결합, 2중 결합, 3중 결합 등으로 다양하다.
④ 탄소 골격에서 2중 결합의 위치에 따라 탄소 골격의 모양과 형태가 다양해진다.

06 **정답 맞히기** ㄱ. (가)는 단백질의 기본 단위체인 아미노산이다.
ㄴ. (가)(아미노산)의 종류는 약 20가지이다.

오답 피하기 ㄷ. 같은 종류의 (가)(아미노산)로 구성된 단백질은 (가)의 종류가 같더라도 수, 배열 순서에 따라 다양한 입체 구조가 형성되고, 기능과 모양이 달라질 수 있다.

07 **정답 맞히기** ㄱ. 단백질은 효소, 호르몬, 항체의 주성분이다.
ㄴ. 단백질은 우리 몸을 구성하는 성분이며, 에너지원으로 사용되기도 한다.
ㄷ. 단백질은 기본 단위체의 펩타이드결합으로 형성된다.

08 정답 맞히기 ㄱ. ㉠은 핵 속에 있는 유전물질인 핵산이다. 핵산에는 DNA와 RNA가 있다.

오답 피하기 ㄴ. ㉡은 DNA로부터 유전정보를 전달받아 단백질 합성에 관여하는 RNA이다.
ㄷ. ㉢은 DNA로 두 가닥의 폴리뉴클레오타이드가 꼬여 이중나선구조를 갖는다.

09 정답 맞히기 ④ DNA와 RNA의 기본 단위체는 모두 당, 인산, 염기가 1 : 1 : 1로 결합된 뉴클레오타이드이다.

오답 피하기 ① DNA의 기본 단위체는 뉴클레오타이드이다.
② DNA를 구성하는 염기의 종류는 아데닌(A), 구아닌(G), 사이토신(C), 타이민(T)으로 4종류이다.
③ RNA는 단일 가닥 구조를 갖고, DNA는 이중나선구조를 갖는다.
⑤ RNA를 구성하는 염기에는 유라실(U)이 있지만, DNA를 구성하는 염기에는 유라실(U)이 없다.

10 정답 맞히기 ㄱ. 금, 은, 구리 등과 같이 전류가 잘 흐르는 물질을 도체라고 한다.
ㄴ. 유리, 고무, 플라스틱 등과 같이 전류가 거의 흐르지 않는 물질을 부도체라고 한다.

오답 피하기 ㄷ. 물질을 이루는 입자인 원자에 빛을 쪼이거나 열을 가하면 원자 내에 있던 일부 전자는 에너지를 얻어 원자로부터 나와 원자 사이를 이동할 수 있다.

11 정답 맞히기 ㄴ. 규소는 전류가 잘 흐르지 않는 순수 반도체이다.
ㄷ. 규소와 같은 순수 반도체에 인, 붕소 등의 불순물을 추가하여 반도체 소자를 만들면 전기적 성질을 쉽게 제어할 수 있다. 반도체 소자에는 다이오드, 트랜지스터 등이 있다.

오답 피하기 ㄱ. 반도체는 자유롭게 이동하는 자유 전자가 도체보다 적고, 부도체보다 많다.

12 정답 맞히기 ㄱ. 도체는 전류가 잘 흐르기 때문에 피뢰침, 정전기 방지 패드, 전력 케이블의 전선을 만들 때 활용한다.
ㄴ. 부도체는 전류가 거의 흐르지 않기 때문에 절연 장갑이나 전선의 피복 등을 만들 때 사용한다.
ㄷ. 반도체에 전류가 흐를 때 빛을 내는 성질을 이용해 영상 표시 장치를 만들 수 있다.

실력 향상 문제

| 01 ③ | 02 ④ | 03 ⑤ | 04 ③ | 05 ④ |
| 06 ① | 07 ③ | 08 ① | | |

01 정답 맞히기 ㄱ. X는 규산염 광물의 기본 단위체인 규산염 사면체이다.
ㄴ. ㉠은 규소, ㉡은 산소이다. 규산염 사면체에서 규소와 산소는 공유 결합으로 연결되어 있다.

오답 피하기 ㄷ. 지각을 구성하는 원소의 비율은 산소(㉡)가 규소(㉠)보다 높다.

02 정답 맞히기 ㄴ. (다)에서 탄소와 수소는 공유 결합을 기본으로 하며, 탄소는 수소 이외에 산소, 질소 등과도 공유 결합할 수 있다.
ㄷ. (가)와 (나)는 탄소 원자 수가 6으로 같지만 서로 다른 형태를 나타낸다. 탄소 화합물에서 탄소 원자의 수가 같더라도 탄소 골격의 길이, 2중 결합이나 3중 결합의 위치 등에 따라 다양한 형태의 탄소 골격이 형성될 수 있다.

오답 피하기 ㄱ. 탄소 골격의 형태는 사슬 모양, 고리 모양, 가지 모양 등으로 다양하다.

03 정답 맞히기 ㄱ. (가)는 이중나선구조를 갖는 DNA이고, (나)는 펩타이드결합을 갖는 단백질이다. DNA(가)에는 유전 정보가 저장되어 있다.
ㄴ. 단백질(나)의 기본 단위체는 아미노산이고, 아미노산의 종류는 약 20가지이다.
ㄷ. DNA(가)와 단백질(나)은 모두 탄소 원자를 갖는 탄소 화합물이다.

04 정답 맞히기 ㄱ. A는 간을 구성하는 물질의 함량비가 가장 높은 물이고, B는 기본 단위체가 아미노산인 단백질이다.
ㄴ. 단백질(B)은 효소, 호르몬의 주성분이다.

오답 피하기 ㄷ. 물(A)은 에너지원으로 사용되지 않고, 단백질(B)은 에너지원으로 사용된다.

05 정답 맞히기 ㄴ. DNA에서 아데닌(A)은 타이민(T)과 상보적인 결합을 형성하고, 구아닌(G)은 사이토신(C)과 상보적인 결합을 형성한다. ㉠은 구아닌(G)과 상보적인 결합을 형성하는 사이토신(C)이다.
ㄷ. (가)는 당, 인산, 염기로 구성된 뉴클레오타이드이다.

오답 피하기 ㄱ. X는 DNA로 유전정보가 저장되어 있다. 항체의 주성분은 단백질이다.

06 정답 맞히기 ㄴ. (가)는 아미노산과 아미노산 사이에 형성되는 펩타이드결합이다.

오답 피하기 ㄱ. ㉠은 물(H_2O)이다. 물(H_2O)은 수소(H)와 산소(O) 원자로 구성된다.

ㄷ. X에는 아미노산 1과 2를 포함하여 다른 색깔의 아미노산도 있으므로 X는 2종류 이상의 아미노산으로 구성되어 있음을 알 수 있다.

07 정답 맞히기 ㄱ. 전선에서 ㉡이 ㉠을 감싸므로 ㉠은 도체, ㉡은 부도체이다.

ㄷ. 도체(㉠)는 자유 전자가 많아 전류가 잘 흐르고, 부도체(㉡)는 자유 전자가 적어 전류가 잘 흐르지 않는다.

오답 피하기 ㄴ. 전류가 잘 흐르는 구리 도선은 도체(㉠)에, 전류가 잘 흐르지 않는 전선 피복은 부도체(㉡)에 해당한다.

08 정답 맞히기 ㄱ. X는 도체와 부도체의 중간 정도의 전기 전도성을 가진 반도체이다.

오답 피하기 ㄴ. 물질의 전기적 성질에는 전기 전도성, 열전도성 등이 있고, 물질의 화학적 성질에는 연소열, 독성 등이 있다.

ㄷ. X에 전류가 흐를 때 빛을 내는 성질을 이용해 영상 표시 장치를 만들고, X가 빛을 받으면 전류가 흐르는 성질을 이용해 태양 전지의 소재로 활용한다. 따라서 영상 표시 장치는 ㉠에 해당하지만 태양 전지는 ㉠에 해당하지 않는다.

서술형·논술형 준비하기   본문 44쪽

서술형

1 단백질을 영어 단어에 비유하고 아미노산을 알파벳에 비유하는 경우, 'BUSY'와 'BUS'처럼 알파벳(아미노산)의 수와 종류가 다르면 서로 다른 단어(단백질)가 되고, 'BUS'와 'USB'처럼 알파벳(아미노산)의 수와 종류가 같아도 배열 순서가 다르면 서로 다른 단어(단백질)가 된다.

모범 답안 기본 단위체인 아미노산의 수, 종류, 배열 순서에 따라 다양한 종류의 단백질이 만들어진다.

채점 기준	배점
단백질의 기본 단위체인 아미노산을 이용하여 수, 종류, 배열 순서를 모두 서술한 경우	100 %
단백질의 기본 단위체인 아미노산만 서술한 경우	50 %
단백질의 기본 단위체인 아미노산에 대한 서술 없이 기본 단위체만으로 서술한 경우	20 %

서술형

2 DNA는 두 개의 폴리뉴클레오타이드 가닥이 회전하면서 이중나선구조를 이룬다. 이때 이중나선구조의 안쪽에서 아데닌(A) 염기는 항상 다른 쪽 가닥의 타이민(T) 염기와 결합하고, 사이토신(C) 염기는 항상 다른 쪽 가닥의 구아닌(G) 염기와 결합한다. RNA는 4종류의 뉴클레오타이드가 다양한 순서로 결합한 단일 가닥의 폴리뉴클레오타이드로 이루어진다. DNA를 구성하는 당과 RNA를 구성하는 당은 다르고, DNA에는 타이민(T) 염기가 있지만, RNA에는 타이민(T) 대신 유라실(U) 염기가 있다.

(1) 모범 답안 DNA와 RNA의 공통점으로는 '4종류의 염기로 구성된다', '유전정보가 저장되어 있다.' 등이 있다. 차이점으로는 DNA는 이중나선구조를 갖지만 RNA는 단일 가닥 구조를 갖고, DNA는 타이민(T) 염기가 있지만 RNA는 타이민(T) 대신 유라실(U) 염기가 있다.

채점 기준	배점
DNA와 RNA의 공통점과 차이점을 모두 옳게 서술한 경우	100 %
DNA와 RNA의 공통점과 차이점 중 1가지만 옳게 서술한 경우	50 %

(2) 모범 답안 DNA 이중나선구조의 안쪽에서 아데닌(A) 염기는 항상 다른 쪽 가닥의 타이민(T) 염기와 결합하고, 사이토신(C) 염기는 항상 다른 쪽 가닥의 구아닌(G) 염기와 결합하므로 아데닌(A)의 양은 타이민(T)의 양과 같고, 구아닌(G)의 양은 사이토신(C)의 양과 같다.

채점 기준	배점
DNA를 구성하는 염기의 상보적인 결합 형성 원리를 옳게 서술하여 설명한 경우	100 %
DNA를 구성하는 염기의 상보적인 결합 형성 원리를 서술하여 설명하였지만 아데닌(A)과 타이민(T)의 결합과 구아닌(G)과 사이토신(C)의 결합을 언급하지 않은 경우	50 %

서술형

3 물질을 이루는 구성 성분인 원자는 빛을 받거나 열이 가해지면 원자를 구성하고 있던 전자가 에너지를 얻는다. 이때 원자 내에 있던 전자가 원자로부터 나와 물질을 이루는 원자 사이를 자유롭게 이동할 수 있다.

모범 답안 도체는 물질을 이루는 원자가 에너지를 받았을 때 자유롭게 이동할 수 있는 자유 전자가 많아 전류가 잘 흐르지만, 부도체는 자유 전자가 거의 없어 전류가 잘 흐르지 않는다.

채점 기준	배점
도체는 자유 전자가 많지만 부도체는 자유 전자가 거의 없음을 옳게 비교하여 서술한 경우	100 %
도체와 부도체 중 1가지만 옳게 서술한 경우	50 %
도체와 부도체의 구분 없이 자유 전자의 수로만 서술한 경우	20 %

논술형

4 탄소 원자는 원자당 최대 4개의 서로 다른 원소와 공유 결합을 형성하므로 다양한 화합물을 구성할 수 있다. 또한, 탄소 원자는 탄소 원자끼리도 단일, 2중, 3중 결합 등을 형성하여 사슬 모양, 가지 모양, 고리 모양 등의 다양한 모양과 길이의 탄소 골격을 형성할 수 있다. 따라서 많은 수의 탄소 원자가 서로 연결되어 단백질이나 DNA 같은 거대 분자가 형성될 수 있다.

모범 답안 탄소는 다른 탄소와도 공유 결합해 탄소 골격을 이룬다. 규칙 1을 통해 탄소는 원자당 최대 4개의 서로 다른 원소와 공유 결합을 형성하여 다양한 화합물을 구성할 수 있음을 알 수 있다. 또한 규칙 2를 통해 탄소는 다른 탄소와 단일, 2중, 3중 결합을 형성하여 형태나 길이가 다양한 탄소 골격을 형성할 수 있음을 알 수 있다. 따라서 탄소 화합물을 구성하는 탄소 원자의 수가 같더라도 다양한 형태와 길이의 탄소 골격에 의해 서로 다른 종류의 물질이 될 수 있다. 같은 수의 탄소 원자로부터 다양한 탄소 화합물이 형성되어 가질 수 있는 장점으로는 기본적인 탄소 골격에 여러 다른 원자의 결합을 통해 보다 다양한 물질이 만들어질 수 있고, 이 물질들은 더 복잡한 생명활동을 가능하게 한다. 또한, 복잡한 물질(⑩ 단백질)의 합성 방식을 비교적 단순한 물질인 DNA나 RNA의 염기서열에 효율적으로 저장하여 필요한 상황에서 선택적으로 물질을 합성하는 것을 가능하게 한다.

채점 기준	배점
탄소 원자가 최대 4개의 원소와 결합 가능하다는 사실과 다른 탄소와 다양한 길이와 형태로 결합 가능하다는 사실을 모두 서술하고, 다양한 탄소 화합물이 형성되어 가질 수 있는 장점을 논리적으로 서술한 경우	100 %
탄소 원자가 최대 4개의 원소와 결합 가능하다는 사실과 다른 탄소와 다양한 길이와 형태로 결합 가능하다는 사실 중 1가지만 옳게 서술하고, 다양한 탄소 화합물이 형성되어 가질 수 있는 장점을 서술한 경우	50 %
탄소 원자의 특징 없이 탄소 골격의 길이와 형태가 다양하다고 서술한 경우	20 %

대단원 마무리 문제

본문 45~47쪽

01 ② **02** ⑤ **03** ① **04** ③ **05** ⑤
06 ① **07** ① **08** ② **09** ① **10** ④
11 ③ **12** ⑤

01 **정답 맞히기** ㄴ. 빅뱅 이후 우주에서 양성자와 중성자가 생성된 후 양성자와 중성자가 결합하여 수소와 헬륨의 원자핵이 생성되었고, 이후 원자핵과 전자가 결합하여 수소 원자와 헬륨 원자가 생성되었다. 따라서 (나) 시기에 헬륨 원자핵이 생성되었다.

오답 피하기 ㄱ. 수소 원자핵과 헬륨 원자핵이 전자와 결합하여 수소 원자와 헬륨 원자가 생성된다. 따라서 (가) 시기에 전자는 쿼크와 결합하지 않는다.

ㄷ. 우주가 팽창함에 따라 우주의 밀도는 작아지고 온도는 낮아진다. 따라서 우주의 밀도는 (가)>(나)이다.

02 **정답 맞히기** ㄱ. A는 원자 번호가 8이므로 2주기 16족 원소이고, B는 2주기 1족 원소이므로 원자 번호가 3이고, C는 원자 번호가 13이므로 3주기 13족 원소이다. 따라서 a~d는 각각 6, 2, 3, 3이므로 $a+b+c+d=14$이다.

ㄴ. A~C의 원자가 전자 수는 각각 6, 1, 3이므로 A~C 중 비금속 원소는 A 1가지이다.

ㄷ. B는 1가 양이온이, C는 3가 양이온이 되려는 경향이 있는 원소이므로 이온 전하의 크기는 C 이온>B 이온이다.

03 **정답 맞히기** ㄱ. 같은 주기 원소는 전자가 들어 있는 전자 껍질 수가 같다. 따라서 A와 B는 1주기 원소이다.

오답 피하기 ㄴ. 원자가 전자 수가 같으면 화학적 성질이 비슷하다. 그러나, A는 원자가 전자 수가 1이지만 수소로 비금속 원소이고, C는 원자가 전자 수가 1인 금속 원소로 화학적 성질이 서로 다르다.

ㄷ. B는 1주기 18족 원소, D는 3주기 2족 원소이다. 따라서 원자가 전자 수는 다르다.

04 **정답 맞히기** ㄱ. 칼로 자른 단면은 곧 광택을 잃었으므로 Na은 공기 중의 산소와 쉽게 반응하여 화합물을 형성함을 알 수 있다.

ㄷ. Na이 물과 반응한 후 수용액에 페놀프탈레인 용액을 넣었을 때 붉은색으로 변했으므로 Na이 물과 반응 후 수용액은 염기성임을 알 수 있다.

오답 피하기 ㄴ. Na이 물과 반응시킬 때 생성된 기체를 포집한 시험관 입구에 성냥불을 가져다 대었을 때 '퍽' 소리가 났으므로 생성된 기체는 수소임을 알 수 있다.

정답과 해설 ● **19**

05 정답 맞히기 ㄱ. 원자에서 양성자수는 전자 수와 같으므로 A와 B의 양성자수는 각각 9, 11이고, A와 B의 원자가 전자 수는 각각 7, 1이다. 따라서 (양성자 수+원자가 전자 수)는 A>B이다.

ㄴ. A와 C는 원자가 전자 수가 7로 같으므로 화학적 성질이 비슷하다.

ㄷ. A~C의 이온의 전하는 각각 -1, $+1$, -1이므로 안정한 전하의 크기는 1로 모두 같다.

06 정답 맞히기 ㄱ. (가)는 공유 결합 물질이고 (나)는 이온 결합 물질이므로 액체 상태에서 전기 전도성은 (나)>(가)이다.

오답 피하기 ㄴ. (가)에서 X는 1쌍의 전자쌍을, Y는 2쌍의 전자쌍을 공유하므로 X와 Y의 원자가 전자 수는 각각 7, 6이다. 원자가 전자 수가 6인 Y는 전자 2개를 얻어 2가 음이온이 되려는 경향이 있다. (나)는 Z와 Y가 1:1의 개수비로 결합하여 형성된 물질이므로 $n=2$이다.

ㄷ. X는 2주기 17족 원소, Y는 2주기 16족 원소, Z는 3주기 2족 원소이므로 원자 번호는 Z>X>Y이다.

07 정답 맞히기 ㄴ. (가)에서 $X^{a+}:Y^{b-}=2:1$이므로 X는 1가 양이온, Y는 2가 음이온이다. (나)에서 $Z^{c+}:Y^{b-}=2:3$이므로 Z는 3가 양이온이다. (가)와 (나)에서 이온의 전자 배치가 Ne과 모두 같으므로 X는 3주기 1족 원소, Z는 3주기 13족 원소이며, Y는 2주기 16족 원소이다. 따라서 Y_2에서 원자 사이에 공유한 전자쌍의 수는 2이다.

오답 피하기 ㄱ. 원자 번호는 3주기 13족 원소인 Z가 가장 크다.

ㄷ. X와 Z의 원자가 전자 수는 각각 1, 3이므로 Z>X이다.

08 정답 맞히기 ㄴ. (가)는 고체와 수용액 상태에서 전기 전도성이 없으므로 공유 결합으로 이루어진 물질이고, (나)와 (다)는 고체 상태에서 전기 전도성이 없으나 액체와 수용액 상태에서 전기 전도성이 있으므로 이온 결합 물질이다. 따라서 (가)~(다) 중 이온으로 이루어진 물질은 (나)와 (다)이다.

오답 피하기 ㄱ. (가)는 공유 결합 물질로, 액체 상태에서 전기 전도성이 없다. 따라서 ㉠은 '없음'이다.

ㄷ. (다)가 고체 상태에서 전기 전도성이 없는 까닭은 이온이 존재하지만 이동할 수 없기 때문이다.

09 정답 맞히기 ㄱ. 규산염 사면체가 망상 구조를 형성한 ㉠은 석영, 단사슬 구조를 형성한 ㉡은 휘석, 복사슬 구조를 형성한 ㉢은 각섬석이다.

오답 피하기 ㄴ. 휘석(㉡)에서 규산염 사면체는 단사슬 구조를 형성한다.

ㄷ. 각섬석(㉢)은 규산염 사면체 두 줄이 서로 결합하여 생성된

것으로 기둥 모양으로 결정이 형성된다. 흑운모는 규산염 사면체가 얇은 판 모양으로 결합한 것이 쌓여 있다.

10 정답 맞히기 ㄴ. ㉠은 물, ㉡은 단백질, ㉢은 핵산이다. 단백질(㉡)과 핵산(㉢)은 모두 탄소 골격을 갖는 탄소 화합물에 속한다.

ㄷ. 단백질(㉡)은 항체와 효소의 주성분이다.

오답 피하기 ㄱ. 물(㉠)은 수소(H)와 산소(O)로 구성되고, 탄소(C)는 없다.

11 정답 맞히기 ㄱ. 기본 단위체로 아미노산을 갖는 ㉠은 단백질, 이중나선구조를 갖는 ㉡은 DNA, 나머지 ㉢은 RNA이다. 단백질(㉠)에는 아미노산과 아미노산 사이에 펩타이드결합이 형성되어 있다.

ㄴ. DNA(㉡)의 기본 단위체는 뉴클레오타이드이므로 ⓐ는 뉴클레오타이드이다. 뉴클레오타이드는 당, 인산, 염기가 1:1:1로 결합되어 있으므로 뉴클레오타이드(ⓐ)에는 당, 인산, 염기가 모두 있다.

오답 피하기 ㄷ. RNA(㉢)를 구성하는 염기에는 아데닌(A), 구아닌(G), 유라실(U), 사이토신(C)의 4종류가 있다. 타이민(T)은 DNA를 구성하는 염기이다.

12 정답 맞히기 ㄱ. (가)는 전류가 거의 흐르지 않는 부도체, (나)는 전류가 잘 흐르는 도체, (다)는 전기적 성질이 도체와 부도체의 중간 물질인 반도체이다. 고무는 (가)(부도체)에 해당하므로 ㉠에 해당한다.

ㄴ. 물질은 전기적 성질에 따라 도체, 부도체, 반도체로 분류할 수 있으므로 '물질의 전기적 성질'은 기준 X에 해당한다.

ㄷ. 반도체(다)는 전류, 빛 등 여러 조건에 따라 다양한 특성을 가지므로 태양 전지의 소재로 사용된다.

III. 시스템과 상호작용

05 지구시스템

교과서 탐구하기
본문 50쪽

1 지진과 화산 활동은 지구 내부 에너지가 급격하게 분출되어 나타나는 지표의 변화이다.

모범 답안 지구 내부 에너지

2 지진과 화산 분출로 나타나는 피해와 대책은 다음과 같다.

모범 답안

구분	지진	화산 분출
환경적 피해	• 산사태가 일어난다. • 숲이 파괴되고 물이 오염된다. • 지진 해일이 발생하여 해안 생태계가 파괴된다.	• 화산 가스로 인해 대기 오염이 발생한다. • 화산재가 햇빛을 막아 기온이 하강한다. • 용암 분출로 인해 수목이 불타고 생태계가 파괴된다.
사회·경제적 피해	• 건물과 도로가 붕괴되어 물류 운송에 문제가 발생한다. • 화재가 발생하여 재산상의 피해가 발생한다. • 인명 피해가 발생한다.	• 용암으로 인해 도로와 주택이 파손된다. • 화산 인근 지역의 전력 및 용수 공급이 차단된다. • 화산재로 인해 비행기 운항이 중단된다. • 인명 피해가 발생한다.
대책	• 지진 대피 계획을 수립하고 대피 훈련을 실시한다. • 지진 발생 시 대처 요령에 대한 안전 교육을 실시한다. • 건축물에 대한 내진 설계를 철저히 한다.	• 화산 폭발을 대비하여 화산을 지속적으로 모니터링한다. • 화산 폭발 시 대피 계획을 수립하고 대피 훈련을 실시한다. • 화산 피해 예상 지역을 설정하고 주민들에게 대응 매뉴얼을 배포한다.

기초 확인 문제
본문 51~53쪽

01 ④	02 ①	03 ②	04 ⑤	05 ③
06 ①	07 ④	08 ⑤	09 ②	10 ①
11 ⑤	12 ⑤	13 ②	14 ③	15 ③
16 ④	17 ②	18 ③	19 ①	

01 **정답 맞히기** ④ 혜성, 소행성, 왜소 행성 등 태양의 중력에 영향을 받는 천체는 모두 태양계의 구성 요소이다.

오답 피하기 ① 지구는 태양계에서 유일하게 생명체가 살고 있는 행성으로 지구에만 생물권이 존재한다.
② 달은 중력이 작아 공기가 존재하지 않으므로 기권이 존재하지 않는다.
③ 금성과 화성에는 단단한 암석으로 되어 있는 지권이 존재한다.
⑤ 태양계를 구성하는 천체들은 태양의 중력에 붙잡혀 일정한 궤도를 따라 태양 주위를 공전하면서 상호작용 하고 있다.

02 **정답 맞히기** ㄱ. 지구시스템은 태양계라는 시스템의 구성 요소이면서 하나의 작은 시스템으로 기권, 수권, 지권, 생물권, 외권으로 이루어져 있다.

오답 피하기 ㄴ. 지구시스템의 각 권역은 서로 물질과 에너지를 주고받으면서 상호작용 한다.
ㄷ. 생물권은 인간을 포함한 지구에 사는 모든 생명체로 기권, 수권, 지권에 분포하고 외권에는 분포하지 않는다.

03 **정답 맞히기** ② 지권은 지표에서 깊어질수록 지각, 맨틀, 외핵, 내핵의 순으로 층상 구조를 가지고 있다.

04 **정답 맞히기** ⑤ 밤과 낮의 기온 차는 공기가 매우 희박한 열권이 다른 층보다 크게 나타난다.

오답 피하기 ① 기권은 높이에 따른 기온 분포에 따라 대류권, 성층권, 중간권, 열권으로 구분되어 있으므로 4개의 층상 구조로 되어 있다.
② 대기 중에 가장 많은 기체는 질소이다.
③ 성층권은 오존층에서 자외선을 흡수하여 재방출하는 에너지에 의해 높이에 따라 기온이 상승한다.
④ 공기는 지구의 중력에 의해 붙잡혀 있는 것으로 지표 부근의 밀도가 크고 고도가 높아질수록 밀도가 작아진다. 따라서 열권은 공기가 가장 희박하다.

05 **정답 맞히기** ③ 혼합층은 바람에 의해 해수가 혼합되어 깊이에 따른 수온이 거의 일정한 층으로, 바람이 강하면 해수의

혼합이 많이 일어나 혼합층의 두께가 두꺼워진다.

오답 피하기 ① 해수는 수권의 약 97 %, 육수는 약 3 %를 차지한다.

② 수온 약층은 깊어질수록 수온이 낮아지므로 안정한 층이다.

④ 심해층은 태양 에너지가 도달하지 않아 계절이나 깊이에 관계없이 수온의 변화가 거의 없고, 혼합층은 계절에 따른 수온 변화가 크다.

⑤ 해수는 깊이에 따른 수온 변화로 층을 구분한다.

06 **정답 맞히기** ① 태풍은 수권의 물이 기권의 수증기로 공급되면서 발생하므로 수권이 기권에 영향을 미치는 상호작용이다.

07 **정답 맞히기** ④ 외권은 기권의 바깥 영역에 해당하며, 외권의 지구 자기장, 태양, 달 등은 지구의 생명체와 자연 현상에 큰 영향을 미친다.

08 **정답 맞히기** ⑤ 물은 고체, 액체, 기체 상태로 지구시스템의 각 권역을 순환한다.

오답 피하기 ① 하천수와 지하수는 육지에서 바다로 흐르며 풍화 · 침식 작용으로 지형을 변화시킨다.

② 물의 증발은 태양 에너지에 의해 일어난다.

③ 물 순환은 지구시스템의 각 권역에 물질과 에너지를 이동시킨다.

④ 물이 순환하면서 육지에 물이 공급되어 호수, 하천수, 지하수가 되므로 육상 생명체의 생존에 중요한 역할을 한다.

09 **정답 맞히기** ② 탄소는 기권에서는 이산화 탄소나 메테인, 수권에서는 탄산 이온(HCO_3^-, CO_3^{2-}), 지권에서는 석회암이나 화석 연료, 생물권에서는 유기물의 형태로 존재한다.

10 **정답 맞히기** ① 탄소의 순환 중 화산 활동은 지구 내부 에너지에 의해 일어나고 광합성, 호흡, 바다에서 방출과 바다로의 용해 등의 활동은 태양 에너지가 근원 에너지가 된다. 조력 에너지는 탄소의 순환에 미치는 영향이 상대적으로 적다.

오답 피하기 ② 탄소는 생명체의 몸을 이루는 기본 원소이다.

③ 기권의 탄소는 광합성을 통해 생물권으로 이동한다.

④ 석탄, 석유 등의 화석 연료에 포함된 탄소는 연소 과정을 통해 이산화 탄소의 형태로 공기 중으로 배출된다.

⑤ 생물권에서 탄소는 포도당, 아미노산 등의 탄소 화합물(유기물)의 형태로 존재한다.

11 **정답 맞히기** ㄱ. 태양 에너지는 지구 내부 에너지와 조력 에너지보다 훨씬 많은 양의 에너지를 지구에 공급한다.

ㄴ. 달과 태양의 인력에 의해 생기는 에너지는 조력 에너지로, 밀물과 썰물을 일으킨다.

ㄷ. 판 운동, 지진, 화산 활동을 일으키는 에너지는 지구 내부 에너지이다.

12 **정답 맞히기** ㄱ. 판은 지각과 상부 맨틀을 포함한 단단한 암석권으로 두께는 약 100 km이다.

ㄴ. 암석권인 판 아래 약 100~400 km에는 맨틀이 부분 용융된 연약권이 존재한다.

ㄷ. 해양 지각의 두께는 약 5 km, 대륙 지각의 두께는 약 35 km이다.

13 **정답 맞히기** ② 지구의 표면은 크고 작은 여러 개의 판들로 덮여 있다.

오답 피하기 ① 판의 이동은 맨틀 대류의 영향을 받는다.

③ 판은 해양 지각을 포함하는 해양판과 대륙 지각을 포함하는 대륙판으로 구분한다.

④ 지진과 화산 활동은 판의 경계 부근에서 주로 발생한다.

⑤ 판의 경계는 판이 서로 멀어지는 발산형 경계, 판이 서로 부딪치는 수렴형 경계, 판이 어긋나게 이동하는 보존형 경계로 구분한다.

14 **정답 맞히기** ㄱ. 화산 가스에는 물에 녹아 산성을 띠는 이산화 황, 질소 산화물 등이 포함되어 있어 산성비를 내리게 한다.

ㄷ. 용암은 온도가 높기 때문에 숲을 지나갈 때 산불을 일으킬 수 있으며, 산의 일부가 무너져 내리는 산사태를 일으키기도 한다.

오답 피하기 ㄴ. (나)는 주로 고체이다. 기체인 것은 (가)이다.

15 **정답 맞히기** ㄱ. 마그마가 지표로 분출하는 화산 활동은 대체로 지진과 함께 일어난다. 하지만 지진은 반드시 화산 활동과 함께 일어나지는 않는다.

ㄴ. 지진대와 화산대는 전 세계에 고르게 분포하지 않고 특정한 지역에 띠 모양으로 분포한다.

오답 피하기 ㄷ. 지진과 화산 활동은 주로 판의 경계 부근에서 발생한다.

16 **정답 맞히기** ④ (가)는 판이 서로 멀어지고 있으므로 발산형 경계, (나)는 판이 서로 어긋나게 이동하고 있으므로 보존형 경계, (다)는 판이 서로 부딪치는 경계이므로 수렴형 경계이다.

17 **정답 맞히기** ② A는 맨틀 대류가 하강하는 곳이므로, 해구, 습곡 산맥, 호상열도와 같은 지형이 형성될 수 있으며 B는 맨틀 대류가 상승하는 곳으로 해령, 열곡대와 같은 지형이 형성될 수 있다.

18 **정답 맞히기** ③ 햇빛을 가려 기후를 변화시킬 수 있는 것은 화산 활동에 의한 영향이다.

①, ② 지진에 의해 건물이나 도로 붕괴, 지표면 갈라짐과 같은 직접적인 피해뿐만 아니라 산사태, 화재 같은 간접적인 피해가 발생하기도 한다.

④ 지진파를 분석하면 지각, 맨틀, 핵과 같은 지구 내부 구조와 구성 물질에 대한 정보를 얻을 수 있다.

⑤ 해저 지진은 바다에 파동을 발생시켜 지진 해일을 일으킬 수 있다. 지진 해일은 해안 지역을 덮쳐 인명이나 선박 등에 큰 피해를 주기도 한다.

19 **정답 맞히기** ① 변환 단층은 판과 판이 어긋나게 이동하는 보존형 경계에서 생기는 지형이므로 B가 변환 단층에 위치한다. A와 C는 판이 같은 방향으로 이동하고 있으므로 변환 단층이 아니다. A와 C는 판의 경계가 아니므로 지진이 거의 일어나지 않으며 보존형 경계에 위치한 B와 발산형 경계에 위치한 D에서 지진이 활발하게 발생한다.

실력 향상 문제

본문 54~56쪽

01 ④	**02** ②	**03** ⑤	**04** ③	**05** ②
06 ③	**07** ①	**08** ③	**09** ④	**10** ②
11 ⑤	**12** B: 히말라야산맥, C: 산안드레아스 단층,			
D: 안데스산맥		**13** ③	**14** ④	

01 **정답 맞히기** ㄴ. B는 수온 약층으로 안정하기 때문에 A와 C의 물질 교환을 억제한다.

ㄷ. C는 심해층으로 태양 에너지가 거의 도달하지 않아 수온이 낮은 층이다.

ㄱ. A는 혼합층이다.

02 **정답 맞히기** ㄷ. 오존층은 성층권(B)에 존재한다.

ㄱ. 오로라는 열권(D)에서 나타난다. 중간권에서는 유성이 나타난다.

ㄴ. 대류 현상은 높이에 따라 기온이 하강하는 대류권(A)과 중간권(C)에서 일어난다. 기상 현상은 대류 현상과 수증기가 있어야 일어나므로 대류권(A)에서만 나타난다.

03 **정답 맞히기** ⑤ A, B, D는 고체 상태, C는 액체 상태이다.

① A는 지각, B는 맨틀, C는 외핵, D는 내핵이다. A는 두께 약 5 km의 해양 지각과 두께 약 35 km의 대륙 지각으로 구분할 수 있다.

② B는 주로 규소와 산소, C는 주로 밀도가 큰 철과 니켈로 이루어져 있다.

③ 지구 내부로 갈수록 온도가 높아지므로 온도가 가장 높은 층은 D이다.

④ 맨틀(B)은 지구 전체 부피의 가장 많은 부분을 차지하고 있다.

04 **정답 맞히기** ㄱ. 생물은 광합성을 통해 지구의 대기에 산소가 포함되게 하였고, 호흡으로 이산화 탄소를 대기에 배출한다.

ㄴ. 식물의 뿌리는 암석에 물리적인 압력을 가하여 부서지게 하거나 화학적인 풍화를 촉진한다.

ㄷ. 생물은 지권, 수권, 기권에 분포한다.

05 **정답 맞히기** ② 생물은 호흡을 통해 산소를 받아들이고 이산화 탄소를 공기 중으로 내보내므로 A는 생물권과 기권의 상호작용이다. 생물이 땅에 묻혀 화석 연료가 되므로 B는 생물권과 지권의 상호작용이다. 수권은 해양 생물에게 서식처를 제공하므로 C는 생물권과 수권의 상호작용이다.

06 **정답 맞히기** ㄱ. 기권에서 탄소는 주로 이산화 탄소(CO_2)의 형태로 존재한다.

ㄴ. 탄소는 지권에 석회암의 형태로 가장 많이 분포한다.

ㄷ. 광합성은 기권의 탄소를 생물권으로 이동시킨다.

07 **정답 맞히기** ㄱ. A는 심해층으로 태양 에너지가 거의 도달하지 않아 저위도 해역에서는 혼합층보다 수온이 낮고, 고위도 해역은 추운 날씨로 인해 표층과 심층의 수온이 모두 낮아서 심해층만 존재한다.

ㄴ. 혼합층의 두께가 적도 부근보다 위도 30° 부근이 더 두꺼운 것으로 보아 바람은 적도보다 위도 30° 부근에서 더 강하게 분다.

ㄷ. 고위도 해역은 A만 나타나므로 층상 구조가 잘 나타나지 않는다.

08 **정답 맞히기** ㄱ. (가)는 밀물과 썰물을 일으키는 것으로 보아 달과 태양의 인력으로 발생하는 조력 에너지이다.

ㄴ. (나)는 에너지양이 가장 많은 것으로 보아 태양 에너지이고, 해류와 바람은 A에 해당한다.

ㄷ. 태양 에너지양은 조력 에너지양과 지구 내부 에너지양을 합한 것보다 많다. (가)의 양은 2.7×10^{12}이다. (가)와 (다)를 합한 에너지양은 8.1×10^{12} W로 (나)보다 작다.

09 **정답 맞히기** ㄴ. 해양판의 밀도는 대륙판의 밀도보다 커서 해양판과 대륙판이 부딪치면 해양판이 대륙판의 아래로 섭입한다.

ㄷ. 연약권은 맨틀 물질의 일부가 녹아 있기 때문에 유동성을

띤다.

오답 피하기 ㄱ. 단단한 암석권만의 조각을 판이라고 한다.

10 정답 맞히기 ㄴ. 대서양 연안은 판의 경계가 아니고 태평양 연안에는 수렴형 경계가 존재하므로 화산 활동은 태평양 연안이 더 활발하다.

오답 피하기 ㄱ. 화산 활동과 지진을 일으키는 에너지원은 지구 내부 에너지이다.

ㄷ. (가)와 (나)를 비교해 보면 화산 활동이 활발한 곳에서는 지진도 활발한 것을 볼 수 있다.

11 정답 맞히기 ㄱ. 해양판과 대륙판의 경계에서 생긴 해저 계곡인 A는 해구, 대륙판 부분이 조산 운동을 받아 솟아 오른 B는 습곡 산맥이다.

ㄴ. 마그마는 해양판이 섭입하는 부분에서 만들어지므로 화산 활동은 ㉠보다 ㉡에서 활발하다.

ㄷ. 밀도가 큰 판이 밀도가 작은 판 아래로 섭입하므로 해양판의 밀도가 대륙판보다 크다.

12 정답 맞히기 • B는 인도 대륙과 유라시아 대륙이 부딪치는 수렴형 경계에 위치하므로 히말라야산맥이 있다.

• C는 북아메리카판과 태평양판이 어긋나게 이동하는 보존형 경계에 위치하므로 산안드레아스 단층이 있다.

• D는 나스카판과 남아메리카판의 수렴형 경계에 위치하므로 안데스산맥이 있다.

13 정답 맞히기 ㄱ. A는 마그마가 상승하여 판이 생성되는 발산형 경계에 위치하므로 해령이 존재한다.

ㄷ. 해령에서 해양 지각이 만들어져 옆으로 이동하므로 암석의 나이는 해령에서 멀어질수록 많아진다. 그러므로 B의 암석이 A의 암석보다 나이가 많다.

오답 피하기 ㄴ. A는 발산형 경계에 위치하므로 화산 활동이 일어나지만 C는 판의 경계에 위치하지 않는다. 그러므로 C에서는 화산 활동이 일어나지 않는다.

14 정답 맞히기 ㄴ. 화산 활동은 주민 대피와 같은 사회적 피해를, 물류 수송 차질과 같은 경제적 피해를 유발할 수 있다.

ㄷ. 대량의 화산재가 성층권에 유입되면 태양 에너지를 반사해 지구의 기온을 낮출 수 있다.

오답 피하기 ㄱ. A의 아황산 가스는 화산 활동이 기권에 영향을 주어 수권까지 연쇄적인 영향을 받은 것이고, C는 기권에 영향을 주어 생물권에 피해를 준 것이다. B는 화산 활동이 수권에 영향을 주어 생물권에 피해를 준 것이므로 기권에 영향을 준 것이 아니다.

서술형·논술형 준비하기 본문 57쪽

서술형

1 화석 연료는 지권에 존재하는 탄소의 한 형태이다. 화석 연료를 연소시키면 이산화 탄소가 기권으로 방출된다.

모범 답안 화석 연료의 사용으로 지권의 탄소량은 감소하고, 기권의 탄소량은 증가하였다.

채점 기준	배점
지권과 기권의 탄소량 변화를 옳게 서술한 경우	100 %
지권과 기권의 탄소량 변화 중 1가지만 옳게 서술한 경우	50 %

서술형

2 기권의 오존층에서 오존의 농도가 낮은 구역인 오존홀은 생물권에 속하는 인간의 산업 활동으로 인해 발생하였다. 오존층은 태양에서 오는 유해한 자외선을 흡수하여 생명체가 육상으로 진출할 수 있도록 하였다.

모범 답안 오존홀의 발생은 생물권과 기권의 상호작용이다. 오존층이 파괴되면 피부암 발생률이 증가할 것이다.

채점 기준	배점
어느 권역 간의 상호작용인지 옳게 쓰고, 발생할 수 있는 피해를 옳게 서술한 경우	100 %
상호작용을 하는 권역과 피해 중 1가지만 옳게 쓴 경우	50 %

서술형

3 지진이 발생하면 건물이 무너지고, 땅이 갈라지는 등 여러 가지 피해가 발생한다. 이에 대한 대비책으로 꾸준한 지진 대비 훈련과 건축물의 내진 설계, 지진 발생 시 경보 전달 체계 수립 등 다양한 대책이 마련되고 있다.

모범 답안 지진이 발생하면 건물이 무너질 수 있다. 이에 대비하여 내진 설계가 된 건물을 짓는다.

채점 기준	배점
피해와 대책을 옳게 서술한 경우	100 %
피해와 대책 중 1가지만 옳게 서술한 경우	50 %

4 액체 수소로 되어 있는 영역을 외핵과 같이 보아 지권에 포함시킬 수도 있고, 수권과 같이 보아 독립적인 영역으로 구분할 수도 있다.

모범 답안 목성 시스템에는 기권, 수권(또는 액체 수소권), 지권이 존재한다. 기권은 목성을 둘러싸고 있는 대기이므로 기체 수소가 기권이 될 것이다. 수권은 액체 수소 영역으로 액체 상태의 물은 아니지만 액체로 이루어진 바다를 가지고 있는 것이므로 수권이 있다고 할 수 있다. 또한 금속성 수소와 핵이 목성의 지권을 이룰 것이다.

채점 기준	배점
• 목성을 지권, 수권(또는 액체 수소층을 의미하는 영역), 기권으로 구분하고 그 영역을 옳게 서술한 경우 • 목성을 지권, 기권으로 구분하고 그 까닭을 옳게 서술한 경우(액체 수소층을 지권으로 구분한 경우도 옳은 것으로 인정)	100 %
목성의 구성 요소를 옳게 서술했으나 그 까닭이 옳지 않은 경우	50 %

06 역학 시스템

교과서 탐구하기

본문 60쪽

1 자유 낙하 운동하는 A와 수평으로 던진 물체 B의 운동은 연직 방향으로 같은 시간 동안 속력 변화량이 일정한 운동을 한다. 수평으로 던진 물체의 운동은 수평 방향으로는 속력이 일정한 운동을 한다.

모범 답안 A의 속력은 0.1초 동안 0.98 m/s씩 일정하게 증가한다. B의 경우 수평 방향으로의 속력은 0.49 m/s로 일정하고, 연직 방향으로는 자유 낙하하는 A의 속력과 동일하게 변한다.

2 자유 낙하 운동과 수평으로 던진 물체의 운동에서 낙하 시간은 연직 방향의 높이에 의해서 결정된다. 연직 방향으로 같은 높이에 있었기 때문에 자유 낙하 운동과 수평으로 던진 물체의 운동의 낙하 시간은 같다.

모범 답안 같은 높이에서 자유 낙하 운동을 시작하는 A와 수평으로 발사된 B는 동시에 바닥에 도달한다. A, B는 각각 연직 방향으로 작용하는 중력을 받으며, 중력은 연직 방향의 속력만 변화시키므로 같은 높이에서 운동을 시작한 A와 B는 바닥에 동시에 떨어진다.

3 수평 방향으로 던진 물체는 수평 방향으로 속력이 일정한 운동을 한다.

모범 답안 B의 발사 속력이 클수록 B의 수평 방향의 이동 거리가 크다. 즉, 수평 방향의 발사 속력과 수평 방향의 이동 거리는 비례한다.

4 수평 방향으로 던진 물체의 낙하 시간은 높이에 의해서만 결정되고, 수평 방향으로 던진 속력과 무관하다.

모범 답안 B는 발사 속력과 무관하게 출발 높이만 같으면 출발점에서 바닥에 도달할 때까지 걸린 시간은 같다.

01 ⑤	02 ③	03 ①	04 ②	05 ③
06 ④	07 ⑤	08 ③	09 ①	10 ①
11 ②	12 ①	13 ④	14 ③	15 ③
16 ④	17 ⑤			

01 정답 맞히기 ㄱ. 단위 시간 동안의 속도 변화량을 나타내는 A는 가속도이다.

ㄴ. 가속도$=\dfrac{\text{속도의 변화량}}{\text{걸린 시간}}$이므로 가속도의 단위는 m/s^2이다.

ㄷ. 물체의 가속도 방향과 물체의 운동 방향이 같을 때는 물체의 속력이 증가하고, 물체의 운동 방향과 물체의 가속도 방향이 반대일 때는 물체의 속력이 감소한다.

02 정답 맞히기 A. 물체에 작용하는 중력은 지구가 물체를 당기는 힘으로 중력의 방향은 지구 중심 방향이다.

B. 지표면 근처에서 중력 가속도가 일정하므로 동일한 물체가 받는 중력의 크기는 장소에 관계없이 일정하다.

오답 피하기 C. 헬륨 기체가 채워진 풍선은 헬륨과 풍선의 질량에 의해 지구 중심 방향으로 중력을 받는다.

03 정답 맞히기 ㄱ. 달은 곡선 운동을 하여 운동 방향이 매 순간 바뀌므로 가속도 운동을 한다.

오답 피하기 ㄴ. 지구가 달에 작용하는 중력의 방향은 지구 중심 방향이므로 매 순간 변한다.

ㄷ. 달의 운동 방향과 지구가 달에 작용하는 중력의 방향은 수직이다.

04 정답 맞히기 ㄴ. 지면까지 운동하는 동안 B에 작용하는 중력의 방향과 B의 운동 방향이 같으므로 B의 속력은 증가한다.

오답 피하기 ㄱ. A, B 모두 질량을 가진 물체이므로 중력이 작용한다.

ㄷ. 지면까지 운동하는 동안 B의 운동 방향과 가속도의 방향은 같다.

05 정답 맞히기 ㄱ. 공은 일정한 크기의 중력을 연직 아래 방향으로 받고 있으므로 공은 가속도의 크기가 일정한 운동을 한다.

ㄷ. 공의 운동 방향과 공에 작용하는 중력의 방향은 연직 아래 방향으로 같다.

오답 피하기 ㄴ. 공은 지면에 도달할 때까지 속력이 증가하는 운동을 한다.

06 정답 맞히기 ㄴ. 물체의 중력 가속도 $g=\dfrac{\text{속력의 증가량}}{\text{걸린 시간}}$

이므로 $g=\dfrac{v}{t}$이다.

[별해]

물체의 속력−시간 그래프에서 기울기는 물체의 가속도이다.

따라서 $g=\dfrac{v}{t}$이다.

ㄷ. 물체는 가속도의 크기가 일정한 운동을 하므로 물체에 작용하는 중력의 크기는 일정하다.

오답 피하기 ㄱ. 물체는 가속도의 크기가 g로 일정한 운동을 한다.

07 정답 맞히기 ㄱ. 자동차는 속력이 증가하는 운동을 하므로 자동차의 가속도 방향은 운동 방향과 같다.

ㄴ. 가속도$=\dfrac{\text{속도의 변화량}}{\text{걸린 시간}}=\dfrac{10\,m/s-2\,m/s}{2\,s}=4\,m/s^2$

이다.

ㄷ. 자동차는 1초당 속력이 $4\,m/s$만큼 증가하므로 1초일 때, 자동차의 속력 $v=2\,m/s+4\,m/s=6\,m/s$이다.

08 정답 맞히기 ㄱ. 일정한 시간 간격으로 나타난 물체의 수평 방향으로의 간격이 일정하다. 따라서 수평 방향으로 던진 물체는 수평 방향으로 등속 직선 운동을 한다.

ㄴ. 수평 방향으로 던진 물체는 연직 방향으로 중력에 의해 속력이 빨라지는 운동을 하며 이는 자유 낙하 운동과 같다.

오답 피하기 ㄷ. 물체에 작용하는 중력의 방향은 연직 아래 방향으로 일정하다.

09 정답 맞히기 ㄱ. A와 B에는 각각 연직 아래 방향으로 중력이 작용한다.

오답 피하기 ㄴ. 운동하는 동안 B의 수평 방향 속력은 일정하고, 연직 방향의 속력은 일정하게 증가한다.

ㄷ. A와 B는 연직 방향으로 같은 운동을 하므로 수평면에 동시에 도달한다.

10 정답 맞히기 ㄱ. 정지해 있는 버스가 갑자기 출발할 때, 승객의 몸이 운동 방향과 반대 방향으로 기울어지는 현상과 두루마리 휴지를 갑자기 당기면 끝부분만 끊어지는 현상은 모두 뉴턴 운동 제1법칙(관성 법칙)으로 설명할 수 있다.

오답 피하기 ㄴ, ㄷ. 노를 저을 때 배가 앞으로 가는 현상과 물로켓이 물을 뒤로 분사하며 앞으로 날아가는 현상은 모두 뉴턴 운동 제3법칙(작용 반작용 법칙)으로 설명할 수 있다.

11 정답 맞히기 ② 물체의 질량과 속도의 곱으로 표현되는 A는 운동량으로 단위는 $kg \cdot m/s$이다. 또한 물체에 작용하는 힘과 힘이 작용하는 시간의 곱으로 표현되는 B는 충격량으로 단위는 $N \cdot s$이다. 따라서 ㉠은 '$kg \cdot m/s$', ㉡은 '시간'이다.

12 정답 맞히기 ① A의 운동량의 크기 $p_A = 1\,kg \times 10\,m/s = 10\,kg \cdot m/s$이다. B가 $5\,m/s^2$의 가속도로 2초가 지났을 때의 속력은 $10\,m/s$이므로 이때 B의 운동량의 크기 $p_B = 2\,kg \times 10\,m/s = 20\,kg \cdot m/s$이다. C는 $10\,N$의 힘이 작용하는 동안 C의 가속도의 크기는 $5\,m/s^2$이고 2초 동안 힘을 받았을 때 C의 속력은 $10\,m/s$이므로 이때 C의 운동량의 크기 $p_C = 2\,kg \times 10\,m/s = 20\,kg \cdot m/s$이다. 따라서 p_A, p_B, p_C의 관계는 $p_A < p_B = p_C$이다.

13 정답 맞히기 ④ P에서 Q까지 운동하는 데 걸린 시간이 A가 B의 2배이므로 속력은 B가 A의 2배이다.

따라서 $\dfrac{v_B}{v_A} = 2$이다.

또한, 운동하는 동안 A, B의 운동량 크기가 서로 같으므로 $m_A v_A = m_B v_B$이다.

따라서 $\dfrac{m_A}{m_B} = \dfrac{v_B}{v_A} = 2$이다.

14 정답 맞히기 ㄱ. 물체의 가속도 크기는 물체에 작용하는 힘의 크기에 비례한다. 따라서 물체의 가속도의 크기는 1초일 때가 3초일 때의 2배이다.

ㄴ. 힘─시간 그래프에서 직선이 시간축과 이루는 면적은 물체가 받은 충격량의 크기이다. 따라서 2초부터 4초까지 물체가 받은 충격량의 크기 $I = 3\,N \times 2\,s = 6\,N \cdot s$이다.

오답 피하기 ㄷ. 0초부터 4초까지 물체가 받은 충격량의 크기는 물체의 운동량 변화의 크기와 같다. 따라서 4초일 때 물체의 운동량의 크기는 $18\,kg \cdot m/s$이고, 물체의 질량이 $2\,kg$이므로 이 때 물체의 속력 $v = \dfrac{18\,kg \cdot m/s}{2\,kg} = 9\,m/s$이다.

15 정답 맞히기 ㄱ. 공의 운동량의 크기는 속력에 비례한다. 공의 운동량의 크기는 벽과 충돌 전이 충돌 후의 2배이므로 공의 속력은 충돌 전이 후의 2배이다. 따라서 충돌 후 공의 속력 $v = 2\,m/s$이다.

ㄷ. 벽과 충돌하는 동안 공이 벽으로부터 받은 충격량의 크기는 공의 운동량 변화량의 크기와 같으므로 $3\,N \cdot s$이고, 이 동안 벽이 공으로부터 받은 충격량의 크기는 공이 벽으로부터 받은 충격량의 크기와 같으므로 $3\,N \cdot s$이다.

오답 피하기 ㄴ. 충돌 전과 후 물체의 속도 변화량의 크기 $\Delta v = 4\,m/s + 2\,m/s = 6\,m/s$이다. 따라서 벽과 충돌하는 동안 공의 운동량 변화량의 크기 $\Delta p = 0.5\,kg \times 6\,m/s = 3\,kg \cdot m/s$이다.

16 정답 맞히기 ㄴ. 물체가 받은 충격량의 크기는 물체의 운동량의 변화량의 크기와 같다.

ㄷ. 스포츠에서 팔로 스루는 공에 힘을 작용할 때 공에 힘이 작용하는 시간을 길게 하여 공이 받는 충격량의 크기를 크게 하는 동작을 의미한다.

오답 피하기 ㄱ. 물체가 받은 충격량의 크기는 힘과 시간의 곱과 같으므로 물체에 작용하는 힘이 일정할 때 시간이 길수록 물체가 받는 충격량의 크기가 크다. 따라서 '길수록'이 ㉠으로 적절하다.

17 정답 맞히기 ㄱ, ㄴ, ㄷ. 자동차의 에어백, 번지점프를 할 때 늘어나는 줄을 이용하는 것, 공기가 채워진 비닐 포장재는 모두 충격을 받을 때 충돌 시간을 길게 하여 가해지는 평균 힘의 크기를 줄여주는 원리를 이용한 안전장치이다.

실력 향상 문제
본문 64~66쪽

01 ③	02 ②	03 ①	04 ②	05 ③
06 ④	07 ②	08 ③	09 ②	10 ⑤
11 ②	12 ③			

01 정답 맞히기 ㄱ. 물체에 작용하는 중력의 크기는 물체의 질량에 비례한다. 따라서 물체에 작용하는 중력의 크기는 A가 B보다 크다.

ㄷ. 자유 낙하 운동하는 동안 걸린 시간이 A가 B보다 길므로 바닥에 도달하는 순간의 속력은 A가 B보다 크다.

[별해] ㄷ. A가 B보다 더 높은 위치에서부터 자유 낙하 운동을 하여 바닥에 도달하므로 바닥에 도달하는 순간의 속력은 A가 B보다 크다.

오답 피하기 ㄴ. 높이가 h인 지점에서부터 바닥까지 도달하는 데 걸리는 시간은 A가 B보다 짧다. 따라서 $t=1$초일 때 A의 높이는 h보다 크다.

02 정답 맞히기 ㄴ. B는 수평 방향으로 처음 던져진 v_0의 속력으로 등속 직선 운동을 하고, 1초가 지나는 동안 B가 수평 방향으로 운동하는 거리가 10 m이므로 $v_0=10$ m/s이다.

오답 피하기 ㄱ. A와 B에 작용하는 알짜힘은 A, B에 각각 작용하는 중력이다. 따라서 A에 작용하는 알짜힘의 방향과 B에 작용하는 알짜힘의 방향은 연직 아래 방향으로 서로 같다.

ㄷ. 물체에 작용하는 중력의 크기는 A가 B의 2배이고, 가속도의 크기는 질량에 관계없이 A, B가 모두 중력 가속도로 서로 같다.

03 정답 맞히기 ㄱ. 자를 ㉠ 방향으로 치는 순간부터 A, B는 같은 높이에서 각각 자유 낙하 운동과 수평으로 던진 물체의 운동을 하게 된다. 따라서 A와 B는 바닥에 동시에 도달한다.

오답 피하기 ㄴ. 가속도의 크기는 A, B가 모두 중력 가속도로 서로 같다.

ㄷ. 바닥에 도달하는 순간 A, B의 연직 방향으로의 속력은 서로 같고, B는 처음 출발하는 순간의 수평 방향의 속력을 유지하며 바닥에 도달한다. 따라서 바닥에 도달하는 순간의 속력은 B가 A보다 크다.

04 정답 맞히기 ㄷ. A, B, C의 연직 방향의 속력은 같은 가속도의 크기로 증가하므로 떨어지는 동안 A, B, C의 높이는 항상 같다.

오답 피하기 ㄱ. 가속도의 크기는 질량에 관계없이 A, B, C가 모두 중력 가속도로 같다.

ㄴ. A, B, C는 같은 높이에서 동시에 수평 방향으로 던져졌으므로 A, B, C가 바닥까지 운동하는 데 걸리는 시간은 서로 같다. 따라서 A, B, C는 바닥에 동시에 도달한다.

05 정답 맞히기 ㄱ. 물체에 작용하는 중력의 크기는 물체의 질량에 비례한다. 따라서 질량이 A가 B의 2배이므로 A에 작용하는 중력의 크기는 B에 작용하는 중력의 크기의 2배이다.

ㄷ. 같은 시간 동안 수평 방향으로 운동한 거리는 B가 A의 2배이므로 던져지는 순간의 속력은 B가 A의 2배이다. 질량이

A가 B의 2배이므로 질량과 속력의 곱인 던져지는 순간 운동량의 크기는 A와 B가 같다.

오답 피하기 ㄴ. A, B는 같은 높이에서 동시에 수평 방향으로 던져져 운동하므로 A, B는 지면에 동시에 도달한다.

06 정답 맞히기 ㄴ. 바닥에 도달하는 순간 수평 방향의 속력은 A, B가 모두 v로 같고, 연직 방향으로의 속력은 운동하는 시간이 2배인 B가 A의 2배이므로 바닥에 도달하는 순간의 속력은 B가 A보다 크다.

ㄷ. $t=t_A$일 때는 B가 던져진 순간부터 바닥에 도달할 때까지 걸린 시간의 $\frac{1}{2}$배만큼의 시간이 걸린 순간이다. B는 연직 방향으로 속력이 증가하는 운동을 하므로 $t=0$부터 $t=t_A$까지 연직 방향으로 낙하한 거리는 $t=t_A$부터 $t=t_B$까지 연직 방향으로 낙하한 거리보다 작다. 따라서 $t=t_A$일 때, B의 높이는 $2h$보다 크다.

오답 피하기 ㄱ. 수평 방향으로 같은 속력 v로 던져진 A, B의 수평 방향으로의 이동 거리가 각각 R, $2R$이므로 운동하는 동안 걸린 시간은 B가 A의 2배이다.

따라서 $\dfrac{t_A}{t_B}=\dfrac{1}{2}$이다.

07 정답 맞히기 ㄷ. 에어백은 사람이 충격을 받는 시간을 길게 하여 사람에게 작용하는 평균 힘의 크기를 작게 해주는 역할을 한다.

오답 피하기 ㄱ. 안전띠는 관성에 의해 사람이 튕겨져 나가는 것을 방지해 주는 역할을 한다. 따라서 ㉠은 관성이다. 한편 물 위에서 노를 뒤로 저으면 배가 앞으로 움직이는 원리는 뉴턴 운동 제3법칙인 작용 반작용 법칙으로 설명할 수 있다.

ㄴ. 에어백은 충돌할 때 충돌 시간을 길게 하여 사람이 받은 평균 힘의 크기를 작게 해 준다. 따라서 '평균 힘'은 ㉡으로 적절하다.

08 정답 맞히기 ㄱ. (나)의 힘-시간 그래프에서 곡선이 시간축과 이루는 면적은 공이 받는 충격량의 크기 또는 공의 운동량의 변화량의 크기를 의미한다.

ㄴ. 힘-시간 그래프에서 곡선 A가 시간 축과 이루는 면적은 곡선 B가 시간 축과 이루는 면적보다 작다. 따라서 공의 운동량 변화량의 크기는 A일 때가 B일 때보다 작다.

오답 피하기 ㄷ. 공이 라켓으로부터 받은 충격량의 크기, 즉 운동량의 변화량의 크기가 클수록 공이 라켓에서 떨어지는 순간 공의 속력이 크다. 따라서 공이 라켓에서 떨어지는 순간 공의

속력은 A일 때가 B일 때보다 작다.

09 정답 맞히기 ② 물체가 힘 F로부터 받은 충격량의 크기는 1초일 때 $I_1 = F \times 1$초$= F$, 3초일 때가 $I_3 = F \times 3$초$= 3F$이다. 따라서 1초, 3초일 때의 물체의 운동량의 크기는 각각 $p_1 = 10 + F$, $p_3 = 10 + 3F$이고, $\dfrac{p_3}{p_1} = 2$이므로 $F = 10$ N이다.

10 정답 맞히기 ㄱ. 충돌 순간부터 정지할 때까지 A, B가 받은 충격량의 크기는 (나)에서 힘−시간 그래프의 곡선이 시간 축과 이루는 면적인 $2S$, $3S$이다. 또한 이때 받은 충격량의 크기가 운동량의 변화량의 크기와 같고, 충돌 전 운동량의 크기는 A, B가 각각 $2S$, $3S$이므로 $2S = m_A v$, $3S = m_B v$이다. 따라서 $\dfrac{m_A}{m_B} = \dfrac{2}{3}$이다.

ㄴ. 벽과 충돌하는 동안 받은 A, B의 충격량의 크기는 각각 $2S$, $3S$이므로 A가 B의 $\dfrac{2}{3}$배이다.

ㄷ. 벽과 충돌하는 동안 A, B가 받은 평균 힘의 크기는 각각 $F_A = \dfrac{2S}{t}$, $F_B = \dfrac{3S}{2t}$이므로 A가 B보다 크다.

11 정답 맞히기 ㄷ. 충돌 과정에서 A는 깨지고, B는 깨지지 않은 까닭은 충돌하는 동안 힘이 작용하는 시간이 A가 B보다 짧아 달걀에 작용하는 평균 힘의 크기가 A가 B보다 크기 때문이다.

오답 피하기 ㄱ. 낙하하는 동안 가속도의 크기는 A, B가 모두 중력 가속도로 같다.

ㄴ. 충돌 과정에서 받은 충격량의 크기는 충돌 과정에서 A, B의 운동량 변화량의 크기와 같다. 충돌 직전 속력은 A와 B가 같고, 충돌 후 A, B가 모두 정지하였으므로 충돌 직전 운동량의 크기는 A, B가 같고, 충돌 과정에서 받은 충격량의 크기는 A와 B가 같다.

12 정답 맞히기 ㄱ, ㄴ. 스펀지가 내장된 헬멧, 배에 매단 타이어는 머리와 배가 충돌할 때 힘이 작용하는 시간을 길게 하여 머리와 배에 작용하는 평균 힘의 크기를 감소시켜 주는 역할을 한다. 이는 유아 보호용 모서리 쿠션의 원리와 같다.

오답 피하기 ㄷ. 지진계는 무거운 추가 관성이 커 거의 움직이지 않고, 가벼운 주변 물체가 지면의 흔들림에 의해 쉽게 움직이는 원리를 이용한 것이다. 이러한 원리는 뉴턴 운동 제1법칙(관성 법칙)의 원리를 이용한 예이다.

서술형

1 중력 가속도가 큰 공간에서 자유 낙하 운동하는 물체는 중력 가속도가 작은 공간에서 자유 낙하 운동하는 물체보다 낙하하면서 같은 시간 동안 연직 방향으로의 속력 증가가 더 크게 나타난다.

모범 답안 지구가 달에서보다 중력 가속도가 크므로 물체를 가만히 놓은 순간부터 수평면에 도달할 때까지 A가 B보다 속력이 더 빠르게 증가한다. 따라서 수평면에 도달할 때까지 걸린 시간은 A가 B보다 짧고, 평균적인 속력은 A가 B보다 커야 하므로 바닥에 도달하는 순간의 속력은 A가 B보다 크다.

채점 기준	배점
중력 가속도의 크기와 속력의 변화, 속력과 운동 시간, 바닥에 도달하는 순간의 속력을 서로 연관성 있게 옳게 서술한 경우	100 %
중력 가속도와 속력의 변화와 관련된 근거에 대한 연계적인 내용은 없으나 물체가 바닥에 도달하는 순간의 속력 비교는 옳게 서술한 경우	50 %
중력에 의한 물체의 속력 변화만을 서술한 경우	20 %

서술형

2 힘을 시간에 따라 나타낸 그래프에서 곡선이 시간 축과 이루는 면적은 자동차가 받은 충격량의 크기, 즉 충돌 직전 자동차의 운동량의 크기와 같다. 따라서 벽과 충돌하기 직전 A, B의 운동량의 크기는 같다.

모범 답안 (나)에서 곡선이 시간 축과 이루는 면적은 A, B가 받은 충격량의 크기이므로 충돌 과정에서 A, B가 받은 충격량의 크기는 같다. 같은 충격량을 받을 때 힘이 작용한 시간이 길수록 자동차, 운전자가 받는 평균 힘의 크기가 작아지므로 충돌 시간이 긴 B가 A보다 더 안전한 자동차이다.

채점 기준	배점
충격량과 시간, 평균 힘의 관계를 논리적으로 적용하여 더 안전한 자동차에 대해 옳게 서술한 경우	100 %
충격량과 시간, 평균 힘에 대한 논리적 연계성은 부족하지만, 더 안전한 자동차에 대해 옳게 서술한 경우	50 %

논술형

3 (1) **모범 답안** 지구 표면으로부터 상공에 떠 있는 인공위성에도 중력이 작용하므로 인공위성은 지표면에서 바라볼 때 수평 방향으로 운동하며 지표면을 향해 낙하한다. 하지만 지구가 둥근 구형이므로 인공위성이 운동하며 지표면이 내려가는 정도 만큼만 낙하할 정도의 빠른 속력으로 운동한다면 인공위성은 지구 주위를 원운동할 수 있다.

채점 기준	배점
중력이 작용하는 공간에서 물체의 원운동을 이해하고, 이를 바탕으로 인공위성의 운동을 옳게 서술한 경우	100 %
중력이 작용하는 공간에서 물체의 원운동에 대한 이해가 부족하지만 인공위성의 운동을 옳게 서술한 경우	50 %

(2) **모범 답안** 지구 표면으로부터 고도가 높아질수록 인공 위성에 작용하는 중력의 크기가 작아져 인공위성의 중력 가속도의 크기도 작아진다. 따라서 지표면에서 볼 때 수평 방향으로 운동하는 인공위성이 1초당 낙하하는 거리는 5 m보다 작다. 따라서 상공에 떠 있는 인공위성의 속력은 8 km/s보다 작은 속력으로도 원운동을 할 수 있으며 인공 위성의 고도가 높을수록 인공위성의 속력이 더 작아도 원운동을 유지할 수 있다.

채점 기준	배점
인공위성의 고도와 속력의 관계를 (나)의 제시문을 활용하여 옳게 서술한 경우	100 %
(나)의 제시문 내용을 이해하고 있지만 이를 통해 인공위성의 고도와 속력의 관계를 정확하게 서술하지 못한 경우	50 %

07 생명 시스템

교과서 탐구하기
본문 70쪽

1 삼투가 일어날 때 물은 용질의 농도가 낮은 곳에서 높은 곳으로 이동한다. 진한 설탕물은 감자 세포보다 용질 농도가 높고, 증류수는 감자 세포보다 용질 농도가 낮다. 따라서 진한 설탕물에서 감자 조각은 세포 밖으로 물이 빠져나가 크기가 작아지지만, 이 감자 조각을 다시 증류수에 옮겨 넣으면 세포 안으로 물이 들어와 크기가 커진다.

모범 답안 감자 세포 안으로 물이 들어오므로 감자 조각의 크기가 커진다.

2 시들어 있는 식물에 물을 주면 토양에 있는 용액의 용질 농도가 낮아져 삼투에 의해 물이 뿌리를 거쳐 식물세포 안으로 들어가게 되므로 식물세포의 부피가 증가해 식물이 살아나게 된다. 그러나 식물에 비료를 많이 주면 토양에 있는 용액의 용질 농도가 높아져 삼투에 의해 식물체 안의 물이 식물체 밖으로 빠져나가 식물이 시들게 된다.

모범 답안 삼투에 의해 물이 식물세포 밖으로 빠져나가 식물이 시들게 된다.

기초 확인 문제
본문 71~73쪽

01 ④	**02** ⑤	**03** ④	**04** ⑤	**05** ②
06 ④	**07** ⑤	**08** ③	**09** ①	**10** ③
11 ①	**12** ②	**13** ④	**14** ②	**15** ⑤
16 ③	**17** ③	**18** ②		

01 **정답 맞히기** ㄴ. 생명 시스템을 유지하기 위해 세포에서는 물질의 합성과 분해와 같은 다양한 화학 반응이 일어난다.
ㄷ. 생명 시스템은 생명체가 외부 환경 요소와 상호작용 하면서 이루는 체계이다.

오답 피하기 ㄱ. 생명 시스템의 기본 단위는 세포이다.

02 정답 맞히기 ㄱ, ㄴ. 물질대사는 생명체 안에서 물질이 분해되거나 합성되는 모든 화학 반응으로 효소에 의해 조절된다.

ㄷ. 세포는 물질대사를 통해 생명활동에 필요한 물질과 에너지를 얻으며, 이 과정에서 노폐물이 발생한다.

03 정답 맞히기 ㄴ. 동화작용은 저분자 물질이 고분자 물질로 합성되는 화학 반응으로 반응 중 에너지 흡수가 일어난다.

ㄷ. 동화작용에서 반응물의 에너지는 생성물의 에너지보다 작고, 이화작용에서는 반응물의 에너지가 생성물의 에너지보다 크다.

오답 피하기 ㄱ. 세포호흡은 유기물이 무기물로 분해되는 이화작용에 해당한다.

04 정답 맞히기 ㄱ. 단백질은 아미노산에 비해 고분자이므로 (가)는 고분자 물질이 저분자 물질로 분해되는 이화작용에 해당한다.

ㄴ. (가)는 물질대사 중 이화작용으로 효소에 의해 조절된다.

ㄷ. 단백질이 아미노산으로 분해되는 이화작용(가)에서 에너지 방출이 일어난다.

05 정답 맞히기 ② 효소 유무에 따라 물질대사 속도가 빠르거나 느리게 되므로 효소는 물질대사 속도를 조절할 수 있다.

오답 피하기 ① 효소의 주성분은 단백질이다.
③ 효소는 물질대사에 필요한 활성화에너지를 낮춘다.
④ 음식물 소화 과정에서는 단백질분해효소, 탄수화물분해효소, 지방분해효소 등 다양한 소화효소가 사용된다.
⑤ 효소는 특정 환경 조건이 주어지면 생명체 밖에서도 기능을 나타낸다.

06 정답 맞히기 ㄴ. 발효식품을 만드는 과정은 효소를 이용하여 음식물을 만드는 과정이다.

ㄷ. 소화제에 포함된 소화효소는 음식물의 소화를 촉진시켜 소화를 돕는다.

오답 피하기 ㄱ. 땅콩을 연소시키는 과정은 효소가 관여하지 않는 화학 반응이다.

07 정답 맞히기 ㄱ. 세포막은 인지질과 단백질로 구성된다. 인지질은 친수성 부위와 소수성 부위를 모두 갖고 세포막에서 2중층 구조를 형성한다.

ㄴ. 세포막에서 일부 단백질은 분자량이 큰 물질 운반에 관여한다.

ㄷ. 생명체를 구성하는 모든 세포는 세포막을 갖는다.

08 정답 맞히기 ㄱ. 세포는 생명 시스템의 기본 단위로 세포 안에서는 생명 시스템을 유지하기 위한 다양한 물질대사가 일어난다.

ㄴ. 세포는 세포막에 의해 세포 안과 밖으로 구분되고, 세포 안에서는 다양한 물질대사의 조절이 일어난다.

오답 피하기 ㄷ. 세포는 외부로부터 생명활동에 필요한 물질을 받고, 세포에서 발생한 노폐물을 외부로 내보낸다.

09 정답 맞히기 ㄱ. 피부 세포는 동물세포이고, 시금치 잎 세포는 식물세포이다. 두 세포 모두 세포 소기관으로 핵을 갖는다.

오답 피하기 ㄴ. 피부 세포는 세포벽을 갖지 않지만, 시금치 잎 세포는 세포벽을 갖는다.

ㄷ. 피부 세포에서는 광합성이 일어나지 않지만, 시금치 잎 세포에서는 광합성이 일어난다.

10 정답 맞히기 ㄱ. 핵에는 유전물질인 DNA가 있어 유전 현상이 나타나게 한다.

ㄴ. 라이보솜은 RNA로 전달된 유전정보를 이용해 단백질을 합성한다.

오답 피하기 ㄷ. 식물세포와 동물세포 모두 세포호흡이 일어나는 마이토콘드리아가 있다.

11 정답 맞히기 ㄱ. ㉠은 엽록체이다. 엽록체에서는 빛에너지를 흡수하여 이산화 탄소와 물을 포도당으로 합성하는 광합성이 일어난다.

오답 피하기 ㄴ. ㉡은 마이토콘드리아이다. 마이토콘드리아(㉡)는 식물세포와 동물세포에 모두 존재한다.

ㄷ. 엽록체(㉠)에서는 광합성이 일어나고, 마이토콘드리아(㉡)에서는 세포호흡이 일어난다.

12 정답 맞히기 ㄴ. 세포막을 통한 확산이 일어나면 용질의 농도가 높은 곳에서 농도가 낮은 곳으로 이동하므로 세포 안팎에서 용질의 농도 차가 감소한다.

오답 피하기 ㄱ. 확산은 용질의 농도 차가 있을 때 일어난다.

ㄷ. 확산은 용질이 농도가 높은 곳에서 낮은 곳으로 이동하는 현상이다.

13 정답 맞히기 ㄴ, ㄷ. 정상 적혈구를 용질의 농도가 적혈구보다 높은 수용액에 넣으면 삼투에 의해 물이 적혈구 안에서 밖으로 이동한다. 이때 적혈구의 부피가 감소하고, 적혈구 안 물의 양이 감소한다.

오답 피하기 ㄱ. 정상 적혈구를 용질의 농도가 적혈구보다 높은 수용액에 넣으면 삼투에 의해 적혈구 안에서 밖으로 물이 이동하여 적혈구의 부피가 감소한다.

14 정답 맞히기 ㄷ. 삼투는 세포막과 같은 반투과성막을 경계

로 용질 농도가 낮은 곳에서 용질 농도가 높은 곳으로 물이 이동하는 현상이다. 적혈구는 적혈구의 용질 농도보다 낮은 농도의 수용액에서 적혈구 밖으로 나가는 물의 양보다 적혈구 안으로 들어오는 물의 양이 많다.

오답 피하기 ㄱ. 세포는 세포의 용질 농도와 같은 수용액에서 세포 안팎으로 이동하는 물의 양이 같아 세포 부피의 변화가 없다.

ㄴ. 식물세포는 식물세포의 용질 농도보다 낮은 농도의 수용액에서 삼투 현상에 의해 식물세포 밖에서 안으로 들어오는 물의 양이 많아져 세포의 부피가 증가한다. 식물세포의 세포막과 세포벽의 분리는 식물세포를 식물세포의 용질 농도보다 높은 농도의 수용액에 넣었을 때 일어난다.

15 **정답 맞히기** ㄱ. 유전은 부모의 형질이 자손에게 전달되어 자손이 부모를 닮는 현상으로 생명체가 가진 특징에 해당한다.

ㄴ. 사람 체세포의 DNA에는 유전 형질에 대한 정보를 저장하고 있는 유전자가 있다.

ㄷ. 생식 과정에서 부모의 DNA가 자손에게 전달되므로 자손은 부모의 유전자로부터 다양한 유전 형질을 나타낸다.

16 **정답 맞히기** ㄱ. ㉠은 DNA를 구성하는 염기이다.

ㄷ. ㉢(단백질)은 여러 개의 ㉡(아미노산)으로 구성된다.

오답 피하기 ㄴ. ㉡은 아미노산이고, ㉢은 형질을 나타나게 하는 단백질이다.

17 **정답 맞히기** ㄱ. 전사는 DNA를 주형으로 RNA가 합성되는 과정으로 전사를 통해 RNA가 합성된다.

ㄴ. DNA를 구성하는 염기에는 A, G, C, T 4종류가 있다.

오답 피하기 ㄷ. 세포 내에서는 전사와 번역을 통해 DNA(유전자) → RNA → 단백질의 순서로 정보의 흐름이 일어난다.

18 **정답 맞히기** ㄷ. DNA의 염기 배열 순서에 의해 단백질의 아미노산 배열 순서가 결정된다.

오답 피하기 ㄱ. 유라실(U)은 RNA를 구성하는 염기이다.

ㄴ. DNA의 염기 3개가 단백질의 아미노산 1개를 지정한다.

실력 향상 문제

본문 74~76쪽

01 ⑤	**02** ⑤	**03** ④	**04** ⑤	**05** ③
06 ③	**07** ⑤	**08** ④	**09** ①	**10** ③
11 ①	**12** ⑤			

01 **정답 맞히기** ㄱ. (가)는 세포막의 인지질 2중층 구조를 나타낸 것이다. 인지질의 친수성 부위는 세포 안팎을 향하고, 소수성 부위는 세포막의 안쪽 부분을 향한다.

ㄴ. 세포막은 단백질과 인지질로 구성되는데, ㉠은 세포막을 관통하는 단백질이고, 단백질은 아미노산을 기본 단위체로 한다.

ㄷ. ㉡은 세포막을 구성하는 인지질이다. 인지질에는 친수성 머리와 소수성 꼬리가 있다.

02 **정답 맞히기** ㄱ. 정상 적혈구는 적혈구의 농도보다 높은 수용액에 있으면 삼투에 의해 물이 적혈구로부터 적혈구 밖으로 빠져나가 부피가 감소하고, 적혈구의 농도보다 낮은 수용액에 있으면 삼투에 의해 물이 적혈구 밖에서 적혈구 안으로 유입되어 부피가 증가한다. 그림에서 정상 적혈구가 X에 있을 때 적혈구의 부피 변화가 없었으므로 X는 적혈구의 농도와 같고, Y에 있을 때 적혈구의 부피가 증가했으므로 Y는 적혈구의 농도보다 낮다. 정상 적혈구가 Z에 있을 때 적혈구의 부피가 감소했으므로 Z의 농도는 적혈구의 농도보다 높다. 따라서 수용액의 농도는 Z>X>Y이다.

ㄴ. 적혈구가 Y에 있을 때 삼투에 의해 적혈구 밖에서 적혈구 안으로 물의 이동이 일어나 적혈구의 부피가 증가했다.

ㄷ. 적혈구가 Z에 있을 때 세포 안으로 들어오는 물의 양보다 세포 밖으로 나가는 물의 양이 많아 적혈구의 부피가 감소했다.

03 **정답 맞히기** ㄴ. ㉠은 핵이다. 핵에는 유전정보를 저장하는 DNA가 있어 생명활동의 중추 역할을 한다.

ㄷ. ㉡은 빛에너지를 흡수하여 광합성이 일어나는 엽록체이다.

오답 피하기 ㄱ. 동물세포에는 엽록체가 없고, 식물세포에는 엽록체가 있다. (가)에 엽록체가 있으므로 (가)는 식물세포이다.

04 **정답 맞히기** ㄱ. ㉠은 세포호흡을 통해 생명활동에 필요한 에너지를 생성하는 마이토콘드리아이고, ㉡은 RNA에 저장된 유전정보에 따라 단백질을 합성하는 라이보솜이다.

ㄴ. 라이보솜(㉡)에서는 아미노산과 아미노산 사이의 펩타이드 결합이 형성되어 단백질이 합성된다.

ㄷ. 동물세포에는 마이토콘드리아(㉠)와 라이보솜(㉡)이 모두 있다.

05 **정답 맞히기** ㄱ. (가)는 무기물인 이산화 탄소와 물로부터 유기물인 포도당이 합성되고 산소가 방출되는 광합성으로 동화작용에 해당한다.

ㄷ. (가)와 (나)는 모두 물질대사에 해당하고, 물질대사는 효소에 의해 조절된다.

오답 피하기 ㄴ. (나)는 유기물인 포도당이 무기물인 이산화 탄소와 물로 분해되는 세포호흡으로 이화작용에 해당하며, 이화작용이 일어날 때 에너지가 방출된다.

06 정답 맞히기 ㄱ. 반응물의 에너지가 생성물의 에너지보다 크므로 이 반응에서는 에너지가 방출된다.

ㄴ. 효소는 활성화에너지를 낮추어 반응 속도를 빠르게 한다. E_1+E_2는 효소가 없을 때의 활성화에너지이고, E_2는 효소가 있을 때의 활성화에너지이다.

오답 피하기 ㄷ. 반응 속도는 활성화에너지가 작을수록 빠르므로 E_1+E_2일 때가 E_2일 때보다 느리다.

07 정답 맞히기 ㄱ. 붉은 색소 합성효소를 암호화하는 유전자 ㉠은 자손 세대에 전달되어 붉은색 꽃 형질을 발현시킬 수 있다.

ㄴ. 붉은색 꽃은 ㉠(붉은 색소 합성효소를 암호화하는 유전자)에 의해 형질이 발현된 개체로 ㉠(붉은 색소 합성효소를 암호화하는 유전자)을 갖는다.

ㄷ. ㉠(붉은 색소 합성효소를 암호화하는 유전자)에는 붉은 색소 합성효소(단백질)의 아미노산 배열 순서에 대한 유전정보가 있다.

08 정답 맞히기 ㄴ. DNA는 이중나선구조로 되어 있으며, U(유라실) 염기가 없다. RNA는 단일 가닥의 폴리뉴클레오타이드이며, U(유라실) 염기가 있다. 과정 Ⅰ은 DNA로부터 RNA가 합성되는 전사 과정이다.

ㄷ. 과정 Ⅱ는 번역 과정으로 라이보솜에서 RNA에 저장된 유전정보에 따라 단백질이 합성된다.

오답 피하기 ㄱ. ㉠은 2개의 염기를 나타낸 것이다. 아미노산 1개를 암호화하는 유전부호는 3개의 염기로 구성된다.

09 정답 맞히기 ㄱ. 효소 X의 주성분은 단백질이다.

오답 피하기 ㄴ. 반응물이 생성물보다 고분자이므로 (가)는 물질이 분해되는 이화작용이다. 따라서 이화작용(가)에서 에너지가 방출된다.

ㄷ. 효소 X는 반응물이 생성물로 전환된 후 다시 새로운 반응물과 결합하므로 반응 후 재사용될 수 있다.

10 정답 맞히기 ㄱ. DNA 가닥 Ⅰ의 염기 A은 RNA의 염기 U에 대응하므로 ㉠은 유라실(U)이다.

ㄷ. 전사에 사용되는 DNA 가닥의 염기 A, T, G, C이 각각 U, A, C, G으로 대응되어 RNA가 만들어진다. 그림에서 DNA 가닥 Ⅰ의 T이 RNA의 A으로 전사되었으므로 전사에 사용된 DNA 가닥은 가닥 Ⅰ이다.

오답 피하기 ㄴ. DNA 가닥 Ⅱ에는 A, T, G, C의 4종류의 염기가 있다.

11 정답 맞히기 ㄱ. ⓐ는 세포막을 통한 물질의 확산에 관여하는 단백질이다.

오답 피하기 ㄴ. ㉠은 인지질 2중층을 직접 통과하므로 크기가 작은 기체 분자인 산소와 이산화 탄소가 해당한다. ㉡은 막단백질을 통해 세포막을 통과하므로 크기가 큰 물질이 해당한다.

ㄷ. 확산은 용질의 농도가 높은 곳에서 낮은 곳으로 용질이 이동하는 현상이다. 확산을 통해 ㉡이 세포 밖에서 세포 안으로 이동했으므로 ㉡의 농도는 세포 밖에서가 세포 안에서보다 높다.

12 정답 맞히기 ㄱ. A는 핵, B는 라이보솜이고, 과정 Ⅰ은 전사, 과정 Ⅱ는 번역이다. 핵(A)에서 전사(과정 Ⅰ)가 일어난다.

ㄴ. 라이보솜(B)은 RNA에 저장된 유전정보를 이용하여 단백질을 합성하는 번역(과정 Ⅱ)에 관여한다.

ㄷ. 전사(과정 Ⅰ)와 번역(과정 Ⅱ) 모두 효소에 의해 조절된다.

서술형·논술형 준비하기 본문 77쪽

서술형

1 삼투는 세포막을 통과하지 못하는 용질의 농도 차가 존재할 때 용질 대신 물이 세포막을 통해 이동하는 현상으로, 물은 용질의 농도가 낮은 곳에서 높은 곳으로 이동한다. 세포를 세포보다 용질 농도가 낮은 수용액에 넣으면 세포 안으로 들어오는 물이 많아 세포의 부피가 증가한다. 서로 다른 용질 농도의 수용액에 세포를 넣었을 때 세포의 부피가 증가하면 수용액의 용질 농도는 세포의 용질 농도보다 낮고, 세포의 부피가 감소하면 수용액의 용질 농도는 세포의 용질 농도보다 높다.

(1) 모범 답안 세포의 부피는 t_1일 때가 t_2일 때보다 크므로 X를 ㉠에서 ㉡으로 옮겨 넣은 후 물이 세포막을 통해 세포 밖으로 유출되었음을 알 수 있다. 삼투에 의한 물의 이동은 저농도에서 고농도로 일어나므로 설탕 용액의 농도는 ㉠이 ㉡보다 낮다.

채점 기준	배점
㉠과 ㉡의 설탕 용액 농도 비교와 까닭을 모두 옳게 서술한 경우	100 %
㉠과 ㉡의 설탕 용액 농도 비교는 옳게 하였으나, 그 까닭의 서술이 미흡한 경우	50 %
㉠과 ㉡의 설탕 용액 농도 비교만 옳은 경우	20 %

(2) **모범 답안** t_1일 때 X의 세포막을 통해 세포 안으로 유입되는 물의 양과 세포 밖으로 유출되는 물의 양이 같다. t_2일 때 X의 세포막을 통해 세포 안으로 유입되는 물의 양이 세포 밖으로 유출되는 물의 양보다 적다.

채점 기준	배점
t_1과 t_2일 때 X의 세포막을 통한 물의 이동을 모두 옳게 서술한 경우	100 %
t_1과 t_2일 때 X의 세포막을 통한 물의 이동 중 1가지만 옳게 서술한 경우	50 %

서술형

2 DNA의 3염기조합과 마찬가지로 RNA에서도 연속된 3개의 염기가 1개의 아미노산을 지정하는 유전부호가 된다. 이러한 RNA의 유전부호를 코돈이라고 한다. DNA로부터 전사된 RNA의 염기는 DNA의 이중가닥 중 한 가닥과 상보적 염기쌍을 형성한다. RNA에 AUG이 있으므로 전사의 주형으로 사용된 가닥은 DNA의 위쪽 가닥이고, RNA의 염기 서열은 AUG AGA UUU이다.

모범 답안 ㉠을 지정하는 코돈은 AUG, ㉡을 지정하는 코돈은 AGA, ㉢을 지정하는 코돈은 UUU이다.

채점 기준	배점
㉠~㉢을 지정하는 코돈을 모두 옳게 서술한 경우	100 %
㉠~㉢을 지정하는 코돈 중 2개만 옳게 서술한 경우	50 %
㉠~㉢을 지정하는 코돈 중 1개만 옳게 서술한 경우	20 %

논술형

3 생명체 안에서 물질대사가 빠르게 일어나야 생명활동을 효율적으로 수행할 수 있다. 따라서 생명체는 물질대사가 빠르게 일어나도록 하는 생체 촉매인 효소를 이용한다. 자연 상태에서 과산화 수소는 물과 산소로 분해되지만 반응 속도가 느리다. 생간 속에 있는 카탈레이스 효소는 과산화 수소의 물과 산소로의 분해 반응 속도를 빠르게 한다.

(1) **모범 답안** 과산화 수소는 물과 산소로 분해되고, ㉠은 꺼져가는 불씨를 다시 살아나게 했으므로 산소이다.

채점 기준	배점
㉠의 명칭과 그 까닭을 모두 옳게 서술한 경우	100 %
㉠의 명칭은 옳게 썼으나 그 까닭의 서술이 다소 미흡한 경우	50 %
㉠의 명칭만 옳게 쓴 경우	20 %

(2) **모범 답안** 효소는 물질대사(화학 반응)가 일어나는 데 필요한 활성화에너지를 낮추어 보다 많은 반응물이 생성물로 바뀌게 한다.

채점 기준	배점
효소는 활성화에너지를 낮추어 반응 속도를 빠르게 한다고 서술한 경우	100 %
효소가 단순히 반응 속도를 빠르게 한다고 서술한 경우	50 %

(3) 생활 속에서 효소는 다양하게 이용되고 있다. 효소가 이용되는 예로는 발효식품 생산, 소화제나 세제에 첨가, 생활 하수 정화 등이 있다.

모범 답안 효소를 이용한 발효식품에는 술, 빵, 된장, 고추장, 김치 등이 있다. 발효식품은 미생물이 갖고 있는 효소의 작용으로 만들어진다. 술과 빵은 포도나 쌀의 탄수화물이 발효되어 만들어지고, 된장은 콩에 있는 단백질이 발효되어 만들어진다. 김치는 젖산균이라는 미생물이 탄수화물을 분해하여 만들어진다. 소화제에는 탄수화물, 단백질, 지방과 같은 영양소를 분해하는 효소가 포함되어 있고, 세제에는 단백질과 지방을 분해하는 효소가 포함되어 있어 이물질이나 때를 제거할 때 도움을 준다. 생활 하수 정화는 생활 하수에 포함된 오염 물질을 분해하는 미생물의 효소가 이용된다.

채점 기준	배점
효소가 사용된 예시와 원리를 2가지 모두 옳게 서술한 경우	100 %
효소가 사용된 예시와 원리를 1가지만 옳게 서술한 경우	50 %

대단원 마무리 문제
본문 78~83쪽

01 ②	**02** ④	**03** ③	**04** ②	**05** ②
06 ⑤	**07** ②	**08** ④	**09** ③	**10** ①
11 ①	**12** ④	**13** ③	**14** ③	**15** ①
16 ⑤	**17** ⑤	**18** ①	**19** ③	**20** ④
21 ②	**22** ②	**23** ⑤	**24** ③	

01 정답 맞히기 ㄴ. 철과 니켈은 외핵(G)과 내핵(H)의 주성분이다.

오답 피하기 ㄱ. 태양에서 오는 적외선은 대부분 수증기와 이산화 탄소가 풍부한 대류권에 흡수되고 나머지는 지표에서 흡수된다.

ㄷ. 대류 현상은 대류권(A)과 중간권(C), 맨틀(F)과 외핵(G)에서 주로 나타난다. 성층권(B)은 안정한 층으로 대류 현상이 나타나지 않는다.

02 정답 맞히기 ㄴ. 깊이 1500 m에서 A, B, C 해역의 수온은 약 4 °C로 모두 같다.

ㄷ. 혼합층의 두께가 중위도 해역(B)이 저위도 해역(A)보다 두꺼운 것으로 보아 바람의 평균 세기는 중위도 해역이 더 크다는 것을 알 수 있다.

오답 피하기 ㄱ. A는 저위도, B는 중위도, C는 고위도 해역이다.

03 정답 맞히기 ㄱ. A는 수권에서 지권으로 이동하는 형태이므로 석회암, B는 육상 생물이나 바다의 생명체에서 올 수 있고 공장에서 연소를 통해 공기 중으로도 나갈 수 있으므로 화석 연료이다.

ㄷ. (나)와 (다)는 동식물과 공기 중 이산화 탄소의 상호작용이므로 (나), (다)는 모두 생물권과 기권의 상호작용이다.

오답 피하기 ㄴ. (나)는 광합성, (다)는 호흡이다.

04 정답 맞히기 ㄴ. 파도가 바닷가의 자갈을 둥글게 만드는 것은 수권과 지권의 상호작용이므로 ㉠의 예에 해당한다.

오답 피하기 ㄱ. ㉠은 지권과 수권의 상호작용이고, ㉡은 기권과 수권의 상호작용이다. ㉠과 ㉡에 모두 수권이 포함되어 있으므로 B는 수권이다. 그러므로 A는 지권, C는 기권이다.

ㄷ. ㉢은 지권과 기권의 상호작용이다. 태풍의 발생은 수권과 기권의 상호작용이므로 ㉢의 예에 해당하지 않는다.

05 정답 맞히기 ㄴ. 대륙판과 대륙판의 수렴형 경계인 (가)에서는 화산 활동이 거의 없고, 대륙판과 해양판의 수렴형 경계인 (나)에서는 화산 활동이 활발하다.

오답 피하기 ㄱ. 히말라야산맥은 대륙판과 대륙판이 충돌하는 경계에서 형성되었다.

ㄷ. 맨틀 대류가 상승하는 경계는 발산형 경계이다. (가)와 (나)의 수렴형 경계에서는 맨틀 대류가 하강한다.

06 정답 맞히기 ㄱ. A는 산안드레아스 단층이므로 보존형 경계에 해당한다.

ㄴ. B는 대서양 중앙 해령으로 발산형 경계이다. 발산형 경계에서는 지진이 발생한다.

ㄷ. C는 판이 소멸하는 수렴형 경계이다. 안데스산맥은 해양판과 대륙판의 수렴형 경계이다.

07 정답 맞히기 ㄴ. 판의 경계에서는 모두 지진이 발생한다.

오답 피하기 ㄱ. 해구는 수렴형 경계인 A와 D에 존재한다. C에는 해령이 존재한다.

ㄷ. C에는 해령이 존재한다. 호상열도는 A 부근에 존재한다.

08 정답 맞히기 ㄴ. A는 판의 경계에서 멀리 떨어져 있고, B는 판의 경계에 근접하여 위치하므로 규모가 큰 지진은 B에서 더 자주 발생할 것이다.

ㄷ. 수렴형 경계에서 화산 활동은 섭입하는 부분 위에서 발생하므로 밀도가 작은 판에서 화산 활동이 발생한다. 태평양판에는 화산이 하나도 없는 것으로 보아 태평양판의 밀도가 가장 크고, 필리핀판과 유라시아판의 경계에서 유라시아판 쪽에 화산이 위치한 것으로 보아 필리핀판의 밀도가 유라시아판보다 더 크다는 것을 알 수 있다.

오답 피하기 ㄱ. 유라시아판은 대륙판, 태평양판은 해양판이다.

09 정답 맞히기 ㄱ. A는 수평 방향으로 던져진 순간부터 수평 방향으로는 속력이 v인 등속 직선 운동을 한다.

2초 동안 A의 수평 이동 거리가 20 m이므로

$v = \dfrac{20 \text{ m}}{2 \text{ s}} = 10 \text{ m/s}$이다.

ㄴ. A, B의 연직 방향으로의 운동은 중력 가속도를 가속도로 하는 자유 낙하 운동으로 매 순간 A, B의 높이는 같다. 또한 A가 $t=0$일 때부터 $t=1$초일 때까지 수평 방향으로 이동한 거리는 10 m이므로 $t=1$초일 때 A와 B 사이의 거리는 10 m이다.

오답 피하기 ㄷ. B는 자유 낙하 운동으로 연직 아래 방향으로 운동하며 속력이 빨라진다. 따라서 처음 10 m를 이동하는 데 걸린 시간은 나중 10 m를 이동하는 데 걸리는 시간보다 길므로 $t=1$초일 때 B의 높이는 10 m보다 높다.

10 정답 맞히기 ㄱ. 공기 저항이 작용하지 않아 쇠구슬과 깃털이 같은 가속도로 자유 낙하 운동하는 것은 (나)이므로 (나)는 진공 상태이다.

정답과 해설

오답 피하기 ㄴ. 깃털에 작용하는 중력의 크기는 (가)에서와 (나)에서가 같다.

ㄷ. (나)에서 바닥에 도달할 때까지 쇠구슬과 깃털의 가속도의 크기는 같고, 바닥까지 도달하는 데 걸리는 시간도 쇠구슬과 깃털이 서로 같으므로 바닥에 도달하는 순간의 속력은 쇠구슬과 깃털이 서로 같다.

11 **정답 맞히기** ㄱ. 물체는 수평면에서 운동하는 동안 등속 직선 운동을 하여 1초 동안 10 m의 거리를 이동한다. 따라서 수평면에서 운동하는 동안 물체의 속력은 $\dfrac{10\text{ m}}{1\text{ s}}=10$ m/s이다.

오답 피하기 ㄴ. 물체가 q에서 r까지 포물선 운동하는 동안 수평 방향으로는 10 m/s의 속력으로 등속 직선 운동을 한다. q에서 r까지 물체의 수평 이동 거리가 10 m이므로 q에서 r까지 운동하는 데 걸린 시간은 1초이다. 따라서 물체는 $t=2$초일 때 r에 도달한다.

ㄷ. 물체는 q에서 r까지 운동하는 동안 연직 방향으로 중력을 받아 연직 아래 방향으로 속력이 증가한다.

12 **정답 맞히기** ㄴ. 높이가 h인 지점을 통과하는 순간 A는 연직 아래 방향으로 속력을 가지고 있고, B는 연직 아래 방향으로의 속력이 0이므로 A가 B보다 수평면에 먼저 도달한다.

ㄷ. B가 수평 방향으로 h만큼 이동하는 동안 수평 방향으로의 속력은 v_0으로 일정하다. A는 B보다 수평면에 먼저 도달하므로 A는 높이가 h인 지점에서 바닥에 도달할 때까지 평균 속력이 v_0보다 크다. 따라서 A가 바닥에 도달하는 순간의 속력은 v_0보다 크다.

오답 피하기 ㄱ. A와 B의 가속도의 크기는 중력 가속도로 같다.

13 **정답 맞히기** ㄱ. 물체의 속력이 $t=4$초일 때가 $t=0$일 때의 $\dfrac{3}{2}$배이므로 물체의 운동량의 크기는 $t=4$초일 때가 $t=0$일 때의 $\dfrac{3}{2}$배이다.

ㄷ. (나)에서 $t=0$부터 $t=2$초까지 힘의 크기 그래프가 시간 축과 이루는 면적 $2F_0$은 물체가 받은 충격량의 크기이고, 이는 물체의 운동량의 변화량의 크기와 같다.
따라서 $2F_0=4$ kg$(2$ m/s$+3$ m/s$)$이므로 $F_0=10$ N이다.

오답 피하기 ㄴ. $t=0$부터 $t=2$초까지 물체의 속도 변화량의 크기가 5 m/s이므로 $t=0$부터 $t=1$초까지 물체의 속도 변화량의 크기는 $\dfrac{5}{2}$ m/s이다. 따라서 $t=1$초일 때 물체는 $t=0$일 때의 운동 방향과 반대 방향으로 $\dfrac{1}{2}$ m/s의 속력으로 운동한다.

14 **정답 맞히기** ㄱ. 에어백과 범퍼 같은 안전장치는 사람에 가해지는 평균 힘의 크기를 감소시키므로 운전자의 평균 가속도의 크기를 감소시킨다.

ㄷ. 에어백과 범퍼 같은 안전장치는 운전자에게 충격이 가해지는 시간을 길게 하여 운전자에게 가해지는 평균 힘의 크기를 감소시킨다.

오답 피하기 ㄴ. 안전장치가 작동하더라도 사람의 운동량 변화량의 크기가 같으므로 운전자가 받는 충격량의 크기는 변함없다.

15 **정답 맞히기** ① $t=0$부터 $t=2$초까지 물체의 운동량의 크기가 일정하게 증가하므로 물체에 작용하는 힘의 크기도 일정하다. 이 동안 물체가 받은 충격량의 크기 $I_1=4$ N·s이므로
$$F_1=\dfrac{I_1}{\varDelta t_1}=\dfrac{4\text{ N·s}}{2\text{ s}}=2\text{ N이다.}$$
또한 $t=2$초부터 $t=4$초까지 물체의 운동량의 크기가 일정하게 감소하므로 물체에 작용하는 힘의 크기도 일정하다. 이 동안 물체가 받은 충격량의 크기 $I_2=8$ N·s이므로
$$F_2=\dfrac{I_2}{\varDelta t_2}=\dfrac{8\text{ N·s}}{2\text{ s}}=4\text{ N이다.}$$
따라서 $\dfrac{F_1}{F_2}=\dfrac{2\text{ N}}{4\text{ N}}=\dfrac{1}{2}$이다.

[별해]
운동량-시간 그래프에서 그래프의 기울기는 물체에 작용하는 알짜힘을 나타낸다.
따라서
$$F_1=\dfrac{(8-4)\text{kg·m/s}}{2\text{ s}}=2\text{ N,}$$
$$F_2=\left|\dfrac{(0-8)\text{kg·m/s}}{2\text{ s}}\right|=4\text{ N이다.}$$
따라서 $\dfrac{F_1}{F_2}=\dfrac{2\text{ N}}{4\text{ N}}=\dfrac{1}{2}$이다.

16 **정답 맞히기** ㄱ. (나)에서 A, B가 시간 축과 만드는 면적은 A, B가 받은 충격량의 크기, 즉 운동량의 변화량의 크기이므로 각각 $I_A=m_A(v_0+v_0)=2m_Av_0$, $I_B=m_Bv_0$이다.

이때 $\dfrac{I_A}{I_B}=\dfrac{4}{3}$이므로 $m_Av_0:m_Bv_0=2:3$이다.

따라서 벽과 충돌하기 전 운동량의 크기는 A가 B의 $\dfrac{2}{3}$배이다.

ㄴ. 속력이 v_0으로 같을 때, 운동량의 크기가 A가 B의 $\dfrac{2}{3}$배이므로 질량은 A가 B의 $\dfrac{2}{3}$배이다. 따라서 $\dfrac{m_A}{m_B}=\dfrac{2}{3}$이다.

ㄷ. 벽과 충돌하는 동안 받은 충격량의 크기는 A가 B의 $\dfrac{4}{3}$배이고, 충돌하는 동안 걸린 시간은 A가 B의 2배이므로, 충돌하

는 동안 받은 평균 힘의 크기는 A가 B의 $\frac{2}{3}$배이다.

17 정답 맞히기 ㄱ. (가)는 아미노산으로부터 단백질이 합성되는 동화작용에 해당하고, (나)는 포도당이 물(H_2O)과 이산화탄소(CO_2)로 분해되는 이화작용에 해당한다.
ㄴ. 동화작용(가)에서 에너지 흡수가 일어나고, 이화작용(나)에서 에너지 방출이 일어난다.
ㄷ. 물질대사에 속하는 동화작용(가)과 이화작용(나)은 모두 효소에 의해 조절된다.

18 정답 맞히기 ㄱ. (가)에서 반응물의 에너지가 생성물의 에너지보다 크므로 (가)는 반응이 일어날 때 에너지가 방출되는 이화작용임을 알 수 있다.
오답 피하기 ㄴ. 효소는 활성화에너지를 낮추어 반응 속도를 높이므로 ㉠은 효소가 없을 때, ㉡은 효소가 있을 때이다.
ㄷ. (가)의 반응 속도는 활성화에너지가 큰 ㉠일 때가 활성화에너지가 작은 ㉡일 때보다 느리다.

19 정답 맞히기 ㄱ. 카탈레이스는 과산화 수소와는 결합할 수 있지만 에탄올과는 결합할 수 없으므로 특정 반응물과만 결합한다.
ㄴ. 카탈레이스는 과산화 수소를 산소와 물로 분해한 후 재사용될 수 있다.
오답 피하기 ㄷ. 카탈레이스는 반응물인 과산화 수소와 결합해 과산화 수소 분해 반응에 필요한 활성화에너지를 낮춘다.

20 정답 맞히기 ㄴ. A는 인지질, B는 단백질이다. 단백질(B)에는 아미노산과 아미노산의 결합인 펩타이드결합이 있다.
ㄷ. 인지질(A)과 단백질(B)은 모두 탄소 골격을 갖는 탄소 화합물에 속한다.
오답 피하기 ㄱ. A는 인지질로 친수성 머리와 소수성 꼬리를 갖는다. ㉠은 소수성 부위이다.

21 정답 맞히기 ㄴ. 삼투는 세포막과 같은 반투과성 막을 경계로 농도가 낮은 수용액에서 농도가 높은 수용액으로 물이 이동하는 현상이다. (가)에서 X의 농도가 적혈구의 농도보다 낮아 삼투에 의해 X로부터 적혈구로의 물의 이동이 일어났다.
오답 피하기 ㄱ. (다)에서 삼투에 의해 적혈구로부터 Z로 물의 이동이 일어났으므로 Z의 농도는 적혈구의 농도보다 높다. 따라서 설탕 수용액의 농도는 X<Y<Z이다.
ㄷ. (나)에서 적혈구 안으로 들어오는 물의 양과 적혈구 밖으로 나가는 물의 양이 거의 같아 적혈구의 변화가 거의 없다.

22 정답 맞히기 ㄷ. ㉠은 세포벽, ㉡은 엽록체, ㉢은 핵이다.
엽록체(㉡)에서는 광합성에 의해 포도당이 합성되는 동화작용이 일어나고, 핵(㉢)에서는 DNA 복제, RNA 합성과 같은 동화작용이 일어난다.
오답 피하기 ㄱ. (가)는 식물세포, (나)는 동물세포이다. 식물세포(가)에서는 빛에너지를 흡수하여 포도당을 합성하는 광합성이 일어나고, 동물세포(나)에서는 광합성이 일어나지 않는다.
ㄴ. 사람의 적혈구에는 세포벽(㉠)이 없다.

23 정답 맞히기 ㄱ. DNA로부터 RNA가 합성되는 과정 (가)에서 전사가 일어난다.
ㄴ. 아미노산인 ㉠과 ㉢은 펩타이드결합으로 연결되어 있다.
ㄷ. DNA에서 A은 T과 상보적인 결합을 형성하고, G은 C과 상보적인 결합을 형성한다. 전사에 사용되는 DNA 가닥의 염기 A, T, G, C은 각각 U, A, C, G으로 대응되어 RNA가 만들어진다.

구분	염기 또는 아미노산
DNA	ATC GGA CTG
	TAG CCT GAC
RNA	AUC GGA CUG
폴리펩타이드	㉠—㉡—㉢

㉠을 지정하는 코돈은 AUC, ㉢을 지정하는 코돈은 CUG으로 모두 유라실(U) 염기가 있다.

24 정답 맞히기 ㄱ. ㉠은 DNA, ㉡은 RNA, ㉢은 단백질이고, (가)는 핵, (나)는 세포질이다. DNA(㉠)와 RNA(㉡)의 단위체는 모두 뉴클레오타이드이다.
ㄴ. 번역은 RNA(㉡)에 저장된 유전정보를 라이보솜이 해석하여 ㉢이 합성되는 과정으로, ㉢은 단백질이다.
오답 피하기 ㄷ. 광합성이 일어나는 세포 소기관은 엽록체로, 동물세포에는 없다. 따라서 동물세포의 세포질인 (나)에는 엽록체가 없다.

IV. 변화와 다양성

08 환경 변화와 생물다양성

교과서 탐구하기
본문 89쪽

1 다음은 탐구 결과의 예시이다.

구분		단추(개)			가장 많이 남아 있는 단추 색깔
		빨간색	노란색	초록색	
1회	남은 개수	3	9	6	노란색
	남은 개수 ×2	6	18	12	
2회	남은 개수	6	10	8	노란색
	남은 개수 ×2	12	20	16	
3회	남은 개수	12	12	12	없음
	남은 개수 ×2	24	24	24	
4회	남은 개수	23	16	21	빨간색
	남은 개수 ×2	46	32	42	

2 **모범 답안** 여러 색의 단추는 변이가 다양한 생물종, 종이는 환경, 젓가락은 포식자를 의미한다.

3 **모범 답안** 단추를 추가하는 것은 번식을 의미하고, 도화지의 종류를 바꾸는 것은 환경의 변화를 의미한다.

4 **모범 답안** 최초에 빨간색, 노란색, 초록색의 3가지 형질을 가진 단추라는 생물종이 있었다. 1회에서는 노란색 도화지라는 자연환경에서 노란색 단추가 빨간색이나 초록색 단추보다 눈에 덜 띄어 자

연선택을 받아 개체수가 증가하였다. 그러나 2회에서부터 빨간색 도화지로 바뀌며 환경의 변화가 발생하여 빨간색 단추가 눈에 덜 띄어 자연선택을 받아 최종적으로 빨간색 단추가 가장 많은 개체수를 가지게 된다.

01 **정답 맞히기** ① 지구는 약 46억 년 전에 탄생했다. 약 5.39억 년 전은 고생대가 시작된 시기이다. 과거 생물의 유해나 흔적이 지층 속에 남아 있는 것은 화석이라고 하며, 지질 시대는 지구 환경의 급격한 변화, 즉 화석의 종류가 크게 변하는 시기를 기준으로 구분한다.

02 **정답 맞히기** ④ 고생물의 유해뿐만 아니라 발자국, 배설물과 같은 흔적도 화석이 된다.

오답 피하기 ①, ②, ③ 화석 연구를 통해 지층의 생성 시기와 환경, 생물의 진화 과정 등 지구의 역사를 이해할 수 있다.
⑤ 최근의 지층일수록 진화가 많이 진행되어 현재 생물과 유사한 화석이 산출된다.

03 **정답 맞히기** ④ 화석이 생성되는 순서는 고생물의 유해나 흔적이 남아야 하고, 고생물의 유해나 흔적 위로 새로운 퇴적층이 쌓여야 한다. 이 퇴적물이 다져지고 침전물에 의해 굳어진 후 풍화·침식 작용으로 지표에 생물의 유해가 노출되어야 화석을 관찰할 수 있다.

04 **정답 맞히기** ㄱ. 선캄브리아시대 초기에 원시 지구가 식으면서 응결된 수증기가 비가 되어 내리며 바다가 만들어졌다.
ㄴ. 오존층은 고생대에 형성되어 자외선을 차단했으므로 선캄브리아시대의 지표면은 현재보다 자외선이 강했다.

오답 피하기 ㄷ. 대기 중의 산소량은 현재보다 적었다.

05 **정답 맞히기** ⑤ 선캄브리아시대에는 육상식물이 존재하지 않았다. 고생대에는 고사리류와 같은 양치식물이, 중생대에는 소철과 같은 겉씨식물이, 신생대에는 단풍나무와 같은 속씨식물이 번성하였다.

06 **정답 맞히기** ㄷ. 고생대 중기에 오존층이 형성되어 자외선이 차단되면서 육상 생물이 출현하였다.

오답 피하기 ㄱ. 포유류는 신생대에 번성하였다.
ㄴ. 암모나이트는 중생대에 번성하였다.

07 **정답 맞히기** ④ 고생대에는 양서류가, 중생대에는 파충류가, 신생대에는 포유류가 번성하였다.

08 **정답 맞히기** ㄴ, ㄷ. 스트로마톨라이트는 남세균이 분비한 끈끈한 물질에 모래나 진흙과 같은 부유물이 붙어 겹겹이 쌓여 만들어진 퇴적 구조이다.

오답 피하기 ㄱ. 남세균은 선캄브리아시대에 출현했으므로 스트로마톨라이트는 선캄브리아시대부터 현재까지 쌓인 지층에서 발견되는 화석이다.

09 **정답 맞히기** ③ (나)의 판게아는 고생대 말에 형성되었고, (가)는 판게아가 분리되는 시기인 중생대 초이다. (다)는 현재의 수륙 분포와 비슷하므로 신생대임을 알 수 있다.

10 **정답 맞히기** ④ 완족류는 고생대의 해양에 살았던 생물이다.

오답 피하기 ① 매머드는 신생대에 살았던 생물이다.
② 암모나이트는 중생대에 살았던 생물이다.
③ 화폐석은 신생대의 화석이다.
⑤ 에디아카라 생물군은 선캄브리아시대에 살았던 생물이다.

11 **정답 맞히기** ㄴ. 중생대에는 육상 파충류인 공룡이 크게 번성하였다.

오답 피하기 ㄱ. 오존층이 형성된 시기는 고생대이다.
ㄷ. 다세포 생물은 선캄브리아시대 후기에 출현하였으며, 대표적인 다세포 생물 화석으로 에디아카라 생물군이 있다.

12 **정답 맞히기** ④ 신생대에는 대륙 이동이 계속되어 중생대에 비해 대서양의 크기는 커지고 태평양의 크기는 작아졌다.

오답 피하기 ①, ②, ③, ⑤ 신생대 초기는 대체로 온난한 기후였다가 후기로 오며 빙하기와 간빙기가 반복되었다. 속씨식물과 포유류가 번성하였으며, 후기에 인류의 조상이 출현하였다.

13 **정답 맞히기** ② 고생대 말에 형성된 초대륙은 판게아이다. 삼엽충은 고생대의 대표적인 생물로 고생대 말에 멸종하였다. 공룡은 중생대, 매머드는 신생대에 번성하였던 생물이다.

14 **정답 맞히기** ① 형질은 생물이 가지고 있는 모양 또는 성질로, 같은 종에서 형질이 다른 것을 변이라고 한다. 변이는 유전정보(DNA)의 차이로 나타난다.

15 **정답 맞히기** ㄱ. 자연선택설은 영국의 생물학자 다윈이 주장한 것이다.
ㄷ. 자연선택은 개체들 중 생존과 번식에 유리한 형질을 가진 개체가 살아남아 자손을 더 많이 남기는 과정이다.

오답 피하기 ㄴ. 변이가 없는 생물 집단에서 자연선택은 일어나지 않는다.

16 **정답 맞히기** B. 돌연변이는 유전정보가 달라지는 것이므로 새로운 형질이 나타날 수 있다.
C. 변이는 유전자의 차이에 의해 나타나므로 자손에게 전달된다.

오답 피하기 A. 개와 고양이는 다른 종이다. 변이는 같은 종에서 나타나는 형질의 차이를 말한다.

17 **정답 맞히기** ㄱ. (가)는 돌연변이, (나)는 유성생식이다.
ㄷ. 돌연변이는 새로운 형질이 생물 집단에 나타나게 하고, 유성생식은 부모와 자손의 유전정보가 다르므로 부모와 다른 형질을 생물 집단에 추가하게 되므로 (가)와 (나)는 다양한 형질이 나타나게 하는 요인이다.

오답 피하기 ㄴ. 유성생식은 암수 생식세포의 수정에 의해 자손이 태어나므로 부모와 자손의 유전정보가 서로 다르다.

18 **정답 맞히기** ③ 다양한 형질(부리 모양)을 가진 핀치가 살던 섬에서 먹이 경쟁이 일어나고 자연선택에 의해 먹이 경쟁에서 이긴 핀치가 자손을 남기는 과정이므로 진화의 순서는 B → C → D → A이다.

19 **정답 맞히기** ④ (가)는 초원이라는 한 생태계에 조랑말, 사자 등 다양한 생물종이 살고 있는 것이므로 종다양성의 예이다. (나)는 강화도라는 지역에 산, 갯벌, 하천 등 다양한 종류의 생태계가 형성되어 있는 것이므로 생태계다양성의 예이다. (다)는 헬리코니우스나비라는 한 생물종의 개체들에서 유전적 차이에 의해 날개 무늬가 다르게 나타나는 것이므로 유전적 다양성의 예이다.

20 정답 맞히기 ㄱ. 생물다양성은 지구에 사는 생물 전체의 다양함을 의미한다.

ㄴ. 변이는 개체들의 유전자 차이가 생기게 하여 유전적 다양성을 높이는 요인이다.

오답 피하기 ㄷ. 진화는 새로운 생물종을 출현하게 하여 종다양성을 높이는 요인이다.

21 정답 맞히기 ㄴ. 수질오염은 하천에서 살아가는 동식물을 죽이므로 하천의 종다양성을 감소시킨다.

ㄷ. 남획은 사냥이나 고기잡이 등으로 생물을 과도하게 많이 잡는 행위로 생물다양성 감소의 원인 중 하나이다.

오답 피하기 ㄱ. 서식지가 단편화되면 생물종들의 왕래가 어려워져 생물다양성이 감소한다.

22 정답 맞히기 ㄴ. 람사르 협약은 간척과 매립으로 사라지고 있는 습지를 보전하기 위해 채택한 국제 협약으로 1971년 물새 서식처인 이란의 람사르에서 체결되어 람사르 협약으로 불린다.

ㄷ. 단일 품종 위주로 농작물을 재배하면 유전적 다양성이 감소하여 병충해 발생 시 멸종할 위험이 커진다.

오답 피하기 ㄱ. 여우나 반달가슴곰과 같이 멸종 위기에 처한 종은 국가 차원에서 복원하고 관리하는 것이 생물다양성보전을 위한 노력이다.

23 정답 맞히기 ⑤ 초원에 다양한 생물종이 존재하는 것은 종다양성에 해당한다.

오답 피하기 ①, ②, ③, ④ 한 생물종 내에서 다양한 변이가 나타나는 것은 유전적 다양성에 해당한다.

24 정답 맞히기 ㄷ. 옥수수나 사탕수수, 감자 등 녹말 작물에서 추출한 에탄올을 바이오에탄올이라고 한다.

오답 피하기 ㄱ. 쓰레기 분리배출은 생물다양성보전을 위한 노력이지만, 생물자원을 활용하는 예는 아니다.

ㄴ. 쌀, 콩, 밀은 식량으로 이용된다. 옷의 재료로 이용되는 생물은 목화나 누에 등이다.

25 정답 맞히기 ④ 국립 공원 지정을 최소화하면 개발이 이루어져 생물의 서식지가 파괴될 것이므로 생물다양성은 감소될 것이다.

실력 향상 문제
본문 94~97쪽

01 ③	**02** ④	**03** ③	**04** ⑤	**05** ③
06 ③	**07** ③	**08** ③	**09** ③	**10** ①
11 ⑤	**12** ⑤	**13** ③	**14** ②	**15** ④
16 ④	**17** ②	**18** ④	**19** ②	

01 정답 맞히기 ㄱ. A는 고생대, B는 중생대, C는 신생대, D는 선캄브리아시대이다.

ㄴ. 가장 오래된 지질 시대는 지구 탄생부터 약 5억 3900만 년 전까지인 선캄브리아시대이다.

오답 피하기 ㄷ. 선캄브리아시대는 화석이 매우 드물게 발견되고, 고생대~신생대는 화석이 비교적 많이 발견된다.

02 정답 맞히기 ㄴ. 산호는 따뜻하고 얕은 바다에서 서식하는 생물로, 산호 화석이 나왔다는 것은 수온이 높고 수심이 얕은 바다 환경이었다는 것을 뜻한다.

ㄷ. 고사리는 따뜻하고 습기가 많은 육지에서 사는 생물이다.

오답 피하기 ㄱ. 산호와 고사리는 고생대 이후부터 현재까지 살아 있는 생물로, 선캄브리아시대에는 존재하지 않았다.

03 정답 맞히기 ㄱ. (가)는 선캄브리아시대, (나)는 고생대로 그림 상에서 (나)는 양치식물과 양서류, 삼엽충이 보이므로 고생대라는 것을 알 수 있다.

ㄷ. 에디아카라 생물군 화석은 선캄브리아시대의 대표적인 화석이다. 선캄브리아시대의 지층에는 스트로마톨라이트가 발견된다.

오답 피하기 ㄴ. 선캄브리아시대의 지층에서는 화석이 거의 발견되지 않고, 고생대부터는 많은 양의 화석이 발견된다. 이는 고생대 이후의 생명체부터는 뼈, 껍질과 같이 딱딱한 부위가 존재했기 때문이다.

04 정답 맞히기 ㄱ. 지질 시대 동안 빙하기가 한 번도 없었던 시기는 중생대이다. 신생대는 중기까지는 온난했으나 말기에는 빙하기와 간빙기가 반복되고 있으며 현재는 간빙기이다.

ㄴ. 히말라야산맥은 신생대에 형성되었다.

ㄷ. 중생대는 판게아가 분리되면서 화산 활동이 활발하게 일어나 대기 중 이산화 탄소의 농도가 증가했다. 이로 인해 온실효과가 커져 전반적으로 기후가 온난했다. 신생대 말기는 중생대보다 온도가 낮으므로 이산화 탄소 농도도 더 낮을 것이라고 유추할 수 있다.

05 정답 맞히기 ㄱ. 매머드, 포유류, 속씨식물이 보이는 것으

로 보아 그림의 지질 시대는 신생대임을 알 수 있다.
ㄴ. 신생대의 바다에는 화폐석이 번성했다.

오답 피하기 ㄷ. 암모나이트는 중생대에 번성했다.

06 정답 맞히기 ㄱ. 그림은 공룡 화석이다. 공룡은 중생대에 번성한 육상 파충류이다.
ㄷ. 중생대에는 겉씨식물이 번성하였다.

오답 피하기 ㄴ. 어류는 고생대에 출현하였다.

07 정답 맞히기 ㄱ. 고생대는 약 5.39억 년 전 ~ 2.52억 년 전까지의 기간이므로 A와 B는 고생대 기간에 일어난 대멸종이다.
ㄷ. 해양 생물 과의 수는 C에 가장 크게 감소했다는 것을 그림을 통해 확인할 수 있다.

오답 피하기 ㄴ. 공룡은 중생대 말인 E에 멸종하였다.

08 정답 맞히기 ③ 지질 시대의 구분은 생물계의 큰 변화, 즉, 화석의 변화를 기준으로 구분할 수 있다. B와 C 사이에서 (가)의 생물이 멸종되고 새로운 (라)의 생물이 발견되었다. C와 D 사이에서 (나)와 (라)의 생물이 멸종되고 (마)의 생물이 발견되었다.

09 정답 맞히기 ㄱ. 매머드 화석은 신생대 지층에서만 발견되는 화석이므로 지층 A는 신생대 지층이다.
ㄴ. B는 공룡 화석으로 보아 중생대 지층이고, A는 매머드 화석으로 보아 신생대 지층이므로 이 지역의 지층은 역전되었다.

오답 피하기 ㄷ. 공룡 화석이 발견되는 것으로 보아 B는 호수, 강가와 같이 육지 환경에서 생성된 지층이다. 암모나이트는 해양 생물이므로 B에서 발견될 수 없다.

10 정답 맞히기 ㄱ. 변이는 같은 종의 개체 사이에서 나타나는 형질 차이를 뜻한다.

오답 피하기 ㄴ. 다양한 변이가 있는 생물 집단은 유전적 다양성이 풍부하기 때문에 환경 변화에 적응하는 데 적합한 유전자를 가진 개체가 있을 확률이 변이가 적은 생물 집단에 비해 높다. 그러므로 멸종할 가능성이 낮다.
ㄷ. 같은 변이를 가지고 있는 생물 집단이라도 환경이 다르면 자연선택의 결과는 달라진다.

11 정답 맞히기 ㄱ. 항생제 사용으로 세균의 개체수는 (나)에서가 (가)에서보다 감소하였다.
ㄴ. (나)에서 ㉠의 개체수는 감소하고, ㉡의 개체수는 증가한

것으로 보아 항생제에 내성이 있는 세균은 ㉡이다.
ㄷ. (가) → (나) 과정에서 환경에 가장 잘 적응한 개체가 선택되는 자연선택이 일어났다.

12 정답 맞히기 ㄱ. 산업화로 인한 환경 오염은 대기를 탁하게 만들어 흰색 나방이 포식자에게 쉽게 노출되고 검은색 나방은 적게 노출되게 하므로 검은색 나방의 생존에 유리하게 작용하였다.
ㄴ. 흰색 나방의 개체수가 줄어들고, 검은색 나방은 생존 및 번식하여 개체수가 늘어났을 것이므로 ㉡은 10보다 클 것이다.
ㄷ. 검은색 나방의 비율이 증가한 것은 자연선택의 결과이다.

13 정답 맞히기 ㄱ. (가)에서 목이 긴 기린과 목이 짧은 기린이라는 형질의 차이가 있는 것으로 보아 변이가 존재한다.
ㄴ. (나)에서 나뭇잎에 입이 닿는 기린만 살아남은 것으로 보아 높은 곳의 잎을 먹기 유리한 기린이 살아남았다는 것을 알 수 있다.

오답 피하기 ㄷ. (가) → (나) 과정이 자연선택이고, (나) → (다) 과정은 진화 과정이다.

14 정답 맞히기 ② (가)는 다양한 부리 모양을 가진 핀치가 있는 것으로 보아 A이고, (나)는 크고 단단한 씨앗을 먹을 수 있는 부리를 가진 한 종류의 핀치만이 적자생존으로 남은 것으로 보아 C이다. 적자생존은 '적합한 자가 살아남는다'는 의미이다. (다)는 씨앗에 의한 자연선택이 지속되면서 부리가 크고 두꺼워지는 핀치 집단으로 진화한 것으로 보아 B이다.

15 정답 맞히기 ④ 자연선택되는 형질을 가진 개체는 생존경쟁에서 이긴 개체로 생존율과 생식 성공률이 높다.

오답 피하기 ① 유전정보의 차이로 나타난 형질은 유전정보를 통해 자손에게 전달된다.
② 자연선택은 환경에 유리한 형질이 선택된다.
③ 자연선택은 같은 종내의 생존경쟁에서 일어난다.
⑤ 자연선택이 일어난 생물 집단에서도 다시 환경이 변화하여 생존경쟁이 일어나면 또 다른 자연선택이 일어나 진화가 일어날 수 있다.

16 정답 맞히기 ㄴ. (나)에서 (다)로 가며 A는 멸종했고, B는 개체수 비율이 크게 증가하였으므로 B가 A보다 생존에 유리했다는 것을 알 수 있다.
ㄷ. (나)에서는 3종이 존재하고 (가)에는 1종이 존재하므로 이 지역의 종다양성은 (나)에서가 (가)에서보다 높다.

오답 피하기 ㄱ. A 집단 내에서도 다양한 유전정보가 있으므로 형질은 다양할 것이다.

17 정답 맞히기 ② 귀여운 야생 동물을 발견했더라도 자연상 태에서 살아가도록 그대로 두는 것이 생물다양성보전에 도움이 된다.

18 정답 맞히기 ㄴ. 멸종 위기종 지정 및 관리는 사회적 수준에서 해야 할 노력이므로 (가)에 해당한다.

ㄷ. 생물다양성 협약, 람사르 협약 등은 ㉠에 해당한다.

오답 피하기 ㄱ. (가)는 사회적 수준의 노력, (나)는 국제적 수준의 노력, (다)는 개인적 수준의 노력이다.

19 정답 맞히기 ㄷ. (가)는 유전적 다양성, (나)는 종다양성, (다)는 생태계다양성이다. 생태계가 다르면 각각의 생태계에서 살아가는 생물종도 서로 다르게 나타나므로 생태계다양성이 높을수록 종다양성도 높게 나타난다.

오답 피하기 ㄱ. 돌연변이가 많이 일어날수록 형질이 다양해져 (가)가 높아진다.

ㄴ. 종다양성은 한 생태계에 종이 다양하고 분포 비율이 균등할수록 높다.

서술형·논술형 준비하기   본문 98쪽

서술형

1 강한 자외선은 DNA 손상, 화상 등을 일으키므로 자외선이 강한 곳에서는 생명체가 살 수 없다.

모범 답안 선캄브리아시대에는 태양으로부터 오는 강한 자외선이 육지에 도달했기 때문에 생명체가 존재할 수 없었다.

채점 기준	배점
자외선의 존재에 대해 옳게 서술한 경우	100 %
자외선에 대한 언급 없이 '오존층이 없었으므로' 등 자외선의 존재를 유추할 수 있는 서술만 있는 경우	50 %

서술형

2 특정 형질을 가진 단일 품종의 바나나 개체들은 모두 유전적으로 동일하다. 따라서 단일 품종을 대량 재배하게 되면 해당 작물의 유전적 다양성이 낮아져 환경이 변했을 때 잘 적응하지 못하고 멸종할 가능성이 높다.

모범 답안 유전적 다양성이다. 단일 종의 대량 생산 체제는 유전적 다양성이 매우 낮아 파나마병에 저항성을 가진 개체가 없기 때문이다.

채점 기준	배점
생물다양성 요소와 원인을 모두 옳게 서술한 경우	100 %
생물다양성 요소와 원인 중 1가지만 옳게 서술한 경우	50 %

서술형

3 도로로 단절된 길을 동물이 차량의 위협을 받지 않고 지하나 도로 위쪽으로 이동할 수 있도록 통로를 건설하면 서식지 단절 문제를 해결할 수 있다.

모범 답안 •도로 위쪽으로 동물이 다닐 수 있는 길(생태통로)을 건설한다.

•산을 깎아내어 도로를 건설하지 않고 산을 뚫고 지나가는 터널로 건설한다.

채점 기준	배점
타당한 해결 방안을 서술한 경우	100 %
해결 방안이기는 하지만 타당성이 부족한 경우(예 하루에 한 시간씩 차량의 도로 통행을 제한한다. 등)	50 %

논술형

4 모범 답안 생물다양성이 감소되는 주요 원인은 인간에 의한 서식지 파괴와 환경오염 때문이다. 생물다양성이 높으면 한 종이 사라져도 다른 종이 그 역할을 대신하여 생태계가 안정적으로 유지될 수 있으며, 의약품, 식량, 에너지 등 인간이 이용할 수 있는 생물자원이 많아지기 때문에 생물다양성을 보전해야 한다.

채점 기준	배점
생물다양성의 감소 원인과 생물다양성을 보전해야 하는 까닭을 타당하게 설명한 경우	100 %
생물다양성의 감소 원인과 생물다양성을 보전해야 하는 까닭 중 1가지만 타당하게 설명한 경우	50 %

교과서 탐구하기

본문 102쪽

1 부피를 달리하여 혼합하여 만든 용액의 온도를 그래프로 나타낸다.

모범 답안

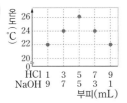

2 중화 반응이 일어나 물이 생성될 때 열이 발생한다.

모범 답안 묽은 염산에는 H^+이, 수산화 나트륨 수용액에는 OH^-이 존재하며, H^+과 OH^-이 반응하여 물이 생성될 때 열이 발생하므로 묽은 염산과 수산화 나트륨 수용액을 혼합하면 용액의 온도가 높아진다.

3 반응이 일어날 때 H^+과 OH^-은 1 : 1의 개수비로 반응하며, 중화 반응이 많이 일어날수록 발생한 열이 많아 혼합 용액의 온도가 높다.

모범 답안 C의 온도가 가장 높으므로 완전히 중화가 일어난 것은 C이다.

4 산성 용액과 염기성 용액 중 반응하고 남은 용액이 무엇인지에 따라 혼합 용액의 액성이 결정된다.

모범 답안 C에서 완전히 중화되었으므로 A와 B에서는 수산화 나트륨 수용액이 남고 이때 혼합 용액의 액성은 염기성, D와 E에서는 묽은 염산이 남고 이때 혼합 용액의 액성은 산성이다.

기초 확인 문제

본문 103~106쪽

01 ③	02 ③	03 ⑤	04 ⑤	05 ⑤
06 ③	07 ①	08 ⑤	09 ③	10 ⑤
11 ③	12 ②	13 ①	14 ①	15 ⑤
16 ①	17 ①	18 ④	19 ⑤	20 ②
21 ①	22 ⑤	23 ④		

01 정답 맞히기 ③ 이산화 탄소와 물이 반응하여 포도당과 산소가 생성되고, 화석 연료가 연소할 때 산소와 반응하고 그 결과 이산화 탄소와 물이 생성된다. 따라서 ⊙은 산소이다.

02 정답 맞히기 ③ (가)에서 C는 산소를 얻고 CO_2가 되었으므로 산화되었고, (나)에서 Zn은 전자를 잃고 Zn^{2+}이 되었으므로 산화되었으며, (다)에서 Na은 Cl와 결합할 때 Cl 원자에 전자를 주고 Na^+이 되어 Cl^-과 결합했으므로 산화되었다.

03 정답 맞히기 ㄱ, ㄴ. MgO에서 Mg은 2가 양이온, O는 2가 음이온 상태이다. 따라서 Mg과 O_2가 결합할 때 Mg은 전자를 잃고 산화되며 O_2는 전자를 얻어 환원된다.
ㄷ. MgO은 금속 원소인 Mg과 비금속 원소인 O가 결합하여 생성된 물질이므로 이온 결합 물질이다.

04 정답 맞히기 ㄱ. 산화 반응은 물질이 산소와 결합하는 것이다.
ㄴ. 환원 반응은 물질이 전자를 얻는 것이다.
ㄷ. 산화와 환원은 물질 사이에 산소를 주고받거나 전자를 주고받는 반응이므로 항상 동시에 일어난다.

05 정답 맞히기 ㄱ. (가)에서 생성된 검은색 물질은 붉은색 구리가 공기 중의 산소와 반응하여 생성된 물질(CuO)이다. 따라서 ⊙의 질량은 w g보다 크다.
ㄴ. (나)에서 CuO를 탄소 가루와 섞은 후 가열했을 때 생성된 기체를 석회수에 통과시켰을 때 석회수가 뿌옇게 흐려졌으므로 생성된 기체는 이산화 탄소이다.
ㄷ. (나)에서 일어난 반응의 화학 반응식은 다음과 같다.
$$2CuO + C \longrightarrow 2Cu + CO_2$$
따라서 (나)에서 ⊙은 산소를 잃고 Cu로 환원되었다.

06 정답 맞히기 ㄱ. 질산 은 수용액에 구리판을 넣었을 때 그림에서 구리는 전자를 잃고 산화되었고 은 이온은 전자를 얻어 환원되었다. 따라서 전자는 구리에서 은 이온으로 이동한다.
ㄴ. 질산 이온은 반응에 참여하지 않으므로 반응이 진행되더라도 수용액 속 질산 이온의 수는 일정하다.

오답 피하기 ㄷ. 질산 은 수용액에 구리를 넣었을 때 화학 반응식은 다음과 같다.
$$2Ag^+ + Cu \longrightarrow 2Ag + Cu^{2+}$$
Ag^+은 전자를 얻어 Ag으로 환원되므로 반응이 진행됨에 따라 수용액 속 Ag^+의 수는 감소하고 Cu^{2+}의 수는 증가한다.

07 정답 맞히기 ㄱ. 묽은 염산에 아연판을 넣었을 때 H^+은 전

자를 얻어 환원되고, Zn은 전자를 잃고 산화된다.

오답 피하기 ㄴ. H$^+$과 Zn의 반응은 다음과 같다.

$$2H^+ + Zn \longrightarrow H_2 + Zn^{2+}$$

따라서 H$^+$ 2개가 소모될 때 Zn^{2+} 1개가 생성되므로 수용액의 양이온 수는 감소한다.

ㄷ. 아연판의 Zn은 전자를 잃고 산화되어 수용액 속에 녹아 들어가므로 반응이 진행될수록 아연판의 질량은 감소한다.

08 정답 맞히기 ㄱ. $2Mg + CO_2 \longrightarrow 2\boxed{\text{㉠}} + C$에서 반응 전후 원소의 종류와 원자의 수가 같으므로 ㉠은 MgO이다.

ㄴ. Mg은 CO_2로부터 산소를 얻어 MgO이 되며, CO_2는 산소를 잃고 C가 된다. 따라서 Mg과 CO_2 사이에 산소가 이동한다.

ㄷ. CO_2는 산소를 잃고 C가 되므로 환원된다.

09 정답 맞히기 ㄱ, ㄴ. 질산 은 수용액에 철못을 넣었을 때 못 표면에서 금속 X가 석출되었으므로 은 이온은 전자를 얻어 환원되어 은(X)으로 석출되었고, 철은 전자를 잃고 철 이온으로 산화되었음을 알 수 있다.

오답 피하기 ㄷ. 질산 이온은 반응에 참여하지 않으므로 산화되지도 환원되지도 않는다.

10 정답 맞히기 ㄱ. (가)와 (나)에는 모두 이온이 존재하므로 전류가 흐른다.

ㄴ. 마그네슘 조각을 넣었을 때 수소 기체가 발생하는 것은 H$^+$이 존재하는 (가)이다.

ㄷ. 페놀프탈레인 용액을 넣었을 때 붉은색으로 변하는 것은 OH$^-$이 존재하는 (나)이다.

11 ㄱ. HCl, HNO$_3$, CH$_3$COOH의 이온화 반응식은 아래와 같다.

$$HCl \longrightarrow H^+ + Cl^-$$
$$HNO_3 \longrightarrow H^+ + NO_3^-$$
$$CH_3COOH \longrightarrow H^+ + CH_3COO^-$$

따라서 ㉠은 H$^+$이다.

ㄷ. 레몬즙은 신맛이 나며, 신맛은 산의 성질에 해당한다. 산의 성질은 H$^+$ 때문에 나타나므로 레몬즙에 H$^+$이 들어 있다.

오답 피하기 ㄴ. 산성 용액에 붉은색 리트머스 종이를 넣으면 색 변화는 일어나지 않는다. 산성 용액에 푸른색 리트머스 종이를 넣었을 때 붉게 변하는데, 이것은 H$^+$ 때문이다.

12 정답 맞히기 ㄷ. HCl, HNO$_3$은 산, NaOH, KOH은 염기이다. 분류 기준 ㉠에 대하여 '예'에 해당하는 물질이 모두 산이므로 ㉠은 산의 성질이 적절하다. 산이 녹아 있는 수용액에 마그네슘 조각을 넣으면 수소 기체가 발생하므로 '수용액에 마그네슘 조각을 넣었을 때 수소 기체가 발생하는가?'는 ㉠으로

적절하다.

오답 피하기 ㄱ. 산과 염기 수용액은 모두 전류가 흐른다. 따라서 '수용액에서 전류가 흐르는가?'는 ㉠으로 적절하지 않다.

ㄴ. 산성 수용액에 BTB 용액을 떨어뜨리면 노란색으로 변한다. 따라서 '수용액에 BTB 용액을 떨어뜨렸을 때 초록색인가?'는 ㉠으로 적절하지 않다.

13 정답 맞히기 ① 수산화 나트륨은 염기이고, 물에 녹였을 때 NaOH $\longrightarrow$ Na$^+$+OH$^-$으로 이온화한다. 수용액에 존재하는 OH$^-$으로 인해 염기성이 나타난다. 따라서 문제의 그림과 같이 장치한 후 전류를 흘려주면 OH$^-$이 (+)극으로 이동하므로 붉은색 리트머스 종이가 실에서부터 (+)극 쪽으로 푸른색으로 변해간다.

14 정답 맞히기 ㄴ. CH$_3$COOH은 산이므로 CH$_3$COOH이 녹아 있는 수용액에 달걀 껍데기를 넣으면 이산화 탄소 기체가 발생한다.

오답 피하기 ㄱ, ㄷ. NaOH과 Ca(OH)$_2$은 모두 염기이므로 수용액에 달걀 껍데기를 넣더라도 반응이 일어나지 않는다.

15 정답 맞히기 ㄱ. 질산 칼륨 수용액을 적신 푸른색 리트머스 종이 위에 묽은 염산을 적신 실을 올린 후 전류를 흘렸을 때 H$^+$이 (−)극으로 이동하므로 실에서부터 (−)극 쪽으로 붉게 변해간다. 따라서 A극은 (−)극이다.

ㄴ. Cl$^-$은 음이온이므로 (+)극인 B극으로 이동한다.

ㄷ. 푸른색 리트머스 종이가 붉은색으로 변하는 것은 산성 수용액에 들어 있는 H$^+$ 때문이다. 묽은 염산은 산성이고, 묽은 황산도 산성이다. 따라서 묽은 황산으로 실험해도 같은 결과가 나타난다.

16 정답 맞히기 ㄱ. 산과 염기 수용액에는 모두 이온이 존재하므로 전기 전도성이 있다.

오답 피하기 ㄴ. 탄산 칼슘과 반응하여 이산화 탄소 기체가 발생하는 것은 산의 성질이다.

ㄷ. 페놀프탈레인 용액을 넣었을 때 붉은색으로 변하는 것은 염기의 성질이다.

17 정답 맞히기 ㄱ. (가)와 (나)를 혼합하면 H$^+$과 OH$^-$이 1 : 1로 반응하여 H$_2$O이 생성되므로 완전히 중화되고, 이때 수용액에는 A$^-$ 2개, B$^+$ 2개가 들어 있다. 따라서 (가)와 (나)의 혼합 용액에 들어 있는 양이온 수와 음이온 수는 같다.

오답 피하기 ㄴ. 탄산 칼슘을 넣었을 때 이산화 탄소 기체가 발생하는 것은 산성 용액이다. (가)와 (나)의 혼합 용액은 중성이므로 탄산 칼슘을 넣더라도 이산화 탄소 기체가 발생하지 않는다.

ㄷ. 붉은색 리트머스 종이를 푸르게 변화시키는 것은 염기의 성질이다. (가)와 (나)의 혼합 용액은 붉은색 리트머스 종이를 푸르게 변화시키지 않는다.

18 정답 맞히기 ㄴ. (가)에 들어 있는 H^+은 2개, (나)에 들어 있는 OH^-은 2개이므로 (가)와 (나)를 혼합하면 완전히 중화되고 생성된 물 분자는 2개로 Na^+의 수와 같다.
ㄷ. 중화 반응이 일어날 때 열이 발생한다. 따라서 $t_1 < t_2$이다.

오답 피하기 ㄱ. 혼합 용액은 중성이다. 따라서 BTB 용액을 떨어뜨리면 초록색이 된다.

19 정답 맞히기 ㄱ. 생선 비린내의 성분은 염기성이고, 레몬즙은 산성이다. 따라서 레몬즙 대신 산성인 식초를 사용해도 된다.
ㄴ. 위산은 산성이고, 위산 과다 분비로 속이 쓰릴 때 염기성인 제산제를 먹어 중화시킨다. 따라서 제산제를 물에 녹인 후 BTB 용액을 떨어뜨리면 푸른색으로 변한다.
ㄷ. 산성화된 토양을 중화시키기 위해 염기성인 재를 뿌린다.

20 정답 맞히기 ㄴ. 용액의 온도는 완전히 중화된 (다)가 가장 높다.

오답 피하기 ㄱ. 총 이온 수는 (가)와 (나)가 4로 같다.
ㄷ. (다)는 중성, (라)는 염기성이므로 (다)는 무색, (라)는 붉은색이다.

21 정답 맞히기 ① H^+과 Cl^-이 들어 있는 일정량의 묽은 염산에 K^+과 OH^-이 들어 있는 수산화 칼륨 수용액을 조금씩 넣으면 묽은 염산에 들어 있던 H^+과 넣어준 수산화 칼륨 수용액 속 OH^-이 반응하므로 완전히 중화가 되는 지점까지 H^+은 감소하고 이후에는 존재하지 않고, OH^-은 완전히 중화되는 지점까지 존재하지 않다가 이후 증가한다. Cl^-과 K^+은 반응에 참여하지 않으므로 Cl^-의 수는 넣어진 수산화 칼륨 수용액의 부피와 무관하게 일정하며, K^+은 넣어진 수산화 칼륨 수용액의 부피와 비례하여 증가한다. 따라서 A는 K^+, B는 Cl^-, C는 H^+, D는 OH^-이다.

22 정답 맞히기 ㄱ. 같은 부피에 들어 있는 양이온 수가 같은 묽은 염산과 수산화 나트륨 수용액은 같은 부피로 반응할 때 완전히 중화된다. 따라서 가장 중화 반응이 많이 일어난 (나)의 온도가 가장 높다.
ㄴ. (다)에서는 반응하지 않고 남은 묽은 염산의 부피가 20 mL이고, (라)에서는 반응하지 않고 남은 묽은 염산의 부피가 40 mL이므로 H^+의 수는 (라)가 (다)의 2배이다.
ㄷ. (가)에는 반응하지 않고 남은 수산화 나트륨 수용액의 부피가 20 mL, (라)에는 반응하지 않고 남은 묽은 염산의 부피가

40 mL이므로 (가)와 (라)를 혼합하면 묽은 염산 20 mL가 반응하지 않고 남는다. 따라서 (가)와 (라)를 혼합한 수용액의 액성은 산성이다.

23 정답 맞히기 ㄱ. 더운 여름날 물을 뿌리면 물이 수증기로 기화하며 주위의 열을 흡수하므로 주변이 시원해진다.
ㄷ. 얼음이 녹을 때 주위로부터 열을 흡수하여 물로 상태 변화한다.

오답 피하기 ㄴ. 손난로를 흔들면 따뜻해지는 것은 열이 발생하기 때문이다.

실력 향상 문제				본문 107~110쪽
01 ③	**02** ⑤	**03** ③	**04** ⑤	**05** ⑤
06 ④	**07** ③	**08** ⑤	**09** ③	**10** ①
11 ②	**12** ⑤	**13** ③	**14** ④	**15** ⑤
16 ②	**17** ①			

01 정답 맞히기 ㄱ, ㄷ. (가)와 (나)는 모두 산소 이동이 일어나는 산화·환원 반응이다. Fe_2O_3은 금속 원소인 Fe과 비금속 원소인 O가 결합한 이온 결합 물질이며, Fe_2O_3에서 O는 2가 음이온, Fe은 3가 양이온 상태이다. 따라서 (가)에서 Fe이 O와 결합하여 Fe_2O_3을 생성할 때 Fe은 전자를 잃고 산화되며, O_2는 전자를 얻어 환원된다. (나)에서 Fe_2O_3이 CO와 반응하여 Fe이 되었으므로 이 반응에서 Fe은 전자를 얻었고 환원되었음을 알 수 있다. 따라서 (가)와 (나)에서 모두 전자 이동이 일어난다.

오답 피하기 ㄴ. (가)와 (나)에서 Fe과 CO는 모두 산소와 결합하므로 모두 산화되었다.

02 정답 맞히기 ㄱ, ㄴ. 붉은색 구리를 가열했을 때 검은색 물질이 생성되었고, 이 물질은 구리가 공기 중의 산소와 결합하여 생성된 산화 구리(CuO)이다. 따라서 구리를 가열할 때 구리는 산화된다.
ㄷ. 구리의 질량은 가열 전 0.89 g이고, 가열 후 1.00 g이므로 0.11 g은 구리와 결합한 산소의 질량이다.

03 정답 맞히기 ㄱ. 화학 반응 전후 원자의 종류와 수는 같다. 따라서 ㉠은 H_2O이다.
ㄴ. (나)에서 CuO는 C와 반응하여 산소를 잃고 Cu로 환원되었고, C는 산소를 얻어 CO_2로 산화되었다. CuO는 금속 원소인 Cu와 비금속 원소인 O가 결합한 이온 결합 물질이며,

CuO에서 O는 2가 음이온, Cu는 2가 양이온 상태이다. CuO가 C와 반응하여 Cu가 되었으므로 CuO는 산소를 잃으면서 전자를 얻어 환원되므로 C는 산소를 얻어 CO_2가 되면서 전자를 잃고 산화되었음을 알 수 있다.

오답 피하기 ㄷ. (다)에서 Cu는 O와 결합하여 산화된다.

04 정답 맞히기 ㄱ. (가)와 (나)에서 모두 금속 표면에서 고체가 석출되었으므로 반응이 일어났음을 알 수 있다. (가)에서 A는 전자를 잃고 산화되어 수용액으로 녹아들어갔고, B 이온은 전자를 얻어 환원되어 금속 A 표면에 고체로 석출되었다.

ㄴ. (나)에서 C는 전자를 잃고 산화되어 수용액으로 녹아들어갔고, A 이온은 전자를 얻어 환원되어 금속 C 표면에 고체로 석출되었다. 따라서 전자는 금속 C에서 A 이온으로 이동했다.

ㄷ. 금속과 금속 양이온의 반응에서 반응 전후 수용액에 들어 있는 양이온 수는 금속 이온의 전하에 의해 달라진다. 수용액에 들어 있던 금속 이온의 전하가 반응 후 생성된 금속 이온의 전하보다 크다면 반응 후 수용액 속 양이온의 수는 반응 전보다 증가하게 된다(예를 들어, $2X + Y^{2+} \longrightarrow 2X^+ + Y$의 반응에서 Y^{2+} 1개가 전자를 얻어 Y가 될 때, X^+ 2개가 생성되므로 반응 후 양이온 수는 반응 전보다 증가한다). (가)와 (나)에서 전체 이온 수는 모두 증가했으므로 (가)에서 반응 전 B 이온의 전하는 반응 후 생성된 A 이온의 전하보다 크고, (나)에서 반응 전 A 이온의 전하는 반응 후 생성된 C 이온의 전하보다 큼을 알 수 있다. 따라서 금속 양이온의 전하는 B 이온이 가장 크므로 $a \sim c$ 중 b가 가장 크다.

05 정답 맞히기 ㄱ, ㄴ. 질산 은 수용액에 구리줄을 넣었을 때 구리줄 표면에 고체가 석출되었으므로 질산 은 수용액에 들어 있던 Ag^+과 넣은 Cu가 다음과 같이 반응했음을 알 수 있다.

$$2Ag^+ + Cu \longrightarrow 2Ag + Cu^{2+}$$

따라서 Ag^+은 전자를 얻어 환원되었고, Cu는 전자를 잃고 Cu^{2+}이 되었다.

ㄷ. Ag^+과 Cu가 반응하여 구리줄 표면에 Ag이 석출될 때 수용액으로 Cu^{2+}이 녹아들어 가 수용액 색이 푸르게 변한다. 따라서 반응이 진행될수록 수용액의 색은 점점 푸른색으로 변한다.

06 정답 맞히기 ④ 탄산, 아세트산, 수산화 나트륨, 설탕 중 수용액에서 전류가 흐르는 물질은 탄산, 아세트산, 수산화 나트륨이고, 수용액에 페놀프탈레인 용액을 넣었을 때 붉게 변하는 것은 염기의 성질로 수산화 나트륨이 해당되며, 수용액에 달걀 껍데기를 넣었을 때 기체가 발생하는 것은 산의 성질로 탄산과 아세트산이 해당된다. 따라서 ⊙은 '수용액에 달걀 껍데기를 넣으면 기체가 발생하는가?', ⓒ은 '수용액에 페놀프탈레인 용액을 넣으면 붉게 변하는가?'가 적절하다.

07 정답 맞히기 ㄱ. 탄산 음료에 들어 있는 주성분인 H_2CO_3은 이온화되어 H^+을 내놓으므로 탄산 음료의 액성은 산성임을 알 수 있다.

ㄴ. 식초의 주성분인 CH_3COOH은 이온화하여 H^+을 내놓는다. 따라서 식초에 마그네슘 조각을 넣으면 마그네슘과 H^+이 반응하여 수소 기체가 발생한다.

오답 피하기 ㄷ. 식초는 산성으로 페놀프탈레인 용액을 떨어뜨렸을 때 색 변화가 없다. 하수구 세정제의 주성분인 NaOH은 이온화하여 OH^-을 내놓으므로 하수구 세정제의 액성은 염기성이다. 따라서 하수구 세정제에 페놀프탈레인 용액을 떨어뜨렸을 때 붉은색이 된다.

08 정답 맞히기 ㄱ. HA 수용액에 H^+이 존재하므로 HA는 산이다.

ㄴ. 이온이 녹아 있는 수용액은 전기적으로 중성이다. BOH 수용액에 들어 있는 이온 수 비는 B 이온 : $OH^- = 1 : 2$이므로 B 이온은 2가 양이온이다.

ㄷ. BTB 용액을 넣었을 때 노란색으로 변하는 것은 산성 용액이므로 HA 수용액이다.

09 정답 맞히기 ③ 달걀 껍데기를 넣었을 때 반응하여 기체가 발생하는 것은 산성 용액이므로 CH_3COOH과 H_2SO_4이 해당되는데, 수용액에 존재하는 이온 수 비가 양이온 : 음이온 $= 2 : 1$인 물질은 H_2SO_4이다.

오답 피하기 ① CH_3COOH 수용액은 산성이지만 수용액에 존재하는 이온 수 비는 양이온 : 음이온 $= 1 : 1$이다.

②, ④, ⑤ $Ca(OH)_2$, NaOH, $Ba(OH)_2$ 수용액에는 수소 이온이 존재하지 않아 달걀 껍데기를 넣었을 때 반응이 일어나지 않으므로 기체가 발생하지 않는다.

10 정답 맞히기 ㄴ. 아세트산은 물에 녹아 다음과 같이 이온화한다.

$$CH_3COOH \longrightarrow CH_3COO^- + H^+$$

따라서 (−)극 쪽으로 색이 변한 것은 아세트산 수용액 속 H^+이 (−)극으로 이동했기 때문이다.

오답 피하기 ㄱ. 산성과 염기성은 각각 H^+, OH^-에 의해 나타난다. H^+과 OH^-은 전류를 흘려주었을 때 각각 (−)극과 (+)극으로 이동한다. ⊙색 리트머스 종이에 ⓒ 수용액을 적신 실을 올려놓고 전류를 흘려 주었더니 (−)극 쪽으로 색이 변하였으므로 H^+의 이동에 의한 색 변화가 나타났음을 알 수 있다. 따라서 ⊙으로 적절한 것은 '푸른'이다.

ㄷ. 질산 칼륨은 중성 물질이므로 푸른색 리트머스 종이를 이 수용액에 적시더라도 리트머스 종이의 색이 변하지 않는다. 그

러나 묽은 염산은 산성이므로 푸른색 리트머스 종이를 적시면 리트머스 종이의 색이 붉은색으로 변하기 때문에 질산 칼륨 수용액 대신 묽은 염산을 사용하는 것은 적절하지 않다.

11 정답 맞히기 ② Mg과 반응하여 수소 기체를 발생시키는 것은 산성 용액으로 HCl 수용액이 해당되므로 (가)와 (나)의 가짓 수는 각각 1, 2이다. 페놀프탈레인 용액을 붉게 변화시키는 물질은 염기성 용액으로 NaOH이 해당되므로 (다)와 (라)의 가짓 수는 각각 1, 2이다.

12 정답 맞히기 ㄱ. 이온이 녹아 있는 수용액에서 양이온과 음이온의 전하의 합은 0이다. (나)에 들어 있는 이온 수 비는 OH^- : A 이온=2 : 1이므로 A 이온은 2가 양이온이다.

ㄴ. (가)는 H^+이 녹아 있는 산 수용액이고, (나)는 OH^-이 녹아 있는 염기 수용액이다. 따라서 (가)와 (나)를 혼합하면 중화 반응이 일어나고 이때 $H^+ + OH^- \longrightarrow H_2O$의 반응이 일어나 물이 생성된다.

ㄷ. 중화 반응이 일어나 물이 생성될 때 열이 발생한다. 따라서 (다)의 온도는 반응 전 산과 염기 수용액의 온도(t ℃)보다 높다.

13 정답 맞히기 ㄱ, ㄴ. 묽은 염산(HCl)에는 H^+과 Cl^-이 존재하고, 수산화 나트륨 수용액에는 OH^-과 Na^+이 1 : 1의 이온 수 비로 존재하며, 수산화 칼슘 수용액에는 OH^-과 Ca^{2+}이 2 : 1의 이온 수 비로 존재한다. 따라서 수산화 나트륨 수용액과 수산화 칼슘 수용액에는 OH^-이 동일하게 들어 있으므로 ●이 OH^-이고, ●과 ▲이 2 : 1의 이온 수 비로 들어 있는 (다)가 수산화 칼슘 수용액이고, (나)는 수산화 나트륨 수용액이다. 따라서 (가)는 묽은 염산이다.

오답 피하기 ㄷ. (가)에는 H^+과 Cl^-이 2개씩 들어 있고, (다)에는 OH^-과 Ca^{2+}이 각각 4개, 2개 들어 있다. 따라서 (가)와 (다)를 혼합했을 때 OH^-은 2개가 중화 반응하고 2개가 남아 있고, Cl^-과 Ca^{2+}은 각각 2개씩 들어 있다. 따라서 혼합 용액에서 전체 양이온 수는 2, 전체 음이온 수는 4로 전체 음이온 수가 전체 양이온 수보다 크다.

14 정답 맞히기 ④ 중화 반응이 일어나면 열이 발생하므로 수용액의 온도가 높아진다. C는 온도가 가장 높고 묽은 염산과 수산화 나트륨 수용액이 같은 부피로 혼합된 것으로 완전히 중화되었다. 따라서 페놀프탈레인 용액에 의해 붉게 변하는 것은 묽은 염산보다 수산화 나트륨 수용액의 부피가 더 큰 A와 B이다.

오답 피하기 ①, ② A와 B는 염기성으로 OH^-이 들어 있고, BTB 용액을 떨어뜨리면 푸른색으로 변한다.
③ C는 완전히 중화된 혼합 용액으로 생성된 물 분자 수가 가장 많다.

⑤ A는 반응하지 않은 수산화 나트륨 수용액이 20 mL, D는 반응하지 않은 묽은 염산이 10 mL 남아 있으므로 A와 D를 혼합하면 수산화 나트륨 수용액 10 mL가 남는다. 따라서 염기성이다.

15 정답 맞히기 ㄱ. 묽은 염산 10 mL에 수산화 칼륨 수용액을 조금씩 넣으면 H^+은 감소하다가 완전히 중화된 이후에는 혼합 용액에 존재하지 않고, Cl^-은 반응에 참여하지 않으므로 넣은 수산화 칼륨 수용액의 부피와 무관하게 수가 일정하다. OH^-은 완전히 중화된 이후부터 수가 증가하며, K^+은 반응에 참여하지 않으므로 수산화 칼륨 수용액의 부피에 비례하여 증가한다. 따라서 이온 X는 OH^-이다.

ㄴ. 묽은 염산 10 mL에 수산화 칼륨 수용액 10 mL 넣었을 때 완전히 중화되었으므로 두 수용액은 같은 부피에 들어있는 전체 이온 수가 같다.

ㄷ. (나)는 완전히 중화된 지점이고, (가)는 완전히 중화된 지점의 $\frac{1}{2}$인 지점이다. 묽은 염산 10 mL에 H^+, Cl^-이 각각 10개씩 들어 있었다고 할 때, 수산화 칼륨 수용액 5 mL에 K^+, OH^-은 각각 5개씩 들어 있으므로 (가)에서 혼합 용액에 들어 있는 이온은 H^+, Cl^-, K^+이고, 수는 각각 5, 10, 5이므로 이온 수가 가장 큰 것은 Cl^-이다.

16 정답 맞히기 ㄴ. Cl^-은 반응에 참여하지 않으므로 넣은 수산화 나트륨 수용액의 부피와 무관하게 수는 일정하다. 따라서 단위 부피당 Cl^-의 수는 (가)>(나)>(다)이다.

오답 피하기 ㄱ. 묽은 염산 10 mL에 수산화 나트륨 수용액 총 20 mL를 넣은 수용액 (다)에 존재하는 이온이 2가지이므로 (다)에서 완전히 중화되었다. 따라서 묽은 염산이 수산화 나트륨 수용액보다 같은 부피에 들어 있는 양이온 수가 크다.

ㄷ. (다)는 완전히 중화된 지점이므로 (다)에 수산화 나트륨 수용액 10 mL를 추가하더라도 중화 반응은 일어나지 않는다. 따라서 혼합 용액의 온도는 (다)보다 낮다.

17 정답 맞히기 ㄱ. 드라이아이스가 승화하여 이산화 탄소 기체가 되는 것은 고체 상태의 이산화 탄소가 기체 상태로 상태 변화하는 것이므로 물리 변화에 해당한다.

오답 피하기 ㄴ. (가)에서 고체가 기체로 승화하기 위해서는 열을 흡수해야 한다. 따라서 (가)에서 일어나는 반응은 흡열 반응이다.

ㄷ. 마그네슘이 이산화 탄소로부터 산소를 얻어 빛과 열을 내며 연소하는 것은 발열 반응이다.

서술형

1 산화 반응은 물질이 전자를 잃는 것, 환원 반응은 물질이 전자를 얻는 것이다.

모범 답안 반응 후 구리줄 표면에 고체가 생성되었고, 수용액의 색이 푸른색으로 변한 것으로부터 질산 은 수용액의 Ag^+과 Cu가 반응했음을 알 수 있다. 따라서 이 반응을 화학 반응식으로 나타내면

$$2AgNO_3 + Cu \longrightarrow 2Ag + Cu(NO_3)_2$$

이고, Ag^+은 전자를 얻어 Ag으로 환원되었고, Cu는 전자를 잃고 Cu^{2+}으로 산화되었다.

채점 기준	배점
화학 반응식을 옳게 쓰고, 전자를 얻은 물질과 잃은 물질을 토대로 산화된 물질과 환원된 물질을 제시하여 산화·환원 반응을 옳게 설명한 경우	100 %
산화된 물질과 환원된 물질을 제시하며 전자 이동만 서술한 경우	50 %

서술형

2 중화 반응의 화학 반응식은 $H^+ + OH^- \longrightarrow H_2O$이다.

모범 답안 (다)는 H^+과 OH^-이 존재하지 않으므로 완전히 중화된 지점이다. 중화 반응이 일어나면 중화열이 발생하여 혼합 용액의 온도가 높아지므로 중화 반응이 많이 일어날수록 더 많은 열이 발생한다. 따라서 수용액의 온도는 (가)<(나)<(다)이고, (라)는 온도가 낮은 수산화 나트륨 수용액이 (다)에 추가되었으므로 (라)의 온도는 (다)보다 낮다.

채점 기준	배점
중화 반응이 일어날 때 중화열이 발생함을 근거로 들어 온도가 가장 높은 혼합 용액을 옳게 제시한 경우	100 %
온도가 가장 높은 혼합 용액만 옳게 쓴 경우	50 %

논술형

3 **모범 답안** 자외선이 강할 때는 염화 이온(Cl^-)에서 은 이온(Ag^+)으로 전자가 이동하므로 염화 이온(Cl^-)은 산화되고 은 이온(Ag^+)은 환원된다. 또한 구리 이온(Cu^+)에서 염소(Cl)로 전자가 이동하므로 구리 이온(Cu^+)은 산화되고 염소(Cl)는 환원된다. 반면, 자외선이 약할 때는 은(Ag)에서 구리 이온(Cu^{2+})으로 전자가 이동하므로 은(Ag)은 산화되고 구리 이온(Cu^{2+})은 환원된다. 즉, 광변색 렌즈에 적용된 화학 반응은 산화·환원 반응이며, 이러한 화학 반응이 적용된 사례로 도시가스의 연소, 철의 부식을 들 수 있다. 도시가스의 주성분은 메테인으로 메테인이 연소될 때 공기 중의 산소와 반응하여 물

과 이산화 탄소가 생성된다. 이때 메테인은 산소와 결합하여 산화되고, 산소는 환원된다. 철이 부식될 때는 철은 공기 중 산소와 결합하여 산화 철(Ⅲ)(Fe_2O_3)을 형성한다. 산화 철은 금속 원소인 철과 비금속 원소인 산소가 결합하여 형성된 것이므로 이온 결합 물질이며, 산화 철에서 철은 3가 양이온, 산소는 2가 음이온 상태이다. 따라서 철이 산소와 결합할 때 철은 전자를 잃고 산화되고, 산소는 전자를 얻어 환원된다.

채점 기준	배점
자외선이 강할 때와 약할 때 렌즈에서 일어나는 반응을 옳게 설명하고, 이러한 화학 반응이 적용된 사례를 2가지 제시한 후 전자의 이동 또는 산소의 이동으로 원리를 옳게 서술한 경우	100 %
자외선이 강할 때와 약할 때 렌즈에서 일어나는 반응을 옳게 설명하고, 이러한 화학 반응이 적용된 사례를 2가지 제시한 경우	70 %
우리 생활 주변에서 이와 같은 화학 반응이 적용된 사례를 2가지 제시한 경우	20 %

01 ④　**02** ⑤　**03** ③　**04** ⑤　**05** ④
06 ④　**07** ⑤　**08** ④　**09** ③　**10** ⑤
11 ⑤　**12** ③　**13** ③　**14** ⑤　**15** ④
16 ⑤

01 **정답 맞히기** ㄱ. (가)는 스트로마톨라이트, (나)는 삼엽충 화석이다. 스트로마톨라이트는 현재도 만들어지고 있으며, 선캄브리아 시대 지층부터 신생대 지층까지 발견되는 화석이고, 삼엽충은 고생대 지층에서만 발견되는 화석이다.

ㄷ. 스트로마톨라이트를 만드는 남세균과 삼엽충은 해양 생물이다.

오답 피하기 ㄴ. 삼엽충은 무척추동물이다.

02 **정답 맞히기** ㄱ. 암모나이트는 중생대, 화폐석은 신생대에 번성했으므로 (가)는 (나)보다 먼저 생성되었다.

ㄴ. 암모나이트, 화폐석은 해양 생물의 화석이다.

ㄷ. 공룡이 번성했던 중생대의 해양에서는 암모나이트가 번성했다.

03 정답 맞히기 ㄱ. 삼엽충은 고생대 말인 A 시기에 멸종하였다.

ㄷ. 해양 생물 과의 수 감소 비율은 A 시기에는 약 50 %이고, B 시기에는 약 30 %로 A 시기가 더 크다.

오답 피하기 ㄴ. B 시기는 중생대 말로, 운석 충돌이 유력한 대멸종의 요인이다. 초대륙인 판게아는 고생대 말에 형성되었다.

04 정답 맞히기 ㄱ. A는 해양 생물이므로 삼엽충, B는 포유류인 매머드, C는 파충류인 공룡이다.

ㄴ. 매머드가 번성했던 시대는 신생대로, 신생대에 히말라야산맥이 형성되었다.

ㄷ. 삼엽충은 고생대, 공룡은 중생대, 매머드는 신생대에 번성했다.

05 정답 맞히기 ㄱ. 해충 집단에는 살충제에 내성이 있는 개체와 살충제에 내성이 없는 개체가 있으므로 형질의 차이인 변이가 존재한다.

ㄴ. 살충제 살포 후, ㉠의 개체수가 증가하였으므로 ㉠이 살충제 내성이 있는 해충이다.

오답 피하기 ㄷ. 살충제 살포라는 환경 변화로 인해 ㉠과 ㉡의 비율이 변한 것은 자연선택의 결과이다.

06 정답 맞히기 ㄴ. A에는 4개의 종이 있고, B에는 3개의 종이 있으므로 A의 종다양성이 더 높다.

ㄷ. 거미 배 부분 색은 A에는 4가지 종류가 있고, B에는 1가지 종류만 있으므로 거미 배 부분 색의 유전적 다양성은 A에서가 더 높다.

오답 피하기 ㄱ. A에는 사막에서는 생존하기 어려운 개구리, 나무 등이 있는 것으로 보아 사막 환경이 아니다.

07 정답 맞히기 ㄱ. (가)는 생태계다양성, (나)는 종다양성, (다)는 유전적 다양성이다.

ㄴ. 환경이 급격하게 변했을 때 유전적 다양성이 높은 종이 낮은 종보다 멸종될 확률이 낮다.

ㄷ. 사막, 삼림, 습지, 초원 등의 환경이 다양하게 나타나는 것은 생태계다양성이 높은 것이다.

08 정답 맞히기 ㄱ. 초록색 초콜릿 중 3개가 노란색 초콜릿으로 교체되는 것은 형질의 변화로 돌연변이를 표현한 것이다.

ㄷ. 노란색 도화지에서 노란색 초콜릿은 다른 색보다 눈에 잘 띄지 않으므로 도화지 밖으로 제거되지 않고 계속 남을 것이다. 그러므로 횟수가 증가할수록 노란색 초콜릿의 비율은 증가할 것이다.

오답 피하기 ㄴ. (다)에서 같은 색 초콜릿을 추가하는 것은 생식 과정을 표현한 것이다.

09 정답 맞히기 ㄱ, ㄴ. 산화 구리(Ⅱ)와 탄소의 반응으로 붉은색 고체 물질이 생성되었고, 석회수가 뿌옇게 흐려졌으므로 구리와 이산화 탄소가 생성되었음을 알 수 있다. 따라서 산화 구리(Ⅱ)는 산소를 잃고 환원되었고, 탄소는 산소를 얻어 산화되었다.

오답 피하기 ㄷ. 산화 구리(Ⅱ)와 탄소의 반응의 화학 반응식은 다음과 같다.

$$2CuO + C \longrightarrow 2Cu + CO_2$$

CuO에서 구리는 2가 양이온, 산소는 2가 음이온 상태이다. CuO가 산소를 잃는 과정에서 Cu^{2+}은 전자를 얻고 Cu가 되며 환원되었다.

10 정답 맞히기 ㄱ, ㄴ. 금속 A판을 질산 은($AgNO_3$) 수용액에 넣었을 때 A판 표면에 은백색 고체 물질이 생성되고 무색이었던 수용액이 푸른색을 띠었으므로 수용액 속에 들어 있던 Ag^+과 금속 A가 반응하여 Ag^+은 전자를 얻어 Ag으로 환원되어 석출되었고, A는 전자를 잃고 양이온으로 수용액에 녹아 들어 갔음을 알 수 있다. 따라서 ㉠은 Ag이고, ㉡은 A 이온 때문이다.

ㄷ. 반응 후 수용액에 들어 있는 양이온 수가 반응 전보다 작은 것은 금속 A의 이온의 전하는 Ag^+보다 커서 A 이온이 1개 생성될 때 전자를 얻어 환원된 Ag^+은 1개보다 많기 때문이다.

11 정답 맞히기 ㄱ, ㄴ. 묽은 염산에 아연판을 넣으면 H^+은 전자를 얻고 환원되어 H_2가 생성되고, 아연은 전자를 잃고 산화되어 Zn^{2+}의 상태로 수용액 속에 녹아들어간다. 따라서 수용액의 질량은 증가하고, 아연판의 질량은 감소한다.

ㄷ. H^+ 2개가 환원되어 수용액에서 빠져나갈 때 Zn^{2+} 1개가 수용액으로 녹아들어 가므로 전체 양이온 수는 감소하고, Cl^-은 반응에 참여하지 않으므로 전체 이온 수는 감소한다.

12 정답 맞히기 ㄱ, ㄴ. 묽은 염산과 아세트산 수용액은 푸른색 리트머스 종이를 붉게 변화시키는 성질이 있고, 이 성질은 H^+ 때문에 나타난다. 따라서 질산 칼륨 수용액에 적신 푸른색 리트머스 종이 위에 묽은 염산과 아세트산 수용액을 적신 실을 올려놓은 후 전류를 흘렸을 때 실에서 A극 쪽으로 붉게 변해간 것은 H^+이 이동했기 때문이며, A극은 (−)극임을 알 수 있다.

오답 피하기 ㄷ. 수산화 칼슘($Ca(OH)_2$)은 염기이다. 따라서 묽은 염산 대신 수산화 칼슘 수용액을 이용하여 실험하면 같은 결과를 얻을 수 없다.

정답과 해설

13 정답 맞히기 ㄱ. 수용액에 BTB 용액을 떨어뜨리면 푸른 색으로 변하는 것은 염기성인 NaOH이고, 수용액에 Mg 조각을 넣으면 수소 기체가 발생하는 것은 산성인 HCl이다. 따라서 ㉠은 NaOH, ㉡은 KNO₃, ㉢은 HCl이다.

ㄴ. NaOH, KNO₃, HCl을 물에 녹였을 때 이온화 반응식은 다음과 같다.

$$NaOH \longrightarrow Na^+ + OH^-$$
$$KNO_3 \longrightarrow K^+ + NO_3^-$$
$$HCl \longrightarrow H^+ + Cl^-$$

따라서 수용액은 모두 전기 전도성이 있다.

오답 피하기 ㄷ. HCl 수용액은 산성으로 달걀 껍데기를 넣으면 반응하여 이산화 탄소 기체가 발생한다.

14 정답 맞히기 ㄱ. H₂SO₄와 NaOH을 물에 녹였을 때 이온화 반응식은 다음과 같다.

$$H_2SO_4 \longrightarrow 2H^+ + SO_4^{2-}$$
$$NaOH \longrightarrow Na^+ + OH^-$$

묽은 황산에 들어있는 이온 수 비는 $H^+ : SO_4^{2-} = 2 : 1$이고, 수산화 나트륨 수용액에 들어 있는 이온 수 비는 $Na^+ : OH^- = 1 : 1$이다. 따라서 묽은 황산 V mL에 들어 있는 H^+ 수는 4, 수산화 나트륨 수용액 $2V$ mL에 들어있는 OH^- 수는 3이므로 (가)와 (나)를 모두 혼합하여 만든 용액은 산성이다.

ㄴ. SO_4^{2-}과 Na^+은 반응에 참여하지 않는 이온이므로 혼합 용액에 들어 있는 이온 수 비는 $Na^+ : SO_4^{2-} = 3 : 2$이다.

ㄷ. (가)와 (나)를 모두 혼합했을 때 생성된 물 분자 수는 (나)에 들어 있던 OH^-과 같다. 따라서 생성된 물 분자 수는 Na^+의 수와 같다.

15 정답 맞히기 ㄴ. HCl과 NaOH의 이온화 반응식은 다음과 같다.

$$HCl \longrightarrow H^+ + Cl^-$$
$$NaOH \longrightarrow Na^+ + OH^-$$

(나)에서 묽은 염산과 수산화 나트륨 수용액을 같은 부피로 혼합했을 때 액성이 산성이므로 같은 부피에 들어 있는 양이온 수는 묽은 염산이 수산화 나트륨 수용액보다 크다. 묽은 염산 20 mL에 들어 있는 이온 수를 $H^+ = Cl^- = 12$, 수산화 나트륨 수용액 20 mL에 들어 있는 이온 수를 $Na^+ = OH^- = 10$이라고 할 때, 생성된 물 분자 수는 (다)>(나)>(가)이다.

ㄷ. (가)와 (다)를 혼합한 수용액은 묽은 염산 25 mL, 수산화 나트륨 수용액 50 mL를 혼합하여 만든 용액이므로 액성은 산성이다.

오답 피하기 ㄱ. (가)에 들어 있는 이온 수는 H^+, Cl^-, Na^+이 각각 7, 12, 5이면 (나)에 들어 있는 이온 수는 H^+, Cl^-, Na^+이 각각 2, 12, 10이다. 따라서 (가)와 (나)에 들어 있는 전체

이온 수는 같다.

16 정답 맞히기 ㄱ. 실험 결과 나무판이 삼각 플라스크에 달라 붙은 채로 들어 올려졌으므로 질산 암모늄과 수산화 바륨이 반응할 때 주위로부터 열을 흡수함을 알 수 있다.

ㄴ. 흡열 반응은 반응물이 주위로부터 열을 흡수하여 생성물이 되므로 생성물의 에너지 합은 반응물의 에너지 합보다 크다.

ㄷ. 흡열 반응은 주위로부터 열을 흡수하므로 흡열 반응이 일어나면 주위의 온도는 낮아진다.

V. 환경과 에너지

10 생태계와 환경

교과서 **탐구하기** 본문 119쪽

1 안정적인 생태계에서 생물요소의 개체수는 생산자에서 가장 크고, 생산자에서 상위 영양단계인 1차 소비자와 2차 소비자로 갈수록 작아진다. 따라서 안정적인 생태계에서 개체수 피라미드는 상위 영양단계로 갈수록 개체수가 감소하는 피라미드 형태로 나타난다.

모범 답안

생태계평형 상태

2 생산자가 증가하면 생산자를 먹이로 하는 1차 소비자가 증가하고, 1차 소비자가 증가하면 1차 소비자를 먹이로 하는 2차 소비자가 증가한다. 2차 소비자가 증가하면 2차 소비자의 먹이인 1차 소비자가 감소하고, 1차 소비자가 감소하면 1차 소비자의 먹이인 생산자가 증가한다.

모범 답안

구분	생산자	1차 소비자	2차 소비자
생산자가 증가할 때	−	증가	증가
1차 소비자가 증가할 때	감소	−	증가
2차 소비자가 증가할 때	증가	감소	−

3 생산자가 감소하면 생산자를 먹이로 하는 1차 소비자가 감소하고, 1차 소비자를 먹이로 하는 2차 소비자가 감소한다. 1차 소비자가 감소하면 1차 소비자의 먹이인 생산자가 증가하고, 1차 소비자를 먹이로 하는 2차 소비자가 감소한다. 2차 소비자가 감소하면 2차 소비자의 먹이인 1차 소비자가 증가하고, 1차 소비자가 증가하면 1차 소비자의 먹이인 생산자가 감소한다.

모범 답안

구분	생산자	1차 소비자	2차 소비자
생산자가 감소할 때	−	감소	감소
1차 소비자가 감소할 때	증가	−	감소
2차 소비자가 감소할 때	감소	증가	−

4 생태계가 훼손된 (가)에서 2차 소비자의 개체수가 감소하고, 초식동물인 1차 소비자의 개체수가 증가하였으므로 개체수 피라미드는 가운데 부분이 볼록한 모양이 될 것이다.

모범 답안

생태계평형 깨짐

5 각 영양단계의 생물이 사라지지 않고 유지되는 생태계에서는 일시적 환경 변화에 따라 한 개체군의 수가 변하더라도 그와 먹이 관계로 연결된 다른 개체군의 수가 연쇄적으로 변하면서 다시 원래의 안정적인 상태를 회복한다.

모범 답안 생태계평형이 무너진 생태계에서는 먹이 관계로 연결된 개체군이 변하면 다른 개체군이 연쇄적으로 변하면서 생태계평형이 회복된다.

6 오랜 세월에 걸쳐 형성된 생태계는 생태계를 이루는 생물의 종류, 개체수와 물질의 양 등이 안정적으로 유지되어 균형을 이루는데, 이를 생태계평형이라고 한다.

모범 답안

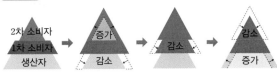

생태계평형 깨짐   생태계평형 회복

기초 확인 문제

본문 120~123쪽

01 ④	02 ⑤	03 ②	04 ③	05 ③
06 ①	07 ①	08 ①	09 ③	10 ③
11 ②	12 ③	13 ②	14 ③	15 ②
16 ②	17 ③	18 ④	19 ⑤	20 ④
21 ③	22 ④	23 ①	24 ②	

01 정답 맞히기 ④ 생태계는 생물요소와 비생물요소로 구성된다. 빛, 물, 토양은 모두 생태계를 구성하는 비생물요소에 포함된다.

오답 피하기 ① 생태계는 생물요소와 비생물요소로 구성된다.
② 사람은 생물요소에 포함된다.
③ 생물과 환경은 서로 영향을 주고받으며 상호작용 한다.
⑤ 생태계는 개체 → 개체군 → 군집 → 생태계의 위계적인 구조로 되어 있다.

02 정답 맞히기 ㄱ. 시금치는 녹색식물로 생태계를 구성하는 생물요소 중 생산자에 속한다.
ㄴ. 버섯, 곰팡이 등이 속하는 분해자는 사체와 배설물에 포함된 유기물을 분해할 수 있다.
ㄷ. 생물요소는 생태계에서의 역할에 따라 생산자, 소비자, 분해자로 구분된다.

03 정답 맞히기 ② 소나무는 생태계를 구성하는 요소 중 생물요소에 속한다.

오답 피하기 ① 온도는 생태계를 구성하는 요소 중 비생물요소에 속한다.
③ 빛의 세기는 생태계를 구성하는 요소 중 비생물요소에 속한다.
④ 토양의 유기물 함량은 생태계를 구성하는 요소 중 비생물요소에 속한다.
⑤ 대기 중 이산화 탄소 농도는 생태계를 구성하는 요소 중 비생물요소에 속한다.

04 정답 맞히기 ㄱ. 같은 종의 생물로 구성된 ㉠은 개체군, 여러 종의 생물로 구성된 ㉡은 군집이다.
ㄷ. 개체군(㉠)과 군집(㉡)은 모두 생태계를 구성하는 생물요소에 속한다.

오답 피하기 ㄴ. 군집(㉡)은 여러 종으로 구성된 집단이다.

05 정답 맞히기 ③ ㄱ(벼), ㄷ(개나리)은 생산자에 속하고, ㄴ(개미), ㄹ(고양이), ㅂ(플라나리아)은 소비자에 속하며, ㅁ(곰팡이)은 분해자에 속한다.

오답 피하기 ①, ②, ④, ⑤에는 소비자뿐만 아니라 생산자 또는 분해자가 포함되어 있다.

06 정답 맞히기 ① 파충류는 수분 증발 방지를 위해 몸 표면이 비늘로 덮여 있고, 사막의 캥거루쥐는 수분 손실 최소화를 위해 콩팥 기능을 발달시켜 수분을 최대한 흡수하여 오줌으로 빠져나가는 수분 양을 줄인다. 이 사례에 공통적으로 작용한 비생물요소는 물이다.

오답 피하기 ②, ③, ④, ⑤ 빛, 공기, 온도, 토양은 이 사례에서 공통적으로 작용한 비생물요소가 아니다.

07 정답 맞히기 ㄱ. 지렁이는 생물요소에 속하는 소비자이고, 토양은 비생물요소에 속하므로 생물요소가 비생물요소에 영향을 미친 사례에 속한다.

오답 피하기 ㄴ. 기온은 비생물요소에 속하고 식물세포는 생물요소에 속하므로 비생물요소가 생물요소에 영향을 미친 사례에 속한다.
ㄷ. 여우와 토끼는 모두 생물요소에 속하므로 생물요소가 생물요소에 영향을 미친 사례에 속한다.

08 정답 맞히기 ㄱ. (가)와 소비자에서 모두 (나)로 에너지가 이동하므로 (가)는 생산자, (나)는 분해자이다.

오답 피하기 ㄴ. 시금치는 생물요소 중 스스로 양분을 합성할 수 있는 생산자이므로 (가)에 속한다.
ㄷ. 호랑이와 토끼는 모두 생물요소 중 소비자에 속하므로 호랑이가 토끼를 잡아먹는 것은 생산자에서 소비자로 에너지가 이동하는 과정 Ⅰ에 해당하지 않는다.

09 정답 맞히기 ㄱ. 생태계평형은 생태계를 구성하는 생물요소 사이의 먹고 먹히는 먹이 관계에 의해 유지된다.
ㄷ. 생물다양성이 높을수록 생태계평형 유지 능력이 높다.

오답 피하기 ㄴ. 가뭄, 홍수 등과 같은 비생물요소는 생태계평형에 영향을 미친다.

10 정답 맞히기 ㄱ. A에서 매, 뱀, 토끼는 모두 생태계를 구성하는 생물요소 중 소비자에 해당한다.
ㄷ. A와 B 중 생태계평형이 보다 잘 유지되는 생태계는 먹이 관계가 더 복잡한 B이다.

오답 피하기 ㄴ. B에는 뱀, 토끼, 쥐, 새가 있으므로 B는 한 종류의 개체군으로 구성되어 있지 않다.

11 정답 맞히기 ㄷ. 안정된 육상 생태계에서는 생산자에서 상위 영양단계로 갈수록 개체수가 감소한다.

오답 피하기 ㄱ. 안정된 육상 생태계에서 생물량은 생산자에서 가장 많고, 최종소비자에서 가장 적다.

ㄴ. 안정된 육상 생태계에서 에너지양은 생산자에서 최종소비자로 갈수록 감소한다.

12 정답 맞히기 ③ 생태계에서 생태계평형은 먹이 관계에 의해 회복된다. 1차 소비자의 개체수가 일시적으로 감소한 생태계에서 생태계평형은 1차 소비자의 개체수 감소 → 2차 소비자의 개체수 감소, 생산자의 개체수 증가(나) → 1차 소비자의 개체수 증가(다) → 2차 소비자의 개체수 증가, 생산자의 개체수 감소(가) 순으로 일어난다.

오답 피하기 ①, ②, ④, ⑤ 1차 소비자의 개체수 감소 이후 생태계평형 회복은 (나) → (다) → (가) 과정을 거쳐 일어난다.

13 정답 맞히기 ㄴ. 서식지파괴, 환경오염, 남획, 무분별한 개발은 모두 생태계평형을 깨뜨리는 원인이다.

오답 피하기 ㄱ, ㄷ. 주어진 요인은 모두 생태계평형을 깨뜨려 먹이그물을 단순화시켜 생물다양성을 감소시키는 원인이 된다.

14 정답 맞히기 ㄱ, ㄴ. 생태계를 보전하기 위한 노력으로는 자원 절약, 생태통로의 설치, 도시 숲의 조성, 하천 복원 등이 있다.

오답 피하기 ㄷ. 천적이 없는 외래생물의 도입은 생물다양성을 감소시키므로 생태계를 보전하기 위한 노력으로 적절하지 않다.

15 정답 맞히기 ㄴ. 에너지피라미드에서 에너지양은 상위 영양단계로 갈수록 감소한다.

오답 피하기 ㄱ. 이 생태계의 소비자에는 1차 소비자, 2차 소비자, 3차 소비자가 있으므로 소비자는 최소 3종류가 있다.

ㄷ. 1차 소비자는 무기물로부터 스스로 양분을 합성할 수 없어 다른 생물로부터 양분을 흡수한다.

16 정답 맞히기 ㄴ. 생산자의 에너지는 일반적으로 영양단계를 따라 생산자 → 1차 소비자 → 2차 소비자 → 3차 소비자의 순으로 전달된다.

오답 피하기 ㄱ. 먹이 관계에는 먹이사슬과 먹이그물이 있고, 생태계에 따라 다양한 형태로 존재한다.

ㄷ. 생산자에 포함된 물질은 먹이 관계를 형성한 다른 생산자, 소비자, 분해자 등으로 이동할 수 있다.

17 정답 맞히기 ㄱ. 태양이 방출하는 복사 에너지를 태양 복사 에너지라고 한다.

ㄷ. 지구 복사 에너지는 지구가 태양 복사 에너지를 흡수하여 우주로 방출하는 에너지이다. 태양 복사 에너지의 일부는 지표와 대기에서 반사되어 우주 공간으로 되돌아가므로 지구 복사

에너지의 방출량은 대기 밖에서 태양 복사 에너지의 입사량보다 적다.

오답 피하기 ㄴ. 지구로 들어오는 태양 복사 에너지의 일부는 지표와 대기에 흡수되고, 일부는 지표와 대기에서 우주로 반사된다.

18 정답 맞히기 ㄴ. 지역 C에서는 극동풍이 불고, 지역 B에서는 편서풍이 불며, 지역 A에서는 무역풍이 분다.

ㄷ. 햇빛의 진행 방향과 지표면이 수직을 이루는 지역 A에서가 지역 B에서보다 입사하는 태양 복사 에너지양이 더 많다.

오답 피하기 ㄱ. 지역 C는 고위도, 지역 B는 중위도, 지역 A는 저위도 지역이다.

19 정답 맞히기 ⑤ 온실 효과를 일으키는 온실 기체에는 오존, 수증기, 메테인, 이산화 탄소가 있으므로 ㄴ, ㄷ, ㄹ, ㅁ이 온실 효과를 일으키는 기체에 해당한다. 질소 산화물은 지표가 방출하는 복사 에너지를 흡수하여 온실 효과를 일으키지만, 질소는 온실 효과를 일으키지 않는다.

20 정답 맞히기 ㄴ. 대기 중 온실 기체가 증가하면 온실 효과가 강화된다.

ㄷ. 지구 온난화는 지구의 평균 기온이 상승하는 현상이다.

오답 피하기 ㄱ. 온실 효과는 지구에 대기가 있을 때 대기 중의 온실 기체가 지표에서 방출하는 에너지를 흡수했다가 지표로 다시 방출하기 때문에 지구의 평균 기온이 높게 유지되는 현상이다. 지구에 대기가 없으면 온실 효과는 일어나지 않는다.

21 정답 맞히기 ㄱ. 평상시 태평양 연안에서는 무역풍에 의해 표층 해수가 동태평양 쪽에서 서태평양 쪽으로 흐르고, 서태평양에는 따뜻한 해수가 많다.

ㄴ. 평상시 태평양 연안에서는 무역풍에 의해 동태평양 표층의 물이 서태평양 쪽으로 이동하고, 동태평양 연안에서는 깊은 곳의 차가운 해수가 올라온다.

오답 피하기 ㄷ. 평상시 태평양 연안에서는 무역풍에 의해 표층 해수가 동태평양 쪽에서 서태평양 쪽으로 흐른다.

22 정답 맞히기 ㄴ. 엘니뇨가 발생하면 따뜻한 해수의 분포 지역이 동태평양 쪽으로 이동하고, 동태평양 적도 부근 해역에 상승 기류가 발생하여 홍수가 발생한다.

ㄷ. 엘니뇨가 발생하면 서태평양 부근에 하강 기류가 발생하고 강수량이 감소하여 가뭄이 발생한다.

오답 피하기 ㄱ. 엘니뇨는 무역풍이 약화되어 일어난다.

23 정답 맞히기 ① 자연적인 기후 변동이나 인간 활동에 의해

사막이 늘어나거나 새로운 사막이 생기는 현상을 사막화라고
한다.

오답 피하기 ② 지구에서 표층 해수는 북반구와 남반구에서 거
의 대칭으로 흐르며 순환하는데, 이를 표층 순환이라고 한다.
③ 엘니뇨는 동태평양 적도 부근 해역의 해수면 온도가 평상시
보다 높은 상태가 지속되는 현상이다.
④ 대기 대순환은 위도별 태양 복사 에너지양과 지구 복사 에너
지양의 차이와 지구 자전에 의해 나타나는 대기의 대순환이다.
⑤ 지구 온난화는 지구의 평균 기온이 상승하는 현상이다.

24 정답 맞히기 ㄴ. 에너지 효율이 높은 제품을 사용하는 것
은 지구 온난화를 억제하는 방법에 해당한다.

오답 피하기 ㄱ. 석탄이나 석유와 같은 화석 연료 사용의 증가는
대기 중 이산화 탄소 농도의 증가를 일으켜 지구 온난화를 가속
화시킨다.
ㄷ. 나무를 많이 심으면 대기 중 이산화 탄소 농도가 감소하여
지구 온난화를 억제할 수 있다.

실력 향상 문제

본문 124~126쪽

01 ③	02 ②	03 ⑤	04 ④	05 ④
06 ⑤	07 ②	08 ①	09 ③	10 ③
11 ②	12 ③			

01 정답 맞히기 ㄱ. (가)는 개체, (나)는 개체군, (다)는 군집,
(라)는 생태계이다.
ㄴ. 개체군(나)은 한 종의 생물로 구성된다.

오답 피하기 ㄷ. 군집(다)은 여러 종의 생물로 구성되어 생물요
소만 포함되어 있다. 생태계(라)는 생물요소와 비생물요소가 모
두 포함되어 있다.

02 정답 맞히기 ㄴ. ㉠은 북극에 사는 북극여우이고, ㉡은 사
막에 사는 사막여우이다.

오답 피하기 ㄱ. ㉠은 북극여우, ㉡은 사막여우이므로 (가)는 북
극, (나)는 사막에 해당한다. 연평균 기온은 북극(가)에서가 사
막(나)에서보다 낮다.
ㄷ. 추운 곳에 사는 여우일수록 몸집이 크고, 몸에 비해 귀와
꼬리가 짧아 피부를 통한 열의 방출을 줄이도록 적응했다. 따라
서 북극여우(㉠)와 사막여우(㉡)의 외부 형태 차이에 영향을 미
친 비생물요소로는 온도가 있다.

03 정답 맞히기 ㄱ. ㉠은 비생물요소가 생물요소에 미치는 영
향, ㉡은 생물요소가 비생물요소에 미치는 영향을 나타낸 것이
다. A로부터 분해자와 B로 물질 이동이 일어나므로 A는 생산
자, B는 소비자이다. 소나무는 생산자이므로 A에 해당한다.
ㄴ. 소비자(B)는 생산자(A)를 통해 양분을 얻는다.
ㄷ. 참나무는 생물요소에 속하고, 토양의 유기물량은 비생물요
소에 속하므로 참나무의 낙엽에 의해 토양의 유기물량이 증가
하는 것은 ㉡에 해당한다.

04 정답 맞히기 ㄴ. 시금치는 ㉠과 ㉡을 모두 가지므로 B는
시금치이다. 토양은 ㉠과 ㉡을 모두 갖지 않으므로 A는 토양이
고, 나머지 C는 곰팡이이다. ㉠은 '생물요소이다.'이고, ㉡은
'광합성을 한다.'이다.
ㄷ. A는 토양, B는 시금치, C는 곰팡이이다.

오답 피하기 ㄱ. ㉠은 '생물요소이다.'이다.

05 정답 맞히기 ㄴ. A에서 메뚜기는 1차 소비자, 개구리는
2차 소비자로 메뚜기로부터 개구리로의 에너지 전달이 일어난다.
ㄷ. B에서 매가 뱀을 먹이로 섭취하면 매는 3차 소비자이고,
매가 토끼를 먹이로 섭취하면 매는 2차 소비자가 되므로 매는
어떤 먹이를 섭취하느냐에 따라 영양단계가 달라진다.

오답 피하기 ㄱ. A는 먹이 관계가 단순한 생태계이고, B는 먹
이 관계가 상대적으로 복잡한 생태계이다. 생태계평형은 먹이 관
계가 복잡할수록 잘 유지되므로 B에서가 A에서보다 잘 유지될
것이다.

06 정답 맞히기 ㄱ. (가)에서 1차 소비자의 개체수 증가에 의
해 2차 소비자의 개체수가 증가했으므로 ㉠은 증가이다.
ㄴ. (나)에서 1차 소비자의 개체수가 감소했으므로 (나) 이후
1차 소비자의 먹이인 생산자의 개체수는 증가할 것이다.
ㄷ. (가)에서 생산자의 개체수 감소는 1차 소비자의 개체수 증
가의 영향을 받은 결과이다.

07 정답 맞히기 ㄷ. 분해자는 생물요소의 사체와 배설물을 통
해 에너지를 얻는다. 분해자가 이용 가능한 에너지 총량은
115(=100+10+5)로, 1차 소비자가 가진 에너지양인 100보
다 크다.

오답 피하기 ㄱ. 에너지는 생태계에서 순환하지 않고, 영양단계
에 따라 일방적으로 흐른다.
ㄴ. 영양단계가 높아질수록 에너지양은 1000 → 100 → 20으
로 감소한다.

08 정답 맞히기 ㄱ. 곰이 겨울에 겨울잠을 자는 것은 비생물
요소인 온도가 생물요소인 곰에 영향을 미친 것으로 ㉠은 온도
이다.

오답 피하기 ㄴ. 생태계에서 곰(ⓐ)의 영양단계는 소비자이고, 식물(ⓑ)의 영양단계는 생산자로 서로 다르다.

ㄷ. ㉠은 물, ㉡은 빛이다. 바다의 깊이에 따라 서식하는 해조류가 다른 것은 빛의 파장에 따라 바다의 깊이에 도달하는 빛의 양이 다르기 때문에 나타나는 현상으로 '바다의 깊이에 따라 서식하는 해조류가 다르다.'는 빛(㉡)이 생물요소에 영향을 미친 사례에 해당한다.

09 **정답 맞히기** A. 생태계평형 파괴의 원인으로는 무분별한 개발과 환경오염, 기후 변화, 불법 포획과 남획, 외래생물의 도입 등이 있다.
B. 생태통로 건설을 통해 생물의 서식지 단절을 막아 생물의 개체수 감소를 줄일 수 있다.

오답 피하기 C. 무분별한 외래생물의 도입은 생태계평형 파괴의 원인이다.

10 **정답 맞히기** ㄱ. 평상시에는 무역풍에 의해 표층 해수가 동태평양에서 서태평양으로 흐르기 때문에 서태평양 쪽에 따뜻한 해수가 많아진다. 무역풍이 약화되어 엘니뇨가 발생하면 따뜻한 해수의 분포 지역이 동태평양 쪽으로 이동한다. 표층 해수가 동태평양에서 서태평양으로 이동하는 (가)는 평상시, (나)가 엘니뇨 시기이다.
ㄴ. 무역풍은 평상시(가)일 때가 엘니뇨 시기(나)일 때보다 강하게 분다.

오답 피하기 ㄷ. 엘니뇨 시기(나)일 때 표층 해수는 서태평양에서 동태평양으로 흐른다.

11 **정답 맞히기** ㄴ. 그림의 위도 30°N 부근에서는 사막 지역이 있음을 확인할 수 있지만, 위도 60°N 부근에서는 사막 지역이 없음을 확인할 수 있다.

오답 피하기 ㄱ. 그림의 위도 0° 지역에서 사막 지역 또는 사막화 지역이 아닌 곳이 존재함을 확인할 수 있다.
ㄷ. 위도 30°N~60°N에서는 편서풍이 불어 A 지역의 먼지가 우리나라까지 이동할 수 있다. 따라서 A에서 사막화 지역 확대는 우리나라의 황사 발생을 촉진할 것이다.

12 **정답 맞히기** ㄱ. 위도 0° 지역은 태양으로부터 공급받는 에너지가 지구로부터 방출되는 에너지보다 크므로 ㉠은 태양 복사 에너지 입사량, ㉡은 지구 복사 에너지 방출량이다.
ㄷ. 태양 복사 에너지 입사량(㉠)과 지구 복사 에너지 방출량(㉡)의 차이는 위도 80°N 지역이 위도 40°N 지역보다 크다.

오답 피하기 ㄴ. 위도 0° 지역은 태양 복사 에너지 입사량(㉠)과 지구 복사 에너지 방출량(㉡)이 같지 않으므로 복사 평형 상태가 아니다.

서술형·논술형 준비하기 본문 127쪽

서술형

1 생태계는 생물과 환경이 서로 영향을 주고받으며 유지되는 체계이므로 생물요소와 비생물요소로 구성된다. 생물요소는 생태계에서의 역할에 따라 생산자, 소비자, 분해자로 구분되고, 비생물요소에는 빛, 공기, 토양, 물 등이 있다. ㉠은 비생물요소가 생물요소에 영향을 미치는 경우이고, ㉡은 생물요소가 비생물요소에 영향을 미치는 경우이다. ㉢은 생산자가 소비자에 영향을 미치는 경우이다.

모범 답안 예 ㉠에 해당하는 사례에는 '식물의 줄기가 빛을 향해 굽어 자란다.'가 있다. ㉡에 해당하는 사례에는 '숲이 울창해지면 지표에 도달하는 빛이 약해진다.'가 있다. ㉢에 해당하는 사례에는 '토끼풀의 개체수가 증가하자 토끼의 개체수가 증가했다.'가 있다.

채점 기준	배점
㉠~㉢의 사례를 모두 논리적으로 옳게 서술한 경우	100 %
㉠~㉢의 사례 중 2가지만 논리적으로 옳게 서술한 경우	50 %
㉠~㉢의 사례 중 1가지만 논리적으로 옳게 서술한 경우	20 %

서술형

2 무역풍이 약화되어 적도 부근 동태평양 해역의 표층 수온이 평상시보다 높은 상태가 일정 기간 지속되는 현상을 엘니뇨라고 한다. 평상시에는 무역풍의 영향을 받아 표층 해수가 서쪽으로 이동하지만, 무역풍이 약화되면 표층 해수가 동쪽으로 이동한다. 엘니뇨가 발생하면 동태평양은 평상시보다 표층 수온이 높아지고, 상승 기류로 인해 강수량이 증가하여 홍수가 발생한다. 서태평양은 평상시보다 표층 수온이 낮아 하강 기류가 형성되어 강수량이 감소한다.

모범 답안 동태평양 지역에서는 홍수가 발생하고, 서태평양 지역에서는 가뭄과 산불이 발생한다.

채점 기준	배점
동태평양 지역과 서태평양 지역에서 발생할 수 있는 피해를 모두 옳게 서술한 경우	100 %
동태평양 지역과 서태평양 지역에서 발생할 수 있는 피해 중 1가지만 옳게 서술한 경우	50 %
동태평양 지역과 서태평양 지역에서 발생할 수 있는 피해 중 1가지만 구체적이지 않게 서술한 경우	20 %

정답과 해설

논술형

3 안정된 생태계는 여러 가지 요인에 의해 생태계평형이 일시적으로 깨지더라도 먹이 관계를 통해 다시 원래 상태로 회복할 수 있다.

모범 답안 2차 소비자의 개체수가 일시적으로 감소하면 1차 소비자의 개체수가 일시적으로 증가한다. 1차 소비자의 개체수 증가에 따라 생산자의 개체수가 감소하고, 2차 소비자의 개체수가 증가한다. 생산자의 개체수 감소와 2차 소비자의 개체수 증가에 따라 1차 소비자의 개체수가 감소한다. 이러한 과정을 거쳐 생태계평형이 회복된다.

채점 기준	배점
먹이 관계에 따른 각 영양단계의 개체수 변화를 모두 논리적으로 옳게 서술한 경우	100 %
먹이 관계에 따른 각 영양단계의 개체수 변화를 단순하게 서술한 경우	50 %
먹이 관계에 따른 각 영양단계의 개체수 변화의 일부만 서술한 경우	20 %

논술형

4 지속가능한 발전이란 미래 세대가 누릴 수 있는 범위를 손상하지 않고 현재의 필요를 충족시키는 것을 의미한다. 지속가능한 발전을 위해서는 자연과 조화로운 삶, 환경을 훼손하지 않는 경제 개발, 환경 보호를 위한 노력이 지속적으로 이루어져야 한다.

모범 답안 첫째, 자연형 하천 복원이 있다. 콘크리트 제방 대신 나무, 풀, 돌, 흙과 같은 자연 재료를 이용하여 하천 주변에 습지와 식물 군집을 조성하고 수질 정화 시설을 설치하며 물이 자연스럽게 흐를 수 있도록 물길을 만든다. 둘째, 생태 도시 건설이 있다. 생태 도시란 사람과 자연 혹은 환경이 조화를 이루며 생활할 수 있는 도시를 말한다. 도시를 건설할 때 계획 단계에서부터 녹지 및 쾌적한 수계와 다양한 생물이 서식할 수 있는 환경을 조성하고 친환경적이며 무공해 에너지를 최대한 많이 이용할 수 있도록 계획하고 도시를 건설한다. 셋째, 생태통로 건설이 있다. 산을 허물어 도로를 건설할 때 야생 동물의 이동 통로인 생태통로를 만들어 서식지 단편화로 인한 야생 동물의 서식지 감소를 막는다.

채점 기준	배점
문제와 관련된 사례나 정책을 3가지 모두 옳게 서술한 경우	100 %
문제와 관련된 사례나 정책 중 2가지만 옳게 서술한 경우	50 %
문제와 관련된 사례나 정책 중 1가지만 옳게 서술한 경우	20 %

11 에너지

교과서 탐구하기 본문 131쪽

1 전자기 유도 현상은 자석의 운동에 의해 코일을 통과하는 자기장의 세기나 방향이 변할 때 코일에 유도 전류가 발생하는 현상이다.

모범 답안 전자기 유도 현상에 의해 자석의 운동 에너지가 코일에서 전기 에너지로 전환됨을 알 수 있다. 자석이 코일에 접근할 때 한쪽 방향의 전류가 발생하여 두 발광 다이오드 중 하나의 발광 다이오드에 불이 켜지지만, 자석이 계속 운동하여 자석이 코일에서 멀어지면 나머지 하나의 발광 다이오드에 불이 켜진다. 따라서 자석이 한쪽 방향으로 운동하여 코일을 통과할 때 자석이 코일에 접근할 때와 멀어질 때 코일에 흐르는 유도 전류의 방향은 서로 반대이다.

2 전자기 유도 현상에 의해 발생하는 유도 전류의 세기는 자석의 세기가 셀수록, 자석을 빠르게 움직일수록, 코일의 감은 수가 많을수록 세다.

모범 답안 자석을 흔드는 속력이 클수록, 동일한 자석의 개수가 많을수록 코일에 흐르는 전류의 세기가 세다.

3 전동기는 발전기와 같은 구조를 가지고 있으므로 자전거 바퀴를 돌리면 전동기가 회전하여 전류가 발생하며 자전거 전동기도 바퀴의 속력이 빠를수록 생산되는 전기 에너지가 많음을 알 수 있다.

모범 답안 전동기와 발전기는 같은 구조이므로 전동기를 자전거에 부착한 후 바퀴를 돌리면 전동기에서 전기 에너지가 생산된다.

기초 확인 문제 본문 132~135쪽

01 ① **02** ⑤ **03** ② **04** ③ **05** ④
06 ④ **07** ② **08** ③ **09** ② **10** ②
11 ③ **12** ⑤ **13** ③ **14** ② **15** ③
16 ⑤ **17** ① **18** ① **19** ② **20** ②
21 ⑤ **22** ③ **23** ① **24** ③

01 정답 맞히기 ① 태양 에너지는 태양의 중심부에서 일어나는 수소 핵융합 반응에 의해서 생성된다. 이 과정에서 에너지가 발생하는 원리는 핵반응 과정에서 감소한 질량이 에너지로 변환되는 질량 에너지 등가 원리이다. 따라서 ㉠은 '수소', ㉡은 '감소'이다.

02 정답 맞히기 ㄱ. 태양에서 일어나는 수소 핵융합 반응은 수소 원자핵 4개가 융합하여 헬륨 원자핵 1개가 만들어지는 반응이다. 따라서 ㉠은 수소이다.
ㄴ. 질량이 작은 수소 원자핵이 결합하여 질량이 큰 헬륨 원자핵이 생성되는 과정이므로 핵융합 반응이다.
ㄷ. 태양 에너지는 지구시스템에서 여러 가지 자연 현상과 함께 에너지 전환과 물질 순환을 일으킨다.

03 정답 맞히기 C. 수소 원자핵 4개의 질량 합이 헬륨 원자핵 1개의 질량보다 크므로 핵융합 반응에서 질량 결손이 발생한다.
오답 피하기 A. 태양 에너지는 수소 원자핵 4개가 결합하여 헬륨 원자핵 1개가 생성되는 핵융합 과정에서 발생한다.
B. 태양의 수소 핵융합 반응은 태양의 중심부에서 일어난다.

04 정답 맞히기 ㄱ. 핵반응에서 에너지가 발생하는 원리는 질량 에너지 등가 원리로 질량과 에너지는 서로 변환이 가능하다는 원리이다.
ㄷ. 핵발전소에서 전기 에너지를 생산하는 과정에서 핵분열 과정에서 발생하는 질량 결손이 에너지로 변환된다.
오답 피하기 ㄴ. 핵반응에서 발생하는 에너지는 핵반응에서 발생하는 질량 결손에 비례한다.

05 정답 맞히기 ④ 태양에서 발생한 에너지 중 약 $\frac{1}{20억}$의 에너지만 지구에 도달한다.

06 정답 맞히기 ㄴ. 태양 에너지는 열에너지 형태로 지표면을 가열하고 지표면의 상태에 따른 온도 차, 기압 차를 발생시켜 대기의 순환이 이루어지게 한다.
ㄷ. (가)의 광합성, (나)의 대기의 순환은 모두 태양 에너지가 지구에 도달하여 발생하게 된다. 따라서 (가), (나)의 에너지의 근원은 태양 에너지이다.
오답 피하기 ㄱ. (가)의 광합성 과정은 태양의 빛에너지가 화학 에너지로 전환되는 과정이다.

07 정답 맞히기 ② 광합성은 식물이 태양의 빛에너지를 받아 포도당을 생산하는 과정으로 빛에너지가 화학 에너지로 전환되는 과정이다. 식물이나 동물의 유해가 땅속에서 오랜 세월을 거쳐 열과 압력을 받으면 화학 에너지 형태로 에너지가 저장되어

있는 석탄, 석유와 같은 화석 연료가 된다. 따라서 ㉠은 '빛에너지', ㉡은 '화학 에너지'이다.

08 정답 맞히기 ㄱ. 화석 연료에 포함된 탄소는 연소할 때 탄소와 산소가 결합한 이산화 탄소로 배출된다.
ㄷ. 태양 에너지에 의한 광합성으로 생성된 화학 에너지는 동물의 에너지원이 되며, 식물이나 동물의 유해가 땅속에 묻혀 오랜 세월에 걸쳐 열과 압력을 받으면 화석 연료가 된다. 따라서 화석 연료의 에너지 근원은 태양 에너지이다.
오답 피하기 ㄴ. 화력 발전과 핵발전은 각각 화석 연료의 연소와 핵분열 반응에서 발생하는 열을 이용한다. 따라서 이산화 탄소는 화력 발전에서가 핵발전에서보다 더 많이 배출된다.

09 정답 맞히기 ㄴ. 자석을 가까이할 때와 멀리할 때 코일을 통과하는 자기장의 세기가 커지거나 작아지므로 자석을 가까이할 때와 멀리할 때 코일에 흐르는 유도 전류의 방향은 서로 반대이다. 따라서 검류계의 바늘은 서로 반대 방향으로 움직인다.
오답 피하기 ㄱ. 자석을 코일에 넣은 채로 정지시키면 코일을 통과하는 자기장의 변화가 없다. 따라서 검류계의 바늘은 움직이지 않는다.
ㄷ. 자석의 N극 또는 S극을 가까이할 때는 N극 또는 S극이 가까워지는 것을 방해하는 방향으로 자기장이 발생하도록 유도 전류가 흐른다. 따라서 자석의 N극을 가까이할 때와 S극을 가까이할 때 코일에 흐르는 유도 전류의 방향은 서로 반대이므로 검류계의 바늘은 반대 방향으로 움직인다.

10 정답 맞히기 ㄷ. 발전기는 자기장 내에서 코일이 회전하여 코일을 통과하는 자기장의 세기가 변할 때 코일에 유도 전류가 흐르는 전자기 유도 현상을 이용하는 장치이다.
오답 피하기 ㄱ. 코일을 통과하는 자기장의 세기가 변할 때 코일에 전류가 유도되어 흐른다.
ㄴ. 전자기 유도 현상을 통해 운동 에너지가 전기 에너지로 전환된다.

11 정답 맞히기 ㄱ. 발전기는 전자기 유도 현상을 이용한 장치이다.
ㄷ. 발전기에서는 코일의 회전에 따른 역학적 에너지가 코일에 전류가 흐르는 전기 에너지로 전환된다.
오답 피하기 ㄴ. 자석이 만드는 자기장의 세기가 셀수록 같은 시간 동안 코일을 통과하는 자기장의 세기가 크게 변하므로 유도 전류의 세기가 크다.

12 정답 맞히기 ㄱ. (가)에서 자석이 코일에 가까워지므로 코일을 통과하는 자기장의 세기는 증가한다.

ㄴ. (나)에서 코일에는 자석의 운동을 방해하도록 유도 전류가 흘러 코일과 자석 사이에는 서로 당기는 자기력이 작용한다.

ㄷ. (가), (나)에서 코일에는 유도 전류에 의한 자기장이 자석 방향으로 발생하도록 유도 전류가 흐른다. 따라서 검류계에 흐르는 유도 전류의 방향은 (가), (나)에서 모두 오른쪽 방향으로 같다.

13 정답 맞히기 ㄱ. 코일을 자석에 가까이할 때 코일을 통과하는 자기장의 세기는 커진다.

ㄷ. 전자기 유도 현상에 의해 코일의 운동 에너지가 유도 전류에 의한 전기 에너지로 전환된다.

오답 피하기 ㄴ. 코일을 자석에서 멀리할 때 코일과 자석 사이에는 서로 당기는 자기력이 작용한다.

14 정답 맞히기 ② 화력 발전은 화석 연료를 연소시켜 화학 에너지를 열에너지로 전환하고, 열에너지로 물을 끓여 발생한 증기의 운동 에너지는 발전기에 의해 전기 에너지로 전환된다. 또한 핵발전은 우라늄 원자핵이 핵분열을 하며 핵에너지를 열에너지로 전환하고, 열에너지로 물을 끓여 발생한 증기의 운동 에너지는 발전기에 의해 전기 에너지로 전환된다. 따라서 (가)는 화학 에너지, (나)는 핵에너지, (다)는 운동 에너지이다.

15 정답 맞히기 ㄱ. 화력 발전과 핵발전은 모두 증기의 운동 에너지를 코일의 운동 에너지로 전환하고 이 운동 에너지는 발전기를 통해 전기 에너지로 전환한다.

ㄴ. 화력 발전과 핵발전은 각각 연소와 핵반응을 통해 발생한 열에너지로 물을 끓여 증기의 운동 에너지로 전환한다.

오답 피하기 ㄷ. 화력 발전은 화석 연료의 화학 에너지, 핵발전은 우라늄이나 플루토늄 원자핵의 핵에너지를 이용한다.

16 정답 맞히기 ㄱ, ㄴ, ㄷ. 전자기 유도 현상에서 코일에 발생하는 유도 전류의 세기는 코일을 더 많이 감을수록, 자석을 코일 방향으로 더 빠르게 움직일 때, 자기장의 세기가 더 큰 자석을 이용할 때 크다.

17 정답 맞히기 ㄱ. 자석이 p → q 구간을 운동할 때, 코일에 발생하는 유도 전류에 의한 자기장이 자석의 운동을 방해한다. 따라서 이때 자석과 코일 사이에는 서로 밀어내는 자기력이 발생한다.

오답 피하기 ㄴ. 자석이 p → q 구간을 운동할 때는 코일과 자석 사이에 서로 밀어내는 자기력이 발생하도록, 자석이 q → r 구간에서 운동할 때는 코일과 자석 사이에는 서로 당기는 자기력이 발생하도록 코일에 유도 전류가 발생한다. 따라서 자석이 p → q 구간을 운동할 때와 q → r 구간을 운동할 때 코일에 흐르는 유도 전류의 방향은 서로 반대이다.

ㄷ. 코일의 감은 수를 크게 하면 코일에 발생하는 유도 전류의 세기는 커진다. 따라서 이때 검류계 바늘이 움직이는 폭은 커진다.

18 정답 맞히기 ㄱ. 에너지는 새로 생겨나거나 없어지지 않고 그 총량은 일정하게 보존된다.

오답 피하기 ㄴ. 한 형태의 에너지가 다른 형태의 에너지로 전환될 때 에너지 총량은 일정하다.

ㄷ. 전동기는 전기 에너지를 역학적 에너지로 전환하는 장치이다.

19 정답 맞히기 ② 전열기는 전기 에너지를 열에너지로 전환하는 장치이고, 충전기는 전기 에너지를 화학 에너지로 저장하는 장치이다. 전기 에너지를 빛에너지로 전환하는 장치는 전구, 발광 다이오드(LED) 등이 있다. 따라서 ㉠은 열에너지, ㉡은 화학 에너지이고, 발광 다이오드(LED)는 ㉢으로 적절한 예이다.

20 정답 맞히기 ㄴ. 사용하지 않는 전기 기구의 플러그를 연결하지 않으면 대기 전력으로 버려지는 에너지를 줄일 수 있다.

오답 피하기 ㄱ. 에너지의 효율적 이용을 위해 전구보다 에너지 효율이 높은 발광 다이오드(LED)를 이용한다.

ㄷ. 에너지의 효율적 이용을 위해서 에너지 소비 효율 등급이 1등급에 가까운 제품을 사용한다.

21 정답 맞히기 ㄱ. 에너지가 전환될 때마다 항상 에너지의 일부는 다시 사용하기 어려운 열에너지 형태로 전환된다. 따라서 '열에너지'는 ㉠으로 적절하다.

ㄴ. 공급한 전체 에너지에 비해 유용하게 사용한 에너지의 비율을 에너지 효율이라고 한다. 에너지의 효율적 이용을 위해서 에너지 효율이 높은 제품을 사용해야 한다.

ㄷ. 에너지 소비 효율 등급은 1등급에 가까울수록 에너지 효율이 높다. 따라서 에너지의 효율적 이용을 위해 에너지 소비 효율 등급이 1등급에 가까운 제품을 사용해야 한다.

22 정답 맞히기 A. 에너지 문제를 해결하기 위해서 현재의 발전이 미래 세대의 발전을 방해하지 않도록 지속가능한 발전이 이루어지도록 해야 한다.

B. 에너지 수확 기술은 버려지는 적은 양의 에너지를 모아 전기 에너지를 생산하는 기술로 넓은 범위에 적용될 수 있도록 기술을 개발하고 적용해야 한다.

오답 피하기 C. 지구 환경을 보호하고 지속가능한 발전을 위해 친환경적이고 재생이 가능한 신재생 에너지를 활용해야 한다.

23 정답 맞히기 ㄱ. 신재생 에너지는 지속가능한 발전을 위한

친환경적이고 재생이 가능한 자연의 에너지이다.

오답 피하기 ㄴ. 자원 고갈에 대한 위험성이 없어 지속가능한 발전이 가능하다.

ㄷ. 신재생 에너지를 이용한 발전소 등의 초기 투자 비용은 기존의 화석 연료를 이용할 때보다 많이 든다.

24 정답 맞히기 ㄱ. (가)의 태양광 발전은 계절과 일조량에 따라 발전 시간이 제한적이라는 단점이 있다.

ㄴ. (나)의 풍력 발전의 에너지원은 공기의 흐름으로 재생이 가능한 에너지이다.

오답 피하기 ㄷ. (가)의 태양광 발전은 태양의 빛에너지를 직접 전기 에너지로 전환하므로 발전기를 이용하지 않고, (나)의 풍력 발전은 바람의 운동 에너지를 이용해 발전기를 돌려 전기 에너지를 생산한다. 따라서 (나)에서만 전자기 유도 현상을 이용한다.

실력 향상 문제
본문 136~138쪽

01 ②	02 ③	03 ⑤	04 ②	05 ①
06 ①	07 ④	08 ⑤	09 ②	10 ②
11 ④	12 ①			

01 정답 맞히기 ㄷ. 수소 원자핵 4개의 질량 합은 헬륨 원자핵 1개의 질량보다 커 핵반응 시 발생하는 질량 결손에 의해 에너지가 발생한다.

오답 피하기 ㄱ. 핵융합 반응은 온도가 약 1500만 K로 초고온 상태인 태양의 중심부에서 일어난다.

ㄴ. 우라늄을 원료로 하는 핵발전소에서 일어나는 반응은 핵분열 반응이다.

02 정답 맞히기 ㄱ. 수소 원자핵 4개가 핵융합을 통해 생성된 ㉠은 헬륨 원자핵이다.

ㄴ. 물은 태양 에너지를 열에너지 형태로 흡수하여 증발해 수증기가 된다.

오답 피하기 ㄷ. 비가 내릴 때, 떨어지는 빗방울은 속력이 증가하다가 공기 저항에 의해 일정해진다. 따라서 떨어지는 빗방울의 운동 에너지는 증가하다가 일정해진다.

03 정답 맞히기 ㄱ. 화석 연료가 연소하는 과정에서 탄소는 산소와 결합하여 이산화 탄소를 형성한다. 따라서 ㉠은 이산화 탄소이다.

ㄴ. ㉡은 광합성으로 이 과정을 통해 태양의 빛에너지가 포도당에 저장된 화학 에너지로 전환된다.

ㄷ. 생명체가 포도당을 이용하는 과정에서 영양소의 형태인 화학 에너지로 축적되거나 활동을 통한 운동 에너지로 전환된다.

04 정답 맞히기 ㄴ. 화력, 풍력, 수력 발전은 모두 발전기의 코일을 회전시켜 유도 전류로 전기 에너지를 얻으므로 전자기 유도 현상을 이용한다.

오답 피하기 ㄱ. 물은 태양 에너지의 열에너지를 흡수하여 증발 과정을 거쳐 수증기가 된다.

ㄷ. 태양 전지는 빛에너지를 전기 에너지로 전환한다.

05 정답 맞히기 ㄱ. 막대자석이 가까워질 때 코일을 통과하는 자기장의 세기는 커진다.

오답 피하기 ㄴ. 자석의 S극이 코일에 가까워질 때 코일은 자석의 S극을 밀어내는 방향으로 자기력이 발생하도록 유도 전류가 발생한다. 따라서 코일에 흐르는 유도 전류의 방향은 b → 저항 → a이다.

ㄷ. 막대자석이 코일에 가까워지는 속력이 클수록 코일에 흐르는 유도 전류의 세기는 크다.

06 정답 맞히기 ㄱ. (가), (나) 모두 코일을 통과하는 자기장이 변할 때 발생하는 유도 전류를 이용하는 장치이므로 전자기 유도 현상을 이용한다.

오답 피하기 ㄴ. (가)에서 자석이 코일에 가까워질 때 코일을 통과하는 자기장의 세기는 커진다.

ㄷ. (나)의 단말기에서 발생하는 자기장의 세기가 커질 때 코일에는 단말기를 향하는 방향으로 자기장이 발생하도록 유도 전류가 흐른다. 따라서 이때 코일에 흐르는 유도 전류의 방향은 ⓐ 방향이다.

07 정답 맞히기 ㄴ. X를 통과하는 A는 중력에 의해서만 운동하고, Y를 통과하는 B는 연직 아래 방향으로 작용하는 중력과 연직 위 방향으로 작용하는 자기력을 받으므로 Q를 지나는 순간의 속력은 A가 B보다 크다.

ㄷ. B가 Q를 지나는 순간 Y와 B 사이에는 B의 운동을 방해하는 방향으로 자기력이 발생한다. 따라서 이때 Y와 B 사이에는 서로 당기는 자기력이 작용한다.

오답 피하기 ㄱ. 자석이 플라스틱 관을 통과할 때는 유도 전류가 발생하지 않으므로 자석은 자유 낙하 운동을 한다. 반면 자석이 구리관을 통과할 때는 구리에 유도 전류가 발생하여 자석의 운동을 방해하는 방향으로 자기력이 발생한다. 따라서 A가 Q를 먼저 통과하는 X는 플라스틱 관, B가 Q를 늦게 통과하는 Y는 구리관이다.

08 정답 맞히기 ㄱ. 마이크는 운동하는 코일을 통과하는 자기장이 변할 때 코일에 발생하는 유도 전류를 이용하는 장치이므로 전자기 유도 현상을 이용한다.

ㄴ. 전자기 유도 현상에 의해 운동 에너지가 전기 에너지로 전환된다.

ㄷ. 코일이 자석의 S극으로부터 멀어지면 코일에는 자석과 서로 당기는 자기력이 작용하도록 오른쪽에 N극을 형성하는 유도 전류가 흐르므로 이때 코일에 흐르는 유도 전류의 방향은 ⓑ 방향이다.

09 정답 맞히기 ㄴ. 에너지 보존 법칙에 의해 A에서 흡수한 열량의 일부가 일로 전환되고 열을 방출하는 과정에서 전체 에너지의 양은 보존되므로 $Q_A = Q_B + W$이다.

오답 피하기 ㄱ. 열기관은 고열원 A에서 열을 흡수하여 일을 하고 저열원 B로 열을 방출한다. 따라서 온도는 A가 B보다 높다.

ㄷ. $Q_B = 2W$이면 $Q_A = 3W$이므로 열기관의 에너지 효율 $e = \dfrac{W}{3W} = \dfrac{1}{3}$이다.

10 정답 맞히기 ㄴ. 에너지를 효율적으로 이용하기 위해서는 에너지 소비 효율 등급이 1에 가까운 제품, 즉 에너지 효율이 높은 열기관을 사용해야 한다. 따라서 에너지를 효율적으로 이용하기 위해서는 B보다 A를 사용해야 한다.

오답 피하기 ㄱ. 에너지 소비 효율 등급이 1에 가까울수록 에너지 효율이 높다. 따라서 에너지 효율은 A가 B보다 높다.

ㄷ. 에너지 효율이 높을수록 같은 일을 할 때 공급되는 에너지가 작다. 따라서 $E_A < E_B$이다.

11 정답 맞히기 ㄴ. 태양 전지는 반도체를 이용하여 빛에너지를 받아 전기 에너지를 생산한다.

ㄷ. 발광 다이오드는 전자의 에너지 차이를 이용해 필요한 영역의 빛을 효율적으로 발생하는 장치로 발광 다이오드 조명은 백열전구 조명보다 에너지 효율이 높다.

오답 피하기 ㄱ. 단열 진공 유리창과 벽체는 낭비되는 에너지를 줄이는 기술로 수동(패시브) 기술이다.

12 정답 맞히기 ㄱ. 태양 전지는 반도체를 이용해 빛에너지를 전기 에너지로 전환한다. 따라서 '빛에너지'는 ㉠으로 적절하다.

오답 피하기 ㄴ. (나)는 조력 발전으로 발전 과정에서 탄소가 포함된 화석 연료를 이용하지 않으므로 온실 기체가 발생하지 않는다.

ㄷ. (가)의 태양광 발전은 태양의 빛에너지를 직접 전기 에너지로 전환하므로 발전기를 이용하지 않고, (나)의 조력 발전은 해수의 운동 에너지를 이용해 발전기를 돌려 전기 에너지를 생산한다. 따라서 (나)에서만 전자기 유도 현상을 이용한다.

서술형·논술형 준비하기

본문 139쪽

서술형

1 하이브리드 자동차는 자동차의 역학적 에너지가 감소하는 경우에 남거나 버려지는 에너지를 전기 에너지로 전환한다.

모범 답안 자동차가 가속하여 속력이 증가할 때는 자동차의 역학적 에너지가 증가하므로 엔진에 과부하가 걸리지 않도록 전지에 저장된 전기 에너지를 이용해 모터가 엔진을 보조하여 동력을 지원하므로 전지의 전기 에너지가 방전된다. 반면 자동차가 감속하여 속력이 감소할 때는 자동차의 역학적 에너지가 감소하므로 남거나 버려지는 에너지를 이용하여 전지를 충전할 수 있다.

채점 기준	배점
에너지의 전환을 이해하고 하이브리드 자동차의 전지에 전기 에너지가 충전과 방전되는 과정을 옳게 서술한 경우	100 %
에너지의 전환을 이해하고 있으나 하이브리드 자동차의 전지에 전기 에너지가 충전과 방전되는 과정에 대한 서술이 부족한 경우	50 %

서술형

2 수소 연료 전지는 연료의 화학 반응을 통해 화학 에너지를 전기 에너지로 전환하는 장치이다.

모범 답안 (−)극에서 일어나는 반응의 화학 반응식은
$2H_2 \longrightarrow 4H^+ + 4e^-$로 수소가 전자를 잃어 산화되면서 수소 이온이 되고 이때 산화되면서 내놓은 전자가 회로를 따라 이동하면서 전류가 흐른다. (+)극에서 일어나는 반응의 화학 반응식은
$O_2 + 4H^+ + 4e^- \longrightarrow 2H_2O$로 산소가 전해질을 통해 이동한 수소 이온과 전선을 따라 이동한 전자와 결합하여 물이 생성된다.

채점 기준	배점
연료 전지에서 일어나는 화학 반응을 정확히 이해하고 각 전극에서 일어나는 산화·환원 반응을 옳게 서술한 경우	100 %
연료 전지에서 일어나는 에너지의 전환 과정을 이해하고 있으나 각 전극에서 일어나는 산화·환원 반응에 대한 서술이 부족한 경우	50 %

논술형

3 (1) 모범 답안 전기 에너지가 다른 에너지로 전환되는 과정에서 전환되는 에너지의 흐름에는 방향성이 있어 전환된 에너지를 다시 전기 에너지로 전환하여 사용하기 어렵다. 따라서 에너지를 사용함에 따라 유용한 에너지의 양은 계속 감소하므로 에너지를 절약해야 하며 에너지 절약을 위해서는 에너지 소비 효율 등급이 높은 제품을 사용해야 한다.

채점 기준	배점
에너지 흐름의 방향성에 대해 정확히 이해하고 이를 바탕으로 에너지 절약의 필요성과 에너지 소비 효율 등급이 높은 제품을 사용해야 되는 까닭을 옳게 서술한 경우	100 %
에너지 흐름에 대한 방향성과 에너지 절약의 필요성에 대한 부분을 연결한 서술이 부족한 경우	50 %

(2) **모범 답안** 우리나라에 많은 일사량을 이용해 태양의 빛에너지와 열에너지를 활용한 태양광 발전, 태양열 발전 형태의 신재생 에너지와 서해안 조수 간만의 차를 이용한 조력 발전은 우리나라에서 개발하기에 적합한 신재생 에너지이다. 석탄, 석유, 우라늄과 같이 전기 에너지를 생산하는 데 필요한 에너지원은 지질의 특이성으로 인해 특정 지역에만 분포하는 불균등한 공간적 분포가 일어난다. 하지만 신재생 에너지는 지역의 자연적 특성을 고려하여 다양하게 개발할 수 있으므로 이를 통해 에너지 불균등 문제를 해결할 수 있다. 또한 이러한 신재생 에너지는 지속가능한 발전이 가능한 에너지원으로 기존에 사용하던 에너지원의 고갈 문제를 해결할 수 있고, 이러한 문제 해결에 들어가는 노력과 비용을 다른 분야에 투자한다면 인류 문명에 또 다른 발전을 가지고 올 수 있다.

채점 기준	배점
우리나라 자연환경을 정확히 이해하고 이를 이용한 적합한 신재생 에너지 개발의 내용을 옳게 서술한 경우	100 %
우리나라 자연환경에 대한 이해가 부족하여 적합한 신재생 에너지 개발에 대한 서술이 부족한 경우	50 %

대단원 마무리 문제

본문 140~143쪽

01 ① **02** ③ **03** ④ **04** ⑤ **05** ④
06 ② **07** ① **08** ③ **09** ② **10** ⑤
11 ③ **12** ④ **13** ④ **14** ③ **15** ⑤
16 ①

01 정답 맞히기 ㄱ. 빛, 토양, 온도는 모두 생태계를 구성하는 요소 중 비생물요소에 해당한다.

오답 피하기 ㄴ. 호랑이가 토끼를 잡아먹는 것은 서로 다른 개체군 사이의 상호작용이다. ㉠은 같은 종으로 구성된 개체군 내에

서의 상호작용이다.

ㄷ. 식물은 생물요소에 속하고, 대기의 이산화 탄소 농도는 비생물요소에 속하므로 식물의 광합성에 의해 대기의 이산화 탄소 농도가 감소하는 것은 ㉡의 예에 해당한다.

02 정답 맞히기 ㄱ. 빛에너지를 흡수하는 A는 생산자이고, A에서 B로 에너지가 흐르므로 B는 소비자이다. 시금치는 빛에너지를 흡수하여 광합성을 하므로 A에 해당한다.

ㄷ. 에너지는 소비자(B)에서 곰팡이로 이동할 때 유기물의 형태로 이동한다.

오답 피하기 ㄴ. 소비자(B)는 생산자(A)의 포식자이다.

03 정답 맞히기 ㄱ. (가)에서 생물요소에 해당하는 생물은 생태계 내 역할에 따라 생산자, 소비자, 분해자로 나뉜다. 분해자는 생물요소에 해당한다.

ㄴ. A에서 빛을 많이 받는 위쪽 부위에서는 양엽이 발달하고, 빛은 적게 받는 아래쪽 부위에서는 음엽이 발달한다. (나)는 비생물요소가 생물요소에 영향을 미치는 ㉡의 예에 해당한다.

오답 피하기 ㄷ. A에서 빛을 많이 받는 곳일수록 광합성이 활발하게 일어나는 양엽이 발달할 것이다.

04 정답 맞히기 ㄱ. A는 2차 소비자, B는 1차 소비자, C는 생산자이다. 1차 소비자(B)의 개체수가 일시적으로 증가하면 2차 소비자의 개체수가 증가하고 생산자의 개체수가 감소한다. 따라서 ㉠은 A, ㉡은 C이다.

ㄴ. C(㉡)는 생산자이다.

ㄷ. 생산자(C)의 에너지 일부는 1차 소비자(B)로 전달된다.

05 정답 맞히기 ㄴ. 먹이 관계는 식물군집 → 사슴 → 늑대이다.

ㄷ. 구간 Ⅰ에서 사슴의 먹이인 식물군집의 양이 감소했음에도 사슴의 개체수가 증가한 것은 사슴을 먹이로 섭취하는 늑대의 개체수가 감소했기 때문이다.

오답 피하기 ㄱ. 늑대를 제거하면 사슴의 개체수가 증가하여, 사슴의 먹이인 식물군집의 양이 감소할 것이다.

06 정답 맞히기 ㄴ. 엘니뇨 발생 시 상승 기류가 발달하는 ㉡이 동쪽, ㉠이 서쪽이다. 적도 부근의 태평양에서는 평상시 무역풍에 의해 표층 해수가 동쪽(㉡)에서 서쪽(㉠)으로 이동한다. 그러나 무역풍이 약해져 엘니뇨가 발생하면 표층 해수가 서쪽(㉠)에서 동쪽(㉡)으로 이동한다.

오답 피하기 ㄱ. 엘니뇨 발생 시 무역풍은 평상시보다 약하다.

ㄷ. 엘니뇨 발생 시 서태평양 지역(㉠ 지역)은 건조한 날씨로 인해 가뭄, 산불이 발생한다.

정답과 해설

07 정답 맞히기 ㄱ. A는 태양 복사 에너지, B는 지표면 복사 에너지, C는 지구 복사 에너지, D는 대기의 재복사 에너지이다.

오답 피하기 ㄴ. 대기 중 온실 기체의 양이 증가하면 온실 기체들이 지표면에서 방출된 에너지를 흡수했다가 지표면으로 다시 방출한다. 따라서 대기 중 온실 기체가 증가하면 대기의 재복사 에너지(D)가 증가한다.

ㄷ. 온실 기체는 지표면에서 방출된 에너지를 흡수했다가 지표면으로 다시 방출하기 때문에 지구의 평균 기온은 대기가 없을 때보다 높게 유지된다.

08 정답 맞히기 ㄱ. 기온 편차 변화가 음$(-)$의 값에서 $(+)$의 값으로 변하였고, 증가하는 경향을 나타내므로 지구의 평균 기온은 상승했을 것이다.

ㄴ. 화석 연료의 사용 증가는 이산화 탄소 농도 증가에 영향을 미친다.

오답 피하기 ㄷ. 기온 편차 변화와 이산화 탄소 평균 농도 변화는 반비례 관계가 아니다.

09 정답 맞히기 ㄴ. 핵반응에서 발생하는 에너지는 질량 결손에 의해 발생하며, 발생하는 에너지는 질량 결손에 비례한다. 한 번의 핵반응에서 발생하는 에너지가 (가)에서가 (나)에서보다 작으므로 핵반응에서 발생하는 질량 결손은 (가)에서가 (나)에서보다 작다.

오답 피하기 ㄱ. 핵발전소에서 일어나는 우라늄의 핵분열 반응은 (나)이다.

ㄷ. 우라늄 원자핵($^{235}_{92}U$)에 포함된 양성자(^1_1p)수는 92이고, 중성자(^1_0n)수는 질량수와 양성자수의 차인 $143(=235-92)$이다.

10 정답 맞히기 ㄱ. 핵융합 과정에서 질량 결손이 발생하므로 수소 원자핵 4개의 질량 합은 헬륨 원자핵 1개의 질량보다 크다. 따라서 $4m_H > m_{He}$이다.

ㄴ. 태양광 발전에서 태양 전지는 빛에너지를 전기 에너지로 전환한다. 따라서 ㉠은 빛에너지이다.

ㄷ. 태양열 발전은 태양의 열에너지를 이용해 수증기의 운동 에너지를 만들고, 코일을 회전시켜 코일의 운동 에너지가 전기 에너지로 전환되는 발전기를 이용한다. 따라서 ㉡ 과정에서 전자기 유도 현상을 이용한다.

11 정답 맞히기 ③ 과정 (나)에서 자석 2개를 같은 극끼리 겹치면 자석에 의한 자기장의 세기가 커지므로 코일에서 발생하는 유도 전류의 세기는 (가)에서보다 커진다. 또한 과정 (다)에서 자석이 코일에 접근하는 속력을 빠르게 하면 코일에 발생하는 유도 전류의 세기는 (나)에서보다 커진다. 따라서 (가), (나), (다)에서 발생하는 전류의 세기를 비교하면 $I_{(다)} > I_{(나)} > I_{(가)}$이다.

12 정답 맞히기 ㄴ. (나)의 핵발전소에서는 우라늄의 핵분열 반응을 이용한다.

ㄷ. (가), (나)에서는 모두 자석 사이의 코일을 회전시켜 코일에 발생하는 유도 전류를 이용하는 발전기를 사용하므로 전자기 유도 현상을 이용한다.

오답 피하기 ㄱ. (가)의 화력 발전에서의 에너지 전환 과정은 '열에너지 → 운동 에너지 → 전기 에너지'이다.

13 정답 맞히기 ㄴ. 자석과 코일 사이의 거리는 1초일 때가 3초일 때보다 크므로 코일을 통과하는 자석에 의한 자기장의 세기는 1초일 때가 3초일 때보다 작다.

ㄷ. 1초일 때 자석이 코일에 가까워지는 속력이 6초일 때 자석이 코일로부터 멀어지는 속력보다 크므로 코일에 흐르는 유도 전류의 세기는 1초일 때가 6초일 때보다 크다.

오답 피하기 ㄱ. 1초일 때 자석의 N극이 코일에 가까워지므로 코일에는 자석의 N극을 밀어내는 방향으로 자기력이 발생하도록 유도 전류가 발생한다. 따라서 1초일 때 코일에 흐르는 유도 전류의 방향은 a → ⓖ → b 방향이다.

14 정답 맞히기 ㄱ, ㄴ. 휴대 전화의 무선 충전은 휴대 전화 내부 코일을 통과하는 자기장의 변화에 따른 유도 전류를 이용하므로 전자기 유도 현상을 이용한다. 따라서 '자기장'은 ㉠으로 적절하다.

오답 피하기 ㄷ. 코일을 통과하는 자기장의 세기가 증가하고 있을 때, 코일에는 유도 전류에 의한 자기장의 방향이 아래 방향이 되도록 유도 전류가 흐른다. 따라서 이때 발생하는 유도 전류의 방향은 ⓑ 방향이다.

15 정답 맞히기 ㄱ. (가)에서 자석이 코일로부터 멀어지고 있으므로 코일과 자석 사이에는 서로 당기는 자기력이 작용한다.

ㄴ. (나)에서 코일과 자석 사이에는 자석의 운동을 방해하는 밀어내는 자기력이 작용한다. 따라서 유도 전류에 의한 자기장의 방향이 코일을 아래 방향으로 통과하도록 유도 전류가 흐르므로 이때 코일에 흐르는 유도 전류의 방향은 p → 저항 → q이다.

ㄷ. 코일에 흐르는 유도 전류에 의한 자기장에 의해 자석의 운동을 방해하는 방향으로 자기력이 작용하여 자석이 (가)에서 올라갈 때의 속력은 (나)에서 내려올 때의 속력보다 크다. 따라서 저항에 흐르는 유도 전류의 세기는 (가)일 때가 (나)일 때보다 크다.

16 정답 맞히기 ㄱ. 내연 기관에서 에너지 전환 과정은 '화학 에너지 → 열에너지 → 운동 에너지'이다.

오답 피하기 ㄴ. 연료 전지는 수소 기체를 원료로 하여 화학 반응을 통해 화학 에너지를 전기 에너지로 전환하는 장치이다. 따라서 ㉠은 수소이다.

ㄷ. A의 에너지 효율 $e_A = \dfrac{1}{5} = \dfrac{E_0}{E_A}$이고, B의 에너지 효율

$e_B = \dfrac{2}{5} = \dfrac{E_0}{E_B}$이므로 $E_A = 5E_0$, $E_B = \dfrac{5}{2}E_0$이다. 따라서

$E_A - E_B = \dfrac{5}{2}E_0$이다.

VI. 과학과 미래 사회

12 과학의 유용성과 빅데이터의 활용

교과서 탐구하기
본문 145쪽

1 양성 표준 시료에 색 변화와 동일한 색 변화를 보이는 시료가 감염병에 걸린 사람의 시료이다.

모범 답안 사람 1. 감염병 음성 모의 대조군은 색 변화가 없으나 감염병 양성 모의 대조군은 색 변화가 있다. 따라서 사람 1의 시료에서 색 변화가 나타났으므로 사람 1이 감염병에 걸렸음을 알 수 있다.

2 병원체가 채취한 시료에 들어 있을 경우 핵산을 분리하여 중합효소연쇄반응(PCR)을 시켰을 때 핵산의 양이 증폭된다.

모범 답안 사람 3. 사람 3의 시료를 이용하여 중합효소연쇄반응(PCR) 장치에 넣어 얻은 결과에서 증폭 횟수에 따라 핵산의 양이 증가했으므로 사람 3이 감염병에 걸렸음을 알 수 있다.

3 과학 원리와 과학기술을 활용하여 감염병을 진단하고, 관리할 수 있다.

모범 답안 과학은 자가 진단 도구나 중합효소연쇄반응(PCR) 검사와 같이 감염병을 진단할 때 유용하게 이용되며, 핵산의 염기 순서를 분석해 병원체의 특성을 알아내거나 인공지능 등을 이용해 감염병의 전파 경로를 추적하는 등 감염병 문제 해결에 도움이 된다.

기초 확인 문제
본문 146~147쪽

01 ⑤　　**02** ④　　**03** ⑤　　**04** ②　　**05** ⑤
06 ⑤　　**07** ④　　**08** ⑤　　**09** ⑤　　**10** ③
11 ⑤　　**12** ⑤

01 **정답 맞히기** ㄱ. 감기, 독감, 결핵 등은 병원체에 감염되어 발생하는 질병이다.

ㄴ. 바이러스, 세균, 곰팡이 등은 호흡을 통한 흡입, 오염된 물과 음식물의 섭취, 피부 접촉 등 다양한 경로로 체내에 유입될 수 있다.

ㄷ. 감염병 진단은 감염으로 인한 증상이 나타나는 사람의 검체를 채취한 후 자가 진단 도구나 중합효소연쇄반응(PCR) 검사 등을 이용하여 이루어진다.

02 정답 맞히기 ㄴ, ㄷ. 감염병을 검사할 때는 검체에 포함된 병원체의 단백질이나 핵산의 존재 여부를 파악한다.

오답 피하기 ㄱ. 감염병 검사에서 분석하는 것은 검체에 포함된 병원체의 단백질이나 핵산의 존재 여부이다.

03 정답 맞히기 ㄱ, ㄴ, ㄷ. 개인용 신속 항원 검사(자가 진단 도구)를 이용하여 감염병을 진단할 때는 검체구에 증상이 나타나는 환자에게 채취한 시료를 넣고 시간이 흐름에 따라 시험선과 대조선에 선이 나타나는지를 확인하며, 대조선은 감염 유무와 상관없이 선이 나타나고, 시험선에 선이 나타난 경우 감염병에 걸린 것이라고 판단한다.

04 정답 맞히기 ② 채취한 검체에서 바이러스를 구성하는 단백질이 존재하는지를 확인하는 검사법으로 적절한 것은 신속 항원 검사이고, 채취한 검체에 들어 있는 바이러스의 특정 유전자를 증폭한 후 검체에 바이러스가 존재하는지를 확인하는 검사법으로 적절한 것은 중합효소연쇄반응(PCR) 검사이다.

05 정답 맞히기 ㄴ. 스마트 기기에 내장된 GPS, 와이파이(WiFi), 블루투스, 센서 등을 활용하여 환자의 정보를 수집하고 공유하는 방식으로 감염병 추적이 이루어지고 있다.

ㄴ. 감염병의 특성을 파악하고 확산을 예측하기 위해 빅데이터 기술과 인공지능 기술이 활용되기도 한다. 나아가 감염병 환자와 접촉을 줄이고 의료 체계의 부담을 덜기 위해 방역과 소독이 가능한 방역 로봇과 같은 인공지능 로봇도 활발히 개발되고 있다.

오답 피하기 ㄱ. 조사관이 환자의 동선을 일일이 파악하는 방식은 시간이 많이 걸리므로 비효율적이다.

06 ㄱ. 감염병 진단에는 신속 항원 검사나 중합효소연쇄반응(PCR) 검사가 이용된다.

ㄴ. 감염병 추적은 조사관이 환자의 동선을 일일이 파악하기보다는 스마트 기기에 내장된 GPS, 와이파이(WiFi), 블루투스, 센서 등을 활용하여 환자의 정보를 수집하고 공유하는 방식으로 이루어진다.

ㄷ. 감염병의 특성을 파악하고 확산을 예측하기 위해 빅데이터 기술과 인공지능 기술이 활용되기도 한다.

07 정답 맞히기 ㄴ. 기후 변화는 인류의 생존과 건강에 큰 위협이 될 수 있다.

ㄷ. 감염병의 진단, 추적, 치료 과정에서 과학기술이 중요한 역할을 한 것처럼 미래 사회 문제 해결에서 과학의 역할은 더욱 중요해질 것이다.

오답 피하기 ㄱ. 코로나19 대유행처럼 미래 사회에는 예상치 못한 문제가 발생할 수 있다.

08 정답 맞히기 A. 노인 인구의 증가와 같은 요인으로 건강과 관련된 여러 가지 문제가 중요해진다.

B. 인터넷과 컴퓨터 기술 발전으로 인해 개인 정보 유출 및 사이버 범죄 등으로 인한 피해가 증가할 수 있다.

C. 기후 변화, 에너지 고갈, 감염병 대유행 등 미래 사회에서 발생할 수 있는 복잡하고 다양한 문제는 여러 가지 과학기술을 복합적으로 활용하여 해결할 수 있다.

09 정답 맞히기 ㄱ, ㄴ, ㄷ. 현대 사회에서는 다양하고 많은 양의 데이터가 디지털 형태로 전환되어 실시간 빠르게 수집되면서 빅데이터가 형성되고 있고, 이를 분석하여 현상에 대한 더 빠른 이해와 정확한 예측이 가능해졌다. 따라서 데이터의 양이 많아야 하며 데이터가 생성되고 처리되는 속도가 빨라야 하며 데이터의 형태와 유형이 다양해야 한다.

10 정답 맞히기 ③ 현대 사회는 빅데이터를 이용하여 현상에 대한 더 빠른 이해와 정확한 예측이 가능해졌고, 일상생활에서도 폭넓게 활용하면서 삶이 풍요로워지고 있다. 따라서 (가)는 빅데이터이다.

11 정답 맞히기 ㄱ. 일기예보에는 많은 양의 데이터로 이루어진 빅데이터가 활용된다.

ㄴ. 유전체와 관련된 빅데이터를 분석하여 개인에게 발생 가능한 질병을 예측하고 유전적 특성에 맞는 적절한 치료를 받을 수 있다.

ㄷ. 여러 연구자에 의해 수집된 빅데이터를 기반으로 개별 연구자만으로는 기존에 수행하기 어려웠던 과학 실험을 수행할 수 있다.

12 정답 맞히기 ㄱ, ㄴ, ㄷ. 빅데이터의 활용으로 인해 삶이 풍요로워지는 등의 장점도 있지만 빅데이터를 형성하는 과정에서 사생활 침해 가능성, 충분히 검증받지 못한 데이터의 활용 가능성, 지나친 데이터 의존 등의 문제점이 제기되고 있다. 따라서 빅데이터를 활용할 때는 장점뿐 아니라 문제점도 인식해야 하며 이러한 문제를 최소화하기 위해 노력해야 한다.

01 ⑤   **02** ③   **03** ④   **04** ②

01 정답 맞히기 ㄱ. 신속 항원 검사와 중합효소연쇄반응 (PCR) 검사에는 모두 과학 원리가 활용된다.

ㄴ, ㄷ. (가)에서는 병원체의 단백질, (나)에서는 병원체의 핵산 존재 유무를 확인한다. 중합효소연쇄반응(PCR) 검사는 검체에 들어 있는 매우 적은 양의 핵산을 단시간에 많은 양으로 복제한 다음 컴퓨터를 활용하여 정밀하게 분석하는 방법이다. 신속 항원 검사는 일상생활에서 간편하게 할 수 있는 검사법이지만 검체에 들어 있는 병원체의 양이 적을 경우 병원체가 검출되지 않을 수도 있다. 따라서 (나)는 (가)보다 감염병을 정확하게 진단할 수 있다.

02 정답 맞히기 ㄱ. 실험 결과에서 감염병 양성 표준 시료와 사람 A의 시료가 동일한 색 변화를 보였으므로 사람 A는 감염병 양성이다.

ㄷ. 감염병 진단에는 여러 가지 과학 원리가 적용된다.

오답 피하기 ㄴ. 시료를 이용하여 색 변화를 관찰하는 검사 방법은 병원체의 단백질의 존재 유무를 확인하는 것이다.

03 정답 맞히기 ㄱ. 여러 분야에서 형성된 빅데이터를 분석하면 현상에 대한 더 빠른 이해와 정확한 예측이 가능하다.

ㄷ. 빅데이터 형성 과정에서 사생활 침해 및 개인 정보 유출 등의 피해가 발생할 수 있다.

오답 피하기 ㄴ. 빅데이터를 일상생활에서도 폭넓게 활용하면서 삶이 풍요로워지고 있다.

04 정답 맞히기 ② 여러 연구자에 의해 수집된 빅데이터를 기반으로 개별 연구자만으로는 기존에 수행하기 어려웠던 과학 실험을 수행할 수 있게 되었다. 유전체와 관련된 빅데이터를 분석하여 개인에게 발생 가능한 질병을 예측하고, 유전적 특성에 맞는 적절한 치료를 받을 수 있게 되었다. 따라서 ㉠은 과학 실험, ㉡은 유전체이다.

서술형

1 (1) 코로나바이러스감염증은 호흡기 감염 질환이며, 바이러스의 단백질이나 핵산의 존재 유무는 신속 항원 검사, 중합효소연쇄반응(PCR) 검사를 통해 알 수 있다.

모범 답안 코로나바이러스감염증은 코로나바이러스에 의한 호흡기 감염 질환이다. 방문한 식당에서 코로나바이러스감염증 환자가 발생했고 감염자의 비말이 호흡기나 눈·코·입의 점막으로 침투되었을 가능성이 있다. 따라서 바이러스를 구성하는 단백질의 존재 여부를 확인하는 신속 항원 검사, 중합효소연쇄반응(PCR) 검사를 이용하여 감염 여부를 확인할 수 있다.

채점 기준	배점
코로나바이러스감염증이 호흡기 감염 질환임을 토대로 감염 가능성을 제시하고 이를 확인하는 방법으로 신속 항원 검사, 중합효소연쇄반응(PCR) 검사를 모두 쓴 경우	100 %
감염 여부를 확인하는 방법으로 신속 항원 검사, 중합효소연쇄반응(PCR) 검사를 쓴 경우	50 %

(2) 감염병 진단에서 신속 항원 검사보다 중합효소연쇄반응(PCR) 검사가 정확한 검사 방법이다.

모범 답안 코로나바이러스감염증에 감염되었을 때 시험선에도 선이 나타나야 한다. 따라서 검사 결과 음성이다. 그러나 감염 여부를 보다 확실하게 확인해 보기 위해서는 매우 적은 양의 핵산을 단시간에 많은 양으로 복제한 다음 컴퓨터를 활용하여 정밀하게 분석하는 방법인 중합효소연쇄반응(PCR) 검사를 이용할 수 있다.

채점 기준	배점
신속 항원 검사 결과를 토대로 감염 유무를 제시하고, 감염 여부를 보다 확실하게 알아보기 위한 방법이 중합효소연쇄반응(PCR) 검사임을 설명한 경우	100 %
감염 여부를 보다 확실하게 알아보기 위한 방법이 중합효소연쇄반응(PCR) 검사임을 설명한 경우	40 %

논술형

2 모범 답안 그늘막, 온열 의자, 스마트 쉼터, 미세 먼지 안심 버스 정류장 등은 시민의 편의를 위한 것으로 유동 인구가 많은 곳에 설치 하는 것이 유용하다. 생활 인구 데이터, 지역 내 지하철역 승하차 인 원, 도로별 CCTV 데이터는 이 지역의 인구 이동과 생활 인구가 얼 마나 많은지를 알려주는 척도가 될 수 있다. 그늘막 설치 위치 선정 과정에 인공위성 자료를 이용하여 지역의 지표면 온도를 분석하는 것도 도움이 된다. 폭염 시간대에 인구 밀도와 주변 지역보다 지표면 온도가 높은 지역을 결합하면, 어느 지역에 그늘막을 설치하는 것이 많은 사람에게 이득을 주는지 합리적으로 판단할 수 있기 때문이다. 그러나 CCTV 데이터, 생활 인구 데이터 등의 자료를 모으는 과정 중에 개인 정보가 포함되어 있는 경우가 종종 있으므로 데이터 관리 에 있어 특별히 주의를 기울여야 한다.

채점 기준	배점
제시된 편의시설을 설치하기 위해 필요한 데이터셋 4가지의 까닭을 모두 서술했으며, 빅데이터 활용 시 주의점을 옳게 제시한 경우	100 %
제시된 편의시설을 설치하기 위해 필요한 데이터셋 1~3가 지의 까닭을 서술했으며, 빅데이터 활용 시 주의점을 옳게 제시한 경우	80 %
제시된 편의시설을 설치하기 위해 필요한 데이터셋 4가지의 까닭을 모두 서술한 경우	60 %
제시된 편의시설을 설치하기 위해 필요한 데이터셋 1~3가 지의 까닭을 서술한 경우	40 %

13 과학기술의 발전과 윤리

교과서 탐구하기 본문 151쪽

1 모범 답안

내가 조사한 로봇	서빙 로봇(음식을 나르는 로봇)
특징	라이다 센서로 공간 구조를 파악하고 주문한 곳의 위치를 추론하여 자율주행으로 음식을 나른다.
불편한 점	계단이 있으면 음식을 나르지 못한다.
개선 방안	평상시에는 바퀴로 다니지만 계단이 있을 경 우 올라갈 수 있는 다리를 부착한다.

기초 확인 문제 본문 152~153쪽

01 ① **02** ④ **03** ⑤ **04** ⑤ **05** ③
06 ② **07** ② **08** ④ **09** ③ **10** ③
11 ⑤ **12** ⑤

01 정답 맞히기 ① 자동차의 개발로 먼 거리를 빠르게 이동할 수 있게 되었다.

02 정답 맞히기 ㄴ. 인공지능 로봇은 광센서, 온도 센서 등 다 양한 센서를 이용하여 주변 상황을 인식할 수 있다.
ㄷ. 인공지능 기술을 이용하여 인간과 상호작용이 가능하므로 인간의 작업을 보조해 줄 수 있다.

오답 피하기 ㄱ. 인공지능 로봇은 인공지능 기술을 활용해 상황 을 스스로 판단하고 자율적으로 작업을 수행할 수 있다.

03 정답 맞히기 ⑤ 스마트폰과 같은 스마트 기기와 사물이 인 터넷을 통해 연결되어 있으면 사용자가 원격으로 센서가 내장 된 사물의 상태를 파악하고 스마트 기기를 사용하여 사물을 제 어할 수 있다.

04 정답 맞히기 ⑤ 조각품을 제작하여 미술대회에 출품하는 것은 인간이 직접 해야 하는 일이나.

오답 피하기 ①, ②, ③, ④ 사물 인터넷은 사물과 스마트 기기를 연결하여 원격으로 정보를 전송하는 기술이다. 그러므로 조명 제어, 빈자리 파악, 응급상황 시 119 호출, 자동차 시동 제어 등의 정보를 원격으로 전송하는 일은 사물 인터넷을 활용하여 할 수 있는 일이다.

05 **정답 맞히기** ㄱ. 인터넷과 같은 정보 통신 기술의 발달로 이메일 등으로 시공간의 제약 없이 정보를 주고받는 것이 가능해졌다.
ㄴ. 인터넷 사이트들의 회원 정보가 해킹당해 대량의 개인 정보 유출이 일어나고 이로 인한 피해가 증가하고 있다.

오답 피하기 ㄷ. 인터넷은 익명성이 있어 그럴듯한 허위 사실이 유포될 때 전파 속도가 매우 빠른 특징이 있다.

06 **정답 맞히기** ② 환경오염이 증가한 것은 과학기술 발전의 문제점에 해당한다.

오답 피하기 ① 의약품 개발, 의료 기기 개발, 질병 치료 기술 개발 등으로 수명이 연장되었다.
③ 자동차, 비행기 등의 이동 기술 발전으로 이동 시간이 단축되었다.
④ 인터넷과 같은 정보 통신 기술의 발전은 교육 기회를 확대하는 결과를 가져왔다.
⑤ 인공위성, 우주 탐사선을 발사할 수 있게 되면서 우주에 존재하는 자원을 탐사하는 것이 가능해졌다.

07 **정답 맞히기** ② 과학 관련 사회적 쟁점은 과학기술의 발전 과정에서 발생하는 사회적·윤리적 문제이다. 무상급식은 쟁점이기는 하지만 과학기술과는 상관없는 주제이므로 과학 관련 사회적 쟁점이 아니다.

08 **정답 맞히기** ㄱ. 해킹으로 인한 개인 정보 유출과 같이 과학기술이 잘못 사용되면 큰 피해가 발생할 수 있다.
ㄷ. 과학기술의 한계와 문제점을 극복하기 위한 사회적 논의와 이를 통한 제도적·기술적 장치 마련은 사회의 안정을 위해 필요한 일이다.

오답 피하기 ㄴ. 과학기술의 발전은 인간의 삶을 풍요롭게도 하지만 문제점도 가지고 있는 양면성이 있다. 하지만 문제점때문에 과학기술의 발전을 등한시한다면 국제 사회에서 도태되고 말 것이므로 문제점을 해결하는 방안을 찾아가면서 과학기술 발전을 도모해야 한다.

09 **정답 맞히기** ③ 저작권에 대한 논의에서 인공지능의 저작권에 대한 인정을 전혀 하지 않고 있으므로 논의 주제와는 동떨어진 이야기를 하고 있다.

10 **정답 맞히기** ㄷ. 과학 관련 사회적 쟁점을 대할 때는 쟁점에 대한 과학적 이해를 바탕으로 접근해야 한다.

오답 피하기 ㄱ. 과학 관련 사회적 쟁점을 대할 때 나와 같은 의견뿐만 아니라 반대 의견의 논리와 증거, 문제점 등도 파악하고 반대 의견도 존중하면서 합리적인 의사 결정을 내려야 한다.
ㄴ. 과학기술 발전은 다양한 분야에 복합적으로 영향을 미치므로 과학 관련 사회적 쟁점 또한 사회적인 측면뿐만 아니라 윤리, 경제 등 다른 측면들을 복합적으로 고려해야 한다.

11 **정답 맞히기** ⑤ 과학 연구를 수행하거나 과학기술을 이용할 때 지켜야 할 윤리적 원칙과 기준을 과학 윤리라고 한다. 인간을 대상으로 하는 실험에서는 참여자에 대한 비밀과 사생활을 비공개로 해야 한다.

12 **정답 맞히기** ⑤ 이 벤처 사업가는 존재하지 않는 기술을 거짓으로 존재한다고 하고 검사 결과를 조작하였다. 이는 정직성을 위반한 것이다.

실력 향상 문제
본문 154쪽

01 ②　　**02** ④　　**03** ①　　**04** ④

---

01 **정답 맞히기** ㄷ. A는 인간이 수행해야 하는 청소를 대신 수행해주므로 가사 노동 시간을 줄여주는 장점이 있다.

오답 피하기 ㄱ. A는 사전에 입력된 논리 회로에 의해 작동되는 자동화 장치 수준으로, 스스로 주변의 새로운 변화를 실시간으로 학습하고 바로 대응할 줄 아는 인공지능 로봇은 아니다.
ㄴ. A가 수집한 먼지는 더 큰 용량의 먼지통으로 자동으로 이동되므로 인간이 A가 수집한 먼지를 매일 비울 필요 없이 가끔씩 먼지통만 비우면 된다.

02 **정답 맞히기** ㄴ. 냉장고는 통신 기능이 있어야 스마트폰과 정보를 주고받을 수 있으며, 온도 센서가 내장되어 있어야 온도 정보를 스마트폰에 보낼 수 있으므로 통신 기능과 온도 센서가 내장되어 있어야 한다.
ㄷ. 스마트폰과 냉장고는 무선 통신 기술로 실시간으로 정보를 주고받으므로 스마트폰에서 내린 온도 조절 명령은 바로 냉장고에 적용된다.

오답 피하기 ㄱ. 스마트폰과 냉장고는 무선으로 인터넷을 통해 연결되어 있다.

정답과 해설

03 정답 맞히기 ㄱ. 인공지능은 학습한 데이터를 기반으로 입사지원서를 평가할 것이기 때문에 우수한 여성 엔지니어의 데이터를 기반으로 학습한 인공지능은 남성에게 불이익을 줄 가능성이 높다.

오답 피하기 ㄴ. 인간 기자의 일자리는 없어지지 않을 것이다. (가)의 사례로 보아, 인공지능은 학습을 통해 정보를 평가하기 때문에 잘못된 정보로 학습할 경우 잘못된 기사를 작성할 수 있다. 따라서 인간을 보조해 주는 역할은 할 수 있지만 최종 기사는 인간 기자의 판단에 의해 이루어져야 하기 때문이다.
ㄷ. (가)는 인공지능의 한계를, (나)는 인공지능의 장점을 보여주는 사례이다.

04 정답 맞히기 ④ 실험 대상을 윤리적으로 대하며 실험 대상의 생명과 존엄성을 존중하는 자세를 갖춰야 한다.

오답 피하기 ① 과학자는 연구 절차와 결과를 조작하거나 거짓으로 만들어내지 않는 정직성을 갖춰야 한다.
② 함께 연구하는 동료가 어리거나 하급자라도 동료를 존중하고 연구 참여자들의 성과를 공정하게 나눌 수 있어야 한다.
③ 학문 발전을 위해 연구 결과를 공개하고 건설적인 토론과 상호 협력을 통해 연구 이론을 완성해가는 자세를 갖춰야 한다. 이를 개방성이라고 한다.
⑤ 환경오염 등 사회에 악영향을 미칠 수 있는 연구는 피하고 공공의 이익을 추구할 수 있는 연구가 되도록 노력해야 한다.

서술형·논술형 준비하기
본문 155쪽

서술형

1 태양광, 풍력과 같은 신재생 에너지는 고갈의 염려가 없고 이산화 탄소를 배출시키지 않는 친환경 에너지 기술이다.

모범 답안 화력 발전이 줄어들면서 이산화 탄소 배출량이 줄어들어 지구 온난화 문제가 개선되고 환경오염 문제 해결에도 도움이 될 것이다.

채점 기준	배점
신재생 에너지 기술 발전으로 개선되는 문제점을 옳게 서술한 경우	100 %
현재의 문제점이 아닌 장점에 대해서만 서술한 경우	50 %

서술형

2 (1) 인공지능 로봇은 상황을 스스로 판단하며 자율적으로 움직이는 로봇으로 사람이 하는 일을 도울 수 있다. 예를 들어 주문을 받는 키오스크 같은 로봇은 상황을 스스로 판단하는 것은 아니므로 인공지능 로봇은 아니지만, 주문을 받아 직원에게 전달하여 직원과 소통하는 기능은 가지고 있는 로봇이다. 자료에 제시된 인공지능 로봇은 아직까지는 개발되지 않았고 연구 단계에 있다.

모범 답안 인공지능 로봇에게 물품의 재고를 확인하고 품절되거나 잘못 진열된 품목을 직원에게 알려주는 등 반복 작업 또는 시간이 많이 소요되는 작업을 수행시킬 것이다.

채점 기준	배점
인공지능이 스스로 판단하여 자율적으로 수행하는 작업과 직원과 소통하는 기능을 모두 포함하여 옳게 설명한 경우	100 %
인공지능이 스스로 판단하여 자율적으로 수행하는 작업과 직원과 소통하는 기능 중 1가지만 옳게 설명한 경우	50 %

(2) 로봇 기술의 발달로 단순 반복 작업을 로봇이 수행하게 되면서 단순 반복 작업을 수행하는 일자리는 줄어들었지만, 판단을 필요로 하는 일자리는 유지되었다. 하지만 인공지능 로봇이 발달하면 로봇이 스스로 판단을 하여 자율적으로 일을 수행할 수 있게 되므로 판단을 필요로 하는 일자리도 위협받게 될 것이다.

모범 답안 인공지능 로봇이 직원의 역할을 수행하게 되면 편의점 운영 업체는 생산성을 위해 편의점 직원을 1명으로 줄일 수 있다. 즉, 인공지능 로봇에 의해 일자리가 줄어드는 문제점이 발생한다.

채점 기준	배점
인공지능 로봇으로 인해 발생할 수 있는 문제점에 대해 옳게 설명한 경우	100 %
인공지능 로봇이 아닌 일반 로봇으로 인해 발생할 수 있는 문제점에 대해 설명한 경우	20 %

서술형

3 과학기술의 영향력이 커지면서 과학기술을 연구하거나 이용할 때의 사회 구성원의 윤리적 가치 판단이 중요해지고 있다. 과학 윤리에는 생명 존중, 공정성, 안전, 환경적 책임, 정직성 등이 있다.

모범 답안 과학기술을 연구할 때는 생명 존중을 해야 하며, 과학기술을 이용할 때는 환경오염이 일어나지 않게 노력할 책임이 있다.

채점 기준	배점
과학 윤리 2가지 모두 옳게 서술한 경우	100 %
과학 윤리 1가지만 옳게 서술한 경우	50 %

논술형

4 원자력 발전을 늘려야 하는지, 중단해야 하는지에 대한 의견을 논리적으로 설명할 수 있어야 한다.

모범 답안 [찬성 의견] 전 세계가 에너지 위기에 직면해 있습니다. 에너지 수요는 급격히 늘고 있지만 화석 연료는 고갈되어 가며 대체 에너지 개발은 더디고 효율성이 낮습니다. 이러한 상황에서 에너지 수요를 충족시킬 수 있는 가장 현실적인 대안은 원자력 발전입니다. 원자력 발전은 초기 투자 비용이 다소 비싸지만 장기적으로 볼 때 운영 비용이 매우 싸서 경제적입니다. 신재생 에너지 기술이 비용 대비 효율성이 현저하게 떨어지는 현재로서는 원자력 발전을 늘려 에너지 수요에 대응하는 것이 필요합니다.
[반대 의견] 지진과 화산 활동이 많이 발생하는 일본에 지어진 원자력 발전소는 다른 나라보다 굉장히 튼튼하게 지어 안전하다고 여겨져 왔습니다. 하지만 후쿠시마 원전 사고를 보면서 우리는 원자력 발전이 안전하지 않다는 것을 알았습니다. 방사능은 한 번 유출되면 짧으면 몇 백 년, 길면 몇 만 년을 고통받아야 합니다. 이런 위험에도 불구하고 경제적 논리로 원자력 발전을 계속하는 것은 안전불감증이며, 생명 경시 풍조라고 생각합니다. 문명 발전도 중요하고, 에너지 소비도 중요하지만 그게 사람의 생명보다 우선시 되어서는 안 된다고 생각합니다. 우리는 과학이 성공하는 시대를 살아왔고 과학기술이 발전할 거라는 믿음이 있습니다. 지금의 에너지 수급 불안 문제를 견뎌내면 신재생 에너지 기술이 발전하여 화력 발전과 원자력 발전을 대체할 수 있을 것입니다. 만약 대체하지 못하게 된다고 해도 에너지 소비를 통제하는 방법을 쓰는 것이 원자력 발전소를 새로 지어서 위험을 감수하는 것보다는 나은 선택이라고 생각합니다.

채점 기준	배점
원자력 발전소 건설에 대한 의견을 근거를 들어 논리적으로 설명한 경우	100 %
원자력 발전소 건설에 대한 의견은 있으나 논리성이나 근거가 부족한 경우	50 %

논술형

5 합의가 필요한 상황에서는 대규모 설문조사, 전문가 토론, 국민 투표 등 다양한 방식으로 사회적 합의를 이끌어낼 수 있다.

모범 답안 자율주행차의 도입이 늦어지더라도 교통, 로봇 공학, 윤리학, 철학 등 다양한 분야의 전문가가 참여하여 자율주행차의 윤리적 알고리즘에 대한 논쟁을 하고 그 토론 과정과 합의 결과를 국민에게 공표하여 사회적 합의를 이끌어 낸 후에 자율주행차의 윤리적 알고리즘을 만들어야 한다.

채점 기준	배점
윤리적 알고리즘을 만드는 과정이 합리적인 경우	100 %
윤리적 알고리즘을 만드는 과정에서 합리성이 부족한 경우	50 %

대단원 마무리 문제

본문 156~157쪽

01 ⑤   **02** ⑤   **03** ③   **04** ⑤   **05** ⑤
06 ①   **07** ⑤   **08** ③

01 **정답 맞히기** ㄱ. 사람 1, 2는 신속 항원 검사에서는 음성이지만, 중합효소연쇄반응(PCR) 검사에서 사람 2는 양성이다.
ㄴ. 신속 항원 검사에서는 병원체가 검출되지 않았지만 중합효소연쇄반응(PCR) 검사에서는 사람 2의 병원체의 핵산이 검출되었으므로 중합효소연쇄반응(PCR) 검사가 신속 항원 검사보다 정확도가 높은 검사임을 알 수 있다.
ㄷ. 신속 항원 검사는 병원체의 단백질을, 중합효소연쇄반응(PCR) 검사는 병원체의 핵산의 존재 여부를 알아보는 검사이다.

02 **정답 맞히기** ㄱ. 기존 의약품 및 질병과 관련된 빅데이터를 분석하여 특정 질병을 치료할 수 있는 신약 후보 물질과 합성하는 방법을 찾을 수 있게 되었다.
ㄴ. 날씨를 예측하려면 데이터가 필요하고 데이터의 양이 많을수록 예측은 더 정확해진다. 기상 관측 과정에서는 인공위성으로 수집한 빅데이터가 활용된다.
ㄷ. 빅데이터를 분석하면 의미 있는 정보를 얻을 수 있다. 방대한 양의 정보를 분석하는 과정에서 슈퍼컴퓨터와 인공지능이 이용된다.

03 **정답 맞히기** ㄱ. 과학은 코로나19처럼 예측할 수 없는 감염병뿐만 아니라 미래 사회에서 발생할 수 있는 복잡하고 다양한 문제를 해결하는 데 중요한 역할을 할 것이다.
ㄷ. 미래 사회에 발생할 수 있는 문제는 매우 복잡하고 다양할 것이다. 따라서 이러한 문제 해결에 여러 가지 과학기술이 복합적으로 활용될 것이다.

오답 피하기 ㄴ. 신재생 에너지 기술은 자원 고갈 문제 해결에 기여할 수 있다.

04 **정답 맞히기** ㄱ. 감염병의 감염 경로의 조사 방식과 분석 과정에서 스마트 기기를 이용하여 다양한 정보를 빠르게 수집한다.
ㄴ. 정보 통신 기술을 이용하면 감염병에 대해서 수집한 자료를 실시간으로 빠르게 전달할 수 있다.
ㄷ. 인공지능 기술을 이용하면 방대한 정보를 빠르게 처리하고 분석할 수 있다.

05 **정답 맞히기** ㄱ. 사람은 잠, 식사 등 휴식 시간이 필요한데, 로봇팔은 전기만 공급되면 24시간 가동할 수 있기 때문에 생산성 향상이 가능하다.

ㄴ. 기존 로봇팔의 문제점은 매우 무겁다는 것인데, 가볍게 만들면 재배치하기도 쉽고, 가벼운 물체를 움직이는 데 힘이 적게 들므로 전력 소비량도 낮아진다.

ㄷ. 로봇팔 사용으로 인해 단순 노동을 수행하는 직업은 줄어들 수 있지만 로봇팔의 점검과 유지 보수를 수행하는 인원은 필요하므로 회사는 이에 대한 비용을 지출해야 한다. 로봇 사용으로 인해 사라지는 직업도 있지만 생겨나는 직업도 있을 것이다.

06 정답 맞히기 ㄱ. 지구 공학 기술 도입은 과학기술로 인해 발생한 문제이므로 과학 관련 사회적 쟁점이다.

오답 피하기 ㄴ. ㉠은 화산재와 같이 태양 에너지를 반사하여 지구의 기온을 낮추는 역할을 한다. 이처럼 과학 관련 사회적 쟁점을 논의할 때는 과학적 이해를 바탕으로 해야 한다.

ㄷ. 과학 관련 사회적 쟁점을 대할 때는 다양한 의견을 고려하여 합리적으로 의사 결정을 해야 한다. 상대편 입장을 무시하는 것은 또 다른 사회 문제를 야기하여 불필요한 갈등을 유발할 수 있기 때문이다.

07 정답 맞히기 ㄱ. 운영체제, 특수 카메라에서 스마트 기기로 정보를 전송하는 기능이 있는 것으로 보아 이 냉장고는 사물 인터넷 기술이 활용되었다.

ㄴ. 마이크와 스크린, 근접 센서, 스피커는 사람에게 정보를 전달해야 하므로 냉장고 외부에, 특수 카메라는 냉장고 안의 음식을 촬영해야 하므로 냉장고 내부에 설치되어 있어야 한다.

ㄷ. 사물 인터넷 기술을 활용하기 위해서는 냉장고가 무선으로 인터넷에 연결되어 있어야 한다. 와이파이(근거리 무선망)는 전자기기들이 무선 랜에 연결할 수 있게 하는 기술이므로 와이파이 서비스가 가능한 지역에 냉장고를 설치해야 냉장고에 적용된 기술을 활용할 수 있다.

08 정답 맞히기 ㄱ. 연구 대상자는 공평하고 올바르게 선정되어야 한다. 과학기술의 결과가 편향될 수 있는 요소가 최대한 없게 대상자를 선정하려고 노력해야 올바른 결과를 얻을 수 있다.

ㄴ. 연구 대상자에게 압박이나 강제가 없는 상태에서 스스로 자유롭게 연구에 참여하겠다는 자발적 동의가 이루어져야 하며, 동의를 받기 전 연구의 성격, 기간, 목적, 방법 및 수단, 위험성과 영향에 대해 충분히 알려야 한다.

오답 피하기 ㄷ. 어떤 경우에도 사회의 이익이 연구 대상자의 안전보다 우선시 되어서는 안 된다. 예를 들어, 범죄인이라고 해서 의료기기를 테스트하기 위한 위험한 생체 실험에 동원되어서는 안 된다.

EBS

고등학교
입문서
NO. 1

고등
예비
과정

통합과학

교육부 시도교육청 EBS

교육부, 교육청, EBS 가 나섰다!

EBS 화상튜터링

*화상튜터링은?

화상튜터링 서비스는 학생들이 EBS 교재, 강좌를 통해 중3, 고1 학생 개인의 수준에 맞는 학습을 강화하고 자기주도학습 역량을 키울 수 있도록 돕는 **개인 맞춤형 온라인 튜터링 서비스**입니다.

현행학습 지원

선행 No! 현행 Yes!

화상튜터링 서비스는 **선행학습을 지양**하고 현재 학년의 학습 내용을 충실히 이해하고 익힐 수 있도록 지원합니다.

학생들이 현재 배우고 있는 과목에 대한 이해도를 높이고, 학습 효과를 극대화할 수 있습니다.

개인별 맞춤코칭

· 학생들은 **EBS 교재**와 **강좌**를 스스로 학습하는 과정에서 궁금한 점이나 이해가 되지 않는 부분을 **멘토에게 질문** 하고 **해결**할 수 있습니다.

· 멘토는 개별 학생의 학습 수준과 필요에 맞춰 **맞춤형 지도**를 제공합니다.

*대학생 튜터링은 1:1,교사 튜터링은 소규모 그룹(1:4 등) 으로 진행

자기주도학습 지원

· 화상튜터링 서비스는 학생들이 **스스로 학습 계획**을 세우고 **목표를 달성**할 수 있도록 돕습니다.

· 멘토는 학생의 **자기주도 학습을 적극 지원**하며, 학습 **동기 부여**와 효과적인 학습 **방법**을 지도합니다.

튜터링 비용 무료

· 학생들은 **무료**로 교사와 대학생 멘토를 통해 학습 지원을 받을 수 있습니다.

· 경제적인 부담 없이 **전문적인 학습 지원**을 받을 수 있는 기회를 제공합니다.

· 멘티에게는 총 48회차의 튜터링이 무료로 제공됩니다.

· 대학생 멘토에게는 최대 시간당 2만원, 교사 멘토에게는 방과후 수당 수준의 튜터링 수당이 지급됩니다.

멘토가 되고 싶어요!

현직 교사,
대학생(휴학생 포함)

※ 2024년 EBS 화상튜터링은 시범사업으로 12개 시도교육청이 참여합니다. 자세한 내용은 '화상튜터링' 신청 페이지를 참고해주세요.

※ 사업 참여 시도교육청
· 교사 튜터링 : 울산, 강원, 충북, 충남, 전북
· 대학생 튜터링 : 서울, 부산, 광주, 세종, 경기, 강원, 충북, 충남, 전북, 전남, 제주

멘티가 되고 싶어요!

중3, 고1 학생

모집 일정

2024년 6월 4일부터

튜터링 과목

수학, 영어 중 택 1

신청 방법

STEP 1 함께학교 사이트 접속

www.togetherschool.go.kr

STEP 2 멘토/멘티 신청

함께학교 사이트 > 스터디카페 > 화상튜터링 > 멘토/멘티 신청하기
희망과목, 수업시간, 수업방식 등을 작성하여 제출해주세요.
심사를 통해 선정됩니다.

STEP 3 결과보기

함께학교 사이트 > 스터디카페 > 화상튜터링 > 결과보기
멘티/멘토 신청 진행 상황 및 결과를 확인하세요.

▲ 함께학교 QR

문의 : [EBS화상튜터링] 카카오채널톡, 02-526-2114 (운영시간 평일 09시 ~ 18시, 점심시간 12시~13시)

고1~2, 내신 중점

구분	고교 입문	기초	기본	특화	+ 단기
국어	고등예비과정	내 등급은?	윤혜정의 개념의 나비효과 입문 편 + 워크북 / 어휘가 독해다! 수능 국어 어휘	**기본서** 올림포스	**국어 특화** 국어 독해의 원리 / 국어 문법의 원리	단기 특강
영어			정승익의 수능 개념 잡는 대박구문 / 주혜연의 해석공식 논리 구조편	올림포스 전국연합학력평가 기출문제집	**영어 특화** Grammar POWER / Reading POWER / Listening POWER / Voca POWER / **영어 특화** 고급영어독해	
수학			**기초** 50일 수학 + 기출 워크북 / 매쓰 디렉터의 고1 수학 개념 끝장내기	**유형서** 올림포스 유형편	**고급** 올림포스 고난도 / **수학 특화** 수학의 왕도	
한국사 사회				**기본서** 개념완성	고등학생을 위한 多담은 한국사 연표	
과학			50일 과학	개념완성 문항편	**인공지능** 수학과 함께하는 고교 AI 입문 / 수학과 함께하는 AI 기초	

과목	시리즈명	특징	난이도	권장 학년
전 과목	고등예비과정	예비 고등학생을 위한 과목별 단기 완성		예비 고1
	내 등급은?	고1 첫 학력평가 + 반 배치고사 대비 모의고사		예비 고1
국/영/수	올림포스	내신과 수능 대비 EBS 대표 국어·수학·영어 기본서		고1~2
	올림포스 전국연합학력평가 기출문제집	전국연합학력평가 문제 + 개념 기본서		고1~2
	단기 특강	단기간에 끝내는 유형별 문항 연습		고1~2
한/사/과	개념완성&개념완성 문항편	개념 한 권 + 문항 한 권으로 끝내는 한국사·탐구 기본서		고1~2
국어	윤혜정의 개념의 나비효과 입문 편 + 워크북	윤혜정 선생님과 함께 시작하는 국어 공부의 첫걸음		예비 고1~고2
	어휘가 독해다! 수능 국어 어휘	학평·모평·수능 출제 필수 어휘 학습		예비 고1~고2
	국어 독해의 원리	내신과 수능 대비 문학·독서(비문학) 특화서		고1~2
	국어 문법의 원리	필수 개념과 필수 문항의 언어(문법) 특화서		고1~2
영어	정승익의 수능 개념 잡는 대박구문	정승익 선생님과 CODE로 이해하는 영어 구문		예비 고1~고2
	주혜연의 해석공식 논리 구조편	주혜연 선생님과 함께하는 유형별 지문 독해		예비 고1~고2
	Grammar POWER	구문 분석 트리로 이해하는 영어 문법 특화서		고1~2
	Reading POWER	수준과 학습 목적에 따라 선택하는 영어 독해 특화서		고1~2
	Listening POWER	유형 연습과 모의고사·수행평가 대비 올인원 듣기 특화서		고1~2
	Voca POWER	영어 교육과정 필수 어휘와 어원별 어휘 학습		고1~2
	고급영어독해	영어 독해력을 높이는 영미 문학/비문학 읽기		고2~3
수학	50일 수학 + 기출 워크북	50일 만에 완성하는 초·중·고 수학의 맥		예비 고1~고2
	매쓰 디렉터의 고1 수학 개념 끝장내기	스타강사 강의, 손글씨 풀이와 함께 고1 수학 개념 정복		예비 고1~고1
	올림포스 유형편	유형별 반복 학습을 통해 실력 잡는 수학 유형서		고1~2
	올림포스 고난도	1등급을 위한 고난도 유형 집중 연습		고1~2
	수학의 왕도	직관적 개념 설명과 세분화된 문항 수록 수학 특화서		고1~2
한국사	고등학생을 위한 多담은 한국사 연표	연표로 흐름을 잡는 한국사 학습		예비 고1~고2
과학	50일 과학	50일 만에 통합과학의 핵심 개념 완벽 이해		예비 고1~고1
기타	수학과 함께하는 고교 AI 입문/AI 기초	파이선 프로그래밍, AI 알고리즘에 필요한 수학 개념 학습		예비 고1~고2